Handbuch der
Ernährung und des Stoffwechsels der landwirtschaftlichen Nutztiere
als Grundlagen der Fütterungslehre

Erster Band.
Nährstoffe und Futtermittel.

1929. XIV und 575 S. gr. 8⁰. 11 Abbildungen. RM 46.80; gebunden RM 49.80

Zweiter Band.
Verdauung und Ausscheidung.

1929. XI und 464 S. gr. 8⁰. 146 Abbildungen. RM 42.—; gebunden RM 46.—

Springer-Verlag Berlin Heidelberg GmbH

HANDBUCH DER ERNÄHRUNG UND DES STOFFWECHSELS DER LANDWIRTSCHAFTLICHEN NUTZTIERE

ALS GRUNDLAGEN DER FÜTTERUNGSLEHRE

HERAUSGEGEBEN VON

ERNST MANGOLD

DR. MED. · DR. PHIL. · O. PROFESSOR DER TIERPHYSIOLOGIE
DIREKTOR DES TIERPHYSIOLOGISCHEN INSTITUTS DER
LANDWIRTSCHAFTLICHEN HOCHSCHULE BERLIN

DRITTER BAND

STOFFWECHSEL DER LANDWIRTSCHAFTLICHEN NUTZTIERE

EINSCHLIESSLICH DER ERNÄHRUNG
UND DES STOFFWECHSELS DER
FISCHE UND BIENEN

SPRINGER-VERLAG BERLIN HEIDELBERG GMBH

STOFFWECHSEL DER LANDWIRTSCHAFTLICHEN NUTZTIERE

EINSCHLIESSLICH DER ERNÄHRUNG UND DES STOFFWECHSELS DER FISCHE UND BIENEN

BEARBEITET VON

L. ARMBRUSTER - BERLIN/DAHLEM · F. HONCAMP - ROSTOCK
W. KIRSCH - KÖNIGSBERG i. PR. · F. LEHMANN - GÖTTINGEN
W. LINTZEL - BERLIN · E. MANGOLD - BERLIN · J. PAECHTNER -
MÜNCHEN · R. W. SEUFFERT - BERLIN · W. VÖLTZ† - KÖNIGSBERG i. PR.
H. H. WUNDSCH - BERLIN/FRIEDRICHSHAGEN

MIT 145 ABBILDUNGEN

SPRINGER-VERLAG BERLIN HEIDELBERG GMBH

ISBN 978-3-7091-9545-1   ISBN 978-3-7091-9792-9 (eBook)
DOI 10. 1007/978-3-7091-9792-9

Inhaltsverzeichnis.

VI. Der Stoffwechsel der landwirtschaftlichen Nutztiere.

1. Der Eiweißstoffwechsel der landwirtschaftlichen Nutztiere.

Von

Professor Dr. **W. Völtz** † und Privatdozent Dr. **W. Kirsch**[1]

weiland Direktor des Tierzucht-Instituts der Universität Königsberg i. Pr.

Assistent am Tierzucht-Institut der Universität Königsberg i. Pr.

Mit 2 Abbildungen.

Unter den Nährstoffen für den tierischen Organismus nehmen die Eiweißkörper und ihre Bausteine physiologisch und wirtschaftlich eine Sonderstellung ein: physiologisch, weil sie in Beziehung zu der lebendigen Substanz stehen, die im wesentlichen aus ihnen gebildet wird und weil sie im Stoffwechsel durch keinen anderen Nährstoff ganz ersetzt zu werden vermögen; wirtschaftlich, weil die Größe der tierischen Leistungen weitgehend durch die Zufuhr von verdaulichen stickstoffhaltigen Nährstoffen zu beeinflussen ist und weil das Eiweiß den teuersten Nährstoff darstellt.

Über das Verhalten der stickstoffhaltigen Nährstoffe im tierischen Organismus, und zwar über die Stickstoffbilanz, den Eiweißbedarf, die Eiweißverdaulichkeit und das Eiweißverhältnis sowie über die biologische Wertigkeit und den Ersatz des Reineiweißes durch Amidstoffe bei den landwirtschaftlichen Nutztieren soll im folgenden ein Überblick nach dem derzeitigen Stand der wissenschaftlichen Forschung gegeben werden.

A. Stickstoffbilanz.

I. Das N-Gleichgewicht.

1. Begriffsbestimmungen.

a) Die N-haltigen Einnahmen und Ausgaben.

Unter Stickstoffbilanz versteht man die Aufstellung des Eiweißhaushaltes für den Organismus. Zu diesem Zweck müssen die Stickstoffeinnahmen und Ausgaben des Körpers ermittelt werden. Die Stickstoffbestimmung erfolgt im allgemeinen nach der Methode von Kjeldahl. Der Grund, die Stickstoffbestimmung für die Berechnung des Eiweißes heranzuziehen, liegt darin, daß die Eiweißkörper einen einigermaßen konstanten Gehalt an Stickstoff besitzen, nach Abderhalden I, S. 311[1] 15—18%, im Mittel 16%. Man benutzt daher zur Umrechnung des analytisch ermittelten Stickstoffes auf Eiweiß den *Faktor* 6,25.

---

[1] Nach Beginn der gemeinsamen Arbeit wurde Prof. Dr. Völtz vom Tode ereilt. Ich blieb bemüht, die Arbeit im Sinne meines verstorbenen Lehrers fortzuführen.

Strenggenommen würde man zu der Umrechnung mit diesem Faktor nur für die tierischen Proteine berechtigt sein, die einen ziemlich konstanten Gehalt von 16% N haben. Dagegen liegt der N-Gehalt der Pflanzenproteine z. T. höher. So fanden Benedict und Osborne[14] im Durchschnitt von 19 Pflanzenproteinen einen N-Gehalt von 17,7%. Wenn trotzdem an dem Faktor 6,25 festgehalten wird, so geschieht es einmal deshalb, weil gerade die Pflanzenproteine noch zu wenig systematisch untersucht sind und vor allem, weil eine Berechnung des Eiweißstoffwechsels mit verschiedenen Faktoren nicht durchführbar sein würde.

Neben den eigentlichen Eiweißstoffen (siehe den Abschnitt über Eiweiß von K. Felix im ersten Bande dieses Handbuchs) enthalten die Nahrungs- und Futtermittel *N-haltige Stoffe nicht eiweißartiger Natur*; bei denjenigen tierischen Ursprungs sind es Abfallstoffe, die für den Eiweißersatz im Organismus im allgemeinen nicht mehr herangezogen werden können (Rubner[140]). (Beim Fleisch ist ungefähr $^1/_{10}$ des N solcher Abfallstickstoff oder Extrakt-N; vgl. dazu auch Völtz und Baudrexel[175].) Bei den pflanzlichen Futtermitteln sind es *Amidstoffe*, die in einigen Fällen, wie z. B. bei der Kartoffel, 50% des Gesamteiweißes ausmachen können; diese Amidstoffe sind aber nicht Abfallstoffe, sondern können mehr oder weniger — vor allem bei den Wiederkäuern — zum Ersatz für Eiweiß dienen.

Was die tierischen *stickstoffhaltigen Ausscheidungen* anbetrifft, so handelt es sich

1. um Epidermoidalgebilde: Hornschuppen der Haut, Haare, Hörner, Klauen usw.;

2. um stickstoffhaltige Kotbestandteile: diese bestehen aus z. T. unverdauten Eiweißkörpern des Futters, aus Abschilferungen des Darmepithels, aus Sekreten der Verdauungsdrüsen, aus Bakterienleibern;

3. um stickstoffhaltige Harnbestandteile: Der Harn enthält eine große Zahl stickstoffhaltiger Abbauprodukte, unter denen der Harnstoff bzw. bei Pflanzenfressern die Hippursäure überwiegen.

4. Bei Milch produzierenden Tieren ist bei der Aufstellung der N-Bilanz auch noch der N-Gehalt der sezernierten Milch zu bestimmen. Die N-haltigen Verbindungen der Milch bestehen fast ausschließlich aus Eiweiß.

5. Der Schweiß-N spielt wohl nur da eine Rolle, wo, wie beim Pferd, der Eiweißumsatz bei der Arbeit untersucht wird (Wolff[212] und Oppenheimer[122]). Allerdings geben Scheunert, Klein und Steuber[150] für den Hammel nach Harnstoffütterung eine nicht unerhebliche N-Ausscheidung durch die Haut an. Diesen Befund konnten aber Honcamp und Schneller[84] auf Grund ihrer Untersuchungen nicht bestätigen.

Elementarer, *gasförmiger N*, wie er z. B. mit der Luft ein- und ausgeatmet wird, ist für den Organismus vollkommen indifferent; er wird auch nicht beim Abbau der Eiweißkörper gebildet. Lediglich bei der Verfütterung von Nitriten und Nitraten, die zwar als Nährstoffe für die Haustiere nicht in Betracht kommen, aber z. B. mit den Rübenblättern in größeren Mengen dem Organismus einverleibt werden, findet durch denitrifizierende Bakterien eine Aufspaltung zu NO_2 oder zu N und H_2O statt, die den Körper mit den anderen Gasen wie CO_2, CH_4, H_2, H_2S usw. verlassen. Rogozinski, auf dessen Untersuchungen dieses Ergebnis basiert (in filtriertem Panseninhalt wurde der *Nitrat-N* durch denitrifizierende Bakterien fast vollständig als freier N abgespalten), hat später auf Grund von Stoffwechselversuchen die Behauptung aufgestellt, daß die Nitrate doch bis zu gewissem Grade als N-Quelle für den Wiederkäuer dienen könnten. Diese Untersuchungen halten aber, worauf Möllgaard S. 34[109] hinweist, einer strengen

Kritik nicht stand, weil sie von zu kurzer Dauer sind (Untersuchungsperioden von 7 Tagen ohne Vorperiode!). Der Nitrat-N ist daher von dem N der Einnahmen vor der Aufstellung der Bilanz abzuziehen. Zur Bestimmung des Nitrat-N muß in Futtermitteln, die Nitratverbindungen enthalten, eine Modifikation der KJELDAHL-Methode vorgenommen werden (Methode von JODELBAUER). Wenn auch die KJELDAHL-*Methode* für die Aufstellung der N-Bilanz im allgemeinen genügt, so ist doch für manche Fälle eine Kontrolle des N-Umsatzes durch die Aufstellung der Schwefelbilanz angebracht.

b) N-Gleichgewicht.

Wenn wir die N-Bilanz bei ausgewachsenen Tieren aufstellen, so finden wir, daß in den Ausscheidungen zusammen genau soviel N enthalten ist, wie in der Nahrung zugeführt wurde. Diesen Zustand bezeichnet man als N-Gleichgewicht. In einem solchen Falle wäre die N-Bilanz = 0. Die Erklärung liegt darin, daß der ausgewachsene Organismus normalerweise kein Eiweiß mehr ansetzt, sondern das Bestreben und die Fähigkeit hat, sich mit den in der Nahrung dargebotenen Eiweißmengen in einen Gleichgewichtszustand zu bringen. Diese wichtige Tatsache ist bereits sehr früh durch langfristige Versuche bewiesen, und zwar durch BIDDER und SCHMIDT[20] 1852 für die Katze und durch C. VOIT[194] 1866 für den Hund. In neuerer Zeit hat VÖLTZ[193] die Gültigkeit dieses Gesetzes auch für Hühner nachgewiesen, ebenso KNIERIEM[90] und MEISSNER[105]; für Tauben liegt ein Nachweis von C. VOIT[195] vor, für die kleinen Nager solche von HENRIQUES und HANSEN[78] u. a.

c) Eiweißansatz beim ausgewachsenen Organismus.

Nur ausnahmsweise kann auch der erwachsene Organismus Eiweiß ansetzen, und zwar

1. während der Rekonvaleszenz, also nach größeren Eiweißverlusten durch Krankheit; hier geht der Eiweißansatz nicht über den stattgehabten Verlust hinaus;

2. beim Training: bei diesem folgt einem zu Beginn feststellbaren Eiweißverlust ein Eiweißansatz, der durch Hypertrophie der in Anspruch genommenen Muskulatur oft schon augenscheinlich festgestellt werden kann. Dieser Eiweißansatz kommt übrigens nur durch Vermehrung der lebendigen Substanz in den Muskelzellen, nicht aber durch Zellteilung zustande, und nach Aufhören des Trainings hört auch der Zuwachs auf bzw. er geht zurück (MORPURGO[118]).

3. Während der Gravidität werden zur Vergrößerung des Uterus (keine Zellteilung) und zum Wachstum des Fetus größere Eiweißmengen benötigt, die bei der Aufstellung der N-Bilanz als Minderausgabe im Vergleich zu den Einnahmen, also als Eiweißansatz, festgestellt werden.

4. Bei Eiweißmast: Allerdings handelt es sich hier nicht um die Bildung von Protoplasmaeiweiß („Organeiweiß" nach VOIT und RUBNER), sondern wohl in der Hauptsache um Speicherung von Eiweiß in der Leber („Übergangseiweiß" nach RUBNER), wofür BERG[16, 17] den sicheren Beweis erbracht hat. Vgl. auch die Mastversuche an ausgewachsenen Hammeln von FRISKE[51].

5. Im Hochgebirge beim Übergang von der Ebene zu geringeren Erhebungen (s. Anm.) (LOEWY S. 37[97]).

Einen Maßstab für das im Tierkörper umgesetzte Eiweiß haben wir im *N-Gehalt des Harnes*, der durch den Umrechnungsfaktor 6,25 direkt in Beziehung

---

Anm. Beim Übergang in sehr beträchtliche Höhen (über 4000 m) tritt eine gesteigerte N-Ausscheidung als Folge vermehrten Eiweißzerfalls ein (LOEWY S. 37[97]).

gesetzt werden kann zu dem Nahrungseiweiß, natürlich nur zu dem vom Darm resorbierten Anteil. Strenggenommen ist dies aber nur unter der Voraussetzung zutreffend, daß die zersetzten Eiweißkörper die gleiche Zusammensetzung hatten, wie die resorbierten (Möllgaard S. 33f.[109]). Diese Voraussetzung wird nicht immer erfüllt sein, da die Eiweißkörper der Nahrung im Darm in ihre Komponenten zerlegt und als solche resorbiert und zu körpereigenem Eiweiß synthetisiert werden. Am geringsten werden die Differenzen noch sein, wenn es sich um die Verfütterung eines Proteins mit hoher biologischer Wertigkeit handelt, zumal an ausgewachsenen Tieren.

d) Positive und negative N-Bilanz.

Den *resorbierbaren Anteil* des in der Nahrung gereichten Eiweißes bestimmt man aus der Differenz zwischen dem N-Gehalt der Nahrung und dem N-Gehalt der Faeces im Verdauungsversuch. Verabreichen wir z. B. 100 g N im Futter und finden 10 g N im Kot, so würde hiernach die Verdaulichkeit des Futtereiweißes 90 % betragen. Da aber bereits erwähnt ist, daß ein Teil des Kot-N nicht aus unverdautem Futtereiweiß, sondern aus N-haltigen Stoffwechselprodukten der Verdauungsdrüsen und den Leibern unverdauter Mikroorganismen besteht, so muß die Differenzbestimmung für die Verdaulichkeit des Eiweißes im strengen Sinne zu niedrige Werte ergeben. (Vgl. dazu den Abschnitt über Eiweißverdaulichkeit S. 42 dieser Arbeit.)

Finden wir in den Ausscheidungen zusammen mehr N als in den Einnahmen verfüttert worden ist, so sprechen wir von einer negativen N-Bilanz. Das Plus an N in den Ausgaben gegenüber den Einnahmen entspricht dem N-Verlust des Organismus.

Eine *positive N-Bilanz* liegt dann vor, wenn bei einwandfreier Methodik in den gesamten Ausgaben weniger N gefunden wird, als in den Einnahmen verabfolgt wurde. Finden wir z. B. von 100 g Nahrungs-N 90 g im Harn + Kot + Epidermoidalgebilden wieder, so bedeutet das einen Ansatz von 62,5 g Eiweiß bzw. von 300 g Fleisch. (Bei einem Eiweißgehalt des Fleisches von 20,6 %. In Wirklichkeit ist der Eiweißgehalt des Fleisches hauptsächlich im Hinblick auf seinen wechselnden Anteil an Wasser erheblichen Schwankungen unterworfen.) Positive Bilanzen wird man normalerweise feststellen können, solange das Wachstum anhält. Und zwar ist der Eiweißansatz um so größer, je jünger die Tiere sind, und am geringsten kurz vor Beendigung des Wachstums.

Den bei *N-Bilanzversuchen* in den Ausgaben nicht wiedergefundenen N als Eiweiß- bzw. als Fleischansatz zu berechnen, oder ein Auftreten von N als Verlust des Körperbestandes zu deuten, trifft im allgemeinen nur für langfristige Versuche zu; denn, wie bereits Voit zeigte, dauert die Einstellung des Organismus auf das N-Gleichgewicht nach einer Änderung der Nahrung stets eine geraume Zeit. Bei kurzfristigen Versuchen wäre also der Schluß, daß es sich bei N-Retentionen um einen wirklichen Eiweißansatz handelt, nur mit allem Vorbehalt zu ziehen. Diese Verhältnisse sind sehr instruktiv von Gruber[61] dargelegt worden, der einer hungernden Hündin an zwei Tagen je 1000 g Fleisch verabreichte und sie dann wieder hungern ließ. Die Kurve der N-Ausscheidung stieg rasch an, um dann nur allmählich abzusinken, so daß erst am 3. Hungertage, der auf die zweitägige Fütterung mit dem Fleisch folgte, das Hungerminimum wieder erreicht war. Auf Grund des Kurvenverlaufes der N-Ausscheidung berechnete Gruber, daß am ersten Tage nach der Eiweißfütterung 80 % des Nahrungseiweißes zerlegt werden, am zweiten 13 %, am dritten 5 % und am vierten 2 %. Die 20 %, die am ersten Tage nach der Eiweißzulage im Körper retiniert werden (s. Anm.), täuschen eine positive N-Bilanz vor, die, wenn auch schwächer werdend, auch noch in den folgenden 2 Tagen vorhanden ist. Da diese N-Ausscheidung aus der Periode der Eiweißfütterung auch noch in die Hungerperiode hinübergreift, wird in den Hungertagen umgekehrt eine vermehrte N-Ausscheidung vorgetäuscht. Die Eiweißzersetzung bei 5 Fütterungs- und 4 darauffolgenden Hungertagen würde folgendermaßen aussehen:

Ausgeschieden aus dem Futter des	am 1. 2. 3. 4. 5. Fütterungstage					am 1. 2. 3. 4. Hungertage			
1. Fütterungstages	80	13	5	2	—	—	—	—	—
2. ,, ...	—	80	13	5	2	—	—	—	—
3. ,, ...	—	—	80	13	5	2	—	—	—
4. ,, ...	—	—	—	80	13	5	2	—	—
5. ,, ...	—	—	—	—	80	13	5	2	—
Ausgeschieden im ganzen:	80	93	98	100	100	20	7	2	—

Wenn auch das Schema im Grunde als allgemein zutreffend anerkannt ist, wird im tatsächlichen Fall doch die Schnelligkeit der *Rückkehr zum N-Gleichgewicht* durch eine große Anzahl von Ursachen mitbestimmt, so z. B. durch den Gehalt an N-freien Bestandteilen des Futtermittels, wie überhaupt durch den ganzen physiologischen Zustand des betreffenden Tieres.

e) Spezifisch-dynamische Wirkung.

Die Erscheinung, daß der Organismus sich mit geringeren Mengen Eiweiß ins N-Gleichgewicht setzen kann, als ihm gewöhnlich zugeführt werden, hat man als „Luxuskonsumption" bezeichnet. Der Name ist bereits von BIDDER und SCHMIDT in die Ernährungsphysiologie eingeführt worden. Nach diesen Autoren handelt es sich für den Organismus darum, den N-Rest der Eiweißkörper „in einer passenden, die Funktionen nicht beeinträchtigenden Form aus dem Körper zu schaffen". Die Autoren erkannten auch, daß bei der Umsetzung der Eiweißstoffe eine erhöhte Wärmebildung auftritt, zurückzuführen auf einen erhöhten Stoffumsatz, der um so stärker ist, je reichlicher die zugeführte Eiweißmenge war. ZUNTZ und MERING[218] haben die Erhöhung des Stoffwechsels in erster Linie durch die vermehrte Darm- und Nierenarbeit erklären wollen. Dieser Ansicht widerspricht RUBNER[141], der sich eingehend mit dem Studium der *Stoffwechselerhöhung nach Eiweißzufuhr* beschäftigte und den Ausdruck „*spezifischdynamische Wirkung*" für diese Erscheinung geprägt hat. Sie soll durch eine allgemeine Protoplasmareizung beim Zerfall der Eiweißkörper zustande kommen. Nach GRAFE[56, 57] üben nicht die Eiweißstoffe als solche diese anregende Wirkung auf den Stoffumsatz aus, sondern er tritt nur dann ein, wenn die Aminosäuren gespalten werden und nicht zum Ansatz gelangen. Zu solchen Abbauprodukten mit spezifisch-dynamischer Wirkung gehört auch die Milchsäure. ABDERHALDEN II, S. 456[1] nimmt an, daß der vermehrte Stoffumsatz vielleicht dadurch bedingt ist, daß die im Überschuß zugeführten Aminosäuren, um gespeichert werden zu können, umfassender Umwandlungen bedürfen: „Sie werden ihrer Aminogruppe beraubt. Die verbleibenden Kohlenstoffketten gehen wenigstens z. T. in Traubenzucker über. Diese Umsetzungen bedürfen z. T. der Energiezufuhr. Es scheint, daß darüber hinaus Produkte gebildet werden, die aktiv in den Zellstoffwechsel

---

Anm. Das Eiweiß, das in seiner Menge abhängig ist von der Eiweißzufuhr in den vorhergegangenen Tagen und im Organismus vorrätig gehalten wird, ohne desaminiert zu werden, bezeichnen VOIT und RUBNER als „Vorratseiweiß" (auch „zirkulierendes Eiweiß" nach VOIT).

eingreifen und nach Art von Inkretstoffen ihn stark beeinflussen. Gewiß entstehen aus Aminosäuren noch mancherlei Verbindungen, die wir zur Zeit noch nicht kennen und die gleichfalls spezifische Einflüsse auf Zellvorgänge haben können. Man wird in Zukunft zu prüfen haben, ob die erwähnten Produkte, die Aminosäuren und ihre Abkömmlinge, den Stoffumsatz direkt anfachen oder aber indirekt, indem sie in den Zellen bestimmte Bedingungen schaffen, die einen vermehrten Stoffumsatz zur Folge haben." Unser positives Wissen über die spezifisch-dynamischen Wirkungen des Eiweißes fassen Bornstein und Holm S. 63[22] folgendermaßen zusammen: „Das einzige Sichere ist die Tatsache ihrer Existenz und ihrer ungefähren Größe. Es ist wahrscheinlich, daß ein Teil Verdauungsarbeit ist, während ein größerer Teil auf eine spezifische Reizung aller oder einiger Gewebe zurückzuführen ist. Ob die Wirkung auf dem Eiweiß selbst oder dem Auftreten irgendwelcher Zwischenprodukte beruht, wissen wir nicht. Insbesondere ist es nicht einmal völlig sichergestellt, ob die Stoffwechselsteigerung durch Aminosäuren ganz oder teilweise wesensgleich ist mit der Steigerung durch Eiweißkörper."

2. Methodik des Bilanzversuches.

Zur

Methode der Aufstellung von Stickstoffbilanzen

sei kurz darauf hingewiesen, daß man die Versuchstiere in Zwangsställe bringt, deren Konstruktion einerseits eine möglichst quantitative Nahrungszuteilung und -aufnahme und andererseits eine quantitative Gewinnung der Ausscheidungsprodukte gewährleistet. Das ideale Versuchstier ist der *Hund*, bei dem wir durch bestimmte Stoffe, z. B. Kohle, Kieselsäure, Knochen usw., den Kot der einzelnen Perioden (gegebenenfalls auch einzelner Versuchstage) abgrenzen können und bei dem die täglich sezernierten Harnmengen ebenfalls quantitativ gewonnen werden können. Das geschieht so, daß wir das Tier auf einen durchlöcherten Stand stellen, der aus Drahtnetz oder einem durchstanzten Blech bestehen kann und sich in seiner ganzen Ausdehnung über einem Metalltrichter befindet, durch den der Harn in ein untergestelltes Glasgefäß abläuft. Das Gefäß wird mit Säure beschickt, um Stickstoffverluste in Form von NH_3 zu vermeiden. Unter besonderen Kautelen und bei gut dressierten Hunden gelingt es oft während ganzer Perioden, den Harn der einzelnen Versuchstage durch Katheterisieren täglich regelmäßig abzugrenzen, sofern die Nahrung nicht so große Wassermengen enthält, daß der Hund oder die Hündin den sezernierten Harn nicht 24 Stunden halten kann. Wir sind so in der Lage, z. B. den Verlauf der Kurve für die Stickstoffausscheidungen im Harn sowie für den Eiweißumsatz während der einzelnen Tage der Periode zu bestimmen (Näheres zur Methodik der Stoffwechselversuche s. W. Völtz[168]).

Bei *Pflanzenfressern*, zu denen unsere wichtigsten Haustiere gehören, ist die *Aufstellung von Stickstoffbilanzen* dadurch wesentlich erschwert, daß der Aufenthalt der Contenta im Verdauungstraktus längere Zeit, unter Umständen Wochen dauert (s. Anm.) und daß ein Versuch, den Kot einzelner Futterperioden voneinander abzugrenzen, zwecklos wäre, da die betreffenden Substanzen mit dem Futter durchmischt und damit die Abgrenzung unmöglich gemacht werden würde. Ebenso ist eine Abgrenzung der täglich sezernierten Harnmengen bei männlichen Tieren aus anatomischen Gründen völlig unmöglich und bei weiblichen bisher noch nicht angewandt. Es kommt hinzu, daß die Pflanzenfresser wegen des höheren Wassergehalts in der Nahrung relativ sehr viel größere Harnmengen absondern als Fleischfresser, wodurch die quantitative Gewinnung des Harns umständlicher wird als bei dem intelligenteren Hunde, bei dem häufig durch Dressur erreicht werden kann, daß er die festen und flüssigen Ausscheidungen

---

Anm. Die unverdauten Reste einer Ration werden im großen Durchschnitt etwa in 4—5 Tagen ausgeschieden. Erhalten die Tiere nach vorausgegangener Ernährung mit Heu und Stroh Grünfutter, so lassen sich unverdaute Heu- und Strohbestandteile mitunter noch zwei Wochen nach dem Aufhören der Heu- und Strohfütterung im Kot nachweisen.

direkt in die hierzu dienenden Gefäße absetzt. Immerhin gelingt es auch bei Pflanzenfressern, durch Anbringung von geeigneten Harntrichtern und Kotbeuteln die Stoffwechselprodukte quantitativ zu sammeln und nahezu die gleiche Exaktheit der Feststellungen zu erreichen, wie das bei Hunden möglich ist. Hierzu ist allerdings eine wesentliche Verlängerung der Fütterungsperioden erforderlich, um den möglichen Fehler, der durch eine mangelhafte Abgrenzung der Ausscheidungsprodukte bedingt ist, entsprechend zu verkleinern. So ist es üblich, an *Wiederkäuern* mit dem eigentlichen Stoffwechselversuch erst dann zu beginnen, wenn die Tiere etwa 10 Tage lang das gleiche Futter, welches sie in den Hauptperioden erhalten sollen, quantitativ verzehrt hatten. Es würde also der eigentliche Versuch mit der Sammlung und Analyse der Ausscheidungsprodukte am 11. Versuchstage morgens beginnen und ca. 8—10 Tage lang durchzuführen sein. Es muß aber betont werden, daß diese Zeiten Mindestzeiten sind, die vor allem für die Vorperiode auf keinen Fall unterschritten werden dürfen. Für eine Reihe spezieller Fragestellungen müssen die Versuchszeiten aber verlängert werden.

Die *Versuchsresultate im Verdauungs- und N-Bilanzversuch* gründen sich auf die *Analyse der verabreichten Nahrung* und die *Analyse der Ausscheidungsprodukte*. Da die Analyse immer nur in kleinen Substanzmengen ausgeführt werden kann, so ist eine einwandfreie *Probeentnahme*, die einen wirklichen Durchschnittswert liefert, die Voraussetzung für die Richtigkeit der gesamten Ergebnisse. Man kann auf diesen Umstand nicht nachdrücklich genug hinweisen, da Fehler, die hier gemacht werden, auch durch sauberste analytische Arbeit nicht ausgeglichen werden können. Für exakte Bilanzversuche wird die gesamte Futtermenge an einem Tage bzw. jedes Futtermittel für sich auf einmal in gleichen Tagesrationen ausgewogen. Es ist dies die einzige Möglichkeit, dem Versuchstier an jedem Tage genau die gleiche Trockensubstanzmenge zuzuführen. Rauhfutter ist vorher zu häckseln. Während des Abwiegens der einzelnen Futtermittel sind fortlaufend kleinere, gleich große Proben abzunehmen, zu vereinigen und gut zu durchmischen. Aus dieser Mischprobe wird die endgültige Menge für die Analyse entnommen. Die Wasserbestimmung wird am besten sofort ausgeführt, andernfalls muß die Durchschnittsprobe in einem dicht schließenden Gefäß aufbewahrt werden. Wasserhaltige Futtermittel wie Hackfrüchte, Sauerfutter usw., die man nicht für einen ganzen Versuch auf einmal auswiegen kann, werden täglich in einer bestimmten Menge gegeben. Für die Analyse wird von jeder Tagesration ein bestimmter Prozentsatz abgenommen, sofort getrocknet, in einer luftdicht schließenden Flasche gesammelt und am Schluß des Versuches analysiert. Man kann auch so verfahren, daß man von den wasserreichen Futtermitteln Tagesrationen für 3—4 Tage auswiegt und sofort in einer Durchschnittsprobe der frischen Substanz eine Wasserbestimmung ausführt, evtl. auch eine N-Bestimmung. Außerdem wird wieder ein bestimmter Prozentsatz gesammelt, getrocknet und für die Analyse aufbewahrt..

Soll ein bestimmtes Futtermittel im Verdauungsversuch geprüft werden, so sollte man nicht zu kleine Mengen davon verabfolgen. 100 g dürften im Verdauungsversuch am Hammel die unterste Grenze sein, wenn man noch mit sicheren Resultaten rechnen will. Entsprechend den kleineren Mengen sind die Vorfütterungs- und Hauptperioden zu verlängern.

Mit gleicher Sorgfalt wie bei der Futtermittelprobeentnahme und Analyse ist bei der Probenahme und *Analyse der Ausscheidungen* zu verfahren. Die festen Ausscheidungsprodukte eines Tages werden stets zur gleichen Zeit in einem tarierten Gefäß gewogen. Eine größere Durchschnittsprobe wird rasch zur Vermeidung von H_2O-Verlusten in einer Reibeschale zerrieben und ein bestimmter

Prozentsatz (bei Rindern 2 %, bei Schafen 5—10 %) in ein Sammelgefäß gebracht, mit HCl angesäuert und kühl aufbewahrt. Sofort nach Abschluß des Versuches werden nach guter Durchmischung und Wägung des nassen salzsauren Kotes Durchschnittsproben in Wägegläser gebracht und auf ihren N-Gehalt untersucht. Der restliche Kot wird getrocknet, bis die Salzsäure daraus verjagt ist. Die Analyse führt man dann in dem wieder lufttrocken gewordenen Kot aus.

Der Harn wird in einem Gefäß aufgefangen, das mit etwas HCl beschickt ist. Diese Menge ist so groß zu bemessen, daß die Reaktion des Harns sauer ist. Harntrichter und Gummischlauch sind täglich mit destilliertem Wasser abzuspülen und das Spülwasser mit dem Harn in der Sammelflasche zu vereinigen. Der Harn wird durch Glaswolle filtriert, auf ein jeden Tag gleichbleibendes Volumen aufgefüllt und auf seinen N-Gehalt untersucht. Ein aliquoter Teil wird von jedem Tagesharn in getrennten Flaschen für etwaige Kontrolluntersuchungen bzw. Analyse einzelner Harnbestandteile aufbewahrt. Die Konservierung geschieht durch Zusatz von etwas Thymol. Hippursäure, wie sie sich in Versuchen mit Wiederkäuern nicht selten in Form kleiner Krystalle im Glasgefäß absetzt oder auf dem Glaswollefilter hängen bleibt, ist mit konz. H_2SO_4 zu lösen, zu sammeln und gesondert zu analysieren. Ihr N-Gehalt ist dem Gesamt-N des Harnes zuzuzählen.

Nachstehend sei ein *Beispiel für eine Stickstoffbilanz* angeführt. Es handelt sich um einen Stoffwechselversuch an einem Hammel, der einer größeren Arbeit über den Futterwert der Kartoffelschlempe entnommen ist (W. Völtz S. 703[189]). Das Tier erhielt in Form eines Kartoffel-Malz-Hefe-Gemisches 13,73 g N täglich. Es wurden ausgeschieden:

$$\text{im Harn} \ldots \ldots \ldots 5,00 \text{ g N} = 36,4 \text{ \% der Zufuhr}$$
$$\text{im Kot} \ldots \ldots \ldots 7,52 \text{ g N} = 54,8 \text{ \% } \quad \text{,,} \quad \text{,,}$$

in den Epidermoidalgebilden:

$$\text{Wolle} \ldots \ldots \text{ca. } 0,8 \text{ g N}$$
$$\text{Hornabschürfungen ca. } 0,4 \text{ g N} \, . \, 1,20 \text{ g N} = 8,8 \text{ \% } \quad \text{,,} \quad \text{,,}$$
$$\overline{13,72 \text{ g N} = 100,0 \text{ \%}.}$$

Zu der Methodik der Aufstellung von Stickstoffbilanzen ist noch folgendes zu bemerken:

Man wird häufig die Aufgabe haben, die Verdaulichkeit und Ausnutzung z. B. eines einzelnen Eiweißkörpers oder auch der stickstoffhaltigen Bestandteile eines Futtermittels zu bestimmen, das als ausschließliche Nahrung nicht dienen kann. Wir können z. B. einen Hund zwar ausschließlich mit Fleisch ernähren, doch schwerlich ohne jede Verdauungsstörung mit einem einzelnen Eiweißkörper. Für Omnivoren und für Herbivoren käme weder die ausschließliche Verfütterung z. B. von Leguminosenkörnern in Betracht und erst recht nicht eine solche von isolierten stickstoffhaltigen Nährstoffen, weil der Organismus der Omnivoren an kohlehydratreiche und der der Pflanzenfresser an die Aufnahme einer voluminösen, rohfaserreichen Nahrung angepaßt ist. In solchen Fällen gelangen wir zum Ziel, wenn wir in einer *Grundfutterperiode* eine für die betreffende Tierspezies normale Kost quantitativ, bei Aufstellung der Stickstoffbilanz verfüttern und in einer zweiten Periode genau die gleiche Kost verabreichen, außerdem aber den zu untersuchenden Eiweißkörper bzw. das betreffende eiweißhaltige Futtermittel hinzusetzen. Aus den Differenzen im Stickstoffgehalt der Nahrung einerseits und dem der Ausscheidungen andererseits läßt sich berechnen, wie hoch die zu untersuchende Substanz verdaut wurde und wie sie für den Stickstoffumsatz und -ansatz verwendet wurde. Es braucht in der *zweiten Periode (Hauptperiode)* nicht die gleiche Menge der in Periode I (Grundfutterperiode) gereichten Kost verfüttert zu werden, sondern nur ein gewisser Prozentsatz (z. B. 75 oder 50%); wohl aber muß das gleiche Verhältnis der in einer als Grundfutter evtl. gewählten gemischten Kost vorhandenen Bestandteile zueinander gewahrt bleiben. Beträgt beispielsweise der Anteil des Grundfutters in der Hauptperiode 50%, so würden also auch nur 50% von dem in der Grundfutterperiode produzierten Kot- und Harnstickstoff von den in der Hauptperiode gefundenen Werten in Abzug zu bringen sein.

Ein *Beispiel* für eine solche Problemstellung sei nachstehend angeführt, jedoch ist der Einfachheit halber von einer gemischten Grundkost abgesehen worden. Es handelt sich um einen Versuch an einem Hammel, der in einer Grundfutterperiode 700 g Wiesenheu erhielt und in der darauffolgenden Hauptperiode als Zulage ein Gemisch von Weizenstrohhäcksel und Hefe (VÖLTZ S. 164[179]). Infolge des hohen Rohfasergehaltes des Strohhäcksels wurde zur Erzielung einer restlosen Futteraufnahme in der Hauptperiode nicht 700 g Heu als Grundfutter gereicht, sondern nur die Hälfte.

1. Grundfutterperiode (10 Tage Vorfütterung, 10 Tage Hauptversuch).

Einnahmen: 700 g Heu mit . . . . 10,91 g N
Ausgaben: im Kot . . . . 4,99 g N
        im Harn . . . . 7,74 g N   12,73 g N
Stickstoffbilanz . . . . — 1,82 g N (s. Anm. 1)

Die Stickstoffbilanz ist also negativ. Der Verlust an körpereigenem Stickstoff betrug täglich 1,82 g N bzw. 16,7 % der Einnahmen.

2. Hauptperiode (10 Tage Vorfütterung, 10 Tage Hauptversuch).

Einnahmen: 350 g Heu mit . . . . 5,46 g N
als Zulage: 350 g Strohhäcksel-Hefe mit . . 12,40 g N (s. Anm. 2)
                           zus. 17,86 g N
Ausgaben: im Kot . . . . . . 4,39 g N
        im Harn . . . . . . 12,94 g N   17,33 g N
Stickstoffbilanz . . . . + 0,53 g N.

Die Stickstoffbilanz war also positiv. Der Stickstoffansatz im Körper betrug täglich 0,53 g N = 3 % der Einnahmen.

Die Resorbierbarkeit des Stickstoffs der Strohhäcksel-Hefe-Zulage berechnet sich einfach aus der Differenz im Stickstoffgehalt der beiden Kote, bezogen auf den Stickstoffgehalt der Zulagen in Prozenten. Diese enthielten:

in der Hauptperiode . . . . 4,384 g N
in der Grundfutterperiode . . . . 2,496 g N
Mehr in den Faeces der Hauptperiode . . . . . . 1,888 g N
Die Zulage enthielt . . . . 12,400 g N
Mithin resorbiert. . . . . 10,512 g N

= 84,8 % des in der Strohhäcksel-Hefe-Zulage enthaltenen Eiweißes.

Ähnlich wird der durch die Zulage bewirkte Stickstoffansatz berechnet. Der Stickstoffansatz betrug:

in der Hauptperiode . . . . + 0,53 g N
in der Grundfutterperiode . . . . — 1,82 g N
Mehr in der Hauptperiode . . . . 2,35 g N = 19 %.

Von dem Stickstoff der Weizenstrohhäcksel-Hefe-Zulage sind also 19 % im Körper des Versuchstieres retiniert worden.

Anm. 1. Der Stickstoffverlust in den Epidermoidalgebilden ist bei dem vorliegenden Versuch nicht bestimmt worden; das geschieht häufig nicht, weil diese Stickstoffmengen im allgemeinen nicht sehr ins Gewicht fallen.

Anm. 2. Davon 11,34 g Hefestickstoff.

II. Abnutzungsquote und Eiweißminimum.

1. Verschiedene Ansichten über die Abnutzungsquote.

In einem gewissen Umfange wird das *Eiweiß ununterbrochen abgebaut*. Ständig geht z. B. mit den bei der Drüsentätigkeit des Organismus auftretenden N-haltigen Stoffwechselprodukten, ferner mit dem Harn, den Abschilferungen der Epidermis, mit zerfallenen roten Blutkörperchen usw. Eiweiß verloren. Selbst stärkste Gaben N-freier Nährstoffe können diesen Verbrauch nicht unter ein bestimmtes Minimum herabdrücken. Rubner hat diesen Mindestverbrauch an Eiweiß als „*Abnutzungsquote*" bezeichnet. Er nimmt an, daß das Eiweiß hinsichtlich seiner energetischen Funktionen isodynam durch Kohlehydrate und Fett ersetzt werden kann, daß aber zur Deckung der eben geschilderten stofflichen Funktionen stets eine Menge Eiweiß notwendig ist. Diese Auffasung Rubners wird nicht allgemein geteilt. So ist von Müller[119] der Ansicht, daß der *Minimaleiweißverbrauch* in erster Linie nicht auf die Zellabnutzung zurückzuführen ist, sondern daß das Eiweiß spezielle Aufgaben zu leisten habe, vor allem für die Bildung lebenswichtiger Inkretstoffe Verwendung finden müsse. Einen ähnlichen Standpunkt nehmen auch Osborne und Mendel[123] ein. Sie stützen sich vor allem auf die Beobachtung, daß es Eiweißkörper gibt, die den Erhaltungsbedarf decken können, ohne gleichzeitig Wachstum zu bewirken. Caspari S. 654[29], der die verschiedenen Ansichten über die Abnutzungsquote kritisch bespricht, kommt zu folgendem Schluß: „Daß eine Abnutzungsquote im Sinne Rubners bestehen muß, scheint uns außerhalb jeder Diskussion zu liegen, denn wir wissen ja, daß auch im partiellen und absoluten Hungerzustande ständig Zellmaterial zugrunde geht für die von Rubner im einzelnen angegebenen Erfordernisse, und wenn Eiweiß aus anderen Quellen nicht mehr vorhanden ist, so muß eben Organeiweiß für diese Erfordernisse herhalten. Andererseits scheint es uns aber durchaus möglich, daß die inkretorischen Funktionen des Organismus, die ja aus Aminosäuren gespeist werden müssen, für den Eiweißbedarf bei Minimalumsatz von ausschlaggebender Bedeutung sind. Es ist diese Ansicht ja auch experimentell stark gestützt. Auf jeden Fall müssen wir uns aber der Ansicht anschließen, daß, wie uns neuerdings auch Rubner selbst[142] anzunehmen scheint, die Abnutzungsquote keine energetische Funktion ist, und wir möchten glauben, daß auch die Auffassung Rubners weit mehr darauf hinweist, daß der Abnutzungsquote ein stoffliches Bedürfnis zugrunde liegt."

Die durch Stoffwechselversuche direkt ermittelten Werte (s. Anm.) für die *Höhe der Abnutzungsquote* zeigen, soweit sie in der Literatur mitgeteilt sind, erhebliche Schwankungen. McCollum[101, 102] gibt z. B. für das Schwein als Mindestbedarf 0,039 g N auf 1 kg Körpergewicht und Tag an, bei kleineren Individuen 0,08 g N. Durch geeignete Zusammenstellung der Nahrung kann man aber zu noch niedrigeren Werten kommen.

2. Bestimmung der Abnutzungsquote.

Als Beispiel für eine solche Versuchsanordnung soll hier ein 14 tägiger Versuch (Völtz S. 467[181]) mit einem 200 kg schweren kastrierten Eber angeführt werden.

Anm. Nach Folin[41, 42] soll die Kreatininausscheidung bei Ernährung ohne Fleisch unabhängig von der Eiweißzufuhr erfolgen und eine konstante Größe bilden. Man würde also durch sie die Größe des Gewebestoffwechsels (endogener Stoffwechsel) messen können. Der „endogene Stoffwechsel" ist ein Ausdruck für den Teil des umgesetzten Eiweißes, das niemals im Körper zu echtem Protoplasmaeiweiß (Organeiweiß) geworden ist.

Das Tier verzehrte täglich:

1500 g Kartoffelstärke mit 1258,9 g Trock.-Subst., 0,768 g N und 5254,0 Cal.
100 g Rohzucker „ 100,0 g „ „ — 396,2 Cal.

Sa. 1358,95 g Trock.-Subst. 0,768 g N und 5650,2 Cal.

Der Verlauf des Versuches im einzelnen geht aus den folgenden Zusammenstellungen hervor:

| Datum Dezember 1913 | Stickstoffausscheidung | | | N-Ansatz | Gewicht des Tieres | Gewicht des frischen Kotes |
	im Harn g	im Kot g	Summa g	g	kg	g
9./10.	4,77				204	An den ersten sie-
10./11.	5,58					ben Versuchstagen
11./12.	4,52					enthielten die Fæ-
12./13.	Harn- verluste					ces noch Stroh.
13./14.	5,02					Mit der Sammlung wurde daher erst
14./15.	4,14					am achten Tage
15./16.	4,75					begonnen.
16./17.	5,61					Kein Kot
17./18.	3,98					31,9
18./19.	4,12					73,1
19./20.	7,26					102,4
20./21.	5,41					Kein Kot
21./22.	5,14					113,0
22./23.	4,95				201	310,4
Im Mittel:	5,02 (s. Anm. 1)	1,27 (s. Anm. 2)	6,29	— 5,52	202,5	90,1 (s. Anm. 2)

Pro Kilo Lebendgewicht und Tag erhielt das Tier 27,8 Cal bzw. 25,8 nutzbare Calorien. Die tägliche Gewichtsabnahme betrug im Mittel 231 g.

Der Kot der vorliegenden Periode mit stickstofffreier Ernährung (letzte 7 Tage) wog lufttrocken 277,4 g und enthielt in Prozenten:

Trocken- substanz	Asche	Organische Substanz	Rohprotein	Calorien in 100 g
95,90	44,96	50,94	20,01	305,5

Aus diesen Zahlen ergibt sich der folgende Gehalt an Einzelbestandteilen in Gramm pro Tag:

Lufttrockener Kot	Trocken- substanz	Asche	Organische Substanz	Rohprotein	Calorien
39,63	38,01	17,82	20,19	7,93	121,1

Die folgende Tabelle enthält die Verdauungswerte der vorliegenden Periode.

Futterverzehr	Trocken- substanz g	Organ. Substanz g	Roh- protein g	Rohfett g	Roh- faser g	N-freie Extrakt- stoffe g	Calorien
1500 g Kartoffelstärke . .	1258,95	1247,75	4,79	—	—	1242,96	5254,0
100 g Rohzucker . . .	100,00	100,00	—	—	—	100,00	396,2
Summa	1358,95	1347,75	4,79	—	—	1342,96	5650,2
In den Faeces	38,01	20,19	7,93	3,95	0,76	7,55	121,1
Also resorbiert . . . . g	1320,94	1327,56	—3,14	—3,95	—0,76	1335,41	5529,1
%	—	98,4	—	—	—	99,4	97,9

Anm. 1. Im Mittel von 13 Versuchstagen.
Anm. 2. Im Mittel der letzten 7 Versuchstage.

Energieumsatz in der Periode mit N-freier Ernährung.

Einnahmen pro Tag . . . .   5650,2 Cal.
Ausgaben pro Tag:
    Der Kot enthielt . . . .   121,1 Cal. = 2,1 % d. Zuf.
    Energieverlust aus 1335,41 g verdauten N-
    freien Extraktstoffen durch Methan- und
    Wasserstoffgärung . . . .   167,7 „   = 3,0 % „   „
    Der Harn enthielt . . . .   117,6 „   = 2,1 % „   „
                                              Sa. 406,4 Cal. = 7,2 % d. Zuf. =   406,4 Cal.
Somit beträgt der physiologische Nutzwert . . . . = 5243,8 Cal.
entsprechend 92,8 % der Zufuhr.

$$\text{Calorischer Quotient } \frac{(\text{Harn-Cal.} = 117,6)}{(\text{Harn-N} = 5,02)} = 23,4.$$

Bei einer nahezu N-freien Ernährung und einer Energiezufuhr von 27,8 Rohcalorien bzw. 25,8 nutzbaren Calorien pro Kilo Lebendgewicht verlor das Tier nur 5,52 g N täglich von seinem Körperbestande und büßte auch nur wenig, nämlich täglich 231 g, von seinem Körpergewicht ein. Auf 1 kg Lebendgewicht umgerechnet betrug der N-Umsatz 0,027 g N täglich. Die Ausnutzung der Stärke und des Zuckers ist trotz der N-freien Ernährung eine vollständige gewesen.

Der Betrag an N-haltigen Stoffwechselprodukten war hier also minimal.

Es sei an dieser Stelle hervorgehoben, daß die *Abnutzungsquote keine konstante Größe* ist, eine Annahme, wozu der Ausdruck „Quote" verleiten könnte, sondern abhängig von einer ganzen Reihe von Faktoren. So würde z. B. im vorliegenden Beispiele bei reichlichem Gehalt der Contenta an unverdaulichen Ballaststoffen, z. B. Rohfaser, die Menge an N-haltigen Stoffwechselprodukten wesentlich erhöht worden sein (s. Kap. C, Eiweißverdaulichkeit und Eiweißverhältnis, S. 42f.).

Die Größe des durch keinen anderen Nahrungsbestandteil mehr herabzusetzenden *Eiweißbedarfes* des Organismus, mit dem eben noch N-Gleichgewicht zu erzielen ist, hat man als *physiologisches Eiweißminimum* bezeichnet. Das physiologische N-Minimum deckt sich also nicht ganz mit dem Begriff „Abnutzungsquote", unter der der Mindest-N-Umsatz verstanden wird, ohne Rücksicht darauf, ob der betreffende Organismus sich dabei im N-Gleichgewicht befindet oder nicht.

[3. Absolutes und relatives Eiweißminimum.

In vielen Arbeiten ist versucht worden, das physiologische Eiweißminimum zu bestimmen. Es ist dabei unterschieden worden zwischen dem absoluten und dem relativen Eiweißminimum. Unter *absolutem Eiweißminimum* wird diejenige Menge an verdaulichem Eiweiß verstanden, die bei vorhandenem N-Gleichgewicht nicht mehr unterboten werden kann, auch wenn N-freie Nährstoffe in noch so großen Mengen zugeführt werden. Unter *relativem Eiweißminimum* würde diejenige Eiweißmenge zu verstehen sein, die bei der jeweilig verzehrten Kost gerade noch das N-Gleichgewicht zu erhalten gestattet. Es ist klar, daß je nach der Zusammensetzung der Nahrung, je nach ihrem Kohlehydrat- und Fettgehalt, je nach Art, Zusammensetzung und Wertigkeit des betreffenden Nahrungseiweißes die Eiweißminima verschieden sein müssen. Es kommt hinzu, daß der jeweilige physiologische Zustand des betreffenden Individuums, sein Alter, seine ererbte Konstitution, Ruhe und Arbeit, sein Vorrat an N-freien Nährstoffen (Fettbestand usw.) ebenfalls von Einfluß sind, so daß man nur Rubner[143] beipflichten kann, wenn er sagt: „Das Suchen nach einem Eiweißminimum wird überhaupt nie von Erfolg begleitet sein, weil es eben nicht ein, sondern viele Eiweißminima, mit welchen die Ernährungslehre rechnen muß, gibt."

III. Das Eiweiß im Hungerstoffwechsel.

Für viele Fragen des Eiweißstoffwechsels sind die Verhältnisse beim *Hunger-stoffwechsel* wichtig; so hat man versucht, aus der Größe der N-Ausscheidung im Hunger auf die Höhe des Erhaltungsbedarfs an Eiweiß zu schließen, in Analogie mit der Bestimmung des Energiebedarfes für die Erhaltung (Grundumsatz), der ebenfalls am hungernden ruhenden Individuum festgestellt wird.

Charakteristisch für die *N-Ausscheidung im Hunger* ist, daß sie eine Steigerung in den ersten Tagen erfährt und dann erst allmählich das Hungerminimum erreicht. Diese anfängliche Steigerung hängt nach PRAUSNITZ[137] mit dem Verbrauch an verfügbarem Glykogen zusammen. Ein gewisser Vorrat an Glykogen wird aber im Körper auch noch nach sehr langen Hungerperioden gefunden (PFLÜGER beim Hund, MOULTON beim Rind). Glykogen ist für die Aufrechterhaltung der Muskelbewegungen auch beim hungernden Individuum unbedingt notwendig. Es wird daher, wie ZUNTZ[217] nachgewiesen hat, sogar während des Hungerns im Körper ständig neu gebildet.

Allerdings kommt der *Anstieg der N-Ausscheidung in den ersten Hungertagen* nicht immer deutlich zum Ausdruck, so beim Carnivoren, wo die Kurve der Organ- und Übergangseiweißausscheidung durch die Kurve der Ausscheidung von meist in größeren Mengen vorhandenem Vorratseiweiß überlagert wird. Vor allem sind aber beim Herbivoren diese Verhältnisse verschleiert, durch die Besonderheiten der Verdauung, die im allgemeinen langsam verläuft, und beim Wiederkäuer durch den Füllungszustand des Magen-Darm-Kanals: Auch nach längeren Hungerperioden bis zum Eintritt des Hungertodes bleiben normalerweise immer noch beträchtliche Futtermengen in den Därmen, so daß die Resorption und Assimilation von Nährstoffen daher niemals völlig zum Stillstand kommt. Immerhin ist in den Hungerversuchen von GROUVEN[60] am Rinde eine Steigerung der N-Ausfuhr am 7. und 8. Tage zu beobachten, wobei zu bemerken ist, daß GROUVEN den eigentlichen Hungerzustand erst vom 5. Tage ab rechnet. In Hungerversuchen am Kaninchen wurde ebenfalls eine Erhöhung der N-Ausfuhr am 3. Tage mit ziemlicher Regelmäßigkeit beobachtet (MAY[100]).

Die Kurve des ausgeschiedenen N im eigentlichen Hungerstoffwechsel ist abhängig von den Fettvorräten des Organismus, eine Tatsache, die schon BIDDER und SCHMIDT[20], sowie VOIT[196] bekannt war. Die Wärme- und Energieproduktion wird zunächst nach Möglichkeit vom Körperfett bestritten, und je größer die Reserven des Organismus daran sind, desto länger kann der Eiweißverbrauch eingeschränkt werden.

Hierfür sei ein Beispiel aus einer Versuchsreihe von M. RUBNER[144] gebracht. Ein hungerndes Kaninchen (Anfangsgewicht 2341 g, nach 19 Tagen Hunger 1388 g) zersetzte:

Was die *absolute Größe der N-Ausscheidung im Hunger* verglichen mit der Höhe der Abnutzungsquote betrifft, so ergeben vergleichbare Angaben über die N-Ausscheidung beim hungernden Menschen (BRUGSCH S. 7[25]) und die Höhe der Abnutzungsquote (CASPARI S. 655f.[29]),

Hungertag	Eiweiß g	Fett g
1.— 2.	9,75	—
3.— 8.	6,70	10,0
9.—15.	5,92	7,4
16.—18.	13,27	1,0

daß die Abnutzungsquote nur den 2.—5. Teil des Eiweißumsatzes im Hunger ausmacht. Der maximale Eiweißverlust, den ein Organismus noch ertragen kann, beläuft sich nach RUBNER auf etwa 50 % des Bestandes.

Kurz erwähnt sei auch noch die wiederum zuerst von VOIT[196] beobachtete und gedeutete Erscheinung der sog. *prämortalen N-Ausscheidung*. Als Grund gibt er die allmähliche Abnahme des Körperfettes und die relative Zunahme des

Eiweißes im Körper an. Dieser Ansicht ist schon früh von Schulz[154] widersprochen worden: Da nämlich die vermehrte N-Ausscheidung schon einsetzt, bevor noch alles Körperfett verbraucht ist, kann der Mangel an N-freien Nährstoffen nicht der Grund sein. Er glaubt an eine Selbstvergiftung durch nekrotische Gewebe. Neuere Versuche (Serio[158]) haben diese Annahme recht gut gestützt. Doch auch die Voitsche Ansicht hat durch die Versuche von Koll[91], der bei hungernden Kaninchen durch subcutane Ölzufuhr die prämortale N-Ausscheidung aufhalten konnte, bestätigt werden können. Die Wahrheit wird wahrscheinlich in der Mitte liegen.

Der im *Hungerkot* enthaltene N, sofern überhaupt defaeciert wird, beträgt nur einen geringen Teil des im Harn ausgeschiedenen N. Außerdem ist dieser Anteil schwankend. So fanden Forbes, Fries und Kriss[45] in ihren Hungerversuchen an Kühen bei Kuh Nr. 855 am 5. und 6. Hungertage im Harn 28 bzw. 26,5 g N, im Kot 4,4 bzw. 2 g N, bei Kuh Nr. 887 am 9. Hungertage im Harn 32,0 g N, im Kot 12,1 g N, am 10. Hungertage im Harn 21,5 g N, im Kot 2,9 g N.

Auffallend ist, daß bei minimaler N-Ausscheidung das Verhältnis von Harnstoff-N zum Gesamt-N wesentlich verringert wird (normal 90 % des Gesamt-N = Harnstoff-N, im Hunger nur 35—60 % N in Form von Harnstoff-N [s. Anm. 1]. Dagegen nimmt der Ammoniakgehalt des Harnes zu. Nach Brugsch[26], Bönniger und Mohr[21] ist die Ursache für das vermehrte Auftreten von NH_4 in einer zunehmenden Acidosis verbunden mit saurer Reaktion des Harnes zu suchen (Acetonkörper, Oxybuttersäure). Man kann daher die vermehrte NH_4-Ausscheidung als eine Schutzmaßnahme des Körpers ansehen, die überschüssigen Säuren zu binden, wenn auch die NH_4-Menge nicht ausreicht, um die Gesamtsäure abzusättigen. Bei Tieren tritt die Acidosis nicht mit der Regelmäßigkeit auf wie beim Menschen. Dagegen wurde die *Kreatininausscheidung*, die nach Folin ein Maßstab für den Zellstoffwechsel ist, beim hungernden Kaninchen nach Dorner[35] auf das 4—5fache erhöht. Auch beim Schafe ist eine solche Erhöhung im Hunger beobachtet worden.

IV. Die Abhängigkeit des N-Stoffwechsels von der Körpermasse und -oberfläche.

Schließlich ist noch die Frage nach der Abhängigkeit der Größe des N-Stoffwechsels von der Masse bzw. von der *Körperoberfläche* der verschiedenen Individuen von Bedeutung, und zwar im Hinblick auf die Bemessung der *Eiweißration im Erhaltungsbedarf*. Bekanntlich hat Rubner gefunden, daß der Energieverbrauch verschieden schwerer Individuen nicht direkt proportional ihrem Lebendgewicht, sondern proportional der Oberfläche geht. Die Oberfläche berechnet man nach der Mehschen Formel (zit. n. [168] S. 263):

$$O = k \cdot M^{2/3},$$

wo M das Gewicht und k eine für jede Tierart bestimmte Konstante ist (s. Anm. 2).

Anders bei der *Berechnung des Eiweißbedarfes*: Dieser soll sich proportional zum Lebendgewicht ändern. Man stützt sich dabei auf die Annahme Voits, daß der Eiweißbedarf proportional der Masse lebender Zellen (Ersatz von Zellen und Neu-

---

Anm. 1. Nach Folin[42] sind 60 % des Gesamt-N in Form von Harnstoff enthalten, 18 % Kreatinin, 7 % Ammoniak, 3,4 % Harnsäure, der Rest in einer bisher noch nicht identifizierten Form. Ein Hungerharn mit dieser Zusammensetzung ist das typische Endprodukt des endogenen Stoffwechsels.

Anm. 2. Die Amerikaner rechnen nach Hogan mit $M^{2/3}$ (bei $k = 0,1186$ für das Rind).

bildung lebenswichtiger Verbindungen) geht. Auch KELLNER S. 446[86] nimmt an, daß der Eiweißbedarf für den Unterhalt proportional dem Körpergewicht berechnet werden kann. MÖLLGAARD S. 131[109] weist aber, und wohl mit Recht darauf hin, daß die Versuche VOITS am hungernden Hund, also an einer ruhenden Masse ausgeführt sind, daß aber die Größe der Ersatzsynthese des Eiweißes wahrscheinlich in einem einfachen Verhältnis zur Aktivität der Organe des Körpers steht und daß diese Aktivität offenbar mit $M^{2/3}$ ansteige (eine Ansicht, die auch bereits ZUNTZ geäußert hat). Es sei daher richtig, auch den Proteinbedarf für den Unterhalt mit der Potenz $M^{2/3}$ zu berechnen (s. Tabelle S. 33).

B. Eiweißbedarf.

I. Allgemeiner Teil.

Es ist von jeher eine der Hauptaufgaben der Tierernährungslehre gewesen, den Nährstoffbedarf der Haustiere im Hinblick auf eine bestimmte Leistung zu ermitteln. Diese Leistungen sind das Wachstum, die Mast, die Milchproduktion und die Arbeit. Ihnen wird gegenübergestellt der Bedarf für die Erhaltung des Organismus.

Die Bestimmung des Eiweißbedarfes nimmt hierbei eine Sonderstellung ein, einmal aus rein wirtschaftlichen Gründen, weil das Eiweiß der teuerste Nährstoff ist, zum andern aber aus physiologischen Gründen, weil das Eiweiß bis zu gewissem Grade durch keinen anderen Nährstoff in der Nahrung ersetzt werden kann. Gerade bei der Untersuchung der Frage des Eiweißbedarfes ist am frühesten zum Ausdruck gekommen, daß der Nährstoffbedarf nicht nur vom energetischen Standpunkt aus (Isodynamie der verschiedenen Nährstoffe) behandelt werden darf, sondern daß auch die stoffliche Seite dabei zu berücksichtigen ist. Es war schon verhältnismäßig früh nachgewiesen, daß der Organismus nicht allein mit N-freien Stoffen am Leben zu halten ist, sondern daß er einen gewissen Mindestbedarf an Protein hat. In neuerer Zeit sind unsere Ansichten über das stoffliche Bedürfnis des Organismus wesentlich erweitert und vertieft worden. Wir wissen heute, daß der Organismus zur Aufrechterhaltung seiner Lebensfunktionen nicht eine gewisse Menge Eiweiß schlechthin notwendig hat, sondern daß es ein Bedarf an bestimmten chemischen Verbindungen ist, den *Aminosäuren*, die als Bausteine des Eiweißes erkannt sind. Der Organismus ist selbst nicht in der Lage, eine ganze Reihe von diesen Bausteinen etwa aus Ammoniak und N-freien Verbindungen zu synthetisieren, sondern ist auf ihre Zufuhr von außen her in der Nahrung angewiesen. Über die Wirkungsweise der Aminosäuren, ihre biologische Wertigkeit sind bereits eine Reihe von Tatsachen bekannt, über die in einem besonderen Kapitel Mitteilung gemacht werden soll. Wenn wir darin auch vorläufig noch im Anfange unserer Erkenntnis stehen, so muß doch schon an dieser Stelle gesagt werden, daß die Ausführungen über den Eiweißbedarf in ihrer Anwendung für die praktische Fütterungslehre nur zutreffen, wenn ein *biologisch vollwertiges Eiweiß* verabfolgt wird, was man übrigens mit ziemlicher Sicherheit durch die Verfütterung eines Gemisches von mehreren Eiweißfuttermitteln erreichen kann. Neben der Bedeutung eines biologisch vollwertigen Eiweißes für die Höhe des Eiweißbedarfes ist dieser in ganz besonderem Maße auch abhängig von dem Verhältnis des N-haltigen zu dem N-freien Teil der Nahrung. Über dieses *Eiweißverhältnis* wird ebenfalls in einem besonderen Kapitel gesprochen werden. Schließlich sind auch der Ernährungs- und der gesamte physiologische Zustand des Tieres selbst von Einfluß auf die Höhe des Eiweißbedarfes. Alle diese Gesichtspunkte müssen im Auge behalten werden, wenn es sich um Entscheidungen in der Frage des Eiweißbedarfes handelt.

1. Erhaltungsbedarf.

Die Trennung von Erhaltungsbedarf und Produktionsbedarf an Eiweiß findet darin ihre Begründung, daß es, wie in den Ausführungen über die Abnutzungsquote (Kap. A, S. 10) gezeigt worden ist, eine Mindesteiweißmenge gibt, die dem Organismus zugeführt werden muß, damit er sich lebensfähig halten kann. Vom physiologischen Standpunkt aus ist dazu zu bemerken, daß, falls man nicht die Ansicht Rubners teilt, sondern sich den Anschauungen von Osborne und Mendel anschließt, ein eigentliches Grundbedürfnis an Eiweiß nicht existiert und infolgedessen auch eine Trennung von Erhaltungsbedarf und Bedarf für das Wachstum usw. nicht möglich ist. Da aber unsere Kenntnisse über die Art des geringsten Eiweißumsatzes im Körper noch unvollständig sind, so liegt keine Veranlassung vor, die Trennung in Erhaltungs- und Produktionsbedarf aufzugeben, zumal sie sich praktisch durchaus bewährt hat.

In vielen Versuchen an verschiedenen Tieren sind die für den Erhaltungsbedarf notwendigen Eiweißmengen bestimmt worden, doch müssen wir überall dort, wo es sich um die Aufstellung eines unter praktischen Verhältnissen gültigen Mindesteiweißmaßes handelt, in der Verallgemeinerung von Ergebnissen aus Laboratoriumsversuchen sehr vorsichtig sein. Denn es ist zu bedenken, daß die Ermittelung der Eiweißminima im N-Gleichgewicht bzw. bei geringer positiver N-Bilanz bei im wesentlichen kurzfristigen Versuchen erfolgt ist, und es ist nicht gesagt, daß eine gewisse Eiweißmenge, die für eine kürzere Zeitspanne als ausreichend befunden worden ist, auch für Monate oder gar Jahre den Bedarf des Organismus decken würde. Gerade die neueren Versuche über die biologische Wertigkeit des Eiweißes, die an kleinen Tieren über die ganze Lebenszeit und sogar durch mehrere Generationen fortgesetzt worden sind, haben das sehr überzeugend dargetan.

Sehr lehrreich ist in dieser Hinsicht auch die Diskussion, die sich über den *Eiweißbedarf des Menschen* im Anschluß an die Voitschen Normen in der Ernährungsphysiologie entwickelt hat. Unter dem Eindruck langfristiger Versuche vor allen Dingen von Chittenden[30], der nachwies, daß für eine gewisse Zeitspanne bei gemischter Kost eine tägliche Eiweißzufuhr von 40—45 g ausreichend sei, ist von vielen Seiten eine Herabsetzung der Voitschen Norm als notwendig erachtet worden. Dazu ist zu bemerken, daß auch diese an und für sich zwar langfristigen Versuche, die aber, an der Gesamtlebensdauer des Menschen gemessen, nur eine kleine Periode umfassen, noch nicht beweisen, daß durch so geringe Eiweißmengen der Bedarf des Organismus ohne Schaden für lange Zeiträume gedeckt werden könnte. In dieser Hinsicht haben die trüben Erfahrungen mit der Kriegskost in Deutschland während des Weltkrieges gezeigt, daß die Ansichten derer, die einen geringen Eiweißbedarf vertraten, falsch gewesen sind. Sie haben überdies der Tatsache in keiner Weise Rechnung getragen, daß der Eiweißbedarf zuzeiten, z. B. nach Krankheiten und Störungen des Wohlbefindens, größer ist als auf der Höhe der physiologischen Leistungsfähigkeit des Körpers. Es ist hier nicht der Platz, die Frage nach der durchschnittlichen Höhe des Bedarfes an verdaulichem Eiweiß für den Menschen zu untersuchen. Nur sei darauf hingewiesen, daß *in der Praxis mit einem gewissen Sicherheitsfaktor über den gerade notwendigen Bedarf hinaus unbedingt gerechnet werden muß* und daß wir infolgedessen mit der Normierung des Eiweißbedarfes für den erwachsenen Menschen nicht wesentlich unter 100 g zurückbleiben dürfen, womit wir uns der von Voit erhobenen Forderung wieder nähern würden.

Diese Überlegungen gelten in der gleichen Weise für die *Haustiere*: Es würde genau so verkehrt sein, die *Eiweißrationen* so niedrig zu bemessen, daß eine geringe weitere Einschränkung der Eiweißzufuhr schon zu N-Verlusten führen müßte. Es ist natürlich möglich, vor allem bei einer Ration, die sehr große Mengen von N-freien Stoffen enthält, also ein sehr weites Nährstoffverhältnis hat, mit minimalen Eiweißmengen die Tiere einige Zeit im N-Gleichgewicht zu halten, ja sogar noch eine geringe positive N-Bilanz zu erzielen.

So konnten ARMSBY und FRIES[8] bei einem Nährstoffverhältnis von 1 : 23 und einer täglichen Zufuhr von 49 g verdaulichem Rohprotein (31 g verdauliches Reineiweiß) pro 100 kg Lebendgewicht bei einer Kuh eine positive N-Bilanz von + 5,7 erzielen und bei einem noch weiteren Nährstoffverhältnis von 1 : 25,3 sogar mit nur 44 g verdaulichem Rohprotein (26 g verdauliches Reineiweiß) eine positive N-Bilanz von + 3,7. Noch weiter (s. Anm.) sind beim Wiederkäuer dänische Forscher (zit. nach O. KELLNER S. 442[86]) mit der Herabsetzung der Eiweißzufuhr bei Erhaltung des N-Gleichgewichtes gekommen: bei 2 trocken stehenden Kühen wurde N-Gleichgewicht bei 21 bzw. 25 g verdaulichem Rohprotein pro 100 kg Lebendgewicht erzielt.

Aber alle diese Versuche sind von verhältnismäßig kurzer Dauer. Es ist anzunehmen, daß für lange Zeiträume eine so geringe Eiweißzufuhr ungenügend ist, um die Tiere im N-Gleichgewicht zu halten. Langfristige Versuche, die dies mit Sicherheit erweisen, liegen vor von HÄCKER[63] und MÖLLGAARD S. 123[109].

In 3jährigen Versuchen beobachtete HÄCKER, daß Kühe, die Rationen mit nur 35—40 g verdaulichem Eiweiß pro 100 kg Lebendgewicht und Tag erhalten hatten, im 3. Jahre krankhafte Veränderungen der Haut und der Haare zeigten; ferner waren die Augen trübe, der Appetit gering, die Bewegungen müde und matt. Der Einfluß auf die Geschlechtstätigkeit war ungünstig, es wurden ein Teil der Kühe nicht mehr tragend. Auch ging die Milchleistung zurück, trotzdem die Ration ebenso hoch blieb wie in den Vorjahren. Alle diese Anzeichen einer schweren Störung des Allgemeingefindens waren in den ersten beiden Jahren der geringen Proteinzufuhr nicht vorhanden.

MÖLLGAARD fand in voller Übereinstimmung mit HÄCKER, daß eine Kuh, die 2 Jahre trocken stand und nicht mehr als 35—40 g verdauliches Reineiweiß je 100 kg Lebendgewicht und Tag erhielt, Veränderungen der Haut und Haarausfall zeigte, Erscheinungen, die durch eine Erhöhung der Eiweißzufuhr auf 50—60 g verdauliches Reineiweiß pro 100 kg Lebendgewicht und Tag wieder zum Verschwinden gebracht werden konnten.

Auch die Anfälligkeit der Tiere z. B. gegen Tuberkuloseinfektion wird bei sehr eiweißarm gefütterten Individuen größer als bei normal ernährten. Hierfür haben THOMAS und HORNEMANN[163] an Schweinen den Beweis erbracht. Es wurden 3 Gruppen von Ferkeln, die als Grundration Milch erhielten, unter Zusatz von Casein bei Gruppe 1, von Palmin bei Gruppe 2 und Zucker bei Gruppe 3 in gleicher Weise mit Tuberkulose infiziert. Während die Eiweißtiere nur ganz wenige Tuberkelknötchen nach geraumer Zeit aufwiesen, zeigten sowohl die Fett- als vor allem die Kohlehydrattiere ein wesentlich weiter vorgeschrittenes Stadium der Tuberkulose.

Aus all diesem geht hervor, daß bei der Frage nach dem Eiweißbedarf für die Erhaltung der Schwerpunkt nicht so sehr auf die Feststellung des *Eiweißminimums* gelegt werden sollte, sondern, wie ARMSBY und seine Schule es tut, auf das *Eiweißoptimum*, d. h. also auf diejenige Menge Eiweiß, die es gestattet, die Tiere über eine Reihe von Jahren im normalen Zustande zu erhalten.

MCCOLLUM und SIMMONDS S. 48[103] fassen ihre Ansicht in dem kurzen Satz zusammen: „Das Optimum ist ein besseres Ziel für die Ernährung als die Norm."

Anm. Den niedrigsten Wert haben SCHEUNERT, KLEIN und STEUBER[150] erreicht, die einen Hammel mit 20 g verdaulichem Rohprotein auf 100 kg Lebendgewicht im N-Gleichgewicht halten konnten.

2. Wachstum.

Der Besprechung der allgemeinen Verhältnisse beim Eiweißbedarf des wachsenden Organismus sei wiederum die Bemerkung vorausgeschickt, daß der Eiweißbedarf des wachsenden Organismus mitbedingt wird durch das Verhältnis von Eiweiß zu Nichteiweiß in der Nahrung und daß zweitens zum normalen Wachstum nicht nur eine ausreichende Menge Eiweiß benötigt wird, sondern ein vollwertiges Eiweiß. Unter diesen Gesichtspunkten wird auf den Eiweißbedarf des wachsenden Organismus in den folgenden Abschnitten nochmals eingegangen werden müssen.

Charakteristisch für den wachsenden Organismus ist dessen ausgesprochene Fähigkeit, Eiweiß anzusetzen, am stärksten in der ersten Lebensperiode, also im Säuglingsalter. Diese Fähigkeit läßt allmählich nach, bis sich mit dem Abschluß des Wachstums das N-Gleichgewicht einstellt. Wie stark die *Ansatzfähigkeit für Eiweiß* beim jugendlichen Organismus ist, zeigen die klassischen Versuche von F. Soxhlet[159] über den Nährstoffbedarf des *Saugkalbes*. Er fand speziell für den Eiweißstoffwechsel folgende Zahlen: Das 2—3 Wochen alte, 50 kg schwere Tier erhielt im Durchschnitt täglich 8,093 kg Kuhmilch mit 245 g Eiweiß (mit 39,2 g N). In den Kot gingen nur geringe N-Mengen über: 2,2 g, während im Harn 10,2 g N ausgeschieden wurden. Danach gelangten 26,8 g N = 72,6% des verfütterten Eiweißes zum Ansatz. Pro Körperkilo hatte das Tier 0,74 g resorbierbares N bzw. 4,6 g verdauliches Eiweiß erhalten.

Die verhältnismäßig rasche Abnahme dieser hohen Ausnutzungsfähigkeit für Eiweiß geht aus Versuchen von Fingerling[37] hervor, der den Eiweißverbrauch und den Eiweißansatz an *Stierkälbern* feststellte. Die Versuche wurden so angelegt, daß auf je eine Vollmilchperiode eine 13tägige Magermilchperiode folgte, an die sich wieder eine Vollmilchperiode anschloß. Das Alter der Tiere bei Versuchsbeginn war 12—15 Tage. In der ersten 1—2tägigen Vollmilchperiode schwankte der N-Ansatz zwischen 64,5 und 70,6% der zugeführten Eiweißmenge. In der zweiten Vollmilchperiode von 9—11 Tagen war er bereits auf 41,5 bzw. 50% gesunken.

Am wachsenden *Schwein* haben neuere, sorgfältige Versuche von Wöhlbier[210] ergeben, daß von dem Nahrungseiweiß zum Ansatz gelangen:

in der 1. Woche	. . . . 89,1%	in der 3. Woche	. . . . 74,7%
„ „ 2. „	. . . . 84,3%	„ „ 4. „	. . . . 67,7%

Diese Feststellungen stehen in einem gewissen Gegensatz zu den Ergebnissen von Ostertag und Zuntz[126], die zwar ebenfalls eine stetige Abnahme der N-Ansatzfähigkeit beim *Saugferkel* feststellen konnten, dabei aber in der 4. Lebenswoche bereits zu wesentlich niedrigeren Werten als Wöhlbier kamen, nämlich 11—13%. Da es sich aber, worauf Wöhlbier hinweist, bei ihren Untersuchungen nicht um genau durchgeführte Stoffwechselversuche handelte, sondern sie auf Grund calorimetrischer Berechnungen auf den N-Stoffwechsel schlossen, so sind diese Zahlen nicht ganz sicher. Eine wesentlich bessere Übereinstimmung zeigen die Wöhlbierschen Ergebnisse mit den exakten Stoffwechselversuchen an Ferkeln von Wellmann[204], der allerdings Kuhmilch mit verschiedenen Zusatzen von Kohlehydraten und Fett an die Tiere verabreichte. Wöhlbier hat die Ergebnisse seiner und der Wellmannschen Versuche in einer anschaulichen Tabelle vereinigt, aus der hervorgeht, daß die Ausnutzung der Eiweißstoffe in der Milch zur Fleischerzeugung mit zunehmendem Alter sehr gleichmäßig nachläßt.

Für *wachsende Schafe* haben exakte Feststellungen von H. Jantzon[85] am Königsberger Tierzuchtinstitut ebenfalls die Tatsache bestätigen können, daß die Eiweißansatzfähigkeit mit zunehmendem Lebensalter nachläßt. Im Mittel einer Periode bei reiner Muttermilch vom 1.—28. Lebenstage wurde bei zwei Lämmern eine Verwertung des N zu 64,2 (66,3%) gefunden. In der daran anschließenden Milch- und Beifutterperiode (65 Tage) war diese Ansatzfähigkeit bereits auf 22,8% (23,0%) gesunken und in einer darauffolgenden 30tägigen Periode ohne Muttermilch betrug die Ausnutzung des N aus dem Futter nur noch 12,0% (11,8%).

Der wachsende Organismus verhält sich also hinsichtlich seines Eiweißstoffwechsels umgekehrt wie das ausgewachsene Individuum, das im Zustande des N-Gleichgewichtes bestrebt ist, alles über den notwendigen Erhaltungsbedarf hinausgehende Eiweiß vor den anderen Nährstoffen zu zersetzen und für energetische Zwecke zu verwenden. Beim wachsenden Organismus wird dagegen nur der zum Aufbau von Körpersubstanz nicht erforderliche Anteil zersetzt. Dabei ist die *absolute Eiweißmenge*, die trotz des] vermehrten Ansatzes wieder ausgeschieden wird, auf die Gewichtseinheit bezogen, ganz wesentlich höher als beim ausgewachsenen Individuum: so betrug die N-Ausscheidung beim SOXHLETschen Saugkalbe im Harn auf 1000 kg Lebendgewicht berechnet 204 g N täglich, während sie bei ausgewachsenen Tieren im N-Gleichgewicht bei Erhaltungsfutter ungefähr 100 g auf 1000 kg Lebendgewicht beträgt. RUBNER[146] hat aber darauf aufmerksam gemacht, daß es sich hier nicht etwa um eine Eiweißvergeudung handelt, sondern daß der Eiweißgehalt der Muttermilch gerade so groß ist, um ein maximales Wachstum in der Säuglingsperiode zu gewährleisten, ohne daß ein Überschuß vorhanden wäre. Es besteht ein direkter *Zusammenhang zwischen der Eiweißmenge in der Muttermilch und der normalen Gewichtszunahme,* wie die folgende Gegenüberstellung zeigt (nach GLASEWALD[55] und VÖLTZ[169] aus H. ARON[12]):

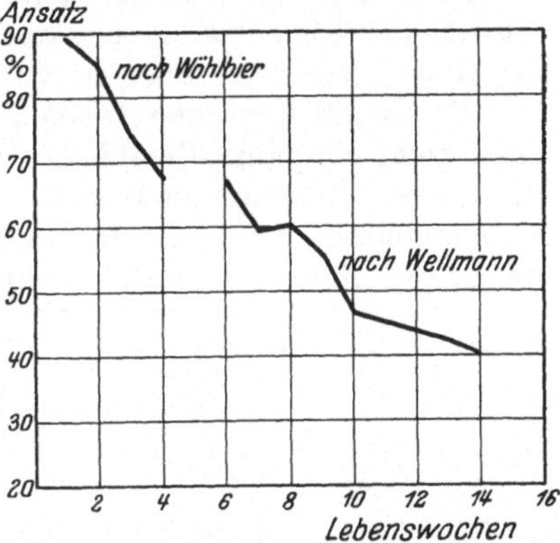

Abb. 1. N-Ansatz beim wachsenden Schwein in den ersten Lebenswochen.

Tierart	Zahl der Tage bis zur Verdoppelung des Geburtsgewichtes	Eiweiß in 100 Teilen Muttermilch
Mensch	180	1,2
Rind	47	3,3
Ziege	20	5,0
Schaf	12	5,6
Schwein	8	7,5
Hund	8	9,2
Kaninchen	6	15,5

Die *Größe des N-Ansatzes* ist nach RUBNER[146] im allgemeinen umgekehrt proportional der Größe des Tieres mit Ausnahme des Menschen. Das geht aus folgender Zusammenstellung hervor, in der der tägliche N-Ansatz in der ersten Verdoppelungsperiode auf 100 g Körper-N bezogen ist. Er beträgt:

beim Kaninchen	11,0%	beim Schaf	4,40%
bei der Katze	7,3%	beim Rind	1,40%
beim Hund	7,4%	beim Pferd	1,10%
beim Schwein	4,7%	beim Menschen	0,36%

Wird nach dem Entwöhnen die Eiweißzufuhr über den optimalen Bedarf hinaus erhöht, so kann der Überschuß nicht zum Ansatz gelangen, sondern wird zersetzt. Ein Beispiel bieten die Feststellungen Fingerlings S. 232[38] an Kälbern, bei denen der Eiweißansatz gleich hoch blieb nach Verfütterung von 1,4 kg und 2,4 kg verdaulichem Reineiweiß auf 1000 kg Lebendgewicht. Da durch überreiche Eiweißzufuhr, sofern das Eiweiß nicht zum Ansatz gelangt, eine Erhöhung des gesamten Stoffwechsels herbeigeführt wird (spezifisch-dynamische Wirkung), müssen die Eiweißgaben bei wachsenden Tieren mit zunehmendem Alter, auf die Gewichtseinheit bezogen, verringert werden.

Der ziemlich raschen *Abnahme der Eiweißansatzfähigkeit* in den ersten Lebenstagen folgt ein ganz allmähliches Absinken in den späteren Monaten des Wachstums, wie Versuche von Weiske[203] an wachsenden Hammeln zeigen. Auf 50 kg Lebendgewicht berechnet betrug die N-Zufuhr (in Form von verdaulichem Eiweiß), der N-Umsatz und -Ansatz:

Im Alter von Monaten	Verdauliches Protein g	N-Umsatz g	N-Ansatz in g
5	188	23,4	6,75
8—9	138	17,7	4,37
11	115	15,5	2,94
23	61	7,9	1,84

Aus allem geht demnach hervor, daß *der Produktionswert des Eiweißes für den wachsenden Organismus sich in jedem Abschnitt ändert, also keine konstante Größe ist.* Es ist daher üblich, den Eiweißbedarf für ein wachsendes Tier immer nur inDurchschnittswerten für kürzere, aufeinander folgende Zeiträume anzugeben.

3. Mast.

a) Ältere und neuere Ansichten über Eiweißmast.

Der Eiweißbedarf bei der Mastleistung wird weitgehend durch das Verhältnis von Fett und Kohlehydraten zum Eiweiß in der Nahrung bestimmt. Da über die Bedeutung dieses Nährstoffverhältnisses in einem besonderen Kapitel die Rede sein wird, soll hier nur auf den *Eiweißstoffwechsel bei der Mast* ganz allgemein eingegangen werden. Man ist heute hierin etwas anderer Ansicht als die ältere Stoffwechselphysiologie, die annahm, daß bei Überernährung einschließlich des Eiweißes zwar in den ersten Tagen N-Retentionen stattfänden, daß aber im Laufe der Zeit das für den ausgewachsenen Organismus typische N-Gleichgewicht durch erhöhte Eiweißzersetzung bald wieder erreicht würde. Diese Ansicht stellt in erster Linie eine Verallgemeinerung der *Ergebnisse von Versuchen an Carnivoren* dar, wie sie z. B. Voit am Hunde gefunden hatte; aus diesen Versuchen seien im Anschluß an O. Kellner S. 118[86] folgende Daten zusammengestellt:

Fleischnahrung g	Nahrung vorher g	Fleischumsatz							
		Bei der vorhergehenden Nahrung g	Bei der neuen Ration						
			1. Tag g	2. Tag g	3. Tag g	4. Tag g	5. Tag g	6. Tag g	7. Tag g
2500	1800	1800	2135	2480	2532	—	—	—	—
1500	500	547	1222	1310	1390	1410	1440	1450	1500
1500	0	176	1267	1393	1404	—	—	—	—

Durch Erhöhung der Fleischnahrung wird regelmäßig Eiweiß retiniert, das dann aber bei längerer Fortführung des Versuches vollkommen wieder umgesetzt wird. Man erklärte sich die N-Retention als eine temporäre Aufspeicherung von Eiweiß einfach als Folge der langsamen Zersetzung des resorbierten Eiweißes. (Vgl. das Schema von Gruber, diese Arbeit S. 5.)

Gegen diese Verallgemeinerung der Auffassung von der Unmöglichkeit eines größeren Eiweißansatzes nach reichlicher Eiweißfütterung an ausgewachsene Individuen sprechen viele *Mastversuche an Hammeln, Schweinen, Ochsen* usw. Am wichtigsten sind die Untersuchungen von FRISKE[51], der bei der Mästung *ausgewachsener* Hammel fand, daß ein starker Eiweißansatz im Verlauf des Versuches stattgefunden hatte, und zwar hatten hauptsächlich die inneren Organe, Herz, Lungen, Leber und Nieren eine Vermehrung ihres N-Bestandes erfahren, weniger die Muskulatur. Später haben PFEIFFER und FRISKE[133] diese Versuche mit ziemlich dem gleichen Ergebnis wiederholt. Übrigens ist auch beim Hunde nach starker Überernährung durch GRAFE und GRAHAM[58] eine dauernde N-Retention erwiesen worden, beim Menschen durch BORNSTEIN[23, 24]. Entgegen der älteren Anschauung ist es also doch *möglich, bei reicher Eiweißzufuhr eine dauernde N-Retention zu erzielen.* In besonders ausgesprochenem Maße ist dies beim Wiederkäuer der Fall. Wie CASPARI S. 798[29] betont, ist der Carnivore entsprechend seiner unter normalen Bedingungen eiweißreicheren Nahrung dem Optimum seines Eiweißbestandes viel näher als die Herbivoren, und dies hat wohl die Veranlassung zu der Verallgemeinerung der Ansicht gegeben, daß ein Eiweißansatz beim erwachsenen Organismus so gut wie unmöglich ist.

Eine andere Frage ist aber die, in welcher Form dieser retinierte N zum Ansatz gelangt. Man ist heute wohl ziemlich allgemein der Ansicht, daß es sich nicht um den Ansatz von echtem Organeiweiß handeln kann, einmal weil ein wandfreie Fälle beobachtet worden sind, wo große N-Retentionen ohne jede Oxydationsvermehrung erfolgten, ferner daß N-Retentionen nach starker Überernährung nur mit sehr geringen Gewichtszunahmen parallel gingen, während echtes Protoplasmaeiweiß (Organeiweiß) mit der vierfachen Menge Wasser angesetzt zu werden pflegt, so daß Eiweißansatz und Gewichtszunahme parallel miteinander laufen. Der Streit, in welcher Form das Eiweiß nach Überernährung im Körper zurückgehalten wird, ist durch die exakten mikroskopischen Untersuchungen von BERG[16, 17] dahin entschieden, daß in der Leber nach entsprechender Fütterung größere Eiweißmengen gespeichert werden können. Dieses Eiweiß kann nicht als echtes Organeiweiß bezeichnet werden, wenn es auch vom Körper dazu gemacht werden kann. Andererseits entspricht es auch nicht dem durch vorhergehende reichliche Eiweißfütterung im Körper noch vorhandenen „Vorratseiweiß", das bei der Einstellung auf das N-Gleichgewicht ausgeschieden wird und als totes Material angesehen wird, sondern es wird von RUBNER[147] entsprechend seiner Funktion als „Übergangseiweiß" bezeichnet. Andere wohl im großen und ganzen aus ähnlichen Anschauungen hervorgegangene Bezeichnungen sind: „*Reserveeiweiß*" (VON NOORDEN), „Zelleinschlußeiweiß" (LÜTHJE).

Zum Beweis, daß in der Tat *die Leber als Speicher für Übergangseiweiß* in Betracht kommt, kann noch außer den schon erwähnten Versuchen von FRISKE und anderen auf Versuche von SEITZ[157] verwiesen werden, der bei gemästeten Enten eine Erhöhung des Gesamt-N in der Leber im Verhältnis zum Gesamt-N-Bestande des Körpers auf das 2—3fache fand.

Trotzdem die Frage nach dem wirtschaftlichen Eiweißoptimum bei der Mast nicht zu trennen ist von der Frage nach dem günstigsten Nährstoffverhältnis, so sei doch hier bemerkt, daß die Eiweißmengen bei der Mast größer sein müssen als beim Erhaltungsbedarf, aus dem einfachen Grunde, weil die hohen Rationen, die den Masttieren gegeben werden, große Anforderungen an den gesamten Verdauungsapparat (Absonderung eiweißhaltiger Verdauungssäfte usw.) stellen.

b) Fettbildung aus Eiweiß.

Ob das Eiweiß bei der Mast ausgewachsener Tiere direkt *in Fett übergeführt werden kann*, ist auch heute immer noch nicht mit vollkommener Sicherheit zu beantworten. Die älteren Versuche von Voit und Pettenkofer[201], die bei Hunden mit reiner Fleischnahrung einen Fettansatz feststellten, haben einer scharfen Kritik nicht standgehalten, da die N-Mengen in der Nahrung und den Ausscheidungen nicht vollständig ermittelt wurden. Immerhin ist die von Voit und Pettenkofer aufgestellte Theorie[197], daß bei Eiweißfütterung über den Erhaltungsbedarf hinaus ein Fettansatz möglich ist, durchaus mit unseren heutigen Kenntnissen des intermediären Eiweißstoffwechsels vereinbar. Von dem mit der Nahrung zugeführten Eiweiß kann sehr wohl ein Teil im Organismus als Ammoniak abgespalten und durch Verbindung mit CO_2 in Harnstoff übergeführt werden, während ein N-freier Teil weder ebenso schnell noch ebenso vollkommen oxydiert zu werden braucht. Wenn tatsächlich Eiweiß in Fett umgewandelt wird, so muß die CO_2-Ausscheidung verringert und die O_2-Aufnahme vergrößert sein, da ja aus einem verhältnismäßig O-armen Körper ein O-reicher entsteht. Tatsächlich glauben Williams, Riche und Lusk[208] den Beweis einer direkten Überführung von Eiweiß in Fett durch die Bestimmung der R Q. im Abgelagerten beim Hunde bewiesen zu haben, allerdings nur für den Fall, wenn der Kohlehydratbedarf vollkommen befriedigt ist und die verfütterten Eiweißmengen sehr hoch sind. Sind die Kohlehydratreserven nicht ausreichend, so wird zuerst Kohlehydrat gebildet, dann weiter nebeneinander Kohlehydrat und Fett, bis schließlich Fett allein zum Ansatz gelangt.

c) O. Kellners Bestimmungen der Energieverluste bei Fettbildung aus Eiweiß.

O. Kellner[87] hat ebenfalls zu dieser Frage Versuche angestellt, die deshalb so überaus wichtig sind, weil er in ihnen die *Energieverluste* ermittelte, die das *Eiweiß bei seiner Umbildung zu Körperfett* erleidet. Kellner führte seine Versuche am Wiederkäuer aus. Er konnte also nicht reines Eiweiß verfüttern, da der Verdauungsapparat des Wiederkäuers an eine solche Nahrung nicht angepaßt ist, sondern mußte zu einem Grundfutter, dessen Ansatzwirkung bekannt war, Eiweiß (Kleberprotein) hinzusetzen. Bei dieser Art der Versuchsanstellung ist es natürlich nicht zulässig, auf einen direkten Fettansatz zu schließen. Denn ebenso gut ist es denkbar, daß das Eiweiß nur eine stärkere Fettbildung aus den Kohlehydraten des Grundfutters ermöglicht. Prinzipiell ist der Erfolg aber der gleiche: Kellner fand, daß aus 1 kg verdautem Eiweiß 235 g Fett im Körper gebildet wurden. In gleicher Weise fand er, daß aus 1 kg Stärkemehl rund 248 g Körperfett angesetzt werden. Setzt man die Fettproduktionsgröße von 1 kg Stärkemehl = 1, so ist diejenige des Eiweißes 0,94. Der Energiegehalt der 235 aus Eiweiß gebildeten Gramm Körperfett beträgt 2223 Cal, also nur 39% der Bruttocalorien des verdauten Eiweißes (5700 Cal), während von der Stärke rund 56% in den Fettansatz übergehen.

Der Nährwert des Proteins ist daher für die Mastleistung nicht groß. Der Grund, warum gerade die Produktionsgröße bei der Mast ausgewachsener Tiere als Maß für den Nährwert zugrunde gelegt wird, ist der, daß der Fettansatz proportional der Menge an Produktionsfutter geht (O. Kellner S. 116[86]), während z. B. die Ansatzgröße beim Wachstum sich normalerweise mit fortschreitendem Alter ändert und daher keinen festen Maßstab für die Beurteilung des Nährwertes abgeben kann.

Bekanntlich basiert auf dieser Definition der Produktionsgröße (s. Anm. 1) (Fettbildungsvermögen der verschiedenen Nährstoffe beim ausgewachsenen Ochsen) der KELLNERsche Stärkewert. Er hat also strenggenommen auch nur für diesen Fall Gültigkeit. So zeigen Versuche von FINGERLING[40] am Schwein mit derselben Methodik, daß dieses ein wesentlich höheres Fettbildungsvermögen aus Eiweiß hat. Aus 1 kg Eiweiß wurde ein Fettansatz von 363 g gefunden, also um die Hälfte mehr als beim Rinde.

4. Milchleistung.

Der *Eiweißbedarf bei der Milchleistung*, speziell beim Rind, ist in letzter Zeit Gegenstand lebhafter Erörterung gewesen. Es handelte sich in erster Linie um folgende Fragen: Welche Bedeutung hat das Eiweiß für die Milch- und Fettleistung? In welchem Maße wird das Eiweiß für die Milchleistung ausgenutzt? Welches sind die optimalen Eiweißmengen für eine bestimmte Milchleistung (also die Frage des Eiweißbedarfs im engeren Sinne)?

a) Lactationsverlauf und Kurve des Fettgehaltes.

Bevor auf die experimentellen Untersuchungen zur Beantwortung dieser Fragen eingegangen wird, muß darauf hingewiesen werden, daß die Milchleistung ein Sekretionsvorgang des Drüsenepithels der Milchdrüse ist (phylogenetisch ist die Milchdrüse aus Schweißdrüsen abzuleiten) und daß daher der physiologische Zustand dieses Epithels die Größe der Leistung letzten Endes bedingt (s. LENKEIT und LINTZEL in Bd. 1 dieses Handbuchs). Die Funktion der Drüsenzellen wird auf innersekretorischem Wege hauptsächlich durch den Eierstock reguliert. Das zeigt sich in dem Verlauf der sog. „Lactationskurve", die den *Milchertrag während einer Lactationsperiode* angibt. Normalerweise dauert eine solche Periode, vorausgesetzt, daß die Kuh nach dem Kalben innerhalb von 6 Wochen wieder trächtig geworden ist, ungefähr 280—300 Tage. Der Verlauf der Milchkurve während dieser Zeit ist typisch: sie steigt nach dem Kalben rasch an und erreicht ihren Höhepunkt im großen Durchschnitt während der 6.—7. Woche (s. Anm. 2). Auf dieser Höhe hält sich die Leistung je nach der Individualität verschieden lange (4—6 Wochen). Dann setzt ein allmählicher Abfall ein, der beim normalen wieder trächtig gewordenen Rind im Zusammenhang mit der bereits erwähnten innersekretorischen Beeinflussung steht und auch durch stärkste Fütterung nicht aufgehalten werden kann. Die *Kurve des Fettgehaltes* verläuft ebenfalls in charakteristischer Weise: sie sinkt mit steigender Milchmenge zu Beginn der Lactation, hält sich dann konstant und steigt zum Schluß bei abfallender Milchmenge an. Ein Zusammenhang besteht ferner zwischen der Milchmenge und der Anzahl der Kalbungen einer Kuh. Nach HANSEN S. 542[66] wird die größte Milchmenge

---

Anm. 1. Der Nährwert eines Nährstoffes bzw. eines Futters (verdaulicher Anteil) wird nach KELLNER ausgedrückt durch seine Produktionsgröße für Fett beim erwachsenen Wiederkäuer. Die energetischen Verhältnisse lassen sich ohne weiteres ableiten aus dem Caloriengehalt des verdaulichen Anteils der betreffenden Nährstoffe und der aus ihnen produzierten Menge Fett (1 kg verdauliches Eiweiß liefert 235 g Fett. Da 1 g Fett 9,46 Cal hat, berechnet sich der Nährwert des Eiweißes für die Fettproduktion auf 2223 Nettocalorien). Umgekehrt kann man den Nährwert eines Futtermittels auch dadurch bestimmen, daß man die bei den Umsetzungen im Körper im Kot, im Harn, in der Methangärung und mit der Verdauungsarbeit verlorengehenden Calorien direkt mißt und den Gesamtverlust von der Gesamtenergiemenge abzieht, eine Methode, wie sie ARMSBY angewandt hat. Das Endergebnis muß natürlich bei beiden Berechnungsmethoden übereinstimmen.

Anm. 2. HANSEN S. 640[66] gibt an, daß der Höhepunkt in der 3.—4. Woche erreicht wird; dagegen weist SCHÜTTE[153] an einem ausreichenden Material nach, daß der Höhepunkt der Milchzeit etwa um 3 Wochen später anzusetzen ist, eine Beobachtung, die sich mit den Feststellungen der Amerikaner und nordischen Viehzüchter deckt.

nach dem siebenten Kalbe erreicht und sinkt dann wieder, eine Feststellung, die durch Untersuchungen von Langemack (zit. n. [109] S. 138) an Anglern, jütischen Rindern und Inselvieh bestätigt wird.

Die Tatsache, daß die Veränderungen der Lactationskurve unabhängig von der Fütterung in gesetzmäßiger Weise erfolgen, und die Tatsache, daß die absolute Milchmange durch die Individualität und das Alter des Tieres modifiziert werden können, machen die Bemühungen um die Aufstellung einer festen *Beziehung zwischen Futter- und Eiweißbedarf und produzierter Milch* keineswegs unmöglich.

So ist Schütte[153], der sehr interessante Untersuchungen über die individuelle Reaktionsweise von Kühen auf bestimmte Futtergaben anstellte, auf Grund seiner Versuchsanordnung (s. Anm.) und den Ergebnissen nicht dazu berechtigt, den Schluß zu ziehen, daß bei jedem Tier der Eiweißbedarf für die Erzeugung von 1 kg Milch ein anderer sein wird und sich daher die Aufstellung einer allgemeinen Norm für den Eiweißbedarf bei der Milcherzeugung schwer finden lassen dürfte. Diese Versuche zeigen zwar sehr deutlich, daß es Kühe gibt, die bei gleicher Fütterung recht erheblich in ihren Leistungen voneinander abweichen. Damit ist aber noch nichts gesagt über den Energieaufwand und Stoffverbrauch für die Erzeugung der gelieferten Milch. Die Frage nach der *Höhe des Eiweiß- und Futterbedarfes für die Produktion einer bestimmten Milchmenge* kann gar nicht durch Untersuchungen über die individuelle Reaktionsweise verschiedener Tiere auf gleiche Futtermengen entschieden werden. Hierzu sind exakte physiologische Untersuchungen des gesamten Stoffwechsels notwendig.

Es haben in der Tat die Untersuchungen der letzten Jahre hauptsächlich von Möllgaard[109], Forbes[43] und ihren Mitarbeitern in konsequenter Fortsetzung der klassischen Untersuchungen von Kellner[86] und Armsby[7] den Energieaufwand und den Eiweißbedarf für die Milchbildung zahlenmäßig festlegen und damit die exakte Grundlage zur Aufstellung von Normen geben können.

Die stoffliche Seite des Problems ist allerdings noch nicht so weit geklärt — das gilt vor allem für das Eiweiß —, aber auch hier haben wir durch die Forschungen der letzten Jahre bereits so viel Boden unter den Füßen gewonnen, um Fehler nach dieser Seite zu vermeiden, wenn auch die endgültige Lösung dieser Seite des Problems späteren Forschungen vorbehalten bleibt. (Vgl. den Abschnitt über den Ersatz des Reineiweißes durch Amide und über die biologische Wertigkeit des Eiweißes.)

b) Der Einfluß des Eiweißes auf die Milch- und Fettproduktion.

Ältere Untersuchungen über den *Einfluß des Eiweißes auf die Milchproduktion* liegen vor von Fjord und Fries. Sie sind ausführlich bei O. Kellner S. 570[86] referiert. Das Ergebnis ist, daß die Zufuhr verdaulicher N-haltiger Nährstoffe einen *anregenden Einfluß* auf die Milchsekretion ausübt. Dieser Einfluß kommt nach Kellner in einer Erhöhung der Milchmenge zum Ausdruck, während die prozentische Zusammensetzung der Milch und die Milchtrockensubstanz unverändert bleiben.

Anm. Nach unserer heutigen Kenntnis des Nährstoff -und Eiweißbedarfes wurden die Tiere nicht entsprechend ihrer Leistung gefüttert. Es lag zwar eine solche Fütterung in der Versuchsanordnung begründet. Man darf aber nicht derartige Ergebnisse gegen die Normierung des Nährstoffbedarfes überhaupt ins Feld führen. Vom züchterischen Standpunkt aus ist ferner geltend zu machen, daß die Versuchstiere (ebenfalls im Interesse des Versuches) sehr unausgeglichen waren (Schütte hatte Mühe, Tiere mit derartig verschiedenen Leistungen ausfindig zu machen), daß aber die großen und bereits ziemlich einheitlich durchgezüchteten Bestände unserer Milchviehrassen im allgemeinen derartige Schwankungen nicht aufweisen.

Sehr viel eingehender und genauer haben diesen Einfluß neuere Untersuchungen mit verschiedenen Futter- und Proteinmengen von Möllgaard[109] und Frederiksen[48] geklärt. Möllgaard untersuchte die Verhältnisse in exakten Stoffwechselversuchen am Einzeltier, während Frederiksen nach der Methode von Fjord mit größeren Gruppen (dänisches Rotvieh) arbeitete. Bezüglich der Wirkung einer Verminderung der gesamten Futtermenge ohne gleichzeitige Verminderung der Proteinzufuhr in der ersten Versuchshälfte und mit Herabsetzung der Proteinmenge in der zweiten fand Möllgaard folgendes:

Kuh Nr. 10.

Periode	Stärke-wert	Netto-Cal.	Differenz	Ver-dauter N g	N-Bilanz g	Milch kg	Diffe-renz	Fett %
6.—11. Februar .	6,48	15300		134	+15	16,7		2,59
23.—28. „ .	6,17	14600	3300 = 1,40 Stärkew.	157	+10	16,9	2,6	2,63
10.—15. März . . .	5,72	13500		153	+ 5	15,3		2,73
24.—29. „ . . .	5,08	12000		152	+ 7	14,1		2,81
8.—13. April . . .	4,02	9500		74	— 8	11,8		2,76
20.—25. „ . . .	4,45	10500	3400 = 1,44 Stärkew.	86	+ 3	11,7	3,8	2,91
2.— 7. Mai . . .	3,64	8600		83	± 0	10,3		2,91

Es zeigt sich also, daß der erste Abzug von 1,4 kg Stärkewert nur einen sehr langsamen Abfall der Milchproduktion zur Folge hat, daß aber in der zweiten Versuchshälfte bei *gleichzeitiger Verminderung der Proteinmenge* der Milchertrag sofort stark fällt. Der Fettgehalt bleibt fast unverändert. Ebenso stellte Frederiksen[48] in fünf Gruppenversuchen mit insgesamt 113 Kühen fest, daß bei gleichbleibenden Proteinmengen (60 g verdauliches Reineiweiß pro 1 kg Milch mit 4% Fett) die schwächer gefütterten Kühe beinahe die gleiche Milchmenge gaben als die stark gefütterten, daß sie aber gleichzeitig an Gewicht verloren.

Anders reagieren die Kühe auf eine wesentliche *Verringerung der Proteinzufuhr,* wenn die Gesamtenergiemenge im Futter gleichbleibt. Möllgaard S. 151[109] hat einige Versuche aus der Literatur zusammengestellt, bei denen die Voraussetzung erfüllt worden ist, daß eine bestimmte Menge verdauliches Eiweiß gegen einen annähernd die gleiche Energiemenge enthaltenden N-freien Nahrungsstoff ausgetauscht worden ist, und daraus folgende typische Reaktionsweisen festgestellt: Es folgen zeitlich aufeinander zunächst eine Verminderung des Fettgehaltes, dann das Auftreten einer negativen N-Bilanz und schließlich ein starker Rückgang der Milchmenge. Die Erniedrigung des Fettgehaltes bleibt aber aus, wenn die Fettmenge von vornherein unter 3% gelegen hat.

Sehr deutlich kommt dies Verhalten in folgendem ebenfalls von Möllgaard S. 149[109] durchgeführtem Versuch an einer Kuh zum Ausdruck:

Periode	N verdaut g	Milch kg	Fett %	N-Bilanz g	Ernährungs-bilanz Cal.
2 II	141	10,57	3,8	+ 5,7	—1503
2 III	143	11,00	3,8	— 3,7	
3 I	109	9,94	3,4	+10,4	
3 II	103	9,51	3,5	+ 8,2	— 401
3 III	99	9,61	3,6	+11,7	
4 I	71	9,43	3,0	— 3,6	
4 II	71	9,52	2,9	— 1,8	+3136
4 III	68	8,97	3,0	— 0,6	

Der Fettgehalt nimmt also von Hauptperiode zu Hauptperiode mit fallender Eiweißzufuhr ab, während er in den Unterperioden innerhalb einer Hauptperiode gleichbleibt. Der Abfall des Fettgehaltes kann auch nicht durch die starke Erhöhung der Gesamtenergiemenge im Futter aufgehalten werden, sondern erweist sich als abhängig von der Eiweißmenge.

Schließlich sei noch erwähnt, daß bei gleichbleibender Proteinmenge *die ganze Lactation hindurch nur ein immer kleiner werdender Anteil zur Milchsynthese verwandt* werden kann, was aus dem über den Verlauf der Lactationskurve Gesagten ohne weiteres folgen muß. Der Eiweißüberschuß wird im Organismus zersetzt. Es wäre daher unwirtschaftlich, im abfallenden Lactationsstadium die Eiweißmenge nicht zu verringern; besonders hohe Verluste entstehen bei extremen Proteingaben, wie sie z. B. an die Leistungskühe verabfolgt werden.

Aus der Untersuchung von Dittmar[34] über den Nährstoffbedarf und die Nährstoffverwertung 50 ostpreußischer Leistungskühe sei folgendes Beispiel für die Kuh Thetis im letzten Lactationsstadium herausgegriffen:

		Produktionsfutter		Ertrag an 4 proz. Milch	N in der Milch
Prüfungsabschnitt		Stärkewert	Verdaul. N		
		kg	g	kg	g
15.	12. Sept. bis 30. Sept. . . .	7,75	248	18,6	102
16.	1. Okt. „ 19. Okt. . . .	7,75	248	17,7	97
17.	20. Okt. „ 6. Nov. . . .	7,87	252	16,8	92
18.	7. Nov. „ 27. Nov. . . .	7,66	245	16,3	90
19.	28. Nov. „ 11. Dez. . . .	7,34	235	16,5	85
20.	13. Dez. „ 29. Dez. . . .	7,34	235	14,9	82
21.	30. Dez. „ 7. Jan. . . .	7,41	237	12,1	67

Trotz überreichlicher Ernährung eine verhältnismäßig geringe und unaufhaltsam absinkende Milchleistung.

c) Ausnutzung des Eiweißes für die Milchleistung.

Die zweite für die Höhe des Eiweißbedarfes oft diskutierte Frage ist die nach der *Ausnutzung der Proteinstoffe bei der Milchbildung*. Bereits in den Versuchen von Jordan (zit. n. [86], S. 572), Kellner und Köhler (zit. n. [86], S. 573) sowie den dänischen Versuchsstationen hat es sich übereinstimmend herausgestellt, daß „je nach der Höhe der N-Zufuhr und der gleichzeitigen Milchleistung recht verschiedene Mengen des über den bloßen Erhaltungsbedarf hinaus gereichten N in die Milch übergehen können" (O. Kellner S. 573[86]).

Sehr deutlich gibt diese Verhältnisse ein in jüngster Zeit von Fries, Braman und Kriss[50] veröffentlichter Versuch wieder (wenn auch die Versuchsperioden reichlich kurz sind).

Die Verfasser fanden bei der Aufstellung sorgfältiger N-Bilanzen folgende Ausnutzung des im Futter gereichten verdaulichen N in der Milch (umgerechnet nach den Tabellen der Originalarbeit):

Periode	Milch	N-Zufuhr	Erhaltungsbedarf N	Verfügbar für Milch N	N-Bilanz	N in der Milch	N synthetisiert	In % des verfügbaren N
	kg	g	g	g	g	g	g	
I	8,4	135,9	35,58	92,32	— 7,68	50,45	42,77	46,33
II	8,1	110,1	35,70	74,40	— 3,14	48,29	45,15	60,69
III	7,5	87,6	35,76	51,84	— 2,55	46,88	44,33	85,51
IV	7,5	104,3	35,34	68,36	+ 2,13	44,93	47,56	69,56
V	8,1	143,2	35,60	107,60	+16,53	48,40	64,93	60,34

Aus diesem Versuch (ein zweiter an einer anderen Kuh verlief gleichsinnig) geht zunächst hervor, daß eine Verminderung der N-Zufuhr eine erhöhte Ausnutzung bedingt. Gleichzeitig aber wird ein Rückgang in der Milchproduktion bewirkt. Umgekehrt ist die Erhöhung der Proteinzufuhr mit einer Erhöhung der Milchproduktion verbunden. Dabei fällt auf, daß in Periode IV und V nicht wieder die alten Mengen erreicht werden. Dafür finden ziemlich erhebliche N-Retentionen im Körper statt. Die Verfasser sehen darin eine Bestätigung der allgemeinen Erfahrung, daß nach einer Abnahme der Milchleistung infolge ungünstiger Fütterungsbedingungen es recht schwierig ist, die Kuh noch in derselben Lactationsperiode wieder auf die alte Höhe der Milchleistung zu bringen.

Daraus, daß es möglich ist, unter Umständen den N des Produktionsfutters zu 100% zur Ausnutzung zu bringen, hat man den Schluß ziehen wollen, die Eiweißmenge an der unteren Grenze bei der Aufstellung praktischer Normen für den Eiweißbedarf halten zu wollen. Daß eine solche geringe Eiweißmenge sich nicht mit Höchstleistungen vereinbaren läßt, geht aus folgendem Beispiel, das wiederum den Untersuchungen von DITTMAR an ostpreußischen Leistungskühen entnommen ist, hervor:

Die Ausnutzung des für die Produktion verfügbaren N betrug bei Milchleistungen von mehr als 25 kg im 365 tägigen Durchschnitt:

Nicht berücksichtigt ist der N-Ansatz im Körper wegen des Fehlens von N-Bilanzen. Da die Tiere aber alle größere Gewichtszunahmen aufweisen, dürften negative Bilanzen nicht vorhanden gewesen sein.

	%
bei 8 Kühen	54,6
„ 20 „	44,1
„ 18 „	37,1
„ 4 „	33,2
im Mittel	42,4

Von FORBES und SWIFT[47] wurden ebenfalls bei hoch leistungsfähigen Kühen (19,34 kg Milch im Tagesdurchschnitt) sehr niedrige Ausnutzungswerte festgestellt. Unter Berücksichtigung der positiven bzw. negativen N-Bilanzen in 45 Versuchen ergab sich eine Ausnutzung des Nahrungs-N in der Milch von nur $38,0\% \pm 0,5\%$.

Über die *Grenzen*, bis zu denen die *Ausnutzung des Futter-N durch die Milch* getrieben werden kann, sind wir durch die langjährigen Untersuchungen von HAECKER[63] unterrichtet. Die überaus wichtigen Resultate seien hier in der Art, wie sie MÖLLGAARD S. 155[109] zusammengestellt hat, wiedergegeben.

Ausnutzung des Futter-N durch die Milch nach langjährigen Versuchen von HAECKER, zusammengestellt von MÖLLGAARD S. 155[109].

Jahr	Rohprotein Lbs. (s. Anm.)			Protein in der Milch lbs.	Ausnutzung %	Milch lbs.	Fett %
	Im Futter	Für Unterhalt	Für Milch disp.				
I							
1894—95	2,00	0,67	1,33	0,815	61,2	26,1	4,10
1902—03	1,92	0,62	1,30	0,793	61,0	25,2	4,16
1903—04	1,97	0,64	1,33	0,747	52,2	22,6	4,57
1904—05	1,92	0,63	1,29	0,769	59,6	24,3	4,24
Mittel	1,95	0,64	1,31	0,781	59,6	24,5	4,26
II							
1905—06	1,63	0,60	1,03	0,772	74,9	24,7	4,11
1906—07	1,74	0,64	1,10	0,803	73,0	25,3	4,22
1907—08	1,75	0,61	1,14	0,823	72,1	26,0	4,21
1908—09	1,86	0,66	1,20	0,828	69,0	26,3	4,16
Mittel	1,74	0,63	1,11	0,806	72,6	25,6	4,17
III							
1902—03	1,28	0,59	0,69	0,719	104,2	23,8	3,91
1903—04	1,32	0,60	0,72	0,722	100,0	23,9	4,17
1904—05	1,30	0,57	0,73	0,616	84,3	24,4	4,18
Mittel	1,30	0,59	0,71	0,686	96,6	22,7	4,06

Anm. 1 lbs = 453,6 g.

Aus einem Vergleich der Ergebnisse innerhalb der einzelnen Gruppen geht hervor, daß die Gruppe 3 zwar die höchste Ausnutzung des Proteins, aber die geringste Milch- und Fettmenge geliefert hat. Wichtig ist ferner, daß diese Gruppe, wie schon bei der Besprechung des Erhaltungsbedarfes erwähnt wurde, in der Folgezeit schwere Störungen des Allgemeinbefindens zeigte. *Eine Ausnutzung von 80% und darüber ist also auf die Dauer vom Organismus nicht zu leisten.* Die Grenzen dürften zwischen 60 und 70% liegen. So fanden in der Bestätigung der HAECKERschen Ergebnisse WOLL und HUMPHREY[213] ebenfalls in langjährigen Versuchen, daß eine Ausnutzung ohne Schaden für die Gesundheit der Tiere von 61—69% möglich war.

d) Energiegehalt der Milch und Produktionsbedarf (Versuche von MÖLLGAARD, FORBES, HANSSON und FREDERIKSEN).

Obwohl es selbstverständlich erscheint, für die Berechnung des optimalen Eiweißbedarfes zur Produktion einer bestimmten Milchmenge den in der Milch ausgeschiedenen N zugrunde zu legen, so ist dies dennoch nicht möglich, da für die Höhe des Eiweißbedarfes nicht nur die Milchmenge, sondern auch der Fettgehalt maßgebend ist. Andererseits ist von dem Fettgehalt der Energiegehalt einer Milchmenge abhängig, wie ANDERSEN[11], GAINES und DAVIDSON[53, 54], OVERMANN und SANMANN[127, 128] gefunden haben. Nach HAECKER gilt ferner die Beziehung, daß der *Produktionsbedarf für eine bestimmte Milchmenge direkt proportional ihrem Energiegehalt* ist („HAECKERs Gesetz"). Es müßte also möglich sein, aus dem Energiegehalt der Milch auf den Produktionsfutterbedarf zu schließen, wenn man den Milchproduktionswert des Futters kennt. Damit erledigt sich aber gleichzeitig auch die Frage nach der *Höhe des Eiweißbedarfs für die Milchproduktion.* Denn wie MÖLLGAARD S. 159[109] betont, wird die Beziehung zwischen dem Milchproduktionswert einer bestimmten Futtermenge und der daraus gelieferten Milchenergie nur dann eine konstante Größe sein können, wenn der Eiweißanteil in der Futtermenge einen konstanten Prozentsatz ausmacht, der nach oben wie nach unten nicht wesentlich verändert werden darf. Die untere Grenze wird dadurch gegeben, daß ein zu geringer Eiweißanteil die Milchproduktion herabsetzt und evtl. den Fettgehalt erniedrigt. In diesem Falle würde dieselbe Milchmenge mit einem relativ höheren Energieaufwand erzeugt werden. Bei einem zu hohen Eiweißanteil würde durch die Erhöhung des gesamten Stoffwechsels (spezifisch-dynamische Wirkung) wiederum mehr Energie aufgewendet werden, als optimal zur Erzeugung einer bestimmten Milchmenge nötig wäre. Es kommt also bei der Lösung der Frage nach dem optimalen Eiweißbedarf darauf an, den *optimalen Eiweißanteil innerhalb der Milchproduktionsenergie* zu bestimmen. Diesen Anteil bezeichnet MÖLLGAARD als den *Produktionsquotienten* (*k*), den er folgendermaßen definiert:

$$k = \frac{\text{Proteinnettocalorien}}{\text{Totalnettocalorien}}.$$

MÖLLGAARD hat das Verdienst, durch sehr sorgfältige Stoffwechselversuche, über deren Methodik er ausführlich berichtet hat, den optimalen Wert für *k* bei der Milchproduktion bei 20 ermittelt zu haben. D. h. 20% des Produktionsfutters müssen in Form von verdaulichem Eiweiß gereicht werden (für den Erhaltungsbedarf dagegen beträgt der Wert für *k* nur 10). Die absolute Nettoenergiemenge, die notwendig ist, um eine bestimmte Milchleistung hervorzubringen, ist von MÖLLGAARD ebenfalls in exakten Stoffwechsel- und Respirationsversuchen bestimmt worden. Und zwar drückt er die Energiemenge aus in Nettocalorien für die Fettbildung. Er fand, daß für die Erzeugung einer Milcheinheit (ME.) von 1000 Cal nur 837 Mastcalorien notwendig sind (vorausgesetzt, daß 20% dieser

Menge Eiweißcalorien sind). Anders ausgedrückt: Die Futtermenge, die 1000 Milchcalorien produziert, würde nur 837 Fettcalorien erzeugen. 1 kg Stärkewert mit 2365 Nettocalorien bei der Mast würde also einen Milchproduktionswert von 2815 Cal haben. Der Produktionswert der Mastcalorien ist bei der Milchbildung um $\frac{163}{873} = 19{,}5\%$ höher als bei der Fettbildung bzw. $\frac{163}{1000} = 16{,}3\%$ niedriger als bei der Milchbildung. Die Menge von 837 Nettofettmastcalorien (NK_f), die in der Lage ist, 1000 Milchcalorien zu produzieren, wird als eine *Futtereinheit* (FE.) bezeichnet. Mit Hilfe dieser Definitionen ist es leicht, den *Produktionsbedarf für eine bestimmte Milchleistung* zu berechnen: eine Kuh, die 15,5 kg Milch mit 3,5% Fett, also 10500 Cal = 10,5 Milcheinheiten (ME.) erzeugt, braucht zur Produktion 10,5 Futtereinheiten = 9166,5 Nettomastcalorien (NK_f), von denen 20% (= 2,1 FE.) in Form von Proteinnettocalorien vorhanden sein müssen. Hinzu kommt noch der Erhaltungsbedarf, der z. B. für ein Gewicht von 560 kg 7,5 FE. erfordert, in denen nur 10% (s. o.) als Proteinnettoenergie enthalten sein müssen, zusammen also 18 Futtereinheiten mit 2,85 Proteinfuttereinheiten (PFE.), entsprechend 5,85 kg Stärkewert mit 1,06 kg verdaulichem Eiweiß. Da die Untersuchungen MÖLLGAARDS an nicht trächtigen Kühen durchgeführt wurden, erhöht sich nach den Befunden von KELLNER der Proteinbedarf für das im Mutterleib heranwachsende Kalb, das bei der Geburt ungefähr 8 kg Eiweiß enthält, in den letzten 165 Tagen der Trächtigkeit um je 65 g, entsprechend ungefähr 0,8 ME. Praktisch wird man also zu der wirklichen produzierten Calorienmenge in der Milch noch eine Milcheinheit hinzurechnen und dementsprechend die Futtermenge erhöhen.

Daß der Stärkewert bei der Milchproduktion eine höhere Nettoenergiemenge repräsentiert als bei der Fettmast, hatte bereits KELLNER erkannt. Eine Bestätigung der MÖLLGAARDschen Versuchsergebnisse bilden die ebenfalls sehr sorgfältig ausgeführten Stoffwechsel- und Respirationsversuche von FORBES, FRIES, BRAMAN und KRISS[44, 49], in denen die Nettoenergie derselben Ration für Erhaltung, Milchleistung und Fettansatz bestimmt wurde. Wurde die Nettoenergiemenge für den Unterhalt gleich 1 gesetzt, so ergab sich für die Milchleistung ungefähr der gleiche Wert, nämlich 0,985, für den Fettansatz aber ein erheblich geringerer Wert von nur 0,761. Bezogen auf die Milchleistung ist also die Nettoenergie für die Fettbildung nach diesen Versuchen nur 0,771, ein Wert, der dem MÖLLGAARDschen von 0,837 (von MÖLLGAARD auf 830 abgerundet) nahekommt.

Ebenso sind die Ergebnisse MÖLLGAARDS auch von der praktischen Seite her durch die Versuche von FREDERIKSEN[48] geprüft worden. Außer dem auf S. 25 bereits erwähnten Versuch über das Verhalten der Milchleistung bei Kühen nach verschieden starker Fütterung bei konstanter Eiweißmenge hat FREDERIKSEN mit der gleichen Methode (Gruppenversuche nach FJORD) auch noch Versuche angestellt mit konstanter Futtermenge, aber verschiedenem Proteingehalt und mit verschiedenen Futtermengen und verschiedenen Proteinmengen, aber konstantem Proteinverhältnis je Kilogramm Produktionsstärkewert.

Seine Ergebnisse faßt FREDERIKSEN folgendermaßen zusammen:

Der durchschnittliche Futterbedarf der dänischen Kühe zur Erzeugung von 1 kg 4proz. Milch (754 Cal) ist 0,278 kg Stärkewert mit 60 g verdaulichem Reineiweiß. Der Eiweißanteil im Produktionsfutter wird im Mittel von FREDERIKSEN zu 21,6 angegeben.

HANSSON S. 311[69] glaubt, daß bei diesen Versuchen das Eiweißminimum doch verhältnismäßig hoch liegt und will das darauf zurückführen, daß das von FREDERIKSEN verabreichte Protein nicht ganz vollwertig gewesen sei. Er hält daher an seinen alten Normen fest, die für eine 4proz. Milch einen Mindesteiweißbedarf von 45 g vorsehen, im Durchschnitt 50 g bei einem Spielraum nach oben bis 54 g.

Hansson hat seit geraumer Zeit nachdrücklich darauf hingewiesen, daß das *Eiweiß bei der Milchbildung einen bedeutend höheren Wert* habe (und ebenso bei der Körpererhaltung), *als wenn es zur Produktion von Fett verabfolgt wird* S. 47[68, 69, 70]. Er wurde zu diesem Schluß durch zahlreiche Fütterungsversuche mit verschiedenen Futtermitteln an Milchkühen geführt, bei denen die Futtermittel mit einem hohen Gehalt an verdaulichem Eiweiß einen bedeutend höheren Milchproduktionswert hatten, als ihrem Gehalt an Stärkewert entsprach. Hansson versucht, die höhere Verwertung des Eiweißes bei der Milchbildung durch die Annahme zu erklären, daß das verdauliche Eiweiß mit seinem vollen Energiegehalt zur Geltung kommt. Es ist bei der Berechnung des Milchproduktionswertes eines Futtermittels im Gegensatz zur Stärkewertberechnung ein Verhältnis von Eiweiß zu Stärke wie $\frac{5{,}710}{4{,}010}$ anzusetzen und demgemäß die Umrechnung von Eiweiß- auf Stärkecalorien mit dem Faktor 1,43 auszuführen (statt mit 0,94 wie bei der Stärkewertberechnung). Daß es sich hier nur um eine Hypothese handelt, über deren Berechtigung auf Grund physiologischer Experimente noch nicht entschieden werden kann, hat Kleiber[89] betont; doch sieht er einen gewissen Beweis für die Richtigkeit dieser Annahme darin, daß sie eine Umrechnung von Maststärkewerten in Milchproduktionswerte ermöglicht, deren Ergebnisse sich mit den von Hansson im Gruppenfütterungsversuch gefundenen Futtereinheiten (1 Futtereinheit = 0,75 Milchproduktionswert) decken sollen. Die von Hansson angewandte Versuchsmethodik zur Feststellung des Gehaltes der einzelnen Futtermittel an Futtereinheiten (bzw. Milchproduktionswerten), der Fjordsche Gruppenversuch, wird aber von Möllgaard als unzulänglich abgelehnt: „Durch die Umtauschversuche nach der Fjordschen Gruppenmethode lassen sich allenfalls Änderungen im Proteingehalt des Produktionsfutters nachweisen, jedoch nicht Änderungen des Futtereinheitsgehaltes (= Nettoenergiegehaltes); der Befund, daß zwei Futtermittel in gewissen Mengenverhältnissen im Futter einer milchgebenden Kuh ohne Änderung der Milchproduktionsgröße umgetauscht werden können, ist kein Beweis dafür, daß diese Mengen den gleichen Nährwert besitzen."

5. Muskelarbeit.

Die Bedeutung des Eiweißes für die Arbeitsleistung ist in früheren Zeiten überschätzt worden. So vertrat Liebig[95] die Ansicht, daß nur die Eiweißkörper Quelle der Muskelkraft sein könnten, und Pflüger hat ebenfalls noch von dem Eiweiß als dem „königlichen Nährstoff" auch hinsichtlich der Muskelleistung gesprochen. Die genauen Untersuchungen über die Quelle der Muskelkraft haben aber ergeben, daß die Erzeugung von nutzbarer Kraft sowohl vom Eiweiß als auch vom Fett und von den Kohlehydraten übernommen werden kann. Daß man bei reiner Eiweißfütterung eine erhebliche Arbeitsleistung erzielen kann, hatte bereits Voit[198] gezeigt. Und noch bekannter sind die Versuche von Pflüger[134], der eine 30 kg schwere Dogge längere Zeit ausschließlich mit fett- und glykogenfreiem Fleisch fütterte und den Hund eine recht erhebliche Muskelarbeit leisten ließ. Die eigentlichen Quellen der Muskelkraft sind aber die Kohlehydrate, und Eiweiß und Fette werden erst auf dem Umweg über die Kohlehydrate für die Arbeitsleistung verwendbar. Stehen dem Organismus genügend Kohlehydrate zur Verfügung, so wird bei normaler Arbeitsleistung die erforderliche Eiweißmenge den Erhaltungsbedarf nicht wesentlich überschreiten.

Im Kapitel über die N-Bilanz wurde bereits darauf hingewiesen, daß auch beim erwachsenen Organismus bei längerer angestrengter Muskelleistung (Training) ein Eiweißansatz stattfinden kann. Im allgemeinen erfolgt die Hypertrophie der Muskulatur auf eine kurze Periode vermehrter N-Ausscheidung. CASPARI[28], der diese Verhältnisse beim Hunde näher untersucht hat, hält einen primären wenn auch nur geringen Eiweißzerfall für bedeutungsvoll, da er den Anstoß gibt zu der folgenden Überkompensation. Nach seiner Auffassung kann die günstige Einwirkung der Muskeltätigkeit auf den Eiweißansatz und das Allgemeinbefinden aber nur dort erreicht werden, wo eine durch Dyspnoe zu Eiweißzerfall führende körperliche Leistung vollbracht wird.

CASPARI S. 790[29] zieht als Beweis dafür, daß eine Muskeltätigkeit, die nicht bis zur Höhe der Anstrengung durchgeführt wird, auf den Eiweißbestand der Muskulatur keine Wirkung ausübe, Versuche von VÖLTZ[169] heran, der zwei Gruppen von Ferkeln des veredelten Landschweines (Wurfgeschwister) mit 3 Monaten auf Mastfutter stellte und Gruppe 1 tagsüber im Freien hielt, Gruppe 2 dauernd im Stall. Als die Tiere mit 8 Monaten ausgeschlachtet wurden (Gruppe 1 wog im Durchschnitt je Tier 129,1 kg, Gruppe 2 128,61 kg), waren im Gewicht der Muskeln keine Unterschiede vorhanden. Diesen Ergebnissen stehen aber folgende neuere Beobachtungen an gleichaltrigen wachsenden Rindern von VÖLTZ und KIRSCH[186] entgegen, die einen solchen Einfluß sehr wahrscheinlich machen. Es wurden drei Gruppen zu je 6 Tieren quantitativ gefüttert. Außerdem wurde Gruppe 1 mit künstlicher Höhensonne bestrahlt; während nun Gruppe 1 und 2 dauernd im Stall blieben, wurde Gruppe 3 täglich einige Stunden im Freien bewegt (23. Februar bis 2. April). Der Nährstoffverbrauch und die Gewichtszunahmen gehen aus folgender Tabelle hervor:

Tabelle 2.

Nährstoffverbrauch für drei Gruppen Jungrinder in 77 Tagen.

Gruppe   I: bestrahlt bei dauernder Stallhaltung.
„   II: unbestrahlt „   „   „
„   III: bei Stallhaltung und täglichem dreistündigen Auslauf.

| | Mittl. Gewicht | Tägl. Zunahme | Auf 1000 kg | | Auf 1 kg Zuwachs | | Verbrauch an Stärkewert | |
| | | | verd. org. Subst. | verd. Rohprotein | verd. org. Subst. | verd. Rohprotein | auf 1000 kg | auf 1 kg Zuwachs |
	kg	kg	kg	kg	kg	kg	kg	kg
Gruppe I bestrahlt	269,1	0,928	16,27	2,76	4,71	0,76	13,1	3,79
„ II unbestrahlt	266,7	0,973	16,57	2,73	4,61	0,74	13,4	3,70
„ III Auslauf	256,7	1,039	16,00	2,60	3,96	0,64	12,9	3,20

Hier hat also während des 3stündigen Auslaufes die nicht gerade sehr große *Muskelleistung einen gesteigerten Stoffumsatz* zur Folge, der *als trophischer Reiz auf die Zellen des Organismus* offenbar so eingewirkt hat, daß ihre Assimilationsfähigkeit für die ihnen mit dem Blut zur Verfügung gestellten Nährstoffe im Gegensatz zu den dauernd im Stall gehaltenen Tieren erheblich gesteigert wurde. Dies geschah in einem solchen Umfange, daß der erhöhte Stoffwechsel während des Auslaufes überkompensiert wurde durch einen stärkeren Nährstoffansatz während der übrigen Stunden des Tages. Es kann natürlich nicht entschieden werden, welcher Teil der Gewichtszunahme dabei auf einen wirklichen Fleischansatz entfällt, da N-Bilanzen nicht aufgestellt wurden. Doch kann man annehmen, daß es sich hier im Vergleich zu den beiden anderen Gruppen nicht um einen vermehrten Fettansatz gehandelt haben wird, zumal es sich um junge, wachsende Tiere handelte.

II. Spezieller Teil.

1. Rind.

a) Eiweißbedarf für den Lebensunterhalt.

Für die Bestimmung des notwendigen Eiweißbedarfes für den Unterhalt des ausgewachsenen Rindes gilt prinzipiell das gleiche wie für die Bestimmung des Eiweißbedarfes bei der Milchproduktion: Es handelt sich darum, die Grenzen festzustellen, innerhalb deren der Eiweißanteil bei den für den Unterhalt erforderlichen Gesamtcalorien liegen muß. Durch die bereits besprochenen Untersuchungen von Forbes und Mitarbeitern ist gezeigt worden, daß die Nettoenergie der Futtermittel beim Unterhalt größer ist als bei der Mast und mit derjenigen bei der Milchbildung auf gleicher Höhe liegt. Desgleichen konnte von diesen Forschern der Beweis geliefert werden, daß der Unterhaltsbedarf des weiblichen Rindes nicht von dem des männlichen unterschieden ist[31]. Möllgaard hat durch einen Vergleich der zahlreichen Bestimmungen des Unterhaltsbedarfs beim Rinde von Armsby (revidiert von Forbes[46]), die teils bei negativer, teils bei positiver Ernährungsbilanz gemacht worden sind, berechnet, daß der Nährwert eines Futtermittels, für den Unterhalt = 1 gesetzt, für die Mast 0,826 beträgt. Diese Zahl ist fast übereinstimmend mit dem von Möllgaard direkt aus einer größeren Anzahl von Stoffwechselversuchen ermittelten Wert 0,837, der besagt, daß die Nettoenergie eines Futtermittels für die Mästung rund 83% seiner Nettoenergie für die Milchbildung beträgt. Der Gesamtbedarf an Nettoenergie (ausgedrückt in Mastnettocalorien) betrug im Mittel aller Möllgaardschen Untersuchungen für 500 kg Lebensgewicht rund 5800 NK$_f$ = Nettomastcalorien entsprechend 2,45 kg Stärkewert (genau 5788 Cal = 2,447 Stärkewert).

Es erhebt sich nun mehr die Frage, welcher Anteil an dieser Gesamtenergiemenge in Form von verdaulichem Eiweiß gegeben werden muß, damit das Energieoptimum für den Unterhalt garantiert ist. Die Versuche von Kühn (zit. n. [86] S. 441) und später von O. Kellner S. 441[86] haben als *Eiweißmindestmenge für ruhende Ochsen* 0,55—0,65 kg verdauliches Eiweiß für 1000 kg Lebendgewicht ergeben. Armsby (zit. n. [86] S. 442) fand bei einem Nährstoffverhältnis von 1 : 11 eine tägliche Gabe von 0,6 kg verdaulichem Rohprotein ausreichend. Mit diesem Wert stimmen fast genau die von Forbes und Mitarbeitern[45] in ihren Hungerversuchen direkt ermittelten Zahlen für den N-Umsatz der Kuh überein. Rechnet man auf Grund der N-Bilanzen den Bedarf an Eiweiß aus, so ergibt sich in einem Falle 0,58 lbs. für 1000 lbs. Lebendgewicht, im andern Falle 0,62 lbs. für 1000 lbs. Dieser Wert liegt um 0,1 niedriger als die bekannte Norm von Henry und Morrison[79] vorsieht, die 0,7 lbs. verdauliches Rohprotein als für den Unterhalt von 1000 lbs. Lebendgewicht ausreichend ansieht. Forbes und Mitarbeiter heben aber hervor, daß es sich bei den Henry und Morrisonschen Normen um einen Sicherheitsfaktor für die Zeugung und andere Erfordernisse der praktischen Tierhaltung handelt. Den besten Anhalt für die optimale Höhe des Eiweißbedarfes im Grundfutter geben uns die langjährigen Versuche von Haecker[63], nach denen 60 g verdauliches Reinprotein bzw. 70 g verdauliches Rohprotein für 100 kg Lebendgewicht in jedem Falle ausreichen dürften.

Hansson und Frederiksen S. 331[48] nehmen als ausreichend für den Unterhaltsbedarf 0,25 kg verdauliches Reineiweiß auf 500 kg Lebendgewicht an, wobei allerdings das Verhältnis zu den Gesamtnettocalorien verschieden ist. Denn Hansson rechnet für den Erhaltungsbedarf 5664 Cal = 2,4 kg Stärkewert, während Frederiksen 6600 Cal = 2,8 kg Stärkewert für nötig hält.

Alles in allem liegen demnach die Durchschnittswerte der für den Unterhalt notwendigen Reineiweißmenge zwischen 275 und 300 g für 500 kg Lebendgewicht = rund 610 Eiweißnettocal. An Gesamtnettocalorien dürften rund 6000 Cal für 500 kg Lebendgewicht ausreichend sein, d. h. also *10%/o von der Gesamtcalorienmenge müßten beim Unterhalt in Form von Nettoeiweißcalorien verabfolgt werden.* Dieses Verhältnis hat MÖLLGAARD seinen Futterberechnungen zugrunde gelegt.

Zu untersuchen wäre noch die Frage, ob der Grundumsatz und damit die zur Aufrechterhaltung erforderliche Energie- und Eiweißmenge weitgehend konstant sind oder durch Einflüsse der Rasse, des Ernährungszustandes und des Alters stark abgeändert werden. Die Rasse scheint indirekt insofern einen Einfluß zu haben, als die Angehörigen einer ausgesprochenen Milchrasse etwas lebhafteres Temperament zu besitzen pflegen als Angehörige ausgesprochener Mastrassen (ARMSBY und FRIES[10]). Der Einfluß des Alters hat sich noch nicht nachweisen lassen, obwohl in Analogie zum Menschen auf eine Herabsetzung des Grundumsatzes mit fortschreitendem Alter geschlossen werden könnte. Größere Bedeutung scheint jedoch der Ernährungszustand zu haben. So fand O. KELLNER S. 474[86] einen weit höheren Energiebedarf für den Erhaltungsumsatz bei ausgemästeten Ochsen als bei mageren. Eine Bestätigung brachten Versuche von ARMSBY und FRIES[9]. Wenn in diesen die Unterschiede auch nicht so hoch waren, wie sie KELLNER gefunden hatte, so scheint in der Tat der Erhaltungsbedarf eines Tieres im ausgemästeten Zustande erhöht zu sein. Diese Verhältnisse müssen jedoch noch durch weitere Forschungen geklärt werden.

Bei der Berechnung des *Eiweißbedarfes für verschiedene Lebendgewichte* ist schon darauf hingewiesen worden (s. S. 15), daß mit zunehmender Schwere entsprechend der verhältnismäßig geringer werdenden Oberfläche der Nettoenergiebedarf für den Unterhalt kleiner wird. Unter Zugrundelegung des von MÖLLGAARD angenommenen Durchschnittswertes von 5788 NK$_f$. für 500 kg Lebendgewicht ergeben sich folgende Mengen an Eiweiß und Gesamtcalorien für steigende Gewichtsmengen von 300 kg an aufwärts.

Eiweiß- und Nährstoffbedarf für den Unterhalt ausgewachsener Rinder mit verschieden hohem Lebendgewicht (nach MÖLLGAARD S. 131[109]).

Lebend-gewicht	Energiever-brauch f. d. Unterhalt Nettomastcal. (s. Anm.)	Proteinbedarf für den Unterhalt		Verd. Rein-eiweiß je 100 kg Lebendgewicht
		Nettomastcal.	Verd. Eiweiß	
kg	NK$_f$	NK$_f$	g	g
700	7143	714	318	46
650	6819	682	303	47
600	6486	649	289	49
550	6143	614	273	51
500	5788	579	258	52
450	5419	524	241	54
400	5035	504	224	57
350	4631	463	206	60
300	4206	421	187	63

Eine Zusammenstellung verschiedener Normen über den Eiweißbedarf, den Nettoenergiebedarf und den Eiweißquotienten für den Unterhalt erwachsener Rinder ist in der folgenden Tabelle enthalten:

Anm. 2365 NK$_f$ = 1 kg Stärkewert.

Unterhaltsbedarf (Erhaltungsbedarf) für ausgewachsene Rinder von 500 kg Lebendgewicht. (Deutsche und nordische Autoren.)

	Gesamt-Nettocalorien (tausendertherms)	Eiweiß-Nettocalorien Cal.	Eiweiß-quotient	Stärkewert kg	Verd. Reineiweiß g
Kellner	7,08	667	9,4	3,00	300
Möllgaard	5,80	580	10,0	2,45	260
Hansson	5,66	556	9,8	2,40	250
Fingerling und Honcamp	5,90	667	11,3	2,50	300

In seinen Versuchen fand Kellner bereits 4 kg Stärkewert bei 1000 kg Lebendgewicht für den Unterhalt als ausreichend S. 445[86]. Da aber für praktische Zwecke niemals der reine Lebensunterhalt in Frage kommt, so hat er als wirtschaftliches Minimum zur Erhaltung von 600—650 kg schwerer Ochsen 6 kg Stärkewert und 0,6—0,8 kg verdauliches Eiweiß für 1000 kg Lebendgewicht als Norm angegeben. Für den Stärkewert ist sowohl von Fingerling S. 238[37] als auch von Honcamp S. 203[81] 5 kg als ausreichend angesehen worden, während sie die Zahlen für verdauliches Reineiweiß von Kellner beibehalten. Zu der Tabelle ist fernerhin noch zu bemerken, daß Frederiksen[48] in seinen Versuchen mit einem Unterhaltsbedarf von 250 g Eiweiß und 6600 Nettocal = 2,8 kg Stärkewert rechnet (vgl. S. 32).

Es ist von Interesse, mit den Normen der deutschen und nordischen Forscher die amerikanischen Ansichten über den notwendigen Erhaltungsbedarf zu vergleichen. Es ergibt sich für diesen Vergleich insofern eine Schwierigkeit, als die amerikanischen Normen für 1000 lbs. = 453,6 kg angegeben sind. Sie sind daher für die Gesamtnettoenergie (aber nicht für das Eiweiß) nach der Hoganschen Oberflächenformel ($M^{5/8} \cdot 0{,}1186$) auf 500 kg Lebendgewicht umgerechnet worden. Eine andere Schwierigkeit liegt darin, daß die Normen von Haecker[64], Henry und Morrison und Savage[148] in Anlehnung an die alten Wolff-Lehmannschen Zahlen nicht in Nettocalorien angegeben sind, sondern in verdaulichen Gesamtnährstoffen. Eine Umrechnung in Nettocalorien kann daher nur mit allem Vorbehalt gemacht werden, und zwar unter der Annahme Morrissons, daß 1,2 lbs. verdaulicher Nährstoffe (in Rationen von üblicher Zusammensetzung) ungefähr 1000 Nettocal. entsprechen.

Amerikanische Normen für den Erhaltungsbedarf ausgewachsener Rinder, berechnet auf 500 kg Lebendgewicht.

	Gesamt-Nettocalorien (tausendertherms)	Eiweiß-Nettocalorien Cal	Eiweiß-quotient	Stärke-wert kg	verd. Reineiweiß g	verd. Rohprotein g
Haecker (Henry & Morrison)	7,24	667	9,2	3,07	(300)	350
Armsby (Eckles)	6,36	500	8,0	2,7	225	—

b) Eiweißbedarf für die Milchleistung.

Die Ansichten über den für die Milcherzeugung notwendigen Eiweißbedarf sind noch in den 90er Jahren des vorigen Jahrhunderts anders gewesen als heute. Durchweg wurden damals 90 g verdauliches Eiweiß als notwendig für die Produktion 1 kg mittelfetter Milch gefordert, so von Wolff-Lehmann[211], Märker[99] und Pott[135]. Kellner[86] gab in der ersten Auflage seiner Fütterungslehre (1905) eine Menge von 70 g verdaulichem Eiweiß an. In der zweiten Auflage (1906) ging er bereits auf 55—65 g herunter, wobei er unter Milch eine Milch mit 3,2 bis 3,5% Fett verstand.

Umgekehrt ist HANSSON[71], der ursprünglich mit einer Norm von 37,5 g
verdaulichem Reineiweiß gerechnet hat, auf 40—45 g heraufgegangen. Ganz
extrem niedrig sind die Zahlen, die HINDHEDE[80] angegeben hat, der glaubt, mit
30 g verdaulichem Eiweiß für die Produktion von 1 kg Milch auskommen zu
können. VON WENDT[206] rechnet auf Grund zahlreicher Fütterungsversuche mit
einer Norm von 45 g, stimmt also mit HANSSON überein.

Die heute geltenden Ansichten über die Höhe des Eiweißbedarfs der Milchkuh sind in der folgenden Tabelle zusammengefaßt. Um einen Vergleich mit
den verschiedenen Angaben ziehen zu können, sind die Erfordernisse für die
Produktion von 1 kg 4 proz. Milch mit 754 Cal zugrunde gelegt worden.

Produktionsbedarf für 1 kg 4proz. Milch mit 754 Cal.

(Deutsche und nordische Autoren.)

	Gesamt-Netto-calorien	Eiweiß-Netto-calorien	Eiweiß-quotient	Stärkewert kg	verd. Rein-eiweiß g
MÖLLGAARD	620	124	20,0	0,263	56
FREDERIKSEN	656	133	20,3	0,278	60
HANSSON	614	111	18,1	0,260	50
KELLNER , ...	637	149	23,4	0,270	67

Nach den Ergebnissen von MÖLLGAARD[109] und ihrer Bestätigung durch
FREDERIKSEN[48] liegen die Normen HANSSONS zu niedrig und die von KELLNER
zu hoch.

Die amerikanischen Forderungen zur Deckung des Eiweißbedarfs für die
Produktion von 1 kg 4proz. Milch sind ebenfalls in einer Tabelle wiedergegeben.

Produktionsbedarf für 1 kg 4proz. Milch mit 754 Cal. (Amerikanische Autoren.)

	Gesamt-Netto-calorien	Eiweiß-Netto-calorien	Eiweiß-quotient	Stärkewert kg	Verd. Rein-eiweiß g	Verd. Roh-protein g
ARMSBY	485	109	22,5	0,205	49	—
ECKLES	550	122	22,2	0,233	55	—
HAECKER	624	—	—	0,264	—	54
SAVAGE	640	—	—	0,271	—	65
HENRY und MORRISON .	600	—	—	0,254	—	60

ARMSBYS Normen[7] liegen bestimmt zu tief, vor allen Dingen dann, wenn es
sich um Kühe handelt, die große Milchmengen produzieren. Das geht aus einem
Versuch von MORRISON, HUMPHREY und PUTNEY[117] hervor, die an der Milch-
viehherde der Wisconsin E. St. fanden, daß die Kühe bei ARMSBYS Rationen
weniger Milch gaben als bei Rationen, die nach den Normen von SAVAGE zusammengestellt waren. SAVAGE schloß aus Versuchen an der Cornell E. St., daß
für maximale Milchproduktion das von HAECKER[148] geforderte Eiweiß zu niedrig
bemessen sei und erhöhte die Menge daher nicht unwesentlich. Im übrigen hat
HAECKER auf Grund langjähriger Studien an der Versuchsherde der Minnesota
E. St. das Verdienst, als erster nachgewiesen zu haben, daß der Produktionsbedarf bei der Milchleistung nicht nur abhängig ist von der Milchmenge, sondern
von dem Energiegehalt der Milch (vgl. S. 28). Da der Energiegehalt der
Milch eine geradlinige Funktion des Fettgehaltes der Milch ist, ändert sich der
Nährstoffbedarf und damit auch die Höhe des Eiweißbedarfes mit steigenden oder
fallenden Fettprozenten. Das veranschaulicht die folgende Tabelle.

Zur Erzeugung von 1 kg Milch sind notwendig:

Bei einem Fettgehalt von	KELLNER		MÖLLGAARD		FREDERIKSEN		HANSSON		HENRY u. MORRISON	
	Stärkewert	Verd. Reineiweiß	Stärkewert	Verd. Reineiweiß	Stärkewert	Verd. Reineiweiß	Stärkewert	Verd. Reineiweiß	Stärkewert	Verd. Rohprotein
%	g	g	g	g	g	g	g	g	g	g
3,00	230	53,0	223	46	238	52	220	45	210	52
3,25	240	56,5	233	49	248	54	230	46	221	54
3,50	250	60,0	243	51	252	56	240	47	231	56
3,75	260	63,5	253	53	268	58	250	48	243	58
4,00	270	67,0	263	56	278	60	260	50	254	60

c) Der Eiweißbedarf bei der Mast ausgewachsener Rinder.

Im allgemeinen Teil ist bereits betont worden (s. S. 20), daß der Eiweißbedarf bei der Mast ausgewachsener Tiere, die ja im wesentlichen eine Fettmast ist und daher mit Kohlehydraten bestritten wird, höher ist, als er für den reinen Unterhalt erforderlich sein würde. Es hängt dies einmal mit der vermehrten Verdauungs- und Körperarbeit zusammen, ferner damit, daß zur Einlagerung des neu gebildeten Fettes Bindegewebe geschaffen werden muß; und schließlich scheint auch der Grundstoffwechsel bei ausgemästeten Tieren gegenüber mageren erhöht zu sein. So konnte KELLNER S. 176[86] in exakten Versuchen zeigen, daß der Erhaltungsbedarf ausgemästeter Tiere je nach dem Ausmästungsgrade 1—1,5 kg verdauliches Eiweiß erforderte bei einem Stärkewert der Ration von 7—9 kg. Geben Mastrinder auch noch Milch, so ist natürlich der Eiweißbedarf größer.

d) Der Eiweißbedarf des heranwachsenden Milch- und Mastviehes.

Das Saugkalb hat in den ersten Lebenswochen nicht nur das höchste Ausnutzungsvermögen für Eiweiß, sondern auch relativ den höchsten Eiweißbedarf (s. Kap. B, I b. Wachstum S. 18). So nimmt das neugeborene Kalb wenige Tage nach seiner Geburt eine Milchmenge auf, die $^1/_5$—$^1/_6$ seines Lebensgewichtes beträgt. Bei einem durchschnittlichen Lebendgewicht neugeborener Kälber von 40 kg würde ein Milchverzehr von 7 kg Vollmilch mit 3,4% Fett und 3,4% verdaulichem Eiweiß gleichbedeutend sein mit einem Eiweißbedarf von 238 g pro Tag. Da nun der Eiweißbedarf sich in der Folgezeit nicht parallel mit der Lebendgewichtszunahme, sondern mit der Körperoberfläche vergrößert (vgl. dazu S. 14 und Tabelle S. 33), so berechnet sich der Milch- und Eiweißbedarf mit zunehmendem Körpergewicht nach der Formel:

$$M_1{}^{2/3} : M_2{}^{2/3} = E_1 : E_2,$$

wobei M_1 und M_2 die Lebendgewichte und E_1 und E_2 die Milch- bzw. Eiweißmengen sind. Bei normal sich entwickelnden Kälbern ergeben sich folgende Werte (nach FINGERLING S. 230[38]):

Alter	Lebendgewicht kg	Milchbedarf kg	Verd. Eiweiß g	Alter	Lebendgewicht kg	Milchbedarf kg	Verd. Eiweiß g
5 Tage	40	7,0	224	25 Tage	60	9,5	304
10 „	45	8,0	256	30 „	65	10,0	320
15 „	50	8,5	272	35 „	70	10,5	336
20 „	55	9,0	288				

Über den Eiweißbedarf in den späteren Entwicklungsstadien des Kalbes sind wir recht gut unterrichtet (Versuche von FINGERLING[39]). Es hat sich ergeben, daß eine übermäßige Eiweißzufuhr auf die Höhe des Fleischsatzes und die Höhe der Lebendgewichtszunahme wirkungslos bleibt. Normen für den Eiweißbedarf des Jungviehes sind in den KELLNERschen Tabellen niedergelegt.

Bedarf von Jungvieh an verdaulichem Rohprotein und Reineiweiß pro 1000 kg Lebendgewicht und Tag (nach O. KELLNER).

Alter	Gewicht	Späteres Milchvieh			Späteres Mastvieh		
		Verd. Roh-protein	Verd. Rein-eiweiß	Stärkewert	Verd. Roh-protein	Verd. Rein-eiweiß	Stärkewert
Monate	kg	kg	kg	kg	kg	kg	kg
2— 3	70	3,7	3,4	18,5	5,0	4,5	19,5
3— 6	130	3,1	2,8	15,2	4,0	3,5	16,5
6—12	220	2,6	2,3	11,5	3,2	2,8	13,5
12—18	300	2,2	1,8	9,0	2,6	2,2	10,0
18—24	400	1,6	1,3	8,0	1,8	1,5	9,0

Es sei aber darauf hingewiesen, daß HANSSON, ARMSBY, HENRY und MORRISON den Eiweißbedarf niedriger schätzen als KELLNER.

Im späteren Verlauf der Mast steigt der Bedarf an verdaulichem Eiweiß wieder etwas an. So fanden VÖLTZ und JANTZON[165] bei 17 Monate alten Ochsen 1,7 kg verdauliches Rohprotein als notwendig zur Erzielung maximaler Gewichtszunahmen und bei 2—3jährigen Ochsen stieg der Bedarf auf 1,9 kg, wobei die Autoren (VÖLTZ, PAECHTNER, BAUDREXEL, DIETRICH und DEUTSCHLAND[190]) ausdrücklich hervorheben, daß 1,9 kg verdauliches Rohprotein noch nicht die unterste Grenze des Bedarfes an N-haltigen Nährstoffen darstellt.

2. Schaf.

a) Erhaltungsbedarf. Was den Erhaltungsbedarf ausgewachsener Schafe anbetrifft, so sind die Versuchsansteller (zit. bei O. KELLNER S. 447[86]) darüber einig, daß auf 1000 kg Lebendgewicht nicht unter 1 kg verdauliches Reineiweiß bzw. 1,2 kg verdauliches Rohprotein heruntergegangen werden dürfe und daß der Bedarf für feinwollige Schafrassen etwas höher liegt als für die grobwolligen.

b) Der Eiweißbedarf der Sauglämmer. Über den Eiweißbedarf der Sauglämmer sind wir durch neuere Untersuchungen von H. JANTZON[85] am Königsberger Tierzuchtinstitut unterrichtet (vgl. auch B I, a Wachstum S. 18). JANTZON basiert seine Ergebnisse auf der Analyse ganzer Lämmer, die noch genauer als der Stoffwechselversuch über die Verwertung der Nährstoffe im Organismus und die Höhe des Nährstoffbedarfs Auskunft gibt. Die Ergebnisse sind in der folgenden Tabelle zusammengefaßt.

Eiweiß- (s. Anm. 1) und Calorienbedarf saugender Lämmer vom 1.—24. Tage (nach JANTZON[85]).

Durch-schnittl. Gewicht (s. Anm. 2)	Tägl. durchschnitt-liche Milchaufnahme		Bedarf für 1 kg Lebendgewicht und Tag an			Für 1 kg Zuwachs waren erforderlich:			Gewichts-zunahme pro Kopf u. Tag
	pro Kopf	pro Tag	verdaul. Rohprot.	resorb. N	Calorien	verdaul. Rohprot.	resorb. N	Calorien	
kg	g	g	g	g	Cal	g	g	Cal	g
5,7	747	121	6,26	0,98	117,0	321,0	50,4	6015,0	141

Anm. 1. Die Verdaulichkeit des Milcheiweißes wurde zu 95 % angenommen.
Anm. 2. Lamm 1. Geburtsgewicht: 4,37 kg: Gewicht nach 20 Tagen: 6,58 kg.
    „ 2.   „   4,92 kg; „   „ 29 „ 8,90 kg.

Unmittelbar anschließend an die 24 tägige Saugperiode erhielten die Lämmer neben der Muttermilch Zulagen an geeigneten Futtermitteln, nämlich ein zur Hälfte aus Haferkörnern und zur Hälfte aus Leinkuchen bestehendes Kraftfuttergemisch. Die Tiere verzehrten täglich an Rohnährstoffen:

$$
\begin{array}{llll}
\text{623 g Milch mit} & . . & \text{5,4 g N} = & \text{5,1 g resorb. N} \\
\text{294 g Kraftfutter mit} & \text{8,5 g } ,, = & \text{6,8 g} & ,, \qquad ,, \\
\text{305 g Gräserheu mit} & . & \underline{\text{7,9 g } ,, = } & \underline{\text{5,1 g} \quad ,, \qquad ,,} \\
& \text{zus.} & \text{21,8 g N} = & \text{17,9 g resorb. N.}
\end{array}
$$

(s. Anm.)

Bei dieser Ration war der Bedarf an verdaulichem Eiweiß und an verdaulichen Calorien folgender:

Bedarf an Eiweiß und Calorien saugender Lämmer mit Beifutter
vom 24.—79. Tage (nach Jantzon[85]).

Durchschn. Gewicht in 55 Tagen	Bedarf für 1 kg Lebendgewicht und Tag an:			Für 1 kg Zuwachs waren erforderlich			Gewichtszunahme pro Kopf und Tag
	Verdaul. Rohprotein	Resorb. N	Calorien	Verdaul. Rohprotein	Resorb. N	Calorien	
kg	g	g	Cal	g	g	Cal	g
12,6	7,36	1,18	146,4	447,0	71,2	8884,0	140

c) Der Eiweißbedarf wachsender Schafe nach dem Absetzen. Über den Eiweiß- und Nährstoffbedarf während der weiteren Jugendentwicklung nach dem Absetzen unterrichten die folgenden Zusammenstellungen, die auf Grund von Untersuchungen von Vollerthun[202] ebenfalls am Königsberger Tierzuchtinstitut gemacht worden sind.

Eiweißbedarf wachsender Schafe nach dem Absetzen (nach Vollerthun[202]).

Gewichtsdurchschn.	Bedarf für 1000 kg Lebendgewicht und Tag an		Für 1 kg Zuwachs waren erforderlich		Gewichtszunahme pro Kopf u. Tag
	Verdaul. Rohprotein	Stärkewert	Verdaul. Rohprotein	Stärkewert	
kg	kg	kg	kg	kg	g

Lämmer vom 3. Monat bis 4¹/₂ Monate (77.—135. Tage).

a) Merinofleischschafe.

21,3	6,39	22,58	0,858	3,029	158,6

b) Ostpreußische schwarzköpfige Fleischschafe.

31,8	5,06	18,75	0,692	2,566	231,1

Die Untersuchungen Vollerthuns konnten nur bis zu 4¹/₂ Monaten durchgeführt werden, da die Lämmer später an Maul- und Klauenseuche erkrankten. Zur Vervollständigung der Tabelle sei daher auf die Angaben von Kellner, ergänzt für das Alter von 3—6 Monaten durch Pott[135], zurückgegriffen.

Anm. Die Verdaulichkeit des Rohproteins in dem Kraftfuttergemisch wurde durch Stoffwechselversuche zu 80 % ermittelt, die des Gräserheues zu 65 %.

Bedarf von Lämmern an verdaulichem Rohprotein und Stärkewert
pro 1000 kg Lebendgewicht und Tag.

| Alter der Tiere | Wollrassen | | Mastrassen | |
| | Verd. Rohprotein | Stärkewert | Verd. Rohprotein | Stärkewert |
Monate	kg	kg	kg	kg
1. Merinofleischschafe (s. Anm.).				
3—4¹/₂	—	—	6,39	22,58
2. Ostpreußische schwarzköpfige Fleischschafe (s. Anm.).				
3—4¹/₂	—	—	5,05	18,75
3. Nach POTT.				
3—6	3,5	—	—	—
4. Nach KELLNER.				
5—6	3,3	16,4	5,0	17,2
6—8	2,8	13,0	4,0	15,4
8—11	2,1	10,7	3,0	13,8
11—15	1,8	10,2	2,4	11,4
15—20	1,5	9,7	1,8	10,2
5. Mastlämmer nach KELLNER.				
6—7	—	—	4,0	17,0
7—9	—	—	3,5	16,0
9—11	—	—	3,0	15,0

Der Eiweiß- und Stärkewertbedarf pro 1 kg Lebendgewicht ist in den ersten
Lebensmonaten naturgemäß höher als später und die diesbezüglichen Angaben
für ein Lebensalter von 3—4¹/₂ Monaten fügen sich ungezwungen an die KELLNER-
schen Angaben für ältere Lämmer, nur dürfte der Nährstoffbedarf der Merino-
lämmer, an denen VOLLERTHUN seine Feststellungen machte, etwas hoch erscheinen. Hierbei ist aber zu berücksichtigen, daß die KELLNERschen bzw. POTT-
schen Angaben sich auf Merinoschafe mit besonderer Berücksichtigung der Woll-
leistung beziehen, während es sich bei unseren Lämmern um frohwüchsige
Merinos mit besonderer Berücksichtigung der Fleischleistung handelte. Diese
haben für die Gewichtseinheit einen höheren Eiweiß- und Nährstoffbedarf gegenüber den Tieren mit mehr einseitiger Wolleistung.

d) Eiweißbedarf säugender Mutterschafe. In ganz besonderem Maße tritt
dieser erhöhte Nährstoffbedarf in Erscheinung bei säugenden Mutterschafen früh-
reifer Rassen, wenn bei den Lämmern maximale Gewichtszunahmen erreicht
werden sollen. Hier ist bereits vor dem Ablammen die Ration entsprechend zu
erhöhen. In den Versuchen von VOLLERTHUN am deutschen schwarzköpfigen
Fleischschaf war der Eiweiß- und Nährstoffbedarf 14 Tage vor dem Ablammen
erst durch Rationen völlig gedeckt, die auf 1000 kg Lebendgewicht 3,6 kg verdauliches Rohprotein und 12 kg Stärkewert enthielten. Nach dem Lammen
stieg der Nährstoffbedarf nicht unwesentlich, und zwar bei Mutterschafen mit
einem Lamm auf 5,4 kg verdauliches Rohprotein und 18 kg Stärkewert und bei
Mutterschafen mit zwei Lämmern auf 7,8 kg verdauliches Rohprotein und 26 kg
Stärkewert, alles auf 1000 kg Lebendgewicht berechnet.

3. Pferd.

a) Erhaltungsbedarf. Der Eiweißbedarf für den Unterhalt läßt sich für das
Pferd aus Versuchen von GRANDEAU und LE CLERC (zit. n. [86] S. 483) abschätzen.

Anm. Nach Feststellung am Tierzucht-Institut der Königsberger Universität durch
VOLLERTHUN[202].

Diese konnten zwei Pferde 2 Monate bei Stallruhe und einer Ration, die rund 850 g verdauliches Eiweiß auf 1000 kg Lebendgewicht enthielt, im Ernährungsgleichgewicht halten. In anderen Versuchen (S. 288[79]) gelang es denselben Versuchsanstellern, Pferde 4—5 Monate bei Rationen von Wiesenheu im Ernährungsgleichgewicht zu halten. Der Gehalt an verdaulichem Eiweiß errechnet sich für diese Rationen auf 0,54 kg verdauliches Rohprotein für 1000 kg Lebendgewicht. Mit Rücksicht darauf, daß der Erhaltungsbedarf für Eiweiß auf die Dauer nicht an der untersten Grenze gehalten werden kann, haben die amerikanischen Forscher (Henry und Morrison S. 288[79]) als Norm für 1000 kg etwa 0,8 kg verdauliches Rohprotein angesetzt.

b) Der Eiweißbedarf der Saugfohlen. Über den Eiweißbedarf des Saugfohlens und auch der Fohlen im weiteren Verlauf des Wachstums liegen exakte Feststellungen nicht vor.

c) Eiweißbedarf ausgewachsener Pferde bei der Arbeit. Über den Gesamtenergiebedarf bei Stallruhe und bei den verschiedenen Formen der Arbeitsleistung sind wir vor allem durch die Untersuchungen von Zuntz, Hagemann und Lehmann (zit. n. [86] S. 210f.) unterrichtet, jedoch liegen über die erforderlichen Eiweißmengen auch hier keine entsprechenden Untersuchungen vor. Soviel scheint jedoch festzustehen, daß die Kellnerschen Normen um 25% zu hoch angesetzt sind (vgl. Fingerling in O. Kellner S. 491[86]). Da der Erhaltungsbedarf mit 0,8 kg pro 1000 kg Lebendgewicht ausreichend bemessen sein dürfte und andererseits bei der Arbeitsleistung der Mehrverbrauch an Energie hauptsächlich auf Kosten der N-freien Nährstoffe geht, so dürfte der Eiweißbedarf noch vollständig gedeckt sein, wenn die Kellnerschen Normen um 25% herabgesetzt werden. In den Rationen für Arbeitspferde müßten demnach folgende Mengen an verdaulichem Eiweiß vorhanden sein:

Auf 1000 kg Lebendgewicht	Schwache Arbeit kg	Mittlere Arbeit kg	Starke Arbeit kg
Verdauliches Rohprotein .	0,9	1,2	1,6
„ Reineiweiß .	0,7	1,0	1,4

Diese Normen entsprechen den Normen von Henry und Morrison, die diese Forscher auf Grund der amerikanischen Erfahrungen bei der Pferdefütterung aufgestellt haben.

Als Mindestmengen an Eiweiß und verdaulichen Gesamtnährstoffen werden angegeben:

Auf 1000 kg Lebendgewicht	Schwache Arbeit kg	Mittlere Arbeit kg	Starke Arbeit kg
Verdauliches Rohprotein . .	1,0	1,2	1,5
verdauliche Gesamtnährstoffe	9,0	11,0	13,0

4. Schwein.

a) Erhaltungsbedarf ausgewachsener Schweine. Über den Erhaltungsbedarf ausgewachsener Schweine liegen Untersuchungen aus amerikanischen Versuchsstationen vor (Dietrich[33]). Sie ergaben, daß der notwendige Betrag an verdaulichem Rohprotein bei 0,1 kg auf 1000 kg Lebendgewicht lag, also etwas höher war als beim ausgewachsenen Wiederkäuer. (Dafür ist aber der Betrag an verdaulichen Gesamtnährstoffen wesentlich niedriger.)

b) Der Eiweißbedarf der Saugferkel. Der Bedarf der Saugferkel läßt sich aus den Zahlen, die Wöhlbier[210] festgestellt hat, für die ersten 4 Lebenswochen berechnen (vgl. auch S. 18).

Er betrug für 1000 kg Lebendgewicht 14,25 kg verdauliches Eiweiß, entsprechend 2,235 kg verdaulichem N in der Muttermilch. Diese Zahlen stimmen übrigens recht gut mit den von OSTERTAG und ZUNTZ ermittelten Werten überein, aus denen sich ein Eiweißbedarf für die ersten 22 Lebenstage von 14,6 kg verdauliches Eiweiß bzw. 2,34 kg resorbierbarem N auf 1000 kg Lebendgewicht berechnet.

Der Eiweißbedarf von Saugferkeln, die außer der Muttermilch noch Beifutter erhielten, sei ebenfalls auf Grund der Versuchsergebnisse von WÖHLBIER angegeben. In den Beifutterperioden von der 5.—8. Lebenswoche gebrauchten die Tiere auf 1000 kg Lebendgewicht je Kopf und Tag 6,94 kg verdauliches Eiweiß, entsprechend 1,09 kg verdauliches N.

c) Der Eiweißbedarf wachsender Schweine nach dem Absetzen. Der Eiweißbedarf wachsender Zucht- und Mastschweine ist in der folgenden Tabelle zusammengestellt (KELLNERschen Normen):

Bedarf wachsender Schweine an verdaulichem Rohprotein, resorbierbarem Stickstoff und N-freien Nährstoffen pro 1000 kg Lebendgewicht und Tag (nach O. KELLNER).

Alter der Tiere	Gewicht	Zuchtschweine			Ge-wicht	Mastschweine		
		Verd. Roh-protein	Verd. Rein-eiweiß	N-freie Nährstoffe		Verd. Roh-protein	Verd. Rein-eiweiß	N-freie Nährstoffe
Monate	kg	kg	kg	kg	kg	kg	kg	kg
2— 3	20	6,00	5,5	30,7	20	6,10	5,6	30,7
3— 5	40	4,75	3,5	25,3	50	4,80	3,8	26,0
5— 6	55	3,50	2,7	22,6	65	3,95	3,0	24,5
6— 9	80	2,75	2,0	20,2	90	3,45	2,6	22,1
9—12	120	2,00	1,4	15,7	130	2,70	1,9	19,7

d) Der Eiweiß- und Nährstoffbedarf säugender Sauen. Auf Grund der WÖHLBIERschen Ergebnisse sind wir in der Lage, uns ein Bild von dem N-Umsatz der säugenden Sau zu machen und daraus auf ihren Eiweißbedarf zu schließen. Die tägliche Milchleistung beträgt nach den sehr sorgfältigen Feststellungen 6—7 kg (liegt also höher als J. SCHMIDT[152] in seinem Referat der Untersuchungen an Sauen und Ferkeln während der Säugezeit angibt). Verglichen mit dem Eiweiß- und Fettgehalt der Kuhmilch würden 6—7 kg Schweinemilch 12—14 kg Kuhmilch entsprechen. Dabei ist aber noch zu berücksichtigen, daß die Sauen etwa nur 100—150 kg wiegen. Auf die Gewichtseinheit bezogen würde also die Milchleistung einer guten Sau ganz wesentlich höher als diejenige einer besten Milchkuh sein. Da in der Schweinemilch im Mittel 5,7 % Eiweiß enthalten sind, secerniert eine Sau von 125 kg Lebendgewicht bei einer täglichen Milchleistung von 6,5 kg 0,37 kg Eiweiß, bezogen auf 1000 kg Lebendgewicht = 2,96 kg, also rund 3 kg Eiweiß. Hinzu kommt noch der Bedarf für die Erhaltung, der zu 0,1 kg gefunden worden ist. Eine sehr gute Milchleistung einer Sau würde aber noch weit höheren Mengen entsprechen. Während es als eine selbstverständliche Forderung erscheint, der Sau im Futter wenigstens die secernierten Eiweißmengen zu ersetzen, so ist es doch fraglich, ob man trotz bester Fütterung den regelmäßig einsetzenden Gewichtsverlust der Sau während der Säugeperiode wird vermeiden können. Die Ausgabe an Eiweiß und Gesamtnährstoffen in der Milch ist so groß, daß das Muttertier gar nicht so viel Nahrung aufnehmen und verdauen kann, wie zur Deckung des Bedarfs notwendig wäre. Die negative N- und Ernährungsbilanz ist also eine physiologische Notwendigkeit; trotzdem muß man natürlich bestrebt sein, säugende Sauen sehr reichlich und mit sorgfältig zusammengestellten Futtermischungen zu füttern, um einem allzu großen Gewichtsverlust des Muttertieres entgegenzuwirken.

Von diesem Gesichtspunkt aus dürften die Hansson schen Normen für säugende Mutterschweine mit 3—4 kg verdaulichen Eiweiß auf 1000 kg Lebendgewicht den Angaben von Henry und Morrison, die nur 2,4—2,7 kg verdauliches Rohprotein für notwendig erachten, vorzuziehen sein.

C. Verdaulichkeit des Eiweiß und Eiweißverhältnis.

I. Bestimmung der Eiweißverdaulichkeit unter Berücksichtigung der N-haltigen Stoffwechselprodukte des Kotes.

Der Grundsatz, „daß der Organismus nicht von dem lebt, was er ißt, sondern von dem, was er verdaut und resorbiert", hat seine Gültigkeit auch für das Eiweiß. Die Ermittelung der Verdaulichkeit des Eiweißes spielt daher in der Ernährungswissenschaft eine wichtige Rolle. Es werden zu diesem Zwecke Verdauungsversuche ausgeführt, indem man die Rohnährstoffe in der Versuchsnahrung eines Tieres analysiert und in gleicher Weise durch Analyse des Kotes feststellt, was davon wieder erschienen ist (Methodik des Verdauungsversuches s. Kap. I, Stickstoffbilanz). Den im Körper verbliebenen Anteil bezeichnet man als „resorbiert", ausgehend von der Vorstellung, daß der Kot nur aus dem Teil der aufgenommenen Nahrung besteht, der zwar den Magen-Darm-Kanal passiert hat, aber für den Organismus belanglos geblieben ist. So einleuchtend diese Vorstellung ist, so entspricht sie nicht den tatsächlichen Verhältnissen. Das gilt vor allem für die N-haltigen Bestandteile des Kotes, die nicht ausschließlich aus dem nicht resorbierten Eiweiß der Nahrung bestehen, sondern auch N-haltige Stoffwechselprodukte des Organismus enthalten, worauf schon bei der Besprechung der N-haltigen Ausscheidungen des Körpers im ersten Abschnitt über die N-Bilanz hingewiesen worden ist.

Um den *wirklich resorbierbaren Anteil des Nahrungseiweißes* zu ermitteln, müßte man also noch von dem Kot-N den Anteil der N-haltigen Stoffwechselprodukte abziehen. Es sind zu diesem Zweck verschiedene Bestimmungsmethoden angegeben worden: so soll sich aus der Differenz der bei der natürlichen und der künstlichen Verdauung der Faeces mit saurem Magensaft oder Pepsin und Chlorwasserstoffsäure gefundenen Werte der Anteil der N-haltigen Stoffwechselprodukte annähernd bestimmen lassen. Nach den Untersuchungen von Pfeiffer[131] sollen sich die Stoffwechselprodukte im Kot nicht in Pepsinsalzsäure lösen, während die aus dem Futter stammenden N-haltigen Bestandteile des Kotes darin löslich sind. Kellner S. 34[86] hat vor allem auf Grund der Versuche von Pfeiffer die Ansicht ausgesprochen, daß der Gehalt der Faeces an N-haltigen Stoffwechselprodukten der verdauten Trockensubstanz proportional gehe und für 100 g verdauter Trockensubstanz rund 0,4 g betrage. Diese Ansicht hat durch die Untersuchungen von Morgen, Beger und Westhausser[112] nicht bestätigt werden können, vielmehr zeigte sich, daß die Menge der Stoffwechselprodukte abhängig ist von der Beschaffenheit des Futters. Auch die Beobachtung Pfeiffers konnte nicht bestätigt werden, vielmehr ist nach den Autoren eine annähernd vollständige Lösung der aus dem Futter stammenden N-haltigen Bestandteile erst durch Nachbehandlung mit Trypsin möglich. Doch gelingt es nicht, auch durch noch so sorgfältig ausgeführte *künstliche Verdauungsversuche* der Faeces die N-haltigen Stoffwechselprodukte von den gelösten und ungelösten verdaulichen N-haltigen Nährstoffen zu trennen, die nur infolge der besonderen physikalischen Beschaffenheit bestimmter Futterbestandteile der Resorption durch den Darm entgehen. Es können nämlich unverdauliche Futterstoffe in feiner Verteilung (z. B. Strohmehl), lösliche Nährstoffe und auch ungelöste Bestandteile des Chymus, z. B. Eiweiß, durch kolloidale Adsorption wie ein Schwamm festhalten, so daß sie nicht zur Resorption gelangen.

Ein anderer Weg, die *Menge des Stoffwechsel-N im Kot* zu bestimmen, ist die Ausführung eines Stoffwechselversuchs mit demselben Tier bei N-haltiger und N-freier Nahrung. Der im Kot ausgeschiedene N ist dann ausschließlich Stoffwechsel-N. Bei der Verfütterung der N-haltigen Vergleichsnahrung ist allerdings darauf zu achten, daß diese in ihrer sonstigen Zusammensetzung, vor allem aber in ihrem Rohfasergehalt von der Nahrung der N-freien Periode nicht wesentlich abweicht. Auf diese Weise bestimmte z. B. VÖLTZ[181] die Resorption von Rohprotein, Reineiweiß und Amiden bei Kartoffeln in verschiedenen Verwendungsformen als Flocken, Schnitzel und gedämpfte Kartoffeln. Der Versuch mit der entsprechenden N-freien Ernährung ist auf S. 11 dieser Arbeit mitgeteilt worden. Wurde die in diesem Versuch als Stoffwechsel-N bestimmte Menge bei den Versuchen mit den betreffenden Kartoffelpräparaten in Abzug gebracht, so ergaben sich folgende Verdauungswerte und Werte für den tatsächlich resorbierten Anteil des Nahrungseiweißes.

Verdauungswerte für Rohprotein, Reineiweiß und Amide der Kartoffel
(nach VÖLTZ).

	Roh-protein	Rein-eiweiß	Amide
Kartoffelflocken (Mittel aus Periode 1 und 2)			
ohne Berücksichtigung der N-haltigen	73,4	78,5	22,5
mit Stoffwechselprodukte des Kotes	77,0	82,2	27,9
Kartoffelschnitzel (Periode 7)			
ohne Berücksichtigung der N-haltigen	71,1	66,6	84,2
mit Stoffwechselprodukte des Kotes	73,8	69,7	85,7
Gedämpfte Kartoffeln (Periode 5)			
ohne Berücksichtigung der N-haltigen	76,9	76,7	75,4
mit Stoffwechselprodukte des Kotes	79,7	80,7	77,0

Es bedarf also besonderer Maßnahmen, um den wirklich resorbierten Anteil des mit der Nahrung gereichten Eiweißes festzustellen, und es ist weiterhin klar, daß *die wirklich resorbierte Menge* immer größer sein muß als diejenige, die sich aus der einfachen Differenzrechnung zwischen Nahrungs-N und Kot-N ergibt.

Der praktische Verdauungsversuch, der die Verdaulichkeit nur an dem Verhältnis der Einnahmen zu den Ausgaben mißt, behält trotzdem seine volle Berechtigung. Denn seine Aufgabe ist es, die *Verwertbarkeit einer Nahrung* für die Erhaltung bzw. die Vermehrung des Eiweißbestandes im Tierkörper zu bestimmen. Vom Standpunkt der gesamten Stoffwechselbilanz aus ist aber auch derjenige Anteil des Kotes, der „gewissermaßen durch die Nahrung hervorgelockt und dem Körper entnommen wird" (ABDERHALDEN[1] II, S. 477), als Ausgabe zu betrachten. Schließlich bedeutet ja auch der Stoffwechsel-N ebenso wie der nicht resorbierte Anteil des N der Nahrung einen Verlust für den Körper (CASPARI S. 642[29]). Demnach muß der gesamte Kot-N von dem Nahrungs-N abgezogen werden.

Es seien hierfür einige Beispiele angeführt, die bereits an anderer Stelle (VÖLTZ[168] S. 269) zu diesem Zweck zusammengestellt wurden. Nach den eben mitgeteilten Versuchsergebnissen (s. S. 11) werden von dem N der Kartoffeln vom Schwein unter Anrechnung des gesamten Kotstickstoffes 76,9% und unter Berücksichtigung der N-haltigen Stoffwechselprodukte 79,7% resorbiert. Für Steinnußabfälle waren die betreffenden Werte nach Morgen und seinen Mitarbeitern[113] — ebenfalls nach Versuchen am Schwein — — 11,5% ohne und + 51,9% mit Berücksichtigung der N-haltigen Stoffwechselprodukte. Auf 100 g Futter-N bezogen betrugen hiernach die Unterschiede im Gehalt an verdaulichem N bei beiden Methoden

für die Kartoffeln . . . . 2,8 g N
  „   „ Steinnußabfälle . . . . . . 63,4 g N

Die aus 100 g Futterstickstoff unter Berücksichtigung der N-haltigen Stoffwechselprodukte als verdaulich bestimmten 51,9 g Steinnußstickstoff sind den 79,7 g Kartoffelstickstoff natürlich in ernährungsphysiologischer Hinsicht nicht Gramm für Gramm gleichwertig. Kürzlich von Morgen und seinen Mitarbeitern veröffentlichte Versuche über die Verwertung von Knochenfuttermehl[114] durch Schafe beweisen ebenfalls, daß bei der Berechnung der Stickstoffresorption der Gesamtstickstoff des Kotes und nicht der pepsinlösliche Stickstoff des Kotes zugrunde zu legen ist. Die Autoren verfütterten Knochenfuttermehl der folgenden Zusammensetzung:

97,0 % Trockensubstanz
27,7 % Rohprotein
3,2 % Fett
63,8 % Mineralstoffe (davon 54,9 % Tricalciumphosphat)

in verschiedenen Mengen von 100, 150 und 300 g pro Kopf und Tag als Zulage zu 1000 g Heu an Hämmel. Aus den differenten Werten der Grundfutterperioden bei ausschließlicher Heufütterung und der betreffenden Hauptperioden wurden folgende Verdauungswerte für den Stickstoff des Knochenfuttermehles berechnet:

Tagesration an Knochenfutter- mehl	Verdauungswerte des Stickstoffs	
	aus dem Gesamt- stickstoff	aus dem pepsin- löslichen Stick- stoff des Kotes
g	%	%
100	97,7	98,5
150	70,7	91,4
300	43,2	93,2

Die nach den zwei Methoden gefundenen Verdauungswerte für den Stickstoff wichen bei den Gaben von 100 g Knochenmehl also nur ganz unwesentlich voneinander ab. Dagegen wurden bei den Gaben von 150 und 300 g Knochenmehl unter Zugrundelegung des gesamten Kotstickstoffs sehr starke Verdauungsdepressionen beobachtet. Setzen wir für den in den Versuchen mit 100 g Knochenmehl resorbierten Stickstoff die Zahl 100 ein, so wurden nämlich nur 72,4 g resorbierbarer Stickstoff bei einer Zufuhr von 150 g Knochenmehl und gar nur 44,2 g verdaulicher Stickstoff bei Gaben von 300 g Knochenmehl gefunden. Im Gegensatz hierzu war die Stickstoffverdauung bei der Berechnung aus dem pepsinunlöslichen Kotstickstoff in den Perioden mit den stärkeren Knochenmehlgaben gegenüber der relativ niedrigsten Gabe nur wenig beeinträchtigt. Die tatsächlich im Kot ausgeschiedenen Mengen an Gesamtstickstoff aus dem Knochenfuttermehl können daher der Berechnung der Verdaulichkeit allein zugrunde gelegt werden, gleichgültig, ob die Vermehrung an N-haltigen Substanzen der Faeces in den Perioden mit den stärkeren Knochenmehlgaben auf Stoffwechselprodukte des Verdauungsapparates (infolge stärkeren mechanischen Reizes der unverdaulichen anorganischen Stoffe auf den Darm) oder auf die Einschließung andernfalls resorbierbarer Nährstoffe von den unverdaulichen Mineralstoffen (ähnlich wie z. B. beim Strohmehl) zurückzuführen ist. Es dürfte bei den vorliegenden Versuchen wohl beides in Betracht gekommen sein. Die aus dem pepsinunlöslichen Kotstickstoff berechneten Verdauungswerte würden ein viel zu günstiges Bild über die durch den Organismus aus dem Knochenfuttermehl verwertbaren N-haltigen Stoffe ergeben, das den tatsächlichen Verhältnissen in keiner Weise entspricht. Die sog. N-haltigen Stoffwechselprodukte sind also den betreffenden Futtermitteln zur Last zu schreiben und nicht als verdaulich in Anrechnung zu bringen. *Daraus ergibt sich, daß der gesamte im Kot enthaltene Stickstoff in den Ausgaben in Rechnung gestellt werden muß.*

Die folgenden Ausführungen über die veränderte Verdaulichkeit des Eiweißes unter bestimmten Bedingungen beziehen sich alle auf die Veränderungen des Verhältnisses von Nahrungs-N zu Kot-N.

Die Eiweißverdaulichkeit unter dem Einfluß verschiedener Faktoren.

Auf die Höhe der Eiweißverdaulichkeit haben verschiedene Faktoren Einfluß, einmal solche, die in den Tieren selbst liegen, dann solche, die sich aus der Beschaffenheit der Nahrung ergeben, und schließlich solche, die durch das Mengen- und Mischungsverhältnis der einzelnen Nährstoffe in einer Nahrung bedingt werden.

1. Durch das Tier gegebene Faktoren.

a) Verdauungsvermögen bei Angehörigen verschiedener Tiergattungen.

Naturgemäß bestehen *Unterschiede in dem Verdauungsvermögen für Eiweiß bei Angehörigen verschiedener Tiergattungen.* Selbst bei den Wiederkäuern Rind und Schaf treten trotz der Ähnlichkeit ihres Verdauungsapparates solche Unterschiede zutage. So vermag z. B. das Rind, wahrscheinlich infolge seines wasserreicheren Darminhaltes, der vollständiger durch Kleinlebewesen und Fermente aufgeschlossen werden kann, sowohl die organische Substanz als auch das Rohprotein von Heu und Stroh nicht unwesentlich höher zu verdauen als das Schaf. Umgekehrt verhält es sich bei der Verdauung von konzentrierten Futtermitteln. Hier schneidet das Schaf günstiger ab als das Rind.

Verdaulichkeit verschiedener Futtermittel durch Rind und Schaf
(nach VÖLTZ[173]).

	Rohprotein (Verdaulichkeit in %)		
	Rind %	Schaf %	Mehr vom Schaf verdaut %
Haferstroh (nach KELLNER)	31,7	18,5	— 41,6
Heu (nach ZUNTZ und VÖLTZ)	59	56	— 5
Kartoffeln (+ Malz + Hefe) ⎫ (nach VÖLTZ u. ⎧	— 20	20	+ 40
Schlempe + Stärke . . . . ⎬ Mitarbeitern) ⎨	— 52	27	+ 79
Schlempe . . . . ⎭ ⎩	57	61	+ 7

Da aber im allgemeinen, vom Erhaltungsfutter abgesehen, für beide *Tierspezies* sowohl Rauhfutterstoffe als auch Kraftfutterstoffe verfüttert werden, wird durch Kompensation die Verdaulichkeit der Nährstoffe im Endbild ziemlich übereinstimmend sein.

Die Unterschiede in der Verdaulichkeit des Eiweißes durch *Schaf und Schwein,* also durch einen Herbivoren und einen Omnivoren, geht aus einer Zusammenstellung von vergleichenden Verdauungsversuchen über die Nährstoffe der Kartoffeln hervor (VÖLTZ und Mitarbeiter[181]).

Verdaulichkeit der Kartoffelnährstoffe beim Schwein und beim Schaf
(nach Völtz[181]; in der Anordnung geändert).

| Futter | Verdautes Rohprotein in % | | | | Mehr ver-daut beim Schwein |
| | Schwein | | Schaf | | |
	Periode	%	Periode	%	
Rohe Kartoffeln	6	84,0	VI	43,6	40,4
Gedämpfte Kartoffeln	5	76,9	III und IV	52,4	24,5
Eingesäuerte, gedämpfte Kartoffeln	4	73,2	II	37,9	35,3
Kartoffelflocken	9	81,2	IX	42,4	38,8
Kartoffelschnitzel	7	71,1	VIII	49,5	21,6

Danach wird also das Rohprotein der Kartoffeln in verschiedenen Verwendungsformen um 20—40% höher durch das Schwein als durch das Schaf verdaut. Allerdings muß betont werden, daß hieraus noch nichts über die Verwertung des verdaulichen Anteils der Nahrung zu schließen ist. Über weitere Vergleiche zwischen den Angehörigen verschiedener Tiergattungen hinsichtlich ihres Eiweißverdauungsvermögens siehe die Literatur bei O. Kellner S. 431[86], ferner Honcamp S. 45[81].

b) Einfluß des Alters.

Bei normalen Individuen der gleichen Tierart, auch wenn sie verschiedenen Rassen angehören, bestehen im allgemeinen keine größeren Unterschiede in dem Verdauungsvermögen. Ferner ist auch das *Alter* anscheinend meist ohne größeren Einfluß. So verdauten nach Honcamp S. 46[81] bei Versuchen mit mehreren Schafrassen im Durchschnitt von fünf verschieden zusammengesetzten Futterrationen das Rohprotein

$$\text{Elektoral zu . . . . 68\%}$$
$$\text{Württemberger Schaf zu . . . . 68\%}$$
$$\text{Southdown zu . . . . 64\%}$$

und nach dem gleichen Autor verdaute ein Hammel in einer Ration aus Wiesenheu, Hafer und Leinsamen das Rohprotein im Alter von

6 Monaten zu . . . . 73 %
8   ,,   ,, ... 75 %
9   ,,   ,, ... 72 %
11½   ,,   ,, ... 71 %
14   ,,   ,, ... 73 %

c) Ruhe und Arbeit.

Inwieweit *Ruhe und Arbeit* das Verdauungsvermögen beeinflussen können, ist eine noch nicht völlig geklärte Frage. Die Versuche von Grandeau und Le Clerc (zit. n. [86], S. 50) an Pferden scheinen für eine Herabsetzung des Verdauungsvermögens bei beschleunigten Gangarten zu sprechen. Dagegen fand Scheunert[149], daß eine dem Leistungsvermögen der Tiere angemessene Arbeit die Verdauung eher günstig als ungünstig beeinflußt.

2. Durch die Beschaffenheit der Nahrung gegebene Faktoren.

Außer der durch das Tier gegebenen Art und Weise der Eiweißverdaulichkeit ist ferner die *Beschaffenheit der Futtermittel selbst von großem Einfluß*, die bedingt wird durch die Zubereitung und Konservierung und beim Grün- und Rauhfutter durch das Vegetationsstadium, in dem die Pflanzen sich zur Zeit der Ernte bzw. Aufnahme durch das Tier befanden.

a) Einfluß des Rohfasergehaltes.

Durch systematische Versuche sind die Verhältnisse hinsichtlich der Eiweißverdaulichkeit ziemlich weitgehend klargelegt (s. Zusammenfassung bei O. KELLNER S. 40f.[86]). Bei grünem Pflanzenmaterial und entsprechend auch bei den daraus hergestellten Konserven (Heu, Silage) geht die *Verdaulichkeit des Eiweißes parallel mit dem Rohfasergehalt.* Das zeigt ein Vergleich der Untersuchungen von KÖNIG und A. FÜRSTENBERG (zit. n. [86], S. 303) über den Gehalt grüner Pflanzen an Eiweiß und Rohfaser mit fortschreitendem Vegetationsstadium und von WOLFF (zit. n. [86], S. 305) über die Verdaulichkeit des Rohproteins bei drei zeitlich aufeinanderfolgenden Schnitten.

Einfluß des fortschreitenden Vegetationsstadiums auf den Rohprotein und Rohfasergehalt (in 100 Trockensubstanz) (nach J. KÖNIG und A. FÜRSTENBERG).

	Wiesengras			Rotklee		
	vor	in der Blüte	nach	vor	in der Blüte	nach
	%	%	%	%	%	%
Rohprotein	12,69	10,38	6,31	18,37	16,87	11,69
Rohfaser	25,75	29,57	33,22	19,55	22,92	29,22
Bestandteile } Reincellulose	20,82	22,49	24,08	14,01	16,59	20,55
der Rohfaser } Cutin	1,07	1,07	0,89	1,05	1,01	1,52

Verdaulichkeit des Rohproteins von Wiesenpflanzen bei fortschreitender Entwicklung (nach E. WOLFF).

	Zusammensetzung in Prozent			Verdauungskoeffizienten			Gehalt an verdauten Stoffen in Prozent		
	1. Schnitt	2. Schnitt	3. Schnitt	1. Schnitt	2. Schnitt	3. Schnitt	1. Schnitt	2. Schnitt	3. Schnitt
Wasser . . .	15,0	15,0	15,0	—	—	—	—	—	—
Rohprotein .	16,1	9,5	7,2	73,3	72,1	55,5	11,8	6,8	4,0

b) Natürliche und künstliche Trocknung.

Bei der *natürlichen Trocknung* tritt eine Verminderung der Eiweißverdaulichkeit nicht ein, wenn man dafür Sorge trägt, daß die Trocknung mechanisch verlustlos, d. h. ohne Abbröckelungs- und Auslaugungsverluste vor sich geht. Diese Tatsache ist durch zahlreiche ältere und neuere Untersuchungen belegt. Die auch bei der mechanisch verlustlosen Trocknung unvermeidbaren Atmungsverluste betreffen nicht die Gesamtmenge der N-haltigen Nährstoffe, wie ebenfalls aus neueren Untersuchungen, bei denen die Größe der Atmungsverluste bestimmt worden ist, hervorgeht (WIEGNER[207], CRASEMANN[32], BURCHARD[27], LEPEHNE[94], BERNECKER[18]).

In wesentlich anderer Weise macht sich der *Einfluß der Trocknung bei erhöhten Temperaturen* auf die Verdaulichkeit des Eiweißes im Vergleich zum Ausgangsmaterial bemerkbar, ebenfalls mechanisch verlustlose Trocknung vorausgesetzt. Die Trocknung von Futtermitteln bei erhöhten Temperaturen erfolgt meist in besonderen Apparaten (s. BRAHM im I. Band dieses Handbuches). Für die Verdaulichkeit ist nicht die Höhe der Temperaturen in den Apparaten, sondern die der Temperaturen, welche die betreffenden Stoffe während der Trocknung annehmen, und die Dauer der Einwirkung dieser Temperaturen auf das Trockengut maßgebend. Bei der Wasserverdampfung wird Wärme gebunden, und selbst bei Umgebungstemperaturen von über 100° C erwärmen sich die zu trocknenden Stoffe nicht über 100°, solange sie noch genügend Wasser abgeben können. Verassen sie möglichst schnell nach der Erreichung des erforderlichen Trockensubstanzgehaltes den Trockenapparat, so ist eine erhebliche Verminderung ihrer Verdaulichkeit nicht zu befürchten. Andererseits können sowohl vegetabilische wie animalische Substanzen eine erhebliche *Verminderung ihrer Verdaulichkeit* erleiden, wenn sie Temperaturen unter 100° längere Zeit ausgesetzt sind und selbst diese Temperaturen annehmen. Am leichtesten wird die Verdaulichkeit der Proteine durch höhere Trocknungstemperaturen beeinträchtigt. Erst an zweiter Stelle folgen die Kohlehydrate, während die Verdaulichkeit der Fette auch bei längerer Einwirkung höherer Temperaturen nicht so leicht herabgesetzt wird. Am bekanntesten sind die Versuche von Morgen S. 308[111], Gabriel, Bülow, Volhard und Strohmer (Literatur s. O. Kellner S. 274[86]), die die Abnahme der Verdaulichkeit des Rohproteins bei zunehmenden Temperaturen zahlenmäßig belegen (Schnitzel und Heu). Da es sich hier aber um künstliche Verdauungsversuche handelt, so seien Versuche angeführt, bei denen die Verdaulichkeit von *Kartoffelkraut*, einmal zu Heu geworben und zum andern durch Feuergase künstlich getrocknet, direkt im Verdauungsversuch am Hammel geprüft wurde (Völtz, Baudrexel und Deutschland[176]). Es wurden folgende Verdauungswerte gefunden:

	frisches Kartoffelkraut	
	zu Heu geworben	durch Feuergase getrocknet
Rohprotein verdaut zu	61%	56%

	gesäuertes Kartoffelkraut (im gleichen Vegetationsstadium)	
	frisches Sauerfutter	durch Feuergase getrocknet
Rohprotein verdaut zu	62%	56%

Die Trocknung durch Feuergase hat also eine Verminderung der Eiweißverdaulichkeit zur Folge, wenn die Differenzen auch nicht hoch sind, da bei der Trocknung zu hohe Temperaturen vermieden wurden. Sehr empfindlich sind im allgemeinen gegen künstliche Trocknung die *Rübenblätter*. Selbst bei sehr vorsichtiger Behandlung fand Kellner (zit. n. [170] S. 11) in künstlich getrockneten Rübenblättern und Köpfen eine Verminderung der Rohproteinverdaulichkeit von rund 18%.

Über den Einfluß einer längeren Einwirkung von Temperaturen unter 100° auf die Verdaulichkeit des Proteins unterrichten Versuche von Völtz, Dietrich und Deutschland[278] am Hunde mit einer Pilzart (endomyces vernalis Ludwig). Die auf einem Walzentrockner getrocknete Substanz wurde z. T. direkt verfüttert, zum andern Teile, nachdem sie in einem Wassertrockenschrank während zweier Tage einer Nachtrocknung bei Temperaturen von etwa 90° unterzogen worden waren. Es wurden folgende Verdauungswerte ermittelt:

	Roh-protein %	N-freie Extraktstoffe %
1. getrocknet bei 100° und sofort verfüttert . . .	64	58,1
2. getrocknet bei 100° und hierauf 2 Tage einer Temperatur von 90° ausgesetzt	36,7	49,7
Differenz	27,3	8,4

Die Verdaulichkeit wurde also beim Rohprotein um 42,7%, bei den N-freien Extraktstoffen um 14,5% herabgesetzt. Bei den N-freien Extraktstoffen handelte es sich im vorliegenden Falle hauptsächlich um Glykogen, das durch höhere Temperaturen in seiner Verdaulichkeit stärker beeinträchtigt zu werden scheint als andere Kohlehydrate.

c) Braunheubereitung und Einsäuerung.

Auch bei der Trocknung durch höhere Temperaturen ohne Anwendung besonderer Apparate, wie z. B. bei der *Braunheubereitung*, sinkt die Verdaulichkeit des Proteins bedeutend, trotzdem hier im allgemeinen die Temperaturen unter 75⁰ bleiben, allerdings längere Zeit einwirken. Sehr dunkles Braunheu enthält unter Umständen überhaupt kein verdauliches Eiweiß mehr, wie aus künstlichen Verdauungsversuchen von ALBERT[6] hervorgeht.

Bei *Warmsilagen* (s. MANGOLD und BRAHM im I. Band dieses Handbuchs) kann ebenfalls, wenn Temperaturen von 45—55⁰ und darüber längere Zeit auf das Futter einwirken, eine Verminderung der Proteinverdaulichkeit die Folge sein. Den Beweis liefern exakte Stoffwechselversuche, die am Institut für Haustierernährung in Zürich (WIEGNER[207]) ausgeführt worden sind, ferner die Versuche am Königsberger Tierzuchtinstitut (LEMKE[93]) und neuerdings vergleichende Versuche zwischen warm vergorener Elektrosilage und kalt vergorener Silage von ZIELSTORFF, HILDEBRANDT und KELLER[215]. Bei einer vorwiegend milchsauren Vergärung des Futters bei niederen Temperaturen und unter anaëroben Verhältnissen erleidet die Verdaulichkeit des Rohproteins keine Einbuße, einwandfreien Verlauf des gesamten Gärprozesses vorausgesetzt. Dafür seien einige Zahlen aus den umfangreichen Versuchen von VÖLTZ und Mitarbeitern herangezogen, bei denen das gleiche Ausgangsmaterial teils im frischen Zustande (bzw. mechanisch verlustlos getrocknet), teils nach der Einsäuerung im Verdauungsversuch geprüft wurde.

Einfluß der Kaltvergärung auf die Eiweißverdaulichkeit.

	Verdaulichkeit des Rohproteins %	in 100 kg Trockensubst. bzw. wasserfreie Subst.		Versuchsansteller
		verd. Rohprotein kg	Stärkewert kg	
Wiesengras:				
Heu	46,6	7,16	33,2	{ VÖLTZ und KIRSCH[187]
Silage	44,2	6,26	47,7	
Rotklee:				
Heu auf der Darre mechan. verlustlos getrocknet . .	59,4	10,00	56,3	{ W. VÖLTZ, E. REISCH und
Silage	71,5	12,00	53,1	H. JANTZON[191]
Futterrüben:				
Frisch	30,0	2,20	46,4	{ W. VÖLTZ, E. REISCH und
Gesäuert	30,0	2,20	36,8	H. JANTZON[192]

Aus dem Versuch mit dem Rotklee geht hervor, daß die Trocknung auf der Darre bereits eine Verringerung der Verdaulichkeit des Ausgangsmaterials zur Folge gehabt haben muß, wogegen die Silage wohl den ursprünglichen Wert der grünen Masse wiedergibt.

Daß in gewissen Fällen, wenn es sich um stark infiziertes und durch Witterungseinflüsse bereits geschädigtes Material handelt, durch milchsaure Vergärung sogar eine Erhöhung der Eiweißverdaulichkeit herbeigeführt werden kann, haben Versuche von KIRSCH[88] mit einem dritten Schnitt von Wiesengras, das zu später Jahreszeit gemäht wurde, ergeben.

Erhöhung der Eiweißverdaulichkeit bei spätgemähtem Gras (dritter Schnitt) durch milchsaure Vergärung bei niederen Temperaturen unter Luftabschluß (nach KIRSCH).

Gleiches Ausgangsmaterial im gleichen Vegetationsstadium untersucht	in 100 kg Trockensubstanz	
	verdaul. Rohprotein kg	Stärkewert kg
Gras	4,08	34,6
Heu	7,22	31,5
Silage	8,18	45,4

d) Organische und Mineralsäuren.

Der *Einfluß von organischen Säuren* (vorwiegend Milchsäure) auf die Eiweißverdaulichkeit, wie sie z. B. in größeren Mengen mit dem Silofutter zur Aufnahme gelangen, ist ebenfalls von Völtz und Jantzon[183] am Wiederkäuer untersucht worden. Es ergab sich, daß die Verfütterung von 3,2 g Milchsäure auf 1 kg Lebendgewicht eine Verminderung der Verdaulichkeit des Rohproteins von 11,7 % zur Folge hatte. In früheren Versuchen von Völtz und Mitarbeitern[181] war gefunden worden, daß eine, wenn auch geringe Verdaulichkeitsminderung des Eiweißes bereits bei Gaben von 1,4 g Milchsäure pro Körperkilo eintrat. Die Grenze scheint bei 1 g wasserfreier Milchsäure zu liegen. Das würde bedeuten, daß *bei Milchvieh 50—60 kg einwandfreier Silage auf 1000 kg Lebendgewicht ohne Verdauungsminderung des Eiweißes* und auch der übrigen Nährstoffe verfüttert werden können.

Daß auch die Anwesenheit geringer Mengen von *Mineralsäuren* für die Höhe der Eiweißverdaulichkeit belanglos sind, zeigte Weiske (zit. n. [86] S. 58), der Fütterungsversuche an Schafen mit Wiesenheu machte, das einmal in natürlichem Zustande gegeben wurde, das andere Mal mit verdünnter H_2SO_4 (7,5 g Anhydrit auf 1 kg Heu) versetzt wurde. — Ebenso indifferent wie die Säuren bleibt kohlensaurer Kalk selbst in größeren Mengen (Volhard, zit. n. [86] S. 59).

e) Kochsalz.

Kochsalz übt in den gebräuchlichen Mengen keine Wirkung auf die Verdaulichkeit des Rohproteins aus (Wolff, zit. n. [86] S. 60). Größere Gaben haben jedoch abführende Wirkung und verringern demgemäß die Eiweißverdaulichkeit (O. Kellner S. 61[86]). Das gleiche gilt für überreichliche Wasserzufuhr (Henneberg[77] und Stohmann[160]).

f) Größe der Rationen.

Der Einfluß verschieden großer Rationen bei konstantem Nährstoffverhältnis auf die Verdaulichkeit ist von O. Kellner S. 51[86] untersucht worden. Es zeigte sich in Fütterungsversuchen an Ochsen, daß die Verdaulichkeit gleichmäßig mit dem Größerwerden der Ration abnahm (Nährstoffverhältnis konstant 1 : 5,8). Allerdings waren die Änderungen sehr gering; sie lagen noch innerhalb der Fehlergrenzen. Auch konnte das Ergebnis nicht von anderen Versuchsanstellern bestätigt werden. Bei Schweinen werden große Futtergaben ebenso hoch verdaut wie kleinere, bei sonst gleicher Berchaffenheit (Katayama, zit. n. [86] S. 52).

3. Durch die Mengenverhältnisse der Nährstoffe innerhalb einer Nahrung gegebene Faktoren (Nährstoff- und Eiweißverhältnis).

Anders liegen die Verhältnisse jedoch, wenn die *Mengenverhältnisse der Nährstoffe innerhalb eines Nahrungsmittels* oder einer Nahrung geändert werden. Es kann dadurch die Verdaulichkeit gerade der Eiweißstoffe wesentlich beeinflußt werden. Um die Futterrationen nach dieser Richtung hin durch einen einfachen Zahlenausdruck charakterisieren zu können, stellt man das „Eiweißverhältnis" fest, d. h. die Menge der verdaulichen N-haltigen Nährstoffe gegenüber den verdaulichen N-freien Nährstoffen.

Entfallen z. B. auf einen Teil verdauliches Rohprotein 6 Teile verdaulicher N-freier Nährstoffe, so besteht ein Verhältnis von 1 : 6. Man bezeichnet die Verhältnisse von 1 : 2—1 : 5 als eng, von 1 : 5—1 : 8 als mittel, von 1 : 8—1 : 12 und darüber als weit.

Um die N-freien Nährstoffe auf einen einheitlichen Nenner zu bringen, benutzt man zur Berechnung die Wärmeäquivalente (N-freie Extraktstoffe und Rohfaser = 1, Fett im Mittel = 2,2). O. KELLNER (S. 430[86]) versteht unter Eiweißverhältnis nur das Verhältnis von verdaulichem Reineiweiß zu verdaulichen N-freien Nährstoffen und stellt es der Berechnungsweise mit verdaulichem Rohprotein, die als „**Nährstoffverhältnis**" bezeichnet wird, gegenüber. Nach HONCAMP S. 179[81] wird bei der Berechnung des Nährstoffverhältnisses für die Umrechnung des Fettes auf verdauliche N-freie Nährstoffe der Wert 2,4 benutzt, bei der Berechnung des sog. Eiweißverhältnisses der Wert 2,2 (s. Anm.). Es sei hier nochmals die Bemerkung wiederholt, daß nach dem heutigen Stande unseres Wissens Angaben über Eiweißverhältnisse immer die Vollwertigkeit des Eiweißes zur Voraussetzung haben.

Die Kenntnis des Eiweißverhältnisses bei der tierischen Ernährung ist deshalb von Wichtigkeit, weil die wechselnden Mengenanteile der N-haltigen und N-freien Nährstoffe innerhalb einer Nahrung die *Verdaulichkeit* der einzelnen Nährstoffe beeinflussen und weil es ferner bestimmte *Grenzen* gibt, innerhalb deren ein *Eiweißverhältnis* als *optimal* im Hinblick auf die Verdaulichkeit der gesamten Nahrung bezeichnet werden muß. Im folgenden soll zunächst der Einfluß einseitiger Kohlehydrat- und einseitiger Fettzufuhr auf das Eiweißverhältnis kurz besprochen werden.

a) Einseitige Fett- und Kohlehydratzufuhr.

VOIT[199] hat bereits gezeigt, daß zwar eine reine Eiweißernährung möglich ist, jedoch konnte er einen 35 kg schweren Hund erst mit einer Tagesgabe von 1500 g Fleisch (318,8 g N = 1,53 g N pro Körperkilo und Tag) im N-Gleichgewicht halten. Nach Zulage von 250 g Fett genügte dazu schon eine Menge von 500 g Fleisch und durch Verabreichung von Kohlehydraten an Stelle des Fettes (182 g Stärke) erzielten VOIT und KORKUNOFF[200] die gleiche Wirkung, obwohl die Gesamtcalorienzufuhr verringert war. Aus der Möglichkeit der reinen Eiweißernährung geht hervor, daß ein stoffliches Mindestbedürfnis, wie es der Organismus für Eiweiß hat, für Kohlehydrate nicht vorzuliegen scheint. Man könnte allerdings einwenden, daß die Versuche am Carnivoren durchgeführt worden sind, der auf Fleischnahrung eingestellt ist. In neuerer Zeit haben aber OSBORNE und MENDEL[124] auch für die Ratte zeigen können, daß diese Tiere bei reiner Eiweißnahrung gedeihen, wenn nur ausreichende Mengen an Mineralstoffen und Vitaminen mit verabfolgt werden. Ferner haben die Autoren den Nachweis erbringen können, daß eine Nahrung für alle Lebensfunktionen ausreichend sein kann, wenn sie entweder aus Eiweiß und Fett oder aus Eiweiß und Kohlehydraten besteht. Wie aber schon die Versuche von VOIT und KORKUNOFF deutlich zeigen, ist die *eiweißsparende Wirkung von Fett und Kohlehydrat* verschieden, und zwar zeigt sich eine Überlegenheit der Kohlehydrate über das Fett. Es wurde dies damit erklärt, daß die Kohlehydrate leichter löslich, leichter diffusibel und leichter an den Verbrauchsorten disponibel seien als die Fette (eine Ansicht, die auch RUBNER teilt). Jedoch ist es fraglich, ob diese Ansicht zu Recht besteht. Denn wie vor allem ZELLER[214] zeigte, kommt die Abweichung von der isodynamen Vertretung der Kohlehydrate und Fette erst dann zustande, wenn es sich um eine Kost handelt, in der mehr als 90% der Calorien durch Fett geliefert werden. Erst über diesen Grenzwert hinaus bis zur ausschließlichen Fettzufuhr wird das Eiweißverhältnis zu ungunsten des Eiweißes verschoben. Ob die bekannte LANDERGRENsche Erklärung für diese Erscheinung, daß bei alleiniger Bestreitung

---

Anm. HENRY und MORRISON S. 41[79] benutzen zur Umrechnung des Fettes den Faktor 2,25 und rechnen im übrigen nur mit verdaulichem Rohprotein.

der N-freien Nährstoffe durch Fett ein Teil des Eiweißes zu der unbedingt notwendigen Glykogenbildung herangezogen werden muß, richtig ist, sei dahingestellt. Es spricht dagegen die Möglichkeit, daß aus Fett Kohlehydrate und damit auch Glykogen im Organismus gebildet werden können.

Wie groß die *eiweißsparende Wirkung der Kohlehydrate* sein kann, zeigt sich besonders in Versuchen an ausgewachsenen *Schweinen*. Diese Tiere kommen mit den geringen Eiweißmengen vollkommen aus, wie sie z. B. in der Kartoffel enthalten sind.

Es sei dazu ein Versuch von Völtz und Mitarbeitern[111] angeführt, bei dem ein 213 kg schwerer Borch 14 Tage lang (davon 8 Tage Bilanzversuch) ausschließlich gedämpfte Kartoffeln erhielt, die folgende Zusammensetzung hatten:

Trockensubstanz	25,97 %
Asche	1,16 %
Organische Substanz	24,63 %
Rohprotein	2,06 %
Rohfett	0,03 %
Rohfaser	0,54 %
N-freie Extraktstoffe	22,00 %
Calorien in 100 g	105,60 %

Über den Verlauf des Versuches geben die nachfolgenden Zusammenstellungen Aufschluß. Das Tier verzehrte täglich: 7000 g gedämpfte Kartoffeln mit 1805,0 g Trockensubstanz, 23,02 g N und 7392 Cal.

Datum: Februar 1914	Stickstoffausscheidung						N-Ansatz		Gewicht des Tieres	Gewicht des frischen Kotes
	im Harn		im Kot		Summa					
	g	% der Zufuhr	g	% der Zufuhr	g	% der Zufuhr	g	% der Zufuhr	kg	g
19./20.	15,13	65,7	5,31	23,1	20,44	88,8	2,58	11,2	212	365,0
20./21.	12,04	52,3	5,31	23,1	17,35	75,4	5,67	24,6	—	188,6
21./22.	15,21	66,1	5,31	23,1	20,52	89,2	2,50	10,8	—	331,0
22./23.	20,92	90,9	5,31	23,1	26,23	113,9	—3,21	—13,9	—	626,8
23./24.	15,11	65,6	5,31	23,1	20,42	88,7	2,60	11,3	—	419,6
24./25.	14,43	62,6	5,31	23,1	19,74	85,7	3,28	14,3	—	345,7
25./26.	16,32	70,9	5,31	23,1	21,63	94,0	1,39	6,0	—	589,9
26./27.	16,59	72,0	5,31	23,1	21,90	95,1	1,12	4,9	214	353,5
Im Mittel	15,72	68,3	5,31	23,1	21,03	91,4	1,99	8,6	213	402,5

Das Rohprotein wurde also zu 76,9 % resorbiert.

Pro Kilo Lebendgewicht und Tag erhielt das Tier 0,11 g Stickstoff bzw. 0,08 g verdaulichen Stickstoff und 34,7 Cal. bzw. 30,7 nutzbare Cal.

Die tägliche Gewichtszunahme betrug im Mittel 250 g.

Der Kot der vorliegenden Periode mit gedämpften Kartoffeln wog lufttrocken 907,0 g und enthielt in Prozenten:

Trockensubstanz	Asche	Organische Substanz	Rohprotein	Rohfett	Rohfaser	N-freie Extraktstoffe	Calorien je 100 g
94,01	30,90	63,11	29,28	9,25	9,86	14,72	365,7

Aus diesen Zahlen ergibt sich der folgende Gehalt an Einzelbestandteilen in Gramm pro Tag:

Lufttrockener Kot	Trockensubstanz	Asche	Organische Substanz	Rohprotein	Rohfett	Rohfaser	N-freie Extraktstoffe	Calorien
113,38	106,58	35,03	71,55	33,19	10,49	11,18	16,69	414,6

Die folgende Tabelle enthält die Verdauungswerte für die gedämpften Kartoffeln.

Futterverzehr	Trocken-substanz g	Organische Substanz g	Roh-protein g	Rohfett g	Rohfaser g	N-freie Ex-traktstoffe g	Calorien g
7000 g gedämpfte Kar-toffeln	1805,0	1724,04	143,90	2,27	38,11	1539,76	7392,0
in den Fäzen	106,58	71,55	33,19	10,49	11,18	16,69	414,6
Also resorbiert { g:	1698,42	1652,49	110,71	− 8,22	26,93	1523,07	6977,4
%:	—	95,8	76,9	− 3,62	70,7	98,9	94,4
oder:	—	95,8	76,9	—	70,7	97,7	94,4

Energieumsatz.

Einnahmen pro Tag . . . .   7392,0 Calorien
Ausgaben pro Tag:
Der Kot enthielt. . . . .   414,6 Calorien = 5,6 % der Zufuhr
Energieverlust aus 1550 g verdau-
ter Rohfaser u. N-freien Extrakt-
stoffen durch Methan- u. Wasser-
stoffgärung   194,8   „   = 2,6 %   „   „
Der Harn enthielt   246,4   „   = 3,4 %   „   „

Sa. 855,8 Calorien = 11,6 % der Zufuhr = 855,8 Calorien

Der *physiologische Nutzwert* für die gedämpften Kartoffeln. . . . . . = 6536,2 Calorien
entsprechend **88,4 %** der Zufuhr.

Das Verhältnis von verdaulichen N-haltigen zu verdaulichen N-freien Nährstoffen war in der Nahrung

$$1 : \frac{(22{,}54 \cdot 97{,}7) + (0{,}54 \cdot 70{,}7)}{2{,}06 \cdot 76{,}9} = 1 : 13{,}8 \,.$$

Der geringe tägliche N-Bedarf pro Körperkilo von rund 0,075 g dürfte fast an
ein Eiweißminimum herankommen, denn der geringe tägliche N-Ansatz von 2 g N
wird wohl überwiegend für den Zuwachs von Epidermoidalgebilden verwandt
worden sein. Die tägliche Körpergewichtszunahme von 250 g ist also höchstwahrscheinlich auf den Fettansatz zurückzuführen.

Daß es auch beim ausgewachsenen *Wiederkäuer* möglich ist, bei verhältnismäßig geringen Eiweißmengen und großen Gaben an N-freien Nährstoffen, also
einem weiten Eiweißverhältnis, eine Fettmast durchzuführen, wurde schon erwähnt, wenn auch die Grenzen enger sind. In einem wesentlichen Punkt aber
unterscheidet sich das *Schwein* als Omnivore in seinem Verhalten gegenüber
Rationen mit geringem Eiweißgehalt und großen Gaben an leicht verdaulichen
Kohlehydraten, daß nämlich die Verdaulichkeit des Eiweißes, wie ja der vorliegende Versuch beweist, so gut wie gar nicht beeinträchtigt wird. Trotz des
weiten Nährstoffverhältnisses betrug die Eiweißverdaulichkeit 76,9%, während
Kellner S. 653[86] in seinen Tabellen im Mittel von 13 Versuchen eine normale
Rohproteinverdaulichkeit bei der Kartoffel durch das Schwein von 76% angibt.
Ganz anders verhält sich dagegen der Wiederkäuer in dem gleichen Falle. Es
liegt eine große Anzahl von Versuchen vor, die zeigen, daß bei einseitiger Erhöhung an leichtlöslichen Kohlehydraten die Verdaulichkeit des Proteins mit
einer gewissen Regelmäßigkeit abnimmt (Literatur bei Kellner S. 53[86] und
Morgen S. 188[111]). Man hat sogar versucht, die *Verdaulichkeit des Proteins*
mathematisch als Funktion der Menge N-freier Nährstoffe auszudrücken (Stohmann[157]):

$$P' = \frac{P}{1 + \dfrac{S}{9\,P}} \,,$$

wobei P' die verdauliche Menge Rohprotein, P die im Futter verabfolgte Proteinmenge und S die Summe der N-freien Nährstoffe bedeutet. Diese empirische Formel steht zwar mit den Ergebnissen einer großen Anzahl von Verdauungsversuchen im Einklang. Immerhin müssen aber für ihre Gültigkeit so viel Voraussetzungen erfüllt sein, daß sie kaum als allgemein mathematischer Ausdruck eines physiologischen Vorganges angesprochen werden kann.

b) Die Verdauungsdepression.

Die Tatsache, daß durch eine Erweiterung des Eiweißverhältnisses die Verdaulichkeit der einzelnen Nährstoffe, hauptsächlich aber des Eiweißes beim Wiederkäuer verschlechtert wird, hat man als „*Verdauungsdepression*" bezeichnet. Bekannt ist die Erklärungshypothese, die Zuntz (zit. n. [86] S. 54) für diese Erscheinung gegeben hat. Danach wird durch Zufuhr großer Mengen leicht löslicher Kohlehydrate ein Nährmedium geschaffen, das denjenigen Bakterien günstige Entwicklungsbedingungen gibt, die sowohl lösliche Kohlehydrate als auch Rohfaser zu zersetzen vermögen, aber durch die Überschwemmung mit leichtlöslichen Kohlehydraten von der Aufschließung der Rohfaser abgelenkt werden. Der Erfolg ist, daß viele Zellen uneröffnet bleiben und nicht zur Resorption gelangen. Bei der Analyse des Kotes ergibt sich daher eine schlechtere Ausnutzung. Diese Theorie, die auf eine Ablenkung der Darmbakterien beim Wiederkäuer durch Kohlehydrate hinausläuft, scheint darin eine gute Stütze zu finden, daß beim Schwein, bei dessen Verdauungsvorgängen die Bakterien gegenüber den Verdauungsfermenten zurücktreten, kaum Verdauungsdepressionen auftreten, wie ja auch der vorher ausführlich beschriebene Versuch beweist. (Vgl. ferner die Versuche von E. Wolff und Fingerling (zit. n. [86] S. 54.)

Es ist bereits grundsätzlich bemerkt worden, daß aus dem Vergleich der in der Nahrung zugeführten und im Kot wiedergefundenen N-Mengen noch nichts über die wirkliche *Resorption des Eiweißes* gefolgert werden kann, da die N-haltigen Stoffwechselprodukte die Eiweißverhältnisse verschleiern können. So geht aus neueren Versuchen von Funke[52] hervor, daß für die Depression der N-haltigen Stoffe die Zuntzsche Hypothese höchst wahrscheinlich nicht zutrifft. Es wurden zu einem Grundfutter, bestehend aus Heu, steigende Mengen von Melasse zugegeben (200, 300, 500, 700, 900 g). Die *Verdauungsdepression* der einzelnen Nährstoffe sei an Hand der graphischen Darstellung der Originalarbeit wiedergegeben.

Die Abbildung zeigt, daß der Abfall der Eiweißverdaulichkeit wesentlich anders als der der N-freien Nährstoffe vor sich geht, erst zwischen 700 und 900 g Melasse wird der Neigungswinkel zur Abzisse bei allen Nährstoffen gleich. Die Ursache liegt aber darin, daß bei diesen hohen Mengen Verdauungsstörungen eingetreten sind, wodurch der Abfall in der Verdauung der N-freien Nährstoffe beschleunigt worden ist. In diesem Falle würde der Begriff „Verdauungsdepression" im eigentlichen Sinne als Verminderung der Resorption der Nährstoffe des Grundfutters bei Fütterung steigender Mengen von Kohlehydraten nicht mehr zu recht bestehen, sondern gleichbedeu-

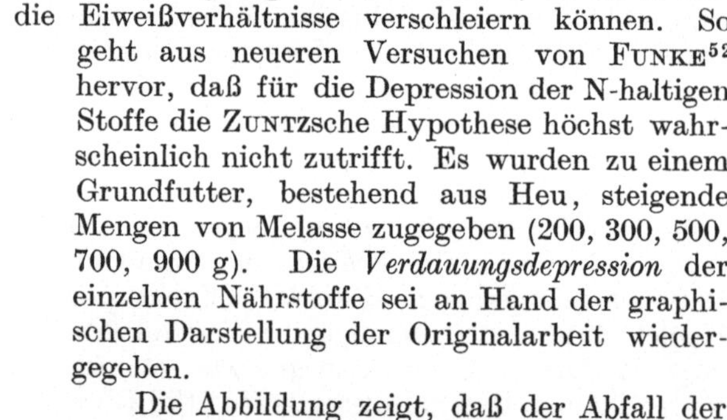

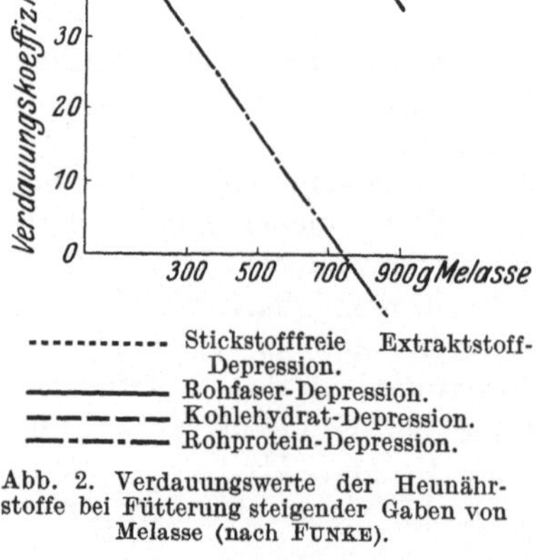

·············· Stickstofffreie Extraktstoff-Depression.
———————— Rohfaser-Depression.
— — — — — Kohlehydrat-Depression.
—·—·—·— Rohprotein-Depression.

Abb. 2. Verdauungswerte der Heunährstoffe bei Fütterung steigender Gaben von Melasse (nach Funke).

tend sein mit dem Ausdruck „Darmstörung". Die Verdauungsdepression des Eiweißes kann nur erklärt werden durch eine vermehrte Ausscheidung N-haltiger Stoffwechselprodukte durch den Darm.

Verdauungsdepressionen durch Zugabe von Fetten oder Ölen treten nach O. Kellner S. 55[86] nur auf, wenn die Mengen 1000 g auf 1000 kg Lebendgewicht überschritten werden und wenn sie außerdem nicht in emulgierter Form verabfolgt werden. Wahrscheinlich wird dann die Benetzbarkeit der Futtermittel durch die Verdauungssäfte verringert.

Sehr früh wurde bereits die Tatsache erkannt, daß durch eine Verengerung des Eiweißverhältnisses die Verdauungsdepressionen wieder aufgehoben werden können (Haubner, Henneberg und Stohmann, zit. n. [86] S. 56f.). Es ist weiterhin von prinzipieller Wichtigkeit, daß diese Wirkung auch zutrifft für die N-haltigen Stoffe nicht eiweißartiger Natur (Weiske, O. Kellner, Fingerling S. 57[86]). Man hat versucht, für den Wiederkäuer die *Grenzen des Eiweißverhältnisses* zu bestimmen, innerhalb deren eine Verdauungsdepression nicht mehr stattfindet und die optimale Verdauung aller Nährstoffe garantiert ist. Diese Untersuchungen, die ebenfalls bereits längere Zeit zurückliegen (Hofmeister und Haubner, Schultze und Märker S. 57[86] u. a.) hatten das Ergebnis, „daß die Verdauung des Futters in ihrem vollen Umfange stets dann erreicht wird, wenn auf acht Teile verdaulicher N-freier Nährstoffe (einschl. Fett $\times$ 2,4) nicht weniger als ein Teil verdauliches Rohprotein entfällt" (O. Kellner S. 58[86]).

D. Die biologische Wertigkeit des Eiweiß.

I. Der Eiweißstoffwechsel gleichbedeutend mit Aminosäurestoffwechsel.

Es ist in der Fütterung der landwirtschaftlichen Nutztiere verhältnismäßig früh (Potthast[136]) erkannt worden, daß das Eiweiß verschiedener Futtermittel nicht gleichwertig sein kann, so z. B. bei den Lupinen, die sich in entbittertem Zustande als Eiweißbeifutter bei der Kartoffelmast der Schweine gegenüber anderen eiweißreichen Futtermitteln, wie z. B. Fischmehl, als unterlegen erwiesen haben (Völtz und Kirsch[188]). Ein anderes rein empirisch gefundenes Ergebnis ist die Tatsache, daß bei der Aufzucht der Kälber die Vollmilch bzw. die Magermilch durch irgendwelche andere Nährmittel nicht zu ersetzen ist.

Der wahre Sachverhalt ist aber erst durch die grundlegenden Arbeiten von Emil Fischer erklärt worden, der das Eiweiß als ein Riesenmolekül erkannte, das aus einer großen Anzahl Aminosäuren in verschiedener Bindung gebildet wird (s. Felix im I. Band dieses Handbuchs). Um den weiteren Ausbau der Forschungen Emil Fischers und vor allem um ihre Anwendung auf die Probleme der Ernährungsphysiologie hat sich E. Abderhalden und seine Mitarbeiter mit großem Erfolg bemüht, so daß wir heute bereits sagen können, daß der *Eiweißstoffwechsel letzten Endes gleichbedeutend ist mit dem Stoffwechsel der Aminosäuren* und daß die verschiedene *Wertigkeit der Eiweißkörper bedingt wird durch die Anwesenheit oder das Fehlen bestimmter Aminosäuren und ihr Mengenverhältnis zueinander.*

Es würde zu weit führen, hier näher auf die umfangreichen Untersuchungen einzugehen, die das Verhalten der einzelnen Eiweißbausteine im intermediären Stoffwechsel zum Gegenstande hatten. Es sei dazu auf das Lehrbuch der Physiologie von Abderhalden[1] (I. u. II.) verwiesen, ferner auf die neuerdings erschienene ausgezeichnete Darstellung von Neubauer[121] im Handbuch der normalen und pathologischen Physiologie. Nach dem heutigen Stande der Forschung lassen sich die wichtigsten Ergebnisse folgendermaßen zusammenfassen: Die

Eiweißkörper werden (wohl zum größten Teile) durch die Verdauungsvorgänge in ihre Bausteine zerlegt und in dieser Form resorbiert. Als erster hat Loewi[96] nachgewiesen, daß in der Tat ein Hund mit abgebautem Eiweiß (autolysiertes Pankreasgewebe, das die Biuretreaktion nicht mehr gab) im N-Gleichgewicht gehalten werden konnte. Eine Fütterung mit künstlich zusammengesetzten Aminosäuregemischen ist von Abderhalden und seinen Mitarbeitern am Hunde durchgeführt worden.

Die resorbierten Aminosäuren gelangen in der Hauptsache unverändert durch die Darmwand in das Blut der Pfortader und durch das Kapillarnetz der Leber zu den Geweben. Der Nachweis von dem Vorhandensein der Aminosäuren im Blut hat Schwierigkeiten gemacht, bis es durch verfeinerte Untersuchungsmethoden gelungen ist, sie dort wiederzufinden. Auch haben György und Zuntz[62] zeigen können, daß das den Organen zuströmende Blut reicher an Aminosäuren ist als das abströmende venöse.

Unentbehrliche und entbehrliche Aminosäuren.

Die Gewebe nehmen aller Wahrscheinlichkeit nach aus den zugeführten Bausteinen das heraus, was sie brauchen. Der Rest wird desaminiert und findet im Kraftstoffwechsel Verwendung. Für den Umfang der *Eiweißsynthese im Organismus* aus den Spaltstücken ergibt sich hieraus, daß er sich nach den in der geringsten Menge vorhandenen Bausteinen richten muß (Minimumgesetz von Abderhalden[2]). Allerdings ist der Organismus imstande, einige Aminosäuren selbst herzustellen, was z. B. für das Glykokoll und das Alanin mit Sicherheit bewiesen ist. Es handelt sich um Aminosäuren der aliphatischen Reihe (Monoaminosäuren). Derartige Aminosäuren würden also in der Nahrung nicht als lebenswichtig zu bezeichnen sein. Andererseits scheint der Organismus nicht den Aufbau der zyklischen Aminosäuren selbst bewerkstelligen zu können. Diese „*lebenswichtigen*" *Eiweißbausteine* sind es, die letzten Endes den biologischen Wert eines Eiweißkörpers oder eines Eiweißkörpergemisches innerhalb einer Nahrung bestimmen.

Als Beispiel für die Methodik derartiger Untersuchungen über die Entbehrlichkeit bzw. Unentbehrlichkeit einzelner Aminosäuren sei kurz auf die Versuchsanstellung Abderhaldens eingegangen.

Er brachte seine Versuchstiere mit einem Gemisch von Aminosäuren ins N-Gleichgewicht, und zwar wurde ein N-Minimum aufgesucht. Das Aminosäuregemisch war folgendermaßen zusammengesetzt: 5 g Glykokoll, 10 g d-Alanin, 3 g l-Serin, 2 g l-Cystin, 5 g d-Valin, 10 g l-Leucin, 5 g d-Isoleucin, 5 g l-Asparaginsäure, 15 g d-Glutaminsäure, 5 g l-Phenylalanin, 5 g l-Tyrosin, 5 g l-Lysin, 5 g d-Arginin, 10 g l-Prolin, 5 g l-Histidin, 5 g l-Tryptophan = 100 g Aminosäuren mit 13,87 g N. Durch Fortlassen der einen oder anderen Aminosäure aus dem Gemisch konnte aus dem Verhalten der N-Bilanz auf ihre Ersetzbarkeit bzw. Unersetzbarkeit geschlossen werden.

Als *unentbehrlich*, weil im Körper nicht herstellbar, haben sich folgende Aminosäuren erwiesen: Tryptophan, Cystin, Asparaginsäure, Leucin. Tyrosin und Phenylalanin können sich gegenseitig vertreten, doch muß einer von den beiden Bausteinen immer in der Nahrung vorhanden sein. Ebenso sind Arginin und Histidin unentbehrlich, können aber nach Ackroyd und Hopkins[5] einander vertreten (nach Rose und Cox[139] jedoch nur das Histidin das Arginin, nicht umgekehrt). Das Lysin scheint nach den Versuchen von Osborne und Mendel[125] unbedingt notwendig für das Wachstum zu sein, dagegen nicht für die Erhaltung. Entweder kann es im Körper in geringen Mengen gebildet werden, oder man könnte sich nach Neubauer S. 772[121] auch vorstellen, daß das beim Eiweißabbau frei werdende Lysin immer wieder zum Aufbau verwendet werden kann. Nach

SURE[162] ist das Prolin nicht vom Körper synthetisierbar, während ABDER-HALDEN I, S. 499[1] an eine Bildung aus Glutaminsäure denkt. Für die Glutaminsäure ist eine körpereigne Synthese noch zweifelhaft.

So einfach die Methodik, mit der die vorstehenden Versuchsergebnisse gewonnen worden sind, zu sein scheint, so kompliziert ist ihre einwandfreie Durchführung unter tatsächlichen Verhältnissen deshalb, weil ein Arbeiten mit völlig gereinigten Nährstoffen im Tierversuch wegen der großen Rolle, die die lebenswichtigen Stoffe unbekannter Natur (Vitamine u. a.) für den normalen Ablauf des gesamten Stoffwechsels spielen, sehr erschwert ist. So ist z. B. bei einer Stoffwechselstörung wie die Pellagra noch nicht entschieden, ob es sich hier um eine Avitaminose, eine Giftwirkung oder einen Mangel an vollwertigem Eiweiß handelt (VOEGTLIN, zit. nach McCOLLUM und N. SIMMONDS S. 297[103]). Wahrscheinlich wirken alle drei Umstände zusammen. Ferner müssen auch die Einflüsse des Mineralstoffwechsels durch Verabfolgung einer richtig zusammengesetzten Salzmischung ausgeschaltet werden, worauf mit allem Nachdruck R. BERG[15] hinweist.

II. Biologische Wertigkeit einzelner Eiweißkörper.

Immerhin bieten die bisher sichergestellten Ergebnisse für die richtige Deutung einer großen Anzahl von Versuchen über die *biologische Wertigkeit von Eiweißkörpern und Eiweißgemischen* gute Anhaltspunkte.

Es sei zunächst auf die Versuche mit isolierten Eiweißkörpern eingegangen, von denen allerdings nur die wichtigsten kurz besprochen werden können.

Gelatine: Schon VOIT (zit. n. [19] S. 105) hatte festgestellt, daß reine Gelatine als einzige Eiweißquelle die Aufrechterhaltung des N-Gleichgewichtes nicht ermöglicht. OSBORNE und MENDEL fanden das gleiche in ihren Rattenversuchen und McCOLLUM an Schweinen: Die Gelatine konnte allenfalls 50—60% Eiweiß ersetzen. Diese biologische Minderwertigkeit der Gelatine ist zurückzuführen auf das Fehlen der lebenswichtigen Aminosäuren Tryptophan und Tyrosin und eine zu geringe Menge Cystin, das nur in Spuren vorhanden ist.

Leim: Über die eiweißsparende Wirkung des Leims liegen ebenfalls eine Reihe älterer Untersuchungen vor (Literatur s. O. KELLNER S. 132[86]), aus denen hervorgeht, daß der Leim etwa bis zu 45% das Eiweiß ersetzen kann. Der Grund ist ebenfalls ein Mangel an Tryptophan, Tyrosin und Cystin, die nur in Spuren vorhanden sind.

Zein (im Mais): Dem Zein fehlen Tryptophan und Lysin, ferner auch das nicht lebenswichtige Glykokoll. Es konnten daher weder Ratten im N-Gleichgewicht gehalten werden, noch war Zein nach Versuchen von McCOLLUM ausreichend für die Deckung des Eiweißbedarfes bei Schweinen.

Gliadin (im Weizen) und *Hordein* (in der Gerste): Sie sind vollwertig für den Unterhalt, aber ungenügend, um das Wachstum aufrechtzuerhalten. Es hängt dies mit ihrem Mangel an Lysin zusammen, das sich als unbedingt notwendig gerade für wachsende Tiere erwiesen hat. OSBORNE und MENDEL konnten durch Zusatz von 3% Lysin bei einer Grundnahrung, die eiweißfreie Milch enthielt, normales Wachstum bei Ratten erzielen. Da aber andere Versuchsansteller mit anderer Grundnahrung bei der Wiederholung nicht das gleiche Resultat erhielten, so liegt die Vermutung nahe, daß die von OSBORNE und MENDEL verwandte eiweißfreie Milch nicht lysinfrei gewesen ist.

Lactalbumin ist in jeder Beziehung vollwertig. Es enthält verhältnismäßig große Lysin- und Tryptophanmengen. Es ist anderen an und für sich ebenfalls vollwertigen Eiweißkörpern wie Casein und Edestin überlegen.

Casein ist zwar vollwertig, aber sehr gering in seinem Gehalt an Cystin. Es muß daher vor allem bei wachsenden Tieren in größeren Mengen in der Nahrung vorhanden sein oder durch Cystinzusatz ergänzt werden.

Edestin, ein Eiweißkörper des Weizen- und Hanfsamens, ist vollwertig, enthält aber wenig Lysin. Es kann durch Lysinzusatz verbessert werden.

Weitere biologisch vollwertige Eiweißkörper sind nach Osborne und Mendel: Ovalbumin, Ovovitellin, Maisglutenin, Kürbissamenglutenin, Baumwollsamenglobolin, Weizenglutenin. Unvollständig sind Weizengliadin und Erbsenlegumenin.

III. Biologische Wertigkeit ganzer Nahrungsmittel.

Außer den Untersuchungen einzelner Eiweißkörper ist eine große Anzahl von Arbeiten über die *biologische Wertigkeit ganzer Nahrungsmittel* ausgeführt worden. Die Feststellung der Eiweißwertigkeit kann für verschiedene Zwecke erfolgen: für die Erhaltung, das Wachstum, die Milchleistung, die Fortpflanzung usw. Entsprechend ändert sich die Versuchsmethodik.

Thomas[164], der den Begriff der „biologischen Wertigkeit" in die Literatur eingeführt hat, stellte an sich zunächst bei reiner Kohlehydratkost während einiger Tage die N-Ausscheidung, die also in diesem Falle der Abnutzungsquote entsprach, fest. Dann wurde das zu prüfende N-haltige Nahrungsmittel verzehrt und die N-Einnahmen und -Ausgaben genau verfolgt. Die biologische Wertigkeit einer Eiweißsubstanz ist nach Thomas gleich der Zahl, die angibt, wieviel Teile Nahrungs-N notwendig waren, um 100 Teile Körper-N zu ersetzen. Für die Berechnung der biologischen Wertigkeit ergibt sich dann folgende Formel, vorausgesetzt, daß der gesamte N der Nahrung resorbiert wurde:

$$100 \cdot \frac{\text{Harn-N bei N-freier Kost} + \text{N-Bilanz}}{\text{resorbierter N}} \, .$$

Wird N im Kot ausgeschieden und angenommen, daß der durchschnittliche Kot-N bei N-freier Kost 1 g beträgt, so lautet die Formel:

$$100 \cdot \frac{\text{Harn-N bei N-freier Kost} + \text{N-Bilanz} + \text{Kot-N}}{\text{N-Einnahme} - \text{Kot-N} + 1{,}0} \, .$$

Die Ergebnisse, die Thomas auf diese Art in Selbstversuchen erhielt, konnten nicht alle bestätigt werden. So wurde die Wertigkeit des Weizenmehls von Thomas zu 39,56 angegeben, während sie amerikanische Forscher (Morgan und Heinz[110]) zu 70—90 gefunden haben. Aus einer Tabelle, die Abderhalden auf Grund der Thomasschen Versuche zusammengestellt hat II, S. 467[1], geht hervor, daß keine Beziehungen zwischen dem Reineiweißgehalt und dem Ersatzwert für Körpereiweiß bestehen.

Sehr umfangreiche Versuche haben Mitchell und Mitarbeiter[106, 107, 108] an weißen Ratten mit ähnlicher Methodik durchgeführt. Wesentlich ist zunächst die Feststellung von Mitchell, daß die biologische Wertigkeit für verschiedene Tierarten nicht grundsätzlich verschieden ist. So fand er für das Roggeneiweiß bei Ratten eine Wertigkeit von 46—69, bei Schweinen von 48. Auch das Huhn soll nach Hart und Steenbock[76] sich ähnlich verhalten. Ferner ist für die Höhe der biologischen Wertigkeit das Mengenverhältnis von Eiweiß zur Gesamtnahrung mitbestimmend: mit steigender Eiweißkonzentration nimmt die Wertigkeit ab. Die Erklärung liegt darin, daß bei einem Überschuß an Aminosäuren nicht alle zur Eiweißsynthese im Organismus Verwendung finden, sondern desaminiert werden. Als kritische untere Grenze gilt nach McCollum 9% Eiweiß in der Nahrung. Die von Mitchell gefundenen biologischen Wertigkeiten für verschiedene pflanzliche und tierische Eiweißkörper sind in der folgenden Tabelle zusammengestellt:

Biologische Wertigkeit tierischer und pflanzlicher Eiweißkörper nach Versuchen an der Ratte von MITCHELL (nach F. BERTRAM und A. BORNSTEIN S. 101[19]).

	Bei Verfütterung von	
	5—8 Gewichts-prozent	8—10 Gewichts-prozent
Milch	93	85
Gesamtei	—	94
Eieralbumin	—	83
Casein	71	—
Kalbfleisch	97	62
Ochsenfleisch	92	69
Herz	—	74
Leber	—	77
Niere	—	77
„Tankage" (Abfälle bei der Fleischkonservenfabrikation)	—	32
Hafer	79	65
Roggen	72	60
Weißes Mehl	—	52
Mais	72	60
Reiskleie	86	67
Kartoffeln	68	67
Bohnen (gekocht)	29	38
Sojabohnen	73	64
Schiffsbohnen	—	38
Baumwollsamen	—	66
Kakao	—	37
(Milch und Kakao)	—	63—70
Cocosnuß	77	58
Hefe	85	67

Die Unterschiede in der Wertigkeit zwischen tierischen und pflanzlichen Eiweißkörpern sind demnach nicht sehr groß. Immerhin sind die tierischen Eiweißkörper überlegen. Sie enthalten eben die Aminosäuren in einem Mengenverhältnis, das dem Eiweiß, zu dessen Aufbau sie im Körper Verwendung finden, besser entspricht, als die Zusammensetzung der pflanzlichen Eiweißkörper. Das zeigt eine Gegenüberstellung von zwei Tabellen über die *Zusammensetzung von Eiweißstoffen des tierischen Organismus und* über die Zusammensetzung von *pflanzlichen Eiweißkörpern*, die in der Nahrung aufgenommen werden und zur Herstellung von tierischem Eiweiß dienen müssen (ABDERHALDEN II, S. 403[1]).

Einige tierische Eiweißstoffe und ihre Bausteine nach ABDERHALDEN.

Aminosäuren	Eier-albumin	Serum-globulin	Fibrin	Caseinogen	Globin aus Oxyhämo-globin des Pferdes	Weiße Sub-stanz des Zentral-nerven-systems
Glykokoll	—	3,5	3,0	—	—	—
Alanin	3,0	2,2	3,0	0,9	4,2	1,2
Serin	—	—	0,8	0,23	0,6	0,2
Cystin	0,3	1,2	1,0	0,06	0,3	—
Valin	1,0	2,0	1,0	1,0	—	2,5
Norleucin	—	—	—	—	—	1,1
Leucinfraktion	7,0	15,0	15,0	10,5	29,0	4,0
Isoleucin	—	—	—	—	—	2,5
Phenylalanin	4,5	3,8	2,5	3,2	4,2	0,15
Tyrosin	1,0	2,5	3,5	4,5	1,0	1,0
Histidin	—	—	vorhanden	2,6	11,0	1,4

Einige tierische Eiweißstoffe und ihre Bausteine nach ABDERHALDEN.
(Fortsetzung.)

Aminosäuren	Eier-albumin	Serum-globulin	Fibrin	Casainogen	Globin aus Oxyhämo-globin des Pferdes	Weiße Sub-stanz des Zentral-nerven-systems
Lysin	2,0	—	4,0	5,8	4,3	4,5
Arginin	2,0	—	3,0	4,8	5,4	8,0
Asparaginsäure . .	1,5	2,5	2,0	1,2	4,4	0,15
Glutaminsäure . .	9,0	8,5	10,4	11,0	1,7	2,0
Prolin	2,5	2,8	3,6	3,1	2,3	0,3
Oxyprolin	—	—	—	0,25	1,0	—
Tryptophan . . .	vorhanden	vorhanden	vorhanden	—	vorhanden	vorhanden
Ammoniak	—	—	—	—	—	—

Einige pflanzliche Eiweißstoffe und ihre Bausteine nach ABDERHALDEN.

Aminosäuren	Legumin aus Erbse	Edestin aus Hanfsamen	Leukosin aus Weizensamen	Gliadin aus Weizenmehl	Glutein aus Weizenmehl
Glykokoll	0,4	3,8	0,9	—	0,9
Alanin	2,0	3,6	4,5	2,5	4,6
Serin	0,5	0,3	—	0,1	0,7
Cystin	—	0,25	—	0,45	0,02
Valin	—	vorhanden	0,2	0,3	0,25
Norleucin	—	—	—	—	—
Leucinfraktion . .	8,0	21,0	11,5	6,0	6,0
Isoleucin	—	—	—	—	—
Phenylalanin . . .	3,75	2,5	3,8	2,6	2,0
Tyrosin	1,5	2,1	3,3	2,4	4,25
Histidin	1,7	2,2	2,8	1,7	1,8
Lysin	5,0	1,65	2,75	—	1,9
Arginin	11,7	14,0	6,0	3,4	4,7
Asparaginsäure . .	5,3	4,5	3,4	1,2	0,9
Glutaminsäure . .	17,0	14,0	6,7	37,0	23,5
Prolin	3,2	1,7	3,2	2,4	4,2
Oxyprolin	—	2,0	—	—	—
Tryptophan . . .	vorhanden	vorhanden	vorhanden	ca. 1,0	vorhanden
Ammoniak	2,0	2,3	1,4	5,1	4,0

Die Ergebnisse MITCHELLS und seiner Mitarbeiter stehen in recht guter Übereinstimmung mit den Untersuchungen von McCOLLUM und von OSBORNE und MENDEL. So haben McCOLLUM und SIMMONDS[104] die biologische Wertigkeit für Milcheiweiß zu 100, Hafereiweiß und Hirseeiweiß zu 75, Weizen-, Mais- und Reiseiweiß zu 50, Bohnen- und Erbseneiweiß zu 25 angegeben. Ebenso fanden OSBORNE und MENDEL, daß Hafereiweiß demjenigen von Mais und Weizen überlegen ist.

IV. Ergänzungswerte der Eiweißkörper.

Von großem Wert gerade hinsichtlich der Ernährungslehre der landwirtschaftlichen Nutztiere versprechen diejenigen Untersuchungen zu werden, die sich mit der *Vervollständigung des Eiweißes in einem Nahrungsmittel* durch das Eiweiß eines oder mehrerer anderer befassen. Vor allem verdanken wir McCOLLUM und seinen Mitarbeitern grundlegende Feststellungen zu der wichtigen Frage der *Ergänzungswerte der Eiweißkörper.* Diese Versuche sind ebenfalls an Kleintieren (hauptsächlich weißen Ratten) ausgeführt worden. Der große Vorteil des Arbeitens mit diesen Tieren liegt darin, daß die Versuche über längere Zeiträume ausgedehnt werden können, ja daß sie es gestatten, das einzelne Tier nicht nur in kürzeren Phasen seines Lebens zu erfassen, sondern in seinem gesamten Individualzyklus (HARMS[72]). Erst diese Prüfung rechtfertigt eigentlich den Ausdruck „biologische Wertigkeit" der Eiweißkörper hinsichtlich Erhaltung, Wachstum, Fortpflanzung, Milchleistung usw. Dem wichtigen Einfluß, den bei derartigen Untersuchungen sowohl Mineralstoffe als auch die Vitamine haben, ist gerade durch McCOLLUM und seine Schule weitgehend Rechnung getragen worden, wodurch die Versuchsergebnisse an Bedeutung gewinnen. Wie entscheidend diese Faktoren den Verlauf eines solchen Versuches mitbestimmen, zeigt eine Zusammenstellung der Versuche, die notwendig waren, um die *biologische Wertigkeit des Weizens* für das Wachstum festzustellen (McCOLLUM und DAVIS, zit. n. [103], S. 23). Gleichzeitig gibt sie einen Einblick in die Durchführung der sog. „biologischen Analyse".

1. Weizen allein: Kein Wachstum. Kurzes Leben.
2. Weizen + gereinigtes Casein: Kein Wachstum. Kurzes Leben.
3. Weizen + eine Salzmischung, welche demselben einen Mineralgehalt verlieh, der dem der Milch gleichkam: Sehr geringes Wachstum.
4. Weizen + einem wachstumsfördernden Fett (Butterfett): Kein Wachstum.
5. Weizen + Casein + Salzmischung: Eine Zeitlang gutes Wachstum. Wenig oder keine Junge. Kurzes Leben.
6. Weizen + Casein + ein wachstumsförderndes Fett: Kein Wachstum. Kurzes Leben.
7. Weizen + Salzmischung + ein wachstumsförderndes Fett: Eine Zeitlang ziemliches Wachstum. Wenig Junge. Kurzes Leben.

Das Verhalten der Tiere, welche mit Weizen + zwei gereinigten Nahrungszusätzen ernährt worden waren, ließ vermuten, daß es im Weizen drei diätetisch unzureichende Faktoren gibt. Das konnte durch folgenden Versuch bewiesen werden.

8. Weizen + Eiweiß + Salzmischung + wachstumsförderndes Fett (Butterfett): Gutes Wachstum. Normale Anzahl von Jungen, guter Erfolg beim Aufziehen der Jungen. Lebenslänge annähernd normal.

Diese Versuchsserie zeigt also sehr deutlich, daß es neben der *Minderwertigkeit des Weizeneiweißes* noch zwei andere diätetisch unzureichende Faktoren gibt, den *Mangel an fettlöslichem Vitamin* und den *Mangel an Mineralstoffen*. (Durch spätere Untersuchungen konnte McCOLLUM zeigen, daß die Unzulänglichkeit des Weizens und anderer Getreidesamen an Mineralien auf vier Stoffe beschränkt ist: Calcium, Phosphor, Natrium und Chlor). Einen Rückschluß auf den Ergänzungswert wie auf die biologische Wertigkeit des Eiweißes überhaupt darf man also nur machen, wenn diese Faktoren durch eine geeignete Grundnahrung ausgeschaltet sind. Andererseits geht gerade aus diesem Versuch hervor, daß das Eiweiß nur ein einzelner Faktor neben anderen z. T. noch unbekannten aber gleich wichtigen Faktoren für den geregelten Ablauf der Stoffwechselvorgänge ist. Die Ergebnisse der McCOLLUMschen Versuche seien im Anschluß an die Zusammenstellung in den McCOLLUMschen Originaltabellen wiedergegeben.

Ergänzungsbeziehungen zwischen Eiweißkörpern aus verschiedenen Quellen nach McCOLLUM und N. SIMMONDS.

Alle Nahrungen enthielten 90 % Eiweiß, $^2/_3$ stammten von Pflanzen, $^1/_3$ aus tierischem Gewebe oder Milch.

Versuchs-Nr.	Eiweißquelle	Bemerkungen über Wachstum, Fruchtbarkeit, infantile Sterblichkeit
2193	Weizen 60 %, Niere 4,2 %	Wachstum ausgezeichnet, Fortpflanzung gut, infantile Sterblichkeit gering.
2191	Weiße Bohnen 27,2 %, Niere 4,2 %	Wachstum gut, weit besser als bei 9 % Bohneneiweiß.
2179	Weizen 60 %, Leber 4,1 %	Wachstum gut, hohe Fruchtbarkeit, aber sehr hohe infantile Sterblichkeit.

Ergänzungsbeziehungen zwischen Eiweißkörpern aus verschiedenen Quellen nach McCollum und N. Simmonds (Fortsetzung).
Alle Nahrungen enthielten 90% Eiweiß, $^2/_3$ stammten von Pflanzen, $^1/_3$ aus tierischem Gewebe oder Milch.

Ver-suchs-Nr.	Eiweißquelle	Bemerkungen über Wachstum, Fruchtbarkeit, infantile Sterblichkeit
2177	Weiße Bohnen 27,2 %, Leber 4,1 %	Ebenso wie bei 2191.
2182	Roggen 50 %, Leber 4,1 %	Wachstum ausgezeichnet, Fruchtbarkeit gut, infantile Sterblichkeit hoch.
2176	Erbsen 27,2 %, Leber 4,1 % . . .	Wachstum gut, weit besser als bei 9 % Erbseneiweiß.
2181	Hafer 40 %, Leber 4,1 %	Wachstum gut, infantile Sterblichkeit hoch.
2188	Hafer 40 %, Rindermuskel 4,1 % .	Wachstum nicht so befriedigend wie bei 2181, Fruchtbarkeit gut, infantile Sterblichkeit 100 %.
2189	Roggen 50 %, Rindermuskel 4,1 %	Wachstum gut, wie bei 2182, Fruchtbarkeit gut, infantile Sterblichkeit hoch.
2186	Weizen 60 %, Rindermuskel 4,1 %	Wachstum ausgezeichnet, Fortpflanzung gut, infantile Sterblichkeit hoch.
2387	Hafer 40 %, Milchpulver 9,3 % . .	Wachstum gut, weniger als bei 2181, Fruchtbarkeit gut, infantile Sterblichkeit hoch.
2391	Gerste 50 %, Milchpulver 9,3 % .	Wachstum gut, weniger als bei Gerste und Leber, Niere oder Muskel.
2389	Sojabohne 16,6 %, Milchpulver 9,3 %	Ähnliche Resultate mit Sojabohnen wie mit tierischen Geweben.
2390	Erbsen 27,2 %, Milchpulver 9,3 %	Ähnlich wie 2176, Resultate dieselben wie mit Erbsen, mit Niere oder Rindermuskel.
2384	Weizen 60 %, Milchpulver 9,3 % .	Resultate nicht so gut wie mit Weizen mit tierischen Geweben.

Die Eiweißkörper der Samen werden besser ergänzt und verstärkt durch tierisches Gewebe (Fleisch) als durch Milcheiweiß. In allen Fällen verstärkt das Milcheiweiß jedoch das Sameneiweiß, und *Milch hat den Vorzug*, daß sie als Ergänzung in bezug auf anorganische Elemente weit überlegen ist und als Quelle für Vitamin A das Muskelfleisch bei weitem übertrifft.

Ergänzungsbeziehungen zwischen Eiweißkörpern aus verschiedenen Quellen (nur Pflanzeneiweiß) nach McCollum und N. Simmonds.
Jede Nahrung enthält 9 % Eiweiß. $^2/_3$ des Eiweißes stammt aus dem erstgenannten und $^1/_3$ aus dem letztgenannten Nahrungsstoff, außer bei Nr. 2346, 2344 und 2345, wo jedes Korn die Hälfte des Gesamteiweißes liefert.

Ver-suchs-Nr.	Eiweißquelle	Bemerkungen über Wachstum, Fruchtbarkeit und infantile Sterblichkeit
2367	Erbsen 27,2 %, weiße Bohnen 13,6 %	Sehr langsames Wachstum, ständiges Zurückbleiben, Fall bei allen Kombinationen mit Gemüsesamen.
2383	Weiße Bohnen 27,2 %, Sojabohnen 8,3 %	Dasselbe wie bei 2367.
2346	Weizen 45 %, Rollhafer 30 % . .	Gutes Wachstum, geringe Fruchtbarkeit, lange Säugezeit, Junge minderwertig.
2344	Weizen 45 %, Mais 45 %	Ziemlich gutes Wachstum, nicht so gut wie bei 2346, Fruchtbarkeit gering, lange Säugeperiode, Junge minderwertig.
2345	Mais 45 %, Hafer 30 %	Wachstum ungefähr wie bei 2346, Fruchtbarkeit hoch und infantile Sterblichkeit hoch.

Ergänzungsbeziehungen zwischen Eiweißkörpern aus verschiedenen Quellen (nur Pflanzeneiweiß) nach McCollum und N. Simmonds (Fortsetzung). Jede Nahrung enthält 9% Eiweiß. $^2/_3$ des Eiweißes stammt aus dem erstgenannten und $^1/_3$ aus dem letztgenannten Nahrungsstoff, außer bei Nr. 2346, 2344 und 2345, wo jedes Korn die Hälfte des Gesamteiweißes liefert.

Ver-suchs-Nr.	Eiweißquelle	Bemerkungen über Wachstum, Fruchtbarkeit, infantile Sterblichkeit
2381	Gerste 50%, Sojabohne 8,3% . .	Gutes Wachstum, Fruchtbarkeit gering, Junge minderwertig.
2338	Weizen 60%, Sojabohnen 8,3% .	Dasselbe wie bei 2381.
2365	Gerste 50%, weiße Bohnen 13,6%	Gutes Wachstum, Fruchtbarkeit gut, lange Säugeperiode, infantile Sterblichkeit hoch.
2380	Hafer 40%, Sojabohnen 8,3% . .	Ziemlich gutes Wachstum, nicht so gut wie bei 2381, Fruchtbarkeit gering.
2369	Mais 60%, Erbsen 13,6%	Ziemlich gutes Wachstum, nicht annähernd so gut wie bei 2370, Fruchtbarkeit gering, lange Säugeperiode, Junge minderwertig.
2372	Hafer 40%, Erbsen 13,6% . . .	Gutes Wachstum, viel besser als bei 2369, nicht so gut wie bei 2370, lange Säugeperiode, Sterblichkeit hoch.
2370	Weizen 60%, Erbsen 13,6% . . .	Sehr gutes Wachstum, Fruchtbarkeit gut, infantile Sterblichkeit ganz hoch. Säugeperiode lang. Diese Kombination ist die beste von allen untersuchten Getreide- und Gemüsemischungen.

Getreidekörner verbessern sich gegenseitig in allen Fällen mehr als es Kombinationen von zwei Gemüsesamen tun. Keine der obigen Mischungen sind in der Qualität ihrer Eiweiße gleich einzelnen Kombinationen eines Gemüsesamens mit einem Getreide, in welchem das Getreide $^2/_3$ und der Gemüsesamen nur $^1/_3$ des Gesamteiweißes der Nahrung liefert. Für alle angeführten Versuche waren die Nahrungen in bezug auf sämtliche Faktoren, bis auf das Eiweiß, hinreichend, so daß die Resultate der beschriebenen Versuche sich vollständig auf den biologischen Wert des Eiweißes in der Nahrung beziehen.

Versuche ähnlicher Art zur Bestimmung des Ergänzungswertes der Eiweißkörper sind von Hart und Steenbock[76] angestellt worden mit einer Nahrung aus *Mais und Magermilch* bei wachsenden Schweinen. Es wurde das Eiweiß zur Nahrung konstant gehalten und das Milcheiweiß in verschiedenen Mengen variiert. Es ergab sich, daß die Wertigkeit dann am höchsten war, wenn das Mischungsverhältnis der beiden Nahrungsmittel 1:1 betrug. Bei diesem Verhältnis beträgt der Milch-N annähernd 30% des Gesamt-N der Nahrung.

Sehr umfassende Untersuchungen über die Beziehungen der *Eiweißwertigkeit für die Milchleistung* haben ferner Hart und Humphrey[73, 74, 75] angestellt. Sie bestimmten *Ergänzungswerte für Eiweißkörper von verschiedenen Konzentrationen* für Eiweiß von Luzerne und Maiskolben, ferner die Ergänzungswerte der Eiweißkörper von Gerste für Luzerne und Maiskolben. Kleeheu erwies sich hierbei dem Luzerneheu als unterlegen. Jedoch soll von der Wiedergabe weiterer Untersuchungen abgesehen werden, da vielfach die Resultate noch einander widersprechen. Auch läßt sich in vielen Fällen schwer übersehen, inwieweit die Einflüsse der Mineralstoffe und der Vitamine ausgeschaltet sind. Es handelt sich um ein neues und äußerst schwieriges Gebiet der Ernährungslehre, auf dem es erst weiteren Arbeiten vorbehalten sein wird, größere Klarheit und Einigkeit der Anschauungen zu erzielen. McCollum und Simmonds S. 104[103], die die bisher ausgeführten Arbeiten zusammenfassend referieren, äußern sich darüber folgendermaßen: „Die experimentelle Arbeit, auf welcher diese Diskussion fußt, bildet die verwirrendste Phase der Ernährungsliteratur."

E. Der Ersatz des Reineiweiß durch Amide, Harnstoff und Ammonsalze.

I. Der Ersatz des Reineiweiß durch Amide und Amidgemische.

Die Bezeichnung „Amide" wird gewöhnlich als Sammelname für die *nicht eiweißartigen Stickstoffverbindungen* gebraucht. Im engeren Sinne sind die Amide nach O. Kellner S. 11[86] teils *Zerfallsprodukte*, wie sie in den aktiven Zellen des Pflanzen- und Tierkörpers entstehen: „Man erhält nämlich bei der künstlichen Spaltung der Eiweißstoffe gewisser Samen fast durchweg dieselben Substanzen — wenn auch in anderen Mengenverhältnissen —, welche auch in lebhaft wachsenden und daher stark eiweißzerstörenden Keimlingen derselben Samen auftreten." Andererseits sind es aber *Übergangsprodukte* zwischen der von den Pflanzen aufgenommenen anorganischen N-Nahrung und den Eiweißkörpern. Daraus geht ihre nahe Beziehung zu den Aminosäuren hervor und letzten Endes muß daher auch der Stoffwechsel der Amide in dem Stoffwechsel der Aminosäuren aufgehen. Für die Amide gilt prinzipiell alles das, was bereits über die Aminosäuren und ihre Bedeutung im Eiweißstoffwechsel gesagt worden ist. Sie werden in Form der in ihnen enthaltenen Aminosäuren, in die ja auch das Reineiweiß der Futtermittel im Darm zerlegt wird, zur Resorption gelangen und zur Eiweißsynthese im Organismus Verwendung finden. Die Voraussetzung, daß sie überhaupt zu körperlichem Eiweiß synthetisiert werden, ist, daß alle lebenswichtigen Bausteine im Ausgangsmaterial vorhanden sind. Ebenso werden die einzelnen Amide, zu einem N-haltigen Beifutter gereicht, ganz verschieden wirken, je nachdem ob sie die biologische Wertigkeit des gesamten Eiweiß verbessern oder nicht. So hat Völtz[171] in Arbeiten, die auf Anregung von C. Lehmann angestellt wurden, nachgewiesen, daß die Ausnutzung des Asparagins je nach der Zusammensetzung der übrigen Nahrungsbestandteile verschieden ist. Ferner ist zu erwarten, daß ein Amidgemisch in jedem Falle günstiger verwertet werden wird, als ein einzelner Amidstoff. Dies Resultat erhielt Völtz in Versuchen am Hund, der die gleiche N-Menge in Form eines Amidgemisches höher verwertete, als es sich rechnerisch aus den für jeden der einzeln verfütterten Amidstoffe auf Grund der experimentellen Daten ergeben hätte (Völtz[172]).

Verschiedenes Verhalten von Carnivoren, Omnivoren und Wiederkäuern.

Die Hypothesen von Zuntz und Hagemann. Unter den älteren Versuchen über den Wert der Amide sind besonders zahlreich die Fütterungsversuche mit dem *Asparagin*, weil dieses Amid verhältnismäßig leicht in größeren Mengen zu beschaffen ist. Ohne auf die einzelnen Versuche näher einzugehen — bezüglich der älteren Arbeiten sei auf die zusammenfassende Darstellung von Völtz[166] und den entsprechenden Abschnitt bei O. Kellner S. 124f.[86] verwiesen —, soll die wichtige Tatsache hervorgehoben werden, daß die *Ergebnisse mit Carnivoren und Omnivoren sich nicht mit den bei Wiederkäuern gefundenen* decken. Während sich bei jenen Tieren im allgemeinen eine Eiweißersparung nach Asparaginfütterung nicht nachweisen ließ (beim Omnivoren sind die Ergebnisse zum mindesten unklar), so war eine deutlich positive Wirkung in den meisten Fällen beim Wiederkäuer vorhanden. Die bessere Ausnutzung des Asparagins durch die Wiederkäuer hat Zuntz[216] auf die *Tätigkeit der Mikroorganismen* zurückgeführt, welche nach seiner Hypothese im Magen-Darm-Kanal der Pflanzenfresser, wo sie in großen Mengen vorkommen, die leicht löslichen Amide den schwerer angreifbaren Proteinen vorziehen, wodurch diese vor der Assimilation und Spaltung durch die Bakterien geschützt werden und in größerem Umfange zur Resorption gelangen. O. Hagemann[63] hat die Zuntzsche Hypothese erweitert, indem er die Vermutung aussprach, daß das aus Amiden gebildete *Bakterieneiweiß* vom Tierkörper verwertet werden könne. Um die Berechtigung dieser Hypothesen zu prüfen, hat M. Müller[120] auf Veranlassung von C. Lehmann Versuche ausgeführt, aus denen in der Tat hervorgeht, daß Pansenbakterien auf künstlichen Nährböden Amidsubstanzen den Proteinen als N-haltige Nährquellen vorziehen und die Amidstoffe zu Eiweiß synthetisieren können. Die Bakterien, welche ihre N-haltige Körpersubstanz aus den genannten Amiden aufbauten, sezernierten nach Müller erhebliche Eiweißmengen, wahrscheinlich als Stoffwechselprodukte. In einem Falle wurde Bakterieneiweiß, das aus einem ammonacetathaltigen Nährboden gebildet worden war, im Stoffwechselversuch am Hunde ebenso hoch ausgenutzt wie Blutalbumin. Trotzdem scheinen die Darmbakterien alle Amide nicht gleichmäßig anzugreifen. Denn das Betain, das nach Untersuchungen von Ehrlich (zit. n. [180], S. 432) ungefähr die Hälfte des Melasse-N ausmacht, wird zwar vom Wiederkäuer abgebaut (Völtz[174, 180]), jedoch erscheint der gesamte N des Betains im Harn wieder. In bezug auf die N-Bilanz verhält sich aber das Betain indifferent, d. h. es hat keinerlei Bedeutung für die Ernährung. Allerdings war das Betain in diesen Versuchen zur Sicherung einer quantitativen Aufnahme mit dem Tränkwasser verabreicht worden, so daß es mit Umgehung des Pansens in der Hauptsache gleich in die hinteren Magenabschnitte gelangen konnte und sehr schnell resorbiert wurde. Immerhin hätte das Tier, das während der Betainperioden sehr N-hungrig war, das Betain wenigstens teilweise als N-haltigen Nährstoff verwerten müssen, wenn das überhaupt möglich gewesen wäre.

Die Verallgemeinerung der Hypothese von Zuntz und Hagemann scheint aber noch an eine weitere wichtige Voraussetzung gebunden zu sein, denn in den Untersuchungen von Völtz, Dietrich und Deutschland[180] über die *Verwertung der Melasseamide* durch den Wiederkäuer stellte sich heraus, daß die Melasseamide eine ganz verschiedene Wirkung ausübten, je nachdem ob sie in Form von Melasseschlempe oder direkt als Melasse verfüttert wurden. Während die Amide der zuckerhaltigen Melasse ausreichten, um in genügend großen Mengen verabreicht den Gesamtbedarf des Wiederkäuers an N-haltigen Nährstoffen zu decken, resultierte nach Verfütterung der Melasseschlempe eine stark negative N-Bilanz. Daraus ergibt sich der Schluß, daß die Amide der Anwesenheit leicht löslicher Kohlehydrate bedürfen, um durch den Wiederkäuer höchstmöglich verwertet zu werden.

Auf diesen Umstand weisen neuerdings auch wieder Honcamp und Koudela[82] hin, nach denen in dem Vorhandensein reichlicher leicht löslicher Kohlehydrate der springende Punkt für die eiweißsparende bzw. eiweißersetzende Wirkung der N-haltigen Verbindungen nichteiweißartiger Natur beim Wiederkäuer zu liegen scheint. Die Voraussetzung für die Richtigkeit der Zuntz-Hagemannschen Hypothese ist aber der Nachweis, daß wirklich die Darmbakterien genügend Eiweiß bilden und daß ferner dieses Eiweiß auch in ausreichenden Mengen durch den Wiederkäuerdarm resorbiert wird. Die in vitro von Müller zu der Frage angestellten Versuche hatten zwar das Ergebnis, daß Pansenbakterien auf Asparagin- und weinsauren ammonhaltigen Nährböden Eiweiß synthetisieren können. Schon Völtz S. 446[167] hat aber darauf hingewiesen, daß die tatsächlichen Verhältnisse im Wiederkäuerdarm doch etwas anders liegen dürften, und neuerdings hat Scheunert[151] vom bakteriologischen Standpunkt aus ebenfalls

Bedenken gegen die Müllerschen Ergebnisse geltend gemacht. Er hält es nicht für ausgeschlossen, daß im Moment der Überimpfung von Pansenmaterial auf künstliche Nährböden und bei Obwalten ærober Verhältnisse im Gegensatz zu den anæroben Verhältnissen im Pansen, eine wesentliche Verschiebung der Qualität der Mikroorganismenflora eintreten könne. Sjollema und van der Zande (zit. n. [151], S. 990) haben zwar eine Tryptophan- und Tyrosinsynthese durch Bakterien des Pansens nachweisen können, aber ebenfalls nur unter æroben Bedingungen. Wesentlich klarer scheinen die Versuchsergebnisse von C. Schwarz[155, 156] zu sein, der in Panseninhalten geschlachteter Tiere den N-Anteil der Bakterien, Infusorien sowie der gelösten und ungelösten Futtermassen bestimmte. Er kommt zu dem Ergebnis, daß der Bakterien- und Infusorien-N-Anteil groß genug ist, um den Eiweißbedarf der Wiederkäuer weitgehend zu decken. Die Masse des Bakterien-N soll nach Schwarz rund 11 % und die des Infusorien-N sogar 20 % des Gesamt-N im Pansen ausmachen. E. Mangold und C. Schmitt-Krahmer[98] haben den Gehalt des Pansens an Bakterieneiweiß bestätigen können.

II. Ersatz des Reineiweiß durch Harnstoff und Ammonsalze.

In der gleichen Weise, wie der Wiederkäuer mit Hilfe seiner Darmbakterienflora die Amide zu Eiweiß synthetisieren kann, soll dies auch für noch einfachere N-haltige Verbindungen wie den *Harnstoff* und eine Reihe von *Ammoniaksalzen* organischer Säuren zutreffen. Auch für den Omnivoren und Carnivoren liegen eine Reihe von Versuchen in dieser Richtung vor. So konnte Völtz[172] als erster zeigen, daß der N aus Ammonacetat vom Fleischfresser verwertet zu werden vermag. Eine Bestätigung dieses Resultates brachten die ausgedehnten Untersuchungen von Grafe und Schlüpfer[59]. Ferner zeigten weitere Versuche von Grafe, daß auch für das Schwein und den Menschen eine Eiweißsynthese aus Ammonsalzen wahrscheinlich sei. Nicht so günstig waren die Ergebnisse von Abderhalden und Hirsch[3], Abderhalden und Lampé[4], wenn auch sie positive N-Bilanzen feststellen konnten. Sie sind aber in der Deutung ihrer und der Grafeschen Versuchsergebnisse sehr vorsichtig. Abderhalden ist der Ansicht, daß es sich nur um eine Hemmung des N-Umsatzes infolge überreichlicher Zufuhr von Ammoniaksalzen handelt und die positiven N-Bilanzen eine Täuschung seien. Caspari S. 725[29] weist darauf hin, daß es sich in Analogie mit seinen Beobachtungen bei starken Kochsalzgaben vielleicht um eine Wasserretention in den Geweben handeln könne, verbunden mit einer Zurückhaltung Harnstoff- und N-haltiger Stoffwechselprodukte.

Demgegenüber scheinen die Versuchsresultate beim Wiederkäuer, zumal in ihrer Deutung mit Hilfe der Zuntz-Hagemannschen Hypothese, wesentlich einheitlicher und einfacher. O. Kellner S. 127[86] teilte bereits 1900 Ergebnisse mit, die er bei der Fütterung zweier Lämmer mit *Ammonacetat* erhalten hatte. Die Tiere setzten mit dieser Zulage täglich 15,7 g N an (rund 10 g mehr als ohne diese Zulage) und ebenso viel bei einer gleichgroßen Asparaginmenge. Sehr gründliche Untersuchungen an wachsenden Wiederkäuern haben Völtz und Mitarbeiter[166] ausgeführt. Die Tiere erhielten aufgeschlossene Roggenspreu, Kartoffelstärke, Rohrzucker, Harnstoff und ein Salzgemisch. In einem 150 tägigen ununterbrochenen Bilanzversuch setzte ein Hammellamm aus dem Harnstoff als einziger N-Quelle an:

	6366,3 g Fleisch
	1090,5 g Wolle
und schätzungsweise	100,0 g an anderen Epidermoidalgebilden
berechnete Gewichtszunahme . .	7556,8 g
wirkliche Gewichtszunahme . .	7900 g

Nach Völtz ist der Harnstoff im Verdauungstractus zunächst zu Bakterieneiweiß aufgebaut worden, das vom Darm zu 80—90 % resorbiert wurde. Die für die Eiweißsynthese notwendigen löslichen Kohlehydrate können ebensogut durch Stärke wie durch Zucker geliefert werden. Ein engeres Nährstoffverhältnis wirkt sich ungünstig auf die Harnstoffverwertung aus, wie die Mästung und Ausnutzungsversuche an Hammellämmern mit Harnstoff im Vergleich zu Erdnußkuchen von Völtz, Jantzon und Reisch[185] zeigen. Honcamp und Koudela S. 14[82] halten es bei der Besprechung dieser Versuche nicht für ausgeschlossen, daß auch das Grundfutter, das im vorliegenden Falle aus Kleeheu und Futterrüben bestand, von nachteiligem Einfluß auf die Eiweißsynthese durch die Mikroorganismen gewesen sein dürfte. Jedenfalls haben sie bei ihren eigenen Versuchen mit Ammonacetat und Harnstoffütterung Ähnliches beobachtet.

Die günstigen von Völtz und Kellner gemachten Beobachtungen über die Verwertung des Harnstoffs beim wachsenden Wiederkäuer konnten Lawrow und Mitarbeiter[92] nicht bestätigen. Jedenfalls gelang es ihnen nicht auf die Dauer, bei einem jungen Ziegenböcklein mit 150 g Wiesenheu, 40 g Kartoffelmehl und 43 g Zucker + Harnstoff N-Ansatz zu erzielen. Auch Scheunert und Mitarbeiter[150] glauben den *Harnstoff als Eiweißquelle für den Wiederkäuer* ablehnen zu müssen. Sie fanden bei Hammeln zwar positive N-Bilanzen nach Harnstoffzufütterung, nehmen aber an, daß es sich bei dem in den Ausscheidungen nicht wieder zutage tretenden N um N-Ausscheidungen aus der Haut handelt (eine Annahme, die, wie schon an anderer Stelle erwähnt, nicht hat bestätigt werden können). Jedenfalls kann der Harnstoff nach Ansicht dieser Autoren nicht durch die Darmbakterien in den Wiederkäuervormägen zu Eiweiß aufgebaut werden, sondern übt nur eine anregende Wirkung auf den Stoffwechsel aus.

Die Verwendung des Harnstoffs bei der Milchbildung ist durch groß angelegte Untersuchungen von Völtz, Dietrich und Jantzon[186] eindeutig erwiesen. Aus 1 kg Harnstoff wurde im Durchschnitt von vier Versuchen an drei Kühen 12,63 kg Milch mit 1466,4 g Milchtrockensubstanz gewonnen. Die Verfasser heben ausdrücklich auch bei diesen Versuchen hervor, daß man nur mit Rationen, die eiweißarm sind, gute Erfolge bei Harnstoffzulagen zu erwarten habe. Um eine höchstmögliche Verwertung des Harnstoffs zu erzielen, ist es ferner nötig, ihn sorgfältig mit den übrigen Futterbestandteilen zu vermengen, um eine unmittelbare Resorption durch den Darm zu verhindern. Ferner dürfen die Harnstoffgaben nicht zu hoch bemessen sein, etwa 150 g pro Kopf und Tag entsprechend rund 375 g Rohprotein. Diese günstigen Ergebnisse sind durch praktische Fütterungsversuche von Hansen[67] (s. Anm.) und Richardsen[138] bestätigt worden. Auch die ausgedehnten Versuche von Morgen und Mitarbeitern S. 208f.[111]

Amidwirkung bei Herbivoren (Mittelwerte der Einzelversuche an Ziegen und Milchschafen) (nach Morgen).

Jahr	Von 100 Teilen Eiweiß wurden ersetzt	Ammonacetat				Asparagin				Amidgemisch				Kohlehydrate			
		An-zahl der Tiere	Milch	Milch Trocken-substanz	Fett	An-zahl der Tiere	Milch	Milch Trocken-substanz	Fett	An-zahl der Tiere	Milch	Milch Trocken-substanz	Fett	An-zahl der Tiere	Milch	Milch Trocken-substanz	Fett
1907	36	1	94	99	—	1	86	81	71	7	82	79	79	6	78	75	76
1908	44	9	93	91	93	2	87	81	74	16	80	79	83	6	94	89	86
1909	62	7	70	68	67	—	—	—	—	7	92	90	95	—	—	—	—
1910	56	5	75	73	72	2	79	76	75	—	—	—	—	6	64	62	63

Anm. Pfeiffer[111] macht gegen die Hansenschen Versuche geltend, daß bei den Kühen Gewichtsabnahmen eintraten, woraus zu schließen sei, daß Körpersubstanz zur Deckung des Eiweißbedarfes herangezogen wurde.

sprechen für eine Verwertung der Amide bei der Milchbildung. Die Resultate der Hohenheimer Versuche mit Amidfütterung an Ziegen und Milchschafe sind von Morgen in der Tabelle auf Seite 67 zusammengestellt.

Die positiven Ergebnisse nach Harnstoffütterung, die Morgen auf Grund früherer Versuche[115] ebenfalls im Sinne einer indirekten Eiweißzufuhr durch verdautes, von den Darmbakterien synthetisiertes Eiweiß gedeutet hatte, sind auf Grund späterer Versuche[116] mit negativem Ausfall als Reizwirkung etwa im Sinne Scheunerts bezeichnet worden. Zum mindesten hält er die Wirkung des Harnstoffs für ungeklärt.

In neueren Untersuchungen des Agrikulturchemischen Institutes in Breslau über die Wirkung des Harnstoffes, des Glykokolls und Ammonacetats fand Ungerer[165] bei Ersatz des Futtereiweißes durch Harnstoff an Ziegen einen Rückgang in der Milchmenge und Milchtrockensubstanz. Für das Glykokoll, das in diesen Versuchen erstmalig auf seinen Wert als Eiweißersatz geprüft wurde, fand er dagegen einen deutlich positiven Einfluß auf den Fettgehalt, während die Milchmenge und Milchtrockensubstanz ebenfalls abnahmen. Sehr günstige Ergebnisse hatte Bareiss[13], der bei Milchkühen 20—50% des gesamten verdaulichen Eiweißes durch Ammonacetat ersetzen konnte, ohne irgendwelche schädlichen Folgen für den Gesundheitszustand der Tiere. Das Ammonacetat erwies sich im vorliegenden Versuch (vielleicht im Zusammenhang mit den sonst im Futter vorhandenen Amiden) dem Eiweiß von Erdnußkuchen nicht nur gleichwertig, sondern sogar überlegen. Schon früher war Paasch[129], der im Anschluß an die Ungererschen Versuche Ammonacetat an Ziegen gefüttert hatte, zu dem Ergebnis gekommen, daß bei 50% Eiweißersatz durch Ammonacetat (bei reichlichem Produktionsfutter) die Milchmenge anstieg. „Hier hat also das Ammonacetat nicht nur bis zu 50% Reineiweiß voll zu ersetzen vermocht, sondern darüber hinaus noch eine besondere Reizwirkung ausgeübt (keine Körpergewichtsabnahmen!). Ein Parallelversuch zu den Fütterungsversuchen von Bareiss, den Paasch[127b] mit Ammonacetat an Milchkühen durchführte, hatte das gleiche Ergebnis.

Faßt man diese Versuche in ihren Ergebnissen zusammen, so zeigen auch sie, daß N-Verbindungen nichteiweißartiger Natur Reineiweiß bis zu einem gewissen Grade ersetzen können, daß dagegen die Wirkung der einzelnen Amide recht verschieden ist.

Honcamp und Schneller[82], ferner Honcamp, Koudela und Müller[83] haben die Wirkung von Harnstoff und Ammoniaksalzen im N-Bilanzversuch sowohl am Hammel als auch im Milchproduktionsversuch an Kühen untersucht. Es zeigte sich in diesen Versuchen besonders deutlich der Einfluß, den die Kohlehydrate des Beifutters auf die Verwertung des Harnstoffs ausübten. Die Ergebnisse sind neuerdings von Honcamp und Koudela[82] folgendermaßen zusammengefaßt worden:

1. Ammoniaksalze und Harnstoff können beim Wiederkäuer unter gewissen Bedingungen an Stelle des Eiweißes sowohl für Lebenderhaltung, Fleischansatz und Milchbildung treten.

2. Die Voraussetzung hierfür ist ein eiweißarmes aber kohlehydratreiches Futter.

3. Ist das Futtereiweiß in einer Menge vorhanden, die zur Erhaltung und evtl. auch zur Produktion ausreicht, so werden Ammoniaksalze wie Harnstoff quantitativ wieder durch die Nieren ausgeschieden.

4. Von den Kohlehydraten scheint in erster Linie die Stärke in Kombination mit Ammoniaksalzen und Harnstoff zu einer indirekten Eiweißsynthese vermittels der Pansenmikroorganismen befähigt zu sein. Alle leicht löslichen Kohle-

hydrate dagegen, wie die Zuckerstoffe, ebenso wie die nur in Kupferoxydammoniak und auch auf fermentativem Wege nicht angreifbare Cellulose sind als ungeeignete Kohlehydrate für den genannten Zweck zu bezeichnen.

Hinsichtlich des letzten Punktes besteht ein Widerspruch zu der von Völtz [180] gefundenen Tatsache, daß auch lösliche Zucker, wie sie ja in großen Mengen in der Melasse enthalten sind, die Eiweißsynthese der Melasseamide unterstützen, während ihr Fehlen in der Melasseschlempe die bakterielle Eiweißsynthese verhindert. Demnach müssen wohl doch zum mindesten die Zucker der Stärke gleichgestellt werden, eine Ansicht, die Völtz wiederholt in seinen Arbeiten ausgesprochen hat, während die Cellulose zu diesem Zweck ebenfalls von ihm bereits als minderwertig erkannt wurde S. 226 [166].

III. Neuere Untersuchungen zur Wirkungsweise der Mikroorganismen im Magen-Darmkanal.

Der weitere Fortschritt in der Aufklärung der immerhin noch recht hypothetischen Vorstellungen über die Wirkungsweise der Darmbewohner der Wiederkäuer auf die Assimilation und den Eiweißaufbau aus Amiden und Ammoniaksalzen einerseits und ihre Resorption durch den Wiederkäuerdarm andererseits ist aber kaum vom Stoffwechselversuch und Fütterungsversuch zu erwarten, sondern von direkten Untersuchungen der Wirkungsweise der *Mikroorganismen*. Neben den schon zu Beginn des Abschnitts erwähnten Untersuchungen von Müller, Schwarz und Mangold stellen hierzu einen sehr wichtigen Beitrag die auf Anregung von E. Mangold durch Ferber [34] ausgeführten Untersuchungen über die Zahl und Masse der *Infusorien im Pansen und ihre Bedeutung für den Eiweißaufbau beim Wiederkäuer* dar. Bereits Scheunert hat den Nachweis einer erheblichen Zunahme der Bakterien bzw. der Bakterien- und Infusorienmenge nach Fütterung von Amiden, Harnstoff und ähnlichen Substanzen als notwendig bezeichnet. Ferber stellte die Zahl der Infusorien zunächst bei normaler Fütterung (300 g Gerstenschrot, 200 g Leinkuchenmehl neben Heu in beliebigen Mengen) fest, ferner im Hungerzustand und bei Fütterung mit Heu und Wasser. In gleicher Weise wurden Versuche bei eiweißreicher und Amidfütterung durchgeführt (Ammonacetat und Harnstoff). Die Ergebnisse bieten keine Grundlage für die Annahme, daß die Infusorien bei kohlehydratreicher, aber eiweißarmer Fütterung imstande sein könnten, Amide in verdauliches Eiweiß umzuwandeln. Die von Schwarz angegebenen hohen Werte für den prozentualen Anteil des Infusorieneiweißes an Gesamteiweiß im Pansen konnten nicht bestätigt werden. Immerhin kann sich der Versuchsansteller auch nicht der von Scheunert und Schieblich und anderen ausgesprochenen Ansicht anschließen, daß die Infusorien nur als harmlose Parasiten aufzufassen seien. Es kommt ihnen nach Ferbers Ergebnissen über das Ansteigen der Infusorienzahl sowohl bei eiweißreicher Fütterung der Schafe wie auch bei dem durch die hohe Trächtigkeit und die Lactation gesteigerten Eiweißumsatz der Ziegen bei der Umwandlung des Nahrungseiweiß eine gewisse das pflanzliche Eiweiß und die Stärke aufschließende Rolle zu. Dagegen beweisen die Versuche, bei kohlehydratreicher und eiweißarmer Fütterung das Eiweiß durch Ammonacetat und Harnstoff zu ersetzen, daß die *Infusorien nicht in der Lage sind, diese Amide zu verwerten.*

Die Ergebnisse zeigen, daß die wichtige Frage, auf welche Weise und in welchem Grade der Organismus zu der Verwertung des N der Amide befähigt ist, heute noch nicht befriedigend beantwortet werden kann.

Überblicken wir die beiden letzten Abschnitte, und stellen sie in ihrer Gesamtheit den früheren Kapiteln gegenüber, so ist festzustellen, daß die stoffliche

Seite des ganzen Eiweißproblems in der heutigen Forschung mehr und mehr in den Vordergrund tritt. Es steht ferner zu erwarten, daß sich die Lehre vom Eiweißstoffwechsel zu einer Lehre vom Stoffwechsel der Eiweißbausteine entwickeln wird. Damit ist aber keineswegs die energetische Seite des Problems als eine überwundene Phase in der Erforschung des Eiweißstoffwechsels abgetan. Es ist auch in dieser Richtung noch sehr viel fruchtbare Arbeit zu leisten, nur müssen beide Betrachtungsweisen sich in richtiger Weise ergänzen.

Literatur.

(1) Abderhalden, E.: Lehrbuch der physiologischen Chemie, 5. Aufl., Teil I u. II. — (2) Zbl. ges. Physiol. u. Path. d. Stoffwechs. **1906**, 225. — (3) Abderhalden u. Hirsch: Fortgesetzte Versuche, den Eiweißbedarf des Hundes durch Ammonsalze usw. ganz oder teilweise zu decken. Z. physiol. Chem. **80**, 136 (1912); **81**, 323 (1912); **82**, 1 (1912). — (4) Abderhalden u. Lampé: Versuche über die Verwertung verschiedenartiger N-Quellen im Organismus des Hundes. Ebenda **82**, 21 (1912); **83**, 409 (1913). — (5) Ackroyd u. Hopkins: Biochemic. J. **10**, 551 (1916). — (6) Albert, F.: Die Konservierung der Futterpflanzen nach verschiedenen Methoden, S. 124. Berlin 1903. — (7) Armsby, H. P.: The nutrition of farm animals. New York 1917. — (8) Armsby u. Fries: A. E. St. Pennsylvania Bull. **42** (1898). — (9) J. agricult. Res. **11** (1907); zit. nach Möllgaard S. 133 [109]. — (10) The influence of type and age. U. S. Dep. Agricult. Bull. **128** (1911). — (11) Andersen, A. C.: Undersøgelser over Komælkens Sammensætning. Nord. Jordbrugsfosk 4/7, 133—145 (1926). — (12) Aron, H.: Biochemie des Wachstums des Menschen und der höheren Tiere. In Oppenheimers Handbuch der Biochemie **7**, 192 (1927).

(13) Bareiss, H.: Fütterungsversuche an Milchkühen mit Ammoniumacetat als Ersatz für Kraftfuttereiweiß in der landwirtschaftlichen Praxis. Dissert., Breslau 1928. — (14) Benedict u. Osborne: J. of biol. Chem. **1907**, 113. — (15) Berg, R.: Die Vitamine. Leipzig 1927. — (16) Berg, W.: Über Eiweißspeicherung in der Leber nach Fütterung mit genuinem und gänzlich abgebautem Eiweiß. Münch. med. Wschr. **1914**, 1043. — (17) Arch. ges. Physiol. **195**, 543 (1922). — (18) Bernecker, H.: Zur Kenntnis der Erträge an Rohnährstoffen, verdaulichen Nährstoffen und an Stärkewerten bei der dreimaligen Mahd eines Kleegrasgemisches gegenüber der zweimaligen Mahd. Z. Tierzüchtg. **17**, 413 (1930). — (19) Bertram, F., u. A. Bornstein: Das Eiweißminimum. Im Handbuch der normalen und pathologischen Physiologie **5**, 84. 1928. — (20) Bidder u. Schmidt: Die Verdauungssäfte und der Stoffwechsel. Leipzig 1852. — (21) Bönninger u. Mohr: Die Säurebildung im Hunger. Z. exper. Path. u. Ther. **3**, 675 (1906). — (22) Bornstein, A., u. K. Holm: Stoffwechsel bei einseitiger und normaler Ernährung. Im Handbuch der normalen und pathologischen Physiologie **5**, 63. 1928. — (23) Bornstein, K.: Über die Möglichkeit einer Eiweißmast. Berl. klin. Wschr. **36** (1898). — (24) Entfettung und Eiweißmast. Ebenda **46** u. **47** (1904). — (25) Brugsch, Th.: Der Stoffwechsel bei Hunger und Unterernährung. In Oppenheimers Handbuch der Biochemie **7**, 7. 1927. — (26) Eiweißzerfall und Acidosis im extremen Hunger mit besonderer Berücksichtigung der N-Verteilung im Harn. Z. exper. Path. u. Ther. **1**, 419 (1905). — (27) Burchard, W.: Die Erträge der Wiesenpflanzen an Roh- und verdaulichen Nährstoffen bei dreimaliger Mahd. Atmungsverluste bei dreimaliger Mahd. Erträge an Roh- und verdaulichen Nährstoffen bei zweimaliger Mahd. Dissert., Königsberg i. Pr. 1926.

(28) Caspari, W.: Über Eiweißumsatz und -ansatz bei der Muskelarbeit. Arch. ges. Physiol. **83**, 509 (1901). — (29) Caspari, W., u. E. Stilling: Der Eiweißstoffwechsel. In Oppenheimers Handbuch der Biochemie **8**, 663—818. 1925. *Dort die gesamte Literatur über Eiweißstoffwechsel.* — (30) Chittenden, H.: Physiol. economy in nutrition with special reference to the animal proteid requirement of the healthy man. An experiment. study. New York 1904. — (31) Cochrane, M., Fries u. Braman: The maintenance requirement of dry cows. J. agricult. Res. **31**, 1055 (1925). — (32) Crasemann: Vergleichende Untersuchungen über Grünfutter, Süßgrünfutter und Heugewinnung. Landw. Versuchsstat. **102**, 146 (1924).

(33) Dietrich: Wisconsin Rep. 1899; Illinois Bull. **163**; zit. nach Henry u. Morrison S. 606 [79]. — (34) Dittmar, H.: Futterverwertung und Nährstoffbedarf ostpreußischer Leistungskühe. Archiv f. Landwirtschaft **1**, 215 (1929). — (35) Dorner, G.: Z. physiol. Chem. **52**, 225 (1907); zit. nach L. Pincussen: Spezielle Chemie des Harns. In Oppenheimers Handbuch der Biochemie **5**, 549. 1925.

(*36*) FERBER, K. E.: Die Zahl und Masse der Infusorien im Pansen und ihre Bedeutung für den Eiweißaufbau beim Wiederkäuer. Z. Tierzüchtg 12, 1 (1928). — (*37*) FINGERLING: Beiträge zur Physiologie wachsender Tiere. Landw. Versuchsstat. 68, 141 (1908). — (*38*) Die Ernährung der landwirtschaftlichen Haustiere. Handbuch der Landwirtschaft 4, 232. 1928. — (*39*) Landw. Versuchsstat. 76, 1 (1911). — (*40*) FINGERLING, KÖHLER u. REINHARDT: Ebenda 84, 149; zit. nach O. KELLNER S. 123 [86]. — (*41*) FOLIN, O.: Z. physiol. Chem. 41, 223 (1904). — (*42*) A theory of protein metabolism. Amer. J. Physiol. 13 (1905). — (*43*) FORBES, E. B., W. BRAMANN, M. KRISS, C. JEFFRIES, R. SWIFT, R. TRENCH, R. MILLER u. C. SMYTHE: The energy metabolism of cattle in relation to the plane of nutrition. J. agricult. Res. 37, 253 (1928). — (*44*) FORBES, E. B., FRIES, BRAMAN u. KRISS: The relative utilization of feed energy for body maintenance, body increase, and milk production of cattle. Ebenda 33, 483 (1926). — (*45*) FORBES, E. B., J. A. FRIES u. M. KRISS: The maintenance requirement of cattle for protein, as indicated by the fasting katabolism of dry cow. J. Dairy Sci. 9, 15 (1926). — (*46*) FORBES, E. B., u. KRISS: Revised net-energy values of feeding stuffs for cattle. J. agricult. Res. 31, 1083 (1925). — (*47*) FORBES, E. B., u. SWIFT: The efficiency of utilization of protein in milk production, as indicated bei nitrogen balance experiments. J. Dairy Sci. 8, 15 (1925). — (*48*) FREDERIKSEN, L.: Einige dänische Versuche und Beobachtungen über Leistung und Fütterung von Milchkühen. Mitt. dtsch. Landw.-Ges. 44, 329 (1929). — (*49*) FRIES, BRAMAN u. COCHRANE: Relative utilization of energy in milk production and body increase of dairy cows. U. S. Dep. Agricult. Bull. 1281 (1924). — (*50*) FRIES, BRAMAN u. KRISS: On the requirement of milk production. J. Dairy Sci. 7, 11 (1929). — (*51*) FRISKE, K.: Studien über den Stickstoffansatz ausgewachsener Tiere bei abundanter Ernährung. Landw. Versuchsstat. 71, 441 (1909). — (*52*) FUNKE, W.: Ausnutzungsversuche an Hammeln unter besonderer Berücksichtigung der Verdauungsdepression. Dissert., Göttingen 1928.

(*53*) GAINES, W. L.: The energy basis of measuring milk in dairy cows. A. E. St. Illinois Bull. 308 (1928). — (*54*) GAINES, W. L., u. F. A. DADIDSON: Relation between percentage fat content and yield of milk. Ebenda 245 (1923). — (*55*) GLASEWALD, H. M.: Die Zeiten der Verdoppelung des Körpergewichtes neugeborener Tiere. Dissert., Berlin 1909. — (*56*) GRAFE, E.: Die spezifisch-dynamische Wirkung der Nahrungszufuhr. In OPPENHEIMERS Handbuch der Biochemie 6, 609 1926. — (*57*) Der Stoffwechsel bei Anomalien der Nahrungszufuhr. Im Handbuch der normalen und pathologischen Physiologie 5, 241. 1928. — (*58*) GRAFE, E., u. D. GRAHAM: Über die Anpassungsfähigkeit des tierischen Organismus an überreichliche Nahrungszufuhr. Z. physiol. Chem. 73, 1 (1911). — (*59*) GRAFE, E., u. V. SCHLÖPFER: Über Stickstoffretention und Stickstoffgleichgewicht bei Fütterung von Ammoniaksalzen. Ebenda 71, 1 (1912). — (*60*) GROUVEN: Physiologisch-chemische Fütterungsversuche. Berlin 1864; zit. nach F. W. KRZYWANEK: Der Gesamtstoffwechsel der Pflanzenfresser. Im Handbuch der normalen und pathologischen Physiologie. Berlin 1928; s. auch CASPARI S. 668 [29]. — (*61*) GRUBER, M.: Einige Bemerkungen über den Eiweißstoffwechsel. Z. Biol. 42, 407 (1901). — (*62*) GYÖRGY, P., u. E. ZUNTZ: J. of biol. Chem. 21, 511 (1925).

(*63*) HAECKER: Investigations in milk production. A. E. St. Minnesota Bull. 71, 79, 140. — (*64*) HAECKERS Feeding standard; zit nach ECKLES u. SCHAEFER: Feeding the dairy herd. Ebenda 218 (1927). — (*65*) HAGEMANN: Beiträge zur Kenntnis des Eiweißumsatzes im tierischen Organismus. Landw. Jb. 20, 264 (1891). — (*66*) HANSEN, J.: Lehrbuch der Rinderzucht, 4. Aufl. 1927. — (*67*) Fütterungsversuche mit Harnstoff bei Milchkühen. Landw. Jb. 57, 141 (1923). — (*68*) HANSSON, N.: Fütterung der Haustiere (dtsch. Übersetzung). Dresden 1926. — (*69*) Der Eiweißbedarf bei der Milchproduktion der Kühe. Z. Tierzüchtg 5, 311 (1927). — (*70*) Fühlings Landw. Ztg 63, 47 (1914). — (*71*) Redogörelse för Malmöhusläns kontrollförenings verksamhet 1901/02, S. 64. Malmö 1902; zit. nach G. EHRENROTH: Eine fütterungswirtschaftliche Studie von einem Landgut in Südfinnland. Abh. agrikult.-wiss. Ges. Finnland 12 (1923). — (*72*) HARMS, J. W.: Individualzyklen als Grundlage für die Erforschung des biologischen Geschehens. Schr. Königsberg. gelehrten Ges. 1, 1 (1924). — (*73*) HART, E. B., u. G. C. HUMPHREY: Can "home grown ration" supply proteins adequate quality and quantity for high milk production? I. J. of biol. Chem. 38, 515 (1919). — (*74*) II. Ebenda 44, 1 (1920). — (*75*) The relation of the quality of proteins to milk production. I. Ebenda 21, 239 (1915); II. Ebenda 26, 457 (1916); III. Ebenda 31, 445 (1917); IV. Ebenda 35, 367 (1918). — (*76*) HART, E. B., u. H. STEENBOCK: At what level do the proteins of milk become effective supplement to the proteins of a cereal grain? Ebenda 42. — (*77*) HENNEBERG: Neue Beiträge zur Begründung einer neuen Fütterungslehre. Braunschweig 1871. — (*78*) HENRIQUES u. HANSEN: Läßt sich durch Heteroalbumose Stickstoffgleichgewicht im tierischen Organismus herstellen? Z. physiol. Chem. 48, 383 (1906). — (*79*) HENRY u. MORRISON: Feeds and feeding, 19. Aufl. Milwaukee, Wisc. 1928. — (*80*) HINDHEDE: Braedende Punkten in Fodringspörsmaalet, S. 56. Kopenhagen 1906. — (*81*) HONCAMP, F.: Landwirtschaftliche Fütterungslehre und Futtermittelkunde. Stuttgart 1921. — (*82*) Honcamp, F., u. St. Koudela: Untersuchungen über die Verwertung von Ammoniaksalzen und von Harnstoff als Eiweißersatz für die Lebenderhaltung und den Fleischansatz sowie für die Milchbildung beim landwirtschaftlichen Nutzvieh. Z. Tierzüchtg 10, 1 (1927). — (*83*) Honcamp, Koudela u. E. Müller: Fütterungsversuche mit Harnstoff an Milchkühe. Landw. Versuchsstat. 102, 311 (1924). — (*84*) Honcamp, F., u. E. Schneller: Harnstoff als Eiweißersatz beim Wiederkäuer. Biochem. Z. 138, 461 (1923).

(*85*) Jantzon, H.: Ein Beitrag zur Kenntnis des Nährstoffbedarfs und der Ausnutzung der Nahrung durch das wachsende Schaf. Z. Tierzüchtg. 16, 451 (1929).

(*86*) Kellner, O.: Die Ernährung der landwirtschaftlichen Nutztiere. Berlin 1924. — (*87*) Landw. Versuchsstat. 53, 452 (1900). — (*88*) Kirsch, W.: Die Entgiftung eines überständigen Grases durch die Silofutterbereitung (milchsaure Gärung), über seinen Vitamingehalt und den der Silage. Z. Tierzüchtg 14 (1929). — (*89*) Kleiber, M.: Milchwert und Stärkewert. Fortschr. Landw. 4, 34 (1929). — (*90*) Knieriem: Über das Verhalten der im Säugetierkörper als Vorstufe des Harnstoffs erkannten Verbindungen im Organismus der Hühner. Z. Biol. 13 (1877). — (*91*) Koll: Die subcutane Fetternährung vom physiologischen Standpunkt aus. Würzburg 1887; zit. nach Brugsch S. 12 [25].

(*92*) Lawrow, Moltschanowa u. Ochotnikowa: Zur Frage nach der N-Ausnutzung des zur Nahrung zugesetzten Harnstoffes bei einem jungen Wiederkäuer. Biochem. Z. 153, 71 (1924). — (*93*) Lemke, K.: Zur Kenntnis der Verdaulichkeitsverhältnisse von zwei bei verschiedenen Temperaturen fermentierten Silagen und ihrer Vitamine. Z. Tierzüchtg 7 (1926). — (*94*) Lepehne, G.: Zur Kenntnis der Nährstoffverluste von Rotklee bei zweimaliger Mahd und Erdbodentrocknung. Ebenda 8, 400 (1927). — (*95*) Liebig, J. v.: Die Tierchemie. Braunschweig 1846. — (*96*) Loewi, O.: Über Eiweißsynthese im Tierkörper. Arch. f. exper. Path. 48, 403 (1902). — (*97*) Loewy, A.: Der heutige Stand der Physiologie des Höhenklimas, S. 37. Berlin 1926.

(*98*) Mangold, E., u. C. Schmitt-Krahmer: Die Stickstoffverteilung im Pansen der Wiederkäuer bei Fütterung und Hunger und ihre Beziehungen zu den Panseninfusorien. Biochem. Z. 191, 411 (1927). — (*99*) Märker: Fütterungslehre. Berlin 1902. — (*100*) May, R.: Der Stoffwechsel im Fieber. Z. Biol. 30, 1 (1894). — (*101*) McCollum, E. V.: The nature of repair processes in protein metabolism. Amer. J. Physiol. 29, 215 (1911). — (*102*) McCollum, E. V., u. Hoagland: Studies of the endogenous metabolism of the pig. J. of biol. Chem. 16, 297 (1913/14.) — (*103*) McCollum, E. V., u. N. Simmonds: The newer knowlegde of nutrition, 3. Aufl. (übersetzt von E. Asher). Berlin u. Wien 1928. — (*104*) J. of biol. Chem. 33, 304 (1918); 37, 155 (1919). — (*105*) Meissner: Beiträge zur Kenntnis des Stoffwechsels. Z. rat. Med. 31, 185 (1868). — (*106*) Mitchell, H. H.: A method of determining the biol. value of protein. J. of biol. Chem. 58, 873 (1924). — (*107*) The supplementary relations among proteins. Ebenda 58, 923 (1924). — (*108*) The biol. value of proteins at different levels of intake. Ebenda 58, 905 (1924). — (*109*) Möllgaard, H.: Fütterungslehre des Milchviehes. Die quantitative Stoffwechselmessung und ihre bisherigen Resultate beim Milchvieh. Hannover 1929. — (*110*) Morgan u. Heinz: Biol. values of wheat and almond nitrogen. J. of biol. Chem. 37, 215 (1919). — (*111*) Morgen: Ernährung und Fütterung der Nutztiere. In Mayers Lehrbuch der Agrikulturchemie 4. 1925. — (*112*) Morgen, Beger u. Westhausser: Landw. Versuchsstat. 85, 1 (1914). — (*113*) Morgen, Beger u. E. Ohlmer, unter Mitwirkung von S. Michalowsky: Die stickstoffhaltigen Stoffwechselprodukte und ihre Bedeutung für die Bestimmung der Verdaulichkeit des Proteins. Ebenda 88, 257 (1916). — (*114*) Morgen, Beger, Wagner, v. Buren, E. Ohlmer, unter Mitwirkung von S. Michalowsky: Ebenda 89, 278—281 (1917). — (*115*) Morgen, Beger u. Westhausser: Untersuchungen über den Einfluß der nicht eiweißartigen Stickstoffverbindungen der Futtermittel auf die Milchproduktion. Ebenda 65, 413 (1907); 68, 333 (1908); 71, 1 (1909); 73, 285 (1914); 75, 265 (1911). — (*116*) Morgen, Schöler, Windheuser u. Ohlmer: Über den Ersatz von Eiweiß durch Harnstoff usw. Ebenda 99, 1 (1922); 103, 1 (1924). — (*117*) Morrison, Humphrey u. Putney: A. E. St. Wisconsin Bull. 323; zit. nach Henry u. Morrison S. 134 [79]. — (*118*) Morpurgo, B.: Über Aktivitätshypertrophie der willkürlichen Muskeln. Virchows Arch. 150, 522 (1897). — (*119*) Müller, Fr.: Stoffwechselprobleme. Dtsch. med. Wschr. 513, 544 (1922). — (*120*) Müller, M.: Untersuchungen über die bisher beobachteten eiweißsparenden Wirkungen des Asparagins bei der Ernährung. Arch. ges. Physiol. 112, 245 (1906).

(*121*) Neubauer, O.: Intermediärer Eiweißstoffwechsel. Im Handbuch der normalen und pathologischen Physiologie 5, 671. 1928.

(*122*) Oppenheimer, C.: Über die Frage der Anteilnahme elementaren Stickstoffes am Stoffwechsel der Tiere. Biochem. Z. 4, 328 (1907). — (*123*) Osborne, B. Th., u. L. B. Mendel: Amino acids in nutrition and growth. J. of biol. Chem. 17, 328 (1914). — (*124*) Feeding experiments with mixtures of food stuffs in unusual proportions. Proc. Acad. natur. Sci. Philad. 7, 157 (1921). — (*125*) Hoppe-Seylers Z. 80, 307 (1912). — (*126*) Oster-

TAG u. ZUNTZ, unter Mitwirkung von STRIGEL u. HEMPEL: Untersuchungen über die Milchsekretion des Schweines und die Ernährung des Ferkels. Landw. Jb. 37, 201 (1908). — (127) OVERMAN u. SANMAN: The energy value of milk as related to composition. A. E. St. Illinois Bull. 282 (1926). — (128) Valeur du lait en calories. Lait 7, 149 (1927).

(129) PAASCH, E.: Fütterungsversuch an Ziegen mit Ammoniumacetat, Harnstoff und Hornmehl als Eiweißersatz. Biochem. Z. 160, 364 (1925). — (130) Versuche über den Ersatz von Kraftfuttereiweiß durch essigsaures Ammoniak in seiner Wirkung auf die Milchproduktion in der landwirtschaftlichen Praxis. Landw. Jb. 64, 495 (1926). — (131) PFEIFFER, TH.: Zur Frage der Bestimmung der Stoffwechselprodukte im tierischen Kot. J. Landw. 33, 170 (1885). — (132) Fühlings Landw. Ztg 71, 313 (1922). — (133) PFEIFFER u. FRISKE: Über den Eiweißansatz bei der Mast ausgewachsener Tiere. Landw. Versuchsstat. 74, 409 (1911). — (134) PFLÜGER, E.: Die Quelle der Muskelkraft. Arch. ges. Physiol. 50, 98 (1891). — (135) POTT: Handbuch der tierischen Ernährung und der landwirtschaftlichen Futtermittel. Berlin 1904. — (136) POTTHAST, J.: Beiträge zur Kenntnis des Eiweißumsatzes im tierischen Organismus. Dissert., Leipzig 1887. — (137) PRAUSNITZ, W.: Eiweißzersetzung beim Menschen während der ersten Hungertage. Z. Biol. 29, 151 (1892).

(138) RICHARDSEN u. BRINKMANN: Milchkuhfütterungsversuche mit Harnstoff. Fühlings Landw. Ztg 71, 325 (1922). — (139) ROSE u. COX: J. of biol. Chem. 61, 747 (1924). — (140) RUBNER, M.: Aufgabe (Bilanz). Allgemeine Methodik. Im Handbuch der normalen und pathologischen Physiologie 5, 6 (1928). — (141) Die Gesetze des Energieverbrauchs bei der Ernährung. Berlin u. Wien 1902. — (142) Die physiologische Bedeutung des Stickstoffes. Verh. Ges. dtsch. Naturforsch. 1920, 81. — (143) Physiologie der Nahrung und Ernährung. Im Handbuch der Therapie, hrsg. von LEYDEN, 1. 1897. — (144) Die Vertretungswerte der hauptsächlichsten Nahrungsstoffe im Tierkörper. Z. Biol. 19, 313 (1881). — (145) Das Problem der Lebensdauer und seine Beziehungen zu Wachstum und Ernährung. München 1908; zit. nach H. ARON[12]. — (146) Kraft und Stoff im Haushalte der Natur. Leipzig 1909. — (147) Über den Eiweißansatz. Arch. f. Anat. 67 (1911).

(148) Savage feeding standard: A. E. St. Cornell Bull. 323; zit. nach HENRY u. MORRISON S. 133[79]. — (149) SCHEUNERT: Pflügers Arch. 109, 145 (1905). — (150) SCHEUNERT, KLEIN u. STEUBER: Über die Verwertbarkeit des Harnstoffes als Eiweißquelle für Wiederkäuer; zugleich ein Beitrag zur Frage der excretorischen Funktion der Haut. Biochem. Z. 133, 137 (1922). — (151) SCHEUNERT u. SCHIEBLICH: Einfluß der Mikroorganismen auf die Vorgänge im Verdauungstractus bei Herbivoren. Im Handbuch der normalen und pathologischen Physiologie 3, 967. 1926. — (152) SCHMIDT, J., u. H. VOGEL: Leistungsprüfungen an veredelten Landschweinen auf dem Versuchsgut Friedland der Universität Göttingen. Züchtungskde 3, 153 (1928). — (153) SCHÜTTE, H.: Die Veranlagung zur Milchergiebigkeit der Kühe als Grundlage der Milcherzeugung. Dissert., Berlin 1928. — (154) SCHULZ, FRIEDRICH N.: Über die Verteilung von Fett und Eiweiß bei mageren Tieren. Arch. ges. Physiol. 66, 145 (1897). — (155) SCHWARZ, C.: Die ernährungsphysiologische Bedeutung der Mikroorganismen in den Vormägen der Wiederkäuer. Biochem. Z. 156, 130 (1925). — (156) Die ernährungsphysiologische Bedeutung im Darmtractus der Wiederkäuer. Arch. ges. Physiol. 213, 556 (1926). — (157) SEITZ: Die Leber als Vorratskammer für Eiweißstoffe. Ebenda 111, 309 (1906). — (158) SERIO, P.: Über die Stickstoffverteilung im Kaninchenharn und ihre Abhängigkeit von der Ernährung. Biochem. Z. 142, 440 (1923). — (159) SOXHLET, FR.: Erster Bericht über die Arbeiten der landwirtschaftlichen chemischen Versuchsstation in Wien aus den Jahren 1870—1877, S. 101. Wien 1878. — (160) STOHMANN, F.: Über den Umsatz der Eiweißstoffe im Körper des Wiederkäuers. Landw. Versuchsstat. 12, 399 (1869). — (161) Ebenda 11, 401; ausführliche Besprechung bei MORGEN S. 194[111]. — (162) SURE, B.: Is proline a growth limiting factor in arachis? J. of biol. Chem. 43, 443 (1920).

(163) THOMAS, E.: Beiträge zu den Beziehungen von Ernährung und Infektion. Z. Kinderh. 24, 235 (1919); s. auch THOMAS u. HORNEMANN: Biochem. Z. 57 (1913); zit. nach CASPARI S. 814[29]. — (164) THOMAS, K.: Über die biologische Wertigkeit der N-Substanzen in verschiedenen Nahrungsmitteln. Beiträge zur Frage nach dem physiologischen Stickstoffminimum. Arch. f. Anat. 25, 219 (1909).

(165) UNGERER, E.: Harnstoff und Glykokoll als Eiweißersatz in Versuchen an Milchziegen. Biochem. Z. 147, 275 (1924).

(166) VÖLTZ, W.: Der Ersatz des Nahrungseiweißes durch Harnstoff beim wachsenden Wiederkäuer. Ebenda 102, 151 (1920). — (167) Über die Bedeutung der Amidsubstanzen für die tierische Ernährung. Landw. Jb. 38, Erg.-Bd. 5, 433 (1909). — (168) Stoffwechselversuche an Tieren. In ABDERHALDENS Handbuch der biologischen Arbeitsmethoden, Abt. IV, Teil 9. 1925. — (169) Über den Einfluß der Ernährung und Haltung auf die Gewichtszunahmen, die Ausbildung der Körperformen und das Schlachtergebnis beim wachsenden Schwein. Landw. Jb. 42, 119 (1912). — (170) Über den Einfluß der natürlichen und künst-

lichen Trocknung auf die Verdaulichkeit und Ausnutzung von Futtermitteln. Z. Spiritus-ind. 10 (1918). — (*171*) Über den Einfluß verschiedener Eiweißkörper und einiger Derivate auf den Stickstoffumsatz mit besonderer Berücksichtigung des Asparagins. Arch. ges. Physiol. 107, 360 (1905). — (*172*) Über das Verhalten einiger Amidsubstanzen allein und im Gemisch im Stoffwechsel der Carnivoren. Ebenda 112, 413 (1906); vgl. dazu auch Untersuchungen über die Verwertung des Amidgemisches der Melasse durch den Wiederkäuer (Schaf). Ebenda 117, 451 (1907). — (*173*) Über Schafzucht und Fütterung mit besonderer Berücksichtigung der Provinz Ostpreußen. Z. Schafzucht 1924. — (*174*) Untersuchungen über die Verwertung des Betains durch den Wiederkäuer (Schaf). Arch. ges. Physiol. 116, 307 (1907). — (*175*) Völtz, W., u. Baudrexel: Einfluß der Extraktivstoffe des Fleisches auf die Resorption der Nährstoffe. Ebenda 138, 275 (1911). — (*176*) Völtz, W., u. A. Baudrexel: Über die Verwertung des Kartoffelkrautes und der Kartoffelbeeren durch den Wiederkäuer (Schaf). Landw. Jb. 43, 177 (1912). — (*177*) Völtz, W., A. Baudrexel u. A. Deutschland: I. Die Verwertung des Kartoffelkrautes als Heu und als Sauerfutter durch den Wiederkäuer (Schaf und Milchkühe). Ebenda 46, 105 (1914). — (*178*) Völtz, W., W. Dietrich u. A. Deutschland: Die Verdaulichkeit und Verwertung der Nährstoffe des Ölpilzes (Endomyces vernalis Ludwig) durch Carnivoren und Herbivoren. Biochem. Z. 114, 111 (1921). — (*179*) Die Verwertung zweier Hefemischfutter durch den Wiederkäuer (Schaf). Landw. Jb. 45, 1—27 (1913). — (*180*) Die Verwertung der Melasseamide im Vergleich zum Eiweiß durch den Organismus des Wiederkäuers. Ebenda 52, 431 (1919). — (*181*) Völtz, W., W. Dietrich, A. Deutschland, Muhr u. Baumann: Die Verwertung der Kartoffeln in ihren verschiedenen Verwendungsformen durch das Schwein und den Wiederkäuer. Ebenda 50, 455 (1917). — (*182*) Völtz, W. Dietrich u. Jantzon: Die Verwertung des Harnstoffes für die Milchleistung nach Versuchen an Kühen. Biochem. Z. 130, 323 (1922). — (*183*) Völtz, W., u. H. Jantzon: Der physiologische Nutzeffekt des Milchzuckers, der Milchsäure und des Rohrzuckers und der Einfluß dieser Körper auf die Resorption der Nährstoffe nach Versuchen am Wiederkäuer. Z. Tierzüchtg 11 (1928). — (*184*) Über den Nährstoffbedarf bei der Mast des Rindes. Landw. Jb. 64, 787 (1926). — (*185*) Völtz, W., Jantzon u. Reisch: Mästungs- und Ausnutzungsversuche an Hammellämmern mit Harnstoff im Vergleich zu Erdnußkuchen. Ebenda 59, 321 (1924). — (*186*) Völtz, W., u. W. Kirsch: Die Bedeutung der naturgemäßen Haltung unserer Haustiere für das Wachstum und die Konstitution im Vergleich zu der absoluten Stallhaltung mit und ohne Anwendung der künstlichen Höhensonne nach Versuchen am Rind. Z. Tierzüchtg 12, 409 (1928). — (*187*) Der Ersatz des Wiesenheues durch Silage derselben Herkunft bei der Fütterung des Milchviehes. Futterkonservierg 6, 81 (1928). — (*188*) Über die Verwertung der Lupinen bei der Mast wachsender Schweine. Züchtungskde 1, 589 (1926). — (*189*) Völtz, W., J. Paechtner u. A. Baudrexel: Über den Futterwert der Kartoffelschlempe, ihres Ausgangsmaterials und über sog. spezifische Wirkungen der Futterstoffe. Landw. Jb. 44, 681 (1913). — (*190*) Völtz, W., J. Paechtner, A. Baudrexel, W. Dietrich u. A. Deutschland: Vergleichende Untersuchungen über den Nährstoffbedarf bei der Mast des Rindes im späteren Verlauf des Wachstums. Landw. Jb. 45, 325 (1913). — (*191*) Völtz, W., Reisch u. Jantzon: Einsäuerungsversuche aus dem Jahre 1923. Arb. dtsch. Landw.-Ges. 331, 15 (1925). — (*192*) Einsäuerungsversuche aus dem Jahre 1924. Ebenda 331, 36 (1925). — (*193*) Völtz, W., in Gemeinschaft mit G. Yakuwa: Studien über den Stoffwechsel des Haushuhns. Landw. Jb. 38, 553 (1909). — (*194*) Voit: Über die Ausscheidungswege der N-haltigen Zersetzungsprodukte aus dem tierischen Organismus. Z. Biol. 2, 189 (1866). — (*195*) Sitzgsber. bayer. Akad. Wiss. 1863; zit. nach Caspari[29]. — (*196*) Über die Ursachen der Zunahme der Eiweißzersetzung während des Hungerns. Z. Biol. 41, 550 (1901). — (*197*) Über die Zersetzungsvorgänge im Tierkörper bei Fütterung mit Fleisch. Ebenda 7, 433 (1871). — (*198*) Untersuchungen über den Einfluß des Kochsalzes, des Kaffees und der Muskelarbeit auf den Stoffwechsel. München 1860; zit. nach Caspari S. 787 [29]. — (*199*) Der Eiweißumsatz bei Ernährung mit reinem Fleisch. Z. Biol. 3, 11 (1867). — (*200*) Voit u. Korkunoff: Über die geringste zur Erhaltung des N-Gleichgewichts nötige Menge von Eiweiß. Ebenda 32, 58 (1895). — (*201*) Voit u. Pettenkofer: Ebenda 5, 79 (1869). — (*202*) Vollerthun, W.: Zur Kenntnis des Nährstoffbedarfs und des Wachstumsverlaufes von frühreifen Fleischschafrassen. Z. Tierzüchtg 10, 419 (1927). (*203*) Weiske: Landw. Jb. 9, 205 (1880). — (*204*) Wellmann: Über den Nährstoff- und Energieumsatz junger Ferkel auf Grund von Fütterungsversuchen, verbunden mit Zerlegung ganzer Ferkelkörper. Biochem. Z. 117, 119 (1921). — (*205*) Fütterungsversuche an Kälbern und Ferkeln mit Vollmilch und korrigierter Magermilch. Landw. Jb. 46, 499 (1914). — (*206*) Wendt, zit. nach G. Ehrenroth S. 40 [21]. — (*207*) Wiegner: Konservierungsversuche mit Dürrfutter, sog. Süßgrünfutter und Elektrofutter in der Schweiz. Einsäuerungsversuche. Arb. dtsch. Landw.-Ges. 331 (1925). — (*208*) Williams, Riche u. Lusk: J. of biol. Chem. 12, 143 (1912); ausführlicher besprochen bei Bornstein u. Holm S. 44f.[22] — (*209*) Williger, J.: Fütterungsversuch an Milchziegen mit Glykokoll als

Eiweißersatz. Biochem. Z. 180, 156 (1927). — (*210*) Wöhlbier, W.: Stoffwechselversuche zum Eiweißansatz bei saugenden Ferkeln. Ebenda 202, 29 (1928). — (*211*) Wolff: Landwirtschaftliche Fütterungslehre. Berlin 1899. — (*212*) Wolff, Sieglin, Kreuzhage u. Mehlis: Pferdefütterungsversuche. Landw. Jb. 16, Suppl. 3 (1887). — (*213*) Woll u. Humphrey: Bull. A. E. St. Wisconsin 13 (1910).

(*214*) Zeller, H.: Einfluß von Fett und Kohlehydraten bei Eiweißhunger auf die N-Ausscheidung. Arch. f. Anat. 1914. Tabellarische Zusammenstellung bei Caspari S. 782 [29]. — (*215*) Zielstorff, Hildebrandt u. Keller: Vergleichende Untersuchungen zwischen der Elektrokonservierung und der Normalsauerfutterbereitung nach Völtz. Futterkonservierg 2, 69 (1927). — (*216*) Zuntz, N.: Bemerkungen über die Verdauung und den Nährwert der Cellulose. Arch. ges. Physiol. 39, 477 (1891). — (*217*) Zuntz (Vogelius): Über die Neubildung von Kohlehydraten im hungernden Organismus. Arch. f. Anat. 1893; zit. nach Caspari S. 668 [29]. — (*218*) Zuntz, N., u. J. v. Mering: Pflügers Arch. 15, 634 (1877); 32, 173 (1883).

2. Der Kohlehydrat-Stoffwechsel der landwirtschaftlichen Nutztiere.

a. Die Kohlehydrate im Stoffwechsel.

Von

Professor Dr. Rudolf W. Seuffert

Physiologisches Institut der tierärztlichen Hochschule Berlin.

Die Lehre vom Kohlehydrat-Stoffwechsel umfaßt alle Umwandlungen und Veränderungen, die die Kohlehydrate bei den Stoffwechselvorgängen von der Aufnahme bis zur Exkretion erleiden. Da der Organismus auch Kohlehydrate aus Stoffen *nicht* zuckerartiger Konstitution, wie aus Eiweiß, vielleicht auch aus Fetten, sicher aus Glycerin und dem Glycerin nahestehenden Stoffen, bilden kann und mit Rücksicht auf die von Meyerhof postulierte Unersetzlichkeit der Kohlehydrate als Energiequelle bei der Muskelarbeit auch bei kohlehydratfreier Ernährung bilden muß, so umfaßt sie auch das ganze Problem der Zuckerneubildung. Weiter sind Fragen des intermediären Eiweiß- und Fettabbaues nicht völlig von der Lehre des Zuckerabbaues zu trennen. Ferner müssen noch die Möglichkeiten der Verwendung von Kohlehydraten oder von Bruchstücken aus solchen zum Aufbau anderer körpereigener Stoffe (Fette) hier berücksichtigt werden.

Um eine Substanz für die Verwendung im Stoffwechsel zu erschließen, muß sie der Organismus der höheren Tiere resorbierbar machen. Diese Vorbereitung zur Resorption geschieht durch die Verdauung. Da die Vorgänge der Verdauung bei den verschiedenen Nutztierarten und in den einzelnen Teilen des Verdauungsapparates an anderer Stelle dieses Handbuches (Bd. II) behandelt wurden, wird es genügen, wenn wir uns hier zuerst mit der Frage der Resorption der Kohlehydrate aus dem Darm beschäftigen und einige Einzelheiten über die Resorbierbarkeit der Kohlehydrate anführen.

A. Resorption der Kohlehydrate.

Der allgemeine Satz, daß die Nahrungsstoffe durch die Verdauung bis auf ihre einfachsten Komponenten abgebaut werden müssen, um eine resorbierbare Form anzunehmen, gilt natürlich auch für Kohlehydrate.

Am übersichtlichsten liegen die Verhältnisse bei der Dextrose (dem Traubenzucker) und den anderen *Monosacchariden*, die in den Nahrungsmitteln vorkommen. Sie können ohne weiteres resorbiert werden.

Die *Disaccharide* werden durch die entsprechenden Fermente des Verdauungsapparates gespalten und dann als Monosaccharide resorbiert.

Auch die *Polysaccharide*, vor allem die Stärke und die Cellulose, unterliegen einem weitgehenden Abbau, der bei der Stärke durch die gewöhnlichen Verdauungsfermente erfolgt, während bei der Cellulose die Mitwirkung von gewissen Bakterien (Gärvorgänge) notwendig erscheint. (Vgl. hierzu dieses Handbuch Bd. I Neuberg, ferner Bd. II Mangold: Wiederkäuer; Schieblich, Bd. III Honcamp.)

Die *fermentative Spaltung der Stärke* ist der chemischen Hydrolyse nicht ohne weiteres zu vergleichen. Während bei der chemischen Hydrolyse (Kochen mit verdünnten Säuren) die Aufspaltung restlos bis zum Traubenzucker durchgeführt wird, spalten die diastatischen Fermente die Stärke über die Dextrine nur bis zur Maltose, die ihrerseits erst durch eine spezielle Maltase weiter in 2 Mol Traubenzucker zerlegt wird.

Die Zerlegung der Stärke bis zur Maltose erfolgt hauptsächlich durch die Diastasen des Speichels und des Pankreas, während die Aufspaltung der Maltose durch Diastasen der Darmschleimhaut vorgenommen wird. Diese Maltase ist im Darmsaft selbst enthalten. (Vgl. [385, 191, 322, 346].) Für den *Rohrzucker* finden wir gleichfalls im Darm ein spaltendes Ferment, das Invertin (Saccharase), das die Aufspaltung in Dextrose und Fructose vornimmt[338, 385, 322, 346, 419]. Nach Bierry[39, 249] findet sich diese Saccharase nur im Dünndarm, nicht im Dickdarm, und zwar in den Zellen der Schleimhaut, nicht im Darmsaft selbst.

Auch für das dritte, für die Ernährung wichtige Disaccharid, den *Milchzucker* (Lactose) enthält der Darmtractus der Tiere das spaltende Ferment, die *Lactase*. Jedoch ist bei den meisten Tieren das Vorhandensein dieser Lactase auf den Zeitabschnitt beschränkt, in welchem Milchzucker ein gewöhnlicher Bestandteil der Nahrung ist. Demnach findet sich Lactase normal im Dünndarm aller neugeborenen Säugetiere, ferner bei den Omnivoren (vor allem Schwein und Hund), merkwürdigerweise auch beim erwachsenen Pferd, jedoch nicht beim erwachsenen Rind, Schaf und Kaninchen. Auch bei Vögeln (Huhn) fehlt die Lactase[495]. Die Lactase kommt nach Hamburger und Hekma[193] nicht im Darmsaft, sondern in den Zellen der Darmschleimhaut vor.

Das Vorkommen von Lactase über das Säuglingsalter hinaus soll nach Weinland[495] durch fortdauernde Verfütterung von Milch bei Kaninchen erzwungen werden können. Ebenso wollen Weinland[496] und Bainbridge[20] das Auftreten einer Lactase im Hundepankreas durch Milchfütterung erzielt haben. Doch sind diese Angaben nicht unwidersprochen geblieben[40, 395, 226, 505].

Durch länger dauernde Verfütterung von Milchzucker an Hunde in Dosen, die über der Assimilationsgrenze liegen, konnte eine Minderung der alimentären Lactosurie (und damit die Neubildung einer Lactase) nicht erhalten werden[204].

Gelangen Disaccharide (Rohr- und Milchzucker) durch parenterale Zufuhr in die Blutbahn, so werden sie unverändert ausgeschieden[492]. Im *Blute* fehlen also die entsprechenden Disaccharidasen.

Eine *Invertase* soll sich im Blut bilden, wenn die *parenterale Zufuhr von Rohrzucker* genügend oft wiederholt wird[497, 1, 2]. Doch kann man an dieser Möglichkeit nach Versuchen von Hogan[219] auch zweifeln. Nur die Maltose, die als solche vielleicht resorbiert werden kann, findet im Blut *Maltase* vor[420, 37, 191, 266, 375]. Die Diastase des Blutes soll nach Schlesinger[451], Wohlgemuth[506],

MOECKEL und ROST[339] aus dem Pankreas stammen und z. T. auch in den Leukocyten enthalten sein[187]. Die Wirksamkeit der Maltase des Blutes ist so groß, daß selbst nach subcutaner Verabfolgung größerer Mengen Maltose kein Zucker im Harn auftritt[492].

Lösliche Stärke erscheint nach intravensöer Applikation z. T. unverändert, z. T. als Zucker (LOMBROSO[289]) im Harn, wenn die Einspritzung nicht sehr langsam vorgenommen wird; in diesem Fall wird sie von den Blutfermenten gespalten und dann verwertet[486].

Der resorbierbare Zucker gelangt in die Blutgefäße, die sich zur Vena portae vereinigen, und wird von dort zunächst der Leber zugeführt. Ein sehr geringer Prozentsatz ($1/2 \%$ des eingeführten Zuckers nach MUNK und ROSENSTEIN[343]) kann in die Chylusgefäße gelangen[169, 161].

Die *Resorptionsgeschwindigkeit* ist nach CORI[65] für die einzelnen Zuckerarten verschieden. Die Menge des in gleichen Zeiten resorbierten Zuckers hängt weder von der Konzentration noch von der absoluten Menge des eingeführten Zuckers ab. Für die Absorptionskoeffizienten der einzelnen Zuckerarten in 50proz. Lösung nach 48stündigem Hungern gibt CORI nach Versuchen an Ratten folgende Reihe:

d-Galactose	0,196	d-Mannose	0,034
d-Glykose	0,178	l-Xylose	0,028
d-Fructose	0,077	l-Arabinose	0,016

Hierbei ist wichtig, daß die resorbierbaren Monosaccharide, Fructose wie Galactose, durch *Umlagerung in Dextrose* übergeführt werden, so daß im wesentlichen nur Traubenzucker im Blut kreist.

B. Die Leber und ihre Funktion im Kohlehydrat-Stoffwechsel.

I. Speicherung der Kohlehydrate als Glykogen.

Der Leber kommt nun zunächst die Aufgabe zu, dem Blut den aufgenommenen Zucker bis auf eine gewisse darin zurückbleibende, prozentual konstante Menge — den normalen Blutzuckerwert — zu entziehen und den entnommenen Zucker zu speichern. Die Speicherung des Zuckers in der Leber erfolgt derart, daß die Leber aus dem zugeführten Monosaccharid ein kompliziertes Polysaccharid, die tierische Stärke, das *Glykogen*, aufbaut und dieses in ihren Zellen zur Ablagerung bringt. Der Gehalt der Leber an Glykogen beträgt unter normalen Verhältnissen ca. 5%; durch überreichliche Kohlehydratverabfolgung kann er bis auf 18% steigen.

Das Glykogen, die Leberstärke, wurde zuerst von CLAUDE BERNARD[34] und ziemlich gleichzeitig und unabhängig von V. HENSEN[202] entdeckt und beschrieben (s. Anm.).

Außer in der Leber findet sich das Glykogen noch in größeren Mengen in den Muskeln. Der normale *Glykogengehalt des Muskels* beträgt ca. $5\,^0/_{00}$, der maximale ca. 20—30$\,^0/_{00}$. (Über die Bedeutung des Muskelglykogens für den Energieumsatz siehe später.) In geringem Ausmaß findet sich das Glykogen auch in allen übrigen Organen des Körpers. Die Glykogenmenge im Gesamtkörper ist weiten Schwankungen unterworfen.

Anm. Hinsichtlich der sehr ausgedehnten Literatur über das Glykogen vergleiche man hauptsächlich CREMER, PFLÜGER, KARRER, MACLEOD [73, 390, 243, 320], auch LÜDTKE in diesem Handbuch Bd. I.

Für die Menge des abgelagerten Glykogens ist außer der in der Nahrung zugeführten Menge Kohlehydrat noch der *allgemeine Ernährungszustand des Tieres* maßgebend, d. h. durch *Hunger* nimmt der Glykogenbestand in der Leber, den Muskeln und den übrigen Körperorganen ab[259, 232]. Gleichwohl können selbst nach langen Hungerperioden noch erhebliche Glykogenmengen vorhanden sein. (Pflüger fand bei einem Hund von 33,6 kg nach 28 Hungertagen noch 22,5 g Leberglykogen und 19,2 g Muskelglykogen[389].)

Durch anstrengende *körperliche Arbeit* kann der *Glykogengehalt des Organismus* gleichfalls verringert werden. Hierbei tritt zuerst eine deutliche Verminderung des Leberglykogens ein, während das Muskelglykogen längere Zeit keine erheblichen Schwankungen erkennen läßt. Eine *Minderung der Glykogenbestände* des Körpers kann ferner durch Kälte[47, 260, 262], durch *Gifte* (Strychnin, Arsen, Phosphor[429], Curare), sowie durch Anwendung der Methoden zur Erzeugung eines künstlichen *Diabetes* (Adrenalin, Phlorhizin, Pankreasexstirpation) erreicht werden. Auch durch Anwendung von Narcoticis kann bei bestehendem Diabetes eine Minderung der Glykogenbestände erzielt werden, doch führt keine der erwähnten Methoden allein mit Sicherheit zu einer völligen Glykogenfreiheit des Tieres [519, 215] u. a.

Auch bei der Kombination von zwei oder mehreren der Möglichkeiten, ein Tier glykogenarm zu machen, also z. B. die Anwendung von Kälte, Arbeit und Phlorhizin, gelangt man nicht vollkommen, wie man früher annahm, wohl aber annähernd zu Tieren, die praktisch kaum mehr disponible Glykogenreserven enthalten (vgl. S. 98). Diese Fragen haben theoretisch große Bedeutung beim Studium der *Glykoneogenie*, d. h. beim Studium der Frage, aus welchen Stoffen der Nahrung sich im intermediären Stoffwechsel Glykose in freiem oder gebundenem Zustand (Glykogen) neu bilden kann, worauf noch später im einzelnen eingegangen wird.

Das Glykogen wird im Organismus aus einfachen Kohlehydraten (Monosacchariden) synthetisiert. Höhere Kohlehydrate, schon Disaccharide, können von den Leberzellen nicht direkt zum Glykogenaufbau Verwendung finden; sie müssen vorher in ihre Bausteine zerlegt werden, wobei, wie schon gesagt, für Fructose und Galactose noch die Umlagerung in Dextrose eine weitere Vorbedingung ist.

Pentosen, obschon an sich resorbierbar, können nicht zum Glykogenaufbau verwertet werden (s. Frentzel[156] für Xylose, Neuberg und Wohlgemuth[362] für Arabinose), sondern erscheinen schon nach relativ kleinen Mengen im Harn[98].

Auch *Glykosamin* führt nicht zu einer Vermehrung bzw. Neubildung des Glykogens[134, 58, 371, 146, 326, 413].

II. Glykoneogenie.

Neben der Fähigkeit, Glykogen aus Kohlehydraten aufzubauen, besitzt aber der Körper der Tiere noch in weitgehendem Maße die Fähigkeit, andere Stoffe, die selbst nicht zur Kohlehydratgruppe gehören, für den Zuckeraufbau nutzbar zu machen. Hier sind in erster Linie die Eiweißstoffe zu nennen, sowie auch eine ganze Reihe chemischer Verbindungen, die zu den Eiweißstoffen und Aminosäuren in chemischer Beziehung stehen. Auch die echten Lipoide sind als Quellen für den im Organismus entstehenden Zucker in Betracht zu ziehen (s. Anm.).

Anm. Zusammenfassende Darstellungen über die Neubildung von Zucker aus den verschiedenen Stoffen: [73, 390, 270, 293, 301, 167].

Zur Lösung der wichtigen Frage, welche Stoffe zu einer *Zuckerneubildung im Körper* Veranlassung geben können, bediente man sich folgender Untersuchungsmethoden:

1. Künstlich glykogenarm gemachte Tiere erhalten die zu untersuchende Substanz verabfolgt. Es wird durch Glykogenbestimmung in der Leber, gegebenenfalls auch in der Muskulatur (Vergleich mit einem Kontrolltier) die Vermehrung und damit die Neubildung von Glykogen festgestellt oder wahrscheinlich gemacht.

2. Untersuchung im Diabetes: Einem Diabetiker oder einem künstlich diabetisch gemachten Versuchstier wird der zu untersuchende Stoff verabfolgt. Eine Steigerung der Zuckerausfuhr im Harn kann unter gewissen Kautelen als ein Beweis für die Glykoneogenie aus dem verabfolgten Stoffe angesehen werden. Bei der Verwertung solcher Versuche ist das Zucker-Stickstoff-Verhältnis (D:N) des Harnes von besonderer Bedeutung, da sich bei gleichmäßiger kohlehydratfreier Ernährung, noch besser beim Hunger des Versuchsobjektes, bald eine gewisse Konstanz dieses D : N-Verhältnisses einstellt. Eine Erhöhung des D :N-Wertes („Extrazucker" im Sinne Lusks) nach Verabfolgung der zu prüfenden Substanz spricht für eine Glykoneogenie aus dieser. Selbstverständlich ist bei Berechnung des D : N-Wertes der eventuelle Stickstoffgehalt des untersuchten Stoffes mit in Rechnung zu stellen und ferner zu berücksichtigen, ob nicht eine Ausschwemmung noch vorhandener Kohlehydratreserven unter dem Einfluß der Substanz stattfindet.

3. Versuch am überlebenden Organ. a) Nach Zusatz der zu untersuchenden Substanz zum überlebenden Organbrei, vor allem Leberbrei, kontrolliert man, ob (erhöhte) Zuckerbildung eintritt. b) Überlebende Organe (Leber) werden mit physiologischer Salzlösung oder Blut durchströmt, der Durchströmungsflüssigkeit die zu untersuchende Substanz zugesetzt und die Kontrolle des Zuckerspiegels für die Annahme einer Zuckerneubildung verwertet.

4. Respirationsversuche mit Feststellung des respiratorischen Quotienten und des D : N-Verhältnisses im Harn.

Mit Hilfe dieser Methoden wurden eine große Anzahl chemischer Substanzen als echte Glykogenbildner erkannt. Man bezeichnet, wie schon oben erwähnt, den Vorgang der echten Zuckerbildung nach Cremer als *Glykoneogenie*, während man den von Cl. Bernard eingeführten Ausdruck *Glykogenie* oder den späteren Begriff *Glykogenolyse* heute für die Bildung von Traubenzucker aus Glykogen benützt.

Neben den echten Glykogenbildnern kennen wir noch eine Anzahl von *Pseudoglykogenbildnern*, d. h. solche Körper, die zwar eine Vermehrung der Zuckerausscheidung im Harn oder die Zuckerbildung selbst veranlassen, aber selbst zu dem neugebildeten Zucker nicht in stofflicher Beziehung stehen. Die durch diese Körper veranlaßte scheinbare Zuckerbildung ist entweder nur als eine Mobilisierung von bereits vorhandenen Kohlehydraten oder derart aufzufassen, daß bereits im Organismus vorhandene Stoffe unter dem Einfluß der Pseudoglykogenbildner „geschützt" (Ersparnistheorie) und ihrerseits zur vermehrten Zuckerbildung benützt werden.

Die zahlreichen Einzelarbeiten über die Glykoneogenie aus den verschiedensten Stoffen sind, wie schon erwähnt, wiederholt zusammenfassend und kritisch behandelt worden (vgl. Anm. S. 78). Ich beschränke mich daher auf die Mitteilung der wichtigsten Befunde über die Glykoneogenie.

1. Glykoneogenie aus Nahrungsstoffen (Kohlehydrat, Fett, Eiweiß).

Die Versuche über Glykoneogenie aus Kohlehydraten liegen fast durchweg zeitlich weiter zurück; die Ergebnisse sind meistens mit der Methode der Glykogenbestimmung nach Verabfolgung der Kohlehydrate an glykogenarme Tiere oder an überlebenden Organen gewonnen. Hinsichtlich der Kritik der erhaltenen Ergebnisse verweise ich auf die oben angeführten zusammenfassenden Arbeiten.

Als *echte Zuckerbildner* haben sich erwiesen *Dextrose* [491, 183, 345, 232 u. a.], *Lävulose* [491, 388, 183c, 345, 232], *Mannose* [72, 359], *Rohrzucker* [491, 345], *Maltose* [491, 345],

(Die negativen Befunde von v. Hoesslin und Pringsheim bei Leberdurchströmung mit Maltose [224] sprechen nur gegen eine direkte Verwendung dieses Disaccharides und gegen die Annahme der Zusammensetzung des Glykogens aus Maltose-Anhydriden.)

Milchzucker [345], *Dextrine* [491], *Stärke* [491], *Inulin* [373, 253 337]; dieses jedoch nur schwach, d. h. soweit es durch die Magensalzsäure zu Lävulose abgebaut wird.

Für die Di- und Polysaccharide scheint die Verwertbarkeit für die Glykoneogenie von dem Vorhandensein der entsprechenden diastatischen Fermente abzuhängen.

Die Frage der *Zuckerbildung aus Fett* ist noch viel umstritten. Für die Glycerinkomponente der Fette ist die Glykoneogenie festgestellt [184, 124, 75, 263, 295, 218, 195, 277 u. a. m.]. Ich verweise unter Bezugnahme auf das Kapitel Fettstoffwechsel in diesem Handbuch namentlich auf die ausführliche Behandlung dieser Frage durch Geelmuyden und Magnus-Levy. Für die Fettsäurekomponente ist nach einer kritischen Zusammenstellung von Thannhauser [468] der sichere Beweis eines Übergangs in Zucker noch nicht erbracht.

Die Frage, ob *Zucker aus Eiweiß* im intermediären Stoffwechsel entstehen kann, war lange Zeit stark umstritten. Vor allem war Pflüger ursprünglich ein heftiger Gegner dieser Annahme. Jedoch hat er schließlich, durch eigene Versuche überzeugt [391], die Ansicht angenommen, daß eine Zuckerbildung bei reiner Eiweißnahrung, die möglichst frei von Kohlehydraten und Fett war (Kabeljaufleisch), nicht zu leugnen sei [294]. Heute wird allgemein die Möglichkeit einer Zuckerbildung aus Eiweiß als gegeben angenommen.

2. Glykoneogenie aus chemischen Stoffen, die zu den echten Nahrungsstoffen in Beziehung stehen.

a) Aus stickstoffhaltigen Verbindungen.

Mit der Frage der Glykoneogenie aus dem natürlichen Eiweiß der Nahrung ist das Studium der Zuckerbildung aus den Bausteinen des Eiweißes, den Aminosäuren, unlösbar verknüpft. Um den Weg zu erkennen, der vom Eiweiß zum Zucker führt, mußten auch andere Körper, die genetisch den Aminosäuren nahestehen, mit in den Kreis der Untersuchungen gezogen werden. Solche Untersuchungen wurden von verschiedenen Physiologen (Pflüger, Cremer, Lusk, Ringer, Blum, Parnass, Dakin, Mendel u. a. m.) und deren Schülern in ausgedehnten Versuchsreihen, teils an Phlorhizin-, teils an Pankreas-diabetischen Tieren, im Versuch am überlebenden Organ mit und ohne Kontrolle durch den Respirationsversuch durchgeführt. Es dürfte genügen, in einer gewissen Systematik die Stoffe anzuführen, die auf Grund dieser Versuche als echte Glykogenbildner anzusehen sind, sowie die, bei denen das Nichtvorhandensein einer Glykoneogenie sicher erwiesen ist. Bezüglich der Frage, in welchem Umfang, d. h. mit welchem Anteil des Kohlenstoffskeletes die einzelnen Körper zur

Zuckerbildung beitragen, verweise ich auf meine Ausführungen an den betreffenden Stellen.

Als *echte Zuckerbildner* haben sich aus der Reihe der Aminosäuren erwiesen: *Glykokoll*[122a,b, 413, 77, 81]. Auch Derivate des Glykokolls sind in gleichem Sinn wirksam, so Glykokollesterchlorhydrat und Acetylglykokoll; jedoch erscheint hier nur die Glykokollkomponente als Zuckerbildner[144, 77]. LUSK und RINGER nehmen einen vollständigen Übergang von Glykokoll in Dextrose an, während CREMER auch die Möglichkeit der Verwendung von nur $1^1/_2$ C-Atomen nach der Formel: $4(CH_2NH_2COOH) = C_6H_{12}O_6 + 2CO(NH_2)_2$ zur Diskussion stellt. Die Versuche von CREMER und seinen Schülern sprechen zum mindesten nicht gegen eine solche Annahme.

Alanin[358, 257, 122a, 106, 413, 85a. u. b, 264, 467, 458, 381]. Der Übergang in Zucker erfolgt quantitativ. Zwischen den verschiedenen optischen Isomeren und dem inaktiven Alanin besteht kein wesentlicher Unterschied. Dagegen ist das *β-Alanin* nach PARNASS und BAER[379] unwirksam.

Serin[84], *Asparaginsäure*[413, 269] und *Asparagin*[348, 251, 122b, 170, 418, 364, 269]. Der Übergang in Zucker findet hier mit 3 C-Atomen statt.

Glutaminsäure[413, 292, 119, 494] und *Glutamin*[89, 381]. Die Versuche sprechen im allgemeinen für einen Verbrauch von 3 C-Atomen zur Zuckerbildung.

Ornithin und *Arginin*[84] sind gleichfalls als Zuckerbildner anzusehen.

Auch *Prolin*[83, 242] und *Oxyprolin*[242] wirken positiv.

Alle anderen Aminosäuren, die im Eiweiß vorkommen, sind keine Zuckerbildner. DAKIN[84] untersuchte Lysin, Valin, Histidin, Phenylalanin, Tryptophan, Tyrosin, ohne Vermehrung der Zuckerausscheidung zu erhalten. Dasselbe negative Ergebnis mit Tyrosin findet sich auch bei RINGER und LUSK[413] und FLEMMING[138]. Auch die verschiedenen Leucine sind nicht als Zuckerbildner anzusehen[61, 480, 190, 439, 170, 15, 17, 84, 138]. Die Ergebnisse GREENWALDS[179] mit nor-Leucin erscheinen nicht gesichert.

Das *Cystin* wirkt, weil es infolge seiner Schwerlöslichkeit nur zu einem kleinen Bruchteil resorbiert wird, nicht als Zuckerbildner[138], während das leichter resorbierbare *Cystein*[84] wahrscheinlich zur Neubildung von Zucker Veranlassung gibt. Von anderen Aminosäuren wurden *α-* und *γ-Aminobuttersäure* und *γ-Aminovaleriansäure* untersucht[363, 69]. Die Verwertung der beiden ersten zum Zuckeraufbau ist wahrscheinlich, letztere ist unwirksam.

b) Aus stickstofffreien Verbindungen.

Außer den echten Aminosäuren sind noch eine große Reihe von Substanzen auf ihre Fähigkeit, Zucker zu bilden, untersucht worden. Zunächst kommen solche Substanzen in Frage, die in irgendwelcher chemischen Beziehung zu den Aminosäuren stehen. Von den *einfachen Säuren* erwiesen sich

Ameisensäure nach Versuchen von RINGER[409] und HERRMANN[206] als unwirksam. Der tatsächlich mehr ausgeschiedene Zucker muß als Ausschwemmungszucker gedeutet werden.

Auch *Essigsäure* ist kein Glykogenbildner[18, 413].

Die zahlreichen Versuche der CREMERschen Schule mit *Acetamid*[462, 149, 222, 276], bei denen eine scheinbare Vermehrung der Extraglykose auftritt, sind, besonders nach den ebenda gemachten Befunden des nahezu quantitativen Übergangs der Essigsäure in den Harn nach Acetamid, nur als Zuckerausschwemmungen zu deuten.

Auch das *Diacetamid*[30] ist unwirksam.

Ein echter Zuckerbildner ist die *Propionsäure*, die mit ihrem ganzen C-Gehalt in Zucker übergehen kann[407, 412, 180, 458].

Propionamid verfütterte SCHROEDER[455] an Phlorhizinhunde und erhielt deutliche Mengen Extrazucker. Eine „Ausschwemmung" scheint nicht stattgefunden zu haben.

Propionsäure als Glycerinester (*Tripropionin*) verfütterten LEITNER[277], sowie SEUFFERT und BARTSCH[435] und erhielten Zuckerwerte, die höher waren, als wenn nur die Glycerinkomponente zum Zuckeraufbau Verwendung gefunden hätte.

Die *Buttersäure* ergab keine Vermehrung der Zuckerbildung[409, 296], wogegen die *Isobuttersäure*[410] Extrazucker ergab. Der Weg läuft hier wahrscheinlich über die Propionsäure.

Umgekehrt liegen die Verhältnisse bei der *Valerian-* und *Isovaleriansäure*. Erstere liefert (nach RINGER[409]) durch β-Oxydation über Propionsäure Zucker, letztere[410] nicht.

Analog den Buttersäuren ist die *normale Capronsäure* kein Zuckerbildner; die *Isocapronsäure* liefert dagegen wieder über die Propionsäurestufe Extraglykose beim Phlorhizintier[409, 410].

Von den zweibasischen Carbonsäuren kommt die *Oxalsäure* wegen ihrer hohen Giftigkeit nicht in Frage.

Die *Malonsäure* kann nach RINGER, FRANKEL und JONAS[410] möglicherweise Neuzucker bilden, doch sprechen Versuche von KÖNIG[255] nicht für diese Annahme.

Bernsteinsäure[410, 363] scheint positiv auf die Zuckerbildung zu wirken.

Versuche mit *Succinamid* und *Succinimid*[462] erlauben keine sicheren Schlüsse. *Glutarsäure*[18] ergibt keine Vermehrung der Zuckerbildung.

Die Überlegung, daß bei hydrolytischer Desaminierung der Aminosäuren α-*Oxysäuren* entstehen müssen, führte zu den Versuchen mit diesen, doch erwies sich nur die *Milchsäure*, sowohl in ihrer aktiven als auch inaktiven Form[305, 379a, 85a, 402, 381, 509] als positiv, während die *Glykolsäure*[18, 379a, 35, 178] [auch das Glykolsäureamid ist nach unveröffentlichten Untersuchungen von BETZLER (bei CREMER) unwirksam], die β-*Oxypropionsäure*[379], die α- und β-*Oxybuttersäure*[379, 481, 340, 309], ebenso die α-, β-*Dioxybuttersäure*[379] und die *Oxyisovaleriansäure*[84] keine Anhaltspunkte für die Annahme einer Glykoneogenie ergaben, wenn man von der vereinzelten Mitteilung einer geringen Zuckerbildung aus α-Oxybuttersäure[255] absehen will. Dagegen erscheint die *Glycerinsäure*[413, 379, 325] sowohl im Durchströmungsversuch wie beim diabetischen Tier als echter Zuckerbildner.

Von den zweibasischen Oxysäuren ergibt die *Äpfelsäure*[410, 296] eine vermehrte Zuckerbildung, die *Weinsäure* nicht[19, 479b, 255a, b].

Hinsichtlich der 3 C-Atome enthaltenden Ketonsäure, der *Brenztraubensäure*, die nach NEUBERG (s. a. dieses Handb. Bd. I) im intermediären Zuckeraufbau eine große Rolle spielt, scheinen noch ungeklärte Widersprüche zu bestehen. Während beim Leberdurchströmungsversuch[379, 28, 21] keine Glykogenvermehrung bzw. keine Dextrosebildung auftritt, erhielten RINGER[408] sowie DAKIN und JANNEY[87] deutlichen Extrazucker, jedoch nicht im gleichen Ausmaß wie nach Milchsäure. Auch CREMER[76] hat nach Brenztraubensäure Extrazucker erhalten. Die Befunde P. MAYERS[314] erlauben keine sicheren Schlüsse, obwohl die auftretende Hyperglykämie für eine schnelle Umwandlung zu sprechen scheint.

Die Annahme ist also durchaus möglich, daß die Brenztraubensäure ein echter Zuckerbildner ist; vielleicht aber können auch noch andere Wege des Abbaus oder der Synthese in Frage kommen.

Besonderes Interesse verdienen noch Versuche mit zwei ungesättigten Säuren. Nach den Befunden von MATTHÄI[312], THALAU[467], BURGER[56] und SCHROEDER[455] tritt nach Verabfolgung von *Fumarsäure* an Phlorhizinhunde eine starke Bildung von Extrazucker auf.

Diese ungesättigte Säure kann neben Maleinsäure durch einfache Wasser- oder NH_3-Abspaltung aus der entsprechenden Oxy- oder Aminosäure entstehen, jedoch wurden bei der Maleinsäure wegen ihrer hohen Giftigkeit nur negative Resultate[255] erhalten. Auch die ungesättigte Säure mit 3 C-Atomen, die *Acrylsäure*, liefert nach SCHWENKEN[459] trotz ihrer Giftigkeit Werte, die für die Möglichkeit eines Übergangs in Zucker sprechen.

Es ist also nicht von der Hand zu weisen, daß eine der möglichen Zwischenstufen zwischen den Zuckerbildnern und der Glykose bzw. dem Glykogen auch in einer ungesättigten Säure besteht, zumal da auch nach Versuchen von EINBECK[103] bei Einwirkung von Muskelbrei auf Bernsteinsäure sich die Bildung von Fumar- und Äpfelsäure nachweisen ließ (s. auch HANH[189]).

Von anderen Körpern, die im Organismus zum Glykose- bzw. Glykogenaufbau Verwendung finden können, seien außer dem *Glycerin*[184b, 263, 75a, 295a, 218, 125, 28, 87, 252, 60, 489 u. a.] zunächst *Glycerinaldehyd*[377, 125, 431] und *Dioxyaceton*[230, 403, 341, 125, 412] genannt. Es ist selbstverständlich, daß diese Körper, die als echte Triosen betrachtet werden müssen, starke (Dioxyaceton vielleicht der stärkste) Zuckerbildner sind.

Unsicherer liegen die Verhältnisse beim *Glykolaldehyd*, der auch noch zu den echten, einfachen Zuckern gerechnet werden kann. Durchblutungsversuche an der Schildkrötenleber[379] führten zur Zuckerbildung im selben Maß wie Glykose (ebenso Glykolaldehyddicarbonsäure). Auch in der Hundeleber[28] trat Glykose-, aber keine Glykogenbildung auf. Negativ verlief die Zuckerbildung in der Phlorhizinleber[21]. Versuche an Phlorhizintieren zeitigten keine eindeutigen Ergebnisse[77] (FABISCHE), [432, 433, 178]. Trotzdem möchte ich den Glykolaldehyd mit MAGNUS-LEVY für einen echten Zuckerbildner halten.

Der *Aminoglykolaldehyd* scheint nach GREENWALD[178] als Zuckerbildner zu wirken.

Auch *einfache Alkohole* wurden auf ihre Fähigkeit der Umwandlung in Zucker untersucht. Negativ verhalten sich *Methylalkohol*[218], *Äthylalkohol*[263, 216, 218, 462], desgleichen *Aminoäthylalkohol*[77], wo nur eine leichte Ausschwemmungswirkung festgestellt werden konnte, und *Butylalkohol*[218].

Positive Befunde ergaben Versuche mit *Propylalkohol*[413, 218] und *Isobutylalkohol*[410].

Von den *zweiwertigen Alkoholen* ist das *Äthylenglykol*[218, 379a u. b, 484, 28] unwirksam, das *Propylenglycol*[259, 205] wahrscheinlich wirksam, wobei aber die von HERING[205] beobachtete Narkosewirkung und der geringe Wert des errechneten Neuzuckers auch die Annahme einer einfachen Ausschwemmung zulassen.

Aus der *Aldehyd*gruppe wurde der *Formaldehyd* an der durchströmten Schildkrötenleber untersucht. Befunde von GRUBE[184b, 182] stehen im Widerspruch mit den Ergebnissen von SCHÖNDORFF und GREBE[453], so daß ein endgültiges Urteil, da auch Versuche am Phlorhizintier wegen der Giftigkeit der Präparate versagen, nicht gegeben werden kann.

Keine Zuckerbildung ergab die Verfütterung von *Acetaldehyd*[411, 484, 393, 433]. Die geringen Mengen Extradextrose sind durch Ausschwemmung infolge der Narkose zu erklären.

Der *Propylaldehyd* liefert gleichfalls Extradextrose, doch kann in Analogie mit Acetaldehyd auch hier nur eine Mobilisierung der Kohlehydratvorräte zur Erklärung beigezogen werden[411].

Das *Aceton* ergab keine Zuckerneubildung beim Phlorhizintier[277].

Fassen wir die einzelnen Befunde zusammen, so erscheint es schwer, eine absolute Gesetzmäßigkeit zu erkennen.

Vorzugsweise scheinen die Stoffe in Zucker überzugehen, die entweder selbst 3 C-Atome enthalten oder beim intermediären Stoffwechsel über eine Zwischenstufe mit 3 C laufen müssen. Für die Aminosäuren ist natürlich eine Desaminierung nötig, wobei nicht feststeht, ob die Desaminierung eine hydrolytische, oxydative oder eine solche mit Bildung einer ungesättigten Bindung (Alanin-Acrylsäure, Asparaginsäure-Fumarsäure) sein muß.

Von den verschiedenen Autoren wurden zur Erklärung der Umwandlung der einzelnen Zuckerbildner bestimmte Schemen für die Zwischenstufen aufgestellt. Ringer und Lusk[413] nehmen für den Übergang der Asparaginsäure folgenden Verlauf an:

$$
\begin{array}{ccc}
\text{Asparaginsäure:} & \text{Äpfelsäure:} & \beta\text{-Milchsäure} \\
CO_2H & CO_2H & CO_2H \\
| & | & | \\
CH_2 & CH_2 & CH_2 \\
| & | & | \\
CH\cdot NH_2\,(+\,H_2O-NH_3) & CH\cdot OH\,(-CO_2) & CH_2OH \\
| & | & \\
CO_2H & CO_2H & \\
\text{(hydrolytische Desaminierung)} & \text{(CO}_2\text{ Abspaltung)} &
\end{array}
$$

(Asparaginsäure $\longrightarrow$ Äpfelsäure $\longrightarrow$ β-Milchsäure $\rightarrow$ Glykose)

Für den Übergang von Milchsäure in Dextrose, der im Luskschen Schema nur angedeutet ist, stellen Parnass und Baer[379a] folgende Formelreihe auf:

Milchsäure $\longrightarrow$ Glycerinsäure $\longrightarrow$ Glykolaldehyd-carbonsäure $\longrightarrow$ Glykolaldehyd

$$
\begin{array}{ccccc}
CH_3 & C\cdot H_2OH & CHO & C{<}^O_H & \\
| & | & | & | & \\
CHOH \xrightarrow{(+\,O)} & CHOH \xrightarrow{(+\,O)} & CHOH \xrightarrow{(-\,CO_2)} & CH_2OH & \longrightarrow \text{Dextrose} \\
| & | & | & & \\
CO_2H & CO_2H & CO_2H & & \\
\text{(Oxydation)} & \text{(Oxydation)} & \text{(CO}_2\text{ Abspaltung)} & &
\end{array}
$$

Embden und Oppenheimer[120] formulieren die Geschehnisse des Zuckerauf- und -abbaues folgendermaßen:

$$
\begin{array}{lcl}
& \text{Glykose} & \\
& \updownarrow & \\
& \text{Glycerinaldehyd} & \rightleftharpoons \ \text{Glycerin} \\
& \updownarrow & \\
& \text{d-Milchsäure} & \\
& \updownarrow & \\
& \text{Brenztraubensäure} & \rightleftharpoons \ \text{Alanin} \\
& \downarrow & \\
\text{Acetessigsäure} \ \rightleftharpoons & \text{Acetaldehyd} & \rightleftharpoons \ \text{Äthylalkohol} \\
& \downarrow & \\
& \text{Essigsäure (?)} &
\end{array}
$$

Schließlich sei auch noch das Schema von Dakin und Dudley[860], welches das Methylglyoxal als Zwischenstufe zwischen Milchsäure und Alanin einerseits und der Glykose andererseits anführt, erwähnt:

$$
\begin{array}{ccc}
& \text{Glykose} & \\
& \updownarrow & \\
\text{Milchsäure} \ \underset{(-\,H_2O)}{\overset{(+\,H_2O)}{\rightleftharpoons}} & \text{Methylglyoxal} & \underset{(-\,NH_3)}{\overset{(+\,NH_3)}{\rightleftharpoons}} \ \text{Alanin}
\end{array}
$$

Eine Kombination dieser Schemata, die vor allem das von EMBDEN und OPPENHEIMER aufgestellte noch erweitert und die wohl allen Möglichkeiten gerecht wird, geben ISAAC und SIEGEL[231].

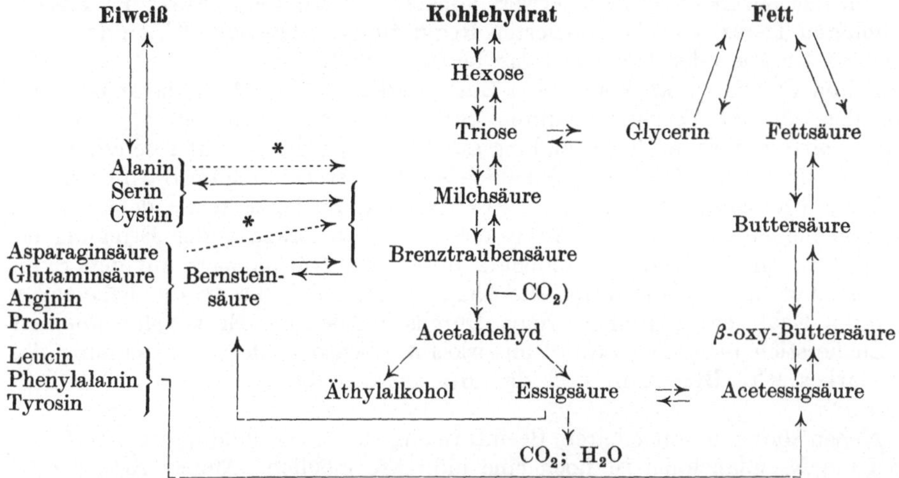

Die von der Schule CREMERS als möglich betrachtete Zwischenbildung von ungesättigten Säuren (Fumarsäure-Acrylsäure) ist allerdings hier nicht berücksichtigt; sie könnte an Stelle der * und der punktierten Pfeile in das Schema eingeführt werden. Immerhin lassen sich die meisten Befunde durch dieses Schema erklären und mit ihm in Einklang bringen.

Der Leber kommt somit die Funktion zu, die mit dem Pfortaderblut ihren Zellen zugeführten Kohlehydrate abzufangen und als Glykogen zu speichern. Daneben ist sie in ausgedehntem Umfang in der Lage, aus nicht zuckerartigen Verbindungen Glykose und damit auch direkt oder indirekt Glykogen aufzubauen.

III. Glykogenabbau in der Leber (Glykogenolyse), Abgabe von Zucker an das Blut.

Andererseits fällt der Leber auch die Aufgabe zu, aus ihren Kohlehydrat- (Glykogen-) Depots den Bedarf des gesamten Organismus an Kohlehydraten zu decken. Da die Versorgung sämtlicher Körperzellen durch die Blutbahn geschieht, muß das Blut immer gewisse Mengen Zucker enthalten. Um nun diesen Zucker ständig aus dem Glykogendepot ihrer Zellen mobilisieren zu können, enthält die Leberzelle Fermente (Glykogenasen, Diastasen[24, 266, 511, 460]), die den Abbau des Glykogens bis zum Traubenzucker = Blutzucker bewerkstelligen können.

Der normale *Gehalt des Blutes an Dextrose* ist zwar relativ gering (0,07 bis 0,12%). Er weist aber eine sehr hohe Konstanz auf, d. h. größere Abweichungen vom normalen Blutzuckerwert werden unter normalen Bedingungen selten beobachtet.

Wird z. B. durch intravenöse Injektion in die Vena jugularis der Zuckergehalt des Blutes über die Norm erhöht[454, 44], so tritt eine allerdings nur partielle Ausscheidung des Zuckers durch die Nieren ein, die nur bei der normalen Zuckerkonzentration undurchlässig für Dextrose sind[192].

C. Regulation des Blutzuckers.

I. Zentraler (nervöser) Regulationsmechanismus.

Um den normalen Blutzuckerwert konstant zu erhalten, besitzt der Körper des höheren Tieres einen komplizierten Regulationsmechanismus[397], an dem verschiedene Organe oder Organsysteme beteiligt sind.

Schon Cl. Bernard konnte ein *Zuckerzentrum* in der Medulla oblongata[33] feststellen, dessen Verletzung durch Stich in den Boden des 4. Ventrikels (Piqûre) eine vermehrte Zuckerbildung aus Leberglykogen, damit eine erhebliche Erhöhung des Blutzuckers und schließlich Zuckerausscheidung im Harn bewirkte.

Nach Brugsch, Dresel und Lewy[54] ist das Zuckerzentrum identisch mit dem dorsalen (sympathischen) Vaguskern. Die Übertragung der Erregung erfolgt dabei von der Medulla oblongata durch das Rückenmark auf den Sympathicus und unmittelbar durch die Nervi splanchnici, die an die Leberzellen mit ihren Endfasern angreifen. Nach Durchschneiden der Nervi splanchnici ist der Zuckerstich nach Eckhard[99] unwirksam, ebenso nach Durchtrennung des Halsmarkes (Cl. Bernard) und des Brustmarkes bis zur Höhe des 5. Segmentes[158].

Neben dieser unmittelbaren Beeinflussung der Zuckerbildung in der Leber durch die N. splanchnici ist noch eine indirekte möglich. Andere Äste der N. splanchnici führen zur *Nebenniere*. Die im Zuckerzentrum gesetzte Erregung gelangt an die Nebenniere, die dadurch zu einer Steigerung der Bildung ihres Hormons, des Adrenalins, angeregt wird. Das *Adrenalin* gelangt dann durch die Blutbahn zur Leber und regt nun seinerseits dort erhöhte Zuckerbildung an.

Injiziert man Adrenalin in die Blutbahn, so beobachtet man, selbst wenn man so kleine Mengen[475] anwendet, daß die Hauptwirkung des Adrenalins, die Blutdruckerhöhung, noch nicht eintritt, eine Steigerung des Blutzuckers; außerdem tritt eine Ausscheidung des Zuckers im Harn ein, und zwar in dem Ausmaß, wie sie auch der Piqûre folgt[45]. Es kommt zur *Adrenalinglykosurie*, von der noch zu sprechen ist.

Die Frage, ob die ältere Annahme, daß die Reizung des Zuckerzentrums (der Zuckerstich) durch Vermittlung gewisser Fasern des N. splanchnicus direkt auf die Leber einwirke, zu Recht besteht, oder ob die Zuckermobilisierung nur auf die Reizung der Nebennieren über den Splanchnicus, die in den Nebennieren vermehrte Adrenalinsekretion auslöst, zurückzuführen sei, scheint schwer zu entscheiden. Für die Annahme einer alleinigen Wirkung des Adrenalins treten z. B. Kahn und Starkenstein[240] ein, die ein Versagen der Piqûre nach Exstirpation der Nebenniere und nach Isolierung der Nebenniere von ihren nervösen Verbindungen feststellen zu können glaubten.

Auch Jarisch[236] nimmt einen ausschlaggebenden Anteil der Nebenniere am Zustandekommen der Hyperglykämie und Glykosurie nach der Piqûre an. Nach Durchtrennung aller vom Zentralnervensystem und von den Nebennieren zur Leber führenden Nervenbahnen, jedoch unter Erhaltung der Innervation der linken Nebenniere, blieb die Piqûre wirksam. Wurde jedoch eine Nebenniere exstirpiert und die nervösen Verbindungen zur zweiten völlig durchtrennt, so blieb die Piqûre wirkungslos.

Diesen Ergebnissen widersprechen die Befunde von Freund und Marchand[157], die am nebennierenlosen Kaninchen nach Zuckerstich deutliche Hyperglykämie beobachteten, sowie die von Stewart und Rogoff[464]. P. Trendelenburg[474] nimmt mit Kahn[239] an, „daß die dem Stich folgende Glykosurie z. T. durch eine Adrenalinabgabe zustande kommt, daß aber daneben auch den rein nervös der Leber zugeleiteten Erregungen ein gewisser Anteil zuzusprechen ist".

In ähnlichem Sinne äußert sich auch POLLAK[399].

Die Frage, ob auch andere Nerven an der Übertragung eines Reizes vom Zuckerzentrum beteiligt sind, erscheint hier weniger wichtig. Es sei nur erwähnt, daß eine große Anzahl zentripetaler Nerven mit dem Zuckerzentrum in Verbindung stehen, die aus ihrem Versorgungsgebiet den Zuckerbedarf „anmelden" und so auf reflektorischem Weg vermehrte Zuckerbildung in der Leber hervorrufen[321].

Im normalen Geschehen erfolgt natürlich die *Reizung des Zuckerzentrums* nicht mechanisch wie bei der Piqûre, sondern auf chemischem Weg. Sinkt der Blutzuckergehalt des Blutes, das das Zuckerzentrum durchströmt, unter den normalen Wert, so reagiert das nervöse Zentrum und überträgt seine Erregung auf nervöser und hormonaler Bahn zur Leber, die mit vermehrter Zuckerbildung antwortet, bis der normale Blutzuckerspiegel erreicht ist[386]. Auch an die Möglichkeit einer Zuckerausschüttung auf rein reflektorischer Basis ist zu denken.

Neben dem in der Medulla oblongata gelegenen Zuckerzentrum findet sich in der Regio hypothalamica eine Stelle, deren Verletzung[12, 97] gleichfalls zur Hyperglykämie und Glykosurie führen kann.

II. Hormonaler Regulationsmechanismus.

Wenn wir also annehmen, daß neben der Regulation des Blutzuckers durch das nervöse Zentralorgan auch eine Beeinflussung durch *Adrenalin*, d. h. das Inkret der Nebennieren, stattfinden kann, so stellen wir die Tatsache fest, daß auch noch ein *hormonaler* Regulationsmechanismus für den Zuckerstoffwechsel besteht. Diese hormonale Regulation beschränkt sich jedoch nicht nur auf die Nebenniere und ihre Sekrete, sondern es kommen noch eine Anzahl anderer Produkte der inneren Sekretion in Frage, von denen die wichtigsten in ihrer Wirkung auf den Zuckerstoffwechsel im folgenden behandelt werden sollen.

1. Nebenniere. Adrenalin.

Durch F. BLUM[45] wurde festgestellt, daß durch subcutane Injektion „erstaunlich geringer Mengen von Nebennniereninhalt" eine Glykosurie erzeugt werden kann, die den Erscheinungen nach der Piqûre oder nach Reizung des Sympathicus oder des Splanchnicus entspricht.

Die Mengen Adrenalin, die bei subcutaner Injektion nötig sind, um beim gutgenährten Kaninchen Glykosurie zu erzeugen, betragen 0,3 mg pro Kilo Körpergewicht. Nach 1 mg pro Kilo erreicht sie in 3—5 Stunden ihr Maximum mit 8% Zucker (und darüber) im Harn, um nach einigen weiteren Stunden wieder völlig abzuklingen[317, 131].

Die Art der Applikation des Adrenalins scheint für die Stärke seiner Wirkung von Bedeutung zu sein. Injektionen an verschiedenen Stellen oder in die Muskulatur, wodurch eine Begünstigung der Resorption erfolgt, haben wider Erwarten eine Verminderung der Zuckerausscheidung zur Folge[247]. Bei intravenöser Verabfolgung der gleichen Dosis, die nach subcutaner Injektion glykosurisch wirkt, kann sogar jede Zuckerausfuhr im Harn fehlen[400, 479a, 27, 478]. Möglicherweise ist dies durch stark ausgeprägte vasoconstrictorische Wirkung zu erklären.

Bei intravenöser Dauerinfusion können geringste Adrenalinmengen (0,002 bis 0,003 mg pro Kilo und Minute), die den Blutdruck noch nicht zu erhöhen imstande sind, zu einer Glykosurie führen[3]. Bei intraperitonealer Applikation wollen HERTER und RICHARDS[208] die stärkste Wirkung — bis zu 10% Glykose nach 15 Minuten im Harn — beobachtet haben

Orale Verabfolgung von Adrenalin führt nicht zur Glykosurie (s. R. Hirsch: Oppenheimers Handb. Bd. 9, S. 268).

Die *Adrenalinglykosurie* beruht nicht auf einer Schädigung der Nieren, d. h. die *Durchlässigkeit der Nieren* gegen den normalen Gehalt des Blutes an Zucker ist nicht vermindert[516, 324]. Es wird vielmehr der Blutzuckergehalt — auf Kosten des Zuckerdepots in der Leber (s. hierzu [95, 508, 185, 7, 400 u. a.]) — erhöht, und zwar vom normalen Wert (0,1%) auf das 5—8fache. Da die Blutzuckerkonzentration, bei der ein Durchtritt des Zuckers durch die Niere in den Harn einsetzt, beim Kaninchen bei 0,2%[212] liegt, muß Glykosurie eintreten, sobald und solange der Blutzuckerwert über diesem Betrag liegt.

Nehmen wir die Tatsache einer vermehrten Glykogenolyse unter dem Einfluß des Adrenalins für gegeben an, so ist die Erklärung des Vorganges noch nicht eindeutig gelungen. Die an sich unwahrscheinliche Annahme einer vermehrten Diastasebildung in der Leber als Folge des Adrenalins läßt sich nicht aufrechterhalten[94, 511, 507, 460, 450, 375].

Auch eine Änderung des Reaktionsoptimums der Leberdiastase wird durch Adrenalin nicht bewirkt[488]. Eine hemmende Wirkung des Adrenalins auf die innere Sekretion der Langerhansschen Inseln im Pankreas scheint nach Versuchen an pankreaslosen Tieren nicht zu existieren[483, 383, 279, 96, 130, 153].

Die Mobilisierung des Glykogens durch Adrenalin scheint am pankreaslosen Tier sogar noch erhöht zu werden. Im gleichen Sinn sprechen Adrenalinversuche bei Durchströmung der Leber pankreasloser Schildkröten[160, 59a, 441]. Trendelenburg tritt mit Lesser[281] für die Annahme ein, daß unter dem Einfluß des Adrenalins eine räumliche Trennung zwischen Glykogen und Diastase in den Leberzellen behoben werde, womit auch Befunde von Bang und Kira[23], nach welchen Adrenalin eine Glykogenolyse nur im intakten Organ, nicht im Leberbrei auslöst, im Einklang stehen.

Wenn wir also auch über die Wirkungsart des Adrenalins hinsichtlich der Glykogenolyse noch kein absolut klares Bild haben, so steht doch fest, daß das Ausmaß der Zuckermobilisierung durch Adrenalin von der Menge der vorhandenen Kohlehydratbestände in der Leber abhängig ist. Je mehr Kohlehydrate in der Leber vorhanden sind, desto größer ist die Blutzuckererhöhung und damit die Glykosurie. Kohlehydratreiche Ernährung muß also die Adrenalinglykosurie begünstigen[414, 38, 5], während Hunger durch Verminderung des Glykogenbestandes auch eine Verminderung der Zuckerausfuhr bedingt[209, 406].

Eine Proportionalität zwischen *Adrenalindosis und ausgeschiedener Zuckermenge* ist nicht festzustellen, doch ist die Stärke der Glykosurie jedenfalls abhängig von der Menge des applizierten Adrenalins in dem Sinne, daß geringe Adrenalindosen nur eine relativ geringe Steigerung des Blutzuckerspiegels und damit nach Überschreitung der Zuckerschwelle den Durchgang einer entsprechend geringen Zuckermenge durch die Nieren bedingen.

2. Schilddrüsen- und Hypophysenextrakt.

Außer der Nebenniere können noch andere Drüsen mit innerer Sekretion durch ihre Hormone auf den Zuckerhaushalt einwirken. So beobachtete v. Noorden[366] gelegentlich bei Menschen nach Verfütterung von *Schilddrüsensubstanz* Glykosurie. In Tierversuchen konnten jedoch Boe[46], Kuryama[265] und Adler[6] keine Änderung der normalen Blutzuckerwerte erhalten. Jedenfalls ist die Adrenalinempfindlichkeit beim hyperthyreotischen Menschen erhöht. Hormone der *Hypophyse* (Hypophysenextrakte) erzeugen bei subcutaner Applikation Hyperglykämie und Glykosurie[49, 172, 382, 482].

Mit Rücksicht auf die gegenseitigen Wechselwirkungen, die zwischen den einzelnen innersekretorischen Drüsen bestehen, erscheint es durchaus möglich, daß auch noch andere hormonale Faktoren Einfluß auf den intermediären Kohlehydratstoffwechsel haben. Doch sind die Verhältnisse zur Zeit noch nicht genügend geklärt. Man vergleiche hierzu auch z. B. E. ROTH[426].

Vor allem aber sind die Produkte der inneren Sekretion des *Pankreas* an der Regulation des Blutzuckers und darüber hinaus an den gesamten Vorgängen des Zuckerstoffwechsels in weitgehendem Maße beteiligt.

3. Pankreas. Insulin.

Während, wie wir gesehen haben, ein Hormon der Nebennieren, das Adrenalin, eine Steigerung des Zuckergehaltes des Blutes bewirkt, besitzt das *Hormon des Pankreas eine den Blutzuckerspiegel senkende Funktion.* Schon 1889 fanden v. MERING und MINKOWSKI[323] sowie DE DOMINICIS[93], daß die restlose Exstirpation des Pankreas zu einem Diabetes führt, der dem Diabetes mellitus völlig gleicht. Die Symptome nach der Exstirpation waren dieselben wie beim Diabetes des Menschen: erhöhter Blutzuckergehalt, Zucker im Harn, Schwinden des Glykogens in Leber und Muskulatur, fettige Degeneration der Leber, Acetonurie und starke Abmagerung, schließlich Koma und Tod.

Schon vor v. MERING, MINKOWSKI und DE DOMINICIS liegen diverse Literaturangaben vor, die das Auftreten der menschlichen Zuckerkrankheit ätiologisch mit Veränderungen des Pankreas in Zusammenhang brachten. Ich erwähne nur COWLEY (1788), THOMAS BRIGHT (1833) und BOUCHARDAT (1845) (zit. nach STAUB, Insulin) des historischen Interesses wegen.

Die wirklichen Beziehungen wurden erst durch die Entdeckung des „Pankreasdiabetes" durch v. MERING und MINKOWSKI und die folgenden zahlreichen Untersuchungen geklärt.

Für das Auftreten des Diabetes nach Pankreasexstirpation konnte man nicht das Ausfallen der echten Sekrete der Bauchspeicheldrüse verantwortlich machen. Tiere mit Pankreasfistel, bei denen das gesamte Sekret des Pankreas nach außen abgeleitet wird, werden niemals diabetisch. Ebenso bleibt der Diabetes aus, wenn die Ausführungsgänge des Pankreas für seine Sekrete entweder durch Einspritzungen von Paraffin und ähnlichen Substanzen oder durch Unterbindung undurchgängig gemacht werden.

Wird aber nicht die gesamte Bauchspeicheldrüse restlos entfernt, so daß noch Teile (mindestens $^1/_{30}$ der Drüse) derselben in der Bauchhöhle des Tieres erhalten bleiben, so tritt der Diabetes nicht oder in einer mehr oder weniger schwächeren Form auf. Wird andererseits die Bauchspeicheldrüse zwar vollständig aus ihrer natürlichen Lage entfernt und an anderer Stelle wieder eineingeheilt, so fehlen gleichfalls die Erscheinungen des Diabetes. Die freie Transplantation hat bisher sichere Resultate nicht ergeben (ITO[233]). Für die beiden letzten Versuche ist Bedingung, daß Teile des Pankreas, die zwar ihr äußeres Sekret nicht mehr abgeben können, funktionsfähig erhalten bleiben. Tritt nachträglich durch vollständige Degeneration des erhaltenen Pankreasteiles oder spätere totale Exstirpation der Ausfall der Funktion auch dieser Pankreasreste ein, so folgt wiederum der schwere Diabetes mit allen seinen Erscheinungen[430].

Schon MINKOWSKI deutete diese Befunde derart, daß das Pankreas außer seinen echten Sekreten noch ein weiteres Produkt durch die Blutbahn, also ein Hormon, an den Organismus abgebe, das eine besondere Bedeutung für den Zuckerstoffwechsel besitzen müsse.

Für die Annahme, daß als Ursache des Auftretens des Diabetes ein echtes Hormon, also ein im Blut kreisender Stoff der inneren Sekretion anzusehen sei, spricht außer den schon erwähnten Verlagerungs- bzw. Transplantationsversuchen (Hédon, Thiroloix, Lombroso, Martina u. a. Ausführliche Literatur s. bei Ito[233]) vor allem ein Versuch Hédons[199], der einen pankreaslosen Hund mit einem normalen durch wechselseitige Anastomosen der Carotiden miteinander verband. Der Diabetes verschwand beim pankreopriven Tier, das vorher schwer diabetisch war, während der Dauer der Blut- und damit der Hormontransfusion vom gesunden Tier her, um nach der Aufhebung der Blutkommunikation wieder aufzutreten. Dieser Versuch wurde von Forschbach[147] mit verbesserter Methodik nachgeprüft und bestätigt.

Entfernt man bei hoch graviden Hündinnen das Pankreas, so genügt das in den Bauchspeicheldrüsen des Fetus gebildete Hormon, um den Diabetes zu unterdrücken. Erst mit der Geburt und dem dadurch bedingten Ausfall des fetalen Hormons setzt der Diabetes ein (Carlsson und Drennan[57a]).

Es sei noch erwähnt, daß die Exstirpation des Pankreas nicht nur bei Hunden, die in den ersten Versuchen als Studienobjekte dienten, sondern bei allen Tiergattungen (Katzen[10, 430], Schweinen[336], Vögeln[244, 498], Fröschen, Schildkröten[308, 9] und Fischen[57, 91]) zum Diabetes führt.

Daß die Langerhansschen Inseln mit der Produktion dieses für den Zuckerstoffwechsel so wichtigen Hormones in Beziehung stünden, wurde zuerst von Laguesse[267] ausgesprochen. Diese Annahme wurde durch zahlreiche spätere Arbeiten bestätigt, und dabei nachgewiesen, daß der Inselapparat bei völliger Degeneration des sekretorischen Teils der Drüse, wie sie z. B. nach Unterbindung des Ausführungsganges eintritt, intakt und funktionsfähig bleibt.

Der exakte Beweis für das Vorhandensein und die Wirksamkeit des Pankreashormons, oder besser gesagt des Hormons der Langerhansschen Inseln, wurde von Banting und Best in Toronto[24] durch die Darstellung des wirksamen Prinzips der inneren Sekretion des Pankreas, des *Insulins* gebracht.

Besonders wichtig für die Annahme der Langerhansschen Inseln als Bildungsstätte des Hormons ist außer früheren histologischen Befunden beim Diabetes noch die Darstellung eines wirksamen Hormonpräparates bei Fischen (Selachiern, Teleostiern) aus dem hier vom übrigen Pankreas getrennten Inselapparat durch Macleod[318].

Die Entdeckung und präparative Herstellung des Insulins ist natürlich nicht ohne Vorläufer gewesen. Schon Zuelzer[514, 518, 517, 148, 515] hat wohl ein wirksames Präparat in Händen gehabt und durch dessen Anwendung die Glykosurie pankreopriver Hunde vermindert und die Adrenalinglykosurie bei Kaninchen behoben. Eine Zusammenfassung der im gleichen Sinn liegenden Arbeiten findet sich bei Murlin[344]. Lesser führt in seiner zusammenfassenden Arbeit als weitere Vorgänger Knowlton und Starling, Skott, J. R. Murlin, Cramer und Kleiner (nach Macleod), namentlich aber Paulesco[384] und Gley[171] an.

Wirkungsweise des Insulins. Das Insulin ist im Kohlehydrathaushalt als ein *Antagonist des Adrenalins* anzusehen. Wie dem Adrenalin eine den Blutzuckerspiegel erhöhende Funktion zukommt, so setzt das Insulin zunächst den Zuckergehalt des Blutes erheblich herab.

Nach Injektion von Insulin bei normalen Kaninchen sinkt der normale Blutzucker (0,09 %) bis zum völligen Verschwinden. Ist der Blutzucker etwa bis zur Hälfte des normalen Gehaltes gesunken, so beobachtet man eine Reihe von Erscheinungen, Hunger, Durst, Apathie, Schreckhaftigkeit, schließlich klonische Krämpfe, Absinken der Körpertemperatur und Tod durch Atemlähmung, die man als hypoglykämischen Symptomenkomplex zusammenfaßt. Diese hypoglykämischen Erscheinungen können durch orale, intravenöse oder subcutane Traubenzuckerinjektionen rasch behoben werden.

Der Verlauf der absinkenden Blutzuckerkurve hängt von der Größe der Insulindosis und dem Glykogenbestand des Tieres ab[316].

Außer dem Blutzucker sinkt aber auch der *Zuckergehalt aller Gewebe* der Insulintiere[43], so daß nach Insulin gestorbene Tiere eine so weitgehende Erschöpfung ihrer sämtlichen Kohlehydratbestände aufweisen, daß die postmortale Milchsäurebildung, die bei den durch Hungertod verendeten Tieren sonst stets noch eintritt, ausbleibt[31].

Ferner ergeben Respirationsversuche an Insulintieren eine Steigerung der Zuckerverbrennung, da der respiratorische Quotient (RQ.) bei unwesentlicher Änderung der Sauerstoffaufnahme steigt[88].

Versuche von KELLAWAY und HUGHES[245], LYMANN, NICHOLLS und McCANN[297], KROGH[258] u. a. z. B. am Hund, Kaninchen[92], Kaninchen[197, 499], Ratte[166], Maus[42], Schmetterlingslarve[201] u. a. sprechen für die Annahme eines *gesteigerten Kohlehydratumsatzes* bei unverändertem Gesamtstoffwechsel. Bei normalen, gut genährten Tieren mit dem ungefähren RQ. 1 beobachten MACLEOD und CHAIKOFF[59], daß Insulingaben weder den RQ. noch den Sauerstoffverbrauch beeinflussen müssen.

Die *Kohlehydratverbrennung* geht unter der Wirkung der endogenen (unter den normalen Umständen vorhandenen) Insulinmengen mit maximaler Geschwindigkeit (s. auch [66]) vor sich. Diese maximale Verbrennungsgeschwindigkeit wird durch Extragaben von Insulin nicht beeinflußt. Normale Hungertiere mit niedrigem RQ. zeigten dagegen nach Insulin eine Steigerung des RQ., woraus HAWLAY und MURLIN[198], sowie CHAIKOFF und MACLEOD[59] auf eine Umstellung des Stoffwechsels vom Fett- zum Kohlehydratverbrauch in gewissem Ausmaße schlossen. Daneben werden gelegentlich Zunahmen des Leberglykogens beobachtet[173]. FRANK, NOTHMANN und HARTMANN[154] erhielten an Hungertieren mit kleinen Insulindosen Vermehrung des Leber- aber auch des Muskelglykogens. Die Bevorzugung der Leber in der Glykogenbildung kann durch die dort stattfindende Zuckerbildung aus Eiweiß erklärt werden.

Normale, in Kohlehydratresorption nach vorherigem Hunger befindliche Tiere zeigen sowohl Synthese wie Verbrennung der Kohlehydrate. Unter Insulingaben tritt eine größere und schnellere Steigerung des RQ. ein. Die Glykogenbildung unter Insulin ist abhängig von der Zeit (vielleicht auch von der Art der Versuchstiere). So wird bei Mäusen[43] eine vermehrte Glykogenablagerung beobachtet, die bald wieder schwindet. Bei Kaninchen ist in den zwei ersten Stunden Vermehrung des Leberglykogens festzustellen[427]. Darauf folgt ein Absinken unter die Norm, während das Muskelglykogen hochbleibt. Bei Meerschweinchen ist nach vierstündiger Zuckerresorption nach Insulin weniger Glykogen in Leber und Muskulatur enthalten als bei den Kontrolltieren[63].

Beim pankreaslosen Tier erfolgt nach Insulin Glykogenablagerung und Steigerung der Kohlehydratverbrennung, was sich durch Ansteigen des RQ. und Absinken der Zuckerausscheidung im Harn erkennen läßt. Ähnlich liegen die Verhältnisse beim Diabetes mellitus und auch bei möglichst vollständigem Phlorhizindiabetes.

Fassen wir diese unter verschiedenen Bedingungen gemachten Beobachtungen zusammen, so sehen wir, daß unter der *Insulinwirkung* erstens eine *gesteigerte Oxydation der Kohlehydrate* stattfindet, und daß zweitens besonders günstige Bedingungen für eine *Glykogenablagerung* bzw. Neubildung geschaffen werden, wobei zunächst über den Ort dieser Glykogenanreicherung nichts gesagt ist.

Diese beiden Faktoren — Steigerung der Kohlehydratverbrennung und Begünstigung der Glykogenstapelung — müssen notwendigerweise zu einer *Hypoglykämie* führen.

Daneben besteht wahrscheinlich noch eine andere Funktion des Insulins. Bei pankreopriven und phlorhizinisierten Tieren hemmt Insulin die Glykoneogenie aus Eiweiß durch seine die Oxydation der Kohlehydrate fördernde Wirkung, wodurch rückwirkend Eiweißersparnis eintritt. Auch die Ausscheidung von Acetonkörpern im Harn diabetischer Tiere und Menschen wird durch Insulin vermindert oder gar völlig zum Verschwinden gebracht[26, 64]. Da nach allgemeiner Ansicht die Ketonurie nur auftritt, wenn kein Leberglykogen mehr vorhanden ist, läßt sich dieser Befund (s. später) leicht mit der Annahme der Begünstigung der *Neubildung von Glykogen in der Leber* in Einklang bringen.

In neuester Zeit (Juli 1929) erschien von Macleod eine zusammenfassende Darstellung über Glykogen und die Beziehungen des Insulins (und Adrenalins) zum Kohlehydratstoffwechsel[320], in der vor allem die neueste Literatur berücksichtigt ist. Die Darstellung der *Wirkungsweise des Insulins* ist nach den neuesten Befunden hier so kurz und präzis gefaßt, daß ich die betreffende Stelle in Übersetzung anführen will. Macleod schreibt:

„Wenn wir alle Wirkungen des Insulins beim diabetischen und normalen Tier zusammenfassend besprechen, so finden wir, daß es keine bekannte Stufe im Kohlehydratstoffwechsel einschließlich der Stufe der Milchsäurebildung aus Muskelglykogen gibt, die durch dies Hormon nicht beeinflußt würde. Insulin verhindert die Glykogenie (Glykogenolyse) und befördert die Glykogenbildung in der Leber diabetischer Tiere. Dagegen verzögert es die Glykogenbildung in der Leber normaler Tiere, wenn man von einer Spätwirkung bei Hungertieren absieht. Es reduziert den Bestand an Muskelglykogen, wenn es in beliebiger Dosis an hungernde Tiere gegeben wird, und es besteht kein Grund für die Annahme, daß dies auf das Einsetzen der Hypoglykämiesymptome zurückzuführen sei.

Dieser Effekt bleibt aus, wenn Kohlehydrate resorbiert werden, außer wenn übermäßige Dosen Insulin gegeben werden.

Unter allen Bedingungen sowohl beim normalen wie beim diabetischen Tier befördert Insulin die Oxydation der Kohlehydrate. Das tritt mehr hervor beim diabetischen Tier; sie ist aber gering oder fast unmerklich beim normalen Tier, bei welchem reichliche Resorption von Kohlehydraten aus dem Verdauungskanal stattfindet.

Der Nettoeffekt *all* dieser Veränderungen ist in einer Verminderung des Blutzuckers zu sehen, obwohl Einzelveränderungen, wie die Verzögerung der Glykogenbildung in der Leber normaler Tiere auf eine Erhöhung des Blutzuckers hinwirken.

Mir scheint demnach, daß diese Änderungen im Kohlehydratstoffwechsel, mögen sie der Verabreichung von Insulin folgen oder nicht, erst durch andere fundamentale Änderungen bedingt sind. Da es unmöglich ist, irgendeine Wirkung des Insulins auf den Blutzucker in vitro mit oder ohne Zusatz von Gewebssaft festzustellen, so müssen wir annehmen, daß die Wirkung dieses Hormons sich in irgendeiner Weise bei einem Prozeß geltend macht, der selbst wieder mit der Integrität der Struktur der Zelle verknüpft ist. Der Ablauf dieses Prozesses wird durch Insulin befördert; es führt einerseits zu einer Verminderung der Tension der Glykose innerhalb der Zellen, zu einer „Glykatonie“. Die Folge dieser Glykatonie ist eine Abwanderung der Glykose aus dem Blut. Andererseits führt das Insulin zu einer Anreicherung irgendwelcher Zwischensubstanzen, die dann, vielleicht unter Mitwirkung von

Phosphaten, entweder oxydiert oder zu Glykogen polymerisiert werden. Der Befund, daß die Abnahme der Phosphate im Blut ebenso deutlich ist, wie die der Dextrose nach Insulin, läßt die Möglichkeit einer intermediären Beteiligung des Phosphations in diesem Sinne zu.

Es ist nicht nötig, hier die verschiedenen Befunde anzuführen, die gemacht worden sind, um zu zeigen, daß die grundsätzliche Veränderung des Stoffwechsels durch Insulin auf einer Umwandlung der Glykose in eine reaktionsfähige Form beruhe, die wiederum auf Änderungen der molekularen Struktur der Glykose zurückzuführen ist. Das kann so sein, aber es ist nicht bewiesen. Somit ist diese Theorie ebenso zu bewerten wie die Hypothese der Bildung einer zunächst unbekannten Zwischensubstanz. Es besteht die Möglichkeit, daß entweder die eine oder die andere oder auch beide Theorien durch weitere Experimente gestützt werden. Unsere heutigen diesbezüglichen Kenntnisse lassen sich dahin zusammenfassen, daß die Wirkung des Insulins einerseits in einer Anregung der Kohlehydratoxydation besteht. Neben dieser Wirkung auf die Oxydation wird andererseits durch Insulin die Glykogenie vermindert, wenn kein Überschuß resorbierbarer Kohlehydrate vorhanden ist, während bei Überschuß eine Vermehrung der Glykogenablagerung in den Muskeln eintritt" (s. Anm.).

4. Wirkung der totalen Leberexstirpation.

Durch zweckmäßiges Ineinandergreifen dieser verschiedenen nervösen und hormonalen Regulationsmechanismen ist Sorge getragen, daß der Blutzuckerspiegel des normalen Tieres auf seiner Durchschnittshöhe gehalten wird, und daß Abweichungen von der Norm möglichst schnell ausgeglichen werden. Das Organ, das letzten Endes die funktionelle Aufgabe hat, die Regulierung vorzunehmen, ist die Leber. Der gesamte Blutzucker stammt aus der Leber, wie von MANN und MAGATH[307] durch ihre Untersuchungen mit totaler Leberexstirpation einwandfrei bewiesen ist. Nach totaler Entfernung der Leber, die Hunde bis zu 8 Stunden überleben, sinkt der Blutzucker stündlich; bei einem Absinken des Blutzuckerwertes auf 0,05% treten Anzeichen einer schweren Hypoglykämie auf, die zum Tode führt, wenn der Blutzuckerwert auf 0,03% gesunken ist. Diese Erscheinungen der schweren Hypoglykämie und ihre Folgen lassen sich beseitigen, wenn dem leberlosen Tier Traubenzucker per os oder intravenös (0,25—0,5 g pro Kilo Körpergewicht und Stunde) zugeführt werden. Nur Mannose und Maltose wirken von verschiedenen geprüften Substanzen ähnlich. Außerdem gestatten die Versuche von MANN und MAGATH noch Schlüsse über die quantitativen Verhältnisse der Zuckerbildung aus Leberglykogen, d. h. zu der Frage, welche Mengen von Leberglykogen in der Zeiteinheit von der Leber in Zucker umgewandelt werden. Für 100 g Leber lassen sich beim Hund pro Stunde ungefähr 0,75 g Zucker errechnen.

D. Zucker im Blut und in den Organen.
I. Blutzucker.

Bevor wir uns mit dem weiteren Schicksal des Blutzuckers befassen, dürfte es nicht ohne Interesse sein, die Verteilung des Zuckers auf die Bestandteile des Blutes zu betrachten.

Anm. Im Anschluß an diese Darstellung MACLEODS möchte ich noch auf eine kurze Zusammenfassung von P. MÜLLER „Die Zuckerkrankheit und ihre Beeinflussung durch Insulin" hinweisen, die nach Abschluß des Manuskriptes in den „Naturwissenschaften" **1930, 25** erschienen ist.

Die Hauptmenge des Zuckers ist· natürlich im *Blutplasma* gelöst[298]. Hinsichtlich der körperlichen Bestandteile des Blutes sprechen die neueren Befunde[333, 221, 423, 421, 152, 101, 48, 51, 220] im Gegensatz zu früheren Arbeiten dafür, daß auch in den *Erythrocyten* Dextrose enthalten ist. In merkwürdigem Gegensatz stehen dazu Beobachtungen von Masing[310], Kozawa[256] und Loeb[285], die in den Erythrocyten von Schwein, Hammel, Kaninchen und Gans keine Glykose nachweisen konnten.

Auch Falta, Richter und Quittner[135], wie van Creveld und Brinkmann[79] leugnen die Permeabilität der Wandung der Blutkörperchen gegenüber Dextrose im Gegensatz zu Ege[100] und Hagedorn[188]. Will man nicht mit Brinkmann und van Dam[53] eine mit der Gerinnung einsetzende Permeabilität der Erythrocyten zur Erklärung beiziehen, so wird man wohl eine Verschiedenheit der Erythrocyten der verschiedenen Tierarten als gegeben annehmen müssen.

Der Gehalt der roten Blutkörperchen ist nach Hansen[194] und Wiechmann[502] beim nüchternen Menschen annähernd gleich dem des Plasmas.

Wie im Zuckergehalt des Blutes Schwankungen auftreten, so werden auch solche im Gehalt der Blutkörperchen beobachtet.

Bei einer Erhöhung des Blutzuckerspiegels durch Traubenzuckerfütterung wird der Zuckerwert des Plasmas von den Erythrocyten zunächst nicht erreicht[151, 472], doch tritt bald wieder ein Ausgleich ein. Ebenso ist bei der Hyperglykämie die Erhöhung des Blutzuckers im Plasma deutlicher als in den roten Blutkörperchen.

Als disponibler Zucker für die Versorgung der Gewebe kommt nur der Zucker des Plasmas in Frage. Eine Abgabe von Zucker aus den roten Blutkörperchen an die Gewebe und umgekehrt findet nicht statt[151, 217, 79].

Die *Verteilung des Zuckers im Gefäßsystem* ist eine derartige, daß das arterielle Blut etwas mehr (ca. 4 mg%) Zucker enthält als das venöse[477, 425, 155].

Gelegentlich kann sich das Verhältnis im *Hunger* umkehren. Turban[477] erklärt dies mit einem rückläufig einsetzenden Transport des Muskelglykogens. Nur die *Pfortader* enthält, da sich in ihr ja die infolge der Resorption von Glykose aus dem Darm besonders viel Zucker führenden Blutgefäße des Darmes vereinigen, nach Nahrungsaufnahme immer besonders große Zuckermengen. Im Gegensatz dazu ist der Zuckergehalt der Vena hepatica bis zum Eintritt in die Vena cava inferior im Vergleich mit anderen Venen meist vermindert, ein Verhalten, das durch die Vorgänge in der Leber ohne weiteres verständlich ist.

Über den *Regulationsmechanismus*, der zur Erhaltung des konstanten Zuckerspiegels dient, ist schon gesprochen worden, ebenso über die Mitwirkung von Hormonen, im wesentlichen Adrenalin und Insulin, an dieser Regulation. Ebenso ist auf das Ansprechen des zentralen Regulationsorganes (des oder der Zuckerzentren) auf den chemischen Reiz (Zuckerkonzentration im Blut) des durchströmenden Blutes hingewiesen worden[397].

Es ist aber auch möglich, daß der chemische Reiz auf das nervöse Zentralorgan nicht nur durch die Blutzuckerkonzentration allein ausgeführt wird, sondern daß auch andere Faktoren reizauslösend wirken. So vermutete v. Noorden[365] einen Einfluß des Gehaltes des Blutes an α-Milchsäure. Elias[104] macht die Wasserstoffionenkonzentration des Blutes mit für die Höhe des Blutzuckerspiegels verantwortlich.

Traubenzuckerverfütterung an gesunde Menschen und Tiere ruft eine schon nach 10 Minuten einsetzende Steigerung des Blutzuckers bis zu 100% des Normalwertes hervor. Nach Verlauf von 2 Stunden ist dann meist der normale Zuckerspiegel wieder erreicht, gelegentlich wird aber der normale Wert auch tief unterschritten (posthyperglykämische Hypoglykämie)[151]. Orale Verabfolgung

Blutzuckerwerte verschiedener Tiere.

	Nach BANG[22] %	Nach Tabulae biologicae[466] %	Nach SCHEUNERT[444] %	Nach KLIENEBERGER[248] %	Nach verschiedenen Autoren %
Rind . . .	0,08	0,086[a]	0,062—0,1		0,127 (0,089—0,163)[f]
Pferd . . . (Equiden.)	0,08	0,08—0,1 (0,098)	0,08 —0,20		0,081 (0,069—0,106)[e] 0,08—0,14[h] 0,121 0,09 —0,148[g]
Schaf . . .	0,07		0,05 —0,089	0,06	
Schwein . .	0,07	0,082[a]	0,08 —0,106		
Ziege . . .	0,08				0,06 —0,064[i]
Kaninchen .	0,10	0,12—0,20[c] 0,15		0,095	0,08 —0,12[h]
Hund . . .	0,16 (?)	0,10—0,16[b]	0,089—0,111	0,087	0,08 —0,12[h]
Katze . . .	0,15 (?)			0,088	0,12[h]
Ente . . .	0,15	0,2 —0,25[d]	0,137—0,20		
Gans . . .	0,15				
Huhn . . .	0,20			0,104	
Taube . . .	—			0,07—0,08	
Fische . . .	0,12				
Weiße Maus	—			0,07	
Ratte . . .	—			0,12	
Meerschweinchen	0,12			0,12	
Igel	—			0,06—0,10	

a LYTTKENS und SANDGREN[298]; b POLLACK; c ALBERTONI; ROSE; d SAITO und KATSUMAYA; e VÖLKER[493]; f GROSS[181]; g MILLAUER[335]; h BRUNE[55]; i SCHUHECKER[456].

von *Lävulose* ruft diese Blutzuckersteigerung nicht hervor[229, 300, 211, 50, 145]. *Nach Galactoseverfütterung* haben KAHLER und MACHOLD[238] sowie FOLIN und BERGLUND[145] nur eine unbedeutende Hyperglykämie erhalten, dagegen beschreiben FOSTER[150] und LEIRE (zitiert nach BANG) einen deutlichen Anstieg der Blutzuckerkurve, die nur langsam zur Norm zurücksinkt. Auch Rohrzucker in größeren Mengen kann beim Hund eine über 100 proz. Steigerung des Blutzuckers hervorrufen[44]. *Verfütterung von stärkehaltigen Nahrungsmitteln* hat ungefähr denselben Einfluß auf die Blutzuckerkurve wie die Dextroseverabfolgung; nur erstreckt sich Anstieg und Abfall der Kurve über einen weiteren Zeitraum[500, 234, 465]. Daß *intravenöse Injektion von Zucker* zu einer starken Hyperglykämie führt, ist selbstverständlich. Jedoch wird bei dieser Applikationsart der normale Zuckerwert schnell wieder erreicht. Der im Blut kreisende Zucker ist entgegen der Annahme von WINTER und SMITH[503], die eine hypothetische Reaktionsform, die γ-Glykose, aufstellen, als α-Glykose anzusprechen[342, 487, 90, 273]. Unter besonderen Umständen finden sich auch gelegentlich andere Monosaccharide, Fructose und Galactose, im Blut, jedoch nur in geringen Mengen. Dagegen ist Glykogen im Plasma (nach Huppert[225]) bis zu 7 mg%, nach Gabbe[165] sogar bis zu 30 mg% gefunden worden. Auch die Blutkörperchen enthalten Glykogen.

Bei überreicher Darbietung von Kohlehydraten kann nach Polimanti[396] der *Glykogengehalt des Blutes* bis auf 100 mg% steigen, was nach Befunden von Ishimori[232] und Macleod[318] dadurch erklärt wird, daß bei starker Glykogenanhäufung in der Leber dieses direkt in die Capillaren abwandern kann.

Auch *andere zusammengesetzte Kohlehydrate* können bei überreicher Darbietung vorübergehend in die Blutbahn gelangen (Rohrzucker, Milchzucker), wenn die Resorption schneller stattfindet als die fermentative Spaltung im Verdauungsapparat.

Es ist mit großer Wahrscheinlichkeit anzunehmen, daß der *Zucker im Blut* nicht irgendwie gebunden oder in hochmolekularer Form vorhanden ist. Hierfür spricht u. a. die Dialysierbarkeit[443, 14, 422, 210, 3, 372]. Versuche mit Ultrafiltration[428, 186] ergaben gleichfalls, daß die Hauptmenge des Blutzuckers als „freier Zucker" anzusehen sei, wenn auch ein kleiner Teil als nicht ultrafiltrierbar erscheint.

Der freie Zucker des Blutes ist vergärbar. Durch Anwendung der Gärung hat sich gezeigt, daß nach völliger Vergärung des Blutzuckers das Plasma noch die Fähigkeit besitzt, alkalische Metallsalze zu reduzieren (*Restreduktion des Blutes* [RR.]). An dieser Restreduktion, über die eine umfangreiche Literatur vorliegt, können stickstoffhaltige und stickstofffreie Körper beteiligt sein. Auch auf die hauptsächlich von französischen Forschern vertretene Annahme eines *sucre proteique* bzw. eines *sucre virtuel*[278, 41] sei hier nur hingewiesen. (Vgl. die Abhandlungen von Adler: Plasma und Zelle (Bethes Handbuch Bd.VI/1), und Grevenstuk: Über freien und „gebundenen" Zucker in Blut und Organen (Asher-Spiro Erg. Bd. 28, S. 1, 1929).

Ein gewisses Interesse verdient noch die Beobachtung, daß ein Unterschied im *Blutzuckergehalt der Geschlechter* nicht bestehe. In der Periode der *Trächtigkeit* kommen zuweilen physiologische Schwankungen (Erhöhung) des Blutzuckers vor. Auch die Außentemperatur — nicht das Klima — kann sowohl bei Warmwie bei Kaltblütern den Blutzuckerspiegel etwas beeinflussen[22].

II. Organkohlehydrat (speziell Muskelglykogen).

Der aus der Leber und ihren Glykogendepots mobilisierte Zucker wird durch das Blut an sämtliche Organe und Gewebe geführt, wo er nach Eindringen in die Zellen durch Diffusion entweder direkt oxydativ verwertet oder verbrannt wird, oder als Reservestoff in irgendeiner Form, sei es als Polymerisationsprodukt oder als Fett, deponiert wird. Vorbedingung ist immer das Eindringen des Zuckers in die Zellen, sowie eine gewisse Anreicherung des Zuckers, die erst die fernere Reaktion auslöst. Daraus ergibt sich ohne weiteres die Folgerung, daß alle Körperzellen Zucker enthalten müssen. Der *Blutzuckergehalt der Organe* ist meist niedriger als der des Blutes.

Im Muskel findet Bang[22] 0,06% freie Dextrose, in der Leber einen Wert, der dem des Blutes ungefähr entspricht.

Zuckergehalt der Organe beim normalen Hund (nach Palmer[376]).

Blut	0,1 %	Pankreas	Spuren — 0,11%
Muskeln	0,04—0,09%	Lunge	0,01—0,6%
Herz	0,02—0,2%	Gehirn	Spuren — 0,05%
Nieren	Spuren — 0,07%	Haut	Spuren — 0,02%
Darm	0,01—0,04%		

Die große Aufnahmefähigkeit der Organzellen für Zucker kann man mit POLLAK[397] für das schnelle Verschwinden der Hyperglykämie, wie sie nach enteraler oder parenteraler Verabfolgung von Kohlehydraten auftritt, mit verantwortlich machen, da Verbrennung und Glykogenbildung erst später einsetzen. Damit in Übereinstimmung stehen die Befunde einer Steigerung des Zuckergehaltes der Organe nach intravenöser Zuckerinfusion[52, 22, 246, 376].

Auch der in den Gewebszellen vorkommende Zucker ist als freier, diffusibler Zucker anzusehen, der im Wasser der Zellen gelöst ist. Die Abgabe des Blutzuckers an das Gewebe erfolgt durch Diffusion, die Geschwindigkeit ist abhängig von der Konzentration bzw. dem Diffusionsgefälle[68]. Die Abwanderung des Zuckers aus dem Blut in die Gewebe kann auch durch Hormone beeinflußt werden. So erklären LOEWI und WESELKO[288], sowie MACLEAN und SMEDLEY[299] die Tatsache, daß im überlebenden Herzen adrenalin- oder pankreasdiabetischer oder thyreopriver Tiere weniger Zucker aus zuckerhaltigen Durchströmungsflüssigkeiten aufgenommen werde, als Wirkung eines Hormonmangels.

Auf die Wirkung des Pankreashormons, des Insulins, das u. a. ein Abströmen des Blutzuckers in die Organe begünstigt, sei hier nur wiederholend hingewiesen, ebenso auf Versuche von HEPBURN und LATCHFORD[203], sowie BEST[36]. Vgl. ferner LOEWI[287], WIECHMANN[501] und POLLAK[398]. Da aber durch Insulin gleichzeitig eine Erhöhung der Verbrennungsgeschwindigkeit der Kohlehydrate in den Zellen ausgelöst wird, und damit ein schnellerer Schwund der Kohlehydratbestände in den Geweben eintritt, was wieder günstigere Bedingungen für die Abwanderung (Diffusion) des Blutzuckers in die Gewebe schafft, kann man mit POLLAK an einem direkten Einfluß des Insulins auf die Zuckerresorption durch die Gewebe zweifeln.

Für die POLLAKsche Annahme einer indirekten Beeinflussung sprechen auch Versuche von STAUB und FRÖHLICH[461], CORI und CORI[67], CUENCA[80] u. a., nach welchen Insulininjektion eine Senkung des Blutzuckers hervorruft, die der Senkung des Zuckers in den Geweben ungefähr parallel geht.

Der in die Organzellen gelangte Zucker wird dort entweder verbraucht oder zu Glykogen aufgebaut.

Die *Fähigkeit, Glykogen aus einfachem Zucker aufzubauen*, haben wahrscheinlich die größte Zahl der Zellen; sogar in den eigentlichen Fettzellen ist Glykogen gefunden worden[168] was in diesem Sinne gedeutet wurde. In besonders reichlichem Ausmaß findet der Wiederaufbau des Blut- oder Zellzuckers zu Glykogen in der Muskulatur statt. Der Gehalt des Muskels an Glykogen ist sehr schwankend und von den verschiedensten Faktoren, Ernährung (Hunger), Arbeitsleistung, Temperatur usw., abhängig.

Während z. B. bei reichlicher Fütterung der Glykogengehalt der Muskulatur zwischen 7—10⁰/₀₀ beträgt, sinkt er nach 24stündigem Hungern auf 1—4⁰/₀₀. Gelegentlich wurden aber auch noch erheblich höhere Werte gefunden. SCHÖNDORFF[452] fand nach reichlicher Fütterung bis zu 3,7%. Auch in der glatten Muskulatur findet sich Glykogen[241].

Wenn wir von der Leber absehen, in der das Glykogen sehr gleichmäßig verteilt ist (ältere Versuche von SEEGEN und KRATZSCHMER[434], R. KÜLZ[261], CRAMER[71], SCHÖNDORFF[452], C. GRUBE[183b,] sprechen eindeutig für diese Annahme und sind später öfters bestätigt worden), so ist sonst eine weitgehende *Verschiedenheit der einzelnen Organe* desselben Tieres hinsichtlich ihres Glykogengehaltes festzustellen. So konnten z. B. nicht nur in verschiedenen Muskelgruppen desselben Objektes verschiedene Glykogenwerte beobachtet werden[71, 8], sondern sogar auch an verschiedenen Teilen desselben Muskels[259].

Wie schon wiederholt erwähnt, ist der Glykogenbestand nicht nur der Leber, sondern auch der einzelnen Organe und damit des ganzen Körpers abhängig von verschiedenen Faktoren, vor allem von der Ernährung.

Bei der großen Bedeutung, die die Berücksichtigung der vorhandenen Kohlehydratbestände im Organismus für die Theorie der Zuckerbildung im Tierkörper besitzt, ist es zweckmäßig, an dieser Stelle auf die Möglichkeiten einzugehen, die es gestatten, den Glykogenbestand nicht nur zu erhöhen, sondern auch zu vermindern, evtl. ganz zum Schwinden zu bringen.

Zur *Erhöhung der Glykogenbestände* trägt jede reichliche oder überreichliche Ernährung bei, da, wie wir bereits gesehen haben, nicht nur Kohlehydrate der Nahrung, sondern auch Eiweißstoffe und Fette, letztere vielleicht mit einer gewissen Einschränkung (Glycerinkomponente), im intermediären Stoffwechsel zur Synthese von Zucker verwendet werden können.

Über die Beziehungen zwischen Fetten und Kohlehydratstoffwechsel wird noch an anderer Stelle zu sprechen sein.

Während *reine Eiweißernährung* eine *Vermehrung mindestens des Leber-glykogens* zur Folge haben kann[392], wird nach Junkersdorff durch *forcierte Eiweißmast* der Glykogenbestand aufs äußerste verringert[237], was er durch einen spezifischen Einfluß der Spaltungsprodukte des Eiweißes (Peptone) auf die Leber zu erklären sucht, wie er auch durch Pletnew[394], Tschannen[476], Richardson[405], Abelin und de Corral[4, 70] festgestellt werden konnte. Geelmuyden gibt allerdings eine andere Erklärung für die *Verminderung des Glykogenbestandes nach reiner Eiweißnahrung*. Der Zucker, der sich aus Eiweiß bilden kann, baut sich aus den relativ kleinen Molekülen, die nach Desaminierung aus den Aminosäuren entstehen und Verwendung finden können, auf, was einerseits sicher nicht ohne Verbrauch von Energie (durch Verbrennung von Zucker oder Glykogen) und andererseits nicht sehr schnell vor sich geht. Er nimmt daher nach dem Verbrauch des Vorratsglykogens die Bildung eines stationären Zustandes an, bei welchem das Leberglykogen sich auf ein der langsamen Glykogenbildung aus Eiweiß entsprechendes, ziemlich niederes Niveau einstellt[167a].

Auch bei *reiner Fettmast* finden Pflüger und Junkersdorff die Leber fast glykogenfrei[392].

Reichliche, nicht einseitige Ernährung erhöht den Kohlehydratbestand, der im Hunger vermindert wird. Doch gelingt es nicht, *durch Hunger allein* ein Tier völlig glykogenfrei zu machen. Vor allem findet sich in der Muskulatur auch noch nach längerem Hunger gelegentlich ein nicht unerheblicher Glykogenbestand, der sogar unter Umständen den der Leber noch übertreffen kann[8].

Ebenso wird durch *intensive Arbeitsleistung* der Glykogenbestand des Organismus verringert, da ja das Glykogen, wie noch erörtert wird, die Hauptenergiequelle für die Muskelarbeit darstellt. Doch wird auch durch sie keineswegs völlige Glykogenfreiheit erreicht.

Die frühere Annahme, daß eine Kombination von *Hunger und Muskelarbeit*[32] zu einer annähernden Glykogenfreiheit führe, scheint durch die Arbeit von Hershey und Orr[207] für Ratten widerlegt; die Autoren fanden bei Versuchen mit Tieren desselben Wurfes keinen Unterschied im Gehalt an Leberglykogen zwischen den Kontrolltieren und solchen, die längere Zeit im Tretrad gearbeitet oder im kalten Wasser (mit Unterbrechung) geschwommen hatten.

Auf verstärkte Inanspruchnahme der Muskulatur beruht auch die Glykogenverminderung nach starker *Abkühlung*[47, 260, 292].

Auf die Verminderung der Kohlehydratbestände durch Pharmaca haben wir schon früher hingewiesen.

Beim phlorhizin- oder pankreas-diabetischen Tier wird häufig das Auftreten einer vermehrten Zuckerausscheidung, die aber keine Glykoneogenie, sondern nur eine *Ausschwemmung* noch vorhandener Kohlehydratbestände darstellt, beobachtet. (Vgl. hierzu die zahlreichen Arbeiten aus CREMERS Laboratorium[205, 364, 417, 513, 35, 416, 393, 437, 436]). In neuerer Zeit berichten ASHER und CALVA CRIADO[13] über eine Methode, nach welcher es bei Ratten gelingt, sie durch Vorbehandlung mit Pepton, mehr oder weniger lang dauernder Verabfolgung von Schilddrüsensubstanz und Phlorhizin *praktisch glykogenfrei* zu machen.

Die *Einwirkung auf die Glykogenbestände* ist vermutlich bei fast allen angeführten Stoffen primär in einer *Hyperglykämie* zu suchen, wie sie auch das Adrenalin hervorruft, das gleichfalls die Kohlehydratbestände des Organismus herabsetzt.

Daß die Niere bei Überschreiten der Toleranzschwelle während primärer Hyperglykämie den Überschuß an Blutzucker durchtreten läßt, ist schon besprochen. Übersteigt also die durch diese Pharmaca erzeugte Hyperglykämie einen bestimmten Wert, so muß auch hier ein Diabetes folgen.

Auf einem anderen Weg werden durch das *Phlorhizin* die Kohlehydratbestände des Organismus vermindert. Die Ursache des nach Phlorhizinapplikation auftretenden Diabetes und damit der Minderung der Körperkohlehydrate ist primär in einer *Veränderung der Nierenfunktion* zu sehen, so daß die sonst für den normalen Blutzuckergehalt undurchlässige Niere nicht mehr in der Lage ist, dem Zucker die Passage zu verwehren, sondern ihn in den Harn abgibt. In Hinsicht auf die Theorie des Zustandekommens des *Phlorhizindiabetes* verweise ich auf die zusammenfassende Darstellung von CREMER und SEUFFERT[78], sowie auf die entsprechenden Kapitel und Literaturangaben bei ISAAC und SIEGEL[231] und MAGNUS-LEVY[301].

Wenn es nun auch durch keines der angeführten Mittel allein gelingt, die Kohlehydratbestände des Organismus restlos zu entfernen, so gestattet doch die Kombination mehrerer Methoden zu praktisch glykogenfreien Versuchsobjekten zu kommen, so daß solche Tiere einwandfrei das Studium der Frage der Neubildung von Zucker ermöglichen.

E. Verwertung der Kohlehydrate.

Zur Verwertung der Kohlehydrate stehen dem Organismus verschiedene Wege offen.

1. Der Zucker kann direkt zu calorischen Zwecken verbrannt werden.

2. Der Zucker kann wieder in den Zellen polymerisiert und zu Glykogen resynthetisiert werden, um dann in der Zelle als Energiequelle, vor allem in der Muskelzelle für die Muskelarbeit zu dienen, und

3. kann der Zucker auch in die Form der anderen Energiereserve des Körpers, in Fett, umgewandelt und als solches gespeichert werden.

Ob eine Verwertung der C-Atome des Zuckers zum Aufbau von Eiweiß unter Benutzung von Ammoniak stattfinden kann, erscheint noch sehr zweifelhaft. (Vgl. hierzu auch dieses Handbuch an anderen Stellen.)

Da die Frage des Fettaufbaues aus Zucker in einem anderen Abschnitt des Buches besprochen wird, haben wir uns vorwiegend mit den beiden ersten Fragen zu beschäftigen.

I. Direkte Oxydation.

Um im Körper auf dem Wege der Oxydation verwertet werden zu können, muß das Glykogen nach allgemeiner Ansicht wieder in einfache Glykose zurückverwandelt werden; dies geschieht durch *fermentativen Abbau.* Hierbei werden die üblichen Zwischenstufen vom Typ der Dextrine bzw. Polyamylosen bis zur Maltose und dann zur Glykose durchlaufen.

Die beim *Abbau des Glykogens zum Traubenzucker* entstehenden Bruchstücke haben für den intermediären Stoffwechsel keine besondere Bedeutung, erst die Glykose kann der Oxydation unterliegen.

P. Mayer[315] trat zuerst für die Annahme einer einfachen, an der primären Alkoholgruppe einsetzenden Oxydation, Bildung von *Glykuronsäure*, ein. Auch an eine Oxydation der Aldehydgruppe, die zur *Glykonsäure*, oder an die Oxydation der beiden endständigen Gruppen, die zur *Zuckersäure* führt, kann gedacht werden. Gewisse kleine Anteile der Körperkohlehydrate werden sicher zu Glykuronsäure oxydiert, da diese zur Kuppelung mit schädlichen Fäulnisprodukten (Phenole usw.) und damit zu deren Entgiftung benötigt wird (s. Anm. 1). Auch andere giftige Stoffe, z. B. Phlorhizin[457], können mit Glykuronsäure gekuppelt und dadurch entgiftet aus dem Körper eliminiert werden; das Organ, in welchem diese Entgiftung durch die Kuppelung mit Glykuronsäure stattfindet, ist die Leber. Es ist aber nicht anzunehmen, daß ein nennenswerter Teil des Körperzuckers auf diesem Weg oxydiert werde. Viel wahrscheinlicher und durch viele Untersuchungen gestützt ist die Annahme eines *oxydativen Abbaus unter Sprengung der Kohlenstoffkette*, so daß Körper mit weniger als 6 C-Atomen entstehen, und zwar im wesentlichen Stoffe mit 3 C-Atomen. Man darf also als Angriffspunkt der biologischen Spaltung die Bindung zwischen dem 3. und 4. C-Atom ansehen.

1. Die Rolle der Milchsäure im Kohlehydratabbau.

Man ist in neuerer Zeit geneigt, eine weitgehende Analogie zwischen dem Zuckerabbau im Organismus und den Vorgängen bei dem Abbau des Zuckers durch Enzyme und Mikroorganismen anzunehmen. Die Vorgänge bei diesen Spaltungen der Kohlehydrate sind vor allem durch die Schulen Loews, Embdens, Eulers und Neubergs weitgehend bearbeitet und geklärt worden. Ich verweise daher hinsichtlich der Theorie auf den entsprechenden Abschnitt des ersten Bandes dieses Handbuches aus der Feder Neubergs und begnüge mich mit der Zusammenstellung der wichtigsten *Abbauprodukte der Kohlehydrate im intermediären Stoffwechsel* (s. Anm. 2).

Der einzige wesentliche Unterschied ist durch das Endprodukt der Spaltung, d. h. durch die Stufe bedingt, auf der der Abbau der Kohlehydrate stehenbleibt. Wird nur die Milchsäurestufe erreicht, so spricht man von *Glykolyse*; geht der Prozeß aber weiter bis zur Alkohol- und Kohlensäureproduktion, so wird die Bezeichnung der alkoholischen oder Zymasegärung gewählt.

Wenn wir von der Annahme eines 3-C-atomigen Bruchstücks des Zuckers als erster Stufe des Zuckerabbaues ausgehen, so können dafür zunächst die drei empirischen Formeln $C_3H_6O_3$

Glycerinaldehyd	d-Milchsäure	und	Dioxyaceton
CH_2OH	CH_3		CH_2OH
|	|		|
$CHOH$	$CHOH$		$C = O$
|	|		|
CHO	$COOH$		CH_2OH

Anm. 1. Es ist für diese Betrachtungen gleichgültig, ob man die Kuppelungsreaktion oder die Oxydation zur Glykuronsäure als primär annimmt, man vergleiche hierzu O. Fischer und Piloty[136a].

Anm. 2. Um die Darstellung nicht zu erschweren, werden in folgendem die Beobachtungen und die sich daraus ergebenden Theorien geschildert, ohne darauf Rücksicht zu nehmen, ob sie nach Ergebnissen im Tierexperiment oder mit Fermenten (Hefegärung) gewonnen wurden.

ins Auge gefaßt werden. Daneben oder weiter kann noch das *Methylglyoxal,*

$$
\begin{array}{ccc}
\mathrm{CH_3} & & \mathrm{CH_2} \\
| & & \| \\
\mathrm{C} = \mathrm{O} & \text{oder} & \mathrm{C} - \mathrm{OH} \\
| & & | \\
\mathrm{C}\diagdown^{\mathrm{H}}_{\mathrm{O}} & & \mathrm{C}\diagdown^{\mathrm{H}}_{\mathrm{O}}
\end{array}
$$

durch einfache, bzw. kombinierte Addition und Abspaltung von Wasser aus einem dieser drei Körper entstehend gedacht werden.

Von allen Stoffen, die im Kohlehydratabbau eine Rolle spielen, nimmt wohl die *Milchsäure* den wichtigsten Platz ein (s. Anm.). Sie bildet sich (aktive Form) bei der Durchströmung der überlebenden, glykogenhaltigen Leber in reichem Maße. Im Durchströmungsversuch der glykogenfreien Leber fehlt die Milchsäurebildung[115], wenn nicht der Durchströmungsflüssigkeit Zucker, und zwar Trauben- oder Fruchtzucker zugesetzt wird; wobei auf die vergleichsweise größeren Werte nach Fructose hingewiesen sei[374]. Des weiteren entsteht Milchsäure aus Zucker in fast allen Organen und im Blut, hier jedoch nicht im Plasma, sondern in den Erythrocyten[367] und Leukocyten[282]; ferner im unsterilen Leberbrei[304] und in der Niere[282].

Die *Milchsäurebildung im Blut* entspricht dem verschwindenden Blutzucker[440]. Als Ausgangsstoffe für die Milchsäurebildung sind außer Glykogen und dessen intermediären Abbauprodukten (Lactazidogen und Hexosephosphorsäure, über die später noch zu sprechen ist) die freien *Hexosen* (Glykose, Fructose, Mannose, Galactose) und Hexosenderivate (Glycerin, Glycerinaldehyd, Dioxyaceton, Methylglyoxal und Brenztraubensäure) anzusehen. Auch gewisse *Aminosäuren,* vor allem das Alanin, können zu Milchsäure abgebaut werden. Der Umfang der Milchsäurebildung aus den verschiedenen Substanzen ist nicht gleichmäßig[115, 374, 108, 120, 314a].

Die entstehende Milchsäure ist meistens die aktive l-Milchsäure. Gelegentlich kann es selbst zum Auftreten von Milchsäure im Harn kommen, so nach besonders starker Muskelarbeit[341a], bei behinderter Oxydation[11, 228, 520]. Daß die Milchsäurebildung aus Kohlehydraten im Muskel bei der Kontraktion, der Ermüdung, der Wärme- und Totenstarre eine hervorragende Rolle spielt, sei hier nur erwähnt und auf die späteren Ausführungen zu dieser Frage verwiesen.

Zusammenfassend ist zu sagen, daß als Muttersubstanzen für die Milchsäurebildung vor allem die echten Zuckerbildner anzunehmen sind, und daß die Milchsäure, wie sie beim Zuckeraufbau (s. die Schemata) einen zentralen Platz einnimmt, auch für die Theorien des Zuckerabbaus von ausschlaggebender Bedeutung ist.

Wir gingen bisher von der Annahme aus, daß beim Zuckerabbau zunächst eine Spaltung des Zuckermoleküls in zwei Bruchstücke mit je 3 C-Atomen eintritt. Es ist hier nachzuholen, daß diese Spaltung nicht ohne weiteres möglich ist, sondern daß noch verschiedene Vorbedingungen für das Zustandekommen dieser Zerlegung erfüllt sein müssen, und daß diese Spaltung, wie der weitere Abbau auf fermentativer Grundlage vor sich geht. Es ist also die Annahme eines *glykolytischen Fermentes* oder Fermentkomplexes notwendig.

Die Tatsache, daß bei der Verwertung zum Zuckeraufbau (Glykogenbildung) wie bei der Milchsäurebildung die drei sterischen Epimeren Dextrose, Fructose und Mannose nahezu gleichwertig sind, führte zur Annahme einer sog. *Reaktions-*

Anm. Ich verweise auf den Aufsatz von NEUBERG und KOBEL: Über die Milchsäure in ihrer Bedeutung für die Chemie und Physiologie[357].

form (Enolform[361]), durch die der *Übergang der einen Hexose in die andere* relativ leicht erklärt werden kann[334]. Es dürfte genügen, die entsprechenden Formelbilder zu geben

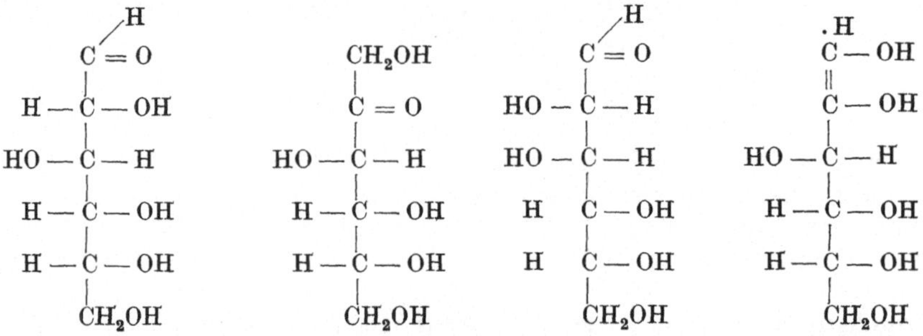

$$
\begin{array}{cccc}
\overset{\nearrow H}{C}=O & CH_2OH & \overset{\nearrow H}{C}=O & \overset{\cdot H}{C}-OH \\
H-C-OH & C=O & HO-C-H & \overset{\parallel}{C}-OH \\
HO-C-H & HO-C-H & HO-C-H & HO-C-H \\
H-C-OH & H-C-OH & H\;\;C-OH & H-C-OH \\
H-C-OH & H-C-OH & H\;\;C-OH & H-C-OH \\
CH_2OH & CH_2OH & CH_2OH & CH_2OH \\
\text{d-Glykose} & \text{d-Fructose} & \text{d-Mannose} & \text{Enolform}
\end{array}
$$

und auf das von Isaak aufgestellte Schema des reversiblen Zuckeraufbaus hinzuweisen.

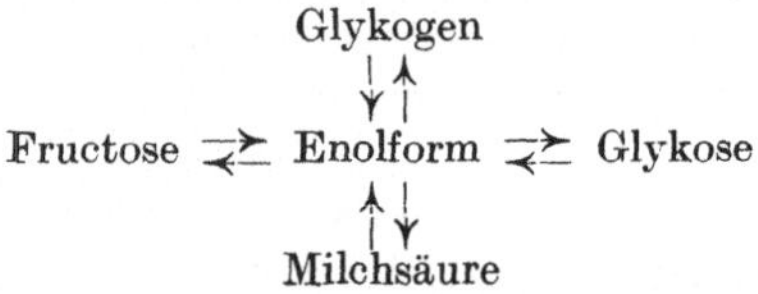

$$
\begin{array}{c}
\text{Glykogen} \\
\updownarrow \\
\text{Fructose} \rightleftarrows \text{Enolform} \rightleftarrows \text{Glykose} \\
\updownarrow \\
\text{Milchsäure}
\end{array}
$$

Auf die Möglichkeit der Annahme von anderen Formulierungen der Reaktionsform (α-, β-, γ-Glykose) sei hier nicht weiter eingegangen[401], da nach der heutigen Annahme die Enolform bzw. ein Reaktionsprodukt derselben mit Phosphorsäure für den weiteren Abbau zugrunde gelegt wird.

Diese Hexophosphorsäureverbindung, das *Lactazidogen* Embdens, dessen Annahme für den ersten Zerfall des Zuckermoleküls notwendig erscheint, hat ihre Hauptbedeutung bei den Theorien des Zuckerabbaus in den Muskeln. Wir werden uns später mit dieser Verbindung speziell zu befassen haben. Es genügt daher, an dieser Stelle darauf hinzudeuten, daß als Vorbereitung der Aufspaltung des Zuckers in zwei 3-C-atomige Bruchstücke die labile Bildung einer *Zuckerphosphorsäureverbindung* angenommen werden muß. Schon Wohl[504] gibt unter Anwendung einer anderen hypothetischen Reaktionsform (Enolform) der Glykose folgendes Spaltungsschema der Glykose,

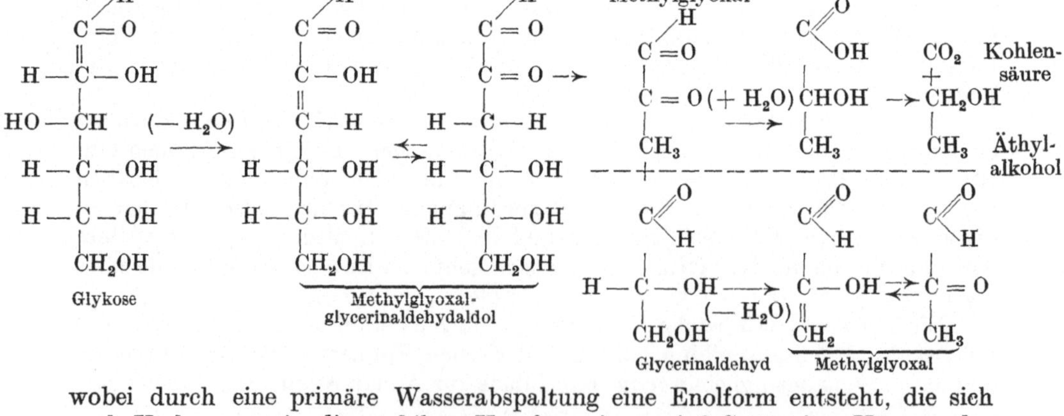

$$
\begin{array}{ccc}
\overset{\nearrow H}{C}=O & \overset{\nearrow H}{C}=O & \overset{\nearrow H}{C}=O \\
H-\overset{\parallel}{C}-OH & C-OH & C=O \rightarrow \\
HO-CH \;\;(-H_2O) & \overset{\parallel}{C}-H & H-C-H \\
H-C-OH \;\longrightarrow & H-C-OH & H-C-OH \\
H-C-OH & H-C-OH & H-C-OH \\
CH_2OH & CH_2OH & CH_2OH \\
\text{Glykose} & &
\end{array}
$$

Methylglyoxal-glycerinaldehydaldol

Methylglyoxal

$$
\begin{array}{ccc}
\overset{\nearrow H}{C}=O & C\!\!\begin{array}{c}\nearrow O\\\searrow OH\end{array} & CO_2 \;\;\text{Kohlensäure} \\
C=O\,(+H_2O) & CHOH \longrightarrow & CH_2OH \\
CH_3 & CH_3 & CH_3 \;\;\text{Äthylalkohol}
\end{array}
$$

$$
\begin{array}{ccc}
C\!\!\begin{array}{c}\nearrow O\\\searrow H\end{array} & C\!\!\begin{array}{c}\nearrow O\\\searrow H\end{array} & C\!\!\begin{array}{c}\nearrow O\\\searrow H\end{array} \\
H-C-OH \longrightarrow & C-OH \rightleftarrows & C=O \\
CH_2OH \;\;(-H_2O) & CH_2 & CH_3
\end{array}
$$

Glycerinaldehyd   Methylglyoxal

wobei durch eine primäre Wasserabspaltung eine Enolform entsteht, die sich nach Umlagerung in die stabilere Ketoform in zwei 3-C-atomige Körper, das Methylglyoxal und den Glycerinaldehyd spaltet. Von dem Methylglyoxal führt dann der Weg durch Wasseraufnahme zur Milchsäure, die ihrerseits unter CO_2-Abspaltung Äthylalkohol liefert.

Eine andere Formulierung von LEBEDEFF und GRIAZNOFF[275] nimmt eine andere *Spaltung der Dextrose in Glycerinaldehyd und Dioxyaceton* an. Die Glycerinaldehydkomponente geht unter Dehydrierung in Brenztraubensäure über,

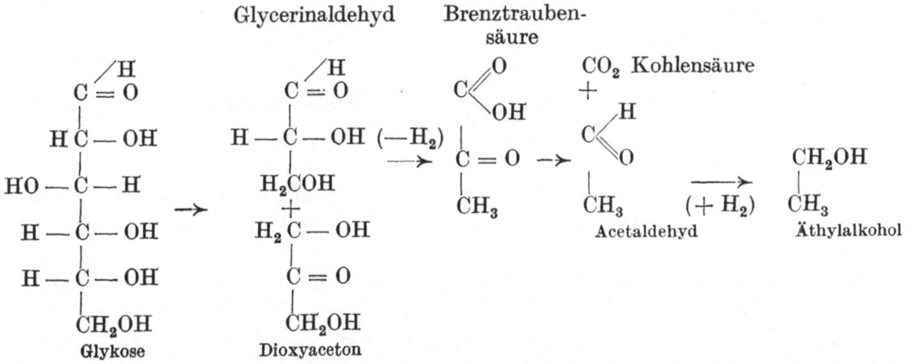

$$\begin{array}{ccccc}
\text{Glycerinaldehyd} & \text{Brenztrauben-} \\
& \text{säure} \\
\end{array}$$

die ihrerseits unter CO_2-Abspaltung Acetaldehyd liefert. Aus dem Acetaldehyd wird dann durch Reduktion Äthylalkohol gebildet.

Das in geringem Maße gebildete Dioxyaceton soll mit Phosphorsäure gekuppelt und über dem Umweg über eine Hexose-Diphosphorsäure unter Abspaltung der Phosphorsäure zum Wiederaufbau eines Mol Dextrose verwendet werden können.

NEUBERG und KERB[356] ersetzen im WOHLschen Schema die dort angenommene Bildung des Methylglyoxalglycerinaldehydaldols durch die Annahme einer primären Dehydratisierung, die zum Methylglyoxalaldol führt, das nunmehr in 2 Mol Methylglyoxal aufspaltet (I).

Das Methylglyoxal in seiner Enolform (2 Mol) addiert in der CANNIZZAROschen Reaktion Wasser und liefert einerseits unter weiterer Addition von 1 Mol H_2O Glycerin, andererseits Brenztraubensäure (IIa), die nunmehr durch fermentative Spaltung (Carboxylase)[349, 355] Acetaldehyd liefert (IIb).

Dieser Acetaldehyd reagiert erneut in CANNIZZAROscher Dismutation mit Heranziehung eines Methylglyoxals unter Bildung von neuer Brenztraubensäure und Äthylalkohol (III) oder je zwei Acetaldehyd in Cannizzaro unter Bildung von Äthylalkohol und Essigsäure (IV), so daß sich folgendes Schema nach WOHL und NEUBERG-KERB ergibt.

I.

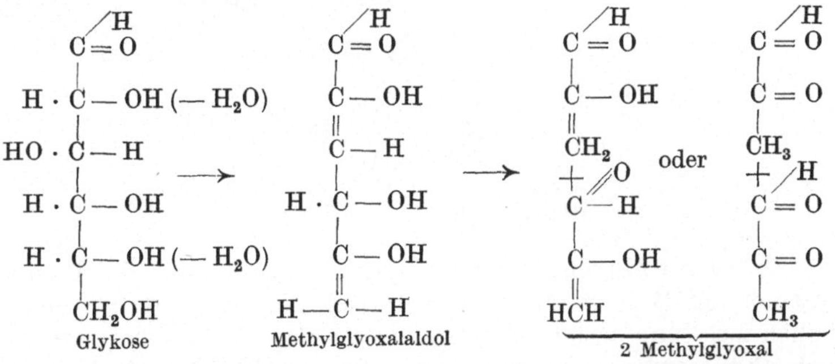

Glykose — Methylglyoxalaldol — 2 Methylglyoxal

IIa. $\quad CHO — C(OH) = CH_2$
$\qquad \qquad \qquad \qquad \qquad + \quad \begin{matrix} H_2 \\ \| \\ O \end{matrix} \quad + H_2O \rightarrow CH_2OH \cdot CHOH \cdot CH_2OH$
$\qquad CHO — C(OH) = CH_2 \qquad \qquad \qquad \qquad + \text{ Glycerin}$
$\qquad \qquad \qquad \qquad \qquad \qquad \qquad \qquad \qquad \qquad \quad COOH \cdot C = O \cdot CH_3$
$\qquad \text{2 Methylglyoxal} \qquad \qquad \qquad \qquad \qquad \qquad \text{Brenztraubensäure}$

$$\text{IIb.} \qquad CH_3 \cdot CO \cdot COOH \quad \xrightarrow{\text{Carboxylase}} \quad CH_3 - \overset{\displaystyle H}{C} = O \ \text{Acetaldehyd}$$
$$\text{Brenztraubensäure} \hspace{5.5cm} + CO_2 \ \text{Kohlensäure}$$

$$\text{III.} \qquad \begin{array}{l}\text{Acetaldehyd}\\ CH_3 - CHO \\ \qquad + \\ CH_3 \cdot C = O \cdot CHO \\ \text{Methylglyoxal}\end{array} \quad + \quad \begin{array}{c} H_2 \\ \| \\ O \end{array} \quad \longrightarrow \quad \begin{array}{l} CH_3 \cdot CH_2OH \ \text{Äthylalkohol} \\[1em] CH_3 \cdot CO \cdot COOH \ \text{Brenztraubensäure} \end{array}$$

$$\text{IV.} \qquad \begin{array}{l}\text{Acetaldehyd}\\ CH_3 \cdot CHO \\[1em] CH_3 \cdot CHO \end{array} \quad + \quad \begin{array}{c} H_2 \\ \| \\ O \end{array} \quad \longrightarrow \quad \begin{array}{l} CH_3 \ CH_2OH \ \text{Äthylalkohol} \\[1em] CH_3 \ COOH \ \text{Essigsäure} \end{array}$$

Nach diesen Annahmen ist der *Hauptangriffspunkt beim Abbau des Zuckers in der Bildung des Methylglyoxals* zu suchen, ohne daß die Bildung von Milchsäure eintritt.

Im Gegensatz hierzu sieht Embden und seine Schule[108, 286, 125, 111] die *Milchsäure* als ein notwendiges Zwischenprodukt an, wobei allerdings die Entstehung von 2 Mol Glycerinaldehyd als Zwischenstufe zwischen Glykose und Milchsäure vorausgesetzt wird. Für die Möglichkeit dieser Auffassung sprechen einerseits die positiven Ergebnisse hinsichtlich der Glykoneogenie aus den Triosen, wie sie beim Leberdurchblutungsversuch erhalten worden sind (Lit. s. hier bei Dioxyaceton und Glycerin), ferner aber auch die Befunde, daß aus den beiden Triosen bei Durchblutung überlebender Organe und im Gewebe wie im Gesamtorganismus Milchsäure in reichlichem Ausmaß gebildet wird.

Eine gewisse Schwierigkeit für die Annahme des Glycerinaldehyds als Ausgangspunkt der *Milchsäurebildung* liegt in der *optischen Aktivität*, worauf A. Gottschalk[176] hingewiesen hat. Ein Überspringen des Sauerstoffs von der primären Alkoholgruppe zur Aldehydgruppe ohne Änderung am asymmetrischen C-Atom kann wohl kaum angenommen werden. Da aber die Bildung aktiver Milchsäure aus aktivem Glycerinaldehyd nachgewiesen ist, so ist die Existenz eines symmetrischen Zwischenproduktes zu postulieren, das dann asymmetrisch abgebaut wird. Dieses symmetrische Zwischenprodukt kann mit Neuberg sehr wohl in dem *Methylglyoxal* gesucht werden.

Als eine im rein biologischen Experiment gefundene Stütze für die Annahme des Methylglyoxals als eines intermediären Zwischenproduktes im Kohlehydratabbau sei auch der Befund von Nord und White[369] angeführt, nach welchen es gelang, Hydroxymethylglyoxal

$$\begin{array}{c}
\overset{\displaystyle H \qquad CO \cdot CH_2OH}{\diagdown \qquad \diagup} \\
C \\
\diagup \quad \diagdown \\
O \qquad\quad O \\
\overset{\displaystyle H \quad\quad\quad\quad H}{\diagdown|\qquad\quad|\diagup} \\
C \qquad\quad C \\
\diagup \qquad\quad\quad \diagdown \\
HOH_2C \cdot OC \quad\ O \quad\ CO \cdot CH_2OH
\end{array}$$

als einzige Kohlenstoffquelle bei der Kultur von Fusarium lini B zu verwerten. Das Fusarium lini B zeigt einen Stoffwechsel, der grundsätzlich dem der Hefepilze ähnlich ist. Nur besitzt er noch die wichtige Eigenschaft, außer Hexosen auch noch Pentosen zu vergären, wozu die gewöhnlichen Hefen nicht in der Lage sind (s. auch [370, 500a]).

Dakin und Dudley[86] und Neuberg[350] konnten gleichzeitig und unabhängig voneinander nachweisen, daß *Methylglyoxal* unter der Mitwirkung eines

Fermentes, das in Leber- und Muskelzellen vorkommt, und das Ketoaldehyd-mutase (Methylglyoxalase), Dismutase genannt wurde, in reichlichem Ausmaß *in Milchsäure übergeführt* werde. Zur Erklärung dieser Umwandlung wurde eine innere Cannizzarierung angenommen, die an der Keton- und der Aldehydgruppe des Methylglyoxals ansetzt.

$$CH_3 - C = O \atop \quad C \!\!<^O_H \quad + \quad H_2 \atop O \quad \longrightarrow \quad CH_3 - C \!\!<^H_{OH} \atop \qquad C \!\!<^O_{OH}$$

Methylglyoxal　　　　　　　Milchsäure

Die tatsächlich entstehende Milchsäure ist ein Gemisch racemischer und l-Milchsäure.

Die gleiche *Aldehydmutase* wurde später in vielen Geweben, z. B. im Nierengewebe, in Leukocyten, in Nebennieren, in der Hypophyse, im Thymus- und Hodengewebe, in Speicheldrüsen und im Gehirn nachgewiesen. Auch in Mikroorganismen ist das Vorhandensein einer Dismutase durch die Untersuchungen z. B. an Bact. coli[352] nachgewiesen.

Wir müssen also die obengemachte Annahme des glykolytischen Fermentkomplexes dahin erweitern, daß wir mindestens zwei Fermente fordern, nämlich 1. eine *Monosaccharase*, die die Zerlegung der Hexose in zwei Triosen vornimmt, und 2. die *Dismutase* (Methylglyoxalase), die die Umwandlung des aus der Triose entstehenden Methylglyoxals in Milchsäure bewirkt.

Für die 3-C-atomige Zwischenstufe zwischen Dextrose und Milchsäure dürften nach GOTTSCHALK[176] demnach zwei Wege offenstehen, nämlich

a) d-Glykose ⟶ Methylglyoxal ⟶ Milchsäure
+ +
Glycerinaldehyd ⟶ Methylglyoxal ⟶ Milchsäure

oder

b) d-Glykose ⟶ 2 Glycerinaldehyd ⟶ 2 Methylglyoxal ⟶ 2 Milchsäure,

wodurch NEUBERGS und EMBDENS Formulierungen auf eine einheitliche Basis zu bringen wären.

PARNASS und BAER haben auf Grund ihrer zahlreichen Durchströmungsversuche zum Nachweis der *Zuckerbildung in der Leber* eine Theorie aufgestellt, die für den Zuckeraufbau 2-C-atomige Zwischenstufen fordert. Sie nahmen folgende Reihe an:

Milchsäure ⇄ Glycerinsäure ⇄ Glykolaldehydcarbonsäure ⇄
Glykolaldehyd ⟷ Glykose
(Kondensation)

Da alle diese Prozesse reversibel sind, mußte der Weg auch für den Abbau gelten. Doch sprechen verschiedene Tatsachen teils rein chemischer, teils physiologischer Natur gegen diese Theorie, die heute nur ein gewisses historisches Interesse verdient.

2. Die Rolle der Milchsäure bei der Muskeltätigkeit und Totenstarre.

Da die *Milchsäure* durch glykolytische Fermente in fast allen Organen des Körpers gebildet werden kann und als Abbauprodukt der Kohlehydrate entstehen muß, so muß sie vor allem unter Berücksichtigung des starken Glykogengehaltes auch im Muskel in größerem Ausmaße vorkommen. Ihr Auftreten und Wiederverschwinden spielt bei der *Lehre der Muskelkontraktion und der Energieproduktion bei dieser* eine besondere Rolle.

Im ruhenden, unverletzten bzw. gut durchbluteten Muskel ist der normale Gehalt an Milchsäure gering; er beträgt 0,015—0,026%. Schließt man aber den Muskel durch Ausschneiden oder Unterbindung der zuführenden Gefäße von der Blutversorgung aus, so beginnt sofort eine Vermehrung des Milchsäuregehaltes. Das gleiche tritt ein, wenn der Muskel mechanisch, thermisch oder chemisch gereizt wird[143, 141]. Bei *Erwärmen des Muskels* auf 40—45⁰ bis zum Eintritt der *Wärmestarre* kann der Gehalt an Milchsäure bis auf 0,3—0,6% steigen. Hat die Konzentration der Milchsäure im Muskel eine gewisse Höhe erreicht, so wird durch diese Konzentration selbst die weitere Bildung verhindert. Neutralisiert man jedoch die entstehende Milchsäure, z. B. durch Bicarbonatlösung, so kann nach Laquer[271] eine weitere Steigerung der gebildeten Milchsäure bis 0,9% erzielt werden.

Auch die nach dem Tode eintretende Starre steht mit der Milchsäurebildung in engstem Zusammenhang. Entgegen der früher vertretenen Meinung, daß die *Totenstarre* auf eine spontane Gerinnung der löslichen Muskeleiweißstoffe (Myogen und Myosin) zurückzuführen sei, sahen v. Fürth[162] und v. Fürth und Lenk[163, 164] als Ursache der Totenstarre einen durch die im absterbenden Muskel auftretende Milchsäurebildung ausgelösten Quellungsvorgang der Muskeleiweißkörper an.

Diese Quellung verursacht nach v. Fürth und Lenk eine Verdickung und Verkürzung der Muskulatur. Auch die Verkürzung und Verdickung des kontrahierten, lebenden Muskels erklären diese Autoren mit einem analogen Quellungsvorgang. Die *Lösung der Totenstarre* ist dann ein Entquellungsvorgang: durch die fortschreitende Milchsäurebildung werden allmählich Milchsäurekonzentrationen erreicht, durch welche die Muskeleiweißkörper zum Gerinnen kommen. Die geronnenen Eiweißkörper besitzen nämlich ein geringeres Wasserbindungsvermögen, so daß es zu einer mit Entquellung verbundenen Flüssigkeits- bzw. Wasserabgabe kommt.

Zur Frage der Totenstarre hat auch E. Mangold[306] auf Grund der von seiner Schule ausgeführten Untersuchungen der Verkürzungsvorgänge, Härtezunahme und Milchsäurebildung in der quergestreiften und glatten Muskulatur bei Absterben und Totenstarre eine zusammenfassende Übersicht gegeben.

Die *Ursache der Milchsäurebildung* im absterbenden Muskel ist jedenfalls in dem Ausfall der *Sauerstoffversorgung des Muskels* mit dem Tode zu suchen. In der Tat kann auch beim lebenden Tier durch Unterbindung der Blutgefäße eine Art Starre der betreffenden Muskulatur erzeugt werden, die wieder schwindet, wenn die Sauerstoffzufuhr durch den Blutstrom wieder hergestellt wird, und schließlich beschleunigen alle Eingriffe, die erhöhten Sauerstoffverbrauch im Muskel bedingen, wie z. B. Arbeit, Wärme usw., den Eintritt der Starre.

Es bestehen also unleugbare Beziehungen zwischen dem Sauerstoffverbrauch und der Milchsäurebildung und, da die Milchsäure aus den Kohlehydraten entsteht, auch dem Kohlehydratstoffwechsel im Muskel.

II. Energieproduktion im Muskel. Die Rolle der Milchsäure bei der Muskelarbeit.

An der Aufklärung dieser Beziehungen sind in erster Linie Embden und seine Schule, sowie Meyerhof, Hill, Fletcher, Hopkins und andere namhafte Forscher beteiligt.

Wie bei dem Abbau des Zuckers in den Organen und bei dem enzymatischen Abbau als erste Stufe des Zuckerzerfalls die Bildung einer Hexosephosphorsäurebindung (Zymophosphate und Myophosphate) angenommen wird, so wird dies auch bei den neuen Theorien des Kohlehydratstoffwechsels im Muskel gefordert.

Ausgehend von der Tatsache, daß der Kohlehydratabbau in den verschiedensten Organen unter Milchsäurebildung vor sich gehe, studierten EMBDEN, KALBERLAH und ENGEL[114] und KURA KONDO[254] die Einwirkung von Muskelpreßsaft auf Kohlehydrate in Gegenwart eines Bicarbonatpuffers. Obwohl erhebliche Milchsäuremengen beobachtet werden konnten, konnte durch Zusatz von Traubenzucker oder Glykogen eine weitere Vermehrung der Milchsäurebildung nicht erzielt werden[140]. Diese Beobachtungen führten EMBDEN und seine Mitarbeiter zu der Annahme einer zunächst noch unbekannten Vorstufe, die sie „*Lactazidogen*" nannten. Weitere Untersuchungen von EMBDEN und seinen Mitarbeitern[113, 116, 112, 117] führten zu der Annahme, daß dieses Lactazidogen als eine esterartige Verbindung der Hexose und Phosphorsäure aufzufassen sei. Diese Hexosephosphorsäure gab dasselbe Osazon, wie es durch LEBEDEFF[274] und YOUNG[510] aus der Gärungshexosediphosphorsäure gewonnen werden konnte. Später korrigierten EMBDEN und ZIMMERMANN[129] die ursprüngliche Annahme EMBDENS, daß im Lactazidogen eine Hexosediphosphorsäure vorliege, dahin, daß nur eine *Hexosemonophosphorsäure* vorliegt. Doch war eine Verschiedenheit zwischen der von NEUBERG[351] durch chemische Spaltung von Hexosediphosphorsäure und der von ROBISON[415] durch enzymatischen Abbau des Zuckers erhaltenen Hexosemonophosphorsäure festzustellen.

Wie bei der alkoholischen Gärung die Bildung von Hexosephosphorsäuren als Vorstufe des Abbaus, d. h. für den Zerfall des Zuckermoleküls in die 3-C-atomigen Bruchstücke gefordert wird, so betrachtet EMBDEN das Lactazidogen als Voraussetzung für die Bildung von Milchsäure im Muskel. In anderen Organen (Blut, Leukocyten, Niere, Leber) kann die Milchsäurebildung auch direkt mit Ausschaltung der Hexosephosphorsäurezwischenstufe verlaufen[469]. Die Notwendigkeit der *Beteiligung der Phosphorsäure am Zuckerabbau im Muskel* haben MEYERHOF[327] und LAQUER[272] nachgewiesen.

Für den *Abbau des Glykogens zur Milchsäure* wird jetzt folgender schematischer Verlauf angenommen. (Siehe Schema S. 108.)

Aus diesem Schema ist zu entnehmen, daß der ganze Prozeß des Kohlehydratabbaus in zwei Phasen geteilt werden kann, die anaerobe und die aerobe Phase.

Die *anaerobe Phase*, also die Aufspaltung bis zum Methylglyoxal und dessen Umwandlung in Milchsäure, ist ein rein fermentativer Prozeß[132, 133, 177, 331]. Das wirksame Ferment, „*Koferment*" (*Koenzym*) benannt, ist nach INOUYE und KONDO[227], RANSOM[404], EMBDEN, KALBERLAH und ENGEL[114] auch im zellfreien Muskelsaft enthalten und kann der Muskulatur durch Extrahieren mit Wasser entzogen werden[327]. Daß der Vorgang der Milchsäurebildung im Gewebe ein anaerober Prozeß sei, hat schon 1892 HOPPE-SEYLER[223] angedeutet, und zwar nach Befunden von ZILLESEN über Vermehrung der Milchsäurebildung in Leber und Muskulatur bei Verminderung der Sauerstoffzufuhr[512], s. auch [11]. HOPPE-SEYLER schloß, „daß die *Bildung von Milchsäure* bei Abwesenheit von freiem Sauerstoff und bei Gegenwart von Glykogen oder Glykose höchstwahrscheinlich *eine Eigenschaft alles lebenden Protoplasmas* sei", eine Folgerung, die auch durch die neuesten Befunde nur bestätigt werden kann.

Die grundlegenden Arbeiten von FLETCHER und HOPKINS[142] geben uns einen Einblick in die *quantitativen Verhältnisse der Milchsäurebildung*, sowie in die gesetzmäßigen Beziehungen zwischen den Vorgängen der Ruhe, Arbeit, Erregung, Starre und Erholung einerseits, und der Vermehrung oder Verminderung der Milchsäure im Muskel andererseits.

Während sich nach FLETCHER und HOPKINS im ausgeschnittenen ruhenden Muskel unter Abschluß des Sauerstoffs in den ersten 10 Stunden bei 16° eine

Schema kombiniert nach Gottschalk und Thannhauser (s. Anm.).

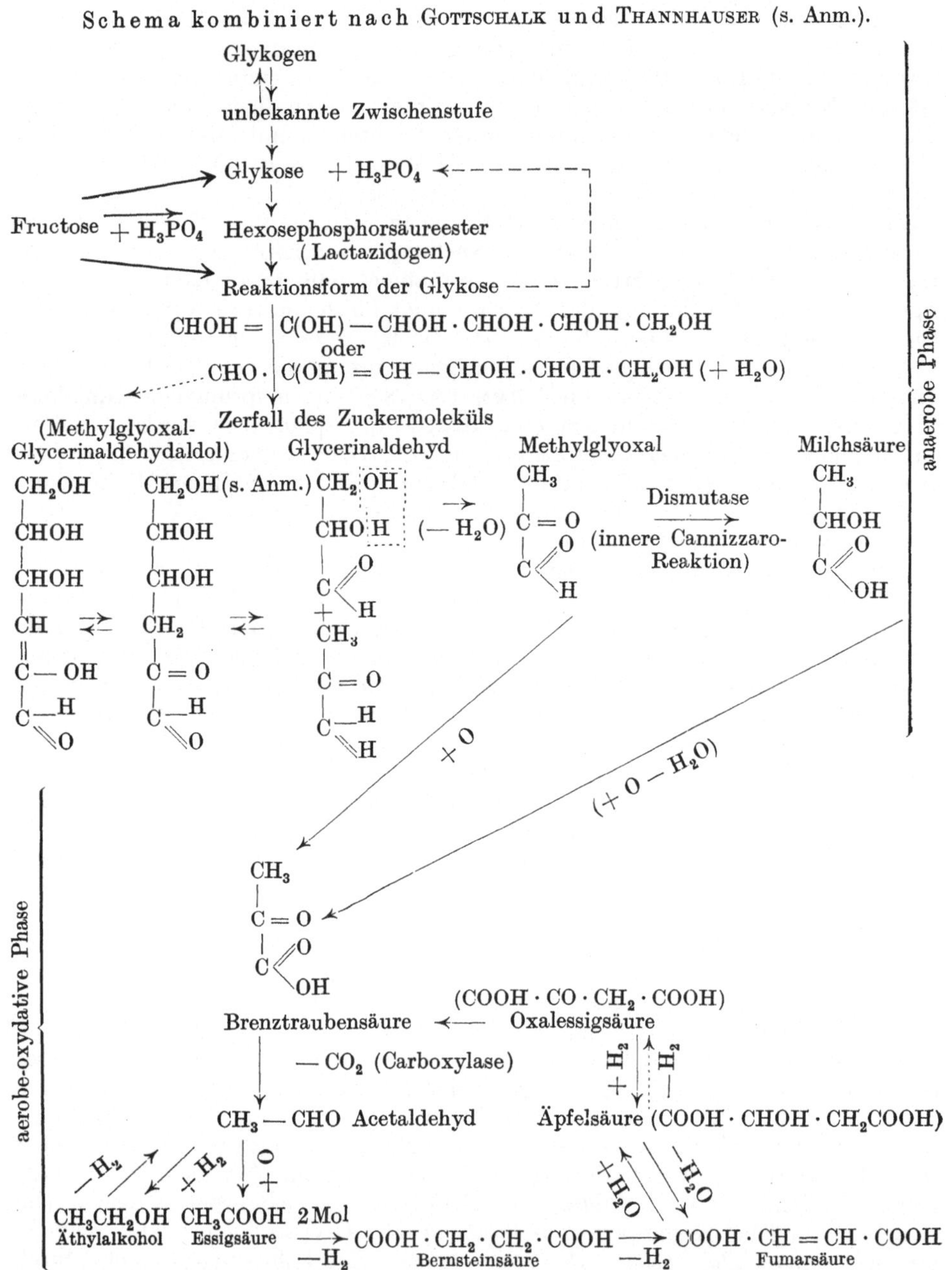

durchschnittliche Milchsäuremenge von 0,007% pro Stunde bildet, ruft eine gleichfalls unter Sauerstoffabschluß durch tetanische Reizung erzeugte Ermüdung eine Steigerung der Milchsäure bis zu 0,16% hervor. Ebenso bewirkt mechanische Verletzung und chemische Reizung des ruhenden Muskels eine Steigerung bis zu 0,4% und Erwärmung auf 30—45° eine solche bis zu 0,2—0,4%. Die unter

Anm. Für den Zerfall des Zuckermoleküls kann auch die Neubergsche Formulierung angenommen werden (s. Schema auf S. 103).

diesen Bedingungen (sowohl bei Ruhe als auch bei Tätigkeit oder Reizung des Muskels) unter Luftabschluß gebildete Milchsäure verschwindet wieder, bzw. wird erheblich vermindert, wenn eine Versorgung des Gewebes mit Sauerstoff einsetzt.

PARNASS und WAGNER[380] konnten zunächst bei der Wärmestarre und elektrischen Ermüdung zahlenmäßige Beziehungen zwischen der Menge der gebildeten Milchsäure und den verschwundenen Kohlehydraten des Muskels aufstellen.

Schließlich ist es MEYERHOF[328] durch ausgedehnte Untersuchungen gelungen darzutun, daß unter allen von ihm gewählten Versuchsbedingungen (Ruhe, Einzel- und tetanische Reizung, Verletzung, verschiedene Temperatur) eine absolute Gesetzmäßigkeit zwischen der Menge des *verschwundenen Muskelglykogens und der neugebildeten Milchsäure* besteht, und zwar derart, daß die unter diesen anaeroben Bedingungen gebildete Milchsäure genau quantitativ den verschwundenen Kohlehydraten entspricht. Auch zeitlich scheint Milchsäurebildung und Kohlehydratschwund genau zusammenzufallen. Die Umwandlung des Glykogens in Milchsäure kann eine vollständige sein, ja darüber hinaus kann noch zugesetztes Glykogen oder Traubenzucker umgewandelt werden. MEYERHOF spricht sich ausdrücklich für die Möglichkeit des Durchlaufens von Zwischenstufen zwischen Muskelglykogen und Milchsäure (Glykose—Glykosephosphorsäure usw.) aus, sieht aber diese „*Milchsäurevorstufen*" nicht als Reservoir der zu bildenden oder (mit Sauerstoffverbrauch) verschwindenden Milchsäure an. Der einzige Milchsäurespeicher in diesem Sinne sei das Glykogen. Diese anaerobe Phase ist gleichzeitig die Phase der *Tätigkeit des Muskels*. Zu dieser Tätigkeit, d. h. *zur Kontraktion des Muskels selbst wird kein Sauerstoff verbraucht.*

Andererseits kann, wie schon LIEBIG[283] dargetan hat, durch eine Sauerstoffatmosphäre die Erregbarkeit eines ruhenden, ausgeschnittenen Muskels auf längere Zeit erhalten werden. Ebenso verzögert Sauerstoff nach LUDWIG und SCHMIDT[290] die Ermüdung eines gereizten Muskels, und schließlich kann durch Einbringen in Sauerstoff das Eintreten der Totenstarre eines Muskels auf unbegrenzte Zeit verschoben, ja sogar ein bereits totenstarrer Muskel wieder reaktionsfähig werden[139].

Kombiniert man die Beobachtungen von FLETCHER und HOPKINS[143] über die Milchsäurebildung im Muskel unter Sauerstoffabschluß und deren Verschwinden bei Sauerstoffzufuhr mit den eben beschriebenen und den Befunden von PARNASS[378] und VERZÁR[485], nach welchen der *Muskel in der Erholungszeit vermehrte Sauerstoffaufnahme zeigt*, so kommt man zu dem Schluß, daß der Sauerstoff nicht unmittelbar der Arbeitsleistung selbst dient, sondern der Erholung.

Untersuchungen von HILL[214] und PETERS[387] über die Thermodynamik dieser Vorgänge, ferner von HARTREE und HILL[196] gaben MEYERHOF den Anlaß, diese *Erholungsphase* weiter zu studieren. Es zeigte sich, daß nicht die gesamte im Muskel gebildete Milchsäure verbrennen kann, denn der Sauerstoffverbrauch bis zum völligen Verschwinden der Milchsäure ist zu gering, als daß alle vorhandene Milchsäure oxydiert werden kann. Zahlenmäßig werden ungefähr 3—6mal soviel Milchsäure durch Sauerstoffatmung zum Verschwinden gebracht, als durch die verbrauchte Sauerstoffmenge oxydiert werden kann. MEYERHOF findet bei sich gut erholenden Muskeln das Verhältnis

$$\frac{\text{verschwundene Mol Milchsäure}}{\text{verbrannte Mol Milchsäure}}$$

ziemlich genau $=\frac{4}{1}$, was mit von HARTREE und HILL beobachteten Werten zwischen 5/1 und 6/1 und anderen Werten von MEYERHOF mit 5/1 ziemlich gut übereinstimmt[330].

In Kombination mit Embdens Forderung der Hexosephosphorsäure als unmittelbarer Vorstufe der Milchsäure und eigenen Beobachtungen, nach welchen nur in Gegenwart von Phosphorsäure der Muskel sein Glykogen (und darüber hinaus zugesetztes Glykogen oder Hexosen) in Milchsäure abbauen kann, kommt Meyerhof[327] zu folgender *Formulierung der Vorgänge im Muskel.*

A. Anaerobe Phase.

$$\frac{5}{n}\,(C_6H_{10}O_5)n\,(\text{Glykogen}) + 5\,H_2O + 8\,H_3PO_4 \longrightarrow$$

$$4 \cdot C_6H_{10}O_4\,(PO_4H_2)_2 + C_6H_{12}O_6 + 8\,H_2O \longrightarrow$$

$$8\,C_3H_6O_3 + 8\,H_3PO_4 + C_6H_{12}O_6\,.$$

B. Oxydative Phase.

$$8\,C_3H_6O_3 + 8\,H_3PO_4 + C_6H_{12}O_6 + 6\,O_2 \longrightarrow$$

$$4\,C_6H_{10}O_4\,(PO_4H_2)_2 + 6\,CO_2 + 14\,H_2O$$

$$\frac{4}{n}\,(C_6H_{10}O_5)n + 8\,H_3PO_4 + 6\,CO_2 + 10\,H_2O\,.$$

Von 5 Mol aus Glykogen stammender Glykose werden in der *anaeroben Phase* unter Mitwirkung von Phosphorsäure zunächst 4 Mol in 8 Mol Milchsäure umgewandelt, während das letzte Molekül Dextrose zunächst intakt bleibt.

In der nun anschließenden *aeroben oder oxydativen Phase* tritt, wieder unter Mitwirkung von Phosphorsäure, eine *Rückneubildung von Glykogen ein*; die 8 Milchsäuremoleküle liefern also die 4 Dextrosemolekülen entsprechende Menge Glykogen (über die Zwischenstufe von Hexosephosphorsäureverbindungen), das restierende Mol Dextrose wird zu CO_2 und H_2O verbrannt und liefert dabei die zur Rücksynthese notwendige Energie.

Gottschalk gibt für diesen gekuppelten Prozeß folgendes Schema, wobei I den anaeroben Prozeß bei der Spaltung von Dextrose in Milchsäure, II die

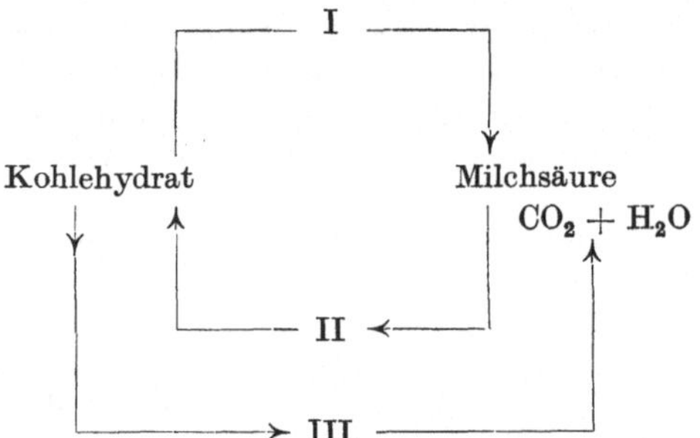

Resynthese der Milchsäure zu Kohlehydrat in der anaeroben Phase unter gleichzeitiger Verbrennung einer Dextrose (III) bedeutet.

Die bei geleisteter *Muskelarbeit benötigte Energie* wird also primär durch die beim Zerfall des Muskelglykogens (über die Zwischenstufen) in Milchsäure frei werdende Energie gedeckt (primär-*anaerobe* Phase). In der 2. *aeroben* oder *Erholungsphase* findet ein Wiederaufbau der Milchsäure zu Kohlehydrat statt, wobei nach Meyerhof der 5. Teil des ursprünglich vorhandenen Kohlehydrats benützt wird, um diejenige Menge Energie zu liefern, die nötig ist, die Bruchstücke (Milchsäure) in Glykogen zurückzuverwandeln. Diese *Erholungsoxydation* ist also der Energielieferant für den Mechanismus, dessen Funktion es ist, Milchsäure wieder zu Glykogen umzubilden; der oxydierte Stoff ist entweder Milchsäure oder sein Äquivalent an Glykogen[213]. Dieser von Hill ausgesprochene Satz ist durch eingehende Untersuchungen über die Wärmetönung von Hill und Hartree, sowie von Meyerhof bestätigt worden. Die einschlägige Literatur ist in den zusammenfassenden Arbeiten von Hill und Meyerhof[329] angegeben.

Ob der Ort der Rückverwandlung der bei der Muskelarbeit entstehenden Milchsäure in Kohlehydrat auch der Ort der Entstehung, also der Muskel ist oder sein muß, ist nicht sicher bewiesen.

EMBDEN hat die Möglichkeit diskutiert, und viele spätere Versuche sprechen dafür, daß die Resynthese der im Muskel gebildeten Milchsäure zu einem erheblichen Teil in der Leber stattfindet[235].

Neben diesem von der MEYERHOFschen Theorie geforderten Kreisprozeß der Kohlehydrate laufen nach den neuesten Literaturangaben noch weitere Prozesse bei der Tätigkeit des Muskels ab. Ich verweise auf den Zerfall des „Phosphagens" (EGGLETON[102], FISKE und SUBBAROW[137]), einer Verbindung von Kreatin und Phosphorsäure, und die Theorien EMBDENs über die Rolle der Adenylsäure bei der Muskelfunktion[129, 121, 126, 109, 127, 105a].

Ganz besonders sei auf die Ergebnisse von LUNDSGAARD[290a] aufmerksam gemacht, nach welchem bei gewissen Versuchsbedingungen eine Monojodessigsäurevergiftung das Erlöschen des Milchsäurebildungsvermögens der Muskeln ohne Einbüßung von deren Kontraktionsfähigkeit bedingt.

Ebenso seien auch die Abhandlungen von SCHWARTZ[458a], BETHE[31a] und ERNST FISCHER[136b] der Beachtung empfohlen. Nach diesen Arbeiten sind die ursprünglichen MEYERHOFschen Anschauungen jedenfalls stark zu modifizieren (man vergleiche hierzu MEYERHOF[332a]); jedoch soll auf die Einzelbefunde hier nicht näher eingegangen werden, da die ganze Frage in ein neues Entwicklungsstadium gelangt ist und erst durch weitere Untersuchungen völlig geklärt werden muß.

III. Endprodukte der Kohlehydrat-Oxydation.

Neben der Milchsäure sind noch andere Stoffe, die im intermediären Stoffwechsel der Kohlehydrate entstehen können, zu berücksichtigen, die auch in den früheren Schemata angeführt sind.

Die *Brenztraubensäure*, die, wie der Zucker, durch Hefe in Acetaldehyd und CO_2 vergärbar ist[360], ist in erster Linie zu nennen. Doch ist sie bisher als Zwischenprodukt des Zuckerabbaus weder im Muskel noch in der Leber nachgewiesen worden. Über die Beteiligung der Brenztraubensäure bei der Zuckerbildung im Körper ist schon berichtet worden. Jedenfalls sprechen die Versuche von P. MAYER[314a, c], nach welchen Verabfolgung von Brenztraubensäure per os zu einer so starken Hyperglykämie führt, daß sogar Zucker im Harn auftritt, für die Möglichkeit der Umwandlung in Zucker. Die vom gleichen Autor beobachtete Bildung von Leberglykogen bei Hungertieren ist ebenso zu deuten.

Nach MEYERHOF[332] kann im isolierten Froschmuskel eine Zuckersynthese aus Brenztraubensäure stattfinden.

Will man nicht mit MAGNUS-LEVY einen Abbau des Methylglyoxals nach folgenden Formeln

$$
\begin{array}{c}
CH_3 \\
|\\
C=O \\
|\ \diagup H \\
C \\
\diagdown O
\end{array}
\;+\; \begin{array}{c} H \\ | \\ OH \end{array}
\;\longrightarrow\;
\begin{array}{c}
CH_3 \\
|\quad\diagup O \\
C \\
\diagdown H
\end{array}
\;+\;
\begin{array}{c}
\diagup O \\
H-C \\
\diagdown OH
\end{array}
\;\xrightarrow{+O}\;
\begin{array}{c}
CH_3 \\
|\quad\diagup O \\
C \\
\diagdown OH
\end{array}
\;\longrightarrow\;
\begin{array}{c}
HCOOH \\
HCOOH
\end{array}
$$

Methylglyoxal — Acetaldehyd + Ameisensäure — Essigsäure — Ameisensäure

annehmen, so ist die Brenztraubensäure jedenfalls als die Vorstufe des *Acetaldehyds* anzusehen. Es ist gelungen, mit Hilfe des von NEUBERG benutzten

Abfangverfahrens den Acetaldehyd im Blut nachzuweisen. Stepp und Feulgen[463] und Neuberg und Gottschalk[354] fanden Acetaldehyd im Gewebsbrei von Muskeln und anderen Organen. Gottschalk[174] konnte zeigen, daß der Acetaldehyd als eine obligate Zwischenstufe im Kohlehydratabbau anzusehen sei. Die Acetaldehydbildung ist an die Anwesenheit von Sauerstoff geknüpft[175]. Durch Zusatz von Glykogen, Hexosephosphorsäure, Dioxyaceton, Glycerinaldehyd und d-Fructose zum Muskelbrei wird die Bildung von Acetaldehyd vermehrt, während Milchsäure und Fettsäure keine Vermehrung bedingen.

Neuberg nimmt an, daß nahezu die Hälfte der im Muskel verbrannten Kohlehydrate die Acetaldehydstufe durchläuft[353].

Das weitere Schicksal des Acetaldehyds ist noch nicht bekannt. Es ist unsicher, ob man auch im tierischen Organismus eine Dismutation, bei der Essigsäure und Äthylalkohol entsteht. Zwar ist Essigsäure als unmittelbares Zwischenprodukt des Kohlehydratstoffwechsels noch nicht nachgewiesen worden. Doch konnten Embden und Baldes[107] eine Alkoholbildung aus Acetaldehyd im Leberdurchströmungsversuch dartun, wie auch der *Alkohol* ein ständiger, wenn auch minimaler Bestandteil des Blutes $(0,1 \text{ mg}^0/_0)$ und der frischen Organe von Mensch und Tier ist $(3\text{—}3,7 \text{ mg}^0/_0)$[268]. Wahrscheinlich wird aber der Acetaldehyd über Essigsäure schließlich zu CO_2 und H_2O weiterverbrannt. Daneben kann aber der Acetaldehyd in der Leber zum Aufbau von Acetessigsäure und Aceton verwendet werden. Friedmann[159] nimmt nach Versuchen mit Leberdurchblutung folgenden Reaktionsverlauf an:

$$2\ CH_3CHO \longrightarrow CH_3 \cdot CHOH \cdot CH_2 \cdot CHO \longrightarrow$$

Acetaldehyd   Aldol

$$CH_3 \cdot CHOH \cdot CH_2 \cdot COOH \longrightarrow CH_3 \cdot CO \cdot CH_2 \cdot COOH$$

β-Oxybuttersäure   Acetessigsäure

$$\longrightarrow CH_3 \cdot CO \cdot CH_3 + CO_2 .$$

Aceton

Auf ähnlichem Weg könnte nauch nach Embden und Oppenheimer[120] und Masuda[311] aus Brenztraubensäure und Alkohol die ersten Bausteine der Fettsäurereihe gebildet werden, und damit ist eine der Möglichkeiten der *Verwertung der Kohlehydrate für den Fettaufbau* gegeben. Soweit der Acetaldehyd nicht für diese Synthese verwertet wird, kann er entweder in der Dismutationsreaktion zur Bildung von Äthylalkohol und Essigsäure beitragen oder auch durch direkte Oxydation in Essigsäure übergeführt werden, die ihrerseits ebenfalls durch direkte Oxydation zu H_2O und CO_2 abgebaut wird. Doch hat Thunberg[471] darauf hingewiesen, daß aus 2 Mol Essigsäure unter Dehydrierung Bernsteinsäure entstehen könne. Ein Experiment Thunbergs am Muskelbrei unter Zusatz von Essigsäure und Methylenblau zeigte bei Sauerstoffabschluß die Reduktion des Methylenblaus zur Leukobase. Versuche von Fischer mit Herzmuskelbrei[136] und Hahn und Haarmann[189] mit Brei aus der Extremitätenmuskulatur bestätigten diese Beobachtungen und konnten darüber hinaus noch die Bildung von Fumarsäure und Äpfelsäure experimentell dartun.

Der Vorgang verläuft nach Hahn und Haarmann nach folgenden Formeln:

$$
\begin{array}{ccccccc}
COOH & & & COOH & & & COOH \\
| & & -H & | & & +OH & |\diagup OH \\
CH_2 & & \longrightarrow & CH & & \longrightarrow & C \\
| & & -H & \| & & +H & |\diagdown H \\
CH_2 & & & CH & & & CH_2 \\
| & & & & \diagup O & & |\diagdown O \\
COOH & & & C & & & C \\
& & & & \diagdown OH & & \diagdown OH \\
\end{array}
$$

Bernsteinsäure   Fumarsäure   Äpfelsäure

was mit Annahmen von EINBECK[103a—c] und BATELLI und STERN[29] gut in Übereinstimmung zu bringen ist.

Die Äpfelsäure kann wiederum unter Wasserstoffabspaltung (Dehydrierung) Oxalessigsäure liefern, die unter CO_2-Verlust Brenztraubensäure und weiter Acetaldehyd bildet.

$$\begin{array}{ccccc}
COOH & & COOH & COOH & H \\
| & & | & \cdots|\cdots & \diagup \\
CHOH & -H_2 & C=O & C=O & C=O \\
| & \rightarrow & | & \rightarrow \quad | & | \\
CH_2 & & CH_2 & CH_3 & CH_3 \\
| & & \cdots|\cdots & & \\
COOH & & COOH & & \\
\end{array}$$

Äpfelsäure $\longrightarrow$ Oxalessigsäure $\longrightarrow$ Brenztraubensäure $\longrightarrow$ Acetaldehyd

Für den Tierkörper fehlen freilich die experimentellen Beweise für die Essigsäurestufe, wie auch für die synthetische Bildung der Bernsteinsäure. Auch auf die Möglichkeit einer eventuellen Acetessigsäurebildung aus Essigsäure[118] sei noch besonders hingewiesen.

IV. Beziehungen der Kohlehydrate zu den Acetonkörpern.

Wie wir oben gesehen haben, kann aus dem Kohlehydratstoffwechsel in der oxydativen Spaltungsphase *Oxybuttersäure, Acetessigsäure* und *Aceton* entstehen. Diese drei Körper, gewöhnlich unter dem Namen *Acetonkörper* zusammengefaßt, treten auch beim schweren *Diabetes* auf. Ihre Anhäufung im Blut und im Gewebe führt zur schweren *Acidosis*, die ihrerseits wieder das diabetische Koma zur Folge hat. Ursprünglich nahm man an, daß die Acetonkörper sich aus den Kohlehydraten bilden. Auch das Eiweiß wurde als ihre Muttersubstanz angesehen. Erst MAGNUS-LEVY[302] konnte den Beweis erbringen, daß die *Acetonkörper in ihrer Hauptsache aus Fett entstehen*; die Fettsäuren werden im Organismus nach der von KNOOP[250] aufgestellten Regel der β-Oxydation abgebaut. Dieser Abbau führt bei den in den natürlichen Fetten im wesentlichen vorkommenden Fettsäuren mit gerader (paariger) Anzahl von C-Atomen zur Oxybuttersäure. Von den Aminosäuren des Eiweißes kommen nur wenige für die Bildung der Acetonkörper in Frage[123, 15, 16, 17, 110, 105, 82, 470].

Neben der Bildung der Acetonkörper aus dem intermediären Stoffwechsel der Fettsäuren und Eiweißkörper kann vielleicht auch eine synthetische Bildung durch Acetylierung von Essigsäure in Frage kommen. Wenigstens konnten EMBDEN und LOEB[284, 118] beim Leberdurchblutungsversuch mit Essigsäure die Bildung von Acetessigsäure feststellen. Da aber für das Gelingen dieses Versuches eine Glykogenarmut der Leber Vorbedingung ist, läßt das Experiment auch die Deutung zu, daß die gebildete Acetessigsäure nicht aus der Essigsäure entstanden sei, sondern durch eine eben durch die Glykogenarmut bedingte unvollkommene Oxydation der Fettsäuren. Sind doch der Fettsäureabbau und die Kohlehydratverbrennung in der Leber aufs innigste miteinander verknüpft, und zwar in dem Sinne, daß nur bei gleichzeitiger genügender Oxydation von Kohlehydraten eine völlige Oxydation der Fettsäuren stattfindet. Ist in der Leber durch Diabetes oder dessen Folge, die Glykogenverarmung, der Kohlehydratabbau gestört, so können gewisse Produkte des Leberstoffwechsels, wie einzelne Aminosäuren oder Fette, nicht völlig oxydiert werden; es kommt so zur Bildung der Acetonkörper. Das Auftreten der Acetonurie suchen v. NOORDEN und ISAAC[368] durch folgende Annahme zu erklären. Die infolge des Diabetes an Glykogen verarmte Leber zieht an Stelle der Kohlehydrate die Fettbestände zur Lieferung der nötigen Energie heran, ohne jedoch imstande zu sein, die Fettsäuren völlig zu oxydieren. Auch die von Embden und Isaac gegebene Theorie für das Auftreten der Acetonkörper sei erwähnt. Nach den von beiden Autoren angestellten Versuchen an der überlebenden Leber besteht hier eine Konkurrenz zwischen der Acetessigsäurebildung und der Bildung von Milchsäure, und zwar derart, daß, solange eine Milchsäurebildung aus Kohlehydraten stattfinden kann, keine Acetonkörper- (Acetessigsäure-) Bildung eintritt. Erst wenn aus Mangel an Kohlehydraten die Bildung von Milchsäure nicht stattfinden kann, tritt vermehrte Acetessigsäurebildung ein.

Nach Ansicht Thannhausers ist dieser Versuch aber nur dafür beweisend, daß nur *bei ungenügender Kohlehydratverbrennung (Milchsäurebildung) in der Leber Acetonkörper* gebildet werden. Auch die von Geelmuyden vertretene Theorie, nach welcher die Acetonkörperbildung nur Zwischenstufe einer Zuckerbildung aus Fett sei, wird von Thannhauser auf Grund der Arbeiten von Magnus-Levy[303] abgelehnt.

Daß ein enger Zusammenhang zwischen der Bildung der Acetonkörper und dem Vorhandensein genügender Kohlehydratbestände in der Leber bzw. dem Stattfinden eines oxydativen Kohlehydratabbaues bestehen muß, zeigt sich auch darin, daß im *Hunger*, wenigstens beim Menschen, eine vermehrte Bildung und damit Ausscheidung der Acetonkörper eintritt. Wie beim Diabetes werden nämlich beim Hunger sehr bald die Kohlehydratbestände, vor allem der Leber, so weit reduziert, daß eben eine völlige Verbrennung der Fette „im Feuer der Kohlehydrate" (Naunyn-Rosenfeld) nicht stattfinden kann, und somit eine Bildung der Acetessigsäure, β-Oxybuttersäure und des Acetons einsetzt. Bei *Tieren* ist mit Ausnahme von Hunden, und da nur unter gewissen Bedingungen, die *Acetonurie sehr selten.*

Es sei noch besonders darauf hingewiesen, daß die Acetonurie primär auf eine Kohlehydratverarmung speziell der Leber zurückzuführen ist. Der Kohlehydratabbau in der Muskulatur und in den Organen ist ohne Einfluß auf die Bildung der Acetonkörper.

F. Schlußbemerkungen (Stärkewert und Eiweißverhältnis).

Wo immer im lebenden Organismus Stoffwechselvorgänge ablaufen, sind die Kohlehydrate mit beteiligt. In den Kohlehydraten sehen wir neben den Fetten den Hauptreservestoff des Körpers, der vor allem zur Produktion der für Arbeitsleistung nötigen Energie dient.

Wie der Organismus ständig seine Kohlehydratbestände entweder aus den in der Nahrung enthaltenen Zuckerarten oder aus anderen Stoffen, vor allem aus den Eiweißkörpern, erzeugen kann, und wie er seinen Zuckerbedarf bzw. den Transport des Zuckers vom Hauptdepot, der Leber, durch hormonale und nervöse Regulationen steuert, ist besprochen.

Theoretisch sind zwar die Kohlehydrate der Nahrung durch andere Nahrungsstoffe ersetzbar. Praktisch dürfte sich eine völlig kohlehydratfreie Ernährung weder beim Menschen, noch bei unseren Haustieren auf irgendwelche nennenswerte Zeit durchführen lassen, selbst wenn man die wirtschaftlichen Verhältnisse gar nicht berücksichtigen wollte. Welche grundlegende Bedeutung die Kohlehydrate gerade bei der Fütterung, Aufzucht und Mast unserer landwirtschaftlichen Haustiere haben, geht schon aus der Tatsache hervor, daß O. Kellner, der Begründer der Fütterungslehre für landwirtschaftliche Nutztiere, die Kohlehydrate zur Basis seiner Futterbewertungszahlen nimmt, indem er den „*Stärkewert*" als Grundlage für seine vergleichende Berechnung des Ansatzwertes der verschiedenen Futtermittel nimmt. Kellner bezeichnet als

Stärkewert eines Futtermittels diejenige Zahl, welche die Menge Kohlehydrat (Stärke) angibt, die als Zulage zum Erhaltungsfutter gegeben, denselben Produktionswert (Ansatz bzw. Bildung von Fett) hat, wie 100 kg des betreffenden Futtermittels. Diese Zahl läßt sich nicht direkt berechnen, sondern sie muß durch vergleichende Fütterung empirisch festgestellt werden. (Näheres s. E. Mangold in diesem Bande des Handbuchs.)

Es sei noch darauf hingewiesen, daß für eine zweckmäßige und rationelle Fütterung darauf Rücksicht genommen werden muß, daß in allen Futtermischungen ein bestimmtes *Verhältnis der stickstoffhaltigen Nährstoffe zu den N-freien Bestandteilen* eingehalten wird. Dies ist besonders bei der Fütterung von Wiederkäuern zu beobachten; jedoch muß auch bei der Ernährung von Pferd und Schwein darauf geachtet werden. Vermehrt man nämlich die Menge der Kohlehydrate im Futtermittel einseitig gegenüber dem Gehalt an N-haltigen Bestandteilen der Nahrung, so hat dies eine Herabsetzung der Verdaulichkeit des Futters zur Folge. Diese als „Verdauungsdepression" bezeichnete Beobachtung ist z. T. dadurch zu erklären, daß durch die einseitige Vermehrung der Kohlehydrate veränderte Bedingungen für die im Magen und Darm der Tiere enthaltenen Bakterien geschaffen werden. Und zwar können die Bakterien dann vorzugsweise die leichter angreifbaren Kohlehydrate vergären, während sie die schwerer angreifbare Cellulose der Rauhfutterstoffe, die die meisten Nährstoffe enthalten, nur unvollkommen aufschließen, so daß zugleich auch deren Zellinhalt in vermindertem Maße verdaut und nutzbar gemacht werden kann.

Jene Verdauungsdepression wird daher durch entsprechende Zulagen von stickstoffhaltigen Substanzen, und zwar sowohl von echtem Eiweiß als auch von Amidsubstanzen behoben. Es muß also für die rationelle Fütterung ein bestimmtes Verhältnis zwischen N-haltigen und N-freien Nährstoffen bestehen, das sog. *Eiweißverhältnis*. Dieses Eiweißverhältnis läßt sich aus der Analyse der Futtermittel errechnen bzw. hiernach einrichten. Seine Höhe ergibt sich durch Division des verdaulichen Eiweißgehaltes des betreffenden Futtermittels oder der Futtermischung durch den Gehalt an stickstofffreien Nährstoffen, Kohlehydrat und Fett, wobei die Fettzahl wegen des höheren calorischen Wertes der Fette mit dem Faktor 2,2 im Kohlehydratwert ausgedrückt wird.

Ein Beispiel möge die Berechnungsart erläutern. Eine Futtermischung enthält 8 % verdauliches Eiweiß, 2 % verdauliches Fett, 45 % N-freie Extraktstoffe (Kohlehydrate) und 15 % Rohfaser. Die Berechnung ergibt

$$\frac{8}{(2 \cdot 2{,}2) + 45 + 15} = \frac{8}{64{,}4} = 1 : 8{,}05 .$$

Für Wiederkäuer ist ein Eiweißverhältnis 1 : 6—8 im allgemeinen günstig. Beim Pferd und Schwein kann das Eiweißverhältnis etwas weiter, 1 : 8—12, gestellt werden. (Näheres über das Eiweißverhältnis s. Völtz und Kirsch in diesem Bande des Handbuchs.)

Nachdem hier das Verhalten und die Schicksale der Kohlehydrate im Stoffwechsel des Organismus der höheren Tiere dargestellt wurden, soll im folgenden Abschnitt die Bedeutung der Kohlehydrate für die Ernährung der landwirtschaftlichen Nutztiere behandelt werden.

Literatur zum Kapitel: Die Kohlehydrate im Stoffwechsel.

(1) Abderhalden u. Kapfberger: Z. physiol. Chem. **69**, 23 (1910). — *(2)* Abderhalden u. Rathsmann: Ebenda **71**, 367 (1911). — *(3)* Abel, Rowntree u. Turner: J. of Pharmacol. **5**, 275; **6**, 11 (1921). — *(4)* Abelin u. de Corral: Biochem. Z. **83**, 62 (1917). — *(5)* Achard: Rev. Med. **38**, 447 (1921). — *(6)* Adler in Bethes Handbuch **6 I,** 299. — *(7)* Agadschanianz: Biochem. Z. **2**, 148 (1907). — *(8)* Aldehoff: Z. Biol. **25**, 137

(1889). — (9) Ebenda 28, 293 (1894). — (10) Allen: Glycosuria and Diabetes, Monographie. 1913. — (11) Araki: Z. physiol. Chem. 15, 335; 16, 453 (1892). — (12) Aschner: Pflügers Arch. 146, 1 (1912); Berl. klin. Wschr. 1916, 772. — (13) Asher u. Calva Criado: Biochem. Z. 164, 76 (1925). — (14) Asher u. Rosenfeld: Zbl. Physiol. 1905, 449.

(15) Baer u. Blum: Arch. f. exper. Path. 55, 89 (1906). — (16) Ebenda 56, 92 (1907); 59, 321 (1908); Hofm. Beitr. 11, 101 (1908). — (17) Arch. f. exper. Path. 62, 129 (1910). — (18) Hofm. Beitr. 10, 80 (1907). — (19) Arch. f. exper. Path. 65, 1 (1911). — (20) Bainbridge: J. of Physiol. 31, 98 (1904). — (21) Baldes u. Silberstein: Z. physiol. Chem. 100, 34 (1917). — (22) Bang: Blutzucker. Monographie, Wiesbaden 1923. — (23) Bang u. Kira: Mitt. med. Fak. Tokyo 30, 75 (1922). — (24) Bang, Ljungdahl u. Bohm: Hofm. Beitr. 10, 1 (1907). — (25) Banting u. Best: Communications Acad. Med. Toronto 7 II (1922); J. Labor. a. clin. Med. 7, 251 (1922); 8, 464 (1922). — (26) Banting, Best, Collip, Campell u. Fletcher: Canad. med. Assoc. J. 12, 141 (1922). — (27) Bardier u. Stillmuncés: C. r. Soc. Biol. 84, 613 (1921). — (28) Barrenscheen: Biochem. Z. 58, 277 (1914). — (29) Batelli u. Stern: Ebenda 30, 172 (1911); C. r. Soc. Biol. 84, 305 (1921). — (30) Bauer: Inaug.-Dissert., Berlin, Tierärztl. Hochsch. 1920. — (31) Baur, Kuhn u. Wacker: Münch. med. Wschr. 1924, 169, 187, 544. — (31a) Bethe, Naturwissensch. 18, 678 (1930). — (32) Bendix: Z. physiol. Chem. 32, 479 (1901). — (33) Bernard, Claude: Leçons cours du semestre d'hiver 1854/55 S. 289. — (34) C. r. Acad. Sci. 41, 461 (1855); 44, 1325 (1857); 48, 77, 673, 884 (1859). — (35) Berwig: Inaug.-Dissert., Berlin, Tierärztl. Hochsch. 1916. — (36) Best (Dale, Hoet u. Marks): Proc. roy. Soc. Lond. 100, 55 (1926). — (37) Bial: Pflügers Arch. 52, 137 (1892); 53, 156 (1893); 54, 72 (1893). — (38) Biberfeld: Arch. f. exper. Path. 80, 164 (1916). — (39) Bierry: Biochem. Z. 44, 415 (1912). — (40) C. r. Soc. Biol. 58, 700, 701 (1905). — (41) Bierry u. Rathéry: C. r. Acad. Sci. 172, 1445 (1921). — (42) Bissinger u. Lesser: (Weiße Maus.) Biochem. Z. 153, 39 (1924); 168, 398 (1926) — (43) Bissinger, Lesser u. Zipf: Klin. Wschr. 2, 2233 (1923). — (44) Bleile: Arch. f. Anat. 1879, 59. — (45) Blum: Dtsch. Arch. klin. Med. 71, 146 (1901); Pflügers Arch. 90, 617 (1902). — (46) Boe: Biochem. Z. 64, 150 (1914). — (47) Böhm u. Hoffmann: Arch. f. exper. Path. 8, 375 (1878). — (48) Bönninger: Biochem. Z. 122, 258 (1921); 128, 482 (1922). — (49) Borchard: Erg. inn. Med. 3, 288 (1909). — (50) Bornstein u. Holm: Biochem. Z. 130, 209 (1922). — (51) Brann: Klin. Wschr. 1, 1103 (1922). — (52) Brasol, V.: Arch. f. Anat. 1884, 211. — (53) Brinkmann u. van Dam: Biochem. Z. 105, 93 (1920). — (54) Brugsch, Dresel u. Lewy: Z. f. exper. Path. 21, 358 (1920). — (55) Brune: Dissert., Leipzig 1926. — (56) Burger: Cremers Beitr. Physiol. 2, 19.

(57) Caparelli: Arch. ital. de Biol. 21, 398 (1894). — (57a) Carlsson u. Drennan: Amer. J. Physiol. 28, 391 (1911). — (58) Cathcart: Z. physiol. Chem. 39, 423 (1903). — (59) Chaikoff u. McLeod: J. of biol. Chem. 73, 725 (1927). — (59a) Chaikoff u. Weber: Ebenda 76, 813 (1928). — (60) Chambers u. Denel jun.: Proc. Soc. exper. Biol. a. Med. 22, 273 (1924/25). — (61) Cohn: Z. physiol. Chem. 28, 211 (1899). — (62) Siehe 341a. — (63) Collazo, Haendel u. Rubino: Dtsch. med. Wschr. 50, 747 (1924). — (64) Collip: Trans. roy. Soc. Canada 16, 28 (1922). — (65) Cori: J. of biol. Chem. 66, 691 (1925). — (66) Cori u. Cori: Ebenda 70, 557 (1926). — (67) J. of Pharmacol. 24, 465 (1925). — (68) Cori u. Goltz: Proc. Soc. exper. Biol. a. Med. 23, 124 (1925). — (69) Corley: Ebenda 23, 839 (1926). — (70) Corral, de: Biochem. Z. 86, 176 (1918). — (71) Cramer: Z. Biol. 24, 67 (1888). — (72) Cremer, M.: Asher-Spiro, Erg. 1, 897 (1902). — (73) Physiologie der Glycogens. Ebenda 1, 803 (1902). — (74) Z. Biol. 29, 484 (1892). — (75) Münch. med. Wschr. 1902, 944; Z. Biol. 38, 309 (1898). — (76) Berl. klin. Wschr. 1913, 1457. — (77) Cremer u. Seuffert: (Versuche von Pape u. Bergen.) Cremers Beitr. Physiol. 1, 255; (Fabische) 283. — (78) Heffters Handbuch der experimentellen Pharmakologie 2, II, 1453ff. — (79) Creveld, van, u. Brinkmann: Biochem. Z. 119, 65 (1921). — (80) Cuenca: Ebenda 190, 1 (1927). — (81) Czonka: J. of biol. Chem. 20, 539 (1915).

(82) Dakin: J. of biol. Chem. 8, 97 (1910). — (83) Ebenda 13, 513 (1913). — (84) Ebenda 14, 321 (1913). — (85a) Dakin u. Dudley: Ebenda 15, 127 (1913). — (85b) Ebenda 17, 451 (1914). — (86a—c) Ebenda 14, 155, 423 (1913); 15, 127, 463 (1913); 16, 505 (1914). — (87) Dakin u. Janney: Ebenda 15, 177 (1913). — (88) Dale: Lancet 204, 989 (1924). — (89) Daniels: Inaug.-Dissert., Berlin, Tierärztl. Hochsch. 1929. — (90) Denis u. Hume: J. of biol. Chem. 60, 603 (1924). — (91) Diamare: Zbl. Physiol. 19, 545 (1905). — 92) Dixon, Eadie, McLeod u. Prember (Hund, Kaninchen): Quart. J. exper. Physiol. 14, 123 (1924). — (93) Dominicis, de: Giorno int. delle Science medic. 1889; Münch. med. Wschr. 1891, 717. — (94) Doyon u. Gautier: C. r. Soc. Biol. 64, 866 (1908). — (95) Doyon u. Mitarbeiter: Ebenda 56, 66 (1904); 59, 202 (1905); 64, 566 (1908). — (96) Doyon, Morel u. Kareff: Ebenda 59, 202 (1905); J. Physiol. et Path. gén. 7, 998 (1905). — (97) Dresel: Z. exper. Med. 37, 373 (1923).

(98) Ebstein: Virchows Arch. 129, 401 (1892); 132, 368 (1893). — (99) Eckhard: Beitr. Anat. u. Physiol. 4, 11, 138 (1869); 8, 77 (1879). — (100) Ege: Biochem. Z. 107, 246

(1920). — (101) Ebenda 114, 188 (1921). — (102) Eggleton: J. of Physiol. 63, 155 (1927); Nature 119, 194 (1927). — (103a—c) Einbeck: Z. physiol. Chem. 87, 145 (1913); 90, 301 (1914); Biochem. Z. 95, 296 (1919). — (104) Elias: Erg. inn. Med. 25, 192 (1924). — (105) Embden: Hofm. Beitr. 11, 348 (1908). — (105a) Klin.Wschr. 9, 1337 (1930). — (106) Embden u. Almagia: Ebenda 7, 298 (1906). — (107) Embden u. Baldes: Biochem. Z. 45, 157 (1912). — (108) Embden, Baldes u. Schmitz: Ebenda 45, 108 (1912). — (109) Embden, Carstensen u. Schumacher: Z. physiol. Chem. 179, 186 (1928). — (110) Embden u. Engel: Hofm. Beitr. 11, 323 (1908). — (111) Embden u. Griesbach: Z. physiol. Chem. 91, 251 (1914). — (112) Embden, Griesbach u. Laquer: Ebenda 93, 124 (1914). — (113) Embden, Griesbach u. Schmitz: Ebenda 93, 1 (1914). — (114) Embden, Kalberlah u. Engel: Biochem. Z. 45, 45 (1912). — (115) Embden u. Kraus: Ebenda 45, 1 (1912). — (116) Embden u. Laquer: Z. physiol. Chem. 93, 94 (1914). — (117) Ebenda 98, 181 (1917); 113, 1 (1921). — (118) Embden u. Loeb: Ebenda 88, 246 (1913). — (119) Embden u. Marx: Hofm. Beitr. 11, 318 (1908). — (120) Embden u. Oppenheimer: Biochem. Z. 45, 186 (1912). — (121) Embden, Riebeling u. Selter: Z. physiol. Chem. 179, 149 (1928). — (122a, b) Embden u. Salomon: Hofm. Beitr. 5, 507 (1904); 6, 63 (1906). — (123) Embden, Salomon u. Schmidt: Ebenda 8, 129 (1906). — (124) Embden, Schmitz u. Wittenberg: Z. physiol. Chem. 88, 210 (1913). — (125) Ebenda 88, 210 (1913). — (126) Embden u. Wassermeyer: Ebenda 179, 161 (1928). — (127) Ebenda 179, 226 (1928). — (128) Embden u. Zimmermann: Ebenda 167, 114 (1927). — (129) Ebenda 167, 137 (1927). — (130) Eppinger, Falta u. Rudinger: Z. klin. Med. 66, 1 (1908). — (131) Erlandsen: Biochem. Z. 24, 1 (1910). — (132) Euler u. Myrbäck: Z. physiol. Chem. 131, 129 (1924); 133, 260 (1924); 139, 15 (1924). — (133) Ebenda 136, 107 (1924); 138, 1 (1924); 139, 281 (1924).

(134) Fabian: Z. physiol. Chem. 27, 167 (1899). — (135) Falta, Richter u. Quittner: Biochem. Z. 100, 148 (1919). — (136) Fischer: Ber. 60, 2257 (1927). — (136a) Fischer, Emil u. Piloty: Ebenda 24, 521 (1891). — (136b) Fischer, Ernst: Naturwiss. 18, 736 (1930). — (137) Fiske u. Subbarow: Science 65, 401 (1927). — (138) Flemming: Inaug.-Dissert., Berlin, Tierärztl. Hochsch. 1916. — (139) Fletcher: J. of Physiol. 28, 474 (1902). — (140) Ebenda 43, 286 (1911). — (141) Fletcher u. Brown: Ebenda 48, 177 (1914). — (142) Fletcher u. Hopkins: Ebenda 35, 247 (1907); 43, 286 (1911); 47, 361 (1913). — (143) Ebenda 35, 247 (1907). — (144) Folger: Cremers Beitr. Physiol. 1, 187. — (145) Folin u. Berglund: J. of biol. Chem. 51, 209 (1922); 61, 241 (1922). — (146) Forschbach: Hofm. Beitr. 8, 313 (1906). — (147) Arch. f. exper. Path. 60, 131 (1909). — (148) Dtsch. med. Wschr. 35, 2053 (1909). — (149) Foerster: Inaug.-Dissert., Berlin, Tierärztl. Hochsch. 1916. — (150) Foster: J. of biol. Chem. 55, 292 (1913). — (151) Frank, E.: Z. physiol. Chem. 70, 129, 291 (1910/11). — (152) Frank u. Bretschneider: Ebenda 76, 226 (1912). — (153) Frank u. Isaac: Arch. f. exper. Path. 64, 292 (1911). — (154) Frank, Nothmann u. Hartmann: Ebenda 127, 35 (1927). — (155) Frank, Nothmann u. Wagner: Ebenda 110, 225 (1925). — (156) Frentzel: Pflügers Arch. 56, 273 (1899). — (157) Freund u. Marchand: Arch. f. exper. Path. 72, 56 (1913); 76, 324 (1914). — (158) Freund u. Schlagintweit: Ebenda 76, 303 (1914). — (159) Friedmann: Hofm. Beitr. 11, 202 (1908). — (160) Fröhlich u. Pollak: Arch. f. exper. Path. 77, 299 (1914). — (161) Fujii: Tohoku J. exper. Med. 3, 102 (1922). — (162) Fürth, v.: Asher-Spiro, Erg. 17, 363 (1919). — (163) Fürth, v., u. Lenk: Wien. klin. Wschr. 24, 1079 (1911). — (164) Biochem. Z. 33, 341 (1911).

(165) Gabbe: Verh. physik.-med. Ges. Würzburg 52, H. 2 (1927). — (166) (Ratte): Klin. Wschr. 3, 612 (1924). — (167) Geelmuyden: Asher-Spiro, Erg. 21, 1, 2. — (167a) Ebenda 21 II, 192. — (168) Gierke: Verh. dtsch. path. Ges. 1906, 182. — (169) Ginsberg: Pflügers Arch. 44, 306 (1889). — (170) Glässner u. Pick: Hofm. Beitr. 10, 473 (1907). — (171) Gley: C. r. Soc. Biol. 87, 1322 (1922). — (172) Goetsch, Kushing u. Jacobson: Bull. Hopkins Hosp. 22, 243 (1911). — (173) Goldblatt: Proc. biochem. Soc. Chem. a. Ind. 47, 1346 (1928). — (174) Gottschalk: Klin. Wschr. 3, 713 (1924). — (175) Biochem. Z. 146, 582 (1924). — (176) Der Kohlehydratumsatz tierischer Zellen. Monographie, Jena 1925. — (177) Gottschalk u. Neuberg: Biochem. Z. 154, 492 (1924); 161, 244 (1925). — (178) Greenwald: J. of biol. Chem. 35, 416 (1918). — (179) Ebenda 25, 81 (1916). — (180) Ebenda 16, 375 (1914). — (181) Gross: Dissert., Wien, Tierärztl. Hochsch. 1927. — (182) Grube: Pflügers Arch. 139, 428 (1911). — (183a—c) J. of Physiol. 29, 276 (1903); Pflügers Arch. 107, 490 (1905); 118, 1 (1907). — (184a, b) Pflügers Arch. 118, 1 (1908); 121, 636 (1908). — (185) Gruzewska, Gatin: C. r. Acad. Sci. 142, 1165 (1906).

(186) Haan, R. de, u. van Creveld: Biochem. Z. 123, 190 (1921). — (187) Haberlandt: Pflügers Arch. 132, 175 (1910). — (188) Hagedorn: Biochem. Z. 107, 248 (1920). — (189) Hahn u. Haarmann: Z. Biol. 87, 107 (1928); 89, 159 (1929), 563 (1930); Amer. J. Physiol. 90, 373 (1929). — (190) Halsey: Amer. J. Physiol. 10, 229 (1903). — (191) Hamburger: Pflügers Arch. 60, 543 (1895.) — (192) Hamburger u. Brinkmann:

Biochem. Z. **94**, 129, 131. — (*193*) Hamburger u. Hekma: J. Physiol. et Path. gén. **4**, 805 (1902); **6**, 40 (1905). — (*194*) Hansen: Acta med. scand. (Stockh.) Suppl.-Bd. **4**, 1 (1923). — (*195*) Hartogh u. Schumm: Arch. f. exper. Path. **45**, 11 (1910). — (*196*) Hartree u. Hill: J. of Physiol. **56**, 367 (1922). — (*197*) Hawley u. Murlin (Kaninchen): J. of biol. Chem. **59**, 32 (1924). — (*198*) Hawlay u. Murlin: Amer. J. Physiol. **75**, 107 (1925). — (*199*) Hédon: Univ. Montpellier, Trav. de Physiol., Paris 1898. — (*200*) Heisch, R.: Z. exper. Path. u. Ther. **3**, 390 (1906). — (*201*) Hemmingsen (Schmetterlingslarven): Skand. Arch. **46**, 56 (1924). — (*202*) Hensen, V.: Virchows Arch. **11**, 395 (1857). — (*203*) Hepburn u. Latchford: Amer. J. Physiol. **62**, 177 (1922). — (*204*) Herfarth: Inaug.-Dissert., Berlin, Tierärztl. Hochsch. 1929. Vergl. auch Seuffert u. Herfahrt: Cremers Beitr. **4**, 73. — (*205*) Hering: Cremers Beitr. Physiol. **1**, 1. — (*206*) Herrmann: Ebenda **2**, 33. — (*207*) Hershey u. Orr: Trans. roy. Soc. Canada **1928**, 5, 151. — (*208*) Herter u. Richards: The med. News, Februar 1900. — (*209*) Herter u. Wakemann: Virchows Arch. **169**, 479 (1902). — (*210*) Hess u. McGuigan: J. of Pharmacol. **4**, 45 (1914). — (*211*) Hetényi: Dtsch. med. Wschr. **48**, 1200 (1922). — (*212*) Hildebrandt: Arch. f. exper. Path. **88**, 80 (1920). — (*213*) Hill: Mechanismus der Muskelkontraktion. Asher-Spiro, Erg. Physiol. **22**, 298, bes. 322 (1923). — (*214*) J. of Physiol. **44**, 466 (1912). — (*215*) Hirsch u. Rolly: Dtsch. Arch. klin. Med. **78**, 380 (1903). — (*216*) Hirschfeld: Berl. klin. Wschr. **1895**, 95. — (*217*) Höber: Biochem. Z. **45**, 207 (1912). — (*218*) Höckendorff: Ebenda **23**, 281 (1910). — (*219*) Hogan, A. G.: J. of biol. Chem. **18**, 485 (1914). — (*220*) Högler u. Ueberrack: Biochem. Z. **155**, 123 (1925). — (*221*) Hollinger: Ebenda **17**, 1 (1909). — (*222*) Holzki: Inaug.-Dissert., Berlin, Tierärztl. Hochsch. 1915. — (*223*) Hoppe-Seyler: Ber. **25 III**, 685 (1892). — (*224*) Hoesslin, v., u. Pringsheim: Z. physiol. Chem. **131**, 168 (1923). — (*225*) Huppert: Ebenda **18**, 144 (1893).

(*226*) Ibrahim u. Kaumheimer: Z. physiol. Chem. **62**, 287 (1909). — (*227*) Inouye u. Kondo: Ebenda **54**, 481 (1908). — (*228*) Inouye u. Saiki: Ebenda **37**, 203 (1902). — (*229*) Isaac: Med. Klin. **16**, 1207 (1920). — (*230*) Isaac u. Adler: Klin. Wschr. **3**, 954 (1924). — (*231*) Isaac u. Siegel: Bethes Handbuch **V**, 526. — (*232*) Ishimori: Biochem. Z. **48**, 332 (1913). — (*233*) Ito: Cremers Beitr. Physiol. **3**, 333.

(*234*) Jacobson: Biochem. Z. **51**, 443 (1913). — (*235*) Jansson u. Jost: Z. physiol. Chem. **148**, 41 (1925). — (*236*) Jarisch: Pflügers Arch. **158**, 478 (1914). — (*237*) Junkersdorff: Pflügers Arch. **192**, 305 (1921).

(*238*) Kahler u. Machold: Wien. klin. Wschr. **35**, 414 (1912). — (*239*) Kahn: Pflügers Arch. **169**, 326 (1917). — (*240*) Kahn u. Starkenstein: Ebenda **139**, 181 (1911). — (*241*) Kalbematten, de: Virchows Arch. **214**, 455 (1913). — (*242*) Kapfhammer u. Bischoff: Z. physiol. Chem. **172**, 251 (1928). — (*243*) Karrer: Asher-Spiro, Erg. Physiol. **20**, 433 (1922). — (*244*) Kausch: Arch. f. exper. Path. **37**, 274 (1896). — (*245*) Kellaway u. Hughes: Brit. med. J. **1923**, Nr 3252, 710. — (*246*) Kleiner: J. of exper. Med. **23**, 507 (1910). — (*247*) Kleiner u. Meltzer: Ebenda **1**, 160 (1913). — (*248*) Klieneberger: Blutmorphologie. Berlin 1927. — (*249*) Knaffl-Lenz: Z. physiol. Chem. **119**, 60 (1922). — (*250*) Knoop: Hofm. Beitr. **6**, 150 (1905). — (*251*) Knopf: Arch. f. exper. Path. **49**, 123 (1903). — (*252*) Kojima: Biochem. Z. **197**, 31 (1928). — (*253*) Komanos: Inaug.-Dissert., Straßburg 1875. — (*254*) Kura Kondo: Biochem. Z. **45**, 63 (1912). — (*255*) König: Inaug.-Dissert., Berlin, Tierärztl. Hochsch. 1919. — (*256*) Kozawa: Biochem. Z. **60**, 146, 231 (1914). — (*257*) Kraus: Berl. klin. Wschr. **1904**, 4. — (*258*) Krogh: Dtsch. med. Wschr. **49**, 1321 (1923). — (*259*) Külz: Beitrag zur Kenntnis des Glykogens, Festschr. f. Ludwig. Marburg 1891. — (*260*) Pflügers Arch. **24**, 46 (1880). — (*261*) Z. Biol. **22**, 161 (1886). — (*262*) Pflügers Arch. **24**, 46 (1880). — (*263*) Beitrag zur Pathologie des Diabetes **2**, 167. Marburg 1874. — (*264*) Kunzendorff: Inaug.-Dissert., Berlin, Tierärztl. Hochsch. 1915. — (*265*) Kuryama: Amer. J. Physiol. **43**, 481 (1917). — (*266*) Kusumoto: Biochem. Z. **14**, 217 (1908).

(*267*) Laguesse: Sur la format. des ilôts de Langerhans 1893, zitiert nach Staub, Insulin. (*268*) Landsberg, A.: Z. physiol. Chem. **41**, 505 (1904). — (*269*) Langer: Cremers Beitr. Physiol. **2**, 47. — (*270*) Langstein: Asher-Spiro, Erg. Physiol. **1 I**, 63; **3 I**, 453. — (*271*) Laquer: Z. physiol. Chem. **93**, 68, 73 (1914). — (*272*) Ebenda **116**, 169 (1921). — (*273*) Klin. Wschr. **4**, 560, 604 (1925). — (*274*) Lebedeff: Biochem. Z. **20**, 114 (1909). — (*275*) Lebedeff u. Griaznoff: Biochem. Z. **20**, 14 (1909); Ber. **45**, 3270 (1912); **47**, 667 (1914); Bull. Acad. St. Petersburg **6**, 733 (1918). — (*276*) Leber: Inaug.-Dissert., Berlin, Tierärztl. Hochsch. 1929. — (*277*) Leitner: Dissert., Berlin, Tierärztl. Hochsch. 1915. — (*278*) Lépine: C. r. Soc. Biol. **137**, 144, 147; J. Physiol. et Path. gén. **11, 13, 17**. — (*279*) Lépine u. Boulud: Bull. Soc. méd. Lyon **1903**, 62, zit. nach Maly Jber. **33**, 941 (1903). — (*280*) Lesser: Innere Sekretion des Pankreas. Oppenheimers Handbuch, 2. Aufl., **9**, 187. — (*281*) Biochem. Z. **184**, 125 (1927). — (*282*) Levene u. Meyer: J. of biol. Chem. **11**, 361; **12**, 265 (1912); **14**, 149, 551 (1913); **15**, 65, 475; **16**, 555; **17**, 443 (1914). — (*283*) Liebig: Arch. f. Anat. **1850**, 393. — (*284*) Loeb: Biochem. Z. **47**, 118 (1912). — (*285*) Ebenda **49**,

413 (1913). — (*286*) Ebenda **50**, 451 (1913). — (*287*) Loewi: Klin. Wschr. **1927**, 2169. — (*288*) Loewi u. Weselko: Pflügers Arch. **158**, 155 (1914). — (*289*) Lombroso: Boll. Soc. ital. Biol. sper. **2**, 685 (1927). — (*290*) Ludwig u. Schmidt: Ludwigs gesammelte Abhandlungen. Leipzig 1869. — (*290a*) Lundsgaard: Biochem. Z. **217**, 162 (1930). — (*291*) Lusk: Amer. J. Physiol. **22**, 174 (1908). — (*292*) Ebenda **22**, 163 (1908). — (*293*) Phlorhizinglykosurie. Asher-Spiro, Erg. Physiol. **12**, 315. — (*294*) Lüthje: Arch. klin. Med. **79**, 498 (1904); Pflügers Arch **106**, 160 (1905). — (*295a, b*) Dtsch. Arch. klin. Med. **80**, 98 (1904); Münch. med. Wschr. **1902**, 139. — (*296*) Lux: Inaug.-Dissert., Berlin, Tierärztl. Hochsch. 1921. — (*297*) Lymann, Nicholls u. McCann: Proc. Soc. exper. Biol. (New York) **20**, 485 (1923). — (*298*) Lyttkens u. Sandgren: Biochem. Z. **26**, 382 (1910); **31**, 153 (1911); **36**, 261 (1911).

(*299*) MacLean u. Smedley: J. of Physiol. **45**, 470 (1913). — (*300*) Maclin u. de Wesselow: Quart. J. Med. **14**, 103 (1921). — (*301*) Magnus-Levy: Oppenheimers Handbuch der Biochemie, 2. Aufl., **8**, 338. — (*302*) Acetonkörper. v. Noordens Handbuch der Pathologie des Stoffwechsels **1**, 181. 1906; Erg. inn. Med. **1**, 352 (1908); Oppenheimers Handbuch, 2. Aufl., **8**, 464. — (*303*) Arch. f. exper. Path. **42**, 149 (1899); **45**, 389 (1901) und zusammenfassende Arbeiten. — (*304*) Hofm. Beitr. **2**, 261 (1904). — (*305*) Mandel u. Lusk: Amer. J. Physiol. **16**, 125 (1906). — (*306*) Mangold: Naturwiss. **10**, 895 (1922); Asher-Spiro, Erg. Physiol. **25**, 46 (1926). — (*307*) Mann u. Magath: Asher-Spiro, Erg. Physiol. **23** (1924). — (*308*) Markuse: Z. klin. Med. **26**, 225 (1898). — (*309*) Marriot: J. of biol. Chem. **18**, 241 (1914). — (*310*) Masing: Pflügers Arch. **149**, 227 (1912). — (*311*) Masuda: Biochem. Z. **45**, 140 (1912). — (*312*) Matthäi: Inaug.-Dissert., Berlin, Tierärztl. Hochsch. 1919. — (*313*) Mayer, P.: Biochem. Z. **49**, 486 (1913). — (*314a—c*) Ebenda **40**, 441 (1912); **49**, 486; **55**, 1 (1913). — (*315*) Z. klin. Med. **47**, 68 (1902). — (*316*) McCornick, Macleod, O'Brien u. Noble: Amer. J. Physiol. **63**, 389 (1923). — (*317*) McDanell u. Underhill: J. of biol. Chem. **29**, 245 (1917). — (*318*) Macleod: Kohlehydratstoffwechsel und Isulin, S. 33. Berlin: Julius Springer 1927. — (*319*) J. metabol. Res. **2**, 149 (1922). — (*320*) Lancet **1929** II, 1, 55, 107. — (*321*) Mellanby: J. of Physiol. **53**, 1 (1919). — (*322*) Mendel: Pflügers Arch. **63**, 425 (1896). — (*323*) Mering, v., u. Minkowski: Zbl. klin. Med. **1889**, Nr 23; Arch. f. exper. Path. **26**, 271 (1889). — (*324*) Metzger: Münch. med. Wschr. **49**, 478 (1902). — (*325*) Meyer, E.: Inaug.-Dissert., Berlin, Tierärztl. Hochsch. 1921. — (*326*) Meyer, K.: Hofm. Beitr. **9**, 134 (1907). — (*327*) Meyerhof: Pflügers Arch. **188**, 114 (1921). — (*328*) Ebenda **175**, 20, 88 (1919); **182**, 232, 284 (1920); **185**, 11 (1920); **188**, 114 (1921); **191**, 128 (1921); **195**, 22 (1912); Klin. Wschr. **1**, 230 (1922); **3**, 392 (1924); Asher-Spiro **22**, 328 (1913); Pflügers Arch. **204**, 295 (1924). — (*329*) Die chemischen und energetischen Verhältnisse bei der Muskelarbeit. Asher-Spiro, Erg. Physiol. **22**, 328 (1923). — (*330*) Ebenda **22**, 335 (1923). — (*331*) Naturwiss. **1926**, 756. — (*332*) Biochem. Z. **157**, 459 (1925). — (*332a*) Die chem. Vorgänge im Muskel. Monogr., bes. S. 304. Berlin: Julius Springer 1930. — (*333*) Michaelis u. Rona: Biochem. Z. **16**, 60 (1909); **18**, 375 (1909). — (*334*) Ebenda **47**, 447 (1912). — (*335*) Millauer: Dissert., Wien, Tierärztl. Hochsch. 1927. — (*336*) Minkowski: Untersuchung über den experimentellen Pankreasdiabetes. Leipzig 1893. — (*337*) Miura: Z. Biol. **32**, 255 (1895). — (*338*) Ebenda **32**, 266 (1895). — (*339*) Moeckel u. Rost: Z. physiol. Chem. **67**, 433 (1910). — (*340*) Morris u. Stanley: Lancet **212**, 1020 (1927). — (*341*) Mortowski: C. r. **152**, 1276 (1911). — (*341a*) Moscatelli, Arch. f. exp. Path. **27**, 158 (1890). — (*342*) Mozotowski: C. r. Soc. Biol. **90**, 311 (1924). — (*343*) Munk u. Rosenstein: Arch. f. Physiol. **1890**, 376, 581; Virchows Arch. **123**, 230, 484 (1891). — (*344*) Murlin: Progr. in the preparation of pancreas extracts for the treatment of diabetes. Endocrinology **7**, 519 (1923). — (*345*) Murschhauser u. Haffmann: Pflügers Arch. **139**, 255 (1911).

(*346*) Nagano: Mitt. Grenzgeb. Med. u. Chir. **9**, 393 (1902); Pflügers Arch. **90**, 389 (1902). — (*347*) Nebelthau: Münch. med. Wschr. **1902**, 917; Z. Biol. **28**, 138 (1891). — (*348*) Münch. med. Wschr. **1902**, 917. — (*349*) Neubauer: Z. physiol. Chem. **20**, 350 (1910). — (*350*) Neuberg: Biochem. Z. **49**, 502 (1913); **51**, 484 (1913). — (*351*) Ebenda **88**, 432 (1918). — (*352*) Neuberg u. Gorr: Ebenda **162**, 490 (1925). — (*353*) Neuberg u. Gottschalk: Ebenda **158**, 253 (1925). — (*354*) Klin. Wschr. **2**, 1458 (1923); Biochem. Z. **146**, 164 (1924). — (*355*) Neuberg u. Karczag: Biochem. Z. **36**, 68 (1911). — (*356*) Neuberg u. Kerb: Ebenda **58**, 150 (1913). — (*357*) Neuberg u. Kobel: Über die Milchsäure in ihrer Bedeutung für die Chemie und Physiologie. Z. angew. Chem. **38**, 761 (1925). — (*358*) Neuberg u. Langstein: Arch. f. Anat. **1903**, 514. — (*359*) Neuberg u. Paul Mayer: Z. physiol. Chem. **37**, 350 (1903). — (*360*) Neuberg u. Simon: Biochem. Z. **187**, 220 (1927). — (*361*) Neuberg u. Wohl: Ber. **33**, 3099 (1900). — (*362*) Neuberg u. Wohlgemuth: Z. physiol. Chem. **35**, 41 (1902). — (*363*) Nissen: Cremers Beitr. Physiol **2**, 87. — (*364*) Nitsche: Ebenda **1**, 53. — (*365*) Noorden, v.: Handbuch der Pathologie des Stoffwechsels **2**. 1907. — (*366*) Z. prakt. Ärzte **1896**, Nr 1. — (*367*) Noorden, v., jun.: Biochem. Z. **45**, 94 (1912). — (*368*) Noorden, v., u. Isaac: Zuckerkrankheit und ihre Behandlung, 8. Aufl. — (*369*)

Nord, F. F.: Protoplasma **2**, 303 (1927). — (*370*) Mechanism of Enzyme Action and associated Cell phenomena. Monographie, Baltimore 1929.
    (*371*) Öffer u. Fränkel: Zbl. Physiol. **13**, 489 (1899). — (*372*) Onohara: Brit. J. exper. Path. **2**, 194 (1922). — (*373*) Oppenheim: Zbl. Physiol. **27**, 264 (1913). — (*374*) Oppenheimer: Biochem. Z. **45**, 30 (1912). — (*375*) Osato: Tohoku J. exper. Med. **1**, 1 (1920).
    (*376*) Palmer: J. of biol. Chem. **30**, 79 (1917). — (*377*) Parnass: Zbl. Physiol. **26**, 671 (1912). — (*378*) Ebenda **30**, 1 (1915). — (*379a, b*) Parnass u. Baer: Biochem. Z. **41**, 386 (1912); **45**, 199 (1912). — (*380*) Parnass u. Wagner: Ebenda **61**, 387 (1914). — (*381*) Ebenda **127**, 55 (1922). — (*382*) Partos u. Katz-Klein: Z. exper. Med. **25**, 98 (1921). — (*383*) Paton: J. of Physiol. **32**, 59 (1905). — (*384*) Paulesco: C. r. Soc. Biol. **85**, 555, 558, 559 (1921); Arch. internat. Physiol. **17**, 85 (1921). — (*385*) Pautz u. Vogel: Z. Biol. **32**, 304 (1895). — (*386*) Paz, Dela: Arch. f. exper. Path. **109**, 318 (1925). — (*387*) Peters: J. of Physiol. **47**, 243 (1913). — (*388*) Pflüger, E.: Pflügers Arch. **121**, 559 (1908). — (*389*) Ebenda **91**, 119 (1902). — (*390*) Das Glykogen und seine Beziehungen zur Zuckerkrankheit. Bonn 1905. — (*391*) Pflügers Arch. **108**, 115 (1905); Das Glykogen, 2. Aufl., S. 309. Bonn 1905. — (*392*) Pflüger-Junkersdorff: Pflügers Arch. **131**, 201 (1910). — (*393*) Pingel: Cremers Beitr. Physiol. **2**, 13. — (*394*) Pletnew: Biochem. Z. **21**, 355 (1909). — (*395*) Plimmer: J. of Physiol. **34**, 93; **35**, 30 (1906). — (*396*) Polimanti: Biochem. Z. **64**, 190 (1914). — (*397*) Pollak: Erg. inn. Med. **23**, 336 (1923). — (*398*) Arch. f. exper. Path. **125**, 39 (1927). — (*399*) Erg. inn. Med. **33**, 327 (1923). — (*400*) Arch. f. exper. Path. **61**, 149 (1909). — (*401*) Pringsheim: Zuckerchemie. 1925. — (*402*) Puff: Cremers Beitr. Physiol. **2**, 7.
    (*403*) Rabinowitsch: J. of biol. Chem. **65**, 55 (1925). — (*404*) Ransom: J. of Physiol. **40**, 1 (1910). — (*405*) Richardson: Biochem. Z. **70**, 170 (1915). — (*406*) Ringer: Proc. Soc. exper. Biol. a. Med. **7** (1908). — (*407*) J. of biol. Chem. **12**, 511 (1912). — (*408*) Ebenda **15**, 145 (1913). — (*409*) Ebenda **14**, 43 (1913). — (*410*) Ringer, Frankel u. Jonas: Ebenda **14**, 525 (1913). — (*411*) Ringer u. Frankel: Ebenda **16**, 563 (1914). — (*412*) Ebenda **18**, 81 (1914). — (*413*) Ringer u. Lusk: Z. physiol. Chem. **66**, 106 (1910). — (*414*) Ritzmann: Arch. f. exper. Path. **61**, 231 (1909). — (*415*) Robison: Biochem. J. **16**, 809 (1922). — (*416*) Rodenbeck: Dissert., Berlin, Tierärztl. Hochsch. 1929. — (*417*) Rohloff: Dissert., Berlin, Tierärztl. Hochsch. 1915. — (*418*) Röhmann: Pflügers Arch. **39**, 21 (1886). — (*419*) Ebenda **41**, 411 (1887). — (*420*) Ber. **25**, 3654 (1892); **27**, 3251 (1894). — (*421*) Rona u. Doeblin: Biochem. Z. **31**, 215 (1911). — (*422*) Rona u. Michaelis: Ebenda **14**, 476 (1908). — (*423*) Rona u. Takahashi: Ebenda **30**, 99 (1911). — (*424*) Rosenbaum: Dissert., Dorpat 1879, zit. nach Arch. f. exper. Path. **15**, 450 (1882). — (*425*) Rosenow: Klin. Wschr. **1928**, Nr 16. — (*426*) Róth, E.: Ebenda **7**, 842 (1928). — (*427*) Rubino, Collazo u. Varela-Fuentes: C. r. Soc. Biol. **99**, 178 (1928). — (*428*) Ruszniak u. Hetényi: Biochem. Z. **121**, 125 (1921).
    (*429*) Salkowski: Zbl. med. Wiss. **1865**. — (*430*) Sandmeyer: Z. Biol. **31**, 12 (1894). — (*431*) Sansum u. Woodyatt: J. of biol. Chem. **24**, 327 (1916). — (*432*) Ebenda **17**, 521 (1914). — (*433*) Ebenda **21**, 1 (1915). — (*434*) Seegen u. Kratzschmer: Pflügers Arch. **22**, 214 (1880). — (*435*) Seuffert u. Bartsch: Cremers Beitr. Physiol. **2**, 43. — (*436*) Seuffert u. Krüger: Ebenda **3**, 85. — (*437*) Seuffert u. Ullrich: Ebenda **3**, 11. — (*438*) Simon: Z. physiol. Chem. **35**, 315 (1902). — (*439*) Ebenda **35**, 315 (1902). — (*440*) Slosse: Arch. internat. Physiol. **11**, 154 (1911). — (*441*) Soskin: Amer. J. Physiol. **83**, 162 (1927). — (*443*) Schenk: Pflügers Arch. **46**, 607; **47**, 621 (1890). — (*444*) Scheunert: Berl. tierärztl. Wschr. **39**, 291 (1923). — (*445*) Schiff, Böhm u. Hoffmann: Arch. f. exper. Path. **8**, 375 (1878). — (*450*) Schirokauer u. Wilenko: Z. klin. Med. **70**, 257 (1910). — (*451*) Schlesinger: Dtsch. med. Wschr. **34**, 593 (1908). — (*452*) Schöndorff: Pflügers Arch. **99**, 191 (1903). — (*453*) Schöndorff u. Grebe: Ebenda **138**, 525 (1911). — (*454*) Schöpffer: Arch. f. exper. Path. **1**, 73 (1873). — (*455*) Schroeder: Cremers Beitr. Physiol. **2**, 23. — (*456*) Schuhecker: Biochem. Z. **156**, 353 (1925). — (*457*) Schüller: Z. Biol. **56**, 274 (1911). — (*458*) Schulz: Inaug.-Dissert., Berlin, Tierärztl. Hochsch. 1919. — (*458a*) Schwartz, A., u. Oschmann: C. r. Soc. Biol. **91**, 275, **92**, 169 (1925). — (*459*) Schwenken: Cremers Beitr. Physiol. **1**, 143. — (*460*) Starkenstein: Biochem. Z. **24**, 191 (1910). — (*461*) Staub: Insulin, S. 55. — (*462*) Steinhausen: Cremers Beitr. Physiol. **1**, 112. — (*463*) Stepp u. Feulgen: Biochem. Z. **107**, 60 (1920). Arch. f. exper. Path. **87**, 148 (1920); Kongr. inn. Med. **1921**, 288; Z. physiol. Chem. **114**, 301 (1921); **119**, 72 (1922). — (*464*) Stewart u. Rogoff: Amer. J. of Physiol. **48**, 397 (1919); **51**, 366 (1920). — (*465*) Strauss, O.: Dissert., Frankfurt a. M. 1920.
    (*466*) Tabulae biologicae **3**, 397: a) Lyttkens u. Sandgren: s. Nr 298; b) Pollak: Med. Klin. **1921**, 925; c) Albertoni: Asher-Spiro Erg. **14**, 451; Rose: Arch. f. exper. Path. **50**, 15 (1913); d) Saito u. Katsumaya: Z. physiol. Chem. **32**, 310. — (*467*) Thalau: Inaug.-Dissert., Berlin, Tierärztl. Hochsch. 1918. — (*468*) Thannhauser: Dtsch. med. Wschr. **53**, 1676 (1927). — (*469*) Lehrbuch des Stoffwechsels und der Stoffwechselkrankheiten, S. 259. 1929. — (*470*) Thannhauser u. Markowitz: Klin. Wschr. **1925**, Nr 44. —

(471) Thunberg: Skand. Arch. Physiol. **40**, 1 (1920). — *(472)* Traugott: Klin. Wschr. **1**, 892 (1922). — *(473)* Trendelenburg, P.: Pflügers Arch. **201**, 39 (1923). — *(474)* Asher-Spiro, Erg. **21 II**, 544 (1923). — *(475)* Pflügers Arch. **201**, 39 (1923); Asher-Spiro, Erg. **21 II**, 510 (1923). — *(476)* Tschannen: Biochem. Z. **59**, 262 (1914). — *(477)* Turban: Z. physiol. Chem. **119**, 4 (1922).

(478) Ulrich u. Rypino: J. of Pharmacol. **19**, 215 (1922). — *(479a)* Underhill: J. of biol. Chem. **9**, 13 (1911). — *(479b)* Ebenda **12**, 115 (1912).

(480) Vámossy: Arch. f. exper. Path. **41**, 273 (1899). — *(481)* Vathauer: Inaug.-Dissert., Berlin, Tierärztl. Hochsch. 1929. — *(482)* Velhagen jun.: Arch. f. exper. Path. **142**, 127 (1929). — *(483)* Velich: Virchows Arch. **184**, 345 (1906). — *(484)* Veltmann: Cremers Beitr. Physiol. **2**, 295. — *(485)* Verzár: J. of Physiol. **44**, 243 (1912). — *(486)* Biochem. Z. **34**, 66 (1911). — *(487)* Visscher: Amer. J. Physiol. **68**, 135 (1924). — *(488)* J. of biol. Chem. **69**, 3 (1920). — *(489)* Vögtlin, Thompson u. Dunn: Ebenda **64**, 639 (1925). — *(490)* Voigt: Biochem. Z. **36**, 397 (1911). — *(491)* Voit, C., u. Mitarbeiter: Z. Biol. **28**, 245 (1891). — *(492)* Voit, Fr.: Münch. med. Wschr. **43**, 717, 887 (1896); Dtsch. Arch. klin. Med. **58**, 523 (1897). — *(493)* Völker: Berl. tierärztl. Wschr. **1928**, 865.

(494) Warkalla: Cremers Beitr. Physiol. **1**, 91. — *(495)* Weinland: Z. Biol. **38**, 16 (1899). — *(496)* Ebenda **38**, 607; **40**, 386 (1899). — *(497)* Ebenda **47**, 279 (1906). — *(498)* Weintraud: Arch. f. exper. Path. **34**, 303 (1894). — *(499)* Weiss u. Reiss (Kaninchen): Z. exper. Med. **38**, 496 (1923). — *(500)* Welz: Arch. f. exper. Path. **73**, 159 (1913). — *(500a)* White u. Willaman: Biochemic. J. **22**, 592 (1928). — *(501)* Wiechmann: Arch. klin. Med. **150**, 186 (1926). — *(502)* Z. exper. Med. **41**, 462 (1924). — *(503)* Winter u. Smith: J. of Physiol. **57**, 100 (1922); Brit. med. J. **1923**, 711, 894. — *(504)* Wohl, zit. nach Lippmann: Chemie der Zuckerarten, S. 1891. 1904. — *(505)* Wohlgemuth: Charité Ann. **32**, 306 (1908). — *(506)* Biochem. Z. **21**, 381, 423 (1909). — *(507)* Wohlgemuth u. Benzur: Ebenda **21**, 461 (1909). — *(508)* Wolownik: Virchows Arch. **180**, 225 (1905).

(509) Yamakawa: Mitt. med. Fak. Tokyo **28**, 487 (1922). — *(510)* Young: Biochem. Z. **32**, 177 (1911).

(511) Zegla: Biochem. Z. **16**, 111 (1909). — *(512)* Zillessen: Z. physiol. Chem. **15**, 387 (1891). — *(513)* Zoeger: Dissert., Berlin, Tierärztl. Hochsch. 1915. — *(514)* Zuelzer: Berl. klin. Wschr. **44**, 474 (1907). — *(515)* Med. Klin. **19**, 1551 (1923). — *(516)* Berl. klin. Wschr. **38**, 1209 (1901). — *(517)* Z. exper. Path. u. Ther. **5**, 307 (1909). — *(518)* Zuelzer, Dohrn u. Marxer: Dtsch. med. Wschr. **34**, 1381 (1908). — *(519)* Zuntz, N. (Vogelius): Neubildung von Kohlehydraten in hungernden Organismus. Arch. f. Anat. (Berl. physiol. Ges.) **1893**, 33. — *(520)* Zweifel): Arch. Gynäk. **72**, 65 (1904).

b. Die Kohlehydrate in der Ernährung der landwirtschaftlichen Nutztiere.

Von

Professor Dr. Rudolf W. Seuffert

Physiologisches Institut der Tierärztlichen Hochschule Berlin.

A. Allgemeiner Teil.

Vorkommen der Zuckerarten, calorischer Wert, Verwendung zur Kraft-, Fett- und Milchproduktion, Einfluß auf Blutzucker, Insulinwirkung bei Nutztieren.

Die Grundlage aller Verwertungs- und Ausnutzungsversuche am Tier bildet selbstverständlich die Analyse der Futtermittel. Durch die in der Ernährung und Fütterungslehre übliche Analyse der Futtermittel werden weniger die einzelnen darin enthaltenen Körper bestimmt, als ganze Gruppen. Man bestimmt den Wassergehalt bzw. die Trockensubstanz (durch Trocknen bis zur Gewichtskonstanz), den Gesamtstickstoffgehalt — nach Kjeldahl — (durch Multiplikation mit 6,25 wird das sog. *Rohprotein* errechnet), den Gehalt an Fetten, Lipoiden usw. durch Ätherextraktion als Rohfett. Nach je $^1/_2$ stündigem Erhitzen mit 1,25 proz. Schwefelsäure und 1,25 proz. Kalilauge und darauffolgende Extraktion mit Wasser,

Alkohol und Äther und Filtration bleibt ein Rückstand, der als „Rohfaser" in den Futteranalysen erscheint. Durch vollständige Veraschung wird noch der Gehalt des Futtermittels an mineralischen Bestandteilen, die „Asche", ermittelt. Diesem Untersuchungsgang entgehen alle wasser-, säure- und alkalilöslichen stickstofffreien Bestandteile der Futtermittel, die als *stickstofffreie Extraktstoffe* bezeichnet werden, und deren Menge erst als das Übrigbleibende durch die Differenzbestimmung ermittelt wird.

Gerade diese *stickstofffreien Extraktstoffe* sind für unsere Betrachtungen über den Kohlehydratstoffwechsel von Bedeutung, umfassen sie doch in erster Linie die *löslichen Kohlehydrate der Futtermittel*, weshalb man diese Bestandteilsgruppe auch schlechthin als *die Kohlehydrate der Futtermittel* (s. Anm. 1) bezeichnet. Diese Gruppe umfaßt im einzelnen die einfachen und zusammengesetzten Zucker, also die Mono-, Di-, Tri- und Polysaccharide der Hexosen, ferner Teile der Ligninsubstanz und der Pentosane und schließlich noch organische Säuren.

Der Gehalt der pflanzlichen Futtermittel, die für die Ernährung unserer Nutztiere fast ausschließlich in Frage kommen, ist bei der großen Zahl der zur Verfügung stehenden Futterstoffe selbstverständlich großen Schwankungen unterworfen. Die Kohlehydrate bilden aber neben dem Rohprotein, dessen Menge sie meistens erheblich übersteigen, den Hauptanteil der Trockensubstanz der verschiedenen Futtermittel

Unter den *Monosacchariden* der Futtermittel sind vor allem Glykose und Fructose vertreten. Sie finden sich in Obst und Beerenfrüchten, in den Halmen des Getreides und der Grasarten, ebenso in Knollen- und Wurzelgewächsen, doch ist ihre Menge im einzelnen gering.

Von den in Futtermitteln vorkommenden *Disacchariden* ist in erster Linie der Rohrzucker zu nennen, der in kleiner Menge in allen Pflanzen, jedoch in Zucker- und Futterrüben, in den Maisstengeln, Malzkeimen und einigen anderen Futtermitteln in größerer Menge vorkommt.

Maltose kommt nur in keimenden Getreiden vor, wobei noch an die Möglichkeit einer sekundären Bildung durch fermentativen Abbau der Stärke bei der Keimung zu denken ist.

Als *Trisaccharid* ist die Raffinose mit ihrem Vorkommen in Zuckerrüben, Baumwollsaatmehl und Getreidekeimlingen, vor allem aber in den Melassearten zu erwähnen. (Der Raffinosegehalt der gewöhnlichen Melassen [Anm. 2] beträgt nach Kellner[71] 2—4 %, der der Rest- oder Strontiummelassen 12—17 %.)

Unter den *Polysacchariden* nimmt den ersten Platz die Stärke mit ihren Abbauprodukten, Dextrinen (Malzzucker) ein. Ferner gehören hierher Galactane, Mannane, Inulin, Schleim- und Pectinstoffe, die aber neben der Stärke keine besondere Rolle spielen. Die *Cellulose* und, die zu deren Abbau und Verwertung führenden Gärungsvorgänge werden an anderer Stelle dieses Handbuchs besprochen.

Auch die *Pentosane*, Polysaccharide der Pentosen, sind, wie die inkrustierenden Bestandteile, nur in kleinem Anteil unter den N-freien Extraktstoffen vertreten. Sie sind vor allem in der Gruppe der Rohfaser (s. Anm. 3) enthalten, deren Hauptmenge durch Cellulose und Ligninsubstanzen vertreten wird.

Nicht ganz unwichtig sind noch die im Pflanzenreich vertretenen *organischen Säuren*, wie Bernsteinsäure, Äpfelsäure, Zitronensäure, Weinsäure und Oxal-

---

Anm. 1. Über die Chemie dieser Kohlehydrate s. Neuberg u. Lüdtke im 1. Bande dieses Handbuchs.

Anm. 2. Siehe auch Spengler im 1. Bande dieses Handbuchs S. 447

Anm. 3. Siehe Neuberg und Lüdtke im 1. Bande dieses Handbuchs.

säure. Ihre Menge ist im allgemeinen sehr gering. Eine größere Rolle spielen die bei der Sauerfutterbereitung (Ensilage) auftretenden Säuren (s. Anm.), vor allem die Milchsäure (bis 3%), ferner die wenig erwünschte Buttersäure und die Essigsäure.

Bei der Mannigfaltigkeit der Stoffe, die als Kohlehydrate oder N-freie Extraktivstoffe in der Fütterungslehre zusammengefaßt werden, und unter Berücksichtigung des Umstandes, daß im allgemeinen Fütterungs- und Ausnutzungsversuche meistens mit natürlichen Futtermitteln und nicht mit einseitiger Verabfolgung einzelner Nahrungsstoffe durchgeführt werden können, ergeben sich bei der Beurteilung einer einzelnen Nährstoffgruppe wie der Kohlehydrate gewisse Schwierigkeiten. Ich beabsichtige daher, außer über die allgemeinen Befunde der speziellen Wirkung der Kohlehydrate bei der Tierernährung auch über die in der Literatur enthaltenen Versuche zu berichten, die mit kohlehydratreichen Futtermitteln angestellt worden sind, soweit dabei ein besonderer Einfluß oder eine spezielle Wirkung der Kohlehydrate zu verzeichnen ist.

Die *Resorption der Kohlehydrate* und damit ihre Ausnutzung ist abhängig von ihrer Überführung in eine lösliche Form bei der Verdauung. (Näheres siehe im vorhergehenden Abschnitt.)

Die echten Kohlehydrate werden im allgemeinen völlig aufgeschlossen und resorbiert, so daß der Verdauungskoeffizient für diese Gruppe der Futterstoffe ein sehr hoher ist. Doch ist dieser Verdauungskoeffizient durchaus nicht konstant. Er wird nicht nur durch die *Tierart* beeinflußt, die das Futtermittel aufnimmt, d. h. durch den der Tierart spezifischen Verdauungsapparat, sondern auch durch die *Zusammensetzung der gesamten Nahrung*. Wie die kohlehydratreichen Pflanzenfasern von Wiederkäuern besser verdaut werden als von Schweinen, oder wie Jungtiere Zucker besser verwerten können als Stärke, so hat auch eine allzu einseitige Verabfolgung von Kohlehydrat, ebenso wie von Rohprotein oder Rohfett, einen ungünstigen Einfluß auf die Verdaulichkeit. Es ist hier besonders auf die Einhaltung des *Eiweißverhältnisses* zu achten, worauf schon im vorigen Abschnitt hingewiesen wurde. Je größer der Anteil der Kohlehydrate am Gesamtfutter im Vergleich zum Rohprotein ist, desto schlechter ist die Ausnutzung vor allem der Kohlehydrate. Als Ursache dieser *Verdauungsdepression* der Kohlehydrate dürfte besonders die relative Herabsetzung der spezifisch-dynamischen, den Gesamtstoffwechsel steigernden Wirkung des Eiweißes, ferner die Bildung von nur ungenügenden Mengen der Verdauungssekrete unter dem Einfluß des relativ zu geringen Eiweißgehaltes, und weiter hierdurch bedingt eine ungenügende Aufschließung der schwerer verdaulichen Kohlehydrate anzusehen sein.

Der *calorische Nutzeffekt* der in den Futtermitteln enthaltenen N-freien Extraktstoffe, auf Grund von calorimetrischen Bestimmungen in Nahrung und Kot errechnet, erreicht im Tierversuch sehr genau den in der Calorimeterbombe bei Verbrennung der reinen Substanz erhaltenen Wert. (Stärke im Tierversuch 4185 cal gegen 4183 cal, und Rohrzucker 3943 cal gegen 3955 cal[77].) Gelegentlich finden sich aber noch höhere Werte für die N-freien Extraktstoffe und Futtermittel[75], woraus sich schließen läßt, daß neben den echten Kohlehydraten unter den N-freien Extraktivstoffen Bestandteile enthalten sein müssen, die den Kohlehydraten an Brennwert erheblich überlegen sind, und die wahrscheinlich zu den Ligninsubstanzen gehören.

Anm. Siehe MANGOLD und BRAHM im 1. Bande dieses Handbuchs.

Als *Wärmewerte* können für die einzelnen Zuckerarten angesetzt werden:

Galactose	. . . 3,722 Cal	Rohrzucker	. . 3,955 Cal
Dextrose	. . . 3,743 Cal	Stärke	. . . . 4,183 Cal
Fructose	. . . 3,755 Cal	Arabinose	. . . 3,722 Cal
Maltose	. . . . 3,949 Cal	Xylose	. . . . 3,746 Cal
Milchzucker	. . 3,952 Cal		

Die Polysaccharide Inulin, Galactan, Mannan und die Pentosane, die besonders in den N-freien Extraktstoffen der Heuarten in nicht unbeträchtlichen Mengen vorkommen (14—21 %), dürften einen Wärmewert aufweisen, der dem der Stärke nahesteht.

Während den stickstoffhaltigen Bestandteilen der Futtermittel, den Proteinen, in erster Linie die Aufgabe zukommt, den Eiweißbedarf des Körpers zu decken, und sie in geringem Umfang erst bei Überschreitung des Eiweißbedarfes zur energetischen oder rein calorischen Verwertung herangezogen werden, finden die stickstofffreien Anteile der Nahrung — und hier in erster Linie wieder die Kohlehydrate — in weitaus vorwiegendem Maße Verwendung, um den *Wärme- und Energiebedarf des Tierkörpers* zu decken; man vergleiche u. a. auch [74].

Werden nicht alle Kohlehydrate der Nahrung zum Zweck der Arbeitsleistung oder der Wärmeproduktion verbraucht, so kommen sie als *Energiereserven* im Körper zur Ablagerung. Diese Ablagerung erfolgt meist in der Form von Körperfett (Fettdepots), jedoch kann auch eine Vermehrung der Glykogenbestände stattfinden. Daß auch die Eiweißkörper, wenn sie sich in einer solchen Menge in der Nahrung befinden, daß der Bedarf an Eiweiß zum Ersatz des Zelleiweiß nicht nur gewährleistet, sondern überschritten wird, unter „Desaminierung" und wahrscheinlich über die Zuckerzwischenstufe zum Aufbau solcher Energiedepots Verwendung finden können, sei hier nur wiederholt.

Eine wichtige Rolle im Haushalt des Tieres spielen die Kohlehydrate noch bei der *Milchproduktion*, insofern als die Bildung des Milchzuckers in erster Linie aus den resorbierbaren Kohlehydraten des Futters erfolgt, die den Milchdrüsen auf dem Weg der Blutbahn zugeführt werden. Nach Buschmann, Amtmann und Spandeg[17] sind Milchkühe befähigt, den größten Teil des Milchfettes, ja vielleicht sämtliches Milchfett, ebenso wie den Milchzucker, aus den Kohlehydraten der Nahrung zu bilden. Jedoch hat Buschmann[16] schon früher darauf hingewiesen, daß relativ überreichliche Darbietung von Kohlehydraten zu einer Minderung des prozentischen Fettgehaltes der Milch führt. Diese Senkung des Fettgehaltes tritt aber in merklichem Ausmaße erst dann ein, wenn größere Mengen Zucker (über 1 kg pro Kuh und Tag) neben sonst gleichbleibenden Eiweiß- und Fettrationen verabfolgt werden[17].

Der *Blutzuckergehalt* der landwirtschaftlichen Nutztiere ist von der Aufnahme kohlehydratreichen Futters weniger abhängig als der der Menschen. Es ist zwar anzunehmen, daß die Tiere mit einfachem Magen (Pferd und Schwein) eine ähnliche Verdauungs- oder Alimentations-*Hyperglykämie* zeigen, wie sie beim Menschen bekannt ist und Schwarz und Hamp[127] beim Hund nachgewiesen haben. Bei den Wiederkäuern (Rind) werden dagegen solche, an die Aufnahmeperioden des Futters geknüpften Schwankungen nicht beobachtet (Richter[112]), da hier infolge des Baues des Wiederkäuermagens und des Wiederkauens selbst eine viel gleichmäßigere Resorption der Nahrungsmittel stattfindet. Werden Pferden täglich 3 mal 3,6—5,7 g Rohrzucker pro Kilo Körpergewicht verabfolgt (d. i. 2,10—2,25 kg je Pferd und Tag), so zeigt sich nach Waentig[145] eine merkliche, wenn auch nicht sehr erhebliche und anscheinend schnell vorübergehende Hyperglykämie, die sogar zum Übertritt kleiner Zuckermengen in den Harn führen kann. Letztere Erscheinung scheint an eine gewisse Disposition der Pferde gebunden zu sein und auch nur dann aufzutreten, wenn relativ kleine Mengen von Rauhfutter als Beifutter gereicht werden.

Eine Verminderung des Blutzuckergehaltes bei Pferden durch Arbeit findet nach SCHEUNERT und BARTSCH[116] nicht statt.

Da die Kohlehydrate der Milch aus den Kohlehydraten des Blutes entstehen, lag es nahe, den *Blutzuckergehalt während der Lactationsperiode* zu untersuchen.

WIDMARK und CARLENS[152] fanden den Blutzuckergehalt bei milchgebenden Kühen und Ziegen erheblich niedriger (bis 0,04 g%) als bei nichtmilchgebenden (0,085 g%) und wollen eine Beziehung zwischen Milchmenge und Blutzuckergehalt derart feststellen, daß der Blutzuckergehalt um so niedriger liegt, je größer die Milchmenge ist. In gleiche Richtung weisen die Ergebnisse AUGERS[7]. Von diesem Autor wird auch bei starkem Absinken des Blutzuckers das Auftreten von hypoglykämischen Folgeerscheinungen, wie Krämpfen und komatösen Zuständen, mitgeteilt, die durch Injektionen von Traubenzucker behoben werden konnten, wie solche von WIDMARK und CARLENS[151] beim Kalbefieber (Paralysis puerperalis) mit Erfolg angewandt wurden.

Die auftretende Hypoglykämie ist nur während des Melkaktes selbst deutlich, — schon $1/2$ Stunde nach dem Melken werden die vor dem Melken erreichten Werte wieder erhalten[22] — und scheint um so größer zu sein, je stärker die Milchabgabe zur Zeit der Blutentnahme ist.

Die Befunde von WIDMARK und CARLENS wurden von SCHWARZ und MELZER-ANDELBERG[128] nachgeprüft und dahin korrigiert, daß zwar der mittlere Blutzuckerwert milchgebender Kühe auch bei reichlicher Fütterung niedriger war als bei nichtmilchgebenden Rindern, daß jedoch ein plötzliches Absinken des Blutzuckerwertes nach dem Abkalben und der damit beginnenden Milchproduktion nicht zu beobachten war. Ein hypoglykämischer, komaartiger Zustand konnte in der großen Versuchsreihe nicht beobachtet werden. Ferner stieg bei zunehmender Dauer der Lactation die Blutzuckermenge langsam und allmählich an.

Zu ähnlichen Ergebnissen gelangt auch SCHEICHER[115]. Das Verhältnis des durchschnittlichen Blutzuckers (0,074 bei milchgebenden Kühen) zum durchschnittlichen Milchzucker (5,24) ist sehr konstant. Dieser Quotient $\frac{\text{Blutzucker}}{\text{Milchzucker}}$ beträgt im Durchschnitt 0,013. Nur bei Tieren, die wenig oder keine Milch (1—2 l pro Tag) geben, steigt infolge des bedeutenden Sinkens des Milchzuckers der Wert des Quotienten auf ungefähr das Doppelte (0,028) des normalen Wertes.

Durch subcutane Applikation von Zucker (5—10 cm³ konz. Rohrzuckerlösung) läßt sich nach MONACO, NAZARI und ROMOLOTTI[100] der Milchertrag von Kühen etwas steigern (von 10 l auf 10,75 l). Auch bei Schafen ist nach subcutaner Injektion von 0,05 g Rohrzucker pro Kilo Tier eine Vermehrung der Milchproduktion, jedoch ohne Veränderung der Milchzusammensetzung, beobachtet worden[20].

Auf die *Beeinflussung der Milchsekretion durch zuckerhaltige Futtermittel* soll bei Besprechung der einzelnen, stark kohlehydrathaltigen Futter eingegangen werden.

Dagegen dürfte hier die *Wirkung des Insulins auf die Milchsekretion* zu besprechen sein. Nach Versuchen von GIUSTI und RIETTI[42] sowie von NITZESCU und NICOLAU[102] mit Insulininjektionen bei Ziege und Schaf soll bei beiden Tierarten die gesamte Milchmenge eine geringe Verminderung erlitten haben. Der Milchzucker zeigt nach Insulin eine geringe prozentuale Abnahme. Das Absinken des Milchzuckerwertes ist viel geringer als das Absinken des Blutzuckers und überdauert die Hypoglykämie. Der Fettgehalt der Milch ist beim Schaf geringgradig, bei der Ziege deutlich vermehrt; Casein und Gesamtstickstoff der Milch werden nicht vermindert.

Im Anschluß an die Beeinflussung der Milchsekretion und Milchzusammensetzung durch Insulin sei noch darauf hingewiesen, daß Schweine gegen die hypoglykämischen Erscheinungen nach Insulingaben besonders empfindlich sein sollen. Nach Versuchen von Magee und Harvey[94] treten schon bei einem Blutzuckergehalt von 75 mg% schwere Krämpfe auf, wo beim Menschen höchstens die ersten Anzeichen der Hypoglykämie zu bemerken sind.

B. Spezieller Teil.
I. Einfluß des Nährwertverhältnisses.

Auf die Bedeutung des Nährstoffverhältnisses bei der Ernährung der landwirtschaftlichen Nutztiere ist schon wiederholt hingewiesen worden. Die Verdauung der stickstofffreien Extraktstoffe ist nur dann eine möglichst vollständige, wenn die Menge der Proteinstoffe im Futter ein gewisses Maß erreicht. Eiweißzusatz zum Futter oder Verabfolgung von sehr eiweißhaltigen Futtermitteln vermindert die Ausnutzung des Rauhfutters gar nicht oder nur wenig, während Zucker- oder Stärkebeifütterung die Verdauung der Rohfaser und besonders des Eiweißes bedeutend herabsetzt. Ohne Zusatz wurden z. B. in Versuchen von Schulze und Märker[125] von Eiweiß 54—71%, von Rohfaser 60—63%, mit Zusatz von Stärkebrei und Zucker 32—56% Eiweiß und 54—55% Rohfaser verdaut. Diese *Verdauungsdepression* des Eiweißes, die neben einer allgemein eiweißsparenden Wirkung der Kohlehydrate in Erscheinung tritt, wird von Wicke und Weiske[150] (Versuche an Hammeln) bestätigt; sie soll sich beim Pflanzenfresser dann bemerkbar machen, wenn mindestens 10% der gesamten Trockensubstanz des Futters aus Kohlehydraten bestehen, und wird sehr erheblich, wenn die Kohlehydratbeigabe 30% beträgt. Bei Verfütterung von Zucker ist die Depression etwas geringer als nach Stärke. Als Erklärung für diese Depression wird die Annahme einer durch die Zucker- oder Stärkegabe verminderten Eiweißfäulnis im Darm herangezogen. Gleichzeitig wird durch die Zuckergaben der Eiweißansatz vermehrt und der Gesamtumsatz des Stickstoffs vermindert.

Eine Verminderung des Stoffwechsels durch Zucker- und Stärkefütterung bei Rindern und Schweinen stellten Gouin und Andouard[45] fest. Die Gewichtszunahme wachsender Schweine war bei Zuckerdarreichung etwas geringer als bei Stärkeverfütterung. Bei Pferden wurde bei Verabfolgung von 5—6 kg Zucker pro 1000 kg Lebendgewicht eine Verdauungsdepression nicht beobachtet (Alquier[5]); die bei Melassefütterung schon nach geringeren Mengen auftretende Depression wird auf die laxierende Wirkung der in der Melasse enthaltenen Salze zurückgeführt.

Auch der *Fettansatz* bzw. die Bildung von Fetten aus Kohlehydraten wird durch das Nährstoffverhältnis beeinflußt. Nach Meissl[98] werden bei weitem Nährstoffverhältnis (1 Teil N-haltige : 13,17 Teilen N-freier Futterstoffe) 88,3% der angesetzten Fette aus Kohlehydraten gebildet, während bei mittlerem (1 : 7) und engem (1 : 2,4) Nährstoffverhältnis nur 71,1% bzw. 4,6% Fett aus Kohlehydraten entstehen.

Ist die Nahrung der Tiere reich an Kohlehydraten, dann wird das angesetzte Fett meist fest und kernig, während bei fettreichen Nahrungsmitteln eine Annäherung des Körperfettes an die meist weichen bzw. flüssigen Fette der pflanzlichen Futtermittel stattfinden kann[135].

Versuche von ALBERT[3] an Schweinen ergaben eine günstige *Mastwirkung*, wenn Rationen verabfolgt wurden, die pro 1000 kg Lebendgewicht 5 kg verdauliches Eiweiß und 28 kg N-freie Stoffe (einschließlich Nichteiweiß) enthielten. Eine Vermehrung des Eiweißanteils über 5 kg bewährte sich nicht. Ändert man das Verhältnis zu gunsten der N-freien Stoffe durch Steigerung des N-freien Futteranteils bis auf 40 kg für je 5 kg verdauliches Eiweiß, dann ergibt sich eine vorzügliche Verwertung vor allem des beigefütterten Zuckers.

II. Fütterungsversuche mit Zucker.

Im allgemeinen wird *reiner Zucker* nur selten als Futtermittel für Tiere verwendet, da die Kosten gegenüber der Verwendung zuckerhaltiger Futtermittel zu hoch sind. Nur die *Zuckermelasse* fand und findet noch in breiterem Ausmaß Verwendung als Futtermittel. Wir werden Versuche mit Melassefütterung und deren Ergebnisse an anderer Stelle zu besprechen haben. Wenn sich jedoch infolge niederer Zuckerhandelspreise die technische Aufarbeitung der Rohprodukte, wie Krystallzucker usw., nicht mehr wirtschaftlich gestaltet, werden solche unreineren Zucker zu Fütterungszwecken verwandt. Nach GRANDEAU[46] können Pferde bis zu 2,5 kg dieses Rohzuckers auf 400 kg Lebendgewicht aufnehmen, ohne in ihrer Leistungsfähigkeit, im Vergleich mit anderen bewährten Normalrationen, irgendwie beeinträchtigt zu werden. Dabei wurde noch — entgegen früheren Annahmen — ein Absinken der Wasseraufnahme gegenüber einer Fütterung von Heu und Hafer beobachtet. Eine Würdigung der Frage, ob und unter welchen Bedingungen Zucker als Futtermittel Verwendung finden kann, bringt GRIMMER[47], der unter dem Eindruck der Kriegsverhältnisse und der bekannten Futtermittelknappheit die Forderung vertritt, daß nicht nur bei Milch- und Masttieren, sondern auch bei Arbeitstieren, in erster Linie bei Pferden, ein Übergang zur Zuckerfütterung unter weitgehender Einschränkung des Körnerfutters möglich und angebracht sei, wenn einerseits genügend Zucker für die menschliche Ernährung und den menschlichen Bedarf vorhanden und andererseits der Zuckerpreis billig genug sei.

Gleichfalls unter dem Einfluß der Kriegsjahre und -not entstand die Arbeit von ELLENBERGER und WAENTIG[32], die unter Berücksichtigung verschiedener Mitteilungen über gewisse Schädigungen nach Zuckerfütterung (Durchfall, Kolik, verminderte Heiltendenz bei Wunden usw.) an Militärpferden Zucker in reichlichem Ausmaße (6 bzw. 9 Pfund Häckselzucker mit ca. 50—70% Rohzuckergehalt, neben Heu und Häcksel, sowie 3 Pfund Kleie und 3 Pfund Mais) verfütterten und gleichzeitig Blut und Harn der Tiere untersuchten.

Sie kommen zu dem Ergebnis, daß bei Zuckerfütterung in dem angegebenen Ausmaß zwar eine merkliche und anscheinend vorübergehende Erhöhung des Blutzuckers und gelegentlich ein Übertreten von Zucker in den Harn auftreten kann. Diese *alimentäre Glykosurie* ist jedoch nur bei besonders disponierten Tieren zu beobachten und auch nur dann, wenn nicht genügend Häcksel mit dem Zucker vermischt ist. Die erwähnten beobachteten Störungen im Allgemeinbefinden der „Zucker"tiere, vor allem die Störungen bei der Wundheilung, können aber nicht auf den veränderten Zuckergehalt des Blutes, die geringe Hyperglykämie bezogen werden, so daß ein Vergleich mit dem Diabetes mellitus nicht statthaft erscheint.

Auf eine dem Nierenverschlag (schwarze Harnwinde, Lumbago) ähnliche Erkrankung als Folge der Zuckerverfütterung, die übrigens auch von ELLENBERGER und WAENTIG[32] bereits berücksichtigt wurde, weist SALINGER[113] hin, der das Auftreten dieser Erkrankung durch Anhäufung von Glykogen in der Leber bei übermäßiger Zuckerfütterung und nicht genügender Muskelarbeit zu erklären sucht. Gelegentliche Koliken nach Zuckerfütterung sollen durch abnorme Gärvorgänge ausgelöst werden. SALINGER empfiehlt daher mäßige Zuckerfütterung und Einschieben von zuckerfreien Perioden.

Daß *Zucker ein günstiges Futtermittel für Mast- und Milchvieh* darstellt, läßt sich schon aus den obenangeführten Mitteilungen GRIMMERS[47] entnehmen. MÄRKER und ZIMMERMANN[97] berichten über günstige Ergebnisse der Rohrzuckerverfütterung bei Schweinen mit Gaben von 250—500 g, bei welcher die Tiere 50 kg Gewichtszunahme zeigten gegen nur 30 kg bei den Kontrolltieren.

KLEIN[84] will gleichzeitig einen günstigen Einfluß der Verfütterung des mit Palmkernkuchen denaturierten Zuckers auf die Qualität des produzierten Speckes festgestellt haben, wenn als Grundfutter Milch, Molken und Mais gegeben wurde.

Interessant erscheinen jedoch in diesem Zusammenhang Versuche von CARLSON und DRENNAN[23], nach welchen bei jungen, 10 kg schweren Schweinen schon nach Verabfolgung ganz geringer Zuckermengen (5 g Dextrose) Zucker im Harn auftreten soll; eine Behauptung, die sicher noch der Nachprüfung bedarf.

Bei Mastkälbern sollen Dosen von 2 mal 100 g Rohrzucker das Auftreten von Diarrhöen veranlaßt haben (MÄRKER und ZIMMERMANN[97]).

Bei Schafen hat die Zulage von Zucker keine besondere Wirkung (MÄRKER und ZIMMERMANN[97]). Nach HENNEBERG[58] läßt sich ein Teil der N-freien Stoffe der Futterration bei gleichbleibendem Masterfolg durch Zucker zuführen, doch erscheint die Fütterung selbst unversteuerten Zuckers unrentabel (LEHMANN und PFEIFFER[89]).

Nach Versuchen von HOFFMANN[63] zeigten Schafe nach Verfütterung von 2 und $4^1/_2$ kg Rohrzucker pro 1000 kg Lebendgewicht eine höhere progressive Zunahme des Lebendgewichtes als Versuchstiere ohne Zuckerfütterung, die mit verminderter Wasseraufnahme durch die Zuckertiere erklärt wird. Die verminderte Wasseraufnahme soll den Fleisch- und Fettansatz befördern.

Vögel (Tauben) verwerten *Rohrzucker*, den man ihnen neben dem gewöhnlichen Futter verabfolgt, nur teilweise. Etwa $^1/_3$ des in konzentrierter Lösung gegebenen Zuckers erscheint in den Ausscheidungen wieder. Hungernde Tiere verwerten jedoch erheblich größere Teile des verfütterten Zuckers. Von anderen untersuchten Zuckerarten wurde Milchzucker wahrscheinlich wegen seiner abführenden Wirkung am schlechtesten ausgenutzt; dann folgten Lävulose, Dextrose und Maltose. Die Ausnutzung war desto schlechter, je verdünnter die Lösung war (SUNZERI[134]).

III. Fütterungsversuche mit Melasse.

Viel häufiger als reiner Zucker oder Rohrzucker wird die Melasse zu Fütterungszwecken herangezogen. Unter Melasse versteht man den letzten Rückstand, der bei der Verarbeitung zuckerhaltigen Pflanzensafts zu Rohrzucker erhalten wird (s. Anm.).

Trotz der Verschiedenheiten der technischen Aufarbeitung zuckerhaltiger Pflanzen zu Rohrzucker zeigen die einzelnen Melassen (für unsere Verhältnisse kommt im wesentlichen nur Rübenmelasse in Frage) eine sehr weitgehende Übereinstimmung ihrer chemischen Zusammensetzung.

Nach Analysen von O. KELLNER[78] sind in der Trockensubstanz der Melasse 63—70% Gesamtzucker, 20—26% organische Nichtzuckersubstanz, 10—15% Stickstoffsubstanz, 0,25—1,3% Eiweiß und 7—10% Mineralstoffe enthalten. Auch bei der Raffination von Rohrzucker gewonnene Melassen zeigen Analysen-

---

Anm. Siehe SPENGLER im 1. Bande dieses Handbuchs.

werte dieser Größenordnung. (Die technischen Melassen enthalten im Durchschnitt rund 22 % Wasser[80].)

Nur die Strontium- oder Restmelassen zeigen deutliche Abweichungen in der Zusammensetzung. KELLNER gibt folgende Werte: Gesamtzucker 72—79 %, organische Rohrzuckersubstanz 16—22 %, Stickstoffsubstanz 3—5 %, Mineralstoffe 4—6 %. Besonders auffallend ist der Gehalt der Strontiummelasse an Raffinose (12—17 % gegenüber 2—4 % bei gewöhnlicher Melasse).

Die Verwertung der in der Melasse enthaltenen Kohlehydrate ist zwar keine vollständige, jedoch darf man mit einer rund 90 proz. Verdaulichkeit rechnen, so daß den Tieren in flüssiger Melasse ca. 55 % verdauliche Kohlehydrate zur Verfügung stehen (KELLNER[79], LEHMANN[87]).

Bei der Verwendung von Melasse zu Fütterungszwecken ist vor allem darauf zu achten, daß die Melasse nicht infolge Selbstsäuerung durch Gärung sauer geworden ist[67]. Solche Selbstsäuerung tritt besonders leicht ein, wenn die Melasse einen zu hohen Wassergehalt aufweist. Man soll daher die Verdünnung der Melasse, wie sie aus Zweckmäßigkeitsgründen beim Füttern vorgenommen werden muß, erst unmittelbar vor der Verfütterung vornehmen, und zwar nur in dem Maße, daß sich die Lösung mit anderen trockenen Bestandteilen der Nahrung gut mischen läßt. Zweckmäßig wird diese Mischung mit gut aufsaugenden Futtermitteln, Häcksel, Trockenschnitzel oder Kleie vorgenommen; auch Torfmehl wurde, obwohl es selbst keinerlei Nährwert besitzt, als Füll- oder Aufsaugemittel verwendet. Gelegentlich treten nach Melassefütterungen Durchfälle bei den Tieren auf, vor allem wenn die Melasse nicht mit Rauhfutter gemischt, sondern nur im Trinkwasser gereicht wird (s. Anm.). Diese Krankheits- bzw. Reizerscheinungen lassen sich aber vermeiden, wenn die Zulage von Melasse oder der Ersatz eines Futterbestandteils durch Melasse derartig geschieht, daß man mit einer Periode der Gewöhnung beginnt, in der mit kleinen Dosen Melasse begonnen, und diese langsam und allmählich gesteigert werden.

Dagegen setzt nach KELLNER[73] und allgemeinen Erfahrungen die *Verfütterung von Melasse bei Pferden* die Gefahr von Koliken ganz erheblich herab, bzw. bedingt einen viel milderen Verlauf der Kolikerkrankung selbst, wenn überreichliche Verfütterung vermieden wird.

Anm. ZUNTZ[156] und seine Schüler vertreten jedoch einen anderen Standpunkt und empfehlen geradezu die Verfütterung der Melasse in wäßriger Lösung (als Trank), wenigstens für Wiederkäuer. Sie begründen diese abweichende Meinung folgendermaßen. Beim Pflanzenfresser ist zum Aufschluß der Cellulose die Mitwirkung der verschiedensten Bakterien bzw. ihrer Fermente nötig. Diese bakterielle (fermentative) Aufspaltung findet bei den *Wiederkäuern* in erster Linie im Pansen statt. Nun sind die Bakterienfermente nicht nur auf Cellulose eingestellt, sondern sie vermögen auch einfache Zucker zu vergären. Wird den Wiederkäuern mit Zuckerlösung (Melasse) durchtränktes Rauhfutter gereicht, so gelangt dies naturgemäß zuerst in den Pansen. Die Pansenbakterien wenden sich zunächst gegen das einfachere Kohlehydrat, die Melasse, die vergoren wird. Die Gärungsgase, CO_2, Methan und Wasserstoff, werden durch Rülpsen ausgestoßen, wodurch ein Verlust an calorischen Werten eintritt. Gleichzeitig wird der fermentative Abbau der Cellulose vermindert, wodurch eine Verdauungsdepression oder schlechtere Ausnutzung der Cellulose (Rohfaser) hervorgerufen wird. Verfüttert man aber Melasse oder Zucker in Form wäßriger Lösungen, so gelangt die Flüssigkeit durch die Haubenpsalterrinne gleich in den Labmagen und wird somit der bakteriellen Gärung entzogen. Die Ausnutzung ist also bei dieser Verabfolgungsart eine bessere.

Beim *Pferd* findet der bakterielle Celluloseabbau erst im Dickdarm (Blinddarm) statt. Bis die zuckerhaltige Nahrung in diesen Darmabschnitt gelangt, muß sie den gesamten Dünndarm passieren, in welchem schon eine so reichliche Zuckerresorption stattfindet, daß kaum mehr zuckerhaltiges Material in den Blinddarm gelangt. Somit ist hier keine oder eine wesentlich geringere Gefahr für Verluste an calorischem Material durch bakterielle Gärung zu befürchten.

Diese Wirkung der Melasse- oder Zuckerfütterung ist nach Alquier und Drouineau[6], die frühere Versuche über die Verwendung von Zucker und zuckerhaltigen Futtermitteln eingehend besprechen und die gemachten Erfahrungen auch durch eigene Versuche ergänzen und erweitern, vielleicht dadurch zu erklären, daß die Passage bzw. der Aufenthalt der Futtermittel im tierischen Körper durch die Beifütterung von Melasse erheblich verkürzt wird. Während normale Rationen oder Rationen mit Zucker ca. 27—28 Stunden im Körper der Versuchstiere (Pferde) verweilen, soll bei Melasseverfütterung die Passage schon innerhalb 16 Stunden erfolgen.

Nach Kellner[72] können ohne nachteilige Folgen pro Tag und 1000 kg Lebendgewicht an Melasse verfüttert werden:

an Pferde	3 kg
„ Milchvieh	2,5 kg
„ Zugochsen . . . . .3—4 kg
„ Mastrinder oder Mastschafe	4 kg
„ Schweine	5 kg

Auch auf die Milchbeschaffenheit hat die Melasseverfütterung keinerlei nachteiligen Einfluß.

Da die Verwendung der technisch anfallenden Melasse mannigfache Schwierigkeiten bereitet, wurden fabrikatorisch allerlei Mischungen der Melasse mit aufsaugenden, trockenen Futtermitteln hergestellt. Ein besonders wertvolles Mischfutter dieser Art sind die Melasseschnitzel (aus trockenen oder feuchten Rübenschnitzeln mit Melasse), ferner Biertrebermelasse, Palmkernmelasse, Kleienmelasse usw. Ich verweise auf die entsprechenden Angaben bei Kellner[72], sowie von Spengler im I. Band dieses Handbuchs.

Ohne auf Vollständigkeit der Angaben Anspruch machen zu wollen, sei noch über einige Arbeiten berichtet, die die *Wirkung der Melassefütterung bei verschiedenen Tieren* behandeln.

Hollrung[64] empfiehlt die Fütterung von Melasse (bis 2 Pfund täglich) an schwerarbeitende *Pferde* und berichtet vor allem über das Ausbleiben von Koliken. Im gleichen Sinne äußert sich Strube[133], der nach Torfmelasse, die von Pferden begierig aufgenommen wird, nicht nur Besserung des Allgemeinbefindens und des Haarkleides, sondern auch eine Minderung der Kolikerkrankungen beobachtete. Friederici[38] berichtet über appetitanregende und verdauungsbefördernde Wirkung der Melassefütterung. Als Maximaldosis für Pferde nennt er 5—10 Pfund pro Tag.

Nach Goldschmidt[44] lassen sich aus einem Kraftfutter für Arbeitspferde, bestehend aus 5 kg Hafer, 2,5 kg Mais, 0,75 kg Kleie und 0,25 kg Roggenbrot, je 1 kg Hafer und 0,5 kg Mais durch 1,5 kg Torfmelasse ohne jede Beeinträchtigung ersetzen. Van de Venne[136] ersetzte bei Militärpferden unter sonst gleichgleibenden Versuchsbedingungen einen Teil der Haferration durch die gleiche Menge eines Melassemischfutters (Sukrema) mit dem Erfolg, daß die Melassepferde eine Steigerung der Gewichtszunahme im Vergleich mit den Tieren mit unveränderter Ration aufwiesen. Maréchal[96] warnt vor der Verfütterung von denaturiertem Zucker an Pferde, während die Verwendung von Melassefutter empfohlen wird.

Nach Versuchen von Hansson[51] zeigen Melasse und Torfmelasse den gleichen Nährwert, wodurch erwiesen ist, daß dem Torfzusatz keinerlei Nährwert zukommt. Er dient lediglich als Melasseträger. Hansson schreibt der Melasse, wenn sie in relativ kleinen Mengen gegeben wird, einen höheren Wert hinsichtlich der Kraftproduktion zu, als man früher annahm, und setzt den Wert eines Kilogramms Melasse mit 45% Zuckergehalt gleich dem Nährwert eines Kilogramms

Mischsaatschrotes. Wird Torfmelasse neben sonst genügend eiweißhaltigem Futter verabfolgt, so stellt sie ein vollwertiges Futtermittel dar[59, 13].

Über Fütterungsversuche an Pferden mit einer *Blutmelasse*, die neben 55 bis 60% N-freien Extraktstoffen 17—19% Protein und 2,7—3,5% Fett enthält, berichtet LILIENTHAL[90]. Das Resultat war durchaus befriedigend, das Präparat wurde gern genommen. Die nach starker Maisfütterung beobachteten starken Schweißausbrüche und das Schlappwerden der Tiere trat bei der gewählten Ration nicht ein.

Auch für *Milchkühe* stellt Melasse in jeder Form ein ausgezeichnetes Futtermittel dar. Allerdings ist bei hochtragenden Kühen von der Verfütterung mit Melasse abzuraten, da nach der Verabfolgung gelegentlich Verkalben beobachtet worden ist (vgl. SCHULZE[124]). Auch Jungtiere sollen nur geringe Mengen Melasse in der Nahrung erhalten. SCHULZE empfiehlt als Maximalgabe an Kühe bei Beginn der Trächtigkeit 1 kg Melasse. Bei Zugochsen kann die Gabe auf 1,5 kg erhöht und bei Mastochsen noch weiter gesteigert werden. HOLLRUNG[64] will sogar an hochtragende Kühe 0,5—0,75 kg Melasse ohne Schaden verfüttern können.

Ob der Ersatz anderer Mischfutter durch Melasse die *Milchproduktion* hinsichtlich Menge und Zusammensetzung nennenswert beeinflußt, ist nicht mit Sicherheit zu ersehen; doch ist sicher keine Verminderung des Ertrages zu befürchten.

WEIGMANN[146] berichtet über Versuche, in denen Weizenkleie durch Torfmelasse ohne Einfluß auf Milchquantität und -qualität ersetzt wurde. Wird Gerstenfutter durch verschiedene Melassefuttermittel ersetzt, so soll nach RAMM[109] eine Steigerung des Milchfettgehaltes eintreten. Da Rohrzucker nicht den gleichen Erfolg hat, schließt RAMM auf eine spezifische Wirkung der in der Melasse enthaltenen Salze. Über günstige Beeinflussung der Milchergiebigkeit durch Palmkernmelasse wird gleichfalls von RAMM[108] berichtet.

Nach HAGEMANN[49] übt Rübenmelasse anscheinend eine reizende Wirkung auf die Milchdrüsen aus, so daß längere Zeit mehr und fettreichere Milch gebildet wird. Die Steigerung soll etwas höher sein, als dem Nährwert des Futters entspricht. CONRAD[26] beschreibt die Wirkung der Melassefütterung bei Milchkühen als günstig hinsichtlich des Milchfettgehaltes; die Milchmenge wird nicht vermehrt. In der Melasse enthaltene Strontiumsalze gehen nicht in die Milch über. Abführende Wirkung der Melasse konnte nicht beobachtet werden. LILIENTHAL erhielt nach Zulage von 1 kg Blutmelasse eine Steigerung der Milchproduktion, ebenso bezeichnet DEAN[28] verbessertes Melasseviehfutter als wertvoll für die Milchproduktion.

In teilweisem Gegensatz zu dem bisher Mitgeteilten steht eine Arbeit von HOLLRUNG und KAISER[65], die nach Rübenmelasse zwar eine Erhöhung des Milchertrags, jedoch eine kurze und vorübergehende Depression des Fettgehaltes feststellten.

In der *Schafhaltung und -mast* ist Melasse gut zu verwenden. Man kann ohne Nachteil 3,6 kg frische Melasse oder 4,5 kg Torfmelasse auf 100 kg Lebendgewicht verfüttern. Das nach Melassefütterung angesetzte Fett soll einen etwas niedrigeren Schmelzpunkt aufweisen als das nach Gerstenfütterung gebildete (RAMM[109], ferner EMMERLING[33], ALBERT[2], Versuche an Mastlämmern).

KELLNER, ZAHN und GILLERN[82] geben nach Versuchen mit Torfmelasse an Hammeln die Verdauungskoeffizienten der in der Melasse enthaltenen organischen Substanz mit 82,5, der N-haltigen Stoffe mit 52,2 und der N-freien Stoffe mit 91,3 an. Gleichzeitig wird durch die Melasse eine Depression der Ausnutzung der Rohfaser und der Pentosane des Beifutters (Wiesenheu) hervorgerufen und auf eine günstige diätetische Wirkung (Verminderung der Kolikanfälle und gelinderer Verlauf derselben) des Melassefutters hingewiesen. Schulze[124] bezeichnet die Schafe als die besten Melasseverwerter.

Für die Aufzucht und Mast von *Schweinen* ist Melasse sicher zu empfehlen. Dickson und Malpeaux[29] haben mit gutem Erfolg Melasse außer bei Rind und Pferd auch an Schweine verfüttert. Sie weisen u. a. darauf hin, daß Melassebeigaben gut verwendet werden können, um die Schmackhaftigkeit minderwertiger Futtermittel zu erhöhen.

Nach Faye und Frederiksen[33a] wird die Verschlechterung der Qualität des Schweinefleisches, die nach Maisfütterung eintritt, nach Ersatz des Maises durch Melassefutter völlig behoben und Fleisch erster Qualität erhalten.

Meissl und Bersch[99] untersuchten durch Fütterungsversuche den Einfluß von Rohrzucker und Melasse auf den Stoffwechsel des Schweines und kamen zu dem Ergebnis, daß Melasse bei jungen Tieren eine Erhöhung des Fleischansatzes, bei älteren Tieren jedoch eher eine Minderung desselben bewirkt. Umgekehrt liegen die Verhältnisse in bezug auf die *Fettproduktion*. Jüngere Tiere zeigten etwas verminderten, ältere einen leicht gesteigerten Fettansatz. Fleisch und Fett der mit Melasse gefütterten Tiere waren von tadelloser Beschaffenheit.

Nach Schneidewind[122] hat Zucker in der Mastration von Schweinen denselben Effekt wie die vorwiegend aus Stärke bestehenden N-freien Extraktstoffe der Gerste. Angaben von Zuntz, wonach durch Beifütterung von Zucker eine erhebliche Verdauungsdepression des Rauhfutters eintritt, konnten von Schneidewind nicht bestätigt werden.

IV. Fütterungsversuche mit Zuckerrüben (Rübenschnitzel).

Neben der Melasse und dem Rohrzucker, die bei der technischen Verarbeitung der Zuckerrüben für die landwirtschaftliche Tierhaltung als Abfallsprodukte geliefert werden, verwendet man die Rüben selbst oder Teile derselben (Rübenschnitzel, Rübenköpfe, Rübenblätter) oder ein weiterer Rückstand der Zuckerfabrikation, die ausgelaugte Rübensubstanz, zu Fütterungszwecken.

Die Zuckerrübe selbst enthält bei 75% Wassergehalt 1,2% Rohprotein, 0,1% Rohfett, 21,4% N-freie Extraktstoffe, 1,5% Rohfaser und 0,7% Asche (nach Kellners Tabellen [s. Anm.]). Die Rübe selbst oder die aus ihr hergestellten Schnitzel stellen also ein ausgezeichnetes Futtermittel dar, dem die Rübenköpfe kaum nachstehen dürften. Die Rübenblätter nähern sich in ihrer Zusammensetzung den übrigen Grünfutterarten (s. Anm.).

Die bei der Zuckerfabrikation anfallenden *Rübenschnitzel*, denen durch Auslaugung die Hauptmenge Zucker entzogen ist, die sog. *Diffusionsschnitzel*, enthalten nach der technischen Verarbeitung nur ca. 7% Trockensubstanz, die durch geeignete Verfahren (Pressen oder Trocknen) bis auf ca. 15% gebracht werden kann. Der Zuckergehalt dieser Schnitzel ist, auf Trockensubstanz berechnet, nur 2—8%.

Nach neueren Verfahren der Zuckerindustrie werden die Zuckerrüben nicht mehr so vollständig ausgelaugt, so daß Zuckerschnitzel anfallen, die im nassen Zustand ca. 9%, im abgepreßten Zustand bis 30% Trockensubstanz mit durchschnittlich 30—35% Zucker enthalten. Diese so gewonnenen Zuckerschnitzel haben nach Honcamp[66] einen etwas höheren Nährwert als die Trockenschnitzel.

Die Rübenschnitzel übertreffen nach Kellner[76] bei Verabreichung gleicher Mengen verdaulicher Substanz bei Mastrindern wie beim Milchvieh die Runkel-

---

Anm. Siehe auch im 1. Bande dieses Handbuches Honcamp, S. 336; Spengler, S. 437.

rüben um einen erheblichen Betrag, jedoch stehen sie in ihrer Wertigkeit, auch bei Schweinemast, hinter Kartoffeln zurück[120].

Für Arbeitspferde stellen frische oder gesäuerte Rübenschnitzel wegen ihres hohen Wassergehaltes kein geeignetes Futtermittel dar. Im Zustand der Ruhe können zeitweise kleine Mengen auch an Pferde verfüttert werden.

Milchkühe können bis zu 40 kg pro 1000 kg Lebendgewicht vertragen. Bei größeren Dosen soll sich ein ungünstiger Einfluß auf die produzierte Butter äußern. Besser verwendbar sind frische oder gesäuerte Rübenschnitzel für die Fütterung von Mastrindern, Schafen oder Schweinen, die 60, evtl. sogar 80 kg pro 1000 kg Lebendgewicht noch gut verwerten.

Bei der Verfütterung von *Trockenschnitzeln* ist darauf zu achten, daß diese auch noch im Verdauungstraktus erhebliche Mengen (bis zum Fünffachen ihres Gewichtes) Wasser aufnehmen können und daher eine erhebliche Volumvermehrung (bis zum Dreifachen) erleiden können. Die Folgen dieser nachträglichen Volumvermehrung können Beschwerden im Schlund, Erstickung, Indigestionen, evtl. sogar Rupturen sein. Man kann diese Folgen vermeiden, wenn man die Trockenschnitzel vor der Verfütterung befeuchtet, und zwar ungefähr mit der 2—3fachen Gewichtsmenge Wasser.

Die *Futtergaben an Trockenschnitzeln* betragen nach KELLNER[70] pro Kopf und Tag

<pre>
für Kühe 3   —4,5 kg
 „ Mastrinder 5   —7,5 kg
 „ Zugochsen 4   —6   kg
 „ Kälber. . . . . 0,5 —2   kg (je nach Alter)
 „ Schweine . . . . 0,75—1,5 kg
</pre>

Pferde nehmen die Trockenschnitzel ungern auf, doch können kleine Rationen (2—2,5 kg pro Kopf und Tag) verabfolgt werden.

Ferner ist bei Verabfolgung von Zuckerrübenschnitzeln jeder Form darauf zu achten, daß sie einen *relativ geringen Aschegehalt* aufweisen. Vor allem die knochenbildenden Salze sind in ungenügender Menge enthalten; bei dauernder, reichlicher Verfütterung, vor allem an Milchvieh, kann daher unter Umständen eine Knochenbrüchigkeit, Osteomalacie, auftreten. Deshalb ist bei der Benutzung dieses Futtermittels für die Zufuhr von genügend Kalk und Phosphor, sei es durch Beifütterung anderer, diese Bestandteile in genügender Menge enthaltender Futtermittel oder durch Beigabe von Calciumcarbonat oder Phosphat zu sorgen.

ALEXANDER und ANDERHOLM[4] bezeichnen die Zuckerrübe als ein erstklassiges Viehfuttermittel, besonders für Milchkühe; die Milchmenge soll bedeutend vermehrt werden, ohne daß der Fettgehalt sinkt. Die Verfütterung der Zuckerrübe mache sich im Tierstall besser bezahlt als die Verarbeitung auf Zucker. Versuche der Verwendung der Zuckerrübe zur Schweinefütterung sollen gleichfalls sehr günstige Ergebnisse gebracht haben.

Nach HANSSON[50] können Zucker- und Melasseschnitzel sehr gut als *Ersatz anderer Kraftfuttermittel* Verwendung finden. 0,88 kg Trockensubstanz von Rübenschnitzeln entsprechen 0,87 kg Trockensubstanz von Zuckerschnitzeln oder 0,90 kg Trockensubstanz von Melasseschnitzeln oder 1 kg Trockensubstanz von Runkelrüben.

Beim Pferd lassen sich 1—2,5 kg Mischsaatschrot (Erbsen- und Haferschrot) durch gleiche Mengen Rübenschnitzel ersetzen, ohne daß Körpergewicht und Arbeitsfähigkeit nachteilig beeinflußt werden. Bei Schweinen wurde versucht, 30—40% der Gerstenschrotrationen durch Zuckerschnitzel zu ersetzen. Selbst unter günstigen Bedingungen müssen an Stelle von 1 kg Gerstenschrot 1,3—1,4 kg

Zuckerschnitzel verfüttert werden. Die Verfütterung der Zuckerschnitzel erwies sich nicht so günstig, da Gaben von mehr als 1 kg Schnitzel pro 100 kg Lebendgewicht nicht gern von den Tieren aufgenommen werden.

Hansen[52] benutzt Zuckerschnitzel als Füllfutter für Schweine und deckt durch ihre Verfütterung einen Teil des Nährstoffbedarfes. Allerdings zeigen sie sich im Parallelversuch mit Kartoffeln diesen nicht gleichwertig.

Der Ersatz von Gerstenschrot durch Trockenschnitzel bei Schweineschnellmast kann nach Lehmann[88] bis zu 10% des genannten Futters durchgeführt werden. *Zuckerrübenköpfe* können bei schweren Arbeitspferden auch bei stärkster Arbeitsleistung als teilweiser Haferersatz gegeben werden (Bartsch[10]), unter der Voraussetzung, daß durch Zufütterung eiweißhaltiger Kraftfutter (z. B. Luzerne) für einen ausreichenden Eiweißgehalt des Futters gesorgt wird. 1 kg Hafer kann durch 5 kg Rübenköpfe ersetzt werden. Die in den aufgenommenen Rübenköpfen enthaltenen Mengen Zucker betragen ca. 3,5 kg, die ohne jede Schädigung vertragen werden, was die Annahme nicht von der Hand weisen läßt, daß der Zucker in der Form, wie er in den Rüben enthalten ist, den Pferden zuträglicher sei als der durch die Verarbeitung isolierte Rohrzucker.

Unter den von der Zuckerrübe stammenden Futtermitteln sind noch die *Rübenblätter* zu erwähnen. Sie werden meist in frischem oder eingesäuertem Zustand als Futtermittel verabfolgt. Diese Rübenblätter sind kein ganz harmloses Futtermittel, enthalten sie doch nach Untersuchungen von Carlens[21] ca. die 10fache Menge an *Oxalsäure* wie andere Grünfutterarten. Carlens fand auf 100 g frisches Futter bei Klee, blauer Luzerne und Wiesenheu im Mittel 95, 96 und 74 mg Oxalsäure, während in frischem Zuckerrübenkraut 821 mg im Mittel enthalten waren. Dieser hohe Gehalt der giftigen Oxalsäure läßt doch gewisse Bedenken für die Verwendung des Zuckerrübenkrautes zu, und in der Tat berichtet Lüdecke[92] über einige, wenn auch nicht zu häufige Erkrankungen bei Rindern nach Rübenkrautfütterung. Nach eingehenden Untersuchungen von Carlens[21] steigt der Oxalsäuregehalt des Rinderharnes (normal durchschnittlich 11 mg pro Liter) nach Aufnahme von Rübenblättern auf das Doppelte und darüber. Während der Zuckerrübenkrautfütterung wird die Gerinnungszeit des Blutes erheblich verlängert, und zwar von normal 3—6 Minuten auf 10—20 Minuten. Auch der normale Gehalt des Blutes an Calcium sinkt während der Rübenkrautfütterung von 12—13 mg% auf 10—6,6 mg%; der Calciumgehalt der Milch wird durch den niedrigen Kalkspiegel des Blutes nicht beeinflußt.

V. Fütterungsversuche mit Stärke bzw. mit stärkereichen Futtermitteln, vor allem Kartoffeln.

In den pflanzlichen Futtermitteln ist der Hauptanteil der verdaulichen Kohlehydrate in der Form von Stärke enthalten.

Besonders reichlich findet sich die *Stärke in den Körnern und Samen*, die neben relativ niederem Wassergehalt (11—15%) durchschnittlich 60 bis 70% N-freie Extraktstoffe, daneben allerdings ca. 10% Proteinkörper enthalten. Der Verdauungskoeffizient für Proteine und N-freie Extraktstoffe bei diesen Kraftfuttern ist ein sehr hoher. Er beträgt für die N-freien Extraktstoffe der Getreidearten Roggen, Weizen, Gerste 92, für Hafer 77. Für die *Kartoffel* mit 25% Trockensubstanz, von denen 21% als N-freie Extraktstoffe anzusprechen sind (bei nur 2,1% Roheiweiß), liegt der Verdauungskoeffizient bei 90.

Reine Stärke wird zu Fütterungszwecken in der Praxis relativ selten benutzt, weil die Kosten der Verfütterung dieses technischen Präparates zu hoch sind und man denselben Erfolg durch Verabreichung natürlichen stärkehaltigen Futters billiger und bequemer erzielt.

Allerdings sind eine große Anzahl von Versuchen über die Ausnutzung von Stärke im Vergleich mit anderen Futtermitteln und ihre Verwendung zur Kraftproduktion, wie zum Fleisch- und Fettansatz, zur Milchproduktion usw. angestellt worden. Die KELLNERsche Stärkewertberechnung der Futtermittel beruht ja gerade auf solchen Untersuchungen. Diese Arbeiten hier kritisch und berichtend zu besprechen, würde weit über den Rahmen dieses Aufsatzes hinausgehen (s. Anm. 1). Ich beschränke mich hier vielmehr auf die Mitteilung einiger spezieller Versuchsergebnisse.

Da die in den Pflanzen enthaltene Stärke vor der Resorption erst durch die Fermente des Verdauungsapparates abgebaut werden muß, dürfte eine vergleichende Untersuchung von PAULETIG[103] über die Verdaulichkeit der Stärke verschiedener pflanzlicher Futtermittel durch Speichel-, Malz-·und Pankreasdiastase ein gewisses Interesse bieten. PAULETIG gibt folgende Reihen (s. Anm. 2):

Speicheldiastase		*Pankreasdiastase*		*Malzdiastase*	
Reis	1,16	Kartoffel	1,14	Gerste	1,24
Gerste	1,09	Hirse	1,12	Kartoffel	1,22
Hirse	1,04	Mais	1,05	Roggen	1,05
Weizen	1,00	Reis	1,00	Linsen	1,04
Hafer	0,94	Gerste	1,00	Weizen	1,00
Mais	0,91	Weizen	1,00	Reis	1,00
Erbsen	0,90	Linsen	0,93	Hirse	0,97
Kartoffel	0,89	Erbsen	0,90	Hafer	0,93
Roggen	0,74	Hafer	0,85	Erbsen	0,88
Linsen	0,51	Roggen	0,65	Mais	0,77
Bohnen	0,47	Bohnen	0,46	Bohnen	0,71

Nach diesen Versuchen kann man die Kartoffelstärke als eine der am leichtesten zu verdauenden Stärken bezeichnen, während die Stärke der Leguminosen eine erheblich geringere Aufspaltbarkeit zeigt.

Diese Ergebnisse stimmen im allgemeinen gut mit den Ergebnissen aus praktischen Fütterungsversuchen überein und erlauben gewisse Rückschlüsse für die Beurteilung der Futtermittel.

Erwähnenswert scheinen auch Versuche über die Verwendung von Stärke, die durch Malzdiastase (*Diastasolin*) verzuckert war, wie sie namentlich von HANSEN[53] angestellt worden sind. Solche verzuckerte Stärke (Kartoffelstärke oder Weizen- bzw. Roggenfuttermehl), mit Magermilch gemischt, wird mit gutem Erfolg an Stelle von Vollmilch beim Abgewöhnen der Kälber, u. a. als sog. Kälbermaiszucker, empfohlen (PFLUGRADT[106], HANSEN[54]).

HASELHOFF[56] betrachtet 13 l Magermilch + 3 l Stärke-Diastasolinlösung als gleichwertig mit 9 l Vollmilch, empfiehlt jedoch einen langsamen Übergang zur Diastasolinstärkefütterung, da sonst gelegentlich Durchfälle auftreten. Gleichzeitig weist er, wie auch REICHERT und SCHUMANN[111], auf eine durch diese Verfütterung erzielte Verbilligung der Kosten der Kälberaufzucht hin. Ähnliche Ergebnisse haben MÜLLER-LENHARZ und VON WENDT[101] erzielt, wenn ihre Versuche auch nicht immer gleich günstig ausfielen. HITTCHER[61] will keinen wesentlichen Nutzen der verzuckerten Stärke gegenüber der Verwendung von nur

---

Anm. 1. Siehe hierüber MANGOLD in diesem Bande des Handbuches.

Anm. 2. Die Versuche wurden derart angestellt, daß gleiche Mengen Stärke verschiedener Herkunft und gleiche Mengen der Enzympräparate je 2 Stunden im Thermostaten bei 50° aufeinander einwirkten. Dann wurde der Zuckergehalt quantitativ untersucht und der bei Weizenstärke gefundene Wert = 1 gesetzt. Die anderen gefundenen Zuckerwerte werden dann auf den Weizenwert berechnet.

verkleisterter Stärke beobachten können, gibt aber zu, daß die süßschmeckende Diastasolinstärke-Magermilch von den Kälbern lieber aufgenommen worden sei. Sevenster[131] hat bei der Verabfolgung von je 23,5 kg gewöhnlicher und durch Diastasolin verzuckerter Stärke an Ferkel eine stärkere Gewichtszunahme der Diastasolintiere konstatiert, während Klein[83] Kartoffelmehl aus Trockenkartoffeln mit der durch Diastasolin verzuckerten Stärke bei der Ferkelaufzucht als gleichwertig bezeichnet. Gelegentlich sollen bei der Fütterung von Kartoffelmehl Durchfälle aufgetreten sein.

Eines der kohlehydratreichsten Tierfuttermittel stellt die *Kartoffel* dar, deren Trockensubstanz zu ungefähr 80 % aus Stärke besteht. Daneben kommen noch kleine Mengen Dextrin, Rohrzucker und Glykose vor. Die Verdaulichkeit der Kohlehydrate der Kartoffel ist .eine sehr hohe; sie kann bis 99 % betragen. Als mittleren Verdauungskoeffizienten darf man den Wert 90 einsetzen.

Bei dem billigen Preis und der guten Verwertbarkeit der in der Kartoffel enthaltenen Nährstoffe ist es erklärlich, daß die Kartoffel in großem Ausmaß Verwendung zur Tierfütterung findet.

Am bequemsten und einfachsten erscheint die Verfütterung der *Kartoffel in rohem Zustand*, jedoch wird diese nicht in größerem Maßstab durchgeführt, da verschiedene schädliche Folgen beobachtet wurden. Nach Kellner[68] sollen die rohen Kartoffeln „eine eigentümliche Schärfe" besitzen, die die Sekretion in Magen und Darm stark anreizt und die Zusammensetzung der tierischen Säfte in nachteiliger Weise beeinflußt. Als krankhafte Folgeerscheinungen nach Fütterung mit rohen Kartoffeln werden Verdauungsstörungen (Durchfall, Aufblähen, Kolik), Verwerfen bei tragenden Tieren, Lähme bei jungen Tieren usw. angeführt.

Nicht alle Tierarten sind gegen die Schädigungen durch rohe Kartoffeln gleich empfindlich, am wenigsten wohl das *Rind*, dann folgt das Schaf; am empfindlichsten ist das Pferd.

Mastrinder können bis 60 kg pro 1000 kg Lebendgewicht erhalten, Milchrinder bis 25 kg pro 1000 kg Lebendgewicht, Arbeitsochsen jedoch nur bis 20 kg pro 1000 kg Lebendgewicht.

Zu bemerken ist, daß auch hier ein schroffes Einsetzen der Verfütterung der rohen Kartoffeln vermieden werden muß, und die Gaben zweckmäßig nur langsam und allmählich zu steigern sind. Bei Übergang zu anderem Futter ist eine langsame Abgewöhnung zu empfehlen.

Für *Schafe* beträgt die tägliche Ration pro 1000 kg Lebendgewicht bis zu 25 kg, die für Mastschafe auf 40 kg gesteigert werden kann. Für *Pferde* mit langsamer, nicht allzu großer Arbeit können bis 12 kg auf 1000 kg Lebendgewicht verfüttert werden (wodurch $1/_3$ der Körnerration ersetzt werden kann), während nur 1,5—2,5 kg je Kopf und Tag gegeben werden sollen, wenn rasche Arbeit und Ausdauer verlangt wird. Besonders sei noch auf die Wirkung der rohen Kartoffeln auf die Verdauung der Pferde hingewiesen, die sie — in Fällen von Verdauungsstörungen (Verstopfungen) in kleinen Gaben verfüttert — sogar zu einem diätetischen Heilmittel werden läßt.

Häufig werden die *Kartoffeln in gekochtem oder gedämpftem Zustand* an unsere Nutztiere verfüttert. Sie stellen in diesem Zustand eine ziemlich reizlose, fade Nahrung dar; das Auftreten von Verdauungsstörungen wird jedoch durch den Koch- oder Dämpfprozeß nicht behoben. Rinder vertragen gekochte oder gedämpfte Kartoffeln etwas besser als rohe, für Pferde ist kein Unterschied gegenüber der Rohverfütterung festzustellen.

Bessere Erfolge hat man mit der Herstellung von Trockenpräparaten aus Kartoffeln erzielt. Die *getrockneten Kartoffelschnitzel* oder -scheiben, die

Kartoffelflocken (s. Anm.), auch die Preßkartoffeln stellen wertvolle Futtermittel dar. Hinsichtlich der Schmackhaftigkeit sind alle diese Futtermittel, vor allem die Preßkartoffel, als gut zu bezeichnen; sie werden von allen Nutztierarten gern genommen und stellen auch hinsichtlich der Bekömmlichkeit und Ausnutzung ausgezeichnete Futtermittel dar (Literatur bei KELLNER[69]).

Als spezielle Versuche über die Verwendung von Kartoffeln seien noch erwähnt die von WOLFF, FUNKE und KELLNER[154], nach welchen die N-freien Extraktstoffe der Kartoffel (die vom Pferd sehr gut verdaut wird) zu 99,4% ausgenutzt wurden, während die Mohrrübenkohlehydrate einen Verdauungskoeffizienten von 93,8% aufwiesen.

Nach SCHNEIDEWIND[121] ist die *Trockenkartoffel bei Schweinemast* dem Gersten- und Maisschrot nicht ganz gleichwertig, wohl aber bei der Verfütterung an Rinder und Schafe. WOLFF[153] teilt mit, daß durch Beifütterung von Kartoffeln und Rüben an Hammel die Ausnutzung des Rauhfutters und besonders der Proteine vermindert wurde. Diese Verdauungsdepression ist wohl im wesentlichen durch die Änderung der Nährstoffverhältnisse bedingt. HANSEN[55] vergleicht rohe Kartoffel und verschiedene Trockenkartoffelpräparate hinsichtlich ihres *Einflusses auf die Milchproduktion*. Beide Arten der Kartoffelfütterung verhalten sich gleichwertig, jedoch erscheint die Verfütterung der technischen Präparate als zu teuer. Der Verdauungskoeffizient getrockneter Kartoffeln ist nach KELLNER, JUST, EISENKOLLE und POPPE[81] ungefähr der gleiche wie der frischer oder gedämpfter Kartoffeln. Die stickstofffreien Extraktstoffe der Trockenkartoffeln werden von Hammeln und Schweinen zu ungefähr 94,5% verwertet.

Auch HASELHOF[57] hält Trockenkartoffel und gedämpfte Kartoffel in der Schweinemast für gleichwertig, nur stellt sich die Verfütterung der Trockenpräparate auch hier etwas teurer. Verwendet man jedoch durch Malzdiastase verzuckerte Flocken, so gestalten sich die Ergebnisse infolge höherer Verwertung etwas günstiger.

SCHMOEGER[119] stellt folgende Reihe für den Nutzwert verschiedener Kartoffelfütterung bei Schweinen auf: die größte Lebendgewichtzunahme ergab sich nach Verfütterung gedämpfter Kartoffel; dann folgten Kartoffelflocken, geweichte und gedämpfte Kartoffelschnitzel.

VÖLTZ[137] weist darauf hin, daß Kartoffeln allein nicht zur Schweinemast genügen, da nicht genügend Proteinkörper bei alleiniger Verfütterung von Kartoffeln zugeführt werden.

In einer anderen mit DIETRICH[139] ausgeführten Versuchsreihe wird die Wirkung der Verfütterung roher, gedämpfter und ungesäuerter *Kartoffel auf die Milchproduktion* untersucht. Gedämpfte (I) und eingesäuerte rohe (II) Kartoffeln riefen nur eine geringe Steigerung hervor; eine etwas deutlichere wurde durch gedämpfte eingesäuerte (III) und die deutlichste ($1\frac{1}{2}$mal soviel wie nach I) durch rohe Kartoffeln (IV) erzielt. Fettgehalt und Trockensubstanz der Milch stieg in allen Fällen; die Milchfettproduktion war bei II, III und IV übereinstimmend. I soll eine spezifisch positive Wirkung auf den Milchzuckergehalt haben. VOELTZ empfiehlt daher für die Produktion von Verbrauchs- und Käsereimilch die Verfütterung von rohen Kartoffeln, für Fettproduktion die Verfütterung von rohen und roh oder gedämpft eingesäuerten Kartoffeln.

In der *Schweinemast* haben gleiche Mengen von gedämpften Kartoffeln und gedämpften Zuckerrüben (auf Trockensubstanz berechnet) gleichen Masterfolg (SCHNEIDEWIND und MEYER[123]).

Anm. Siehe BRAHM im 1. Bande dieses Handbuches, S. 395.

Im Zusammenhang mit diesen Versuchen widerspricht Völtz[138] den Angaben von Haberlandt[48], nach welchen bei Verfütterung von roher Kartoffelstärke im Kot von Kaninchen und Schafen zahlreiche nur leicht angedaute Stärkekörnchen zu finden seien, und weist als Erklärung auf die Verdauungsdepression durch Stärke hin, die nur dann eintritt, wenn zu wenig Eiweiß in der Ration enthalten ist.

Vergleichende Untersuchungen über die *Verwertung verschiedener Kartoffelpräparate bei Schaf und Schwein* verdanken wir gleichfalls Völtz und seinen Mitarbeitern[140], die zu dem Ergebnis gekommen sind, daß das Schwein die verschiedenen Kartoffelpräparate besser verdaut und höher ausnutzt als die Wiederkäuer. Eine geringe Ausnahme bildet die Verwertung der rohen Kartoffel durch das Schwein, weil dieses die rohe Kartoffelstärke relativ schlecht resorbiert. Eine Zusammenstellung der gefundenen Werte gibt folgende Tabelle:

Tabelle nach Völtz.   Verdaulichkeit und physiologischer Nutzeffekt der verschiedenen Kartoffelnährstoffe bei Schwein und Schaf.

Art des Futters		Verdaulichkeit			Calor.	Physiol. Nutzeffekt
		Org. Subst. %	Rohprot. %	N-freie Extr.-St. %	%	%
Rohe Kartoffeln	Schwein	90,5	84,0	91,0	86,1	79,7
	Schaf	83,5	43,6	89,1	85,4	72,7
	mehr bei Schwein	+ 7,0	+ 40,4	+ 1,9	+ 0,7	+ 7,0
Gedämpfte Kartoffeln	Schwein	95,8	76,9	97,7	94,4	88,4
	Schaf	85,0	52,4	90,4	87,7	73,2
	mehr bei Schwein	+ 10,8	+ 24,5	+ 7,3	+ 6,7	+ 15,2
Eingesäuerte gedämpfte Kartoffeln	Schwein	94,9	73,2	97,1	93,2	88,0
	Schaf	82,9	37,9	89,2	87,4	74,3
	mehr bei Schwein	+ 12,0	+ 35,3	+ 7,9	+ 5,8	+ 13,7
Kartoffelflocken	Schwein	95,9	81,2	97,4	94,4	89,9
	Schaf	85,1	42,4	91,2	92,3	76,5
	mehr bei Schwein	+ 10,8	+ 38,8	+ 6,2	+ 2,1	+ 13,4
Kartoffelschnitzel	Schwein	94,3	71,1	97,2	92,4	84,6
	Schaf	81,9	49,5	86,5	87,0	75,3
	mehr bei Schwein	+ 12,4	+ 21,6	+ 10,7	+ 5,4	+ 9,3

Außer diesen Studien enthält die genannte Arbeit von Völtz noch den Hinweis, daß Kartoffel, wie gesagt, allein wegen ihres zu geringen N-Gehaltes nicht zur Schweinemast genügen. Füttert man jedoch genügend eiweißhaltiges Beifutter (Fleischmehl, Trockenhefe, Fischmehl usw.), so können die Kartoffeln als Hauptfutter auch zur Schnellmast von Schweinen mit günstigem Erfolg benutzt werden. Trotz des geringen Eiweißgehaltes können ausgewachsene Schweine ihren ganzen Eiweißbedarf im Gegensatz zu wachsenden ausschließlich aus Kartoffeln decken.

Ähnliche Untersuchungen gibt Woodmann[155] über die *Ausnutzung verschiedener Maispräparate* nach Versuchen an Schweinen. Die N-freien Extraktstoffe verschiedener Maispräparate nach verschiedenen Aufbereitungsarten zeigen ungefähr denselben Verdauungskoeffizienten (zwischen 91,5 und 92,4). Verfüttert wurden Maisflocken, gequellter Mais, gekochter Mais und gewöhnlicher Mais.

Auch die *Kartoffelschalen* werden zu Fütterungszwecken vor allem für Schweine verwendet. ZUNTZ und VON DER HEIDE[157] berichten über Versuche mit getrockneten Kartoffelschalen, nach welchen von 30—40 kg schweren Schweinen ca. 500 g getrockneter Schalen (= 1000 g frischer Schalen) gern aufgenommen wurden. Die Kartoffelschale wird wegen des höheren Rohfasergehaltes, namentlich hinsichtlich des Rohproteins, etwas schlechter ausgenutzt als die gesamte Kartoffel, doch beträgt ihr Nährwert immerhin 80 % von dem der Kartoffelschnitzel. Nach ZUNTZ und VON DER HEIDE kann ungefähr ein Drittel des gesamten Bedarfs an verdaulichen Nährstoffen beim Schwein in Form von Kartoffelschalen gegeben werden.

Vielleicht verdient auch die Mitteilung GABRIELS[41] noch ein gewisses Interesse, nach welcher die sehr stärkereiche *Roßkastanie* als vorteilhaftes Futter für Schafe und Schweine bezeichnet wird. Die Verfütterung getrockneter und gemahlener Roßkastanien an Milchkühe soll sogar eine Steigerung der Milchmenge zur Folge gehabt haben.

VI. Pentosane.

Neben den einfachen Hexosen oder aus Hexosen aufgebauten Di- und Polysacchariden kommen in den tierischen Futtermitteln pflanzlicher Herkunft auch Kohlehydrate vor, zu denen Pentosen die Grundlage bilden, die sog. Pentosane. Sie finden sich teils unter den N-freien Extraktstoffen, teils sind sie aber auch in der Rohfaser mit enthalten (s. Anm.). Die Verdaulichkeit der Pentosane ist etwas geringer als die der anderen Kohlehydrate (CAMPUS[19]). WEISER[147], der die Verdaulichkeit pflanzlicher Pentosane bei verschiedenen Tieren untersucht hat, stellt eine Parallelität zwischen der Verdaulichkeit der Pentosane und der Rohfaser fest, und zwar in dem Sinne, daß die Pentosane desto besser ausgenutzt wurden, je besser die Verdauung der Rohfaser war.

WEISER und ZAITSCHECK[148] geben über die Ausnutzung von Pentosanen im Vergleich mit Rohfaser und Stärke bei verschiedenen Tieren folgende Werte an:

	Rind	Pferd	Schwein	Geflügel	Hammel
Stärke	87—100 (96,6)	97,3	98,4	78,9—95,1 (91,3)	—
Pentosane	63.4	45,5	47,9	23,9	56,6
Rohfaser	56,0	40,6	28,8	0	55,1

Im Durchschnitt werden also die Pentosane zu rund 50 % vom tierischen Organismus verwertet. Nach FRAPS[36] werden Pentosane zu 53—95 % verdaut.

Von einem gewissen Interesse ist vielleicht auch die Mitteilung von GOETZE und PFEIFFER[43], nach welcher zwischen der im Harn auftretenden *Hippursäure und den Pentosanen* des Futters eine Beziehung bestehen soll. Die Zugabe leicht verdaulicher Pentosane soll die Hippursäure im Harn deutlich vermehren.

VII. Mannose.

Ein sonst in den Futtermitteln relativ seltenes Kohlehydrat ist die Mannose, eine Hexose, die in der harten Schale der Steinnuß (Phytelephas macrocarpa) in größeren Mengen vorkommt. Da diese Schale gelegentlich in Form von Steinnußmehl oder Steinnußspänen als Viehfutter verwendet wird, seien die entsprechenden Literaturangaben erwähnt. Nach SCHUSTER und LIEBSCHER[126]

Anm. Zur Verwertung der Pentosane im Tierkörper vgl. die Arbeiten von CREMER[27], FRENTZEL[37] und SCHIROKICH[118].

soll die Verfütterung von Steinnußspänen günstige Erfolge bei der Mast von Rindern und Schafen gezeitigt haben.

Bei Schafen soll die Zulage von rund 2,5 kg Steinnußspänen zu 1,14 kg Wickenfutter, 0,52 kg Haferstroh, pro 100 kg Lebendgewicht durch 10 Wochen einen täglichen Fettansatz von 46 g allein an Netz und Nieren hervorgerufen haben. Die Grundfutterration war dabei so dürftig gewählt, daß täglich neben 150 g Eiweiß + Amidsubstanzen nur 24 g Fett enthalten waren, und daß die Ration gerade als Grundfutter angesehen werden darf. Die Ergebnisse sprechen also für eine hohe Verdaulichkeit der Holzsubstanz der Steinnußspäne und damit für eine Verwertbarkeit der enthaltenen Mannose.

Auch Beals und Lindsey[11] berichten, daß von den 75 % N-freien Extraktstoffen im Steinnußmehl (darunter 92 % Mannan und keine Stärke) bei Schafen 84 % der Trockensubstanz und 92 % der N-freien Extraktstoffe verwertet werden können.

Milchkühe sollen Steinnußmehl gleichfalls ohne Beschwerden aufnehmen können. Eine Beeinflussung der Milchproduktion konnte nicht festgestellt werden.

VIII. Kohlehydratverdauung beim Geflügel.

Es ist eine altbekannte Tatsache, daß nicht alle Tierarten im Speichel kohlehydratabbauende Fermente enthalten. So soll z. B. im Speichel des Hundes Diastase völlig fehlen oder nur in kleinen Mengen enthalten sein[130]. Auch beim Hausgeflügel fehlt im Speichel ein diastatisches Ferment, so daß im Kropf kein Abbau der Stärke stattfindet, wie dies durch Schwarz und Teller[129], sowie durch Mangold[95] für Hühner und Tauben nachgewiesen worden ist (s. Anm.). Mangold führt die im Muskelmagen stattfindende Aufspaltung von Stärke auf die Wirkung rückläufig übergetretenen Darminhaltes zurück, während Bernardi und Rossi[12] im Glycerinauszug des Kaumagens ein stark invertierendes Ferment gefunden haben wollen. Dagegen ist nach Mangold die Stärkeverdauung im Dünndarm so intensiv, daß meist schon 5 cm unterhalb des Pylorus nur noch wenige intakte Stärkekörner und nach der Passage durch die halbe Darmlänge überhaupt nur noch sehr wenig Stärkekörner gefunden werden können. Die Ausnutzung der Kohlehydrate ist bei Hühnern und Tauben eine verhältnismäßig hohe, selbst wenn Stärke allein verfüttert wird.

IX. Milchsäure.

Bei der großen Bedeutung, die der Milchsäure im intermediären Stoffwechsel der Kohlehydrate zukommt, dürften noch einige Mitteilungen über die Milchsäure ein gewisses Interesse beanspruchen.

Collazo und Morelli[25] untersuchten das Blut verschiedener Tierarten auf ihren Milchsäuregehalt und kamen zu folgenden Werten:

Art	Mittelwert mg %	Grenzwert mg %	Art	Mittelwert mg %	Grenzwert mg %
Mensch	14,6	10—19	Hund	23,7	10—48
Pferd	8,1	5—11	Katze	23,0	21—29
Hammel . . .	11,2	7—13	Kaninchen . .	51,0	13—100
Ochse.	11,2	8—13	Huhn	25,0	16—30
Ziege	10,2	8—13	Taube	29,0	19—36
Schwein . . .	43,1	39—48			

Anm. Siehe Mangold: Verdauung des Geflügels, im 2. Bande dieses Handbuches.

Diese Werte sind untereinander ziemlich verschieden; bei kleinen Tieren liegen sie im allgemeinen höher. Innerhalb der einzelnen Arten sind aber die Schwankungen nicht sehr erheblich und besonders für bestimmte Bedingungen einigermaßen konstant.

Die bei der Einsäuerung der Futtermittel eintretende Säuerung derselben beruht z. T. auf Bildung von Milchsäure, daneben treten auch andere Säuren, wie Essigsäure und Buttersäure auf, wenn der Ensilageprozeß ungünstig geleitet wird (s. Anm.).

Über die *Wirkung solcher organischer Säuren* im Futter berichten WEISKE und FLECHSIG[149] nach Versuchen an Kaninchen, in deren Nahrung 10 g Stärke durch 14,5 g essigsaures Calcium bzw. 13,7 g essigsaures Natrium oder 18,0 g milchsaures Calcium ersetzt wurden. Das Lebendgewicht der Versuchstiere war am Schluß der Fütterungsperiode vermindert, der Stickstoffumsatz hatte sich, trotz nicht unerheblicher Verringerung der N-Einfuhr, deutlich vermehrt. Durch Weglassen des gleichen Stärkeanteils (10 g) ohne Ersatz durch die genannten Salze konnte gefolgert werden, daß die Säuren in ursächlichem Zusammenhang mit dem vermehrten Eiweißzerfall standen. Im Gegensatz zu diesen Versuchen, bei denen relativ sehr hohe Dosen der Säuren verabfolgt wurden, ergaben Versuche an Hammeln mit kleinen Milchsäuredosen eine leichte eiweißsparende Wirkung, die jedoch aufhört, sowie die Menge der Säure einen gewissen Grad übersteigt.

Nach der Verfütterung von Essigsäure oder essigsaurem Salz wurde diese eiweißsparende Wirkung jedoch auch nach kleinen Dosen nicht beobachtet.

FROBOESE[39] spricht der Milchsäure eine spezifisch biologische Wirkung zu; sowohl endogene als auch mit der Nahrung zugeführte (exogene) Milchsäure soll wachstumsbeschleunigend wirken.

Den *physiologischen Nutzeffekt der Milchsäure* im Vergleich mit Milch- und Rohrzucker untersuchten VÖLTZ und JANTZON[141], indem sie an Hammel zu einem Grundfutter (500 g Kleeheu + 150 g Erdnußkuchen) 200 g Milchzucker bzw. die isodynamen Mengen Milchsäure (206,6 g) oder Rohrzucker (190,0 g) zulegten. Durch diese Zulagen trat eine Verdauungsdepression des Rohproteins ein, die für Milchzucker 7,8 %, für Milchsäure 11,7 % und für Rohrzucker 14,2 % betrug. Gleichzeitig wurde aber auch durch die Zulagen Eiweiß gespart. VÖLTZ rechnet die Sparwirkung der Zulage auf je 1000 g um, so daß die Verminderung des N-Umsatzes durch je 1000 g Milchzucker, Milchsäure und Rohrzucker täglich 15,4, 6,0 und 17,2 g N ergibt. Der *Rohrzucker* hat also nach diesen Versuchen die *größte eiweißsparende Wirkung*. Der physiologische Nutzeffekt des Milchzuckers beträgt 77,7 %, der der Milchsäure 62,0 % und der des Rohrzuckers 62,5 % des Energiegehaltes.

In dieser Arbeit ist außer auf die schon angeführte Mitteilung von WEISKE und FLECHSIG[149] noch auf frühere Beobachtungen von VÖLTZ, PAECHTNER, BAUDREXEL, DIETRICH und DEUTSCHLAND[142] über den Nährstoffbedarf bei Mast des Rindes und des Schafes hingewiesen, wonach eine Minderverdauung des Rohproteins wohl bei Gaben von 1,5 kg Milchsäure pro Kopf und Tier, aber nicht bei kleineren Gaben zu beobachten war.

Diese Ergebnisse haben eine Bedeutung für die Beurteilung der *Verwertung von Silofutter* in der Praxis, da eine schlechte Futterverwertung infolge zu hohen Milchsäuregehaltes erst bei Verfütterung von 100 kg Silofutter mit einem durchschnittlichen Gehalt von 1,5 % Milchsäure pro 1000 kg Lebendgewicht in Frage käme, während die in der Praxis verabfolgte Menge Silage im allgemeinen 50 kg pro Kopf und Tag nicht übersteigt.

Anm. Siehe MANGOLD und BRAHM im 1. Bande dieses Handbuches.

X. Diabetes mellitus bei Haustieren.

Als Abschluß dieser Ausführungen seien noch einige kurze Mitteilungen über das Vorkommen der echten *Zuckerkrankheit*, des Diabetes mellitus, bei den Haustieren gegeben.

Während der Diabetes beim Menschen eine relativ häufig beobachtete Krankheit ist, kommt er in der Veterinärmedizin recht selten vor; am häufigsten wurde er noch bei *Hunden* festgestellt. Über die Häufigkeit des Diabetes mellitus bei Hunden berichtet Fröhner[40], durch dessen Hände als langjährigem Leiter der Poliklinik für kleine Haustiere der Tierärztlichen Hochschule in Berlin sicher ein ungeheuer zahlreiches Material kranker Tiere gegangen ist, daß ungefähr erst auf 10000 Patienten je ein diabetischer Hund anzutreffen sei. Er selbst berichtet über zwei Fälle von Diabetes mellitus bei Hunden.

Weitere Angaben über das Vorkommen von Diabetes bei Hunden finden sich bei Eichborn[31] (3 Hunde), Schindelka[117] (2 Hunde), Lindgvist[91] (3 Hunde), Eber[30] (1 Hund), Fettick[35] (3 Hunde), Lafranchi[86] (4 Hunde), Cadéac und Maignon[18] (1 Hund), Sarapani[114] (1 gravide Hündin), Balla[8] (1 Dogge), Krumbhaar[85], Pemberthy[104].

Neuere Arbeiten von Stenström[132], Petersen[105], Völker und Krzywanek[144], Völker[143], Hjârre[62], Chrustalev[24] und Luy[93] berichten gleichfalls über das Vorkommen von Diabetes bei Hunden.

Viel seltener als beim Hund wird der Diabetes mellitus *beim Pferd* beschrieben. Ich verweise auf die zusammenfassende Arbeit von Preller[107] zu diesem Thema, in der die wenigen Fälle (6) echter Zuckerkrankheit beim Pferde aufgeführt sind, denen ich ergänzend die Angaben von Bang[9] (Stute) und Ferrari[34] (Maultier) anfügen möchte.

Mitteilungen über das Vorkommen von *Diabetes bei anderen Haustieren* sind mir noch folgende bekannt geworden. Hillerbrand[60] berichtet über einen Fall von Diabetes mellitus beim Rind, desgleichen Bru[14] (2 Fälle) und Hjârre[62] über eine diabetische Katze. Ferner seien noch die zusammenfassenden Arbeiten von Bru[15] und Aellig[1] über den Diabetes mellitus bei Tieren erwähnt, in denen weitere Literaturangaben zu finden sind.

Literatur zum Kapitel: Die Kohlehydrate in der Ernährung der landwirtschaftlichen Nutztiere.

(1) Aellig: Schweiz. Arch. Tierheilk. **68**, 415, 494 (1926). — *(2)* Albert: Landw. Jb. **27**, 208. — *(3)* Ebenda **28**, 943 (1900). — *(4)* Alexander u. Anderholm: Milchztg **32**, 517. — *(5)* Alquier: 2. Congr. internat. aliment. Stat. Bétail **1905**. — *(6)* Alquier u. Drouineau: Ann. Sci. agronom. **1903 I**, 246, 321; **1903 II**, 45, 226; **1903 III**, 334; **1904 I**, 124, 161, 358; **1904 II**, 98. — *(7)* Auger: Lait **7**, 824, 926 (1927).

(8) Balla: Allatorvosi lapok, S. 135. 1911; zit. nach Ellenberger u. Schütz: Jber. **31**, 108 (1911). — *(9)* Bang: Maanedskr. f. Dyrl. **25**, 446 (1915). — *(10)* Bartsch: Landw. Jb. **63**, 157 (1926). — *(11)* Beals u. Lindsey: J. agricult. Res. **7**, 301. — *(12)* Bernardi u. Rossi: Biochimica e Ter. sper. **10**, 290 (1923). — *(13)* Bläsius: Biedermanns Zbl. Agrikult.-Chem. **28**, 670. — *(14)* Bru: Rev. vét. **1908**, 619. — *(15)* J. Méd. vét. **72**, 536 (1926); Rev. vét. **78**, 536 (1926). — *(16)* Buschmann: Landw. Versuchsstat. **101**, 1 (1923). — *(17)* Buschmann, Amtmann u. Spandeg: Z. Tierzüchtg **10**, 47 (1927).

(18) Cadéac u. Maignon: J. Méd. vét. **1907**, 77. — *(19)* Campus: Arch. Sci. vet. **1913**, Nr 11/12. — *(20)* Arch. Farmacol. sper. **41**, 39 (1926); vgl. Nuova vet. **1924**. — *(21)* Carlens: Berl. tierärztl. Wschr. **43**, 713 (1927). — *(22)* Carlens u. Krestownikoff: Biochem. Z. **181**, 176 (1927). — *(23)* Carlson u. Drennan: J. of biol. Chem. **13**, 465 (1912/13). — *(24)* Chrustalev, zit. nach Ellenberger u. Schütz: Jber. **48**, 537 (1928). — *(25)* Collazo u. Morelli: C. r. Soc. Biol. **93**, 406 (1925). — *(26)* Conrad: Dissert., Bern 1909. — *(27)* Cremer: Z. Biol. **42**, 428 (1901).

(28) Dean: Ann. Rep. Ontario Agricult. Coll. a. exper. Farm. **30**, 85. — *(29)* Dickson u. Malpeau: Ann. agronom. **24**, 353.

(30) EBER: Mh. Tierheilk. 9, 97 (1898). — (31) EICHBORN: Ber. üb. Veterinärwes. im Königreich Sachsen 1891, 184. — (32) ELLENBERGER u. WAENTIG: Berl. tierärztl. Wschr. 32, 265 (1916). — (33) EMMERLING: Fühlings Landw. Ztg 1897, 224.

(33a) FAYE u. FREDERIKSEN: Ugeskr. Landm. 1897, 15. — (34) FERRARI: Moderno Zooiatro 1926, 127. — (35) FETTICK: Veterinarius 1899, Nr 9; zit. nach ELLENBERGER u. SCHÜTZ: Jber. 19, 133 (1899). — (36) FRAPS: J. amer. chem. Soc. 22, 543. — (37) FRENTZEL: Pflügers Arch. 56, 273 (1894). — (38) FRIEDERICI: Landw. Zbl. Prov. Posen 1897, 56. — (39) FROBOESE: Dtsch. tierärztl. Wschr. 36, 574 (1928). — (40) FRÖHNER: Mh. Tierheilk. 3, 149 (1892).

(41) GABRIEL: Ber. physiol. Labor. u. Versuchsanst. landw. Inst. Univ. Halle 16, 1. — (42) GIUSTI u. RIETTI: C. r. Soc. Biol. 90, 252 (1924). — (43) GOETZE u. PFEIFFER: Landw. Versuchstat. 47, 59 (1896). — (44) GOLDSCHMIDT: Ugeskr. Landm. 1898, Nr 291, 306. — (45) GOUIN u. ANDOUARD: C. r. Soc. Biol. 75, 550. — (46) GRANDEAU: Ann. Sci. agronom., 2. Ser. 1 (Jg. 8), 74 (1902/03); zit. nach KELLNER: Ernährung der landwirtschaftlichen Nutztiere, S. 390. — (47) GRIMMER: Dtsch. tierärztl. Wschr. 23, 114 (1915).

(48) HABERLANDT: Landw. Ztg 1917, 107. — (49) HAGEMANN: Landw. Jb. 26, 555 (1897). — (50) HANSSON: Fühlings Landw. Ztg 58, 753, 813 (1909). — (51) Ebenda 59, 761. — (52) HANSEN: Landw. Jb. 37, Suppl. 3, 202. — (53) Dtsch. landw. Tierzucht 10, 445 (1906); vgl. weitere Literatur HANSEN: Dtsch. landw. Tierzucht 12, Nr 44, 45 (1908). — (54) Ebenda 11, 90 (1907). — (55) Fühlings Landw. Ztg 58, 577 (1909). — (56) HASELHOFF: Ebenda 57, 647; Molkereiztg 18, 471 (1908). — (57) Fühlings Landw. Ztg 59, 229. — (58) HENNEBERG: Hannov. land- u. forstw. Ztg 1885, Nr 31. — (59) HEY: Biedermanns Zbl. Agricult.-Chem. 28, 672. — (60) HILLERBRAND: Berl. tierärztl. Wschr. 26, 389. — (61) HITTCHER: Landw. Jb. 38, 917 (1909). — (62) HJÄRRE: Arch. Tierheilk. 57, 1 (1927). — (63) HOFFMANN: Biedermanns Zbl. Agrikult.-Chem. 31, 497 (1901). — (64) HOLLRUNG: Der Landwirt 31, 154 (1896). — (65) HOLLRUNG u. KAISER: Bl. Zuckerrübenbau 1895, 324. — (66) HONCAMP: Landw. Versuchsstat. 65, 381 (1907). — (67) HOPE: Z. Ver. Rübenzuckerind. 1900, 718.

(68) KELLNER: Ernährung der landwirtschaftlichen Nutztiere, 10. Aufl., S. 342. 1924. — (69) Ebenda 10. Aufl., S. 346. 1924. — (70) Ebenda 10. Aufl., S. 385. 1924. — (71) Ebenda 10. Aufl., S. 386. 1924. — (72) Ebenda 10. Aufl., S. 388f. 1924. — (73) Ebenda 10. Aufl., S. 389f. 1924. — (74) Landw. Jb. (THIELE) 8, 701 (1879). — (75) Landw. Versuchsstat. 47, 305 (1896). — (76) Ebenda 49, 401 (1898). — (77) Ebenda 53, 412 (1900); Ernährung der landwirtschaftlichen Nutztiere, S. 90. — (78) Landw. Versuchsstat. 54, 113 (1900). — (79) Ebenda 53, 200, 304 (1900); 55, 384 (1901). — (80) Ebenda 56, 43 (1902). — (81) KELLNER, JUST, EISENKOLBE u. POPPE: Ebenda 68, 39. — (82) KELLNER, ZAHN u. GILLERN: Ebenda 55, 379. — (83) KLEIN: Milchwirtsch. Zbl. 6, 193. — (84) Milchztg 29, Nr 21. — (85) KRUMBHAAR: Z. exper. Med. 24; ref. in Vet. Rec. 1, 139.

(86) LAFRANCHI: Clin. vet. soz. prat. 1907, 710. — (87) LEHMANN: Landw. Jb. 1896 II, Erg.-Bd., S. 119. — (88) Vortrag Generalvers. Ver. Schweinezüchter u. -mäster, Neudamm: Verl. Neumann 1929; zit. nach Z. Tierzüchtg 15, 308 (1929). — (89) LEHMANN u. PFEIFFER: J. Landw. 1886, 121. — (90) LILIENTHAL: Dtsch. landw. Presse 26, 301; zit. nach Biedermanns Zbl. Agrikult.-Chem. 29, 166. — (91) LINDGVIST: Tidskr. vet. Med. (schwed.) 12, 27 (1893). — (92) LÜDECKE: Z. Vet.kde 21, 86 (1909). — (93) LUY: Dtsch. tierärztl. Wschr. 1929, 278.

(94) MAGEE u. HARVEY: J. of Physiol. 64, XXXI (1922). — (95) MANGOLD: Biochem. Z. 156, 3 (1925). — (96) MARÉCHAL: Bull. med. vet. pract. 2, 238 (1909). — (97) MÄRKER u. ZIMMERMANN: Magdeb. landw. Ztg 1886, Nr 260/61. — (98) MEISSL: Z. Biol. 22, 63 (1886). — (99) MEISSL u. BERSCH: Z. landw. Versuchswes. Österreich 4, 805 (1901). — (100) MONACO, NAZARI u. ROMOLOTTI: Arch. Farmacol. sper. 39, 182 (1925). — (101) MÜLLER-LENHARZ u. v. WENDT: Fühlings Landw. Ztg. 60, 41.

(102) NITZESCU u. NICOLAU: C. r. Soc. Biol. 91, 1462 (1924).

(103) PAULETIG: Z. physiol. Chem. 100, 74 (1912). — (104) PEMBERTHY: J. comp. Path. a. Ther. 6, 184. — (105) PETERSEN: Maanedskr. Dyrl. 36, 289 (1925). — (106) PFLUGRADT: Milchztg 37, Nr 2. — (107) PRELLER: Dissert., Bern 1908.

(108) RAMM: Landw. Jb. 26, 693 (1897). — (109) Biedermanns Zbl. Agrikult.-Chem. 26, 775. — (110) Ebenda 28, 613. — (111) REICHERT u. SCHUMANN: Molkereiztg 18, 526 (1908). — (112) RICHTER: Biochem. Z. 194, 376 (1928).

(113) SALINGER: Dtsch. landw. Tierzucht 20, 178 (1916). — (114) SARAPANI: Il nuovo Ercolani 1911, 486; zit. nach ELLENBERGER u. SCHÜTZ: Jber. 31, 107. — (115) SCHEICHER: Arch. Tierheilk. 58, 527 (1928). — (116) SCHEUNERT u. BARTSCH: Biochem. Z. 139, 34 (1923). — (117) SCHINDELKA: Österr. Z. Tierheilk. 4, 162; Mh. Tierheilk. 4, 132 (1893). — (118) SCHIROKICH: Biochem. Z. 55, 370 (1913). — (119) SCHMOEGER: Landw. Versuchsstat. 69, 359. — (120) SCHNEIDEWIND: Landw. Jb. 31, 924 (1902). — (121) Ill. Landw. Ztg 1904, Nr 93. — (122) Dtsch. landw. Presse 1915, 385. — (123) SCHNEIDEWIND u. MEYER: Ebenda 44, 29. — (124) SCHULZE: Der Landwirt 31, 223. — (125) SCHULZE

u. Märcker: J. Landw. **23**, 141. — (*126*) Schuster u. Liebscher: Landw. Jb. **19**, 143 (1898). — (*127*) Schwarz u. Hamp: Biochem. Z. **194**, 351 (1928). — (*128*) Schwarz u. Melzer Andelberg: Ebenda **194**, 362 (1928); Melzer: Dissert., Wien, Tierärztl. Hochsch. 1927. — (*129*) Schwarz u. Teller: Fermentforschg **7**, 254 (1924). — (*130*) Seuffert u. Thien: Cremers Beitr. Physiol. **2**, 147. — (*131*) Sevenster: Milchztg **37**, 88. — (*132*) Stenström: Sv. vet. Tidskr. **1919**, 141. — (*133*) Strube: Bl. Zuckerrübenbau **1897**, 172. — (*134*) Sunzeri: Boll. Soc. ital. Biol. sper. **3**, 793 (1928).

(*135*) United States Departement of Agricult. Dep. Bull. **1928**, Nr 1492.

(*136*) Venne, van de: Rapport sur les expér. d'aliment. ration du cheval de troupe. Brüssel: Lamertin; zit. nach Biedermanns Zbl. Agrikult.-Chem. **34**. — (*137*) Völtz: Dtsch. landw. Presse **1915**, Nr 91. — (*138*) Ill. Landw. Ztg **1917**, 236. — (*139*) Völtz u. Dietrich: Landw. Jb. **48**, 535. — (*140*) Völtz, Dietrich, Deutschland, Muhr u. Baumann: Ebenda **50**, 455 (1917). — (*141*) Völtz u. Jantzon: Z. Tierzüchtg **11**, 1. — (*142*) Völtz, Pächtner, Baudrexel, Dietrich u. Deutschland: Landw. Jb. **45**, 325 (1913). — (*143*) Völker: Berl. tierärztl. Wschr. **1927**, 677; Arch. Tierheilk. **59**, 16 (1929). — (*144*) Völker u. Krzywanek: Berl. tierärztl. Wschr. **1926**, 553.

(*145*) Waentig: Z. physiol. Chem. **97**, 191 (1916). — (*146*) Weigmann: Fühlings Landw. Ztg **1895**, 377. — (*147*) Weiser: Landw. Versuchsstat. **58**, 238 (1903). — (*148*) Weiser u. Zaitscheck: Pflügers Arch. **93**, 98; vgl. auch Kisérletügyi Közlemények **14**. — (*149*) Weiske u. Flechsig: J. Landw. **37**, 199 (1889). — (*150*) Wicke u. Weiske: Z. physiol. Chem. **21**, 42; **22**, 137. — (*151*) Widmark u. Carlens: Sv. vet. Tidskr. **1925**; Berl. tierärztl. Wschr. **42**, 537. — (*152*) Biochem. Z. **156**, 454 (1925). — (*153*) Wolff: Landw. Jb. **8**, Suppl. 1, 123. — (*154*) Wolff, Funke u. Kellner: Landw. Jb. **13**, 245 (1884). — (*155*) Woodmann: J. agricult. Sci. **15**, 1 (1925).

(*156*) Zuntz: Vortrag 70. Hauptvers. Landwirtschaftskammer Prov. Brandenburg **1914**; Z. Ver. Zuckerind. **64**, 485, 643 (1914). — (*157*) Zuntz u. v. d. Heide: Dtsch. landw. Presse **1916**, Nr 31.

c. Die Ausnutzung der Rohfaser.

Von Dr. F. Honcamp

ord. Professor a. d. Universität und Direktor der landwirtschaftlichen
Versuchsstation in Rostock.

Für die Untersuchung und Beurteilung von Futterstoffen ist allgemein die Weender Futtermittelanalyse maßgebend, wie sie von W. Henneberg[8] ausgearbeitet worden ist. Nach ihr werden in den Futtermitteln folgende Einzelbestandteile bestimmt: Wasser, Rohprotein, stickstofffreie Extraktstoffe, Rohfett, Rohfaser und Asche. Von diesen sind die organischen Bestandteile keine einheitlichen, fest umgrenzten Körper von bestimmter chemischer Konstitution. Sie bilden vielmehr eine Gruppe von Stoffen, die gewisse einheitliche Merkmale gemeinsam haben. So faßt man unter dem Namen Holz- oder Rohfaser alle diejenigen organischen, stickstofffreien Bestandteile der Futtermittel zusammen, die bei je halbstündigem Kochen des betreffenden Futterstoffes zunächst mit $1\frac{1}{4}$ proz. Schwefelsäure und dann mit Kalilauge von gleicher Konzentration sowie darauf folgender Extraktion mit Wasser, Alkohol und Äther ungelöst zurückbleiben. Diese so gewonnene Rohfaser ist keine einheitliche Substanz. Sie ist vielmehr ein Gemisch, das aus reiner Cellulose mit Derivaten der Kohlehydrate und mit eingelagerten Methyl-, Methoxyl, Acetyl- und Formylgruppen besteht und denen ein höherer Kohlenstoffgehalt als der reinen Cellulose zukommt (s. C. Neuberg und M. Lüdtke im I. Band dieses Handbuchs).

Man unterscheidet *bei der Rohfaser drei Hauptbestandteile*. Es sind dies die *Cellulose*, die Pentosane und die inkrustierenden Substanzen. Erstere ist ein Kohlehydrat aus der Gruppe der Polysaccharide. Die Cellulose ist in Wasser, Äther, Alkohol, Alkalien, verdünnten Säuren usw. gänzlich unlöslich und nur in Kupferoxydammoniak auflösbar. Wird Cellulose mit konzentrierter Schwefelsäure bei gewöhnlicher Temperatur behandelt, so bilden sich zunächst Schwefelsäureester der Cellulose und erst nach Verdünnen mit Wasser tritt eine Hydratation ein. Die Cellulose selbst ist meist noch von hemicelluloseartigen Substanzen durchdrungen. Letztere werden im Gegensatz zur wahren Cellulose durch kürzeres Kochen mit verdünnter Schwefelsäure hydrolysiert. Infolgedessen faßt man unter dem Sammelbegriff Hemicellulosen nach dem Vorschlage von E. Schulze[45] alle leichter als Cellulose hydrolysierbaren Kohlehydrate der pflanzlichen Zellwand zusammen. Einen weiteren Bestandteil der Rohfaser bilden die Zuckerarten mit nur fünf Kohlenstoffatomen im Molekül, nämlich die *Pentosen* und deren polymere Formen, die *Pentosane*. Letztere sind nicht vergärbar, werden aber verdaut bzw. in ähnlicher Weise verändert wie die Cellulose (A. Mayer-Morgen[35]). Ein Enzym, welches sie abbaut, ist nicht bekannt. Die *Inkrusten* endlich bestehen aus Ligninen und ferner aus anorganischen Bestandteilen. Letztere finden sich häufig als Calciumverbindungen, vor allem aber als Kieselsäure in der pflanzlichen Zellmembran eingelagert vor. Als hauptsächlichste Vertreter der inkrustierenden Substanzen kommen jedoch die Lignine in Betracht, die durch Einlagerung von mit bestimmten Formylgruppen behafteten Körpern in dem Rohfaserkomplex gebildet werden und somit im genetischen Zusammenhange mit der Cellulose stehen. Lignin ist nach Wislicenus[57] die Summe aller aus dem Bildungs- oder Kambialsaft durch Adsorption auf dem Oberflächenkörper Cellulosefaser niedergeschlagener, hochmolekularen, kolloidalen Stoffe. Zu den Inkrusten rechnet man in der Regel auch das von J. König[25] beschriebene Cutin. Es ist dies ein die Zellmembran umhüllender, schwer oxydierbarer Körper von wachs- und esterartiger Beschaffenheit. Das Cutin scheint überhaupt nicht oder nur bei ganz jungen Pflanzen in äußerst geringem Maße ausgenutzt zu werden (A. Fürstenberg[7]). Hinsichtlich der Verdaulichkeit des Lignins dürften Unterschiede bei den verschiedenen Ligninsorten infolge ihres wechselnden Acetylgehaltes vorhanden sein (H. Pringsheim[37]). Die Lignine sind nach W. Semmler[47] im wesentlichen hydrierte zyklische Verbindungen, die nicht vollständig zu den Benzolabkömmlingen gehören. Sie enthalten ferner Acetylgruppen, d. h. Verbindungen einer Gruppe, die sehr leicht in Essigsäure übergehen kann und alsdann der Verdauung anheimfällt. Dieser Teil der Lignine, der nach W. Semmler ungefähr 20 % des ganzen Moleküls ausmacht, wird also zur Resorption gelangen, während die übrigen Ligninstoffe nicht verdaulich sein dürften. Das, was also nach der *Weender* Futtermittelanalyse allgemein unter Rohfaser verstanden wird, ist demnach eine unreine Substanz, die aus verschiedenen, chemisch und physiologisch sich ungleich verhaltenden Stoffen besteht.

Hinsichtlich der *Ermittlung der Rohfaser nach dem Weender Verfahren* in pflanzlichen Futterstoffen ist zu berücksichtigen, daß bei dieser Bestimmungsmethode ein Teil der Cellulose gelöst wird, also in Verlust gerät, und daß die Pentosane in der Weender Futtermittelanalyse vielfach zweimal zum Ausdruck gelangen können, nämlich einmal mit der Rohfaser selbst und zum anderen in den stickstofffreien Extraktstoffen. Es werden nämlich bei diesem Verfahren nicht alle Anhydride der Pentosen gelöst. Ebenso geht auch ein Teil des Lignins beim Kochen mit Kalilauge nicht in Lösung. Diese offensichtlichen Mängel der Weender Rohfaserbestimmung hat man wiederholt durch Modifikation der Methode abzustellen versucht. So behandelt nach M. Renker[40] das Verfahren von P. L. Jumeau[18] die zu untersuchende Substanz zunächst mit 5 proz. Salzsäure, dann mit Kalilauge von 3 %. W. A. Withers[58] kehrt die Reihenfolge um und kocht zuerst mit Kali und dann mit Säure. In gleicher Weise verfährt

W. Ludwig[30]. Doch benutzt dieser stärkere Lauge (15% NaOH) und Säure (HCl von 1,125 spez. Gewicht) als W. Henneberg, weshalb nach dieser Methode die Cellulose noch erheblicher als nach dem Weender Verfahren angegriffen wird. Eine wenigstens pentosanfreie Rohfaser liefert das Verfahren von J. König[24]. Es beruht auf der Erhitzung des betreffenden Futterstoffes mit Glycerin, welches 2% konzentrierte Schwefelsäure enthält, bei einer Temperatur, die 133° C nicht übersteigen soll. Das Königsche Verfahren gibt in allen Fällen eine geringere Ausbeute an Rohfaser als das Weender. Es ist dies darauf zurückzuführen, daß die Weender Rohfaser noch Pentosane in sich schließt, während die nach der Königschen Methode gewonnenen Rohfaser so gut wie vollständig pentosanfrei ist.

Alle hier angeführten Verfahren der Rohfaserbestimmung, also auch die Königsche Glycerin-Schwefelsäure-Methode, liefern keine reine, ligninfreie Cellulose. Es geht dies aus der Elementaranalyse hervor. Nach den Untersuchungen von F. Honcamp und F. Ries[15] ist z. B. der Kohlenstoffgehalt der Königschen Rohfaser in gewissen Fällen wie z. B. beim Wiesenheu und den Getreidestroharten durchweg höher als bei der Weender Rohfaser, umgekehrt aber bedeutend kohlenstoffärmer bei dem Leguminosenstroh. Ebenso hat die Elementarzusammensetzung der nach dem Königschen Verfahren gewonnenen Kotrohfaser sich gegenüber der Weender Rohfaser als wesentlich kohlenstoffreicher erwiesen. Die Behandlung der zu untersuchenden Stoffe mit Glycerin-Schwefelsäure entfernt also nicht alle ligninartigen Stoffe der pflanzlichen Zellwände. Alle hier angeführten Rohfaserbestimmungen greifen nicht nur die Cellulose und z. T. sogar ganz erheblich an, sondern sie liefern auch nur ein Endprodukt von zweifelhafter Reinheit. Wenn man es trotzdem unterlassen hat, von diesen Methoden und insonderheit von der konventionellen Weender Rohfaserbestimmung in ihrer alten Form abzugehen oder gar eine der neueren Methoden der Cellulosebestimmung an ihrer Stelle in die Futtermittelanalyse einzuführen, so sind hierfür rein praktische Gesichtspunkte maßgebend gewesen. Alle bisherigen Untersuchungen der Futtermittel und alle mit diesen durchgeführten Ausnutzungsversuche basieren auf der Weender Futtermittelanalyse. Das gleiche gilt für die heute maßgebende Beurteilung und Bewertung der Futterstoffe nach Stärkewerten. Mit der Einführung einer anderen Rohfaser- bzw. Cellulosebestimmung in die Futtermittelanalyse würden alle diese Zahlen und Verdaulichkeitswerte hinfällig werden. Die ganze, bisher auf dem Gebiete der landwirtschaftlichen Fütterungslehre geleistete Arbeit wäre also von vorn anzufangen und nochmals durchzuführen, was Jahrzehnte in Anspruch nehmen würde.

Die Bestimmung der pflanzlichen Zellwandbestandteile nach der allgemein üblichen Futtermittelanalyse ergibt also ein Produkt, das keine einheitliche Zusammensetzung aufweist und sich aus unlöslichen Zellwandbestandteilen wie Cellulose und anderen Stoffen zusammensetzt. Diese Tatsache darf hinsichtlich der *Rohfaserverdauung* nicht außer acht gelassen werden. Was die Verdaulichkeit der Rohfaser anbetrifft, so hielt man diese anfänglich für gänzlich unverdaulich. Später konnte aber mit Sicherheit nachgewiesen werden, daß ein beträchtlicher Teil der mit den vegetabilischen Futterstoffen aufgenommenen Rohfaser in den Exkrementen nicht wieder erscheint. So haben schon die älteren Untersuchungen von Haubner, ferner von A. Stöckhardt[48] ergeben, daß die Pflanzenfaser und selbst die sog. verholzte, in dem Körper der Wiederkäuer zum großen Teil aufgelöst wird. Bei diesen Versuchen wurden 70—80% von der fein zerteilten Cellulose des Papiers oder der Leinfaser, 60—70% von der Cellulose des nicht zu alten, zur Blütezeit geschnittenen Heues, 40—50% von der festen Cellulose des reifen Strohes und Pappelholzes, 30—40% der verholzten Cellulose des harzreichen Kiefernholzes verdaut. Wenn diese Werte infolge der damals noch nicht hinreichend ausgebildeten Untersuchungsmethoden vielleicht auch zu hoch liegen, so können sie doch keinen Zweifel an der Verdaulichkeit der Rohfaser aufkommen lassen, da die späteren Untersuchungen von W. Henneberg und F. Stohmann[9] zu ähnlichen Ergebnissen führten. In Versuchen mit Ochsen erwies sich hier die Rohfaser des Hafer- und Weizenstrohes zu 52—55%, des Bohnenstrohes und Kleeheues zu 36—39% und die des Wiesenheues sogar zu 60% als verdaulich.

Eingehende *Untersuchungen des von der Rohfaser zur Verdauung gelangenden Anteiles* haben dann ergeben, daß dieser fast genau die Zusammensetzung der reinen Cellulose aufweist. So fanden W. Henneberg und F. Stohmann[9] für den verdauten Teil der Rohfaser eine Zusammensetzung von 43,5% C, 6,6% H und 49,9% O, während die Cellulose nach der Formel $C_{12}H_{10}O_{10}$ 44,4% C, 6,2% H und 49,4% O enthalten soll. Noch besser mit reiner Cellulose übereinstimmende Werte für den verdauten Anteil der Rohfaser ergaben die Untersuchungen von H. Schultze, G. Kühn und Aronstein[46], bei denen sowohl in der Rohfaser des Futters wie auch des Kotes noch der Stickstoff bestimmt und in Abrechnung gebracht worden war. Es wurde für die Zusammensetzung des verdauten Anteiles der Futterrohfaser im Durchschnitt einer größeren Anzahl von Untersuchungen 44,3% C, 6,3% H und 49,4% O gefunden. Weitere Untersuchungen von Th. Dietrich und J. König[3] haben zu gleichen Ergebnissen geführt, indem auch hier von der Rohfaser nichts anderes als Cellulose verdaut wurde. Gleichzeitig konnte bei diesen mit Wiesenheu ausgeführten Untersuchungen nachgewiesen werden, daß der unverdaute Teil der Rohfaser eine Zusammensetzung aufwies, welche derjenigen des Lignins entsprach. Es enthielt:

	C	H	O
die Nichtcellulose der Futterrohfaser	55,6	8,9	35,4
die Nichtcellulose der zugehörigen Kotrohfaser .	55,9	8,9	35,1

Alle diese Untersuchungen haben also ergeben, daß es, wenigstens nach der Elementarzusammensetzung, reine Cellulose ist, was in der Rohfaser verdaut wird. Später hat dann auch O. Kellner den gleichen Nachweis auf anderem Wege erbracht. O. Kellner ermittelt im Durchschnitt einer Reihe von Untersuchungen für die verdauliche asche- und proteinfreie Rohfaser einen Wärmewert von 4219,6 Cal, während F. Stohmann für reine Cellulose 4185,5 Cal fand. Der Unterschied beträgt also nur 0,8% des gesamten Wärmewertes der Cellulose und bewegt sich somit noch vollkommen innerhalb der üblichen Fehlergrenzen. In neuerer Zeit haben F. Honcamp und Mitarbeiter[16] durch eine größere Anzahl von Untersuchungen und Stoffwechselversuche an Hammeln mit Heu, sowie mit den meisten Stroharten und verschiedenen Sorten von aufgeschlossenem Stroh gleichfalls den Nachweis dafür erbracht, daß die Elementarzusammensetzung des verdauten Anteiles der Rohfaser mit der für reine Cellulose eine sehr gute Übereinstimmung aufweist. Unter Zugrundelegung der mittleren festgestellten Verdauungskoeffizienten wurden für den verdauten Anteil gefunden 44,7% C und 7,3% H bei Anwendung der Weender Rohfaserbestimmung und 44,08 bzw. 6,5% nach dem Königschen Bestimmungsverfahren gegenüber einer Zusammensetzung der reinen Cellulose von 44,4% C und 6,2% H. Wenn in ersterem Falle der Wasserstoffgehalt ziemlich beträchtlich höher als berechnet liegt, so ist dies wahrscheinlich darauf zurückzuführen, daß man es hier mit einer durch die Einwirkung der verschiedenen Reagentien eingetretenen Hydratation der Cellulose zu tun hat. In den gleichen Untersuchungen konnte unter Zugrundelegung der nach Cross und Bevan ermittelten Cellulosezahlen ein Gehalt von 44,1% C und 6,7% H für die Zusammensetzung des verdauten Anteils ermittelt werden. Aus allen diesen Untersuchungen geht also in durchaus eindeutiger Weise hervor, daß sich für den verdauten Anteil der Rohfaser eine Elementarzusammensetzung ergibt, welche derjenigen der Cellulose sehr nahe kommt. Demnach unterliegt von der Rohfaser in der Hauptsache nur die Cellulose der Verdauung, während die übrigen kohlenstoffreichen Bestandteile der Rohfaser durch den Verdauungsapparat in der Hauptsache unverändert hindurchgehen. *Die Verdaulichkeit der Rohfaser* läuft also in der Hauptsache auf die der *Cellulose und der Pentosane* hinaus.

Aus der Tatsache, daß der verdaute Anteil der Rohfaser aus Cellulose besteht und letztere genau die prozentische Zusammensetzung des Stärkemehles besitzt, beim vollständigen Verbrennen auch die gleiche Wärmemenge wie die Stärke liefert, hat man ohne weiteres auch auf eine *Gleichwertigkeit der Cellulose mit der Stärke hinsichtlich des physiologischen Verhaltens* und des Nährwertes geschlossen. Eine Annahme, die zunächst nicht ohne weiteres zutreffend ist, da man weder allein aus der chemischen Zusammensetzung eines Nährstoffes dessen Wert als Nahrungsstoff beurteilen, noch ihn auf Grund seines Verbrennungswertes hinsichtlich seiner physiologischen Bewertung für den tierischen Organismus einschätzen kann. Denn während das Stärkemehl durch diastatische Fermente vollständig in Zucker übergeführt wird, sind wir über den Abbau der Cellulose im tierischen Organismus noch nicht so völlig unterrichtet. Zunächst dachte man an ein die Rohfaser bzw. Cellulose auflösendes Ferment, wobei man ähnliche Vorgänge in der Pflanzenphysiologie im Auge hatte. Man braucht hier nur an die Keimung gewisser Samen zu denken, wie z. B. der Dattel, deren harter, in Form von verdickten Zellwänden vorhandener Zellstoff bei der Keimung allmählich aufgelöst und resorbiert wird. Eine Assimilation, die zweifelsohne eine gleiche wie die der anderen Reservestoffe Eiweiße und Kohlehydrate sein dürfte. Heute steht jedoch fest, daß die Cellulose im Tierkörper weder durch den Pankreassaft noch durch irgendein anderes Verdauungssekret verändert wird. Es sind u. a. die Untersuchungen von W. Ellenberger[4] und A. Scheunert[44] gewesen, die den Nachweis erbracht haben, daß ein die Rohfaser bzw. ihren Hauptbestandteil, nämlich die Cellulose, verdauendes Enzym im Verdauungstractus der landwirtschaftlichen Nutztiere nicht vorhanden ist.

Da das Lösungsmittel für die Cellulose also nicht vom tierischen Organismus geliefert wird, so muß die sog. Celluloseverdauung durch andere Ursachen bedingt sein. Es ist zunächst N. Zuntz[61] gewesen, der wenigstens die Vermutung ausgesprochen hat, daß das wesentlichste Lösungsmittel der Cellulose im Magen-Darm-Kanal die durch niedere Organismen bedingten fäulnisartigen Zersetzungsprozesse sind. Gestützt auf die Beobachtungen von L. Popoff[36], daß nämlich die in der Natur im großen vor sich gehende Zersetzung der Cellulose in der Form einer Sumpfgasgärung verläuft, und auf Grund der Versuche von E. Wildt[54] über Resorption und Sekretion der Nährstoffe im Verdauungskanal des Schafes, gelangte N. Zuntz zunächst zu der Anschauung, daß die Zersetzung der Rohfaser im tierischen Organismus hauptsächlich an jenen Orten vor sich gehen muß, wo der Futterbrei, ohne mit größeren Mengen spezifisch wirkender Verdauungssäfte in Berührung zu kommen, längere Zeit verweilt. Es sind dies beim Wiederkäuer die Vormägen und im übrigen der Blind- und Dickdarm. Weitere Ergebnisse über die Sumpfgasausscheidungen des tierischen Organismus, die Reiset[39] bei Respirationsversuchen mit Hammeln erhielt, zusammen mit den Popoffschen Angaben über das mittlere Verhältnis von Kohlensäure und Sumpfgas bei der Schlammgärung, ließen N. Zuntz ferner erkennen, daß ein großer Teil der Rohfaser im tierischen Magen-Darm-Kanal der Auflösung durch Gärungsprozesse anheimfällt. N. Zuntz schreibt auch der verdauten Rohfaser bzw. Cellulose einen Nährwert für den tierischen Organismus zu, dessen Größe er im Vergleich zum

Stärkemehl von dem Aufwand der Cellulose an Verdauungsarbeit und von der Art der Produkte abhängig macht, die bei der Vergärung der Cellulose im Magen-Darm-Kanal entstehen. Die Richtigkeit der ZUNTZschen Hypothese ist von H. TAPPEINER[49] experimentell bewiesen worden. H. TAPPEINER verfuhr dabei in der Weise, daß er die reine gewöhnliche Form der Cellulose, wie solche sich in den Bastfasern des Leines, dann in fein verteiltem Zustande in dem Ganzzeug der Papierfabriken und ferner in der gereinigten Baumwolle (BRUNSsche Watte) vorfindet, unter Hinzufügung von 1 proz. Fleischextraktlösung mit Panseninhalt von mit Heu gefütterten Tieren impfte. Es trat ausnahmslos in allen Fällen eine Gärung ein, bei der eine Entwicklung von Kohlensäure, Methan, Aldehyd, Essigsäure usw. stattfand. Ein Vergleich der bei der künstlichen Cellulosegärung entwickelten Gase mit den aus dem Panseninhalt entwickelten, ergab eine völlige Übereinstimmung. Auch im Pansen des Rindes konnte neben Spuren von Ameisensäure und kleinen Mengen von Aldehyd und Propionsäure das Vorhandensein hauptsächlich von Essigsäure, Buttersäure usw. nachgewiesen werden. Da sich auch die in dem verfütterten Heu enthaltenen flüchtigen Säuren in der Hauptsache als Essigsäure und eine höhere Fettsäure von der Art der Butter- bzw. Propionsäure vorfanden, so bestand nunmehr kein Zweifel darüber, daß die Cellulose durch gewisse *Mikroorganismen im tierischen Magen-Darm-Kanal* abgebaut wird und daß die *Cellulose-Sumpfgasgärung* derjenige Prozeß ist, durch den die Cellulose im Verdauungskanal aufgelöst wird. H. TAPPEINER zeigte weiterhin, daß diese Celluloseauflösung nicht nur in den Vormägen des Wiederkäuers, sondern auch im Dickdarm des Rindes und im Blind- oder Grimmdarm des Pferdes vor sich geht.

Die Verdauung der Rohfaser bzw. Cellulose beruht also auf einem Abbau derselben durch Gärung zu Gasen und flüchtigen Säuren, unter denen Butter- und namentlich Essigsäure vorherrschen. Infolgedessen verwarf H. TAPPEINER auch den bis dahin üblichen Brauch, die verdaute Cellulose einfach den assimilierten Kohlehydraten zuzuzählen und mit diesen in Rechnung zu stellen. Die bei der Cellulosevergärung entstehenden Gase werden vom Tierkörper unverändert ausgeschieden und sind daher für die Ernährung desselben ohne Bedeutung. Anders dagegen liegen die Verhältnisse für die bei diesem Gärungsprozeß gebildeten organischen Säuren aus der Fettreihe, denen ein gewisser Nährwert nicht abgesprochen werden kann. Schon J. LIEBIG hat bei seinen Erwägungen über die Bildung von Fett im tierischen Organismus aus Kohlehydraten der Nahrung an die Möglichkeit einer Beteiligung der im Darm entstehenden Fettsäuren bei diesem Prozeß gedacht. Demgegenüber konnte zunächst aber nur als sicher feststehend angesehen werden, daß die genannten organischen Säuren ins Blut gelangen und hier verbrannt werden. Sie liefern somit dem tierischen Organismus eine gewisse Menge Wärme, die nicht unbeträchtlich sein kann, da die genannten organischen Säuren hinsichtlich ihrer potentiellen Energie den Kohlehydraten sehr nahestehen. Da jedoch nach den TAPPEINERschen Versuchen von 100 Teilen durch Gärung zersetzter Cellulose etwa 60 Teile als flüchtige Fettsäuren wieder erscheinen und von diesen ein scheinbar nicht unbeträchtlicher Teil der Resorption entgeht, jedenfalls in den Exkrementen wieder ausgeschieden wird, so nahm H. TAPPEINER die Bedeutung der Cellulose als Nährstoff oder als Spannkraft lieferndes Material als verhältnismäßig gering an. Nach ihm ist nicht mehr als die Hälfte der zersetzten Cellulose an den Ernährungsprozessen des tierischen Organismus beteiligt.

Dagegen wies H. TAPPEINER auf eine andere, bis dahin weniger beachtete Seite der Cellulosegärung hin. Es ist dies die *Förderung, welche die Verdauung anderer Nährstoffe durch die Vergärung der Cellulose erfährt*. Indem hierdurch die Zellwände aufgelöst werden bzw. ihr festes Gefüge gesprengt und zerstört wird, kommen Verdauungssäfte und Zellinhalt miteinander in Berührung. Wird auf diese Weise die Resorption der von verholzten Zellwänden eingeschlossenen Nährstoffe gefördert, so tritt andererseits eine Verdauungsdepression ein, wenn die Cellulosevergärung nicht im vollen Umfange vor sich geht, wie z. B. bei reichlicher Beifütterung von leichtlöslichen und in dünnwandigen, wasserreichen Zellen eingeschlossenen Kohlehydraten (Kartoffel, Rübe usw.). In diesem Falle vergären die Pansenbakterien in erster Linie die leichtlöslichen Kohlehydrate, wie Stärke und Zucker, und lassen die schwerer zersetzbare Rohfaser unangegriffen. Die Folge hiervon ist eine schlechtere Ausnützung der in den rohfaserreichen Futtermitteln enthaltenen Nährstoffe. Die Größe und der Umfang aller jener Gärungsvorgänge, welche die Zersetzung der Rohfaser bedingen, sind demnach von Einfluß auf die Verdauung aller anderen Nährstoffe. Auf die Tätigkeit der für die Rohfaserzersetzung in Betracht kommenden Mikroorganismen ist die ihnen zur Verfügung stehende Nahrung von Einfluß, wobei freilich vorwiegend nur den Kohlehydraten aber kaum den Eiweißstoffen und Fetten eine Bedeutung zukommt. Alle diese Erscheinungen werden bei den Tieren mit mehrteiligem Magen deutlicher und schärfer in Erscheinung treten, als bei denen mit einfachem Magen, weil alle die Cellulose auflösenden Gärungsprozesse besonders intensiv in den Vormägen der Wiederkäuer verlaufen. Es wird dies durch Versuche mit Schweinen von E. von Wolff[59] und später durch solche von G. Fingerling[5] bestätigt, bei denen die Beifütterung von leichtlöslichen stickstofffreien Nährstoffen in Mengen, die beim Wiederkäuer bereits eine Verdauungsdepression bewirken, diese Wirkung nicht hatten.

Der Ansicht von H. Tappeiner, daß bei der im Verdauungskanal des Tierkörpers vor sich gehenden Umwandlung der Cellulose in Gase und organische Säuren dem Organismus nur verhältnismäßig geringe Mengen von Spannkraft zugeführt werden, sind W. Henneberg und F. Stohmann[10] entgegengetreten. Diese wiesen nach, daß nach den Tappeinerschen Versuchen aus 100 g Cellulose mit 44,44 g Kohlenstoff 164,2 g Gärungsprodukte mit 72,21 g Kohlenstoff gebildet sein sollen, was nicht möglich ist. W. Henneberg und F. Stohmann haben daher die Menge der entstehenden Säuren, unter Außerachtlassen der geringen gebildeten Aldehydmengen, aus dem Kohlenstoffgehalt der Cellulose durch Differenzrechnung nach Abzug des in den gasigen Produkten enthaltenen Kohlenstoffes berechnet. Sie kommen hierbei zu nachstehender Auffassung, wobei nach dem Vorgange von H. Tappeiner angenommen ist, daß das Säuregemenge zu gleichen Teilen aus Butter- und Essigsäure besteht. Es liefern dann 100 g Cellulose:

33,5 g	Kohlensäure	mit	9,14 g Kohlenstoff
4,7 g	Sumpfgas	„	3,52 g „
33,6 g	Essigsäure	„	13,44 g „
33,6 g	Buttersäure	„	18,33 g „
105,4 g	Gärungsprodukte mit 44,43 g Kohlenstoff.		

Diese Zahlen würden nachstehender Gärungsgleichung entsprechen:

$$21\,C_6H_{10}O_5 + 5\,H_2O + 60\,O = 26\,CO_2 + 10\,CH_4 + 19\,C_2H_4O_2 + 13\,C_4H_8O_2.$$

Voraussetzung hierbei wäre freilich die Aufnahme von freiem Sauerstoff, so daß W. Henneberg und F. Stohmann folgende Gleichung für richtiger halten:

$$21\,C_6H_{10}O_5 + 11\,H_2O = 26\,CO_2 + 10\,CH_4 + 12\,H + 19\,C_2H_4O_2 + 13\,C_4H_8O_2.$$

Hiernach würden 100 g Cellulose unter Aufnahme von 5,82 g Wasser liefern:

33,63 g Kohlensäure
4,70 g Sumpfgas
0,35 g Wasserstoff
33,51 g Essigsäure
33,63 g Buttersäure
____
insgesamt 105,82 g Gärungsprodukte.

Von den bei der Cellulosevergärung entstehenden flüchtigen Säuren nimmt nun freilich H. TAPPEINER an, daß ein erheblicher Teil derselben unverändert mit den Exkrementen ausgeschieden wird, so daß ihr Wert für den Lebensunterhalt des Tierkörpers auch nur ein sehr begrenzter ist. Die Versuche von H. WILSING[56] haben jedoch diese Ansicht nicht bestätigen können. Nach dessen Untersuchungen wurden von einem Ziegenbock in 24 Stunden 233 g Cellulose verdaut. Diese würden bei vollständiger Vergärung etwa 157 g flüchtige Fettsäuren geliefert haben. Hiervon waren aber nur 2 g im Harn und 1,8 g im Kote nachweisbar. Diese Ausscheidungen sind sehr gering. Sie können vollständig vernachlässigt werden, zumal flüchtige Fettsäuren auch aus anderen Nährstoffen als der Cellulose entstehen können. *Von den Zersetzungsprodukten der Rohfaser geht daher vermutlich nur die Kohlensäure und das Methan dem tierischen Organismus verloren, während die bei der Rohfaservergärung entstehenden flüchtigen Säuren fast restlos zur Verwertung gelangen dürften.* Die bei der Gärung der Cellulose im Darmkanal entstehenden Stoffe und ihre Mengen sind nach der oben angeführten Aufstellung bekannt. Ebenso kennt man den Wärmewert der Cellulose sowie ihrer Gärungsprodukte. Durch Vergleichung der Summen der Wärmewerte der letzteren mit dem Caloriengehalt der vergorenen Cellulose läßt sich *die bei der Gärung frei werdende Wärme* berechnen, die dann dem Tierkörper zugute kommt. 100 g Cellulose (100 × 4146) liefern 414600 cal. Hieraus gehen hervor:

33,5 g Kohlensäure . . . .   0 cal
4,7 g Sumpfgas (4,7 × 13344) . . .   62717 „
33,6 g Essigsäure (33,6 × 3505) . . . 117768 „
33,6 g Buttersäure (33,6 × 5647) . . 189739 „
Gärungswärme . . . . . .   44376 „
____
414600 „

Hiervon sind für je 100 g vergorener Cellulose 62717 cal entsprechend 15% des Gesamtwertes für Sumpfgas in Abzug zu bringen, von denen man annehmen muß, daß sie vom tierischen Organismus ungenutzt ausgeschieden worden sind. Trotzdem bleibt dann aber die Cellulose immer noch ein Nährstoff von großer Bedeutung, da unter diesen Umständen 266 Teile derselben mit 100 Teilen Fett isodynam sind. W. HENNEBERG und F. STOHMANN kommen also auf Grund der TAPPEINERschen Untersuchungen zu einer ganz anderen Ansicht über den Nährwert der Cellulose als H. TAPPEINER selbst. Stellt man auch noch die späteren Ergebnisse von H. TAPPEINER mit in Rechnung, so ergibt sich aus einer Reihe von Untersuchungen, daß die Cellulose bei ihrer Lösung rund 17% Spannkräfte verliert. Es wären demnach 100 Teile Cellulose mit 83 Teilen Stärke äquivalent. Diesen Verlust von 15 bzw. 17% hat F. LEHMANN[28] eher als zu hoch denn zu niedrig bezeichnet, da eine gleichmäßige Beteiligung aller Kohlehydrate an der Methanbildung zu erwarten ist. In der Tat konnte auch G. KÜHN[27] auf Grund sehr umfangreicher Respirationsversuche mit Ochsen den Nachweis erbringen, daß die im Tierkörper, und zwar namentlich beim Wiederkäuer stattfindende Methan- oder Sumpfgasgärung sich nicht nur auf die Cellulose, sondern auch auf das Stärkemehl erstreckt, und daß dieses bei der Verdauung annähernd dieselben Mengen Methan liefert wie die Cellulose. Die in Fortsetzung der KÜHNschen

Arbeiten von O. Kellner[21] ausgeführten Untersuchungen bestätigen und ergänzen diese Ergebnisse dahin, daß unter normalen Verhältnissen an der Methanbildung nicht nur Cellulose und Stärkemehl, sondern überhaupt alle Kohlehydrate und auch die Pentosane beteiligt sind. War hiernach also die Methangärung nicht nur, wie H. Tappeiner angenommen hatte, auf die Zersetzung der
Rohfaser zurückzuführen, sondern hieran so ziemlich gleichmäßig alle stickstofffreien Nährstoffe beteiligt, so mußte auch der Nährwert der Rohfaser bzw.
Cellulose ein noch höherer sein, als selbst W. Henneberg und F. Stohmann
angenommen hatten.

Mit der *Frage des Nährwertes der Rohfaser* haben sich im übrigen eine ganze
Anzahl von Untersuchungen befaßt. W. von Knieriem[23] zeigte in Versuchen
mit Kaninchen, daß die Rohfaser für den Pflanzenfresser nicht nur ein wichtiger
Bestandteil des Futters zur Anregung der Darmperistaltik ist, sondern daß auch
die beim Abbau der Rohfaser sich bildenden Produkte Eiweiß und Fett ersparend
wirken. Im Gegensatz hierzu glaubt H. Weiske[53] im Versuch mit einem Hammel
den Beweis erbracht zu haben, daß die Cellulose keine dem Stärkemehl und anderen verdaulichen Kohlehydraten analoge eiweißersparende Wirkung besitzt.
Ebenso kommt hinsichtlich des Pferdes E. von Wolff[60] auf Grund eigener
Untersuchungen und der von L. Grandeau und Leclerc zu dem Ergebnis,
daß die verdaute Rohfaser und zwar sowohl der Rauhfutter- wie auch der Kraft-
futterarten weder für die Erhaltung des Pferdes bei Stallruhe noch für die
Leistungsfähigkeit desselben bei Arbeit irgendwelche Bedeutung besitzt. Infolge
dieser Widersprüche hat F. Lehmann[28] die Frage nach dem *Einfluß der verdauten Rohfaser auf den Eiweißumsatz* im tierischen Organismus erneut experimentell behandelt. Zur Lösung dieser Frage wurden zwei Versuchsreihen ausgeführt. In der ersten wurde eine künstlich dargestellte Strohrohfaser mit Stärke
und in der zweiten Versuchsreihe die Rohfaser und die stickstofffreien Extraktstoffe des Haferstrohes mit Zucker verglichen. In beiden Fällen konnte F. Lehmann eine *eiweißsparende Wirkung der verdauten Rohfaser* feststellen. Er fand
für die verschiedenen Arten der Rohfaser einen Wert von 64 bzw. 75% des-
jenigen der Stärke. Auch O. Kellner[21] konnte auf Grund von Respirationsversuchen mit Ochsen nachweisen, daß die leichtverdauliche Cellulose des reinen
Strohstoffes (extrahiertes Roggenstroh) Eiweiß vor dem Zerfall schützt und
somit für die Fleischbildung verfügbar macht. Versuche von P. Holdefleiss[14]
suchen zunächst Behauptungen von V. Hofmeister[13] zu widerlegen, nach denen
die Auflösung der Cellulose im tierischen Magen-Darm-Kanal nicht allein auf
bakteriellem Wege vor sich gehe, sondern daß hierzu auch gewisse Darmflüssig-
keiten befähigt seien. Jedenfalls konnte P. Holdefleiss nachweisen, daß eine
Verdauung von Rohfaser im Labmagen der Wiederkäuer nicht stattfindet. Ferner
wurde in den Holdefleissschen Untersuchungen auch die eiweißsparende
Wirkung der verdauten Rohfaser verglichen mit der von Stärke und reiner Rohfaser. Es ergab sich in dem einen Falle ein Nährwert der verdauten Cellulose
zu dem der verdauten stickstofffreien Extraktstoffe von 80 : 100, im anderen
sogar von 87 : 100. Im Durchschnitt rechnet P. Holdefleiss mit einem *Nährwert der verdauten Cellulose von 80% von dem des Stärkemehles.*

Es kann selbstverständlich nicht angehen, daß die Beziehungen zwischen dem
Eiweißersparnisvermögen der Rohfaser und der stickstofffreien Extraktstoffe als
Grundlage für die Bewertung der Rohfaser bzw. Cellulose als Nährstoff dienen.
Bei dieser Einschätzung würde der wirkliche Nährwert eines Stoffes kaum jemals
richtig zum Ausdruck kommen, zumal die Sparwirkung je nach Alter, Milchleistung usw. der Tiere wahrscheinlich sehr verschieden ausfallen kann. O. Kellner[20] weist nachdrücklich auf das Verkehrte eines solchen Vorgehens hin. Denn

wenn man z. B. hinsichtlich des Fettes in gleicher Weise verfahren würde, so käme man zu dem widersinnigen Ergebnis, daß dem Fett ein geringerer Nährwert als den Kohlehydraten zuzusprechen sei. Da die Sparwirkung also weder den isodynamen Werten parallel verläuft, noch in einer einfachen Beziehung zu den Gesamtleistungen der einzelnen Nährstoffe steht, so kann sie nur als eine Teilwirkung angesehen werden, aber nicht als Maßstab für die Einschätzung der Cellulose hinsichtlich ihres Nährwertes. Hierfür kann allein das Fett- und Fleischbildungsvermögen der Cellulose bzw. die ihr innewohnende und für den tierischen Organismus nutzbare Energiemenge zugrunde gelegt werden. Infolgedessen haben erst die Untersuchungen von O. KELLNER[21], der das *Fettbildungsvermögen der Rohfaser* ermittelte, einen wirklichen Aufschluß über den Nährwert dieses Stoffes gebracht.

O. KELLNER bediente sich zu seinen Untersuchungen eines Strohstoffes, der durch Extraktion vom Roggenstroh gewonnen war. Dieser Strohstoff enthielt in der Trockensubstanz 77 % Rohfaser und 20 % stickstofffreie Extraktstoffe. Die Verdaulichkeit der organischen Substanz war eine überraschend hohe. Sie betrug 95 %, während vom nichtextrahierten Roggenstroh nur etwa 30—40 % zur Verdauung gelangen. Der hohen Verdaulichkeit entspricht auch die Verwertung im Tierkörper. Von der mit dem Strohstoff den Ochsen zugeführten nutzbaren Energie wurden im Durchschnitt mehrerer Versuche 63 % verwertet. Da die verdauliche organische Substanz des Strohstoffes im Mittel von zwei Versuchen zu 82,1 % aus Rohfaser und nur zu 17,6 % aus stickstofffreien Extraktstoffen bestand, so beweist das Ergebnis der KELLNERschen Untersuchungen, daß die *verdauliche Rohfaser in der von inkrustierenden Substanzen befreiten Form des Strohstoffes* an sich keineswegs einen geringeren Nährwert besitzt als der verdauliche Teil des Stärkemehles. Die durch die Zersetzungen und Umsetzungen im Tierkörper bedingten *Gesamtverluste betrugen beim Stärkemehl 44 % und bei der Cellulose 43 %, so daß von ersterem 56 % und von der Rohfaser 57 % des Wärmevorrates zum Ansatz als Fett gelangen konnten.* Demgemäß lieferte 1 kg verdaute Rohfaser 253 g und die gleiche Menge Stärkemehl 248 g Körperfett einschließlich geringer Mengen von noch angesetztem Fleisch. *Die verdaute Rohfaser der vegetabilischen Futterstoffe vermag also im tierischen Organismus Fett in gleichem Umfange zu erzeugen wie das Stärkemehl.*

Die Beobachtung, daß der Nährwert der Rohfaser demjenigen des reinen Stärkemehles gleichzusetzen ist, *bezieht sich jedoch zunächst nur auf den wesentlichen Bestandteil der Rohfaser, nämlich auf die Cellulose.* Wie bereits früher erwähnt, ist durch eine ganze Reihe von Untersuchungen der Beweis erbracht worden, daß der verdaute Anteil der Rohfaser die Zusammensetzung der reinen Cellulose besitzt. Auch Schweine vermögen nach den Untersuchungen von G. FINGERLING[6] reine, von inkrustierenden Stoffen befreite Rohfaser aufzulösen und solche reine Cellulose ebenso hoch zu verdauen wie Wiederkäuer. Ebenso haben die Untersuchungen von N. ZUNTZ[62] gezeigt, daß die Rohfaser des Strohstoffes auch beim Pferd fast restlos verdaulich ist. Was die Verdauung der Rohfaser bei dem körnerfressenden Hausgeflügel anbetrifft, so verdaute nach T. KATAYAMA[19] Geflügel weder die im Papier enthaltene Cellulose noch die Rohfaser der Futtermittel. Hiermit im Einklang stehen Versuchsergebnisse von ZOFJA SOKOLOWSKA[47a] insofern, als sich hier die Rohfaser der Gerste als unverdaulich erwies. Auch T. RADEFF[38] konnte beim Huhn eine Verdaulichkeit der Gerstenrohfaser nicht feststellen. Er fand dagegen eine Ausnutzung der Rohfaser beim Weizen zu 5 %, beim Hafer zu 7 % und bei geschrotenem Mais zu 17 %. Bezüglich der Verdaulichkeit der Rohfaser bei Gerste, Hafer und Mais durch Geflügel fand LÖSSL[29] außerordentlich große Schwankungen. Im Mittel einer größeren Anzahl von Untersuchungen gibt er für die Rohfaserverdaulichkeit im Weizen 18% an. T. Katayama[19] fand hierfür nur 5%. Mit der Frage der Rohfaserverdauung beim Huhn haben sich dann noch eingehend H. Henning[11], M. Roeseler[41], Brüggemann[2a] u. a. beschäftigt. Nach neueren Untersuchungen von W. Völtz[51] und namentlich von E. Mangold[33] und W. Meyer geht die Celluloseverdauung beim Huhn ganz vorwiegend und fast ausschließlich in dem Blinddarm vor sich. Im allgemeinen dürfte die Rohfaserverdauung beim Geflügel noch nicht vollkommen geklärt sein, zumal hier Unterschiede bei den verschiedenen Geflügelarten zu bestehen scheinen. Auch dürfte das jeweilige Beifutter nicht ohne Einfluß auf die Verdaulichkeit der Rohfaser sein. Auch der Ort, wo bei den verschiedenen Geflügelarten die Rohfaserverdauung vor sich geht, ist nach den Angaben von E. Mangold[34] verschieden und beeinflußt die Größe des Verdauungskoeffizienten für diesen Nährstoff.

Außer der Cellulose bilden die *Pentosane* vielfach einen wesentlichen Bestandteil der Weender Rohfaser. Sie finden sich namentlich in älteren und verholzten Pflanzenteilen in größerer Menge vor. So enthielt nach Untersuchungen von O. Kellner die verdauliche Rohfaser des Wiesenheues 18%, des Haferstrohes 20% und des Weizenstrohes 24% Pentosane. Auch in der verdaulichen organischen Substanz des Strohstoffes fand O. Kellner[21] erhebliche Mengen von furfurolgebenden Substanzen wie Pentosane und Oxycellulosen. Auf Grund der Untersuchungen mit Strohstoff nimmt O. Kellner den Wärmewert der verdaulichen Pentosane zu 4,22 Cal an. Er kommt auf Grund seiner Untersuchungen zu dem Endergebnis, daß die furfurolgebenden Substanzen (Pentosane und Oxycellulose) an der Fettbildung im Tierkörper teilnehmen und zwar in einem Umfange, der nicht geringer sein kann als nach Zufuhr von Stärkemehl oder Cellulose. Soweit also die Verdaulichkeit der Rohfaser und ihr Nährwert für das landwirtschaftliche Nutzvieh in Frage kommt, steht fest, daß von den Einzelbestandteilen der Rohfaser die Reincellulose und *die Pentosane unter gewissen Voraussetzungen hoch verdaulich* sind und hinsichtlich ihres Fettbildungsvermögens im Tierkörper hinter den erstgenannten Kohlehydraten nicht zurückstehen. Demgegenüber dürften die der Rohfaser beigemengten Gruppen mit einem höheren Kohlenstoffgehalt wie das *Lignin und Cutin nur schwer oder überhaupt gänzlich unverdaulich* sein und demgemäß keinerlei Wert für die tierische Ernährung besitzen. Hierauf weisen die von J. König[26] in Gemeinschaft mit A. Fürstenberg und R. Murfield ausgeführten Untersuchungen hin, ebenso die weiteren von H. Magnus[32] und F. Honcamp[17] und Mitarbeitern. Zu ähnlichen Ergebnissen kamen in jüngster Zeit F. Rogozinski und M. Starzewska[42].

Der Nährwert der Rohfaser ist also nur dann demjenigen der übrigen Kohlehydrate als gleich zu erachten, wenn es sich um eine Rohfaser handelt, die frei von allen inkrustierenden Substanzen ist. Je mehr aber letztere die Rohfaser durchsetzen, desto schwerer ist sie durch Mikroorganismen angreifbar und vergärbar. Infolgedessen hängt von den Mengenverhältnissen der einzelnen Bestandteile der Rohfaser zueinander der Produktionswert derselben wie überhaupt die Gesamtverwertung der ganzen Futterstoffe ab. *Die Menge der Inkruste setzt also den Ansatz im Tierkörper herab.* Auch hier sind es die eingehenden Untersuchungen von O. Kellner gewesen, die erst eine Klarstellung der einschlägigen Verhältnisse gebracht haben. Bei Versuchen mit Rauhfutterstoffen fand O. Kellner, daß die verdauliche Substanz dieser Futtermittel in beträchtlich geringerem Umfange zum Ansatz beitrug, als das Stärkemehl oder der Strohstoff. So ließ sich z. B. aus Versuchen mit Hafer- und mit Weizenstroh berechnen, daß bei Vollwertigkeit dieser beiden Futterstoffe aus einem Kilogramm sich an Körperfett hätte bilden müssen:

beim Haferstroh   beim Weizenstroh

Nach der Rechnung . . . . 109,7 g   104,1 g
In Wirklichkeit aber wurden gebildet   66,1 g   22,1 g

Es war also ein bedeutender Ausfall zu verzeichnen, der sich belief:

beim Haferstroh . . auf 43,60 g Fett = 40 %
„ Weizenstroh . „ 80,20 g „ = 80 % .

Der Ausfall war im allgemeinen um so größer, je mehr Rohfaser die betreffenden Futterstoffe enthielten. *Der geringere Nähreffekt wird jedoch hier nicht durch die chemische Zusammensetzung der Rohfaser, sondern durch ihre physikalische Beschaffenheit bedingt.* Es sind also das feste Gefüge der Zelle, die Inkrustation des Zellgerüstes mit ligninartigen Stoffen und anorganischen Substanzen sowie die mangelhafte Zerkleinerung dieser Futtermittel als die Ursachen einer geringen Verwertung der in ihnen enthaltenen verdaulichen organischen Substanz anzusehen.

Den geringen Nähreffekt der rohfaserreichen Futterstoffe führt O. KELLNER[22] auf drei Ursachen zurück. Es sind dies zunächst der Aufwand an Kauarbeit und die Belastung des Magens und Darmes, welche die rohfaserreichen Futterstoffe verursachen. Zum dritten hängt nach O. KELLNER die Größe der Verwertung von dem Ort der Verdauung ab. Die Zerkleinerung aller rohfaserreichen und namentlich stark verholzten Futterstoffe benötigt einen Aufwand an Kauarbeit, für den ein Teil der Nährstoffe bzw. deren dynamische Energie in Anspruch genommen und somit der eigentlichen Produktion entzogen wird. Das gleiche trifft für die Belastung des Magens und Darmes mit rohfaserreichen Futterstoffen zu. Die Bewegung dieser Futtermassen durch den Magen-Darm-Kanal erfordert gleichfalls einen gewissen Kraftaufwand, der aus dem Futter bestritten werden muß und infolgedessen gleichfalls für die Erzeugung tierischer Produkte verlorengeht. Endlich ist zu berücksichtigen, daß sehr rohfaserreiche Futtermittel z. T. erst im Dickdarm aufgelöst werden. Hier treten an die Stelle der enzymatischen Verdauungsvorgänge mehr solche bakterieller Natur. Den hierbei entstehenden Produkten scheint aber eine geringere Nährwirkung zuzukommen, als den von den eigentlichen Verdauungssekreten gelösten Nährstoffen. Zusammenfassend läßt sich also sagen, daß die Rohfaser, soweit es ihre Hauptbestandteile wie Cellulose und Pentosane anbetrifft, den gleichen Nährwert wie andere Kohlehydrate von der Art des Stärkemehles besitzt und demgemäß wie diese für die tierische Ernährung einzuschätzen ist. Dagegen ist eine mit Lignin und Cutin wie überhaupt mit inkrustierenden Substanzen stark durchsetzte Rohfaser, wie sie sich in den meisten Rauhfutterstoffen vorfindet, nicht nur im Tierkörper schwer auflösbar, sondern sie bedingt auch eine mehr oder weniger erhebliche Produktionsverminderung. Es ist hierbei nicht die chemische Zusammensetzung der Rohfaser, die den Nähreffekt herabsetzt, als vielmehr ihre physikalische Beschaffenheit. Diese aber wird durch die Anwesenheit von unverdaulichen, inkrustierenden Stoffen bedingt.

Um die Rohfaser solcher mit Inkrusten stark durchsetzten Futterstoffe verdaulicher zu machen, ist die Loslösung des Lignins und der Kieselsäure wie überhaupt der Inkrusten aus der Rohfaser und die Entfernung eines möglichst großen Anteiles derselben notwendig. Hierauf beruht das *Verfahren der Strohaufschließung,* wodurch in erster Linie eine höhere Verdaulichkeit der Rohfaser erzielt werden soll. Die Strohaufschließung geht hierbei weniger auf eine eigentliche Löslichmachung der in der Rohfaser enthaltenen Nährstoffe, als vielmehr darauf aus, die zwischen den einzelnen Bestandteilen der Rohfaser bestehenden Bindungen — chemischer und physikalischer Natur — zu sprengen und zu lösen. Um nun bei der Feststellung des Aufschließungsgrades eines rohfaserreichen Futterstoffes nicht auf den langwierigen und kostspieligen Tierversuch angewiesen zu sein, hat man ähnlich wie beim Protein versucht, die Ausnutzung der Rohfaser auf künstlichem Wege zu bestimmen. Da der wichtigste Nährstoff eines aufgeschlossenen Futters die Rohfaser ist, so nahm man an, daß diese um so verdaulicher sein muß, je mehr der Gehalt an Cellulose bei der Aufschließung zunimmt. Man glaubte infolgedessen in der Cellulosebestimmung von Cross und Bevan[58] eine Methode zur sicheren Beurteilung des Aufschlußgrades und damit auch der Rohfaserverdaulichkeit zu haben. Es trifft dies aber nur bis zu einem gewissen Grade und auch nur dann zu, wenn man gleichzeitig die Pentosane mit bestimmt. Weitere Methoden zur Bestimmung des Aufschlußgrades (s. H. Magnus[32]) beruhen vielfach auf dem Nachweis von Lignin, das z. B. bei der Aufschließung von Stroh nach Möglichkeit entfernt werden soll. Auf eine quantitative Ermittlung des Ligningehaltes eines Futtermittels laufen ferner Angaben und Methoden von R. Willstätter und Zechmeister[55] sowie von P. Waentig und W. Gierisch[52] hinaus. Letzteres Verfahren ist aber nur dann anwendbar, wenn eine völlige Zerstörung und gleichzeitige Entfernung der Ligninsubstanzen stattgefunden hat. Alle diese Methoden pflegen aber zu versagen, wenn der Aufschluß nur in einer mechanischen Veränderung der Faser oder in einer Verzuckerung von Bestandteilen der Faser beruht. Diese Verfahren liefern also nur unter gewissen Voraussetzungen und für bestimmte Verfahren Anhaltspunkte für die Verdaulichkeit der Rohfaser.

Ein anderes Verfahren zur *Bestimmung der verdaulichen Rohfaser* haben F. Mach und P. Lederle[31] ausgearbeitet. In Hinsicht auf die Tatsache, daß der verdauliche Anteil der Rohfaser Cellulose ist, benutzt dieses Verfahren das einzige Lösungsmittel für Cellulose, nämlich Kupferoxydammoniak. Man nimmt an, daß inkrustierte, also schwer verdauliche Zellwandungen von dem Reagens schwerer angegriffen werden, als nicht oder doch nur schwach verholzte. Dieses Verfahren der künstlichen Rohfaserverdauung liefert brauchbare Werte im Vergleich mit den bei Wiederkäuern erhaltenen Zahlen, wie eine Anzahl vergleichender Untersuchungen, so u. a. auch von W. Thomann[50] ergeben haben. Mit Ausnahme von nur wenigen der geprüften Futterstoffe wie Hafer- und Maisspelzen ließen sich jedenfalls enge Beziehungen zwischen Verdaulichkeit der Rohfaser beim Tierversuch und der in Kupferoxydammoniak löslichen Cellulose nachweisen. Ein physiologisches Bakterienverfahren ist von C. Brahm[1] ausgearbeitet worden. Es beruht in der Hauptsache darauf, daß Panseninhalt mit Bakterien dem zu untersuchenden Material zugesetzt wird. Die Pansenbakterien zersetzen dann die stickstofffreien Nährstoffe in flüchtige Kohlensäure, Methan und Wasserstoff einerseits und in organische Säuren aus der Fettsäurereihe andererseits. Es ist hiermit die Möglichkeit gegeben, jene Mengen der Nahrungsstoffe zu bestimmen, die durch die Pansenbakterien vergoren werden. Als Maßstab der Verdaulichkeit durch die Pansenbakterien kann man entweder die Menge der gebildeten flüchtigen Fettsäuren oder die Menge der entstandenen brennbaren Gase oder endlich die der erzeugten Kohlensäure nehmen. Bei dem Brahmschen Verfahren läßt man die Gärung 5 Tage gehen und benutzt dann die Menge der gebildeten Kohlensäure als Maßstab für die in diesem Zeitraum verdauten Stoffe. Die Methode ist ursprünglich zur Bestimmung des Aufschlußgrades von cellulosehaltigen Futterstoffen von C. Brahm[2] ausgearbeitet worden. Sie ist jedoch nach dessen Erfahrungen auch geeignet, den Nährwert bzw. die Verdaulichkeit von reiner Cellulose und deren Bausteinen zu bestimmen. Trotzdem kann man hinsichtlich des Verfahrens von F. Mach sowohl wie von C. Brahm noch nicht sagen, daß diese schnell durchführbare analytische Methoden darstellen, mit Hilfe deren die Ausnutzung und Verdaulichkeit der Rohfaser sicher bestimmt werden kann.

Immerhin sind beide geeignet, wertvolle Anhaltspunkte über den Grad der Rohfaserverdaulichkeit in gewissen Futtermitteln zu geben.

Während die grundlegenden Ergebnisse über die Ausnutzung der Rohfaser durch das landwirtschaftliche Nutzvieh im allgemeinen durchaus eindeutig sind, kommt neuerdings M. Rubner[43] zu der Ansicht, daß sich beim Menschen die pflanzlichen Zellmembranen hinsichtlich ihrer Verdaulichkeit sehr verschieden verhalten. Er verwirft die Auffassung, daß die *inkrustierenden Substanzeu* die Auflösung der Rohfaser hemmen und die *Verdaulichkeit der Cellulose* herabdrücken. M. Rubner nimmt vielmehr an, daß es verschiedene Cellulosen mit ungleichen Verdaulichkeitsgraden gibt. Es könnte dies durch einen verschiedenen kolloidalen Aufbau der Cellulosen bedingt sein. Eine andere Annahme wäre nach M. Rubner in einer verschiedenen Zusammensetzung der Zellmembrane zu suchen, indem sich bestimmte Molekülkomplexe einfügen, die sich gewissermaßen nur bei Verschiedenheit des kolloidalen Aufbaues finden. Jedenfalls vertritt M. Rubner die Ansicht, daß die Verdaulichkeit der Cellulose weder von der Verholzung noch von dem *Ligningehalt* abhängig ist. Die Lignine sollen auch beim Hund und Menschen verdaut werden, wenn schon vom Standpunkt der Energieversorgung dem verdauten Lignin eine größere Bedeutung beim Menschen nicht zukommen soll. Ob und inwieweit die Rubnerschen Lehren auch unsere Anschauungen über die Ausnutzung der Rohfaser beim landwirtschaftlichen Nutzvieh beeinflussen werden, muß künftigen Forschungen vorbehalten bleiben.

Literatur.

(1) Brahm, C.: Mitt. dtsch. Landw.-Ges. **45**, 619 (1918). — *(2)* Biochem. Z. **178**, 28 (1926). — *(2a)* Brüggemann, H.: Wiss. Arch. Landw. B **4** (1930).

(3) Dietrich, Th., u. J. König: Landw. Versuchsstat. **13**, 226 (1871).

(4) Ellenberger, W.: Z. physiol. Chem. **96**, 236.

(5) Fingerling, G.: Landw. Versuchsstat. **84**, 149 (1914). — *(6)* Ebenda **83**, 281 (1914). — *(7)* Fürstenberg, A.: Das Verhalten der pflanzlichen Zellmembrane während der Entwicklung in chemischer und physiologischer Hinsicht. Inaug.-Dissert., Münster i. W. 1906.

(8) Henneberg, W.: J. Landw. **3**, 367 (1859). — *(9)* Henneberg, W., u. F. Stohmann: Beiträge zur Fütterungslehre der Wiederkäuer 2. Braunschweig: C. A. Schwetsche & Sohn 1864. — *(10)* Z. Biol. **21**, 613 (1885). — *(11)* Henning, M.: Landw. Versuchsstat. **1928**. — *(12)* Heuser, E., u. R. Sicher: Z. angew. Chem. **26**, 801 (1913). — *(13)* Hofmeister, V.: Arch. Tierheilk. **7**, 169 (1881); **11**, H. 1, 2 (1885). — Landw. Jb. **17**, 239 (1887). — *(14)* Holdefleiss, P.: Ber. phys. Labor. Halle a. S. **12**, 52 (1895). — *(15)* Honcamp, F., u. F. Ries: Landw. Versuchsstat. **84**, 301 (1914). — *(16)* Cellulosechemie 8, 81 (1927). — *(17)* Landw. Versuchsst. **98**, 1, 43, 249 (1921); **99**, 231 (1922).

(18) Jumenau, P. L.: Z. anal. Chem. **29**, 712 (1890).

(19) Katayama, T.: Bull. Imp. agricult. Exp. Stat. **3**, 1. — *(20)* Kellner, O.: Die Fütterung der landwirtschaftlichen Nutztiere. Berlin: P. Parey. — *(21)* Landw. Versuchsstat. **53** (1900). — *(22)* Die Nährwirkung der einzelnen Futtermittel und ganzer Futterbestandteile. Dresden 1903. — *(23)* Knieriem, W. v.: Z. Biol. **21**, 137 (1885). — *(24)* König, J.: Z. Unters. Nahrgsmitt. usw. **1**, 8 (1898). — *(25)* Ebenda **6**, 769 (1903). — *(26)* Landw. Versuchsstat. **65**, 55 (1907). — *(27)* Kühn, G.: Ebenda **44**, 561 (1894).

(28) Lehmann, F.: J. Landw. **37**, 251 (1889). — *(29)* Lössl: Inaug.-Dissert., Halle a. S. 1924. — *(30)* Ludwig, W.: Z. Unters. Nahrgsmitt. usw. **12**, 156 (1906).

(31) Mach, F., u. P. Lederle: Landw. Versuchsstat. 90, 269 (1917). — *(32)* Magnus, H.: Theorie und Praxis der Strohaufschließung. Berlin: P. Parey. — *(33)* Mangold, E.: Z. vergl. Physiol. **6**, 413 (1927). — *(34)* Arch. Geflügelzucht 2, 312 (1928). — *(35)* Mayer-Morgen, A.: Agrikulturchemie 4. Heidelberg: C. Winter.

(36) Popoff, W.: Pflügers Arch. **10**, 123. — *(37)* Pringsheim, H.: Die Polysaccharide. Berlin: Julius Springer.

(38) Radeff, T.: Biochem. Z. **193**, 192 (1928). — *(39)* Reiset: Ann. Chim. et Phys., II. sér. **69**, 129. — *(40)* Renker, M.: Über Bestimmungsmethoden der Cellulose. Berlin: Gebr. Bornträger. — *(41)* Roeseler, M.: Z. Tierzüchtg **13**, 281 (1928). — *(42)* Rogozinski, F., u. M. Starzewska: Bull. Acad. Sci., sér. B **1927**, 1243. — *(43)* Rubner, M.:

Über die physiologische Bedeutung wichtiger Bestandteile der Vegetabilien mit besonderer Berücksichtigung des Lignins. Sitzgsber. preuß. Akad. Wiss., Physik.-math. Kl. **12**, 127 (1928).

(*44*) Scheunert, A.: Z. physiol. Chem. **48**, 9, 27. — (*45*) Schulze, E., s. Czapek: Biochemie der Pflanzen **1**, 536. — (*46*) Schultze, H., u. Aronstein: J. Landw. **14**, 287 (1866). — (*47*) Semmler, W.: Jb. dtsch. Landw.-Ges. **33**, 327 (1918). — (*47a*) Sokolowska, Z.: Roczn. Nank Rolniczych **9**, 211. — (*48*) Stöckhardt, A.: Der chemische Ackersmann. 1860.

(*49*) Tappeiner, H.: Z. Biol. **20**, 52 (1884). — (*50*) Thomann, W.: Inaug.-Dissert., Zürich: Techn. Hochsch. 1921.

(*51*) Völtz, W.: Landw. Jb. **38**, 591 (1909).

(*52*) Waentig, P., u. W. Gierisch: Z. physiol. Chem. **103**, 87 (1918); Z. angew. Chem. **32**, 173 (1919). — (*53*) Weiske, H.: Z. Biol. **24**, 553 (1888). — (*54*) Wildt, E.: J. Landw. 1874. — (*55*) Willstätter, R., u. Zechmeister: Ber. dtsch. chem. Ges. **46**, 2401 (1913). — (*56*) Wilsing, E.: Z. Biol. **21**, 625 (1885). — (*57*) Wislecenus: Kolloid-Z. **27**, 213 (1920). — (*58*) Withers, W. A.: Chemiker-Ztg Rep. **14**, 133 (1890). — (*59*) Wolff, E. v.: Landw. Versuchsstat. **19**, 241 (1876). — (*60*) Ebenda **34**, 456 (1887).

(*61*) Zuntz, N.: Landw. Jb. **8**, 101 (1879). — (*62*) Biochem. Z. **73**, 161 (1916).

3. Der Fettstoffwechsel.

Von

Geh. Reg.Rat Professor Dr. Dr. h. c. **Franz Lehmann**

Direktor des Instituts für Tierernährungslehre der Universität Göttingen

A. Die Fettbildung im Tierkörper.

I. Historisches.

Als man zum ersten Male die Nahrungsmittel in Nährstoffgruppen zerlegte, war auch schon eine feste Theorie über die Herkunft des Fettes im tierischen Körper vorhanden. Der Engländer Prout[34] hatte 1827 den glücklichen Gedanken zur Lösung der damals diskutierten Frage, wovon die Nährfähigkeit eines Nahrungsmittels abhänge, die Zusammensetzung der Milch, als des von der Natur bereiteten Normalnahrungsmittels, heranzuziehen. In ihr waren Käsestoff, Butter und Milchzucker vorhanden, und sonach ergab sich die Einteilung der Nährstoffe in Albuminosa, Oleosa und Saccharina. Bezüglich der fettartigen Substanzen des Tieres vertrat Prout die schon im 18. Jahrhundert ausgesprochene Meinung, daß sie nur aus einer Quelle stammen könnten, aus dem Fett der Pflanzen. Nur diese bauen Stoffe auf. Das Tier übernimmt sie aus der Pflanzennahrung und lebt davon, indem es sie verbrennt, wie die Untersuchungen von Lavoisier bewiesen hatten. Das Tier vermag überhaupt keine synthetischen Prozesse auszuführen, also ist der Bestand seines Körpers an Fett abhängig von dem Fettreichtum der Nahrung.

Für die Landwirtschaft älterer Zeit mußten diese Anschauungen von besonderer Wichtigkeit sein. Man mästete nach damaliger Methode fast nur volljährige Tiere. Da ihr Körper bereits ausgebildet war, wurde in der Mast fast nur Fett angesetzt. Mästen bedeutete geradezu Fetterzeugung, und der Erfolg solcher Mästung hätte somit völlig davon abhängen müssen, wieviel Fett im Mastfutter bereits enthalten war. Um diese Zeit waren auch schon einzelne Fütterungsversuche ausgeführt worden, welche zur Stütze dieser Theorie dienen sollten, denn sie schienen zu beweisen, daß das analytisch gefundene Nahrungsfett ausreicht, um das in der Mast entstandene Fett zu erklären. Allein, gelegentlich gaben die

Versuche das entgegengesetzte Resultat, und an dieser Stelle griff LIEBIG ein. Er veröffentlichte 1842 die zweite seiner für die Entwicklung der wissenschaftlichen Landwirtschaft grundlegenden Arbeiten: „Die Organische Chemie in ihrer Anwendung auf Physiologie und Pathologie"[27]. In ihr wird die Richtigkeit jener Theorie bezweifelt und die Behauptung aufgestellt, daß die *Kohlehydrate* eine Quelle für das tierische Fett seien. Es ist mehr eine theoretische Betrachtung, welche diese These stützen soll, und die beigebrachten Tatsachen und Versuche treten ihr gegenüber etwas in den Hintergrund. Nach LIEBIG hängt die Fettbildung mit dem Respirationsprozeß zusammen, also mit der Menge des Sauerstoffs, welcher den Tieren zugeführt wird. Darum bleiben sie auf der Weide und im Freien fettarm. Stallhaltung, reichliche Nahrung und Mangel an Bewegung ist gleichbedeutend mit einem Mangel an Zufuhr von Sauerstoff. Die Fettbildung im Tierkörper ist durch ein Mißverhältnis in der Menge der genossenen Nahrungsmittel und des durch die Lunge und Haut aufgenommenen Sauerstoffs bedingt. LIEBIG findet rechnerisch, daß Kohlehydrate und Fett das gleiche Verhältnis von Kohlenstoff zu Wasserstoff haben, im Sauerstoffgehalt sich aber unterscheiden. Ein einfaches Austreten von Sauerstoff kann jene in Fett oder in einen Körper, der die Zusammensetzung des Fettes besitzt, überführen.

Stärker als diese schon damals als sonderbar empfundene Theorie mag der Hinweis gewirkt haben, daß die Pflanzen und Kräuter, welche die Kuh verzehrt, keine Butter enthalten, das Heu und die sonstige Nahrung des Rindviehs keinen Ochsentalg und die Kartoffelschlempe, „welche die Schweine bekommen", kein Schweineschmalz. An anderen Stellen ist LIEBIG doch noch geneigt, auch die Zusammensetzung des Fibrins oder Albumins für die Fettbildung heranzuziehen, doch wird dieser Punkt später ganz vergessen und mit immer größerer Sicherheit die Behauptung aufgestellt, daß die *Kohlehydrate zum mindesten neben dem Fett eine Fettquelle* seien. Überschlagsrechnungen machen dies wahrscheinlich. Eine magere Gans von 2000 g Gewicht verzehrt in 36 tägiger Fütterung 12 kg Mais und setzt hieraus 1750 g reines Fett an. Diese Menge kann nicht im Mais, dessen Fettgehalt 4—5 % ist, enthalten sein. Oder ein einjähriges Schwein von 35—40 kg Gewicht mit 9 kg Fett läßt sich in 91 Tagen mit 166,5 kg Erbsen und 1138 kg Kartoffeln ausmästen und nimmt dabei 40—45 kg zu, wiegt also 80—85 kg mit 25—27,5 kg Fett. Es hat demnach 14—18,5 kg Fett angesetzt, während sich in der gesamten Nahrung nur 4,5 kg befanden. Das Fett der Nahrung kann also das entstandene Körperfett nicht decken. Wäre diese Angabe durch exakte Versuche begründet, dann müßte die frühere Theorie hiermit beseitigt sein. In Wirklichkeit war es nicht viel mehr als eine Schätzung. Die früheren Vertreter und Anhänger der alten Lehre begannen darum mit Versuchen, deren Ziel war, LIEBIGS Anschauung abzuweisen. DUMAS hatte noch 1841 in seinen Vorlesungen über Ernährungslehre[6] die alte Theorie vertreten, ebenso waren BOUSSINGAULT und PAYEN[7] LIEBIGS Gegner. BOUSSINGAULT hatte auf seinem im Elsaß gelegenen Gut Bechelbronn sich längst mit Fütterungsversuchen beschäftigt, und setzte sie nun in der bezeichneten Richtung fort. Es sollte nachgewiesen werden, daß die Fettmenge des Futters zur Produktion des Fettes im Tierkörper ausreicht. In Wirklichkeit kamen sie zu Ergebnissen, welche das Gegenteil bewiesen. Die Autoren bekannten sich von da ab selbst zu LIEBIGS Theorie.

Die Art der Versuche ist heute noch interessant, ebenso wie der Verlauf dieses, jene Zeit stark erregenden, Streites. Als Versuchstiere benutzte man zuerst Geflügel, und zwar Gänse und Enten, fand aber, soweit es sich um Mastversuche handelte, sehr bald, daß das geeignetste Tier hierfür das Schwein sei. Mastversuche mit Wiederkäuern kommen nicht vor, wohl aber merkwürdigerweise Fütterungsversuche mit Milchkühen. Es gilt heute noch für eine der schwierigsten Aufgaben der Fütterungslehre, wirklich exakte Versuche mit Milchvieh anzustellen. Man griff in dieser frühen Zeit der Ernährungswissenschaft zu Milchtieren, weil hier die Menge des erzeugten Fettes täglich ermittelt werden konnte. Zwar spielt dabei die Zunahme und Abnahme des Lebendgewichts eine Rolle. An einer Stelle macht Boussingault, als der landwirtschaftlich am besten orientierte, in einer Polemik mit seinen Gegnern auch hiervon einmal Gebrauch, aber sonst begnügt man sich mit der leicht hingeworfenen Theorie, daß die Kühe in der Zeit hoher Milchergiebigkeit sich nicht gleichzeitig mästen können. Gewichtszunahme und Gewichtsabnahme sollten hiernach auf die erzeugte Milchmenge keinen Einfluß haben. Es genügte also, das Fett und die sonstigen Nährstoffe des Futters dem erzeugten Butterfett gegenüberzustellen. Besser war schon die Methodik der Mastversuche entwickelt. Sie mußte selbstverständlich darauf beruhen, daß in der Gleichung Butter = Zunahme *beide* Seiten korrekt ermittelt wurden. Zunächst handelt es sich nur um die Fettbilanz, und hier ist es beachtenswert, daß die Versuche sich nicht begnügen, die Menge des Fettes im Futter korrekt analytisch zu ermitteln, sondern hiervon auch das abziehen, was im Kot enthalten war, daß sie also mit *verdaulichem* Fett rechnen. Trotzdem kommen starke analytische Fehler vor, und so konnte es geschehen, das eine Zeitlang die ältere Theorie durch Fütterungsversuche mit Mais gestützt wurde, bloß weil man die prozentische Fettmenge zu 8,75% bestimmt hatte. Liebig, dessen analytische Fertigkeit nicht seine geringste Stärke war, weist darauf hin, daß Mais höchstens einmal 5% Fett enthält.

Von den zahlreichen Versuchen, welche durch Liebigs temperamentvolle Darlegungen hervorgerufen waren, soll ein Versuch von Boussingault angegeben werden. Er ist zugleich das erste Beispiel eines gut geführten *Schlachtversuchs*. Von 11 Gänsen werden beim Beginn des Versuchs 5 geschlachtet und analysiert. Sie wogen je Stück 3380 g und enthielten 1561 g Fleisch und 273 g Fett. Die übrigen Gänse, von welchen angenommen werden kann, daß sie die gleiche Zusammensetzung haben, werden 31 Tage lang mit Mais gemästet. Die Tiere werden geschlachtet und analysiert. Der Fettgehalt je Tier ist 1557 g, somit der Fettzuwachs 1557 g minus 273 g, also 1284 g. An Mais wurden im ganzen verzehrt 11 980 g, hierin sind 7% Fett, also im ganzen 839 g, in den Exkrementen sind 119 g Fett. Sonach im Futter dem Tier zugeführt 839 minus 119, also 720 g. Endergebnis: Im Körper erzeugt 1284 g Fett, im Futter vorhanden 720 g, somit müssen 564 g Fett aus anderen Nährstoffen entstanden sein. Dasselbe zeigt Boussingault in einem zweiten Versuch mit Enten, die mit Mais, und in einem ferneren, in welchem Enten mit Reis gemästet wurden. Mit Schweinen machte Boussingault einen ungewöhnlich gründlichen Versuch. Neun 8—12 Monate alte Tiere nehmen in 98 Tagen 413 kg an Gewicht zu, worin 182 kg Fleisch und 103,2 kg Fett vorhanden waren. Von letzterem konnten 44 kg durch das Fett des Futters nicht gedeckt werden.

Hiermit war endgültig die ehemalige Theorie gestürzt und scheinbar bewiesen, daß *Fett auch aus Kohlehydraten* entstehen kann. Allein der Gang des Streites nahm eine andere Wendung, und zwar durch das Auftreten von Voit.

II. Fettbildung aus Eiweiß.

Karl Voit, der angesehene Münchner Physiologe, hatte sich viele Jahre lang mit Fütterungsversuchen an Hunden beschäftigt, um die Gesetze der Fleischbildung aufzuklären. Er breitete dann sein Arbeitsgebiet auch auf die Fettbildung aus und benutzte den von Pettenkofer konstruierten Respirationsapparat zu weit ausgedehnten Versuchen, die er in Gemeinschaft mit Petten-

KOFER angestellt und veröffentlicht hat[31]. Eins der ersten und folgewichtigsten Ergebnisse dieser Versuche betraf die Lösung der Frage, ob Eiweiß eine Quelle von Fett sein könne. Er ernährte Hunde ausschließlich mit Fleisch, und zwar war es mageres, mit Messer und Schere von allem sichtbaren Fett befreites Fleisch, welches somit als nahezu fettfrei angesehen werden konnte. Durchschnittliche Ermittlungen ergaben, daß dem Tier je Tag höchstens 20 g Fett in Form dieses Fleisches zugeführt sein konnten. Von solchen Versuchen sind eine ganze Reihe ausgeführt. Zwei Beispiele, welche die höchsten Mengen des Ansatzes ergaben, seien mit VOITS Zahlen wiedergegeben.

Versuch 1 bei 2500 g Fleisch am zweiten Tag:

	Stickstoff	Kohlenstoff
Einnahme im Fleisch	85,00	313,0
Ausgabe im Harn	84,38	50,6
„ im Kot.	1,00	6,7
„ in Respiration . . .	—	213,6
	85,38	270,9
Differenz	— 0,38	+ 42,1

Versuch 2 bei 2000 g Fleisch am ersten Tag:

	Stickstoff	Kohlenstoff
Einnahme im Fleisch	68,0	250,4
Ausgabe im Harn	66,5	39,9
„ im Kot	1,4	9,2
„ in Respiration . . .	—	158,3
	67,9	207,4
Differenz	+ 0,1	+ 42,7

„Es bleibt keine andere Möglichkeit als zu schließen, daß sich bei dem Zerfall des Eiweißes der Stickstoff in stickstoffhaltigen Ausscheidungsprodukten abgetrennt hat, aber nicht alle dabei übriggebliebene stickstofffreie, an Kohlenstoff reiche Substanz zu Kohlensäure und Wasser verbrannt ist, sondern ein Teil im Körper zurückgehalten worden ist. Da es nun keinen anderen Stoff gibt, in welchem eine so große Menge von Kohlenstoff angesetzt werden kann als das Fett, so haben wir angenommen, es wäre aus dem Eiweiß Fett entstanden und dieses nicht weiter zerlegt worden. Im Falle Nr. I sind 14% des Kohlenstoffs des Fleisches in 57 g Fett abgelagert worden, im Falle Nr. II 18% in 58 g Fett; in Nr. I wären aus dem Eiweiß 9% Fett entstanden, in Nr. II 12%.“

Diese Versuche sind 1862 veröffentlicht worden. VOIT bezeichnet sie selber geradezu als eine Entdeckung, und sie wirkte in der Tat auf das nachhaltigste. Die außerordentliche Exaktheit des PETTENKOFERschen Respirationsapparates, welcher den Ansatz von Fett von Tag zu Tag zu ermitteln gestattet, vergrößerte die Beweiskraft, und es darf für die weitere Entwicklung der ganzen Frage auch nicht vergessen werden, daß an keiner Stelle in Deutschland die Richtigkeit der Versuche nachgeprüft werden konnte, weil es zunächst keinen zweiten Respirationsapparat gab. Der später in Weende bei Göttingen gebaute diente ausschließlich zum Studium der Ernährung von Rindern, und zwar auf Jahre hinaus im Zustande der Erhaltung, und somit gänzlich anderen Aufgaben.

VOIT hat 1865 gelegentlich einer Versammlung deutscher Agrikulturchemiker, an der auch LIEBIG teilnahm, die Konsequenzen aus seinen Versuchen gezogen. Fett bildet sich hiernach nicht bloß aus dem Fett der Nahrung, sondern auch aus dem Eiweiß der Nahrung. Daß auch die Kohlehydrate sich an der Fettbildung beteiligen, ist nicht erwiesen. „Das gilt auch für landwirtschaftliche Nutztiere, da nach allen Erfahrungen die Fettmast nur durch gleichzeitig ausgiebige Eiweißnahrung gelingt und Schweine z. B. durch Kartoffeln allein trotz des großen Stärkereichtums nicht fett werden." Liebig erklärte sich mit dieser Folgerung nicht einverstanden. „Wenn auch beim Fleischfresser die Fettbildung aus Kohlehydraten nicht geschehen könne, so erscheine es doch sehr zweifelhaft, daß dieser Satz auch für den Pflanzenfresser Geltung habe. Es sei schwer anzunehmen, daß bei Milchkühen z. B. die Proteinsubstanz und die Butter der Milch zusammen nur aus der Proteinsubstanz und dem meist geringen Fettgehalt der Nahrung herstammen sollen." Wiederum ist es eine eigenartige Theorie, welche Voit sich bildet und welche dem angeblich sicheren Beweise Hintergrund geben soll.

Das Eiweiß, welches im Körper zirkuliert, spaltet sich, soweit es nicht als organisches Eiweiß abgelagert wird, in Harnstoff und andere stickstoffhaltige Harnbestandteile einerseits, und einen stickstofffreien fettartigen andererseits, der sich im Körper ablagert, wenn nicht genug Sauerstoff da ist. Die Kohlehydrate nehmen den Sauerstoff für sich in Beschlag und werden verbrannt. Sie schützen also das aus dem Eiweiß entstandene Fett. Es handelt sich ausdrücklich nicht um eine erst in einem bestimmten Moment eintretende Erzeugung von Fett, sondern um eine Nichtzerstörung des schon vorhandenen.

Es lohnt, diesen längst verlassenen Gedanken hier noch einmal in Erinnerung zu bringen. Es könnte sein, daß er über vieles Irrtümliche, welches die Münchener Untersuchungen gebracht haben, zu einer späteren wichtigen Erkenntnis führt.

Das Auftreten Voits wurde der Entwicklung der Liebigschen Theorie von der *Entstehung von Fett aus Kohlehydraten* verhängnisvoll. Voit konnte mit Leichtigkeit nachweisen, daß alle die früher angestellten Versuche, auf welche Liebig sich beruft, keine Beweiskraft besitzen, weil nunmehr für das Eiweiß die Fettbildung nachgewiesen sei.

Bei der Kritik dieser Versuche spielt die Berechnung eine Rolle, welche Henneberg über die quantitative Leistung des Eiweiß als Fettbildner angestelt hat[11]. Er hatte das Fettbildungsäquivalent zunächst für *Stärke* berechnet Drei Moleküle Stärke haben dieselbe Menge von Kohlenstoff wie ein Molekül Fett, aber eine überschießende Menge von Sauerstoff (in Wirklichkeit wird Stearinsäure oder Ölsäure der Einfachheit halber als Beispiel genommen). Nimmt man nun an, daß der Sauerstoff sich abspaltet und zur Oxydation von weiterem Stärkematerial verwendet wird, so läßt sich berechnen, wieviel Fett aus 100 Gewichtsteilen Stärke lediglich unter Abspaltung von Kohlensäure und Wasser entsteht. Die Rechnung ergibt

100 Gewichtsteile Stärke = 41 Gewichtsteile Fett.

In gleicher Weise berechnet nun Henneberg auch die Menge von Fett, welche aus 100 Teilen *Eiweiß* entstehen kann. Vom Eiweiß spaltet sich nach seiner Annahme zunächst der gesamte Stickstoff in Form von Harnstoff ab. Es bleibt ein stickstofffreier Rest, der nun in analoger Weise wie oben bei der Stärke auf Fett berechnet wird, indem die überschießende Menge von Sauerstoff wiederum zur Verbrennung von Eiweißsubstanz benutzt wird. Die Rechnung ergab

100 Gewichtsteile Eiweiß = 51,4 Gewichtsteile Fett.

Diese Zahl ist von jetzt ab bei der Kritik aller Fütterungsversuche benutzt worden, wenn es sich um die Entscheidung handelte, ob sie für die Frage der Entstehung von Fett aus Kohlehydraten beweisend seien. VOIT, der eine ähnliche, weniger korrekte Berechnung ausgeführt hatte, bedient sich, allerdings etwas widerwillig, dieser Zahl. „Ich habe mich dieser Annahme angeschlossen, aber nicht verhehlt, daß möglicherweise die Zusammensetzung auf eine andere Weise verläuft.‟

Unsere Darstellung übergeht zunächst die übrigen Versuche, welche zur Stützung der Theorie der Fettbildung aus Eiweiß angestellt worden sind und auf die wir erst im folgenden Abschnitt über die Fettbildung aus Kohlehydraten noch eingehen werden.

III. Fettbildung aus Kohlehydraten.

Es kommt hier darauf an, dem großen Zug in der Entwicklung der ganzen Lehre zu folgen. Bis hierher steht es so: Aus alter Zeit ist die Theorie vorhanden, daß das Fett des Tieres nur aus dem Fett der Nahrung entsteht. Die Versuche bewiesen dann mit aller Bestimmtheit, daß dieses nicht die ausschließliche Quelle ist. Als sonstige Fettquellen kommen Eiweiß und Kohlehydrate in Betracht. Für Eiweiß erbringt mit großem Nachdruck VOIT den Beweis der Fettbildung. Somit müssen alle folgenden Versuche, welche nun den gleichen Beweis für Kohlehydrate erbringen wollen, so angestellt werden, daß eine überschießende Menge von Fett erzeugt wird, welche so groß ist, daß sie durch die beiden scheinbar sicher ermittelten Quellen nicht erklärt wird. Es entwickelt sich ein Schauspiel außerordentlich starker Versuchstätigkeit, erfreulich durch die Energie und das sich immer mehr steigernde Geschick der Versuchsanstellung, unerfreulich letzten Endes durch die allzulange immer wieder in die Waagschale geworfene, alles ablehnende und anzweifelnde Kritik VOITs.

Von welcher Bedeutung die Frage, ob die Kohlehydrate an der Fettbildung teilnehmen, für die praktische Landwirtschaft war, mag ein Beispiel zeigen.

Als sichere Fettquellen gelten für jeden, dem die Lehren K. VOITs geläufig sind, nur Eiweiß und Fett. Das führte zu Vorschlägen, den Eiweißgehalt des Futters für Mast- und Milchvieh *ungewöhnlich zu steigern*. Jene alten Normen, die WOLFF aufgestellt hatte, besagen, daß an verdaulichem Rohprotein je Stück Großvieh 1,25 kg und an stickstofffreien Stoffen rund 6 kg bei 0,20—0,25 kg Fett im Futter enthalten sein müssen. MAERCKER[17] schlug eiweißreichere Rationen nicht nur vor, sondern stellt auf großen Gütern der Provinz Sachsen Mastversuche an, die das bestätigen sollten. Als Beispiel sei angeführt[1]: Versuche mit Mastrindern, Amtsrat W. RIMPAU-Schlanstedt. Die Versuchstiere, 15 Jungstiere, wogen im Durchschnitt etwas über 500 kg und erhielten als Grundration pro Tag und Stück in allen Abteilungen:

Schlämpe	46,0 kg
Diffusionsrückstände	20,0 „
Heu	2,5 „
Spreu und Stroh	1,7 „
Weizenschalenkleie	1,0 „

Der verschiedene Nährstoffgehalt der Rationen wurde durch Baumwollsaatmehl und Mais reguliert.

Abteilung I	0,73 kg	Baumwollsaatmehl
	1,95 „	Mais
Abteilung II	1,36 „	Baumwollsaatmehl
	1,55 „	Mais
Abteilung III	1,99 „	Baumwollsaatmehl
	1,10 „	Mais

Der Gehalt an verdaulichen Nährstoffen und die Gewichtszunahme je Tag und Tier war:

	Stickstoff-haltige kg	Stickstoff-freie kg	Zunahme kg
Abteilung I . . .	1,601	6,52	1,196
Abteilung II . . .	1,848	6,64	1,279
Abteilung III . . .	2,091	6,65	1,303

Das Nährstoffverhältnis war

bei Abteilung I . . . . . 1 : 4,1
bei Abteilung II . . . . . 1 : 3,6
bei Abteilung III . . . . . 1 : 3,1

Während man nach den bis dahin gültigen Normen mit einem mittleren Nährstoffverhältnis 1 : 5 auskam. Jene Autoren kamen zu dem Endergebnis: „Während man unter Umständen darauf bedacht sein muß, einen Überschuß an stickstofffreien Nährstoffen in den Futterrationen sowohl für die Zwecke der Milchproduktion wie der Mästung zu vermeiden, da sich ein solcher bei den vorliegenden Versuchen als durchaus unrentabel erwiesen hat, ist es unbedenklich, einen großen Überschuß von verdaulichen stickstoffhaltigen Nährstoffen gegenüber den jetzt gebräuchlichen Rationen zu geben. Nach den vorliegenden Versuchen scheint es unrentabel zu sein, mehr als 6 kg stickstofffreie Nährstoffe pro Haupt Großvieh oder 10 Schafe zu geben, während die daneben erfolgende Darreichung bis zu 2 kg stickstoffhaltiger Nährstoffe sich gut bezahlt machte. Die stickstoffreichste Fütterung war überall die rentabelste."

Hierzu ist zu bemerken, daß stickstoffhaltige Fütterung bei richtiger Auswertung der Düngebestandteile tatsächlich die billigste sein kann, was aber mit dem Grundsätzlichen dieses Unternehmens nichts zu tun hat. In jener Zeit leuchtete es jedem gebildeten Landwirt ein, daß ein hoher Eiweiß- und Fettgehalt im Produktionsfutter notwendig sei. Die Wertschätzung des Handelsfutters, besonders der Ölkuchen, ist hierdurch außerordentlich gefördert worden.

Der erste Beweis für Kohlehydrate als Fettquelle wird den Engländern Lawes und Gilbert[18, 19] zugeschrieben. Sie standen in wissenschaftlichen Beziehungen zu Liebig und hatten 1865 den Münchener Vortrag Voits mit angehört. Im nächsten Jahre erschien ihre Abhandlung über die Quellen des Fettes im Tierkörper. Sie präsentieren aus ihren zahlreichen Mastversuchen mit Schweinen nicht weniger als neun und unter diesen sind sechs, welche gegen Voits Theorie sprechen. Die Summe des Fettes, welches aus dem Fett der Nahrung und dem Fett aus Eiweiß äußerstenfalls zur Verfügung stand, genügt in diesen Fällen nicht zur Erklärung des durch die Mast entstandenen Fettes. Es werden aus jenen Quellen nur 59—74% gedeckt, im Mittel der sechs Versuche fehlen mindestens 29% Fett. Voit beginnt bei diesem Versuch mit seiner Opposition und gesteht, daß er nicht imstande gewesen sei, sich durch die Zahlenmassen (die allerdings nicht in der zitierten Arbeit, sondern in derjenigen, welche über die Schlachtversuche berichtet, enthalten sind [L.]) habe hindurcharbeiten können. Das hat ihn auch verhindert, den schwachen Punkt in der Beweisführung der Autoren zu sehen. Lawes und Gilbert haben nämlich zwar in ihren Mastversuchen das aufgenommene Futter korrekt notiert, in Rechnung gestellt und auch analysiert, aber bezüglich der Fettproduktion im Tierkörper beziehen sie sich nur auf summarische Angaben. Sie haben in Wirklichkeit nur einmal zwei Schweine analysiert, ein mageres von rund 42 kg und ein angefettetes von 82 kg Lebendgewicht. Aus diesen Ermittlungen, die in Deutschland allgemein bekannt geworden sind, berechnen sie die Zusammensetzung des Zuwachses je Kilogramm, und diese Standardzahl setzen sie nun in jene Mastversuche ein. Es wird also angenommen, daß ein Kilogramm Zunahme immer dieselbe Zusammensetzung an Fleisch und Fett habe, was in Wirklichkeit niemals der Fall ist. In der Tierernährungslehre sind oftmals Versuche unternommen worden, bei welchen das Futter in irgendeiner Form fahrlässig behandelt worden ist; hier liegt einmal der umgekehrte Fall vor. Es ist klar, daß diese fleißige Berechnungsart des produzierten Fettes kaum einen größeren Wert als den einer Schätzung hat. Von exakter Ermittlung kann nicht gesprochen werden. LAWES und GILBERT, die heute noch in den Lehrbüchern an dieser Stelle angeführt werden, haben den Beweis, daß Fett aus Kohlehydraten entstehen kann, *nicht* geführt.

Von hier ab wird in immer neuen Anläufen dasselbe Ziel zu erreichen versucht, und die zahlreichen Versuche haben etwas Gemeinsames. Offenbar kommt es darauf an, möglichst viel Fett zu erzeugen, dabei aber ein Futter zu reichen, welches möglichst wenig Eiweiß und Fett enthält. Drei Futtermittel sind es, die sich hierzu besonders eignen, Reis, Gerste und zur Not noch Mais. An verdaulichen Nährstoffen enthalten sie:

	Rohprotein	Fett	Stickstofffreie Extraktstoffe
Gerste .	6,6	1,9	63,7
Mais . .	7,1	3,9	67,0
Reis . .	5,8	0,2	76,5

Tatsächlich ist in den Versuchen, welche nun zum Erfolg geführt haben, mit solchem Futter gearbeitet worden. Es genügt unter den Schlachtversuchen zwei, die nach der Art ihrer Anstellung lehrreich sind, hervorzuheben. TSCHIRWINSKY[40] mästete Ferkel mit Gerste unter Zulage von Stärke und Zucker. Um Einwänden zu begegnen, daß die zur Mast aufgestellten Tiere in ihrem Fettgehalt zu starke Verschiedenheit aufweisen, wählt er die Tiere so jung und so leicht wie möglich. Zwei Ferkel werden bei Beginn des Versuchs getötet und analysiert. Die beiden anderen, die von annähernd gleichem Gewicht sind — sie wiegen 7,3 und 11,0 kg —, werden nun einige Monate lang gemästet und mit einem Gewicht von rund 24 kg getötet. Futter und Tierkörper ist exakt analysiert worden. Der Versuch ist sonach völlig einwandfrei verlaufen.

Lebendgewicht	Nr. 1	Nr. 2
Ende des Versuchs .	24,15	24,80
Anfang des Versuchs	7,15	11,05
Zunahme.	16,86	13,75

Im Körper der Tiere	Stickstoff	Fett	Stickstoff	Fett
Nach der Mast	2,52	9,26	2,67	6,44
Vor der Mast	0,96	0,69	1,48	1,01
Neugebildet	1,56	8,57	1,19	5,43
In dem Futter sind	7,49	0,66	5,72	0,87
Fett also neugebildet	—	7,91	—	4,56
Eiweis zersetzt	5,93	—	4,53	—
Woraus bei 51,4% hätten entstehen können .	—	3,05	—	2,32
Demnach aus Kohlehydrat	—	4,86	—	2,24

Hiernach hat das Tier Nr. 1 nach Abzug des im Futter enthaltenen Fettes 7,91 kg, das Tier Nr. 2 4,56 kg Fett gebildet. Aber an Eiweiß des Futters, soweit es nicht als Fleisch zur Ablagerung gekommen ist, standen bei Tier Nr. 1 5,93 kg, bei Tier Nr. 2 4,53 kg zur Verfügung, woraus unter Benutzung der HENNEBERGschen Zahl bei Nr. 1 3,05, bei Nr. 2 2,32 kg Fett hätten gebildet werden können. Es bleibt sonach ein unerklärter Überschuß bei Nr. 1 von 4,86 kg und bei Nr. 2 von 2,24 kg Fett. Der *Beweis, daß Fett aus Kohlehydraten entstanden sein muß*, ist hiermit zum erstenmal korrekt geführt.

Zwei Jahre vorher hatte SOXHLET[39] bereits in ähnlicher Weise gearbeitet. Auch er benutzt Schweine, mästet sie aber mit Reis, dem für diesen Beweis zweifellos günstigsten Nahrungsmittel. Soxhlet beherrschte, wie seine anderen Versuche zeigen, die Technik des Tierversuchs meisterhaft. Allein der hier zu schildernde Versuch ist gerade wegen eines in der Einrichtung des Versuches gemachten Fehlers interessant. Er stellt drei Schweine auf, die untereinander völlig gleich waren, läßt sie nun aber in einer nahezu 11 Monate andauernden Fütterung mager heranwachsen, so daß sie beim Beginn des Versuchs rund 99 kg wiegen. Eins der Tiere wird beim Beginn des Versuchs getötet und analysiert. Diese Zahlen wurden als Anfangszusammensetzung für die beiden jetzt auf die Mast gestellten Schweine benutzt; beide Tiere sind dann und zwar das eine nach 75 tägiger, das andere nach 82 tägiger Mast getötet und ebenfalls analysiert. Die nachstehende Tabelle schildert zunächst den Verzehr an Nährstoffen und die Berechnung der aufgenommenen verdaulichen Bestandteile je Tag. Die Schweine waren beim Beginn des Mastversuchs $16^{1}/_{2}$ Monate alt, ihr Anfangsgewicht betrug 99,6 kg. Der Schlachtversuch zeigt den Zuwachs im Tierkörper:

	Eiweiß	Fett
Schwein I:		
Verzehrt in 75 Tagen	9,929	0,300
Verdaulich in %	90,7	70,0
,, ,, kg	9,006	0,210
Pro Tag	0,120	0,030
Schwein II:		
Verzehrt in 82 Tagen	11,314	0,343
Verdaulich in %	88,3	70,0
,, ,, kg	9,981	0,240
Pro Tag	0,122	0,030
Produziert wurde in kg:		
Schwein I	5,543	10,082
Schwein II	2,812	22,180
je Tag und Tier:		
Schwein I	0,074	0,134
Schwein II	0,034	0,270

Auch hier ist der Zuwachs je Tag und Tier angegeben, und zeigt eine Enttäuschung. Trotzdem der Versuchsansteller so gründlich wie möglich vorgegangen ist, um die Tiere gleichmäßig heranzubilden, treten bei nahezu gleichem Futter und einer praktisch völlig übereinstimmenden Nährstoffaufnahme die denkbar größten Unterschiede im Zuwachs auf. Schwein I hat die doppelte Menge von Eiweiß je Tag angesetzt, Schwein II umgekehrt die doppelte Menge von Fett. Voit hat doch nicht so unrecht, wenn er immer wieder darauf hinweist, daß Schlachtversuche deshalb bedenklich sind, weil der Einfluß der Individualität sich bei ihnen nicht kontrollieren, nicht ausschalten, und somit der Fehler nicht beseitigen läßt, der hiermit in die Zuwachsberechnung hineinkommt. Immerhin darf nicht übersehen werden, daß trotz alledem Soxhlets Versuch das beweist, wozu er unternommen war. Im Mittel je Tag ergibt die Nährstoffgleichung:

121 g Eiweiß $+$ 30 g Fett $+$ 1444 g Kohlehydrate $=$ 54 g Eiweiß im Körper $+$ 202 g Fett im Körper.

Nach Abzug des im Körper angesetzten Eiweiß stehen nur 67 g Eiweiß als mögliche Fettquelle zur Verfügung, woraus 34,4 g Fett entstanden sein können. Zusammen mit dem verzehrten verdaulichen Fett stehen also Fettquellen im Betrage von 64,4 g der im Körper erzeugten Fettmenge von 202 g gegenüber. Der Versuch hat durch alle Klippen hindurch zum Ziele geführt. Die rund 128 g überschießendes Fett können nicht anders als aus Kohlehydraten entstanden sein.

Von hier ab hat kein Vertreter der Fütterungslehre an der Gültigkeit des angestrebten Beweises gezweifelt. Allein die Vertreter der Physiologie, vor allen Dingen VOIT selbst, verlangten korrektere Methoden.

MEISSL und STROHMER[29] erfüllten diese Forderung, sie ermittelten den Stoffwechsel von vier Schweinen mit Hilfe des PETTENKOFERschen Respirationsapparats. Nr. 2 wurde mit Reis, Nr. 3 mit Gerste und Nr. 4 mit Molken, Reis und Fleischmehl ernährt. Die Gegenüberstellung der zuverlässig ermittelten verdauten Nährstoffe und des aus der Bilanz des Stickstoffs und Kohlenstoffs sich ergebenden Ansatzes von Eiweiß und Fett zeigt die entstandene Tabelle.

Futter	Im Futter sind enthalten, verdaulich			Produziert				
	Eiweiß	Kohlehydrate	Fett	Eiweiß	Fett	Asche	Wasser	Summa Lebendgewicht
R 1, Yorkshire, 14 Monate alt, mittleres Lebendgewicht 141,8 kg								
2 kg Reis	103,4	1586,5	5,8	38,00	351,80	2,16	108,04	500,00
R 2, Ungarische Rasse, 16 Monate (?) alt, mittleres Lebendgewicht 70,1 kg								
2 kg Reis	113,0	1568,5	12,7	48,88	409,50	2,18	139,44	600,00
G Yorkshire, 14 Monate alt, mittleres Lebendgewicht 125,0 kg								
1896. Olg Gerste	122,0	1128,8	19,67	34,06	173,90	3,05	148,99	360,00
Fe. Ungarische Rasse, 18 Monate (?) alt, mittleres Lebendgewicht 104,0 kg								
800 g Molke / 750 g Reis / 400 g Fleischmehl	426,5	939,9	44,7	45,13	252,40	3,99	198,48	500,00

Von diesen Versuchen ergeben drei unzweifelhaft große Mengen von Fett, welches aus Kohlehydraten entstanden sein muß. Die Übersicht läßt das erkennen:

	Schwein I	II	III	IV
Fett im Ganzen erzeugt	351,8	409,6	173,9	252,4
Aus Nahrungsfett	5,8	12,7	19,7	44,7
Aus Eiweiß	33,6	32,8	45,2	196,0
Fett Summa aus dem Futter	39,4	45,6	64,9	240,7
Somit Fett aus Kohlehydraten	312,4	363,9	109,0	11,7

Mit dem Respirationsversuch, und nun zum erstenmal am Wiederkäuer, ist schließlich der Beweis durch die meisterhaften Versuche von GUSTAV KÜHN in *Möckern* und seinen Mitarbeitern geführt worden. Die Zahlen sind leider erst nach dem Tode des Versuchsanstellers 1894 veröffentlicht worden. Sie bilden aber den Abschluß der ganzen Bewegung. Ganz besonders wertvoll ist die Gründlichkeit und kaum später übertroffene Genauigkeit der Versuchsanstellung. In dem von KELLNER[16] besorgten Bericht, Landwirtschaftliche Versuchsstation Bd. 44, ist S. 560 in einer oft reproduzierten Übersicht das Endergebnis dieser Versuche hinsichtlich der Fettbildung aus Kohlehydraten zusammengestellt:

Vom Ochsen I   bei 10   kg Wiesenheu und 2 kg Stärke . . . . 78 g Fett
„   „   II   „   9,5 „   „   „   2 „   „   . . . . 151 „   „
„   „   III   „   4,5 „   Kleeheu, 4,5 kg Haferstroh, 2 kg Stärke . . . 149 „   „
„   „   IV   „   4,5 „   „   4,5 „   „   , 2 „   „   . . . 12 „   „
„   „   V   „   9,0 „   Wiesenheu 2   kg Stärke   a)   . . . 193 „   „
„   „   V   „   9,0 „   „   2   „   „   b)   . . . 179 „   „
„   „   V   „   9,0 „   „   3,5 „   „   . . . 561 „   „
„   „   VI   „   9,0 „   „   2   „   „   a)   . . . 113 „   „
„   „   VI   „   9,0 „   „   2   „   „   b)   . . . 185 „   „
„   „   VI   „   9,0 „   „   3,5 „   „   . . . 335 „   „

Bei dem mannigfachen Interesse, welches diese Zahlen bieten, lohnt es, sie etwas vollständiger zu betrachten. Hierzu mögen die Versuche der dritten Reihe (V und VI) genügen. Der Nachweis der Berechnung, S. 505, bietet diese Einzelheiten:

	Zersetztes Eiweiß	Entsprechend Fett	Verdautes Ätherextrakt	Ohne Beteiligung der Kohlehydrate kann entstehen Fett	Wirklich angesetztes Fett	Daher aus Kohlehydraten entstanden
	g	g	g	g	g	g
Ochse V, Periode II a . .	232	161	42	203	396	*193*
„ V, „ II b . .	268	186	42	228	407	*179*
„ V, „ III . .	149	103	39	142	703	*561*
„ VI, „ II a . .	218	151	40	191	304	*113*
„ VI, „ II b . .	232	161	35	196	381	*185*
„ VI, „ III . .	186	129	43	172	507	*335*

Allein auch hier ist noch eine Tatsache zu berücksichtigen, welche noch weiter für die Originalzahlen belegt werden muß. Der Verfasser macht zu der Reihe „Zersetztes Eiweiß" die Bemerkung „nach Abzug der stickstoffhaltigen Verbindung nichteiweißartiger Natur, von denen angenommen ist, daß sie vollständig verdaut werden, und daß der in ihm enthaltene Stickstoff im Harn ausgeschieden wird." Freilich wird der Stickstoff im Harn ausgeschieden, aber es verbleibt genau derselbe stickstofffreie Rest wie bei Eiweiß, und es ist nicht einzusehen, warum sich dann nicht auch die Reste der Eiweißbausteine am Fettaufbau beteiligen sollen, wenn man überhaupt der Richtigkeit des von VOIT geführten Beweises bezüglich der Fettbildung aus Eiweiß zustimmt. Die Originalzahlen, auf welche sich die letzte Tabelle aufbaut, sind aus den Tabellen S. 460 und S. 504 zusammengestellt und geben die verdauten Bestandteile und den gefundenen Eiweißansatz an:

Verzehrt	Eiweiß	Stickstofffreie Extraktstoffe	Fett (Äth. Extrakt)	Rohfaser	Angesetzt Eiweiß	Entsprechend Fett
	kg	kg	kg	kg	g	g
Ochse V, Periode II a Wiesenheu, Stärkemehl . .	0,412	3,852	0,042	1,377	87,5	396
Ochse V, Periode II b Wiesenheu, Stärkemehl . .	0,385	3,854	0,042	1,442	25,0	407
Ochse V, Periode III Wiesenheu, Stärkemehl . .	0,308	4,934	0,039	1,396	67,5	703

Das Endergebnis ändert sich hierdurch nicht. Diese Versuche bedeuten eine Leistung auch bezüglich der Kühnheit, mit welcher hier Futterrationen geprüft sind von einer Zusammensetzung, die an Wiederkäuern bei längeren Versuchen noch niemals geprüft worden sind. In der Periode III erhalten beide Versuchsochsen während der ganzen Versuchszeit, die sich bei Nr. V über 95 Tage, bei Nr. VI über 65 Tage erstreckt, je Tag und Tier 9 kg Wiesenheu und hierzu eine Zulage von Stärkemehl, die in den Perioden II für jedes Tier 2 kg Weizenstärke, in den Perioden III sogar 3,5 kg beträgt. Um diese Zeit spielte der Glaube an die besondere Wirkung des sog. mittleren Nährstoffverhältnisses noch eine große Rolle. Hier ist das Verhältnis der verdaulichen stickstoffhaltigen zu den stickstofffreien Stoffen nicht wie üblich 1 : 5, sondern 1 : 14, und in Periode III sogar 1 : 19.

Weitere Versuche sind von B. SCHULZE, ST. CHANIEWSKI, von K. B. LEHMANN und C. VOIT ausgeführt worden, und M. RUBNER ist der Beweis für die

Fettbildung aus Kohlehydraten auch für den Fleischfresser gelungen. Hiermit ist endlich in mühsamem Ringen, welches sich noch über das Jahr 1900 hinaus erstreckte, für eine Nährstoffgruppe unzweifelhaft die Beteiligung an der Fettbildung im Tierkörper bewiesen. Ein kritischer Rückblick ist nunmehr notwendig. Gegen die Gültigkeit der von VOIT bezüglich des Eiweiß aufgestellten Behauptung waren inzwischen gewichtige Einwände erhoben, und schließlich erinnerte man sich, daß für das Nahrungsfett als Quelle des tierischen Fettes der Beweis überhaupt noch nicht angetreten war.

IV. Weiteres über die Fettbildung aus Eiweiß.

LIEBIG selbst hatte sich angesichts der exakten Arbeit des PETTENKOFERschen Respirationsapparates der Stärke der Beweisführung VOITS nicht entziehen können, seine schon angegebenen Einwände sind nur Wahrscheinlichkeitser wägungen.

Sehr viel ernster ist die von PFLÜGER[33] geübte Kritik, die 1891, also verhältnismäßig spät, erschienen ist. Sie wirft in der Hauptsache VOIT vor, daß die von ihm benutzte Verhältniszahl von Stickstoff zu Kohlenstoff in dem als Futter benutzten Fleisch $N : C = 1 : 3,4$ im Nenner zu hoch, die Höhe der Kohlenstoffeinnahme von VOIT also ebenfalls zu hoch, berechnet sei. Die Kohlenstoffbilanz gestaltet sich hiernach erheblich anders, so z. B. für den oben beschriebenen Versuch VOITS, in welchem der Hund je Tag 2500 g Fleisch erhielt. VOIT hat hier das Verhältnis von $N : C$ wie $1 : 3,68$ benutzt, während es nach PFLÜGER nur $1 : 3,277$ sein darf. Die Kohlenstoffeinnahme muß also heruntergesetzt werden, und die Änderung zeigt sich in der Bilanz:

	N	C			N	C
Einnahmen	85,0	313,0		Einnahmen	85	279,9
Ausgaben	85,4	271,1		Ausgaben	85,4	276,9
	+ 41,9 C				+ 3,0 g C	
	= 56,7 g Fett				= 3,93 g Fett	

An Fett wird also nur 3,93 g gefunden, und diese Menge liegt tatsächlich innerhalb der Fehlergrenze. Längst ehe diese Kritik Erfolg hatte, hatte HENNEBERG dem VOITschen Versuch einen anderen Fehler nachgerechnet. Er konnte aus VOITS Angaben berechnen, daß in den 2500 g Fleisch noch 20 g analytisch nachweisbares Fett vorhanden waren. Das, was gefüttert ist, ist kein reines Fleisch, sondern nur soweit als möglich von sichtbarem Fett befreites. Es muß also diese Menge auch bei den VOITschen Zahlen in Abzug gebracht werden, so daß die 56,7 g Fett sich mindestens auf 36,7 g reduzieren. Ferner ist aber darauf hinzuweisen, und dies ist von PFLÜGER energisch geschehen, daß im Fleisch auch bei intensivster Extraktion sich eine gewisse Menge von Fett dem bis dahin geübten Verfahren entzieht. Zerstört man das Fleisch und extrahiert nun aus der so gewonnenen Flüssigkeit das Fett, so erhält man regelmäßig eine größere Menge. Diese PFLÜGER-DORMEYERsche Methode[5] ist vielfach bestätigt worden, so von BOGDANOW[3]. Man unterwirft das Fleisch der künstlichen Verdauung mit Pepsin-Chlorwasserstoffsäure und schüttelt dann das Fett aus. Die Gültigkeit der Versuche VOITS ist hiermit erschüttert. An VOITS Versuchen ist durch PFLÜGER in überraschender Weise ein Mangel aufgedeckt worden, der heute noch für die Methodik wichtig und warnend ist. Ein *Stoffwechselversuch* verlangt die exakte Ermittlung der Einnahmen und der Ausgaben. Ähnlich wie LAWES und GILBERT bei ihrer Berechnung hiergegen verstoßen hatten dadurch, daß sie den Ansatz am Körper lediglich schätzten, aber nicht exakt ermittelten, ist es hier umgekehrt mit den Einnahmen geschehen. VOIT hat den Stickstoff exakt ermittelt, nicht aber den Kohlenstoff, sondern hat sich hier begnügt, das oben angegebene feste

Verhältnis zwischen Stickstoff und Kohlenstoff anzunehmen, so daß also die Kohlenstoffmenge aus der Stickstoffmenge mit Hilfe des erwähnten Faktors berechnet worden ist. Der ganze Beweis ruht aber auf der *Bilanz des Kohlenstoffs*. Man hätte erwarten müssen, daß hier Einnahme und Ausgabe in gleicher Weise exakt durch Analysen fundiert worden wären, daß also mit anderen Worten bei jedem einzelnen Fütterungsversuch das gefütterte Fleisch nicht bloß auf seinen Stickstoffgehalt, sondern auch auf den Gehalt an Kohlenstoff mit Hilfe der Methode der Elementaranalyse geprüft worden wäre. Gegenüber der großen Arbeitslast, welche die Handhabung des Respirationsapparats zwecks Ermittlung der ausgeatmeten Kohlensäure bringt, ist die Ausführung einer *Elementaranalyse* eine Kleinigkeit. In dieser Unterlassung liegt die Schwäche dieser Versuche, und alle weitere Polemik über eine Abänderung der Verhältniszahl Stickstoff zu Kohlenstoff sind völlig unnütz. Wer eine Bilanz des Kohlenstoffs aufstellen will, muß sie analytisch begründen durch Ermittlung des Kohlenstoffs in Einnahme und Ausgabe. Dieselbe, doch fast selbstverständliche Forderung bezieht sich auch auf die *Analyse des Harns*. Auch hier ist es leichter und bequemer, sich mit einer Stickstoffbestimmung zu begnügen, das führt aber niemals zu korrekten Ergebnissen. Zur Untersuchung der *Kohlenstoffbilanz* gehört auch die direkte Bestimmung des Kohlenstoffs im Harn.

Es entsteht die Frage, was an sonstigen im Laufe der Zeit erbrachten Beweisen für das *Eiweiß als Fettquelle* spricht. In älteren Darstellungen spielt die *Leichenwachsbildung* in diesem Beweise eine Rolle. Leichen, die monatelang aufbewahrt werden, enthalten eine ziemlich feste Fettmasse, welche in der Hauptsache aus Fettsäuren bzw. Salzen derselben besteht und um der Konsistenz willen fälschlich als Wachs bezeichnet wird. Ölsäure ist zum großen Teil in feste Fettsäure verwandelt, daher die fast wachsartige Beschaffenheit. Das Muskelfleisch ist verschwunden und, wie man annimmt, in Fett verwandelt worden. Versuche, das Leichenwachs künstlich herzustellen, sind nicht immer geglückt. Der Zusammenhang zwischen Fleisch und Fettsäuren ist zweifelhaft geblieben. Was aber die Hauptsache ist, so handelt es sich hier wohl um eine Mitwirkung von Bakterien und hiermit um Lebensprozesse, die nicht zur Fragestellung gehören. Für die Prozesse des tierischen Körpers läßt sich also hieraus nichts schließen.

Am einleuchtendsten ist der Versuch von Franz Hofmann[14] mit Fliegenmaden. Er setzte Eier einer Fleischfliege auf koaguliertes Blut, untersuchte sowohl das Blut als auch die Eier selbst auf Fett und konnte in den aus den Eiern sich entwickelnden Maden erhebliche Mengen von Fett nachweisen.

Blut als Futter	Fett dieses Blutes	Fett der Eier	Fett der Maden
52	0,0166	0,001	0,2012
55,7	0,0188	0,0029	0,1856
56,5	0,0181	0,0025	0,1460

Wiederholungen, welche Frank angestellt hat, bestätigen die Beobachtung in der Hauptsache, ganz abgesehen davon, daß die Herkunft der Arbeit von Hofmann aus dem Münchener Laboratorium seinen Ergebnissen schon Gewicht verleiht.

Weiter hat man in reifendem Käse unter Verschwinden von Casein Fett auftreten sehen. Auch dieser Beweis bedeutet für den tierischen Prozeß nichts, weil es sich ebenfalls um Bakterienwirkung handelt. Schließlich ist auch unternommen worden, in direkten Fütterungsversuchen, ähnlich wie Tschirwinsky mit Kohlehydraten experimentiert hat, den Beweis zu führen. Eli Bogdanow[4] hat in drei Versuchsreihen Ferkel mit Fleischmehl und Käsestoff gemästet und hierbei in einem Versuch einen Überschuß von 21 % neu gebildeten Körperfettes erzeugt, die aus Eiweiß entstanden sein mußten.

Alles in allem genommen ist für keinen der Nährstoffe der Beweis der Fettbildung so unsicher wie hier für das Eiweiß. Es gibt Physiologen, welche der Ansicht PFLÜGERS folgen und die Möglichkeit der Fettbildung aus Eiweiß gänzlich bestreiten. Andererseits ist die Gültigkeit einiger der hier erwähnten und auch noch anderer Beweise nicht zu leugnen, wenn auch VOITS Versuche unberücksichtigt bleiben müssen. Auch wird daran erinnert, daß viele Eiweißstoffe eine Kohlehydratgruppe enthalten, somit die Möglichkeit der Fettbildung, wenn sie wirklich für die stickstoffhaltigen Bausteine geleugnet werden sollte, für diese stickstofffreien Gruppen vorhanden ist. Die Meinung anderer geht dahin, daß die Eiweißbausteine der aliphatischen Reihe nach Abspaltung ihrer Aminogruppe sehr wohl zum Aufbau des Fettmoleküls dienen können, daß aber freilich für die ringartig gebundenen Eiweißbausteine vor allen Dingen die sich vom Benzolkern ableitenden Gruppen diese Eignung zweifelhaft ist. Die Fähigkeit, Fett aufzubauen, kann also hierdurch mehr oder weniger stark gemindert sein und die Berechnung der Fettbildung aus Eiweiß, wie sie HENNEBERG angestellt hat, gibt eine zu hohe Zahl. Es erscheint darum aber nicht notwendig, die Fettbildung aus Eiweiß völlig zu leugnen.

V. Fettbildung aus Fett.

Bislang war der Übergang des Fettes aus der Nahrung in den Tierkörper als selbstverständlich angenommen worden. Aber man besann sich, daß dieser Lehrsatz aus einer — längst erschütterten — Theorie über die Lebenstätigkeit von Pflanze und Tier entstammte, aber durch Versuche überhaupt noch nicht begründet war. Man erinnert sich auch des Satzes, daß das Fett, welches die Kuh aus dem Gras entnimmt, keine Butter, und welches das Rind aus dem Mastfutter produziert, kein Rindertalg sei, daß vielmehr jedes Tier ein Fett mit spezifischen Eigenschaften besitzt. Die Gans erzeugt Gänsefett, das Rind Talg. Trotz gleicher Nahrung erzeugen verschiedene Tiere doch ihr eigenartiges Fett. Daraus könnte man den Schluß ziehen, daß das Fett der Nahrung gar nichts mit der Fettbildung im Tierkörper zu tun hat. Der Satz ist in der Tat so ausgesprochen worden, hat auch einige Versuche gezeitigt, auf die man sich zur Not berufen könnte und ist schließlich sogar zur theoretischen Grundlage einer Methode zur Behandlung der Fettleibigkeit beim Menschen geworden, die allerdings niemals ohne Widerspruch geblieben ist (EBSTEIN). LETELIER hatte 1844 Tauben ausschließlich mit Butter ernährt und glaubte aus dem negativ verlaufenen Versuch schließen zu können, daß Fett nicht in den Körper übergegangen sei.

RADZIEJEWSKY[35] fütterte einen sehr mageren Hund mit fettfreiem Fleisch, dazu Rüböl, dessen Bestandteil Erukasäure er nicht im Körper wiederfinden konnte. Versuchstechnisch ist hierbei aber zu bedenken, daß viele Versuche ausgeführt werden können, ohne daß es glückt, das fremde Fett im Körper nachzuweisen, daß ihr Ergebnis aber durch einen einzigen umgestoßen wird, welcher mit Sicherheit positiv verlaufen ist, denn das „nicht finden" kann viele Ursachen haben, vor allen Dingen analytisches Ungeschick oder auch nur Schwierigkeiten des Nachweises. Dieser Fall liegt hier vor.

Allein zunächst wurde die Tatsache auf einem anderen Wege bewiesen. Es gibt drei verschiedene Arten der Beweisführung auf diesem Gebiet. Zunächst kann man die Methode der extremen Fütterung benutzen, man kann ferner fremdes Fett reichen und es im Körper des Tieres wieder aufsuchen, und drittens Fett anderer Zusammensetzung reichen, und die parallel verlaufende Änderung des Fettes im tierischen Körper durch den Übertritt des Nahrungsfettes nachweisen.

Die erste Methode benutzte Franz Hofmann. Der Nachweis ist glänzend, wenn auch etwas gewaltsam erbracht worden. Er läßt einen Hund von 26,5 kg einen Monat lang hungern. Das Tier büßt 10,5 kg ein, wiegt nur noch 16,0 kg und ist nach Ausweis seiner Stickstoffausscheidung im Körper so gut wie fettfrei geworden. Nun erhält das Tier 5 Tage lang eine große Menge von Speck mit etwas Fleisch; im ganzen werden dem Tiere 49,1 g Eiweiß und 370,8 g Fett zugeführt. Das Gewicht steigt auf 20,2 kg. Als das Tier getötet und analysiert wurde, fanden sich im Körper 1353 g Fett, wovon als restierendes Körperfett etwa 150 g anzunehmen sind, so daß 1203 g aus der Nahrung entstammen. Je Tag ist die Fettproduktion also 240,5 g gewesen. In dem täglich zugeführten Fleisch und Speck je Tag konnten aus den 49,0 g Eiweiß bestenfalls 26,1 g produziert werden, sonach stammen aus dem zugeführten Fett 240,5 — 26,1 = 214,4 g. Gegen den Versuch sind ernstliche Einwände nicht zu erheben, und auch nicht gemacht worden.

Man hat sich jedoch mit dieser Beweisführung nicht begnügt, sondern auch das mit körperfremdem Fett arbeitende Verfahren, einer Anregung, die der Heidelberger Physiologe Kühn gegeben hatte, folgend, angewendet. Es ist einigermaßen erstaunlich, daß dem ersten Forscher diese sehr leicht zu machende Beobachtung mißglückt war. Als Lebedeff[20] den Versuch wiederholte, erzielte er einen vollen Erfolg. Er läßt zwei Hunde durch längeres Hungern mager werden, bis sie ihren Fettvorrat nahezu eingebüßt haben. Dann gibt er dem einen Hund Leinöl, dem andern Hammeltalg. Nach etwa 3 Wochen hatten die Hunde ihr früheres Körpergewicht wieder erreicht, und wurden nun getötet. Es ergab sich, daß jedes der Tiere rund 1 kg Fett abgelagert hatte, womit allein schon der Satz der Fettbildung bewiesen ist. Das mit Leinöl gefütterte Tier hatte ein Körperfett, welches flüssig, also ölartig war und bei 0⁰ noch nicht erstarrte, sich im übrigen ganz wie Leinöl verhielt. Der mit Hammeltalg gefütterte Hund lieferte ein talgartiges Fett mit einem Schmelzpunkt von über 50⁰. In ähnlicher Weise verfuhr I. Munck. Er fütterte einen durch Hungern abgemagerten Hund mit magerem Fleisch und Rüböl und konnte die Erukasäure nachweisen. Auch an landwirtschaftlichen Nutztieren sind Versuche ausgeführt worden. So experimentierten Henriques und Hansen[13] mit 3 Monate alten Schweinen. Ein Tier erhielt Leinöl, das andere Kokosfett; ihr Versuch ist insofern methodisch ein Novum, als sie den lebenden Tieren aus der Speckschicht vor und nach dem Versuche ein Stückchen herausschnitten und dieses untersuchten. Die Ergebnisse dieser Versuche änderten sich parallel mit der Art des Futterfettes.

Geradezu groteske Dimensionen nahm ein Versuch von Soxhlet[38] an. Er ernährte drei Ferkel mit einem aus Weizenkleber und Fett bestehenden Futter, und zwar erhielt ein Tier Leinöl, das andere Talgstearin, das dritte Kokosfett. Nach rund 10 Wochen hatten die Tiere 5 bzw. 7 kg Fett aufgenommen und an Lebendgewicht 9,5 bzw. 10 kg gewonnen. Das Fett des mit Leinöl gefütterten Schweines hatte gänzlich die Eigenschaften des Leinöls. Die Talgstearinfütterung gab ein Schweinefett, dessen Härte und Schmelzpunkt dem des Rindertalgs glich; das Kokosfett führte zu einem diesem ähnlichen Schweineschmalz. Diese an Schweinen angestellten Versuche weisen gegenüber den mit Hunden ausgeführten einen Unterschied auf: die Tiere waren nicht durch Hungern fettarm gemacht. Der glatte Übergang des fremden Fettes ist, wenn Fette mit einigermaßen großen Unterschieden gewählt werden, derartig, daß der Übergang jederzeit leicht demonstriert werden kann.

Der Einfluß des Futterfettes auf die Qualität der Mastprodukte und der Butter.

Einen anderen Weg schlug man in der landwirtschaftlichen Versuchsstation Göttingen[21] ein. Es ist der oben als dritter bezeichnete. Man ermittelt lediglich die Veränderungen, welche sich bei der Darreichung körperfremder Fette im Tierfett zeigen. Es ist etwa das gleiche, was LEBEDEFF früher und SOXHLET später in übertriebener Form zum Beweis des vorliegenden Lehrsatzes angewandt haben, aber unter Benutzung der analytisch mühelos zu ermittelnden Fettkonstanten, vor allem der Jodzahl und der Verseifungszahl. An der Versuchsstation Göttingen kam es nun nicht mehr darauf an, weitere Tatsachen für diesen Beweis zu häufen. Man nahm den Lehrsatz als bereits bewiesen, und zeigte, wie sich dieser innerhalb normaler Mastfütterung bewährt und unter Umständen zur Verbesserung der Qualität der Mastprodukte benutzt werden kann. Zunächst war es eine rein praktische Frage. Die Qualität des Specks leidet, wenn Schweine mit großen Mengen von Mais gemästet werden. Nach allem, was hier dargelegt ist, hängt das mit den im Mais vorhandenen 4—5% Öl zusammen, welches mit seinen Eigenschaften in den Körper des Tieres übergeht. Dies sollte durch einen tunlichst quantitativ gehaltenen Versuch demonstriert werden. Deshalb wurden zwei Schweine aufgestellt und getrennt bis zur vollen Schlachtreife gemästet.

Sie hatten ein Anfangsgewicht von 19,5 und 18,6 kg und wurden gleichmäßig mit Gerstenschrot, Fleischmehl und etwas Kleie gefüttert. Nr. 2 erhielt zu diesem Futter Olivenöl hinzugelegt, und zwar pro Tag von 20 g anfangend bis 100 g. Es sollte der Ölgehalt des Futters prozentisch nicht höher sein, als er im Mais ist.

Der Versuch begann am 10. Juli und endigte am 2. Februar. Während dieser Zeit betrug der *Konsum an Futter*:

Nr. 1	Nr. 2
394,6 kg Gerste	395,6 kg Gerste
18,7 kg Fleischmehl	18,7 kg Fleischmehl
12,8 kg Kleie	12,8 g Kleie
	15,36 kg Olivenöl

Und die *Gewichtszunahme*:

	Nr. 1	Nr. 2
3. Februar	115,0 kg	125,0 kg
10. Juli	19,5 kg	18,6 kg
Zunahme	95,5 kg	106,4 kg

Die Zulage von 15,36 kg Öl hat also eine Mehrproduktion von 10,9 kg Lebendgewicht bewirkt. Die Menge des Fettgewebes ist gewogen, nur bei einigen kleineren Partien geschätzt worden. Proben sind auf Fettgehalt untersucht worden. Es ergab sich an reinem Fett:

	Nr. 1 Normal	Nr. 2 Olivenöl
Fett im Fleisch	7,50 kg	10,50 kg
Bauchspeck	10,00 ,,	12,00 ,,
Speck	12,43 ,,	16,76 ,,
Nierenfett	2,28 ,,	1,89 ,,
Darmfett	3,96 ,,	2,78 ,,
Im ganzen	36,17 ,,	43,93 ,,

An reinem Fett hat also Nr. 2 7,76 kg mehr produziert als Nr. 1.

Zur Ermittlung des in das Körperfett übergegangenen Olivenöls ist die Jodzahl bestimmt worden. Die Jodzahl des Schweinefettes sei z. B. 55, die des Olivenöls war 82,65. Wenn also Olivenöl in das Schweinefett bei Nr. 2 übergegangen ist, muß die Jodzahl desselben höher sein als bei Nr. 1, und aus der Erhöhung muß sich die Menge des Olivenöls berechnen lassen.

Aus beiden Zahlenreihen berechnet sich die Menge des in Nr. 2 vorhandenen Olivenöls zu 7,37 kg, und da die Mehrzunahme an Fett 7,76 kg betrug, geht also hieraus hervor, daß *der ganze Mehransatz aus Olivenöl bestand.*

	Jodzahl des Fettes von	
	Nr. 1 Normal	Nr. 2 Olivenöl
Fett im Fleisch . .	57,03	60,50
Bauchspeck	59,04	62,53
Speck	57,94	61,28
Nierenfett	54,54	59,93
Darmfett	52,89	58,05

Das Schwein Nr. 2 hatte in 43,93 kg Fett 7,37 kg Olivenöl oder ein Fett produziert, welches nur 83,2 % normales Schweineschmalz und 16,8 % Öl enthält.

Methodisch ist vielleicht hervorzuheben, daß hier mit Erfolg und wohl zum erstenmal die Jodzahl benutzt worden ist, um den Übergang des fremden Fettes zu zeigen. Das Beispiel ist vielfach und bis in die neueste Zeit nachgeahmt worden, hat aber zu dem *Mißverständnis* geführt, *daß die Jodzahl direkt als Maß der Qualität eines Schweinespecks benutzt werden könne.* Diese Konsequenz hätte nicht gezogen werden dürfen, wenn man beachtet hätte, daß das Flüssigsein eines Öls ungefähr gleich, die Jodzahl aber um mehr als 100 % verschieden sein kann. Erdnußöl, Sesamöl und ähnliche haben z. B. Jodzahlen, die etwa bei 106 liegen, Olivenöl nur 93, aber Leinöl 158—181. Das, was die Jodzahlen dagegen in den Göttinger Versuchen beweisen sollten, nämlich die Beeinflussung des Tierfettes durch das ölhaltige Futtermittel, haben sie tatsächlich gezeigt, und hierzu sind sie dauernd brauchbar befunden. Zunächst ist dasselbe, was hier in Form von Olivenöl im Beispiel gezeigt war, mit Futtermitteln selbst ermittelt. Die Deutsche Landwirtschaftsgesellschaft hatte Mästungsversuche ausführen lassen, über welche Ökonomierat Herter berichtet hat. Die Versuchsstation Göttingen[22] entnahm bei der Schlachtung der in verschiedener Weise gefütterten Tiere Proben von Nierenfett und Speckfett und ermittelte hierin die Jodzahl. Es ergaben sich nebenstehende Jodzahlen:

Art des Futters	Nierenfett	Speckfett
1. Kleie und Kartoffeln . .	54,1	60,39
2. Mais	58,99	61,80
3. Reisfuttermehl	65,05	65,80
4. $\frac{1}{2}$ Reisfuttermehl . . .	56,93	63,24
5. $\frac{1}{2}$ Kartoffeln	56,93	63,24

Mais hat 4 %, Reisfuttermehl 12 % Fett, und zwar in beiden Fällen Öl. Die Jodzahl mußte also hierdurch steigen. Sowohl Nierenfett wie Speckfett zeigen dies gegenüber der Normalfütterung, welche aus Kartoffeln und Kleie, somit aus fettarmen Futter, bestand. Kurze Zeit darauf wurden in Holstein größere Mastversuche ausgeführt, bei welchen Gerste und Mais vergleichend, und zwar ganz besonders in Rücksicht auf die Qualität des Schlachtproduktes, ausgeführt wurden. Es seien hieraus nur vier Zahlen wiedergegeben.

Art der Fütterung	Jodzahl	
	Speck	Schmalz
Mais mit Molkereiabfällen .	57,2	53,8
Mais mit Wasser	58,9	51,8
Gerste mit Molkereiabfällen	55,0	45,1
Gerste mit Wasser	53,8	46,0

Hieraus kann man nun auch eine *Nutzanwendung* zur Verbesserung der Qualität der Schlachtprodukte ziehen. Palmkernkuchen und Kokoskuchen sind die einzigen landwirtschaftlichen Futtermittel, deren Fett talgartig ist; die Jodzahl des Palmkernfettes ist 10. Man muß imstande sein, durch eine Beifütterung von Palmkernkuchen die qualitätsverschlechternde Wirkung des Maises aufzuheben. In der Landwirtschaftlichen *Versuchsstation Göttingen* wurden eine Anzahl von Schweinen vergleichend gemästet. So erhielt die eine Abteilung Mais (mit Eiweißfutter), in der anderen wurden 20 % des Maises durch Palmkernkuchen ersetzt bei im übrigen gleichbleibendem Eiweißfutter. Ermittelt wurde nach dem Schlachten die Jodzahl im Speck, im Darmfett und im Nierenfett. Es ergab sich:

Art der Fütterung	Jodzahl		
	Speck	Darmfett	Nierenfett
Reine Maisfütterung	59,3	51,0	55,9
Mais mit 20% Palmkernkuchen	57,3	48,1	53,4

Der Erfolg ist unverkennbar. In ähnlicher Weise, und zwar veranlaßt durch die vorstehenden Untersuchungen, hat F. ALBERT in der Versuchswirtschaft Lauchstädt von diesem Grundsatz Gebrauch gemacht, um den Talg bei Lämmermast günstig zu beeinflussen. Hier handelt es sich umgekehrt um ein Flüssigmachen des zu festen und zu hoch schmelzenden Schaffettes, und dies muß glücken, wenn man Futtermittel anwendet, deren Fett stark flüssig ist. Sonnenblumenkuchen und Mais sind hierzu am besten geeignet. ALBERT[1] erzielte die vorausgesagte Beschaffenheit:

Futterzulage	Rückentalg	Nierentalg
Sonnenblumenkuchen und Mais	leicht streichbar	weich, fast streichbar
Rapskuchen und Weizenkleie .	schwer streichbar	mittel weich
Erbsen und Weizenkleie	schwer streichbar	mittel hart

Wenn auch die letztere Beobachtung keine allzu starke Bedeutung besitzt, so ist dies um so mehr auf dem Gebiet der *Milchviehhaltung* der Fall, denn auch in die *Butter* gehen fremde Fette und Öle über und beeinflussen die Qualität deutlich. Auch hier sind zuerst Untersuchungen in der *Versuchsstation Göttingen*[23] angestellt, von denen nur ein Beispiel angegeben werden soll. Es erhielten Kühe zunächst Normalfutter und gleich darauf 3 Wochen lang eine Zulage von 500 g Palmkernfett, dann eine Zulage von Rüböl und schließlich wieder das normale Futter. Ermittelt wurden die Verseifungszahl und die Jodzahl des Milchfettes. Diese Zahlen sind für

	Verseifungszahl	Jodzahl
Palmkernfett . .	247	13
Rüböl	179	100

also beim Palmkernfett die höhere Verseifungszahl, beim Rüböl die höhere Jodzahl. Hiernach bedürfen die Ergebnisse kaum eines Kommentars.

Fütterung	Verseifungszahl des Butterfettes	Meißlsche Zahl	Jodzahl
Normalfütterung. . .	234,8	28,34	28,71
Palmkernfett	237,3	27,94	28,15
Rüböl	220,9	25,15	44,04
Normalfütterung. . .	229,7	27,63	31,42

Für die Physiologie des Fettes ist beachtenswert, daß in der zweiten Normalfütterung, die übrigens noch lange weiter fortgeführt wurde, die Jodzahl dauernd höher bleibt als in der Normalfütterung vor dem Beginn dieser Versuche. Wir deuten es dahin, daß ein weiteres Abstoßen von im Körper verbliebenem Rüböl stattgefunden hat.

Es ist also ein feststehendes Gesetz: *Das Fett der Nahrung geht mit allen seinen wesentlichen chemischen Eigenschaften in den Körper des Tieres über, und zwar gilt das Gesetz ebenso für Mastfett wie für die Beeinflussung der Butter.* Hierbei ist eine weitere physiologische Beobachtung von Interesse. Sie bezieht sich auf die *Geschwindigkeit*, mit welcher diese Beeinflussung des Butterfettes sich vollzieht. HEINRICH hatte in der Versuchsstation Rostock[10] den Einfluß der Ölkuchen auf die Qualität der Butter bereits früher studiert, und zwar hatte er abwechselnd Rapskuchen und Kokoskuchen gefüttert. Hierbei wurde sowohl Morgenmilch als Abendmilch untersucht und Tag für Tag zweimal die Verseifungszahl des Butterfettes ermittelt. Das Fett des Rapskuchens hat die Verseifungszahl 189, das des Kokoskuchens 245. Normales Butterfett lag ungefähr in der Mitte zwischen beiden. Er erzielt bei Fütterung von 3,5 kg Rapskuchen an drei aufeinanderfolgenden Tagen die Verseifungszahlen:

	Morgens	Abends
1. Tag	209	209
2. Tag	206	205
3. Tag	208	209

Darauf füttert er 2 kg Kokoskuchen, die Verseifungszahlen waren:

1. Tag	236	237
2. Tag	232	233
3. Tag	236	235

und bei der Rückkehr zur Rapskuchenfütterung erscheinen fast genau dieselben Zahlen wie oben.

Unter diesen Versuchen findet sich nun einer, bei welchem unmittelbar nach dem Futterwechsel die *Verseifungszahlen der Butter* ermittelt sind, so daß also eine Pause überhaupt nicht eintritt und das ergibt folgendes Bild:

Bis zum 27. Mai wird Kokoskuchen gefüttert, die Jodzahlen sind ähnlich wie die oben angegebenen. Am *27. Mai abends* wird zum erstenmal der Kokoskuchen durch *Rapskuchen* ersetzt. Es zeigen sich die folgenden Verseifungszahlen:

	Morgens	Abends		Morgens	Abends
27. Mai	233	232	31. Mai	214	213
28. Mai	231	223	1. Juni	210	207
29. Mai	218	216	2. Juni	209	208
30. Mai	213	212			

und sie bleiben von da ab weiter konstant. Die Einwirkung ist also nach 24 Stunden mit der Zahl 223 bereits sichtbar. Nach Verlauf von 4 vollen Tagen ist die Reaktion beendet und die volle Umstellung auf das neue Fett erfolgt.

B. Verteilung und Eigenschaften des Tierfettes.

In früherer Zeit hatte man in der Landwirtschaft nur ein feststehendes System der Mast. Man ließ die Tiere langsam bis zur Volljährigkeit mit mäßig starkem Futter heranwachsen und stellte sie dann verhältnismäßig kurze Zeit, meist nur etwa 3 Monate, auf die Mast, indem man das bis dahin gegebene ballastreiche Futter einschränkte, dafür von leicht verdaulichem Futter möglichst große Mengen gab. So wurden nicht bloß Rinder und Schafe, sondern auch die Schweine gemästet. Diese Methode hatte ihren Grund in den wirtschaftlichen Verhältnissen. Handelsfuttermittel gab es nicht, die Tierhaltung war auf das angewiesen, was das Land lieferte, und sie stand im großen und ganzen noch auf dem gesunden Grundsatz jeder primitiven Landwirtschaft, daß die Tiere nur das nutzen und noch in menschliche Nahrung verwandeln müssen, was an organischer Substanz in ihrer Wirtschaft abfällt und für den Menschen nicht direkt genießbar ist. Wachsende Tiere brauchen eiweißreiche Futtermittel. Solche standen damals nur in ganz geringen Mengen etwa aus dem Hülsenfruchtbau (beim Schwein aus der Milchverarbeitung) zur Verfügung. Alle Tierarten waren darum wenig fleischwüchsig und hiermit an die eiweißarmen Futtermittel angepaßt. Der Fleischzuwachs wurde aus den geringen Überschüssen des Eiweißes gedeckt, welches jene Futtermittel, z. B. das Heu und die Kleie, boten. Was eiweißreiche Futterrationen an Fleischzuwachs in Wochen gebracht haben würden, brachten diese ballastreichen und eiweißarmen Rationen erst in Monaten. Wenn die Tiere ihre volle Körpergröße erreicht hatten, hörte die Fleischbildung fast vollkommen auf, die Schlußmast war darum hauptsächlich Fettproduktion. Der Ausdruck Mästen wird in der älteren landwirtschaftlichen Literatur mit Fettmachen gleichwertig gebraucht. Die Darstellungen über Fettstoffwechsel laufen in einem landwirtschaftlichen Lehrbuch naturgemäß auf eine Schilderung dieser veralteten *Fettmast* hinaus, also auf den *Zusammenhang der Ernährung, und zwar der überschüssigen Ernährung mit der Erzeugung von Fett.*

I. Die Ablagerung des Fettes im Tierkörper.

Zunächst erscheint es aber wünschenswert, die *Ablagerung des Fettes im Körper* selbst kennenzulernen, also die *Zusammensetzung der Körper landwirtschaftlicher Nutztiere* ganz besonders *hinsichtlich ihres Fettgehaltes.*

Hierüber geben *Schlachtversuche* Auskunft. Solche sind zuerst im Jahre 1847 von den Engländern LAWES und GILBERT ausgeführt worden, und ihre Methode ist in allen späteren Versuchen Modell gewesen. LAWES und GILBERT brauchten bei ihrer Betrachtung und Berechnung über „Die Statik des Landbaus" die Kenntnis der Zusammensetzung ganzer Tierkörper, um ermitteln zu können, was an Stickstoff und Mineralbestandteilen aus einem landwirtschaftlichen Betriebe ausgeführt wird. In Wirklichkeit stellten sie aber die volle Zusammensetzung der Tierkörper fest, und so sind ihre Untersuchungen für die Tierernährung wichtiger gewesen als für den ursprünglichen Zweck. Unmittelbar vor dem Schlachten werden die Tiere nochmals gewogen, und zwar haben sie fast immer die zu schlachtenden Tiere 18—24 Stunden ohne Futter gelassen, eine Maßnahme, die bei späteren Schlachtversuchen nicht befolgt ist. Während des Schlachtens werden alle einzelnen Teile nach einem vorher festgesetzten Plan gewogen und jedes einzelne wird im Laboratorium zerkleinert und dann analysiert. Die Autoren haben die Riesenarbeit nicht voll bewältigen können, sondern sie haben zwei Abteilungen gebildet, Abfall und Rumpf. Es ist also im Abfall alles an inneren Organen und sonstigen Bestandteilen des Tierkörpers, also auch Fell, Hörner usw., vereinigt, mit alleiniger Ausnahme des Magen- und Darminhalts, der aus der Differenz der Eingeweide mit Inhalt und leer bestimmt wird. Das Gewicht des Magen- und Darminhalts vom letzten Lebendgewicht abgezogen ergibt das *Reingewicht.* Dieses ist in den nachstehenden Tabellen angegeben. Die englischen Autoren machen ihre Angaben in englischen Pfund. Als die Zahlen in Deutschland bekannt wurden, sind sie nach dem Original mit der Bezeichnung Pfund (englisch) abgedruckt worden, aber bei späteren Reproduktionen ist allmählich die Bezeichnung englisch weggefallen, so daß die Umrechnung auf Kilogramm irrtümlich von dem deutschen Pfund ausgeht. Das englische Pfund hat bekanntlich nur 453,6 g. Nachstehende Zahlen sind einer Göttinger Dissertation entnommen und korrekt berechnet. Die Hauptsache der Untersuchung ist nun die Zerlegung des Rumpfes. Er wird zunächst mit Messer und Schere in Fleisch, Fett und Knochen geteilt. Jeder dieser Teile wird für sich gewogen und dann völlig zerkleinert. Aus dem zerkleinerten Material können nun Durchschnittsproben gezogen werden. Die weitere Verarbeitung ist einfach laboratoriumstechnischer Art und braucht nicht weiter geschildert zu werden. Besondere

Schwierigkeiten machte den englischen Autoren die Zerkleinerung der Knochen. In Göttingen ist in zahlreichen Versuchen die Methode nachgeahmt worden. Eine wichtige Erleichterung ist heute die Fleischhackmaschine, und sie dient auch zur bequemen *Zerkleinerung der Knochen*. Diese werden nach einem von F. Lehmann zuerst benutzten Verfahren unter Druck von zwei Atmosphären in der Autoklave gedämpft, nach dem Erkalten nochmals gewogen und nun durch die Fleischhackmaschine geschickt. Sie lassen sich auf diese Weise bequem in eine breiige Masse verwandeln. Es darf darauf aufmerksam gemacht werden, daß das Ziehen von Durchschnittsproben aus Fleisch und Knochen nicht leicht ist. Bevor man an die mühsame Arbeit eines Schlachtversuchs geht, muß man sich von der Exaktheit seines Verfahrens, der Probenahme, durch das Ziehen und Untersuchen von Parallelproben überzeugen. Fleisch- und Fettmassen, welche mechanisch getrennt waren, müssen, wenn sie fettreich sind, zunächst grob entfettet werden. Lawes und Gilbert besorgten dies durch *Ausschmelzen*. Das ist in der Tat das gründlichste Verfahren. Man kann, wenn es sich um kleinere Proben handelt, dafür auch das grobe Entfetten durch Übergießen mit Äther im Becherglase setzen. In beiden Fällen bleibt ein verhältnismäßig fettarmer Rest zurück. Er wird eingetrocknet, gewogen, zerkleinert und nun wie jede andere Probe analysiert.

Lawes und Gilbert haben von Rindern drei Tiere untersucht: 1. ein fettes Kalb, Durhamrasse, 9—10 Wochen alt, 2. einen mittelfetten Ochsen, Aberdeenrasse, ca. 4 Jahre alt. Er war schon auf Mastration gestellt, ist aber mehr fleischig als fett, 3. einen fetten Ochsen, Aberdeenrasse, ca. 4 Jahre alt, auf Mastration gehalten. An Schweinen sind zwei Untersuchungen ausgeführt, die Rasse ist nicht angegeben. Anscheinend ist es aber noch ein Landschlag, im besonderen haben die Schweine nichts mit den fleischreichen heutigen Rassen zu tun. Beide Schweine stammen aber von demselben Wurf, das eine ist etwa 7 Monate alt, 43 kg schwer in magerem Zustand, das andere nach zehnwöchiger Mast in angefettetem Zustand mit einem Endgewicht von 83 kg geschlachtet worden. Von Schafen sind zwei einigermaßen vergleichbar, ein mageres Schaf, ca. 1 Jahr, ein fettes Schaf, ca. $1^1/_4$ Jahr alt. In der nachstehenden Tabelle ist den Originalzahlen der englischen Autoren eine Zahlenreihe hinzugefügt worden mit der Überschrift „Reines Fleisch". Hierunter ist die Summe von Wasser und Protein verstanden. Lawes und Gilbert haben das Protein direkt aus der Differenz Trockensubstanz minus Asche und Fett berechnet und nennen es auch vorsichtigerweise fett- und aschefreie Substanz. Übrigens haben sie in ähnlichen Fällen den prozentischen Stickstoffgehalt ermittelt. Ihre Untersuchungen, die mit großer Exaktheit durchgeführt worden sind, bilden eine wichtige Grundlage für die Berechnung des Eiweißansatzes aus der Stickstoffbilanz, denn sie ergaben im Durchschnitt einen Stickstoffgehalt von 16%. Die Summe „Reines Fleisch" ruht auf der Annahme, daß im Körper Asche und Fett ohne jedes Wasser abgelagert werden. Das Wasser steht also in irgendeiner Beziehung zur Stickstoffsubstanz. Die Summe von beiden soll nichts weiter besagen als die Vereinigung beider Gruppen, aber sie erleichtert die Vorstellung über die Erzeugnisse der Mast. Denn man hat die Hauptbestandteile der Lebendgewichtszunahme jetzt in diesen beiden Gruppen, denen nur die Asche gegenübersteht, die eine verhältnismäßig geringfügige und in weiten Grenzen sogar fast konstante Zahl bildet.

Diese Untersuchung bietet das selbstverständliche Bild, daß mit der Mast die Höhe der Fettablagerung stark wächst. Die Zahlen für mager und fett, oder mittelfett und fett, die dreimal in Paaren auftreten, zeigen das ohne weiteres. Zieht man aber die zweite Hauptsubstanz in den Vergleich, dann zeigt sich ein

Zusammensetzung der Tiere in Kilogramm.

Art der Tiere	Rein-gewicht	Wasser	Protein	Reines Fleisch	Fett	Asche
Fettes Kalb	113,658	73,908	18,050	91,958	17,240	4,460
Mittelfetter Ochse . . .	513,078	287,647	94,373	382,020	104,995	26,063
Fetter Ochse	605,196	292,853	97,242	390,095	189,870	25,231
Mageres Schwein	40,381	23,458	5,820	29,278	9,966	1,137
Fettes Schwein	80,583	34,669	9,150	43,819	35,381	1,383
Fettes Lamm	33,606	17,766	3,971	21,737	10,774	1,095
Mittelfettes altes Schaf .	40,319	22,416	5,532	27,948	10,947	1,424
Sehr fettes Schaf	101,354	36,674	10,125	46,799	51,935	2,620
Mageres Schaf	38,359	23,533	5,294	28,827	8,199	1,333
Fettes Schaf	50,519	23,023	5,740	28,763	20,250	1,506

Unterschied. Im reinen Fleisch stimmen die beiden Wiederkäuerarten insofern überein, als die Mast beide Male fast keine Steigerung ergeben hat, und sie stehen in starkem Gegensatz zum Schwein. Der Unterschied liegt im Alter. Ochse und Schaf waren ältere Tiere, die Fleisch nicht mehr bilden konnten. Das Schwein war dagegen noch im Wachstum begriffen. Ähnlich und im Unterschied noch stärker würde es sich zeigen, wenn man das Kalb als Beispiel des jungen Rindes dem mittelfetten oder fetten Ochsen gegenüberstellt. Dann zeigt sich, daß der Fleischzuwachs hier den Fettzuwachs sogar erheblich übertrifft. Die Tabelle dient nicht bloß der Kenntnis der *Zusammensetzung ganzer Tierkörper.* Ihre wichtigste Rolle hat sie zur *Berechnung des Zuwachses gespielt.* Einwandfrei läßt sich dieser aus den Zahlen nur für das Schwein angeben, weil hier „mager" und „fett" mit aller Sicherheit vergleichbar sind. Die übrigen Zahlen bedeuten nur Überschlagsrechnungen. LAWES und GILBERT hatten solche selbst schon angegeben und vielfach benutzt. Ihre Mittelzahlen lauten:

Prozentische Zusammensetzung des Zuwachses.

	Protein	Wasser	Reines Fleisch	Fett	Asche
Ochs	7,7	24,6	3 ',3	66,2	1,5
Schaf	7,1	20,1	27,3	70,4	2,3
Schwein	7,8	28,6	36,4	63,1	0,5

Direkt aus dem Unterschied, wie die Zahlen oben stehen, ergeben sich diese Mittelzahlen allerdings nicht. Vielmehr haben die Autoren eine weitere Umrechnung dadurch vorgenommen, daß sie obige Zahlen auf allerlei Mastversuche übertragen und aus den hieraus entstandenen komplizierten Berechnungen neue Mittelzahlen gezogen haben. Es ist nicht einzusehen, daß hierdurch die Genauigkeit erhöht werden kann.

Eine wichtige Erkenntnis, die in den zuletzt gegebenen Mittelzahlen verwischt ist, besteht in dem scharfen Gegensatz der Zunahme, die in ihrer Zusammensetzung bei wachsenden Tieren erhebliche Mengen von reinem Fleisch, dagegen bei volljährigen Tieren fast nur Fett aufweist. Das wird durch weitere, in Deutschland ausgeführte Untersuchungen illustriert. HENNEBERG[12] war durch einen Besuch in England mit LAWES und GILBERT in Berührung gekommen, und das hat in späteren Jahren zu einer Übertragung der englischen Methode des Schlachtversuchs geführt, die nunmehr zur Beantwortung einer Frage benutzt wurde. Dies konnte nur die eine sein, die aus den Überschlagsrechnungen hervorleuchtet, wie weit diese unterschiedliche Zusammensetzung der *Lebendgewichts-*

zunahme an Fleisch und Fett vom Alter und von der Ernährung der Tiere abhängig
ist. Beides ist in Göttingen beantwortet worden, und zwar durch Mastversuche
mit Schafen, bei denen leider nicht das ganze Tier, sondern nur der Rumpf,
aber einschließlich Nierenfett analysiert worden ist. Man ging systematisch vor,
untersuchte zunächst die Zusammensetzung der Tierkörper bei der *Mast volljähriger Schafe*. Aus einer Herde wurden gleichmäßige Tiere, die untereinander
vergleichbar waren, ausgesucht, ein Tier beim Beginn des Versuchs geschlachtet
und hieraus die Anfangszusammensetzung der auf die Mast gestellten Hammel
berechnet. Von diesen wurde je ein Tier im fetten und hochfetten Zustand untersucht.

Zuwachs an Fleisch und Fett.
Erster Versuch.

	Nichtgemästet kg	Fett kg	Hochfett kg
Lebendgewicht kahl	41,150	51,930	56,300
Schlachtgewicht mit Netzfett . .	22,900	33,250	38,350
Fleisch im ganzen	11,891	11,740	12,123
Fettgewebe mit Fett.	3,939	11,291	13,373
Fettfreie Trockensubstanz . . .	2,4648	2,4847	2,5806
Trockenes Fett im Fleisch . . .	3,6140	10,0251	11,7267
Trockenes Fett im ganzen . . .	5,4057	15,0765	19,0191

Diese Zahlen sind sehr anschaulich. An „trockenem Fett im ganzen" sind
durch die Mast große Mengen zugewachsen, nicht so jedoch an „Fleisch im
ganzen". Als Fleisch im ganzen ist von Henneberg wasser- und aschehaltige
aber fettfreie Körpersubstanz verstanden worden, also in unserem Sinne reines
Fleisch plus Asche. Die Menge des Fleisches im ganzen stellt sich für die Mast wie

Nichtgemästet   Fett   Hochfett
100   :   99   :   102

Dagegen steht der Bestand an Fett im Verhältnis zu

100   :   279   :   352

Nunmehr wurde in einem zweiten Versuch die gleiche Methode zur Ermittlung
des *Zuwachses bei wachsenden Schafen* benutzt. Lämmer im Alter von 7 Monaten
wurden zur Mast aufgestellt und untersucht. Hierbei sind insofern Unterschiede
gemacht als Abteilung I mit mäßigem, Abteilung II mit vollem Mastfutter ernährt worden ist. Es ergab sich:

	Durchschnittslamm 11—12 kg	Abteilung I Zuwachsfutter		Abteilung II Mastfutter	
		13 Mon. alt 5 kg	22 Mon. alt 4 kg	13 Mon. alt 9 kg	18 Mon. alt 6 kg
Lebendgewicht, kahl	17,800	37,000	54,500	43,900	57,000
Reines Fleisch	5,923	11,825	14,009	12,471	13,964
Trockenes Fett inkl. Netzfett	1,120	7,434	18,600	12,238	22,970

Dieser Versuch zeigte zum erstenmal den *fundamental wichtigen Unterschied
der Lebendgewichtszunahme wachsender Masttiere gegenüber der Alte-Tier-Mast*.
Der Fettgehalt tritt bei ersteren erheblich zurück, weil Fleisch in großen Mengen
gebildet wird. Dazu kommt noch ein zweites Ergebnis. Durch die verstärkte
Mast der Abteilung II wird die Zunahme der Fettmenge, nicht aber die der
Fleischmenge beeinflußt. Auf die verstärkte Mast reagiert also die Fettbildung
sofort und in großem Maße; nicht oder nur in geringem Maße aber die Fleischbildung.

Eine volle Einsicht in die Zusammensetzung des Tierkörpers und des Zuwachses bei der Mast bieten diese Untersuchungen jedoch nicht, weil leider nur der Rumpf analysiert worden ist. Von solchen Untersuchungen, die in umfangreichem Maße die Kenntnis der *Zusammensetzung des ganzen Tieres* anstreben, ebenso wie die von LAWES und GILBERT, aber außerdem auch die *Zusammensetzung einzelner Organe* berücksichtigen, liegt nur eine vor; sie bezieht sich auf *wachsende Schweine*. Ein Beispiel dieser Untersuchung ist im nachstehenden gegeben[24]. Es wurden Schweine im Alter von 10—12 Wochen und im Gewicht von ca. 20 kg zur Mast aufgestellt, nach der Göttinger Methode 5 Vierwochen gemästet und dann geschlachtet. Beim Beginn des Versuchs wurden vier, dem Anfangszustand der Masttiere gleichartige Ferkel getötet und analysiert. Am Schluß des Versuchs wurde der Bestand des ganzen Maststalles geschlachtet und analysiert. In jeder Abteilung standen sechs Schweine. Drei solcher Abteilungen sind analysiert worden. Das Beispiel bezieht sich auf eine Mastfütterung, die der heute üblichen am nächsten kommt. Alle einzelnen Organe wurdem beim Schlachten frisch und noch warm gewogen, dann zur Untersuchung etwa einen Tag aufbewahrt und vor der Untersuchung nochmals gewogen; die hierbei beobachtete Differenz ist als verdampftes Wasser in Rechnung zu stellen. Die Organe sind dann in der Fleischhackmaschine zerkleinert, Proben davon analysiert. Ebenso ist mit dem Rumpf verfahren. Aus den Riesenmengen Fleisch, Speck usw. wurden nach gründlicher Zerkleinerung Durchschnittsproben genommen. Die Knochen sind nach dem oben angegebenen Verfahren gedämpft und gemahlen worden.

Zusammensetzung eines Ferkels im Gewicht von 20,1 kg
(in Kilogramm, Mittel aus 4 Tieren).

	Frisch	Wasser	Stickstoffsubstanz	Fett	Asche
Blut	1,079	0,882	0,184	0,002	0,011
Herz	0,090	0,070	0,014	0,005	0,001
Lunge	0,222	0,189	0,025	0,006	0,002
Leber	0,508	0,369	0,112	0,019	0,008
Milz	0,035	0,027	0,006	0,001	0,001
Zunge	0,087	0,066	0,014	0,006	0,001
Nieren	0,085	0,067	0,014	0,003	0,001
Nierenfett	0,200	0,037	0,011	0,151	0,001
Darmfett	0,285	0,186	0,018	0,079	0,002
Borsten, Klauen	0,206	0,135	0,068	0,002	0,001
Gehirn, Mark	0,104	0,075	0,009	0,018	0,002
Abfall	0,379	0,255	0,057	0,062	0,005
Ohren, Füße	0,628	0,369	0,133	0,078	0,048
Magen	0,203	0,162	0,030	0,010	0,002
Därme	1,075	0,865	0,122	0,077	0,011
Fleisch	8,800	6,083	1,453	1,175	0,089
Bauchspeck	2,625	0,550	0,132	1,936	0,008
Knochen	2,400	1,262	0,429	0,281	0,429
Schwarte	1,025	0,512	0,247	0,257	0,009
Schnauze	0,080	0,043	0,020	0,015	0,002

Die Zahlen lassen die gewaltigen *Fettdepots* erkennen. Es sind in der Hauptsache drei: Unterhautbindegewebe (Bauchspeck und Speck), Fett im Innern und Fett im Fleisch. Zu beachten ist das Herzfett, welches zwar eine geringe aber beachtenswerte Menge darstellt. Im schroffen Gegensatz zu dem starken Anschwellen des Fettgehaltes dieser Depots steht die *geringfügige Menge von Fett der lebenswichtigen Organe*, Blut, Herz, Lunge, Leber, Milz, Nieren, Gehirn und Rückenmark. Dieses Beispiel zeigt die Zusammensetzung wachsender Schweine.

Zusammensetzung eines Mastschweines
(in Kilogramm, Göttinger Schnellmast, Schlachtreife bei 110 kg, Mittel aus 6 Schweinen).

	Frisch	Wasser	Stickstoff-substanz	Fett	Asche
Blut	2,918	2,277	0,606	0,004	0,030
Herz	0,288	0,219	0,045	0,021	0,003
Herzfett	0,200	0,093	0,020	0,086	0,001
Lunge	0,767	0,660	0,077	0,025	0,005
Leber	1,593	1,140	0,359	0,067	0,027
Milz	0,158	0,110	0,024	0,023	0,002
Zunge	0,286	0,195	0,045	0,042	0,003
Nieren	0,266	0,209	0,044	0,009	0,003
Nierenfett	4,867	0,346	0,093	4,422	0,005
Magen und Darm . .	3,877	2,714	0,371	0,769	0,024
Darmfett	2,132	0,508	0,092	1,527	0,006
Borsten	0,642	0,442	0,190	0,006	0,003
Gehirn und Mark . .	0,100	0,073	0,010	0,016	0,001
Abfall	1,560	1,035	0,240	0,268	0,017
Ohren, Schwarte, Füße	1,833	1,138	0,278	0,404	0,012
Klauen	0,068	0,034	0,033	0,001	0,001
Fleisch	42,710	25,233	6,710	10,421	0,346
Bauchspeck	15,150	2,695	0,679	11,746	0,030
Speck	17,067	1,389	0,874	14,763	0,039
Knochen	6,190	2,042	1,239	0,888	2,021
Fleisch davon	3,800	2,390	0,595	0,766	0,049
Schwarte	4,083	1,813	1,210	1,034	0,025
Schnauze	0,857	0,504	0,111	0,235	0,001

In der nächsten Übersicht ist der Zuwachs in Kilogramm dargestellt. Ein flüchtiger Überblick zeigt schon, wie hier die Vermehrung von reinem Fleisch ungefähr ebenso stark ist wie die von Fett.

Zuwachs beim Schweine (in Kilogramm, Schlachtversuch 1907).

	Lebend-gewicht	Wasser	Trocken-substanz	Fett	Asche	Stickstoff-substanz
Normal						
Ende	103,668	43,828	59,841	44,904	2,363	12,576
Anfang	21,283	12,912	8,372	4,426	0,671	3,278
Zuwachs	82,385	30,916	51,469	40,478	1,692	9,298
Zuwachs je Tag	0,588	0,221	0,367	0,289	0,012	0,066
Fleischmehl						
Ende	111,412	47,259	64,153	47,543	2,660	13,945
Anfang	21,283	12,912	8,372	4,426	0,671	3,278
Zuwachs 142	90,129	34,347	55,781	43,117	1,989	10,667
Zuwachs je Tag	0,635	0,242	0,393	0,304	0,014	0,075
Milch						
Ende	118,655	52,131	66,523	49,389	3,051	14,087
Anfang	21,283	12,912	8,372	4,426	0,671	3,278
Zuwachs	97,372	39,219	58,151	44,963	2,380	10,809
Zuwachs je Tag	0,695	0,280	0,415	0,321	0,017	0,077

Es lohnt, an dieser Stelle eine Übersicht über die Beteiligung des Fettes an der Gewichtszunahme zu geben. Deutlich hebt sich aus den Überschlagsrechnungen von Lawes und Gilbert und den Versuchen von Henneberg der Lehrsatz heraus, daß die *Gewichtszunahme volljähriger Tiere fast nur Fett, der wachsenden Tiere dagegen Fett und Fleisch,* und letzteres mehr oder weniger vorwiegend, enthält.

In Wirklichkeit kann der Satz und hiermit die Übersicht noch um eine dritte Klasse vervollständigt werden. In der nachstehenden Tabelle sind einige Beispiele aus verschiedenen Arten der Mast zusammengetragen. Sie entstammen alle der Methode des *Schlachtversuchs* mit Ausnahme der für das Kalb gegebenen Zahlen, die durch *Respirationsversuche* gewonnen sind.

Zusammensetzung der Gewichtszunahme in Prozenten.

	Reines Fleisch	Fett	Asche
I. Überwiegend Fleisch.			
Mastkalb	79,4	17,1	3,5
Ferkel von der Geburt bis 20 kg	74,9	22,0	3,1
Mastente (1. Göttinger Versuch)	75,2	19,9	3,6
II. Fleisch und Fett ungefähr zu gleichen Teilen.			
Wachsendes Schwein	50,5	47,3	2,2
Wachsender Ochse, Vollmast	60,6	35,1	4,2
III. Überwiegend Fett.			
Volljähriger Ochse	8,8	92,2	—
Volljähriger Hammel (HENNEBERG-Untersuchung) . . .	—	100,0	—

Im großen und ganzen ist auch hiernach das wichtigste Moment für den Zuwachs von Fett das *Alter* der Tiere, und hieraus ergibt sich der für die Mast wichtige Lehrsatz: *Je jünger das Tier, um so größer die Beteiligung des Fleisches an der Zunahme.*

1. Das jüngste Stadium, in welchem die Tiere zur Mast aufgestellt werden können, liefert eine Zunahme, die zu $^3/_4$ aus Fleisch und $^1/_4$ aus Fett besteht.

2. Wachsende Tiere, also Schweine und Wiederkäuer, wenn sie abgesetzt und somit auf eigene Ernährung angewiesen sind, liefern auf der Mast eine Gewichtszunahme, die Fleisch und Fett ungefähr zu gleichen Teilen enthält.

3. Werden vollständig ausgewachsene Tiere gemästet, dann besteht ihre Zunahme nur aus geringen Mengen von Fleisch, im extremen Falle sogar nur noch aus Fett.

Nach dieser Übersicht ist es nicht schwer, sich auch durch Einzelheiten, die dasselbe noch weiter illustrieren, hindurchzufinden. Für *Geflügel* ist der Zuwachs, und zwar in Perioden von 4 Wochen, ermittelt worden. Es hat sich erwiesen, daß sich *Hühner, Enten, Gänse* hinsichtlich des Nährstoffverbrauchs außerordentlich ökonomisch mästen lassen, wenn sie bereits 8 Tage nach dem Schlüpfen zur Mast aufgestellt werden. *Mästen heißt* hier nun im strengen Gegensatz zu dem oben erwähnten Volksbegriff: *Darreichung größtmöglicher und optimal zusammengesetzter Futtermengen*, ohne daß Zwangsmaßnahmen wie Stopfen usw. angewandt werden; es heißt aber nicht Fettzuwachs allein, und das demonstrieren die nachstehenden Zahlen deutlich genug. Für Hühner ist als Beispiel die Mast der Rhodeländer Rasse gewählt[25]. Der Zuwachs gilt für die auf-

Zuwachs bei Mastgeflügel.

Die Zahlen bedeuten die prozentische Zusammensetzung des Zuwachses des leeren Körpers, federfrei, in den aufeinanderfolgenden Vierwochen.

Vierwoche	Reines Fleisch	Fett	Asche
Hühner			
1.	92,1	4,5	3,4
2.	90,4	5,2	4,4
3.	79,6	15,4	5,0
Gänse			
1.	89,4	7,1	3,5
2.	73,7	21,6	4,7
Enten			
1.	81,1	15,5	3,4
2.	76,3	18,5	5,2

einanderfolgenden Vierwochen bis zur Schlachtreife. Schlachtreif sind so gemästete Hühner nach 12 Wochen, also im Alter von 13—14 Wochen und im Gewicht von 1,5 kg, Gänse aber bereits nach zweimal vierwöchiger Mast, wobei sie ein Endgewicht von $4^1/_2$ kg erreichen, Enten nach 7—8 wöchiger Mast mit einem Endgewicht von rund 2 kg. In allen Fällen sind die Tiere im Alter von einer bis höchstens zwei Wochen zur Mast aufgestellt.

Die hier gegebenen Beispiele zeigen, wie sich die Geflügelarten in den Einzelheiten des Zuwachses doch erheblich verschieden verhalten. Gemeinsam ist zunächst allen der stark überwiegende Zuwachs von Fleisch, so daß diese Beispiele sämtlich in die Klasse I der Übersichtstabelle gehören. Bezüglich des Fettzuwachses zeigen die *Hühner* zwei Vierwochen hindurch geringe Beträge; auch die *Gänse* zögern in der ersten Vierwoche im Fettansatz. Der Schluß der Mast ist aber in allen Fällen verhältnismäßig fettreich, doch erreicht die prozentische Höhe an keiner Stelle die der mittleren Klasse der oben gegebenen Übersicht. Die *Enten* unterscheiden sich von den beiden anderen Geflügelarten dadurch, daß sie sofort mit einem *verhältnismäßig hohen Fettansatz* beginnen.

Für *Schweine* lassen sich die bislang gegebenen Zahlen vervollständigen unter Hinzuziehung von zwei amerikanischen Untersuchungen und einer älteren, die von Soxhlet angestellt ist. Es ergibt sich die nachstehende Übersicht:

Prozentische Zusammensetzung der Lebendgewichtzunahme beim Schwein.

	Reines Fleisch	Fett	Asche
Ferkel von der Geburt bis 16 Tage	97,5	1,2	1,4
Von 21—68 Tage	87,9	10,0	2,3
Göttinger Versuch von der Geburt bis 20 kg Endgewicht	74,9	22,0	3,1
Göttinger Schnellmast von 20 kg bis 110 kg, im Durchschnitt aller Versuche	50,5	47,3	2,2
Soxhlets Versuch, höchster Fettzuwachs	42,8	53,6	3,6

Im letzten Jahrzehnt sind in Nordamerika große und gründliche *Schlachtversuche mit Rindern* ausgeführt worden, welche eine volle Übersicht über den Zuwachs an Fleisch und Fett geben. Leider sind in den dem Referenten zugänglichen Tabellen die Zahlen unvollständig. Es wäre erwünscht, das Anfangs- und Endgewicht, sowie auch das Alter der Tiere zu kennen. Die Versuchsstation Minnesota[9] gibt das Gewicht, die Station Missouri[30] das Alter der Rinder an. Beide Male handelt es sich um den Zuwachs, nicht um die Zusammensetzung der Tierkörper. Es werden im folgenden die Zahlen der Minnesotastation zu je zwei zusammengefaßt und die Berechnungen für reines Fleisch hinzugefügt (darunter soll die Summe für Wasser und Stickstoffsubstanz verstanden werden).

Zuwachs der Rinder (von 91—545 kg [200—1200 lbs]).

Lebendgewicht	Wasser	Protein	Reines Fleisch	Fett	Asche	Cal. pro kg
von bis						
91—182	61,56	19,52	81,08	14,67	4,26	2498
182—272	51,85	19,70	71,55	24,01	4,45	3394
272—363	51,50	17,23	68,73	27,28	3,99	3565
363—454	29,07	10,96	40,03	56,96	3,01	6025
454—545	29,12	11,44	40,56	56,84	2,60	6042

Zur Kontrolle werden die Originalzahlen in anderer Form wiederholt, und zwar in der Form, in welcher sie Haecker selbst gibt und welche der vorstehenden etwas schematischen Tabelle zugrunde gelegt sind.

Lebend-gewicht	Wasser	Protein	Reines Fleisch	Fett	Asche	Calorien pro kg
von bis						
47— 94	68,78	18,31	87,09	8,31	4,61	1826
44—137	62,71	18,16	80,87	14,86	4,28	2439
45—189	63,78	19,12	82,90	12,73	4,37	2291
43—229	60,76	19,00	79,76	16,03	4,21	2598
27—272	59,11	19,29	78,40	17,24	4,37	2729
43—321	58,47	18,39	76,86	18,62	4,51	2809
43—370	56,68	18,66	75,34	20,44	4,23	2997
40—414	50,75	17,08	67,83	28,23	3,94	3647
46—458	49,87	16,79	66,66	29,41	3,92	3742
57—504	45,02	16,01	61,03	35,21	3,76	4248
44—545	45,97	15,70	61,67	34,67	3,65	4179
45—590	48,02	16,35	64,37	31,95	3,67	3958
48—640	45,90	15,86	61,76	34,80	3,45	4201
52—686	41,28	15,39	56,67	40,21	3,12	4688

Noch anschaulicher sind die Zahlen der Missouri Station, veröffentlicht von MOULTON, TROWBRIDGE und HAIGH[30]. Nachstehend werden nur die für volles Mastfutter ermittelten Zahlen wiedergegeben, und zwar in den zwei Formen des Zuwachses im ganzen, also von der Geburt bis zu dem angegebenen Monat, in der zweiten, instruktiveren Tabelle für die einzelnen Zeitabschnitte.

Zuwachs von der Geburt bis zum Ende des	Wasser	Protein	Reines Fleisch	Fett	Asche	Phosphor	Calorien pro kg
3. Monats	61,87	20,94	82,81	12,76	4,97	0,865	2397
5,5. „	50,51	15,75	66,26	28,53	3,65	0,669	3600
8,5. „	57,61	18,25	75,86	19,41	3,70	0,650	2876
11. „	54,22	17,06	71,28	24,38	3,49	0,553	3280
18. „	50,00	16,06	66,06	29,98	3,48	0,624	3755
21. „	48,06	15,56	63,62	32,27	3,80	0,688	3944
34. „	44,61	13,13	57,74	38,02	3,59	0,563	4352
39,5. „	36,98	11,63	48,61	48,33	2,79	0,464	5245
44,5. „	39,43	12,44	51,87	44,19	3,03	0,569	4898
47. „	38,03	11,94	49,97	45,75	3,20	0,563	5018

Zuwachs je Periode	Wasser	Protein	Reines Fleisch	Fett	Asche	Phosphor	Calorien pro kg
von bis							
Geburt bis 3. Monat	63,30	20,94	84,24	12,76	4,97	0,865	2397
3. — 5,5. „	46,30	13,63	59,93	34,75	3,05	0,569	4070
5,5.— 8,5. „	71,40	21,69	93,09	2,65	3,68	0,641	1480
8,5.—11. „	47,66	15,63	63,29	33,36	3,30	0,369	4051
11. —18. „	45,68	15,25	60,93	35,06	3,63	0,745	4191
18. —21. „	27,55	9,56	37,11	59,14	6,35	1,225	6153
21. —34. „	35,50	7,00	42,50	53,08	3,03	0,261	5433
34. —39,5. „	16,09	16,19	32,28	64,25	0,82	0,905	7014
39,5.—44,5. „	8,47	—2,81	5,66	93,79	—0,96	0,104	8740
44,5.—47. „	2,30	—0,94	1,36	86,00	6,82	0,381	8107

Diese Zahlen über die *Zusammensetzung der Zunahme des Mastrindes* und ebenso die für das Schwein gegebene Zusammenstellung sind einer weiteren Auswertung fähig als für das Thema möglich ist, welches hier zur Behandlung steht. Denn es sollte in erster Linie an ihnen die *Verteilung und der Zuwachs von Fett*, nicht aber der Körpersubstanz im ganzen gezeigt werden. Wir kehren deshalb zu dem Ziel zurück, die *Eigenschaften des im Tierkörper abgelagerten Fettes* kennenzulernen.

II. Eigenschaften des im Tierkörper abgelagerten Fettes.

Die Fette unterscheiden sich in ihrer Zusammensetzung je nach der Tierart. Rindertalg, Schweinefett, Gänseschmalz sind von verschiedener Konsistenz. Was sich nach dieser Richtung hin zusammentragen läßt[2], ist in der nachstehenden Tabelle zusammengefaßt.

Eigenschaften des Fettes verschiedener Tierarten.

	Schmelz-punkt	Er-starrungs-punkt	Ver-seifungs-zahl	Jodzahl
Rindertalg	45	44	195	40
Hammeltalg	47	34	195	36
Schweinefett	41	28	196	59
Gänseschmalz	33	18	192	65
Hühnerfett	37	—	194	67
Hirschtalg	49	48	—	21
Hasenfett	38	20	202	100

Aber auch innerhalb desselben Tierkörpers sind starke Unterschiede vorhanden. Es genügt, die Jodzahl für Schweinefett nach ihrer älteren Zusammenstellung wiederzugeben:

	Jodzahl		Jodzahl
Bauchfett . . .	54,7	Gekröse	48,95
Darmfett . . .	52,8	Rückenspeck .	56,9
		Bauchspeck . .	58,2

Diese Unterschiede finden in den Göttinger Befunden, die S. 173, 174 und 175 mitgeteilt sind, volle Bestätigung.

C. Das Fett im Stoffwechsel.

I. Die Rolle des Fettes im Hungerstoffwechsel.

Zahlreiche Versuche, die im Laufe der Jahrzehnte angestellt sind, zeigen, wie hoch die Gewichtsabnahme bei völliger Nahrungsentziehung ist. Voit hat hierüber in einer Tabelle eine interessante Zusammenstellung gegeben[43].

Gewichtsabnahme im Hungerzustand.

Tier	Alter	Gewicht g	Abnahme des Gewichts %	Beobachter
Hund	18 Stunden	313	23,3	Falk
,, ...	13½ Tagen	1004	48,1	,,
,, ...	1 Jahr	8880	48,1	,,
,, ...	viele Jahre	21210	48,9	,,
Katze	—	2572	48,2	Bidder u. Schmidt
Kaninchen	—	2100	49,5	Weiske
,, ...	—	2000	48,0	,,
,, ...	—	2029	37,8	Rubner
,, ...	—	1262	42,3	,,
Meerschweinchen	—	—	33,0	Chossat
Huhn	—	—	52,7	,,
Turteltaube	jung	—	25,0	,,
,, ...	mittel	—	36,0	,,
,, ...	ausgewachsen	—	45,6	,,
Feldtaube	—	—	40,4	,,
,, ...	—	—	34,2	Schuchardt
Krähe	—	—	31,1	Chossat

Die Zeit, wie lange ein Tier den Hunger ertragen kann, hängt von dem jeweiligen Körperzustand, im besonderen dem Fettgehalt, ab, welchen das Tier beim Beginn des Versuchs hatte. Man nimmt im allgemeinen an, daß der Tod eintritt, wenn der Gewichtsverlust 40% übersteigt, doch ist auch diese Zahl gelegentlich stark übertroffen worden[44].

Tier	Alter	Gewicht	Hungertod in Tagen	% Abnahme je Tag	Beobachter
Pferd	9 Jahre	—	24	—	MAGENDIE
Hund	18 Stunden	313	3,1	8,6	FALCK
„	14 Tage	1004	13,9	4,8	„
„	1 Jahr	8880	23,2	2,7	„
„	viele Jahre	21210	60,3	1,1	„
Katze	—	2572	17	—	BIDDER u. SCHMIDT
Kaninchen	—	—	10	—	CHOSSAT
„	—	2100	32?	—	WEISKE
„	—	2000	27?	—	„
„	—	1095—1635	9	—	ANREP
„	—	2029	15	—	RUBNER
„	—	1262	7	—	„
Ratten	—	—	—	—	
Meerschweinchen	—	—	6,6	—	CHOSSAT
Turteltaube	jung	—	3,1	8,1	„
„	mittel	—	6,1	5,9	„
„	erwachsen	—	13,4	3,5	„
Feldtaube	—	—	5,3	—	SCHUCHARDT
Huhn	jung	1120	12	—	SCHIMANSKI
„	älter, fett	1990	34	—	„

So haben die Japaner KUMMAGAWA und MIURA bei einer Hündin in 98 Hungertagen einen Gewichtsverlust von 65% beobachtet (17 kg bis 5,96 kg). Der von VOIT beschriebene Hund, mit welchem FALCK experimentierte, hielt den Hunger 60 Tage aus und verlor 49% seines Gewichts. Gewichtsverluste an hungernden Menschen stellen sich nach einer Tabelle aus älterer Zeit zu[46]:

Gewichtsabnahme des Menschen im Hungerzustande.

	Dauer des Hungers	Anfangsgewicht	Endgewicht	Abnahme	Gewichtsabnahme %	Gewichtsabnahme pro die %	Abnahme je Tag
Cetti (Senator)	10 Tage	57,0	50,65	6,35	11,16	1,12	635
Breithaupt (Senator)	6 „	60,07	56,45	3,62	6,03	1,01	603
Succi (Luciani)	30 „	63,22	51,18	12,04	19,04	0,63	401
Schwede (Johannsen)	5 „	67,80	62,79	5,01	7,37	1,48	1002
Sa.	51 Tage	Mi 62,02		Sa. 27,02		=	Mi 530 g

Neuere Experimente am Menschen ergaben ähnliche Zahlen (s. Tabelle S. 188).

Die *Verluste an den einzelnen Organen* sind sehr verschieden. VOIT[45] hat dies an einer Katze berechnen können, die er verhungern ließ. Durch die parallele Untersuchung eines ähnlichen Tieres ließ sich der Verlust ermitteln.

Am stärksten ist das *Fettgewebe*, mit 97% durch den Hunger betroffen. Die Muskeln schmelzen zu 31% ein, aber die lebenswichtigsten Organe, Herz und Hirn, bleiben so gut wie ganz intakt. Im Stoffwechselversuch zeigt sich im Hunger regelmäßig, daß Stickstoffsubstanz und Fett eingeschmolzen werden. Allein die Mengen sind erheblich verschieden. In der Regel wird, sofern das Tier vorher eiweißreich ernährt war, zunächst eine größere Menge von Eiweiß zersetzt. Diese sinkt dann ab. An ihre Stelle tritt ein Verbrennen von Fett. Die Fettverbrennung hält an, bis der Körper nahezu fettfrei geworden ist. Als letzte

Gewichtsabnahme der Organe im Hungerzustande
(nach Voits Versuch an der Katze).

	1017 g Verlust verteilen sich auf		Verlust von 100 g frischem Organ
	frisches Organ	trockenes Organ	
Knochen	55	—	14
Muskeln	429	118	31
Leber	49	17	54
Nieren	7	1	26
Milz	6	1	67
Pankreas	1	—	17
Hoden	1	—	40
Lunge	3	1	18
Herz	0	—	3
Darm	21	—	18
Hirn- und Rückenmark . .	1	0	3
Haut mit Haaren	89	—	21
Fettgewebe	267	249	97
Blut	37	5	27

Energiequelle steht nunmehr nur noch Organeiweiß zur Verfügung. Es steigt
deshalb die Eiweißverbrennung und somit die Stickstoffmenge des Harns. Allein
wenige Tage darauf tritt der Tod ein. Dieses Ansteigen des Harnstickstoffs (prämortale Stickstoffsteigerung) hat man geradezu als eine Reaktion für das Fett-
freiwerden des Körpers angenommen: Franz Hofmann hat seinen Versuch über
die Fettbildung aus Fett hierauf gegründet. Übrigens wird dieses Ansteigen nicht
in allen Fällen gesehen. Auch ist der Körper unter Umständen beim Eintreten
des Todes nicht annähernd fettfrei geworden. Eine wichtige Frage ist hierbei, ob
die Fettzersetzung bei andauerndem Hunger sinkt, ob also der Körper bei fortgesetztem Hunger anfängt sparsamer zu arbeiten. Es liegt eine Untersuchung von
Voit[32] vor, welche dies nicht erkennen läßt. Ein Hund zersetzte in einem Versuch:

	Körper- gewicht kg	Fleisch- verbrauch g	Fett- verbrauch g
6. Hungertag	31,2	175	107
10. Hungertag	30,1	154	83

in einem zweiten Versuch:

	Körper- gewicht kg	Fleisch- verbrauch g	Fett- verbrauch g
2. Hungertag	32,9	341	86
5. Hungertag	31,7	167	103
8. Hungertag	30,5	138	99

Andere Untersuchungen zeigen ein viel stärkeres Absinken. Der Hunger bedeutet eine Schädigung des Organismus, eine Herabsetzung der Lebensenergie, und
diese wird veranschaulicht durch das *Absinken des Grundumsatzes während des
Hungerns*. Die erwähnten japanischen Untersuchungen am Menschen geben hierüber Auskunft.

Versuch	Anzahl der Fasttage	Cal. in 24 Stunden vor dem Hungern	Cal. in 24 Stunden nach dem Hungern
1	41	1787	782
2	12	1410	1067
3	16	1278	917

Dieselbe Erscheinung findet sich auch nach längerer Unterernährung:

	Bei normaler Diät	Am Ende der Periode mit Unterernährung	Abnahme in %
Grundumsatz in Calorien . .	1745	1293	32,0
Calorien pro kg	25,7	20,4	20,0
pro qdm Oberfläche	872	647	27,0
Körpergewicht	67,9	63,4	6,5

Man kann dieses Absinken der Oxydation als eine Anpassung an die geringere Nahrungszufuhr deuten, also die Einführung einer stärkeren Ökonomie. Auf der anderen Seite ist vermutet worden, daß sie die Folge einer *Autointoxikation* sei. Wir müssen uns zunächst begnügen, daß die Tatsache der Herabsetzung des Stoffwechsels sichergestellt ist.

II. Der Fettstoffwechsel bei verschiedener Ernährung.

1. Fettstoffwechsel bei Zufuhr von Eiweiß.

VOIT experimentierte mit einem Hund von 33—35 kg Körpergewicht. Er untersuchte zunächst den Stoffumsatz bei vollem Hunger, und gab hierauf steigende Mengen von *Fleisch*. Das Fleisch war mager und von Sehnen und sichtbarem Fett befreit, könnte sonach ungefähr als reines fettfreies Fleisch gerechnet werden, obwohl angesichts der Exaktheit, mit welcher die Ausscheidungen des Harnstickstoffs und der Atemkohlensäure ermittelt worden sind, es besser gewesen wäre, wenn auch das Fleisch selbst genauer untersucht wäre. Nach der Aufstellung von VOIT geben wir hier die Gegenüberstellung des gefütterten Fleisches und seiner Wirkung im Körper:

Versuch	Fleisch verzehrt	Fleisch am Körper	Fett am Körper	Versuch	Fleisch verzehrt	Fleisch am Körper	Fett am Körper
1	0	— 165	— 95	5	1500	0	+ 4
2	500	— 99	— 47	6	1800	+ 43	+ 1
3	1000	— 79	— 19	7	2000	— 44	+ 58
4	1500	+ 1	+ 29	8	2500	— 12	+ 57

Die Reihe hat einige Unregelmäßigkeiten, so im Versuche 4 und 6, aber im ganzen genommen zeigt sie außerordentlich anschaulich, wie die Wirkung des Fleischeiweißes nicht bloß das Abschmelzen des Körpereiweißes zum Verschwinden bringt, sondern auch die Fettzersetzung heruntersetzt. Am anschaulichsten ist der Versuch 5 mit 1500 g Fleisch, also rund 375 g trockenem Eiweiß. Hier ist ein Gleichgewichtszustand bezüglich der Zersetzung von Fleisch und Fett eingetreten. Die weiteren Versuche bringen bezüglich des Fleischansatzes keine Entscheidung, denn der ersten Steigerung auf 1800 g mit dem Fleischansatz von 43 g stehen die beiden nächsten Versuche mit ihrem Fleischverlust gegenüber. Ein Fettansatz ist zwar in den Versuchen 7 und 8 erzielt worden, allein das sind gerade die Versuche, welche nach der Kritik PFLÜGERS für die Theorie der Fettbildung nicht genügend beweiskräftig sind. Der grundsätzliche Teil dieses Versuchs wird hierdurch nicht gestört. Wenn *Eiweiß* einseitig in der Nahrung zugeführt wird, so wirkt die Zufuhr bei geringen Mengen *ersparend auf die Stoffzersetzung* und kann bei großen Mengen zum *Ansatz sowohl von Fleisch wie von Fett* führen. Aus anderen Versuchen ist es wahrscheinlich, daß geringe Mengen von Fett hierbei zur Produktion kommen können; ob und wieviel Fleisch zum Ansatz kommt, hängt von der Beschaffenheit des Tieres ab.

2. Stoffwechsel bei einseitiger Zufuhr von Fett und Kohlehydraten.

Wiederum sind es die Versuche von VOIT, welche hierüber am besten Auskunft geben. Sie sind mit dem gleichen Hunde angestellt worden. Auf den Hungerversuch folgte eine *Zulage von Fett*, und zwar werden hier zwei Versuche geschildert, bei denen die Fettzufuhr zuerst 100 g und in einem späteren Versuche 350 g betrug. Das zugeführte Fett wirkt fast in gleichen Mengen auf das Fett des Körpers ersparend ein. Die 100 g Fett der Nahrung haben die Zersetzung von 96 g aufgehoben und 6 g zum Ansatz gebracht.

100 g Nahrungsfett bilden hiernach . . . 102 g Körperfett,
in dem zweiten Versuch nur . . . . . . 95 „   „

Etwas ganz Neues zeigt der Versuch mit 350 g Fett. Hierin sind 186 g Fett zum Ansatz gekommen. Die Wirkung läßt sich in zwei Teile teilen. Zunächst werden die 96 g Körperfett durch 96 g Nahrungsfett erspart. Der Überschuß von 254 g wird aber nicht zu seiner vollen Höhe, sondern es werden nur 186 g abgelagert. *Vom Überschuß kommen also zur Ablagerung 73%.* VOIT findet diese Erscheinung auffallend, sie ist in späteren Versuchen oftmals gesehen worden, und sie ist das erste Beispiel für eine Erscheinung, die bei der Mast regelmäßig auftritt und die später noch näher zu schildern ist. Im Sinne der dortigen Darstellung dürfen wir sagen: Es beträgt hier der *Assimilationsverlust des überschüssig gefütterten Fettes 27%*, dabei ist allerdings die Einwirkung auf die Fleischzersetzung des Körpers unberücksichtigt geblieben. In einer Versuchsreihe hatte VOIT überhaupt keine Wirkung des Fettes auf die Fleischzersetzung gesehen. Der Beweis ist in der Form geführt, daß der Stickstoff des Harns in Form von Harnstoff angegeben ist. Die kleine Tabelle besagt:

Fettzufuhr	Harnstoff	Fettzufuhr	Harnstoff
—	11,9	300	12,0
—	12,0	—	11,9
100	12,0	—	11,3
200	12,4	—	—

Dagegen ist eine *geringe eiweißsparende Wirkung des Fettes* in späteren Versuchen oft gesehen worden. Das wichtigste an diesen Versuchen bleibt jedoch der Satz: die einseitige Fettzufuhr wirkt ersparend auf die Fettzersetzung und erzeugt in Mengen, die den Hungerbedarf übersteigen, eine *Fettablagerung im Körper. Diese vollzieht sich völlig unabhängig von der Fleischzersetzung.* Auf den Fleischbestand des Tieres wirkt einseitige Fettzufuhr verhältnismäßig gering ein.

Bei einseitiger Fettzufuhr liegt also der eigenartige Fall vor, daß sie im extremen Fall zur *Fettmast* führt, *ohne die Fleischzersetzung zu hemmen.* In der Tat sind Versuche mit Geflügel, welches mit Fett, z. B. Butter, gestopft worden ist, ausgeführt. Die Tiere sind fett geworden, und trotzdem an (Eiweiß-)Hunger gestorben.

Die Versuche mit *einseitiger Kohlehydratzufuhr* demonstrieren ein ganz ähnliches Verhalten. *Kohlehydrate wirken aber erheblich stärker eiweißsparend.* In der Aufhebung des Fettumsatzes verhalten sie sich dem Fett ähnlich, nur daß größere Mengen nötig sind, um die Fettzersetzung zum Verschwinden zu bringen. Diese Wirkung wird besser gezeigt an den quantitativ durchgeführten Versuchen der späteren Zeit.

3. Ansatz bei Fleisch- und Fettnahrung.

Von erheblich größerem Interesse und für die Kenntnis der Mast von allergrößter Bedeutung sind die Versuche von PETTENKOFER und VOIT, bei welchen *Mischungen von Fleisch und Fett* in wechselnden Mengen verwandt worden sind.

Ernährung mit Fleisch und Fett (nach PETTENKOFER und VOIT).

Nr.	Fleisch	Fett	Fleisch am Körper	Fett am Körper
1	400	200	— 50	+ 41
2	500	100	+ 9	+ 34
3	500	200	— 17	+ 91
4	800	350	+165	+214
5	1500	30	+ 43	+ 32
6	1500	60	— 1	+ 39
7	1500	100	+ 98	+ 91
8	1500	100	+ 49	+109
9	1500	150	+ 45	+136

Wie nicht anders zu erwarten war, tritt mit diesen Gemischen sehr rasch Ansatz ein. Ein Abschmelzen des Fleisches ist nur in zwei Versuchen, eine Fettzersetzung überhaupt in keinem Falle zu sehen. Dagegen lassen die Versuche, wenn sie auch strenge Vergleichbarkeit nicht beanspruchen können, doch ähnliche Gesichtspunkte bezüglich der Mast erkennen, wie sie bei der vorigen Reihe schon zur Darstellung gebracht worden sind. Z. B. kann verglichen werden Versuch Nr. 5 mit den Versuchen 8 und 9.

Versuch 5:
1500 g Fleisch + 30 g Fett = Fleisch am Körper 43 + Fett am Körper 32.
Versuch 8:
1500 g Fleisch + 100 g Fett = Fleisch am Körper 49 + Fett am Körper 109.
Versuch 9:
1500 g Fleisch + 150 g Fett = Fleisch am Körper 45 + Fett am Körper 136.

Da der Fleischansatz ungefähr gleich ist, soll er für die Überschlagsrechnung vernachlässigt werden. Die Steigerung des Nahrungsfettes um 70 g hat eine Steigerung des Fettansatzes um 77 g, die Steigerung des Nahrungsfettes um 120 g eine Steigerung des Ansatzes um 104 g gebracht.

4. Ansatz bei Eiweiß- und Kohlehydratnahrung.

Die Verbindung von *Eiweiß mit Kohlehydraten* zeigt sich in den Versuchen von VOIT mit ungefähr derselben Wirkung. Die Kohlehydrate sind, wie schon erwähnt, lediglich in Hinsicht auf die Eiweißzersetzung von stärkerer Wirkung als das Fett. Diese *eiweißsparende Wirkung* soll für die Kohlehydrate noch einmal mit Beispielen belegt werden.

I. 500 g Fleisch + 30 g Rohrzucker, Fleichansatz oder Verlust — 37 g
II. 500 „ „ + 100 „ „ „ „ „ + 34 „

Dagegen zeigt die nächste Zusammenstellung auch eine *Wirkung des Fettes auf den Fleischumsatz*:

I. 500 g Fleisch + 0 Fleischansatz — 56 g
II. 500 „ „ + 100 g Fett „ — 20 „
III. 500 „ „ + 0 „ — 57 „

Alle diese Versuche, für welche sich zahlreiche weitere Beispiele aus der Ernährung der landwirtschaftlichen Nutztiere erbringen lassen, zeigen die Reaktion der Nährstoffe am Körper, doch nur in *qualitativer* Form. Sie weisen die Richtung, aber sie sind nicht so angestellt, daß sie streng vergleichend wirken. Im allgemeinen läßt sich sagen, daß nach allen Versuchen an landwirtschaftlichen Nutztieren dem *Fett die eiweißsparende Wirkung nicht abgesprochen werden darf*. Ja sie kann unter Umständen sogar bedeutend sein. Ganz besonders tritt das in der Ernährung jugendlicher Tiere hervor, so bei der des Kalbes[42]. Es wurde ein *Saugkalb* zunächst mit *Magermilch*, dann mit *fettreicher Milch* und hierauf wieder mit Magermilch ernährt. Ein zweites erhielt zunächst Magermilch, dann eine Zulage von *Stärke* und schließlich fettreiche Milch. Die Fettzulage wurde in beiden Fällen in der Weise bewerkstelligt, daß an Stelle von Magermilch Vollmilch gegeben wurde. Aus der Untersuchung von Futter, Kot und Harn ergab sich der Verzehr an verdaulichen Nährstoffen und der Eiweißansatz am Körper.

Nährstoffverzehr und Eiweißansatz.

Periode	Mittleres Alter	Mittleres Gewicht kg	Verzehr an verdaulichem				Angesetzt Eiweiß
			Eiweiß g	Fett g	Asche g	Kohlehydrate g	g
A I	50 Tage	82,39	429,0	34,7	85,7	669,7	128,7
A II	65 „	94,96	425,3	33 ,7	88,6	617,0	170,4
A III	74 „	100,67	428,3	33,3	86,8	665,2	117,6
A IV	100 „	119,94	398,1	36,3	88,3	882,6	148,9
D II	69 „	81,38	230,9	17,2	47,1	388,0 + 200,6 g Stärke	102,5
D III	78 „	85,71	239,4	326,1	51,3	368,5	125,6

Bei Kalb A steigt durch rund 300 g *Fett* der Eiweißansatz von 128,7 auf 170,4 g. Im zweiten Versuch ist vergleichend die Wirkung einer Zulage von

200,6 g *Stärke* gegenüber einer Fettzulage von 309 g ermittelt. Beide Versuche zeigen *unzweifelhaft für das Fett eine stark eiweißsparende* Wirkung, die der der Stärke nicht nachsteht. Im übrigen ist der Lehre von der eiweißsparenden Wirkung von Fett und Kohlehydraten hiermit das letzte Wort noch nicht gesprochen. Es wird bei der Besprechung der quantitativ durchgeführten Stoffwechselversuche mit Mastfutter darauf zurückzukommen sein.

III. Die Vertretungswerte der Nährstoffe nach Rubner.

Rubner, der bedeutendste Schüler Voits, hat die Stoffwechselversuche mit der Methodik seines Lehrers zu einer besonderen Aufklärung bezüglich der Rolle der Nährstoffe am unterernährten Tier benutzt. Obwohl diese Versuche in einem anderen Kapitel ausführlicher behandelt werden, ist es notwendig, hinsichtlich des Fettstoffwechsels sie an dieser Stelle wenigstens zu berühren. Von dem lebenden Tier strömt ebenso viel Wärme in die kalte Umgebung ab als es durch die Verbrennung seiner Nährstoffe erzeugt. Dieser nach dem Gesetz der Erhaltung der Energie geforderte Satz ist von Rubner und später in exakten Versuchen von Atwater streng bewiesen. Hiernach läßt sich von vornherein vermuten, daß die einzelnen Nährstoffe, z. B. Stärke oder Fett, sich nach der Höhe ihrer Leistung als Wärmequelle gegenseitig vertreten. In Wirklichkeit ist dieser Satz von der Vertretung der Nährstoffe oder „der *Isodynamie der Nährstoffe*" von Rubner aufgestellt und zuerst mit glänzend durchgeführten Versuchen bewiesen. Bei jedem einzelnen Versuch geht er von dem Stoffwechsel des hungernden Tieres aus. Die meisten Versuche sind an Hunden angestellt worden. Unmittelbar auf den Hungertag folgte ein Versuch mit der Zulage von einem Nährstoff. Dadurch, daß regelmäßig der Hungerversuch dem zweiten Versuch mit Zulage vorausgeht, gewinnt die Reihe die zur Erreichung genauer Zahlen notwendige Exaktheit.

Rubner beginnt mit der Ermittelung der *Vertretung von Eiweiß und Fett.* Er läßt den Hund hungern und stellt als Zersetzung für 24 Stunden ein Abschmelzen fest von:

Stickstoff- substanz	Fett
— 17 g	— 78 g

Unmittelbar darauf füttert Rubner mageres Fleisch. Die Menge wird gar nicht angegeben, ebensowenig die Menge des verdauten Eiweißes. Es erscheint auch nicht notwendig, denn die Menge des im Körper zersetzten Eiweißes ergibt sich aus der Untersuchung des Harns, gerade wie im vorigen Versuch beim Hunger. Die Wirkung der Fleischzufuhr wird durch die Zahlen illustriert:

	— 110 g	— 34 g
Differenz:	93	44

Die Steigerung der Zersetzung an Stickstoffsubstanz um 93 g hat also eine Senkung der Fettzersetzung von 44 g hervorgebracht. Zwischen dem Mehrverbrauch von Stickstoffsubstanz und der Einsparung von Fett besteht eine ursächliche Verbindung. Die 93 g Stickstoffsubstanz sind in ihrer Leistung bezüglich der Ernährung des Hundes den 44 g Fett gleichwertig gewesen. Hieraus berechnet sich

$$209 \text{ g Eiweiß} = 100 \text{ g Fett}$$

Nun folgt ein zweiter Versuch. Der Hund zersetzt im Hunger

Stickstoff- substanz	Fett
— 12 g	— 42 g

Es handelt sich um ein kleineres Tier; deshalb der geringere Verbrauch an Nährstoffen.

RUBNER gibt nun als einziges dem Tier jetzt 106 g Rohrzucker. Die Wirkung ist folgende:

	Stickstoff-substanz	Fett
Nahrung: 106 g Rohrzucker, Stoffverbrauch:	− 7 g	+ 1 g

Die Zuckerzufuhr hat also die Eiweißzersetzung des hungernden Hundes stark eingeschränkt. Der Versuch zeigt die eiweißsparende Wirkung der Kohlehydrate. Zugleich hat die Fettzersetzung völlig aufgehört. Es ist sogar der geringfügige Ansatz von 1 g eingetreten. Die Wirkung der Zufuhr von 106 g Zucker besteht demnach in der Ersparung von

	Stickstoff-substanz	Fett
	5 g	+ 42 g

Diese Ersparung läßt sich mit Hilfe des ersten Versuchs in Fettwert ausdrücken. Dort war gefunden, daß 2,09 g Stickstoffsubstanz = 1 Teil Fett sind. Die hier ersparten 5g Stickstoffsubstanz sind 5 : 2,09, also 2,4 Fett; 106 g Zucker haben somit 44,4 g Fett erspart. Als Endergebnis der ganzen Versuchsreihe und im Mittel aller einzelnen Versuche hat RUBNER gefunden, daß *100 g Fett in ihrer Wirkung gleich sind mit 232 g Stärke, 235 g Rohrzucker, 256 g Traubenzucker, 211 g Stickstoffsubstanz.*

Diese Vertretungswerte stimmen mit dem Verhältnis der Wärmewerte der Nährstoffe überein, wie sie STOHMANN gefunden hatte und zwar liefern die *gleiche Menge von Wärme 100 g Fett, 228 g Stärke, 240 g Rohrzucker, 255 g Traubenzucker, 198 g Eiweiß.*

Das ist eine sehr befriedigende Übereinstimmung beider Zahlenreihen, wenn man alle die Fehlerquellen in Betracht zieht, welche der Tierversuch mit sich bringt. Es war hiermit bewiesen, daß die Nährstoffe sich in ihrer Leistung bezüglich der Erhaltung des warmblütigen Tieres nach ihrem Energieinhalt vertreten. 100 g Eiweiß im Futter ersetzen auch 100 g Eiweiß, welches aus dem Körper des hungernden Tieres stammt. *100 g Nahrungsfett sind hiernach gleichwertig mit 100 g Körperfett.*

IV. Spezifisch-dynamische Wirkung der Nährstoffe.

Mit den geschilderten Versuchen war ein bedeutender Abschnitt in der Ernährungslehre erreicht worden. Allein das Gesetz von der Isodynamie der Nährstoffe, so einleuchtend wie es erscheint, hat sich in Wirklichkeit durchaus nicht so einfach und auch nicht allgemeingültig erwiesen. RUBNER[36, 37] selbst machte einschränkende Beobachtungen, und die bedeutsamen neuen Erkenntnisse stehen in einem gewissen Zusammenhang mit den Prozessen, welche sich bei der Gabe von abundanter Kost und im besonderen bei der Mast landwirtschaftlicher Nutztiere abspielen. RUBNER hatte in den oben geschilderten Versuchen das Fett den anderen Nährstoffen gegenübergestellt. Allein das Fett war Körperfett, nicht Nahrungsfett. Hiernach galt es als bewiesen, daß 100 g Nahrungsfett = 100 g Körperfett sind. In der Tat hat der Versuch von VOIT es wahrscheinlich gemacht, daß dieser Satz zutrifft. RUBNER ist bei späteren Versuchen aber hierauf zurückgekommen und hat die Wirkung des Nahrungsfettes in eigenartiger Weise geprüft und dabei gefunden, daß *Nahrungsfett nicht völlig gleich dem Körperfett* ist. Er untersuchte den Stoffwechsel bei hoher Temperatur und zwar bei ca. 30⁰ C, ermittelte die Zersetzung des hungernden Hundes bei dieser Temperatur und führte den Tieren nun in weiteren Versuchen Fett, dann aber auch Zucker und Eiweiß zu. Hierbei ergab sich, daß die Kohlensäureproduktion *stieg*. Die gesamte Erzeugung von Wärme war also größer als im Hunger, und der Überschuß betrug, je nachdem die Nahrung aus Fleisch, Fett oder Rohrzucker bestand, 31, 13 und 6%. Rubner nennt das die *spezifisch-dynamische Wirkung der Nährstoffe*. Es handelt sich dabei um eine Steigerung des Stoffwechsels. Bei Eiweiß ist diese am größten. Sie spielt für die Bemessung des Eiweißverhältnisses bei der Fütterung eine wichtige Rolle insofern als z. B. die Kohlehydrate nur bei genügender Eiweißzufuhr in der wünschenswerten Weise vom Tierkörper ausgenutzt werden (s. auch Völtz und Kirsch in diesem Bande des Handbuchs). Man kann von einem Reiz sprechen, den der Nährstoffüberschuß, und besonders das Eiweiß, auf den Körper ausübt und der einen Mehrverbrauch an Nährstoffen bewirkt.

D. Fetterzeugung in der Mast landwirtschaftlicher Nutztiere.
I. Fettbildung beim Rind.

Die geschilderten Versuche gaben die Gesichtspunkte für die Ablagerung von Fett bei abundanter Ernährung; im besonderen sind die quantitativ verlaufenen Versuche von Rubner wichtig, um des hier zuerst gesehenen und gemessenen Verlustes willen, welchen der produktive Futteranteil bei dem Übergang in den tierischen Körper erleidet. Ähnliche Erscheinungen wurden festgestellt, als der Stoffwechsel gemästeter Rinder quantitativ bestimmt wurde. Dies ist durch Kellner[17] in den letzten Jahren des vorigen Jahrhunderts geschehen und unter dem Titel: „Untersuchungen über den Stoff- und Energieumsatz des erwachsenen Rindes bei Erhaltungs- und Produktionsfutter" veröffentlicht worden. Diese Versuche unterscheiden sich von allen früheren durch ihre streng quantitative Ermittlung aller Teile der Nährstoffgleichung, und sie sind zugleich die Ausführung eines Planes, den Henneberg fast 30 Jahre früher entworfen hatte. Kellner war, als er zum Leiter der Versuchsstation Möckern berufen wurde, in der glücklichen Lage, über einen gut eingerichteten Pettenkoferschen Respirationsapparat und ausgezeichnet geschultes Personal zu verfügen. Er schritt, nachdem er die von Gustav Kühn hinterlassenen Arbeiten veröffentlicht hatte, an die Durchführung seines großzügigen Versuchsplanes, von dem in der genannten Veröffentlichung vier große Versuchsreihen geschildert sind. Sie bilden die Grundlage der neuzeitlichen Fütterungslehre, und es ist notwendig, die Ergebnisse im einzelnen kennenzulernen; deshalb wird im Nachstehenden wenigstens einiges davon etwas ausführlicher geschildert. Schon deshalb, weil der Verlauf der Versuche fast nirgends dargestellt ist. Selbst Kellner hat es in starker Zurückhaltung in dem eigenen Lehrbuch nicht getan, und an einer anderen Stelle ist zwar der Inhalt und der Sinn der Versuche gewürdigt worden, doch konnte die notwendige ausführliche Darstellung der Versuche im Rahmen eines einfachen Berichtes nicht gegeben werden.

Kellner experimentierte mit *volljährigen Mastochsen*, die gut fleischig, aber noch verhältnismäßig fettarm, zur Mast aufgestellt wurden. Er orientiert sich in dem ersten Versuch lediglich über die Frage, ob eine proteinreiche oder proteinarme Mastfütterung zur besseren Fettproduktion führt. Hierbei benutzt er die Versuchsanordnung, daß er in einer Versuchsperiode ein geringeres Futter gibt, welches aber etwas mehr Nährstoffe trägt als für das Erhaltungsfutter nötig sind. Er legt zu diesem „Grundfutter" nun den Nährstoff oder später das Futtermittel hinzu, dessen Wirkung er untersuchen will. Deutlich sieht man gerade an dem Verlauf und der Diskussion der ersten Versuchsreihe, wie er selbst sich erst auf dem neuen Gebiet orientieren muß und wie er vorsichtig einen Schritt vor den anderen setzt, um zu immer bestimmteren Ergebnissen zu gelangen. Jeder dieser Schritte ist für die Kenntnis der Fettablagerung bei landwirtschaftlichen Nutztieren von Wichtigkeit. Es sei deshalb zunächst als Beispiel die erste Versuchsreihe geschildert.

Orientierende Versuche über proteinreiches und proteinarmes Mastfutter.

Versuchsreihe mit Ochse B und C.

Das Futter besteht aus Wiesenheu, getrockneten Rübenschnitzeln und Roggenkleie. Durch wechselnde Mengen von Klebermehl und Weizenstärkemehl wird die Mastration proteinreicher oder proteinärmer gestaltet. Ermittelt wird die Verdauung des Futters durch Untersuchung von Futter und Kot, ferner die Stickstoff- und Kohlenstoffbilanz durch die Untersuchung des Harns und der Respirationsprodukte, wobei es mit Hilfe des von GUSTAV KÜHN verbesserten Respirationsapparates gelungen ist, auch das Methan korrekt zu bestimmen. KELLNER hat ferner durch direkte Verbrennung im Calorimeter den Wärmewert von Futter, Kot und Harn festgestellt, so daß auch die Wärmebilanz durchweg auf direkten Bestimmungen beruht. In der folgenden Tabelle sind die verdauten Nährstoffe zusammengestellt. Man erkennt ohne weiteres, daß beim Ochsen B die Periode I und III die proteinreiche, die Periode II die proteinarme Fütterung darstellt. Periode IV ist der Versuch mit dem Grundfutter. Die Versuche mit Ochse C beginnen in der Periode I mit Grundfutter und wiederholen in den nächsten zwei Perioden den Versuch über die Wirkung der Anreicherung der stickstofffreien (Periode II) und der stickstoffhaltigen Nährstoffe (Periode III).

	Organische Substanz kg	Protein kg	Stickstofffreie Extraktstoffe kg	Rohfaser kg	Fett kg
Ochse B					
Periode I ...	8,961	*1,811*	5,855	1,269	0,026
„ II ...	8,683	*0,514*	*6,982*	1,157	0,029
„ III ...	8,989	*1,830*	5,860	1,267	0,031
„ IV ...	7,865	0,728	5,758	1,341	0,039
Ochse C					
Periode I ...	7,390	0,598	5,464	1,289	0,040
„ II ...	8,223	0,480	*6,539*	1,166	0,037
„ III ...	8,655	*1,694*	5,648	1,279	0,034

Die Darstellung der weiteren Tabellen folgt den KELLNERschen Originaltabellen, faßt deshalb die Nährstoffe zunächst in die zwei Zahlen für „*Protein*" und „*Stickstofffreie Stoffe im ganzen*" zusammen und stellt sie dem am Körper angesetzten *Fleisch* und *Fett* gegenüber. Zur Würdigung der Genauigkeit dieser Ermittlung muß auch das hervorgehoben werden, daß KELLNER die *Stickstoffbilanz* über rund *11 Tage* ausdehnt und in jeden Einzelversuch, der etwa 3 Wochen dauert, *4—5 Respirationsversuche* einschaltet. Täglich ist außerdem das Lebendgewicht, auch die Stalltemperatur, Trinkwasser usw. ermittelt und in Tabellen niedergelegt worden.

Die Diskussion führt KELLNER in der Weise durch, daß er die zur Erhaltung des Rindes erforderlichen Nährstoffe berechnet, und zwar alles zunächst je Tier und Tag für das jeweilige Lebendgewicht, dann aber auch pro 1000 kg. Da KELLNER seine Beweisführung auf die letztere Zahl stützt, soll sie hier aus den Tabellen herausgezogen werden.

13*

	Mittleres Lebendgewicht kg	Protein kg	Stickstofffreie Stoffe im ganzen kg	Fleisch g	Fett g
Ochse B					
Periode I . . .	607,8	1,811	7,176	126,6	802,1
„ II . . .	638,1	0,514	8,197	43,4	849,3
„ III . . .	661,2	1,830	7,189	134,7	841,4
„ IV . . .	672,3	0,728	7,177	64,9	576,6
Ochse C					
Periode I . . .	603,9	0,598	6,833	96,1	729,7
„ II . . .	653,4	0,480	7,779	58,4	900,5
„ III . . .	667,7	1,694	6,995	121,9	953,3

Den Stoffansatz berechnet er in zwei Formen, das eine Mal zieht er Fleisch und Fett zusammen, daneben gibt er den Fettansatz allein an. Beide Zahlen scheinen gleich wichtig. Die Zusammenfassung von Fleisch und Fett geschieht nach dem Wärmewert. Er hat von Dr. Köhler den Wärmewert des reinen fett- und aschefreien Rindfleisches ermitteln lassen, und zwar wurde für 1 g der Wärmewert 5,678 Cal gefunden. Für das Fett nimmt er den von Stohmann angegebenen Wärmewert 1 g = 9,500 Cal an. Hiernach gelangt er zu folgender Zusammenfassung:

	Lebend-gewicht kg	Gehalt des Futters an verdaul. Nährstoffen im ganzen kg	Zur Erhaltung an verdaul. Nährstoffen pro 1000 kg Lebendgewicht kg	Gesamtnährstoff für die Produktion verfügbar kg	Ansatz		Auf 1 kg Gesamtnährstoff findet sich im Ansatz	
					Fleisch und Fett g	Fett allein g	Fett und Fleisch g	Fett allein g
Ochse B								
Periode I .	607,8	14,79	7,88	6,91	1444,2	1319,7	209,0	191,0
„ II .	638,1	13,66	7,75	5,91	1371,6	1331,0	232,1	225,2
„ III .	661,2	13,64	7,66	5,98	1394,2	1272,5	233,1	212,8
„ IV .	672,3	11,76	7,62	4,14	915,4	857,7	221,1	207,2
Durchschnitt	—	—	—	—·	—	—	224,8	211,4
Ochse C								
Periode I .	603,9	12,30	6,18	6,12	1303,4	1208,3	213,0	197,4
„ II .	653,4	12,64	6,02	6,62	1431,6	1378,2	216,3	208,2
„ III .	667,7	13,02	5,98	7,04	1536,8	1427,7	218,3	202,8
Durchschnitt	—	—	—	—	—	—	215,9	202,8

Kellners Ergebnis: Im Durchschnitt beider Versuchsreihen wurde durch je 1 kg Gesamtnährstoff ein Ansatz bewirkt von:

	Fleisch und Fett g	Fett g
Nährstoffverhältnis 1:4	219,7	202,4
„ 1:10—11 . . .	217,1	202,3
„ 1:16	224,2	216,6

Die höhere Eiweißmenge des Futters hat hiernach zwar zweifellos den Fleischansatz gefördert (was später noch einmal an Hand anderer Versuche zu diskutieren sein wird). *In der Fetterzeugung unterscheiden sich jedoch proteinreiche und proteinarme Rationen nicht.* Das war für die damalige Zeit ein wichtiges Ergebnis und bestätigte endgültig das, was die Kühnschen Versuche mit ungewöhnlich armen Mastrationen bereits gezeigt, und was von anderer Seite inzwischen auch der praktischen Landwirtschaft dargelegt war.

Allein KELLNER begnügt sich mit diesem summarischen Ergebnis nicht, sondern arbeitet nun den *Unterschied zwischen Eiweißzulagen und Stärkezulagen* schärfer heraus. Auch hier lehnt sich die nachfolgende Darstellung an den von KELLNER selbst gegebenen Originalbericht an, und zwar wird dieses Mal die Berechnung *pro Kopf*, also nicht pro 1000 kg, gegeben. Wie die folgende Tabelle zeigt, hat KELLNER von dem Gesamtnährstoff zunächst den Mindestbedarf abgezogen, den er aus besonderen Versuchen errechnet hatte. Es ergibt sich hieraus der für die Produktion verbleibende Anteil. Allein auch von diesem muß noch das abgezogen werden, was in der Grundfutterperiode über den Mindestbedarf gereicht war. Dann bleibt der das Grundfutter übersteigende Rest, der aus den Zulagen stammt, und diesem wird nun der Ansatz gegenübergestellt, der über den des Grundfutters hinausgeht. Die Rechnung ist etwas umständlich, aber es dürfte lohnen, auch sie einmal in den Originalzahlen wiederzugeben.

	Periode I Kleber kg	Periode II Stärke kg	Periode III Kleber kg	Periode IV Grundfutter kg
Ochse B				
A. Nahrung				
Gesamtnährstoff	8,987	8,711	9,019	7,905
Mindestbedarf	4,791	4,948	5,067	5,124
Für die Produktion verfügbar	4,196	3,763	3,952	2,781
Desgleichen Grundfutter	2,781	2,781	2,781	2,781
Desgleichen in den Zulagen	1,415	0,982	1,171	—
B. Ansatz	g	g	g	g
Ansatz im ganzen	877,8	875,2	921,9	615,4
Ansatz bei Grundfutter	615,4	615,4	615,4	615,4
Ansatz, bewirkt durch die Zulagen	262,4	259,8	306,5	—

	Periode I Grundfutter kg	Periode II Stärke kg	Periode III Kleber kg
Ochse C			
A. Nahrung			
Gesamtnährstoff.	7,431	8,259	8,689
Mindestbedarf	3,735	3,936	3,994
Für die Produktion verfügbar	3,696	4,323	4,695
Desgleichen Grundfutter	3,696	3,696	3,696
Desgleichen in den Zulagen.	—	0,627	0,999
B. Ansatz	g	g	g
Ansatz im ganzen	787,1	935,4	1026,2
Ansatz bei Grundfutter	787,1	787,1	787,1
Ansatz, bewirkt durch die Zulagen	—	148,3	239,1

Sonach ist das Endergebnis dieser Versuchsreihe: Auf 1 kg verdauliche Nährstoffe, welche infolge der Zulage von Klebermehl und Stärkemehl für die Produktion verfügbar wurden, beträgt der Ansatz von Fett:

	Beim Ochsen B	Beim Ochsen C	Im Durchschnitt
Bei Stärkemehlzulage	264,6 g	236,5 g	250,6 g
Bei Kleberzulage . .	220,0 g	239,3 g	229,7 g

Das Eiweiß hat hiernach eine deutlich geringere Fettproduktion gebracht als die Stärke. Dieses Ergebnis geht durch alle späteren Versuche hindurch.

Mit jeder der folgenden Versuchsreihen erweitert sich die Fragestellung. Es genügt, etwas eingehender nur noch die nächste Versuchsreihe kennenzulernen, weil hier nun auch der dritte Nährstoff, das *Fett*, in das Experiment hineingezogen wird. In Betracht kommt nur der Versuch mit Ochse D. Die Anordnung ist dieselbe wie im vorigen Versuch. Es wird deshalb nur die Übersicht angegeben.

Periode I Grundfutter, welches aus Wiesenheu, Trockenschnitzeln und Roggenkleie besteht. Hierzu wird eine Zulage gegeben in Periode II von *Stärkemehl*, in Periode III von *Erdnußöl*, in Periode IV von *Weizenkleber*. Die im Durchschnitt der Periode je Tag verdauten Nährstoffe, sowie der Ansatz von Fett und Fleisch, ist in den nächsten zwei Tabellen verzeichnet.

	Organische Substanz kg	Protein kg	Stickstofffreie Extraktstoffe kg	Rohfaser kg	Fett kg
Ochse D					
I. Grundfutter	7,043	0,884	4,641	1,392	0,126
II. „ + Stärkemehl .	8,266	0,781	6,029	1,328	0,129
III. „ + Erdnußöl . .	7,600	0,878	4,535	1,385	0,803
IV. „ + Kleber . . .	8,366	1,940	4,884	1,417	0,124

	Mittleres Lebendgew. kg	Protein kg	Stickstofffreie Stoffe im Ganzen kg	Fleisch g	Fett g
Ochse D					
I. Grundfutter	684,3	0,884	6,285	76,6	650,7
II. „ + Stärkemehl .	729,5	0,781	7,615	82,3	873,9
III. „ + Erdnußöl . .	750,0	0,878	7,743	85,0	889,3
IV. „ + Kleber . . .	774,9	1,940	6,549	111,2	799,0

Zu beachten ist, daß das Grundfutter bereits einen ungewöhnlich starken Fettansatz bewirkt, der fast einem durchschnittlichen Masterfolg gleichsteht. Die Berechnung der aus einem Kilogramm Nährstoffen erzielten Produktion an Fett und Fettwert ergibt sich aus nachstehender Tabelle.

	Lebendgewicht kg	Gehalt des Futters an verdaulich. Nährstoff. im ganzen kg	Zur Erhaltung an verdaul. Nährstoffen pro 1000 kg Lebendgewicht kg	Gesamtnährstoff für die Produktion verfügbar kg	Ansatz Fleisch und Fett g	Ansatz Fett allein g	Auf 1 kg Gesamtnährstoff findet sich im Ansatz Fett und Fleisch g	Auf 1 kg Gesamtnährstoff findet sich im Ansatz Fett allein g
Ochse D								
I. Grundfutter	684,3	10,47	5,93	4,54	1019,7	950,9	224,6	209,4
II. „ + Stärkemehl .	729,5	11,51	5,81	5,70	1310,7	1197,9	229,9	210,2
III. „ + Erdnußöl .	750,0	11,49	5,75	5,74	1299,0	1185,7	226,3	206,6
IV. „ + Kleber .	774,9	10,95	5,69	5,26	1140,4	1001,1	216,8	190,3

Kellner begnügt sich auch in dieser Versuchsreihe nicht, den Produktionswert des ganzen Nährstoffüberschusses zu berechnen, wie es in vorstehender Tabelle geschehen ist, sondern er rechnet auch dieses Mal heraus, wieviel Fettwert aus den Zulagen selbst entstanden ist.

Ochse D.

A. Nahrung	Periode I Grundfutter kg	Periode II Stärke kg	Periode III Öl kg	Periode IV Kleber kg
Gesamter verdauter Nährstoff .	7,169	8,396	8,621	8,489
Mindestbedarf	4,058	4,235	4,314	4,409
Für die Produktion verfügbar .	3,111	4,161	4,307	4,080
Desgleichen im Grundfutter . .	3,111	3,111	3,111	3,111
Desgleichen aus den Zulagen . .	—	1,050	1,196	0,989
B. Ansatz	g	g	g	g
Gesamter Ansatz	696,5	923,1	940,1	865,5
Ansatz bei Grundfutter	696,5	696,5	696,5	696,5
Ansatz infolge der Zulagen . .	—	226,6	243,6	169,0

Das Ergebnis der vorstehenden Tabelle besagt demnach, es wurde aus je 1 kg Nährstoff, die infolge der Zufütterung mehr verdaut wurden, an Fettwert im Körper angesetzt:

    bei Stärkemehl. 215,8
    bei Erdnußöl, auf Stärke berechnet 203,7
    bei Klebermehl 170,9

Das wichtigste Ergebnis dieser zweiten Versuchsreihe ist die quantitative Ermittlung wieviel Fett aus dem Erdnußöl im Körper des Rindes abgelagert wird. Soeben wurde angegeben „auf Stärke berechnet 203,7 g Fettwert". Da bei dieser Berechnung ein Teil Erdnußöl = 2,27 Teilen Stärkemehl gesetzt worden ist, läßt sich die Menge des Erdnußöls rückwärts berechnen. Es waren 1000 : 2,27, also 441 g Erdnußöl, aus welchem 203,7 g abgelagert sind. Sonach würde 1 kg Öl einen Ansatz von 462,4 g Fettwert bewirkt haben. Diese überraschende Feststellung besagt, daß von 100 Teilen Öl nur 46 zum Ansatz kommen und 54 % verschwinden.

Der *Fettproduktionswert des Stärkemehls beträgt dieses Mal 215,8 g je Kilogramm Nährstoff*, während die endgültige Zahl des *vorigen Versuchs 250,6 g* war. Diese auffällige Senkung findet zunächst keine Erklärung. Auch in der dritten und vierten Versuchsreihe sind nochmals Versuchsperioden, welche die Stärkewertzulage untersuchen. Die Abweichungen der einzelnen Versuche werden nachher besprochen werden. Wichtig ist aus dieser Versuchsreihe die Erkenntnis, daß das Fett, in diesem Fall das Erdnußöl, nicht quantitativ zur Ablagerung kommt, sondern einen ähnlichen Abzug erleidet wie die anderen Nährstoffe, denn nur rund 55 % des Erdnußöls gelangen wirklich in den Körper des Tieres. In der dritten Versuchsreihe werden neben Wiederholungen bezüglich des Stärkemehls und der Fettzulage nun zum erstenmal *Futtermittel* auf ihren Fettproduktionswert geprüft, und zwar Wiesenheu, Haferstroh und Melasse und dies wird auch in der vierten Versuchsreihe fortgesetzt. Dazu bringt diese letzte Reihe noch etwas ganz Neues, was bis dahin noch nicht unternommen war, nämlich die *Prüfung des Nährwertes reiner Cellulose.* KELLNER schlägt einen bequemeren Weg zur Beschaffung des Untersuchungsmaterials ein als ihn seinerzeit die Versuchsstation Göttingen gegangen war. Während man hier sich mühsam das Material selbst durch Kochen von Stroh nach dem Prinzip der Rohfasermethode dargestellt hatte, wendete er sich an eine Strohstoffabrik, die Roggenstroh in Kugelkochern aufschloß. Mit dieser fast reinen Cellulose machte er eine überraschende Erfahrung. Es stellte sich heraus, daß der *Fettproduktionswert dieser Cellulose der Stärke so gut wie gleich* war. Die entscheidenden Versuche der vierten

Reihe, die doppelt ausgeführt worden sind, finden sich in nachstehender Zusammenstellung. Es lohnt, sie in den Einzelheiten wiederzugeben, weil hiermit endlich die lange schwebende und niemals endgültig beantwortete Frage nach dem Nährwert der Cellulose beim Wiederkäuer beantwortet ist.

Beweis des Nährwertes der Cellulose aus der vierten Versuchsreihe.

	Organ. Substanz kg	Protein kg	Stickstofffreie Extraktstoffe kg	Rohfaser kg	Fett kg
Ochse H					
Grundfutter + Stärkemehl	6,551	0,629	4,773	1,057	0,092
„ ohne Zulage	4,845	0,749	2,912	1,083	0,101
„ + Strohstoff.	7,250	0,654	3,351	3,129	0,116
Ochse J					
Grundfutter + Stärkemehl	6,347	0,764	4,396	1,105	0,085
„ ohne Zulage	4,952	0,836	2,895	1,114	0,107
„ + Strohstoff.	7,301	0,747	3,344	3,101	0,110

	Mittleres Lebendgewicht kg	Protein kg	Stickstofffreie Stoffe im ganzen kg	Fleisch g	Fett g
Ochse H					
Grundfutter + Stärkemehl	664,1	0,947	9,056	77,7	565,0
„ ohne Zulage	668,9	1,120	6,274	43,4	190,6
„ + Strohstoff.	699,5	0,935	9,595	157,0	734,9
Ochse J					
Grundfutter + Stärkemehl	627,4	1,218	9,039	90,3	471,9
„ ohne Zulage	635,1	1,316	6,649	32,9	222,6
„ + Strohstoff.	663,2	1,126	10,050	98,3	692,8

Die von Kellner gegebene Schlußberechnung für die einzelnen Versuche ist folgende:

	Gesamtnährstoff für die Produktion verfügbar kg	Ansatz Fleisch und Fett g	Ansatz Fleisch allein g	1 kg Gesamtnährstoff bewirkt einen Ansatz von Fleisch und Fett g	Fett allein g
Ochse H					
Pro Tag und Tier					
Grundfutter + Stärkemehl . . .	2,665	611,4	565,0	229,4	212,0
„ ohne Zulage	0,949	216,5	190,6	228,1	200,8
„ + Strohstoff. . . .	3,248	828,7	734,9	255,1	226,3
Ochse J					
Grundfutter + Stärkemehl . . .	2,605	525,9	471,9	201,9	181,2
„ ohne Zulage	1,198	242,3	222,6	202,3	185,8
„ + Strohstoff	3,438	751,6	692,8	218,6	201,5

Auch hier auf 1000 kg berechnet gibt die nachstehende Tabelle als Endergebnis nach Kellner an:

	Für den Ansatz verfügbare Nährstoffe kg	Ansatz Fleisch und Fett g	1 kg Nährstoff erzeugt Ansatz g	Verwertung der Nährstoffe im Ansatz Stärkemehl = 100 gesetzt
Stärkemehl	3,123	678,5	217,2	*100*
Strohstoff	4,539	1121,5	247,1	*114*

„Vor allem geht aus der Berechnung hervor, *daß die Cellulose des Strohstoffs keine geringere Wirkung auf den Ansatz ausgeübt hat als das Stärkemehl.*"

Nur die wissenswerten Einzelheiten, soweit sie das Fundament der Beweisführung bilden, können hier wiedergegeben werden. Das Endergebnis, wie es allgemein in den Lehrbüchern dargestellt wird und von KELLNER selbst berechnet ist, findet sich nun in einer Tabelle vereinigt. Hierzu ist zu bemerken, daß KELLNER sich nicht begnügt hat, Nährstoffmengen und den Nährstoffansatz zu ermitteln, sondern auch die Untersuchung im Calorimeter wiederholte. So kann er das Endergebnis auch in Calorien formulieren, wie es in der nachfolgenden Darstellung geschehen ist.

Auf je 1 g verdauliche organische Substanz:

	Wärme-wert	Physio-logischer Nutzwert	Hiervon für den Ansatz verwendbar	
			%	Cal
Kleberprotein	6148	4958	45,2	*2241*
Erdnußöl	8821	8821	56,3	*4966*
Stärkemehl	4183	3760	58,9	*2215*
Strohstoff	4247	3651	63,1	*2304*
Melasse	4075	3646	63,6	*2310*
Wiesenheu	4480	3641	41,5	*1512*
Haferstroh	4513	3747	37,6	*1409*
Weizenstroh	4470	3327	17,8	*592*

Man darf nicht vergessen, daß der Ansatz in allen Fällen zu mehr als 90 % aus Fett besteht. Sonach ist es erlaubt, alles nochmals in Fettproduktionswerte umzurechnen auf der Grundlage, daß 1 g Fett = 9,500 Cal gesetzt wird. Dies ergibt:

Futter	Fett	Stärkemehl = 100	Futter	Fett	Stärkemehl = 100
Kleberprotein	236	101	Melasse	243	104
Erdnußöl	523	224	Wiesenheu	159	68
Stärkemehl	233	100	Haferstroh	148	64
Strohstoff	243	104	Weizenstroh	62	27

Für die weitere Entwicklung der Fütterungslehre war zweierlei von Bedeutung. Zunächst der erwähnte Beweis bezüglich des vollen Nährwertes vom Strohstoff, dann aber die Minderung des Nährwertes für Wiesenheu, Haferstroh und Weizenstroh. Hier wurde zum erstenmal gezeigt, daß die verdauliche *organische Substanz nicht in allen Fällen gleichwertig* ist, sondern daß sie bei bestimmten Futtermitteln einen Abzug erleidet.

Hinsichtlich der Fetterzeugung gibt es also drei Momente, welche von dem Energiegehalt der verdaulichen organischen Substanz *Abzüge bedingen. Kohlehydrate* erleiden beim Wiederkäuer einen Verlust durch die Gärung im Pansen. Es wird bei der Gärung Methan ausgeschieden, und soweit die Minderung diesen Stoff betrifft, läßt sie sich messen. Für den Fall, daß gleichzeitig Wasserstoff gebildet wird, versagt die Methode des PETTENKOFERschen Respirationsapparates. Die *Eiweißsubstanz* nimmt an diesem Gärungsprozeß keinen Anteil, aber der Teil des Futtereiweißes, welcher nicht als Fleisch abgelagert wird, wird unter Abspaltung von Harnbestandteilen zersetzt und erleidet hierdurch eine Energieminderung. *Fett* selbst gelangt ohne Energieverlust zur Verdauung. KELLNER berechnet hiernach den *physiologischen Nutzwert der einzelnen Nährstoffe.* Von dem Stärkemehl, welches 4,18 Cal trägt, ist nach Abzug des Methans der physiologische Nutzwert nur noch 3,76 Cal usw.

Der zweite Abzug, den reine Nährstoffe erleiden, kann als *Assimilationsverlust* bezeichnet werden. Auf dem Wege vom Darm bis zur Ablagerung im Fettdepot gehen beim Wiederkäuer rund 40 % des Energiegehalts in Wärme über und nur knapp 60 % kommen zum Ansatz. Diese Verluste und den tatsächlichen Ansatz, in Prozenten berechnet, veranschaulicht nachstehende Tabelle:

	Verluste vom Energiegehalt der verdaulichen organischen Substanz				Vom Energiegehalt der verdauten organ. Substanz findet sich im Ansatz wieder
	durch Harnbildung	durch Methangärung	durch andere Vorgänge	im ganzen	
	%	%	%	%	%
Kleberprotein . . .	19,3	—	44,2	63,5	36,5
Erdnußöl	—	—	43,7	43,7	56,3
Stärkemehl. . . .	—	10,1	36,9	47,0	53,0
Strohstoff	—	14,0	31,7	45,7	54,3
Melasse	4,3	12,3	32,9	43,4	56,7
Wiesenheu	8,5	10,3	47,5	66,3	33,7
Haferstroh	4,7	12,2	51,9	68,8	31,2
Weizenstroh . . .	5,6	20,0	61,2	86,8	13,2

Die dritte Verlustquelle ist zum erstenmal bei den Untersuchungen der Rauhfutterstoffe, Wiesenheu, Haferstroh, Weizenstroh gesehen worden. Außer dem Assimilationsverlust von rund 40 % erleiden diese Futtermittel verschieden hohe, unter Umständen aber, wie das Beispiel Weizenstroh zeigt, ganz ungewöhnlich hohe Verluste. Das hat zu einer Umwälzung der Lehre von der Bewertung der Futtermittel geführt und gehört in den Einzelheiten nicht mehr in dieses Kapitel. (Siehe den Abschnitt von E. Mangold über Stärkewert in diesem Bande des Handbuchs.)

Die Umwandlung von *Stärkemehl* in *Fett* vollzieht sich *beim Wiederkäuer* nach Kellner in folgender Weise:

100 g Stärkemehl + 38,69 g Sauerstoff = 3,17 g Methan + 23,40 g Wasser + 88,77 g Kohlensäure + 23,34 g Fett

Dabei sei auf eine Beobachtung aufmerksam gemacht. Kellner hat bei diesen Versuchen mit sieben Ochsen je einmal den *Produktionswert des Stärkemehls* ermittelt, und diese Zahlen weichen, wie sich schon aus obigen Tabellen für einige Fälle herauslesen läßt, recht stark voneinander ab. Von der nutzbaren Energie des Stärkemehls, also nicht in Prozenten des physiologischen Nutzwertes, sondern in Prozenten des verdauten Stärkemehls, betrug der Ansatz am Körper in Prozenten:

Ochse B . . . . 61,4 %
„ C . . . . 56,4 %
„ D . . . . 54,2 %
„ F . . . . 63,2 %
„ G . . . . 65,2 %
„ H . . . . 56,6 %
„ J . . . . 55,2 %
Im Durchschnitt 58,9 %

Das heißt also, es sind Unterschiede von 54,2—65,2, sonach in Höhe von 11 % beobachtet worden oder, wenn 54,2 % = 100 gesetzt wird, beträgt die höchste Zahl 120. Woran liegen diese Unterschiede? An einer Stelle ist Kellner geneigt, sie der Individualität der Tiere zuzuschreiben; aber es kommt darauf an, ob sich die individuellen Unterschiede in der Verwertung auch auf die Vorgänge im Darmkanal beziehen, oder ob sie nur für den physiologischen Nutzwert gelten. Bei den früher erwähnten Versuchen, die Gustav Kühn noch ausgeführt hat, finden sich ebenfalls solche Versuche mit Zulagen von Stärke zum Grundfutter, und aus ihnen läßt sich in gleicher Weise der Fettproduktionswert ermitteln. KELLNER selbst gibt die Zahl 45,1 % an. Es ist auffällig, daß hier keine einzige Zahl die seiner eigenen Versuche erreicht, und das Mittel der Stärkeverwertung nur 49 % gegen 58,9 % der obigen Zusammenstellung beträgt. Hierfür ist eine *Erklärung* vorhanden. KELLNER macht nämlich darauf aufmerksam, daß diese älteren Versuche lediglich mit Wiesenheu als Rauhfutter (und im übrigen mit ungewöhnlich großen Mengen von Stärke) angestellt worden sind. Diese älteren Versuche hatten eine weit größere Methangärung gezeigt. Sonach können die starken Schwankungen auch der neueren Versuche vielleicht ebenfalls aus dieser Quelle hergeleitet werden. Daß es sich nicht um einfache Versuchsfehler handelt, zeigen die Parallelversuche, welche an dem gleichen Tiere angestellt sind. KÜHN fand bei Ochse V in der einen Versuchsserie nur Unterschiede zwischen 51,3 und 52,6 %, bei Ochse VI 48,0 % gegen 46,8 %.

Die endgültigen Fettproduktionswerte ergeben sich aus obiger Darstellung noch nicht. KELLNER hat die Zahlen später abgeändert, ohne daß sich exakte Unterlagen hierfür angeben lassen. Er gibt in Calorien den Wert des Ansatzes aus Fett mit 5,70 Cal, aus Kohlehydraten zu 2,36 Cal, aus Eiweiß zu 2,24 Cal an.

Mit Hilfe der Zahl 9,5 Cal = 1 g Fett läßt sich hieraus der *Fettproduktionswert für je 100 g Nährstoffe* berechnen. Er beträgt:

für Fett 60 g, für Kohlehydrate 25 g, für Eiweiß 23,6 g Fett.

II. Fettablagerung beim Schwein.

Die geschilderten Versuche haben zum erstenmal in exakter Weise die Fettablagerung beim gemästeten Tier gezeigt. Allein die Verhältnisse liegen, wie aus dem Dargelegten hervorgegangen ist, beim Wiederkäuer insofern kompliziert, als hier die Nahrung im Pansen erst einen Gärungsprozeß durchmachen muß. Es bleibt zunächst dahingestellt, ob der ungewöhnlich hohe Assimilationsverlust hiermit im Zusammenhang steht. Wichtig ist es, nun auch in gleicher Weise Aufklärung über die *Rolle der Nährstoffe im Mastfutter des Schweins* zu erhalten. Diese Arbeit hat FINGERLING[8] mit Hilfe von Stoffwechselversuchen geleistet, die er als Nachfolger von KELLNER mit dem gleichen PETTENKOFERschen Respirationsapparat angestellt hat. Auch die Fragestellung ist ähnlich. FINGERLING hat die Versuche an zwei Schweinen durchgeführt. In der Versuchsanordnung ist insofern eine Verbesserung vorhanden, als jede Versuchsreihe mit einer Periode „Grundfutter" beginnt und auch mit einer gleichen Periode schließt, so daß also die Versuche, in welchen Nährstoffzulagen gegeben werden, durch diese Grundfutterperioden eingerahmt sind. Es leuchtet ein, daß hiermit eine bessere Basis für die Berechnung der Zulagewirkung geschaffen ist. Zur Verfügung stehen Kreuzungen des Meißner Edelschweins. Die Tiere befinden sich noch im Wachstum und sind beim Beginn des Versuchs etwas über 80 kg schwer. Das Grundfutter besteht aus Gerstenschrot und Fleischmehl. Hierzu werden die reinen Nährstoffe gelegt, wie die nachfolgende Darstellung, die aus dem Originalbericht zusammengestellt ist, ersehen läßt. Zunächst werden in den nächsten Tabellen die verdauten Nährstoffe und der hierbei ermittelte Stoffansatz wiedergegeben. FINGERLING hat ebenso wie KELLNER die Futtermittel sowie Kot und Harn im Calorimeter verbrannt, so daß alle Angaben auch hier auf direkten Ermittelungen beruhen. Zur Berechnung der Fleischtrockensubstanz ist der Wärmewert für fett- und aschefreie Substanz zu 5,676 Cal angenommen worden.

Verdaute Nährstoffe.

	Mittleres Lebendgewicht kg	Rohprotein g	Stickstofffreie Extraktstoffe g	Fett g	Rohfaser g	Reineiweiß g
Schwein III						
Per. I Grundfutter	89,8	186,08	740,3	29,28	16,01	178,78
„ II „ + Stärkemehl . .	100,4	184,77	1132,0	30,75	15,12	177,50
„ III „ + Erdnußöl . . .	108,9	188,37	731,4	210,98	13,64	181,12
„ IV „ + Strohstoff . .	122,4	167,17	769,3	32,54	230,93	158,36
„ V „ + Klebermehl . .	125,6	424,83	721,1	44,67	13,26	414,03
„ VI „	130,0	184,78	727,2	30,69	14,09	177,55
Schwein IV						
Per. I Grundfutter	80,8	160,90	652,9	27,52	14,02	154,45
„ II „ + Fleischmehl . .	88,9	388,45	650,2	60,16	13,03	382,01
„ III „ + Zucker	97,3	161,99	1043,1	27,91	10,78	155,57
„ IV „	101,5	161,86	648,0	28,85	15,64	155,47

Fütterung	Ansatz von	
	Fleisch g	Fett g
Schwein III		
Periode I Grundfutter	37,83	117,05
„ II Stärkemehlzulage . .	62,65	226,59
„ III Erdnußölzulage . . .	46,93	241,83
„ IV Strohstoffzulage . . .	41,87	125,61
„ V Kleberzulage	43,98	151,98
„ VI Grundfutter	20,30	67,39
Schwein IV		
Periode I Grundfutter	41,69	86,05
„ II Fleischmehlzulage . .	71,75	176,60
„ III Zuckerzulage	31,93	179,05
„ IV Grundfutter	28,37	65,95

Einen Überblick über die Wärmewerte gibt die nachstehende Tabelle:

Schwein III.

	Periode					
	I	II	III	IV	V	VI
Überschuß in den Einnahmen	4399,15	5990,32	6004,76	5318,55	5549,38	4337,64
Erhaltungsbedarf	2648,59	2852,99	3011,86	3255,80	3312,31	3389,19
Produktionsfähig	1750,56	3137,33	2992,90	2062,75	2237,07	948,46
Im Ansatz	1326,66	2508,19	2563,75	1430,90	1693,35	755,39

Schwein IV.

	Periode			
	I	II	III	IV
Überschuß in den Einnahmen . .	3873,65	5291,49	5322,48	3860,44
Erhaltungsbedarf	2342,03	2496,24	2651,01	2726,86
Produktionsfähig	1531,62	2795,25	2671,47	1133,58
Im Ansatz	1054,11	2084,94	1882,15	787,54

Nach Anbringung der nötigen Korrekturen berechnet der Autor hiernach für 100 g Nährstoffzulage, wieviel prozentisch zum Ansatz kommt, und wieviel der Ansatz an Calorien beträgt, woraus sich schließlich der Fettwert ergibt:

	Ansatz in %	Ansatz in Calorien aus 1 g Nährstoff	Fett aus 100 g Nährstoff g
Stärke	82,61	3,369	35,5
Erdnußöl	92,89	8,357	88,0
Strohstoff	58,64	2,353	24,8
Kleber	74,20	3,399	35,8
Fleischmehl	76,58	3,902	41,1
Zucker	71,54	2,668	28,1

Diese Zahlen zeigen, daß die *Fettproduktionsverhältnisse beim Schwein erheblich günstiger liegen als beim Rinde.* Während 100 g Stärke beim Rind rund 25 g Fett bilden, wird hier die *Fetterzeugung zu 35,5 g gefunden.* Wichtig ist der Nachweis, daß der *Strohstoff* sich beim Schwein *nicht* anders verhält als beim Rind. Die Erklärung ist gegeben: der Strohstoff wird beim Schwein ebenso wie beim Rind durch einen Gärungsprozeß gelöst, der sich aber erst im Blinddarm und Dickdarm abspielt, nachdem die enzymatische Verdauung abgelaufen ist. Beim Schwein wird die Stärke enzymatisch verdaut, während beim Rind im Pansen die Stärke ebenso wie Cellulose dem Gärungsprozeß unterworfen ist. Stärke und Cellulose sind deshalb beim Rind gleichwertig, beim Schwein dagegen nicht. Das Schwein setzt aus diesem Grunde Stärke und alle enzymatisch löslichen Kohlehydrate besser in Fett um als das Rind. Einen Assimilationsverlust erleidet auch das Öl, doch beträgt dieser hier nur 12%. Die beiden Vertreter der Eiweißarten kommen nur zu 75% zur Wirksamkeit, ihr Assimilationsverlust ist also rund 25%, und somit etwas höher als der der Stärke. Wenn der Fettansatz der Stärke mit 100 g angenommen wird, ergibt sich nach diesen Untersuchungen die nachstehende Äquivalenz:

Stärke	100		Fett	248
Zucker	79,2		Kleber	101
Strohstoff	70		Fleischmehl	116

Eine ähnliche Untersuchung hat später in *Göttingen*[26] stattgefunden. Es sind *Stoffwechselversuche*, die an einem hannoverschen veredelten Landschwein ausgeführt worden sind. In diesem Fall beginnt *jeder* einzelne Versuch mit einer Normalperiode. Auf ihn folgt die Zulage eines zu prüfenden Nährstoffs; hier kann also auf besondere Korrekturen der Wirkung des Grundfutters verzichtet werden. Aus der Differenz der Nährstoffe und der Differenz des angesetzten Fleisches und Fettes müssen sich dann in genügend exakter Form die Wirkungsformen für die Nährstoffe ergeben.

Futtermittel	Periode	Nährstoffe				Ansatz		
		Stickstoff	Fett	Rohfaser	Stickstofffreie Extraktstoffe	Fleisch	Fett	Reines Fleisch
		g	g	g	g	g	g	g
Rohrzucker	II	312,9	51,0	133,3	1727,4	84,6	426,4	338,4
	I	311,9	47,8	135,8	979,8	68,0	223,1	272,0
		1,0	3,2	—2,5	747,6	16,6	203,3	66,4
Stärke	IV	313,2	54,3	136,7	1715,0	84,7	427,9	338,8
	III	314,6	57,1	104,5	966,8	61,5	191,4	246,0
		—1,4	—2,8	32,2	748,2	23,2	236,5	92,8
Fett	IV	314,3	339,3	150,0	959,6	52,3	416,2	209,2
	V	312,9	56,5	157,7	947,7	52,0	191,7	208,0
		1,4	282,8	—7,7	11,9	0,3	224,5	1,2
Aleuronat	VIII	815,8	60,7	155,0	953,7	67,4	347,8	269,6
	VII	278,3	50,2	106,9	878,7	42,4	115,3	169,6
		537,5	10,5	48,1	75,0	25,0	232,5	100,0

Es läßt sich hieraus berechnen, daß aus je 100 g Nährstoffen zur Ablagerung
gekommen sind:

Stärke 30,2   Fett 78,9
Rohrzucker 27,9   Eiweiß 34,8

Die Zahlen sind den von Fingerling gegebenen so ähnlich, daß sich hiernach
die Fettproduktion des Mastschweins mit Sicherheit übersehen läßt.

E. Übersicht und Abschluß.

In dem Vorstehenden ist zunächst in historischer Entwicklung die Frage
beantwortet worden, aus welchen Nährstoffen Fett entsteht, und gerade diese
Frage war von der praktischen Landwirtschaft mit Interesse verfolgt worden.
Wenn es so stünde, wie ursprünglich angenommen wurde, daß der Tierkörper
Fett nicht aufbauen kann, sondern sich begnügen muß, das Fett der Nahrung
aufzusammeln, dann wäre die Fettmast eine Kunst, die darauf hinausläuft,
möglichst fettreiche Futtermittel zu verwenden, und durch die Ernährungsmaß-
nahmen die Vernichtung des aufgesparten Fettes zu verhindern.

Durch das Auftreten von Liebig wurde dann die Erkenntnis gesichert, daß
das *tierische Fett mehrere Quellen* hat. Scheinbar als fest bewiesen und zwar für
die damalige Anschauung fester, als die Nachprüfung bestätigt hat, wurde darauf
von Voit der Satz, daß *Eiweiß eine Quelle des tierischen Fettes ist*, hingestellt. So
verbreitete sich in der praktischen Landwirtschaft zwei Jahrzehnte lang der
unheilvolle Lehrsatz, daß nur aus dem Eiweiß und dem Fett des Futters
das Mastfett gebildet werde. Auch in diesem Stadium der Lehre von der Fettbildung war die Praxis der Landwirtschaft vor eine schwer zu lösende Aufgabe gestellt worden. Der Kampf darum, ob *Kohlehydrate eine Fettquelle* seien,
traf die Landwirtschaft gerade als Tierhaltung und Tierzüchtung in stärkstem
Aufschwung begriffen waren, und das Endergebnis, welches von Lehrern der
Tierernährung allerdings längst vorausgenommen war, der endgültige Beweis,
daß Kohlehydrate nicht nur eine, sondern die Hauptquelle des tierischen Fettes
sind, mußte fast wie eine Erlösung wirken. Die Frage nach den Quellen des
Fettes war schließlich, ohne daß sie in allen Einzelheiten beantwortet worden
war, aus der wissenschaftlichen Diskussion fast verschwunden.

Allein seit den sechziger Jahren des vorigen Jahrhunderts tauchen neue
Probleme auf, die in der Hauptsache von Voit und seinen Schülern bearbeitet
werden. Es handelt sich um den Zusammenhang zwischen der Nahrung und dem
tierischen Fett, um die Erforschung des Fettstoffwechsels im Hungerzustand,
im Zustand ungenügender Ernährung und schließlich darüber hinaus bei überschüssiger Nahrung.

Sie konnten erst beantwortet werden, seitdem die Kohlenstoffbilanz am
tierischen Körper mit Hilfe des von Pettenkofer konstruierten Respirationsapparats korrekt gezogen werden konnte.

Zahlenmäßige *Zusammenhänge zwischen Nahrung und Fett am tierischen
Körper* zu ermitteln, ist die Aufgabe, welche sich jene Zeit, die als die klassische
Zeit der Stoffwechseluntersuchungen bezeichnet wird, gestellt hatte. Zu end-
gültig befriedigenden gesetzmäßigen Beziehungen führte die Untersuchung
Voits jedoch nicht.

Als Rubner im Laboratorium Voits zum erstenmal exakt solche Zusammenhänge und somit das Gesetz der Isodynamie der Nährstoffe aufstellte, begann
die Aufmerksamkeit der Forschungen sich von den stofflichen Problemen ab-
und den *Energieverhältnissen* zuzuwenden.

Im ungenügend ernährten Tiere vertreten sich die einzelnen Nährstoffe nach der Wärmemenge, welche sie bei völliger Verbrennung entwickeln. Das ist der Sinn jenes von RUBNER entdeckten Gesetzes. Die neue Vorstellung über den Betrieb des tierischen Organismus war nun etwa die: Das warmblütige Tier hat einen bestimmten *Energiebedarf*, der dazu dient, die innere Arbeit des Körpers zu leisten. Wie bei aller Arbeit fällt hier als Nebenprodukt Wärme ab, aber auch diese innere Arbeit selbst geht innerhalb des Körpers in Wärme über, und die Summe der so entstandenen Wärme dient dazu, den Körper des Tieres auf einer konstanten eigenen Temperatur zu halten, die unabhängig von der Umgebung ist. Wenn diese aus dem Energiemindestbedarf eines Tieres herrührende Wärme für diesen Zweck nicht ausreicht, wenn also die umgebende Temperatur stark sinkt, findet eine gesonderte Verbrennung von Nährstoffen statt, die RUBNER als die *chemische Wärmeregulierung* bezeichnet hat. Innerhalb dieses Gebietes gilt jenes Gesetz der Isodynamie der Nährstoffe.

Allein auch reine Nährstoffe, die weder Kauarbeit noch Darmarbeit beanspruchen, gehen aus der Nahrung nicht ohne Verlust in den Körper des Tieres über. Ein Teil derselben wird sofort in Wärme verwandelt, und kann nur noch zur Erwärmung des Tierkörpers dienen. Nur der Rest wird zu weiteren energetischen Zwecken benutzt. Diese Spaltung wird nicht gesehen, wenn der Körper des Tieres noch einer Zusatzheizung mit Hilfe der chemischen Regulierung bedarf. Sie wird aber sichtbar, sobald diese Erwärmung unnötig ist.

Bei einer Umgebungstemperatur von rund 25⁰ reicht die Wärme, in welche das Energieminimum verwandelt wird, gerade noch aus, um den Körper auf der eigenen Temperatur von 37—38⁰ zu halten. Wird die umgebende Temperatur erheblich höher, z. B. 30⁰, dann ist der Teil der Energie, welcher aus einem Nährstoff sofort in Wärme übergeht, ohne Nutzen, und von da ab gilt die Isodynamie der Nährstoffe, wie sie RUBNER ursprünglich aufgestellt hatte, nicht mehr. In einfachster Form und mit beliebigen Zahlen ausgedrückt: bei niedriger Temperatur sind 100 g Nahrungsfett äquivalent mit 100 g tierischem Fett; da wo das hungernde Tier 100 g von seinem Körper abschmilzt, können sie durch die gleiche Menge Nahrungsfett ersetzt werden. Bei hoher Temperatur dagegen, etwa bei 30⁰, sieht man den Unterschied; 100 g Nahrungsfett ersetzen nicht mehr 100 g Körperfett, sondern vielmehr nur 90 g. Die Betrachtung des Fettstoffwechsels geht sonach ganz in solche über die Energieverhältnisse über.

Aber die letzten 30 Jahre haben den Untersuchungen über den Fettstoffwechsel noch eine andere Richtung gegeben, die in der vorliegenden Darstellung zunächst und mit Absicht unberücksichtigt geblieben ist. In der Zeit als der *Übergang von Kohlehydraten in Fett* fest bewiesen wurde, begnügte man sich mit dieser Tatsache. Die Versuche, sie zu erklären, gewährten keinerlei Einblick in die chemischen Prozesse. Wie wenig man damals in das Wesen derselben eindrang, mag die Erinnerung an eine Spekulation zeigen, die ein hervorragender Vertreter der organischen Chemie bezüglich der auffallenden Tatsache machte, daß in fast allen tierischen Fetten neben der Stearinsäure die Palmitinsäure vorkommt: 3 Moleküle Glykose geben 1 Molekül Stearinsäure; um die Palmitinsäure zu erklären, glaubte man die Beteiligung von Pentosen heranziehen zu müssen. Ein arithmetischer Überschlag war der magere Ersatz für chemische Einsicht. Erst in neuester Zeit beginnt sich dieses Gebiet aufzuhellen. Noch ist vieles kaum mehr als Dämmerung, aber blitzartig leuchten einzelne Tatsachen hervor. Die Beobachtung von KNOOP über den Abbau der Fettsäuren und der dabei benutzte glückliche Griff, ihr Schicksal in Verbindung mit dem Benzolkörper im tierischen Organismus zu prüfen, hatte zu dem Satz geführt, daß der oxydative Angriff der Fettsäuren beim β-Kohlenstoffatom stattfindet. Anders ausgedrückt, die Kette der Kohlenstoffatome einer Fettsäure wird in der Weise verkürzt, daß je 2 Atome Kohlenstoff, also als Essigsäure, abgebrochen werden. Die Methoden von Embden, der in der Hauptsache die Durchblutung der Leber benutzte, schließlich direkte Oxydation in vitro, wie sie Dakin gelehrt hat, hellen das ganze Gebiet wenigstens soweit auf, daß der *Abbau* der Fettsäuren im Tierkörper verständlich wird. Der Unterschied zwischen Palmitin- und Stearinsäure, ebenso das Nebeneinandervorkommen der Fettsäuren mit einer geraden Anzahl von Kohlenstoffatomen in der Butter von der Stearinsäure bis zur Buttersäure, wird nun verständlich.

Auch für den Aufbau des Fettes aus dem Kohlehydratmolekül ergeben sich nun Gesichtspunkte. Die Bildung von Glycerin aus Glykose anzunehmen liegt nahe, aber wie entsteht aus den 6 Molekülen des Zuckers die Fettsäure? Eine Fülle von Arbeiten klären zur Zeit diesen Prozeß auf. Die Glykose zerfällt in Methylglyoxal, das sich in Brenztraubensäure verwandelt und von dort aus kann mit Hilfe der Aldolkondensation aufgebaut werden. 2 Moleküle Aldol führen bereits zur Caprylsäure. Wir dürfen erwarten, daß die nächsten Jahrzehnte hier volle Klarheit schaffen werden. Die zur Zeit bekannten Einzelheiten sind nicht Gegenstand dieses Kapitels.

Wir kehren von den Abschweifungen, die nach zwei Richtungen geführt haben, zum eigentlichen Gegenstand des Fettstoffwechsels zurück. Quantitativ waren die Beziehungen von Fett und Nahrung zunächst im ungenügend ernährten Tiere erforscht worden, und als Rubner zum erstenmal das Fettschicksal im abundant ernährten Tier ermittelte, fand er jene Beziehungen, die er als die spezifisch dynamische Wirkung der Nährstoffe bezeichnet, und für die oben der Ausdruck Assimilationsverlust gelegentlich benutzt worden ist.

Das ganze Gebiet der abundanten Ernährung ist aber das, was die Landwirtschaft an erster Stelle interessiert: Wie verhält es sich mit der *Fettablagerung bei der Mast?* In der obigen Darstellung ist dies ausführlich an den zwei landwirtschaftlichen Nutztierarten, dem Wiederkäuer und dem Schwein, gezeigt worden, und hier befinden wir uns auf einem festen Boden, der durch exakte Stoffwechselversuche gesichert ist. Was wiederholt an den älteren Versuchen bemängelt werden mußte, ist hier vermieden. Futter, Kot und Harn, ebenso die Atemluft, sind exakt untersucht, und die darüber vorliegenden Veröffentlichungen geben in allen Einzelheiten darüber Rechenschaft. So konnte Kellner das Schicksal der Nährstoffe bei der Mast der Ochsen darlegen und die zahlenmäßigen Beziehungen aufklären. Wiederum ist hier die Einschränkung gemacht, daß hauptsächlich auf das Fett Rücksicht genommen worden ist. Das gleiche zeigt sich an den schönen Untersuchungen von Fingerling über die *Ernährung des Mastschweins.* Aus beiden Untersuchungen ergaben sich nicht nur die gesetzmäßigen Beziehungen der Nährstoffe zur Fettbildung, sondern auch die Unterschiede beider Tierarten bezüglich der Ergiebigkeit der Fettproduktion.

Ein weiteres Gebiet öffnet sich hier unseren Blicken. Fettmast war in der alten Zeit die Mast überhaupt. Die letzten 30 Jahre haben an dieser Stelle eine fundamentale Wandlung geschaffen und die landwirtschaftliche Praxis ist diesem Wege längst gefolgt. Heute ist in der Mast landwirtschaftlicher Nutztiere nicht mehr das Fett, sondern das Fleisch das Hauptziel der Produktion, und das Fett kommt nur insoweit noch in Betracht, als es die Qualität der Mastprodukte verbessert. Das hat zu immer stärkerer Betonung der *Mast des wachsenden Tieres,* als des eigentlichen Fleischbildners, geführt. Die Schilderung dieser Verhältnisse ist Gegenstand eines anderen Kapitels (s. Völtz und Kirsch in diesem Bande des Handbuchs).

Literatur.

(*1*) ALBERT: Landw. Jb. **28**, 975 (1899).

(*2*) BENEDICT: Analyse der Fette und Wachsarten. Verlag Springer, Berlin 1897. — (*3*) BOGDANOW: Arch. ges. Physiol. **68**, (1897). — (*4*) BOGDANOW, E.: J. Landw. **56**, 74 (1908).

(*5*) DORMEYER: Arch. ges. Physiol. **65**, (1897). — (*6*) DUMAS: Leçon sur la statique chimique des êtres organisés. 1841. — (*7*) DUMAS, BOUSSINGAULT u. PAYEN: Ann. Chim. et Phys., 3. Ser. **1843**, T. 8.

(*8*) FINGERLING: Landw. Versuchsstat. **84**, 149 (1917).

(*9*) HAECKER: Minnesota Arg. Exp. Sta. Bull. **293** (1920). — (*10*) HEINRICH: Ber. üb. Tätigkeit landw. Versuchsstat. Rostock. — (*11*) HENNEBERG: Landw. Versuchsstat. **10**, 437 (1868). — (*12*) HENNEBERG, W., KERN u. WATTENBERG: J. Landw. **26**, 549 (1878); **1880**. — (*13*) HENRIQUES u. HANSEN: Biedermanns Zbl. **29**, 529 (1900). — (*14*) u. (*15*) HOFMANN, F.: Z. Biol. **8**, 153 (1872).

(*16*) KELLNER: Arb. landw. Versuchsstat. Möckern; Landw. Versuchsstat. **44**, 560 (1894). — (*17*) Untersuchungen über den Stoff- und Energieumsatz des erwachsenen Rindes. Berlin 1900.

(*18*) LAWES u. GILBERT: Experimental Inquiry into the Composition of some of the animals fed and slaughtered as human food, From the Philos. Trans., Part II. **1859**. — (*19*) Rep. brit. Assoc. Advancement Sci. **1866**. — (*20*) LEBEDEFF, A.: Malys Jber. Tierchem. **12**, 425 (1882). — (*21*) bis (*24*) LEHMANN, F.: Versuchsstat. Göttingen, Originalmitteilung. — (*25*) Arch. Geflügelkde **1**, H. 7 (1928). — (*26*) Versuchsstat. Göttingen, Originalmitteilung. — (*27*) LIEBIG: Die organische Chemie in ihrer Anwendung auf Physiologie und Pathologie. Braunschweig 1842. Verlag Vieweg und Sohn.

(*28*) MAERCKER u. MORGEN: Versuche über die zweckmäßige Verwendung der Diffusionsrückstände und der Schlämpe sowie über die zweckmäßige Bemessung der Kraftfuttergaben für verschiedene Zwecke der Viehhaltung, S. 7. Magdeburg 1888. (Broschüre, anscheinend Abdruck aus der Magdeb. Ztg). — (*29*) MEISSL, STROHMER u. v. LORENZ: Z. Biol. **22**, 63 (1886). — (*30*) MOULTON, TROWBRIDGE a. HAIGH: Missouri Arg. Exp. Sta. Res. Bul. **55** (1922); zit., ebenso wie HAECKER noch ARMSBY a. MONETON: The animal as a converter of matter and energy. New York 1925.

(*31*) PETTENKOFER u. VOIT: Ann. Chem. u. Pharm., Suppl. **2**, 52, 361 (1862); Z. Biol. **5**, 106 (1869); **6**, 371; **7**, 489 (1871). — (*32*) Z. Biol. **2**, 478 (1866); **5**, 369 (1869). — (*33*) PFLÜGER: Arch. ges. Physiol. **51**, 229 (1892); **52**, 1 (1892). — (*34*) PROUT: Philos. Trans. roy. Soc. **2**, 355 (1827).

(*35*) RADZIEJEWSKY: Virchows Arch. **43**, 268; Zbl. med. Wiss. **1866**. — (*36*) RUBNER, M.: Z. Biol. **19**, 313 (1883); **22**, 40 (1886). — (*37*) Gesetze des Energieverbrauchs. Verlag Deuticke, Wien 1902.

(*38*) SOXHLET, F.: Wbl. landw. Ver. Bayern **1905**. — (*39*) Z. landw. Ver. Bayern **1881**.

(*40*) TSCHIRWINSKY: Landw. Versuchsstat. **29**, 317 (1883).

(*41*) VINSON, A. EARL: Beiträge zur Methodik der Analyse ganzer Tierkörper. Dissert., Göttingen 1904. — (*42*) VRIES, Dr. DE: Stoffwechseluntersuchungen an Saugkälbern. Dissert., Göttingen 1896. — (*43*) bis (*45*) VOIT in HERMANNS Handbuch der Physiologie **1**, 1, 96 ff.

(*46*) WEBER, G.: Erg. Physiol. I **1**, 1, 722 (1902).

4. Der Mineralstoffwechsel.

Von

Privatdozent Dr. W. Lintzel

Oberassistent am Tierphysiologischen Institut der Landwirtschaftlichen Hochschule Berlin.

Mit 2 Abbildungen.

A. Allgemeines.

Die Tatsache, daß die Pflanzen zum Wachstum und zu ihrer sonstigen Lebenstätigkeit Mineralstoffe benötigen, ist seit Liebig Allgemeingut der Wissenschaft geworden. Die Erkenntnis, daß auch der tierische Organismus außer Wasser Substanzen der anorganischen Welt zum Leben benötigt, ist weit jüngeren Datums. Der grundlegende Versuch wurde 1880 von Forster ausgeführt, der Hunde mit Fleisch ernährte, das durch sorgfältiges Auswaschen von der Hauptmenge der Salze befreit worden war. Es zeigte sich, daß die Tiere die Freßlust verloren und schließlich zugrunde gingen. Es war damit zum ersten Male gezeigt, daß *der Organismus auf eine ständige Zufuhr von Mineralstoffen angewiesen ist*, ohne daß sich allerdings zunächst sagen ließ, worin deren Bedeutung zu suchen sei und woran die Tiere eigentlich starben. Heute liegen viele Untersuchungen über die Bedeutung der Mineralstoffe bei den Tieren vor, doch sind auch jetzt unsere Kenntnisse bei weitem nicht lückenlos, sind wir doch nicht einmal imstande, die Elemente mit Sicherheit anzugeben, die unbedingt lebenswichtig sind.

Die *Funktionen der Mineralstoffe im Tierkörper* liegen in sehr verschiedener Richtung. In Analogie zu den organischen Substanzen, deren Rolle im Energiehaushalt des Körpers so eingehend studiert worden ist, wäre auch der Gehalt der Mineralstoffe der Nahrung an *Energie* in Betracht zu ziehen. Es wird jedoch zu zeigen sein, daß in dieser Beziehung den Mineralstoffen wenigstens bei den höheren Tieren keine Bedeutung zukommt, ja, daß man hierin den wesentlichsten Unterschied zwischen den anorganischen und organischen Nährstoffen zu erblicken hat.

Mit den organischen Nährstoffen haben die anorganischen gemeinsam, daß sie gleichfalls als *Baustoffe der tierischen Materie* eine erhebliche Rolle spielen. Besteht doch der tierische Organismus zum größeren Teil aus anorganischem Material, wenn wir seinen hohen Wassergehalt berücksichtigen. Die Funktion als Baustoff kommt besonders beim wachsenden Tier zur Geltung, ferner bei der Milchbildung und anderen Arten der tierischen *Produktion*. Sie fehlt aber auch nicht im Zustande der *Erhaltung*, da hier mit dem Grundumsatz der organischen Substanz stets auch eine „Mauserung" der anorganischen Bestandteile einhergeht.

Im Knochen, in den Zähnen, bedingen die Mineralstoffe die *Festigkeit des Gewebes*, das dadurch für besondere Aufgaben gebrauchstüchtig wird. Die in den Körperflüssigkeiten gelösten Salze bedingen in allererster Linie deren *osmotischen Druck*, während die organischen Substanzen in dieser Beziehung von viel geringerer Bedeutung sind. Durch die gelösten Mineralstoffe wird ferner auch die *Reaktion der Körpersäfte* bestimmt, während den saueren und alkalischen Bestandteilen organischer Natur hier gleichfalls eine mehr sekundäre Rolle zukommt. In diesem Zusammenhang ist auch an die Magensalzsäure und die Alkalien der Darmsäfte zu denken.

Eine höchst bedeutsame Funktion der Salze liegt in ihrer Fähigkeit, den *kolloidalen Zustand* der hochmolekularen Bestandteile der Zellen und Gewebe, in erster Linie also der Eiweißstoffe, in bestimmter Weise zu beeinflussen. Die Eigenschaft der *hydrophilen Kolloide,* um die es sich im tierischen Organismus vor allem handelt, Wasser aufzunehmen, zu quellen, wird durch den Salzgehalt des Wassers stark beeinflußt. Der eigentümliche, festweiche Zustand, sowie viele andere physikalische Eigenschaften der lebenden Substanz stehen daher in unmittelbarer Beziehung zu dem Salzgehalt der Körperflüssigkeiten.

Betrachtet man nun weiterhin die *Verbindungen der Mineralstoffe mit organischen Substanzen* im Tierkörper, so erweitert sich der Kreis ihrer Funktionen noch erheblich. Der Blutfarbstoff, der den Transport des Sauerstoffs im Tierkörper vermittelt, ist bei den niederen Tieren als Kupferverbindung, bei den höheren Tieren als Eisenverbindung erkannt worden. Phosphor und Schwefel sind wesentliche Grundstoffe des Körpereiweißes und mancher fettartiger Substanzen von hoher physiologischer Bedeutung. Esterartige Verbindungen der Phosphorsäure mit Zucker spielen bei den energieliefernden Prozessen im Tierkörper eine wichtige Rolle. Zur Entgiftung von schädlichen Produkten der Darmgärung wird die Schwefelsäure herangezogen, so daß derartige Stoffe in ungiftiger Form ausgeschieden werden können. Als wesentlicher Bestandteil des Hormons der Schilddrüse ist das Jod erkannt worden.

Dem Eisen und anderen Schwermetallen wird eine Rolle als *Katalysatoren* bei den tierischen Oxydationsprozessen zugeschrieben, und das Atmungsferment soll Eisen als wesentlichen Bestandteil enthalten. Bei den Oxydationsvorgängen wirkt ferner Schwefel in organischer Bindung mit. Diese Beispiele, die noch vermehrt werden könnten, zeigen die Mannigfaltigkeit der Funktionen, die das Studium der Physiologie der Mineralstoffe uns heute schon hat erkennen lassen.

Die Funktionen der Mineralstoffe im Tierkörper interessieren uns hier nur soweit, als sie zum Verständnis des *Mineralstoffwechsels* beitragen. Wir betrachten zunächst diejenigen Seiten des Mineralstoffwechsels, bei denen wir die Mineralstoffe in Beziehung zu der *gesamten Lebenstätigkeit* des tierischen Organismus treten sehen, und gehen dann dazu über, die einzelnen Mineralstoffe hinsichtlich ihres Vorkommens in den verschiedenen Teilen des Tierkörpers, ihrer Resorption und Ausscheidung zu verfolgen.

I. Die Mineralstoffe im Energiehaushalt.

Die Herkunft der in den pflanzlichen und tierischen Organismen umgesetzten Energiemengen kann fast ausschließlich auf die Strahlungsenergie der Sonne zurückgeführt werden. Mit Hilfe des grünen Blattfarbstoffs, des Chlorophylls, und anderer Farbstoffe ist die Pflanze imstande, organische Substanzen aus anorganischem Material, dem Kohlendioxyd der Luft und den Mineralstoffen des Bodens, aufzubauen. Diese Photosynthese liefert das Material, aus dem der Pflanzenfresser seinen Energiebedarf bestreitet, und indem der Pflanzenfresser dem Carnivoren zur Nahrung dient, lebt auch dieser indirekt auf Kosten der Sonnenenergie. Von diesem Grundprinzip, von dem das organische Leben beherrscht wird, gibt es gewisse Ausnahmen, bei denen das Leben aus dem Energiegehalt anorganischer Substanzen vollständig unabhängig von außerirdischen Energiequellen bestritten wird.

Ein Beispiel hierfür von hohem theoretischen Interesse sind die *Schwefelbakterien.* Von den Beggiatoaarten war seit langem bekannt, daß sie in ihrem Inneren elementaren Schwefel aufspeichern, der in Tröpfchen, und zwar anscheinend in kolloidalem Zustande vorliegt. HOPPE-SEYLER[397] machte die grundlegende Beobachtung, daß die Beggiatoen ihren Schwefel aus dem Schwefelwasserstoff der Schwefelquellen, die sie bewohnen, gewinnen, und daß sie bei Sauerstoffabschluß absterben. Winogradski[969] verfolgte diese Befunde weiter und kam zu der Erkenntnis, daß die Schwefelbakterien H_2S zu Schwefel verbrennen, den sie als Vorratsstoff ablagern und weiter zu Schwefelsäure zu oxydieren vermögen. Viel später erst gelang es Keil[440], Reinkulturen von Beggiatoen zu züchten. Zum Wachstum sind außer H_2S und Sauerstoff auch Kohlendioxyd und Erdalkalien, diese zur Neutralisation der Schwefelsäure (Jacobsen[409]), erforderlich. Bei der Oxydation des Schwefelwasserstoffs zur Schwefelsäure werden 62,4 Cal pro Gramm-Mol oder 1,9 Cal pro Gramm frei, während Glukose, das wichtigste Brennmaterial der übrigen organischen Welt, 3,7 Cal liefert. Mit der freien Energie der Schwefelwasserstoffverbrennung bestreiten die Schwefelbakterien die Synthese ihrer Körpersubstanz aus anorganischem Material und ihren gesamten Energiebedarf. Licht wirkt auf diese Organismen schädlich. Über den ungeheuren Umfang der Tätigkeit von H_2S-oxydierenden Spirillen im Schwarzen Meer, wo in größeren Tiefen der reichlich vorhandene Schwefelwasserstoff alles übrige Leben verhindert, wird von Jegunoff[417] berichtet. Im Ackerboden entfalten Schwefelbakterien dagegen nur eine geringe Tätigkeit (Kappen und Quensell[432]). Bezüglich gewisser mariner Formen von Schwefelbakterien nahm Nathanson[636] an, daß sie ihre Lebensenergie aus der Oxydation der Thioschwefelsäure $H_2S_2O_3$ zu Schwefelsäure und Tetrathionsäure $H_2S_4O_6$ beziehen. Auch Bakterien, die molekularen Schwefel zu Schwefelsäure oxydieren, sind bekannt (Waksman[927], Waksman und Sharkey[928]). Auch diese Bakterien sind weder zur Photosynthese befähigt, noch vermögen sie ihren Energiebedarf aus organischem Material zu decken. Dagegen scheinen die gleichfalls H_2S-oxydierenden Purpurbakterien mit Hilfe ihres Farbstoffes zur Photosynthese fähig zu sein, sind also nicht auf die Verbrennung anorganischer Substanzen angewiesen.

Zum Leben auf Kosten des Energieinhaltes anorganischen Materials sind auch die von Winogradski[970] beschriebenen *Eisenbakterien* befähigt, die die freie Energie der Oxydation zweiwertigen Eisens zum dreiwertigen zur Synthese ihrer Körpersubstanz und zum Stoffwechselbetriebe verwenden. Die von Winogradski untersuchte Leptothrixart, wie auch Arten von Crenothrix und Spirophyllum, oxydieren das Ferrobicarbonat, das sich in den Eisenquellen findet, zum Ferricarbonat, das sofort hydrolytisch in Ferrihydroxyd und Kohlensäure zerfällt. Das Hydroxyd findet sich als amorphe braune Masse in den Bakterien vor. Der Umfang dieses Prozesses geht aus der von Lieske[515] gestützten Annahme Winogradskis hervor, daß bestimmte Eisenlagerstätten, das Raseneisenerz, ihre Ablagerung der Tätigkeit der eisenoxydierenden Bakterien verdanken. Einige Eisenbakterien vermögen auch Manganosalze zu oxydieren (Beijirinck[52]). Die Eisenbakterien scheinen nicht in demselben Maße wie die Schwefelbakterien auf rein anorganisches Material angewiesen zu sein. Bei Gegenwart organischer Substanz können sie nach Molisch[617] auch ohne Eisen gezüchtet werden. Ihre Lebensprozesse unterscheiden sich in diesem Falle nicht von denen anderer auf Kosten organischen Materials lebender Bakterien.

Sind so die Eisenbakterien kein vollkommenes Beispiel für das Leben in rein anorganischem Milieu, so haben wir in den *nitrifizierenden Bakterien* Organismen vor uns, die auf rein anorganischem Substrat, unabhängig von der Lichtenergie, gedeihen. Ihre Reinkultur gelang Winogradski[971] erst, als er alle organischen Substanzen aus seiner Nährlösung entfernte. Selbst die allgemeinsten Nährstoffe der organischen Welt, auch Traubenzucker, wirken auf diese Bakterien stark giftig. Man hat zwischen den Nitritbildnern, Nitrosomonas, Nitrosococcus, die Ammoniak zu salpetriger Säure oxydieren, und den Nitratbildnern, Nitrobacter, die das Nitrit weiteroxydieren, zu unterscheiden. Während über den Mechanismus der Nitritbildung aus Ammoniak und der damit verbundenen Chemosynthese noch wenig Klarheit herrscht (KOSTYTSCHEW[470]), wird der gesamte Gaswechsel des Nitratbildners durch die Gleichung

$$2\,HNO_2 + O_2 = 2\,HNO_3 + 43,2\ \text{Cal}$$

ausgedrückt (MEYERHOFF[600]). Sind so die nitrifizierenden Bakterien auf ein Leben in rein anorganischem Milieu eingestellt, so sind sie doch der übrigen, mit Hilfe der Photosynthese existierenden Welt aufs engste eingefügt, da das verarbeitete Ammoniak nahezu ausschließlich biologischer Herkunft ist, indem es bei der Mineralisation organischer Substanzen entsteht. Die nitrifizierenden Bakterien schließen den Kreislauf, den der Stickstoff von den Nitraten über die Eiweißstoffe der Pflanzen und Tiere und bei deren Zerfall zum Ammoniak ausführt.

Die *Ausnützung anorganischer Stoffe als Energiequelle durch Organismen* ist noch in zahlreichen anderen Fällen beobachtet worden. So sind Mikroorganismen bekannt, deren Lebenstätigkeit auf der Oxydation von Wasserstoff, Methan, Kohle und Kohlenoxydgas beruht (SÖHNGEN[835], KASERER[433], RUHLAND[750], GROHMANN[302], POTTER[704]), und nach KOSTYTSCHEW[470] sind weitere Entdeckungen auf diesem Gebiete durchaus zu erwarten.

Die beschriebenen Fälle beziehen sich auf die niedrigsten Formen des Lebens. Aber auch *bei den höheren Organismen* werden zweifellos ständig anorganische Substanzen im Getriebe des Stoffwechsels oxydiert, wobei die frei werdende Energie in den Energiehaushalt eingeht. Es sind jedoch keinerlei Tatsachen bekannt, die dafür sprechen würden, daß dieser Energiequelle eine irgendwie merkliche Bedeutung im Vergleich zu den organischen Energiequellen, Eiweiß, Fett und Kohlehydrat, zukommt.

Es muß aber auffallen, daß dieselben Grundstoffe, namentlich *Eisen und Schwefel*, die wir als Energielieferanten bei niederen Lebewesen kennengelernt haben, auch bei den höheren Tieren eine Rolle bei den Oxydationsvorgängen, hier aber nur als *Katalysatoren*, spielen, wenn wir an die Bedeutung des Eisens (WARBURG) und der Sulfhydrylgruppe (HOPKINS) bei den tierischen Oxydationen denken. Die von KOSTYTSCHEW[470] geäußerte Hypothese, nach der wir in den fraglichen Mikroorganismen, die ja von organischem Material mehr oder weniger unabhängig sind, die ersten Lebensformen zu erblicken hätten, würde neue Ausblicke für die Oxydationsvorgänge im Organismus der höheren Tiere eröffnen, wenn sich tatsächlich ein Zusammenhang zwischen diesen und dem Chemismus jener primitiven Lebensformen nachweisen lassen würde.

Wenn eine gewisse Beziehung zwischen der Verbrennung von anorganischen Eisen-, Schwefel- und Stickstoffverbindungen bei den in Rede stehenden Mikroorganismen und der Verbrennung höherer Kohlenstoffverbindungen beim höheren Tier in dieser Weise denkbar ist, so wird die zunächst auffallende Diskrepanz dieser Chemismen noch weiter gemildert, wenn man der Dehydrierungstheorie WIELANDS folgend die *biologischen Oxydationsvorgänge* nicht als Übertragungen von aktiviertem Sauerstoff auf die oxydablen Kohlenstoff-, Eisen- und Schwefelverbindungen auffaßt, sondern als Reaktionen, bei denen der Wasserstoff dieser Verbindungen aktiviert und auf den molekularen Sauerstoff übertragen wird. Bei dieser Anschauung ist also stets der Wasserstoff der Bestandteil des Brennmaterials, der mit dem Sauerstoff reagiert, und es ist von mehr sekundärem Interesse, ob dieser Wasserstoff an Kohlenstoff oder an andere Stoffe wie Schwefel, Stickstoff oder Eisen gebunden ist.

II. Die Mineralstoffe und der osmotische Druck der Körperflüssigkeiten.

1. Gesetze des osmotischen Druckes.

Löst man ein Salz in Wasser, so verteilt es sich in mehr oder weniger langer Zeit gleichmäßig in der gesamten Flüssigkeit, so daß schließlich überall gleiche Konzentration herrscht. Dieser Vorgang, der als *Diffusion* bezeichnet wird, erinnert an das Verhalten der Gase, die sich ebenfalls im Raume gleichmäßig verteilen. Die Diffusionsgeschwindigkeit verschiedener Stoffe ist um so kleiner, je höher ihr Molekulargewicht ist. Die außerordentlich geringe Diffusionsgeschwindigkeit hochmolekularer Stoffe veranlaßte bekanntlich Graham, sie als Kolloide von den leicht diffusiblen Krystalloiden zu unterscheiden.

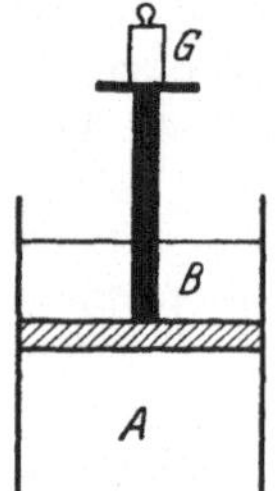

Abb. 3.
Modell zur Erläuterung des osm. Druckes.

Wie für die freiwillige Verteilung eines Gases der Gasdruck verantwortlich gemacht wird, so wird die Diffusion auf den osmotischen Druck der Lösungen zurückgeführt. Die im Vergleich zur Ausbreitung der Gase wesentlich geringere Geschwindigkeit der Verteilung im Lösungsmittel wird durch den hohen Reibungswiderstand der diffundierenden Teilchen im Lösungsmittel erklärt.

Um den *Begriff des osmotischen Druckes* zu erläutern denken wir uns mit Nernst[641] (Abb. 3) einen Zylinder, in dem ein leicht beweglicher Kolben eingepaßt ist. Der Kolben sei aus einem Material, das semipermeabel, d. h. für Wasser durchlässig, für die gelöste Substanz dagegen undurchlässig ist. Bringen wir nun in den Zylinder bei A eine Salzlösung, bei B reines Wasser, so stoßen die gelösten Teilchen in ihrem Bestreben, sich auszubreiten, auf den semipermeablen Kolben und bewegen ihn nach oben. Gleichzeitig dringt Wasser von B nach A. Der Druck, der auf den Kolben ausgeübt wird und durch passende Gegengewichte bei G ausgeglichen und damit gemessen werden kann, wird als osmotischer Druck bezeichnet. Da die Salzlösung bei dem Vorgang Wasser an sich zieht und expandiert, kann man auch von einer osmotischen Saugkraft oder von einem Expansionsdruck der Lösung sprechen. Eine Modifikation der gedachten Vorrichtung, die den Vorteil hat, gut realisierbar zu sein, ist die *Pfeffersche Zelle* (Abb. 4). In ein Gefäß mit Wasser W ist ein Gefäß S eingetaucht, das unten mit einer semipermeablen Membran verschlossen ist und nach oben in ein Steigrohr ausläuft. Bringt man in dieses Gefäß eine Salzlösung, so saugt diese Wasser durch die Membran an sich, expandiert und steigt in dem Rohr empor, bis der hydrostatische Druck der

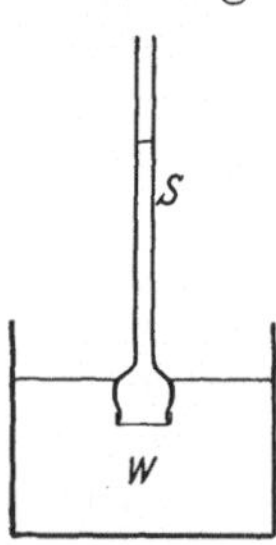

Abb. 4.
Pfeffersche Zelle.

Flüssigkeitssäule gleich dem Expansionsdruck, also gleich dem osmotischen Druck geworden ist. Durch Bestimmung der Steighöhe hat man somit die Möglichkeit, den osmotischen Druck einer Lösung zu messen. Aus den Versuchen Pfeffers an Zuckerlösungen sind die *Gesetze des osmotischen Druckes* abgeleitet worden. Bei konstanter Temperatur ist der osmotische Druck proportional der Konzentration der Lösung. Es ist also

$$p = k \cdot c \,,$$

wenn p der osmotische Druck, c die Konzentration der gelösten Substanz und k eine Konstante bedeuten. Führt man an Stelle der Konzentration das

Volumen v der Lösung ein, in dem ein Gramm-Molekül der Substanz gelöst ist, so wird

$$p = \frac{k}{v} \quad \text{oder} \quad p \cdot v = k . \tag{1}$$

Das Produkt aus osmotischem Druck und Volumen eines Mol gelöster Substanz ist somit konstant.

Mit steigender *Temperatur* nimmt auch der osmotische Druck einer Lösung zu, und zwar beträgt die Zunahme je Grad Temperaturerhöhung $\frac{1}{273}$ des osmotischen Druckes bei 0^0. Für den osmotischen Druck bei der Temperatur t^0 gilt also

$$p_t = p_0 \left(1 + \frac{1}{273}\, t\right) . \tag{2}$$

Die Formulierungen (1) und (2) sind identisch mit den Gasgesetzen von BOYLE-MARIOTTE und GAY-LUSSAC, auch die Konstanten der Gesetze des osmotischen Druckes stimmen mit denen der Gasgesetze überein. Auf Grund dieser Tatsachen konnte VAN'T HOFF *1887* den Satz aufstellen, daß der osmotische Druck einer Lösung dem Drucke gleich ist, den die gelöste Substanz bei gleicher Molekularbeschaffenheit als Gas oder Dampf bei gleichem Volumen und gleicher Temperatur ausüben würde. Wie ein Grammolekül eines Gases, z. B. 32 g Sauerstoff, bei einem Volumen von 22,4 l einen Druck von 1 Atmosphäre ausübt, so beträgt der osmotische Druck einer Lösung, die in 22,4 l ein Grammolekül, z. B. 180 g Traubenzucker, enthält, gleichfalls 1 Atmosphäre.

Löst man Grammoleküle verschiedener Substanzen (Nichtelektrolyte) in gleichen Volumina Wasser, so haben diese Lösungen gleichen osmotischen Druck. Lösungen gleichen osmotischen Druckes werden *isosmotisch* oder *isotonisch* genannt, und es zeigt sich also, daß äquimolekulare Lösungen von Nichtelektrolyten isosmotisch sind. Die direkte Beziehung der Zahl der gelösten Moleküle zum osmotischen Druck kann im Sinne der AVOGADROschen Hypothese gedeutet werden: Bei Gleichheit der Temperatur und des osmotischen Druckes enthalten gleiche Volumina verdünnter Lösungen die gleiche Anzahl von gelösten Molekülen.

Zu beachten ist, daß es sich hier um Moleküle im physikalischen Sinne, um die kleinsten, in der Lösung vorhandenen Teilchen handelt. Die *kolloidalen Lösungen* enthalten verhältnismäßig große Teilchen in geringer Anzahl, ihr osmotischer Druck ist so gering, daß er sich häufig dem Nachweis entzieht. Die *Elektrolyte*, Säuren, Basen und Salze zeigen einen größeren osmotischen Druck, als ihrem Molekulargewicht entspricht. So ist der osmotische Druck einer Kochsalzlösung fast doppelt so groß, als er nach dem Molekulargewicht des Kochsalzes zu erwarten wäre. Die Theorie der elektrolytischen Dissoziation von SVANTE ARRHENIUS nimmt daher an, daß die Elektrolyte in der Lösung mehr oder weniger weitgehend in *Ionen* zerfallen sind. Jedes Ion für sich stellt ein kleinstes Teilchen mit osmotischer Wirksamkeit dar. Bezüglich der starken Elektrolyte wie Kochsalz nimmt man an, daß sie in Lösung vollständig dissoziiert sind.

Zur *Messung des osmotischen Druckes* kann, wie erwähnt wurde, die PFEFFERsche Zelle verwendet werden. Da indessen vollkommen semipermeable Membranen kaum herstellbar sind, werden in der Regel indirekte Methoden benutzt. Der Gefrierpunkt einer Lösung liegt stets niedriger als der des reinen Lösungsmittels, und es ist die Differenz beider Gefrierpunkte, die *Gefrierpunktserniedrigung*, proportional dem osmotischen Druck. Eine Gefrierpunktserniedrigung von $1,85^0$ entspricht der Lösung von 1 Grammolekül oder 1 Grammion im Liter Wasser,

d. h. einem osmotischen Drucke von 22,4 Atmosphären. Die Messung der Gefrierpunkterniedrigung erfolgt in einem besonderen Apparat mit Hilfe des Beckmannschen Thermometers. Eine geringere Rolle spielt in der Biologie die Methode der Siedepunktserhöhung, die darauf beruht, daß Lösungen bei höherer Temperatur sieden als reines Wasser. Bei dieser Methode stören die Eiweißstoffe, die bei höherer Temperatur koagulieren.

2. Der osmotische Druck der Körperflüssigkeiten.

In den tierischen Körperflüssigkeiten finden sich Krystalloide, und zwar von Elektrolyten namentlich Salze, von Nichtelektrolyten Harnstoff, Glykose u. dgl., und Kolloide. Unter diesen sind die hochmolekularen Stoffe, namentlich die Kolloide, von sehr geringer Bedeutung für den osmotischen Druck. Die Hauptrolle spielen die Salze. Im *Blute* werden 60 % des osmotischen Druckes von Kochsalz, Natriumbikarbonat und Calcium-, Magnesium-, Kalium- und Phosphorsäureionen verursacht. Das Kochsalz allein macht beim Pferde 54,6 %, beim Rinde 53,4 % des osmotischen Druckes aus.

Für die Lebenstätigkeit des Organismus ist vor allem der *osmotische Druck des Blutes* von Bedeutung, da das Blut alle Zellen und Gewebe umspült. Der Gefrierpunkt des Blutes ist bei den Säugetieren überall nahezu gleich und wird im Mittel zu — 0,58° gefunden. Hiernach berechnet sich der osmotische Druck des Blutes bei 0° zu 7,06 Atm. Bei der Körpertemperatur von 37° ist er wegen der Zunahme der Dissoziation der Elektrolyte etwas größer, man hat ihn hier zu etwa 8 Atm. anzunehmen. Das Blutplasma, d. h. die Flüssigkeit, in der die geformten Blutbestandteile suspendiert sind, hat denselben Gefrierpunkt und denselben osmotischen Druck wie das Gesamtblut, da ja der osmotische Druck nur durch die gelösten Bestandteile, nicht dagegen durch suspendierte Teilchen bedingt wird. Nicht merklich vom Gesamtblut verschieden ist ferner hinsichtlich des osmotischen Druckes das Blutserum, das sich nur durch das Fehlen des Fibrinogens vom Plasma unterscheidet. Als Eiweißstoff mit hohem Molekulargewicht ist das Fibrinogen osmotisch fast indifferent. Zur Bestimmung des osmotischen Druckes des Blutes wird daher mit Vorteil der Gefrierpunkt des Serums herangezogen (Tabelle 1).

Tabelle 1. Gefrierpunktserniedrigung des Blutserums (nach Hamburger[321a]).

Rind	—0,585	Schwein	—0,615
Pferd	—0,564	Hund	—0,571
Kaninchen	—0,592	Katze	—0,638
Schaf	—0,619	Huhn	—0,605

Zahlreiche Angaben sind ferner bei Schulz und v. Krüger[798] zusammengestellt.

Wesentlich andere Verhältnisse finden sich *bei den Wassertieren.* Betrachten wir zunächst die Meerestiere (Tabelle 2), so finden wir bei den Wirbellosen sowie bei den Selachiern Werte, die mit dem — 2,3° betragenden Gefrierpunkt des Meerwassers nahe übereinstimmen.

Tabelle 2.
Gefrierpunkt des Blutes der Meerestiere (nach Bottazzi[101, 102]).

Wirbellose:	Hummer (Homarus vulgaris)	2,29
	Tintenfisch (Octopus vulgaris)	2,29
Selachier:	Zitterrochen (Torpedo marmorata)	2,29
Ganoiden:	Stör (Accipenser sturio)	0,76
Teleostier:	Meeraal (Conger vulgaris)	0,74
	Schellfisch (Gadus aeglefinus)	0,77
Reptilien:	Schildkröte (Thalassochelys caretta)	0,61
Säugetiere:	Delphin (Delphinus phocaena)	0,74

Diese Tiere leben somit in einem Milieu, das mit ihren Körpersäften isotonisch ist. Bei den Ganoiden und Teleostiern findet sich dagegen ein erheblich geringerer osmotischer Druck, es besteht eine osmotische Druckdifferenz zwischen ihren Körperflüssigkeiten und dem Meerwasser. Die Reptilien und Meeressäugetiere schließlich weisen einen kryoskopischen Wert auf, der mit dem der Landsäugetiere nahe übereinstimmt. Untersucht man dieselben Tierarten in verschiedenen Teilen des Meeres, in denen Abweichungen des osmotischen Druckes vorkommen, wie etwa in der Nähe von Flußmündungen, so findet man bei den niederen Meerestieren auch den osmotischen Druck ihrer Körpersäfte entsprechend verändert, während die höheren Meerestiere von derartigen Änderungen wenig oder gar nicht beeinflußt werden. Es ergibt sich hier eine Parallele zum Verhalten verschiedener Tierklassen gegenüber Schwankungen der Außentemperatur. Während die niederen Tiere in ihrer Körpertemperatur alle Schwankungen der Temperatur der Umwelt mitmachen, sind die höheren vermittels besonderer Einrichtungen imstande, eine bestimmte Eigentemperatur zu wahren. Mit Recht stellt HÖBER[383] den Bezeichnungen poikilotherme und homoiotherme Tiere die Begriffe Poikilosmotische und Homoiosmotische zur Seite. *In der Homoiosmie des Blutes haben wir einen grundlegenden Faktor der Organisation des höheren Tieres zu sehen*, der der Homoiothermie an Bedeutung für den Kampf ums Dasein nicht nachstehen dürfte.

Man kann die Frage aufwerfen, warum der osmotische Druck der höher entwickelten Tiere, besonders auch der Landsäugetiere mit 8 Atm. so erheblich niedriger ist als der 23 Atm. betragende der entwicklungsgeschichtlich älteren. Da für den osmotischen Druck die Salze entscheidend sind, hat man den Schlüssel zu dieser Frage vielleicht in den Beziehungen zwischen der *Salzkonzentration der Körpersäfte* und dem kolloidalen Zustand des Protoplasmas zu suchen (HÖBER).

Unter wesentlich anderen osmotischen Druckverhältnissen als die Meerestiere leben die *Bewohner des Süßwassers*, denn das Wasser der Flüsse und süßen Binnenseen mit seinem geringen Salzgehalt weist bei einem Gefrierpunkt von — 0,02 bis — 0,04⁰ einen osmotischen Druck von nur 0,24—0,5 Atm. auf. Wie aus der Tabelle 3 zu ersehen ist, findet sich hier bereits bei den Wirbellosen

Tabelle 3.

Gefrierpunkt der Körpersäfte bei Süßwassertieren (nach HÖBER[383]).

Wirbellose:	Teichmuschel (Anodonta cygnea) . . .	0,20
	Flußkrebs (Astacus fluviatilis).	0,80
	Blutegel (Hirudo medicinalis)	0,40—0,43
	Libellenlarven	0,61
Teleostier:	Aal (Anguilla vulgaris)	0,58—0,69
	Weißfisch (Leuciscus dobula)	0,45
	Barbe (Barbus fluviatilis)	0,47—0,56
	Karpfen (Cyprinus carpio)	0,51
	Flußbarsch (Perca fluviatilis)	0,51
Amphibien:	Frosch (Rana esculenta)	0,40
	Landsalamander (Salamandra maculosa)	0,48
Reptilien:	Sumpfschildkröte (Emys europaea) . .	0,47

eine weit größere Gefrierpunktsdepression der Körpersäfte, als sie das umgebende Medium aufweist. Das osmotische Druckgefälle geht hier von innen nach außen. Offenbar sind selbst die niederen Tiere nicht imstande, ihren Stoffwechsel bei dem niedrigen osmotischen Druck des Süßwassers zu betreiben. Sie stapeln Salze in ihrem Körper auf und müssen Einrichtungen besitzen, die deren Austritt nach außen, sowie den Eintritt von Wasser ins Innere verhindern. Der Salzmangel des Außenmediums und die Notwendigkeit osmoregulatorischer Einrichtungen bei den Süßwassertieren stehen möglicherweise zu der Tatsache in

Beziehung, daß im Süßwasser nur relativ wenige Arten und speziell wenig größere Formen von Wirbellosen vorkommen (Höber).

Wenden wir uns nunmehr wieder den *Säugetieren* zu, so ist neben dem *osmotischen Druck* des Blutes auch der *der übrigen Körpersäfte*, der Sekrete und der Ausscheidungen von Interesse. Die Lymphe, die zuerst die löslichen Produkte des Stoffwechsels aufzunehmen hat, erweist sich im Vergleich zum Blut regelmäßig als hypertonisch, gewisse Schwankungen ihres Gefrierpunktes werden beobachtet, je nach dem, aus welchem Organgebiet sie stammt (Bottazzi[101]). Die Amnion- und Allantoisflüssigkeiten, unter sich isotonisch, scheinen einen etwas geringeren osmotischen Druck als das mütterliche Blut aufzuweisen (Politi[701]). Die *Sekrete* klassifiziert Bottazzi hinsichtlich ihres osmotischen Druckes folgendermaßen: Manche, wie Milch und Galle, Magen- und Pankreassaft, kann man als annähernd mit dem Blute isotonisch betrachten. Mehr oder weniger hypotonisch sind Speichel, Schweiß und Eiereiweiß, dieses als Sekret der Eileiter des Huhnes betrachtet. In der Regel, wenn auch nicht immer hypertonisch sind der Darmsaft und der Harn. Sie können auch unter physiologischen Verhältnissen gelegentlich isotonisch oder sogar hypotonisch sein. Stets hypertonisch sind die Glaskörperflüssigkeit und das Kammerwasser des Auges, ferner das Sekret der Tränendrüse.

Tabelle 4.

Osmotischer Druck der Körpersäfte (Gefrierpunkterniedrigung $\varDelta$) (nach Bottazzi[101]).

	$\varDelta$		$\varDelta$
Speichel (Hund)	0,38—0,48	Milch (Ziege)	0,61
Magensaft (Hund)	0,45—0,64	Milch (Schaf)	0,61
Galle (Rind)	0,55	Eiereiweiß	0,40—0,47
Galle (Schwein)	0,56	Lymphe (Hund)	0,63
Pankreassaft (Hund)	0,60—0,67	Chylus (Hund)	0,64
Darmsaft (Hund)	0,60—0,99	Cerebrospinalflüssigkeit (Mensch)	0,56—0,75
Schweiß (Mensch)	0,08—0,64	Kammerwasser des Auges (Rind)	0,58—0,61
Harn (Pferd)	1,77—2,00	Amnionflüssigkeit (Kaninchen)	0,585
Harn (Hund)	1,25—3,64	Amnionflüssigkeit (Schaf)	0,53
Harn (Kaninchen)	0,55—1,22	Allantoisflüssigkeit (Kaninchen)	0,565
Milch (Rind)	0,55—0,57	Allantoisflüssigkeit (Schaf)	0,56

Zur Abscheidung von Sekreten, deren osmotischer Druck von dem des Blutes abweicht, muß der Organismus offenbar Arbeit gegen den osmotischen Druck leisten. Aber auch die Sekretion einer isotonischen Flüssigkeit wie *Milch* erfordert *osmotische Arbeit*, da die Drucke der einzelnen osmotisch wirksamen Stoffe, die osmotischen Partialdrucke, im Blute und in der Milch verschieden sind, stehen doch der wichtigsten osmotischen Substanz des Blutes, dem Kochsalz, in der Milch neben Salzen vor allem der Milchzucker gegenüber, der reichlich $1/_3$ des osmotischen Druckes der Milch bedingt. Aus der Konstanz des osmotischen Druckes der Milch folgt, daß eine Erhöhung der Konzentration des Milchzuckers von einer Erniedrigung der Konzentration der Salze begleitet sein muß (Söldner[836]). Auch die Milchdrüse hat somit, trotzdem sie ein blutisotonisches Sekret liefert, Arbeit gegen den osmotischen Druck zu leisten, und man kann eine derartige Arbeitsleistung geradezu als allgemeines und hervorstechendstes Merkmal aller Drüsentätigkeit bezeichnen (Höber).

3. Der osmotische Druck der tierischen Zellen.

Da das Blut alle Zellen und Gewebe des Tierkörpers umspült, sind diese einem stets konstanten osmotischen Druck ausgesetzt. Die Wirkung von Schwankungen des osmotischen Druckes auf die Zellen sind am eingehendsten an den *roten Blutkörperchen* studiert worden, deren äußere Plasmaschicht sich in mancher

Beziehung wie eine semipermeable Membran verhält. Bringt man rote Blutkörperchen in destilliertes Wasser oder eine bluthypotonische Lösung, so gleicht sich die osmotische Druckdifferenz durch Eintritt von Wasser in die Zellen aus. Die Blutkörperchen vergrößern ihr Volumen, sie quellen auf und lassen schließlich ihren Farbstoff austreten, ein Vorgang, der als *Hämolyse* bezeichnet wird. Umgekehrt schrumpfen sie, in eine hypertonische Lösung gebracht, stark zusammen und bilden sog. Stechapfel- und Maulbeerformen. In einer 0,95proz. blutisotonischen Kochsalzlösung findet dagegen keine Volumenänderung statt, eine derartige Lösung wird daher als isotonische oder physiologische Kochsalzlösung bezeichnet. Ihr Gefrierpunkt liegt mit $-0,56^0$ dem des Blutes sehr nahe.

Die Hämolyse kann nach BRINKMAN und GYÖRGYI[113] bei einer *Chromolyse* stehenbleiben, bei der Farbstoff und Blutkörperchenstroma sich voneinander trennen, oder aber bis zur Auflösung des Stromas selbst, zur *Stromatolyse* fortschreiten.

Hämolyse kann beim lebenden Tier durch intravenöse Injektion von destilliertem Wasser leicht erzeugt werden, wobei der ausgetretene Blutfarbstoff im Harn zur Ausscheidung kommen kann. Hämoglobinurie tritt nach JANOWSKI[413] bei Kaninchen auf, die nach längerer Trockenfütterung Wasser per os bekommen.

Die Fähigkeit der roten Blutkörperchen, hämolysierenden Einflüssen mehr oder weniger gut zu widerstehen, wird als *Resistenz* bezeichnet. Die Bestimmung der Resistenz gegen osmotische Einflüsse erfolgt nach verschiedenen Methoden. Nach der Hämatokritmethode von HAMBURGER bestimmt man die Salzkonzentration, bei der das Blutkörperchenvolumen noch unverändert ist. Oder man setzt die Körperchen mit einer Reihe von Salzlösungen mit abnehmendem Salzgehalt an. Die Konzentration, bei der gerade Hämolyse bemerkbar ist, gibt die *Minimumresistenz* an, die, bei der alles hämolysiert ist, bezeichnet die *Maximumresistenz* (HAMBURGER und BRINKMAN[319]). Man erhält so eine Resistenzbreite, in deren Bereich der Prozentsatz der hämolysierten Blutkörperchen von 0 auf 100 ansteigt. Eine graphische Darstellung dieses Anstieges stellt die Resistenzkurve dar. Der resistentere Teil der Blutkörperchen wird in der Regel durch die jüngeren Zellen repräsentiert.

Bei Blutkörperchen der gleichen Tierart zeigt die Resistenz unter physiologischen Bedingungen gewöhnlich nur geringe Schwankungen. Bei den verschiedenen Spezies findet man dagegen große Unterschiede.

So findet bei Pferdeblutkörperchen in 0,68proz., bei Rinderblutkörperchen erst in 0,58proz. Kochsalzlösung sofortige Hämolyse statt. Auch Schafblutkörperchen sind weniger resistent als solche vom Hund, Meerschweinchen und Huhn.

Verwendet man Lösungen, die weniger weit von der Isotonie abweichen, so kann die Hämolyse längere Zeit erfordern. HÖBER[381] ließ schwach hypotonische Lösungen neutraler Alkalisalze auf die Blutkörperchen von Rind, Schwein, Hammel, Katze und Kaninchen wirken und fand, daß verschiedene Anionen und Kationen die Hämolyse in bestimmter Weise beeinflussen. Ordnet man die Ionen in Reihen, in denen jedes folgende Ion stärker hämolysiert, so ergibt sich für die Anionen die Reihe

$$SO_4 \quad Cl \quad Br \quad NO_3 \quad CNS \quad J,$$

und für die Kationen die Reihe

$$Li \quad Na \quad Cs \quad Rb \quad K.$$

Da man ähnliche Reihen bei der Ausflockung von Kolloiden und vielen anderen kolloiden Erscheinungen beobachtet hat, nahm HÖBER auch hier eine derartige Wirkung auf die Plasmahaut der Blutkörperchen an, die durch die Neutralsalze zunächst aufgelockert wird, worauf Quellung und Hämolyse auftreten.

Wie für die roten Blutkörperchen, so darf man auch für die *übrigen Zellen und Gewebe des Tierkörpers* annehmen, daß sie speziell auf den osmotischen Druck des Blutes eingestellt sind. Hierfür sprechen besonders die Beobachtungen an überlebenden Organen, Muskeln, Nerven, die in blutisotonischer Kochsalzlösung mehr oder weniger lange funktionsfähig bleiben können, in konzentrierten und verdünnten Lösungen dagegen rasch absterben.

In der Heilkunde sowie bei physiologischen Versuchen ist man oft vor die Aufgabe gestellt, eine isotonische Lösung zu bereiten. Die einfache *physiologische Kochsalzlösung* entspricht nicht immer allen Anforderungen, man muß auch die übrigen in der Blutflüssigkeit vorhandenen Ionen berücksichtigen.

Die *Ringerlösung* (Ringer[730]) wird für Versuche am Froschherzen verwendet. Für Versuche an der überlebenden Froschniere wurde von Barkan, Brömser und Hahn[39] eine Lösung angegeben, die auch hinsichtlich der Reaktion (vgl. S. 224) mit dem Froschblute übereinstimmt. Für Versuche am Säugetier wird die Lockesche Flüssigkeit verwendet (Locke[536]). Sie enthält 0,9% Kochsalz, 0,02—0,024% Calciumchlorid, 0,02—0,042% Kaliumchlorid und 0,01—0,03% Natriumbicarbonat, auch Glykose in einer Menge von 0,1% wird gewöhnlich zugesetzt. In der Tyrodelösung (Neukirch und Rona[649]) sind 0,8% Kochsalz, 0,02% Calciumchlorid, 0,02% Kaliumchlorid, 0,01 Magnesiumchlorid, 0,005% primäres Natriumphosphat, 0,1% Natriumbicarbonat und 0,1% Glykose enthalten. Man bereitet die Tyrodelösung zweckmäßig aus zwei Stammlösungen, Lösung I: 20% NaCl, 0,5% KCl, 0,5% $CaCl_2$, 0,25% $MgCl_2$, Lösung II: 5% $NaHCO_3$, 0,25% NaH_2PO_4. Zur Herstellung der fertigen Lösung bringt man 80 cm³ von I sowie 40 cm³ von II auf je ein Liter, setzt 2 g Glykose zu und mischt. Ein von Straub[866] angegebenes, käufliches Salzgemisch (Normosal) erleichtert die Anfertigung einer isotonischen Lösung für experimentelle und therapeutische Zwecke.

Aus der Tatsache, daß die Zellen des tierischen Organismus auf einen bestimmten osmotischen Druck der umspülenden Körpersäfte eingestellt sind, dürfen wir nicht folgern, daß die *Flüssigkeiten im Inneren der Zelle* den gleichen osmotischen Druck haben. Wie später (S. 233) ausgeführt wird, ist ein Teil der Flüssigkeit des Zellinnern als Quellungswasser an die Kolloide der Zelle gebunden und kann einen mehr oder weniger abweichenden Salzgehalt und osmotischen Druck aufweisen. Ferner ist auch hier zu beachten, daß die *osmotischen Partialdrucke* innen und außen verschieden sind. Ein gutes Beispiel hierfür bieten die Mineralstoffanalysen des Serums und der Blutkörperchen von Abderhalden (Tabelle 10), die besonders hinsichtlich des Kaliums und Natriums starke Konzentrationsunterschiede zwischen den Blutkörperchen und der umspülenden Flüssigkeit erkennen lassen. *Ein osmotisches Druckgefälle scheint mit der Lebenstätigkeit notwendig verbunden zu sein.* Druckausgleich bedeutet Stillstand der Stoffwechselvorgänge und Tod.

4. Die Osmoregulation.

Wenn von der Konstanz des osmotischen Druckes im Tierkörper die Rede war, so haben wir die allerdings nicht erheblichen Schwankungen außer acht gelassen, die er auch unter physiologischen Bedingungen erleiden kann. *Schwankungen des osmotischen Druckes* im Blute fand Koeppe[463] beim Menschen nach der *Nahrungsaufnahme*. Die beobachtete Zunahme wurde offenbar durch die resorbierten Salze verursacht, auch 10 g Kochsalz, in 200 cm³ Wasser gelöst per os gegeben, waren wirksam. Diese Befunde stehen jedoch mit den Ergebnissen anderer Autoren nicht ganz in Einklang. Im allgemeinen dürfte es sich um kurzdauernde Schwankungen handeln, die einer Änderung des Gefrierpunktes um etwa 0,05⁰ entsprechen mögen. Außer der Resorption osmotisch wirksamer Stoffe wirkt auch der intermediäre *Stoffwechsel* im Sinne einer Vermehrung des osmotischen Druckes im Tierkörper. Die Vorgänge, die zur Gewinnung von Energie dienen, bestehen ja in der oxydativen Aufspaltung hochmolekularer Stoffe in zahlreiche kleine Moleküle, so daß aus osmotisch wenig wirksamen Stoffen an der Stätte des Abbaus, in der tierischen Zelle, hochwirksame Produkte gebildet werden. Hierzu gehört auch die Kohlensäure, die als osmotisch wirksames Ion oder Molekül im Serum erscheint. Der Sauerstoff im Blute ist dagegen osmotisch indifferent, schon darum, weil er in den Blutkörperchen enthalten ist. Da er hier molekular an das Hämoglobin gebunden wird, führt er nicht zu einer Vermehrung osmotisch wirksamer Teilchen.

Den ständigen Beeinflussungen des osmotischen Druckes wirken bestimmte Mechanismen im Tierkörper entgegen, die man als *Osmoregulation* bezeichnet. Das wichtigste Organ hierfür ist die *Niere*, die durch Abscheidung eines Harns von höherem oder niedrigerem osmotischem Druck einen Ausgleich schafft. Auch die Gewebe wirken bei der Osmoregulation mit, indem sie unter Veränderung ihres Quellungszustandes osmotisch wirksame Stoffe aufnehmen oder abgeben.

5. Die Permeabilität der tierischen Zelle.

Wie erwähnt wurde, verhält sich die äußere Schicht der Zelle den Alkalisalzen gegenüber wie eine *semipermeable Membran*, da ja die geschilderten osmotischen Wirkungen, z. B. bei Blutkörperchen, an das Vorhandensein derartiger Gebilde geknüpft sind. Stoffe, die durch die Plasmahaut ungehindert permeieren, können keinen osmotischen Druck ausüben, da einfach ein Konzentrationsausgleich innen und außen eintreten würde.

Für die Permeabilität der tierischen Zelle hat OVERTON[674] gewisse Regeln aufgestellt. Viele organische Verbindungen, einwertige Alkohole, Ketone dringen rasch ein, mehrwertige Alkohole, Glycerin, ferner Harnstoff langsamer. Noch langsamer diosmieren Hexosen, Aminosäuren und Neutralsalze organischer Säuren und Basen. Auch manche anorganischen Stoffe dringen rasch ein, so Kohlensäure, Ammoniak, Wasserstoffperoxyd, Borsäure, Gase. Die starken Elektrolyte, in erster Linie die Neutralsalze starker Säuren und Basen, dringen dagegen im allgemeinen nicht ein. Die weitere Untersuchung hat gelehrt, daß die Impermeabilität für Neutralsalze sich nur auf die Kationen bezieht, die ihrerseits durch elektrische Kräfte das Permeieren der Anionen verhindern. An sich ist die Zelle für Anionen permeabel (WIECHMANN[956], EGE[194]), sie können jedoch nur eindringen, wenn andere Anionen gleichzeitig austreten.

Zur *Erklärung der Permeabilitätserscheinungen* sind eine Reihe von Theorien aufgestellt worden, von denen die am meisten diskutierte die *Lipoidtheorie* von OVERTON ist. Hiernach verhalten sich die tierischen Zellen so, als ob sie mit einer fettartigen, „lipoiden" Membran umgeben wären. Lipoidlösliche Substanzen vermögen diese hypothetische Membran zu durchdringen, lipoidunlösliche nicht. Wenn hierdurch auch viele Erscheinungen der Permeabilität erklärt werden können, so die Undurchlässigkeit der roten Blutkörperchen für Neutralsalze, so ist doch zu bedenken, daß alle Zellen in ihrem Innern Salze enthalten, die hineingelangt sein müssen, ja, daß die Zellen im Salzaustausch mit den umgebenden Flüssigkeiten stehen, also einen Mineralstoffwechsel aufweisen. Es ist darum wohl zweckmäßig, mit HÖBER neben der *physikalischen Permeabilität*, wie sie sich im diosmotischen Versuch zeigt, eine *physiologische Permeabilität* anzunehmen. In der Tat spricht eine Reihe von Beobachtungen dafür, daß die *Durchlässigkeit der Zellhaut bei verschiedenen physiologischen Tätigkeiten der Zelle veränderlich* ist. So zeigen die Muskelzelle in der Ruhe und bei der Kontraktion, die Eizelle in verschiedenen Entwicklungsstadien hinsichtlich der Durchlässigkeit für Salze ein wechselndes Verhalten. Und wiederum kommen hier als Schrittmacher die Ionen in Frage, die den Kolloidzustand der Protoplasmahaut und damit ihre Permeabilitätsverhältnisse variieren. Ein Beispiel hierfür ist der von J. Loeb[538] entdeckte „Salzeffekt", der darin besteht, daß lebende Fischeier in reinem Wasser eine Verminderung, in salzhaltigem Wasser eine Erhöhung ihrer Durchlässigkeit aufweisen. Von anderen, die Permeabilität verändernden Einflüssen sind unter anderem auch Temperatur und Licht zu nennen.

III. Die Mineralstoffe und die Reaktion der Körpersäfte.

Nach der von Arrhenius aufgestellten Hypothese sind die Elektrolyte, Salze, Säuren und Laugen, in wäßriger Lösung mehr oder weniger weitgehend in Ionen zerfallen. So zerfällt Natriumchlorid in das Na-Ion und Cl-Ion. Das Cl-Ion trägt eine negative Ladung, wandert daher beim Durchleiten eines elektrischen Stromes durch die Lösung zum positiven Pol, zur Anode und wird als *Anion* bezeichnet, während das positiv geladene, zur Kathode wandernde Natriumion ein *Kation* vorstellt. In der Lösung besteht zwischen undissoziiertem NaCl, Na-Ion und Cl-Ion ein Gleichgewichtszustand, der durch die Gleichung

$$NaCl \rightleftharpoons Na^+ + Cl^-$$

ausgedrückt werden kann. Durch die Anwendung des Massenwirkungsgesetzes ergibt sich für die (durch eckige Klammern gekennzeichneten) Konzentrationen der drei Molekülgattungen die Beziehung

$$\frac{[Na^+] \cdot [Cl^-]}{[NaCl]} = K,$$

die besagt, daß das Verhältnis des Ionenproduktes zum undissoziierten Anteil konstant ist. Die Konstante K, als elektrolytische Dissoziationskonstante bezeichnet, ändert sich nur mit der Temperatur. Für eine Säure, z. B. Salzsäure, die nach der Gleichung

$$HCl \rightleftharpoons H^+ + Cl^-$$

dissoziiert, gilt entsprechend

$$\frac{[H^+] \cdot [Cl^-]}{[HCl]} = K_s.$$

Die Dissoziationskonstante K_s einer Säure ist offenbar um so größer, je weitgehender sie elektrolytisch zerfallen ist, d. h. je mehr H-Ionen sie abdissoziiert. Die Dissoziationskonstante stellt somit ein exaktes Maß der Stärke einer Säure dar, da ja der *saure Charakter einer Lösung allein durch die Konzentration der H-Ionen bestimmt* ist. In ganz analoger Weise läßt sich die Stärke einer Base durch ihre Dissoziationskonstante ausdrücken.

Auch *Wasser* ist in minimaler Menge elektrolytisch in Wasserstoff- und Hydroxylionen dissoziiert, es gilt hier

$$\frac{[H^+] \cdot [OH^-]}{[H_2O]} = K.$$

H_2O kann hier wegen der geringen Menge des dissoziierten Anteils als konstant betrachtet werden, man kann es daher in die Konstante hereinnehmen und erhält eine neue Konstante $c_0{}^2$

$$[H^+] \cdot [OH^-] = K \cdot [H_2O] = C_0{}^2 = 0,64 \cdot 10^{-14}.$$

Hieraus ergibt sich die äußerst wichtige Tatsache, daß das Produkt der Wasserstoff- und Hydroxylionenkonzentrationen in wäßrigen Lösungen bei gleicher Temperatur stets konstant ist, gleichgültig, ob sonstige Elektrolyte,

Säuren oder Basen darin gelöst sind. Der Wert $c_0{}^2$ nimmt mit der Temperatur zu. In reinem Wasser, bei neutraler Reaktion, ist die Konzentration der H- und OH-Ionen gleich und es ist also bei 19° die Konzentration der Wasserstoffionen

$$H^+ = C_0 = 0,8 \cdot 10^{-7}.$$

In 1 l Wasser oder einer neutralen wäßrigen Lösung sind demnach $0,8 \cdot 10^{-7}$ Grammäquivalente Wasserstoffionen, d. h. etwa ein Zehnmillionstel Gramm vorhanden. In einer sauren Lösung haben die Wasserstoffionen eine Konzentration größer als $0,8 \cdot 10^{-7}$, in einer alkalischen sind dagegen mehr OH-Ionen vorhanden. Da hier wegen der Konstanz von $[H^+] \cdot [OH^-]$ die Wasserstoffionenkonzentration entsprechend unter $0,8 \cdot 10^{-7}$ sinken muß, kann man offenbar jede Reaktion, sauer, neutral oder alkalisch, durch alleinige Angabe der H-Ionenkonzentration charakterisieren.

Die *Wasserstoffionenkonzentration* in wäßrigen Lösungen, auch *in tierischen Flüssigkeiten*, kann nach verschiedenen Methoden (vgl. MISLOWITZER[613], KOLTHOFF[465], G. LEHMANN[499]) exakt bestimmt werden, und so ist man in der Lage, die aktuelle Reaktion tierischer Körperflüssigkeiten anzugeben.

In der Biologie hat man es ausschließlich mit so geringen Wasserstoffionenkonzentrationen zu tun, daß man sie stets als Potenz von 10 mit negativem Exponenten angeben kann. Drückt man in der Zahl $0,8 \cdot 10^{-7}$ auch den Faktor 0,8 als Potenz von 10 aus, so erhält man

$$0,8 \cdot 10^{-7} = 10^{\log 0,8} \cdot 10^{-7} = 10^{-7,10}.$$

Der hier berechnete Exponent von 10 wird als *Wasserstoffexponent* p_H bezeichnet. Der Wasserstoffionenkonzentration $0,8 \cdot 10^{-7}$ bei neutraler Reaktion entspricht daher ein $p_H = 7,10$, wobei das neg. Vorzeichen fortbleibt.

Hat man in der Lösung einer praktisch vollständig dissoziierten Säure wie *Salzsäure* die Menge der vorhandenen Wasserstoffionen ermittelt und setzt nun Natronlauge in einer Menge zu, die den Wasserstoffionen äquivalent ist, so findet man neutrale Reaktion. Führt man denselben Versuch aber mit einer schwachen Säure, etwa *Essigsäure*, aus, so genügt die der H-Ionenkonzentration entsprechende Menge Alkali nicht, neutrale Reaktion zu erhalten, die Lösung ist fast ebenso sauer wie zuvor. In der Essigsäurelösung ist neben den H- und CH_3COO-Ionen ein großer Prozentsatz undissoziierte Essigsäure vorhanden, die mit ihren Ionen im Gleichgewicht steht. Werden nun die H-Ionen durch Alkalizusatz abgefangen, so wird das Gleichgewicht gestört und ein weiterer Teil der undissoziierten Essigsäure zerfällt elektrolytisch, liefert also immer wieder Wasserstoffionen nach. Neutralisation tritt erst ein, wenn die Hauptmenge der Essigsäure in ihre Ionen zerfallen ist. Während die p_H-Messung eine exakte Zahl für die tatsächlich vorhandene, *aktuelle Reaktion* liefert, vermittelt sie keine Vorstellung davon, wieviel H- oder OH-Ionen eine Lösung noch nachzuliefern vermag. Diese noch verfügbaren *potentiellen Ionen* können durch Titration bestimmt werden. Man hat also zwischen einer *Titrations-* und *Ionenacidität*, sowie zwischen *Titrations-* und *Ionenalkaleszenz* zu unterscheiden (HÖBER[380]). Wird die aktuelle Reaktion einer Essigsäurelösung durch Zusatz von etwas Natronlauge nur wenig geändert, weil weitere Essigsäuremoleküle ionisiert werden, so hat auch der Zusatz einer starken Säure wie Salzsäure in kleinerer Menge nur einen verhältnismäßig geringen Effekt, da hierbei nach dem Massenwirkungsgesetz die Dissoziation der Essigsäure zurückgedrängt wird. Während einerseits mit der Salzsäure H-Ionen in die Lösung gebracht werden, verschwinden andererseits H-Ionen aus der Lösung, indem sie mit den Acetationen zu undissoziierter Essigsäure zusammentreten. Die schwachen Säuren und Basen setzen somit Änderungen der aktuellen Reaktion einen Widerstand entgegen. Noch ausgeprägter tritt uns dieses Verhalten in Lösungen entgegen, die schwache Säuren und deren Salze mit starken Basen, oder auch schwache Basen und deren Salze mit starken Säuren enthalten, und die man deswegen als *Pufferlösungen oder Regulatoren* bezeichnet.

Den *Widerstand einer gepufferten Lösung gegen Änderungen ihrer Reaktion* kann man dadurch prüfen, daß man steigende Mengen starker Säuren oder Alkalien zusetzt und jeweils die Wasserstoffionenkonzentration bestimmt. Aus diesen Zahlen läßt sich eine Titrationskurve konstruieren. Während reines Wasser oder eine Neutralsalzlösung einen steilen Anstieg oder Abfall der H-Ionenkonzentration zeigt, tritt bei einer gepufferten Lösung zunächst nur ein ganz schwacher Ausschlag ein, der bei weiterem Zusatz langsam steiler wird und schließlich in die Kurve einer ungepufferten Lösung einmündet (KOPPEL und SPIRO[469]). Dem entspricht das Verhalten von zugesetzten Indikatoren, deren Farbumschlag man beobachtet. Während bei der Titration starker Säuren und Basen ein scharfer Umschlag eintritt, der anzeigt, daß mit einigen Tropfen der Titrierflüssigkeit eine erhebliche Reaktionsänderung erzielt worden ist, ergibt sich bei der Titration von schwachen Säuren oder Laugen eine breite Umschlagszone, die je nach der Natur des Indikators eine verschiedene Lage hat. Ein bestimmtes Äquivalentverhältnis von Säure und Base ist hier nicht vorhanden. Hieraus ergibt sich, daß man Lösungen, die in der Nähe des Neutralpunktes gut gepuffert sind, nicht exakt titrieren kann (MICHAELIS S. 80[601]). Allerdings kann man durch die Auswahl eines passenden Indikators vielfach eine annähernd genaue Titration ausführen.

Um ein Urteil über die Pufferung einer Lösung zu gewinnen, kann man an Stelle der ganzen Titrationskurve sich vielfach mit einem Punkt dieser Kurve begnügen. Ein einfaches Verfahren, in dieser Weise den *Pufferungsgrad* einer Lösung zahlenmäßig zu bestimmen, wurde von G. LEHMANN[499, 500] angegeben.

1. Die Reaktion des Blutes.

Die Reaktion des Blutes liegt dicht am Neutralpunkt, von dem sie nur wenig nach der alkalischen Seite abweicht (Tabelle 5). Die Reaktion des Plasmas

Tabelle 5. Reaktion der Körperflüssigkeiten.

		p_H	Autoren
Blut:	Schwein .	7,97	FRÄNKEL[255]
	Pferd . . .	7,31	FOΛ[237]
	Rind . . .	7,24—7,47	FRÄNKEL[255], HASSELBALCH[348]
	Hammel .	7,82	MICHAELIS und DAVIDOFF[602]
	Ziege . . .	7,65	KUHN und BAUR[483]
	Kaninchen	7,18—7,66	FOΛ[237], MICHAELIS und RONA[604]
	Hund . . .	7,3 —7,4	FOΛ[237], PFAUNDLER[692]
	Frosch . .	7,51—7,68	BARKAN, BRÖMSER, HAHN[39]
Serum:	Pferd . . .	7,28—7,32	FARKAS[218]
	Rind . . .	7,47	FOΛ[237]
Harn:	Rind . . .	8,55—8,97	WILLINGER[961]
	Saugkalb .	5,81—8,29	WILLINGER[961]
	Pferd . . .	6,8 —8,78	WILLINGER, REINHARDT und HUMMELT[721]
Speichel:	Mensch . .	5,93—7,1	MICHAELIS und PECHSTEIN[605], SCHWARZ[806]
	Schwein .	7,15—7,44	SCHWARZ und HERRMANN[805]
	Pferd . . .	7,31—7,80	SCHWARZ und HERRMANN[805]
	Rind . . .	9,99—8,27	SCHWARZ und HERRMANN[805]
Magensaft:	Hund . . .	0,8 —2,0	ROSEMANN[742], FRÄNKEL[256]
Panseninhalt:	Rind . . .	7,0 —9,7	SCHWARZ und GABRIEL[807], KNOTH[455], GABRIEL[265]
Psalterinhalt:	Rind . . .	7,19	SCHWARZ und STREMNITZER[808]
Labmageninhalt:	Rind . .	2,04—4,14	SCHWARZ und KAPLAN[809]
Magen:	Pferd . . .	1,13—6,79	SCHWARZ, STEINMETZER und CAITHAML[809a]

und Serums ist etwas alkalischer, wie die des Gesamtblutes (FRÄNKEL[255], MICHAELIS und RONA[604]), was damit zusammenhängt, daß die Reaktion der Blutkörperchen etwas saurer und in gewissen Grenzen von der Reaktion des Plasmas unabhängig ist. Trotzdem das Blut als Transportmittel des Organismus besonders auch sauere Stoffe aufzunehmen hat, schwankt seine Reaktion unter normalen Verhältnissen nur äußerst wenig. So ist in dem mit Kohlensäure angereicherten venösen Blut p_H nur etwa 0,02 niedriger als im arteriellen. Zur *Konstanthaltung der aktuellen Reaktion* sind eine ganze Reihe von *Regulationsmechanismen* wirksam, die teils physikalisch-chemischer Natur sind, teils unter Mitwirkung des Nervensystems arbeiten und komplizierte biologische Einrichtungen vorstellen.

Im Plasma finden sich drei *Puffersysteme*, die zur Festhaltung der Reaktion beitragen: Ein Carbonatpuffer aus Bicarbonat und Kohlensäure, ein Phosphatpuffer aus primären und sekundären Phosphaten und ein Puffer, an dem die Eiweißstoffe beteiligt sind. Von diesen ist der Karbonatpuffer, der in der größten molekularen Konzentration vorhanden ist, der wichtigste. Aus der Konzentration seiner Komponenten läßt sich die Reaktion des Blutes berechnen (HASSELBALCH[347]). Im Gesamtblut kommt ferner dem roten Blutfarbstoff eine besondere, erst neuerdings klarer erkannte Bedeutung für die Stabilität der aktuellen Reaktion zu. Der Blutfarbstoff, der den Charakter einer schwachen Säure hat, liegt hier z. T. als Alkalisalz vor, es besteht also ein Puffersystem Blutfarbstoff + Blutfarbstoffalkali.

Der *Blutfarbstoff* wirkt noch in anderer Weise regulierend auf die Reaktion des Blutes. Das Oxyhämoglobin ist eine stärkere Säure als der reduzierte Blutfarbstoff (CHRISTIANSON, DOUGLAS, HALDANE[153]). Bei der Abgabe von Sauerstoff aus dem Blute in das Gewebe werden daher gleichzeitig mit dem Übergang von Oxyhämoglobin in Hämoglobin Alkalien frei, die zur Bindung der ins Blut eintretenden Kohlensäure dienen. Der umgekehrte Prozeß spielt sich beim Gasaustausch in den Lungen ab, wo das gebildete Oxyhämoglobin die Kohlensäure aus den Bicarbonaten verdrängt und die Alkalien an sich zieht. Die Reaktion zwischen den Alkalien des Blutes einerseits, Blutfarbstoff und Kohlensäure andererseits, tritt jedoch nicht direkt ein, denn die Kohlensäure geht im wesentlichen in das Plasma, während der Blutfarbstoff sich in den Blutkörperchen befindet. Die vermittelnde Rolle spielen hier die Chlorionen, die zwischen Plasma und Blutkörperchen hin und her wandern. Werden in den Blutkörperchen bei der Reduktion des Oxyhämoglobins Alkalien verfügbar, so wandert Cl ein, wobei die im Plasma verfügbar gewordenen Alkalien durch die Kohlensäure neutralisiert werden. Diese Bewegung der Cl-Ionen zwischen Blutkörperchen und Plasma war bereits 1868 von N. ZUNTZ[992] beobachtet worden.

Mehr biologischer Natur ist die *Regulation der Reaktion des Blutes durch die Atmung*. Bei Anhäufung von Säuren im Blute wird auf dem Umwege über das Atemzentrum, also auf nervösem Wege, eine verstärkte Lungenventilation angeregt, die zu einer vermehrten CO_2-Ausfuhr führt (WINTERSTEIN[967]). Handelt es sich nur um Kohlensäureüberladung des Blutes, so wird hierdurch ein vollkommener Ausgleich geschaffen, handelt es sich dagegen um nicht atembare Säuren, so werden durch die vermehrte CO_2-Ausscheidung Alkalien des Blutes zu deren Neutralisation verfügbar. Es wird damit die Konzentration des Bicarbonates und der Kohlensäure im Blute herabgesetzt, wobei jedoch die Reaktion konstant bleibt. Allerdings muß damit eine geringere Pufferbreite resultieren, die für die Säurevergiftung, Acidosis, charakteristisch ist.

Ein weiterer Weg, die Reaktion des Blutes konstant zu erhalten, ergibt sich aus der Fähigkeit der *Niere*, einen saueren oder alkalischen Harn abzusondern

(Tabelle 5), oder aber die überschüssigen sauren oder alkalischen Valenzen durch gleichzeitige Ausscheidung von Ammoniak bzw. Kohlensäure zu entfernen.

Die *Regulationsvorgänge*, die sich im Tierkörper unter verschiedenen Lebensbedingungen abspielen, kann man in verschiedener Weise experimentell verfolgen. Wie ohne weiteres ersichtlich, ist die Beobachtung der Wasserstoffzahl des Blutes am wenigsten hierzu geeignet, da ja alle diese Mechanismen zu deren Konstanthaltung beitragen. So kommen denn Änderungen des p_H nur vereinzelt in merklichem Umfange zur Beobachtung, und dann wohl nur kurz vor dem Tode infolge von Säurevergiftung. Verschiebungen im Säure-Basenhaushalt kann man dagegen daran erkennen, daß die Güte der Pufferung des Blutes Veränderungen zeigt. Die Lage der Titrationskurve des Blutes gibt hier über die Säure-Basenverhältnisse Aufschluß. Da aber diese ganz überwiegend durch den Carbonatpuffer, also die Menge des Bicarbonates und der Kohlensäure im Blute bestimmt wird, kann man ein Bild der Säure-Basenverhältnisse in einfacher Weise bereits durch Bestimmung der an Kohlensäure gebundenen Alkalien bei bekannter CO_2-Spannung erhalten. Unter dem Gesichtspunkt, daß diese beim Einströmen von Säuren in das Blut zur Neutralisation verwendet werden können, werden sie auch als *Alkalireserve* bezeichnet (Jaquet[415]). Eine einfache Methode zur Bestimmung der Alkalireserve wurde von van Slyke[831] angegeben, mit deren Hilfe zahlreiche Untersucher an das Problem des *Säure-Basenhaushaltes im Tierkörper* herangegangen sind. Forbes, Halverson und Schulz[245] untersuchten den Einfluß der Nahrung auf die Alkalireserve beim *Schwein*. Bei einem basenarmen Futter fanden sie für die an Alkali gebundene Kohlensäure des Blutes einen Wert von 68,4—72,4 Vol.-%, der nach Verabreichung von Calciumkarbonat in einer Menge von 0,2 g pro Kilogramm Lebendgewicht täglich auf 75,4 bzw. 80,3 Vol.-% anstieg. Wurde dagegen Dicalciumphosphat in gleicher Menge zugeführt, so fiel der Wert auf 64,4 bzw. 68,0 Vol.-%. Beim normalen, ausschließlich mit Heu gefütterten *Pferde* bestimmten Luchinetti und Neumayer[544] den Durchschnittswert der Kohlensäurekapazität des Blutplasmas in 111 Versuchen zu 69,2 Vol.-%. Die physiologische Schwankungsbreite erstreckte sich von 55,8 zu 80,0 Vol.-%. Eine ausgeprägte Herabsetzung der *Alkalireserve beim Pferde* wurde von Scheunert[775] und Bartsch[42] unter dem Einfluß einer basenarmen Haferfütterung beobachtet. Beim *Rinde* fanden Luchinetti und Neumayer[544] bei ausschließlicher Heufütterung Werte zwischen 52,1 und 80,5 Vol.-%, während der Durchschnittswert aus 100 Bestimmungen 67,16 Vol.-% ergab. Ein Einfluß der Nahrung ist auch beim Rind nachgewiesen worden (Blatherwick[84], Hart[331]). Blatherwick fand bei Kühen einen Wert von 61,5 Vol.-%, bei Kälbern im Durchschnitt von sieben Bestimmungen 73,0. Dabei war der Harn der Kühe alkalischer als der der Kälber. Sjollema[824] fand bei pathologischen Zuständen wie Acetonämie eine deutliche Abnahme. Bei Lecksucht fanden Neumann und Reinhardt[651] niedrige Werte, doch lehnen Scheunert und Krzywanek[776] einen ursächlichen Zusammenhang ab, da dieser Befund für Lecksucht nicht typisch zu sein scheint. Die von diesen Autoren bei Lecksucht beobachteten Werte der Alkalireserve lagen fast immer noch innerhalb der physiologischen Schwankungsbreite. Auch Luchinetti und Neumayer kamen zu dem Schluß, daß man auf Grund der bisherigen Untersuchungen noch nicht in der Lage ist, die Grenzen anzugeben, bei denen man von pathologischen Verhältnissen sprechen kann. In Versuchen am *Hammel* konnte Böhne[97] durch einseitige Mais- und Haferfütterung, bei der ein Basenmangel vorliegt, die Alkalireserve erheblich herabdrücken.

Die *Herabsetzung der Alkalireserve nach Muskelarbeit*, die beim Menschen schon früher beobachtet wurde (Christianson, Douglas und Haldane[153]), konnten SCHEUNERT und BARTSCH[777] auch beim Pferde nachweisen. So sanken die Werte in einzelnen Versuchen von 58,1 auf 55,2 und von 68,7 auf 63,2 Vol.-%. Nach FEDOROV[219] hängt diese Abnahme mit der Abnahme des Calciums im Blute, der Hypocalcämie des arbeitenden Pferdes zusammen.

Schwankungen der Alkalireserve während der Verdauungsvorgänge, die infolge der Abscheidung saurer und alkalischer Verdauungssäfte in den Säure-Basenbestand des Blutes eingreifen, sind beim Menschen nachgewiesen worden. Ähnliches beobachteten DERWIES und SSEWERIN[176] beim Hund und Kaninchen. An *Pferden* konnte JOCKS[419] entsprechende Schwankungen jedoch nicht nachweisen. Man muß berücksichtigen, daß derartige Einflüsse auch nur rasch vorübergehender Natur sein können, da der Produktion des basenreichen Speichels bald die Absonderung des saueren Magensaftes und dieser die Sekretion der basenreichen Pankreas- und Darmsäfte sowie vermehrter Gallenfluß nachfolgt. Durch Rückresorption der sezernierten Mineralstoffe wird der ursprüngliche Zustand im wesentlichen wiederhergestellt. Beim *Wiederkäuer*, der kontinuierlich verdaut, sind Schwankungen überhaupt nicht zu erwarten. Starke Störungen des Säurebasenhaushaltes sind dagegen zu erwarten, wenn Verdauungssäfte durch Fisteln abgeleitet oder auf andere Weise dem Körper entzogen werden. So tritt beim Menschen infolge starken Erbrechens eine Vermehrung der Alkalireserve, Alkalosis, auf.

Eine merkwürdige Herabsetzung der Alkalireserve, die Akapnie Mossos, wird im Höhenklima beobachtet. Hier wird durch die infolge Sauerstoffmangels gesteigerte Lungenventilation CO_2 in vermehrtem Maße abgegeben, während die entsprechende Alkalimenge durch die Niere eliminiert wird. Die aktuelle Reaktion des Blutes kann hier um ein geringes nach der alkalischen Seite verschoben sein (WINTERSTEIN[968]). Hier wird also verminderte Alkalireserve zusammen mit vermehrter Alkaleszenz angetroffen.

Zur Beurteilung der Reaktion des Blutes ist auch die Titration mit Säuren, besonders mit Weinsäure bis zum Umschlag eines geeigneten Indikators, herangezogen worden, und zahlreiche Autoren haben sich um die Vervollkommnung dieser Methode bemüht.

Die Schwierigkeiten, die sich der Titration gepufferter Lösungen entgegenstellen, wurden bereits erwähnt. Sie werden in diesem Falle noch gesteigert durch die Verwendung von Weinsäure, die als mehrbasische, schwache Säure bei der Titration neue Puffersysteme erzeugt, und ferner durch den Gehalt des Blutes an der flüchtigen Kohlensäure.

Die *Titrationsalkaleszenz des Blutes* wurde von DUERST[188] und seinen Mitarbeitern zur *Konstitutionsforschung der Nutztiere* herangezogen. Nach DUERST soll die Blutalkalität geradezu einen nervus rerum in Konstitutionsfragen darstellen. Es ergab sich ein korrelativer Zusammenhang von Blutalkalität und Farbe von Haut und Haar (STIEHL[859], GLAUS[285], LORÉTAN[543], EICHENBERGER[196], UTIGER[912]). Unter einigermaßen gleichen Bedingungen nimmt mit der dunkleren Färbung der Tiere die Alkalität zu, während sie bei Albinos die niedrigsten Werte zeigt. Bei Kaninchen soll die Alkalität des mütterlichen Blutes für das Geschlecht der Nachkommen mitbestimmend sein, so daß man sogar an willkürliche Geschlechtsbestimmung durch willkürliche Änderung der jeweiligen Blutalkalität gedacht hat (WEBER[932]), Erwartungen, die sich jedoch anscheinend bisher nicht erfüllt haben. ZORN, GÄRTNER, DUSCHEK, HEIDENREICH, LEUCHTENBERGER und TIETZE[990] fanden in Versuchen am Rind und Schaf die Alkaleszenz des Blutes vom Alter der Tiere abhängig. Unter Berücksichtigung dieses Faktors lassen die Ergebnisse auf Wechselbeziehungen zwischen Alkalität und Leistung schließen. Beim *Merinofleischschaf* sind nach GÄRTNER und HEIDENREICH[269] Frühreife und hohes Wollgewicht bei gröberer Beschaffenheit der Wolle mit geringerer Blut-alkaleszenz verbunden. Leuchtenberger[507], der die Titrationsalkaleszenz *bei Rindern und Schafen* im Zusammenhang mit der Milch- bzw. Wolleistung unter-suchte, konstatiert regelmäßig die Abnahme der Alkaleszenz mit dem Alter. Unter sich nach Alter und Ernährung vergleichbare Tiere zeigten bei höherer Leistung eine größere Alkalität. Bestimmte Beziehungen zwischen dieser Größe und der Fruchtbarkeit, Farbe des Haares usw. aufzustellen, war nicht möglich. Die Ergebnisse widersprechen z. T. denen der Duerstschen Schule.

Es scheint, daß es zur Zeit nicht möglich ist, eindeutige und allgemein-gültige Beziehungen der Blutalkaleszenz zu bestimmten, durch Konstitution und Rasse bedingten Eigenschaften der Tiere zu formulieren. Offenbar unterliegt die Blutalkaleszenz bzw. ihr experimentell festgestellter Wert zu vielen z. T. nicht kontrollierbaren Einflüssen. Fand doch Alberti[11], daß das *chemisch-physikalische Blutbild beim Rinde* sogar starke tägliche Schwankungen zeigt. Da zudem die Titrationsmethoden nicht frei von subjektiven Fehlerquellen sind, gingen Kronacher, Böttger und Schäper[478] dazu über, die *Alkalireserve* zur Bearbeitung tierzüchterischer Probleme heranzuziehen. Die van Slykesche Methode erwies sich auch unter den besonderen Arbeitsbedingungen, unter denen tierzüchterische Untersuchungen vielfach ausgeführt werden müssen, als durch-aus anwendbar. Wenn auch die Versuche, die chemisch-physikalische Blutunter-suchung für Fragen der Züchtungs- und Rassebiologie der Nutztiere heranzu-ziehen, sich zur Zeit noch in der ersten Entwicklung befinden, und es notwendig erscheint, den Kreis der hier anzuwendenden Methoden immer weiter zu ziehen, so berechtigen doch die bisherigen Ergebnisse zu der Hoffnung, daß auf dem neuen Wege neue Erkenntnisse erzielt werden können. Man muß sich jedoch immer vor Augen halten, daß man hier versucht, aus einem *Zustandsbild auf die Leistung*, also auf eine Funktion zu schließen. Näher würde es liegen, den Ver-such zu machen, auf dem Wege einer experimentellen Funktionsprüfung ein Urteil über die Leistungsfähigkeit zu gewinnen, ein Prinzip, das im Hinblick auf andere Probleme in der Physiologie die weiteste Anwendung gefunden hat.

2. Der Säure-Basenhaushalt.

Kehren wir zu der Frage des *Säure-Basenhaushaltes im Tierkörper* zurück, so müssen wir weiterhin die regulierende Funktion der *Niere* in Betracht ziehen, die wirksam wird, wenn ein Überschuß saurer oder basischer Bestandteile vor-handen ist. Von der Kohlensäure, die stets im Überschuß vorhanden ist, kann abgesehen werden, da diese in der Hauptsache veratmet, z. T. auch mit Ammoniak zu Harnstoff synthetisiert ausgeschieden wird. Die Bildung von starken Mineral-säuren im intermediären Stoffwechsel findet besonders bei eiweißreicher Er-nährung in größerem Umfange statt, da der Schwefel, im Eiweiß in niedriger Oxydationsstufe vorhanden, beim oxydativen Abbau des Eiweiß zu Schwefel-säure verbrannt, und die Phosphorsäure aus ihren esterartigen Verbindungen in Freiheit gesetzt wird. Wie weit organische Säuren in den Säure-Basenhaushalt eingreifen, ist wenig untersucht. Säuren, die im Organismus zu Kohlendioxyd und Wasser verbrannt werden können, wirken nur dann, wenn sie sehr rasch auftreten, wie die Milchsäure bei Muskelarbeit, oder wenn sie in großer Menge vorhanden sind. Nicht brennbare organische Säuren greifen in das Säure-Basengleichgewicht ein, ebenso Säuren, die wie Harnsäure, Oxalsäure, Hippur-säure u. a. physiologische Endprodukte des Stoffwechsels vorstellen. Es ist kaum zweifelhaft, daß ein Futtermittel, das nach seinem Mineralstoffgehalt keinen Säureüberschuß aufweist, doch im Organismus sauer wirken kann, wenn es zur Bildung derartiger organischer Säuren im intermediären Stoffwechsel Anlaß gibt (vgl. hierzu BLATHERWICK[84a]). Näher studiert ist dagegen das Auftreten von Acetessigsäure und Oxybuttersäure im Blut und im Harn, zusammen mit Aceton. Die *Acetonämie*, die beim menschlichen Diabetes vorkommt, und beim Menschen und Affen durch Kohlehydratentziehung bzw. Hunger leicht hervorgerufen werden kann, läßt sich nach BAER[31] *beim Schwein* erst bei vollständiger Nahrungsentziehung nachweisen, während sie bei Ziege und Kaninchen auf diese Weise nicht entsteht. Beim Rinde zeigt sich eine mehrere Tage dauernde Acetonurie unmittelbar nach der Geburt, ferner bei gewissen pathologischen Zuständen.

Experimentell läßt sich ein *Säureüberschuß* durch Verfütterung von Mineralsäuren, Salzsäure, Schwefelsäure oder Phosphorsäure erzeugen, in vielen Fällen auch durch deren Ammoniumsalze. Hierbei wird das Ammoniak durch die Harnstoffsynthese eliminiert, und die Säure wird wirksam. Auch Calciumchlorid wirkt im Stoffwechsel als Säurebildner.

Basenüberschuß findet sich bei der Ernährung mit vorwiegend pflanzlicher Kost. Besonders in den grünen Pflanzenteilen, Wurzeln und Knollen finden sich an organische Säuren gebundene Alkalien, die nach Verbrennung der saueren Komponente im Organismus als Basenüberschuß zur Geltung kommen. Man hat daher beim Pflanzenfresser im allgemeinen mit einem Basenüberschuß zu rechnen, während beim Omnivoren wechselnde Verhältnisse vorkommen. Bei einseitiger Ernährung mit basenarmen, eiweißreichen Futtermitteln ist indessen auch beim Pflanzenfresser mit übermäßigen Säuremengen zu rechnen, ferner im Hunger, wo er auf Kosten seiner Körpersubstanz lebt und so gewissermaßen zum Fleischfresser wird.

3. Die Reaktion des Harns.

Die Niere wirkt bei Säure- oder Basenüberschuß regulierend, indem sie einen mehr oder weniger saueren oder alkalischen Harn absondert. Die *Reaktion des Harns*, durch Messung der H-Ionenkonzentration definiert, schwankt in weiten Grenzen, auch die Titration liefert ein stark wechselndes Ergebnis. So fand ROHDE[52] im Harn von Fröschen die Reaktion zu $p_H = 4,5—9,5$, je nachdem, ob er Borsäure oder Soda verfütterte. Die Titrationswerte und die Ionenacidität gehen auch im Harn nicht streng parallel, da hier eine Pufferung durch die primären und sekundären Phosphate, die organischen Säuren und deren Alkalisalze, ferner durch die Kohlensäure und ihre Salze erfolgt. Die Konzentration der Puffersubstanzen im Harn ist allerdings nicht sehr erheblich. So fanden HÖBER und JANKOWSKY[386] die in Tabelle 6 verzeichneten p_H- und Titrationswerte.

Der allgemeinen Größenordnung nach gehen p_H und Titrationswert im Harn konform.

Die *saure Reaktion des Harns* beruht auf dem Gehalt an organischen Säuren (vgl. BRAHM, dieses Handbuch Bd. II) und vor allem an primären Phosphaten, während freie starke Mineralsäuren, namentlich Phosphorsäure, Schwefelsäure und Salzsäure nur eine verschwindend kleine, vollkommen zu vernachlässigende Konzentration besitzen.

Tabelle 6. Aktuelle Reaktion und Titer des Harns (nach HÖBER u. JANKOWSKY[386]).

p_H	Titer	p_H	Titer
5,24	46	5,34	69
5,28	34	5,51	75
5,30	42		

Der saure Charakter der primären Phosphate beruht auf der Eigentümlichkeit der Phosphorsäure, als mehrbasische Säure in mehreren Stufen zu dissoziieren. Das primäre Phosphat NaH_2PO_4 zerfällt vollständig in Na^+ und $H_2PO_4^-$. Das H_2PO_4-Ion dissoziiert in der zweiten Stufe teilweise in H^+ und HPO_4^-, ist somit eine schwache Säure, die den sauren Charakter der primären Phosphate bedingt. Die dritte Stufe, die Dissoziation des HPO_4-Ions, findet in merklichem Umfange nur bei stark alkalischer Lösung statt und hat für die Reaktion des Harns keine Bedeutung. Aus der physikalisch-chemischen Beschaffenheit des Harns kann man schließen, daß zur Ausscheidung der Schwefelsäure und Salzsäure die äquivalente Menge einer Base erforderlich ist, während zur Ausscheidung der Phosphorsäure wechselnde Alkalimengen nötig sind, je nachdem, ob mehr primäres oder sekundäres Phosphat ausgeschieden wird. In den mineralischen Bestandteilen des Skelettes steht dem Organismus eine Basenreserve zur Verfügung, die zur Ausscheidung von Säuren dienen kann. Obgleich die chemische Natur der Mineralstoffe des Knochens noch nicht restlos geklärt ist, sind die Mengenverhältnisse doch so, als ob im wesentlichen tertiäres Calciumphosphat und Calciumkarbonat vorliegen würden (Gassmann[271]). Durch Abbau eines Mol Knochenphosphat und Ausscheidung von primärem Phosphat gewinnt der Organismus zwei Äquivalente Basen, die zur Neutralisation und Ausscheidung von überschüssigen Mineralsäuren verwendet werden können. Zwei Äquivalente Basen werden auch gewonnen, wenn der Organismus, anstatt tertiäres Calciumphosphat durch die Darmwand auszuscheiden, primäres Phosphat durch die Niere abgibt. Bei Zufuhr von Mineralsäuren oder bei säurereicher Ernährung findet man regelmäßig die Harnphosphate vermehrt, wie Fitz, Alsberg und Henderson[233], und Lyman und Raymund[549] am Kaninchen, Scheunert, Schattke und Weise[779] am Pferd gezeigt haben. In Versuchen am Kaninchen fand Kingo-Goto[448] nach Säurezufuhr den Phosphatgehalt der Muskeln vermindert, während die Knochen allerdings vorwiegend Calciumkarbonat abgegeben hatten.

Ein ganz anderer Mechanismus der *Entsäuerung des Organismus* beruht auf der Abscheidung der Säuren als *Ammoniumsalze*. Obgleich die Säuren im Organismus überwiegend an Alkalien gebunden sind, wie bei der Betrachtung der Alkalireserve des Blutes festgestellt wurde, und Ammoniak hier nur in Spuren vorhanden ist, in größerer Konzentration auch giftig wirken würde, werden sie durch die Niere nicht ausschließlich in dieser Form, sondern z. T. zusammen mit Ammoniak ausgeschieden. Das hierfür benötigte *Ammoniak* stammt aus den stickstoffhaltigen Bestandteilen der Nahrung, in erster Linie aus dem *Eiweiß* (Eppinger[208]), und wird dem intermediären N-Stoffwechsel, der ja zu Harnstoff bzw. Harnsäure führt, entzogen. Die nächstliegende Vermutung, daß die Niere das ausgeschiedene Ammoniak dem Blute entnimmt und im Harn stark anreichert, wurde durch Nash, Benedict und Mitarbeiter[635] widerlegt, die bei Katze und Hund zeigten, daß im Nierenvenenblut erheblich *mehr Ammoniak* vorhanden ist, als im arteriellen Blut. Parnas und Klisiecki[684], die im Blut der Vena renalis „sehr viel höhere Werte als für irgendein anderes Blut" fanden, bestätigten das Ergebnis. Offenbar bildet die Niere das *Harnammoniak* selbst, ohne daß man indessen mit Bestimmtheit angeben könnte, aus welchem stickstoffhaltigen Bestandteil des Blutes.

Die Fähigkeit, Ammoniak zur Neutralisation von Säuren bei der Harnsekretion zu verwenden, wird besonders beim *Fleischfresser* und Omnivoren gefunden, also bei Tieren, bei denen auf Grund ihrer Ernährungsweise mit stärkerer Säurebildung zu rechnen ist. Zugeführte Mineralsäuren werden daher von diesen Tieren, natürlich innerhalb gewisser Grenzen, ohne weiteres vertragen. So fand Walter[926], daß beim Hunde die Zufuhr von 11 g Salzsäure unschädlich war und eine Vermehrung des Harnammoniaks zur Folge hatte, durch die der größte Teil der Säure neutralisiert werden konnte. Verfüttertes Ammoniumchlorid wird als solches ausgeschieden (Underhill[907]), während das Ammoniak der Ammoniumsalze organischer, brennbarer Säuren nicht als Ammoniak, sondern vermutlich in Form von Harnstoff in den Harn geht. Der Mensch verhält sich in dieser Hinsicht nach Neubauer[642] wie der Hund. Bei Säureüberschuß scheidet er ungefähr so viel Ammoniak mehr aus, wie zur Neutralisation der Säure erforderlich ist (FOLIN[238], SPIRO[843]). Auch das *Schwein* reagiert nach LAMB und EVVARD[124] auf Zufuhr von Schwefelsäure mit vermehrter Ammoniakabsonderung, während bei Zufuhr von brennbaren Säuren, Essigsäure und Milchsäure, diese Wirkung ausbleibt. Das Experimentum crucis, daß es sich dabei tatsächlich um Neutralisationsammoniak handelt, wurde von SALKOWSKI und MUNK[760], JANNEY[412] u. a. ausgeführt. Bei Zufuhr von Alkalien beim Hund oder Menschen verschwindet das Ammoniak aus dem Harn bis auf geringe Spuren, der Harn wird dem des Pflanzenfressers ähnlich. Auf Grund dieser Tatsachen ist es verständlich, daß beim Fleischfresser wie beim Omnivoren eine Beziehung zwischen der Acidität des Harns und seinem Gehalt an Ammoniumsalzen besteht (JANNEY[412]), indem eben beide Mechanismen sich in die Ausscheidung überschüssiger Säuren teilen. Trägt man die Wasserstoffzahl des Harns und die Ammoniakzahl, d. h. das Verhältnis des Ammoniakstickstoffs zum Gesamtstickstoff in ein Koordinatensystem ein, so erhält man bei verschiedenen Ernährungsarten eine Reihe von Punkten, die sich zu einer Hyperbel zusammenschließen lassen, wodurch der enge Zusammenhang beider Zahl unter verschiedenen Bedingungen anschaulich gemacht wird (HASSELBALCH[347]).

Dem *Pflanzenfresser*, der gewöhnlich eine basenreiche Nahrung zu verarbeiten hat, kommt prinzipiell gleichfalls die Fähigkeit zu, Säuren zusammen mit Ammoniak zu eliminieren, wie WINTERBERG[966] und EPPINGER[208] am Kaninchen, BAER[31] bei der Ziege, PALLADIN[878] bei Hammel und Kaninchen, STEENBOCK, NELSON und HART[856] am Kalb zeigen konnten; auch Vögel verhalten sich ähnlich (MILROY[610], KOWALEWSKAJA und SALASKIN[473]). Diese Fähigkeit ist jedoch, wie es scheint, sehr gering, denn nach den Versuchen WALTERS[926] wird ein Kaninchen durch eine Säuremenge tödlich vergiftet, die vom Hund, pro Kilogramm Körpergewicht berechnet, ohne weiteres vertragen wird. Im Harn des Pflanzenfressers kommen denn auch bei normaler Ernährung nur geringe Mengen Ammoniak vor. Beim Pferd und Rind ist es im Harn oft kaum nachzuweisen. BECCARI[47] fand hier Mengen von 10—25 mg in 100 cm^3, die im Durchschnitt 0,084 % des Gesamtstickstoffs beim Pferde und 0,178 % beim Rinde ausmachten. Die Reaktion solchen Harns ist stark alkalisch.

Bei Ernährung mit basenarmer Kost, wie z. B. bei Verfütterung von Hafer, wird aber auch hier ein vermehrter Ammoniakgehalt des Harns gefunden. So sah PALLADIN[878] das Harnammoniak beim Hammel von 0,78 g auf 1,21 g steigen, als er von Kartoffel- und Heufütterung zu einer Heu-Haferkost überging. Die Ammoniakmenge im Harn variiert bei diesen Tieren also nicht nur unter experimentellen Bedingungen, wie sie die Zufuhr von Säuren darstellt, sie erfährt auch bei Ernährungsverhältnissen, die im Rahmen des Physiologischen liegen, deutliche Veränderungen.

Wie schon erwähnt wurde, wird der Harn des Pflanzenfressers und Allesfressers im Hunger dem Fleischfresserharn ähnlich. Dies drückt sich auch in einem vermehrten Ammoniakgehalt des Hungerharns aus, wie BAER[31], McCOLLUM und HOAGLAND[573] u. a. an Ziege, Schwein und Affe zeigten. Beim Hammel fand PALLADIN[878], daß der Prozentsatz des Ammoniaks am Gesamt-N, der bei Heufütterung 2,33 betrug, im Hunger auf 4,48 anstieg.

Viel weniger als mit dem Mechanismus der Säureausscheidung hat man sich mit der Frage beschäftigt, wie ein *Überschuß an Alkalien* vom Organismus eliminiert wird. Das im Eiweißstoffwechsel in großer Menge anfallende Ammoniak wird durch die Harnstoff- bzw. Harnsäuresynthese in Produkte umgewandelt, in denen der alkalische Charakter der Substanz verschwunden ist. Die Frage, ob die Entfernung von Ammoniak auch durch Ausatmung stattfindet, ist verneint worden (Biedl und Winterberg[79], Magnus[557], Piccini[695]). Höber[384] konnte zeigen, daß beim Atmen in ammoniakhaltiger Luft Ammoniak sogar durch die Lunge resorbiert wird. Die *Ausscheidung der Alkalien durch den Harn* erfolgt in Form der Bicarbonate, so daß der Kohlensäure hier die Rolle zufällt, die bei der Säureausscheidung das Ammoniak übernimmt. So fand Goldblatt[289] nach Zufuhr von 30 g Natriumbicarbonat beim Memschen eine Ausscheidung von 3,2 % Bicarbonat im Harn. Der Salzsäuregehalt des Magensaftes und der Chlorgehalt des Blutes blieben dabei normal, die Regulationsfunktion war somit recht vollkommen. Allerdings fand sich die Kohlehydratverbrennung in diesen Versuchen herabgesetzt, so daß *auch schädliche Wirkungen eines Basenüberschusses der Nahrung* nachweisbar sind. Schädliche Einflüsse haben auch Addis, E. McKay und L. McKay[8] beobachtet, die an weiße Ratten lange Zeit hindurch eine Nahrung mit 4 % Natriumbicarbonat verfütterten. Der Harn dieser Tiere enthielt regelmäßig viele rote Blutkörperchen, bei 7 von 24 Tieren wurde Hydronephrose beobachtet.

Da die Alkalien bereits im Blute als Bicarbonate vorhanden sind, liegen die Ausscheidungsverhältnisse hier viel einfacher. Die Bicarbonate sind nur bei einer bestimmten Kohlensäurekonzentration des Harns existenzfähig, beim Stehen des Harns an der Luft entweicht CO_2, wobei die Bicarbonate z. T. in die Carbonate übergehen, und der Harn stark alkalisch wird. Die Carbonate und Phosphate der Erdalkalien fallen aus, sodaß derartiger Harn milchig getrübt erscheint. Der normale Harn des Pflanzenfressers und der des Fleischfressers bei Alkaliüberschuß ist indessen arm an Calcium, Magnesium und Phosphorsäure, die in der Hauptmenge durch die Darmwand ausgeschieden werden, und zwar anscheinend als sekundäre und tertiäre Phosphate. Offenbar kommt für die Ausscheidung eines Basenüberschusses neben der Niere auch die Darmwand in Frage.

4. Die Reaktion des Speichels, Magensaftes und anderer Körperflüssigkeiten.

Während die *Reaktion des Speichels* beim Menschen schwach sauer ist, ist sie nach den Untersuchungen von C. Schwarz[806] beim Schwein, Pferd, Rind und Hund als schwach alkalisch zu bezeichnen. Als am stärksten alkalisch erwies sich der Speichel des Rindes. Die Reaktion beruht im wesentlichen auf dem Gehalt an Alkalicarbonaten.

Die *Reaktion des Magensaftes* ist die sauerste, die man beim höheren Tier findet. Besonders sauer ist reiner Magensaft, der bei Hunden mit Pawlowschen kleinem Magen die Reaktion $p_H = 2$ (Fraenkel[256]), bei Scheinfütterung $p_H = 1,06$ (Rosemann[742]) aufwies. Im gefüllten Magen ist die Reaktion wegen der Bindung der Salzsäure an Eiweißspaltprodukte und infolge der Pufferwirkung organischer Elektrolyte viel weniger sauer. Für den aus dem Magen austretenden Mageninhalt fanden Schwarz und Danziger[806] beim Hunde stets eine niedrigere H-Ionenkonzentration, als für reinen Magensaft, die unabhängig von der Art des gereichten Futters war. Der Rückstrom alkalischer Darmsäfte, der eine Neutralisation der Magensäure bewirken könnte, war in diesen Versuchen durch eine Duodenalfistel ausgeschlossen.

Im *Pansen der Wiederkäuer* wird die Reaktion vorwiegend durch Bicarbonate des Speichels einerseits, die organischen Säuren der Pansengärung und CO_2 andererseits bestimmt. Im Panseninhalt geschlachteter Rinder fanden Schwarz und Gabriel[807, 265] stets alkalische Reaktion $p_H = 8,61—9,68$. Knoth[455] entnahm beim lebenden Tier Panseninhalt mittels Spritze und stellte fast genau neutrale Reaktion fest. Beim Stehen an der Luft wird die Flüssigkeit infolge des Entweichens der Kohlensäure aus den Bicarbonaten zunächst alkalisch, später tritt infolge des Fortschreitens der Gärungsprozesse sauere Reaktion ein.

Die Reaktion des Dünndarminhaltes ist nach AUERBACH und PICK[27] schwach sauer, da hier die Magensalzsäure durch die alkalischen bzw. säurebindenden Darmsäfte neutralisiert wird. Die Drüsen der Darmschleimhaut sezernieren ein reichlich Natriumbicarbonat enthaltendes Sekret von annähernd neutraler Reaktion. Auch die Reaktion des Pankreassaftes scheint nahezu neutral zu sein, wird aber durch Abdampfen von Kohlensäure an der Luft alkalisch.

Die Reaktion der Galle wechselt etwas bei verschiedenen Tieren, sie liegt gleichfalls in der Nähe des Neutralpunktes (OKADA[663]).

Die Reaktion des Eiereiweiß wurde von AGAZZOTTI[10] zu $p_H = 8{,}24$ bestimmt. Während sie beim Lagern der Eier annähernd konstant bleibt, wird sie beim Bebrüten immer sauerer.

Die Reaktion des Liquor cerebrospinalis ist schwach alkalisch. Die Alkalität nimmt beim Stehen an der Luft durch CO_2-Verlust zu (FELTON, HUSSEY und BAYNE-JONES[222], LEWINSON[509]).

In den Verdauungssäften wie auch sonst im Tierkörper treten die Mineralstoffe insofern zu den Fermentwirkungen in Beziehung, als sie das optimale physikalisch-chemische Milieu für diese Vorgänge schaffen. Im Pansen ist die Reaktion von Wichtigkeit für die Existenz der Panseninfusorien (KNOTH[455], FERBER[224a], MANGOLD und USUELLI[563c]).

5. Die Mineralstoffe und der Kolloidzustand der lebenden Substanz.

Der lebenden Materie, dem Protoplasma, wird ein kolloidaler Bau zugeschrieben. Die im Protoplasma vorliegenden kolloidalen Substanzen, namentlich die Eiweißstoffe, gehören zu den hydrophilen Kolloiden, die durch ihre Affinität zum Wasser charakterisiert sind. In Wasser gebracht, quellen sie erst und lösen sich dann auf. Sie stehen somit in der Mitte zwischen den hydrophoben Kolloiden, wie z. B. Metallsolen, die sich spontan in Wasser überhaupt nicht lösen, und den Kristalloiden, wie Zucker oder Salze, die unmittelbar, ohne vorhergegangene Quellung, aus dem kristallinischen Zustand in Lösung gehen. Während die hydrophoben Kolloide durch die elektrische Ladung ihrer Teilchen im dispersen Zustand erhalten werden, werden die hydrophilen Kolloide wie auch die Kristalloide durch ihre Affinität zum Wasser in Lösung gehalten. Elektrische Kräfte zwischen den gelösten Teilchen sind hier von sekundärer Bedeutung. Mit den Kristalloiden haben manche Eiweißstoffe, z. B. Hämoglobin, auch die Eigenschaft gemeinsam, daß sie in monomolekularer Lösung, moleculardispers vorkommen.

Die Eiweißstoffe gehören zu der Gruppe der Kolloidelektrolyte, in wäßriger Lösung sind sie teilweise elektrolytisch dissoziiert. Da sie sowohl H- wie OH-Ionen in die Lösung entsenden, gehören sie zu den *amphoteren Elektrolyten* oder *Ampholyten*. Je nachdem, ob mehr von der einen oder anderen Ionenart abdissoziiert sind, nehmen sie selbst negative oder positive Ladung an und wandern im elektrischen Felde in entsprechender Richtung. So wandert Hämoglobin bei alkalischer und schwach saurer Reaktion zur Anode, stellt also ein kolloides Anion vor, in stärker saurer Lösung wandert es kathodisch und bildet also ein kolloides Kation. Dazwischen liegt ein Reaktionsbereich, in dem es gleichviel H^+ und OH^- abdissoziiert, daher selbst keine Ladung trägt und im elektrischen Felde überhaupt nicht wandert. Die Reaktion, bei der dies der Fall ist, wird als *isoelektrischer Punkt* bezeichnet. Der isoelektrische Punkt des Oxyhämoglobins liegt bei $p_H = 4{,}7$. Beim Neutralpunkt $p_H = 7{,}2$ und auch im tierischen Organismus verhält sich daher Oxyhämoglobin als schwache Säure (vgl. auch K. FELIX, dieses Handbuch Bd. 1, S. 123).

Hydrophobe Kolloide werden durch Zusatz kleiner Salzmengen in ihrem elektrischen Verhalten stark verändert, z. B. umgeladen oder entladen, im letzteren Falle werden sie irreversibel ausgefällt. Bei den hier interessierenden hydrophilen Kolloiden ist das Verhalten anders. Erst starke Lösungen von Neutralsalzen bewirken Koagulation, und diese läßt sich durch Zusatz von Wasser oder Auswaschen der Salze wieder rückgängig machen. Eine irreversible Fällung tritt z. B. beim Kochen ein, wobei eine chemische Veränderung des Eiweißmoleküls stattfindet. Derartig denaturiertes Eiweiß besitzt nicht mehr die Eigenschaften der hydrophilen Kolloide.

Daß immerhin auch bei den hydrophilen Kolloiden elektrische Kräfte an der Erhaltung des dispersen Zustandes beteiligt sind, beweist die von Michaelis entdeckte Tatsache, daß Lösungen der Eiweißstoffe im isoelektrischen Punkt ein Minimum der Beständigkeit haben. Dies kann allerdings einfach auch so erklärt werden, daß das undissoziierte Molekül schwer löslich ist (Michaelis und Davidsohn[603a]).

Die *reversible Koagulation des Eiweißes durch Neutralsalze* wird als Ausfällung durch Entziehung des Lösungsmittels gedeutet, indem man annimmt, daß die Salze vermöge ihrer größeren Affinität zum Wasser das Kolloid aus der Lösung verdrängen. Die entwässernde Wirkung der Alkalisalze ist je nach der Natur des Anions verschieden. In der Reihe

$$\text{Citrat} > \text{Tartrat} > SO_4 > \text{Acetat} > Cl > NO_3 > J > CNS$$

ist sie am größten bei Citrat, am geringsten bei Rhodanid (Hofmeister[390]). Diese Reihenfolge trifft indessen nur bei neutraler und alkalischer Reaktion zu, in saurer Lösung kehrt sich die Reihe um. Die Reihe ist als Hofmeistersche *oder lyotrope Reihe* (Freundlich[259]) außerordentlich bekannt geworden. Wir fanden sie bereits bei den osmotischen Versuchen Höbers an roten Blutkörperchen (S. 219), wo sich die Anionen der Alkalisalze nach ihrer Fähigkeit, Hämolyse zu machen, in einer ähnlichen Reihe ordnen ließen.

Eine Erklärung für das verschiedene Verhalten der einzelnen Alkalisalze in ihrer Wirkung auf den kolloidalen Zustand des Eiweißes kann zur Zeit nicht gegeben werden.

Die Salze der zweiwertigen Metalle Ca, Sr, Ba koagulieren Eiweiß gleichfalls nur dann, wenn sie in höherer Konzentration einwirken. Die Koagulation ist hier mit Denaturierung verbunden, die Niederschläge lösen sich mit Wasser nicht wieder auf.

Eine besondere Betrachtung erfordern die Salze der Schwermetalle, die mit Eiweiß chemisch unter Bildung salzartiger Schwermetall-Eiweißverbindungen reagieren, die den hydrophilen Charakter des Eiweißes verloren haben. In Anbetracht der geringen Zahl der reagierenden Moleküle, die in einer Eiweißlösung vorhanden sind, genügen geringe Mengen von Schwermetallsalzen, um Eiweiß zu fällen.

Schließlich sei erwähnt, daß die eiweißkoagulierende Wirkung organischer Substanzen wie Alkohol bei völliger Abwesenheit von Salzen ausbleibt.

Ein eigentümliches Verhalten gegenüber den Neutralsalzen zeigen die Globuline, die im Serum, in der Milch, im Eiereiweiß usw. vorkommen (vgl. K. Felix, dieses Handbuch Bd. 1, S. 152). Diese sind in reinem Wasser unlöslich, in Salzlösungen dagegen löslich. Die Löslichkeit bei Gegenwart von Neutralsalzen soll auf der Bildung komplexer, löslicher Globulin-Salzverbindungen beruhen.

Kolloide ganz anderen Charakters sind die im tierischen Organismus vorkommenden *Lipoide*, die durch ihre Löslichkeit in organischen Solventien wie

Äther, Benzol, Chloroform, Öl gekennzeichnet sind. Zu den Fetten und fettartigen Stoffen gehören die Neutralfette sowie mit diesen verwandte Substanzen, die außer Glycerin und Fettsäuren noch Phosphorsäure und basische Bestandteile wie Cholin enthalten (vgl. C. BRAHM, dieses Handbuch Bd. 1, S. 94), ferner die Sterine, wie Cholesterin, die hochmolekulare Alkohole vorstellen. Die Lipoide bilden mit Wasser disperse Systeme, Emulsionen, in denen sie gewöhnlich die disperse Phase, Wasser die zusammenhängende Phase bilden. Doch sind auch Emulsionen bekannt, in denen Wasser die disperse Phase bildet. Die kolloiden Lipoidlösungen haben meist hydrophoben Charakter und werden schon durch geringe Salzmengen koaguliert. Den hydrophilen Kolloiden am nächsten steht noch das Lecithin (LEPESCHKIN[506a]).

Die beschriebenen *Wirkungen der Salze auf die Kolloide* sind an die Möglichkeit gebunden, daß die reagierenden Substanzen unmittelbar aufeinander einwirken können. Betrachten wir nun die *Wirkungen der Salze auf das lebende Protoplasma*, so müssen wir berücksichtigen, daß hier durch die Permeabilitätsverhältnisse wesentlich andere Bedingungen geschaffen sind. Vermögen die Salze nicht in das Protoplasma einzudringen, verhält sich dieses völlig semipermeabel, so sind die Wirkungen ganz allein durch die osmotischen Druckverhältnisse gegeben. Die Erfahrung lehrt aber, daß die Salzwirkungen auf die lebende Zelle darauf nicht beschränkt bleiben. Schon früher wurde erwähnt, daß die physiologische Kochsalzlösung die Funktionen der Salzlösungen des Tierkörpers nicht restlos zu ersetzen vermag. So fand RINGER[730], daß das überlebende Froschherz in isotonischer Kochsalzlösung seine normale Tätigkeit bald einstellt. Setzte er der Lösung etwas Calcium- und Kaliumchlorid zu, so vermochte das Herz lange Zeit hindurch seine Tätigkeit fortzusetzen. Ebenso konnte LOEB[538] in einer mit dem Seewasser isotonischen Kochsalzlösung Seetiere und Fischeier nur dann am Leben halten und zur Entwicklung bringen, wenn er der Lösung kleine Mengen von Kalium- und Calciumsalzen zusetzte. Die weiterhin oft bestätigte Erscheinung, daß reine Natriumchloridlösungen giftig wirken und durch Zusatz bestimmter Salze entgiftet werden, hat unter dem Namen *antagonistische Salzwirkung* und *Ionenantagonismus* große Bedeutung für die Biologie erlangt.

Prüft man reine Salzlösungen auf ihre Giftigkeit, so zeigt sich, daß die Salze der Erdalkalimetalle weniger giftig wirken, als die Alkalisalze. So sind Calcium- und Strontiumsalze besonders harmlos. Eine Ausnahme bilden einige Magnesiumsalze, die erheblich giftiger sind. Nach ihrer Giftigkeit lassen sich die Kationen in folgende Reihe ordnen (KAHHO[424]), mit dem wirksamsten Ion am Anfange der Reihe

$$K > Na > Sr > Mg > Ba > Ca.$$

Zur Erklärung der *verschiedenen Giftigkeit der Salze* für die lebende Zelle sind verschiedene Hypothesen aufgestellt worden. W. OSTWALD nahm eine verschiedene Adsorbierbarkeit der Salze durch die Eiweißstoffe des Protoplasmas an und suchte die antagonistische Salzwirkung durch gegenseitige Verdrängung der Salze aus der Adsorptionsverbindung zu erklären. Heute neigt man mehr zu der Annahme, daß die Fähigkeit, in das Protoplasma einzudringen, für die Giftigkeit entscheidend ist. Nach KAHHO[424] besteht ein ausgesprochener Parallelismus zwischen der Permeabilität und der Giftwirkung. Die antagonistische Salzwirkung wäre dann so zu deuten, daß die Salze sich gegenseitig am Eindringen in das Protoplasma hindern. So nahm HÖBER[380] eine Entquellung der Protoplasmahaut durch die zweiwertigen Ionen an, LOEB vermutete, daß reines Natriumchlorid die Plasmahaut erweicht, mehrwertige Ionen dagegen sie erhärten. Zu ähnlichen Anschauungen gelangten SPEK[338a] und KAHHO[424]. LEPESCHKIN[506a] hält dagegen für wahrscheinlicher, daß die antagonistische Salzwirkung sich im Inneren des protoplasmatischen Körpers abspielt.

Bezüglich der Wirkung der *Salze dreiwertiger Metalle*, namentlich der Schwermetalle, ist zu bemerken, daß sie teilweise hydrolytisch zerfallen, wobei sauere Lösungen entstehen, sowie daß sie, wie erwähnt wurde, mit Eiweiß salzartige Verbindungen eingehen. Die Giftigkeit des dreiwertigen Eisenions wird von manchen Autoren angenommen (Sabbatani[753]), von anderen geleugnet (Starkenstein[848]). Henriques und Okkels[356a] machen wahrscheinlich, daß die Giftigkeit der Ferri- und Ferrosalze wie auch der komplexen Eisenverbindungen davon abhängt, ob sie mehr oder weniger schnell in das lebende Protoplasma einzudringen vermögen. Man kann vielleicht annehmen, daß namentlich die Eiweiß nicht fällenden Eisenverbindungen, Ferrosalze und manche Komplexsalze, in die Zelle eindringen und hier Ferriionen bilden, die dann eiweißfällend und giftig wirken. Hierfür spricht, daß sehr stabile Komplexverbindungen wie Ferrocyankalium, die im Organismus keine Ferro- und CN-Ionen abdissoziieren, durchaus harmlos sind, während Ferro- und Ferricitrat, die im Organismus oxydativ unter Bildung von Ferriionen zerstört werden, zu den giftigsten Eisensalzen gehören.

Verschiedentlich ist von der **Quellung und Entquellung** kolloidaler Materie die Rede gewesen. Man versteht darunter die Aufnahme oder Abgabe des Dispersionsmittels ohne Veränderung des Aggregatzustandes. Bei pflanzlichen und tierischen Zellen kennen wir die Quellung durch Endosmose, ferner die capillare Quellung, hier interessiert uns in erster Linie die *echte Quellung der Kolloide* in dem oben angedeuteten Sinne. Die Flüssigkeitsaufnahme geht bis zu einem Maximum, dem Quellungsmaximum, das ein Maß für die Quellbarkeit eines Kolloides darstellt. Als Quellungsbreite wird die Flüssigkeitsaufnahme zwischen maximaler Entquellung und maximaler Quellung bezeichnet.

Die *Quellung in reinen Lösungsmitteln*, namentlich die von Gelatine in Wasser, ist eingehend studiert worden. Die Flüssigkeitsaufnahme des Gels und die damit verbundene Volumzunahme kann mittels geeigneter Vorrichtungen, wie des Quellungsmessers von Posnjak[702] durch mechanischen Gegendruck gerade aufgehoben werden. Man kann so den *Quellungsdruck* messen, der unter Umständen hohe Werte, mehrere Kilogramm pro Quadratzentimeter erreicht. Die Quellung eines Gels ist mit Wärmeentwicklung verbunden, weist somit eine gewisse Analogie zu dem Lösungsvorgang bzw. zu der Verteilung eines Krystalloides im Lösungsmittel auf. Der Quellungsdruck wäre dann mit dem osmotischen Druck in Parallele zu setzen. Dem entspricht auch, daß die Flüssigkeit in einem Gel einen niedrigeren Gefrierpunkt hat, als außerhalb. Für quellfähige, wasserarme Gebilde hat man Gefrierpunktserniedrigungen bis 120^0 errechnet, und hierauf darf man vielleicht die außerordentliche Widerstandsähigkeit gewisser Samen und Bakterien gegen sehr niedrige Temperaturen zurückführen (Freundlich[259]).

Die bei Quellungsvorgängen zu gewinnende Energie wird von den chemischen Kräften, die zwischen Kolloid und Flüssigkeit wirksam sind, geleistet. Dies geht auch daraus hervor, daß das Volumen der gequollenen Substanz kleiner ist, als die Summe der Volumina des Kolloides und des Wassers vor der Vereinigung.

Die *Quellungsvorgänge bei Gegenwart gelöster Salze* sind viel weniger gut bekannt, als die Quellung im reinen Lösungsmittel. Die Wirkung gelöster Salze läßt sich schwer untersuchen, weil hierbei ein anderer Prozeß mit der Quellung interferiert, indem nämlich die quellfähige Substanz z. T. auch gelöst, peptisiert wird. Trotz dieser Schwierigkeiten hat sich zeigen lassen, daß die Quellung stark von der Reaktion der Lösung abhängig ist. Sie ist bei Gelatine im isoelektrischen

Punkt am kleinsten, um bei mehr saurer oder alkalischer Reaktion erheblich zuzunehmen und dabei ein Maximum zu durchlaufen. Neben der Reaktion spielen auch die Anionen in der lyotropen Reihenfolge eine Rolle, indem Rhodanide die Quellung mehr fördern als Jodide, Chloride und schließlich Sulfate. Sulfate können sogar hemmend wirken. Eine verschiedene Wirkung der Kationen ist viel weniger ausgesprochen, doch sind auch bei der Quellung antagonistische Ionenwirkungen nachgewiesen worden (PAULI und HANDOVSKY[690]).

Man hat den Versuch gemacht, die Wirkung der Elektrolyte auf die Entstehung einer osmotischen Druckdifferenz zwischen dem Inneren einer Gallerte und der Außenflüssigkeit zurückzuführen. Die Ausbildung einer derartigen Druckdifferenz ist auf Grund der DONNANschen *Theorie der Membrangleichgewichte* ohne weiteres verständlich. Wenn ein Kolloidelektrolyt, z. B. Alkali- oder Säureeiweiß, durch eine Membran, die für die kolloiden Ionen undurchlässig ist, von seinem Quellungsmittel getrennt ist, und man setzt einen Elektrolyten zu, der die Membran leicht passieren kann, so tritt nach DONNAN keine gleichmäßige Verteilung dieses Elektrolyten auf beiden Seiten ein. Es stellt sich vielmehr ein Gleichgewicht ein, bei dem seine Konzentration auf beiden Seiten verschieden ist. Zugleich entwickelt sich eine elektrische Potentialdifferenz, deren Sitz in der Grenzfläche, d. h. in der Membran zu suchen ist. Auf die Konzentrationsunterschiede des Elektrolyten zwischen Kolloid und Außenflüssigkeit können die erwähnten osmotischen Druckunterschiede und die Beeinflussung der Quellung zurückgeführt werden.

B. Die einzelnen Mineralstoffe im Stoffwechsel.

Wir betrachten in den folgenden Abschnitten die einzelnen Mineralstoffe in der Reihenfolge, wie sie in den Gruppen des periodischen Systems angeordnet sind. In der Übersicht (Tabelle 7) sind durch verschiedenen Druck die Elemente hervorgehoben, die zur Zeit als *lebenswichtig* erkannt worden sind, und die auch als *biogene Elemente* bezeichnet werden. Einige von diesen, nämlich Kohlenstoff, Sauerstoff, Wasserstoff, Stickstoff, Phosphor und Schwefel sind als die Elemente bekannt, aus denen Eiweiß, Fett und Kohlehydrate zusammengesetzt sind. Die übrigen werden regelmäßig im Tierkörper angetroffen, man kann ihnen bestimmte Funktionen zuschreiben, die verhängnisvollen Wirkungen ihres Fehlens sind demonstriert worden.

Tabelle 7. Periodisches System der Elemente.

	H									
He	*Li*	Be	*B*	**C**	**N**	**O**	**F**			
Ne	**Na**	**Mg**	*Al*	**Si**	**P**	**S**	**Cl**			
Ar	**K**	**Ca**	Sc	*Ti*	*V*	Cr	*Mn*	**Fe**	*Co*	*Ni*
	Cu	*Zn*	Ga	Ge	*As*	Se	*Br*			
Kr	Rb	Sr	Y	Zr	Nb	Mo		Ru	Rh	Pd
	Ag	Cd	In	Sn	Sb	Te	**J**			
X	Cs	Ba	La	*Ce* usw.	Ta	W		Os	Ir	Pt
	Au	Hg	Tl	*Pb*	Bi	Po				
Nt		Ra		Th		U				

Lebenswichtige Elemente in Fettdruck.
Im Tierkörper sonst noch regelmäßig vorkommende Elemente in Kursivdruck.

Weiter sind eine Reihe von Elementen gekennzeichnet, die oft oder regelmäßig im Tierkörper gefunden werden, von denen man aber nicht sicher weiß, ob sie lebenswichtige Funktionen im Tierkörper ausüben, und ob ihr Fehlen zum Untergange des Organismus führt. *Etwas Endgültiges stellt diese Einteilung nicht dar, stets ist damit zu rechnen, daß sie durch neue Beobachtungen modifiziert wird.*

Auch die übrigen Elemente können natürlich durch Zufall in den Körper gelangen, wir betrachten derartige Vorkommen als nicht physiologisch und notieren sie hier nicht. Auch die in der atmosphärischen Luft enthaltenen Edelgase müssen in den Körperflüssigkeiten in geringer Menge gelöst sein, wenngleich man nicht den Versuch macht, sie dort nachzuweisen.

Die Betrachtung des periodischen Systems lehrt, daß *fast ausschließlich Elemente mit niedrigem Atomgewicht im Tierkörper* eine Rolle spielen. Das höchste Atomgewicht haben Eisen, Kupfer und Jod, und gerade diese treten hinsichtlich ihrer Menge stark gegen die übrigen Elemente zurück. Die Erklärungen für diese auffallende Tatsache (L'Errera[209], Pütter[707]) gehen über Vermutungen nicht hinaus.

I. Natrium.

Die Bestimmung des Natriums in tierischen Organen, Körperflüssigkeiten und Ausscheidungen erfolgt in derselben Weise, wie sie früher bei der Analyse der Futtermittel angegeben wurde (s. dieses Handbuch Bd. 1, S. 189). Spezielle Methoden für Harn usw. sind von Spiro[844] und Kramer u. Tisdall[475, 476] angegeben worden.

Im Tierkörper kommt das Natrium ganz überwiegend als Salz in gelöster, ionisierter Form vor. So konnte Richter-Quittner[726] zeigen, daß im Ultrafiltrat des Blutes oder Serums dieselbe Menge Natrium enthalten war, wie in deren Asche. Im Blute und im Harn steht seine Menge in Beziehung zu den anorganischen Ionen HCO_3, H_2PO_4 und HPO_4, besonders aber zu den Chlorionen, so daß man vielfach den *Chlornatriumstoffwechsel* von den Fragen des Mineralstoffwechsels als besonderes Problem abgetrennt hat. Diese Betrachtungsweise ist besonders da zweckmäßig, wo es sich um den osmotischen Druck und den Wasserhaushalt des Organismus handelt, denn hier spielt das Chlornatrium eine besondere Rolle. Bei anderen physiologischen Vorgängen kommen dem Natrium jedoch Funktionen zu, bei denen es ganz unabhängig von dem Anion wirkt. Wenn es auch zur Zeit nicht möglich ist, bei der Wirkung der Natriumsalze die Wirkung des Natriumions von der des Anions streng zu unterscheiden, so ist im folgenden doch der Versuch gemacht, diese Trennung durchzuführen, soweit es unsere derzeitigen Kenntnisse erlauben. Schwierig ist es auch, die Funktion des Natriums als Bestandteil der tierischen Gewebe, den Baustoffwechsel, abzugrenzen gegen seine Funktionen bei den physikalisch-chemischen Regulationsvorgängen. Eine solche Unterscheidung hat wohl auch theoretisch nur sekundäres Interesse. Die Beziehungen des Natriums zu anderen Mineralstoffen, namentlich zum Kalium, werden in den betreffenden Abschnitten behandelt.

Die gesamte *im Tierkörper vorhandene Natriummenge* ist nach Analysen von Lawes und Gilbert[497] (Tabelle 8) u. a. zu etwa 0,7—1,5 g Natrium pro Kilogramm Körpergewicht anzunehmen. Über die Verteilung des Natriums im Tierkörper liegt ein umfangreiches analytisches Material vor.

Im Blute findet sich das Natrium nach den Analysen von Abderhalden[1] und Ssobkewitsch[845] in den aus Tabelle 9 ersichtlichen Mengen.

Tabelle 8. Mineralstoffgehalt ganzer Tiere (nach LAWES und GILBERT[497]).

| | Magen-darm-inhalt | Rein-asche | 100 kg Lebendgewicht enthalten | | | | | | |
| | | | H_2O | K | Na | Ca | Mg | P | Cl |
	kg	kg	kg	g	g	g	g	g	g
Fettes Kalb	3,2	3,776	63,0	171	109	1176	43,9	670	62,5
Halbfetter Ochse . . .	8,2	4,609	51,5	170	108	1509	52,4	830	59,2
Fetter Ochse	6,0	3,883	45,5	146	93,5	1282	37,9	678	55,2
Fettes Lamm	8,5	2,888	47,8	138	76,3	916	31,9	491	53,3
Ausgewachs. Schaf . .	6,0	3,062	57,3	144	88,7	945	34,6	518	72,2
Halbfettes Schaf . . .	9,1	3,063	50,2	140	77,4	967	32,5	523	50,5
Fettes Schaf	6,0	2,684	43,4	123	71,7	848	30,0	455	43,7
Sehr fettes Schaf . . .	5,2	2,864	35,2	232	95,8	886	33,8	484	65,7
Ausgewachs. Schwein .	5,2	2,650	55,1	163	81,6	772	33,0	465	57,0
Fettes Schwein	4,0	1,632	41,3	115	53,8	457	20,1	285	43,2

Tabelle 9. Mineralstoffe im Gesamtblut.

| | 1 kg enthält g | | | | | | | | |
	H_2O	Na	K	Ca	Mg	Fe	Ges.-P	Anorg.P	Cl
Rind	808,9	2,69	0,34	0,049	0,022	0,380	0,176	0,075	3,08
Schaf	821,7	2,70	0,34	0,050	0,020	0,343	0,180	3,076	3,08
Ziege	803,9	2,66	0,33	0,047	0,025	0,382	0,173	0,062	2,92
Pferd	749,0	1,99	2,27	0,036	0,040	0,580	0,488	0,352	2,79
Schwein	790,6	1,79	1,92	0,049	0,055	0,487	0,439	0,326	2,69
Kaninchen	816,9	2,06	1,75	0,051	0,035	0,430	0,430	0,298	2,90
Hund	810,1	2,73	0,27	0,044	0,032	0,448	0,353	0,251	2,94
Katze	795,5	2,74	0,22	0,038	0,037	0,485	0,362	0,242	2,82
Huhn	815,2	2,17	1,54	0,097	0,065	0,405	1,46	·	3,65
Truthuhn	798,7	2,08	1,53	0,097	0,085	0,472	1,36	·	3,19
Gans	809,2	1,73	1,89	0,077	0,099	0,442	1,50	·	2,80
Ente	800,7	2,14	1,76	0,079	0,093	0,622	1,39	·	3,51

Es zeigt sich, daß von allen *Mineralstoffen des Blutes* Natrium und Chlor in der größten Konzentration vorliegen, so daß man vom Natriumchloridgehalt des Blutes sprechen kann. Daneben spielt quantitativ nur das Kalium eine größere Rolle.

Von besonderem physiologischem Interesse ist ferner die *Verteilung des Natriums* zwischen den geformten Bestandteilen des Blutes und dem Plasma oder Serum, die aus den Tabellen 10 und 11 nach ABDERHALDEN[1] und SSOBKEWITSCH[84] hervorgeht.

Tabelle 10.
Mineralstoffe in den Blutkörperchen (nach ABDERHALDEN[1] und SSOBKEWITSCH[845]).

| | 1 kg ursprüngliche Substanz enthält g | | | | | | | | |
	H_2O	Na	K	Ca	Mg	Fe	Ges.-P	Anorg.P	Cl
Rind	591,9	1,52	0,60	—	0,011	1,17	0,320	0,153	1,81
Schaf	604,8	1,58	0,62	—	0,010	1,12	0,358	0,198	1,65
Ziege	608,7	1,56	0,56	—	0,025	1,10	0,340	0,121	1,48
Pferd	613,2	—	4,10	—	0,050	1,09	0,830	0,635	1,95
Schwein	625,6	—	4,12	—	0,093	1,12	0,896	0,721	1,48
Kaninchen	633,5	—	4,34	—	0,048	1,15	0,926	0,756	1,24
Hund	644,3	2,09	0,24	—	0,044	1,10	0,662	0,529	1,35
Katze	624,2	2,01	0,21	—	0,050	1,12	0,700	0,517	1,05
Huhn	640,1	0,96	2,63	0,084	0,085	1,034	3,27	·	1,98
Truthuhn	638,0	1,11	2,39	0,078	0,123	1,011	2,62	·	1,60
Gans	669,4	0,49	3,30	0,022	0,151	1,936	2,76	·	1,30
Ente	597,6	0,51	2,19	—	0,165	1,603	3,00	·	1,76

Tabelle 11. Mineralstoffe im Serum (nach Abderhalden[1] und Ssobkewitsch[845]).

	1 kg enthält g								
	H_2O	Na	K	Ca	Mg	Fe	Ges.-P	Anorg.P	Cl
Rind	913,6	3,20	0,21	0,085	0,028	—	0,106	0,037	3,69
Schaf	917,4	3,19	0,21	0,084	0,025	—	0,105	0,032	3,71
Ziege	907,7	3,21	0,20	0,087	0,025	—	0,103	0,030	3,69
Pferd	902,1	3,28	0,22	0,079	0,028	—	0,105	0,031	3,73
Schwein	917,6	3,15	0,22	0,087	0,025	—	0,009	0,023	3,63
Kaninchen	925,6	3,29	0,22	0,083	0,029	—	0,105	0,028	3,88
Hund	924,0	3,16	0,19	0,081	0,025	—	0,105	0,035	4,02
Katze	927,0	3,29	0,22	0,079	0,027	—	0,103	0,031	4,17
Huhn	927,9	2,92	0,83	0,100	0,052	—	0,29	·	4,73
Truthuhn	939,2	2,92	0,72	0,11	0,051	—	0,25	·	4,58
Gans	934,6	2,85	0,64	0,13	0,052	—	0,38	·	4,13
Ente	929,5	3,18	0,83	0,13	0,047	—	0,37	·	4,62

Hier zeigt sich die überraschende Tatsache, daß bei einigen Tieren, bei Pferd, Schwein und Kaninchen, überhaupt kein Natrium in den roten Blutkörperchen nachweisbar war. Speziell beim Pferd hat indessen Gürber[313] Natrium auch in den Blutkörperchen gefunden. Auch Mogens Norn[858] hat mit verfeinerter Methodik in den Blutkörperchen des Kaninchens 0,5 g Na pro Kilogramm nachweisen können. *Im Serum* herrschen dagegen bei allen untersuchten Tieren recht einheitliche Verhältnisse. Man erkennt die quantitativ überragende Stellung von Natrium und Chlor, die das Serum hinsichtlich seiner mineralischen Bestandteile einer verdünnten Kochsalzlösung ähnlich erscheinen lassen.

Hinsichtlich ihrer mineralischen Zusammensetzung dem Serum sehr ähnlich sind die *Lymphe* und der *Chylus*. Neben viel Natriumionen enthalten sie vor allem Chlorionen, daneben sind Bicarbonate, vor allem auch das des Natriums, vorhanden (Munk und Rosenstein[628], Zaribnicky[980]). Als fast reine Kochsalzlösungen aufzufassen sind auch die *Flüssigkeiten der Lymphhöhlen* des Körpers, die Cerebrospinalflüssigkeit (Nawratzki[637], Zdarek[986], Landau und Halpern[491], Richter-Quittner[726], Mestrezat[595]), das Kammerwasser des Auges (Cahn[126], Lohmeyer[542]), das Labyrinthwasser, die Herzbeutel- und Gelenkflüssigkeit. Bei den Nutztieren sind allerdings diese Flüssigkeiten bisher z. T. sehr wenig oder gar nicht untersucht worden (vgl. Gerhartz[279]).

Tabelle 12. Mineralstoffe in Lymphflüssigkeiten.

	1 kg der Flüssigkeit enthält g							
	H_2O	Na	K	Ca	Mg	P	Cl	
Lymphe (Mensch)	955	3,24	0,13	0,107	0,025	0,13	3,55	Munk und Rosenstein[628]
Chylus (Pferd)	951	2,42	0,16	0,097	0,027	0,04	2,947	Zaribnicky[980]
Liquor cerebrospinalis (Mensch)	989	3,22	0,21	0,068	0,03	0,01	3,68	Mestrezat[595]
Kammerwasser des Auges	988	3,45	0,42	0,02	0,01	0,06	4,87	Cahn[126]

Unter den *Geweben* fällt der *Knorpel* durch seinen hohen Natriumgehalt auf (Tabelle 13).

Tabelle 13. Mineralstoffe im Knorpel (nach v. Bunge[122]).

	1 kg frische Substanz enthält g							
	H_2O	Na	K	Ca	Mg	Fe	P	Cl
Haifisch	725	5,32	1,280	0,175	0,076	0,0014	0,256	4,85
Schwein	779	6,13	0,874	0,963	0,126	Spur	0,194	5,08

Bei niederen Meerestieren findet man den Mineralgehalt der Körpersubstanz in enger Beziehung zu der Zusammensetzung des natriumreichen Meerwassers stehend. Den hohen *Natriumgehalt des Knorpelgewebes* bringt BUNGE in Beziehung zu der Tatsache, daß gerade der Knorpel ein phylogenetisch altes Gewebe darstellt, das den ursprünglichen Charakter des Mineralaufbaues der Tierwelt noch weitgehend gewahrt hat und bei den Festlandtieren die Abstammung von Meerestieren dokumentiert. Ein hoher Natriumgehalt des Knorpelgewebes findet sich beim höheren Tier vor allem auch in der Fötalzeit (Tabelle 14), um im späteren

Tabelle 14. Natrium- und Chlorgehalt des Knorpelgewebes (nach v. BUNGE[122]).

	1 kg trockene Substanz enthält g			1 kg trockene Substanz enthält g	
	Na	Cl		Na	Cl
Selachier	67,60	66,92	Kalb (14 Tage alt) . . .	24,05	7,57
Rinderembryo	25,20	11,51	Kalb (10 Wochen alt) .	19,30	6,86

Leben langsam abzunehmen. Im Sinne der Deszendenztheorie spiegelt sich so die phylogenetische Entwicklung im Leben des Individuums wider. Eine ähnliche Entwicklung in bezug auf den osmotischen Druck der Körpersäfte, der mit fortschreitender Entwicklung der Tierwelt sich mehr und mehr vom osmotischen Druck des Meerwassers unterscheidet, ist früher (S. 216) erwähnt worden.

Die *Mineralstoffanalysen der Knochen* beziehen sich fast ausschließlich auf die Glühasche, die sog. Knochenerde. GABRIEL[264] analysierte die „Glycerinasche", die er durch Erhitzen der getrockneten und gemahlenen Knochen in Glycerin, das 30 g Kaliumhydroxyd im Liter enthielt, darstellte. Bei 200° gehen binnen 1 Stunde die organischen Substanzen in Lösung, so daß nach gründlichem Auswaschen mit Wasser eine reine Knochenerde erhalten wird. Die Zusammensetzung der Glycerinasche ist dieselbe, wie die der Glühasche. Auffallend ist, daß auch in der Glycerinasche trotz reichlichen Auswaschens noch Chlor und Alkalien, und zwar vorwiegend Natrium, enthalten sind. GABRIEL schließt aus diesem Umstand, daß die Verkettung der einzelnen Bestandteile des Knochenphosphates ungemein fest sein muß.

Tabelle 15. Zusammensetzung der Knochen- und Zahnasche (nach GABRIEL[264]).

	1 kg Asche enthält g						
	Na	K	Ca	Mg	P	Cl	CO₂
Zähne (Rind)	8,58	1,67	362,5	9,44	169,5	0,5	40,9
Zahnschmelz	8,14	1,67	371,8	3,12	173,0	2,1	32,3
Zahnbein	5,93	1,17	360,5	11,34	168,1	0,3	39,7
Knochen (Rind)	8,06	1,50	366,3	6,52	163,3	0,4	50,6
(Gans)	8,14	1,58	365,2	7,87	167,0	0,6	41,1

Aus der Tabelle 15 ergibt sich eine recht weitgehende Übereinstimmung im Mineralstoffgehalt, auch im Natriumgehalt der Asche von *Knochen und Zähnen.* In der ursprünglichen Substanz der Knochen und Zähne sind die Analysenzahlen weniger gleichmäßig, weil der Wassergehalt größere Schwankungen aufweist (Tabelle 16).

Tabelle 16. Mineralstoffgehalt frischer Knochen und Zähne.

	1 kg frische Substanz enthält g								
	H₂O	Na	K	Ca	Mg	P	CO₂	Cl	
Zähne (Mensch) .	68,3	6,7	3,3	317,7	8,0	181,0	51,7	4,0	GASSMANN[270]
(Hund)	109,7	9,4	1,5	259,9	7,3	171,0	45,0	1,9	
Knochen (Hund)		3,0	1,9	83,8	0,6	37,2			DECKWITZ[169]

Über den Natriumgehalt der Haut und ihrer Anhangsgebilde, der Haare, Federn usw. liegen nur wenige, kaum verwertbare Angaben aus älterer Zeit vor.

Sehr eingehend ist dagegen die *mineralische Zusammensetzung des Muskelgewebes* untersucht worden.

Tabelle 17. Mineralstoffe im Muskel (nach Katz[436]).

	H₂O	Na	K	Ca	Mg	Ges.-P	S	Cl
				1 kg frische Substanz enthält g				
Mensch	725,3	0,7993	3,2019	0,0748	0,2116	2,0342	2,0757	0,7008
Schwein	728,9	1,5595	2,5385	0,0806	0,2823	2,1275	2,0430	0,4844
Rind	758,0	0,6522	3,6617	0,0211	0,2434	2,7014	1,8677	0,5666
Kalb	753,9	0,8594	3,8006	0,1444	0,3044	2,1970	2,2586	0,6724
Hirsch	752,7	0,7042	3,3595	0,0959	0,2906	2,4859	2,1061	0,4048
Kaninchen	768,3	0,4576	3,9811	0,1832	0,2869	2,5311	1,9917	0,5111
Hund	764,2	0,9431	3,2546	0,0685	0,2370	2,2346	2,2735	0,8052
Katze	751,4	0,7289	3,8283	0,0846	0,2863	2,0157	2,1881	0,5662
Huhn	683,8	0,9510	4,6487	0,1051	0,3713	2,5819	2,9202	0,6021
Frosch	816,2	0,5432	3,0797	0,1566	0,2353	1,8620	1,6330	0,4025
Schellfisch	806,4	0,9906	3,3448	0,2202	0,1670	1,3679	2,2284	2,4093
Aal	631,0	0,3179	2,4052	0,3913	0,1782	1,7698	1,3491	0,3448
Hecht	793,8	0,2939	4,1600	0,3977	0,3102	2,1305	2,1836	0,3191

Wie man aus den Zahlen der Tabelle 17 ersieht, tritt das Natrium in den Muskeln ziemlich zurück. Natürlich ist bei der Beurteilung dieser Zahlen auch noch zu berücksichtigen, daß im Muskel Blut und Lymphe mit ihrem hohen Natriumgehalt vorhanden sind und einen höheren Wert vortäuschen. Die Muskelzelle selbst dürfte daher noch weniger Natrium enthalten, als nach der Analyse des ganzen Gewebes anzunehmen ist. Verdrängt man die Blutflüssigkeit aus dem Muskel, indem man ihn mit isotonischer Zuckerlösung ausspült, so ist darin kein Natrium mehr nachzuweisen (Urano[911], Fahr[211]). In diesen Versuchen, die am Froschmuskel ausgeführt worden sind, bleibt allerdings fraglich, ob bei sehr langer Dauer des Auswaschens nicht doch ein Verlust von Natrium entstehen kann, wenn auch die Plasmahaut der Zellen des frischen Muskels für Natriumionen nicht permeabel ist.

Die mineralische Zusammensetzung der *glatten Muskulatur* des Schweines wurde von Saiki[754] untersucht, der erhebliche Unterschiede im Natriumgehalt gegenüber den quergestreiften Muskeln glaubte nachgewiesen zu haben. Costantino[154] fand in verschiedenen Muskelgeweben von ausgebluteten Tieren die Werte der Tabelle 18.

Tabelle 18. Mineralstoffgehalt verschiedenartiger Muskeln (nach Costantino[154]).

		H₂O	Na	K	Cl
			1 kg frische Substanz enthält g		
Stier:	glatte Muskeln (Magen)	798,1	0,8869	3,655	1,045
	glatte Muskeln (Retractor pen.) .	795,7	1,093	2,666	1,276
Kuh:	glatte Muskeln (Uterus)	816,7	1,539	2,247	1,107
Kaninchen:	quergestreifte rote Muskeln . . .	749,4	0,5871	4,275	0,2884
	quergestreifte weiße Muskeln . . .	749,5	0,4407	3,802	0,2621
Hund:	quergestreifte Muskeln	748,0	0,485	3,249	0,2779
Hahn:	glatte Muskeln (Magen)	787,5	0,715	3,564	0,8367
	quergestreifte rote Muskeln . . .	754,1	0,7694	3,734	0,3283
	quergestreifte weiße Muskeln . . .	731,8	0,890	4,099	0,2558
Truthahn:	glatte Muskeln (Magen)	769,7	0,7301	4,551	0,8856
	quergestreifte rote Muskeln . . .	738,6	0,5976	3,625	0,2797
	quergestreifte weiße Muskeln . . .	725,7	0,423	3,703	0,3344

Verglichen mit den Zahlen von KATZ sind Unterschiede im Natriumgehalt von glatten und quergestreiften Muskeln sicher vorhanden. So ist beim Rinde in der glatten Muskulatur etwas mehr Natrium vorhanden als in der quergestreiften. Bei den Vögeln sind die Unterschiede jedoch nur gering. Auch zwischen roten und weißen quergestreiften Muskeln scheinen erhebliche und konstante Unterschiede nicht zu bestehen. Die großen Differenzen, die SAIKI zwischen glatten und quergestreiften Muskeln gefunden hatte, konnten auch MEIGS und RYAN[587] nicht feststellen. Ihre Zahlen (Tabelle 19) sind an Muskeln des Ochsenfrosches (Rana Catesbiana) erhalten.

Tabelle 19. Mineralstoffgehalt der glatten und quergestreiften Muskeln des Frosches (nach MEIGS und RYAN[587]).

| | 1 kg frische Substanz enthält g | | | | | | | |
	H_2O	Na	K	Ca	Mg	Cl	P	S
Quergestreifte Muskeln . .	798,7	0,536	0,350	0,281	0,300	0,662	1,547	1,407
Glatte Muskeln	823,0	0,552	0,325	0,042	0,129	1,195	1,372	1,612

Im *Gehirn* findet man die Konzentration des Natriums in allen Teilen ungefähr gleich. Hierüber, sowie über den Mineralstoffgehalt einiger anderer Gewebe orientiert die Tabelle 20.

Tabelle 20. Mineralstoffe in Organen.

| | 1 kg frische Substanz enthält g | | | | | | | | |
	H_2O	Na	K	Ca	Mg	P	S	Cl	
Gehirn (Rind) .									
Grau	820	1,05	3,04	0,132	0,230	2,54	0,59	1,23	WEIL[935]
Weiß	712	1,44	2,50	0,163	0,411	4,33	0,98	1,76	
Kleinhirn . .	800	1,18	3,05	0,128	0,227	2,83	0,60	1,41	
Rückenmark	631	1,34	2,61	0,321	0,483	5,17	1,04	1,30	
Leber (Mensch) .	840	1,56	1,72	0,124	0,143	2,55	1,77	1,71	DENNSTEDT u. RUMPF[171]
(Kalb) . .	716	0,79	2,06	0,322	0,470	2,78	.	0,89	R. BERG[61]
Lunge (Mensch)	801	2,44	1,47	0,186	0,093	1,18	2,01	2,43	ROBIN[732]
♂ Placenta (Mensch) . .	863	1,17	0,29	0,183	0,077	1,16	1,31	.	HIGUCHI[375]
♀ Placenta . . .	849	1,32	0,35	0,514	0,085	1,40	1,20	.	

Im *Speichel* sind Natriumsalze, namentlich Chlorid und Bicarbonat, vorhanden. Die mineralische Zusammensetzung des Speichels vom Hund und Pferd ist in Tabelle 21 angegeben. Der Parotisspeichel der Wiederkäuer enthält vorwiegend Natriumbicarbonat, beim Schaf bis 0,58% und stellt im wesentlichen eine Lösung dieses Salzes dar, die außerdem nur wenig Kalium und Phosphorsäure enthält (ELLENBERGER und SCHEUNERT[197a]). Bei Kühen und Pferden kann nach ELLENBERGER der Natriumgehalt des Speichels durch Verfütterung von reichlichen Mengen Natriumchlorid auf ein Vielfaches gesteigert werden.

Der *Magensaft* enthält bei seiner stark sauren Reaktion natürlich nur geringe Mengen basischer Bestandteile. Der *Darmsaft* ist dagegen reich an Natrium, und zwar enthält er so viel Natriumbicarbonat, daß er mit Essigsäure aufschäumt. Für den Darmsaft des Menschen werden Mengen von 2—5 g Natriumcarbonat pro Liter angegeben. Beim Hund werden außerdem 5 g Natriumchlorid im Liter gefunden (GUMILEWSKI[310]). Bei der Ziege fand LEHMANN[502] kein Carbonat im Darmsaft. Im *Pankreassekret* ist neben dem Chlorid reichlich Natriumbicarbonat vorhanden (SCHUMM[800], GLAESSNER[284]). Die *Galle* enthält an Mineralstoffen vor allem Natrium, das als Chlorid, Bicarbonat und als Salz der Gallensäuren vorliegt.

16*

Tabelle 21.

Mineralstoffe in Verdauungsflüssigkeiten (nach Rosemann[741], Herter[361a] u. a.).

| | 1 kg Flüssigkeit enthält g | | | | | | | |
	H₂O	Na	K	Ca	Mg	P	S	Cl
Speichel (Hund) . . .	994	1,00	0,59	0,10	—	0,023	0,04	0,943
Speichel (Pferd) . . .	989	2,94	0,18	0,13	—	0,015	0,04	4,55
Magensaft (Hund) . .	961	0,25	0,31	0,002	0,005	0,003	0,005	5,32
Pankreassaft (Rind). .	985	3,30	0,25	.	.	.	.	1,80

In der *Milch* (s. Anm.) tritt das Natrium quantitativ viel weniger hervor als in sonstigen tierischen Flüssigkeiten. Da das Natrium in der Milch zum großen Teil beim saugenden Jungtier zum Ansatz kommt und dessen Bedarf angepaßt ist, wechselt der Natriumgehalt der Milch bei verschiedenen Tierarten in recht weiten Grenzen (Tabelle 22).

Tabelle 22. Mineralstoffe in der Milch (nach König[467], R. Berg[61]).

| | 1 kg ursprüngliche Flüssigkeit enthält g | | | | | | | |
	H₂O	Na	K	Ca	Mg	P	S	Cl
Frau	876	0,24	0,84	0,73	0,040	0,39	.	0,55
Stute	906	0,09	0,75	0,78	0,061	0,50	.	0,27
Schaf	836	0,33	1,88	2,07	0,083	1,25	.	0,71
Ziege	869	0,08	1,43	1,28	0,133	1,03	0,37	0,14
Büffel	822	0,38	0,99	2,03	0,169	1,25	—	0,62
Kuh.	904	0,69	1,54	1,24	0,110	0,92	0,31	0,91
Kamel.	871	0,19	1,14	1,42	0,219	1,93	.	1,05

Auf den *Mineralstoffgehalt des Hühnereies* bezieht sich Tabelle 23.

Tabelle 23. Mineralstoffe im Hühnereiweiß und Eigelb (nach R. Berg[61]).

| | 1 kg frische Substanz enthält g | | | | | | | |
	H₂O	Na	K	Ca	Mg	P	S	Cl
Eiweiß	863	1,74	1,63	0,29	0,13	0,22	2,73	1,07
Eigelb	509	1,01	1,36	1,36	0,15	5,68	1,75	0,72

Die *Resorption des Natriums* findet im wesentlichen auf dem Blutwege statt und gar nicht oder nur zum geringen Teil durch die Lymphbahnen. Eingehend studiert ist die Frage, wie die Resorption des Natriums aus Lösungen vor sich geht, deren osmotischer Druck von dem des Blutes abweicht, denn aus diesen Versuchen, für die sich Natriumsalze, namentlich das Chlorid, wegen ihrer Ungiftigkeit und Indifferenz besonders eignen, mußte die Bedeutung osmotischer Druckdifferenzen zwischen Darminhalt und Blut für die Resorption klar werden. Es hat sich gezeigt, daß *hypotonische Lösungen* von Natriumchlorid rasch resorbiert werden und daß während des Resorptionsvorganges ihre Konzentration langsam ansteigt. *Hypertonische Kochsalzlösungen* werden langsam resorbiert. Durch Übertritt von Flüssigkeit aus dem Blute in den Magen-Darmkanal findet dabei eine Verdünnung statt, so daß die Lösung sich der Isotonie mit dem Blute nähert. Bei dem Übertritt der Blutflüssigkeit gehen auch Blutsalze mit, die dann im Verdauungskanal nachgewiesen werden können. Die Konzentrationsänderung der Salzlösungen nimmt bereits im Magen ihren Anfang, doch verläßt die Lösung den Magen bereits, ehe Isotonie erreicht ist (Rzentowsky[752]). Die *Resorption von Natriumchloridlösungen* kann durch osmotische Kräfte und Filtration allein nicht erklärt werden, man muß, wie für die Resorption überhaupt, das Vorhandensein

---

Anm. S. auch Lenkeit und Lintzel, im Bd. 1 dieses Handbuchs.

einer Triebkraft annehmen, deren Wirksamkeit an die lebende Zelle der Darmwand gebunden ist.

Die Resorptionsgeschwindigkeit äquimolekularer Lösungen von verschiedenen Natriumsalzen geht im allgemeinen mit ihrer Diffusionsgeschwindigkeit
parallel. Die Reihenfolge der Anionen ist etwa Cl, Br, NO_3, SO_4 HPO_4, wobei die
ersten, namentlich das Chlorid, am schnellsten resorbiert werden (HÖBER[379],
NAKASHIMA[634]). Nach WALLACE und CUSHNY[929] wird Natriumacetat im Widerspruch zu seiner geringeren Diffusionsgeschwindigkeit ebensogut resorbiert wie
das Chlorid, während Natriumsulfat, Citrat, Tartrat, Oxalat und Fluorid
schlecht oder gar nicht resorbiert werden. Die Autoren nehmen daher eine
spezifische Wirkung der verschiedenen Salze auf die Darmepithelien an, durch
die deren Permeabilität verändert wird. Die abführende Wirkung hypertonischer Natriumsulfatlösungen wird gleichfalls durch die schlechte Resorbierbarkeit des Sulfates erklärt, das seinerseits die Resorption der Flüssigkeit verhindert bzw. den Übertritt von Flüssigkeit aus dem Körper in den Darm verursacht. Neben diesen rein osmotischen Vorgängen spielt dabei allerdings auch
eine vermehrte Absonderung des Saftes der Darmdrüsen eine Rolle (KNAFFL-
LENZ und NOGAKI[454]).

Die *Natriumsalze der Futtermittel* sind durchwegs leicht löslich und gehen
daher bei der Aufschließung der Nahrung im Magen-Darmkanal fast restlos in
Lösung. Ob bei den *Wiederkäuern* organische Säuren, die als Produkte der
Gärung im Pansen gebildet werden, eine hemmende Wirkung auf die Resorption
des Natriums ausüben können, scheint nicht näher untersucht zu sein. Sicher ist,
daß die Natriumsalze der Nahrung im allgemeinen rasch resorbiert werden. Im
Kote findet man daher nur eine kleine Menge Natrium, die der Resorption
entgangen ist, und in weiten Grenzen vom Natriumgehalt der Nahrung
unabhängig ist. So fand v. WENDT[948] beim Menschen bei natriumarmer und
natriumreicher Nahrung keinen merklichen Unterschied im Natriumgehalt
des Kotes (Tabelle 24).

Das *weitere Schicksal des Natriums nach der Resorption* ist verschieden. Es kann zum Aufbau neuer Körpersubstanz, als Baustoff dienen, es kann bei den physikalisch-chemi-

Tabelle 24. Natriumgehalt des Kotes bei Na-armer
und -reicher Kost (nach v. WENDT[948]).

	Tägliche Ausscheidung	
	Na + K g	Cl g
Aschearme Kost	0,541	0,055
Ebenso + 15 g NaCl . . .	0,339	0,051

schen Regulationen verwendet und mehr oder weniger lange retiniert werden,
es kann schließlich den Körper alsbald wieder auf dem Nierenwege verlassen,
ohne eine bestimmte Funktion ausgeübt zu haben.

Das Verhalten des *Natriums im Baustoffwechsel* kann am besten am jungen,
wachsenden Organismus geprüft werden. Bei menschlichen Säuglingen ist nach
Untersuchungen verschiedener Autoren mit einer Gewichtszunahme von 1 kg
ein Natriumansatz von 2—4 g verbunden. Es entspricht dies beim Säugling
einem täglichen Ansatz von etwa 25 mg Na pro Kilogramm Lebendgewicht,
dem eine Zufuhr von etwa 30 mg Na in der Muttermilch gegenübersteht
(HEUBNER[167]). Bei rasch *wachsenden Tieren* dürften die täglich aufgenommenen und angesetzten Natriummengen jedoch wesentlich größer sein. Mit ab-
nehmender Wachstumsgeschwindigkeit wird dann der tägliche Natriumansatz
pro Kilogramm Lebendgewicht geringer und macht nur noch einen Bruchteil
der für den *Regelungsstoffwechsel* benötigten Natriummenge aus. So fanden
FORBES, BEEGLE, FRITZ und MENSCHING[246] für den täglichen Natrium- und
Chloransatz beim *wachsenden Schwein* im Durchschnitt von 5 Tieren die in

Tabelle 25 verzeichneten Werte. Es handelt sich um 6 Monate alte Tiere eines Wurfes, deren Mineralstoffwechsel bei jeder Fütterungsart nach einer 7 tägigen Vorperiode während 10 Tagen untersucht wurde.

Tabelle 25.
Natriumbilanz beim wachsenden Schwein, Mittelzahlen pro Tier und Tag.

Nahrung g	Gewicht	Natrium			
	kg	Zufuhr g	Kot g	Harn g	Bilanz g
Mais 1357, Soja 271,4, NaCl 6,387, H$_2$O	52	4,351	0,524	1,253	+2,573
Mais 1590, Leinkuchen 318, NaCl 7,485, H$_2$O . . .	64	4,101	0,746	2,192	+1,163
Mais 1110, Weizenkleie 837,9, NaCl 7,642	71	4,605	1,027	2,173	+1,405
Mais 1705, Fleischmehl 170,5, NaCl 7,356	78	6,090	1,061	5,310	—0,281
Mais 1688, Magermilch 3436, NaCl 6,62	86	4,588	0,755	3,127	+0,706
Mais 1688, NaCl 6,62	94	2,979	0,533	2,693	—0,247
Reispolitur 1110, Weizenkleie 370, NaCl 5,803 . .	97	4,185	1,074	1,243	+1,868

Bei basenarmer Mais- bzw. Mais-Fleischmehlkost ist hier die Natriumbilanz negativ, obgleich an sich eine reichliche Natriummenge durch das Kochsalz zugeführt worden ist. Bei Zufütterung von basenreichen Futtermitteln wird die Natriumbilanz positiv. Der Natriumansatz macht jedoch stets nur einen Bruchteil der Zufuhr aus, die Hauptmenge wird durch den Harn wieder ausgeschieden. Einem Kilogramm Gewichtszunahme entspricht im Durchschnitt aller Versuche ein Natriumansatz von 2,3 g, der somit in derselben Größenordnung wie beim menschlichen Säugling liegt. Der Ansatz pro 100 kg Lebendgewicht ergibt sich im Mittel zu 1,55 g, die also den täglichen Bedarf eines 100 kg schweren Schweines für den Baustoffwechsel repräsentieren. Der Natriumbedarf für die Regulationsvorgänge ist zweifellos viel größer, kann aber zur Zeit nicht zahlenmäßig angegeben werden, da er von zahlreichen Faktoren, Zusammensetzung der übrigen Mineralstoffe, Wasseraufnahme u. dgl. abhängig ist. Während das *Natrium als Baustoff unersetzlich* ist, bleibt die Frage noch offen, in welchem Umfange es bei den Regulationsvorgängen durch andere Basen, namentlich Kalium, ersetzbar ist.

Begegnet es also zur Zeit unüberwindlichen Schwierigkeiten, Zahlen für die *optimale Natriumzufuhr* unter verschiedenen Ernährungsbedingungen anzugeben, so können wir doch ungefähr die *kleinste Menge* angeben, die zur Erhaltung des Lebens und der Funktionen erforderlich ist, und die *größte Menge* von Natriumsalzen, die noch ohne Schädigung ertragen werden. Überraschenderweise kommt der Organismus mit außerordentlich geringen Natriummengen aus, vorausgesetzt, daß er mit allen übrigen Nahrungsstoffen ausreichend versehen ist. So fanden OSBORNE und MENDEL[671], daß bereits 0,04 % Natrium in der Nahrung genügten, um bei weißen Ratten normales Wachstum zu ermöglichen. Es entspricht diese Menge einer täglichen Zufuhr von etwa 2 g Na pro 100 kg Körpergewicht. JOHN[421] fand dagegen, daß 0,3 % Na in der Nahrung zum Wachstum erforderlich seien. Andererseits werden auch recht große Mengen, namentlich von Natriumchlorid in der Nahrung vertragen. Eine schädliche Wirkung macht sich zuerst durch eine Temperatursteigerung, das sog. *Salzfieber*, bemerkbar, das bei Verfütterung großer Kochsalzmengen wie auch bei Injektion von Kochsalzlösungen auftreten kann. Es handelt sich dabei nach L. F. MEYER[597] um eine Wirkung des Natriumions und nicht des Chlorions, da auch andere Natriumsalze, wie Jodid und Bromid, diese Wirkung ausüben. Das Salzfieber ist vor allem an Kindern beobachtet worden, während Erwachsene weniger empfindlich sind. Beim Kaninchen tritt nach Kochsalzinfusion auch Glykosurie auf (FISCHER[232], UNDERHILL und CLOS-

SON[909]). Es dürfte sich beim Salzfieber um eine Folge der früher (S. 235) beschriebenen Wirkungen des Natriumions auf die kolloidalen Bestandteile des lebenden Protoplasmas handeln, denn es zeigte sich hier wie dort, daß kleine Calciummengen entgiftend wirken, eine Erscheinung, die wir als antagonistische Salzwirkung kennengelernt haben. Verabreicht man gleichzeitig mit dem Kochsalz kleine Calciummengen, so bleiben Salzfieber und Glykosurie aus (FREUND[258]). Ebenso wird bei Infusion von Ringerlösung kein Salzfieber beobachtet.

Besonders dem *Schwein* pflegt man eine besondere *Salzempfindlichkeit* zuzuschreiben (vgl. POTT[703], HANSSON[327] u. a.), und zwar auf Grund von Beobachtungen, die man gelegentlich bei der Verfütterung von Salzlaken, Butterknetwasser u. dgl. gemacht hat. Eine diesbezügliche Untersuchungsreihe der Landwirtschaftlichen Versuchsstationen im Jahre 1928 beschäftigte sich speziell mit der *Schädlichkeit von salzreichen Futtermitteln*, besonders Fischmehl, bei der Verfütterung an Schweine. Im Gegensatz zu der herrschenden Anschauung hat sich eine gesundheitsschädliche Wirkung dieses Futtermittels *nicht nachweisen lassen*. Auch die Gewichtszunahmen der Schweine waren durchaus normal. Wenn das Fischmehl im übrigen einwandfrei ist, kann es ohne Schädigung auch in großer Menge verfüttert werden. Offenbar verfügt auch das Schwein über ausreichende *Regulationsmechanismen*, um einen Kochsalzüberschuß der Nahrung unschädlich zu machen. Dem entspricht die Beobachtung von RADEFF[714], daß der Natriumchloridgehalt des Serums bei 50—100 kg schweren *Schweinen* unabhängig davon war, ob sie Fischmehl, wovon 0,2 kg pro Tier und Tag verfüttert wurden, mit einem Gehalt von 4,4, 8,8 oder 10 % Natriumchlorid verzehrten. Besonders kochsalzempfindlich scheint dagegen das *Geflügel* zu sein. RÖMER[434] fütterte an fast ausgewachsene Hähne 1—15 g NaCl mit Weichfutter.. Mehr wie 2—3 g in der Ration nahmen die Tiere freiwillig nicht auf. Bereits 5 g NaCl verursachten Erkrankung und Tod der Tiere.

Zwischen den Werten für die minimale und maximale, erträgliche Natriumzufuhr ist das Optimum zu suchen, bei dem einerseits genügend Natriumsalze aufgenommen werden, um den normalen Natriumansatz und die Funktionen im regulatorischen Stoffwechsel zu gewährleisten, bei der andererseits eine Überlastung der Niere vermieden wird. Auch bei freigewählter Kost zeigen die *Pflanzenfresser ein Salzbedürfnis*, und suchen mit Vorliebe salzhaltige Wasserstellen, Salzablagerungen und salzhaltige Pflanzen auf. Beim *Milchvieh* ist wegen der gesteigerten Milchproduktion ein *vermehrter Salzbedarf* vorhanden. Natürlich ist nicht bekannt, wie sich bei wildlebenden Tieren, überhaupt bei freigewählter Kost, die Natriumaufnahme gestaltet. Aus den Erfahrungen am Menschen weiß man jedoch, daß bei freigewählter Kost pro 100 kg Lebendgewicht und Tag etwa 3,5—12 g Natrium oder 9—30 g Natriumchlorid, unter Umständen auch noch mehr aufgenommen werden. Diese Zahlen sind aber nur schwer zu verwerten, denn einerseits neigt der Kulturmensch sicherlich dazu, zuviel Kochsalz zu verzehren, so daß wir für die Tiere niedrigere Werte einsetzen müßten, andererseits darf man für die Nutztiere, zumal rasch wachsende oder Milch produzierende Tiere einen stärkeren Bedarf an Natriumsalzen erwarten. Legen wir den niedrigen, beim Menschen gefundenen Wert zugrunde, so ergibt sich für ein 100 kg schweres *Schwein* ein Bedarf von 9 g. für ein 500 kg schweres *Rind* ein Bedarf von 45 g NaCl. Wenn KELLNER[443], KLIMMER[451], HANSSON[327] u. a. für das Schwein 5—15 g, für das Schaf 3—8 g, für das Rind 20—80 g Kochsalz empfehlen, so dürften sie damit der *optimalen Zufuhr* recht nahe kommen. Auch bei der Ernährung des *Geflügels* kommt ein Zusatz von Kochsalz bis zu 1 g pro Tier und Tag in Frage, sofern in den Futtermitteln kein Salz enthalten ist (ORR, MOIR, KINROSS und ROBERTSON[669]). POTT empfiehlt pro 100 kg Lebendgewicht folgende NaCl-Zugabe (Tabelle 26).

Tabelle 26. Kochsalzzugabe pro 100 kg Lebendgewicht und Tag.

	NaCl g		NaCl g
Wollschaf	4—10	Milchvieh	4—10
Lämmer und Fleischschaf . . .	8—12	Ausgewachsenes Mastrind. . .	3— 5
Ausgewachsenes Mastschaf. . .	5—10	Arbeitsochsen, junges Mastrind	4—10
Zucht- und Fleischschwein . .	4—10	Kälber	6—12
Speckschwein	2— 5	Pferd	2— 3

Die Hauptausscheidungsstätte des Natriums ist, wie schon aus den erwähnten Versuchen am Schwein hervorging (Tabelle 25), die Niere, der bei übermäßiger Salzzufuhr die Aufgabe zufällt, den Überschuß des resorbierten Natriums, die *Luxusresorption*, zu eliminieren. Für den Natriumgehalt des Harns ist daher vor allem der Natriumgehalt der Nahrung entscheidend. Es ist kein Zweifel, daß die Niere bei abundanter Salzzufuhr eine vermehrte Belastung erfährt, die, wenn auch nicht ohne weiteres schädlich, doch zum mindesten zwecklos ist und besser vermieden würde. Die *Ausscheidung des Natriums im Harn* geht im allgemeinen mit der Chlorausscheidung parallel, doch kommen auch starke Abweichungen vor, so daß man keineswegs aus dem Chlorgehalt des Harns Schlüsse auf die Natriumausscheidung ziehen kann.

Außer dem Nierenwege kommt für die Ausscheidung des Natriums ferner die *Schweißsekretion* in Frage, werden doch im Schweiße 3—14 g NaCl pro Kilogramm gefunden. Stärkere Natriumverluste mit dem Schweiße kommen vor allem beim *Pferd und Schaf* vor, die auf der ganzen Körperoberfläche schwitzen können. Bei den Tieren, die wie Schwein, Rind, Kaninchen, Katze, Hund nur auf kleinen Hauptgebieten schwitzen, spielt dieser Modus der Ausscheidung natürlich eine geringere Rolle, und gar keine bei der Ziege, die überhaupt keinen Schweiß sezerniert.

Das in den *Verdauungssäften*, im Speichel, im Darmsaft und den Absonderungen der großen Verdauungsdrüsen als Bicarbonat, Chlorid oder gallensaures Salz enthaltene Natrium geht dem Organismus nicht verloren, sondern wird wieder resorbiert und macht auf diese Weise einen *Kreislauf zwischen Blut und Darminhalt* durch. Bedeutende Natriumverluste können dagegen entstehen, wenn die *Rückresorption* dieser Flüssigkeiten durch Abführmittel, wie z. B. die Mittelsalze, gehemmt ist, wobei auch Blutsalze mit der Blutflüssigkeit zusammen direkt in den Darmkanal übertreten und zu Verlust gehen können. Derselbe Vorgang spielt sich auch sonst ab, wenn ein dünnflüssiger Kot entleert wird.

II. Kalium.

Betrachtet man den *Kaliumgehalt der tierischen Gewebe und Körperflüssigkeiten*, so ist neben der absoluten Menge oftmals auch das *Verhältnis* des *Kaliums zum Natrium* von Interesse, haben doch manche Autoren gewisse Wirkungen des Kaliums im Stoffwechsel viel weniger von seiner absoluten Menge als von seiner relativen Konzentration im Vergleich zum Natrium abhängig gefunden. Selbstverständlich sind derartige Beziehungen des Kaliums zum Natrium gegenseitiger Art und wir haben somit hier manches aus der Physiologie des Natriumstoffwechsels nachzutragen, das sich auf diese Verhältnisse bezieht.

Die Bestimmung des Kaliums in tierischen Organen und Flüssigkeiten erfolgt nach den bei der Analyse der Futtermittel angeführten Grundsätzen (vgl. dieses Handbuch Bd. 1, S. 191). Eine Mikromethode, die 0,1 mg K zu bestimmen erlaubt, wurde von Shohl und Bennett[822] angegeben.

Im Blute der Tiere finden sich bei den einzelnen Arten recht wechselnde Kaliummengen, während die individuellen Schwankungen nur unbedeutend zu sein scheinen. Wie aus den Tabellen 9, 10 und 11 nach ABDERHALDEN[1] und SSOBKEWITSCH[845] hervorgeht, vermissen wir bezüglich des Kaliums die Einheitlichkeit, die hinsichtlich des Natriums festzustellen war. Im Serum finden sich nur geringe Kaliummengen, die *Hauptmenge des Blutkaliums ist in den geformten Bestandteilen*, namentlich in den roten Blutkörperchen, enthalten. Zumal die Blutkörperchen von Pferd, Schwein und Kaninchen enthalten viel Kalium. Hier tritt uns die nahezu allgemeingültige Tatsache entgegen, daß die *Hauptmenge des Natriums im tierischen Organismus in den Flüssigkeiten* und Säften, die *Hauptmenge des Kaliums in den Geweben* enthalten ist. Das Verhältnis K : Na im Blute ergibt sich aus der Tabelle 27, und man erkennt, daß es bei allen Tieren in den Blutkörperchen größer ist als im Serum.

Das Verhältnis K : Na in einigen weiteren tierischen Flüssigkeiten und in den Geweben ergibt sich auf Grund der früher aufgeführten Mineralstoffanalysen zu den Werten der Tabelle 27. Von der Regel, daß Kalium in den Geweben überwiegt, machen nur Knorpel und Knochen eine Ausnahme.

Tabelle 27.
Verhältnis Kalium:Natrium in Blut und Gewebe (nach M. NORN[658] u. a.).

	K : Na		K : Na
Serum (Rind)	0,07	Quergestreifter Muskel (Rind) .	4,0
„ (Pferd)	0,07	Glatter Muskel (Rind)	4,1
„ (Huhn)	0,3	Knochen (Rind)	0,19
Hühnereiweiß	0,9	Knorpel (Schwein)	0,14
Milch	3,5	Blutkörperchen (Rind)	0,4
Muskel (Pferd)	6,7	„ (Pferd)	sehr groß
Herz „	4,3	„ (Huhn)	2,7
Muskel (Schwein)	8,7	Niere (Pferd)	0,98
Herz „	4,3	„ (Schwein)	1,33
Muskel (Rind)	4,6	„ (Schaf)	1,14
Herz „	3,0	„ (Ziege)	0,98

Namentlich dem *Kaliumgehalt des Muskels* ist besondere Beachtung geschenkt worden. Bemerkenswert ist, daß das Trainieren der Muskeln Veränderungen seines K-Gehaltes hervorruft. Beim Kaninchen fand FOMIN[241] 20 und 48 Stunden nach dem Training eine geringe Abnahme des Kaliumgehaltes, während 3—4 Tage nach dem Training eine starke Steigerung des Muskelkaliums nachweisbar war, die noch am sechsten Tage in geringerem Grade vorhanden war.

Beim Studium der Verteilung des Kaliums in den tierischen Geweben besteht die Möglichkeit, sich auch histochemischer Methoden zu bedienen, die von MACALLUM ausgearbeitet worden sind.

Zum *histochemischen Nachweis des Kaliums* verwendet MACALLUM[553] Kobaltnitrit, das mit Kalium einen orangegelben, schwerlöslichen Niederschlag von Kaliumkobaltnitrit gibt. Das Reagens wird durch Auflösung von 20 g Kobaltnitrit und 35 g chemisch reinem Natriumnitrit in einer verdünnten Essigsäure aus 65 cm³ destilliertem Wasser und 10 g Essigsäure dargestellt, filtriert und auf 100 cm³ aufgefüllt. Gefrierschnitte frischer Organe werden in gefrorenem Zustand, um die Diffusion des Kaliums zu verhindern, in das Reagens gebracht. Nach $^1/_2$ bis mehreren Stunden wird mit eisgekühltem Wasser 5—6mal gewaschen, das Präparat mit Glycerin-Ammoniumsulfid bedeckt, wobei die kaliumhaltigen Stellen, die erst orangerot waren, schwarz und gut sichtbar werden. Gewisse Bedenken gegen diese Methode wurden von LIESEGANG[514] vorgebracht.

Mit Hilfe der histochemischen Methode kam MACALLUM zu dem Resultat, daß der *Zellkern keine Kaliumsalze* enthält, während das Protoplasma reich daran ist. Dies Ergebnis wurde von CATTLEY[132] bestätigt. Bei Infusorien waren

Mikronucleus und Makronucleus gleichfalls kaliumfrei. Auch der Kopf der Spermatozoen, der als modifizierter Zellkern aufgefaßt werden kann und, ohne von einem Cytoplasma umgeben zu sein, in der kaliumhaltigen Samenflüssigkeit schwimmt, erwies sich beim Meerschweinchen und anderen Tieren als frei von Kalium. Ferner war in der Nervenzelle kein Kalium nachzuweisen, während es in der Faser besonders an den RANVIERschen Einschnürungen angehäuft war. In den Muskeln fand sich das Kalium nur in der anisotropen Schicht.

Der *gesamte Kaliumgehalt des Tierkörpers* dürfte in der Größenordnung von etwa 1,5 g pro Kilogramm Lebendgewicht liegen und damit etwa ebenso groß sein wie der gesamte Natriumgehalt. Bei niederen Tieren, wie bei der Weinbergschnecke, wurde dagegen ein Überwiegen des Natriums um das Vielfache festgestellt (WEIGELT[934]).

Der Stoffwechsel des Kaliums. Das *Kalium in den Futtermitteln* kann als leicht aufschließbar bezeichnet werden. Aus den pflanzlichen Futtermitteln wird es nach KOSTYTSCHEW und ELIASBERG[471] schon durch kaltes Wasser extrahiert. Aus animalischen Substanzen ist es allerdings z. T. nicht ohne weiteres extrahierbar, so bleibt bei der Extraktion von Muskelfleisch etwa $^1/_4$ der Kaliummenge im Rückstand (vgl. EMMERICH[207]), die bei der peptischen und tryptischen Verdauung jedoch gleichfalls in Lösung gehen. Die *Resorption* des gelösten Kaliums ist weniger vollständig, als die des Natriums. *Im Kote* finden sich in der Regel noch erhebliche Kaliummengen, die vielleicht von den Darmbakterien assimiliert sind und festgehalten werden.

In der *Säugezeit*, in der die Kaliumbilanz im wesentlichen durch den Ansatz bestimmt und noch weniger durch regulatorische Vorgänge, die zu Retention oder Ausschüttung von Kalium führen könnten, verschleiert ist, ist in Versuchen am menschlichen Säugling ein täglicher Kaliumansatz von 12—36 mg K pro Kilogramm Körpergewicht gefunden worden (LINDBERG[516], TOBLER und NOLL[901]), wobei einer Gewichtszunahme von 1 kg ein Kaliumansatz von etwa 3 g entsprechen dürfte (HEUBNER[367]). Bemerkenswert ist, daß trotz des viel größeren Kaliumangebotes in der Milch (vgl. Tabelle 22, S. 244) der Säugling das Kalium doch nur in ungefähr derselben Größenordnung wie Natrium ansetzt. Eine Versuchsreihe über den Kaliumansatz im späteren Lebensalter, *bei wachsenden Schweinen*, ist in Tabelle 28 wiedergegeben.

Tabelle 28. Kaliumbilanz pro Tier und Tag beim wachsenden Schwein (nach FORBES, BEIGLE, FRITZ und MENSCHING[246]).

Futter g	Gewicht kg	Kalium g			Bilanz
		Nahrung	Harn	Kot	
Mais 1357, Soja 271	52	10,187	4,789	2,569	+2,828
Mais 1590, Leinkuchen 318,1	64	9,168	4,775	3,101	+1,292
Mais 1110, Weizenkleie 837,9	71	12,471	6,048	4,528	+1,895
Mais 1705, Fleischmehl 170,5	78	6,916	4,167	1,572	+1,178
Mais 1688, Magermilch 3436,2	86	10,121	8,055	1,609	+0,456
Mais 1688,2	94	5,929	2,864	0,877	+1,188
Reiskleie 1110,1, Weizenkleie 370,1	97	17,481	15,062	4,215	—1,796

Aus den Zahlen dieser Tabelle ergibt sich, daß pro Kilogramm Gewichtszunahme 2,22 g Kalium angesetzt worden sind, während für den Natriumansatz des wachsenden Schweines 2,3 g pro Kilogramm Zunahme festgestellt wurden.

Aus den Versuchszahlen der Tabelle 27 kann man ferner ersehen, daß die Hauptmenge des verzehrten Kaliums den Körper auf dem Nierenwege verläßt. Im Gegensatz zum Natrium finden sich, wie schon erwähnt wurde, auch merkliche Mengen im Kote.

Hinsichtlich seiner *Ausscheidung im Harn* zeigt das Kalium ein vom Natrium abweichendes Verhalten. In Versuchen am Kaninchen infundierte J. BOCK[87] isotonische Lösungen von Kaliumsalzen intravenös. Noch während der mehrere Stunden dauernden Infusion setzte eine starke Diurese ein, bei der ein kaliumreicher Harn sezerniert wurde. Nach Beendigung der Infusion ging die Kaliumausscheidung zunächst in gleicher Weise weiter, um dann langsam auf normale Werte herabzusinken. Nach Verlauf einiger Stunden setzte dann eine zweite Harnflut ein, bei der aber keine vermehrten Kaliummengen mehr ausgeschieden wurden, sondern vorzugsweise das infundierte Wasser den Körper verließ. Wurde eine isotonische Lösung infundiert, die äquimolekulare Mengen KCl und NaCl enthielt, so zeigte sich, daß die gleichzeitige Zufuhr den Ablauf der Kaliumausscheidung nicht wesentlich veränderte, sie nimmt auch hier einen regelmäßigen Verlauf, indem sie nach Beendigung der Infusion langsam absinkt. Die Eliminierung des infundierten Natriums geht zunächst ähnlich vonstatten. Beim Einsetzen der zweiten Periode der Diurese jedoch setzt auch eine zweite Periode vermehrter Kochsalzausscheidung ein. Es zeigt sich also auch in diesen Versuchen die enge Gemeinschaft, die bei physiologischen Vorgängen zwischen Natrium und Wasser besteht während das Kalium mehr seine eigenen Wege geht.

Das Verhalten per os zugeführten Kaliums im Tierkörper wurde von OLMER, PAYAN und BERTIER[664] geprüft, die den *Kaliumgehalt der Organe* des Hundes nach Vergiftung mit Kaliumchlorid untersuchten. Milz, Herz und Skeletmuskeln erwiesen sich als besonders kaliumreich, doch war der Gehalt im Vergleich zur Norm nur unbeträchtlich erhöht. Auch hier ist es also rasch zur Ausscheidung des zugeführten Kaliums gekommen.

In der normalerweise *raschen Ausscheidung überschüssigen Kaliums* durch die Niere ist nach HEUBNER[367] auch der Grund zu sehen, warum seit alter Zeit essigsaures Kalium als Mittel, die Nierentätigkeit in Gang zu bringen, verwendet wird. Ebenso erklärt sich daraus der Befund von SOCHÀNSKI[834], daß Kaliumbicarbonat die Acidität des Harns viel energischer herabsetzt, als die äquivalente Menge Natriumbicarbonat.

Unter Umständen kann jedoch auch der Fall eintreten, daß *Kaliumsalze im Organismus gespeichert* werden. Die Speicherung wurde in Versuchen am Kaninchen dadurch erzwungen, daß den Tieren die Nieren exstirpiert wurden (J.BOCK[87]). Ein derartiges Tier erhielt 20 cm³ einer 3,5 proz., also stark hypertonischen KCl-Lösung injiziert. Kurz darauf wurde im Serum ein Kaliumgehalt ermittelt, der dem normalen Wert außerordentlich nahe kam. Da gleichzeitig der Hämoglobingehalt des Blutes konstant blieb, war eine Verdünnung des injizierten Salzes durch Übertritt von Gewebsflüssigkeit in das Blut auszuschließen. Es kommt daher nur ein rasches Abwandern des injizierten Kaliums in die Gewebe in Frage. Als Organ einer etwaigen Kaliumspeicherung scheint speziell die Haut in Frage zu kommen, denn nach den Versuchen von LUITHLEN[545] kann die Haut des Kaninchens bei verschiedener Ernährung stark wechselnde Kaliumwerte aufweisen. Die Ergebnisse LUITHLENS konnten jedoch von BÖRNSTEIN[100] in RONAS Laboratorium bei Mäusen, die teils mit basenreicher, teils mit säurereicher Kost ernährt wurden, nicht reproduziert werden. Eine vorübergehende Kaliumretention nimmt auch M. NORN[659] an, wenn eine vereinzelte große Kaliumdosis verabfolgt wird. Versuche an nierenlosen Kaninchen zeigten, daß die Muskulatur an der Kaliumspeicherung unbeteiligt ist. Eine sehr kleine Kaliummenge kann in der Leber gespeichert werden.

Wegen des *hohen Kaliumgehaltes* wohl aller bei den Nutztieren in Betracht kommenden *Futterkombinationen* braucht die Frage kaum jemals aufgeworfen zu werden, ob die Tiere mit Kalium ausreichend versehen sind. Nach OSBORNE und

Mendel[671] sollen schon 0,03% K in der Nahrung das Wachstum ermöglichen. Einen etwas höheren *Minimalwert* fand Miller[607], der angibt, daß bei Ratten eine deutliche Wachstumshemmung eintritt, wenn der Kaliumgehalt der Nahrung unter 0,1% sinkt. Größeres Interesse hat die Frage gefunden, ob das *Verhältnis des Kaliums zum Natrium* in der Nahrung von Bedeutung ist und wie groß es am besten sein sollte. V. Bunge[124] hat zuerst auf den großen Überschuß des Kaliums über das Natrium in der Nahrung des Pflanzenfressers hingewiesen, und gezeigt, daß hier 3—4mal soviel Kalium vorhanden ist, wie in der Nahrung des Fleischfressers. Mit dieser Tatsache brachte er die alte Beobachtung in Beziehung, daß nur die Pflanzenfresser Kochsalz in freier Form aufnehmen, nicht aber die reinen Fleischfresser. Den Kochsalzhunger der Pflanzenfresser führte er nun darauf zurück, daß der *Überschuß des Kaliums das Natrium aus dem Körper verdrängen*, also vermehrte Natriumverluste durch die Harnsekretion herbeiführen sollte. In der Tat konnte er in Versuchen am Menschen zeigen, daß nach Zufuhr von Kalium als Phosphat oder Citrat eine vermehrte Natriumausscheidung stattfand. Umgekehrt führte reichliche Zufuhr von Natriumsalzen zu vermehrter Ausscheidung des Kaliums.

Die Versuche von Bunge sind später oft nachgeprüft und bestätigt worden. L. F. Meyer und S. Cohn[598] untersuchten die Wirkung verschiedener Kalium- und Natriumsalze bei Kindern. *Natriumchlorid* verursachte vermehrte Ausscheidung von K, Na und Cl im Harn. Kalium wurde hier in solchem Maße ausgeschieden, daß die Bilanz negativ wurde. Die NaCl-Bilanz war positiv, eine gleichzeitige Gewichtszunahme konnte auf retiniertes Wasser bezogen werden. *Kaliumsalze*, namentlich das Bicarbonat, machten vermehrte Ausscheidung von Wasser, Na und Cl, wobei Gewichtsabnahme eintrat. *Calciumchlorid* wirkte ähnlich wie Kaliumchlorid. Analoge Ergebnisse erhielten auch Blum, Aubel und Hausknecht[86] beim Menschen. An Hunden und Mäusen bestätigte Gérard[278] die natriumaustreibende Wirkung des Kaliums, die Eliminierung von Kalium andererseits stellte Oehme[660] nach Zufuhr von Kochsalz und Natriumbicarbonat fest.

Beim *Schwein* stellte Miller[607] Versuche an, in denen verfüttertes Kaliumacetat zu einer vermehrten Ausscheidung von Na und Cl im Harn Anlaß gab.

Auch intravenös injiziertes Natriumchlorid führte in den Versuchen von M. Whelan[953], die am Menschen und am Hund ausgeführt wurden, zu vermehrter Kaliumausscheidung.

Diese eigenartigen *Beziehungen zwischen dem Kalium- und Natriumstoffwechsel* haben Anlaß gegeben, eine Reihe von Störungen des Stoffwechsels auf eine nachteilige Kaliumnatriumrelation der Nahrung zurückzuführen. So hatten Seemann[813] und Zander[979] hierin die Ursache der *Rachitis* sehen zu müssen geglaubt, Aron[20] schrieb auf Grund seiner Untersuchungen diesem Verhältnis eine Bedeutung für die *Knochenbildung* zu. Nach Zuntz[995] zeigte ein Futter, das bei Rindern *Lecksucht* erzeugte, ein excessiv weites Kalium-Natriumverhältnis. Sasaki[764] fand bei Ratten ein Verhältnis K/Na = 1,5 am günstigsten. War die Kaliummenge größer, so trat Wachstumshemmung ein. Olson und John[665] fanden einen noch geringeren Wert von K/Na = 0,6 optimal und konnten kein normales Wachstum erhalten, wenn dieser Wert 1,4 betrug. Die Versuche von Händel[324], Tsukamoto[905], Asada[23], Tadenuma[875], Redina[718], Hirabayashi[378], in denen z. T. abnorme Ernährungsformen, wie reine Casein-Fettkost bei Mäusen, angewendet worden sind, waren darauf gerichtet, die Wirkung der Salze der Nahrung bei verschiedenen Tieren in mannigfacher Beziehung zum Wachstum, zum Umsatz der organischen Nahrungsstoffe usw. zu studieren. Auch aus diesen Versuchen läßt sich eine gewisse Bedeutung der Kalium-Natriumrelation für verschiedene Stoffwechselvorgänge ableiten.

Einige Beobachter haben die Ergebnisse BUNGES jedoch nicht bestätigen können. So fanden HARNACK und KLEINE[329] nach Zufuhr organischer Kaliumsalze nur geringe Kochsalzausscheidung. Auch v. HOESSLIN[388] in Untersuchungen am Hund und HART, McCOLLUM, STEENBOCK und HUMPHREY[332] in Versuchen an jungen Rindern sind zu abweichenden Resultaten gekommen. Nach MILLER[607, 608] tritt die Wirkung des Kaliums auf die Natriumausscheidung nur *in kurzfristigen Versuchen* zutage. Bei längerer Dauer vermag der Organismus sich dem Kaliumüberschuß anzupassen, ohne dabei an Natrium zu verarmen. So fand MILLER bei Ratten ein excessives Verhältnis $K/Na = 14$ noch unschädlich. Auch THEILER, GREEN und DUTOIT[886] können in einem großen *Kaliumüberschuß* bei der Ernährung junger *Rinder* keinen Nachteil erblicken. RICHARDS, GODDEN und HUSBAND[723] stellten fest, daß ein Natriumüberschuß in der Nahrung beim *Schwein* zwar ganz im Sinne BUNGES zur Vermehrung des Harnkaliums führte, daß aber gleichzeitig die im Kote ausgeschiedene Kaliummenge abnahm, so daß das normale Verhältnis des Kaliums zum Natrium im Körper annähernd erhalten blieb. Neuerdings fütterte M. NORN[658, 659] Kaninchen monatelang mit reichlichen Kochsalzmengen, ohne daß eine Verschiebung im Kalium- und Natriumgehalt des Blutes nachweisbar war. Auch in der Muskulatur wurden keine Unterschiede bemerkt. In Versuchen an Mäusen und Ratten wurde der Na- und K-Gehalt der ganzen Tiere nach reichlicher Kochsalzfütterung bestimmt. Die Tiere waren weder natriumreicher noch kaliumärmer geworden als die normalen Kontrolltiere.

Wir müssen auf Grund dieser Ergebnisse annehmen, daß ungeachtet der mitunter nachteiligen Wirkungen eines abnormen Kalium- oder Natriumüberschusses der Nahrung der Organismus doch auch in hohem Maße die Fähigkeit hat, *Regulationsmechanismen* in Tätigkeit zu setzen, durch die schädliche Folgen einer *hinsichtlich des Kalium-Natriumverhältnisses* abnormen Nahrung meist vermieden werden können.

Für eine weitgehende Anpassungsfähigkeit des Organismus in dieser Hinsicht sprechen viele Erfahrungen. So fand LANDSTEINER[492] bei jungen Kaninchen, die teils mit Milch ernährt wurden, teils Wiesenheu mit hohem Kaliumgehalt erhielten, vollkommen unabhängig von der Ernährung den gleichen Kalium- und Natriumgehalt des Blutes. Dem entspricht ferner die Beobachtung von McCOLLUM und DAVIS[572], daß Ratten bei sehr verschiedener Mineralzusammensetzung der Nahrung gut gedeihen. *Für den Pflanzenfresser stellt ein Kaliumüberschuß der Nahrung zweifellos die Norm vor*, enthält doch auch die *Milch* der Pflanzenfresser, also die physiologische Nahrung ihrer Säuglinge, einen hohen Kaliumüberschuß im Vergleich mit der Milch der Fleischfresser (vgl. Tabelle 22). Der *Kochsalzhunger der Pflanzenfresser* ist anscheinend doch nicht, wie BUNGE annahm, durch ein ungünstiges Kalium-Natriumverhältnis, sondern durch den *absoluten Natrium- und vor allem Chlormangel ihrer Nahrung* bedingt.

Bezüglich der Versuche über die *Wirkung der Kaliumsalze* ist auch zu beachten, daß die Salze brennbarer Säuren, Citrat, Lactat usw., ferner auch die kohlensauren Salze, alkalisierend wirken und so durch *Beeinflussung des Säure-Basenhaushaltes* allgemeinere Wirkungen entfalten können. Die Versuche von RICHARDS, GODDEN und HUSBAND[723] an Schweinen, bei denen durch Natrium und Kalium, die z. T. als Citrate zugeführt wurden, der Stickstoff-, Calcium- und Phosphoransatz beeinflußt wurde und von den Autoren als Wirkung der Kalium-Natriumrelation gedeutet wurden, sind vielleicht in diesem Sinne zu verstehen.

Der Mechanismus, mit Hilfe dessen der Organismus sich den wechselnden Verhältnissen der Kalium- und Natriumzufuhr anpaßt, ist vor allem die Ausscheidung der Überschüsse durch die Niere. So fand J. Bock[87] bei einem Kaninchen bei verschiedenartiger Ernährung folgende *Kalium-Natriumrelationen im Harn* (Tabelle 29), die deutlich zeigen, wie große Schwankungen hier vorkommen können.

Tabelle 29.
Verhältnis Kalium:Natrium im Harn des Kaninchens (nach J. Bock[87]).

Nahrung	1 Liter Harn enthält		K : Na
	Kalium g	Natrium g	
Rüben, Grünfutter, Hafer . .	1,44	1,55	0,93
Grünfutter	1,27	1,21	1,05
Rüben	3,65	1,90	1,92
Rüben, Hafer	4,60	1,32	3,49
Hafer	8,52	1,20	7,10
Heu	3,45	0,34	10,10

Kaliumausscheidung im Hunger. Im Hunger wird beim Abbau der Körpergewebe Kalium frei und gelangt zur Ausscheidung. Katsuyama[434] untersuchte den Kalium- und Natriumverlust bei hungernden Kaninchen. Der gesamte Kaliumverlust vom Beginn der Hungerzeit bis zum Tode der Tiere betrug 1,94 bis 3,12 g, der gesamte Natriumverlust 0,574—0,765 g. Der Kaliumverlust war also bei weitem größer. Für das Verhältnis der im Hunger ausgeschiedenen Mengen K und Na war nach den Versuchen Munks am hungernden Menschen zu erwarten, daß es nach und nach ansteigen würde. Beim Kaninchen zeigte sich eine Abweichung, indem anfangs die K-Ausscheidung etwas vermindert, die Natriumausscheidung etwas vermehrt war. Vom 7. oder 8. Hungertage an zeigte sich jedoch auch beim Kaninchen dasselbe wie beim hungernden Menschen, die Kaliumausscheidung stieg an und die Natriumausscheidung ging zurück.

Giftwirkung des Kaliums. Wenn bisher immer die Fähigkeit der Niere, auch mit großen Kaliumüberschüssen fertig zu werden, betont worden ist, so ist dem zuzusetzen, daß selbstverständlich auch die Leistung der Niere eine Grenze hat. Bei sehr hoher Zufuhr von Kaliumsalzen kann es daher zu Schädigungen und sogar zu Vergiftungen kommen. Schon erwähnt wurde die Tatsache, daß geringe Kaliummengen für die normale Herzaktion unentbehrlich sind, größere Kaliumkonzentrationen bringen das Herz zum Stillstand. Diese Giftwirkung kann durch Calciumsalze aufgehoben werden. Wir finden also eine *antagonistische Calciumwirkung*, ähnlich wie bei der Natriumvergiftung (Spiro[841]). Mit dem *hohen Kaliumgehalt der Blutkörperchen von Kaninchen, Schwein, Pferd* und Mensch hängt es zusammen, daß das Blut dieser Tiere im hämolysierten Zustand auf das isolierte Herz giftig wirkt, weil nunmehr das Kalium aus den Blutkörperchen ausgetreten ist und zu wirken vermag. Das Blut von Hand und Katze, deren Blutkörperchen kaliumarm sind, zeigt dagegen diese Wirkung nicht (Langendorff[493], Brandenburg[103]). Daß die mit der Nahrung aufgenommenen Kaliumsalze diese Wirkung nicht haben, daß sogar die intravenöse Darreichung von Kalium in gewissen Grenzen unschädlich ist, beruht auf dem raschen Übertritt des Kaliums in die Gewebe und in den Harn. Erst bei sehr hoher Kaliumzufuhr kann es zu Schädigungen und Vergiftungen kommen. Solche sind in einer Reihe von Fällen nach *Aufnahme von Kainit,* das als Dünger ausgestreut und von den Tieren aufgenommen wurde, beschrieben worden (vgl. Fröhner[662]). Von anderer Seite wird indessen die Richtigkeit dieser Beobachtungen bestritten (Schneider und Stroh[790]). 200 g Kainit waren beim Schaf, 500 g beim Rind ohne Wirkung. Freiwillig dürften derartige Mengen aber von den Tieren kaum aufgenommen, werden. Wo Vergiftungen nach Aufnahme von Kainit stattgefunden haben, sind sie vielleicht auf giftige Beimischungen, Arsen, Fluoride oder dgl. zurückzuführen.

Die Radioaktivität des Kaliums. Von den übrigen lebenswichtigen Elementen unterscheidet sich das Kalium durch seine von CAMPBELL und WOOD[130] 1906 entdeckte Radioaktivität. Es sendet β- und γ-Strahlen, dagegen im Gegensatz zum Radium keine α-Strahlen aus, was als Beweis dafür angesehen wird, daß seine Aktivität nicht auf einer Verunreinigung mit Radium, Thorium u. dgl. beruhen kann (RUTHERFORD[751]). Kalium der verschiedensten Herkunft, aus Mineralien, aus der Asche von Pflanzen und Tieren, zeigt immer die gleiche Radioaktivität. Auch das Rubidium erwies sich als aktiv, für Caesium ist der Nachweis noch nicht erbracht.

Durch seinen Kaliumgehalt besitzt der tierische *Organismus eine Quelle der Radioaktivität*, die nach ZWAARDEMAKER[997] einer Menge von $4 \cdot 10^{-7}$ mg Radium entspricht, also verhältnismäßig beträchtlich ist.

In der von RINGER[730] entdeckten Funktion des Kaliums bei der normalen Herztätigkeit (vgl. S. 235) kann es durch äquivalente Mengen Rubidium und Caesium vertreten werden (FEENSTRA[220], JOLLES[422], DE LIND VAN WYNGAARDEN[550]). Von ZWAARDEMAKER[1000] stammt nun der Gedanke, daß bei dieser Funktion die *Radioaktivität dieser Elemente* von ausschlaggebender Bedeutung sein könnte. Er versuchte daher, das Kalium in der Durchströmungsflüssigkeit für das überlebende Froschherz durch andere radioaktive Substanzen zu ersetzen und dadurch die Rolle des Kaliums bei der Herzaktion auf seine radioaktiven Eigenschaften zurückzuführen. Es ist ZWAARDEMAKER tatsächlich in vielen Fällen gelungen, das Kalium durch andere radioaktive Elemente zu ersetzen. Auch bei der Durchströmung der überlebenden Froschniere konnte es durch Uranium oder Radium in der Durchströmungsflüssigkeit ersetzt werden (HAMBURGER und BRINKMAN[320]). Die quergestreiften Muskeln des Frosches, die bei der Durchströmung des Tieres mit kaliumfreien Lösungen eine Herabsetzung ihrer Hubhöhe erfahren, werden durch Zusatz von Rubidiumchlorid, Urannitrat oder Thoriumnitrat wieder leistungsfähiger (GUNZBURG[311]).

Weiterhin konnte ZWAARDEMAKER[999, 1001] das Kalium in der Durchströmungsflüssigkeit des Herzens auch durch Bestrahlung des Organs mit Mesothorium, Radium und Polonium ersetzen. Merkwürdig ist, daß Kalium und Radium antagonistisch wirkten. Ein giftig wirkender Kaliumgehalt der Lösungen konnte z. B. durch Uranzusatz unschädlich gemacht werden. Es soll sich hierbei um einen Antagonismus von α- und β-Strahlern handeln. Später gelangte ZWAARDEMAKER[998] zu der Feststellung, daß es die zu den Automatismen gehörigen physiologischen Systeme seien, für die die Bioradioaktivität wesentlich ist.

Die Ergebnisse ZWAARDEMAKERS und seiner Schüler sind in der Folge wiederholt nachgeprüft und nicht restlos bestätigt worden. ZONDEK[989] fand, daß der Giftwirkung des Kaliums bei Steigerung seiner Konzentration etwas Ähnliches bei den radioaktiven Elementen nicht gegenübersteht. Radiumemanation ist auch in Mengen, deren Radioaktivität die des Kaliums weit übertrifft, vollkommen ungiftig. Auch die Vertretbarkeit des Kaliums durch das inaktive Caesium spricht gegen die Annahme ZWAARDEMAKERS. Es kann zwar nicht mit Sicherheit behauptet werden, daß die Radioaktivität des Kaliums für den Organismus ohne jede Bedeutung sei, die uns bekannten Kaliumwirkungen hängen nach ZONDEK jedoch sicher nicht mit seiner Radioaktivität zusammen.

R. F. LOEB[533] fand Thorium und Uranium ungiftig bei der Entwicklung von Arbaciaeiern, das Kalium vermochten sie hier jedoch nicht zu ersetzen. Bei der Atmung von Gänseerythrocyten konnte ELLINGER[198] das Kalium durch Rubidium, nicht aber durch Caesium oder radioaktive Substanzen ersetzen, diese wirkten hier schon in kleinster Menge schädigend. Hamburger[321] fand in Verfolg seiner Versuche an der Froschniere, die im Sinne der Zwaardemakerschen Annahmen ausgefallen waren, daß Kalium in diesen Versuchen überhaupt entbehrlich, die Anwesenheit radioaktiver Stoffe also überhaupt nicht erforderlich war. Am Uterus des Schweines vermochten Uran- und Thoriumnitrat Kalium nicht zu ersetzen (Susuma Maki[874]), weiterhin haben auch Kawashima[437], Arborelius und Zottermann[18], Niederhoff[654] u. a. die Hypothese der *Bioradioaktivität* abgelehnt.

Aus allen Versuchen ergibt sich, daß die Bedeutung des Kaliums für die physiologischen Vorgänge, soweit sie uns zur Zeit bekannt sind, im Gegensatz zu der Hypothese Zwaardemakers mit seinen radioaktiven Eigenschaften nicht in Beziehung steht, ohne daß man jedoch der Radioaktivität des Kaliums jegliche Bedeutung für den tierischen Organismus absprechen könnte.

III. Lithium, Rubidium, Caesium.

Lithium wurde von Herrmann[361] im Organismus nachgewiesen. Es war bereits beim Fetus regelmäßig vorhanden. Als besonders reich an Lithium erwies sich beim Kalbe und beim Menschen die Lunge. Da es sich auch beim Neugeborenen an dieser Stelle fand, kann es sich nicht um eine Anhäufung infolge der Einatmung von Staub handeln. Verhältnismäßig lithiumreich war auch die Leber, weniger viel fand sich in der Milz. Chittenden[139] fand es im Muskelfleisch von Hippoglossus americanus. Spuren von Lithium hat Griffiths[300] im Blute der Anodonta cygnea nachgewiesen.

Über spezielle Funktionen des Lithiums im tierischen Organismus ist nichts bekannt, doch sind Versuche mit lithiumfreier Kost noch nicht angestellt. Da *Lithium in jeder Nahrung vorhanden* ist, und seine Salze leichtlöslich und leicht resorbierbar sind, findet *unter normalen Umständen stets ein Stoffwechsel dieses Stoffes* statt. Die Ausscheidung dürfte dabei überwiegend mit dem Harn erfolgen, in dem Schiaparelli und Peroni[780] es nachweisen konnten.

Den Lithiumsalzen hat man die Fähigkeit zugeschrieben, Harnsäureniederschläge, wie sie sich bei gewissen Krankheiten im Gewebe bilden, aufzulösen und zur Ausscheidung zu bringen, und zwar aus dem Grunde, weil das harnsaure Lithium leichter löslich ist als die harnsauren Salze der übrigen Alkalien.

Eine derartige Annahme steht im Widerspruch mit chemischen Grundtatsachen, denn in einem Gemisch von Salzen verschiedener Löslichkeit fällt in der Regel das am schwersten lösliche aus. Es kann daher auch die Gegenwart von Lithium in dem Gemisch von Alkalisalzen im Organismus das Ausfallen harnsauren Natriums nicht verhindern, und ebensowenig bereits ausgefallenes in Lösung bringen (vgl. Thannhauser[882]). In der Tierheilkunde, bei der Behandlung der Gicht des Geflügels, scheinen Lithiumsalze bisher auch keine Anwendung gefunden zu haben.

Rubidium und *Caesium* haben bisher kaum Interesse von seiten der Ernährungslehre gefunden. In geringen Mengen sind sie *in manchen Futtermitteln* vorhanden (vgl. dieses Handbuch I, S. 192) und mögen daher auch im Tierkörper mehr oder weniger regelmäßig vorhanden sein. Schiaparelli und Peroni[780] konnten beide Elemente im Harn nachweisen. Theoretisch ist ihre Fähigkeit von Interesse, das Kalium in der Ringerlösung zu ersetzen (S. 255).

IV. Kupfer.

Zur *Bestimmung des Kupfers in tierischen Substanzen* verwenden Schönheimer und Oschima[791] 5—10 g von Organen, 10 cm³ von Blut oder Serum, die zunächst mit Schwefel-Salpetersäure im Kjeldahl-Kolben verascht werden. Die Schwefelsäure wird weitgehend abgeraucht, wobei ein Zerspringen des Kolbens durch ständiges Umschwenken verhütet wird. Der Rückstand wird in 50 cm³ Wasser aufgenommen und 10 Minuten ausgekocht. Die klare, farblose Lösung wird mit H_2S gefällt und, um die Filtration zu erleichtern, mit etwas Bromwasser eingedampft. Mit dem ausgefallenen Schwefel wird auch das daran adsorbierte Kupfer abfiltriert. Das Filter mit dem Cu-Niederschlag wird wiederum mit Schwefel-Salpetersäure verascht. Die Aschelösung wird mit Ammoniak bis zu schwach saurer Reaktion abgestumpft, mit 3 cm³ Ammoniumrhodanid von 10 % und 1 cm³ Pyridin versetzt und im Schütteltrichter mit 1 cm³ Chloroform ausgeschüttelt. Die Färbung des Chloroforms wird colorimetrisch ausgewertet, 0,01 mg Cu werden auf 5 % genau gemessen. Die hier zum colorimetrischen Vergleich herangezogene Eigenschaft des Kupfersalzes, in annähernd neutraler Lösung mit Rhodanid und Pyridin einen grünen Niederschlag von der Zusammensetzung $Cu(C_5H_5N)_2(CNS)_2$ zu geben, der in Chloroform löslich ist, wurde bereits von BIAZZO[78] zur Kupferbestimmung verwendet.

Eine andere, im Prinzip gleiche Methode wurde von ELVEHJEM und LINDOW[204] angegeben, wobei trocken verascht und die Asche mit konzentrierter Salzsäure ausgezogen wird. Die colorimetrische Bestimmung kann meist ohne vorherige Abscheidung des Kupfers als Sulfid vorgenommen werden, da Eisen, Nickel, Kobalt, Mangan in kleineren Mengen nicht stören. Ist mehr Eisen zugegen, muß auch hier die Abtrennung des Kupfers als Sulfid ausgeführt werden.

1. Vorkommen des Kupfers im tierischen Organismus.

Nachdem BUCHHOLZ[119] und MEISSNER[590] schon 1816 Kupfer in pflanzlichen Organismen aufgefunden, SARZEAU[763] seine weite Verbreitung im Pflanzenreiche dargetan hatte, womit auch eine ständige Kupferaufnahme durch den Pflanzenfresser erwiesen war, wurde es von SARZEAU auch im Muskel des Rindes nachgewiesen. Beachtung fand besonders das Kupfervorkommen bei niederen marinen Tierformen (vgl. ROSE und BODAUSKY[739]), wo es als Bestandteil des Blutfarbstoffes bedeutungsvoll ist. Im Körper höherer Tiere wurde Kupfer später von YAGI[977], ROST und WEITZEL[748], BODANSKY[91], GUERITHAULT[307], MCHARGUE[577] u. a. nachgewiesen und quantitativ bestimmt, ohne daß man ihm zunächst eine Bedeutung für die Lebensvorgänge zuschreiben konnte. Neuerdings erst haben sich Anhaltspunkte dafür ergeben, daß es *vielleicht auch bei den höheren Tieren zu den lebenswichtigen Elementen zu rechnen* ist.

Den *Kupfergehalt des Blutserums* bestimmten WARBURG und KREBS[931] nach einer besonderen Methode, die auf der Fähigkeit des Kupfers, die Oxydation des Cysteins katalytisch zu beschleunigen, beruht. Sie fanden im Serum verschiedener Tiere die folgenden Kupfermengen (Tabelle 30), die hier mit dem Eisengehalt des Serums in Vergleich gesetzt sind.

Tabelle 30. Kupfer und Eisen im Blutserum (nach WARBURG u. KREBS[931]).

	1 Liter Serum enthält			1 Liter Serum enthält	
	Cu mg	Fe mg		Cu mg	Fe mg
Frosch . .	1,42	1,32	Pferd . .	2,50	·
Hund . . .	1,13	2,67	Taube . .	0,00	1,08
„ . . .	1,50	2,12	„ . .	0,08	0,66
Kaninchen .	1,04	1,13	Huhn . . .	0,37	0,09
Meerschwein	1,94	1,46	Gans . . .	0,41	0,71
Ratte . . .	2,76	0,17	„ . . .	0,13	0,79
„ . . .	4,74	1,97	Mensch . .	1,63	1,16

Das Kupfer fand sich im Serum in lockerer Bindung, d. h. es konnte bereits durch verdünnte Salzsäure in den ionisierten Zustand versetzt werden. Die Kupferwerte des Blutserums liegen bei den meisten Tieren und beim Menschen in derselben Größenordnung, nur bei den *Vögeln* ist es in geringerer Menge vorhanden. Im Serum des *Pferdes* bestimmten ABDERHALDEN und MÖLLER[5] Mengen von 1,85—2,11 mg Cu pro Liter, die mit den von WARBURG und KREBS ermittelten

Werten gut übereinstimmen. Im Gesamtblut des *Menschen* fanden Schönheimer und Oschida[391] 1,21—1,44 mg Cu pro Kilogramm. Im *Rinderserum* fanden McHargue, Healy und Hill[581] 3,3 mg Cu, in Rinderblutkörperchen 2,5 mg Cu pro Kilogramm. Elvehjem, Steenbock und Hart[202] bestimmten im Gesamtblut des *Pferdes* 0,5 mg Cu pro Liter, wovon 0,43 mg, also der weitaus größte Teil, in den roten Blutkörperchen enthalten waren. Auch gewaschene Blutkörperchen enthielten noch die Hauptkupfermenge. Diese Kupferbefunde sind merklich niedriger als die anderer Autoren. *Die Regelmäßigkeit seines Vorkommens im Blute spricht dafür, daß das Kupfer als physiologischer Bestandteil des Tierkörpers zu betrachten ist.*

In größter Konzentration scheint das *Kupfer in der Leber* vorzukommen, in der es von zahlreichen Untersuchern bestimmt worden ist (Tabelle 31).

Tabelle 31.
Kupfer in tierischen Organen (nach Lindow, Elvehiem u. Peterson[517]).

	1 kg frische Substanz enthält			1 kg frische Substanz enthält	
	H_2O g	Cu mg		H_2O g	Cu mg
Rind, Gehirn	826	2,1	Kalb, Muskel	719	2,3
„ Haut	811	1,6	Schwein, Muskel . .	544	3,1
„ Niere	811	1,1	Hammel, Leber . . .	—	6—18
„ Leber.	716	21,5	„ Niere . . .	—	2—8
„ Lunge	803	2,2	Huhn, rote Muskel .	675	4,1
„ Pankreas . . .	800	0,8	„ weiße Muskel .	766	2,7
„ Milz	768	1,4	Eigelb	495	4,0
„ Muskel	751	0,8	Milch.	875	0,15—0,50
Kalb, Gehirn	768	1,8	Honig	182	2,0
„ Leber.	732	44,1			

Man kann dies Vorkommen mit der entgiftenden Funktion der Leber in Zusammenhang bringen. Bei Japanern, die viel Kupfergerät verwenden, fand Yagi[977] einen höheren Kupfergehalt der Leber als bei Europäern. Man könnte aber auch an eine Speicherung des Kupfers im Sinne einer Reserve denken, die bei Kupfermangel mobilisiert werden könnte. Die Leber des neugeborenen Kalbes enthält nach McHargue[578] mehr Kupfer als die Leber älterer Tiere. Auch dies Vorkommen läßt sich als eine *Kupferreserve des Neugeborenen* deuten, in Analogie zu der Eisenreserve, die Bunge bei neugeborenen Tieren in der Leber nachgewiesen hat.

Das Vorkommen des Kupfers im *Gehirn* wird von Thudichum[892] erwähnt, Palet[677] konnte es zwar in zahlreichen menschlichen Gehirnen nicht auffinden, Bodansky[91] fand es hier jedoch regelmäßig. Ein Fetus von 5 Monaten wies mit 6,8 mg Cu pro Kilogramm Gehirn den höchsten Kupfergehalt auf.

Im *Eigelb* fanden Fleurent und Lewi[234] 20 mg Cu pro Kilogramm Trockensubstanz; ähnliche Werte geben Lindow, Elvehjem und Peterson[517] an. Eiereiweiß enthält nur Spuren von Kupfer.

Auch in verschiedenen *Sekreten* und Exkreten kommt Kupfer vor. In der Galle wurde es von Hoppe-Seyler[396], Jacobson[410] und Peel[691] nachgewiesen. Angereichert findet es sich in Gallensteinen, vor allem Pigmentgallensteinen (Meunier und St. Laurens[596], Peel[691]).

In der Milch findet sich Kupfer regelmäßig vor, doch stimmen die einzelnen Angaben nicht überein. Bertrand[62] und Supplee und Bellis[873] fanden in der *Kuhmilch* etwa 0,5 mg Cu pro Kilogramm, letztere stellten einen ähnlichen Wert auch für Frauenmilch fest. Quam und Hellwig[710] bestimmten in Kuhmilch Werte von 0,26—0,52 mg, ebenso in Schafmilch, während *Ziegenmilch* nur 0,19 bis 0,25 mg Cu pro Liter enthielt. Niedrigere Werte werden von ELVEHJEM, STEENBOCK und HART[200] gefunden. Nach ihren Angaben enthält Kuhmilch nur 0,12—0,18 mg Cu pro Liter, und zwar bei einer normalen Nahrung, die etwa 60 mg Cu enthält. Gibt man die 5—10fache Menge des normalen Kupfergehaltes der Nahrung als Sulfat zu, so wird die Kupferkonzentration in der Milch nicht verändert, was auch TIETZE und WEDEMANN[896] schon früher festgestellt hatten. Ziegenmilch enthält nach ELVEHJEM und Mitarbeitern ebensoviel Kupfer wie Kuhmilch.

Auch das regelmäßige *Vorkommen im Hühnerei und in der Milch, unabhängig vom Cu-Gehalt der Nahrung spricht für eine physiologische Bedeutung des Kupfers.*

Mit Hilfe einer qualitativen, sehr empfindlichen Reaktion, Blaufärbung mit Hämatoxylin hat ZANDA[978] zahlreiche Organe verschiedener Tiere auf Kupfer untersucht. Beim Hund, der längere Zeit gehungert hatte, ferner bei Ratte, Rind, Schaf, Schwein, Pferd, verschiedenen Vögeln, konnte er Kupfer nachweisen. Auch im Harn von Kaninchen und Meerschweinchen, dagegen nicht im Hundeharn, fand es sich. Ebenso gaben Feten und neugeborene Ratten, Eidotter, Milch positive Reaktion, dagegen nicht Eiereiweiß. ZANDA hält das Kupfer für einen wesentlichen, nicht zufälligen Bestandteil der tierischen Gewebe.

Wie erwähnt wurde, findet sich das Kupfer im Serum in lockerer Bindung, derart, daß es durch verdünnte Säuren ionisiert wird. Mehr ist über die Natur der Kupferverbindungen nicht bekannt. In den Federn von Turacusarten fand CHURCH[143] einen kupferhaltigen Farbstoff, *Turacin*, der von H. FISCHER und HILGER[230] als Kupfersalz des Uroporphyrins erkannt wurde. Da Turacin bei zahlreichen Turacusarten gefunden wurde, nehmen die Autoren an, daß die Bildung dieser Kupferverbindung ein physiologischer Vorgang ist, der möglicherweise der Entgiftung des Uroporphyrins dient. Im Gegensatz zum Uroporphyrin wirkte das Kupfersalz nicht sensibilisierend auf Paramaecien. Auch im Körper eines Porphyrinkranken fanden H. FISCHER, HILMER, LINDNER und PÜTZER[231] Kupfersalze der Porphyrine, die hier vielleicht gleichfalls zur Entgiftung der Porphyrine gebildet worden sind.

Eine besondere Rolle spielt wie erwähnt das Kupfer bei niederen Lebewesen, bei denen es als Bestandteil des blauen Blutfarbstoffes, des *Hämocyanins*, vorhanden ist (DHÉRÉ[177], DUBOIS[186]). Im kristallinischen Hämocyanin sind 0,34 bis 0,38 % Cu enthalten (GRIFFITHS[301], HENZE[359]). Der Kupfergehalt des Blutes niederer Tiere ist in Tabelle 31 angegeben.

Tabelle 32. Kupfer im Blute niederer Tiere (nach DHÉRÉ[177]).

	1 Liter Blut enthält mg Cu		1 Liter Blut enthält mg Cu
Helix pomatia	6,5—12,5	Homarus	9,5—10,5
Octopus vulgaris . . .	18,0—28,5	Astacus fluviatilis . .	4,0—8,0
Cancer pagurus . . .	3,5—13,5	Carcinus maenas . . .	8,5—10,0

2. Stoffwechsel des Kupfers.

Über die Resorption und Ausscheidung der kleinen Kupfermengen des Futters ist recht wenig bekannt. An Kindern und Erwachsenen sind eine Reihe von Untersuchungen von HESS, SUPPLEE und BELLIS[365] ausgeführt worden. Ein Säugling schied täglich 0,02 mg Cu mit dem Harn aus. Im Harn Erwachsener fanden sich gleichfalls regelmäßig 0,08—0,14 mg Cu pro Liter. Durch diesen Befund ist bewiesen, daß *unter normalen Bedingungen eine ständige Resorption und Ausscheidung von Kupfer* stattfindet und die Autoren sehen hierin ein neues Argument dafür, daß *das Kupfer irgendeine physiologische Funktion ausübt.*

17*

Ein *Bilanzversuch mit Kupferchlorid* wurde von Flinn und Inouye[235] an Ratten ausgeführt. Die Tiere erhielten im Laufe von 82 Tagen 1203,5 mg Cu als Chlorid im Trinkwasser. Davon schieden sie 1020,78 mg mit dem Kote, 12,36 mg mit dem Harne wieder aus. 11,43 mg wurden in ihrem Körper vorgefunden. Bei Ratten, die während 12 Monaten 2 mg Cu täglich per os erhalten hatten, zeigte sich Anhäufung von Kupfer besonders in der Leber, ferner im Gehirn, in Lungen und Nieren.

Waddel, Elvehjem, Steenbock und Hart[920, 922, 335, 921] machten nun die Beobachtung, daß die *Anämie*, die bei jungen Ratten bei ausschließlicher Ernährung mit Kuhmilch auftritt, durch Zufuhr von Eisensalzen allein nicht geheilt wurde, während die Asche tierischer und pflanzlicher Substanzen, namentlich der Leber, der Milch-Eisennahrung zugesetzt heilend wirkte, und kamen zu dem Ergebnis, daß der *Kupfergehalt* dieser Aschen in Kombination mit dem Eisen die Heilwirkung ausübte. Gleichzeitig teilten McHargue, Healy und Hill[581] Befunde an Ratten mit, die mit denen von Steenbock und Mitarbeitern übereinstimmten. In ihren älteren Versuchen, in denen hohe Eisengaben allein die *Anämie nach reiner Vollmilchnahrung* zu heilen vermochten, nehmen Steenbock und Mitarbeiter eine Beimischung von Kupfer zu ihrem Eisenpräparat an. Bei reiner Vollmilchkost genügen für junge Ratten 0,005 mg Cu zu 0,5 mg Eisen täglich, um die Hb-Bildung zu ermöglichen.

Die Ergebnisse an Ratten haben sich auch an *Hühnchen* reproduzieren lassen. Elvehjem und Hart[203] setzten Hühnchen nach dem Ausschlüpfen auf eine Kost von Kuhmilch, poliertem Reis, Calciumcarbonat und Natriumchlorid. Die Tiere entwickelten eine Anämie, die durch Ferrosulfat und Ferrichlorid prompt geheilt wurde. Wurde der kupferhaltige Reis durch Maisstärke ersetzt, so wirkten die Eisensalze nicht mehr. Ein täglicher Zusatz von 0,01—0,02 mg Cu als Sulfat zu der Grundnahrung + Eisensalz beseitigte die Anämie dagegen rasch.

Eine Schwierigkeit der Beweisführung von Steenbock und seinen Mitarbeitern liegt darin, daß die Grundnahrung ihrer Tiere, Vollmilch und Eisensalze, bei der diese anämisch werden und schließlich zugrunde gehen, keineswegs kupferfrei ist. Legt man den Wert von 0,5 mg Cu pro Liter Milch (Supplee und Bellis[873]) zugrunde, so würden die Tiere mit 35 cm³ Milch pro Tag etwa 0,017 mg Kupfer erhalten. Es ist kaum verständlich, daß dann eine Zugabe von 0,005 mg Cu diese große Heilwirkung ausüben könnte. Die Autoren fanden jedoch, daß der *normale Cu-Gehalt der Kuh- und Ziegenmilch* im Gegensatz zu den Angaben anderer Autoren nur 0,15 mg Cu pro Liter im Durchschnitt enthält (s. o.), so daß die jungen Ratten mit 35 cm³ Milch nur 0,005 mg Cu erhalten würden. Eine Heilwirkung durch Zugabe von weiteren 0,005 mg wäre dann eher zu verstehen. Man könnte vielleicht auch annehmen, daß das *Kupfer der Milch* für Tiere, die der Säugeperiode entwachsen sind, schlecht resorbierbar ist. Bezüglich des Eisens hat Lintzel gezeigt, daß seine Resorbierbarkeit beim Erwachsenen durch komplexbildende Säuren wie Citronensäure gehemmt wird. Auch Kupfer neigt zur Bildung von Komplexverbindungen, es ist daher denkbar, daß die Citronensäure als normaler Bestandteil der Milch (vgl. Bd. 1 dieses Handbuches, S. 487) die Resorption des Milchkupfers hemmt, so daß höhere Cu-Konzentrationen in der Milch nötig sind, um die Resorption der notwendigen Cu-Mengen zu ermöglichen.

Die Annahme, daß Kupfer zur Bildung des Hämoglobins erforderlich ist, ist auch insofern schwer zu verstehen, als das Hämoglobinmolekül selbst kein Kupfer enthält. Hart, Steenbock, Waddel und Elvehjem[335, 202] nehmen daher an, daß es als Katalysator bei irgendeiner Reaktion mitwirkt, die sich beim Aufbau des Hämoglobins im Tierkörper abspielt, und sie erinnern daran, daß bei der

Pflanze Eisen zur Chlorophyllsynthese erforderlich ist, obgleich es selbst kein Bestandteil des Chlorophyllmoleküls ist.

Von diesem Gesichtspunkt aus ist es nun von Interesse, ob das Kupfer bei der Hämoglobinbildung durch andere Stoffe ersetzt werden kann. Seit jeher gilt Arsen als ein Mittel, um die Hämoglobinbildung zu stimulieren. Waddel, Steenbock und Hart[923] zeigten jedoch, daß Arsenik, zu einer eisenhaltigen Grundnahrung gegeben, bei Ratten nur eine geringe und vorübergehende Hämoglobinbildung anregte. Zusammen mit Kupfer gegeben war keine bessere Wirkung zu sehen, als mit Kupfer allein.

Ferner gilt *Mangan* in der Medizin seit langem als Mittel, um Anämien günstig zu beeinflussen. Titus, Cave und Hughes[899] fanden bei einer Versuchsanordnung an Ratten, die derjenigen von Steenbock und Mitarbeitern entsprach, daß Mangan fast ebenso gute Resultate gab wie Kupfer. Eine Kombination von Mangan und Kupfer hatte eine bessere Wirkung als jedes dieser Metalle für sich. Die Autoren nehmen an, daß es *eine ganze Gruppe von Metallen* gebe, die in gleicher Art wie Kupfer bei der Hämoglobinbildung mitwirkten. Zu einem ähnlichen Resultat kam Goerner[288]. Wurden Ratten mit Trockenmilch und Wasser ernährt, so trat eine Anämie ein, bei der der Hämoglobingehalt des Blutes in 11 Wochen auf 26% des Anfangswertes herabging. Wurde nun ein Eisensalz zugelegt, so blieb eine weitere Hämoglobinabnahme aus, während ohne Eisen weiteres Absinken und Tod des Tieres eintrat. Wurde außer Eisen noch ein Mangansalz in gleicher Menge gegeben, so trat Hämoglobinzunahme über den Anfangswert hinaus ein. Noch besser wirkte Kupfer mit Eisen zusammen insofern, als kleinere Mengen Kupfersalz denselben Effekt hatten. Waddel, Steenbock und Hart konnten diesen Befund nicht in vollem Umfange reproduzieren.

Als Stimulans für die Bildung von roten Blutkörperchen ist auch *Germanium* bezeichnet worden (Hammett, Nowrey und Mueller[323], Beard und Myers[46], Schmitz[789], Whipple und Robscheit-Robbins[954]), was von Baily, Davidsohn und Bunting[32] bestritten wird. Waddel, Steenbock und Hart erhielten mit Germanium nur negative Resultate. Ebenso konnten Zink, Chrom, Cadmium, Nickel, Kobalt, Blei, Antimon, Zinn und Quecksilber das Kupfer bei der Hämoglobinbildung nicht ersetzen.

3. Giftwirkung des Kupfers.

Metallisches Kupfer in kleinsten Mengen wirkt auf Mikroorganismen stark giftig, keimtötend, ein Phänomen, das von Naegeli 1893 beobachtet und als *oligodynamische Wirkung* beschrieben wurde. Wie Spiro[842] nachwies, geht metallisches Kupfer in Spuren leicht in wäßrige Lösung, die Kupferionen sind dann gleichfalls oligodynamisch wirksam.

Auf das isolierte Froschherz wirken Kupfersalze lähmend, und zwar werden die nervösen Gebilde des Herzens von der Schädigung betroffen (Fujimaki[263a]).

Die Giftigkeit des per os aufgenommenen Kupfers wird im allgemeinen überschätzt (Spiro[840]). In metallischer Form aufgenommenes Kupfer ist vollkommen harmlos. Kupfersalze haben eine ätzende Wirkung, wodurch die Aufnahme größerer Mengen oft verhindert wird. Sie erregen außerdem Erbrechen, wodurch die Resorption giftig wirkender Mengen gleichfalls gehindert wird. Das vielfach geleugnete Vorkommen einer *chronischen Kupfervergiftung* ist nach Froehner[662] nach Erfahrungen *an Tieren* unbedingt zu bejahen. Kupfervergiftungen können vorkommen, wenn saure Futtermittel mit kupfernen Gegenständen längere Zeit in Berührung stehen oder in kupfernen Kesseln gekocht wurde, wenn frisch mit Kupferlösungen bespritztes Weinlaub verfüttert wird u. dgl. Die Vergiftung äußert sich meist nur in einer vorübergehenden Erkrankung.

V. Magnesium.

Magnesium gehört zu den Elementen, die *überall im Tierkörper* angetroffen werden. Der Stoffwechsel des Magnesiums ist jedoch nicht in demselben Umfange Gegenstand der Forschung geworden, wie der mancher anderer lebenswichtigen Elemente, wohl aus dem Grunde, weil pathologische Erscheinungen infolge von Magnesiummangel oder Magnesiumüberschuß der Nahrung nur selten zur Beobachtung gekommen sind.

Zur *Bestimmung des Magnesiums* in Aschelösungen wird nach Ausfällung des Calciums als Oxalat das Filtrat mit Ammoniak und Natriumphosphat versetzt. Das ausgefallene Ammoniummagnesiumphosphat wird nach 12stündigem Stehen in einem Goochtiegel oder Porzellantiegel gesammelt, mit 2,5% Ammoniaklösung gewaschen, mit konzentrierter Ammoniumnitratlösung befeuchtet und bei 105° getrocknet. Dann wird der Niederschlag geglüht und als Magnesiumpyrophosphat $(Mg_2P_2O_7)$ gewogen. Eine alkalimetrische Methode ist von Willstätter und Waldschmidt-Leitz[962] angegeben worden.

Mikromethoden zur Bestimmung im Blute und Serum haben Kramer und Tisdall[475a], Briggs[109], Hammet und Adams[322], Denis[173] beschrieben. Diese Methoden beruhen meist auf der Fällung des Mg als Ammonium-Magnesiumphosphat und der colorimetrischen Bestimmung der Phosphorsäure darin, wie sie von Kleinmann[450] beschrieben worden ist.

Spezielle Angaben für die Bestimmung des Magnesiums im Harn sind von Tisdall und Kramer[475] gemacht worden.

Angaben über den *Magnesiumgehalt der Organe* finden sich in den Tabellen 8 bis 13, 15—17, 19—23.

Zwischen Calcium und Magnesium besteht in mancher Beziehung ein Antagonismus ähnlich wie zwischen Natrium und Kalium. Es ist darum das *Verhältnis Ca : Mg in den tierischen Geweben* von einem gewissen Interesse (vgl. Tabelle 23).

Tabelle 33.
Verhältnis Ca : Mg in Organen und Geweben (nach Aron u. Gralka[20a]).

	Hund	Pferd		Hund	Pferd
Gehirn	0,19—0,33	0,2—0,3	Aponeurose	4,0—5,0	
Muskel	0,54—0,60	0,34	Pankreas		4,05
Herz	0,76—0,81		Milchdrüse		4,67
Lunge		1,2	Milz	6,2—7,5	6,79
Niere	1,8		Knorpel	7,9—9,3	
Blutserum	2,7—3,3		Haare	8,2—12,7	
Leber	2,6—3,9	0,9—1,0	Knochen	46,7—31,7	

Die Organe sind so geordnet, daß diejenigen, in denen mehr Magnesium als Calcium vorhanden ist, zuerst angeführt sind. In den dann folgenden, namentlich in den Stützgeweben, überwiegt Calcium ganz beträchtlich.

Organische Verbindungen des Magnesiums, wie sie im Pflanzenreiche bekannt sind, wo namentlich das Chlorophyll als organische Magnesiumverbindung bekannt ist, sind im Tierkörper nicht gefunden worden.

Resorption des Magnesium. Die Magnesiumverbindungen der Nahrung dürften durch den Magensaft in ionisierten Zustand übergeführt werden. Vor allem von der verbreitetsten organischen Magnesiumverbindung, dem Chlorophyll, weiß man durch die Untersuchungen von Willstätter[963], daß das Magnesium durch Säuren außerordentlich leicht abgespalten wird. Für die Resorption des Magnesiums dürfte daher wohl ausschließlich das ionisierte Magnesium in Frage kommen. Entsprechend der Diffusionsgeschwindigkeit der Salze ist die Resorptionsgeschwindigkeit in der Reihe Magnesium, Calcium, Natrium, Kalium am geringsten bei Magnesium (Höber[379]). Auch Nakashima[634] fand in Versuchen an Fistelhunden, daß Magnesium schlechter resorbiert wurde, als Kalium, Natrium und Calcium. Bei höherer Blutalkaleszenz ist die Magnesiumresorption besser als bei Acidose. Sehr schlecht resorbiert wird Magnesiumsulfat, wobei zugleich die Wasserresorption gehemmt ist, bzw. ein Übertritt von Wasser in den Darm hervorgerufen wird. Hierauf beruht die therapeutisch verwertete *abführende Wirkung des Magnesiumsulfates.*

Die Ausscheidung des Magnesiums geht überwiegend *durch die Niere* vonstatten. Beim Stehen des Harns unter ammoniakalischer Gärung fällt das Magnesium als sog. Tripelphosphat, Ammoniummagnesiumphosphat, in typischen Kristallen aus. Diese sog. Sargdeckelkristalle sind ein regelmäßiger Bestandteil des Sedimentes in alkalischem Harn. Die Ausscheidung mit dem Kote scheint sich im wesentlichen auf das nichtresorbierte Magnesium der Nahrung zu beschränken. Der beim Calcium beobachtete Fall, daß im Kote mehr enthalten war als in der Nahrung, so daß eine beträchtliche Ausscheidung durch die Darmwand angenommen werden mußte, ist bezüglich des Magnesiums nicht festgestellt worden.

Über den *Ansatz des Magnesiums* beim jungen wachsenden Organismus geben die Untersuchungen am menschlichen Säugling Aufschluß, nach denen pro Kilogramm Lebendgewicht 25 mg Mg angesetzt werden.

Über den *Magnesiumansatz beim wachsenden Schwein* orientieren die Bilanzversuche der Tabelle 34. 4 Schweine wurden in 10 tägigen Perioden untersucht, die Angaben sind Mittelwerte pro Tier und Tag.

Tabelle 34.
Magnesiumstoffwechsel (wachsendes Schwein) (nach Woods u. Wittier[975a]).

Nahrung g pro Tag	Gewicht kg		Magnesium g pro Tag			
	Anfang	Zunahme	Nahrung	Harn	Kot	Bilanz
Maisgrieß 1310, Blutmehl 40,25, Weizenkleber 40,25, Senna 2,4	81,0	0,675	0,287	0,068	0,121	+ 0,098
Grieß 1314, Blutmehl 41,32, Weizenkleber 41,32, Phosphat 0,613 . . .	88,25	1,10	0,296	0,045	0,087	+ 0,164
Grieß 1245, Blutmehl 39,03, Weizenkleber 39,03, Phosphat 0,573 . . .	100,75	0,825	0,273	0,059	0,102	+ 0,112

Der Magnesiumansatz beträgt hiernach 0,14 g pro Kilogramm Gewichtszunahme, ein Wert, der hinter dem Magnesiumgehalt pro 100 kg Lebendgewicht in den Analysen (Tabelle 8) zurückbleibt. Die Nahrung ist in diesen Versuchen auffallend arm an Magnesium. In anderen Futtermischungen ist meist viel mehr davon vorhanden. Der *Magnesiumbedarf des erwachsenen Organismus* wird nach Untersuchungen am Menschen zu 1 g pro 100 kg Lebendgewicht angegeben (v. Wendt[448a]). Die Aufnahme dürfte beim Pflanzenfresser das Mehrfache dieses Wertes betragen.

In den üblichen Futterrationen dürfte immer reichlich Magnesium vorhanden sein und Magnesiummmangel bei den Nutztieren ist anscheinend noch nicht beobachtet worden. Von großem Interesse sind dagegen die Bedingungen, unter denen das Magnesium mit den übrigen Mineralstoffen im Stoffwechsel in Beziehung tritt. Gerade in bezug auf Calcium und Magnesium liegen die Verhältnisse oft ungünstig, indem in vielen Futtermitteln Calcium zu wenig, Magnesium aber überreichlich vorhanden ist. Dies zeigt sich deutlich in der Gegeneinanderstellung des Prozentgehaltes der Asche des jungen Kaninchens, seiner physiologischen Nahrung, der Milch, und eines Futtermittels, des Weizens (Tabelle 35).

Tabelle 35. Vergleich der Mineralstoffe in jungen Kaninchen, Kaninchen-milch und Weizen (nach Orr[666]).

In der Asche	Kaninchen 14 Tage alt %	Kaninchen-milch %	Weizen %	In der Asche	Kaninchen 14 Tage alt %	Kaninchen-milch %	Weizen %
Ca	25,0	25,2	2,4	K	9,0	8,4	25,5
Mg	1,4	1,4	7,5	P	18,3	17,4	20,5
Na	4,5	5,8	2,2	Cl	4,9	5,4	0,3

Der Calcium-Magnesium-Antagonismus. Von O. Loew[534] stammt der Gedanke, daß ein Antagonismus zwischen Calcium und Magnesium in den Organismen besteht. Zunächst in der Pflanzenernährung studiert, ist ein Ca-Mg-Antagonismus auch in der Tierernährung angenommen worden (Loew[535]). Die Grundlage bilden Versuche, nach denen die Magnesiumzufuhr per os oder, in deutlicherem Umfange, parenteral, zu vermehrter Ausscheidung von Calcium führt, ähnlich wie Kalium und Natrium sich gegenseitig verdrängen können (vgl. S. 252). Mendel und Benedict[593] fanden in Versuchen an Hunden, Katzen und Ratten vermehrte Ca-Ausscheidung im Harn, wenn Magnesiumsalze subcutan injiziert wurden, und umgekehrt Mehrausscheidung von Magnesium nach Calciumsalzinjektion. Bei Kindern fand Schiff[782] nach Injektion von 0,2 g $MgSO_4$ pro Kilogramm Körpergewicht eine stark vermehrte Ca-Ausscheidung im Harn und auch eine gewisse Vermehrung im Kote. Ebenso fand M. Whelan[953] bei Hunden vermehrte Ca-Ausscheidung im Harn nach Mg-Injektion, während Ca-Injektion auf die Mg-Ausscheidung weniger bestimmt wirkte. Stransky[865] fand nach Magnesiumsulfatinjektion bei Kaninchen Vermehrung des Serum-Mg und Abnahme des Serum-Ca. Richter-Quittner[727] fand, das der diffusible Anteil des Serum-Ca nach Mg-Injektion vermehrt war, so daß eine vermehrte Ca-Ausscheidung gut zu erklären ist. Pribyl[706] injizierte bei Kaninchen verschiedene Magnesiumsalze intravenös. Durch Mg-Sulfat und -Carbonat wurde der *Calciumgehalt des Serums* vermindert, durch Phosphat, Hydroxyd und die Magnesiumsalze organischer Säuren dagegen vermehrt. Bei Chlorid blieb das Ergebnis zweifelhaft. Die Ausscheidung des Calciums im Harn wurde z. T. vermindert, die im Kot vermehrt. Eliminierung von Calcium verursachen am meisten Magnesiumacetat, weniger Carbonat und Sulfat. Von einem einheitlichen Gesichtspunkt lassen sich die Versuche nicht betrachten, es scheint, als ob nicht dem Magnesiumion allein alle Wirkungen zuzuschreiben sind, sondern daß die Acidität der angewendeten Salze von besonderer Bedeutung ist.

Die orale Zufuhr von Magnesiumsalzen hat weniger entschiedene Resultate ergeben. Malcolm[560] fand bei Hunden geringe Vermehrung der Ca-Ausscheidung, wenn er Magnesiumchlorid verfütterte. Magnus-Lewy[559] und Behal[50] zeigten, daß Magnesiumchlorid und -sulfat per os vermehrte Ca-Ausscheidung durch Darm und Niere verursachten. Hart und Steenbock[333] fütterten Magnesiumchlorid und -sulfat an Schweine und konnten vermehrte Ca-Ausscheidung im Harn, nicht aber im Kote demonstrieren. Gleichzeitige Zufuhr löslicher Phosphate setzte diesen Effekt herab. Weizenkleie, die magnesium- und phosphorreich ist, war ohne Wirkung. An Rindern machten Palmer, Eckles und Schutte[680] analoge Versuche. Die Zufuhr von 155—165 g $MgSO_4 \cdot 7H_2O$ verschlechterte die Ca-Bilanz bei phosphorarmer Nahrung. Die Zulage von Phosphat wirkte auch hier dem Magnesiumsalz entgegen. Nach den Versuchen von Shipley und Holt[819] und Kramer, Shelling und Orent[477] über die Calcification rachitischen Knorpels in vitro kommt dem Magnesium eine spezifische Hemmungswirkung bei der Knochenbildung zu. Durch Zusatz von Phosphat wird diese Hemmungswirkung beseitigt.

In Versuchen an Menschen hat die *Zufuhr magnesiumreicher Nahrung* oder kleiner Mengen von Magnesiumsalzen per os keine deutliche Vermehrung der Ca-Ausscheidung ergeben (GIVENS[283], UNDERHILL, HONEY und BOGERT[910]). CONTI[146] fand Vermehrung von Calcium und Magnesium im Harn nach Eingabe von Magnesiumsulfat. Eine geringe Vermehrung wurde von BOGERT und McKITTRICK[94] nach Zufuhr von 6 g Magnesiumlactat bzw. Citrat täglich bei Frauen beobachtet. In den Versuchen von GRACE MEDES[584] an Ratten fand sich nach magnesiumreicher Kost der Mg-Gehalt des Körpers vermehrt, der Ca-Gehalt war im Vergleich zu Kontrolltieren nicht beeinflußt. Da die angewendeten Kostformen z. T. frei von Vitamin D waren, sind diese Resultate jedoch schwer zu verwerten. HAAG und PALMER[316] fütterten an Ratten *Calcium-, Magnesium- und Phosphorsalze* in wechselndem Verhältnis und benutzten als Indicator für den physiologischen Wert der verschiedenen Kombinationen die Gewichtszunahme ihrer Tiere. Sie konnten eindeutig nachweisen, daß das *Mischungsverhältnis* der *genannten Mineralstoffe von wesentlicher Bedeutung für das Gedeihen der Tiere* ist. Ein hoher Mg-Gehalt der Nahrung stört erheblich, wobei der Grad der Störung von der Menge des gleichzeitig zugeführten Calciums- und Phosphors und der Vitamine abhängt. Am ungünstigsten wirkt ein magnesiumreiches, calcium- und phosphorarmes Futter.

Im Widerspruch zu diesen Angaben stehen die Ergebnisse von ELMSLIE und STEENBOCK[199]. Selbst unter rigorosen Bedingungen, bei Calcium-, Phosphor- und Vitamin D-Armut der Nahrung, konnten diese Autoren bei Ratten keine nachteilige Wirkung erhöhter Mg-Zufuhr konstatieren. Sie nehmen an, daß durch selective Resorption im Verdauungskanal ein Mg-Überschuß im Körper verhütet wird. Mg-Überschuß der Nahrung würde hiernach ohne wesentliche Bedeutung sein. Die Versuche von ELMSLIE und STEENBOCK geben freilich nicht Auskunft darüber, ob auch für die *optimale* Entwicklung, wie man sie bei den Nutztieren anstrebt, ein Mg-Überschuß belanglos ist.

Giftwirkung des Magnesiums. Bei der subcutanen, intravenösen und subduralen Injektion wirken *Magnesiumsalze lähmend auf die motorischen Nervenenden*, ähnlich wie Curare (MELTZER und AUER[592]). Die *narkotische Dosis des Magnesiumsulfats* bei subcutaner Injektion beträgt 1,5 g pro Kilogramm Körpergewicht bei Hunden, 0,1 g pro Kilogramm bei Pferden, größere Dosen wirken tödlich (FRÖHNER[662]).

Bei oraler Zufuhr sind Magnesiumsalze weit weniger giftig. 20 g *Magnesiumchlorid* pro Tag *bei Schweinen*, 60 g bei *Schafen*, 400 g bei *Pferden* waren ohne schädliche Wirkung (KÜNNEMANN[488]). Die Frage der Giftigkeit ist insofern von Interesse, als Magnesiumchlorid, das in den Abwässern der Chlorkaliumfabriken enthalten ist, und in manche Flüsse gelangt, bei der Selbstreinigung der Flüsse nicht aus dem Wasser verschwindet (vgl. Bd. 1 dieses Handbuches, S. 529) und daher von den Nutztieren mit derartigem Wasser aufgenommen wird. Eine Gefährdung der Nutztiere scheint jedoch nicht vorzuliegen (TIETZE[895], STUTZER und GOG[870]). Auch im Kainit sind neben Kaliumsalzen Mg-Verbindungen vorhanden. Über Vergiftungen mit Kainit wurde an anderer Stelle berichtet (vgl. S. 254). Die narkotische Wirkung der Magnesiumsalze kann durch die obenerwähnte Verschiebung der Relation Mg/Ca in Serum erklärt werden. Hierfür spricht, daß calciumfällende Reagenzien, wie Oxalat, die Magnesiumnarkose begünstigen (SCHÜTZ[801], STARKENSTEIN[847]), ferner der MELTZERsche Aufweckungsversuch durch intravenöse Calciumchloridinjektion. Durch gleichzeitige Injektion von Calciumchlorid wird eine narkotisierende Magnesiumdosis unwirksam.

VI. Calcium.

1. Calciumgehalt der tierischen Organe und Flüssigkeiten.

Zur *Bestimmung des Calciums* in tierischen Substanzen wurde neuerdings von Stotz[864] ein abgekürztes Verfahren angegeben, bei dem die Abtrennung von Eisen und Phosphorsäure, die der Oxalatfällung sonst vorausgeschickt wird, vermieden wird. Für Säuregemischaschen gibt Bartels[41] eine Methode an, die sich auf die Angaben von Stotz stützt und allgemeiner Anwendung auf flüssige und feste Substanzen sowie auf ganze Tiere fähig ist. Mikromethoden zur Bestimmung in kleinen Mengen Blut, Serum und Organen sind von Kramer und Tisdall[476], Clark[144], Jansen[414], Heubner und Rona[371] beschrieben worden.

Über den *Calciumgehalt des Blutes* der Tiere orientieren die Tabellen 9—11. Das Calcium findet sich im Serum und Plasma z. T. in diffusibler Form, außerdem kommt es an die Kolloide, vermutlich die Eiweißstoffe des Serums gebunden vor und ist in dieser Form nicht diffusionsfähig. Die Löslichkeit des Calciums in bicarbonathaltigen Lösungen, wie Serum und Plasma, ist nach Rona und Takahashi[737] von der Wasserstoffionenkonzentration und der Bicarbonatkonzentration abhängig. Die Calciumionenkonzentration in derartigen Lösungen ist nach Rona

$$[Ca^{..}] = K \; \frac{[H^{.}]}{[HCO_3']} \; .$$

Hiernach läßt sich berechnen, daß von den rund 10 mg Ca in 100 cm³ Serum nur etwa 2,5 mg ionisiert sein können, nach Kugelmass und Shohl[482], der eine etwas andere Konstante in der angegebenen Gleichung fand, sogar nur 1 mg. Der nicht diffusible Anteil des Calciums wurde von Rona und Takahashi[737] mittels der Kompensationsdialyse, sowie von anderen Autoren übereinstimmend zu 30—40% des Gesamtcalciums gefunden (Neuhausen und Marshall[648], Rona, Haurowitz und Petow[736], Neuhausen und Pincus[647], Cushny[158]), er nimmt bei mehr alkalischer Reaktion zu und vermindert sich beim isoelektrischen Punkt der Serumeiweißstoffe. Die Calciumeiweißverbindung des Serums scheint nicht dissoziiert zu sein, da dann bei der Dialyse ein Donnangleichgewicht nachweisbar sein müßte, was nicht der Fall ist. Nach Abzug des nicht diffusiblen und des rechnungsmäßig ionisiert vorhandenen Calciums bleiben noch 4—5 g Ca in 100 cm³ Serum, von denen wir annehmen müssen, daß sie sich in *übersättigter Lösung* befinden, also nicht stabil gelöst sind. Die Frage, ob dieses Calcium ionisiert ist, ist oft diskutiert worden.

Die elektrometrische Bestimmung der *Calciumionenkonzentration* (Neuhausen und Marshall[648]) ist zu unsicher, als daß man ihre Resultate verwerten könnte. Brinkman und van Dam[114] bestimmten sie in der Weise, daß sie Oxalat zum Serum zusetzten und den Eintritt der ersten Trübung durch Calciumoxalat feststellten, doch gab auch diese Methode keine befriedigenden Resultate, da die Serumkolloide die Oxalatreaktion stören. Mond und Netter[618] machten durch Versuche an elektrodialysiertem Rinderserum wahrscheinlich, daß das in übersättigter Lösung vorliegende Calciumbicarbonat in ionisierter Form vorliegt und daß für die Erhaltung des übersättigten Zustandes namentlich die Serumkolloide verantwortlich zu machen sind. Csapó und Faubl[157] untersuchten den Anteil an nichtdiffusiblem Calcium, der auf die einzelnen Eiweißstoffe des Plasmas entfällt und fanden, daß Fibrin am wenigsten, Albumin am meisten Calcium gebunden enthält. Je feiner die Dispersion eines Eiweißstoffes ist, um so mehr Calcium scheint er zu binden.

Jahreszeitliche *Schwankungen des Blutcalciumgehaltes* werden von Grant und Gates[297] mit Schwankungen des Gewichts der *Epithelkörperchen in Zusammenhang* gebracht. Erniedrigte Calciumwerte finden sich bei Tetanie, die u. a.

bei Entfernung der Epithelkörperchen auftritt. Bei Injektion von Calciumchlorid in die Blutbahn tritt nur eine vorübergehende Erhöhung des Blutcalciums auf. Ein Teil der injizierten Menge wird rasch ausgeschieden, ein anderer geht in die Gewebe (HETENYI[366]). Zahlreiche Bestimmungen des Serumcalciums bei Kühen wurden von SJOLLEMA[826] ausgeführt. Der normale Wert betrug etwa 10 mg Ca in 100 cm³ Serum.

Tabelle 36. Blutserum-Calcium bei Kühen (nach SJOLLEMA[826]).

| | In 100 ccm Serum | | | | In 100 ccm Serum | | |
	Ca mg	Anorg. P mg	K mg		Ca mg	Anorg. P mg	K mg
Schlachthaus	10,1	8,3	20,0	Vor 3 Monaten gekalbt	9,9	3,2	18,6
„	7,7	7,4	23,0	„ 4 „ „	10,1	2,8	21,1
Vor 10 Tagen gekalbt	10,35	2,8	20,6	Junges Tier	9,6	7,2	—
„ 3 Wochen „	10,4	6,0	22,2	„ „	10,0	9,0	—
„ 12 „ „	9,5	6,1	23,3	„ „	9,9	3,9	—

In den *Blutkörperchen der Säugetiere* ist nach den Angaben ABDERHALDENS (S. 239) kein Calcium nachweisbar gewesen; im Blute der Vögel fand SSOBKEWITSCH[845] kleine Mengen. Später sind auch bei den Säugetieren Spuren von Calcium in den Erythrocyten nachgewiesen worden. RONA und TAKAHASHI[737] fanden bei Hammel, Pferd, Hund und Schwein 0,025—0,035 g Ca pro Kilogramm Blutkörperchen. FALTA und RICHTER-QUITTNER[217] konnten dagegen in Übereinstimmung mit ABDERHALDEN kein Calcium in Erythrocyten finden, auch HÖRHAMMER[398] nicht, der Rinderblutkörperchen untersuchte. In den kernhaltigen *Blutkörperchen der Vögel* war es vorhanden und HÖRHAMMER nimmt an, daß es nur in den Kernen enthalten sei.

Weiterhin ist besonders der *Calciumgehalt des Skeletes* von Interesse, in dem die Hauptmasse aller Mineralstoffe des Organismus und auch des Calciums enthalten ist. Die einzelnen frischen *Knochen* eines Tieres zeigen erhebliche Unterschiede im Calciumgehalt, die jedoch auf Schwankungen des Wasser- und Fettgehaltes beruhen. *Die Asche zeigt eine recht konstante Zusammensetzung* (Tab. 37).

Tabelle 37.
Calcium, Magnesium und Phosphor im Skelet des Hundes (nach SCHRODT[792]).

| | 1 kg frische Substanz enthält g | | | | | In der Knochenasche % | | | |
	H₂O	Ca	Mg	P	CO₂	Ca	Mg	P	CO₂
Wirbelkörper	443,5	104,2	1,89	49,3	18,5	37,0	0,67	17,5	6,48
Rippe	355,8	141,6	2,54	65,9	24,8	37,3	0,67	17,4	6,55
Schulterblatt	273,6	149,0	2,12	67,2	23,9	37,9	0,54	17,1	5,94
Beckenknochen	243,3	143,4	2,12	65,1	20,6	38,1	0,56	17,3	5,47
Phalangen	210,1	172,5	2,32	79,5	20,9	38,0	0,51	17,5	4,61
Oberschenkel	191,5	143,6	1,95	66,1	23,3	37,6	0,51	17,3	6,1
Schädel	156,8	197,3	3,16	89,5	27,4	38,0	0,61	17,2	5,22

Ähnliche Untersuchungen HILLERS[376] an den *Knochen der Gans* hatten ein ähnliches Ergebnis. In verschiedenen Lebensaltern fand WILD[957] beim Kaninchen eine ständige Zunahme der Mineralstoffe des Knochens, wobei jedoch der prozentische Anteil des Calciums am Gesamtmineralgehalt außerordentlich konstant war, während der Prozentsatz des Magnesiums und Phosphors mit höherem Alter etwas abnahm, und der Kohlensäuregehalt eine merkliche Zunahme erfuhr. Eine erhebliche Zunahme der CO₂ in der Knochenasche fand auch GRAFENBERGER[296]. Beim Huhn fand WEISKE[941] mit steigendem Alter gleichfalls eine Abnahme des

Phosphates zugunsten des Carbonates. Hier nahm auch der Calciumgehalt der Knochenasche etwas zu. Bei verschiedenen Tierarten bestimmte Sergius Morgulis[620] den *Calcium- und Magnesiumgehalt* des Oberschenkelknochens (Tabelle 38).

Tabelle 38. Calcium, Magnesium und Phosphor im Oberschenkelknochen verschiedener Tiere (nach Morgulis[620]).

	1 kg wasser- und fettfreier Knochen enthält g				1 kg Knochenasche enthält g				
	Ca	Mg	P	CO_2	Ca	Mg	P	CO_2	$\dfrac{Ca}{P}$
Elch	269	4,4	129	28,8	381	7,1	183	40,8	2,08
Schaf	267	6,0	126	31,2	373	8,6	178	43,5	2,12
Maulesel	266	5,7	127	32,2	381	8,2	182	45,9	2,10
Flußpferd	265	5,1	126	32,3	381	7,4	181	46,4	2,10
Truthahn	265	5,1	127	29,9	381	7,4	183	43,0	2,08
Frosch	258	4,6	120	33,8	382	6,8	178	50,0	2,15
Hund	250	4,4	119	29,7	374	6,5	177	44,4	2,10
Mensch	256	3,9	123	26,4	383	5,8	184	39,4	2,08
Pferd	234	3,8	107	34,2	383	5,7	178	51,7	2,18
Schildkröte	240	5,4	104	48,2	382	8,6	166	76,6	2,36

Auch hier ist eine recht weitgehende Konstanz des Calciumgehaltes des Knochens, besonders auch der Asche auffallend. Das *annähernd konstante Verhältnis der wesentlichsten Mineralstoffe des Knochens* ist immer wieder gefunden worden (Weiske[941], Mallet[561], Dühring[189]), und man muß daher vermuten, daß es sich hier um eine chemische Verbindung handelt. Hoppe-Seyler[396] hat darauf hingewiesen, daß Ca, P und CO_2 im Knochen in einem ähnlichen Verhältnis vorliegen, wie im Apatit $[Ca(Ca_3P_2O_8)_3]F_2$, wobei an der Stelle des Fluors das CO_2 stehen würde (Gassmann[271]). Das Verhältnis Ca : P im Knochen müßte dann gleich 2,14 sein. Aus den Zahlen von Morgulis (Tabelle 38) ergeben sich mit Ausnahme bei Schildkrötenknochen in der Tat entsprechende Werte.

In den tierischen Geweben sind nach Toyonaga[902] besonders die *Zellkerne reich an Calcium*, wie es auch schon bezüglich der Kerne der roten Blutkörperchen bei manchen Tieren bemerkt wurde. Auch in den Köpfen der Spermatozoen des Lachses, die als Zellkerne anzusehen sind, fand Miescher[606] Calcium. Von anderer Seite wird ein bevorzugter Calciumgehalt der Kerne jedoch bestritten. Angaben über den *Calciumgehalt verschiedener Organe und Flüssigkeiten* finden sich in den früheren Tabellen.

Die Menge des *in den Organen enthaltenen Calciums wird auf 1 % der Gesamtmenge im Körper geschätzt* (Heubner[367]), während *alles übrige im Skelet* enthalten ist. Über den *Calciumgehalt der Milch* orientiert die Tabelle 22 (S. 244). Verhältnismäßig wenig Calcium enthält die Kuhmilch, so daß sie für Ziegen- und Schaflämmer, Ferkel und Hunde in dieser Hinsicht nicht vollwertig ist. Auch für Kinder, die Kuhmilch mit Mehlsuppe verdünnt erhalten, ist ihr Calciumgehalt nicht ausreichend.

2. Die Resorption des Calciums.

Die in der Nahrung vorliegenden Calciumsalze der Kohlensäure, Phosphorsäure und Salzsäure und organischer Säuren, ferner die an Eiweißstoffe adsorbierten Calciumverbindungen werden, soweit sie nicht an sich gelöst und ionisiert sind, *durch die Magensalzsäure* in der Hauptmenge *in den ionisierten Zustand* übergeführt, evtl. nach fermentativer Aufschließung der adsorbierenden Kolloide (Abderhalden und Hanslian[4], Honcamp und Dräger[393]). Beim *Wiederkäuer* dürfte die Aufschließung des Calciums schon im Pansen beginnen, da manche Calciumsalze der Pflanzen schon bei neutraler Reaktion extrahiert werden (Aso und LOEW[26], vgl. dieses Handbuch Bd. 1, S. 194). Das in vielen pflanzlichen Futtermitteln enthaltene Oxalat kann dagegen erst bei der saueren Reaktion des Labmagens in Lösung gehen. Unter der Einwirkung der Magensalzsäure findet vermutlich auch die Aufschließung von Lactat, Carbonat, Phosphat. Silicat statt, die sämtlich ausnutzbar sind (STEENBOCK, HART, SELL und JONES[854], v.WENDT[948]). ABDERHALDEN und HANSLIAN[4] haben vermutet, daß nur ionisiertes Calcium resorbiert werde. Bei der Neutralisation des sauren Magensaftes im Dünndarm ist bei Gegenwart von Phosphorsäure ein Ausfallen von Calciumphosphat zu erwarten, das natürlich unresorbierbar wäre. Man hat daher früher angenommen, daß nur organische Verbindungen des Calciums und Phosphors nebeneinander resorbierbar seien. Wie Fistelversuche gezeigt haben, wird aber *auch Calciumphosphat reichlich resorbiert* (ZUCKMAYER[991]). Auch Fütterungsversuche von ARON und FREESE[22] mit Tricalciumphosphat beim Hunde und die schon erwähnten von STEENBOCK, haben dies gezeigt. ARON und FREESE weisen daraufhin, daß ja auch die natürliche Calciumquelle des Fleischfressers, der Knochen, im wesentlichen tertiäres Phosphat in anorganischer Form enthält. Für das *Schwein* haben gleichzeitig HART, McCOLLUM und FULLER[344] die Resorbierbarkeit des Calciumphosphates dargetan, die auch durch die Beobachtungen der Landwirtschaftlichen Versuchsstationen bei der *Verfütterung des Futterkalkes* immer wieder bestätigt wurde. *Für den Mechanismus dieser Resorption ist vor allem die aktuelle Reaktion des Darminhaltes entscheidend.* Im Jejunum, bei einer Reaktion $p_H = 7{,}8$ kann bei Gegenwart von Phosphat nur eine äußerst geringe Menge Calcium, etwa 0,2—0,4 mg im Liter, ionisiert sein (KLINCKE[453]). Im Duodenum scheint aber im allgemeinen noch schwachsaure Reaktion zu herrschen, bei der Calciumionen auch in Gegenwart von Phosphat existenzfähig sind. So erklärt auch BERGEIM[58] die bessere Resorption von Calcium und Phosphor bei Ratten bei Milchzuckerfütterung durch die Milchsäurebildung, die hier eine mehr saure Reaktion schafft.

Ein weiteres Problem ist die *Resorption des Calciums in Gegenwart von Fettsäuren*, wobei sich fettsaures Calcium, Kalkseifen, bilden, die nur zu einem kleinen Bruchteil ionisiert sind. Seit langem ist bekannt, daß beim Fehlen von Galle, z. B. bei Verschluß des Gallenganges, reichlich Kalkseifen im Kote erscheinen, dem sie eine lehmartige Beschaffenheit verleihen. GILLERT[282] und DITTRICH[179] stellten fest, daß Calciumsalze in der Galle in größerer Menge gelöst sind, als nach der Carbonat- und Phosphatkonzentration zu erwarten wäre. Die *Gallensäuren*, namentlich Cholsäure und Desoxycholsäure, üben einen *lösenden Einfluß auf die unlöslichen Calciumsalze*, besonders aber auf die Kalkseifen aus, wodurch sie ultrafiltrabel werden und die Darmwand passieren können (ADLER[9], HEUPKE[373], KLINCKE[453]). Ein großer Überschuß von Fett, durch den die lösende Wirkung der Gallensäuren abgesättigt wird, muß dann nachteilig auf die Resorption des Calciums wirken. Schon früher hatten KOCHMANN und PETSCH[462] auf *Beziehungen zwischen Fettzufuhr und Calciumansatz* aufmerksam gemacht. E. HICKMANNS[374] stellte bei Kindern das Ca-Fett-Verhältnis fest, das für die Calciumresorption am günstigsten war; 0,04—0,08 g Ca auf 1 g Fett scheinen am zweckmäßigsten zu sein. Die Resorption von Kalkseifen scheint beim *Wiederkäuer* ganz ähnlich zu verlaufen. GAESSLER und McCANDLISH[266] fanden beim Rinde keine Vermehrung der Kalkseifen im Kote, wenn sie Fett zuführten. Diese Tatsachen sind offenbar auch für die *künstliche Aufzucht des Kalbes* von größter Bedeutung, ist es doch bisher nicht gelungen, das Butterfett in der Nahrung des Kalbes durch andere Fette wirklich zu ersetzen. An einen Einfluß des Nahrungsfettes auf die Gallensekretion und die Resorption des Calciums muß hier gedacht werden.

Die *Calciumverbindungen der Muttermilch* werden vom Säugling reichlich resorbiert. Da beim Kochen und Sterilisieren der Milch der diffusible Anteil des Milchcalciums abnimmt, beim Sauerwerden aber zunimmt (van Slyke und Bosworth[829], Wha[952], Grosser[304], Bell[53], Magee und Harvey[556]) ist die Frage aufgestellt worden, ob durch das Kochen oder Sauerwerden die Resorbierbarkeit des Milchcalciums verändert wird. Bei Kindern wird teils über bessere, teils über schlechtere Ausnutzung des Calciums gekochter Kuhmilch berichtet (Daniels und Loughlin[166], Daniels und Stearns[167]). Eine *Verringerung der Resorbierbarkeit* des Calciums soll mehr von der *Dauer* der Erhitzung als von der Temperatur abhängen. Magee und Harvey[556] führten Versuche an 12 Wochen alten, etwa 20 kg schweren *Schweinen* aus. Bei einer Nahrung von Cerealien und Milch war die Ca-, P- und N-Retention geringer, wenn die Milch erhitzt, als wenn sie roh oder sauer gegeben wurde. Bei *Kälbern* zeigten Orr und Mitarbeiter[668], daß *pasteurisierte Milch einen geringeren Ansatz von Calcium, Phosphor und Stickstoff* machte, als gleiche Mengen derselben Milch in rohem Zustande. Die Tiere blieben im Wachstum etwas zurück, ohne indessen Zeichen von Krankheit aufzuweisen. Durch Zusatz von Calciumlactat zu der sterilisierten Milch konnte diese wieder vollwertig gemacht werden. Ein anderes Ergebnis hatten Versuche von Terroine und Spindler[881] am wachsenden *Schwein*; die Ausnutzung von Eiweiß und *Calcium* war unabhängig davon, ob rohe oder gekochte Kuhmilch verfüttert wurde.

3. Die Ausscheidung des Calciums.

Das Calcium wird vom Körper unter normalen Bedingungen sowohl durch die Niere als auch durch den Darm ausgeschieden. Die Darmausscheidung geht stets mit Phosphorsäureausscheidung einher, und zwar wird vermutet, daß hier Tricalciumphosphat ausgeschieden wird. Der Ort der Ausscheidung ist unbekannt. Fr. Voit[918] stellte in der isolierten Dünndarmschlinge eine erhebliche Ca-Ausscheidung fest, man nimmt aber an, daß hauptsächlich die Dickdarmwand in Frage kommt, da bei der Ausscheidung durch den Dünndarm mit einer Rückresorption zu rechnen ist. Galle und Pankreassaft, die calciumarm sind, können im Darm keine größere Rolle bei der Ca-Ausscheidung spielen (Janka[411]). Der Beweis der *Darmausscheidung des Calciums* ist dadurch erbracht worden, daß *im Kote unter Umständen mehr Calcium vorhanden war als mit der Nahrung zugeführt wurde.* Das ist in eklatanter Weise vor allem *im Hunger* der Fall, bei dem ein ständiger Verlust von Calcium und Phosphor auf diesem Wege stattfindet (F. Müller[625], E. Voit[919], F. Hofmeister[391]). Selbstverständlich ist man bei der Untersuchung des Kotes nicht imstande, das unresorbiert gebliebene Calcium der Nahrung von dem resorbierten und durch die Darmwand wieder ausgeschiedenen zu unterscheiden, so daß aus Bilanzversuchen über die Resorptionsgröße des Nahrungscalciums nichts ausgesagt werden kann.

Die Verteilung der Ca-Ausscheidung auf Kot und Harn ist in der Regel derart, daß der *größere Teil durch den Kot* abgeschieden wird. Das ist namentlich dann der Fall, wenn der Harn alkalisch reagiert, wie es beim Pflanzenfresser die Regel ist. Bei Säureüberschuß im Körper und saurer Reaktion des Harns wird ein etwas größerer Anteil durch die Niere ausgeschieden. Beim Pflanzenfresser ist der Harn mit 3—6%, beim Fleischfresser mit bis zu 27% an der Ausscheidung des Calciums beteiligt (Fr. Voit[918]). Nach Eingabe von Salzsäure fanden Shohl und Sato[821] Calcium und Phosphor im Harn vermehrt, nach Eingabe von Natriumbicarbonat vermindert. Dabei ist allerdings zu beachten, daß HCl und Na_2CO_3 auch die Gesamtausscheidung von Calcium und Phosphor beeinflussen.

4. Der Ansatz des Calciums.

Wenn man auch wegen der Ausscheidung des Calciums durch die Darmwand über die Resorption und den Umsatz des Calciums nur unvollkommene Kenntnis hat, so läßt sich doch exakt die Bilanz aufstellen, und überaus zahlreiche Versuche sind der *Bestimmung des Ca-Ansatzes* gewidmet. Eine Gefahr bildet hier eine zu kurze Dauer des Bilanzversuches, da in diesem Falle der eigentliche Ansatz überlagert werden kann durch vorübergehende Retentionen oder Mehrausscheidungen, die mit regulatorischen Funktionen des Calciums im Stoffwechsel zusammenhängen (ARON[21]). Eine andere Methode, den Ca-Ansatz kennenzulernen, die, da man längere Versuchsperioden anwenden kann, diesen Fehlerquellen nicht ausgesetzt ist, besteht darin, den *Gesamtcalciumgehalt von Tieren verschiedenen Alters* festzustellen. Da die Analyse ganzer Tiere aus naheliegenden Gründen auf kleinere Arten beschränkt bleiben muß, kommt leider dieser hervorragend sichere Weg für die großen Nutztiere im allgemeinen nicht in Frage. Der Ca-Ansatz junger, rasch wachsender Tiere gibt am besten den Ca-Bedarf des Organismus wieder, da hier andere Prozesse, die einen Ca-Ansatz bedingen, gegen die Wachstumserscheinungen mehr zurücktreten. Den Beweis dafür hat v. WENDT[448a], [449a] erbracht, indem er die Angaben über den Mineralstoffgehalt neugeborener Tiere mit dem Mineralgehalt der betreffenden Milchart verglich. Hierbei zeigte sich, daß die Zusammensetzung der Milchasche der Zusammensetzung der Asche der jungen Tiere um so mehr entspricht, je rascher die Tiere wachsen, je mehr also der Baustoffwechsel andere Prozesse überwiegt (Tabelle 39).

Als Maß der Wachstumsgeschwindigkeit ist die Dauer bis zur Verdopplung des Geburtsgewichtes angegeben.

Tabelle 39. Mineralstoffe der Milch und junger Tiere (nach v. WENDT[442a]).

Tierart	Gewichtsverdopplung Tage	Mineralstoffe in % der Asche					
		Na	K	Ca	Mg	P	Cl
Milchasche: Mensch	180	7,6	38,6	13,6	2,3	12,4	25,5
Pferd	60	3,2	31,0	31,8	2,5	20,6	10,9
Rind	47	5,8	27,4	23,4	2,3	21,6	19,5
Ziege	22	7,1	20,7	22,4	1,7	23,6	19,5
Schaf	15	9,3	14,1	30,4	1,5	22,2	22,5
Hund	9	5,6	13,1	36,5	1,2	25,4	18,2
Kaninchen	6	7,4	13,5	40,9	1,9	27,8	8,5
Asche junger Tiere (Mittel)	—	8,9	13,2	36,6	1,5	27,1	12,7

Das am schnellsten wachsende Tier dieser Reihe ist das neugeborene Kaninchen, das nur 6 Tage braucht, um sein Gewicht zu verdoppeln, und es zeigt sich, daß die Kaninchenmilch hinsichtlich der mineralischen Zusammensetzung dem Körper des Säuglings fast genau entspricht. Was den *Ansatzwert des Milchcalciums* betrifft, so hatte sich ergeben, daß vom menschlichen Säugling etwa die Hälfte angesetzt wird. Betrachten wir die Verhältnisse beim *Schwein*, so ergibt sich nach WÖHLBIER[973], daß ein Saugferkel in der ersten Lebenswoche etwa 566 g, in der zweiten etwa 617 g Milch täglich aufnimmt. Setzt man den Ca-Gehalt der Saumilch zu 0,28%, den P-Gehalt zu 0,157%, so ergeben sich für die Ca- und P-Aufnahmen des Saugferkels die Werte der Tabelle 40.

Der Ca- und P-Ansatz der Saugferkel ist in der Tabelle 40 nach Zahlen von BARTELS[41] berechnet, der den Gesamt-Ca- und P-Gehalt neugeborener Ferkel mit dem eines 12 Tage gesäugten Geschwistertieres verglich (Tabelle 41), wobei sich der Ansatz in den 12 Tagen des Saugens ohne weiteres ergibt.

Tabelle 40. Ca- und P-Ansatz beim Saugferkel (pro Tier und Tag).

Lebenswoche	Milchverzehr	Aufnahme		Ansatz		Ausnützung	
	g	Ca g	P g	Ca g	P g	Ca %	P %
1	566	1,57	0,89	1,06	0,61	62,4	65,6
2	617	1,73	0,97				

Tabelle 41. Ca- und P-Gehalt ganzer Ferkel (nach Bartels[41]).

Alter	Gewicht kg	Gesamt-Ca g	Gesamt-P g
Neugeboren	1,20	12,995	7,315
„	1,25	13,143	7,904
12 Tage	3,20	26,077	15,084

Die hier ermittelten Zahlen für die Ausnutzung des Calciums und Phosphors der Muttermilch beim Ferkel bergen natürlich erhebliche Fehlerquellen, da es sich um Durchschnittszahlen verschiedener Tiere handelt. Man kann aber wohl mit genügender Sicherheit annehmen, daß $^1/_2$—$^2/_3$ *des Calciums und Phosphors der Schweinemilch vom Saugferkel angesetzt* werden, ein Ergebnis, das mit den Angaben für den menschlichen Säugling nahezu übereinstimmt. *Beim Kalbe wird dagegen ein Ansatz von 97 %/o des Milchcalciums angegeben* (Soxhlet). In den Zahlen von Bartels zeigt sich, daß das gesäugte, 12 Tage alte Schwein an Körpergewicht stärker zugenommen hat, als an Calcium und Phosphor. Der Organismus des saugenden Tieres ist also an Calcium und Phosphor verarmt. Dasselbe fand Margaret Wilson[964] bei Schweinen, die allerdings mit Kuhmilch aufgezogen, also nicht normal ernährt wurden. Die Analysen von K. Thomas[888] an Hund und Katze, v. Bezold[76], Moulton[623] u. a. bei verschiedenen Tieren, bei denen allerdings meist nur der Gesamtaschengehalt der Tiere bestimmt wurde, scheinen darauf hinzudeuten, daß der *Ca-Ansatz des saugenden Jungen mit dem übrigen Wachstum nicht Schritt hält.* Auch Telfer und Crichton[880] weisen darauf hin, daß *der Ca-Gehalt der Milch nur dem Minimalbedarf des Jungen entspricht*; wurde der Mineralstoffgehalt der Ziegenmilch künstlich herabgesetzt, so wurde das Zicklein osteoporotisch. Weiterhin konnte Radeff[715] bei zahlreichen Tierarten eine relative Calciumverarmung in der ersten Lebenszeit demonstrieren. Nach Heubner[367] ist „die Kalkversorgung des kindlichen Organismus durch die Muttermilch nicht überreichlich, sondern wie die Phosphorversorgung als knapp zu bezeichnen". In diesem Zusammenhang kann erwähnt werden, daß ein weiterer Baustoff, der in der Muttermilch in so geringer Menge vorhanden ist, daß der Organismus des säugenden Jungen daran relativ verarmt, das *Eisen* ist.

Für den *Ca-Ansatz des wachsenden Tieres* nach Beendigung der Säugeperiode kommen nach den heutigen Erkenntnissen folgende Faktoren in Frage, wobei im übrigen normale Ernährungs-, Verdauungs- und Resorptionsverhältnisse vorausgesetzt sind:

1. Quantitativ ausreichender Ca-Gehalt der Nahrung, 2. quantitativ ausreichender P-Gehalt der Nahrung, 3. das Verhältnis Ca/P in der Nahrung, 4. das Säure-Basen-Verhältnis der Nahrung, 5. das Vitamin D (s. Anm.).

Anm. Auf die Bedeutung des Lichts für den Calciumstoffwechsel wird im Bd. 4 dieses Handbuchs von Mangold besonders eingegangen.

Wir wollen diese Faktoren zunächst kurz charakterisieren und dann an Hand der Literatur ihre Bedeutung für die Tierernährung untersuchen.

Der Ansatz des Calciums in späteren Lebensaltern muß mit der Gewichtszunahme annähernd proportional sein, soweit es sich um Knochen und Organwachstum und nicht lediglich um Fettansatz handelt, der keinen merklichen Ca-Ansatz bedingt. Der Ca-Ansatz pro Kilogramm Gewichtszunahme muß etwa dem *Gesamtcalciumgehalt des Tieres* pro Kilogramm Lebendgewicht entsprechen. Diese Zahl kann nach den Analysen der Tabelle 8 und nach Untersuchungen junger bzw. erwachsener Tiere kleinerer Arten zu *6—12 g Ca pro Kilogramm Lebendgewicht* angenommen werden. Um den normalen Ca-Ansatz zu erzielen, wird ungefähr die doppelte Menge Calcium in der Nahrung zugeführt werden müssen, wenn man die Ausnutzung des Milchcalciums durch das saugende Tier zugrunde legt. *Eine Nahrungsmenge, die 1 kg Gewichtszunahme bewirkt, wird also 12—24 g Ca enthalten müssen.*

Ein absoluter Calciummangel der Nahrung kann besonders dann in Frage kommen, wenn man von den Tieren *gesteigerte Leistungen* verlangt, wie es im Wesen einer intensiv betriebenen Landwirtschaft liegt. Den hierbei auftretenden erhöhten Bedarf an organischen Nährstoffen pflegt man durch *konzentrierte Futtermittel* (sog. *Kraftfutter*), die als Nebenprodukte der Industrie anfallen oder eigens angebaut werden, zu decken, die vielfach an Mineralstoffen und namentlich *an Calcium arm* sind (Tabelle 42). Durch diese Vorbedingungen ist verständlich,

Tabelle 42. Biologischer Wert der Futtermittel (nach McCollum[572]).

Futtermittel	Es fehlen	Futtermittel	Es fehlen
Getreidekörner	Ca, Na, Cl, J	Luzerne, Klee, Wiesengräser	Vollwertig
Weiße Mehle	Ca, Na, Cl, J, P	Geringe, sauere Gräser . .	Na, Cl, P
Keimlinge	Vollwertig	Leguminosenheu	Vollwertig
Hülsenfrüchte.	Ca, Na, Cl	Vollmilch	Fe
Wurzelgewächse . . .	Ca, Na, Cl	Fischmehl	Vollwertig

daß die Calciumfrage erst in neuerer Zeit besonders akut geworden ist und Veranlassung gegeben hat, mit einem ganz ungewöhnlichen, in der Ernährung des Menschen und frei lebender Tiere unbekannten Mittel, der *Zufuhr anorganischer Calciumsalze*, in die Ernährung der Nutztiere einzugreifen. Es ist verständlich, daß eine so *grundlegende Neuerung* eingehende Untersuchungen notwendg gemacht hat, die in den letzten Jahrzehnten die Wissenschaft beschäftigt haben und noch nicht abgeschlossen sind.

Da die Hauptmenge des Calciums im Tierkörper in den Knochen angesetzt wird, die etwa 99% des Gesamtcalciums enthalten, und es im Knochen stets von einer bestimmten Menge Phosphor begleitet ist, derart, daß ein *Verhältnis* Ca/P = 2 annähernd gewahrt bleibt, so kann auch das Fehlen des zum Ansatz des Calcium erforderlichen Phosphors in der Nahrung nach dem Gesetz des Minimums den Calciumansatz unmöglich machen.

Wesentlich dunkler ist die *Bedeutung des Verhältnisses* Ca/P der Nahrung für die Assimilation des Calciums, wenn wir den Fall ausschließen, daß einer dieser Stoffe der absoluten Menge nach in das Minimum kommt. Man kann sich vorstellen, daß ein Überschuß einer der beiden Komponenten aus dem Körper nicht eliminiert werden kann, wenn nicht auch eine gewisse Menge der anderen Komponente gleichzeitig ausgeschieden wird, derart, daß z. B. ein Überschuß von Phosphor bei seiner Ausscheidung eine gewisse Calciummenge mitreißt. Die Bedeutung eines unrationellen Verhältnisses Ca/P der Nahrung kann aber auch z. T. darin liegen, daß eine phosphorreiche Nahrung einen Säureüberschuß, eine calciumreiche Nahrung einen Basenüberschuß aufweist, und daß die *Störung im Säure-Basen-Haushalt eine Einwirkung auf den Calciumumsatz* ausübt. In der Tat können wir die basischen Calciumsalze des Knochens, $CaCO_3$ und $Ca_3(PO_4)_2$ als eine Basenreserve des Körpers auffassen, die der Alkalireserve des Blutes an Kapazität erheblich überlegen ist und wirksam wird, wenn eine Säurevergiftung des Organismus droht.

Die *Beziehungen zwischen Zufuhr von Säuren und sauren Salzen zur mineralischen Zusammensetzung des Knochens und zum Calciumstoffwechsel* sind schon seit einem halben Jahrhundert Gegenstand von Untersuchungen gewesen (Weiske[942], Aron[20]), die eindeutig gezeigt haben, daß der *Mineralansatz im Knochen durch Säureüberschuß der Nahrung nachteilig beeinflußt* wird. Diese Befunde sind für die Ernährungslehre jedoch nicht voll ausgewertet worden, wohl aus dem Grunde, weil die Regulierung des Säure-Basen-Haushaltes bei verschiedenen Tierarten quantitativ nicht dieselbe ist, namentlich, wenn man Fleischfresser und Pflanzenfresser vergleicht (vgl. S. 230), und daher Verallgemeinerungen sofort in Widerspruch mit den Beobachtungen an anderen Tieren geraten.

Die Wirkung des *Vitamins D* schließlich auf den Ansatz des Calciums stellt eines der wichtigsten Probleme der Vitaminlehre dar und wird an anderer Stelle eingehend erörtert (vgl. in diesem Handbuch Schieblich Bd. 1 und Krzywanek Bd. 4). Über die Wirkung dieses Vitamins sei nur soviel gesagt, daß es bei ungünstigen Bedingungen der Ca-Zufuhr und des Verhältnisses Ca/P in der Nahrung den Ca-Ansatz auf Grund eines unbekannten Mechanismus günstig zu beeinflussen vermag.

5. Der Calciumstoffwechsel der Wiederkäuer.

Die Ausnutzung verschiedener Calciumphosphate durch wachsende *Lämmer* wurde von Honcamp und Köhler[394] untersucht. Die Versuche ergaben die Zahlen der Tabelle 43.

Tabelle 43. Ausnutzung von Calcium und Phosphor der Nahrung durch Lämmer (nach Honcamp u. Köhler[394]).

	Ca %	P %		Ca %	P %
Tricalciumphosphat	30,8	35,5	Entleimtes Knochenmehl .	21,8	13,1
Dicalciumphosphat	33,4	26,0	Calcinierte Knochen . . .	18,3	14,2

Untersuchungen über den Einfluß gesteigerter Calciumzufuhr bei *Kälbern* wurden von Zaykowsky und Krasnokutska[985] angestellt. Die Tiere erhielten zum Stallfutter und später zum Grasfutter z. T. $CaCO_3$ zugelegt. 100 g Kreide verursachten Zurückbleiben im Wachstum, bei 50 g war nach 8 Monaten kein merklicher Unterschied im Körpergewicht im Vergleich zu den Kontrolltieren festzustellen. Ein positiver Einfluß der Kreidefütterung zeigte sich jedoch in den Körpermaßen, die Länge des ganzen Tieres und der Beine war bei den Calciumtieren etwas größer, doch legen die Autoren diesen geringen Unterschieden selbst keine besondere Bedeutung bei. Bei *Merinolämmern* fanden Zaykowsky und Lagutenko[982], daß Calciumcarbonat und Dicalciumphosphat keinen günstigen Einfluß auf das Wachstum ausüben; 30 g $CaCO_3$ pro 100 kg Lebendgewicht hatten bei jungen Merinohammeln eine geringe abführende Wirkung, die Ausnutzung der Futtermittel nahm ab. Dicalciumphosphat zeigte diese Wirkung in geringerem Grade (Zaykowsky und Pawlow[983]), Calciumchlorid hatte dagegen einen günstigen Einfluß auf die Verdaulichkeit der Nährstoffe mit Ausnahme der Rohfaser (Zaykowsky, Pimenow, Siderenko[984]). Weiser[938] empfiehlt bei *Kälbern*, zu jedem Kilogramm Kraftfutter 10—15 g kohlensauren Kalk zuzulegen. Im Vergleich zu dieser Angabe haben Zaykowsky und Mitarbeiter viel größere $CaCO_3$-Gaben verabfolgt, woraus ihre ungünstigen Resultate zwanglos erklärt werden können.

FINGERLING[227] fand bei einer *Ziege,* die, in voller Lactation stehend, mit Heu, Sesamkuchen, Stärke und Kochsalz gefüttert wurde, annähernd Gleichgewicht von Ca- und P-Zufuhr und -Ausscheidung. Wurde eine calcium- und phosphorarme Kost, in der Kleber, Stärke und Trockenschnitzel vorherrschten, verfüttert, so trat negative Bilanz ein, wobei das Tier aus seinem Skelet Calcium und Phosphor zuschießen mußte. Durch Zufuhr von Dicalciumphosphat gelang es, wieder zu positiven Ca-P-Bilanzen zu kommen. Die ungenügende Ca- und P-Zufuhr äußerte sich zunächst nicht in einer Schädigung der Milchproduktion. Erst allmählich kommt eine nachteilige Wirkung in dieser Richtung zustande. Das Vorhandensein oder Fehlen von Calcium und Phosphor in der Nahrung blieb ohne wesentlichen Einfluß auf den Calcium- und Phosphorgehalt der Milch; in den calcium- und phosphorarmen Perioden war er sogar etwas erhöht. Zwei Versuche, die einen Einblick in die Verhältnisse geben, sind in der Tabelle 44 dargestellt.

Tabelle 44. Ca- und P-Bilanz der lactierenden Ziege (nach FINGERLING[227]).

Ca- und P-reiche Nahrung	Ca g	P g	Ca- und P-arme Nahrung	Ca g	P g
1200 g Heu	10,61	3,20	400 g Stroh	0,86	0,38
200 g Sesamkuchen .	4,35	2,66	100 g Rübenschnitzel .	0,92	0,08
10 g Kochsalz . . .	0,05	—	235 g Kleber	0,13	0,69
3978 g Wasser	0,44	—	380 g Stärke u. Zucker	0,05	—
Gesamteinnahme	15,45	5,86		1,96	1,15
1933 g Harn	0,36	0,02	1853 g Harn	0,40	0,01
1046 g Kot	13,19	4,26	606 g Kot	0,92	0,67
1958 g Milch	1,73	1,50	1682 g Milch	1,59	1,38
Gesamtausgabe	15,28	5,78		2,91	2,06
Bilanz	+ 0,17	+ 0,08		— 0,95	— 0,91

Bei der *Milchkuh* hat die Frage des Calciumstoffwechsels besonders im Hinblick auf die gewaltigen Milchleistungen, die als Erfolg der Leistungszucht neuerdings erzielt worden sind, an Interesse gewonnen, da mit der Milch große Ca-Mengen den Körper verlassen. Gehen doch *bei einer täglichen Milchleistung von 50 Liter dem Organismus der Kuh etwa 60 g Ca täglich verloren.* Schon früher hatte man negative Calciumbilanzen bei Kühen mit hoher Milchleistung gefunden (ANGER[16]). HART, McCOLLUM und HUMPHREY[345] fanden während eines 110 Tage dauernden Versuches ein tägliches Defizit von 10 g Ca. Auch in Versuchen FINGERLINGS[227] an der *Ziege* war bei hoher Milchleistung die Ca-Bilanz negativ, um bei Nachlassen der Milchabgabe positiv zu werden. In umfassender Weise wurden diese Versuche von FORBES und Mitarbeitern[247] ausgeführt. Bei einer Nahrung, von der man vermuten durfte, daß sie eine reichliche Calciumzufuhr gewährleistete, zeigten nichtsdestoweniger *Milchkühe* mit einer Milchleistung von etwa 20 kg *negative Ca-Bilanz.* Die Calciumzufuhr wurde durch Zugabe von 70 g präzipiertem Knochenmehl bzw. 94 g Calciumlactat oder 40 g Calciumchlorid erhöht, aber auch diese Zugabe von Calciumsalzen zu einer Ration von Körnern, Luzerneheu und Maissilage führte nicht zu positiven Calciumbilanzen. Daneben waren auch die Magnesium- und Phosphorbilanzen negativ. In gleicher Weise haben auch MEIGS, BLATHERWICK und CARY[585] nachgewiesen, daß eine trockenstehende, trächtige Kuh wahrscheinlich nicht genügend Calcium aus einer Ration etwa von Luzerneheu, Maissilage und Körnern aufnimmt. Es ist vielmehr zu vermuten, daß sie *Calcium aus ihrem Skelet zum Aufbau des Fetus verwendet.* MEIGS und Mitarbeiter möchten diesen Effekt mehr als vorübergehend und durch die Beunruhigung des Tieres bei einem Bilanzversuch bedingt, bezeichnen.. Aus Untersuchungen über den Calciumbedarf trächtiger Schafe hat Winter[965c] die Notwendigkeit abgeleitet, für erhöhte Calciumzufuhr zu sorgen.

In allen diesen Versuchen wäre der Calciumbedarf der absoluten Menge nach durchaus gedeckt, die in der Milch abgegebenen Calciummengen sind nur ein Bruchteil der im Futter angebotenen Menge. Den eigenartigen, in den Untersuchungen über den Calciumstoffwechsel *immer wiederkehrenden Befund negativer Calcium- und Phosphorbilanzen* erklären Forbes und Mitarbeiter damit, daß die Tiere nicht imstande waren, das angebotene Calcium auszunutzen. Später hat Forbes[250] auch positive Calciumbilanzen bei Milchkühen mit Zulage von 60 g Calciumphosphat und ebensoviel Carbonat erhalten, als er Tiere untersuchte, die sich in einem späteren Stadium der Lactation befanden. Bei trockenstehenden Kühen waren die Bilanzen gleichfalls positiv, um *sofort nach dem Abkalben stark negativ* zu werden und erst *gegen Ende der Lactationsperiode wieder positiv* zu werden. Wie früher bemerkt wurde, kann man aus Bilanzversuchen nichts über die Resorption des Calciums aussagen, und so bleibt es fraglich, ob bei den Versuchen von Forbes und seinen Mitarbeitern eine *schlechte Calciumresorption oder eine gesteigerte Ausscheidung* durch Niere und Darmwand das ungünstige Resultat bedingt haben.

Die Ergebnisse von Forbes sind später oft nachgeprüft worden. Monroe[619] brachte die Calciumverluste mit einer zu niedrigen Eiweißzufuhr in Zusammenhang. Miller, Yates, Jones und Brandt[609] fanden, daß nach 10 monatiger Lactation bei Ernährung mit Kleeheu, Körnern, Kleie und Ölkuchen, durch 150 g Knochenmehl eine positive Calcium- und Phosphorbilanz zu erzielen war. Meigs und Turner[586] fanden Calciumgleichgewicht bei Ernährung einer Kuh mit geringer Milchleistung, wenn Körner und Luzerne gefüttert wurden, eine negative mit schlechter Luzerne.

Ein wichtiger Faktor, der die *Calcium- und Phosphorbilanz der Milchtiere* beeinflußt, wurde in dem *Vitamin-D-Gehalt der Nahrung, bzw. in der Wirkung des Sonnenlichtes* erkannt. Das fundamentale Experiment wurde schon 1913 von Steenbock und Hart[855] ausgeführt, die Versuche an Ziegen anstellten und bei Stallfütterung negative Calciumbilanzen fanden. Im Anschluß an eine Periode mit Sommerweide und *Sonnenlicht* war bei derselben Fütterung die Bilanz positiv. Diese damals unerklärliche Erscheinung fand nach Entwicklung der Vitaminlehre ihre Deutung durch den Befund von Hart, Steenbock und Hoppert[336], daß frische grüne Pflanzen einen höheren Vitamingehalt aufweisen als getrocknete. Sie formulierten ihre Ansicht dahin, daß in den Versuchen von Forbes positive Calciumbilanzen aufgetreten wären, wenn man die Luzerne *frisch und grün* verfüttert hätte. Sie führten entsprechende Versuche aus, von denen einer in Tab. 45 dargestellt ist.

Tabelle 45. Ca-Ansatz der Milchkuh bei Fütterung mit trockener und grüner Luzerne (nach Hart u. Mitarb.[336]).

Versuchsperiode		Ca g, Mittel pro Tag aus siebentägigen Perioden				
		Zufuhr	Kot	Harn	Milch	Bilanz
Trockene Luzerne	1	81,1	69,5	0,06	13,9	— 2,4
„ „	2	81,1	66,0	0,08	14,3	+ 0,7
„ „	3	79,9	64,3	0,06	13,5	+ 2,0
„ „	4	79,9	61,2	0,05	13,3	+ 5,4
Grüne Luzerne	1	79,5	60,6	0,05	12,9	+ 5,8
„ „	2	85,6	61,5	0,09	11,0	+ 13,0
„ „	3	105,9	72,4	0,07	11,6	+ 21,9
„ „	4	88,6	69,5	0,08	10,4	+ 8,5

In den Perioden mit Grünfütterung ist der Calciumansatz wesentlich besser als bei der Trockenfütterung. Daß hier eine negative Bilanz, wie FORBES sie fand, nicht aufgetreten ist, erklären die Autoren damit, daß ihr Luzerneheu vielleicht vitaminreicher war, als das von FORBES verfütterte. Später fanden HART, STEENBOCK, HOPPERT, BETHKE und HUMPHREY[338] bei einer Milchleistung von 10—20 kg bei Fütterung mit Körnern, Maissilage und Thimotheeheu stark negative Calcium- und Phosphorbilanzen, die mit reichlich Knochenmehl etwas besser, jedoch nicht positiv wurden. Wurde statt Thimothee Luzerne gefüttert, so waren die Bilanzen besser, blieben indessen gleichfalls negativ, was den früheren Ergebnissen der Autoren direkt widerspricht. Die Menge des Calciums im Blute war am höchsten, wenn das Calciumdefizit am größten war, sie war hier 20—25 mg Ca in 100 cm³ Serum, sank bei Luzernefütterung auf 10 mg, um mit Thimothee und Knochenmehl wieder auf 16 mg zu steigen. Umgekehrt war der anorganische Phosphor im Blute bei Thimotheefütterung niedrig, bei Luzernefütterung hoch.

HART, STEENBOCK und ELVEHJEM[334] zeigten dann, daß das *Licht der Quecksilberdampflampe* einen deutlichen Einfluß auf die Erhaltung der Ca- und P-Bilanz der Ziege ausübte. Sie untersuchten auch den *Einfluß des Sonnenlichtes bei der lactierenden Kuh* (HART, STEENBOCK, ELVEHJEM, SCOTT und HUMPHREY[340]). Bei einer Milchleistung von 25—30 kg zeigten Kühe negative Ca/P-Bilanzen bei Fütterung mit Körnern, Maissilage und Grünfutter, wenn kein direktes Sonnenlicht einwirkte. Aber auch unter der Wirkung der Junisonne blieben die Bilanzen negativ, wenn auch in etwas geringerem Maße. Bei geringerer Milchleistung konnten jedoch unter diesen Bedingungen positive Calciumbilanzen erzielt werden. Es bleibt die Frage offen, ob dem Sonnenlicht bei Milchkühen überhaupt ein besonderer Einfluß auf die Mineralbilanz zuzuschreiben ist. Die Tiere hatten in dem vorerwähnten Versuch keine mineralische Calciumzulage erhalten, was ja auch bei Grünfütterung bzw. Weidegang im allgemeinen nicht üblich ist. In neuen Versuchen von HART, STEENBOCK, SCOTT und HUMPHREY[339] wurde nun außer 14 kg Maissilage, 18,5 kg grünen Gräsern und Körnermischung (1 kg für 3—4 kg Milchleistung) täglich 227 g Mergel (CaCO₃) verfüttert. Die Versuche wurden teils mit etwa 5stündiger Sonnenlichtbestrahlung, teils ohne diese ausgeführt (Tabelle 46).

Tabelle 46. Ca-Bilanz von 3 Milchkühen mit CaCO₃-Zulage (nach HART u. Mitarb.[339]).

Tier	g Ca, Mittelzahlen pro Tier und Tag					Milch
	Zufuhr	Kot	Harn	Milch	Bilanz	kg
Ohne Sonne 1	139,2	107,0	0,2	29,8	+ 2,2	23,5
„ „ 2	138,9	114,0	0,6	33,2	— 8,9	29,0
„ „ 3	138,5	106,2	1,9	22,8	+ 7,6	21,0
Mit Sonne 1	145,0	104,8	0,3	27,7	+ 12,2	23,2
„ „ 2	144,1	106,0	0,9	29,8	+ 7,4	23,3
„ „ 3	144,0	112,0	2,8	24,6	+ 4,6	19,8

Es zeigt sich hier nach der Tabelle 46, daß eine Nahrung, die Grünfutter und etwa 200 g Calciumcarbonat enthält, positive Calciumbilanz machen kann, wobei die *Einwirkung des Sonnenlichtes auf die Tiere nur von geringer Bedeutung* ist. Die Autoren nehmen an, daß bereits im Grünfutter genügend antirachitisches Vitamin vorhanden ist, um die Assimilation einer genügenden Calciummenge zu gewährleisten. Deutlichere Ausschläge erhielten HENDERSON und MAGEE[355] bei *Bestrahlung von Ziegen mit ultraviolettem Licht.*

In Anbetracht der geringen Wirksamkeit des Sonnenlichtes bei der Calciumassimilation der Milchkuh erhebt sich die Frage, ob man bei Milchtieren, besonders bei vitaminarmer Trockenfütterung, durch Beifütterung vitaminreicher Futtermittel, namentlich von Lebertran, günstige Erfolge hinsichtlich der Calciumbilanz erzielen kann. Hart, Steenbock und Hoppert[336] zeigten 1921, daß man bei lactierenden und trockenstehenden Ziegen eine negative Calciumbilanz durch Verabreichung von Lebertran in eine positive verwandeln kann. Meigs und Mitarbeiter[588] fanden jedoch, daß die Verfütterung von Tran an Milchkühe die Calciumassimilation eher verschlechterte als verbesserte. Auch nahm die Freßlust einzelner Tiere ab. Neue Versuche von Hart und Mitarbeitern[339] ergaben dann, wiederum bei Ziegen, daß man die Tiere langsam an Lebertranfütterung gewöhnen kann, und daß dann eine Verbesserung der Calciumassimilation eintritt, wenn auch positive Bilanzen nicht immer erzielt werden konnten. Besonders gut wirkte der in Maisöl gelöste unverseifbare Anteil des Lebertrans. Wenn auch an eine praktische Verwertung dieser Resultate zunächst nicht zu denken ist, so ist doch hier in mehr unmittelbarer Weise erwiesen, *daß dasselbe Vitamin, das die Rachitis junger wachsender Tiere verhütet, auch bei der Calciumassimilation des erwachsenen, lactierenden Tieres wirksam* ist. Von Wichtigkeit ist, daß man die üblichen Futtermittel so gewinnt und konserviert, daß ein möglichst hoher Vitamingehalt erhalten bleibt (Steenbock, Hart, Elvehjem und Kletzien[853], vgl. D. Schieblich, dieses Handbuch Bd. 1, S. 255).

Bei den hier beschriebenen Versuchen hat sich, wie schon Fingerling beobachtet hatte, immer wieder gezeigt, daß *negative Calcium- und Phosphorbilanzen nicht unmittelbar mit einer verminderten Milchleistung verbunden* zu sein brauchen (vgl. Liebscher[513]). Auch sonstige Schädigungen des Tieres bleiben zunächst aus. *Man kann daher die Abgabe von Calcium und Phosphor aus dem Skelet bei Tieren in voller Lactation als physiologischen Vorgang bezeichnen*, der für die Aufzucht des Nachwuchses dienlich ist. Der Periode vermehrter Calciumabgabe muß aber eine Zeit folgen, in der dem Organismus die Möglichkeit geboten ist, die Verluste wieder zu ergänzen. Ist das nicht möglich, so treten pathologische Verhältnisse ein, bei denen das Knochengewebe geschädigt wird und die Leistungsfähigkeit des Tieres in jeder Hinsicht abnimmt.

Zusammenfassend ergibt sich, daß man *bei hoher Milchleistung und Trockenfütterung im allgemeinen mit Calcium- und Phosphorverlusten der Tiere rechnen* muß. Durch Verfütterung von D-Vitamin und Calcium enthaltenden Futtermitteln, ferner durch Zugabe von Calciumsalzen, besonders von $CaCO_3$ kann dem bis zu einem gewissen Grade entgegengewirkt werden. Wieweit $CaCl_2$ hier günstig wirkt (O. Loew[535]), ist noch nicht genügend erforscht. In der Zeit wo Grünfutter zur Verfügung steht, ferner zur Zeit des Trockenstehens muß durch reichliche Zufuhr von Grünfutter und Calciumsalzen dem Organismus Gelegenheit geboten werden, die Verluste wieder einzuholen. Der Einfluß des Sonnenlichtes tritt gegen die Wirkung vitaminreicher Futtermittel mehr zurück.

Erwähnt sei, daß beim männlichen Wiederkäuer die Schwierigkeiten einer ausreichenden Ca- und P-Versorgung weitaus geringer sind (Forbes, French und Letonoff[251]).

6. Der Calciumstoffwechsel des Schweines.

Beim Schwein liegen die Verhältnisse des Calciumstoffwechsels wesentlich anders als beim Rinde, da hier die hohe Milchleistung während des größten Teiles der Lebenszeit wegfällt. Eine erhebliche Calciumassimilation kommt nur für den Aufbau der Knochensubstanz in der Wachstumsperiode in Frage, hier ist allerdings durch die *Schnellmast* ein Ansatz in höherem Maße bedingt. Auch beim wachsenden Schwein handelt es sich um die Frage der Vitamin-D-Zufuhr und der Calciumzufuhr durch mineralische Futtermittel. Die Notwendigkeit der Calciumzufuhr bei Verwendung calciumarmer Futtermittel wie Gerste, Hefe, Blutmehl, Fleischmehl u. dgl. wird heute mehr und mehr anerkannt; zeigten doch Versuche von STEPHAN WEISER[938] an Mangalica-Ferkeln, daß Tiere bei einer calcium-armen Maisfütterung schon nach kurzer Zeit ein erhebliches Zurückbleiben im Wachstum zeigten, verglichen mit Tieren, die eine Zulage von 2% $CaCO_3$ erhielten. Die verminderte Freßlust wirkt auch ihrerseits, und schließlich treten Rachitis bzw. Knochenweiche als Kennzeichen einer ungenügenden Verkalkung der Knochen auf.

Die *Abhängigkeit des Calciumansatzes von der Zufuhr des Vitamins D bzw. von der Bestrahlung mit ultraviolettem Licht beim wachsenden Schwein* zeigen die folgenden Bilanzen der Tabelle 47.

Tabelle 47. Ca-Bilanz beim Ferkel bei Lebertranzufuhr und bei Bestrahlung (nach ORR u. Mitarb.[667]).

Versuchsperiode	Ca-Zufuhr g	Ca-Bilanz g	Versuchsperiode	Ca-Zufuhr g	Ca-Bilanz g
Ohne Lebertran			Ohne Bestrahlung		
1—7	2,49	+ 0,46	1—10	4,11	+ 0,46
8—13	2,49	+ 0,12			
14—19	2,49	— 0,26	Mit Bestrahlung		
20—22	2,49	— 0,34	10—18	4,11	+ 0,55
			18—24	4,11	+ 1,78
Mit Lebertran			24—32	4,11	+ 2,10
23—28	1,66	+ 0,12			
29—34	1,66	+ 1,10			
35—40	1,22	+ 0,83			

Die Wirkung ist sehr ausgesprochen und man wird daher bei der Aufzucht des Schweines für Vitamin-D-reiche Futtermittel, Weidegang und Lebertran sorgen müssen, ferner den Tieren Gelegenheit geben, sich vom Sonnenlicht be-strahlen zu lassen.

Über die *zweckmäßige Calciumzufuhr beim wachsenden Schwein* sind die Meinungen sehr geteilt. FORBES, HALVERSON, MORGAN und SCHULZ[243] verfütter-ten eine Ration von Mais, Weizenmehl und Leinsamen im Verhältnis 7 : 1 : 1 sowie Kochsalz, die phosphorreich, aber calciumarm war. Bei Zufuhr verschiedener Kalkfuttermittel ergab sich folgender Calciumansatz (Tabelle 48).

Tabelle 48. Ca-Ansatz des wachsenden Schweines pro kg Lebendgewicht (nach FORBES und Mitarb.[243]).

Calciumzulage	Zufuhr mg			Ansatz mg		
	Ca	Mg	P	Ca	Mg	P
—	21	63	138	—6	—3	+12
Kalkstein ($CaCO_3$) . . .	113	67	138	+56	+1	+39
Präc. Knochenmehl . . .	89	67	168	+50	+2	+35
Mineralphosphat	99	60	163	+34	0	+26
Gedämpft. Knochenmehl .	76	48	129	+38	+1	+27
Präcip. $CaCO_3$	99	52	111	+57	+2	+36
Präc. Knochenmehl . . .	112	64	186	+46	+3	+33
„ +gedämpft. Knm.	102	70	189	+44	+3	+36
„ +Kalkstein . . .	89	76	189	+43	+3	+33
Gedämpft. Knochenmehl .	74	61	152	+38	+2	+28
—	18	56	119	0	0	+9

Am günstigsten hat zweifellos das *Calciumcarbonat*, sowohl in Form von Kalkstein wie als präcipitiertes Carbonat gewirkt. Durch diese Mittel wurde die *Acidität des Harns herabgesetzt*, während präcipitiertes Knochenmehl, d. h. eigentlicher Futterkalk, eine mehr säuernde Wirkung hatte. Forbes und Mitarbeiter[244] haben auch den Einfluß nach Belieben verfütterter Kalkfuttermittel auf die Beschaffenheit und Zusammensetzung der Knochen geprüft. Gedämpftes Knochenmehl und Calciumcarbonat machten harte Knochen, ohne Kalkbeigabe und mit Mineralphosphat wurden weiche Knochen erzielt. Die harten Knochen enthielten mehr $CaCO_3$ als die weichen, doch waren die Unterschiede der chemischen Zusammensetzung nicht gerade erheblich. Bemerkenswert ist der Befund, daß *Calciumcarbonat*, das für die Knochenbildung hier günstig war, eine *Erhöhung der Alkalireserve des Blutes* verursachte (vgl. S. 226).

Auch die Erfahrungen von Müller-Ruhlsdorf[627] stehen hiermit in Einklang, der mit $CaCO_3$-Beifütterung gute Erfolge erzielt hat.

Über nachteilige Wirkungen des Calciumcarbonates berichten Zaykowsky und Lagutenko[982], die annehmen, daß das $CaCO_3$ die Gewichtszunahme der Tiere hemme. Als Argument wird geltend gemacht, daß durch das Carbonat die Magensalzsäure neutralisiert werde, wobei $CaCO_3$ in $CaCl_2$ übergeführt wird. O. Loew[535] hält es darum auch für zweckmäßiger, gleich *Calciumchlorid* zu verfüttern. Die Chlorionen, die zur Auflösung des Calciumcarbonats verbraucht werden, werden jedoch *dem Körper nicht entzogen*, sie werden im Dünndarm wieder resorbiert und können von neuem zur Bildung von Magensalzsäure verwendet werden. Durch die Verfütterung von Calciumcarbonat in Mengen von 1% des Futters scheint denn auch keine Hemmung der Magenverdauung einzutreten. Von manchen Autoren wird die Zweckmäßigkeit der $CaCl_2$-Fütterung beim Schwein geleugnet (v. D. Heide[352], Mach[554], Stockklausner[861]). Morrison[622] bestreitet überhaupt die Notwendigkeit der Verfütterung von Calciumsalzen beim Schwein. *Die Widersprüche, die sich bei der Verfütterung von Calciumsalzen beim Schwein gezeigt haben, können im wesentlichen geklärt werden, wenn man die Verhältnisse im Säure-Basenhaushalt der Tiere beachtet.* Stehle[857] erhielt bei Säurezufuhr negative Calciumbilanz. Bei wachsenden Schweinen muß man, um rasches Wachstum zu erzielen, erhebliche Eiweißmengen zuführen, was davon nicht angesetzt wird, wird im Organismus oxydativ abgebaut, wobei *Schwefelsäure und Phosphorsäure* gebildet werden. Ebenso ist in den Körnern ein Überschuß von Säuren über die basischen Bestandteile vorhanden. Bei Körnernahrung mit Eiweißzulage ist daher mit außerordentlichen Säureüberschüssen zu rechnen, was in der hohen Acidität und dem hohen Ammoniakgehalt des Harns derart gefütterter Tiere zum Ausdruck kommt. Die Ergebnisse von Forbes und Weiser stimmen darin überein, daß man *mit einem Kalksalz, das zu einer Nahrung mit Säureüberschuß zugelegt wird, keine neue Säure in den Organismus des Schweines einführen darf.* Es kommen in diesem Falle daher nur Calciumcarbonat oder Calciumsalze organischer brennbarer Säuren in Frage. Um die vermehrte Säurezufuhr bei $CaCl_2$-Fütterung wieder auszugleichen, empfiehlt O. Loew die gleichzeitige Darreichung von Natriumacetat, das in Anbetracht der Oxydierbarkeit der Essigsäure im intermediären Stoffwechsel den Säure-Basenhaushalt nach der alkalischen Seite verschiebt.

Wird als Eiweißbeifutter Fischmehl verwendet, das reichlich Calciumsalze aus dem Skelet der Fische enthält, so ist von absolutem Calciummangel derart gefütterter Ferkel keine Rede. Den Beweis, daß es sich *bei Zufütterung von $CaCO_3$ in diesem Falle lediglich um die alkalisierende Wirkung des $CaCO_3$ handelt*, hat Bartels[41] erbracht, indem er jungen, wachsenden Schweinen zu Körnern und Fischmehl teils $CaCO_3$, teils eine Mischung von Kalium-, Natrium- und Magnesiumcarbonat bzw. Natriumacetat in äquivalenter Menge zulegte (Tabelle 49).

Tabelle 49. Ca- und P-Ansatz beim Schwein (nach BARTELS[41]).

Nahrung	Gewicht kg	Ansatz g pro Tier u. Tag		$\dfrac{Ca}{P}$
		Ca	P	
Körner, Fischmehl	22,0	1,23	1,35	0,89
„ „ und $CaCO_3$	16,5	3,90	1,95	2,0
$CaCO_3$	23,0	3,17	1,63	1,96
$CaCO_3$	29,0	3,71	1,50	2,46
„ „ und $NaHCO_3$, $KHCO_3$	20,0	3,39	2,39	1,42
„ „ und Na-Azetat . .	32,0	4,44	2,60	1,71

Es zeigt sich, daß nur durch Zufuhr basisch wirkender Salze, aber *ohne Vermehrung der Calciumzufuhr, ein erhöhter Calciumansatz erzielt werden kann.*

Wie ein *Säureüberschuß* der Nahrung beim Schwein den Calciumansatz nachteilig beeinflußt, so kann auch ein größerer *Basenüberschuß* schädlich wirken. So fanden WEISER und ZAITSCHECK[937], daß 4 % $CaCO_3$ zu Mais, Gerste, Fleischmehl gefüttert eine *Verminderung* des Calcium- und Phosphoransatzes verursachten. Ebenso fand BARTELS bei Schweinen, die mit Körnern, Rübenschnitzeln und Fischmehl ein basenreiches Futter erhielten, einen guten Calcium- und Phosphoransatz, der auf Zulage von $CaCO_3$ sich verschlechterte, während $CaCl_2$ hier eine günstige Wirkung hatte. *Die Frage, welche Calciumsalze beim Schwein zu verfüttern sind, kann also nicht einheitlich beantwortet werden*: Zu basenarmer und eiweißreicher Kost, namentlich zu Körnern und Blut- und Fleischmehl, ist $CaCO_3$ zu füttern, und zwar nach bisherigen Erfahrungen etwa 1—2 % der Futtermenge. Zu Körnern und Fischmehl ist etwas weniger, bis 1 % erforderlich, da Fischmehl schon an sich reich an Knochenphosphat ist. Werden basenreiche Futtermittel, Rübenschnitzel, Kartoffeln, Weidegang verwendet, so kommt $CaCl_2$ in Frage, oft wird die Zugabe von Kalk hier überhaupt entbehrlich sein. Um die als Zugabe erforderliche Calciummenge zu berechnen, hat MAREK[564] eine Formel angegeben, nach der WELLMANN[947] die erforderlichen $CaCO_3$-Mengen bei einer Reihe von Futtermitteln bestimmt hat. Die größte Menge ist zu Roggen- und Weizenkleie und Reisfuttermehl, weiter auch zu Leinkuchen, Pferdebohnen, Gerste, Roggen und Mais erforderlich. Von tierischen Futtermitteln bedürfen Fleischmehl und Blutmehl einer Ergänzung durch $CaCO_3$, dagegen fast gar nicht Magermilch und Molken. Das Fischmehl enthält so reichlich basische Calciumsalze, daß es für sich die basenarmen Futtermittel z. T. ergänzen kann. Es wird vorerst nicht zu umgehen sein, die optimale Beifütterung von Calciumsalzen für die gebräuchlichsten Futterrationen unter Berücksichtigung der bisherigen Erfahrungen empirisch zu bestimmen. Die MAREKsche Formel kann von praktischer Bedeutung werden, wenn erst die Grundlagen des Mineralstoffwechsels beim Schwein besser bekannt sind, als das bisher der Fall ist.

Im Gegensatz zu den Autoren, die dem Säure-Basenverhältnis in der Nahrung des Schweines eine besondere Bedeutung zuschreiben, haben LAMB und EVVARD[490] die Ansicht geäußert, daß selbst ein erheblicher Säureüberschuß für das Schwein belanglos sei. Sie verfütterten an ihre Versuchstiere verdünnte Schwefelsäure; die Tiere nahmen gut zu, allerdings nicht ganz so gut wie die Kontrolltiere, z. T. wurden negative Calciumbilanzen beobachtet. Die Jungen dieser Tiere gingen nach kurzer Zeit zugrunde. Dies Ergebnis scheint kaum im Sinne der Untersucher zu sprechen, ist im Gegenteil geeignet, wiederum die Bedeutung des Säure-Basenverhältnisses beim Schwein zu demonstrieren.

Für den *Calciumansatz des Schweines in verschiedenem Lebensalter* geben WEISER und ZAITSCHECK[937] die Zahlen der Tabelle 50 an.

Tabelle 50. Ca-, P- und N-Ansatz des Schweines in verschiedenem Lebensalter.
(nach Weiser u. Zaitscheck[937]).

Alter Wochen	Lebendgewicht kg	Täglicher Ansatz pro 100 kg Lebendgewicht		
		Ca g	P g	N g
16	38,6	24,9	11,8	15,98
16	39,2	23,2	11,5	17,16
20	45,0	21,0	9,8	15,91
20	46,3	19,4	10,1	14,87
25	48,0	9,2	6,2	30,98
25	49,5	8,3	3,9	27,98
28	57,5	7,2	3,5	27,28
28	58,1	7,6	2,9	25,51

Mit zunehmendem Alter nimmt der Calcium- und Phosphoransatz, bezogen auf 100 kg Lebendgewicht, ab, während der Stickstoffansatz noch ansteigt. Ähnliche, z. T. etwas niedrigere Werte bezüglich des Calcium- und Phosphoransatzes hat auch Bartels gefunden. Da ja das Skelet die angesetzte Calciummenge zu etwa 99% aufnimmt, kommt in diesen Zahlen das lebhafte Knochenwachstum bei den jüngeren Tieren zum Ausdruck.

Wie sich aus dem *Milchverbrauch saugender Ferkel* (Wöhlbier[973]) berechnen läßt, gibt eine Sau, die 10 Ferkel zu säugen hat, täglich 16—17 g Ca und 9—10 g P mit der Milch ab. Nach Shurik[823] ist es zweckmäßig, diese Verluste durch Zufuhr von Calciumphosphat zu ergänzen. Bei reichlicher Kraftfuttergabe und Weidegang wird soviel Calcium und Phosphor aufgenommen, daß in diesem Falle eine besondere Kalkgabe entbehrlich erscheint.

7. Der Calciumstoffwechsel des Pferdes.

Aus älteren Versuchen ist bekannt, daß auch beim Pferde erhebliche Schwankungen des Calciumgehaltes im Harn und Kot vorkommen. Tangl[878] fand bei Hafer- und Heufütterung annähernd Gleichgewicht des Calcium- und Phosphorstoffwechsels. Eingehende Untersuchungen wurden von Scheunert, Schattke und Weise[779] ausgeführt. Ein Versuch, bei dem sich das Versuchspferd im Stoffwechselgleichgewicht befand, ist in Tabelle 51 beschrieben.

Tabelle 51. Ca-Bilanz des Pferdes im Stoffwechselgleichgewicht
(nach Scheunert und Mitarb. [779]).

Vers. Tag	Futter kg	Wasser kg	Kot kg	Harn kg	Ca-Zufuhr g		Ca-Ausscheidung g	
					Futter	Wasser	Kot	Harn
1	Hafer	5,4	6,158	2,5	11,50	0,16	9,50	0,48
2	4 kg	8,0	5,724	2,6	11,50	0,22	5,36	1,14
3	Heu	19,7	3,973	1,99	11,50	0,56	7,70	0,77
4	2 kg	—	6,118	3,3	11,50	—	10,75	4,36
5	tägl.	—	5,248	1,9	11,50	—	9,35	1,24
6		9,2	4,423	2,50	11,50	0,26	8,84	3,38
7		6,5	5,415	2,2	11,50	0,19	5,23	2,93
8		5,0	6,780	1,9	11,50	0,14	9,49	2,75
9		7,0	6,285	2,2	11,50	0,20	14,72	3,22
10		4,0	5,205	2,3	11,50	0,11	8,78	3,71
	Mittelwerte pro Tag				11,50	0,19	8,97	2,40

Aus den Zahlen ergibt sich, daß die *Calciumausscheidung überwiegend mit dem Kote* und unabhängig von der Kotmenge verläuft. Im Harn sind nur geringe Calciumwerte zu beobachten.

Der Calciumstoffwechsel des Pferdes unterliegt ähnlichen Einflüssen wie der des Wiederkäuers. Bei alleiniger Haferfütterung, also bei einer an Calcium armen Nahrung mit Überschuß saurer Valenzen erhielten SCHEUNERT und Mitarbeiter negative Calciumbilanzen, während gleichzeitig im Phosphorhaushalt annähernd Gleichgewicht bestand. Der Harn solcher Tiere ist klar und dünnflüssig, er reagiert sauer und gibt natürlich auf Säurezusatz keine Kohlensäure ab, während bei Hafer—Heufütterung ein trüber alkalischer oder neutraler Harn abgesondert wird, der auf Zusatz von Säuren Kohlensäure entwickelt und aufschäumt. Ein Überschuß von Säure im Organismus bei reiner Haferkost wurde von SCHEUNERT auch durch den Nachweis einer Herabsetzung der Alkalireserve im Blute erbracht.

8. Der Calciumstoffwechsel des Geflügels.

Die Calciumbilanz beim Geflügel interessiert vor allem im Hinblick auf die *Eierproduktion.* Die Schale des Hühnereis macht in frischem Zustande etwa 10% des Eigewichtes aus, sie enthält über 90% $CaCO_3$, daneben etwas Magnesiumcarbonat und Phosphate, die an eine keratinartige organische Substanz angelagert sind. Der *Gesamtcalciumgehalt eines Hühnereis kann zu 1,5—2,5 g Ca* angenommen werden. Durch die züchterische Auswahl ist die Eierleistung bereits auf 300 Eier im Jahr gesteigert worden, zu deren Produktion *eine Henne im Jahre etwa 500 g Ca* assimilieren muß, eine enorme Leistungssteigerung im Vergleich zu den 20—25 g Calcium, die die Stammform des Haushuhns mit ihren 22—26 Eiern jährlich abzugeben hat. Es ist das Ergebnis alter Erfahrungen, daß man durch Zufuhr von kalkhaltigen Materialien, Austernschalen, Eierschalen usw. die Eierproduktion des Huhnes günstig beeinflussen kann. Die Wirkung dieser Stoffe ist nach E. MANGOLD[563] scharf zu trennen von der des Grits und der Steinchen, die von den Tieren aufgenommen werden, und die bei der *mechanischen Zerkleinerung der Nahrung* im Muskelmagen wirksam sind. Die Wirkung der Austernschalen, die in den Verdauungssäften löslich sind und resorbiert werden, ist dagegen die eines *echten Nährstoffes.*

Bei reiner Körnerfütterung beobachtete CHOSSAT[141] die Entwicklung von Osteomalacie, und KOHLBACH[464] fand bei derartiger Ernährung regelmäßig negative Calciumbilanzen, auch wenn keine Eier produziert wurden. Durch Mineralsalze ließ sich Gleichgewicht bzw. Ansatz von Calcium erzielen. BUCKNER, MARTIN, PIERCE und PETER[120] fütterten an Hühner zu Körnern und Tankage (Schlachtabfälle) Austernschalen, Kalkstein ($CaCO_3$) und Mineralphosphat nach Belieben, und untersuchten nach 8 Monaten Versuchsdauer den Calciumgehalt der Ober- und Unterschenkelknochen der Tiere und der Schalen der produzierten Eier (Tabelle 52).

Tabelle 52. Wirkung der Ca-Zufütterung auf den Ca-Gehalt der Knochen und Eischalen des Huhnes (nach BUCKNER u. Mitarb.[120]).

Art der Ca-Zulage	Knochen der hint. Extrem.		Eier		Ca %	
	Gewicht	Ca-Gehalt g	Zahl in 8 Monat.	g Ca pro Eischale	Schalenasche	Knochenasche
Kontrolltier, sofort untersucht . .	22,34	2,21	—	—	—	39,2
Ohne Zulage	30,36	3,10	19,9	1,28	69,7	38,8
Granit-Grit	31,95	3,42	38,8	1,38	69,7	38,9
Grit + Austerschalen.	31,30	4,14	52,2	1,71	69,9	39,1
Grit + Kalkstein	30,73	4,02	52,6	1,69	69,8	39,4
Kalkstein	30,54	4,21	59,6	1,77	69,8	39,3
Mineralphosphat	31,12	4,41	18,1	1,27	69,9	39,3
Kontrolltier, bei freiem Auslauf . .	36,12	4,69	—	—	—	39,2

Wie diese Tabelle zeigt, hat die Kalkzugabe eine Vermehrung der Knochenmasse und entsprechend vermehrten Calciumansatz im Knochen zur Folge. Der prozentische Calciumgehalt der Knochenasche ist dabei unverändert. Die Eierproduktion ist nach Austernschalen und Kalkstein deutlich vermehrt. Mineralphosphat war ohne Wirkung. Einen günstigen Einfluß des Grits erklären die Autoren dadurch, daß dieser einige Prozent in Salzsäure lösliches Calcium enthielt, das abverdaut werden konnte. Der Calciumgehalt der Eischalen ist durch die $CaCO_3$-enthaltenden Zugaben vermehrt, auch hier hat die prozentische Zusammensetzung der Eischalenasche sich nicht merklich verändert. Das Calciumphosphat, das auf die Knochenbildung günstig gewirkt hat, war ohne Wirkung auf die Eierproduktion und Schalenasche. Hiernach kommen für die Schalenbildung nur Calciumsalze, die keine nicht atembare Säure enthalten, als Zugabe in Betracht, was ohne weiteres verständlich ist, da ja die Eischalen vorwiegend Calciumcarbonat enthalten. Weiterhin haben Buckner, Martin und Peter[121] Gips, Calciumlactat, Calciumchlorid und Tricalciumphosphat in ihrer Wirkung untersucht. Calciumcarbonat wirkte in jeder Beziehung am besten; Calciumchlorid und Calciumlactat wurden in zu geringer Menge aufgenommen, um wirksam zu werden; Phosphat vermochte nicht als Kalkquelle für die Eierproduktion zu dienen. Orr, Moir, Kinross und Robertson[670] fanden eine Mischung von Calciumphosphat und Calciumcarbonat für Wachstum und Eierleistung zweckmäßig.

Der *Calciumgehalt des Blutplasmas* beträgt nach Bestimmungen von Hughes, Titus und Smits[403] bei jungen Hühnern bis zum Eintritt der Geschlechtsreife 12—14 mg Ca in 100 cm³. Derselbe Wert findet sich bei Hähnen und Kapaunen. Die legende Henne weist dagegen einen viel höheren Wert, 25—34 mg, auf. Der Wirkung des Vitamins D und der Bestrahlung auf den Calciumumsatz, die man an den Säugetieren kennengelernt hatte, wurde auch beim Geflügel Beachtung geschenkt.

Die zahlreichen, besonders auch die amerikanischen Untersuchungen auf diesem Gebiete sind von Schieblich[781] und von Chomkovic und Podhradsky[140] zusammenfassend dargestellt worden (über die Wirkung des Lichts auf das Geflügel siehe auch E. Mangold im Bd. 4 dieses Handbuches). Es hat sich herausgestellt, daß auch beim Geflügel enge Beziehungen zwischen dem Calciumgehalt der Nahrung, dem Vitamin-D-Gehalt und der Bestrahlung mit Sonnenlicht oder künstlichem Ultraviolettlicht bestehen, die sich in einer Steigerung der Eierproduktion und vermehrten Schlüpffähigkeit der Eier äußern. Auch das Gewicht der Eier, namentlich das Gewicht von Eierklar und Schale, wird durch Bestrahlung der Hennen günstig beeinflußt, während der prozentische Calciumgehalt der Eierbestandteile kaum Veränderungen erkennen läßt (Tabelle 53). Vom Vitamin-D-

Tabelle 53.
Ca-Gehalt der Eier von bestrahlten Hennen (nach Hart u. Mitarb.[341]).

	Eischale Trockengew. g	Ca %	Eierklar Trockengew. g	Ca %	Eidotter Trockengew. g	Ca %
Nicht bestrahlt	5,275	37,8	3,524	0,26	9,249	0,26
	3,268	—	3,487	0,30	8,482	0,22
Ultraviolettes Licht . . .	6,312	38,1	4,363	0,28	10,463	0,28
	6,041	38,0	4,295	0,28	10,767	0,32

Gehalt der Eier hängt nach Hart und Mitarbeitern auch die Fähigkeit des Hühnerembryos ab, das Calcium der Schale zu assimilieren und zum Aufbau des

Organismus zu verwenden. Die Küken, die aus den Eiern bestrahlter Hennen ausschlüpfen, enthielten etwa die doppelte Menge Calcium, als solche von unbestrahlten Hennen. Die geringe Schlüpffähigkeit der Eier unbestrahlter, bzw. vitaminarm ernährter Hennen führen die Autoren auf diesen Umstand zurück. Die Befruchtung der Eier war dagegen unabhängig von dem antirachitischen Faktor. Eine Bestrahlung der Eier selbst scheint unwirksam zu sein. Die wirksamen Strahlen dürften durch die Kalkschale stark abfiltriert werden. MERCER[594] fand, daß bei Geflügel, das im Freien bei reichlichem Grünfutter gehalten wird, durch Zugabe von Lebertran und durch künstliche Bestrahlung der Tiere oder ihres Futters keine Steigerung in der Menge und Qualität der Eier mehr erzielt wird; die Wirkung des Lebertrans ist aber besser als die der Wintersonne (KEMPSTER[442]). Bei verschiedenen Autoren findet sich die Angabe, daß Lebertran zwar die Eierleistung, nicht aber die Schlüpffähigkeit der Eier erhöhte. Es mag sich hier nur um quantitative Unterschiede der Vitaminzufuhr handeln.

9. Die Speicherung von Calcium.

Die bisher beschriebenen Tatsachen deuten immer wieder daraufhin, daß im Mittelpunkt des Calciumstoffwechsels das Skelet steht, das die Hauptmenge des Calciums enthält. Bei positiven Calciumbilanzen müssen wir in erster Linie Calciumansatz in den Knochen annehmen.

Im Knochen ist ziemlich konstant $Ca/P = 2$. In *Bilanzversuchen*, namentlich bei reichlicher Calciumzufuhr, findet man oft, ein größeres Verhältnis (HERXHEIMER[363], VOORHOEVE[917]) und hat daher angenommen, daß Calcium auch ohne Phosphor angesetzt werden kann. Wie dies möglich ist, ist jedoch nicht ohne weiteres zu sagen, wie aus dem überraschenden Ergebnis einer Untersuchung von HEUBNER und RONA[371] hervorgeht. HEUBNER und RONA injizierten Katzen $CaCl_2$-Lösungen in größeren, z. T. tödlichen Dosen und verglichen den Calciumgehalt der Organe mit dem normaler Tiere: nur die Niere war calciumreicher, alle übrigen Organe, namentlich die Muskeln, enthielten normale Mengen. Das retinierte Calcium mußte daher in das Knochengewebe gegangen sein. Es wäre denkbar, daß für den Calciumansatz im Knochen Phosphorsäure aus dem Serum oder aus dem Geweben mobilisiert wird. Ein Ansatz von Calcium als Carbonat im Knochen wäre denkbar, wenn es sich nur um relativ kleine Mengen und einen vorübergehenden Zustand handelt. Eine stärkere Vermehrung der Carbonatfraktion im Knochen müßte sich dagegen sofort durch eine Zunahme des Verhältnisses Ca/P im Knochen dokumentieren, die man experimentell noch nicht hat nachweisen können.

Wenn Calcium vom Organismus zur Produktion von Milch usw., zur Regulation des Säure-Basenhaushaltes o. dgl. benötigt wird, so gibt das Skelet Calcium ab, und zwar in der Regel zugleich mit Phosphorsäure, so daß auch hierbei das normale Verhältnis Ca/P im Knochen gewahrt bleibt. Da bei der Abgabe des Knochenphosphates Tricalciumphosphat und Calciumcarbonat in Lösung gehen, die Phosphorsäure aber unter Umständen als saures Salz ausgeschieden wird, so werden bei diesem Vorgang basische Valenzen verfügbar. Eine Abnahme der $CaCO_3$-Fraktion der Knochen in allerdings nicht bedeutendem Umfange wurde von KINGO GOTO[448] bei Kaninchen beobachtet, denen verdünnte Salzsäure eingegeben worden war.

10. Störungen des Calciumstoffwechsels als Krankheitsursache.

Die wichtigsten Krankheiten, die in Beziehung zum Calcium- bzw. Phosphorstoffwechsel stehen, sind Rachitis, Osteomalacie und Tetanie.

Bei der *Rachitis* ist der Gehalt der Knochen an Calciumsalzen herabgesetzt, so daß die organischen Bestandteile überwiegen. Der prozentische Anteil der einzelnen Elemente der Knochenmineralien ist dabei im wesentlichen unverändert. Anatomisch finden sich typische Veränderungen an der Epiphysengrenze, wo die Knochenwucherungszone verbreitert ist. Der Calciumgehalt des Serums ist bei Rachitis etwas herabgesetzt oder normal. Abnorm niedrig ist der Gehalt des Serums an anorganischem Phosphor, während er an organischem Phosphor normale Werte aufweist.

Die *Calcium- und Phosphorbilanz ist auch bei Rachitis positiv*, der Ansatz ist jedoch geringer als bei normalem Wachstum.

Die ungenügende Verkalkung des Knochengewebes dokumentiert sich in der geringeren Festigkeit der Knochen, die zu deren Verbiegung und Deformationen des Skelets führt.

Die *Ätiologie der Rachitis* ist klargeworden, seit man die Faktoren kennt, die bei ihrer Heilung wirksam sind: Bestrahlung mit ultraviolettem Licht, Lebertran, bestrahlte Milch oder bestrahltes Ergosterin, bei ausreichender Calcium- und Phosphorzufuhr mit der Nahrung. Hierdurch ist die *Rachitis als Avitaminose* gekennzeichnet. Wie allerdings das Vitamin D in den Mechanismus der Knochenverkalkung eingreift, ist ganz unklar. Einfache physikalisch-chemische Vorstellungen bieten nicht ohne weiters eine Erklärungsmöglichkeit, da in den Prozeß der Knochenbildung die Tätigkeit bestimmter Zellen, der Osteoblasten, eingeschaltet ist.

Die Rachitis betrifft vor allem junge Tiere im ersten Lebensjahre, am häufigsten werden *Ferkel*, Hunde, Schaf- und Ziegenlämmer, seltener Fohlen, Kälber und Kaninchen befallen (Hutyra und Marek[405a]). Die *Beinschwäche der Küken* kann ihrer Ätiologie nach der Rachitis zugezählt werden, zeigt indessen anatomisch einen abweichenden Befund (Pappenheimer und Dunn[682], Hogan, Guerrant und Kempster[392]).

Die *Knochenweiche* kann man mit gewissem Rechte als die *Rachitis des ausgewachsenen Skelets* bezeichnen. Die Weichheit und Brüchigkeit des Knochens entsteht hier dadurch, daß das Knochenphosphat in Lösung geht (Halisteresis) und ausgeschieden wird. Wird auch die Grundsubstanz des Knochens angegriffen, so spricht man von *Osteoporose*. Die Knochenweiche ist daher *mit negativer Calciumbilanz verbunden*. Niedrige Werte des Blutcalciums und Phosphors sind beobachtet worden. Als Ursache der Knochenweiche kommen alle Faktoren in Frage, die wir bei der Erörterung des Calciumstoffwechsels als Ursache negativer Calciumbilanzen gekennzeichnet haben: Hohe Milchleistung, Calcium- oder Phosphormangel der Nahrung, Säureüberschuß, namentlich Überschuß von Phosphorsäure in der Nahrung, ferner Mangel an Vitamin D oder Sonnenlicht. Im einzelnen überwiegt bald der eine, bald der andere schädliche Einfluß. So soll Heu von Moorwiesen mit hohem Rohfasergehalt zu vermehrter Ausscheidung von Hippursäure führen und dadurch dem Körper Basen entziehen; auch unbrennbare organische Säuren können in diesem Sinne wirken, ebenso auch schwefelsäurereiches Hüttenrauchfutter. In Südafrika wird Phosphorarmut der Futterpflanzen für das gehäufte Auftreten der dort Stifziekte genannten Osteomalacie verantwortlich gemacht (Theiler, Green und du Toit[885]). In Montana ist gleichfalls Weidefutter, das auf kalkreichem, phosphorarmem Boden gewachsen ist, die Ursache der Erkrankung (Scott[766]).

Die *Lecksucht des Rindes* findet man häufig zusammen mit Knochenweiche, und die als Krankheitsursache angegebenen Faktoren (vgl. König und Karst[468]) sind vielfach dieselben wie bei dieser. Die Krankheit äußert sich durch Belecken und Benagen von allen möglichen Gegenständen. Zu dieser Krankheitsgruppe kann auch die südafrikanische Lamziekte gezählt werden, bei der durch Benagen von verwesten Knochen Botulismus entsteht (THEILER und ROBINSON[887]). CORLETTE[147] führt eine ganze Reihe von Krankheiten ähnlicher Art, bei denen Erscheinungen von seiten des Nervensystems eine Rolle spielen, auf Calciummangel zurück, so Polyphagie, Sandfressen, Koprophagie, Ergotismus, Lathyrismus und Traberkrankheit der Schafe.

Die *Tetanie* kommt in den verschiedensten Formen vor (vgl. KLINCKE[453]), sie findet sich als Folge der Entfernung der Nebenschilddrüsen, ferner häufig zusammen mit Rachitis und Osteomalacie. Am häufigsten sind rachitische Ferkel befallen. Die Tetanie ist durch eine erhöhte Erregbarkeit des Nervensystems gekennzeichnet, der Calciumgehalt des Serums ist erniedrigt. Ob negative Calciumbilanzen als Regel zu betrachten sind, ist nicht sicher. Durch Calciumchlorid per os oder intravenös wird die Tetanie günstig beeinflußt.

Als Störung des Calciumstoffwechsels ist auch die *Gebärparese des Rindes* aufzufassen. Wie SJOLLEMA[826] nachwies, kommen hier niedrige Serumcalciumwerte vor, ohne daß gleichzeitig Tetanie beobachtet wird. Durch Injektion von Calciumchlorid konnte SJOLLEMA die Gebärparese in kürzester Zeit heilen.

Kalkablagerungen können in den verschiedensten Organen vorkommen, vor allem scheint das Bindegewebe betroffen. Eine Störung des Calcium- und Phosphorumsatzes ist dabei nicht nachzuweisen. Nach THANNHAUSER[882] handelt es sich nicht um eine Störung des Calciumstoffwechsels, sondern um Gewebsschädigung, die sekundär zu Verkalkung führt. Zu erwähnen sind schließlich auch die calciumhaltigen *Konkremente*, die als Gallensteine, Blasensteine usw. vorkommen und zu Koliken Anlaß geben. Besonders bei Pflanzenfressern werden die sehr harten Calciumcarbonatsteine beobachtet.

Über *Störungen der Sexualfunktion* wird im Zusammenhang mit Störungen des Calciumstoffwechsels öfters berichtet. REYNOLDS und MACOMBER[722] fanden Sterilität bei Ratten als Folge von Calciummangel. Bei Kühen erhielten HART, STEENBOCK und HUMPHREY[342] bei calciumarmer Diät viele Fehlgeburten, Calciumzugabe verursachte Besserung.

11. Physiologische Funktionen des Calciums.

Die wesentliche Bedeutung des Calciums für den Organismus ist in seiner Rolle als *Stützsubstanz der Knochen und Zähne* zu suchen. Etwa 99 % des Gesamtcalciums im Tierkörper dienen diesem Zwecke. Die im Knochen abgelagerten basischen Salze dienen zugleich als *Reserve für physiologische Vorgänge*, bei denen erhöhter Calciumbedarf eintritt, namentlich für die Entwicklung des Fetus und für die Milchbildung, ferner auch als *Basenreserve*, die bei Säureüberschuß im Organismus mobilisiert werden kann. Das Calcium im Blutplasma, und zwar der ionisierte Anteil, ist für die Bildung des Fibrins bei der *Blutgerinnung* von Bedeutung. Anwesenheit von Calciumionen ist für die Lactacidogensynthese erforderlich (EMDEN[205]), während die Calciumionen im Milchplasma bei der *Kaseinfällung durch Lab* erforderlich sind. Infolge seines Verhaltens zu den Kolloiden beeinflußt das Calcium den kolloidalen Zustand des Protoplasmas, es wird ihm eine verdichtende Wirkung auf das lebende Protoplasma und die Zellmembranen zugeschrieben. Die *entgiftende Wirkung* des Calciums wurde bereits bei Erörterung des *Ionenantagonismus* (S. 235) erwähnt. Auch auf die Beziehungen des Calciums zur *Erregbarkeit des Nervensystems* wurde bei Erwähnung der Tetanie hingewiesen.

VII. Strontium. Barium.

Bei niederen Tieren ist *Strontium* als Bestandteil des Skelets aufgefunden worden (BÜTSCHLI[125a]). Bei den höheren Tieren ist es in den Knochen nicht vorhanden, durch Verfütterung von Strontiumsalzen kann es jedoch in die Knochen gebracht werden (KÖNIG[467a], WEISKE[940]). Unter Umständen konnte WEISKE nach Strontiumverfütterung 5% in der Knochenasche nachweisen. Nach CREMER[151] ist es zweifelhaft, ob das Strontium als vollwertiger Ersatz des Calciums im Knochen betrachtet werden kann. Die Beobachtung, daß bei calciumarmer, strontiumreicher Kost rachitisähnliche Erscheinungen vorkommen, ist zur Beurteilung dieser Frage nicht eindeutig zu verwerten, da auch bei calciumreicher Kost pathologische Veränderungen des Knochens, z. B. infolge von Mangel an antirachitischem Vitamin, möglich sind. SHIPLEY, PARK, McCOLLUM, SIMMONDS, KINNEY[820] bestätigten die älteren Befunde hinsichtlich der Ablagerung des verfütterten Strontiums in den Knochen, konnten aber trotzdem rachitische Symptome beobachten. LEHNERDT[503] erzeugte bei jungen Kaninchen rachitische Erscheinungen, indem er bei dem Muttertier während der Gravidität das Calcium der Nahrung zum größeren Teil durch Strontium ersetzte.

Ähnlich wie dem Calcium wird auch dem Strontium eine verdichtende Wirkung auf das Zellprotoplasma zugeschrieben. Am isolierten, überlebenden Herzen vermag es das Calcium vollständig zu ersetzen (GRASSHEIM und V. D. WETH[298], SALZMANN und HAFNER[761]).

Auch das *Barium* ist kein physiologischer Bestandteil des Tierkörpers. Durch Zufuhr löslicher Bariumsalze kann man jedoch eine Ablagerung in den Organen, namentlich auch wieder im Knochen, erzielen (LINOSSIER[519], NEUMANN[650]). Bariumsalze sind sehr giftig, und zwar können sie als Krampfgifte bezeichnet werden (BÖHM[96]). Viehvergiftungen in Nordamerika sind auf den Bariumgehalt der Futterpflanzen auf bariumhaltigen Böden zurückgeführt worden; das Vorliegen einer Bariumvergiftung ist bei diesen Fällen von anderer Seite jedoch bestritten worden. Zahlreiche Fälle von Vergiftung durch Chlorbarium, das als Kolikmittel gegeben wurde, führt FRÖHNER[662] an. Auf einen interessanten Antagonismus zwischen Barium und Calcium macht McCALLUM[551] aufmerksam. Während Mäuse nach Aufnahme eines Bariumcarbonat enthaltenden Futters tödlich vergiftet waren, war ein Futter, das Bariumcarbonat und Calciumcarbonat enthielt, ungiftig.

VIII. Zink.

Ganz unklar ist es noch, ob dem Zink eine physiologische Bedeutung für den tierischen Organismus zukommt. Unsere Kenntnisse über die Beziehung des Zinks zu den Lebensvorgängen beschränken sich im wesentlichen auf die Tatsachen seines *Vorkommens* in pflanzlichen und tierischen Organismen. Zur Bestimmung des Zinks in tierischen Organen sind Methoden u. a. von FAIRHALL[214], BIRKNER[82] und BODANSKY[89] angegeben worden. Spezielle Angaben für die Bestimmung im Harn, Kot usw. wurden von WEITZEL[944] gemacht. Eine colorimetrische Methode beschrieb JÄRVINEN[416].

Bei Seetieren, einschließlich einiger Säuger von der kalifornischen Küste, fand SEVERY[818] den Zink- und Kupfergehalt, wie ihn Tabelle 54 angibt.

Erwähnt sei, daß im Wasser des Mittelländischen Meeres 2 mg Zink pro Kubikmeter gefunden wurden (DIEULAFAIT[178]). Im pazifischen Ocean fand SEVERY[818] den gleichen Wert.

Tabelle 54. Zink und Kupfer bei Meerestieren (nach SEVERY [818]).

	1 kg frische Subst. enthält mg	
	Zn	Cu
Cölenteraten: Seeanemone (Actinozoa metridium) . . .	10,50	1,00
Echinodermen: Seestern (Asterias orcacea)	20,72	2,71
Seeigel (Puperatus strongylocentrotus). .	2,11	1,675
Molluscen: Gelbe Schnecke (Limax maximus)	31,00	4,06
Kaliforn. Auster (Ostrea lurida)	64,97	3,93
Arthropoden: Garneele (Palaemonatis vulg.)	18,65	13,07
Krabbe (Callinectes hastatus)	30,97	2,50
Teleostomen: Lachs (Oncorhynchus tschawytscha) . . .	8,00	4,00
Mammalier: Seelöwe, Muskel	52,0	1,20
Leber	48,42	Spur
Milz	10,95	Spur
Blut	1,00	0
Galle	2,40	3,6
Pottwal, Muskel	40,0	0
Leber	40,0	0

Auch BRADLEY[104] und BRADLEY und MENDEL[105] fanden Zink in der Leber und im Blute niederer Meerestiere, Sycotypus canaliculatus und Fulgur carica. PHILLIPS[694] fand es bei allen *Tortugas*formen mit Ausnahme der gemeinen Languste. HILTNER und WICHMANN[377] fanden Zink in der Auster, wo es nach BODANSKY[90] und ROSE und BODANSKY[739] ziemlich gleichmäßig im Gewebe verteilt ist. DELEZENNE[170] arbeitete mit Schlangen. Nach seinen Angaben ist das Zink im Blute in der Hauptsache in den Leukocyten enthalten, während im Serum nur wenig vorhanden ist. Im Schlangengift ist Zink in einer Eiweißverbindung enthalten. Nach DELEZENNE enthält ein Organ um so mehr Zink, je reicher es an Phosphatiden ist. BODANSKY[89] fand bei Lutjanus aya folgende Zinkmengen (Tabelle 55).

Tabelle 55. Zink im Fischkörper (nach BODANSKY[8']).

1 kg frische Substanz enthält mg Zink		1 kg frische Substanz enthält mg Zink	
Muskel	2,3	Flosse, Schwanz	10,0
Leber	55,5	Haut	10,6
Milz	43,5	Schwimmblase	3,6
Kiemenbogen	18,4	Kiemen	5,6
Magen	19,1	Knochen	16,5

In den Organen höherer Tiere und des Menschen fanden ROST und WEITZEL[748] stets Zink, in der Leber bis 339 mg pro Kilogramm (Pferd). Ein Unterschied im Gehalt der Leber bei Kindern, Erwachsenen und Greisen wurde nicht beobachtet. Rind-, Kalb-, Schaf- und Pferdemuskeln enthielten 26—50 mg pro Kilogramm, Rindsleber 8,3 mg. GIAYA[280] fand dagegen den Zinkgehalt des Körpers mit dem Alter zunehmend von 8,8 mg pro Kilogramm beim Kinde bis zu 48 mg bei Greisen. Er fand den höchsten Zinkgehalt in Gehirn, Lunge, Magen und Leber, den geringsten in der Milz.

Die Verteilung des Zinks im Organismus des Pferdes untersuchten BERTRAND und VLADESCO[73]. Sie fanden, daß der Zinkgehalt von Organ zu Organ sowie von Individuum zu Individuum stark variiert. In 1 kg Trockensubstanz wurden Mengen von 120—980 mg Zink gefunden. Die Schwankungen deuten sie als Einflüsse des Lebensalters. Bei der Untersuchung von Maus, Kaninchen, Meerschwein, Huhn, Hering usw. ergab sich der größte Zinkgehalt bei den jüngsten Tieren. Bei hohem Alter scheint wieder eine Zunahme zu erfolgen. Beim

Kaninchen nimmt der Zinkgehalt pro Kilogramm Körpergewicht während der Säugezeit um die Hälfte ab, um bei Grasfütterung rapide auf den ursprünglichen Wert und darüber zu steigen. Es liegen also ähnliche Verhältnisse vor, wie v. Bunge sie bezüglich des Eisens fand (vgl. S. 338).

Lutz[548] gibt als durchschnittliche Konzentration des Zinks 5 mg pro Kilogramm Körpergewicht an. Vom Gesamtzink ist die Hauptmenge in Muskeln, Fell und Knochen enthalten, auf die übrigen Organe entfällt weniger als $^1/_6$.

Der Zinkgehalt des Blutes wird zu 5 mg pro Kilogramm Blut angegeben. Im Rattenblut fand Fairhall[216] 7,4 mg pro Kilogramm, das ist $^1/_{13}$—$^1/_{15}$ der Menge des Blutcalciums. McHargue, Healy und Hill[581] ermittelten im Rinderblut die folgenden Zahlen (Tabelle 56), vergleichsweise ist eine Analyse von Kalbsleber angegeben.

Tabelle 56. Mineralstoffe im Rindsblut (nach McHargue, Healy u. Hill[581])

	1 kg Trockensubstanz enthält g										
	Zn	Cu	Mn	Fe	Na	K	Ca	Mg	P	S	N
Serum	0,096	0,044	Spur	0,140	35,3	2,75	1,120	1,45	1,42	15,44	128,0
Blutkörperchen und Fibrin . .	0,100	0,007	Spur	1,580	11,51	1,12	0,256	3,09	0,798	5,79	152,8
Kalbsleber . . .	0,40	0,125	0,003	0,358	7,72	8,96	0,28	1,61	11,218	5,84	102,4

In der Milch ist regelmäßig Zink vorhanden. Rost und Weitzel[748] fanden es in frischgemolkener Milch, wobei eine Verunreinigung durch verzinkte Geräte ausgeschlossen war. Im Hühnerei fanden Roffo und Lassere[731] 1—1,25 mg, die vollständig im Eigelb enthalten waren.

Stoffwechsel des Zinks. Nach Bertrand und Vladesco[73] spielt Zink physiologisch die Rolle eines leicht transportablen Elementes, würde sich hierin also von den meisten anderen Schwermetallen unterscheiden. Über die *Resorption des Zinks*, soweit es sich nicht um große und unter Umständen toxische Mengen handelt, läßt sich schwer ein Urteil abgeben, da das Zink, wie andere Schwermetalle, vorzugsweise *durch den Darm ausgeschieden* wird, man also nicht unterscheiden kann, ob das im Kote vorgefundene Zink gar nicht resorbiert war, oder ob wieder ausgeschiedenes Zink vorliegt. Die *Zinkausscheidung im Kote* wurde von Sallant, Rieger und Treuthardt[755] untersucht. Rost und Weitzel[748] fanden im Kote des Menschen bei normaler Ernährung 2,7—18,9 mg Zn pro Tag, ähnliche Werte geben Batchelor, Fehnel, Thomson und Drinker[30] an. Fairhall[216] konstatierte eine starke Vermehrung des Kotzinks nach dem Verzehren von Austern, deren hoher Zinkgehalt früher erwähnt wurde. Die *Zinkausscheidung im Harn* tritt gegen die Darmausscheidung mehr zurück. Giaya[280] gibt 0,17 mg Zn im Liter menschlichen Harns an, Rost[745] konnte Mengen zwischen 0,6 und 1,6 mg Zn pro Tag nachweisen, wie sie auch von Fairhall[216] gefunden wurden. Zahlreiche Bestimmungen der Zinkausscheidung im Kot und Harn beim Menschen unter verschiedenen Kostformen wurden auch von Drinker, Fehnel und Marsch[185] mitgeteilt, die Menge des Kotzinks betrug hier 2,67—19,9 mg pro Tag, die des Harnzinks 0,25—2 mg. Bei zinkreicher Kost war auch hier die Ausscheidung mit dem Kote stark vermehrt, während das Zink im Harn keine deutliche Veränderung erkennen ließ.

Bilanzversuche führte Fairhall[216] an weißen Ratten aus. Dabei wurde durch Natriumbicarbonat- bzw. Ammoniumchloridzufuhr der Säurebasenhaushalt nach der basischen bzw. sauren Seite beeinflußt. Sowohl saure wie basische Kost verschlechterten die Zinkbilanz. Immerhin war sie bei alkalischer Kost noch positiv, bei saurer jedoch negativ. Der Zinkansatz bei der wachsenden Ratte im

Vergleich zum Calciumansatz ergibt sich aus den folgenden Zahlen der Tabelle 57. Es zeigt sich ein ständig fortschreitender Zinkansatz, der indessen mit dem Calciumansatz nicht Schritt hält.

Tabelle 57. Gesamt-Zink- und Calciumgehalt (Ratte) (nach FAIRHALL[216]).

Alter des Tieres Tage	Ca mg	Zn mg	$\frac{Ca}{Zn}$	Alter des Tieres Tage	Ca mg	Zn mg	$\frac{Ca}{Zn}$
7	69	0,37	186	70	1223	6,25	195
21	235	2,33	101	112	1605	7,67	209
35	389	4,00	97	210	3016	8,20	368

Durch künstliche Zinkzufuhr versuchten DRINKER, THOMPSON und MARSH[184] den Zinkansatz ihrer Versuchstiere zu beeinflussen. Zinkoxyd bis zu 1 g täglich ergab bei Hunden und Katzen einen erhöhten Zinkgehalt vor allem in den Ausscheidungsorganen, Darm, Niere und Gallenblase, ferner in Knochen und Pankreas. Nach Absetzen der Zinkzulage ging der Zinkgehalt der Organe jedoch bald wieder zur Norm herab. Bei Ratten blieb nach Zufuhr von 2—28 mg Zn pro Tag und Kilogramm Körpergewicht der Zinkgehalt der Versuchstiere unverändert, wie sich aus dem Vergleich mit den Kontrolltieren ergab. HUBBEL und MENDEL[401] fanden bei weißen Mäusen bei zinkreichem Futter einen gewissen Anstieg im Zinkgehalt, bei zinkarmer Nahrung eine geringe Abnahme. Im ganzen zeigen diese Versuche jedoch, daß der Tierkörper *an einem gewissen Zinkgehalt zähe festhält*, was sehr für eine physiologische Bedeutung dieses Metalles spricht und das Zinkvorkommen im Organismus keineswegs als etwas Zufälliges erscheinen läßt.

Funktionen des Zinks im Organismus. Müssen wir das Zink als physiologischen Bestandteil des Tierkörpers anerkennen, so sind wir hinsichtlich seiner Funktion doch mehr auf Vermutungen angewiesen. In der Absicht, die Bedeutung des Zinks in der Tierernährung zu untersuchen, fütterten BERTRAND und BENZON[68] junge Mäuse mit zinkfreier Kost und legten einem Teil der Tiere 25 mg Zn pro Kilogramm Trockensubstanz der Nahrung zu. Da zinkfreie, vitaminhaltige Futtermittel nicht zur Verfügung standen, wurden die Tiere vitaminfrei ernährt. Die Lebensdauer der Tiere war unter diesen Bedingungen natürlich gering, wurde aber durch Zinkzufuhr um 25—50 % verlängert. Vergleichsweise zugeführtes Eisen (BERTRAND und NAKAMURA[71]) hatte eine weit weniger günstige Wirkung. Die Autoren schreiben daher dem Zink eine mindestens ebensogroße physiologische Bedeutung zu, wie sie dem Eisen zukommt. Die Funktion des Zinks beim Wachstum prüfte McHARGUE[579], der junge Ratten mit einer bestimmten Grundkost fütterte und Zink, Kupfer und Mangan einzeln zulegte. Jede dieser Zulagen förderte das Wachstum im Vergleich zu den Kontrolltieren, am meisten das ganze Gemisch und Mangan allein, weniger Kupfer und Zink allein. Auch dieser Versuch spricht für eine *Funktion des Zinks beim Aufbau des Tierkörpers.* Versuche von THOMPSON, MARSH und DRINKER[891] zeigten keinen Einfluß der Zinkzufuhr auf Zahl und Wachstum der Nachkommenschaft bei weißen Ratten. Hier ist vielleicht schon die Grundkost sufficient gewesen.

Nach GOERNER[288] übt Zink, bei Ratten einer Vollmilch-Eisennahrung zugelegt, keine die Blutbildung begünstigende Wirkung aus, auch THOMPSON, MARSH und DRINKER[891] fanden bei Hunden und Katzen nach Zinkzufuhr keine von der Norm abweichenden Werte für Blutkörperchenzahl und Hämoglobingehalt. Bei der Blutbildung scheint hiernach das Zink keine besondere Rolle zu spielen.

DELEZENNE war zu dem Ergebnis gelangt, daß in den Organen ein hoher Phosphatidgehalt gewöhnlich mit hohem Zinkgehalt einhergeht. BERTRAND und VLADESCO[74] fanden die Hoden des Herings in der Befruchtungszeit mit 200 bis 345 mg Zn pro Kilogramm Trockensubstanz zinkreicher als den ganzen übrigen

Körper, in dem 74—162 mg pro Kilogramm enthalten waren. Später waren die Hoden dagegen zinkarm. Beim Stier war die Prostata sehr zinkhaltig, bei Schwein und Schaf die Samenbläschen. Im Sperma fanden die Autoren hohe Werte bis 2000 mg Zn pro Kilogramm Trockensubstanz. Aus diesen Beobachtungen leiten sie eine *Funktion des Zinks für den Befruchtungsvorgang,* vielleicht auch für allgemein regulatorische, innersekretorische Vorgänge ab.

CRISTOL[152] fand reichlich Zink in bösartigen Geschwülsten und nimmt daher an, daß das Metall zu Wachstum, Zell- und Kernaktivität in Beziehung stehe.

Nach KOSTYTSCHEW und SCHELOUMOW[472] verändert Zinkchlorid den Zuckerabbau durch Zymase wesentlich, doch können NEUBERG und KERB[643] diese Auffassung nicht teilen. Die Blutgerinnung und Gerinnung der Milch mit Labferment werden durch Zinksalze gehemmt (CHAHOVITCH und GIAJA[135], LUMIÈRE und COUTURIER[546]).

Giftwirkung des Zinks. Beim Einatmen von Zinkdämpfen in Gießereien tritt nach 6—8 Stunden das sog. Gießfieber auf. Vergiftungen mit Zinksalzen sind anderen Schwermetallvergiftungen ähnlich, indem sie zu lokalen Reiz- und Ätzwirkungen, verbunden mit Erbrechen, Kolik usw. führen. Als resorptive Wirkungen kommen Lähmungen in Frage. Bei den Haustieren sind Zinkvergiftungen sehr selten (FRÖHNER[662]).

IX. Aluminium.

In Anbetracht der Menge von Salzen des Aluminiums im Erdboden, sowie seines Vorkommens als Bestandteil und Verunreinigung der Futtermittel, ist da Vorkommen von *Aluminium im tierischen Organismus* nicht verwunderlich, eher ist es als merkwürdig zu bezeichnen, daß es hier nur *in minimalen Mengen* vorhanden ist.

Zur Bestimmung des Aluminiums kommen wegen der minimalen Mengen vor allem colorimetrische Methoden in Frage (KOLTHOFF[466], MYERS, MULL und MORRISON[630]). MYERS und Mitarbeiter veraschen 50 g des organischen Materials mit Schwefelsäure und Perchlorsäure und colorimetrieren mittels Aurintricarbonsäure. 0,01 mg Al können in 100 g Gewebe noch erfaßt werden.

Aluminiumgehalt des Organismus. Über Aluminium in tierischen Organen ist zuerst von SCHÜTZE[803] berichtet worden, SÖLDNER und CAMERER[837], GONNERMANN[293] u. a. fanden es in vielen menschlichen Organen. Die Werte der älteren Autoren sind in der Regel zu hoch.

Bei Ratten und Hunden, die mit normaler Nahrung gefüttert worden waren, fanden MYERS und Mitarbeiter die folgenden Zahlen (Tabelle 58).

Tabelle 58. Aluminium im Tierkörper (Ratte, Hund) (nach MYERS u. Mitarb.[631, 632]).

1 kg frische Substanz enthält mg Al	Ratte	Hund	1 kg frische Substanz enthält mg Al	Ratte	Hund
Leber	1,4	1,5	Lunge	0,6	·
Herz und Zungenmuskel	1,6	1,1	Gehirn	0,5	·
Schilddrüse	1,8	·	Feten	3,3	·
Niere und Nebenniere	1,5	9,8	Junge Tiere	2,0	·
Milz	2,9	0,7	Blut	0,6	·

McCOLLUM, RASK und BECKER[574] haben dagegen das Vorkommen des Aluminiums im Tierkörper in meßbaren oder nachweisbaren Mengen bestritten. Mit Hilfe der Spektralanalyse konnten sie in zahlreichen pflanzlichen und tierischen Geweben kein Aluminium finden, nur in Organen, die mit dem aluminiumhaltigen Staub der Umwelt in Berührung sind, Haut, Haare, Lunge, war es nachweisbar. Sie kommen zu dem Ergebnis, daß Aluminium kein Bestandteil pflanzlicher oder tierischer Materie ist. Demgegenüber haben KAHLENBERG und CLOSS[426], die gleichfalls spektralanalytisch arbeiteten, Aluminium stets nachweisen können. Die betreffenden Linien sind nur kurze Zeit zu sehen, da die zu untersuchende Asche im elektrischen Bogen rasch zerstäubt wird.

Stoffwechsel des Aluminiums. Der Befund kleiner Aluminiummengen im Tierkörper beweist, daß es zum mindesten in geringer Menge resorbiert wird. Früher nahm man an, daß es in größerem Umfange resorbierbar sei (STEEL[851], KAHN[431], BALLS[349]). In Versuchen, bei denen die Resorption von Aluminiumsalzen aus der isolierten Darmschlinge am Hunde geprüft wurde, konnten MYERS und MORRISON[632] jedoch nachweisen, daß höchstens Spuren von Aluminum resorbiert werden. Da man die Hauptmenge des per os gegebenen Aluminiums im Kote wiederfindet, läßt sich aus den Bilanzversuchen über die *Aluminiumresorption* nichts aussagen. MYERS und MORRISON halten es jedoch für ausgeschlossen, daß Aluminium in größerem Umfange resorbiert und durch den Darm rasch wieder ausgeschieden werde.

Die *Ausscheidung des Aluminiums* durch den Darm wurde von MYERS und MULL[631] nach intraperitonealer Injektion bei Ratten beobachtet, beim Hunde schien auch die Niere an der Ausscheidung in geringem Umfange beteiligt. Die Galle scheint für die Aluminiumausscheidung nicht in Frage zu kommen.

Resorbiertes Aluminium wird im Körper vor allem *in der Leber gespeichert* (LEARY und SHEIB[498], FLINN und INOUYE[235], MYERS und Mitarbeiter[631, 632]). Ein erhöhter Aluminiumgehalt der Leber wurde bei Ratten nach längerer Zufuhr von 2 mg Al pro Tier und Tag beobachtet. Bei möglichst aluminiumarmer Nahrung waren entsprechend nur sehr geringe Aluminiummengen in den Organen der Tiere nachweisbar. Durch parenterale Zufuhr, Injektion intravenös oder intraperitonal, kann man größere Aluminiummengen in den Tierkörper hineinbringen. Auch hierbei wirkt vor allem die Leber als Speicherorgan. Diese Versuche zeigen auch, daß ein Transport des Aluminiums im Tierkörper, offenbar auf dem Blutwege vonstatten geht.

Die Frage, ob dem Aluminium eine *physiologische Bedeutung* für den tierischen Organismus zukommt, ist zur Zeit nicht sicher zu beantworten. OSBORNE und MENDEL[671a] haben die Beobachtung gemacht, daß eine bestimmte Versuchskost ein besseres Wachstum von Ratten bewirkte, wenn ein Salzgemisch, in dem auch Aluminium enthalten war, zugelegt wurde. In größeren Mengen verfüttert übt das Aluminium nach LEARY und SHEIB[498] keine Wirkung auf das Wachstum und Wohlbefinden von Ratten aus, bei Hunden führte es zu Gewichtsabnahmen. Die Fortpflanzung von weißen Ratten, die bei reiner Milchkost sehr gering ist, wurde durch Aluminium in Kombination mit Eisen und Jod in einigen Fällen günstig beeinflußt (DANIELS und HUTTON[164]). Einer Vollmilch-Eisennahrung zugesetzt, förderte Aluminium die Blutbildung bei weißen Ratten nicht (GOERNER[288]). McCOLLUM, RASK und BECKER[574] leugnen jegliche physiologische Wirkung des Aluminiums.

Giftwirkung des Aluminiums. Die meisten Aluminiumsalze fällen Eiweiß und wirken adstringierend. Aluminiumacetat wird in der Heilkunde als Antisepticum benutzt. Vergiftungen mit Alaun sind bei Rindern in einigen Fällen vorgekommen (FRÖHNER[662]).

X. Bor.

In kleinen Mengen kommt *Bor in tierischen Organen* vor. BERTRAND und AGULHON[66] fanden bei fünf verschiedenen Tierarten Spuren von Bor, so im Kaninchenmuskel 0,14 mg pro Kilogramm frische Substanz, im Pferdeblut den zehnten Teil dieser Menge. In Form von Borsäure $B(OH)_3$ oder Borax $Na_2B_4O_4$

· 10 H_2O wird es außerordentlich gut resorbiert. Zugeführtes Bor wird ganz überwiegend im Harn wieder ausgeschieden, während sich nur etwa 1% der aufgenommenen Menge im Kote finden (Rost[747], Wiley[958]). Tiedemann und Gmelin[894] gaben einem Pferde 500 g Borax per os und wiesen *Borsäure im Harn* nach. Bei Milchziegen ging das Bor nach Verfütterung auch in die Milch über (Harnier[330]). Rost[747] fand es nach Eingabe von Borax in der Frauenmilch. Da die Futtermittel nur minimale Mengen Bor enthalten, ist der normale Borstoffwechsel verschwindend klein und Näheres darüber nicht bekannt. Eine physiologische Bedeutung wird dem Bor nicht zugeschrieben.

XI. Kohlenstoff.

Im *Kreislauf des Kohlenstoffs in der Natur*, der, von der Kohlensäure der Luft ausgehend, über die hauptsächlich von den grünen Landpflanzen assimilierten organischen Substanzen durch die mineralisierende Tätigkeit der Organismen wieder zurück zum Kohlendioxyd führt, spielt die Lebenstätigkeit der höheren Tiere eine quantitativ geringe Rolle (Boresch[99], Lundegardh[547], Schroeder[793]). Die Mineralisierung der organischen Nahrungsstoffe im Tierkörper ist nicht vollständig, ein großer Teil des Kohlenstoffs verläßt den Organismus wieder in organischer Form mit Harnsäure, Harnstoff und zahlreichen anderen Substanzen. Der mineralisierte Kohlenstoff wird als Kohlendioxyd durch die Atmung und als Bicarbonat mit dem Harn ausgeschieden. Auch in anorganischer Form, als Carbonat oder Bicarbonat zugeführter Kohlenstoff schlägt diese Wege der Ausscheidung ein. Anorganische Kohlensäure der Nahrung kann im Tierkörper auch zu organischen Stoffen, z. B. zu Harnstoff synthetisiert und in dieser Form ausgeschieden werden. Der Stoffwechsel des in anorganischer Form zugeführten Kohlenstoffs läßt sich daher vom *Stoffwechsel der organischen Substanz* nicht trennen und ist einer Bearbeitung im Rahmen des Mineralstoffwechsels nicht zugängig. Es wird daher auf die entsprechenden Kapitel dieses Handbuchs verwiesen (vgl. die übrigen Kapitel dieses Bandes, besonders auch J. Paechtner: Der Gaswechsel, S. 366). Die Funktionen des Kohlendioxyds im Tierkörper, die sich hauptsächlich auf die Regulierung der Reaktion der Körpersäfte beziehen, sind in einem früheren Abschnitt dargestellt (S. 225).

XII. Silicium.

Zur Bestimmung des *Siliciums* in tierischen Substanzen werden diese in Platin- oder Nickelschalen verascht. Man dampft die kohlenstofffreie Asche mit Salzsäure mehrmals ab, trocknet mehrere Stunden bei 100°, löst in Wasser, filtriert durch ein kleines Filter und trocknet. Das Filter mit Inhalt wird in einem Tiegel verascht. Man raucht mit Schwefelsäure ab und wägt. Dann wird mit Schwefelsäure und Ammoniumfluorid abgeraucht und gewogen und der Prozeß wiederholt, bis keine Gewichtsabnahme mehr eintritt. Die Differenz der Gewichte vor und nach dem Abrauchen mit Schwefelsäure und Ammoniumfluorid entspricht der Kieselsäure (Wrede[976]). B. Kindt[446] empfiehlt an Stelle von Ammoniumfluorid Flußsäure. Zur Bestimmung der *Kieselsäure im Harn* ohne Veraschung nach Salkowski[758] werden 500 cm³ eingedampft und mit Alkohol gefällt. Der Filterrückstand wird in das Gefäß zurückgebracht, mit 50 cm³ verdünnter HCl verrührt und abermals durch das gleiche Filter gegossen. Man wäscht mit Wasser nach, bis das Filter kaum noch sauer reagiert. Beim Veraschen des Filters bleibt fast reine Kieselsäure zurück, die gewogen wird. Eine colorimetrische Methode wurde von King[447] angegeben.

Kieselsäure SiO_2 ist der Hauptbestandteil des Skelets und Panzers bei manchen niederen tierischen Organismen, z. B. den Kieselschwämmen. Vorwiegend Kieselsäure enthaltende Ablagerungen finden sich als Kieselgur oder Infusorienerde in manchen Gegenden in großen Massen.

In den Geweben und Flüssigkeiten höherer Tiere findet sich Silicium in geringeren Mengen regelmäßig, wie aus der folgenden Übersicht hervorgeht (Tab.59).

Tabelle 59. Silicium in tierischen Organen (nach King[447]).

	1 kg frische Substanz enthält g Si		1 kg frische Substanz enthält g Si
Lunge, Meerschweinchen .	0,042	Niere, Hund	0,085
Kaninchen . . .	0,134	Leber, Kaninchen . . .	0,183
Hund.	0,169	Hund.	0,136
Niere, Kaninchen	0,141	Milz, Hund.	0,066

Die Kieselsäure findet sich hauptsächlich in den *bindegewebigen Bestandteilen* des Tierkörpers. Nach H. Schulz[795] ist besonders das jugendliche Bindegewebe reich daran, doch konnte Frauenberger[257] nur sehr wenig Silicium in der Whartonschen Sulze, dem embryonalen Bindegewebe des Nabelstranges, auffinden.

Ein verhältnismäßig kieselsäurereiches Organ ist die *Bauchspeicheldrüse* (H. Schulz[795], Kunkel[485]), die geradezu *als Kieselsäurereservoir* des Körpers angesehen worden ist, das nach Bedarf Kieselsäure an den Organismus abgibt (Kahle[425]). H. Schulz[797] lehnt allerdings derartig weitgehende Vermutungen auf Grund zahlreicher Pankreasanalysen beim Menschen ab.

Da das Silicium ein Hauptbestandteil des Bodens ist, wird den Lungen beim Einatmen von Staub viel davon zugeführt und kann hier zur Ablagerung kommen. *In der Lunge* findet man daher oft sehr hohe Siliciumwerte.

Silicium ist auch in der Epidermis, in Haaren und Federn in Mengen bis 1 g pro Kilogramm Trockensubstanz enthalten und kann hier die Hauptmenge der mineralischen Bestandteile ausmachen (Kall[429], Gonnermann[292]). Mit zunehmendem Alter und mit höherem Farbstoffgehalt soll der *Siliciumgehalt der Haare* zunehmen. In der *Schafwolle* wird ein wechselnder Siliciumgehalt gefunden (Gonnermann[291]), und nach Kobert liegt es nahe, anzunehmen, daß Wolle um so haltbarer ist, je höher ihr Siliciumgehalt ist. Nach älteren Angaben (v. Gorup-Besanez[294]) sollen die *Federn der körnerfressenden Vögel* siliciumreich, die der Fleischfresser und von Wassertieren lebenden Vögel sehr arm an Silicium sein, doch können diese Angaben nicht als unbedingt zuverlässig angesehen werden. Aus den Analysen von Gonnermann[298] ergibt sich eine derartige Gesetzmäßigkeit nicht. Eine mit Alkoholäther extrahierbare organische Siliciumverbindung, die Drechsel[182] in den Federn gefunden zu haben glaubt, konnte Cerny[134] nicht nachweisen.

Bemerkenswert ist das Vorkommen von *Silicium in der Kuhmilch* mit etwa 1 mg pro Liter (Oidtmann[662], Pfyl[693]) und im *Hühnerei*, das für eine Bedeutung des Siliciums für das junge Tier entschieden spricht. Der Flaum des neugeschlüpften Hühnchens enthält bereits Silicium.

Im *Blute von Hammel, Rind, Pferd* fand Gonnermann[291] stets Silicium, und zwar in einer Menge von 0,1—0,3 g Si pro Kilogramm Trockensubstanz. Es ist hier im Serum, in den Blutkörperchen und, nach der Gerinnung, vor allem im Fibrin enthalten.

Stoffwechsel des Siliciums. Daß ständig Silicium in den Körper hineingelangt, ergibt sich aus dem *Siliciumgehalt des normalen Harns*. Namentlich beim Pflanzenfresser, der ja eine siliciumreiche Nahrung verzehrt, ist die Ausscheidung im Harn recht erheblich. N. Zuntz[993] beobachtete bei Kälbern von 72,5—177,6 kg Lebendgewicht, die bei reiner Heunahrung gehalten wurden, eine tägliche Ausscheidung von 0,1—0,4 g Silicium im Harn. Es wird beim normal ernährten

Wiederkäuer also *ständig Silicium resorbiert* und durch die Niere ausgeschieden. Beim Pflanzenfresser, bei Schaf und Rind, finden sich auch Harnkonkremente, die nach Angaben von Klimmer[452] zum großen Teil aus Kieselsäure bestehen. Übermäßige Kartoffel- und Schlempefütterung, d. h. basenreiche Kost, begünstigt nach Damman[160] diese Steinbildung. Auch Gonnermann[293] fand Silicium in Nierensteinen, ferner aber auch in Gallensteinen und Bezoaren.

Den Siliciumgehalt des Harns fand Zickgraf[987] nach Einnahme von Kieselsäurewasser beim Menschen von etwa 20 mg Si pro Tag auf das Doppelte erhöht. Breest[107] fütterte weiße Mäuse mit neutralisiertem Natriumsilikat in einer Menge von 2,5—3 mg Si pro Tag. Nach 15 Tagen war der Siliciumgehalt dieser Tiere im Vergleich zu Kontrolltieren deutlich erhöht.

Positive Bilanzen, d. h. *Speicherung von Silicium* beobachteten Riesser und Kindt[728] in Versuchen an Menschen, in denen ein Brot verabreicht wurde, in das Natriumsilikat eingebacken war. Auch die Siliciumausscheidung im Harn war etwas vermehrt. Durch diese Versuche ist erwiesen, daß anorganische Siliciumverbindungen, und zwar wohl Silicate, in gewissem Umfange resorbierbar sind.

Die Hauptmenge des Siliciums der Nahrung erscheint *im Kote.* In der Dickdarmausscheidung einer Person mit einer Darmfistel fand Gonnermann etwas Silicium. Er nimmt daher eine Ausscheidung durch die Dickdarmwand an. Die ausgeschiedene Menge ist indessen so gering, daß sie auch den abgeschilferten Epithelien des Dickdarms entstammen kann. In diesem Falle wäre wohl von einer echten Siliciumausscheidung durch die Darmwand nicht zu reden. Das im normalen Kote gefundene Silicium dürfte vielmehr ganz überwiegend dem nichtresorbierten Silicium der Nahrung entsprechen.

Erwähnt sei, daß die Beziehung des Siliciums zum Bindegewebe Anlaß gegeben hat, es zu therapeutischen Zwecken zu verwenden, namentlich um die Vernarbung tuberkulöser Herde zu begünstigen.

Giftwirkung des Siliciums. Nach älteren Versuchen glaubte man den Kieselsäureverbindungen, namentlich dem Natriumsilikat, eine Giftwirkung bei der Zufuhr per os zuschreiben zu müssen. Es scheint sich indessen nur um eine Laugenwirkung zu handeln, die verschwindet, wenn man die Lösung neutralisiert (Schuhbauer[794]).

XIII. Blei.

Zu den Stoffen, die im Organismus eine physiologische Funktion ausüben, wird das Blei nicht gerechnet. Da es aber *in den Futtermitteln in Spuren* wohl stets vorhanden ist, ferner auf vielfache Weise als Verunreinigung in die Nahrung geraten kann, wird es anscheinend regelmäßig im Tierkörper gefunden. Bedeutung für die Tierernährung hat das Blei da, wo es in größerer Menge aufgenommen wird und die *Gefahr der Bleivergiftung* vorliegt.

Der *Nachweis des Bleies in tierischen Geweben* und Körperflüssigkeiten gelingt nach der Methode von Fairhall[212], die auf Angaben von Behrens und Kley zurückgeht, wenn nur 0,001 mg Pb in 15 cm³ der Lösung der Aschebestandteile vorhanden sind. Nach Danckwortt[161] muß dem Nachweis eine Veraschung vorausgehen, bei der die Bildung von Bleichlorid oder Bleisulfat vermieden wird. Zur Veraschung ist konzentrierte Salpetersäure besonders geeignet. Nach Zusatz von etwas Kupfer wird mit Schwefelwasserstoff gefällt, der Sulfidniederschlag mit Natriumacetat und Essigsäure gelöst und mit Kaliumbichromat versetzt. 0,005 mg Pb lassen sich in 0,5 cm³ noch mit Sicherheit als Trübung nachweisen. Ein elektrolytischer Nachweis des Bleies wurde von Danckwortt und Jürgens[162] beschrieben. Die quantitative Bestimmung kann nach Fairhall[212] auf titrimetrischem Wege erfolgen, colorimetrisch ferner durch die Blaufärbung von Bleisalzen mit Hämatein (Mofatt und Spiro[616]) oder mit der Arnoldschen Base[19] nach Necke, Schmidt und Klostermann[638]. Eine nephelometrische Methode, die auf der quantitativen Auswertung der erwähnten Trübung mit Bichromat beruht, wurde von Danckwortt und Jürgens[162] beschrieben. Zur Bestimmung des Bleies im Harn sei ferner auf die Methode von Fairhall[215] hingewiesen.

Über das *Vorkommen des Bleis im Organismus* unter normalen Bedingungen hat zuerst GUSSEROW[314] Untersuchungen angestellt. Er fand es besonders in den Knochen und nahm hier die Bildung eines Calcium-Bleidoppelsalzes an. In Mengen von 1—2 mg pro Kilogramm fand es MEILLIÉRE[589] in der Leber und Milz, sowie in Haaren und Nägeln. Nach MINOT und AUB[611] ist Blei ständig im Blutstrom vorhanden und wird in der Hauptmenge in den Knochen aufgespeichert. SCHÜTZ und BERNHARDT[802] fanden es bei akuter Bleivergiftung besonders in den kurzen Knochen, weniger in den Röhrenknochen, in denen sie es bei chronischer Bleivergiftung vermißten. In den Versuchen von DANCKWORTT, UDE und JÜRGENS[162, 163] wurden Hunde längere Zeit mit Blei gefüttert. Die *Verteilung des Bleis in den Organen* der Tiere ist in Tabelle 60 angegeben.

Tabelle 60. Verteilung des Bleies im Organismus (Hund) nach oraler Zufuhr.

	1 kg frische Substanz enthält mg Pb		1 kg frische Substanz enthält mg Pb
Gehirn	22	Milz	11
Herz	9,8	Oberarmknochen . . .	5,2
Lunge	2,7	Hinterschenkelknochen .	5,4
Leber.	1,2	Schulterblatt	69
Nieren	22	Wirbelknochen	17,7
Magen	—	Schädelknochen	39
Darm	—	Rippen	18

Die kurzen Knochen, namentlich Schulterblatt und Schädelknochen erscheinen besonders an Blei angereichert.

NECKE, SCHMIDT und KLOSTERMANN injizierten Meerschweinchen 10 mg Pb als Nitrat *intravenös* und stellten die *Verteilung des Bleis im Tierkörper nach 2 Stunden* fest (Tabelle 61).

Tabelle 61. Verteilung des Bleies im Organismus nach intravenöser Injektion.

	Gewicht g	Pb mg		Gewicht g	Pb mg
Nieren	0,8	0,06	Leber	3,5	1,5
Blut	3,5	0,7	Magen — Darm	9,8	3,5

Mit einer ganz anderen Methode untersuchte BEHRENS[51] die Verteilung per os und parenteral zugeführten Bleis im Tierkörper. Durch Verwendung eines radioaktiven Isotopen des Bleis gelang es ihm, noch Bleispuren weit unterhalb eines Millionstel Milligramms durch Messung seiner Strahlung quantitativ zu bestimmen. Wegen der niedrigen Halbwertszeit des verwendeten Bleis, Thorium B aus der Thoriumreihe, das sich chemisch vom gewöhnlichen Blei nicht unterscheidet, konnten die Versuche sich allerdings über jeweils nur wenige Tage erstrecken. Thorium B wurde mit Blei vermischt verabfolgt und die wohl sicher berechtigte Annahme gemacht, daß eine Entmischung beider Isotopen im tierischen Organismus nicht stattfinden würde. Auch in diesen Versuchen, die z. T. an Mäusen ausgeführt wurden, zeigte der Knochen eine besondere Fähigkeit, Blei zu speichern, eine Anreicherung an Blei war ferner bei Leber, Niere und Darm nachzuweisen. Bei Katzen fand sich die Hälfte des injizierten Bleis in den Knochen abgelagert, und zwar anscheinend in einer besonders festen Bindung. Ganz ähnliche Verhältnisse fanden sich bei der Verfütterung, wobei gleichfalls die *Knochen als Bleispeicher* hervortraten.

Die *Resorbierbarkeit des Bleis* wurde von Behrens[51] in der Weise geprüft, daß einer weißen Maus 2,5 mg aktiviertes Bleichlorid per os zugeführt wurde, und das Tier nach einer gewissen Zeit getötet und nach Entfernung des Magendarmkanals analysiert wurde. Die Bleiresorption ist in den ersten Stunden sehr gering und steigt erst allmählich an. Nach 8 Stunden sind etwa 6%, nach 20 Stunden rund 10% des verabreichten Bleis im Körper nachweisbar. Der Bleigehalt des Körpers nimmt dann wieder ab, doch sind am dritten Tage noch 3—4% der verfütterten Menge im Körper. Rund 90% sind nach 2 Tagen mit dem Kot ausgeschieden, weniger als 1% sind im Harn erschienen. Bei Zufuhr sehr kleiner Bleimengen ist die resorbierte Menge der Zufuhr proportional, bei größeren Mengen nimmt der resorbierte Anteil jedoch prozentual ab. Anscheinend wird ein Grenzwert erreicht, über den die Bleiresorption nicht gesteigert werden kann.

Die *Ausscheidung des Bleis* durch die Darmwand scheint sehr langsam zu gehen. Nach intravenöser Injektion von Blei bei Mäusen fand Behrens, daß in 24 Stunden nur 15% der einverleibten Menge den Körper auf dem Darmwege verließen. Die Ausscheidung durch den Harn war auch hier minimal.

Wie erwähnt wurde, beansprucht das Blei vor allem im Hinblick auf die Bleivergiftung, den Saturnismus, besondere Beachtung. Beim Menschen vor allem als Berufskrankheit auftretend, hat die Bleivergiftung besonders von seiten der Gewerbehygiene Beachtung gefunden und ist eingehend studiert worden. Viel geringer sind unsere Kenntnisse über die *Bleivergiftung der Haustiere*, obgleich sie hier die häufigste Schwermetallvergiftung ist und schon oft zum Eingehen, auch zum Massensterben von Vieh geführt hat. Die Vergiftung der Tiere durch bleihaltiges Tränkwasser (vgl. dieses Handbuch, Bd. 1, S. 532) sowie durch Anstrich der Ställe mit Bleifarben oder Mennige gehört heute wohl zu den Seltenheiten, ist jedenfalls leicht zu vermeiden. Auch Vergiftungen der Zugtiere in Bleiweißfabriken, die nach Verwendung bleiweißhaltiger Lohe als Streu beobachtet worden sind, mögen als leicht zu umgehen hier außer acht bleiben. Dringendes Interesse verdienen dagegen die Fälle, in denen die Bleiindustrie durch Flugstaub, Hüttenrauch und bleiführende Abwässer zu Vergiftungen der gesamten Tierwelt in ihrer Umgebung Anlaß gibt (Fröhner[662]). In der Umgebung derartiger Werke ist die Vegetation mit einem Staub überzogen, der neben Kohle Bleioxyd und Bleicarbonat enthält. Die Flüsse nehmen *bleihaltigen Pochsand* auf und sollen ihn, wie die Innerste im Harz, auf 50—60 km mitführen können (Haarstick[317]), bei Überschwemmungen weite Flächen mit bleihaltigem Schlamm beladend. Wird dies auch durch Regulierung verhindert, so hat doch der Boden durch jahrhunderte lange Anschwemmung von Pochsand soviel Blei aufgenommen, daß er auf lange Zeit hinaus vergiftet ist. Durch Verwitterung wird das Blei langsam mobilisiert, so daß die Giftwirkung noch zunehmen kann. Nach Danckwortt[161] sind nicht die auf derartigem Boden gewonnenen Futtermittel selbst gefährlich, sondern vor allem die anhaftende Erde. Doch kommt auch eine erhebliche *Aufnahme von Blei durch die Pflanze* vor, wie z. B. das in Kärnten auf Galmeiboden wachsende Gras Monilia coerulea beim Vieh Bleivergiftung verursacht. Eine weitere Gefahr für die Nutztiere kann sich aus der Anwendung von *Bleiarseniaten als Pflanzenschutzmittel* ergeben, die z. B. bei der Bekämpfung des Heu- und Sauerwurms im Weinbau nach Dresel und Stickl[183] unentbehrlich sind. Die *Dürener Krankheit*, die auf die Verfütterung von Sojaschrot zurückzuführen ist, das mit Trichloräthylen extrahiert wurde (Stang und Radeff[846a]) ist gleichfalls als Bleivergiftung aufgefaßt worden, da bei dem Arbeitsprozeß mit Trichloräthylen Blei aus der Apparatur in Lösung gehen kann und dann im Sojaschrot gefunden wird (Danckwortt[161]). Nach Stang ist die Erkrankung jedoch von der Gegenwart des Bleis unabhängig.

Die *Erkennung der Bleivergiftung* ist vor allem in einem frühen Stadium der Erkrankung von Wichtigkeit, da dann noch Aussicht vorhanden ist, durch hygienische Maßnahmen, Verhinderung weiterer Bleiaufnahme, verderbliche Folgen abzuwenden.

In der frühzeitigen Erkennung der *Bleivergiftung des Menschen* sind neuerdings erhebliche Fortschritte gemacht worden. F. PANSE[681], der die vorliegenden Erfahrungen hierüber gesammelt hat, unterscheidet vier frühe *Kardinalsymptome der Bleivergiftung*, die schon auftreten können, ehe wirkliche Bleischädigungen eingetreten sind: Bleikolorit, Bleisaum, basophile Tüpfelung der Erythrocyten und Hämatoporphyrinurie. Dazu kommt, neuerdings besonders beachtet, die Schwäche der Streckmuskulatur der Hand. Die Anämie und die Blutdrucksteigerung, bekannte Symptome der Bleivergiftung, sind für diese natürlich nicht spezifisch. Ferner ist der Nachweis des Bleis in Blut, Harn und Kot von größter diagnostischer Bedeutung, indessen darf der Wert, den der direkte Bleinachweis für die Frage der Bleiaufnahme und bei der Erkennung der Bleivergiftung hat, nach F. PANSE „nicht darüber hinwegtäuschen, daß zur Zeit keine Aussichten bestehen, lediglich auf Grund des qualitativen oder quantitativen Bleinachweises die so wichtige Trennung zwischen Bleiaufnahme, -einwirkung und -erkrankung vornehmen zu können".

Viel schwieriger ist die frühzeitige Erkennung der *Bleivergiftung bei den Nutztieren*. Ein Bleisaum wird mitunter an der Maulschleimhaut beobachtet. Die Tiere magern ab und haben ein struppiges Fell (FRÖHNER[662], WEBER[933]). Häufig zeigt sich Muskelschwäche. Fortgeschrittene Stadien der Vergiftung äußern sich beim Rinde in Erregungszuständen mit epileptischen Anfällen, hochgradiger Körperschwäche, Kolik und Kotverhaltung. Die Haut wird lederartig, zuweilen findet man Hautjucken und pustulöse Exantheme.

Beim *Pferd* ist oft Kehlkopfpfeifen, auf beiderseitiger Lähmung des Nervus recurrens beruhend, das einzige auffallende Symptom (FRÖHNER[662]). Beim Schwein scheinen Fälle chronischer Bleivergiftung nicht beschrieben zu sein.

Beim *Geflügel* sind außer Störungen von seiten des Verdauungskanals und des Nervensystems Anschwellung und Absterben der Zehenglieder beobachtet worden.

Bei akuter Bleivergiftung werden Erbrechen, Speichelfluß, Kolik und Verstopfung beobachtet, ferner Erscheinungen von seiten des Muskel- und Zentralnervensystems. Die bei akuter Vergiftung tödliche Dosis des Bleizuckers wird von FRÖHNER[662] wie folgt angegeben: Rinder 50—100 g, Pferde 500—750 g, Schafe und Ziegen 20—25 g, Schweine und Hunde 10—25 g. Das Pferd erscheint hiernach gegen Bleivergiftung besonders resistent.

Die *Bekämpfung der Bleivergiftung der Nutztiere* muß in erster Linie in der Verhütung der Bleiaufnahme bestehen. Bleifarben sind beim Anstrich der Ställe zu vermeiden, Rüben und Rübenblätter, die auf bleihaltigem Boden gewonnen wurden, müssen gewaschen werden. Bei äußerlicher Anwendung bleihaltiger Medikamente sind die Tiere zu verhindern, an den behandelten Hautstellen zu lecken. Bei akuter Bleivergiftung kann man die Resorption des Bleis durch Verfütterung von Milch und eiweißreicher Nahrung, ferner von Glaubersalz einschränken. Das Blei bei chronischer Bleivergiftung aus dem Tierkörper wieder herauszubringen, besteht zur Zeit keine Möglichkeit. Die Behandlung derartiger Tiere mit Jodkalium und Schwefelpräparaten bietet kaum Aussicht auf einen günstigen Erfolg.

XIV. Titan, Zinn, Ceriterden.

Bereits 1835 wird von REES angegeben, daß er im menschlichen Blut und in der Nebenniere *Titan* gefunden habe. Die Angabe wurde später oft bezweifelt.

Neuerdings haben Bertrand und Voronca-Spirt[75] wiederum Titan im Tierkörper gefunden. Bei Pferd, Kalb, Hammel, Schwein ist die Leber mit 0,5—0,6 mg pro Kilogramm frische Substanz das titanreichste Organ. Weniger ist in Herz, Lunge und Niere vorhanden. Muskel, Gehirn, Rückenmark und Blut ließen keinen Titangehalt erkennen. Beim Kaninchen wurde Titan nur in den Haaren gefunden. Eine Reihe von Fischen, ferner Crustaceen und Mollusken enthielten merkliche Mengen, so die portugiesische Auster 3 mg Ti pro Kilogramm. Titan kommt somit im tierischen Organismus vor. Über eine etwaige Bedeutung ist nichts bekannt.

Noch spärlicher sind die Angaben über das Vorkommen von *Zinn* im Organismus. In menschlichen Organen fand Misk[612] das Metall in der Leber, ferner auch in Magen, Niere, Lunge und Gehirn. Auch dem Zinn kommt nach unseren derzeitigen Kenntnissen keine physiologische Bedeutung zu.

An dieser Stelle mag auch erwähnt werden, daß Cossa[148] im Knochen einige seltene Erden aus der Gruppe der Ceriterden *Cer, Lanthan, Didym*, glaubt nachgewiesen zu haben. Da das Didym später von Auer von Welsbach als Gemisch von *Neodym* und *Praseodym* erkannt wurde, muß man also diese beiden neben Cer und Lanthan im Knochen annehmen.

XV. Stickstoff.

Ähnlich wie der Stoffwechsel der anorganischen Kohlenstoffverbindungen läßt sich auch der des *anorganischen Stickstoffs* vom Stoffwechsel der organischen Substanz nicht trennen. Im Stoffwechsel kommt nur ein kleiner Teil der organischen Stickstoffverbindungen in anorganischer Form zur Ausscheidung, umgekehrt kann aber anorganischer Stickstoff der Nahrung im Körper zu organischen Verbindungen wie Harnstoff aufgebaut und in dieser Form ausgeschieden werden.

Als anorganische Stickstoffverbindung kommt hier nur das *Ammoniak* in Frage. Nitrate werden größtenteils unverändert ausgeschieden, z. T. zu Nitrit reduziert (Fromherz[261]). Nach R. Berg[61] sollen sie dagegen zur Ammoniakstufe reduziert werden. Die Rhodanverbindungen werden im Abschnitt Schwefel (S. 312) behandelt.

Die *Bestimmung des Ammoniaks* in Organen erfolgt nach den Angaben von Parnas und Mozolowski[685], im Blute nach Parnas und Heller[686] und Parnas und Kliesiecki[687]. Die Ammoniakbestimmung im Harn wird am einfachsten nach Folin[239] ausgeführt, wobei durch Kochsalz und Sodazusatz das Ammoniak frei gemacht und durch einen Luftstrom in eine Säurevorlage übergetrieben wird, in der es titrimetrisch zur Bestimmung kommt. Bei Anwesenheit von Ammoniummagnesiumphosphat im Harn muß die Methode modifiziert werden (Steel und Gies[852], Folin[240]).

Als intermediäres Produkt namentlich des Eiweißstoffwechsels findet sich *Ammoniak in allen Organen*, doch stets in geringer Menge. Im Froschmuskel fanden Parnas und Mozolowski[685] 4—5 mg Ammoniakstickstoff pro Kilogramm frische Substanz, im Fischmuskel 14—16 mg, im Kaninchenmuskel sehr wenig.

Der *Ammoniakgehalt des Blutes* ist sehr gering. Beim Kaninchen fanden Parnas und Klisiecki[687] und Parnas[683] 0,3 mg Ammoniak-N in 1 Liter Blut, beim Pferd 0,5—0,7 mg, niedrigere Werte bei Schwein und Hammel. Bei Huhn, Ente, Taube wurden 0,82—1,3 mg pro Liter gefunden. *Beim Stehen des Blutes nimmt der Ammoniakgehalt zu,* es werden dann 10—30 mg Ammoniak-N pro Liter gefunden, wodurch abweichende Werte älterer Autoren erklärt werden. Das gebildete Ammoniak stammt aus einer unbekannten Substanz im Blute, der von Parnas so genannten *Ammoniak-Muttersubstanz.* Ein hoher Ammoniakgehalt findet sich im Blute der Nierenvene (vgl. S. 230) und der Venen, die das Blut aus der Darmwand abführen. Dieses Ammoniak stammt aus dem Darminhalt, ist also exogen.

Da aus Eiweißstoffen leicht etwas Ammoniak abgespalten wird und auch bei der bakteriellen Aufschließung N-haltiger Substanzen entsteht, ist sein Vorkommen im Darminhalt verständlich. Es wird resorbiert und auf dem Blutwege zur Leber geführt, wo es durch Bildung von Harnstoff entgiftet wird.

In der Milch hat VIALE[916] kein Ammoniak gefunden, doch wurde es von LISK[532] in Handelsmilch nachgewiesen.

Im Ammoniak besitzt der Körper eine anorganische Base, die sich in mancher Beziehung neben die Alkalien stellen läßt. So spielt es auch eine *Rolle im Säure-Basenhaushalt* des Körpers, indem es zur Neutralisation von Säuren verwendet wird. Dies zeigt eine Beobachtung von PARNAS und KLISIECKI[687], nach der bei Injektion von Natriumphosphat Vermehrung des Blutammoniaks auftritt. Die Rolle des Ammoniaks bei der Neutralisation im Harn ausgeschiedener Säuren wurde in einem früheren Abschnitt (S. 230) behandelt.

Von großem physiologischen Interesse ist die Bildung von Ammoniak bei der Tätigkeit des Nerven und des Muskels.

XVI. Phosphor.

Im tierischen Organismus liegt der Phosphor in sehr verschiedenen Verbindungen vor, die jedoch fast ausschließlich Derivate der Orthophosphorsäure H_3PO_4 sind. Die einzige bisher bekannte Abweichung von dieser Regel bilden die im Muskel vorkommenden Verbindungen der Pyrophosphorsäure $H_4P_2O_7$ (LOHMANN[541]), die indessen der gleichen Oxydationsstufe des Phosphors entspricht. Es kommen *anorganische und organische Phosphate* vor.

Tertiäre Phosphate, namentlich von Calcium und Magnesium, sind die wesentlichsten Mineralbestandteile der *Knochen und Zähne*. In gelöster Form kommen Gemische von *primären* und *sekundären Phosphaten* der Alkalien und Erdalkalien in allen Körperflüssigkeiten, in Milch und Harn vor. *Ester der Phosphorsäure* mit Zucker, vor allem das *Lactacidogen* Emdens, sind im intermediären Stoffwechsel, besonders des Muskels, von Bedeutung. Eine Kreatinphosphorsäure ist das *Phosphagen*, das bei der Muskeltätigkeit gespalten wird. Phosphorsäure in esterartiger Verbindung ist auch in den *Nucleoproteiden und Phosphorproteiden* enthalten. In der *Nucleinsäure*, dem charakteristischen Bestandteil der Nucleoproteide, ist die Phosphorsäure mit einem Kohlenhydrat verestert, das glykosidartig mit Purin- bzw. Pyrimidinbasen verknüpft ist. In den Phosphorproteiden ist die Phosphorsäure mit Aminosäuren verbunden (vgl. FELIX, dieses Handbuch Bd. 1, S. 164). Den *Phosphatiden* liegt der Glycerinphosphorsäureester zugrunde, der außerdem mit Fettsäuren und einer quaternären Ammoniumbase, Cholin oder Aminoäthylalkohol, verknüpft ist (vgl. C. BRAHM, dieses Handbuch Bd. 1, S. 94).

Die *Bestimmung des Phosphors* im tierischen Organismus und Flüssigkeiten erfolgt nach der früher (s. dieses Handbuch Bd. 1, S. 206) erwähnten Methode nach LORENZ. Eine Ausführung der Methode nach der neben Phosphor zugleich Calcium bestimmt wird, findet sich bei BARTELS[41].

Mikromethoden zur Bestimmung des anorganischen Phosphors im Blute sind von BELL und DOISY[54] und TISDALL[898] beschrieben, wobei colorimetrisch gearbeitet wird. Erforderlich sind 5 bzw. 1 cm^3 Blut oder Serum.

Die BELL-DOISY-*Methode* läßt sich auch zur Bestimmung des anorganischen, organischen und Gesamtphosphors in 1—20 cm^3 Harn verwenden. Die Mikromethoden haben jedoch im allgemeinen nur dort ihren Wert, wo man mit geringen Materialmengen auskommen muß, namentlich also zur Phosphorbestimmung im Blute und Serum.

Die getrennte Bestimmung der Phosphorsäure in Nucleoproteiden und Phosphorproteiden kann nach PLIMMER und SCOTT[699] ausgeführt werden. Die Bestimmung der

Lactacidogenphosphorsäure im Muskel ist nach Emden[206] durchführbar. Der Phosphatidphosphor in Organen kann im Alkohol-Ätherextrakt ermittelt werden.

Die Hauptmasse des Phosphors im Tierkörper, etwa 80 % des Gesamtphosphors, findet sich als *Calcium- und Magnesiumphosphat im Skelet*. Angaben über den Phosphorgehalt der Knochen finden sich in Tabelle 37 und 38. Von den übrigen Organen sind namentlich die phosphatidreichen, Gehirn, Rückenmark, Leber und andere Drüsen besonders phosphorhaltig. Zahlreiche Angaben darüber finden sich in den früheren Tabellen. Eine Übersicht über den *Phosphorgehalt verschiedener Organe* ist in Tabelle 62 gegeben.

Tabelle 62.
Phosphor im Tierkörper (Rind) (nach Weil[935], Sherman u. Gettler[820a] u. a.).

	1 kg frische Substanz enthält g P		1 kg frische Substanz enthält g P
Graue Hirnsubstanz .	14,1	Blut	0,18
Weiße Hirnsubstanz .	15,1	Leber	1,07
Kleinhirn	14,2	Lunge	0,88
Rückenmark	14,0	Niere	1,74
Muskel	2,70	Knochen	42,5

Die Verteilung der Phosphate in Zellen und Geweben ist mit Hilfe histochemischer Methoden studiert worden. Winter und Smith[965] benutzten dazu die Blaufärbung, die beim Zusammenbringen von Phosphorammoniummolybdat mit Ferrocyankalium auftritt.

Resorption des Phosphors. Die Phosphate stehen hinsichtlich ihrer Diffusionsgeschwindigkeit mit an letzter Stelle, wie sich aus der Anionenreihe

$$Cl, \quad Br, \quad NO_3, \quad SO_4, \quad PO_4$$

ergibt, in der die Chloride die größte Diffusionsgeschwindigkeit aufweisen. Ähnlich liegen die Verhältnisse bezüglich der Resorptionsgeschwindigkeit. Über den Resorptionsmechanismus schwerlöslicher Phosphate, namentlich des Calciumphosphates vergleiche man im Abschnitt über Calcium (S. 269).

Die *Resorption des Lecithinphosphors der Nahrung* ist nicht restlos geklärt. Nach v. Bokay[95] findet im Dünndarm eine fermentative Spaltung des Lecithins in die Bausteine Glycerinphosphorsäure, Fettsäure und Cholin statt, die dann resorbiert werden. Stassano und Biller[850] konnten jedoch eine Spaltung des Lecithins durch Dünndarmfermente nicht erzielen. Sie nehmen wie auch Slowtzoff[828] an, daß Lecithin unzersetzt resorbiert werde. Nach P. Mayer[582] wird nur das natürliche rechtsdrehende Lecithin fermentativ gespalten.

Die *Nucleoproteide der Nahrung* werden nach P. Loewi[540] und Thannhauser und Dorfmüller[833] im Darm zu höheren Spaltprodukten zerlegt. Zur Resorption dürften Nucleotide, d. h. einfache Nucleinsäuren von der Struktur Purin (Pyrimidin) — Kohlenhydrat — Phosphorsäure gelangen, die in Wasser leicht löslich sind. Gilt dieser Mechanismus für die Resorption des Phosphors der pflanzlichen Nucleoproteide, so ist er für tierische Nucleoproteide ein anderer, denn hier treten nach Thannhauser und Blanco[884] zwar gleichfalls Pyrimidinnucleotide, aber keine Purinnucleotide als Produkte der Verdauung mit Duodenalsaft auf.

Über den Gang der *Resorption des Phosphors* der Phosphorproteide, z. B. des *Caseins,* ist wenig bekannt. Der Phosphor des ursprünglichen Caseinogens ist durch Fermente nicht in anorganischer Form abspaltbar. Das Phosphorpepton, das bei der Einwirkung proteolytischer Fermente leicht abgespalten wird, ist dagegen der Wirkung von Phosphatasen gut zugänglich (Rimington und Davenport

KAY[729]). Ob der Abbau im Darmkanal bis zu einfacheren Phosphorsäureestern oder bis zu freier Phosphorsäure fortschreitet, ist nicht sicher.

Glycerinphosphorsäure, Zuckerphosphorsäuren wie Hexosediphosphorsäure und Phytinsäure werden im Darmkanal z. T. wohl durch spezifische Fermente, Phosphatasen gespalten, wobei Phosphorsäure entsteht. So zeigten GROSSER und HUSLER[303], daß die Darmschleimhaut verschiedener Tiere imstande ist, Glycerinphosphorsäure zu spalten.

Im ganzen dürfte die Hauptmenge des Phosphors in Form *anorganischer Phosphate* zur Resorption kommen.

Die Ausscheidung des Phosphors erfolgt durch die Niere und den Darm. Man kann daher bezüglich des im Kote erscheinenden Phosphors nicht entscheiden, ob es sich um nichtresorbierten Phosphor handelt oder um solchen, der durch die Darmwand ausgeschieden worden ist. Der *Bilanzversuch*, bei dem der Phosphorgehalt der Nahrung, des Harns und des Kotes bestimmt wird, gibt somit keine vollständige Auskunft über die Resorption. Immerhin kann man von dem im Körper zurückgebliebenen, angesetzten und von dem im Harn erscheinenden Phosphor mit Bestimmtheit sagen, daß er resorbiert worden ist.

Die Verteilung des ausgeschiedenen Phosphors zwischen *Kot und Harn* steht im engen Zusammenhang mit den Verhältnissen des Säure-Basenhaushaltes. Bei überwiegend basischer Kost, also vor allem beim normalernährten Pflanzenfresser, geht die Hauptmenge des ausgeschiedenen Phosphors durch den Darm, beim Fleischfresser enthält auch der Harn viel Phosphor. Durch saure Kost kann man jedoch auch beim Herbivoren einen Harn erzielen, der dem des Fleischfressers hinsichtlich des Phosphors ähnlich ist, ebenso durch Hunger, wobei die eigenen Körpersubstanzen abgebaut werden und jedes Tier gewissermaßen zum Fleischfresser wird.

Deutlich erkennbar sind diese *Ausscheidungsverhältnisse des Phosphors* in den Versuchen von SCHEUNERT, SCHATTKE und WEISE[779] am *Pferd*. Es wurde hier die Phosphorausscheidung bei normaler Hafer-, Heu-, Häckselkost mit der bei basenarmer Hafer-Häckselkost bzw. bei Hunger verglichen (Tabelle 63).

Tabelle 63. Phosphorausscheidung beim Pferd (nach SCHEUNERT, SCHATTKE u. WEISE[779]).

Nahrung	Futter g P	Kot g P	Harn g P	Bilanz g P
Hafer, Heu, Häcksel . . .	22,4	29,7	0,14	
	22,4	24,6	0,30	
	22,4	20,4	0,47	
	22,4	19,1	0,76	
	22,4	15,8	0,42	+ 0,3
Hafer, Häcksel	18,2	15,4	0,81	
	18,2	10,4	1,24	
	18,2	5,2	1,79	
	18,2	8,3	1,29	
	18,2	13,6	1,93	
	18,2	10,4	2,77	
	18,2	6,0	3,96	
	15,5	12,0	5,34	
	2,8	8,8	1,57	+ 33,9
Hunger	0	9,1	2,02	
	0	6,6	4,59	
	0	4,4	2,42	− 29,1

Der Versuch zeigt deutlich die vermehrte *Phosphorausscheidung im Harn* bei Hafer-Häckselkost und im Hunger, während gleichzeitig die Ausscheidung *im Kote* stark zurückgeht. Das Pferd hat die zugeführten Phosphormengen jedoch nicht ganz bewältigen können. Während es bei normalem Futter im Phosphorgleichgewicht sich befand, ist bei Haferkost eine starke Retention von Phosphor eingetreten, das Tier befand sich also im Zustande der Phosphorüberschwemmung, die sich auch durch Abnahme des CO_2-Bindungsvermögens des Blutes dokumentierte. Der Harn veränderte hierbei seine Eigenschaften im Sinne einer Annäherung an die Eigenschaften des Fleischfresserharns. Scheunert erklärt die Verhältnisse so, daß infolge von Mangel an Calcium und wohl auch Magnesium die normale Ausscheidung der Phosphorsäure durch die Enddarmschleimhaut nicht in genügendem Umfange erfolgen kann. Über die Bedeutung der Phosphorsäureausscheidung für die Regulation des Säure-Basenhaushaltes vgl. ferner S. 229.

Die *im Hunger ausgeschiedenen Phosphormengen* in den Versuchen von Scheunert und Mitarbeitern *am Pferd* entsprechen wohl im wesentlichen den in der vorhergehenden Periode retinierten Mengen. Aber auch ohne eine derartige vorhergehende Phosphorsäureüberschwemmung findet im Hunger eine erhebliche Phosphorausscheidung statt. Beim hungernden Menschen wurde eine Ausscheidung von 0,89 g P täglich beobachtet (F. Müller[625]). Da gleichzeitig nur 3,16 g N ausgeschieden wurden, kann dieser Phosphor nicht nur aus organischen Phosphaten stammen, sondern muß auch aus anorganischen Depots, vermutlich aus dem Knochen herrühren.

Bei akuten Verdauungsstörungen, z. B. nach Zufuhr von 300—600 g Öl, fanden Sjollema und van der Zande[827] *bei Milchkühen* z. T. eine außerordentlich *hohe Phosphorausscheidung im Harn.* Während sie normal 13—17,5 mg P pro Liter Harn fanden, waren bei akuter Verdauungsstörung 900, mitunter sogar über 2500 mg P pro Liter, also das 100—200fache vorhanden. Durch ungenügende Nahrungsaufnahme können diese Verhältnisse nicht erklärt werden, denn bei hungernden Milchkühen fanden die Autoren Vermehrungen des Harnphosphors nur bis etwa 50 mg P pro Liter. Auch als Folge der Milchretention, die bei den in Frage stehenden Tieren beobachtet wurde, kann die Phosphatausscheidung im Harn kaum erklärt werden, da die Phosphormengen größer waren, als dem Phosphorgehalt des Milchdefizits entsprach.

Der Stoffwechsel des Phosphors beim wachsenden Tier steht in enger *Beziehung zum Calciumstoffwechsel,* da in den Knochen, die für den Ansatz dieser Mineralstoffe in erster Linie in Frage kommen, stets innerhalb ganz geringer Schwankungen das gleiche Verhältnis Ca : P = 2 herrscht, und beim Ansatz von Phosphor im allgemeinen eine entsprechende Calciummenge angesetzt werden muß.

Im übrigen Körper ist zwar die Calcium-Phosphorrelation sehr klein, wie aus der Zusammenstellung (Tabelle 64) hervorgeht, doch sind die absoluten Mengen der Mineralstoffe in den Organen viel geringer. In ganzen Tieren findet man daher Werte Ca/P, die nahe bei dem für Knochen liegen, wie sich aus der Tabelle 65 ergibt.

Tabelle 64. Verhältnis $\dfrac{Ca}{P}$ in den Organen.

Knochen	2,08
Muskel	0,04
Leber	0,12

Tabelle 65. Verhältnis $\dfrac{Ca}{P}$ in ganzen Tieren (nach Lawes und Gilbert[497]).

Fettes Kalb	1,75	Fettes Lamm	1,87
Halbfetter Ochse	1,82	Ausgewachsenes Schaf	1,82
Fetter Ochse	1,89	Halbfettes altes Schaf	1,85
Ausgewachsenes Schwein	1,66	Fettes Schaf	1,86
Fettes Schwein	1,61	Sehr fettes Schaf	1,83

In der Größenordnung, in der man das Verhältnis Ca : P im ganzen Tier findet, muß auch das *Verhältnis des Calciumansatzes zum Phosphoransatz* beim wachsenden Tier liegen (JANTZON[414a]). Wenn in Bilanzversuchen öfters stark abweichende Werte gefunden wurden, so kann es sich unter normalen Bedingungen nur um vorübergehende Retentionen oder Verluste von Calcium oder Phosphor handeln, die bei längerer Dauer des Versuchs sich wieder ausgleichen. Aus diesem Grunde ist man heute bestrebt, bei Bilanzversuchen möglichst lange dauernde Versuchperioden zu bearbeiten.

Bei abnormer Nahrung kann das Verhältnis der angesetzten Mengen Calcium und Phosphor nur vorübergehend erheblichere Abweichungen aufweisen. Es erfolgt entweder ein Ausgleich, der besagt, daß das Tier doch noch mit der Nahrung fertig wird, oder aber es folgt ein deletärer Ausgang, wobei das Tier die Nahrungsaufnahme verweigert, das Wachstum einstellt oder an Körpergewicht verliert bzw. zugrunde geht. Diesen Fall des vollkommenen Versagens der Stoffwechselfunktionen infolge einer unproportionierten Calcium- und Phosphor-Retention lernten wir bei dem mit reiner Haferkost gefütterten Pferd in den Versuchen SCHEUNERTS kennen, in denen das Tier nach Retention übermäßiger Phosphormengen die Nahrungsaufnahme einstellte. Z. T. sehr niedrige Werte Ca : P findet man bei ganz jungen Tieren, deren Skelet noch nicht vollkommen verkalkt ist (RADEFF[715]).

Bezüglich der *Assimilation des Nahrungsphosphors* kann kaum ein Zweifel daran sein, daß zum Aufbau der anorganischen Phosphorverbindungen, wie sie im Knochen und in den Körpersäften vorliegen, *anorganische Phosphorsäure der Nahrung* verwertet werden kann. Man mußte sich aber die Frage vorlegen, ob der Tierkörper seine *organischem Phosphorverbindungen*, die wir als Phosphorsäureester der verschiedensten Substanzen gekennzeichnet haben, gleichfalls aus anorganischem Material zu bilden vermag. In seinen Untersuchungen über die biologische Bedeutung des Caseinphosphors für den wachsenden Organismus kam LIPSCHÜTZ[530] zu keinem endgültigen Resultat. PLIMMER und SCOTT[699] untersuchten an Hühnereiern in verschiedenen Stadien der Bebrütung die Umwandlungen der einzelnen phosphorhaltigen Bestandteile. FINGERLING[228] fütterte *Enten* mit einer Nahrung aus Kartoffeln und Kartoffelstärke, Blutalbumin und Futterkalk, die nur sehr geringe Mengen organischer Phosphorverbindungen enthielt. In den Eiern derartig ernährter Tiere fand er *normale Mengen organischer Phosphate*, die das Vielfache des in organischer Form zugeführten Phosphors ausmachten. Die Enten waren somit imstande, *aus dem anorganischen Phosphor des phosphorsauren Calciums ihre organischen Phosphorverbindungen* aufzubauen. Der Vergleich mit normal ernährten Enten, die reichlich organische Phosphorverbindungen erhielten, zeigte, daß diese Fütterung die *Zahl der Eier* nicht zu vermehren vermochte. Es ist hiernach für die Tiere *ohne Bedeutung, ob sie ihren Phosphor in organischer oder anorganischer Form erhalten.* In Versuchen an jungen Ratten, die während $1^1/_2$ Monaten eine von organischen Phosphorverbindungen freie Kost erhielten, zeigten OSBORNE und MENDEL[672], daß auch mit anorganischen Phosphaten ein normales Wachstum erzielt werden kann. DURLACH[190] konnte bei jungen Hunden zeigen, daß die Verfütterung von Phosphatidphosphor keinen Vorteil gegenüber der Zufuhr anorganischer Phosphate bietet. Diese Resultate sind für die *Verfütterung anorganischer Phosphate wie Futterkalk* von größter Bedeutung, denn sie bestätigen dessen Zweckmäßigkeit. Sie machen auch sehr wahrscheinlich, daß der Körper bei Phosphormangel imstande ist, seine in den Knochen niedergelegten *Phosphatdepots* für die Synthese organischer Phosphorverbindungen zu benutzen. Ebenso darf man annehmen, daß bei normaler Entwicklung des Knochensystems auch die übrigen Organe keinen Phosphormangel leiden.

In der Tat hat man beim Studium des Phosphorstoffwechsels stets ganz besonders auf das *Verhalten des Skelets* geachtet. Die hierbei bedeutungsvollen Fragen sind durch das Studium der Vitamine erheblich gefördert worden und stehen in enger Beziehung auch zum Stoffwechsel des Calciums, sie sind im Abschnitt Calcium (S. 274) eingehender behandelt worden.

Die Differenzierung der *Phosphorverbindungen der Milch* (Lenstrup[504]) ergab, daß von 954 mg Gesamtphosphor in einem Liter 171 mg säureunlöslich, als Casein und Phosphatidphosphor vorhanden waren. Der säurelösliche Anteil bestand aus 671 mg anorganischem Phosphat und 112 mg organischen Phosphorverbindungen.

Die *Ausnutzung des Phosphors in der Milch beim Säugling* ist nach manchen Autoren sehr gut, so daß fast der gesamte Phosphor der Milch retiniert wird. Die Retentionsgröße nimmt nach Langstein und Meyer[495] mit zunehmendem Alter ab. Beim saugenden Ferkel kann man nach den Zahlen von Bartels[41] mit einer Ausnutzung von 60—70% rechnen.

Die *Ausnutzung des Phosphors der Nahrung im späteren Lebensalter* wurde beim Wiederkäuer von Fingerling[225] eingehend untersucht. Da im Überschuß verfütterte Phosphormengen im Kote erscheinen und so eine schlechte Ausnützung vortäuschen, ging Fingerling so vor, daß er Tiere verwendete, die infolge ihrer *Lactation* oder infolge ihres Wachstums einen erheblichen Phosphorbedarf hatten. Diese Tiere, Milchziegen und Schaflämmer, erhielten nun eine Phosphormenge, die ihren Bedarf nicht vollkommen deckte. Bei dieser Versuchsanordnung hängt dann die Phosphorbilanz im wesentlichen von der Ausnutzbarkeit des Nahrungsphosphors ab. Verfüttert wurde ein phosphorarmes Grundfutter aus Stroh, Blutalbumin, Stärke, Öl und Melasse, dem die zu prüfenden phosphorhaltigen Nahrungsstoffe in reiner Form zugelegt wurden. *Bei Ziegen und Schaflämmern* wurden für die *Ausnutzbarkeit des zugeführten Phosphors* die Werte der Tabelle 66 ermittelt. Überall ist hier die Verwertung des Nahrungsphosphors sehr gut. Grundsätzliche Unterschiede bestehen zwischen den einzelnen Verbindungen, auch zwischen anorganischem und organisch gebundenem Phosphor nicht.

Tabelle 66. Ausnutzbarkeit des Phosphors verschiedener Nahrungsbestandteile (nach Fingerling[225]).

	Ausgenutzt % P		
	Ziege A	Ziege B	Lämmer (Mittel)
Casein	86,68	92,10	89,20
	87,45	91,59	—
Phytin	97,61	96,00	90,83
Lecithin	84,30	84,97	92,72
Nucleoproteid aus Hefe	88,54	—	90,92
Nucleinsaures Natrium	90,18	—	93,62
Dinatriumphosphat	86,65	93,81	90,53

Demgegenüber mußte der Befund Fingerlings[226] überraschen, daß die *Phosphorverbindungen im Heu und Grummet vom Wiederkäuer* nur zu 50—60% verwertet wurden, während der Phosphor in Hafer, Sesamkuchen und Leinkuchen zu etwa 90% ausnutzbar war, ähnlich also wie bei den isolierten phosphorhaltigen Nahrungsstoffen. In der chemischen Natur der phosphorhaltigen Bestandteile des Heus kann die geringe Verwertung nicht liegen, denn der Phosphor im jungen Wiesengras war zu 91% verwertbar, der des daraus bereiteten Heues wiederum nur zu 53,4%. Fingerling nimmt an, daß die pflanzliche Zelle beim Trocknen für die Verdauungssäfte weniger gut angreifbar wird. Man darf weiterhin annehmen, daß die Phosphorverbindungen, die der lösenden Wirkung der Salzsäure des Magens entgangen sind, im weiteren Verlauf der Verdauung nur unvollkommen ausgenutzt werden, weil die *Bedingungen für ihre Resorption* um so ungünstiger werden, je weiter abwärts im Darmkanal ihre Aufschließung erfolgt.

Phosphormangel. *Bei jungen, wachsenden Tieren* muß ein Mangel an Phosphor in der Nahrung sich hauptsächlich in der Entwicklung des Skeletes auswirken. Ältere Versuche von LIPSCHÜTZ[531], DURLACH[190] und MASSLOW[566] an Hunden sind schwer zu beurteilen, da die Notwendigkeit der Vitaminzufuhr damals noch nicht erkannt war. HEUBNER[370] kam zu dem Resultat, daß Phosphormangel nur allmählich zur Verarmung der Gewebe an Phosphor führt. Am meisten sind die Knochen betroffen. In den Versuchen von HART, McCOLLUM und FULLER[343] wurden junge Schweine mit einer nur 1,12 g Phosphor enthaltenden Nahrung gefüttert. Die Tiere nahmen zunächst noch zu, dann zeigten sich Steifheit und Schwäche der hinteren Extremitäten und Schläfrigkeit. Die Untersuchung der Knochen ergab *Osteoporose*, Brüchigkeit und Armut an Mineralstoffen. Kontrolltiere mit Calciumphosphatzufuhr entwickelten sich gut. *Den Phosphorbedarf des wachsenden Schweins* geben die Autoren auf Grund ihrer Beobachtungen zu 12 g Phosphor pro 100 kg Lebendgewicht an. PALMER und ECKLES[679] untersuchten den Einfluß phosphorarmer Rationen auf die Blutzusammensetzung bei Kühen. Sie fanden bei normalen Calciumwerten des Plasmas einen herabgesetzten Phosphorgehalt. Durch Fütterung von NaH_2PO_4 wurden normale Werte erreicht.

Phosphormangel in der Ernährung des Rindviehs ist in zahlreichen Gegenden der ganzen Welt regelmäßig beobachtet worden. Eine auffallende Erscheinung ist dabei der abnorme Appetit, z. B. Knochenfressen, d. h. das Benagen und verzehren alter Knochen. Die wichtigste Folge der Erkrankung ist *Knochenbrüchigkeit.* Derartige Beobachtungen sind in Montana (WELCH[945]), Michigan (HUFFMAN und TAYLOR[402]), Minnesota (ECKLES, BECKER, PALMER[193]), Texas (SCHMIDT[785]), Wisconsin (HART[346]) gemacht worden, ebenso wie in Australien (GUTRIE, HENRY, JENSEN, RAMSAY[315], HENRY[357]), Neu-Seeland (ASTON[29], REAKES[717]), Afrika (THEILER, GREEN, DU TOIT[885]), Norwegen (TUFF[906]). Über die Geschichte der fraglichen Erkrankung in Deutschland berichten KÖNIG und KARST[468]. Zweifellos ist die Ursache der Erkrankung, die als *Lecksucht, Stijfziekte, Lamziekte,* Loin disease, Busch disease bezeichnet wird, nicht immer dieselbe, es kommen außer Phosphormangel auch Calciummangel (vgl. S. 286) und Säureüberschuß des Futters in Frage, die sämtlich im gleichen Sinne der Störung des Calcium- und Phosphorstoffwechsels wirksam sind. In Fällen, wo auch reichliche Fütterung mit Leguminosen-Heu mit hohem Calcium-, aber geringem Phosphorgehalt zur Erkrankung führt (SCOTT[766]), dürfte Phosphormangel als eigentliche Krankheitsursache anzusprechen sein. Da der *Minimum-Phosphorbedarf der Tiere* nicht bekannt ist, wohl auch keine bestimmte Größe vorstellt und je nach der Menge der übrigen Mineralstoffe im Futter schwankt, läßt sich schwer sagen, ob ein Futter hinsichtlich seines Phosphorgehaltes suffizient ist. In der Tabelle 67 sind nach Angaben von SCOTT[766] und anderen Untersuchern *Calcium- und Phosphorgehalt von Futtermitteln, bei denen Erkrankung auftrat,* verzeichnet. In einigen ist der absolute Phosphorgehalt niedrig, in anderen ist wenig Phosphor im Vergleich zum Calcium vorhanden.

Allgemein ist die Beobachtung gemacht worden, daß die Verfütterung der grünen Pflanze weniger leicht zu Phosphorhunger führt, als die von Heu. Es entspricht das der geringeren Ausnutzbarkeit, die FINGERLING (S. 306) für den Phosphor der getrockneten Pflanzen nachgewiesen hat. Zugleich ist allerdings auch an den geringeren Vitamingehalt des trockenen Materials zu denken.

Tabelle 67. Calcium und Phosphor in Lecksucht machendem Futter.

	1 kg Trockensubstanz enthält g				Ort, Untersucher
	befallen		nicht befallen		
	Ca	P	Ca	P	
Prärieheu	4,13	1,01	—	—	Minnesota (Eckles)
Thimothee	3,93	1,07	—	—	
Luzerne	18,82	1,95	—	—	
Heu	3,17	0,92	—	—	Südafrika (Theiler)
Heu	1,79	0,62	6,30	1,92	Norwegen (Tuff)
Heu	4,51	0,92	6,44	1,88	Deutschland (Stohmann)
Heu	5,93	1,13	—	—	Deutschland (Kellner)
Heu	—	—	6,80	1,88	Deutschland (Wolf)
Heu	4,95	1,66	10,01	2,16	Deutschland (Zuntz)
Heu	2,70	1,20	3,99	1,81	Australien (Guthrie)
Klee	—	0,98	—	—	Wisconsin (Hart)
Luzerne	—	1,43	—	—	

Giftwirkungen zeigen nur der elementare, weiße Phosphor und der Phosphorwasserstoff PH_3. Die Aufnahme des elementaren Phosphors kann per os oder durch Einatmen von Dämpfen zustande kommen. Da weißer Phosphor zur Vertilgung von Ratten usw. verwendet wird, sind auch Vergiftungen von Nutztieren öfters vorgekommen (Fröhner[262]). Der elementare Phosphor wird im Tierkörper nur langsam oxydiert und wahrscheinlich als Phosphat ausgeschieden (Heffter[351]), daneben ist auch Ausscheidung von elementarem Phosphor oder von niedrigen Oxydationsstufen mit der Exspirationsluft beobachtet worden.

Der elementare Phosphor soll, namentlich in Form von *Phosphorlebertran*, den *Calciumansatz begünstigen* (Sauerbruch[765], Hotz[400], Kochmann[461]).

XVII. Arsen.

Das *Vorkommen des Arsens im tierischen Organismus* unter normalen Bedingungen wurde zuerst von Orfila im Jahre 1839 festgestellt, jedoch von anderer Seite bestritten. Später fand Gautier[272] Arsen in der Schilddrüse, weiterhin auch in anderen ektodermalen Organen, in Haaren, Haut, Federn und Thymus. Hödlmoser[387], Cerny[133] und Ziemke[988] bestritten das Vorkommen, doch konnte Gautier[273] diesen Autoren gegenüber seine Angaben weiter stützen. Das allgemeine Vorkommen des Arsens im Tierkörper wurde dann von Bertrand[65] bestätigt, der es in der Schilddrüse von Kalb und Schwein, in Schweinsborsten, Gänsefedern, Hornsubstanzen, Haaren und allen untersuchten Organen fand, auch in solchen, in denen Gautier es nicht nachweisen konnte. Er fand es ferner bei Robben, die in Spitzbergen gefangen waren und bei denen es nicht künstlich zugeführt sein konnte. Bertrand hält das Arsen für einen fundamentalen Bestandteil des Protoplasmas. Auch Garrigon[268], Segale[814] und Schäfer[767] fanden fast überall Arsen in den Geweben, während Kunkel[487] sein Vorkommen wieder bestritt. Später haben sich Bloemendal[88] und van Itallie und van Eck[407] den weitgehenden Ansichten Bertrands entgegengestellt, da sie Arsen keinesfalls regelmäßig nachweisen konnten. Neuerdings hat die Schwedische Arsenikkommission die hier auftretenden Fragen wiederum aufgerollt (Ivar Bang[35]). In Tabelle 68 sind die Zahlen für den Arsengehalt des Tierkörpers angegeben, wie sie von Gautier, Bertrand und Ivar Bang gefunden wurden. Bemerkenswert ist, daß *im Eidotter und in der Milch Arsen* nachzuweisen ist. Im Ei von Huhn, Gans und Ente fand Bertrand[64] stets Arsen, am meisten im Dotter und in der Eischalenhaut. Der Arsengehalt verschiedener Eier war ihrem Gewicht nicht proportional.

Tabelle 68. Arsen im Tierkörper.

1 kg frische Substanz enthält mg As		1 kg frische Substanz enthält mg As	
GAUTIER:		I. BANG:	
Muskel (Rind)	0,006—0,008	Muskel (Rind)	0,1—0,2
(Kalb)	0,006—0,01	(Huhn)	0—0,2
(Makrele)	0,025	Leber (Rind)	0
(Languste)	0,027	Niere (Rind)	0
Federn	0,003	Hering	0,4
Hoden (Stier)	0,006	Dorsch	0,5—4,1
Schilddrüse (Hammel)	0,50	Hecht	0,1—0,34
Eidotter	0,005	Milch	0,01—0,02
Eierklar	0		
Milch	0,0008		
Blut	0		

Der *Arsengehalt der Milch* wird durch Verfütterung von Arsen nur unbedeutend vermehrt, selbst wenn monatelang größere Dosen verfüttert werden, wie Versuche an Kühen (HERTWIG[362], SELMI[817], SPALLANZANI und ZAPPA[839], BLOEMENDAL[88]), Schafen (HERTWIG), Ziegen (BLOEMENDAL) und Kaninchen (ROUSSIN[745], BRONARDEL und POUCHET[116]) übereinstimmend gezeigt haben. Dem widerspricht indessen die Angabe von FRÖHNER[262], daß ein 14 Tage altes Saugfohlen 12 Stunden nach Aufnahme von Arsenik durch die Mutterstute erkrankte und starb.

Im Blute ist kein Arsen gefunden worden. Hinsichtlich der chemischen Natur der Arsenverbindungen im Tierkörper macht SADOLIN[753a] die Angabe, daß bei Fischen, z. B. in der *Leber* und im Muskel des Dorsches, ätherlösliche Arsenverbindungen vorliegen. Mit dem *Leberfett* geht Arsen auch in den *Tran* über. Beim Dorsch war in der Leber mehr Arsen als im Muskel vorhanden.

Als Quelle des Arsens im Tierkörper ist der *Boden* anzusehen, aus dem die Pflanze es aufnimmt. Es gelangt dann in den Pflanzenfresser und schließlich in den Fleischfresser. Das *Arsen im Körper der Fische* stammt aus dem *Meerwasser*, das nach GAUTIER[273] an der Küste der Bretagne 0,009 mg anorganisches und 0,008 mg organisches Arsen pro Liter enthält. Von den Fischen wird es vermutlich auf dem Umwege über Plankton und Algen aufgenommen. Weitere Quellen sind *Trinkwasser* und *Kochsalz*, ferner der Steinkohlenrauch, da nach THOMSON[889] die englische Steinkohle arsenhaltig ist.

Die Resorption des Arsens scheint leicht vonstatten zu gehen, was dadurch nachzuweisen ist, daß Zufuhr arsenhaltiger Nahrungsmittel ziemlich rasch zu einer Vermehrung des Harnarsens Anlaß gibt.

Ältere Untersuchungen über den *Arsengehalt des Harns*, die sich auf menschlichen Harn erstreckten, ergaben verschiedene Resultate. BLOEMENDAL[88], THOMSON u. a. fanden Arsen, dessen Herkunft sie auf Arsenvorkommen im Hausgerät, in der Luft von Fabrikstädten usw. zurückführten. IVAR BANG[35] fand bei zahlreichen Personen 0—0,2 mg As pro Liter Harn. Nach Darreichung von Fisch stiegen die Werte bis auf 0,7 mg. Das normale Harnarsen dürfte daher der Nahrung entstammen.

Im Tierversuch zeigte HEFFTER[350], daß per os zugeführtes Arsen z. T. durch den Harn, z. T. auch mit dem Kote ausgeschieden wird, ein Teil aber im Körper retiniert wird. Injiziertes Arsen wird nach ALMQUIST und WELANDER[14] nur durch den Harn und Schweiß, nicht durch den Darm ausgeschieden.

Ähnliche Versuche an Hunden, Kaninchen und Menschen sind von HAUSMANN[349], CLOETTA[145], SALKOWSKI[757], BLOEMENDAL[88], NISHI[656] u. a. ausgeführt worden. I. BANG[35] fand bei Menschen 25—63 % der eingenommenen Menge im Harn wieder. Weinbergschnecken erzeugen nach STICH[858] arsenhaltige knoblauchartig riechende Gase.

Das zugeführte und *im Körper retinierte Arsen* findet sich nach übereinstimmenden Angaben zahlreicher Untersucher vor allem in der Leber, in geringerer Menge in Niere, Knochen, Muskeln und Gehirn (Blarez und Denigès[83], Underhill[908], I. Bang[35], Dutcher und Steel[191]). Auch in den Haaren wird es abgelagert.

Auf Grund des eingehenden Studiums, das das Arsenvorkommen im Tierkörper gefunden hat, läßt sich ein Urteil über seine *biologische Bedeutung* abgeben. Fast alle Autoren sind sich darin einig, daß dem Arsen *keine lebenswichtige Rolle im Tierkörper* zukommt. Es ist vielmehr als zufälliger Begleiter der lebenden Substanz zu betrachten, der sein regelmäßiges Vorkommen in organischen Substanzen lediglich seiner weiten Verbreitung im Boden und im Meerwasser verdankt.

Giftwirkung des Arsens. Das Arsen ist vor allem vom pharmakologischen und toxikologischen Standpunkt von Interesse. Es wird ihm eine *günstige Wirkung auf die Blutbildung* zugeschrieben, ohne daß indessen das vorliegende Versuchsmaterial zu dieser Annahme berechtigt. Nach vielfachen Untersuchungen an Menschen und Tieren ist vielmehr meist eine *Verminderung der Blutkörperchenzahl* nach Arsenmedikation zu konstatieren (Biernacki[80], Zwetkoff[996], Isaacs[406], Saneyoshi[762]). *Vermehrungen der Blutkörperchen* haben Reich[719] bei Hühnern, Neuschloss[652] bei Kaninchen, Hofmann[389] bei Hunden und Kaninchen beobachtet. Andere Autoren fanden das Blutbild durch Arsen überhaupt unbeeinflußt. Seit jeher gilt das Arsen, in Form von Arsenik As_2O_3 verfüttert, als Mittel, um Wachstum und Ernährungszustand der Tiere günstig zu beeinflussen. Gies[281] konnte in Versuchen an Kaninchen, Hähnen und Schweinen zeigen, daß unter der Arsenverfütterung Längenwachstum der Knochen und Gewichtszunahme, namentlich *Fettansatz* sehr günstig beeinflußt waren. Auch die Jungen von arsengefütterten Eltern waren übernormal groß, kamen indessen sämtlich tot zur Welt. Das Fell der Arsentiere war schöner und glänzender als das der Kontrolltiere. Ähnliche Erfahrungen haben Spallanzani und Zappa[839] an *Kühen, Schweinen und Schafen* gemacht. Andererseits ist auch über negative Resultate bei jungen Hunden berichtet worden (Stockmann und Greig[862]).

Die *günstige Wirkung des Arsens auf die Gewichtszunahme* wird gewöhnlich als Hemmung der Oxydationsprozesse gedeutet (Kramar und Tomcsik[474]). Bekannt ist der Versuch Weiskes[939] mit Hammeln, die auf Arsenikgaben bis zu 0,1 g eine Verminderung der Stickstoffausscheidung zeigten. Die Unterschiede waren allerdings gering.

Arsenikvergiftungen bei den Nutztieren sind recht häufig, wie die reichhaltige Kasuistik Fröhners[262] zeigt. Unzweckmäßige Verwendung von Medikamenten, durch Hüttenrauch beschädigtes Futter und viele Zufälle, auch böswillige Absicht, spielen eine Rolle.

Viel erörtert ist die Frage, ob eine *Gewöhnung an Arsen* möglich ist. Nach der heutigen Annahme kommt Gewöhnung dadurch zustande, daß die Darmschleimhaut der lokal entzündungserregenden Wirkung des gepulverten Arseniks gegenüber resistenter wird, so daß verhältnismäßig weniger Arsen resorbiert wird (Joachimoglu[418], Keeser[438]). Gegenüber gelösten Arsenverbindungen findet dagegen keine Gewöhnung statt.

XVIII. Vanadium.

Nur kurz zu erwähnen ist das *Vanadium*, das von Henze[360] im Blute von Ascidien aufgefunden wurde. Die Blutkörperchen von Phallusia Mamillata und anderen Ascidien reagieren außerordentlich sauer, die saure Reaktion ist durch freie Schwefelsäure bedingt, die in einer Konzentration von etwa 3 % vorkommt.

Nach Plasmolyse der Blutkörperchen wird eine braune Lösung des Chromogens erhalten, das in trockenem Zustande ein schwarzblaues Pulver mit 8,62—10,36 % Vanadium darstellt. In der braunen Lösung liegt das Metall in der Oxydulstufe vor, die bei neutraler Reaktion in die blaue Oxydstufe übergeht. Bei höheren Tieren ist über Vorkommen und Funktionen des Vanadiums nichts bekannt.

XIX. Schwefel.

Der Schwefel kommt im Tierkörper im wesentlichen als *Bestandteil der organischen Substanz* vor. Wenn er trotzdem im Kapitel Mineralstoffwechsel behandelt wird, so hat dies mehrere Gründe: *Anorganische Schwefelverbindungen*, Sulfate, sind regelmäßig im *Glührückstand der tierischen Substanzen* enthalten, auch bei den Oxydationsprozessen im Organismus werden die organischen Schwefelverbindungen zu einem großen Prozentsatz mineralisiert und erscheinen als *anorganische Sulfate im Harn*. Infolge dieser sich im intermediären Stoffwechsel abspielenden Vorgänge, bei denen organischer oder Neutralschwefel in Schwefelsäure übergeführt wird, greift der Schwefel energisch in den Säure-Basenhaushalt des Tierkörpers ein und gewinnt so *Einfluß auf den gesamten Mineralstoffwechsel* (vgl. S. 228). Schließlich ist die Zahl der *Schwefelverbindungen des Tierkörpers* so groß, und kommen sie in so verschiedenen Gruppen von Baustoffen der tierischen Substanz vor, daß eine einheitliche Behandlung im Rahmen des Eiweiß-, Fettstoffwechsels usw. kaum durchführbar erscheint.

Die *Schwefelverbindungen des Tierkörpers* sind teils Salze und Ester der Schwefelsäure H_2SO_4, teils Abkömmlinge des Schwefelwasserstoffs bzw. Verbindungen, in denen die Sulfhydrylgruppe (— SH) enthalten ist. Daneben kommen Salze der Sulfocyansäure, HCNS, Thioschwefelsäure $H_2S_2O_3$, Dithionsäure $H_2S_2O_6$ und andere in tierischen Geweben, Flüssigkeiten und Ausscheidungen vor.

Im *Eiweiß* ist Schwefel in Form der schwefelhaltigen Aminosäure *Cystin* enthalten.

$$
\begin{array}{ll}
CH_2 \cdot S \overline{\qquad\qquad} S \cdot CH_2 \\
\mid \qquad\qquad\qquad\quad \mid \\
CHNH_2 \qquad\qquad\;\; CHNH_2 \\
\mid \qquad\qquad\qquad\quad \mid \\
COOH \qquad\qquad\;\; COOH
\end{array}
$$

Cystin

Ob sonstige Schwefelverbindungen im Eiweißmolekül vorkommen ist noch zweifelhaft. MUELLER[624] isolierte aus Casein und anderen Proteinen eine schwefelhaltige Aminosäure, Methionin, deren Konstitution von BARGER und COYNE[37] ermittelt wurde und die von den Autoren als primäres Spaltprodukt des Eiweiß angesehen wird.

Als *Sulfatide* werden Schwefel und Fettsäuren enthaltende *Bestandteile des Gehirns* bezeichnet, die Schwefelsäure esterartig gebunden enthalten (KOCH[458], LEVENE[508]).

In *Knorpel und Knochen*, ferner in geringer Menge im Harn, findet sich die *Chondroitinschwefelsäure*, die außer esterartig gebundener Schwefelsäure Glykosamin, Glykuronsäure und Acetylgruppen enthält, deren Konstitution indessen nicht restlos geklärt ist. Der Chondroitinschwefelsäure ähnlich, mit ihr jedoch nicht identisch, ist die *Glykothionsäure*, die in Mucinstoffen, Leber, Niere, Milchdrüse usw. gefunden wurde. Als Spaltprodukt von Eiweißstoffen wurde *Methylsulfosäure* isoliert. Möglicherweise entsteht sie bei der Verarbeitung des Eiweißes

$$
\begin{array}{l}
HO \\
\qquad\!\!\diagdown SO_2 \\
CH_3 \diagup
\end{array}
$$

Methylsulfosäure

aus Cystin. Beim oxydativen Abbau des Cystins im Tierkörper, ebenso in vitro
beim Erhitzen von Cysteinsäure, einem Oxydationsprodukt des Cystins, unter
Druck entsteht *Taurin*, das *als Bestandteil der Taurocholsäure in der Galle* ent-

$$CH_2 - NH_2$$
$$|$$
$$CH_2 - HSO_3$$

Taurin

halten ist. Durch Zufuhr von Cystin und Cholsäure konnte beim Hunde vermehrte Ausscheidung von Taurocholsäure erzielt werden (Bergmann[59], Foster,
Hooper, Whipple[254]). Taurin findet sich auch im Extrakt der Lunge und Niere
des Rindes, im Muskel niederer Tiere und Fische. *Taurocarbaminsäure* kommt als
Bestandteil des Harnes in geringer Menge vor.

$$CH_2 - NH - CO - NH_2$$
$$|$$
$$CH_2 - HSO_3$$

Taurocarbaminsäure

Als *Ätherschwefelsäuren* werden Stoffe bezeichnet, die im Körper aus aromatischen Substanzen durch Veresterung mit Schwefelsäure gebildet werden. Die
fraglichen aromatischen Substanzen entstehen im Darm bei der bakteriellen Zersetzung von Eiweißstoffen, sie werden resorbiert, durch die Paarung mit Schwefelsäure entgiftet und gelangen mit dem Harn als Ätherschwefelsäuren zur Ausscheidung. In geringer Menge finden sie sich auch in der Galle und im Schweiße,
so auch im Wollschweiß der Schafe. Besonders reichlich sind Ätherschwefelsäuren im Harn der Pflanzenfresser enthalten, da deren Nahrung reich an Substanzen mit aromatischem Kern ist. In Frage kommen vor allem die Ester von
Phenol, Kresol, Brenzkatechin, Hydrochinon und Indoxyl (vgl. C. Brahm, dieses
Handbuch Bd. 2, S. 9). Ein von Neuberg und Mitarbeitern[644] entdecktes Ferment, *Sulfatase*, ist imstande, die Ätherschwefelsäuren zu zerlegen, wobei Schwefelsäure abgespalten wird.

Methylmercaptan $CH_3(SH)$ und andere Mercaptane werden bakteriell im
Darme gebildet, resorbiert und im Harn ausgeschieden. Mercaptane finden sich
auch im Drüsensekret des Stinkdachses (Beckmann[49]).

Salze der *Thioschwefelsäure* $H_2S_2O_3$ sind im Katzen- und Hundeharn, bei
Kaninchen nach Fütterung mit Weißkohl, gefunden worden (Salkowski[759]).

Rhodanwasserstoff HCNS ist *als Bestandteil des Speichels* bekannt, fehlt hier
aber bei Hund und Pferd (Munk[628]). Er kommt ferner im Harne (Munk[628],
Gescheidlen[279a]), im Magensaft von Hund und Katze (Nencki[639]) und in der
Milch vor (Musso[629], Bruylants[118]). Auch in manchen Organen, Leber und
Speicheldrüsen des Rindes, ist er vorhanden (Kahn[430]). Die Leber scheint die
Bildungsstätte des Rhodanwasserstoffs im Tierkörper zu sein.

Hochmolekulare Schwefelverbindungen, die im Harn vorkommen, sind
Oxyproteinsäuren, Uroferrinsäure u. a. Man faßt sie als Produkte eines unvoll-
ständigen Abbaues von Eiweißstoffen auf. *Anorganische Sulfate* kommen im
Tierkörper nur in Spuren vor. Bei niederen Tieren findet sich Calciumsulfat in
den Gerüstsubstanzen. Freie Schwefelsäure ist im Speichel der Schnecke Dolium
Galea (Bödecker und Troschel[92]) und in den Blutkörperchen der Ascidien
(Henze[360]) enthalten.

Zur Bestimmung des Gesamtschwefels in tierischen Organen kommt vor allem die
Methode von Wolf und Oesterberg[975] in Frage, bei der die Substanz mit Salpetersäure
verascht wird. Aussichtsvoll sind auch die Methoden von Rossenbeck[744] und Tschopp[904],
bei denen mit Salpetersäure und Perhydrol im geschlossenen System verascht wird. Für die
Bestimmung im Harn ist die Methode von Benedict[56] geeignet. Die trockene Veraschung
im Tiegel kommt für die Bestimmung des Schwefels nicht in Frage, da unvollständig oxy-
dierter Schwefel zu Verlust geht.

Über den *Schwefelgehalt tierischer Organe und Flüssigkeiten* orientiert die folgende Übersicht (Tabelle 69).

Tabelle 69. Schwefel in tierischen Organen.

	1 kg frische Sub- stanz enthält g			1 kg frische Sub- stanz enthält g	
	Wasser	S		Wasser	S
Knochen (Rind)	—	0,2	Gehirn (Kind)	764	—
Knorpel (Haifisch)	742	1,3	Gesamt-Schwefel	—	4,80
Federn (Huhn)	—	23,0	Protein-Schwefel	—	2,98
Horn (Rind)	—	34,0	Lipoid-Schwefel	—	1,05
Muskel (Rind)	758	2,0	Neutral-Schwefel	—	0,43
Leber (Mensch)	840	1,07	Anorganischer Schwefel .	—	0,34
Lunge (Mensch)	804	1,86	Milch	—	0,30
			Ei	732	2,04

Es muß jedoch betont werden, daß diese Werte z. T. sehr unsicher sind, da sie teilweise mit älteren Methoden erhalten wurden. Man kann erkennen, daß Knochen sehr arm an Schwefel sind, der der Chondroitinschwefelsäure entstammen dürfte. *Keratinreiche Gebilde, Haare, Horn, Federn* enthalten viel Schwefel, der hier im wesentlichen in Form von Cystin vorliegt.

Bezüglich der *anorganischen Sulfate* im Blute geben GÜRBER[312] und DE BOER[93] 6—8 mg pro 100 cm³ beim Pferde an. DENIS[172] fand Werte von 1,8—4 mg bei Rind, Pferd und Schaf. Im Serum des Pferdes bestimmte BROWINSKI[117] 9,55 bis 12 mg pro 100 cm³. Für menschliches Serum geben HEUBNER und MEYER-BISCH[372] 8 mg an.

Bezüglich des *Nicht-Proteinschwefels im Blute* geben DENIS und REED[174] außer methodischen Angaben die folgenden Zahlen (Tabelle 70).

Tabelle 70. Nicht-Proteinschwefel im Blute (nach DENIS und REED[174]).

	mg S in 100 cm³ Blut als				mg S in 100 cm³ Blut als		
	Anorg. Sulfat	Äther- schwe- fels.	Neutral- S		Anorg. Sulfat	Äther- schwe- fels.	Neutral- S
Hund	3,64	4,65	3,58	Rind	2,576	3,6	2,412
	2,02	4,59	3,47	Ziege	11,28	5,6	7,08
	3,08	3,08	2,576		6,48	0,672	5,696
Rind	2,35	3,274	1,666	Kaninchen	0,533	2,007	4,96

Resorption des Schwefels. Infolge der Mannigfaltigkeit der Schwefelverbindungen in der Nahrung läßt sich Allgemeines über die Schwefelresorption schwer sagen. Da die wichtigste Schwefelquelle des Körpers das Eiweiß der Nahrung ist, geht die Resorption des Nahrungsschwefels im wesentlichen mit der der Eiweißstoffe Hand in Hand. Anorganische Sulfate, in der Nahrung ebenso selten wie im Tierkörper, kommen im Vergleich dazu kaum in Betracht, es sei nur bemerkt, daß die Resorptionsgeschwindigkeit der Sulfate erheblich geringer ist als die der Chloride.

Die *Ausscheidung des Schwefels* erfolgt, ebenso wie beim Stickstoff, ganz überwiegend durch die Niere. Man findet zwar *im Kote Schwefel*, der in dem anaeroben Milieu des Dickdarms z. T. zu Schwefelwasserstoff reduziert ist und in Sulfidform, zum Beispiel als FeS erscheint; dieser Anteil entspricht teils dem unresorbiert gebliebenen Schwefel, teils mag er den Darmsekreten entstammen. So wird die Taurocholsäure im Darm in ihre Komponenten gespalten, die man unter Umständen im Kote nachweisen kann. Die Hauptmenge der Gallensäuren wird jedoch wieder resorbiert und der Leber zugeführt, derart, daß ein Kreislauf entsteht. Die durch den Darm abgeschiedenen Schwefelmengen dürften im allgemeinen so klein sein, daß man den *Harnschwefel* ohne weiteres *als Maß des Schwefelumsatzes* betrachten kann. Man hat daran gedacht, *den Schwefelumsatz für die Bestimmung des Eiweißstoffwechsels heranzuziehen*, den man gewöhnlich nach dem Stickstoffumsatz beurteilt. Zweifellos ist der gesamte Stickstoffumsatz ebensowenig auf Eiweiß allein zu beziehen wie der Schwefelumsatz. Wenn man den Stickstoff- und Schwefelgehalt der Eiweißstoffe vergleicht (Tabelle 71), so erkennt man, daß der Stickstoffgehalt konstanter ist.

Tabelle 71. N- und S-Gehalt der Eiweißstoffe (nach Kahn u. Goodridge 488 a).

	100 g Eiweiß enthält g		Eiweiß: N	Eiweiß: S
	N	S		
Pflanzliches Eiweiß:				
Amandin	18,90	0,429	5,29	233
Vignin	17,25	0,426	5,80	235
Legumin	18,04	0,385	5,54	259
Zein	16,13	0,600	6,20	167
Glycinin	17,47	0,710	5,72	141
Hordein	17,21	0,847	5,80	118
Edestin	18,65	0,880	5,36	113
Bynin	16,26	0,840	6,15	119
Gliadin	17,66	1,027	5,66	97
Excelsin	18,30	1,086	5,46	92
Leucosin	16,80	1,280	5,95	78
Tierisches Eiweiß:				
Globin	16,89	0,420	5,92	238
Fibrin	16,91	1,100	5,91	91
Serumglobulin (Pferd)	15,85	1,110	6,31	90
Fibrinogen	16,66	1,250	6,00	80
Myosin	16,67	1,270	6,00	79
Ovalbumin	15,51	1,616	6,44	62
Lactalbumin	15,77	1,730	6,34	58
Serumalbumin (Pferd)	15,93	1,930	6,27	52
Oxyhämoglobin (Pferd)	17,38	0,380	5,76	263
Casein	15,78	0,888	6,33	125
Ovovitellin	16,23	1,028	6,16	97

Während der Quotient $\frac{\text{Eiweiß}}{\text{N}}$ bei animalischen Eiweißstoffen nur zwischen 5,67 und 6,44 schwankt, so daß man mit Hilfe des bekannten Faktors 6,25 die Eiweißmenge aus dem Stickstoff berechnen kann, schwankt der entsprechende Faktor für Schwefel zwischen 52 und 263. Unter der Voraussetzung, daß der Stickstoff- und Schwefelumsatz im wesentlichen auf Eiweiß zu beziehen ist, ist daher der Stickstoffumsatz besser geeignet, die wahren Verhältnisse im Eiweißhaushalt wiederzugeben.

Im *Gesamtumsatz* treten solche Schwankungen natürlich viel weniger in Erscheinung, da im Körper immer eine große Anzahl der verschiedenartigsten Stickstoff- und Schwefelverbindungen umgesetzt wird. Das Verhältnis $\frac{\text{N}}{\text{S}}$ ist dann verhältnismäßig konstant.

So finden wir in den Versuchen von Forbes und Mitarbeitern[246] die folgenden Werte für die Stickstoff- und Schwefelbilanz (Tabelle 72).

In der Nahrung ist etwa 11 mal soviel Stickstoff wie Schwefel, die ungefähr in demselben Verhältnis auch angesetzt wurden. Nur in einigen Versuchsperioden ist der Stickstoffansatz verhältnismäßig kleiner, so daß das Verhältnis der an-

Tabelle 72. N- und S-Bilanz (Schwein) (nach Forbes und Mitarb.[246]).
Mittelzahlen pro Tier und Tag

Nahrung	Gewicht	N		S		N : S	
		Nahrung	Ansatz	Nahrung	Ansatz	Nahrung	Ansatz
	kg	g	g	g	g	g	g
Mais, Soja	52	37,352	11,717	3,227	1,044	11,5	11,2
Mais, Leinkuchen . .	64	41,352	11,361	3,759	1,346	11,0	11,0
Mais, Weizenkleie . .	71	41,286	12,909	3,664	1,068	11,2	12,1
Mais, Fleischmehl . .	78	40,420	8,007	3,631	1,444	11,1	5,5
Mais, Magermilch . .	86	41,925	11,366	3,747	1,503	11,2	7,5
Mais	94	24,266	5,090	2,571	0,766	9,5	6,6
Reiskleie, Weizen . .	97	31,480	9,044	2,863	1,038	11,0	8,7

gesetzten Mengen N/S abnimmt. Interessante Verhältnisse ergeben sich, wenn der Eiweißansatz sich vorwiegend auf einen schwefelreichen Eiweißstoff bezieht, wie das bei mausernden Hühnern der Fall ist, die ihren ganzen Eiweißhaushalt auf die Produktion des schwefelreichen Federkeratins einstellen.

Wie aus der Tabelle 73 hervorgeht, ist die *Relation N/S im Futter und in den Eiern des Huhns* fast gleich, in den *Federn* entsprechend ihrem hohen Schwefel-

Tabelle 73.
N : S in der Nahrung (Huhn) (nach Lintzel, Mangold und Stotz[563a]).

	1 kg frische Substanz enthält g		
	N	S	N : S
Futter (Mais und Weichfutter)	14,7	1,39	10,6
Eier	17,9	1,73	10,3
Federn	144,4	22,6	6,4

gehalt aber wesentlich kleiner. Vorausgesetzt, daß das Tier im Körpergleichgewicht ist, muß es daher für die *Eierproduktion* Stickstoff und Schwefel im Verhältnis 10,3 : 1 assimilieren, in der *Mauser* dagegen im Verhältnis 6,4 : 1. In Tabelle 74 ist die *Stickstoff- und Schwefelbilanz eines mausernden Huhnes* dargestellt.

Der Stickstoff- und Schwefelgehalt der gelegten Eier in der Vorperiode ist hier der Ausscheidung zugezählt, dann ist ungefähr Stickstoff- und Schwefelgleichgewicht vorhanden, in der Nachperiode findet Körperzunahme statt, N/S ist hier etwa 11,5. In der Mauserzeit ist die Relation N/S deutlich kleiner, und nimmt Werte an, die dem der Federn entsprechen. Diese *Verschiebung der N/S-Relation* kommt zustande einerseits durch Verringerung des Stickstoffansatzes bzw. vermehrte Stickstoffausscheidung, andererseits durch Erhöhung des Schwefelansatzes. Der Stickstoffansatz war hier offenbar durch den Schwefel- bzw. *Cystingehalt der Nahrung* limitiert, indem Cystin in das Minimum gekommen war. Durch Zufuhr eines *cystinhaltigen Hornhydrolysates* konnte in Parallelversuchen der Stickstoff- und Schwefelansatz erheblich gesteigert werden. Es stimmen diese Verhältnisse gut zu der Beobachtung von Ackerson, Blish und Mussehl[6], daß die endogene Stickstoffausscheidung bei Hühnern bei stickstofffreier Kost in der Mauser vermehrt ist. Sie nehmen einen gesteigerten Abbau von Körpereiweiß an, durch den Cystin für die Bildung des Federkeratins verfügbar gemacht wird. Durch Zufuhr von Cystin vermochten Ackerson und Blish[7] die endogene Stickstoffausscheidung auf normale Werte herabzudrücken.

Es ist durch diese Versuche gezeigt worden, daß die *biologische Wertigkeit des Nahrungseiweiß* bzw. des körpereigenen Eiweiß *in der Mauserzeit* geringer ist als unter sonstigen Verhältnissen. Geht man von der Annahme aus, daß die bio-

Tabelle 74.

N- und S-Ansatz (mauserndes Huhn) (nach Lintzel, Mangold und Stotz[563]).

5-tägige Periode	N		S		N:S		Bemerkungen
	Nahrung g	Ansatz g	Nahrung g	Ansatz g	Nahrung g	Ansatz g	
1	5,89	0,21	0,557	0,007	—	—	Anf. gew. 1910 g
2	5,89	0,09	0,557	0,0	10,6	14,6	1 Ei
3	5,89	1,11	0,557	0,102	—	—	2 Eier
4	5,89	0,36	0,557	0,012	—	—	
5	5,89	1,10	0,557	0,117	10,6	9,4	Beginn der Mauser
6	5,89	1,66	0,557	0,189	10,6	8,8	
7	5,89	1,29	0,557	0,152	10,6	8,5	
8	4,49	1,55	0,431	0,211	10,4	7,4	frißt weniger
9	4,79	1,59	0,467	0,236	10,2	6,7	
10	5,34	1,60	0,512	0,197	10,4	8,1	
11	4,89	1,77	0,470	0,246	10,4	7,2	
12	4,92	1,37	0,471	0,277	10,4	4,9	
13	4,81	1,52	0,468	0,308	10,5	4,9	
14	5,01	1,69	0,480	0,194	10,4	8,7	
15	4,68	1,30	0,470	0,250	10,0	5,2	
16	4,23	1,03	0,400	0,193	10,6	5,3	Ende der Mauser
17	5,89	2,41	0,557	0,209	10,6	11,5	frißt gut
18	5,89	2,23	0,557	0,198	10,6	11,3	
19	5,89	2,19	0,557	0,190	10,6	11,5	Endgewicht 1880 g

logische Wertigkeit eines Eiweißstoffes in erster Linie durch das Verhältnis derjenigen Aminosäuren, die im Tierkörper nicht synthetisiert werden können, bestimmt ist, so wäre hier das *Cystin der entscheidende Faktor*. Von ähnlichen Gesichtspunkten ausgehend hat N. Zuntz[994] die Verfütterung von cystinreicher Hornsubstanz an Schafe zur Förderung der *Wollproduktion* mit günstigem Erfolge durchgeführt. Da Keratin unverdaulich zu sein scheint, verwendete er ein künstlich aufgeschlossenes Material.

Der Nachweis, daß *Cystin vom Tierkörper nicht synthetisiert* werden kann, ist insofern erbracht, als bisher keine Schwefelverbindung gefunden wurde, die das Cystin der Nahrung zu ersetzen vermochte. Zwar hatte Mitchell[615] auf Grund von Versuchen mit Mäusen angegeben, daß Taurin, das aus Cystin im Körper gebildet wird, auch zu Cystin zurückgebildet werde, doch wurde diese Angabe durch die Versuche von Lewis und Lewis[505], Beard[44] und Rose und Huddlestun[740] an Ratten und Mäusen nicht bestätigt. Auch das Dianhydrid von Dialanylcystin, sowie Cysteinsäure konnten das Cystin in der Nahrumg nicht ersetzen, während cystinhaltige Peptide voll wirksam waren (Lewis und Lewis[505]). Ebensowenig konnten Disulfidsäuren wie Dithioglykolsäure und Dithiodipropionsäure Cystin ersetzen (Westermann und Rose[951]), obgleich diese Stoffe die typische S—S-Konfiguration des Cystins aufweisen. Angesichts dieser Befunde muß es schon als höchst *unwahrscheinlich* gelten, *daß der tierische Körper anorganischen Schwefel zur Cystin- und Eiweißsynthese verwerten kann*. Man könnte sich aber vorstellen, daß Sulfate die Oxydation von Cystin im Organismus hemmen und so als *Cystinsparer* wirken. Eine derartige Wirkung hat sich jedoch nicht nachweisen lassen (Daniels und Rich[165]). Lewis und Lewis[505] verfütterten 0,08—1% *Schwefelblüte* an Ratten zu cystinarmer Nahrung. Eine Wirkung im Sinne der Cystinersparnis ergab sich dabei nicht. Wohl aber zeigte sich eine toxische Wirkung des elementaren Schwefels. 0,5% S in der Nahrung verzögerten das Wachstum, 1% waren tödlich. Im Darm wurde *Schwefelwasserstoff* gefunden, dessen Bildung bacteriellen Ursprungs sein mochte.

Auch unter normalen Bedingungen wird H_2S im Dickdarm aus unresorbierten organischen Schwefelverbindungen auf bacteriellem Wege gebildet, ebenso aus Sulfaten (KOCHMANN[459]) und kann zur Resorption gelangen. Das Blut und jedes Gewebe haben die Fähigkeit, Schwefelwasserstoff rasch zu oxydieren (HAGGARD[318], BECHER[48]). Spielt sich dieser Vorgang bei Gegenwart von Sauerstoff in vitro ab, so wird dabei ein Teil des Blutfarbstoffes unter Eisenabspaltung tiefgreifend zerstört, während Blutfarbstoff bei Abwesenheit von Sauerstoff sehr widerstandsfähig gegen Schwefelwasserstoff ist (LINTZEL[520]).

Der Schwefelwasserstoff wird dabei im Tierkörper zu Schwefelsäure oxydiert (DENIS und REED[175]) und auf diese Weise entgiftet.

Physiologische Bedeutung der Sulfhydrylgruppe. 1921 isolierte HOPKINS aus Hefe, Muskel und Leber eine Substanz, die nach ihren Reaktionen eine Sulfhydrylgruppe, — SH, enthielt und sich als Dipeptid des Cysteins und der Glutaminsäure erwies (QUASTEL, STEWART und TUNNICLIFFE[711]). Zwei Moleküle dieses *Glutathion* genannten Stoffes treten bei milder Oxydation unter Bildung eines Diglutaminylcystins zusammen, wobei die Sulfhydrylgruppen nach dem folgenden Schema reagieren

$$- SH + HS - \; \rightleftharpoons \; - S - S -$$

Dieser Übergang geht im Tierkörper leicht vonstatten und befähigt die Substanz, als Wasserstoffdonator bzw. Acceptor bei Reduktions- bzw. Oxydationsvorgängen zu wirken. Im *Glutathion* besitzt der Tierkörper ein thermostabiles System, das sich in dem Mechanismus der tierischen Oxydationsvorgänge neben die Oxydations- bzw. Dehydrierungsfermente stellen läßt und unabhängig von diesen seine Funktion ausübt.

Das *Glutathion* ist weiterhin *in vielen Geweben*, und zwar in größerer Konzentration in den Drüsen, in geringerer im Muskel, aufgefunden worden. Auch *im Blute* wurde es nachgewiesen, es findet sich hier in den (Tabelle 75) angegebenen Mengen. Im Serum war kein Glutathion nachweisbar.

Tabelle 75. Glutathion im Blute (nach THOMPSON und VOEGTLIN[890]).

	100 g defibr. Blut enthalten mg		100 g Blutzellen enthalten mg	
	SH-Glut.	Gesamt-glutathion	SH-Glut.	Gesamt-glutathion
Hund	20	24	55	79
Ratte	22	30	46	53
Schwein	31	39	70	93
Rind	35	39	73	81
Kalb	36	38	66	74
Schaf	38	41	86	100
Kaninchen	49	54	104	114
Meerschweinchen . . .	49	58	143	151

Eine weitere Substanz, die in Blutkörperchen aufgefunden wurde, ist das *Ergothionein*, das als Bestandteil des Mutterkorns schon länger bekannt ist. Auch das Ergothionein enthält eine Sulfhydrylgruppe.

Vergiftungen von Haustieren mit Schwefelblüte sind nach FRÖHNER[262] häufig beobachtet worden. Die Giftwirkung des Schwefels beruht auf seiner lokal reizenden Wirkung auf die Darmschleimhaut und auf der Bildung von H_2S und äußert sich in Gastroenteritis mit Kolik und Entleerung schwärzlicher, nach Schwefelwasserstoff riechender Massen. Die häufig geübte *Verfütterung von Schwefelblüte an Hühner in der Mauserzeit ist wegen dieser Giftwirkung zu verwerfen, zumal ja der in anorganischer Form dargebotene Schwefel keinesfalls zur Federbildung Verwertung finden kann.*

XX. Fluor.

Die Beobachtung, daß *Fluor in Knochen und Zähnen* enthalten ist, geht auf
Morichini, der es 1803 als Bestandteil des fossilen Elfenbeins entdeckte und auf
Gay-Lussac zurück, der es 1805 auch in Knochen und Zähnen der Tiere der
Gegenwart nachwies. Da man in der Knochenasche stets weniger Säuren gefunden hatte, als den vorhandenen Basen entsprach, glaubte man nun im Fluor
den fehlenden Säurebestandteil gefunden zu haben. „Der Streit, ja man kann fast
sagen der Kampf darüber, ob das Fluor ein wesentlicher Bestandteil der Knochenasche sei, hat mehrere Generationen von Chemikern und Physiologen bewegt"
(Gabriel[264a]). Autoren wie Berzelius, Hoppe-Seyler, Carnot, Zalesky haben
die Frage nach der Menge des Fluors in Knochen und Zähnen diskutiert. In der
Regel wurden zu hohe Werte angegeben. Nach Gabriel[264a], Jodlbauer[420],
Sonntag[838] u. a. kommen in der Knochenasche etwa 0,05—0,30 %, in der Zahnasche 0,2—0,5 % Fluor vor. Neuerdings gibt Trebitsch[903] wieder höhere Werte
an. Bemerkenswert ist der Befund von Zdarek[986], daß die Hälfte des Fluor-
gehaltes des Knochens im Knochenfett enthalten ist. Wesentlich kleinere Mengen
finden sich *in anderen Organen*, wie Gehirn (Horsford[399]), Leber, Niere, Blut usw.
(Zdarek[986], Weissbein und Aufrecht[943]). Ferner ist *Fluor in Milch und Eidotter* (Tammann[876]) enthalten. Nach Gautier und Clausmann[276a] ist Fluor
ein Bestandteil aller Gewebe. Sie geben an in 1 kg ursprünglichen Zähnen
1,8 g F, in Knochen, Epidermis, Haaren, Thymus, Hoden, Blut, Gehirn, Knorpel,
Sehnen, Muskel herab bis 6 mg F, Spuren in Milch, Harn und Kot. Der Fluor-
gehalt soll in Beziehung zum Phosphorgehalt stehen, ohne daß indessen direkte
Proportionalität besteht.

Bezüglich der *Methodik der Fluorbestimmung* in tierischen Organen vergleiche man die
Angaben von Mayrhofer und Wasitzky[583], ferner Trebitsch[903].

Resorption und Ausscheidung. Fluoride gehören zu den am schwersten
resorbierbaren Substanzen. Wie die kleinen, in den Nahrungsstoffen vorkommenden Fluormengen sich im Darmkanal verhalten und in welcher Form sie resorbiert
werden, ist nicht näher bekannt. Die Ausscheidung des Fluors erfolgt durch
Harn und Kot. Nach Gautier[275] häuft sich das Fluor in Haaren, Federn,
Klauen und ähnlichen Gebilden an und wird mit diesen eliminiert.
Funktion des Fluors. Nach Gautier[275] kommt das Fluor bei den Tieren in
zwei Formen mit verschiedener physiologischer Funktion vor. In den Geweben
mit starker Lebenstätigkeit, wie Muskel, Drüsen und Nerven, sowie im Blut soll
es mit Phosphor zusammen in organischen Substanzen gebunden sein und hier die
Fixierung des Phosphors in den Zellen vervollständigen. Dabei soll ein Teil
Fluor 350—370 und mehr Teile Phosphor zu binden vermögen. In Knochen usw.
ist die Relation P/F = 130—180, hier liegt anorganisches Fluor vor. In Geweben, die keine Lebenstätigkeit aufweisen, Klauen, Federn, Haaren usw. schließlich soll das Verhältnis P/F dasselbe wie in mineralischen Fluorphosphaten,
Apatiten, sein.
Giftwirkung. Ebenso wie andere calciumfällende Stoffe hemmen die Fluoride
die *Blutgerinnung* in vitro wie auch, beim lebenden Tier, nach intravenöser
Injektion. Bei chronischer Zufuhr sind sie auch in kleiner Dosis sehr giftig,
1—2 mg pro Kilogramm Körpergewicht und Tag verursachen beim Kaninchen
erhöhte Gerinnbarkeit des Blutes, Thrombenbildung in den Venen, Reizung
des Knochenmarkes (Schwyzer[812]). Die Calcium- und Chlorausscheidung
ist vermehrt. Goldenberg[290] beschreibt durch Fluorzufuhr erzeugten Kropf
und Kretinismus, bekannter ist die Fluorkachexie, die sich in allgemeiner
Abmagerung äußert. Die Knochen mit Fluornatrium gefütterter Hunde

weisen krystallinische Einlagerungen von Fluorcalcium auf und haben infolge davon ein weißes Aussehen.

Fluoride sind auch *für Hefe sehr giftig*, wurden daher als *Konservierungs-mittel für Maische* empfohlen. Nach BRANDL und TAPPEINER[107] ist eine Maische mit 6 : 100000 Teilen NaF ein unschädliches Viehfutter. Da ein Teil, etwa $^1/_2$ des verfütterten Fluors in den tierischen Organen abgelagert wird, muß die Unschädlichkeit des Fleisches dieser Tiere für den Menschen indessen bezweifelt werden.

XXI. Chlor.

Wie NEUBERG und ALBU[13] auseinandersetzten, ist eine getrennte Erörterung des Natrium- und des Chlorstoffwechsels schwer durchführbar, da Natriumionen und Chlorionen in der Nahrung, im Tierkörper und bei der Ausscheidung vielfach parallelgehen. Sie betonen aber zugleich, daß *mit dem Kochsalzstoffwechsel der Chlorstoffwechsel nicht erschöpft* ist, geht doch vielfach, bei der Magensaftsekretion, bei der Chlorretention usw. das Chlor seine eigenen Wege, bzw. zusammen mit anderen Basen wie K und NH_3. Im ganzen entspricht jedoch das Verhältnis Na/Cl im Tierkörper dem Natriumchlorid. Während das Verhältnis Na/Cl im Kochsalz wie $\frac{23,0}{35,5} = 0,65$ ist, findet man im ganzen Tierkörper, der etwa 90 bis 100 g Na und 140 g Cl pro Kilogramm enthält, Na/Cl = 0,6—0,7. Soweit es sich um biologische Vorgänge handelt, bei denen Natrium und Chlor zusammengehen, sind Angaben im Abschnitt Natrium (S. 238) enthalten.

Zur *Bestimmung des Chlors* in tierischen Organen wird nach Zusatz von halogenfreier Soda im Tiegel verascht, in der salpetersauren Aschelösung wird Cl mit Silbernitrat gefällt und gewogen oder nach MOHR titriert. Eine titrimetrische Methode, bei der mit Salpetersäure verascht wird ist von VAN SLYKE[830] angegeben worden. Für die Bestimmung des Chlors im Harn nach VOLHARD ist nur dann eine Veraschung nötig, wenn er eiweißhaltig ist. Sonst säuert man mit Salpetersäure stark an, versetzt mit einer bekannten Menge Silbernitratlösung und filtriert. In einem aliquoten Teile des Filtrates wird mit $n/10$ Rhodankaliumlösung und Eisenammoniakalaun als Indicator der Überschuß des Silbers titriert. Aus der verbrauchten Silbermenge ergibt sich der Chlorgehalt (HOPPE-SEYLER-THIERFELDER[397a]).

Ein einfaches Verfahren zur *Mikrobestimmung* des Chlors im Blute und Plasma ist von AUSTIN und v. SLYKE[28] beschrieben.

Im Tierkörper kommt das Chlor fast ausschließlich in anorganischer Form, als Chlorion vor (RUSZNYÁK[750a]). Es dürfte ein Bestandteil jeder Zelle sein. Nach MACALLUM[553a], der es mit Hilfe histochemischer Methoden nachwies, ist es vor allem in der Intercellularsubstanz, weniger in den Zellkernen enthalten. Der *Chlorgehalt der tierischen Organe und Flüssigkeiten* ergibt sich aus den früher mitgeteilten Tabellen.

Eine Übersicht ist in der Tabelle 76 enthalten, die auf Angaben von NENCKI und SCHOUMOW[640] beruht. Zu den chlorreichen Organen gehören Lunge, Niere

Tabelle 76. Chlor in tierischen Organen (Hund).

	1 kg frische Substanz enthält g			1 kg frische Substanz enthält g	
	H_2O	Cl		H_2O	Cl
Blut	783,3	2,5	Fettgewebe . .	249	0,86
Haut	519	1,67	Rückenmark .	677	0,44
Lunge	773	1,64	Muskel	746	0,38
Milz	772	1,21	Pankreas . . .	678	0,33
Niere	761	1,11	Knochen . . .	152	0,31
Magenschleim-			Knochenmark .	106	0,18
haut	796	0,95	Leber	702	0,14
Gehirn	785	0,93	Harn	—	1,39

und Haut, derart, daß allein in der Haut beim Hunde $^2/_3$ des gesamten Chlors enthalten sind (Walgren[924]). Ausgesprochen chlorarm ist der Muskel. Der *Chlorgehalt der Organe* entspricht z. Z. den darin enthaltenen Flüssigkeiten, Blut und
Lymphe, wie denn nach Langlois und Richet[494] starke Ausblutung des Körpers
den Chlorgehalt der Organe erniedrigt. Sehr chlorreich ist der Selachierknorpel,
der den höchsten Chlorgehalt aller untersuchten tierischen Organe aufweist.
Kalbsknorpel enthält weniger Chlor, Knorpel des ausgewachsenen Schweines
enthält Chlor in der Größenordnung anderer Organe. Über die entwicklungsgeschichtliche Deutung dieser Verhältnisse durch Bunge vgl. S. 241.

Der *Chlorgehalt des Unterhaut- und Nierenfettes* dürfte kaum dem Fett der
Zellen angehören, das die Hauptmasse derartigen Gewebes ausmacht, sondern aus
den bindegewebigen Teilen des Fettgewebes stammen, die demnach sehr chlorreich sein müssen. In der Tat fand Magnus-Lewy[558] in der vorwiegend bindegewebigen Tunica albuginea vom Stierhoden den hohen Chlorwert von 3,32 g/kg.

Der *Gesamt-Chlorgehalt des Tierkörpers* ergibt sich nach Rosemann[741] zu den
folgenden Werten (Tabelle 77).

Tabelle 77. Gesamt-Chlorgehalt des Tierkörpers (nach Hosemann).

	g Cl pro 100 kg		g Cl pro 100 kg
Hund, 4 Tage alt	231	Katze, neugeboren	206
ausgewachsen	112	ausgewachsen	159
Kaninchen, Embryo	208	Maus, ausgewachsen	149
14 Tage alt	135		

Hier zeigt sich, daß der Chlorgehalt des Fetus und des neugeborenen höher
ist, als der des ausgewachsenen Tieres. Rosemann[741] nimmt an, daß der abnehmende Flüssigkeitsgehalt bei zunehmendem Alter mit diesem Befund in Zusammenhang steht, sind doch die Körperflüssigkeiten besonders chlorhaltig.
Ferner weist Hofmeister[391] darauf hin, daß das Gewicht der Haut nicht proportional dem Körpergewicht, sondern in geringerem Maße zunimmt, so daß bei dem
hohen Chlorgehalt der Haut eine Abnahme des Gesamtchlors pro Kilogramm
Körpergewicht beim Wachstum erfolgen muß. Beim chlorreich ernährten, ausgewachsenen Hund gibt Wahlgren[925] 170 g Cl pro 100 kg Körpergewicht an,
Padtberg[676] 137—154 g, Rosemann[741] 112 g. Die von Lawes und Gilbert[497]
ermittelten Werte bei den Haustieren (Tabelle 8) dürften, vielleicht infolge der
Veraschungsmethode, etwas zu niedrig sein.

Resorption des Chlors. Die Chlorverbindungen der Nahrung sind fast ausschließlich leichtlösliche Chloride, die in der Hauptmenge schon durch Wasser
extrahiert werden können. Dies zeigen vielleicht am besten die aus anderen
Gründen unternommenen Versuche von Strigel und Handschuh[867] und Mach
und Lepper[555], die im wäßrigen Extrakt der Futtermittel die gleiche Chlormenge
fanden, wie sie sich nach Veraschung des Materials ergab.

Die Chloride sind, wie zahlreiche früher erwähnte Versuche ergeben hatten
(S. 245), leicht resorbierbar. Die Resorption als Chlorid ist für viele Mineralstoffe
der vorherrschende Fall, werden sie doch durch die Magensalzsäure zum großen
Teil in die Chloride umgewandelt.

Die *Ausscheidung des Chlors* geht im wesentlichen auf dem Nierenwege vonstatten, wobei das Chlorion in der Hauptsache von Natrium, Kalium und Ammoniak begleitet wird. Ferner wird Chlor mit dem Schweiße ausgeschieden. Im
Kote finden sich dagegen nur geringere Chlormengen, die dem nichtresorbierten
Anteil entsprechen, z. T. auch mit den Flüssigkeiten der Darmwand ausgeschieden
und der Rückresorption entgangen sind. Aus diesem Grunde hängt der *Chlor-*

gehalt des Kotes zum großen Teil auch von seiner Konsistenz ab, indem ein wäßriger Kot chlorreicher ist als ein fester.

Einen Überblick über diese Verhältnisse des Chlorstoffwechsels erhält man aus den mehrfach zitierten *Bilanzversuchen* von FORBES und Mitarbeitern[246] *am wachsenden Schwein* (Tabelle 78).

Tabelle 78. Cl-Bilanz (Schwein) (nach FORBES und Mitarb.[246]).
Mittelzahlen pro Tier und Tag.

Nahrung	Gewicht kg	g Cl			
		Nahrung	Harn	Kot	Bilanz
Mais, Soja, 6,387 g NaCl	52	4,753	3,760	0,027	—0,966
Mais, Leinkuchen, 7,485 g NaCl . .	64	5,739	4,630	0,042	+1,067
Mais, Weizenkleie, 7,6 g NaCl . . .	71	5,456	5,019	0,138	+0,299
Mais, Fleischmehl, 7,4 g NaCl . . .	78	9,601	8,725	0,035	+0,841
Mais, Magermilch, 6,62 g NaCl. . .	86	8,148	6,540	0,012	+1,596
Mais, 6,62 g NaCl	94	5,008	4,508	0,031	+0,469
Reis-, Weizenkleie, 5,8 g NaCl . . .	97	5,255	3,709	0,058	+1,489

Entsprechend dem Chlorgehalt des ganzen Tieres muß auch der *Chloransatz* in der Größenordnung von 1 g pro Kilogramm Gewichtszunahme liegen. Gerade beim Chlor sind jedoch Ansatz und vorübergehende Retentionen, die mit Schwankungen des Wasserhaushaltes einhergehen, schwer zu unterscheiden, und Folgerungen können nur aus langdauernden Versuchen, wie den eben beschriebenen, gezogen werden. Bezüglich der Frage nach dem *Chlorbedarf des Tieres in verschiedenen Zeiten des Wachstums* sei auf die bei Behandlung des Natriumstoffwechsels gemachten Angaben verwiesen (S. 246).

Die erwähnte Fähigkeit des Organismus, *bei Kochsalzzufuhr Chlor zu speichern*, ist oft beobachtet worden. WAHLGREN[925] verglich den Chlorgehalt der Organe von Hunden, die konzentrierte Kochsalzlösung mit etwa 4 g Cl intravenös erhalten hatten, mit normalen Organen (Tabell 79).

Tabelle 79. Cl-Speicherung nach NaCl-Injektion (Hund) (nach WAHLGREN[925]).

	1 kg enthält g Cl		
	Normal	Salzversuch	Differenz
Lunge	2,415	3,033	+0,618
Darm	1,662	2,157	+0,515
Blut.	3,085	3,592	+0,507
Haut	3,764	4,178	+0,414
Niere	2,576	2,947	+0,371
Muskel	0,743	0,971	+0,228
Gehirn.	1,847	2,054	+0,207
Leber	1,257	1,440	+0,183
Skelett	1,786	1,950	+0,164

Wie WAHLGREN aus dem absoluten Chlorgehalt der Organe berechnet, wandert das zugeführte Chlor zu $^2/_3$ seiner Menge in Muskel, Darm und Haut ab, der Rest verteilt sich auf die übrigen Organe. Im weiteren Verlaufe treten dann durch vermehrte Chlorausscheidung gewöhnlich innerhalb 24 Stunden wieder normale Verhältnisse ein. Besonders rasch entledigt sich das Blut des Chlorüberschusses.

Bei chlor- bzw. kochsalzarmer Kost geht die Chlorausscheidung rasch herab. So gelingt es beim Hunde, sie bis auf 0,01—0,02 g pro Tag herabzudrücken (FORSTER[253], CAHN[126]). Der Chlorgehalt des Blutes ändert sich dabei kaum, der Organismus spart also bei chlorarmer Kost sein Körperchlor auf. Zwingt man ein derartig behandeltes Tier zu weiterer Chlorabgabe, indem man durch Darreichung von Wasser oder anderen diuretisch wirksamen Stoffen die Harnsekretion steigert, so treten Vergiftungserscheinungen, Schwäche und Lähmung und Tod ein (Grünwald[305]). Nach Bilbao und Grabar[81] tritt dabei neben einer Abnahme des Blutchlors eine Zunahme des Harnstoffs im Blute auf.

Die wichtigste *Folge des Chlormangels ist das Versagen der Salzsäuresekretion im Magen* (Rosemann).

Funktion des Chlors. Neben den regulatorischen, besonders auf die osmotischen Verhältnisse sich beziehenden Funktionen, die das Chlor in Gemeinschaft besonders mit Natrium im Körper ausübt, ist es für die *Magensaftsekretion* von ganz besonderer Bedeutung. Die Magensalzsäure wird in den Drüsen der Magenschleimhaut, und zwar in den sog. Belegzellen gebildet.

Der erste Schritt für die Salzsäurebildung ist nach Rosemann *die Anhäufung von Chloriden in der Magenschleimhaut,* in der er vor Beginn der Magensaftabsonderung den höchsten Chlorgehalt unter allen untersuchten Organen fand. Die Menge der hier gespeicherten Chloride reicht indessen infolge der geringen Masse der Magenschleimhaut bei weitem nicht aus, um die Salzsäureabscheidung in der ganzen Sekretionsperiode zu decken, es müssen daher in demselben Maße, wie HCl produziert wird, weitere Chloridmengen aus dem Blute nachgeliefert werden. Etwa 20% des gesamten Chloridvorrates im Körper sind für diesen Zweck verfügbar. Ist diese Menge verbraucht, so kommt die Salzsäuresekretion zum Stillstand. Die *Bildung der Salzsäure* ist ein Problem, das sich von anderen Sekretionsvorgängen, wie der Abscheidung von Milch oder Harn, prinzipiell nicht unterscheidet. In der Zellflüssigkeit der sezernierenden Zelle sind, wie in jeder wäßrigen Lösung, Wasserstoffionen in geringer Konzentration enthalten, ferner auch Chlorionen. Die Tätigkeit der Drüsenzelle kann man sich so vorstellen, daß sie die Wasserstoffionen, die in ihrem Inneren in geringer Konzentration enthalten sind, gegen eine höhere äußere H-Ionenkonzentration abscheidet, wobei also Konzentrationsarbeit zu leisten ist, wie das auch bei der Tätigkeit anderer Drüsen der Fall ist. Bei der Sekretion des Chlorions ist eine entsprechende Konzentrationsarbeit nicht erforderlich. Die im Inneren der Zelle zurückbleibenden OH-Ionen werden durch H-Ionen neutralisiert, die von den Puffersubstanzen der Zellflüssigkeit geliefert werden. Diese Darstellung ist selbstverständlich rein schematisch, von den eigentlichen Vorgängen, die sich bei der Sekretion der Magensalzsäure abspielen, haben wir ebensowenig einen Begriff, wie von anderen Sekretionsvorgängen im Tierkörper.

Die *im Magen sezernierten Chlormengen* sind für den Organismus nicht verloren. Sie werden zusammen mit den basischen Bestandteilen der Nahrung, des Speichels und der Darmsäfte *wieder resorbiert,* können von neuem zur Bildung von Magensalzsäure dienen und so einen theoretisch unbegrenzten *Kreislauf* durchmachen.

Die Salzsäure findet sich im Mageninhalt in freiem und in gebundenem Zustande. Die *freie Salzsäure,* die eine hohe H-Ionenkonzentration bedingt, kann im Filtrat des Mageninhaltes mittels Kongorot oder Günzburgs Reagenz titriert werden. Die von 100 cm³ Filtrat verbrauchten cm³ n/10-Natronlauge dienen als Maß für die freie Säure. Die *Gesamtacidität* des Magensaftes wird mittels Phenolphthalein als Indicator titriert. Sie umfaßt außer der freien Salzsäure auch die an Peptone *gebundene Salzsäure,* ferner Gärungssäuren wie besonders Milchsäure.

Die Bedeutung der Magensalzsäure liegt einerseits darin, daß sie die günstigste H-Ionenkonzentration für die Wirkung des Pepsins herstellt. Hierbei sind nur die *H-Ionen* der Salzsäure von Belang, und sie kann in dieser Funktion in vitro durch andere Säuren, Milchsäure, Oxalsäure oder Schwefelsäure, ohne weiteres ersetzt werden. Auch im Organismus kann die Pepsinverdauung unter der Wirkung von Gärungsmilchsäure in Gang kommen, wenn die Sekretion der Magensalzsäure sistiert, ja dieser Mechanismus ist beim Pferde im ersten Teil der Magenverdauung das Normale (vgl. Scheunert und Krzywanek, dieses Handbuch Bd. 2, S. 248).

In einer anderen Funktion der Magensalzsäure, die gewöhnlich weniger beachtet wird, ist auch ihre andere Komponente, das Chlorion von Bedeutung. Die *Salze der Nahrung*, soweit sie im Wasser nicht löslich sind, vor allem also Phosphate des Calciums werden *durch die Magensalzsäure in Lösung gebracht*, komplexe Eisensalze werden gespalten. Infolge des Überwiegens der Chlorionen in dem Verdauungsgemisch kann die Hauptmenge der *basischen Bestandteile der Nahrung in Form der Chloride zur Resorption* kommen, die wegen ihrer guten Diffusionsfähigkeit besonders leicht resorbierbar sind.

Schließlich sei die Wirkung der *Magensalzsäure als Antisepticum* erwähnt.

XXII. Brom.

Das *Vorkommen von Brom im Tierkörper* ist schon darum nicht unwahrscheinlich, weil im Tierkörper die anderen Halogene, Fluor, Chlor und Jod enthalten sind, die sonst in der Natur gewöhnlich mit Brom zusammen vorkommen.

Bezüglich der *Methodik des Bromnachweises* ist besonders auf die Schwierigkeit der Trennung der Halogene hinzuweisen. Methodische Angaben finden sich bei Bernhardt und Ucko[60].

Wegen methodischer Mängel können die Angaben von Justus[423] über Bromvorkommen in tierischen Organen nicht diskutiert werden. Pribram[705] erbrachte den Nachweis, daß größere Mengen Brom in menschlichen Organen *nicht vorkommen*. In Verfolg dieser Untersuchungen fand Pillat[696] nur in einigen Fällen Brom in Organen, öfters auch im Harn, wie auch Guareschi[306] ein normales Bromvorkommen im Tierkörper ablehnt, wenngleich er es öfters in *Schilddrüsen* und regelmäßig im *Harn* fand. Positive Befunde werden ferner von Baldi[33] angegeben, der Brom in normalen Schilddrüsen fand, ebenso von Damiens[159], der Brom in Blut und Organen des Hundes nachwies. Neuere Untersuchungen von Bernhardt und Ucko[60] führten zu dem Ergebnis, daß das *Blut* von Menschen, die sicher niemals Brom zu medikamentösen Zwecken zu sich genommen haben, *einwandfrei Brom enthält*. Bei niederen Tieren wurde Brom öfters gefunden. Bei Anthozoen ist Dibromtyrosin im Skelet enthalten (Mörner[621], Stömer[863]), bei der Purpurschnecke handelt es sich um einen bromhaltigen Farbstoff, anscheinend Dibromindigo (Friedländer[260]).

Von besonderem physiologischem Interesse sind die Beobachtungen über die *Verdrängung von Chloriden aus dem Körper durch Bromidzufuhr*. Aus den Versuchen von Nencki und Schoumow-Simanowsky[640] ergab sich nämlich, daß nach Bromnatrium- und Jodnatriumzufuhr beim Hunde *ein Teil der Magensalzsäure durch HBr bzw. HJ ersetzt* wird. Das Brom ersetzt hier das Chlor leichter als das Jod. Ebenso findet sich im ganzen Körper des Tieres, vor allem auch im Blut, ein Teil des Chlors durch Brom ersetzt. Diese Angaben sind später oft bestätigt und erweitert worden.

Das Brom wird vom Körper nur langsam, und zwar durch die Niere ausgeschieden, die *Ausscheidung* durch den Darm ist geringfügig. In Spuren geht zugeführtes Brom auch in die *Milch* über (Rosenhaupt[743]). Die Ausscheidung des Broms durch die Schleimhäute führt zu entzündlichen Veränderungen, die als *Bromismus* bezeichnet werden. Kennzeichen der chronischen *Bromvergiftung* sind Herabsetzung der Erregbarkeit und Lähmungen, die akute Vergiftung führt zu einer Großhirnnarkose. Bromkaliumvergiftungen sind nach Fröhner[262] bei den Haustieren sehr selten.

XXIII. Jod.

Auf die *Bedeutung des Jods für den tierischen Organismus* wurde bereits 1851 durch Chatin[136] aufmerksam gemacht, der auf Grund eingehender analytischer Studien zu der Erkenntnis kam, daß Erkrankungen wie Kropf und Kretinismus in Gegenden unbekannt sind, deren Boden, Wasser und Nahrungsmittel einen gewissen Jodgehalt aufweisen. Das Jod war damit als *lebenswichtiges Element* in seiner wesentlichen Bedeutung erkannt. Die Ergebnisse Chatins wurden damals angezweifelt, von weniger geschickten Analytikern nicht bestätigt und gerieten für Jahrzehnte in Vergessenheit. Die nächste Etappe in der Jodforschung bedeutet die Entdeckung einer *jodhaltigen, biologisch wirksamen Substanz in der Schilddrüse* durch Baumann 1895. In ihrer außerordentlichen Bedeutung für die Entstehung des endemischen Kropfes und Kretinimus wurde die Jodfrage dann durch die umfangreichen Untersuchungen v. Fellenbergs 1923 aufgerollt.

Durch den Zusammenhang mit dem *Problem des menschlichen Kropfes* ist die besondere Beachtung zu erklären, die der Jodstoffwechsel in neuerer Zeit gefunden hat. Gewisse Wirkungen des *Jodmangels auf die Nutztiere* haben auch die Landwirtschaft interessiert. Wenn in diesem Kapitel auch die Tatsachen über die Entstehung des menschlichen Kropfes berührt werden, so geschieht das einesteils, weil diese Befunde auch als Grundlage für die Erscheinungen des Jodmangels der Nutztiere maßgebend geworden sind, andererseits aber, weil Bestrebungen in der Landwirtschaft vorhanden sind, an der Bekämpfung des menschlichen Kropfes durch Produktion geeigneter, mit Jod angereicherter Nahrungsmittel teilzunehmen, wie ja auch sonst der Landwirt unmittelbar in das physische Leben der Menschen, die er mit seinen Erzeugnissen ernährt, eingreift.

Die *Bestimmung des Jods in tierischen Substanzen* erfolgt zweckmäßig nach den Angaben v. Fellenbergs[221]. In ihrer Anwendung auf schwierig zu verarbeitende, namentlich fettreiche Substanzen ist die Methode von Kieferle und Kettner[445] genau beschrieben worden, auf Blut angewendet ist sie am besten von Veil und Sturm[914] dargestellt. Eine Modifikation, die eine Vereinfachung der Methode darstellt, wurde von Leitch und Henderson[506] angegeben.

Bei den meisten Tieren ist die *Schilddrüse das jodreichste Organ.* Hier wies es Baumann[43] bei einer Reihe von Tieren nach. Beim Schwein fand sich nur wenig Jod, auch bei Hund und Kaninchen enthielt die Schilddrüse wenig davon, als jodreich erwies sich das Organ bei Hammel, Pferd und Rind (Roos[738]). Nach Fellenberg[221] findet sich beim Seebarsch kein Jod in der Schilddrüse, auch bei der Forelle waren nur Spuren vorhanden. Dagegen fand sich beim Hundshai ein extrem hoher Wert von 11 mg J pro Gramm Trockensubstanz (Cameron[128]). Beim Menschen wird der normale *Jodgehalt der Schilddrüse* zu 6 mg angegeben (de Quervain[712]), was einem Gehalt von etwa 0,2 g J pro Kilogramm frische Drüse entspricht, doch kommen große Schwankungen vor. Beim menschlichen Embryo und Neugeborenen enthält die Schilddrüse kein Jod oder nur wenig (Maurer[568], v. Fellenberg[221], Maurer und Diez[567]), beim Rinderfetus fand es sich dagegen schon im dritten Monat (Fenger[223]), der Jodgehalt kann hier sogar relativ größer sein als beim erwachsenen Tier. Jahreszeitliche Schwankungen des Jodgehaltes der Schilddrüse wurden von Seidell und Fenger[815] nachgewiesen, Schweine, Katzen und Schafe wiesen im Sommer den höchsten Jodgehalt auf (Fenger[224]). Unterschiede kommen ferner in verschiedenen Gegenden vor. So war der Jodgehalt der Schilddrüsentrockensubstanz bei Schafen im Binnenland 0,07—0,09 %, an der Meeresküste 0,12—0,14 % (Suiffet[872]), während er bei Schafen auf den Orkneyinseln sogar 0,4—1 % betrug (Hunter und Simpson[405]).

Tabelle 80. Jodgehalt der Schilddrüse.

	1 kg Trockensubstanz enthält g J	
Schaf	5,3	CAMERON[129]
Schaf	0,82 —3,2	BENETT[57], HUNT und SEIDELL[404]
Ziege	2,8	CAMERON[129]
Rind	4,8	CAMERON[129]
Meerschwein	0,80 —1,54	CAMERON[129], CHEYMOL und GLEY[138]
Kaninchen	0,048—0,93	LEWIS und KRAUSS[510]
Hirsch	5,6	CAMERON[129]

Bei *weiblichen Tieren* findet sich mehr Jod in der Schilddrüse als bei männlichen, bei denen es nach Kastration erhöht ist. In der *Trächtigkeit* wurde eine Vermehrung des Schilddrüsenjods festgestellt. Nach Exstirpation eines Teils der Schilddrüse reichert sich der zurückgebliebene Rest an Jod an (NAGEL und ROOS[633]).

Im Blute findet sich Jod regelmäßig. Beim Hund wurden 10γ ($1\,\gamma = 0,001$ mg), beim Meerschweinchen 11—$13\,\gamma$, bei der Ziege $12\,\gamma$ in $100\ cm^3$ gefunden (GLEY und CHEYMOL[287]). Unter verschiedenen physiologischen Verhältnissen zeigt der Blutjodgehalt gewisse Schwankungen (VEIL[913]). Im Blute des Menschen fanden VEIL und STURM[514] am Ende des Sommers $12,8\,\gamma$ J in $100\ cm^3$, im Winter $8,3\,\gamma$, also eine Schwankung, die den erwähnten Veränderungen des Jodgehaltes der Schilddrüse entspricht. Eine erhebliche Zunahme des Blutjods konnte MAURER[570] gegen Ende der Schwangerschaft nachweisen. Bald nach der Geburt trat dann ein Absinken unter die Norm ein.

Über den *Jodgehalt sonstiger Organe* bei verschiedenen Tieren orientiert die folgende Tabelle 81 (nach v. FELLENBERG[221], SCHARRER und SCHWAIBOLD[769]).

Tabelle 81. Jodgehalt tierischer Organe.

	1 kg frische Substanz enthält mg J.					
	Schwein	Dän. Stier	Schweiz. Rind	Flußforelle	Seebarsch	Kaninchen
Schilddrüse	—	67,2—228,0	143,5	2,00	0	3,4
Blut	—	0,063	0,064	—	—	—
Muskel	0,076	0,089	0,053	0,0223	0,0204	—
Herz	0,200	0,073	0,073	—	—	—
Leber	0,135	0,057—0,087	0,046	0,866	0,600	0,102
Milz	0,130	0,140	—	—	—	0,30
Hoden	—	0,055	—	—	—	—
Ovarium	—	—	—	1,030	0,124	0,80
Niere	0,067	—	—	—	—	—
Lunge	0,155	—	—	—	—	—
Fett	—	0,065	0,059	—	—	—
Galle	—	—	—	—	—	1,10

Zu erwähnen ist noch, daß in einem Kilogramm *Hühnereier* 0,012—0,080 mg Jod gefunden wurden.

Schon seit langem ist bekannt, daß per os gegebenes Jod in die *Milch* übergehen kann (WÖHLER und HERBERGER[974]). KIEFERLE, KETTNER, ZEILER und HANUSCH[445] zeigten nun, daß *jede normale Milch Jod enthält* (Tabelle 82). Im

Tabelle 82. Jodgehalt der Milch.

	1 Liter Milch enthält γ J
Allgäuer Kühe (Winterfütterung)	16—144
Allgäuer Kühe (Weidegang)	24—36
Simmentaler Kühe (Winterfütterung) . .	16—24
Sammelmilch (Weihenstephan)	28

Durchschnitt ist bei Stall- und Winterfütterung mit einem Jodgehalt von 24 γ pro Liter Milch zu rechnen, bei Weidegang mit 30 γ und in Küstengegenden mit 46—70 γ pro Liter. Rassische Unterschiede traten im Milchjodgehalt bei Allgäuer und Simmentaler Kühen nicht zutage. Während des Rinderns der Kühe trat eine Erhöhung des Milchjodgehaltes auf, indem im Colostrum ein rascher Anstieg von 32 γ auf 272 γ pro Liter auftrat, dem ein gleichfalls rasches Absinken zum Anfangswert folgte. Zweifellos hängen diese Befunde mit den erwähnten Veränderungen des Jodgehaltes in der Schilddrüse und im Blute trächtiger Tiere zusammen. Hohe *Milchjodzahlen* fanden Scharrer und Schwaibold[769] bei *Schafen*, die auf Überflutungsweiden der Nordseeküste lebten. Bei *Kühen* auf gegen Überschwemmung geschützten Marschweiden fand sich dagegen nur etwa 50 % mehr Milchjod als bei den Tieren in Oberbayern und in der Schweiz.

Das Jod kommt im tierischen Organismus in anorganischer Form sowie organisch gebunden vor. Es wird jetzt als sicher angenommen, daß die in der Schilddrüse aus anorganischen Jod aufgebaute organische Jodverbindung es ist, in der das Jod seine gewaltigen Wirkungen auf den tierischen Organismus entfaltet und daß die Funktion der Schilddrüse im wesentlichen darin besteht, die organische Jodverbindung, das *Schilddrüsenhormon*, aufzubauen und an den Organismus abzugeben. Bei der Entdeckung des Jodgehaltes der Schilddrüse gelang es Baumann bereits, ein jodhaltiges Produkt aus der Drüse zu gewinnen, das Thyrojodin oder *Jodothyrin* genannt wurde, aber offenbar kein einheitlicher Stoff ist. Die wirksame Substanz der Schilddrüse ist jedoch darin enthalten. Dasselbe gilt für den von Oswald[673] aus der Schilddrüse dargestellten Eiweißstoff, das *Jodthyreoglobulin*. Eine krystallisierte jodhaltige Substanz, das *Thyroxin*, konnte Kendall[444] 1919 aus der Schilddrüse isolieren. Nach seinen Untersuchungen schien es sich um ein Thryptophanderivat zu handeln, doch konnte Harington[328] zeigen, daß im Thyroxin ein Thyrosinderivat vorliegt.

$$C \cdot CH_2CH(NH_2)COOH$$

CHCH

CJCJ

C

O

C

CHCH   Thyroxin

CJCJ

C(OH)

Ob alles in der Schilddrüse vorhandene Jod in Form von Thyroxin vorliegt, erscheint zweifelhaft (Meyer-Herrmann[599]). Es ist auch bezweifelt worden, ob die Wirkung der Schilddrüse mit der Produktion des Thyroxins und dessen Abgabe in das Blut sich erschöpft. Als feststehend müssen wir jedoch betrachten, daß wir im *Thyroxin den wesentlichsten Exponenten der Schilddrüse* in Händen haben. Mit Eiweiß verbunden stellt es das Hormon der Schilddrüse dar.

Die auffallendsten histologischen Elemente der *Schilddrüse* sind dichtgedrängte kugelige Bläschen, die *Follikel*, die aus einer Epithelschicht mit Basalmembran bestehen und allseitig abgeschlossen sind. In der eiweißhaltigen Flüssigkeit, die in den Follikeln enthalten ist, und als *Kolloid* bezeichnet wird, ist das Hormon enthalten. Zwar hat man das Kolloid nicht isolieren und untersuchen können. Van Dyke[192] und Katum[435] konnten jedoch das Kolloid mechanisch aus der Drüse entfernen, in dem kolloidfreien Organ waren dann nur geringe

Jodmengen enthalten. Auf die Bedeutung der Schilddrüse und der übrigen Drüsen mit innerer Sekretion für die Ernährung und den Stoffwechsel der Nutztiere wird im 4. Band dieses Handbuches in den Arbeiten von RAAB und KLEIN näher eingegangen. *Seiner Rolle als Bestandteil des Schilddrüsenhormons verdankt das Jod seine Bedeutung für die Tierernährung.*

Das auffallendste Symptom, das eine Störung in der Tätigkeit der Schilddrüse anzeigt, ist der *Kropf*, der auf einer pathologischen Veränderung dieses Organs beruht. Der Nachweis, daß *Jodmangel als Ursache* des endemischen und enzootischen Kropfes anzusehen ist, wurde endgültig durch v. FELLENBERG erbracht.

v. FELLENBERG untersuchte den *Jodgehalt des Bodens, des Wassers, der Luft und der Nahrungsmittel* in verschiedenen Alpendörfern, in denen Kropferkrankungen vorkamen, und fand in den Materialien aus den Kropfdörfern fast ausnahmslos weniger Jod. Besonders auffallend war der Unterschied des Jodgehaltes der verschiedenen Wässer, der um das 100fache variierte. Bei der Untersuchung des Bodens ergab sich, daß bei der Verwitterung der Gesteine ihr Jodgehalt steigt, so daß die Erde am jodhaltigsten ist. Die enge Beziehung zwischen *Jodgehalt des Bodens und Kropfvorkommen* geht aus der folgenden Tabelle 83 hervor.

Tabelle 83. Jodgehalt des Bodens und Kropfvorkommen
(nach v. FELLENBERG 221).

Ort	Kropf-vorkommen % der Bewohner	mg J pro kg	
		Gestein	Erde
Effingen	1	5,4—9,3	11,9
Hornussen	12,1	0,83	4,94
Hunzenschwil	56,2	0,32—0,70	0,62
Kaisten	61,6	0,42—0,43	0,82—1,97

Hiernach müssen wir den *bestimmenden Faktor für die Kropfhäufigkeit im Jodgehalt des Bodens* suchen, durch den dann der Jodgehalt der Pflanzen, Tiere und Menschen bestimmt wird. Als Indicator für den Jodgehalt des Bodens kann man den *Jodgehalt des Wassers* betrachten, das ihm entquillt. McCLENDON[571] bestimmte den Jodgehalt zahlreicher Trinkwässer in den Vereinigten Staaten und entwarf eine Landkarte, die in Gegenden mit jodarmem und jodreichem Wasser eingeteilt war. Ebenso zeichnete er die Gegenden mit häufigem Vorkommen von Kropf und BASEDOWscher Krankheit ein. Die Kropfgegenden deckten sich im wesentlichen mit den Gebieten jodarmen Wassers, wodurch eine enge Beziehung zwischen Kropf und Jodvorkommen erwiesen ist. Hinsichtlich der Funktion der Schilddrüse kommt herabgesetzte Hormonbildung, Hypothyreoidismus vor, ferner gesteigerte Tätigkeit, Hyperthyreoidismus, der in ausgeprägten Fällen zum Bilde der BASEDOWschen Krankheit führt. Über das Vorkommen einer Dysfunktion, d. h. einer pathologisch veränderten Tätigkeit der Schilddrüse, gehen die Meinungen zur Zeit noch auseinander (DE QUERVAIN[702]). Dem *Vorkommen des Kropfes bei Tieren* ist erst in neuerer Zeit mehr Beachtung geschenkt worden. In Kropfgegenden kommt er bei Haustieren und Wild vor (KRUPSKI[481]). Besonders *Schweine* sind gegen Jodmangel empfindlich. Als Symptome werden Haarlosigkeit der Ferkel und Totgeburten genannt. WELCH[946] berichtet über Kropf bei Schweinen und Füllen in Montana, KELLEY[441] fand Kropf bei Steinböcken in St. Gallen (Schweiz) sehr verbreitet. KALKUS[428] fand hypoplastische Schilddrüsen bei verschiedenartigen Haustieren in manchen Teilen von Britisch-Kolumbien, Washington und Montana. Über Kropf bei *Lämmern* berichtet TINLINE[897]. In Ungarn wiesen WEISER und ZAITSCHEK[936] Jodmangel bei Schweinen nach, dessen Folgen sich in hoher Sterblichkeit der Ferkel zeigten. In Finnland wurde Jodmangel der Nutztiere von Müller-Lenhartz und v. Wendt[626] festgestellt. v. Wendt hat besonders die *geringe Fruchtbarkeit von Kühen mit hoher Milchleistung als Folge des Jodmangels* gedeutet und durch Jodgaben zu bekämpfen vermocht. Auch Stiner[860] fand, daß in der von ihm untersuchten jodarmen Gegend die mit Jod gefütterten Kühe fast regelmäßig bei der ersten Deckung trächtig wurden, was bei Kontrolltieren meist nicht der Fall war. Weitere Beobachtungen an jodarmen bzw. hyperthyreotischen Tieren sind von Klein[449] und Scheunert[773] gemacht worden.

Der normale Jodstoffwechsel. Als Quelle des Jods stehen dem Organismus das *Jod der Nahrungsmittel*, des Trinkwassers und der Luft zur Verfügung. Von dem Jod der Atemluft werden 75% im Körper zurückgehalten (Chatin[136]). Die *Jodausscheidung* findet mit Harn, Kot und Schweiß statt. v. Fellenberg verfolgte im Selbstversuch die *Jodbilanz* bei verschiedener Ernährung. In der Tabelle 84 sind Mittelwerte der einzelnen Perioden angegeben.

Tabelle 84. Jodbilanz (Mensch) (nach v. Fellenberg 221).
Mittelzahlen pro Tag.

| Nahrung | Zufuhr γ J | Ausscheidung γ J | | | | | Bilanz |
		Harn	Kot	Nasenschleim	Schweiß	Summe	
Normalkost	17	7,2	4,5	1,8	1,5	15,0	+ 2
„ + KJ	55,3	23,0	5,5	3,2	2,9	34,6	+ 20,7
„ + Lebertran . .	74,6	23,6	6,9	6,0	1,2	37,7	+ 37,1
„ + Sardinen . . .	77,5	39,1	12,7	3,9	1,1	56,8	+ 20,7
„ + KJ	55,3	43,0	19,5	5,8	0,6	68,9	— 13,6
„ + Bachkresse . .	79,7	35,6	27,1	2,2	2,2	67,1	+ 12,6
Normalkost	17	27,1	5,1	3,6	8,4	44,2	— 27,2
Hunger	3	23,4	0,4	3,3	1,2	28,3	— 25,3
Normalkost	17	35,0	2,9	4,5	3,1	45,5	— 28,5

Bei der Grundnahrung dürften sich Zufuhr und Ausscheidung annähernd das Gleichgewicht halten, zumal wenn man berücksichtigt, daß ja nicht alles ausgeschiedene Jod im Schweiß usw. quantitativ zu erfassen ist. Auch bei Jodzulage mit Brunnenkresse ist Gleichgewicht vorhanden, und der hohe Jodgehalt des Kotes zeigt hier, daß die *Resorption des pflanzlichen Jods recht ungünstig* ist. Bei Jodzufuhr mit Jodkalium und besonders mit *Lebertran* liegt offenbar Jodretention vor. Aus der Tabelle kann man auch ersehen, wie sich die *Jodausscheidung* auf die einzelnen Wege verteilt. Besonders kommen *Harn und Kot* in Frage. Und schließlich erkennt man, *mit welch geringen Mengen der Jodstoffwechsel des erwachsenen Menschen balanciert*, handelt es sich doch hier um nur 17 γ oder 0,017 mg Jod pro Tag, was etwa 0,03 mg Jod pro 100 kg Lebendgewicht entsprechen würde.

Die *Jodbilanz* wurde durch Zulage von Bromkalium, Chlornatrium und Fluornatrium nicht merklich verändert. Angaben, nach denen Kropf durch Bromkalium günstig beeinflußt wird, dürften auf den Jodgehalt der Bromkaliumpräparate zurückzuführen sein. Auch vermehrte Flüssigkeitszufuhr und -ausscheidung war ohne Wirkung auf die Jodbilanz. Bei körperlicher Anstrengung scheint mit der vermehrten Schweißsekretion ein Jodverlust einzutreten, der jedoch durch verminderte Jodausscheidung im Harn wieder ausgeglichen wird. In *Jodbilanzversuchen an Kühen* verfütterte v. Fellenberg jodarme und jodreiche Rüben und Rübenblätter. Die Versuchszahlen sind in Tabelle 85 angegeben.

Tabelle 85. Jodbilanz (Kuh) (nach v. FELLENBERG[221]).

	Mittel pro Tier und Tag	
	Tier I γ J	Tier II γ J
Nahrung:		
30 kg Rübenblatt ohne Joddüngung .	330	—
Ebenso, jodgedüngt	—	2670
0,5 kg Kleie	33	33
50 kg Gras	2300	2300
Gesamtzufuhr	2663	5003
Ausscheidung:		
20 kg Harn	214	440
30 kg Kot	1300	2660
9,4 kg Milch	153	—
10,5 kg Milch	—	273
Gesamtausscheidung	1667	3373
Bilanz	+996	+1630

Im Kote finden sich erhebliche Jodmengen, die darauf hindeuten, daß in den Futtermitteln reichliche Mengen schlecht resorbierbarer Jodverbindungen enthalten sind. Die *Milch* zeigt sich an Jod angereichert. Die Jodbilanz ist stark positiv, was v. FELLENBERG jedoch nicht im Sinne einer Jodspeicherung deutet. Er nimmt vielmehr eine erhebliche *Jodausscheidung durch die Haut an.*

Im Fieber fand v. FELLENBERG die Jodausfuhr mit dem Harn um das Mehrfache erhöht. Hiermit stehen Beobachtungen im Einklang, nach denen im Fieber der Kolloidgehalt der Schilddrüse abnimmt (DE QUERVAIN[712]) und auch der Jodgehalt des Blutes herabgesetzt ist (VEIL und STURM[914]).

Im *Hunger* geht die Jodausfuhr mit dem Kote auf minimale Mengen zurück, die zerfallenden Darmepithelien entstammen dürften. Im Harn findet sich gleichwohl Jod, besonders reichlich im Tagesharn. Da die Hungerversuche jedoch nur kurze Zeit dauerten und die Versuchspersonen vor dem Versuch reichlich Jod aufgenommen hatte, möchte v. FELLENBERG nicht mit Bestimmtheit behaupten, daß der Körper im Hunger stets eine gewisse Menge Jod ausscheidet. Unabhängig von der Jodzufuhr geht vielleicht nur eine sehr kleine Jodmenge zu Verlust.

Die Speicherung des Jods nach Zufuhr als JK ist beim Erwachsenen nur gering. Zumal bei sehr hohen Jodkaligaben von 500 mg, wie VEIL und STURM[914] sie beim Menschen zugeführt haben, wird binnen 9 Stunden die Hauptmenge des Jods wieder ausgeschieden. Dabei findet eine vorübergehende sehr erhebliche Steigerung des Blutjodgehaltes statt.

Verhältnismäßig stärkere Jodspeicherung hat v. FELLENBERG beim Kinde nach kleineren Jodgaben von 0,3—5 mg als KJ beobachtet.

Die *Speicherung anorganischen Jods* in den Organen untersuchte v. FELLENBERG an Meerschweinchen, die während 6 Tagen im ganzen 3,6 mg Jod als Jodid erhalten hatten. 3 bzw. 5 Stunden nach der letzten Jodgabe wurden die Tiere getötet und analysiert. Während beim normalen Tier 0,0174 mg Gesamtjod gefunden wurden, enthielten die jodgefütterten 0,0568 bzw. 0,0498 mg eine Steigerung auf das 3fache, die jedoch absolut betrachtet im Verhältnis zu den verfütterten 3,6 mg minimal ist. Die Schilddrüse scheint beim Meerschweinchen bei der Jodspeicherung nur eine unbedeutende Rolle zu spielen. Sie hat ihren Jodgehalt zwar stark vermehrt, absolut enthält sie aber nur einen geringen Prozentsatz des Gesamtjods. Besonders Großhirn, Nieren, Muskeln, Bauchspeicheldrüsen, Haut und Lungen nahmen das Jod auf. Der *Übergang verfütterten Jods in die Milch* wurde von RASCHE[716] untersucht. Ziege und Kuh schieden etwa 12 % des zugeführten Jods mit der Milch aus, eine Amme, die einmalig 320 mg Jod erhielt, 8 %. Eingehend wurde die Frage der Milchjodierung von Scharrer[768a] und Mitarbeitern studiert. Der Übergang findet außerordentlich rasch statt, derart, daß bereits das erste Melken, das der Jodfütterung folgt, eine jodangereicherte Milch ergibt. Bereits innerhalb von 30 Minuten nach der Joddarreichung konnte eine Steigerung des Milchjods auf das 20fache beobachtet werden. Niklas, Schwaibold und Scharrer[655] verfütterten an Ziegen zu normaler Grundkost täglich 180 mg Jod als Jodid mit dem Erfolge, daß der Jodgehalt der Milch von 10—30 γ pro Liter auf über 1000 γ anstieg. Bei kleineren Jodgaben von 15 bzw. 7,5 mg Jod pro *Ziege* und Tag wurde ein Jodgehalt der Milch bis 680 bzw. 300 γ pro Liter erzielt. An *Milchkühe* verfütterten Strobl, Scharrer und Schropp[668], [669] 1,53 bzw. 3,82 und 76,45 mg Jod pro Tier und Tag in Form von kaliumjodidhaltigen Vollsalzen. Von dem Normalwert von 40 γ pro Liter stieg hierbei das Milchjodid um 40 und 100 %, mit der hohen Dosis auf das 20fache. Bemerkenswert ist, daß der *Jodgehalt der Milch* in den Versuchen Scharrers annähernd proportional der Höhe der Jodgabe ist.

Die *Verteilung des Jods in der Milch* bzw. deren Verarbeitungsprodukten ergibt sich aus der Tabelle 86.

Tabelle 86.
Verteilung des Jods in Milchprodukten (nach Scharrer und Schwaibold[771]).

Fütterung	1 kg enthält mg J					
	Vollmilch	Magermilch	Buttermilch	Butter	Molke	Käse
Normalfutter	0,05	0,045	0,08	0,050	0,055	0,09
„ + 100 mg J als KJ	0,30	0,300	0,25	0,085	0,230	0,34

Der Hauptanteil des Milchjods ist hiernach in der Magermilch, Buttermilch und Molke zurückgeblieben, so daß deren Jodgehalt sich nur wenig von dem der Vollmilch unterscheidet. Im Milchfett ist nur wenig Jod enthalten, das in der Butter vorhandene ist auf deren Gehalt an Milchserum zurückzuführen.

Zwischen der *Ausscheidung des Jods in der Milch und im Harn* besteht eine gewisse Proportionalität, unter normalen Bedingungen wie auch nach Zufuhr von Jodid (Tabelle 87). Die Jodgaben in den Versuchen von Scharrer und Mitarb., die z. T. als sehr hoch zu bezeichnen sind, waren dennoch ohne nachteiligen Einfluß auf den Gesundheitszustand der Tiere. So bleibt auch die Körpertemperatur der Tiere ständig normal (Scharrer und Schropp[772]). Auf die *Milchleistung* hatte die hohe Jodgabe eine günstige Wirkung: Die Lactationsperiode war verlängert, die Milchleistung und die absolute Fettmenge erhöht.

Tabelle 87. Jod in Milch und Harn nach Jodzufuhr (Kuh) (nach Scharrer und Schwaibold[771]).

Jodgabe mg J	1 kg enthält mg Jod	
	Milch	Harn
—	0,038	0,106
200	0,365	2,73
400	0,644	4,88
600	2,120	10,08

Giftwirkung des Jods. Die akute Jodvergiftung kommt nur bei Resorption größerer Jodmengen vor. Der chronische Jodismus, der sich in Abmagerung, Jodexanthem und Katarrh der Schleimhäute, dem sog. Jodschnupfen äußert, wurde bei den Haustieren nach therapeutischer Anwendung von Jodoform, Jodkalium beobachtet, so bei einem Rinde, das innerhalb von 4 Tagen 70 g Jodkalium erhalten hatte, und beim Pferde nach 5 Dosen Jodkalium zu 10 g. Beim Menschen ist eine Vergiftung bekannt, die schon *mit minimalen Jodmengen* zustande kommt und als toxische Hyperthyreose oder *Jod-Basedow* bezeichnet wird. Es handelt sich um Personen, die infolge *abnormer Jodempfindlichkeit* schon durch Jodgaben geschädigt werden, die beim Normalen harmlos, ja als physiologisch zu bezeichnen sind. Bei den Haustieren sind analoge Vergiftungen nicht beobachtet worden, man kann sie hier aber durch Verfütterung der Schilddrüsensubstanz selbst experimentell hervorrufen.

Die Frage der Bekämpfung des Jodmangels. Aus der Erkenntnis, daß der endemische und enzootische Kropf wie auch eine Reihe anderer Störungen auf Jodmangel beruhen, ergibt sich die Möglichkeit einer kausalen *Therapie durch künstliche Jodzufuhr.* Man hat zu diesem Zwecke verschiedene Wege vorgeschlagen. Ein viel diskutierter Vorschlag geht dahin, durch *Joddüngung* den Boden mit Jod anzureichern, und auf diese Weise den Pflanzen, den Nutztieren und den vegetabilischen und animalischen Nahrungsmitteln des Menschen diesen Stoff zuzuführen, ein Plan, der an Kühnheit und Großzügigkeit nichts zu wünschen übrigläßt. Zu fragen wäre zuerst, ob die Weltproduktion an Jodsalzen ausreichen würde, um alle Kropfländer mit den erforderlichen Jodmengen zu versorgen, und ferner, wie groß der Nutzeffekt einer derartigen Maßnahme sein kann. Wenn sich tatsächlich, wie manche Autoren aus Joddüngungsversuchen geschlossen haben, die Pflanzenproduktion steigern ließe, wäre dadurch der Aufwand gerechtfertigt. Zur Zeit scheint es jedoch, als ob das Jod für die Pflanze nicht lebenswichtig ist und daß sie nur beiläufig etwas Jod aus dem Boden aufnimmt. Es würde daher nur ein minimaler Prozentsatz des zur Düngung verwendeten Jods den Nutztieren und dem Menschen zugute kommen, während die Hauptmasse vom Boden abgebunden, abgeschwemmt oder in Dampfform vertrieben würde. Aber auch das in die Pflanzen übergegangene Jod wird nur z. T. nutzbar, da es nach den beschriebenen Versuchen v. Fellenbergs an Kühen schlecht resorbiert wird.

Näher liegt es, den *Nutztieren direkt Jod zu geben.* Da der normale Jodumsatz sich in sehr niedrigen Werten, beim Rinde etwa 3—5 mg pro Tag, bewegt, würden minimale Jodmengen zum Futter genügen, um den Jodstoffwechsel der Nutztiere in jodarmen Gegenden in physiologische Bahnen zu lenken. Man hat sich mit dieser naheliegenden Möglichkeit indessen nicht immer begnügt und zwei weitere Möglichkeiten ins Auge gefaßt: 1. *Durch Jodzufuhr über das physiologische Maß hinaus gesteigerte Leistungen* (Milch, Wachstum) zu erzielen, wobei das Jod nicht einfach als Ergänzungsstoff, sondern als *Pharmakon* und *Reizmittel* wirken soll und 2. die *animalischen Nahrungsmittel des Menschen, namentlich die Milch, soweit an Jod anzureichern,* daß sie beim Menschen zur Bekämpfung von Jodmangelkrankheiten dienen können. Die physiologischen Grundlagen sind hierfür, wie sich aus dem früheren ergibt, zweifellos gegeben. Wie Maurer[569] und Scharrer[768] zeigten, wurde die Milch von Kühen, die 3,82 mg Jod per os täglich erhielten, von Säuglingen anstandslos vertragen. Will man aber mit der Jodfütterung zugleich auch Leistungssteigerung erzielen, so muß man wesentlich mehr als 3,82 mg verfüttern; wird doch von manchen Autoren das 20fache dieser Dosis empfohlen. *Ob derart an Jod angereicherte Milch, namentlich für jodempfindliche Individuen,* wie man sie in Kropfgegenden findet, durchaus *unbedenklich ist, muß zweifelhaft erscheinen* (vgl. Mangold und Lintzel[563b]). *Die Gefahr, durch Verabreichung solcher Milch gelegentlich Basedowsche Krankheit zu erzeugen, ist nicht ohne weiteres von der Hand zu weisen.* Für den Menschen ist dank der Initiative von Hunziker und Bayard in vielen Kropfländern die Jodfrage zur Zeit dadurch in Angriff genommen worden, und offenbar mit bestem Erfolge, daß man ein *Speisesalz mit geringem Jodgehalt,* das von fachmännischer Seite hergestellt wird und unter dem Namen *Vollsalz* im Handel ist, im täglichen Gebrauch verwendet. Hierdurch ist eine Jodversorgung der Bevölkerung gewährleistet, die sich leicht kontrollieren läßt und exakt dosierbar ist.

Für die Ernährung der Nutztiere ergibt sich, daß die Jodfrage am einfachsten *durch Ersatz des üblichen Viehsalzes durch ein Vollsalz* zu lösen sein dürfte. Die

Fütterung von Vollsalz kann auf jodarme Gegenden beschränkt bleiben, allenfalls wäre sie in Ställen mit hoher Milchleistung, in denen große Kraftfuttergaben verwendet werden, angebracht. Für die *Herstellung des Vollsalzes* sind technische Verfahren ausgearbeitet worden.

In einfacher Weise wird es nach Eggenberger[191] wie folgt hergestellt: 50 resp. 100 cm³ einer 1proz. Kaliumjodidlösung werden auf einen ausgebreiteten Haufen von 100 kg Salz gegossen. Die feucht gewordenen Salzstellen werden von Hand verrieben und in die oberste Schicht des Haufens 1—2 Minuten eingerührt. Dann wird der ganze Haufen zweimal wie Beton umgeschaufelt. Die Verteilung des Jods in dem Salz geht durch Capillarkräfte überaus rasch vonstatten. Jodiertes Salz kann mit Eggenbergers[195] Reagens ohne weiteres erkannt werden.

XXIV. Mangan.

Ein Element, dessen physiologische Bedeutung noch unklar ist, ist das *Mangan*. Umfangreiche Untersuchungen über sein *Vorkommen im Tierkörper* wurden zuerst von Bertrand und Mitarbeitern[70] ausgeführt. Das Metall fand sich in allen Organen und Produkten der verschiedensten Tiere. Bei ein und derselben Tierart war der Gehalt ziemlich konstant, bei den Vögeln fanden sich besonders hohe Werte. Muskel, Nerven, Lunge erwiesen sich manganarm, ebenso Milch. Nach Verbesserung der Methodik wurden die Befunde Bertrands von Reimann und Minot[720], Richet, Gardner und Goodbody[724], Lindow und Peterson[517a], McHargue, Healy, Hill[581] im wesentlichen bestätigt. Bei diesen Autoren werden auch Angaben über die Methoden der Manganbestimmung gemacht, die fast ausschließlich auf Veraschung des Materials, der Überführung des Mangans in Permanganat und auf dessen colorimetrischer Auswertung beruhen.

Besonders beachtenswert ist das *konstante Vorkommen des Mangans im Blutserum*, wo beim Pferd 1,15 mg pro Kilogramm gefunden wurden (Abderhalden und Möller[5]) und in der Milch.

Bei niederen Tieren wurde Mangan von Bradley[103] und Cotte[149] nachgewiesen.

Über den Stoffwechsel des Mangans ist recht wenig bekannt. Über die Resorptionsverhältnisse scheinen kaum Angaben vorzuliegen. Die Ausscheidung erfolgt in der Hauptsache durch den Darm. Im Harn von Personen, die in einem Manganbergwerk arbeiteten, fanden McCrackan und Passamaneck[575] das Metall in 3 von 5 Fällen.

Titus und Hughes[900] machten wahrscheinlich, daß verfüttertes Mangan ebenso wie Kupfer und Eisen *im Tierkörper gespeichert* werden kann, um dann im Falle von Manganmangel in der Nahrung wirksam zu werden. Injizierte Mangansalze werden schnell zu etwa 50% im Kot ausgeschieden, während im Harn nur Spuren erscheinen. Der im Körper verbleibende Teil findet sich vor allem in Milz, Leber und Gehirn (Handovsky, Schulz und Staemler[325]). Dubuisson[187] hatte gezeigt, daß pflanzliche Gewebe mit zunehmender Vegetationszeit mehr Mangan enthalten, und untersuchte, ob sich beim Tier ein analoges Verhalten nachweisen läßt. Der Mangangehalt des Herzmuskels war bei Rindern verschiedenen Alters annähernd konstant = 0,21—0,78 mg Mn pro Kilogramm frische Substanz. Offenbar scheiden die Tiere überschüssiges Mangan wieder aus. Die *Konstanz des Mangangehaltes spricht für eine physiologische Bedeutung des Mangans für den Tierkörper.*

Funktion des Mangans. Bertrand und Nakamura[72] fütterten Mäuse mit einer manganfreien und vitaminfreien Diät, bei der ihre Lebensdauer durchschnittlich 24 Tage betrug. Mit Manganzusatz lebten die Tiere 27 Tage, woraus die Autoren auf eine Bedeutung des Mangans für den Tierkörper schließen. Lewine und Sohm[511] fanden, daß junge Ratten bei einer künstlich zusammengesetzten Nahrung besser wuchsen, munterer waren und ein besseres Fell hatten, wenn Mangansulfat in einer Konzentration von 1 : 20000 bis 1 : 10000 in ihrem Tränkwasser enthalten war. Ebenso konnten RICHET, GARDNER und GOOD-BODY[724] zeigen, daß Mangan in geringen Mengen einen günstigen Einfluß auf das Wachstum von Hunden hatte. McCARRISON[570] gibt an, daß Mangan im Verhältnis 1 : 617000 in der Nahrung bei Ratten wachstumsfördernd wirkt, während 1 : 12600 schädlich war. In der hier als günstig erkannten Konzentration findet sich Mangan in der normalen Nahrung. Einen günstigen Einfluß des Mangans auf das Wachstum konnte auch McHARGUE[579] nachweisen. Verglichen wurden hier Mangan, Kupfer und Zink in ihrer Wirkung. Am besten wirkten diese Elemente zusammen, fast ebensogut Mangan allein, schlechter Kupfer und Zink allein. Seit langem ist Mangan im Gebrauch als *Medikament bei Anämien*, wobei es oft zusammen mit Eisen verwendet wird. TITUS und CAVE[899a] zeigten, daß bei der Ernährungsanämie des Kaninchens Mangan die *Hämoglobinbildung begünstigt*. Zu einer Milch-Eisen-Nahrung zugesetzt gab es fast ebensogute Resultate wie das von HART, STEENBOCK und Mitarbeitern als wirksam befundene Kupfer. Mit diesem kombiniert wirkte es am besten. Zu demselben Ergebnis kam auch GOERNER[288].

XXV. Eisen.

Die Chemie der Eisenverbindungen ist außerordentlich mannigfaltig. Vom dreiwertigen Eisen leiten sich die Ferrisalze vom Typus des Ferrichlorids und Komplexverbindungen ab. Die Ferrisalze sind als Verbindungen einer schwachen Base mit einer starken Säure in Lösung z. T. hydrolytisch gespalten.

$$FeCl_3 \longrightarrow Fe(OH)_3 + 3H^+ + 3Cl^-,$$

wobei Wasserstoffionen gebildet werden und die Lösung saure Reaktion annimmt. Das Eisenhydroxyd kann dabei in kolloidaler Form auftreten. Mit Eiweiß reagieren Ferrisalze unter Bildung unlöslicher Verbindungen, auf tierische Gewebe wirken sie ätzend. Ferrosalze, die sich von zweiwertigen Eisen ableiten, fällen Eiweiß nicht und wirken auch nicht ätzend (STARKENSTEIN[848]). In neutraler und alkalischer Lösung gehen sie in Gegenwart von Sauerstoff leicht in die Ferristufe über. Die Komplexverbindungen des Eisens haben verschiedene Stabilität. Einige, wie Ferro- und Ferricyankalium und Hämatin senden keine nachweisbare Menge Ferri- oder Ferroionen in ihre Lösungen, sie zeigen nicht die typischen Reaktionen auf Eisenionen. Andere Komplexe, wie citronensaures und weinsaures Eisen, zeigen starke Abhängigkeit von der Reaktion der Lösung, derart, daß sie nur in einem gewissen p_H-Bereich existenzfähig sind. Die Komplexität der Ferriverbindungen ist dabei im allgemeinen größer als die der Ferroverbindungen (VAN EWEYK[210]). Die komplexen Eisensalze können das Eisen im Anion und im Kation enthalten (STARKENSTEIN[849]).

Das *kolloidale Eisenhydroxyd* zeigt starke Adsorptionsfähigkeit und fällt gleichfalls Eiweiß aus. Manche Eisenverbindungen wie Eisenzucker und Eisenalbuminat, die früher für chemische Individuen gehalten wurden, haben sich als Adsorptionsverbindungen des kolloidalen Eisens herausgestellt.

1. Vorkommen des Eisens im Tierkörper.

Im Tierkörper kommen organische und anorganische Eisenverbindungen vor. Die am besten bekannte organische Eisenverbindung ist die Farbstoffkomponente des *roten Blutfarbstoffes*, das *Hämochromogen*, das zweiwertiges Eisen in komplexer Bindung enthalten soll, sich in Gegenwart von Sauerstoff jedoch rasch zur Ferristufe, dem *Hämatin* oxydiert. Die Chlorverbindung dieser Substanz, das *Hämin*, wurde von Hans Fischer[229] synthetisch dargestellt. Im roten Blutfarbstoff, dem *Hämoglobin*, ist Hämochromogen an einen Eiweißstoff, das Globin, gebunden (vgl. Felix, dieses Handbuch Bd. 1, S. 172). Eine organische Eisenverbindung, die nach Warburg bei den tierischen Oxydationsvorgängen wirksam ist, in allen lebenden Zellen vorkommt und von diesem Autor mit dem Atmungsferment identifiziert wird, scheint hinsichtlich ihrer chemischen Struktur mit dem Hämatin verwandt zu sein (Warburg[930]). Der chemische Charakter von Eisenverbindungen, die sich in manchen Organen, namentlich in Milz und Leber, angehäuft finden, und als Reservematerial betrachtet werden müssen, ist recht unklar, vermutlich handelt es sich um verschiedenartige, z. T. auch anorganische Eisenverbindungen (Nasse[635a]).

Zur *Bestimmung des Eisens in tierischen Organen* und Ausscheidungen kommen im allgemeinen nur Mikromethoden in Frage. Besonders gebräuchlich sind colorimetrische Methoden, die auf der intensiven roten Farbe des Rhodaneisens beruhen. Ein derartiges Verfahren, das allgemeiner Anwendung fähig ist, wurde von Lintzel[521] beschrieben.

Einen Überblick über den Eisengehalt der Organe vermittelt die Tabelle 88.

Tabelle 88. Eisengehalt tierischer Organe (nach Lintzel und Radeff[527]).

	1 kg frische Substanz enthält mg Fe		1 kg frische Substanz enthält mg Fe
Muskel (Pferd)	20,5	Blut (Rind)	397
Leber (Schwein)	145	Milch (Kuh)	1,3
Milz (Schwein)	445	Milch (Ziege)	1,0
Darm (Katze)	11,4	Harn (Mensch) . . weniger als	0,02
Magen „	11,9		
Gehirn „	9,7		
Knochen mit Mark	26,3		
Niere (Katze)	10,5		
Haut „	10,5		
Lunge „	38,0		

Bezüglich des *Muskels* ist zu erwähnen, daß sein Eisengehalt z. T. seinem Farbstoff, dem Muskelhämoglobin, entspricht, das mit dem Hämoglobin des Blutes hinsichtlich der Farbstoffkomponente identisch zu sein scheint. Nach Whipple[954] zeigt das Muskelhämoglobin eine Zunahme mit dem Alter. Der *Gesamteisengehalt des Tierkörpers* kann nach Bestimmungen an Hunden und kleineren Tieren zu 4—5 g Fe pro 100 kg Lebendgewicht angenommen werden, wobei auf das im Hämoglobin gebundene Eisen etwa 2—2,5 g, auf das Gewebseisen inkl. Atmungsferment Warburgs 1 g und auf die Eisenreserven, die erheblich schwanken können, 1—2 g entfallen.

Die Untersuchung der *Verteilung des Eisens in Geweben und Organen* kann mit Hilfe *histochemischer Methoden* erfolgen. Um das Eisen sichtbar zu machen, werden die Schnitte mit Ammonsulfid oder Ferrocyankalium-Salzsäure behandelt, wobei schwarze bzw. blaue Niederschläge entstehen (Quincke und Hochhaus[713], Macallum[552]).

2. Die Resorption des Eisens.

Von Bunge[123] und Schmiedeberg[788] wurde die Beobachtung gemacht, daß mit den Nahrungsstoffen Eisenverbindungen aufgenommen werden, die mit Eisenreagenzien nur langsam oder gar nicht reagieren. Während die Autoren annahmen, daß das Eisen in derartiger maskierter Form auch zur Resorption komme, konnten Abderhalden und Hanslian[4] und Schirokauer[784] zeigen, daß bei der hydrolytischen Spaltung der Nahrungsstoffe *durch die Verdauungssäfte das Eisen frei gemacht wird und in ionisierter Form erscheint.*

Das Eisen im Heu verhält sich ähnlich, wie die Versuche (Tabelle 89), zeigen. In diesen ist Heu in vitro verdaut bzw. an *Hammel* verfüttert worden. Der

Tabelle 89. Ionisierung des Eisens im Heu bei künstlicher Verdauung
(nach Lintzel und Radeff[527]).

	Gesamt-Fe mg pro kg	Ionisiert mg pro kg
Heu + 0,4% HCl, sofort	124	19,9
Heu + 0,4% HCl, nach 48 Stunden	124	36,0
Heu + 0,4% HCl + Pepsin	124	62,0
Panseninhalt (Hammel).	10,0	3,7
Panseninhalt + HCl + Pepsin, nach 48 Stunden	10,0	5,1

Panseninhalt wurde künstlich mit Pepsin und Salzsäure weiterverdaut. Es ergibt sich, daß bei künstlicher Verdauung von Heu bzw. nach der Vorverdauung im Pansen die *Hälfte des Eisens im Heu ionisiert und für die Resorption verfügbar* gemacht wird. Hiervon machen einige eisenhaltige Bestandteile der Nahrung eine *Ausnahme,* so das *Hämoglobin,* indem bei der künstlichen Verdauung von frischem Blut nur minimale Mengen von Eisen in ionisierter Form abgespalten wurden (Barkan[38], Lintzel[522]). Von Heubner[369] wurde der Grundsatz ausgesprochen, daß das Eisen in ionisierter Form, und zwar als *Ferrosalz* zur Resorption komme. Schon früher hatten Kunkel[486], Abderhalden[3], M. B. Schmidt[786] gezeigt, daß *anorganische Eisensalze resorbiert* werden. Aus den Versuchen von Lintzel[521] ergab sich, daß *Ferri- und Ferrosalze in gleicher Weise resorbiert* werden, und zwar vermutlich beide in der Ferroform, indem die Ferriverbindungen in Berührung mit den organischen Stoffen der Nahrung im Magen zur Ferrostufe reduziert werden. *Eisenverbindungen, die durch die Verdauungssäfte nicht ionisiert werden können, kommen auch nicht zur Resorption,* so verläßt vor allem das Eisen des Blutfarbstoffes, sofern dieser verfüttert wird, den Organismus ungenutzt. Auch andere *Komplexverbindungen des Eisens,* wie das citronensaure, weinsaure, milchsaure Eisen werden schlecht resorbiert, und man kann durch Zusatz der genannten Säuren zur Nahrung die Eisenresorption mehr oder weniger weitgehend unterbinden. Da die genannten Eisenkomplexe durch die Magensalzsäure leicht gespalten werden, ist nur ein Überschuß der komplexbildenden Säuren im Sinne der Resorptionshemmung wirksam.

Die *Resorption des Eisens* findet, wie die histochemische Untersuchung der Darmwand nach Eisenzufuhr gelehrt hat, vorwiegend in den oberen Darmabschnitten statt (Quincke und Hochhaus[713], Abderhalden[3]). Man findet dabei körnige Eisenablagerungen vor allem in den Epithelzellen des Duodenums. Die Ursache dieser Beschränkung der Eisenresorption ist vielleicht darin zu suchen, daß in den unteren Darmabschnitten durch das Auftreten von Gärungssäuren bei mehr neutraler Reaktion die Eisenionen abgefangen und der Resorption entzogen werden. Auffallend ist die Tatsache, daß die *Resorption des Eisens auch quantitativ beschränkt* ist. Durch Zufuhr größerer Eisenmengen kann die Resorption nicht gesteigert werden (Lintzel[521]). Da *Eisen in größerer Menge im Körper giftig* wirkt, ist der tierische Organismus durch diesen Mechanismus vor Eisenvergiftung recht gut geschützt. Ganz enorme Eisenmengen, wie sie freiwillig niemals aufgenommen werden, sind nötig, um Vergiftung mit Eisensalzen per os zu erzielen (Starkenstein[848]).

3. Die Ausscheidung des Eisens

erfolgt unter normalen Bedingungen ausschließlich *auf dem Darmwege*. Ältere Angaben über eine gewisse *Ausscheidung mit dem Harn* haben sich nicht bestätigt (Lintzel[523]). Nach Abderhalden und Möller[5] sind im Harn so geringe Eisenspuren vorhanden, daß zu ihrer Erklärung der Eisengehalt von Zellen der Harnwege, die stets im Harn vorkommen, ausreicht. Allerdings beziehen sich diese Angaben nur auf menschlichen Harn, bezüglich *tierischen Harns* stehen entsprechende Untersuchungen noch aus. Unter pathologischen Bedingungen können Blutfarbstoff und seine Derivate, und damit auch Eisen im Harn erscheinen.

Der *Eisengehalt des Kotes* stellt im wesentlichen nicht resorbiertes Nahrungseisen vor. Mit der Galle gelangt nur wenig Eisen in den Darmkanal (Kunkel[486], Anselm[17], L. Schwarz[804]). Die Darmausscheidung soll vorwiegend durch die Dickdarmwand vor sich gehen, in der man histochemisch regelmäßig Eisenreaktion gefunden hat. Kobert[456] bestimmte die Eisenausscheidung im Dickdarm eines Menschen, bei dem durch Anlegung eines Anus praeternaturalis der ganze Dickdarm isoliert war. Er fand im Mittel die überraschend geringe Menge von 1 mg Fe pro Tag.

4. Der Stoffwechsel des Eisens.

Nach dem Ergebnis der Kobertschen Untersuchung ist der *exogene Eisenstoffwechsel*, d. h. Resorption und Ausscheidung, nicht sehr rege. Offenbar ist der *Eisenbedarf des ausgewachsenen Organismus sehr gering*. Wie Lintzel[524] zeigte, befindet sich der Eisenhaushalt des erwachsenen, 70 kg schweren Menschen mit der minimalen Menge von 0,9 mg Fe pro Tag noch im Gleichgewicht. Schon früher hatte v. Wendt[948] nachgewiesen, daß durch Herabsetzung der Eisenzufuhr negative Bilanz nicht zu erzielen ist, so daß man annehmen darf, daß selbst bei absolut eisenfreier Kost nur minimale Eisenverluste eintreten würden. Es stimmen diese Ergebnisse gut zu dem Befund von M. B. Schmidt[786], daß es nicht gelingt, ausgewachsene Mäuse durch eisenarme Kost in den Zustand des Eisenhungers zu versetzen. Bei jungen, wachsenden Tieren gelingt dies dagegen leicht, da diese ständig Eisen zum Aufbau ihres Körpers benötigen.

Indem wahrscheinlich gemacht wurde, daß unter normalen Bedingungen nur ionisierte Eisensalze, also anorganische Eisenverbindungen, resorbiert werden, ist bereits die Vermutung vorweggenommen, daß der Organismus aus diesen seine *organischen Eisenverbindungen*, vor allem das *Hämoglobin aufzubauen* vermag, eine Vorstellung, die für uns nichts Absonderliches bietet, da wir die Harnstoffbildung aus Ammoniak und Kohlensäure, die Thyroxinbildung aus anorganischem Jod, die Bildung organischer Phosphorverbindungen aus anorganischen Phosphaten kennen, früheren Autoren aber a priori unmöglich erschien, da man nur der Pflanze derartige Synthesen aus anorganischem Material zutraute. Seit den Untersuchungen von Kunkel, Abderhalden, M. B. Schmidt u. a. konnte jedoch kaum mehr ein Zweifel in dieser Hinsicht vorhanden sein. Den unmittelbaren Beweis für die *Hämoglobinbildung aus anorganischem Eisen*, $FeCl_3$, kann man aus dem folgenden Versuch ablesen (Tabelle 90), in dem junge Ratten teils eisenfrei,

Tabelle 90. Hämoglobinbildung aus Eisenchlorid (Ratten) (nach Lintzel[523]).

Art des Versuchs	Körpergewicht g	Gesamt-Fe mg	Hämogl.-Fe mg
Bei Versuchsbeginn analysiert.	43	0,73	0,38
7 Wochen eisenfrei ernährt	66	0,86	0,51
Ebenso + 3 mg Fe als $FeCl_3$	110	3,09	1,72

teils mit Zulage dieses Salzes ernährt wurden. Der Eisen und Hämoglobingehalt der Tiere bei Versuchsbeginn wurde nach der Analyse von Geschwistertieren berechnet.

Man erkennt hier, daß der *Gehalt des Eisentieres an Hämoglobineisen größer ist, als der Gesamteisengehalt des Geschwistertieres* bei Versuchsbeginn bzw. bei eisenfreier Nahrung des Kontrolltieres. Dieses recht erhebliche Plus an Hämoglobineisen ist ganz bestimmt aus $FeCl_3$ gebildet worden.

Viel umfangreicher als der äußere Eisenumsatz ist der *endogene Eisenstoffwechsel,* der als Folge der *ständigen Erneuerung des Blutes,* der sog. *Blutmauserung,* sich abspielt. Aus bestimmten Tatsachen, vor allem aus dem Umfange der Bildung von Gallenfarbstoff aus Blutfarbstoff, ist zu schließen, daß pro Tag 2—3% der roten Blutkörperchen zugrunde gehen bzw. neu gebildet werden. Nimmt man 2 g Hämoglobineisen pro 100 kg Körpergewicht an, so werden bei der Blutmauserung davon täglich 40—60 mg Fe umgesetzt. Das frei werdende Eisen wird zunächst in der *Milz* abgefangen (ASHER und EBNÖTHER[24], ASHER und GROSSENBACHER[25]), gelangt z. T. in die Leber, wo es ebenso wie in der Milz als Reservematerial gestapelt werden kann, oder wird im Knochenmark wiederum zur Hämoglobinbildung verwendet.

5. Die Speicherung des Eisens in Milz und Leber

ist eine der interessantesten Erscheinungen des Mineralstoffwechsels. Wir haben das Skelet als Depot für Calcium und Phosphor bzw. als Basenreserve kennengelernt, hier erfüllt das gespeicherte Material jedoch zugleich einen Zweck als Baustoff, der die Festigkeit des Knochens bedingt. Die *Eisendepots in der Leber und Milz* scheinen *an Ort und Stelle keine weitere Funktion* zu haben als eben die, im Falle des Eisenmangels mobilisiert und verwertet zu werden. Einen analogen Fall im Mineralstoffwechsel kennen wir nur beim Jod, das in der Schilddrüse gespeichert wird. Vielleicht wird die nähere Kenntnis der Physiologie des Kupfers und anderer in geringer Menge vorkommender Stoffe den Kreis der echt gespeicherten Stoffe erweitern. Stets scheint es sich jedoch um Substanzen zu handeln, deren äußerer Stoffwechsel sich in engen Grenzen bewegt.

Die *Auffüllung des Eisendepots der Leber* kann vermutlich auch direkt durch resorbiertes Eisen erfolgen, da ja alles von der resorbierenden Darmschleimhaut kommende Blut die Leber passieren muß. Das Eisendepot in der Milz dürfte dagegen nur auf dem Umwege über die Blutmauserung zustande kommen.

Die *Menge des gespeicherten Eisens* ist in gewissen Grenzen unabhängig von der Eisenzufuhr mit der Nahrung. Durch Zufuhr eisenreicher Nahrung gelingt es nur in geringem Umfange, die Depots zu vermehren (LINTZEL[525]), wenn sie einmal in normalem Umfange vorhanden sind. Das regulierende Moment ist dabei anscheinend in der *Eisenresorption,* d. h. in der Tätigkeit der Epithelzellen des Darms, zu suchen. So fand LINTZEL[527] für das nicht an Hämoglobin gebundene sog. *Resteisen in Milz und Leber von Schweinen* bei verschiedenartiger Nahrung die folgenden Zahlen (Tabelle 91).

Daß man im Resteisen der Milz und Leber echtes Reservematerial zu sehen hat, geht aus den Versuchen von WILLIAMSON und ETS[960] und LINTZEL und RADEFF[529] hervor, nach denen bei Eisenbedarf die Depots in wenigen Wochen geleert werden und eine entsprechende Hämoglobinbildung beobachtet wird.

Tabelle 91. Nicht-Hämoglobineisen (Resteisen) in Leber und Milz (Schwein) (nach Lintzel[527]).

Nahrung	Gewicht des Tieres kg	Leber		Milz		Summe Fe mg
		Gewicht g	Fe mg	Gewicht g	Fe mg	
Normal, gemischt	87,7	2260	328	90	40	368
	93,5	2500	351	91	67	418
	125,5	2005	389	95	104	493
Vegetabilische Nahrung .	87,4	1890	318	70	24	342
	88,7	2050	363	88	27	390
	85,0	2043	347	97	34	381
Animalische Nahrung . .	94,7	1843	318	135	134	452
	86,8	1796	247	110	77	324

6. Die Eisenreserve der Neugeborenen.

Bunge[122] machte bei Versuchen an Kaninchen die grundlegende Beobachtung, daß die *Milch* alle für das Wachstum des Säuglings notwendigen Mineralstoffe mit alleiniger Ausnahme des Eisens in dem geeigneten Verhältnis enthält (vgl. auch S. 272). Wegen ihrer Eisenarmut vermag die Milch nach Bunge nur einen Bruchteil vom Eisenbedarf des Säuglings zu decken. Er fand, daß das Neugeborene *bei der Geburt einen Eisenvorrat von der Mutter* mitbekommt, der in der Säugezeit für das Wachstum verbraucht wird, bis dann mit der Aufnahme anderer Nahrung auch Eisen in genügender Menge zugeführt wird. Die Zahlen Bunges sind die folgenden (Tabelle 92).

Tabelle 92. Eisengehalt saugender Tiere (nach Bunge[122]).

Kaninchen		Meerschweinchen	
Alter	mg Fe pro kg	Alter	mg Fe pro kg
1 Stunde . . .	182	6 Stunden . . .	60
1 Tag	139	$1^{1}/_{2}$ Tag	54
4 Tage	99	3 Tage	57
5 ,, ...	78	5 ,, ...	57
11 ,, ...	43	9 ,, ...	44
24 ,, ...	32	15 ,, ...	44
35 ,, ...	45	22 ,, ...	44
46 ,, ...	41	25 ,, ...	45
74 ,, ...	46	53 ,, ...	52

Die Kaninchen nähren sich in den ersten Lebenswochen ausschließlich von der eisenarmen Muttermilch, dabei verarmen sie an Eisen, bis sie etwa am 24. Tage anderes Futter und damit größere Eisenmengen aufnehmen.

Das Meerschweinchen frißt schon in den ersten Tagen Vegetabilien, die Muttermilch spielt eine sekundäre Rolle. Es hat nur einen geringen Eisenvorrat bei der Geburt und sein Eisengehalt zeigt nur geringe Abnahme in den ersten Lebenswochen.

Da Bunge in der Leber des neugeborenen Hundes mehr Eisen als bei älteren Hunden fand, bezeichnete er dieses Organ als Sitz der Eisenreserven der neugeborenen Tiere. Ähnliche Befunde wurden auch bei Kaninchen erhoben (Guillemont und Lapicque[309], Krüger, Meyer und Pernon[480]).

Dennoch dürfen diese Befunde nicht verallgemeinert werden. Fontès und Thivolle[242] fanden den *Gesamteisengehalt* von Kaninchen und Katze während der ersten Lebenswochen konstant, was den Bungeschen Angaben entspricht; *beim Hunde trat jedoch erhebliche Zunahme des Eisengehaltes ein*, die Tiere haben somit reichlich Eisen aus der Muttermilch aufgenommen. Nach diesen Autoren hat der Hund nur eine geringe Eisenreserve.

Auch LINTZEL und RADEFF[528] konnten die Angaben BUNGES für Kaninchen und Meerschweinchen bestätigen. Untersucht wurde außer dem *Gesamteisen auch das Eisen im Blute und in der blutfreien Leber* (Tabelle 93).

Tabelle 93. Eisen- und Hämoglobingehalt saugender Tiere (nach LINTZEL und RADEFF[528]).

Alter Tage	Gewicht g	Gesamt-Fe mg	Hämogl.-Fe mg	Leber-Fe mg
Kaninchen:				
0	52	6,54	1,18	4,05
0	35	4,28	0,82	2,55
5	52	3,96	0,83	2,00
10	193	6,60	3,93	1,84
32	815	24,31	14,46	0,13
Meerschweinchen:				
0	78	3,27	2,48	0,24
0	83	4,28	2,56	0,43
6	115	3,79	2,27	0,23
13	147	4,96	2,37	0,17
16	146	3,76	2,58	0,22
25	215	7,12	4,36	0,64
28	247	7,63	4,68	0,46
Ratte:				
0	4,35	0,258	—	—
0	4,95	0,222	—	—
3	6,90	0,292	—	—
3	6,95	0,264	—	—
6	11,2	0,344	—	—
6	13,1	0,320	—	—
10	22,7	0,375	—	—
10	22,0	0,384	—	—
Hund:				
0	120	12,2	7,32	2,24
0	244	15,58	10,39	3,32
12	760	22,29	11,63	3,69
24	975	24,72	14,21	1,50
Schwein:				
0	1250	27,67	16,23	8,00
0	1200	33,12	—	—
12	3200	77,43	47,58	0,51
Ziege:				
0	2575	90,21	59,89	1,44
12	3490	90,58	47,58	2,35

Man erkennt den hohen Eisengehalt der Leber beim neugeborenen *Kaninchen*, der innerhalb der ersten Lebenswochen abnimmt, während gleichzeitig das Hämoglobineisen zunimmt. Das Gesamteisen schwankt etwas, da auch Geschwistertiere mit stark verschiedenem Gewicht zur Welt kommen. Eine *Vermehrung des Gesamteisens in den ersten Lebenswochen ist nicht nachweisbar*, das Milcheisen spielt keine merkliche Rolle. Erst mit Aufnahme anderen Futters nimmt der Gesamteisengehalt zu. Ähnlich beim *Meerschweinchen*, bei dem keine merkliche Reserve in der Leber nachweisbar ist. Diese Tiere haben indessen auf ihr Körpergewicht berechnet mehr Hämoglobineisen, dessen Konzentration im Körper in den ersten Lebenswochen abnimmt, bis dann mit der Nahrung neues Eisen in den Körper gelangt.

Ganz andere Verhältnisse finden sich bei *Ratte* und *Hund* (Tabelle 93). Bei diesen Tieren findet *während der Säugezeit ein erheblicher Eisenansatz* statt, *der aus der Muttermilch stammt.* Das Lebereisen spielt beim Hunde im Vergleich zu diesem Eisenzuwachs eine geringe Rolle. Die Ergebnisse von FONTÈS und THIVOLLE werden somit bestätigt. Der neugeborene Hund hat jedoch pro Kilogramm Lebendgewicht berechnet einen sehr hohen Hämoglobingehalt, man könnte daher von einer *Hämoglobinreserve des neugeborenen Hundes* sprechen. Betrachten wir nun die Verhältnisse bei Schwein und Ziege, so finden sich wiederum andere Verhältnisse.

Das neugeborene Schwein hat eine Eisenreserve in der Leber, die es in den ersten 12 Lebenstagen fast restlos aufbraucht; was an Eisen in der Leber zurückbleibt, dürfte lediglich Organeisen sein. Außer dieser Reserve hat es jedoch, wie sich aus den Zahlen des Gesamteisens ergibt, einen *sehr großen Eisenzuwachs*, den es nur aus dem Eisen der Muttermilch genommen haben kann. Die *Ziege* gehört, wie das Meerschweinchen, zu den Tieren, die recht fertig zur Welt kommen und bald anfangen, fremde Nahrung aufzunehmen. Das neugeborene Tier hat wie jenes *keine Eisenreserve.* Aber auch von einer Hämoglobinreserve kann kaum die Rede sein.

Wir sehen an diesen Versuchen, daß es Tiere gibt, wie Ratte, Hund und Schwein, bei denen das Eisen der Muttermilch eine erhebliche Bedeutung für die Entwicklung des Säuglings hat, und andere, wie Kaninchen und Meerschweinchen, bei denen das Milcheisen fast bedeutungslos ist. Zu welcher Gruppe Schaf, Rind und Pferd gehören ist unbekannt, vom *Rind* weiß man nur, daß es *bei der Geburt eine Eisenreserve* hat.

Die Frage, ob der *Eisengehalt der Milch durch die Nahrung beeinflußt* wird, sollte zweckmäßigerweise an Tieren geprüft werden, bei denen dies von Bedeutung ist. ELVEHJEM, HERRIN und HART[201] zeigten, daß der Eisengehalt der Ziegenmilch nach Fütterung der Tiere mit Ferrosulfat nicht verändert wird. Entgegengesetzte Angaben von DORLENCOURT und CALUGAREAU-NANDRIS[181] wurden von HENRIQUES und ANRÉE ROCHE[356] widerlegt, die bei peroraler Darreichung von Eisenlactat und Ferrosulfat bei Frauen und bei Ziegen, sowie bei kontinuierlicher Infusion des Eisensalzes *bei der Ziege die Konstanz des Eisengehaltes der Milch* nachweisen konnten. Eine Beziehung zwischen dem Eisen im zirkulierenden Blute und in der Milch besteht nach den Infusionsversuchen offenbar nicht. Von der gleichfalls durchaus fraglichen *Beeinflussung des Milcheisens beim Schwein* ist im folgenden noch die Rede.

7. Eisenmangel.

McGOWAN und CRICHTON[576] beobachteten in einer Schweinezüchterei, in der die tragenden Sauen bei einer Nahrung von Mais, Biertreber und Fischmehl gehalten wurden, daß die *3—4 Wochen alten Ferkel bestimmte Symptome* aufwiesen: Sie wurden träge, ihre Haut war intensiv weiß und schwammig, die Atmung angestrengt. Plötzlicher Tod war gewöhnlich und ganze Würfe gingen nach und nach ein. Die Untersuchung zeigte sehr fettreiches Unterhautgewebe, großes Herz und Lungenödem. Exsudate fanden sich in Pleural- und Peritonealhöhle. Die Leber war blaß und zeigte über die ganze Oberfläche helle Flecken in Hirsekorngröße. Auch die Nieren waren blaß, die Milz etwas vergrößert. Im Blute waren nur etwa 3 Millionen rote Blutkörperchen pro Kubikmillimeter vorhanden. Das ganze ist das *Bild einer schweren Anämie.* Durch Verfütterung von Ferrioxyd an das Muttertier vermochten die Autoren die Krankheit der saugenden Ferkel alsbald zu heilen. Der Hämoglobingehalt der Tiere stieg innerhalb von 3 Wochen von 20—30% auf 70—80%. Folgeerscheinungen der Exsudate, Adhäsionen usw. blieben freilich von der Erkrankung zurück. Durch *Eisendarreichung an die Muttertiere*, ehe noch anämische Erscheinungen bemerkbar waren, konnte *die Erkrankung überhaupt verhindert* werden, 8 Wochen alte, derart versorgte Ferkel wogen 16 kg, während 14 Wochen alte, anämische nur 6 kg wogen. Ob die Verfütterung des Eisens an das Muttertier zu einer Vermehrung des Milcheisens geführt hat, oder ob die Ferkel selbst Eisen aufgenommen haben, bleibt unentschieden. Es handelt sich bei der geschilderten *Eisenmangelanämie* nach Ansicht der Autoren offenbar um dieselbe Erkrankung, die WITHER und CARRUTH[972] als *Baumwollsaat-Vergiftung*, cotton seed poisoning, beschrieben haben. Diese Autoren heilten die Krankheit gleichfalls mit Eisengaben, nahmen aber an, daß das Eisen einen hypothetischen Giftstoff der Baumwollkerne entgifte. Die in Frage stehende Ernährungsanämie wird von McGOWAN und CRICHTON ferner mit der Erkrankung identifiziert, die von HUTYRA und MAREK[405a] unter dem Namen einer *enzootischen Hepatitis der Schweine* beschrieben wird. Diese Krankheit wurde besonders in Rußland und Ostpreußen beobachtet, wo sie großen wirtschaftlichen Schaden verursachte.

Die *Anämie bei Eisenmangel* ist bei anderen Tieren experimentell oft erzeugt worden, auch sind hierbei starke Herzhypertrophie und andere von McGOWAN und CRICHTON beschriebene Symptome beobachtet worden (M. B. SCHMID[786]).

Bekannt sind ferner *Ernährungsanämien beim Menschen*, über die GLANZMANN[286] zusammenfassend berichtet, so vor allem die *Kuhmilchanämie* und die *Ziegenmilchanämie bei Kindern*, die über das Säuglingsalter hinaus mit überwiegender Milchkost ernährt wurden. Bei diesen Erkrankungen ist die *Eisenarmut der Milch* entscheidend. Diese wird durch den Citronensäuregehalt der Milch, der die Resorption des Eisens und vielleicht auch anderer lebenswichtiger Metalle hemmt, noch verschärft (LINTZEL[521]). Besonders bei der *Ziegenmilchanämie* kommt ferner deren Vitamin-C-Armut in Frage, die beobachtet wird, wenn die Ziegen unzweckmäßig gefüttert werden (SUDHOLT[871]). Ebenso kommen KRONACHER, KLIESCH und SCHÄPER[479] zu dem Ergebnis, daß die *Ziegenmilchanämie von verschiedenen Faktoren abhängig* ist. Von einer allgemeinen Schädlichkeit der Milch gut gehaltener Ziegen kann nach diesen Autoren keine Rede sein; wo Schädigungen bei Kindern beobachtet wurden, ist wohl stets eine unzweckmäßige Diät, Mangel an Gemüsen u. dgl., eingehalten worden.

XXVI. Nickel, Kobalt.

In Anbetracht der Tatsache, daß Nickel und Kobalt in geringen Mengen vielfach in pflanzlichen Stoffen vorkommen, ist ihr *Vorhandensein auch im Tierkörper* zu erwarten. BERTRAND und MACHEBOEF[69] untersuchten die Organe verschiedener Tiere.

Nickel war in Mengen bis 0,1 mg pro Kilogramm oft nachweisbar, etwas mehr war in der Leber und in Hornsubstanzen, wie Federn, zu finden. Bei niederen Tieren, Mollusken und Krebsen, war es reichlicher vorhanden.

Ebenso war *Kobalt* vielfach nachweisbar, in seiner Verteilung geht es mit Nickel zusammen. Der Kobaltgehalt der Thymusdrüse wurde mit 0,47 mg pro Kilogramm Organ am höchsten gefunden.

Nach BEARD, MYERS und SHIPLEY[45] haben Nickel und Kobalt, einer Milch-Eisennahrung zugesetzt, eine günstige Wirkung auf die Hämoglobinbildung.

Von einer biologischen Bedeutung der fraglichen Metalle ist vorerst noch keine Rede.

Literatur zum Kapitel: Mineralstoffwechsel.

(*1*) ABDERHALDEN: Z. physiol. Chem. **25**, 65 (1898). — (*2*) Lehrbuch d. physiologischen Chemie 2. Berlin u. Wien 1925. — (*3*) Z. Biol. **39**, 113, 483 (1900). — (*4*) ABDERHALDEN u. HANSLIAN: Z. physiol. Chem. **80**, 121 (1912). — (*5*) ABDERHALDEN u. MÖLLER: Ebenda **176**, 95 (1928). — (*6*) ACKERSON, BLISH u. MUSSEHL: Poultry Sci. **5**, 153 (1926). — (*7*) ACKERSON u. BLISH: Ebenda **5**, 162 (1926). — (*8*) ADDIS, McKAY u. McKAY: J. of biol. Chem. **71**, 157 (1926). — (*9*) ADLER: Arch. Verdgskrkh. **40**, 174 (1927). — (*10*) AGAZOTTI: Arch. ital. Biol. **59**, 305. — (*11*) ALBERTI: Abh. Inst. Tierzucht u. Molkereiwes. Leipzig 1927. — (*12*) ALBERTONI: Erg. Physiol. **19**, 604 (1921). — (*13*) ALBU u. NEUBERG: Physiologie und Pathologie des Mineralstoffwechsels. Berlin 1906. — (*14*) ALMQUIST u. WELANDER: Nord. med. Ark. (schwed.) **23** (1900). — (*15*) ALWENS: Dtsch. med. Wschr. **50**, 529 (1924). — (*16*) ANGER: Dissert. 1898; zit. nach SJOLLEMA[6 25]. — (*17*) ANSELM: Arb. pharmaz. Inst. Dorpat **8**, 51 (1892). — (*18*) ARBORELIUS u. ZOTTERMANN: Skand. Arch. Physiol. **45**, 12 (1924). — (*19*) ARNOLD u. WENTZEL: Z. angew. Chem. **19**, 1083 (1902). — (*20*) ARON: Pflügers Arch. **106**, 21 (1905); OPPENHEIMERS Handbuch **4**, 222. Jena 1925. — (*20a*) ARON u. GRALKA in OPPENHEIMERS Handbuch **1**, 1. Jena 1925. — (*21*) ARON: Ebenda 7. Jena 1927. — (*22*) ARON u. FRESE: Biochem. Z. **9**, 185 (1908). — (*23*) ASADA: Ebenda **140**, 326 (1924). — (*24*) ASHER u. EBNÖTHER: Ebenda **72**, 416 (1916). — (*25*) ASHER u. GROSSENBACHER: Ebenda **17**, 78 (1909). — (*26*) ASO u. LOEW: Bull. coll. agricult. Tokyo **5**, 239 (1902). — (*27*) AUERBACH u. PICK: Arb. Reichsgesdh.amt **43**, 155 (1912); Biochem. Z. **48**, 425 (1913). — (*28*) AUSTIN u. VAN SLYKE: J. of biol. Chem. **41**, 345 (1920); **45**, 461 (1920/21). — (*29*) ASTON: New Zealand Dep. agricult. Ann. Rep. **14** 114 (1907); **20**, 75 (1912).

(*30*) BACHELOR, FEHNEL, THOMSON u. DRINKER: J. ind. Hyg. **8**, 322 (1926). — (*31*) BAER: Arch. f. exper. Path. **54**, 71 (1894). — (*32*) BAILEY, DAVIDSON u. BUNTING: J. amer. med. Assoc. **84**, 1722 (1925). — (*33*) BALDI: Arch. ital. Biol. **29**, 353 (1898). — (*34*) BALLS: Biochem. Bull. **5**, 195 (1916). — (*35*) BANG, I.: Biochem. Z. **165**, 364, 377 (1925). (*36*) — Ebenda **161**, 195 (1925). — (*37*) BARGER u. COYNE: J. of biol. Chem. **78**, Proc. 3 (1928). — (*38*) BARKAN: Z. physiol. Chem. **148**, 124 (1925); **171**, 179 (1927); **177**, 205 (1928). — (*39*) BARKAN, BRÖMSER u. HAHN: Z. Biol. **74**, 1 (1921). — (*40*) BARKUS: Amer. J. Physiol. **69**, 35 (1924). — (*41*) BARTELS: Wiss. Arch. Landw. **1930**. — (*42*) BARTSCH: Inaug.-Dissert., Berlin 1922. — (*43*) BAUMANN: Z. physiol. Chem. **21**, 319; **22**, 1 (1895). — (*44*) BEARD: Amer. J. Physiol. **75**, 658 (1926). — (*45*) BEARD, MYERS u. SHIPLEY: Proc. Soc. exper. Biol. a. Med. **26**, 310 (1929). — (*46*) BEARD u. MYERS: Ebenda **26**, 510 (1929). — (*47*) BECCARI, zit. nach ALBERTONI[12]. — (*48*) BECHER: Münch. med. Wschr. **46**, 1950 (1927). — (*49*) BECKMANN: Malys Ber. **1896**, 566. — (*50*) BÉHAL: Publ. biol. Ecole vét. Brno **7**, 5 (1928). — (*51*) BEHRENS: Arch. f. exper. Path. **109**, 332 (1925); **103**, 37 (1924). — (*52*) BEIJERINCK: Fol. mikrobiol. **2**, 123 (1913). — (*53*) BELL: J. of biol. Chem. **64**, 391 (1925). — (54) BELL u. DOISY: Ebenda **44**, 55 (1920). — (**56**) BENEDICT: Ebenda **6**, 363; **7**, 101 (1909). — (*57*) BENETT: Pharm. J. **33**, 163 (1911). — (*58*) BERGEIM: J. of biol. Chem. **70**, 35 u. 51 (1926). — (*59*) BERGMANN: Hofmeisters Beitr. **4**, 192 (1903). — (*60*) BERNHARDT u. UCKO: Biochem. Z. **155**, 174 (1925). — (*61*) BERG, RAGNAR: Die Nahrungs- und Genußmittel, Dresden 1926. — (*62*) BERTRAND: Bull. Soc. sci. Hyg. aliment. **8**, 49 (1920). — (*62a*) C. r. Acad. Sci. **134**, 1434; **135**, 809. — (*63*) Bull. Soc. chim. France **29**, 791. — (*64*) Ann. Inst. Pasteur **17**, 516 (1903). — (*65*) Ebenda **16**, 553 (1902). — (*66*) BERTRAND u. AGULHON: C. r. Acad. Sci. **155**, 248 (1912). — (*67*) Ebenda **156**, 246 (1913). — (*68*) BERTRAND u. BENZON: Ebenda **175**, 289 (1922); Bull. Soc. sci. Hyg. aliment. **12**, 15 (1924). — (*69*) BERTRAND u. MACHEBOEF: C. r. Acad. Sci. **180**, 1380 u. 1993 (1925). — (*70*) BERTRAND u. MEDIGRECEANU: Ebenda **154**, 1450 (1912); Ann. Inst. Pasteur **27**, 282 (1913). — (*71*) BERTRAND u. NAKAMURA: C. r. Acad. Sci. **179**, 129 (1924). — (*72*) Ebenda **186**, 1480 (1928). — (*73*) BERTRAND u. VLADESCO: Ebenda **171**, 744 (1920); **172**, 768 (1921). — (*74*) Ebenda **173**, 54 u. 176 (1921). — (*75*) BERTRAND u. VORONCA-SPIRT: Ebenda **189**, 221 (1929). — (*76*) v. BEZOLD: Z. Zool. **8**, 487. — (*77*) BIALASZEWIEZ: Trav. Inst. Nencki **3**, 26. — (*78*) BIAZZO: Ann. Chim. appl. **16**, 2 (1926). — (*79*) BIEDL u. WINTERBERG: Pflügers Arch. **88**, 140 (1902). — (*80*) BIERNACKI: Wien. med. Wschr. **25** (1904). — (*81*) BILBAO u. GRABAR: C. r. Soc. Biol. **102**, 47 (1929). — (*82*) BIRCKNER: J. of biol. Chem. **38**, 191 (1919). — (*83*) BLAREZ u. DENIGÈS: C. r. Soc. Biol. **57**, 279 (1905). — (*84*) BLATHERWICK: J. of biol. Chem. **42**, 517 (1920). — (*84a*) Arch. intern. Med. **14**, 409 (1914). — (*85*) BLOEMFIELD u. HUCK: Bull. Hopkins Hosp. **31**. — (*86*) BLUM, AUBEL u. HAUSKNECHT: C. r. Soc. Biol. **85**, 498 u. 950 (1921). — (*87*) BOCK, JOH.: Arch. f. exper. Path. **57**, 183 (1907). — (*88*) BLOEMENDAL: Arch. Pharmaz. **246**, 599 (1908); Dissert., Leyden 1908. — (*89*) BODANSKY: C. r. Acad. Sci. **173**, 790 (1921). — (*90*) J. of biol. Chem. **44**, 99 (1920). — (*91*) Ebenda **48**, 361 (1921). — (*92*) BÖDECKER u. TROSCHEL: Ber. Akad. Wiss. Berlin **1854**. — (*92*) DE BOER: J. of Physiol. **51**, 211 (1917). — (*94*) BOGERT u. McKITTRICK: J. of biol. Chem. **54**, 363 (1922). — (*95*) v. BOKAY: Z. physiol. Chem. **1**, 157

(1877). — (96) Böhm: Arch. f. exper. Pat. 3, 216 (1875). — (97) Böhne: Inaug.-Diss., Berlin 1923. — (98) Boenheim: Biochem. Z. 90 (1918). — (99) Boresch: Der Kreislauf des Kohlenstoffs. In Handbuch der normalen und pathologischen Physiologie 1, 718. Berlin 1927. — (100) Börnstein: Biochem. Z. 172, 133 (1926). — (101) Botazzi: Erg. Physiol. 161 (1908). — (102) Handbuch der vergleichenden Physiologie 1, 1 (1925). — (103) Bradley: J. of biol. Chem. 3, 151 (1907); 8, 237 (1910/11). — (104) Science 19, 196 (1904). — (105) Bradley u. Mendel: Amer. J. Physiol. 14, 313 (1905). — (106) Brandenburg: Pflügers Arch. 95, 625 (1903). — (107) Brandl u. Tappeiner: Z. Biol. 28, 518. — (108) Breest: Biochem. Z. 108, 309 (1920). — (108a) Arch. int. Med. 14, 409 (1914). — (109) Briggs: J. of biol. Chem. 52, 349 (1922). — (110) Ebenda 53, 13 (1922). — (111) Ebenda 52, 349 (1922). — (112) Brinkmann in Bethes Handbuch 4, 1. 573. — (113) Brinkmann u. Györgyi: J. of Physiol. 58, 204 (1923). — (114) Brinkmann u. van Damm: Kon. Akad. Wetensch. Amsterdam 22, 762 (1920). — (115) Brailsford u. Robertson: Erg. Physiol. 10, 216 (1910). — (116) Bronardel u. Pouchet, zit. nach Heffter u. Keeser: Handbuch der Pharmakologie. — (117) Browinski: Bull. Soc. Chim. biol. 6, 352 (1924). — (118) Bruylants: Malys Ber. 18, 134 (1888). — (119) Buchholz: Repert. pharm. 2, 253 (1816). — (120) Buckner, Martin, Pierce u. Peter: J. of biol. Chem. 41, 195; 51, 51 (1922). — (121) Buckner, Martin, Peter: J. agricult. Res. 36, 263 (1928). — (122) v. Bunge: Z. physiol. Chem. 13, 399 (1889); 16, 173 (1892); 17, 63 (1893). — (123) Lehrbuch der Physiologie. Leipzig; Z. physiol. Chem. 28, 452 (1899). — (124) v. Bunge: Z. Biol. 9, 104 (1873). — (125) Busa, Christianson, Douglas, Haldane u. Barr: Proc. Soc. exper. Biol. a. Med. 19, 179 (1922). — (125a) Butschli: Zool. Anz. 30, 784 (1906).

(126) Cahn: Z. physiol. Chem. 5, 213 (1881). — (127) Ebenda 10, 517 (1886). — (128) Cameron: Biochemic. J. 7, 466 (1913). — (129) J. of biol. Chem. 16, 465; 18, 335 (1914). — (130) Campbell u. Wood: Proc. Cambridge philos. Soc. 14, 5 (1906). — (131) Carlson, Rooks u. MacKie: Amer. J. Physiol. 30, 128 (1912). — (132) Cattley: Lancet 1907, 1. — (133) Cerny: Z. physiol. Chem. 34, 408 (1902). — (134) Ebenda 62, 296 (1909). — (135) Chahovitch u. Giaja: C. r. Soc. Biol. 94, 695 (1926). — (136) Chatin: C. r. Acad. Sci. 32, 669 (1851). — (137) Ebenda 33, 584 (1851). — (138) Cheymol u. Gley: C. r. Soc. Biol. 92, 1348 (1925). — (139) Chittenden: Amer. J. Sci. a. Arts 13, 123. — (140) Chomkovic u. Podhradsky: Wiss. Arch. Landw. 2, 27 (1930). — (141) Chossat: Mem. Acad. Sci. Inst. de France (1843). — (142) Christeller zit. nach Thannhauser[882]. — (143) Church: Proc. roy. Soc. 17, 436 (1869); 51, 399 (1892). — (144) Clark: J. of biol. Chem. 49, 487 (1921). — (145) Cloetta: Arch. exper. Path. 54, 996 (1906). — (146) Conti: Biochimica e Ter. sper. 8, 108 (1921). — (147) Corlette: Med. J. Austral. 198, 1 (1928). — (148) Cossa: Atti Accad. naz. Lincei 1878; Malys, Ber. 8, 72. — (149) Cotte: C. r. Soc. Biol. 55, 139. — (150) Cramer, Krause u. Call: Proc. roy. Soc. 86; Quart. J. exper. Physiol. 11, 12. — (151) Cremer: Sitzgsber. Ges. Morph. u. Physiol. Münch. 7, 124 (1891). — (152) Cristol: C. r. Acad. Sci. 174, 887 (1922). — (153) Christianson, Douglas u. Haldane: J. of Physiol. 48, 244 (1914). — (154) Costantino: Biochem. Z. 37, 52 (1911). — (155) Czapek: Biochemie der Pflanzen. Jena 1921. — (156) Cramer (1870), zit. nach Czapek[155] 2. — (157) Csapo u. Faubl: Biochem. Z. 150, 509 (1924). — (158) Cushny: J. of biol. Chem. 53, 391 (1919/20).

(159) Damiens: C. r. Acad. Sci. 171, 211 (1921). — (160) Damman: Dtsch. tierärztl. Wschr. 5, 435 (1897). — (161) Danckwortt: Ebenda 1928. — (162) Danckwortt u. Jürgens: Arch. Pharmaz.. 6 (1928). — (163) Danckwortt u. Ude: Ebenda 264, 712 (1926). — (164) Daniels u. Hutton: J. of biol. Chem. 63, 143 (1925). — (165) Daniels u. Rich: Ebenda 36, 27 (1918). — (166) Daniels u. Loughlin: Ebenda 44, 381 (1920). — (167) Daniels u. Stearns: Ebenda 61, 225 (1924). — (168) Davidsohn: Z. Kinderheilk. 9, 10 (1913). — (169) Deckwitz: Mschr. Kinderheilk. 24, 579 (1923). — (170) Delezenne: Ann. Inst. Pasteur 23, 68 (1919). — (171) Dennstedt u. Rumpf: Z. klin. Med. 58, 1 (1905). — (172) Denis: J. of biol. Chem. 49, 311 (1921). — (173) Ebenda 52, 411 (1922). — (174) Denis u. Reed: Ebenda 71, 191 (1926/27); 73, 51 (1927). — (175) Ebenda 72, 385 (1927). — (176) Derwies u. Ssewerin: Biochem. Z. 190, 330 (1927). — (177) Dhéré: C. r. Soc. Biol. 52, 458 (1900). — (178) Dieulafait: C. r. Acad. Sci. 90, 1573 (1880). — (179) Dittrich: Z. exper. Med. 41, 355 (1924). — (180) Doisy, Briggs, Eaton u. Chambers: J. of biol. Chem. 54, 305 (1922). — (181) Dorlencourt u. Calugareanu-Nandris: C. r. Soc. Biol. 95, 308 (1926). — (182) Drechsel: Zbl. Physiol. 11, 361 (1898). — (183) Dresel u. Stickl: Münch. med. Wschr. 1927, 1859. — (184) Drinker, Thomson u. Marsh: Amer. J. Physiol. 80, 31 (1927). — (185) Drinker, Fehnel u. Marsh: J. of biol. Chem. 72, 375 (1927). — (186) Dubois: C. r. Soc. Biol. 52, 392 (1900). — (187) Dubuisson u. Thomas: Ann. de Physiol. 5, 857 (1929). — (188) Duerst: Züchtungskunde 2, 1 (1927); Beurteilung des Pferdes. — (189) Dühring: Z. physiol. Chem. 23, 321 (1897). — (190) Durlach: Arch. f. exper. Path. 71, 210 (1913). — (191) Dutscher u. Steel: J. amer. chem. Soc. 36, 770 (1914). — (192) van Dyke: J. of biol. Chem. 45, 325; Amer. J. Physiol. 56, 168.

(193) Eckles, Becker u. Palmer: Minnesota Agricult. experim. Sta. Bull. **229**, 49 (1926). — (194) Ege: Biochem. Z. **107**, 246 (1920). — (195) Eggenberger, zit. nach v. Fellenberg (221). — (196) Eichenberger: Inaug.-Dissert. Bern 1925. — (197) Ellenberger: Arch. Tierheilk. **22**, 79. — (197a) Ellenberger u. Scheunert: Lehrbuch der vergleichenden Physiologie der Haussäugetiere. — (198) Ellinger: Z. physiol. Chem. **116**, 266 (1921). — (199) Elmslie u. Steenbock: J. of biol. Chem. **82**, 611 (1929). — (200) Elvehjem, Steenbock u. Hart: Ebenda **83**, 27 (1929). — (201) Elvehjem, Herrin u. Hart: Ebenda **71**, 255 (1926). — (202) Elvehjem, Steenbock u. Hart: Ebenda **83**, 21 (1929). — (203) Elvehjem u. Hart: Ebenda **84**, 131 (1929). — (204) Elvehjem u. Lindow: Ebenda **81**, 435 (1929). — (205) Emden, Kahlert u. Lange: Z. physiol. Chem. **141**, 254 (1924). — (206) Emden, Schmitz u. Meincke: Ebenda **113**, 16 (1921). — (207) Emmerich: Pflügers Arch. **2**, 72 (1869). — (208) Eppinger: Z. exper. Path. u. Ther. **3**, 530 (1906); Wien. klin. Wschr. **19**, 111 (1906). — (209) l'Errera, zit. nach Boruttau-Botazzi: Lehrbuch der physiologischen Chemie. — (210) Van Eweyk: Virchows Arch. **275**, 867 (1930).

(211) Fahr: Z. Biol. **52**, 72 (1909). — (212) Fairhall: J. ind. Hyg. **4**, 9 (1922). — (213) J. of biol. Chem. **57**, 455 (1923). — (214) J. ind. Hyg. **8**, 165 (1926). — (215) J. of biol. Chem. **60**, 485 (1924). — (216) Ebenda **70**, 495 (1926). — (217) Falta u. Richter-Quittner: Biochem. Z. **114**, 58 (1921). — (218) Farkas: Pflügers Arch. **98**, 551 (1903). — (219) Fedorov: Med.-biol. Z. (russ.) **4**, 84 (1928). — (220) Feenstra: Kon. Akad. Wetensch. Amsterdam **24**, 822. — (221) v. Fellenberg: Erg. Physiol. **25**, 176 (1926). — (222) Felton, Hussey u. Bayne-Jonas: Arch. intern. Med. **19**, 1085 (1917). — (223) Fenger: J. of biol. Chem. **14**, 397 (1913); **20**, 695 (1915). — (224) Endocrinology **2**, 98 (1918). — (224a) Ferber, Diss. Berlin 1928; Wiss. Arch. Landw. B, **1**, 597 (1929). — (225) Fingerling: Landw. Versuchsstat. **79/80**. 847 (1913). — (226) Biochem. Z. **37**, 266 (1911). — (227) Landw. Versuchsstat. **75**, 1 (1911). — (228) Biochem. Z. **38**, 448 (1912). — (229) Fischer, Hahs, u. Zeile: Liebigs Ann. **468**, 98 (1929). — (230) Fischer, Hans, u. Hilger: Z. physiol. Chem. **128**, 167 (1923). — (231) Fischer, Hilmer, Lindner u. Pützer: Ebenda **150**, 44 (1925). — (232) Fischer, M. H.: Pflügers Arch. **106**, 80; **109**, 1 (1905). — (233) Fitz, Alsberg u. Henderson: Amer. J. Physiol. **18**, 113 (1907). — (234) Fleurent u. Levi: Bull. Soc. Chim. biol. **27**, 440 (1920). — (235) Flinn u. Inouye: J. amer. med. Assoc. **40**, 1010 (1928). — (236) J. of biol. Chem. **84**, 101 (1929). — (237) Foa: Arch. di Fisiol. **3**, 369 (1906). — (238) Folin: Skand. Arch. **1**, 442 (1889). — (239) Z. physiol. Chem. **37**, 161 (1902/03). — (240) J. of biol. Chem. **8**, 497 (1910/11). — (241) Fomin: Biochem. Z. **217**, 423 (1930). — (242) Fontès u. Thivolle: C. r. Soc. Biol. **93**, 681 (1925). — (243) Forbes, Halverson, Morgan u. Schulz: Ohio Exp. Sta. Bull. **347**, 99 (1921). — (244) Forbes, Hunt, Schulz u. Winter: Ebenda **347** (1921). — (245) Forbes, Halverson u. Schulz: J. of biol. Chem. **42**, 459 (1920). — (246) Forbes, Beegle, Fritz u. Mensching: Ohio Agr. Exp. Sta. Bull. **271**, 225 (1914). — (247) Forbes, Beegle, Fritz, Morgan u. Rhue: Ohio Exp. Sta. Bull. **295** (1916); **308** (1917). — (248) Forbes, Halverson u. Morgan: Ebenda **330** (1918). — (249) Forbes u. Keith: Ohio Agr. Exp. Sta. Tech. Ser. Bull. **5**, 748 (1914). — (250) Forbes: J. of biol. Chem. **52**, 281 (1922). — (251) Forbes, French u. Letonoff: J. of Nutrit. **1**, 201 (1929). — (252) Forbes, Woods u. Wittier: Ohio Exp. Sta. Res. Bull. **213**, 239 (1908). — (253) Forster: Z. Biol. **9**, 297 (1873). — (254) Foster, Hooper u. Whipple: J. of biol. Chem. **38**, 421 (1919). — (255) Fränkel: Pflügers Arch. **96**, 601 (1903). — (256) Fraenckel: Z. exper. Path. u. Ther. **1**, 1 (1905). — (257) Frauenberger: Z. physiol. Chem. **57**, 17 (1908). — (258) Freund: Arch. f. exper. Path. **74**, 311 (1913). — (259) Freundlich: Capillarchemie. Leipzig 1923. — (260) Friedländer: Ber. dtsch. chem. Ges. **42**, 765, 770. — (261) Fromherz: Handbuch der normalen u. pathologischen Physiologie **5**, 1046. — (262) Fröhner: Lehrbuch der Toxikologie. Stuttgart 1919. — (263) Furuya: Biochem. Z. **147** (1924). — (263a) Fujimaki: Arch. f. exper. Path. **104**, 73 (1924).

(264) Gabriel: Z. physiol. Chem. **18**, 257 (1894). — (264a) Z. analyt. Chem. **31**, 522. — (265) Pflügers Arch. **202** (1924); **213** (1926). — (266) Gaessler u. McCandlish: J. of biol. Chem. **56**, 663 (1923). — (267) Gamble, Ross u. Tisdall: Amer. J. Dis. Childr. **25**, 455 (1923). — (268) Garrigou: C. r. Acad. Sci. **135**, 1113 (1903). — (269) Gärtner u. Heidenreich: Züchtungskunde **3**, 209 (1928). — (270) Gassmann: Z. physiol. Chem. **55**, 455 (1908). — (271) Ebenda **70**, 83. — (272) Gautier: C. r. Acad. Sci. **129**, 929 (1899); **130**, 284 (1900); **131**, 361 (1900); **134**, 1394 (1902); **135**, 833 (1902); **137**, 232 (1903). — (273) Z. physiol. Chem. **36**, 391 (1902); Bull. Soc. Chim. **29**, 31, 913 (1903). — (274) C. r. Soc. Biol. **54**, 727 (1902); **55**, 1076 (1903). — (275) C. r. Acad. Sci. **158**, 159 (1914). — (276) Gautier u. Clausmann: C. r. Soc. Biol. **57**, 55 (1904). — (276a) C. r. Acad. Sci. **157**, 94 (1913). — (277) Gellhorn: Das Permeabilitätsproblem. Berlin 1929. — (278) Gérard: C. r. Acad. Sci. **154**, 1305 (1912). — (279) Gerhartz: Oppenheimers Handbuch 4. Jena 1925. — (279a) Gescheidlen: Pflügers Arch. **14**, 401 (1877). — (280) Giaya: C. r. Acad. Sci. **170**, 906 (1920). — (281) Gies: Arch. f. exper. Path. **8**, 175 (1878). — (282) Gillert: Z. exper.

Med. **43**, 539 (1924). — *(283)* GIVENS: J. of biol. Chem. **34**, 119 (1918). — *(284)* GLAESSNER: Z. physiol. Chem. **40**, 465 (1903/04). — *(285)* GLAUS: Inaug.-Dissert. Bern 1923. — *(286)* GLANZMANN: Schweiz. med. Wschr. **1929** II, 975, 1001, 1035. — *(287)* GLEY u. CHEYMOL: C. r. Acad. Sci. **1924**, 930. — *(288)* GOERNER: J. Labor. a. clin. Med. **15**, 119 (1929). — *(289)* GOLDBLATT: Biochem. J. **21**, 99 (1927). — *(290)* GOLDENBERG: J. Physiol. et Path. gén. **25**, 65 (1927). — *(291)* GONNERMANN: Biochem. Z. **88**, 401 (1918); Z. physiol. Chem. **99**, 255 (1917). — *(292)* Ebenda **102**, 78 (1918). — *(293)* Ebenda **111**, 32 (1920). — *(294)* GORUP-BESANEZ, V.: Handbuch der physiologischen Chemie. Braunschweig 1878. — *(295)* GOSSMANN: Dissert. Erlangen 1898. — *(296)* GRAFENBERGER: Landw. Versuchsstat. **39**, 115 (1891). — *(297)* GRANT u. GATES: Proc. Soc. exper. Biol. a. Med. **22**, 315 (1925). — *(298)* GRASSHEIM u. v. D. WETH: Pflügers Arch. **209**, 70 (1925). — *(299)* GREENWALD: Pharmac. a. exper. Ther. **11**, 281 (1918). — *(300)* GRIFFITHS: Proc. roy. Soc. Edinburgh **18**, 288 (1891). — *(301)* C. r. Acad. Sci. **14**, 496 (1892). — *(302)* GROHMANN: Zbl. Bakter. II **61**, 256 (1924). — *(303)* GROSSER u. HUSLER: Biochem. Z. **39** (1912). — *(304)* GROSSER: Ebenda **48**, 427 (1913). — *(305)* GRÜNWALD: Zbl. Physiol. **22**, 500 (1908). — *(306)* GUARESCHI: Fresenius' Z. **52**, 454 (1913). — *(307)* GUERITHAULT: Bull. Soc. hyg. aliment. **15**, 386 (1927). — *(308)* GUEYLARD u. PORTIER: C. r. Acad. Sci. **180**, 1962 (1925). — *(309)* GUILLEMONT u. LAPICQUE: C. r. Soc. Biol. **48**, 760 (1896). — *(310)* GUMILEWSKI: Pflügers Arch. **39**. — *(311)* GUNZBURG: Natuur- en Geneesk. Cong. **1917**; Onderz. Physiol. Lab. Utrecht **19**, 286. — *(312)* GÜRBER: Verh. physik.-med. Ges. Würzburg **23**, 21 (1894). — *(313)* Salze des Blutes. Würzburg 1904. — *(314)* GUSSEROW: Arch. Path. u. Anat. **21**, 443 (1861). — *(315)* GUTRIE, HENRY, JENSEN u. RAMSAY: N. S. Wales Agricult. Sci. Bull. **12**, 23 (1914).

(316) HAAG u. PALMER: J. of biol. Chem. **76**, 367 (1928). — *(317)* HAARSTICK: Inaug.-Diss. Bern 1910. — *(318)* HAGGARD: J. of biol. Chem. **49**, 519 (1921). — *(319)* HAMBURGER u. BRINKMANN: Handbuch der biologischen Arbeitsmethoden **4**, 3. — *(320)* Kon. Akad. Wetensch. **26**, 952. — *(321)* HAMBURGER: Biochem. Z. **139**, 509 (1923). — *(321a)* Osmotischer Druck. Wiesbaden 1904. — *(322)* HAMMET u. ADAMS: J. of biol. Chem. **52**, 211 (1922). — *(323)* HAMMETT, NOWREY u. MUELLER: J. of exper. Med. **35**, 173 (1922). — *(324)* HÄNDEL: Biochem. Z. **146**, 420, 438 (1924). — *(325)* HANDOVSKY, SCHULZ u. STAEMMLER: Ebenda **112**, 10 (1920). — *(326)* HANSEN: Tierernährung **1**, 119 (1929). — *(327)* HANSON, NILS: Fütterung der Haustiere. Dresden-Leipzig 1929; Landw. Versuchsstat. **107**, 30 (1928). — *(328)* HARINGTON: Biochem. J. **20**, 293, 300 (1926). — *(329)* HARNACK u. KLEINE: Z. Biol. **37**, 417 (1899). — *(330)* HARNIER, zit. nach ROST[747]. — *(331)* HART: Exper. Stat. Res. Bull. **84** (1920). — *(332)* HART, McCOLLUM, STEENBOCK u. HUMPHREY: Wisconsin Acricult. exper. Sta. Res. Bull. **17** (1911). — *(333)* HART u. STEENBOCK: J. of biol. Chem. **14**, 75 (1913). — *(334)* HART, STEENBOCK u. ELVEHJEM: Ebenda **62**, 117 (1924). — *(335)* HART, STEENBOCK, WADDEL u. ELVEHJEM: Ebenda **77**, 797 (1928). — *(336)* HART, STEENBOCK u. HOPPERT: Ebenda **48**, 33 (1921). — *(337)* HART, STEENBOCK, HOPPERT u. HUMPHREY: Ebenda **53**, 21 (1922). — *(338)* HART, STEENBOCK, HOPPERT, BETHKE u. HUMPHREY: Ebenda **54**, 75 (1922). — *(339)* HART, STEENBOCK, SCOTT, HUMPHREY u. KLETZIEN: Ebenda **71**, 263, 271 (1927). — *(340)* HART, STEENBOCK, ELVEHJEM, SCOTT u. HUMPHREY: Ebenda **67**, 371 (1926). — *(341)* HART, STEENBOCK, KLETZIEN, LEPKOWSKY, HALPIN u. JOHNSON: Ebenda **65**, 579 (1925). — *(342)* HART, STEENBOCK u. HUMPHREY: Madison Exper. Sta. Res. Bull. **49** (1920). — *(343)* HART, McCOLLUM u. FULLER: Amer. J. Physiol. **33**, 248 (1908). — *(344)* Wisconsin Agricult. exper. Sta. Res. Bull. **1**, 1 (1908). — *(345)* HART, McCOLLUM u. HUMPHREY: Amer. J. Physiol. **24**, 86 (1909). — *(346)* HART, BEACH, DELWICHE u. BAILEY: Wisconsin Agricult. exper. Sta. Bull. **389**, 10 (1927). — *(347)* HASSELBALCH: Biochem. Z. **78**, 112 (1927); **30**, 331 (1910); **74**, 18 (1918). — *(348)* HASSELBALCH u. LUNDSGAARD: Ebenda **38**, 77 (1912). — *(349)* HAUSMANN: Pflügers Arch. **113**, 327. — *(350)* HEFFTER: Ther. Mschr. **13**, 613; Arch. internat. Pharmacodynamie **15**, 399 (1905); Erg. Physiol. **1903**, 115. — *(351)* HEFFTER in Handbuch der experimentellen Pharmakologie **3**, 1. Berlin 1927. — *(352)* HEIDE, VON DER: Mitt. Ver. Schweinezüchter **5** (1918). — *(353)* HENDERSON, L. J.: Erg. Physiol. **8**, 254 (1909). — *(354)* J. of biol. Chem. **9**, 403 (1911). — *(355)* HENDERSON u. MAGEE: Biochemic. J. **20**, 363 (1926). — *(356)* HENRIQUES u. ANDRÉE ROCHE: Bull. Soc. Chim. biol. **11**, 679 (1929). — *(356a)* HENRIQUES u. OKKELS: Biochem. Z. **210**, 198 (1929). — *(357)* HENRY: Agricult. Gaz. N. S. Wales **23**, 885 (1912). — *(358)* HENSEN: Pflügers Arch. **110**. — *(359)* HENZE: Z. physiol. Chem. **33**, 370 (1901); **43**, 290 (1904). — *(360)* Ebenda **72**, 494 (1911); **79**, 215 (1912). — *(361)* HERRMANN: Pflügers Arch. **109**, 26. — *(361a)* HERTER in HERRMANNS Handbuch der Physiologie. — *(362)* HERTWIG, zit. nach HEFFTER u. KEESER: Handbuch der Pharmakologie. Berlin 1927. — *(363)* HERXHEIMER: Berl. klin. Wschr. **41** (1904). — *(364)* HESS, UNGER u. SUPPLEE: J. of biol. Chem. **45**, 234 (1921). — *(365)* HESS, SUPPLEE u. BELLIS: Ebenda **57**, 725 (1923). — *(366)* HETENYI: Z. exper. Med. **43**, 123 (1924). — *(367)* HEUBNER: Handbuch der Balneologie **2**. Leipzig 1922. — *(368)* Nachr. Ges. Wiss. Göttingen **1924**. — *(369)* Ther. Mh. **26**, 44 (1912); Z. klin. Med. **100**, 675 (1924). — *(370)* Arch. f. exper. Path. **78**, 24 (1915). —

(371) Heubner u. Rona: Biochem. Z. **135**, 248 (1923). — *(372)* Heubner u. Meyer-Bisch: Ebenda **122**, 120 (1921). — *(373)* Heupke: Arch. Verdgskrkh. **40**, 185 (1927). — *(374)* Hickmanns, Evelyn: Biochemic. J. **18**, 925 (1924). — *(375)* Higuchi: Biochem. Z. **15**, 95; **22**, 34 (1909). — *(376)* Hiller: Landw. Versuchsstat. **31**, 319 (1885). — *(377)* Hiltner u. Wichmann: J. of biol. Chem. **38**, 205 (1909). — *(378)* Hirabayashi: Biochem. Z. **146**, 208 (1924). — *(379)* Höber: Pflügers Arch. **74**, 246 (1899). — *(380)* Physikalische Chemie der Zelle und Gewebe. Leipzig 1924. — *(381)* Biochem. Z. **14**, 209 (1908). — *(382)* Hofmeisters Beitr. **3**, 525 (1903). — *(383)* Physikalische Chemie der Zelle. Leipzig 1924. — *(383a)* Beitr. chem. Physiol. u. Path. **11**, 35 (1908). — *(384)* Pflügers Arch. **149**, 87 (1913). — *(385)* Ebenda **166**, 531 (1922). — *(386)* Höber u. Jankowsky: Hofmeisters Beitr. **3**, 525 (1903). — *(387)* Hödlmöser: Z. physiol. Chem. **33**, 329 (1901). — *(388)* Hoesslin, v.: Z. Biol. **53**, 25 (1910). — *(389)* Hofmann: Dissert. Leipzig 1906. — *(390)* Hofmeister: Arch. f. exper. Path. **24**, 247 (1888); **25**, 3 (1889); **27**, 395 (1890); **28**, 210 (1891). — *(391)* Erg. Physiol. **16**, 1 (1918). — *(392)* Hogan, Guerrant u. Kempster: J. of biol. Chem. **64**, 113 (1925). — *(393)* Honcamp u. Dräger: Landw. Versuchsstat. **93**, 121 (1919). — *(394)* Honcamp u. Köhler, zit. nach Honcamp u. Dräger (393). — *(395)* Hopkihs: Biochemic. J. **15**, 286 (1921). — *(396)* Hoppe-Seyler: Physiologische Chemie. Berlin 1881. — *(397)* Z. physiol. Chem. **10** (1886). — *(397a)* Hoppe-Seyler-Thierfelder: Physiologisch-chemische Analyse. Berlin 1924. — *(398)* Hörhammer: Biochem. Z. **39**, 207 (1912). — *(399)* Horsford: Liebigs Ann. **149**, 202. — *(400)* Hotz: Z. exper. Path. u. Ther. **3**, 605 (1906). — *(401)* Hubbel u. Mendel: J. of biol. Chem. **75**, 567 (1927). — *(402)* Huffmann u. Taylor: Michigan Agricult. exper. Sta. Quart. Bull. **8**, 174 (1926). — *(403)* Hughes, Titus u. Smits: Science **65** (1927). — *(404)* Hunt u. Seidell: Amer. J. Pharmacy **83**, 407 (1911). — *(405)* Hunter u. Simpson: J. of biol. Chem. **20**, 119 (1915). — *(405a)* Hutyra u. Marek: Spezielle Pathologie u. Therapie der Haustiere. Jena 1920.

(406) Isaacs: Fol. haemat. **37**, 389 (1928). — *(407)* Itallie, van u. van Eck: Arch. de Pharmacie **251**, 50 (1913). — *(408)* Iversen u. Hausborg: J. amer. med. Assoc. **80**, 664 (1923). — *(409)* Jacobsen: Fol. mikrobiol. **1**, 487 (1912). — *(410)* Jacobson: Chem. Ber. **6**, 1026. — *(411)* Jankau: Arch. f. exper. Path. **29** (1892). — *(412)* Janney: Z. physiol. Chem. **76**, 99 (1912). — *(413)* Janowski, zit. nach Brinkmann[112]. — *(414)* Jansen: Z. physiol. Chem. **101**, 176 (1918). — *(414a)* Jantzon: Z. Züchtung **16**, 451 (29). — *(415)* Jaquet: Arch. f. exper. Path. **30**, 311 (1892). — *(416)* Järvinen: Z. Unters. Nahrgsmitt. usw. **45**, 183 (1923). — *(417)* Jegunoff: Zbl. Bakter. **2** (1896); vgl. Kostytschew **7**, 195. — *(418)* Joachimoglu: Arch. f. exper. Path. **79**, 419 (1916). — *(419)* Jocks: Inaug.-Dissert. Berlin 1922. — *(420)* Jodlbauer: Z. Biol. **41**, 487; **44**, 259. — *(420)* John: Exper. Sta. Rec. **51**, 169 (1923). — *(421)* J. of biol. Chem. **77**, 27 (1927). — *(422)* Jolles: Dissert. Utrecht 1917. — *(423)* Justus: Virchows Arch. **190**, 524 (1907).

(424) Kahho: Biochem. Z. **123**, 295 (1921); **144**, 102 (1924); **120**, 134 (1921). — *(425)* Kahle: Münch. med. Wschr. **14**, 752 (1914). — *(426)* Kahlenberg u. Closs: J. of biol. Chem. **83**, 261 (1929). — *(427)* Kalase: Beitr. path. Anat. **57**, 516, 538 (1914). — *(428)* Kalkus: Washington Agricult. exper. Sta. Bull. **156**, 48 (1920). — *(429)* Kall: Malys Ber. **28**, 438. — *(430)* Kahn, Max: Dissert. Columbia Univ. 1912. — *(431)* Kahn: Biochemic. Bull. **1**, 235 (1911/12). — *(432)* Kappen u. Quensell: Landw. Versuchsstat. **86**, 1 (1915). — *(433)* Kaserer: Zbl. Bakter. II **15**, 575 (1906); **16**, 68 (1906). — *(434)* Katsuyama: Z. physiol. Chem. **26**, 543. — *(435)* Katum: J. of biol. Chem. **42**, 47. — *(436)* Katz: Pflügers Arch. **63**, 1 (q896). — *(437)* Kawashima: Strahlenther. **17**, 381 (1924). — *(438)* Keeser: Arch. f. exper. Path. **109**, 370 (1925). — *(439)* Kehve: J. amer. med. Assoc. **85**, 108 (1925). — *(440)* Keil: Beitr. Biol. Pflanz. **11**, 335 (1912). — *(441)* Kelley, zit. nach Scharrer. — *(442)* Kempster: Exper. Sta. Rec. **58** (1928). — *(443)* Kellner-Fingerling: Die Ernährung der landwirtschaftlichen Nutztiere. Berlin 1928. — *(444)* Kendall: J. of biol. Chem. **39**, 125 (1919). — *(444a)* Kendall u. Osterberg: Ebenda **40**, 265 (1919). — *(445)* Kieferle, Kettner, Zeiler u. Hanusch: Milchwirtsch. Forschgn. **4**, 1 (1926). — *(446)* Kindt: Z. physiol. Chem. **174**, 28 (1928). — *(447)* King: J. of biol. Chem. **80**, 25 (1928). — *(448)* Kingo Goto: Ebenda **36**, 355 (1918). — *(449)* Klein: Z. Tierzüchtg **6**, 1 (1926). — *(450)* Kleinmann: Biochem. Z. **99**, 45 (1919). — *(451)* Klimmer: Fütterungslehre. Berlin 1921. — *(452)* Arch. Tierheilk. **25**, 336 (1916). — *(453)* Klincke: Erg. Physiol. **26**, 235 (1928). — *(454)* Knaffl-Lenz u. Nogaki: Arch. f. exper. Path. **105**, 109 (1925). — *(455)* Knoth: Z. Parasitenkde **1**, 262 (1928). — *(456)* Kobert: Dtsch. med. Wschr. **1894**, 583. — *(457)* Kobert u. Koch: Ebenda **1894**, Nr 47. — *(458)* Koch: Z. physiol. Chem. **37**, 181 (1903); **53**, 496 (1907); **70**, 94 (1910). — *(459)* Kochmann, R.: Biochemic. J. **112**, 255 (1920). — *(460)* Kochmann, M.: Pflügers Arch. **119**, 417 (1907). — *(461)* Kochmann: Biochem. Z. **39**, 81 (1912). — *(462)* Kochmann u. Petzsch: Ebenda **10**, 27 (1911). — *(463)* Koeppe: Pflügers Arch. **62**, 567 (1896); Physikalische Chemie in der Medizin. — *(464)* Kohlbach: Arch. Geflügelk. **3**, 326 (1929). — *(465)* Kolthoff: Der Gebrauch der Farbindikatoren. Berlin 1926. — *(466)* J. amer. pharmaceut. Assoc. **17**, 360 (1928); Ber. Physiol. **48**, 21

(1929). — (467) König: Chemie der Nahrungsmittel. Berlin 1920. — (467a) Landw. Jb. 1874; Z. Biol. 10, 69 (1874). — (468) König u. Karst: Landw. Versuchsstat. 100, 269 (1923). — (469) Koppel u. Spiro: Biochem. Z. 65, 409 (1914). — (470) Kostytschew: Lehrbuch der Pflanzenphysiologie. Berlin 1926. — (471) Kostytschsw u. Eliasberg: Z. physiol. Chem. 111, 228 (1920). — (472) Kostytschew u. Scheloumow: Ebenda 85, 493 (1913); Biochem. Z. 64, 237 (1914). — (473) Kowalewskaja u. Salaskin: Z. physiol. Chem. 35, 552 (1902). — (474) Kramar u. Tomczik: Magy. orv. Arch. 25, 61 (1924). — (475) Kramer u. Tisdall: J. of biol. Chem. 48, 1 (1921). — (475a) Ebenda 47, 476 (1921). — (476) Ebenda 48, 223 (1921). — (477) Kramer, Shelling u. Orent: Bull. Hopkins Hosp. 41, 426 (1927); J. of biol. Chem. 77, 157 (1928). — (478) Kronacher, Böttger u. Schäper: Z. Tierzüchtg. 11, 319 (1928). — (479) Kronacher, Kliesch u. Schäper: Ebenda 14, 231 (1929). — (480) Krüger, Meyer u. Pernon: Z. Biol. 27, 439 (1890). — (481) Krupski: Schweiz. Arch. Tierheilk. 1921. — (482) Kugelmass u. Shohl: J. of biol. Chem. 58, 649 (1923). — (483) Kuhn u. Baur: Z. physiol. Chem. 141, 68 (1924). — (484) Kühn: Die Kieselsäure. Stuttgart 1926. — (485) Kunkel: Sitzgsber. physik.-med. Ges. Würzburg 1898, 78. — (486) Pflügers Arch. 14, 355 (1877); 50, 1 (1891). — (487) Z. physiol. Chem. 44, 510 (1905). — (488) Künnemann: J. Landw. 1907. — (488a) Kahn u. Goodridge: Sulfur, New York 1926.

(489) Labat: Dissert., Bordeaux 1912, zit. nach Pillat. — (490) Lamb u. Evvard: J. of biol. Chem. 37, 317 (1919). — (491) Landau u. Halpern: Biochem. Z. 9, 72 (1908). — (492) Landsteiner: Z. physiol. Chem. 16, 13 (1892). — (493) Langendorff: Pflügers Arch. 93, 286 (1903). — (494) Langlois u. Richet: J. Physiol. et Path. gén. 1900, 741. — (495) Langstein u. Meyer: Säuglingsernährung, S. 31. — (496) Lasch: Biochem. Z. 97, 1 (1912). — (497) Lawes u. Gilbert: The Composition of some animals etc. Phil. Transact. London 2 (1859). — (498) Leary u. Sheib: J. amer. chem. Soc. 1917, 1066. — (499) Lehmann, Gunther: Die Wasserstoffionenmessung. Leipzig 1928. — (500) Lehmann, G.: Biochem. Z. 133, 30 (1922). — (501) Lehmann, K. B.: Arch. f. Hyg. 24, 1. — (502) Lehmann: Pflügers Arch. 31, 180 (1884). — (503) Lehnerdt: Z. exper. Med. 1 (1913); Zieglers Beitr. 46 (1909); 47 (1909). — (504) Lenstrup: J. of biol. Chem. 70, 193 (1926). — (505) Lewis u. Lewis: Ebenda 69, 589 (1926); 74, 515 (1927). — (506) Leitch u. Henderson: Biochemic. J. 20 (1926). — (506a) Lepeschkin: Kolloidchemie des Protoplasmas. Berlin 1924. — (507) Leuchtenberger: Landw. Jb. 70, 1 (1929). — (508) Levene: J. of biol. Chem. 13, 463 (1913). — (509) Lewinson: J. inf. Dis. 21, 556 (1917). — (510) Lewis u. Krauss: J. of biol. Chem. 22, 159 (1915). — (511) Levine u. Sohm: Ebenda 59 (1924). — (512) Levit: Arch. f. exper. Path. 24, 1 (1887). — (513) Liebscher: Landw. Versuchsstat. 109, 347 (1929). — (514) Liesegang: Z. Mikrosk. 31, 466. — (515) Lieske: Jb. Bot. 49, 91 (1911); 50, 328 (1912); Zbl. Bakter. II 49, 413 (1919). — (516) Lindberg: Z. Kinderheilk. 16, 90 (1917). — (517) Lindow, Elvehjem u. Peterson: J. of biol. Chem. 82, 465 (1929). — (517a) Ebenda 71, 169 (1927). — (518) Lindsay u. Archibald: J. Agricult. Res. (1929). — 517a) Ebenda 71, 169 (1927). — (518) Lindsay u. Archibald: J. Agricult. Res. 31, 771 (1926). — (519) Linossier: C. r. Soc. Biol. 122 (1882). — (520) Lintzel: Ber. Physiol. 5, 36 (1929). — (521) Lintzel: Z. Züchtg B. 17, 245 (1930). — (522) Z. Biol. 83, 289 (1925). — (523) Ebenda 87, 97, 157 (1928). — (524) Ebenda 89, 342 (1929). — (525) Biochem. Z. 210, 76 (1929). — (526) Lintzel u. Radeff: Ebenda 203, 212 (1928). — (527) Unveröffentlichte Versuche. — (528) Wiss. Arch. Landwirtsch. 1930. — (529) Pflügers Arch. 224, 451 (1930). — 530 Lipschütz: Ebenda 143, 99 (1911). — (531) Arch. f. exper. Path. 62, 210 (1910). — (532) Lisk: J. Dairy Sci. 7, 74 (1924). — (533) Loeb, R. F.: J. gen. Physiol. 3, 229 (1920/21). — (534) Loew, O.: Landw. Versuchsstat. 40, 467 (1892). — (535) Kalkbedarf von Mensch und Tier. München 1927. — (536) Locke: Zbl. Physiol. 14, 670 (1901). — (537) Loeb, Achley u. Benedict: J. of biol. Chem. 60, 491 (1924). — (538) Loeb, J.: Ebenda 27, 339 (1916); 28, 175 (1916). — (539) Loeb, L., u. Cattel: Ebenda 23, 41 (1915). — (540) Loewi, P.: Arch. f. exper. Path. 70, 10 (1912). — (541) Lohmann: Biochem. Z. 202, 466; 203, 164 (1928). — (542) Lohmeyer: Z. ration. Med. 5, 56 (1854). — (543) Loretam: Inaug.-Dissert., Bern 1924. — (544) Luchinetti u. Neumeyer: Arch. Tierheilk. 57, 556 (1928). — (545) Luithlen: Arch. f. exper. Path. 69, 365 (1912). — (546) Lumière u. Couturier: C. r. Acad. Sci. 180, 1364 (1925). — (547) Lundegardh: Der Kreislauf der Kohlensäure in der Natur. Jena 1924. — (548) Lutz: J. ind. Hyg. 8, 177 (1926). — (549) Lyman u. Raymund: J. of biol. Chem. 39, 339 (1919). — (550) Lynd van Wyngaarden, de: Kon. Akad. Wetensch. Amsterdam 26, 776.

(551) MacCallum: On the mechanism of the physiologic action of cathartics. Berkeley 1906. — (552) Macallum: J. of Physiol. 29, 213 (1903); 16, 286 (1894); Trans. canad. Inst. 1903/04, zit. nach Botazzi. — (553) J. of Physiol. 32, 95 (1905). — (553a) Erg. Physiol. — (554) Mach: Bad. landw. Genoss.bl. 8 (1917). — (555) Mach u. Lepper: Landw. Versuchsstat. 105, 205 (1927). — (556) Magee u. Harvey: Biochem. J. 20, 4 (1926). — (557) Magnus: Arch. f. exper. Path. 46, 100 (1902). — (558) Magnus Levy: Biochem. Z.

24, 363 (1910). — (559) MAGNUS LEWY: Z. klin. Med. 107 (1928). — (560) MALCOLM: J. of Physiol. 32, 183 (1905). — (561) MALLET: Chem. News 30, 211, zit. nach ARON u. GRALKA: OPPENHEIMERS Handbuch 1. — (562) MALLORY, Parker u. NYE: J. med. Res. 42, 461 (1920/21). — (563) MANGOLD: Arch. Geflügelk. 1, 5 (1927). — (563a) MANGOLD, LINTZEL u. STOTZ: Ebenda 3, 193 (1929). — (563b) MANGOLD u. LINTZEL: Mitt. dtsch. landw. Ges. 45, 615 (1930). — (563c) MANGOLD und USUELLI: Wiss. Anh. Landw. B (1930). — (564) MAREK: Köztelek 1923, zit. nach WEISER[937]. — (565) MARKOFF: Biochem. Z. 57, 1 (1913). — (566) MASSLOW: Ebenda 55, 45 (1913); 56, 174 (1913). — (567) MAURER u. DIEZ: Münch. med. Wschr. 73, 17 (1926). — (568) MAURER: Z. Kinderheilk. 43, 163 (1927). — (569) Ebenda 44, 120 (1927). — (569a) Arch. Gynäk. 130, 70 (1927); Mschr. Kinderheilk. 38, 98 (1928). — (570) McCARRISON: Indian J. med. Res. 14, 641 (1927). — (571) McCLENDON u. HATHAWAY: J. of biol. Chem. 60, 289 (1924); J. amer. med. Assoc. 80, 600 (1923). — (572) McCOLLUM, zit. nach SCHEUNERT: Dtsch. landw. Tierzucht 30, 193 (1926). — (572a) McCOLLUM u. DAVIS: J. of biol. Chem. 21, 605 (1916). — (573) McCOLLUM u. HOAGLAND: Ebenda 16, 299 (1913). — (574) McCOLLUM, RASK u. BECKER: Ebenda 77, 753 (1928). — (575) McCRACKAN u. PASSAMANEK: Arch. Path. a. Labor. Med. 1, 585 (1926). — (576) McGOWAN u. CRICHTON: Biochem. J. 17 (1923); 18 (1924). — (577) McHARGUE: Amer. J. Physiol. 72, 538 (1925); 77, 245 (1926). — (578) J. agricult. Res. 30, 193 (1925); Amer. J. Physiol. 72, 583 (1925); 77, 245 (1926). — (579) Amer. J. Physiol. 77, 245 (1926). — (580) J. agricult. Res. 30, 193 (1925). — (581) McHARGUE, HEALY u. HILL: J. of biol. Chem. 78, 637 (1928). — (582) MAYER, P.: Biochem. Z. 1, 39 (1906). — (583) MAYRHOFER u. WASITZKY: Ebenda 204, 62 (1929). — (584) MEDES: J. of biol. Chem. 68, 295 (1926). — (585) MEIGS, BLATHERWICK u. CARY: Ebenda 40, 469 (1919). — (586) MEIGS u. TURNER: Ebenda 63, 29 (1925). — (587) MEIGS u. RYAN: Ebenda 11, 401 (1912). — (588) MEIGS, TURNER, HARDING, HARTMANN u. GRANT: J. agricult. Res. 32, 833 (1926). — (589) MEILLIÈRE: C. r. Soc. Biol. 55, 517. — (590) MEISSNER: Dtsch. Jb. Pharm. 18, 19 (1817). — (591) MELTZER: Dtsch. med. Wschr. 1909, 1963. — (592) MELTZER u. AUER: Amer. J. Physiol. 21, 400 (1908). — (593) MENDEL u. BENEDICT: J. of biol. Chem. 6, 20 (1909); Amer. J. Physiol. 25, 1 (1909). — (594) MERCER: J. Ministry Agricult. Lond. 34, 624 (1927); Arch. Geflügelk. 2, 387 (1928). — (595) MESTREZAT, zit. nach PLAUT[698]. — (596) MEUNIER u. LAURENS: C. r. Acad. Sci. 183, 1311 (1926). — (597) MEYER, L. F.: Vers.-Ges. für Kinderheilkunde. Salzburg 1909. — (598) MEYER, L. F., u. COHN: Z. Kinderheilk. 2, 360 (1911). — (599) MEYER-HERMANN: Z. physiol. Chem. 156, 231 (1926). — (600) MEYERHOF: Pflügers Arch. 164, 353 (1916); 165, 229 (1916); 166, 240 (1917). — (601) MICHAELIS: Die Wasserstoffionenkonzentration. Berlin 1922. — (602) MICHAELIS u. DAVIDOFF: Biochem. Z. 46, 131 (1912). — (603) MICHAELIS u. DAVIDSOHN: Z. exper. Path. u. Ther. 8, 398 (1910). — (603a) Biochem. Z. 30, 143 (1910). — (604) MICHELIS u. RONA: Ebenda 18, 317 (1909). — (605) MICHAELIS u. PECHSTEIN: Ebenda 59, 77 (1914). — (606) MIESCHER: Arch. f. exper. Path. 37, 100 (1896). — (607) MILLER: J. of biol. Chem. 55, 45 (1923). — (608) Ebenda 55, 61 (1923). — (609) MILLER, YATES u. JONES BRANDT: Amer. J. Physiol. 72, 647 (1925). — (610) MILROY: J. of Physiol. 27, 12 (1901). — (611) MINOT u. AUB: J. ind. Hyg. 6, 4 (1924). — (612) MISK: C. r. Acad. Sci. 176, 138 (1923). — (613) MISLOWITZER: Die Bestimmung der Wasserstoffionenkonzentration. Berlin 1928. — (614) MITCHEL u. HAMILTON: Biochem. of amino acids. New York 1929. — (615) MITCHELL: Austral. J. exper. Biol. a. med. Sci. 1, 5 (1924). — (616) MOFATT u. SPIRO: Chem.-Z. 31, 639 (1907). — (617) MOLISCH: Die Eisenbakterien. Jena 1910. — (618) MOND u. NETTER: Pflügers Arch. 212, 558 (1926). — (619) MONROE: J. Dairy Sci. 7, 58 (1924). — (620) MORGULIS: J. of biol. Chem., Sci. Proc. 50, 51 (1922). — (621) MÖRNER: Z. physiol. Chem. 88, 138 (1913). — (622) MORRISON: Vet. Med. 488, 522 (1926); LOEW: Mitt. dtsch. landw. Ges. 27 (1929). — (623) MOULTON: J. of biol. Chem. 57, 79 (1923). — (624) MUELLER: Ebenda 56, 157 (1923); 58, 373 (1923). — (625) MÜLLER, F.: Virchows Arch. 131, Suppl. (1893). — (626) MÜLLER-LENHARTZ u. v. WENDT: Die höchste Milchleistung. Berlin 1928. — (627) MÜLLER-RUHLSDORF: Lehrbuch der Schweinezucht. — (628) MUNK: Pflügers Arch. 61, 620 (1895); Virchows Arch. 69, 354 (1827). — (628a) MUNK u. ROSENSTEIN: Ebenda 123, 230 u. 484 (1891). — (629) MUSSO: Malys Ber. 1877, 168. — (630) MYERS, MULL u. MORRISON: J. of biol. Chem. 78, 595 (1928). — (631) MYERS u. MULL: Ebenda 78, 605 (1928). — (632) MYERS u. MORRISON: Ebenda 78, 615 (1928).

(633) NAGEL u. ROOS: Arch. f. Anat. 1902. — (634) NAKASHIMA: J. of biol. Chem. 4, 277 (1908). — (635) NASH u. BENEDICT: Ebenda 48, 463 (1921); 51, 183 (1922); Z. physiol. Chem. 136, 130 (1924). — (635a) NASSE: Malys Ber. 19, 315 (1890). — (636) NATHANSON: Mitt. zool. Stat. Neapel 15, 4 (1902). — (637) NAWRATZKI: Z. physiol. Chem. 23, 532 (1897). — (638) NECKE, SCHMIDT u. KLOSTERMANN: Dtsch. med. Wschr. 44, 1855 (1926). — (639) NENCKI: Ber. dtsch. chem. Ges. 28, 1318 (1895). — (640) NENCKI, v., u. SCHOUMOW-SIMANOWSKY: Arch. f. exper. Path. 34, 313. — (641) NERNST: Theoretische Chemie. — (642) NEUBAUER: Handbuch der normalen und pathologischen Physiologie 5, 802. —

(643) Neuberg u. Kerb: Biochem. Z. 58, 158 (1913); 64, 251 (1914). — (644) Neuberg u. Noguchi: Ebenda 144, 138 (1924). — (645) Neuberg u. Kurono: Ebenda 140, 295 (1923). — (646) Neuberg u. Linkardt: Ebenda 142, 191 (1923). — (646a) Neuberg: Der Harn. Berlin 1911. — (647) Neuhausen u. Pincus: J. of biol. Chem. 57, 91 (1923). — (648) Neuhausen u. Marshall: Ebenda 53, 365 (1922). — (649) Neukirch u. Rona: Pflügers Arch. 148, 285 (1913). — (650) Neumann: Ebenda 36, 576. — (651) Neumann u. Reinhardt: Arch. Tierheilk. 49 (1922); 50 (1923). — (652) Neuschloss: Pflügers Arch. 161, 492 (1915). — (653) Ebenda 181, 17 (1920). — (654) Niederhoff: Ebenda 213, 823 (1926). — (655) Niklas, Schwaibold u. Scharrer: Biochem. Z. 170, 300 (1926). — (656) Nishi: Beitr. Path. u. Ther. 2, 7 (1911). — (657) Noguchi: Biochem. Z. 143, 186 (1923). — (658) Norn: Skand. Arch. Physiol. 55, 162, 184 (1929). — (659) Ebenda 55, 211 (1929).

(660) Oehme: Klin. Wschr. 4, 21 (1925). — (661) Ohio Sta. Bull. 402, 88 (1927). — (662) Oidtmann: Preisschrift, Linnich 1858. — (663) Okada: J. of Physiol. 50, 114 (1916). — (664) Olmer, Payan u. Bertier: C. r. Soc. Biol. 89, 330 (1923). — (665) Olson u. John: J. agricult. Res. 31, 365. — (666) Orr: Rowett Res. Inst. Coll. Paper 1, 379 (1925). — (667) Orr, Magee u. Henderson: Biochem. J. 19 (1925). — (668) Orr, Crichton, Haldane u. Middleton: Scott. J. Agricult. 9, Nr. 40 (1926). — (669) Orr, Moir, Kinross u. Robertson: Ebenda 8, H. 3 (1925). — (670) Ebenda 8, 263 (1927). — (671) Osborne u. Mendel: J. of biol. Chem. 34, 131 (1918). — (671a) Ebenda 15, 311 (1913). — (672) Osborne, Mendel u. Ferry: Z. physiol. Chem. 80, 307 (1912). — (673) Oswald: Ebenda 27, 14 u. 32, 121 (1901). — (674) Overton: Pflügers Arch. 92, 115 (1902).

(675) Pächtner: Oppenheimers Handbuch 4. Berlin 1925. — (676) Padtberg: Arch. f. exper. Path. 63, 60 (1910). — (677) Palet: Physiologic. Abstr. 5, 5 (1920). — (678) Palladin: Pflügers Arch. 204, 150 (1924). — (679) Palmer u. Eckles: Proc. Soc. exper. Biol. a. Med. 24, 307 (1927). — (680) Palmer, Eckles u. Schutte: Ebenda 26, 58 (1928). — (681) Panse: Veröff. Med.verw. 29, 617 (1929). — (682) Pappenheimer u. Dunn: J. of biol. Chem. 66, 717 (1925). — (683) Parnas: Biochem. Z. 155, 247 (1925). — (684) Parnas u. Klisiecki: Ebenda 169, 254 (1926). — (685) Parnas u. Mozolowski: Ebenda 184, 399 (1927). — (686) Parnas u. Heller: Ebenda 152, 1 (1924). — (687) Parnas u. Klisiecki: Ebenda 173, 226 (1926). — (688) Parsons: J. of Physiol. 51, 440 (1917). — (689) Pauli: Beitr. chem. Physiol. u. Path. 3, 225 (1902); 5, 27 (1903). — (690) Pauli u. Handovsky: Biochem. Z. 18, 340 (1909); 24, 239 (1910). — (691) Peel: Z. physiol. Chem. 167, 250 (1927). — (692) Pfaundler: Arch. Kinderheilk. 41, 161 (1905). — (693) Pfyl: Arb. ksl. Gesdh.amt 48, 321 (1915). — (694) Phillips: Carnegie Inst. Wash. Publ. 251 (1917). — (695) Piccini, zit. nach Albertoni[12]. — (696) Pillat: Z. physiol. Chem. 108, 158 (1919/20). — (697) Pincussen: Oppenheimers Handbuch 4 (1925). — (698) Plaut: Handbuch der normalen und pathologischen Physiologie 10, 1207 (1927). — (699) Plimmer u. Scott: J. of Physiol. 38, 247 (1909). — (700) Pohl u. Münzer: Arch. f. exper. Path. 43, 28 (1899). — (701) Politi, zit. nach Botazzi[101]. — (702) Posnjak: Kolloidchem. Beih. 3, 417 (1912). — (703) Pott: Handbuch der tierischen Ernährung. Berlin 1907. — (704) Potter: Proc. roy. Soc. Lond. 80, 239 (1908). — (705) Pribram: Z. physiol. Chem. 49, 457 (1906). — (706) Pribyl: C. r. Soc. Biol. 102, 258 (1929). — (707) Pütter: Handbuch der normalen und pathologischen Physiologie 1, 322. Berlin 1927.

(708) Quagliariello: Rend. Accad. dei Lincei 20, 302 (1911). — (709) Arch. ital. Biol. 57, 43 (1912). — (710) Quam u. Hellwig: J. of biol. Chem. 78, 681 (1928). — (711) Quastel, Stewart u. Tunnicliffe: Biochem. J. 17, 586 (1923). — (712) Quervain, De: Schilddrüsenpathologie. Jena 1926. — (713) Quincke u. Hochhaus: Arch. f. exper. Path. 37, 59 (1896).

(714) Radeff: Arch. Tierheilk. 55, 300 (1926). — (715) Wiss. Arch. Landwirtsch. 1930. — (716) Rasche: Z. Kinderheilk. 42 (1926). — (717) Reakes: New Zealand Dept. agricult. Ann. Rept. 20, 72 (1912); 22, 35 (1914). — (718) Redina: Biochem. Z. 177, 253 (1926). — (719) Reich: Dissert., München 1899. — (720) Reimann u. Minot: J. of biol. Chem. 42, 329 (1920). — (721) Reinhardt u. Hummelt: Arch. Tierheilk. 51, 517 (1925). — (722) Reynolds u. Macomber: Amer. J. Obstetr. 2, 379 (1921). — (723) Richards, Godden u. Husband: Biochem. J. 18, 651; 21, 971 (1927). — (724) Richet, Gardner u. Goodbody: C. r. Acad. Sci. 181, 1105 (1925). — (725) Richter, K.: Züchtungskde 5, 152 (1930). — (726) Richter-Quittner: Biochem. Z. 133, 417 (1922). — (727) Z. exper. Med. 45, 479 (1925). — (728) Riesser u. Kindt: Z. physiol. Chem. 174, 40 (1928). — (729) Rimington u. Davenport Kay: Biochem. J. 20, 777 (1926). — (730) Ringer: J. of Physiol. 6, 362 (1885); 4, 222; 5, 247 (1882/83). — (731) Roffo u. Lasserre: Bol. Inst. Med. exper. Cánc. 1, 616 (1925); Ber. Physiol. 36, 122 (1926). — (732) Robin, zit. nach Pincussen[697]. — (733) Rohde: Pflügers Arch. 182, 114 (1920). — (734) Römer: Arb. Landw.kammer Prov. Sachsen 1926. — (735) Rona: Praktikum der physiologischen Chemie 2. Berlin 1929. — (736) Rona, Haurowitz u. Petow: Biochem. Z. 137, 356 (1923); 149, 393 (1924). — (737)

Rona u. Takahashi: Ebenda **31**, 336 (1911); **49**, 370 (1913). — *(738)* Roos: Z. physiol. Chem. **21**, 19 (1895/96). — *(739)* Rose u. Bodansky: J. of biol. Chem. **44**, 99 (1920). — *(740)* Rose u. Huddlestun: Ebenda **69**, 599 (1926). — *(741)* Rosemann: Pflügers Arch. **118**, 467 (1907); **135**, 177 (1910); **142**, 208 (1911); **166**, 609 (1917). — *(742)* Ebenda **169**, 188 (1917). — *(743)* Rosenhaupt: Arch. Kinderheilk. **40**, 131. — *(744)* Rossenbeck: Biochem. Z. **208**, 428 (1929). — *(745)* Rost: Ber. dtsch. pharmaz. Ges. **29**, 548 (1919); Arb. Reichsgesdh.amt **52**, 1 (1920). — *(746)* Handbuch der experimentellen Pharmakologie **3**, 440 (1927). — *(747)* Arch. internat. Pharmacodynamie **15**, 291 (1905). — *(748)* Rost u. Weitzel: Arb. Reichsgesdh.amt **51**, 494 (1919). — *(749)* Roussin: J. Pharmacie **43**, 102 (1863). — *(750)* Ruhland: Jb. Bot. **63**, 321 (1924). — *(750a)* Rusznyàk: Biochem. Z. **110**, 10; **133**, 353. — *(751)* Rutherford: Handbuch der Radiologie **2**, 1913. — *(752)* Rzentowsky, V.: Arch. f. exper. Path. **51**, 289 (1904).

(753) Sabbatani: Ber. Physiol. **11**, 147 (1922). — *(753a)* Sadolin: Biochem. Z. **201**, 323 (1928). — *(754)* Saiki: J. of biol. Chem. **4**, 483 (1908). — *(755)* Salant, Rieger u. Treuthardt: Ebenda **34**, 463 (1918). — *(756)* Salant u. Elsberg-Wise: Ebenda **34**, 447 (1918). — *(757)* Salkowski: Biochem. Z. **13**, 321 (1908). — *(758)* Z. physiol. Chem. **83**, 147 (1913). — *(759)* Ebenda **89**, 585 (1914). — *(760)* Salkowski u. Munk: Virchows Arch. **71**, 500 (1877). — *(761)* Salzmann u. Haffner: Münch. med. Wschr. **14** (1925). — *(762)* Saneyoshi: Z. exper. Path. u. Ther. **13**, 40 (1913). — *(763)* Sarzeau: J. Pharmacie **16**, 505 (1830). — *(764)* Sasaki: J. Sci. agricult. Soc. Japan **256**, 133 (1924). — *(765)* Sauerbruch, F.: Dissert., Leipzig 1902. — *(766)* Scott: J. agricult. Res. **38**, 113 (1929). — *(767)* Schaefer: Ann. Chim. anal. appl. **12**, 52, 97 (1907). — *(768)* Scharrer: Z. Kinderheilk. **44**, 124 (1927). — *(768a)* Chemie und Biochemie des Jods. Stuttgart 1928. — *(769)* Scharrer u. Schwaibold: Biochem. Z. **195**, 228 (1928). — *(770)* Tierernährung **1**, 37 (1929). — *(771)* Biochem. Z. **213**, 32 (1929). — *(772)* Scharrer u. Schropp: Ebenda **213**, 1 (1929); **213**, 18 (1929). — *(773)* Scheunert: Klin. Wschr. **1**, Nr 32 (1922). — *(774)* Z. Vet.kde. — *(774a)* Dtsch. landw. Tierzucht **30**, 193 (1926). — *(775)* Arch. Tierheilk. **44** (1918). — *(776)* Scheunert u. Krzywanek: Ebenda **50** (1923). — *(777)* Scheunert u. Bartsch: Biochem. Z. **139**, 34 (1924). — *(778)* Scheunert u. Rodenkirchen: Tierernährung **1**, 206 (1930). — *(779)* Scheunert, Schattke u. Weise: Biochem. Z. **139**, 1, 10 (1923). — *(780)* Schiaparelli u. Peroni: Arch. Sci. med. **4**, 340. — *(781)* Schieblich: Arch. Geflügelk. **1**, 77 (1927). — *(782)* Schiff: Jb. Kinderheilk. **91**, 43 (1920). — *(783)* Schiff u. Stransky: Ebenda **93**, 205 (1920). — *(784)* Schirokauer: Z. klin. Med. **68**, 303 (1909). — *(785)* Schmidt: Texas agricult. Exper. Stat. Bull. **319**, 32 (1924). — *(786)* Schmidt, M. B.: Der Einfluß eisenarmer und eisenreicher Nahrung auf Blut und Körper. Jena 1928. — *(787)* Schmidt, P.: Dtsch. med. Wschr. **520** (1928). — *(788)* Schmiedeberg: Arch. f. exper. Path. **33**, 101 (1894). — *(789)* Schmitz: J. Labor. a. clin. Med. **9**, 374 (1924). — *(790)* Schneider u. Stroh: Dtsch. tierärztl. Wschr. **1906**. — *(791)* Schönheimer u. Oshima: Z. physiol. Chem. **180**, 248 (1929). — *(792)* Schrodt: Landw. Versuchsstat. **19**, 349 (1876). — *(793)* Schroeder: Naturwiss. **7**, 8 (1919). — *(794)* Schuhbauer: Biochem. Z. **108**, 304 (1920). — *(795)* Schulz, H.: Pflügers Arch. **84**, 67 (1901); **89**, 112 (1902); **131**, 447 (1910); **144**, 346, 350 (1912). — *(796)* Biochem. Z. **46**, 376 (1912). — *(797)* Ebenda **70**, 464 (1915). — *(798)* Schulz u. v. Krüger: Handbuch der vergleichenden Physiologie **1**, 1111. Jena 1925. — *(799)* Schultzer: Biochem. Z. **188**, 409, 427, 435 (1927). — *(800)* Schumm: Z. physiol. Chem. **36**, 292 (1902). — *(801)* Schütz: Wien. klin. Wschr. **19**, 745 (1913). — *(802)* Schütz u. Bernhardt: Z. angew. Chem. **67**, 97 (1925). — *(803)* Schütze: Mitt. pharmaz. Inst. Erlangen **2**, 281 (1883). — *(804)* Schwarz, L.: Virchows Arch. **275**, 77 (1930). — *(805)* Schwarz u. Herrmann: Pflügers Arch. **202**, 475 (1924). — *(806)* Schwarz u. Danziger: Ebenda **202**, 478 (1924). — *(807)* Schwarz u. Gabriel: Ebenda **202**, 488 (1924). — *(808)* Schwarz u. Stremnitzer: Ebenda **213**, 587 (1926). — *(809)* Schwarz u. Kaplan: Ebenda **213**, 592 (1926). — *(809a)* Schwarz, Steinmetzer u. Caithaml: Ebenda **213**, 595 (1926). — *(810)* Schwaibold u. Scharrer: Biochem. Z. **180**, 334 (1927). — *(811)* Schwenkenbecher: Med. Klin. **28**, 29 (1907). — *(812)* Schwyzer: Biochem. Z. **60**, 32 (1914). — *(813)* Seemann: Virchows Arch. **77**, 299 (1879). — *(814)* Segale: Z. physiol. Chem. **42**, 175 (1904). — *(815)* Seidell u. Fenger: J. of biol. Chem. **13**, 517 (1913). — *(816)* Seiser, Necke u. Müller: Arch. f. Hyg. **99**, 158. — *(817)* Selmi: Malys Ber. **1883**, 95. — *(818)* Severy: J. of biol. Chem. **55**, 79 (1923). — *(819)* Shipley u. Holt: Bull. Hopkins Hosp. **41**, 437 (1927). — *(820)* Shipley, Park, McCollum, Simmonds u. Kinney: Ebenda **33**, 216 (1922). — *(820a)* Sherman u. Gettler: J. of biol. Chem. **11**, 323 (1912). — *(821)* Shohl u. Sato: Ebenda **58**, 235 (1923). — *(822)* Shohl u. Bennett: Ebenda **78**, 643 (1928). — *(823)* Shurik: Z. Züchtungskde **8**, 483. — *(824)* Sjollema: Erg. Physiol. **20**, 388 (1922). — *(825)* Z. Tierzüchtg **1925**. — *(826)* Biochem. Z. **200**, 300 (1928). — *(827)* Sjollema u. van der Zande: J. metabol. Res. **6**, 159 (1924). — *(828)* Slowtzoff: Hofm. Beitr. **7**, 508 (1905). — *(829)* Slyke, Van, u. Bosworth: J. of biol. Chem. **24**, 191 (1916). — *(830)* Slyke, Van: Ebenda **58**, 523 (1924). — *(831)* Ebenda **30**, 34 (1917). — *(832)* Slyke, Van, u. Cullen:

Ebenda **30**, 289 (1917). — (*833*) SLYKE, VAN, u. STADIE: Ebenda **49**, 1 (1921). — (*834*) SOCHÀNSKI: Malys Ber. **1912**, 292. — (*835*) SÖHNGEN: Zbl. Bakter. II **45**, 547 (1916); **48**, 193 (1918). — (*836*) SÖLDNER: Z. Biol. **1896**. — (*837*) SÖLDNER u. CAMERER: Ebenda **44**, 60. — (*838*) SONNTAG: Arb. Reichsgesdh.amt **50**, 3 (1916). — (*838a*) SPEK: Act. zool. **165** (1921); Biol. Zbl. **39**, 23 (1921). — (*839*) SPALLANZANI u. ZAPPA: Ann. di agricolt. **131**, 25 (1887). — (*840*) SPIRO: Erg. Physiol. **24**, 474 (1925). — (*841*) Schweiz. med. Wschr. **20** (1921). — (*842*) Münch. med. Wschr. **62**, 1601 (1915); Biochem. Z. **74**, 265 (1916). — (*843*) Beitr. chem. Physiol. u. Path. **1**, 269 (1901). — (*844*) SPIRO, vgl. PINCUSSEN: Mikrochem. **1928**. — (*845*) SSOBKEWITSCH, zit. nach SCHULZ u. v. KRÜGER. — (*846*) STANG: Landw. Versuchsstat. **107**, 236 (1928). — (*846a*) STANG u. RADEFF: Berl. tierärztl. Wschr. **42**, 495 (1926). — (*847*) STARKENSTEIN: Arch. f. exper. Path. **77**, 45 (1914). — (*848*) Ebenda **118**, 131 (1926); **127**, 101 (1928). — (*849*) Z. exper. Med. **68**, 425 (1929). — (*850*) STASSANO u. BILLON: C. r. Soc. Biol. **55**, 482, 924 (1903). — (*851*) STEEL: Amer. J. Physiol. **28**, 94 (1911). — (*852*) STEEL u. GIES: J. of biol. Chem. **8**, 365 (1910/11). — (*853*) STEENBOCK, HART, ELVEHJEM u. KLETZIEN: Ebenda **66**, 425 (1925). — (*854*) STEENBOCK, HART, SELL u. JONES: Ebenda **56**, 375 (1923). — (*855*) STEENBOCK u. HART: Ebenda **14**, 59 (1913). — (*856*) STEEN-BOCK, NELSON u. HART: Ebenda **19**, 397 (1914). — (*857*) STEHLE: Ebenda **31**, 461 (1917). — (*858*) STICH: Münch. med. Wschr. **1901**. — (*859*) STIEHL: Inaug.-Dissert., Bern 1922. — (*860*) STINER, zit. nach SCHARRER: Protokoll Schweiz. Kropfkomm. **1925**. — (*861*) STOCK-KLAUSNER: Landw. Jb. Bayern **4** (1923/24). — (*862*) STOCKMANN u. GREIG: J. of Physiol. **23**, 376 (1898). — (*863*) STÖMER: Z. physiol. Chem. **88**, 124 (1913). — (*864*) STOTZ: Wiss. Arch. Landw. B **2**, 273 (1930). — (*865*) STRANSKY: Arch. f. exper. Path. **78**, 122 (1915). — (*866*) STRAUB: Münch. med. Wschr. **67**, 249 (1920). — (*867*) STRIGEL u. HANDSCHUH: Landw. Versuchsstat. **83**, 309 (1914). — (*868*) STROBEL u. SCHARRER: Biochem. Z. **180**, 300 (1927). — (*869*) STROBEL, SCHARRER u. SCHROPP: Ebenda **180**, 313 (1927). — (*870*) STUTZER u. GOG: Landw. Versuchsstat. **78**, 233 (1912). — (*871*) SUDHOLT: Z. Tierzüchtg **14**, 175 (1929). — (*872*) SUIFFET: J. Pharmacie **12**, 50 (1900). — (*873*) SUPPLEE u. BELLIS: J. Dairy Sci. **5**, 455 (1922). — (*874*) SUSUMA MAKI: Biochem. Z. **152**, 211 (1924).

(*875*) TADENUMA: Biochem. Z. **145**, 481 (1924). — (*876*) TAMMANN: Z. physiol. Chem. **12**, 322. — (*877*) TANGL: Pflügers Arch. **115**, 64 (1906). — (*878*) Landw. Versuchsstat. **57**, 367. — (*879*) TEDESCHI, zit. nach BOTAZZI in NEUBERG: Der Harn[646a]. — (*880*) TELFER u. CRICHTON: Brit. J. exper. Path. **5**, 84 (1924). — (*881*) TERROINE u. SPINDLER: C. r. Acad. Sci. **180**, 868 (1925). — (*882*) THANNHAUSER, Lehrbuch des Stoffwechsels und der Stoffwechselkrankheiten. München 1929. — (*883*) THANNHAUSER u. DORFMÜLLER: Z. physiol. Chem. **102**, 148 (1918). — (*884*) THANNHAUSER u. BLANCO: Ebenda **161**, 126 (1926). — (*885*) THEILER, GREEN u. DU TOIT: Union S. Africa agricult. J. **8**, 416 (1924). — (*886*) J. agricult. Sci. **17**, 291 (1927). — (*887*) THEILER u. ROBINSON: Z. Inf.krkh. Haustiere **31**, 165 (1927). — (*888*) THOMAS: Arch. Anat. u. Physiol. **9** (1911). — (*889*) THOMSON: Manchester Memoirs **1**, 854 (1904/05). — (*890*) THOMPSON u. VOEGTLIN: J. of biol. Chem. **70**, 793 (1926). — (*891*) THOMPSON, MARSH u. DRINKER: Amer. J. Physiol. **80**, 65 (1927); **81**, 284 (1927). — (*892*) THUDICHUM: Chemische Constitution des Gehirns. Göttingen 1901. — (*893*) TIEDEMANN: Erg. Physiol. **1902**, 15. — (*894*) TIEDEMANN u. GMELIN, zit. nach ROST[716]. — (*895*) TITZE: Arb. Reichsgesdh.amt **1911**. — (*896*) TIETZE u. WEDEMANN: Ebenda **1911**. — (*897*) TINLINE, zit. nach SCHARRER: Dom. exper. Farm Bull. **24** (1922). — (*898*) TISDALL: J. of biol. Chem. **50**, 329 (1922). — (*899*) TITUS, CAVE u. HUGHES: Ebenda **80**, 565 (1928). — (*899a*) Science **68**, 410 (1928). — (*900*) TITUS u. HUGHES: J. of biol. Chem. **83**, 463 (1929). — (*901*) TOBLER u. NOLL: Mschr. Kinderheilk. **9**, 210 (1910). — (*902*) TOYO-NAGA: Bull. Coll. agricult. Tokyo **5**, 143, 455; **6**, 89, 357 (1902/03). — (*903*) TREBITSCH: Biochem. Z. **191**, 234 (1927). — (*904*) TSCHOPP: Ebenda **203**, 267 (1828). — (*905*) TSUKA-MOTO: Ebenda **151**, 216 (1924). — (*906*) TUFF: J. comp. Path. a. Ther. **36**, 143 (1923).

(*907*) UNDERHILL: J. of biol. Chem. **15**, 327 (1913). — (*908*) Ebenda **19**, 515 (1915). — (*909*) UNDERHILL u. CLOSSON: Amer. J. Physiol. **15**, 321 (1906). — (*910*) UNDERHILL, HONEIJ u. BOGERT: J. of exper. Med. **32**, 41 (1920). — (*911*) URANO: Z. Biol. **212** (1907). — (*912*) UTIGER: Inaug.-Dissert., Bern 1925.

(*913*) VEIL: Münch. med. Wschr. **16**, 636 (1925). — (*914*) VEIL u. STURM: Dtsch. Arch. klin. Med. **147**, 166 (1925). — (*915*) VERZAR: Biochem. Z. **132**, 53 (1922). — (*916*) VIALE: Arch. ital. de Biol. **73**, 116 (1924). — (*917*) VOORHOEVE: Dtsch. Arch. klin. Med. **110**, 461 (1913). — (*918*) VOIT, F.: Z. Biol. **29**, 358 (1892). — (*919*) VOIT, E.: Ebenda **46**, 169 (1905).

(*920*) WADDEL, ELVEHJEM, STEENBOCK u. HART: J. of Biol. Chem. **77**, 777 (1928). — (*921*) WADDEL, STEENBOCK, ELVEHJEM u. HART: Ebenda **83**, 25 (1929). — (*922*) WADDEL, STEENBOCK u. HART: Ebenda **83**, 243. — (*923*) Ebenda **84**, 115 (1929). — (*924*) WAHLGREN: Arch. f. exper. Path. **61**, 97. — (*925*) Pflügers Arch. **61**, 97. — (*926*) WALTER: Arch. f. exper. Path. **33**, 71 (1894). — (*927*) WAKSMAN: J. Bacter. **7** (1922). — (*928*) WAKSMAN u. SHARKEY: J. gen. Physiol. **5**, 285 (1923). — (*929*) WALLACE u. CUSHNY: Pflügers Arch.

77, 202 (1899). — (930) WARBURG: Naturwiss. 15, 546 (1927). — (931) WARBURG u. KREBS: Biochem. Z. 190, 143 (1927). — (932) WEBER: Inaug.-Dissert., Bern 1926. — (933) Krankheiten des Rindes. Berlin 1927. — (934) WEIGELT: Zbl. Agrikulturchem. 7, 385. — (935) WEIL: Z. physiol. Chem. 89, 349 (1914). — (936) WEISER u. ZAITSCHEK: Biochem. Z. 187, 377 (1927). — (937) Fortschr. Landw. 3, 451 (1928). — (938) WEISER: Ebenda 3, 490 (1928); Biochem. Z. 66, 95 (1914). — (939) WEISKE: J. Landw. 23, 317 (1875). — (940) Z. Biol. 31, 421 (1895); 8, 239 (1872). — (941) Landw. Versuchsstat. 36, 81 (1889); 46, 233. — (942) Ebenda 39, 17, 241 (1891); 40, 81 (1892); Z. physiol. Chem. 20, 295 (1895). — (943) WEISSBEIN u. AUFRECHT: Beitr. Path. u. Ther. Ernährungsstörgn 4, 22 (1912). — (944) WEITZEL: Arb. Reichsgesdh.amt 51, 476 (1919). — (945) WELCH: Montana Agricult. exper. Sta. 122, 8 (1924). — (946) Ebenda 1917; Münch. tierärztl. Wschr. 1925. — (947) WELLMANN, zit. nach WEISER: Köztelek 1927. — (948) WENDT, V.: Skand. Arch. Physiol. 17, 250 (1905). — (948a) WENDT, V., in OPPENHEIMERS Handbuch 8, 183. Jena 1925. — (949) Skand. Arch. Physiol. 21, 89 (1908). — (950) Z. Inf.krkh. Haustiere 33, 129 (1928). — (951) WESTERMANN u. ROSE: J. of biol. Chem. 75, 533 (1927). — (952) WHA: Biochem. Z. 144, 278 (1923). — (953) WHELAN, MARY: J. of biol. Chem. 63, 585 (1925). — (954) WHIPPLE u. ROBSCHEIT-ROBBINS: Amer. J. Physiol. 72, 419 (1925). — (955) WICKE, zit. nach PÄCHTNER: Liebigs Ann. 97, 350 (1856); 125, 78 (1863). — (956) WIECHMANN: Pflügers Arch. 189, 109 (1921). — (957) WILD: Landw. Versuchsstat. 15, 404 (1872). — (958) WILEY: J. of biol. Chem. 3, 11 (1907). — (959) WILKENS u. KRAMER: Arch. int. Med. 31, 926 (1923). — (960) WILLIAMSON u. ETS: Ebenda 40, 668 (1927). — (961) WILLINGER: Pflügers Arch. 202, 468 (1924). — (962) WILLSTÄTTER u. WALDSCHMIDT-LEITZ: Biochem. Z. 56, 488 (1923). — (963) WILLSTÄTTER u. STOLL: Untersuchungen über Chlorophyll. 1913. — (964) WILSON: Amer. J. Physiol. 8, 197, 212. — (965) WINTER u. SMITH: J. of Physiol. 56, 227 (1922). — (965a) WINTER, Amer J. Physiol. 73, 379 (1925). — (966) WINTERBERG: Z. physiol. Chem. 25, 202 (1898). — (967) WINTERSTEIN: Pflügers Arch. 138, 167 (1910); 187, 293 (1921). — (968) Biochem. Z. 70, 45 (1915); Klin. Wschr. 7, 241 (1928). — (969) WINOGRADSKI: Bot. Ztg 1887, 489; Beitr. Morph. u. Physiol. Bakt. Leipzig 1888. — (970) Bot. Ztg 46, 261 (1888). — (971) Ann. Inst. Pasteur 4 (1890); 5 (1891); Zbl. Bakter. II 2, 415 (1896). — (972) WITHER u. CARRUTH: Exper. Sta. Rec. 38, 685 (1918). — (973) WÖHLBIER: Biochem. Z. 202, 126 (1928). — (974) WÖHLER u. HERBERGER, zit. nach THIEMICH: Mschr. Geburtsh. 10, 644 (1899). — (975) WOLF u. OESTERBERG: Biochem. Z. 29, 429 (1910). — (975a) WOODS u. WILTIER: Ohio exper. Sta. Bull. 213, 239 (1908). — (976) WREDE, vgl. HOPPE-SEYLER-THIERFELDER: Physiologisch-chemische Analyse, S. 673. Berlin 1924.

(977) YAGI: Arch. internat. Pharmacodynamie 20, 51 (1910).

(978) ZANDA: Ber. Physiol. 26, 10 (1924); 28, 232 (1924). — (979) ZANDER: Virchows Arch. 83, 377 (1881). — (980) ZARIBNICKY: Z. physiol. Chem. 78, 327 (1912). — (981) ZAYKOWSKY: Biochem. Z. 169, 67 (1926). — (982) ZAYKOWSKY u. LAGUTENKO: Z. Tierzüchtg 14, 425 (1929). — (983) ZAYKOWSKY u. PAWLOW: Ebenda 14, 437 (1929). — (984) ZAYKOWSKY, PIMENOW u. SIDORENKO: Ebenda 14, 443 (1929). — (985) ZAYKOWSKY u. KRASNOKUTSKA: Biochem. Z. 202, 239 (1928). — (986) ZDAREK: Z. physiol. Chem. 35, 201 (1902). — (987) ZICKGRAF: Beitr. Klin. Tbk. 5, 402 (1906). — (988) ZIEMKE: Vjschr. gerichtl. Med. 28, 51 (1902). — (989) ZONDEK, S. G.: Biochem. Z. 121, 76 (1921). — (990) ZORN, GÄRTNER, DUSCHEK, HEIDENREICH, LEUCHTENBERGER u. TIETZE: Z. Tierzüchtg. 11, 345 (1928). — (991) ZUCKMAYER: Pflügers Arch. 148, 225 (1912). — (992) ZUNTZ: Inaug.-Dissert., Bonn 1868. — (993) ZUNTZ, N., vgl. bei GONNERMANN, S. 732. — (994) Dtsch. med. Wschr. 46, 145 (1920). — (995) ZUNTZ: Jb. dtsch. landw. Ges. 577 (1912). — (996) ZWETKOFF: Z. exper. Path. u. Ther. 9, 383 (1911). — (997) ZWAARDEMAKER: Erg. Physiol. 19, 326 (1921). — (998) Pflügers Arch. 205, 20 (1924). — (999) ZWAARDEMAKER, BENJAMINS u. FEENSTRA: Nederl. Tijdschr. Geneesk. 1916. — (1000) ZWAARDEMAKER: Pflügers Arch. 173, 28 (1919). — (1001) ZWAARDEMAKER u. GRYNS: Arch. néerl. Physiol. 2, 457 (1918).

5. Der Wasserhaushalt.

Von

Privatdozent Dr. W. Lintzel

Oberassistent am Tierphysiologischen Institut der Landwirtschaftlichen Hochschule Berlin.

Mit einer Abbildung.

A. Allgemeine Bedeutung des Wassers im Tierkörper.

Als wichtigstes *Lösungsmittel* steht das Wasser im Mittelpunkt des biologischen Geschehens. Es nimmt die verdauten Nahrungsstoffe auf und führt sie den Zellen zu, es dient als Substrat, in dem sich die chemischen Reaktionen abspielen, die mit der Lebenstätigkeit verknüpft sind, und nimmt schließlich die Endprodukte des Stoffwechsels auf, um mit ihnen den Körper zu verlassen. So ist *der lebende Organismus von einem kontinuierlichen Wasserstrom durchsetzt*, der mit Nährstoffen beladen eintrifft und mit Stoffwechselschlacken gesättigt abfließt.

Im intermediären Stoffwechsel dient das Wasser nicht nur dem Umsatz der Nahrungsstoffe, an den chemischen Umsetzungen im Organismus ist es direkt als reagierende Substanz beteiligt, so namentlich bei den hydrolytischen Spaltungen. Durch den Transport der Produkte der Drüsen mit innerer Sekretion, der Hormone, *verbindet das Wasser die Organe zu einer funktionellen Einheit* und stellt sich damit dem Zentralnervensystem an die Seite.

Im lebenden Protoplasma tritt das Wasser mit den Kolloiden zu dispersen Systemen zusammen, die, an der Grenze des Sol- und Gelzustandes stehend, die *physikalische Beschaffenheit der Zellen und Gewebe* bedingen.

Wegen seiner hohen *Verdampfungswärme* ist das Wasser vorzüglich geeignet, bei der Abgabe überschüssiger Wärme durch Verdampfung an den Körperoberflächen zu wirken. Seine hohe *spezifische Wärme* macht es zum Wärmetransport durch Konvektion besonders geeignet, ebenso wie seine *Wärmeleitfähigkeit* dem Temperaturausgleich im Körperinneren dient.

B. Der Wassergehalt des Tierkörpers.

Die *Bestimmung des Wassers in tierischen Organen* und Ausscheidungen erfolgt gewöhnlich durch Trocknen bei 105—110⁰ bis zur Gewichtskonstanz und Bestimmung des Gewichtsverlustes. Da dieser nicht allein auf Wasser zu beruhen braucht, sondern auch durch Entweichen sonstiger flüchtiger Stoffe zustande kommen kann, sind auch *direkte Methoden* beschrieben worden (König[21]). So kann das abdestillierte Wasser mit Chlorcalcium aufgefangen und gewogen werden, oder man destilliert mit hochsiedenden Kohlenwasserstoffen, Toluol, Petroleum zusammen in kalibrierte Meßröhren über, in denen die sich absetzende Wassermenge abgelesen wird. Andere Methoden beruhen auf der volumetrischen Messung des Acetylens, das von der wasserhaltigen Substanz aus Calciumcarbid entwickelt wird.

Der *Wassergehalt ganzer Tiere* ergab sich in den Untersuchungen von Lawes und Gilbert[24] zu den Werten der Tabelle 1. Er schwankt hiernach von 35,2 bis 63,0%. Man erkennt ohne weiteres eine *Abhängigkeit des Wassergehaltes vom Fettgehalt* des Tieres. Je fetter ein Tier, desto wasserärmer ist es. Berechnet man den Wassergehalt bezogen auf *fettfreie Substanz*, so erhält man wesentlich konstantere Werte (Tabelle 2).

Tabelle 1. Wassergehalt ganzer Tiere (nach Lawes und Gilbert[24]).

| | Pro 100 kg Körpergewicht | | | | | |
	Wasser	Trockensubstanz ohne Darminhalt	Darminhalt feucht	N-haltige Substanz	Fett	Asche
	kg	kg	kg	kg	kg	kg
Fettes Kalb	63,0	33,8	3,2	15,2	14,8	3,80
Halbfetter Ochse	51,5	40,3	8,2	16,6	19,1	4,66
Fetter Ochse	45,5	48,5	6,0	14,5	30,1	3,92
Fettes Lamm	47,8	43,7	8,5	12,3	28,5	2,94
Ausgewachsenes Schaf . .	57,3	36,7	6,0	14,8	18,7	3,16
Halbfettes Schaf	50,2	40,7	9,1	14,0	23,5	3,17
Fettes Schaf	43,4	50,6	6,0	12,2	35,6	2,81
Sehr fettes Schaf	35,2	59,6	5,2	10,9	45,8	2,90
Ausgewachsenes Schwein .	55,1	39,7	5,2	13,7	23,3	2,67
Fettes Schwein	41,3	54,7	4,0	10,9	42,2	1,65

Tabelle 2. Wassergehalt der fettfreien Körpersubstanz.

| | Pro 100 kg Lebendgewicht | | |
	Fettfreie Substanz ohne Darminhalt	Wasser	In der fettfreien Substanz Wasser
	kg	kg	%
Fettes Kalb	82	63	76,8
Halbfetter Ochse	72,7	51,5	70,7
Fetter Ochse	63,9	45,5	71,2
Fettes Lamm	63,0	47,8	75,9
Ausgewachsenes Schaf	75,3	57,3	76,1
Halbfettes Schaf	67,2	50,2	74,7
Fettes Schaf	58,4	43,4	74,5
Sehr fettes Schaf	49,0	35,2	71,9
Ausgewachsenes Schwein	71,3	55,1	77,2
Fettes Schwein	53,8	41,3	77,0

Dasselbe ergibt sich auch aus den Untersuchungen von E. Voit[60] an Hund, Kaninchen und Vögeln und von Rubner[44] an Kaltblütern (Tabelle 3). Der Wassergehalt der Kaltblüter ist etwas größer. Im selben Sinne, wie der Fettgehalt wirkt auch das *Gewicht des wasserarmen Feder- und Haarkleides*, je größer es ist,

Tabelle 3.
Wassergehalt der fettfreien Körpersubstanz (nach E. Voit[60] und Rubner[44]).

	100 kg fettfreies Tier enthält Wasser		100 kg fettfreies Tier enthält Wasser
	kg		kg
Warmblüter:		Kaltblüter:	
Kaninchen	73,5	Eidechse	77,4
Kaninchen	73,9	Frosch	77,3
Gans	69,7	Schildkröte	77,6
Gans	73,8	Schleie	79,8
Gans	71,8	Schleie	80,6

desto niedriger ergibt sich der Wassergehalt des ganzen Tieres. Der Wassergehalt der Tiere ist ferner von ihrem *Alter* abhängig, wie man aus den oft zitierten Angaben von Fehling[13], die sich auf das Kaninchen beziehen, entnehmen kann (Tabelle 4). Es zeigt sich hier eine ständige *Abnahme des Wassergehaltes mit dem Alter.* Wie diese sich einerseits aus der Zunahme des Fettgehaltes, andererseits aber unabhängig davon aus Eigentümlichkeiten des jugendlichen und des älteren

Tabelle 4.
Wassergehalt des Kaninchens in verschiedenem Lebensalter (nach FEHLING[13]).

Alter (Tage)	% H_2O	Alter (Tage)	% H_2O
Embryo, 15 . . .	91,5	Embryo, 30 . . .	79,4
„ 21 . . .	86,3	Neugeboren . . .	77,8
„ 24 . . .	85,0	Erwachsen	69,2
„ 27 . . .	82,1		

Gewebes erklärt, zeigt sich in den Zahlen von Thomas[56] (Tabelle 5). Diese Verhältnisse des Wassergehaltes stehen in Beziehung zu Veränderungen des kolloidalen Zustandes der tierischen Substanz im verschiedenen Alter.

Tabelle 5.
Wassergehalt der Katze in verschiedenem Lebensalter (nach THOMAS[56]).

	Pro kg Lebendgewicht		Pro kg fettfreie Subst.
	Wasser g	Fett g	Wasser g
Neugeboren . . .	804	17	818
9 Tage	797	38	828
14 „	738	71	794
83 „	667	79	724

Eine andere Ursache für einen verschiedenen Wassergehalt des Tierkörpers ist das *relative Verhältnis der einzelnen Organe*. Der *Wassergehalt der einzelnen Organe* ist sehr verschieden, wie aus den folgenden Analysen hervorgeht (Tab. 6).

Tabelle 6. Wassergehalt der Organe (nach E. VOIT[60]).

	1 kg frisches, fettreiches Organ enthält g H_2O		1 kg frisches, fettreiches Organ enthält g H_2O
Muskel (Hund)		Skelet (Katze)	354
Extremitäten . . .	774,9	Gans, Haut	732,2
Rückenmuskel . . .	775,8	Skelet	526,0
Muskel (Rind)	759,6	Weichteile . .	798,0
(Gans)	766,4	Schleie, Haut	759,0
Knochen (Hund)		Skelet . . .	694,2
Spongiosa	543	Muskel . . .	830,6
Rinde	174	Eingeweide .	821,5
Ganzer Knochen . .	249		

Wasserarm ist vor allem das Skelet. Wasserreich sind Haut, Muskel und innere Organe. Wenn sich das Verhältnis dieser einzelnen Organe durch rascheres Wachstum des einen oder anderen verschiebt, so muß natürlich auch eine Änderung des Wassergehaltes im ganzen Tier resultieren. E. VOIT[60] gibt für diese Verhältnisse die folgenden Zahlen (Tabelle 7). Beim Neugeborenen fällt vor allem der hohe Anteil auf, den die Eingeweide am Gesamtkörper haben.

Tabelle 7 (nach E. VOIT[60]).

	Auf 100 Körpergewicht trifft Organgewicht (fettfrei)					
	Frühgeburt (Mensch)		Neugeburt (Mensch)		Hund (ausgewachsen)	
	frisch	trocken	frisch	trocken	frisch	trocken
Haut	16,9	14,1	17,0	19,5	8,0	7,5
Skelet	17,8	35,5	20,6	29,8	14,7	28,5
Muskel	32,0	27,7	31,7	31,7	53,3	44,5
Eingeweide	33,3	24,7	30,7	19,0	24,0	19,5

Betrachtet man den prozentischen Wassergehalt der Organe, sowie den Anteil, den sie vom Gesamtkörpergewicht ausmachen, so läßt sich die Verteilung des gesamten Wassergehaltes im Tierkörper feststellen. Engels[12] fand beim Hunde die Werte Tabelle 8. Hiernach ist fast die Hälfte vom Gesamtwasser in den Muskeln enthalten, im Blute finden sich nur 8,27 % davon, also ein recht geringer Teil.

Tabelle 8. Verteilung des Wassers im Tierkörper (Hund) (nach Engels[12]).

	Vom Gesamtwasser sind enthalten in %		Vom Gesamtwasser sind enthalten in %
Muskeln	47,74	Leber	3,86
Haut	11,58	Lungen	2,83
Darm	9,68	Hirn	1,59
Skelet	9,08	Nieren	1,01
Blut	8,27	Uterus	0,37

Hinsichtlich des *Einflusses des Ansatzes der Nährstoffe* auf den Wasseransatz im Tierkörper hatten wir schon festgestellt, daß *Fettansatz* zu einer Herabsetzung des Wassergehaltes führt. Dies liegt daran, daß mit Fett nur wenig Wasser angesetzt wird.

Glykogen wird dagegen nach den Angaben von Zuntz[64] mit der 3—4fachen Menge Wasser abgelagert. Die von Pick und Mitarbeitern[41] und von Lamson[23] festgestellten Beziehungen der *Leber* zum Wasserhaushalt mögen hiermit in Zusammenhang stehen. Auch mit dem Eiweiß wird die 3—4fache Menge Wasser angesetzt. Mit dem Einfluß der Wasser- und Salzzufuhr auf den Wasserbestand des Tierkörpers beschäftigt sich ein späterer Abschnitt (S. 361).

C. Aufnahme und Resorption des Wassers.

Die Wasserversorgung der Tiere erfolgt 1. durch Aufnahme von Getränken, Wasser und Milch, 2. durch Aufnahme wasserhaltiger Futtermittel und 3. durch die Bildung von Wasser bei der Oxydation der Nahrungsstoffe. Die *Menge des Oxydationswassers* läßt sich nach Tabelle 9 berechnen. Man erkennt, daß es sich keineswegs um unerhebliche Mengen handelt. *Wassertrinken* beobachtet man bei den meisten Landtieren, gleicherweise bei Säugern, Vögeln und Reptilien. Einige, wie die Katze und die in der Wüste lebende Springmaus, sollen niemals freiwillig Wasser aufnehmen, ein Verhalten, das nach v. Buddenbrock[7] als *Anpassung an bestimmte Lebens- und Ernährungsverhältnisse*

Tabelle 9. Wasserbildung bei der Oxydation der Nahrungsstoffe (nach Magnus-Levy[31]).

	1 kg Nahrungsstoff liefert kg Wasser
Fett	1,071
Stärke	0,555
Eiweiß	0,413

zu deuten ist. Getrunken wird im allgemeinen nur Süßwasser, doch nehmen Seehunde auch Meereswasser auf (vgl. v. Buddenbrock[7], S. 527, Anm.).

Über die Eigentümlichkeiten beim *Durchgange des Wassers durch den Magen* unterrichten die Angaben von Mangold (vgl. dieses Handbuch, Bd. 2, S. 33 und 219) für das Geflügel und die Wiederkäuer, ferner von Scheunert und Krzywanek (Bd. 2, S. 244) für das Pferd. Hiernach passiert ein erheblicher Teil des Tränkwassers den Magen bzw. die verschiedenen Magenabteilungen, ohne sich mit dem konsistenten Mageninhalt zu vermischen. Schon wegen dieses raschen Durchganges des Wassers durch den Magen kann die *Resorption des Wassers erst im Dünndarm* beginnen.

Für die *Resorption* des Wassers kommt zunächst eine einfache *Filtration* in Frage, wobei als treibende Kraft der Flüssigkeitsbewegung der Druck im Darm und die Kontraktion der glatten Muskulatur der Darmzotten anzusehen ist. Wie BRÜCKE[5] annahm, wird durch diese Kontraktionen der zentrale Lymphraum in der Richtung zu den Lymphbahnen und zum Gefäßsystem ausgepreßt, um dann sich wieder auszudehnen und Flüssigkeit aus dem Darmlumen anzusaugen. Soweit der *osmotische Druck* des Darminhaltes niedriger ist als der des Blutes, muß ferner nach den Gesetzen der *Osmose* Wasser aus dem Darm in das Blut übertreten und dieser Vorgang so lange anhalten, bis der Chymus blutisotonisch geworden ist. Aus hypertonischen Lösungen wird anscheinend kein Wasser resorbiert, die Hypertonie wird vielmehr durch Diffusion der gelösten Substanzen in den Körper und durch Übertritt von Körperflüssigkeit in das Darmlumen so weit herabgesetzt, daß Resorption eintreten kann. Auch hypertonischer Chymus nähert sich daher immer mehr der Isotonie. Beruht der osmotische Druck des Chymus auf schwerresorbierbaren Salzen, z. B. Magnesiumsulfat, so wird die Resorption des Wassers gehemmt und es wird ein wasserreicher Kot entleert. *Vitale Prozesse* mögen auf dem Umwege über eine *wechselnde Permeabilität der Darmepithelien* für die gelösten Stoffe auch für die Resorption des Wassers eine Rolle spielen.

Während die Resorption der sonstigen Nährstoffe im Dünndarm im wesentlichen ihr Ende erreicht, und *im Dickdarm* nur noch die Produkte der bacteriellen Aufschließung der verbliebenen Nahrungsreste zur Aufsaugung kommen, nimmt die Wasserresorption hier ihren Fortgang. Der Dünndarminhalt ergießt sich mit einem recht erheblichen Wassergehalt, in dünnflüssigem Zustande, in den Dickdarm und wird hier durch reichliche *Resorption des Wassers* eingedickt, so daß er die Konsistenz des Kotes erhält. Zahlenmäßige Angaben über den Wassergehalt im Dickdarm des Pferdes werden von SCHEUNERT und KRZYWANEK gemacht (vgl. dieses Handbuch Bd. 2, S. 266). Das resorbierte Wasser wird auf dem Lymph- und Blutwege, der Hauptmenge nach auf diesem, weiterbefördert.

D. Der Wasseraustausch im Tierkörper.

Wenn wir zunächst das Vorkommen und die Verteilung des Wassers im Tierkörper nach mehr morphologischen Gesichtspunkten erörtert haben, so müssen wir jetzt eine Einteilung im Hinblick auf seine physiologischen Funktionen vornehmen. Wir finden das Wasser 1. *im Inneren der Zelle*, teils an die Kolloide gebunden, teils als freie Lösung, ferner 2. *als Bestandteil des Blutes*, in der Blutbahn zirkulierend und 3. auf ungebahnten Wegen, in Gewebsspalten sich bewegend, *als Gewebsflüssigkeit oder Gewebslymphe*. Die treibende Kraft der Wasserbewegung im Tierkörper ist in erster Linie die Tätigkeit des Herzens. Während die Hauptmenge des Blutes die Organe auf gebahnten Wegen, durch die Capillaren, durchströmt, sich in den Venen wieder sammelt und zum Herzen zurückkehrt, tritt ein Teil der Flüssigkeit aus der Blutbahn aus und bewegt sich in capillären Spalten der Gewebe weiter. Diese Gewebsflüssigkeit sammelt sich in den Lymphbahnen, die als blind endigende Schläuche in die Gewebe eingestülpt sind. Auf dem Lymphwege gelangt auch die Gewebsflüssigkeit schließlich wieder in die Venen und in den Kreislauf zurück.

Nach der Ansicht von LUDWIG[29], der sich neuere Autoren angeschlossen haben, handelt es sich bei dem Flüssigkeitsaustausch zwischen Blut und Geweben um einen *Filtrationsprozeß*, bei dem infolge des Druckes im Gefäßsystem ein Teil der Blutflüssigkeit aus den Capillaren ausgepreßt wird. In der Tat entspricht die Zusammensetzung der Gewebsflüssigkeit bzw. Lymphe weitgehend der des Blutes minus Blutkörperchen, sie enthält etwas weniger Kolloide und etwas mehr Wasser, und gewisse Unterschiede im Krystalloidgehalt können durch Diffusionsvorgänge erklärt werden.

Nach Heidenhain[17] dagegen handelt es sich bei der *Lymphbildung* um einen vitalen Prozeß, der in der *Sekretion* der Lymphe durch die Capillarendothelien besteht. Er vermochte die Lymphbildung durch chemische Einwirkungen zu beeinflussen. Zu den *lymphtreibenden Stoffen*, Lymphagoga I. Ordnung, gehören Extrakte von Krebsmuskeln, Blutegeln, Pepton und andere Stoffe. Der Lymphfluß kann durch diese Stoffe auf das vielfache gesteigert werden. Noch stärkere Vermehrung der Lymphbildung, auf das 37fache, fand Heidenhain bei intravenöser Injektion von Salzen und Zuckern in konzentrierter Lösung (Lymphagoga II. Ordnung).

Zweifellos sind diese Befunde Heidenhains, die später nach vielen Richtungen hin erweitert wurden, mit der Filtrationstheorie Ludwigs nicht ohne weiteres vereinbar.

Nach Asher und seinen Schülern[1] führt vermehrte Tätigkeit der Organe zu vermehrter Lymphbildung, was ja auch ganz verständlich ist, da bei der Lebenstätigkeit aus hochmolekularen Stoffen der Zelle osmotisch wirksame niedermolekulare Oxydationsprodukte entstehen, die Wasser aus dem Blute und Gewebe an sich reißen und so den Lymphstrom vermehren. Die Lymphgoga I. Ordnung sind nach Asher Lebergifte, die die Tätigkeit dieses Organs anregen und dadurch vermehrten Lymphfluß verursachen. Bei den Lymphgoga II. Ordnung stehen dagegen direkte osmotische Vorgänge im Vordergrund (Fr. N. Schulz[50]). Im ganzen betrachtet erscheinen die Filtration, die Funktion der Capillarendothelien und die osmotischen Druckverhältnisse in den Zellen und Geweben als die maßgebenden Faktoren für die Lymphbildung, ohne daß jedoch an eine Entwirrung dieses Neben- und Durcheinanders zur Zeit zu denken wäre.

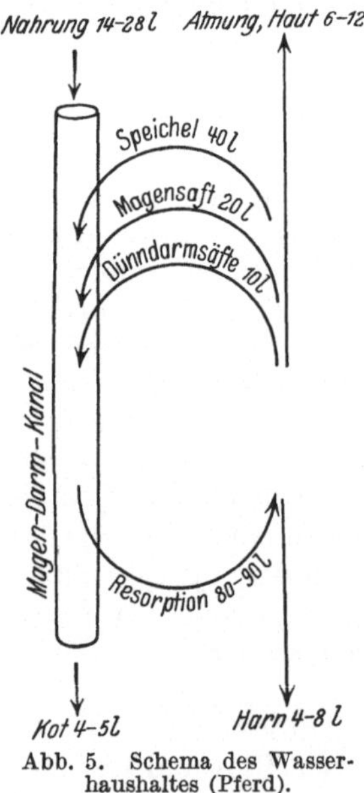

Abb. 5. Schema des Wasserhaushaltes (Pferd).

Sind so die Verhältnisse des Wasseraustauschs zwischen Blut und Gewebsflüssigkeit recht unklar, so stoßen wir auf neue Schwierigkeiten, wenn wir den *Wasseraustausch zwischen den Körperflüssigkeiten und der tierischen Zelle* betrachten. Entscheidend hierfür sind die Permeabilitätsverhältnisse der Protoplasmahaut der Zelle, die in einem früheren Abschnitt erörtert wurden (S. 221). Dort ergab sich, daß der Stoffwechsel der Zelle nicht durch die osmotischen Verhältnisse, wie man sie etwa am roten Blutkörperchen studieren kann, allein erklärbar ist, sondern daß bei der Lebenstätigkeit der Zelle *Veränderungen der Permeabilität* eintreten, durch die der Wasser- und Stoffaustausch in theoretisch vorläufig nicht erfaßbarer Weise geregelt wird. Dem *Quellungszustand* der Zellkolloide mit seinen zahlreichen Abhängigkeiten von den Konzentrationsverhältnissen der Ionen in der Zelle und in der Außenflüssigkeit wird hier eine besondere Bedeutung für den Wasserwechsel zugeschrieben.

Ungeachtet der Resorption des Wassers der Nahrung im Magendarmkanal findet ein reger *Flüssigkeitsaustausch zwischen dem Körper und dem Magendarmkanal* statt, der von Schade[46] als *Intestinalkreislauf* bezeichnet wird. In Abb. 5 ist ein Schema dieser Flüssigkeitsbewegung für das Pferd gezeichnet, in

Analogie zu der Darstellung, die SCHADE für den Menschen gibt. Mit Speichel, Magensaft, Galle, Pankreassaft usw. treten große Flüssigkeitsmengen in den Darm über, um alsbald wieder resorbiert zu werden. Die angegebenen Zahlenwerte sind lediglich als grobe Annäherungswerte zu betrachten, die eine ungefähre Vorstellung von der Größenordnung vermitteln sollen, in der sich diese großartige Flüssigkeitsbewegung vollzieht.

E. Die Wasserausscheidung

findet mit den wasserhaltigen Exkreten und Sekreten, Harn und Kot, Schweiß, Milch usw., ferner durch Verdunstung von der Haut und durch die Lungen statt. *Bei seiner Ausscheidung erfüllt das Wasser lebenswichtige Funktionen.* Im Harn dient es der Eliminierung der Stoffwechselschlacken. Da die Fähigkeit der Niere, einen konzentrierten Harn herzustellen, begrenzt ist, findet man vielfach eine unmittelbare Abhängigkeit der ausgeschiedenen Wassermengen von der Menge der zu eliminierenden Stoffe, indem vermehrte Zufuhr harnfähiger Substanzen zu einer vermehrten Harnbildung und Wasserausscheidung, zu *Diurese* führt. Angaben über die normale *Harnmenge* der Nutztiere werden von C. BRAHM gemacht (vgl. dieses Handbuch Bd. 2, S. 411).

Auch der *Wassergehalt des Kotes* ist mit normalerweise 70—80 % (vgl. KRZYWANEK, dieses Handbuch Bd. 2, S. 369) erheblich. Im Falle des Wassermangels kann auch hiervon noch ein Teil resorbiert werden, so daß dann ein sehr trockener Kot entleert wird (TUTEUR[57]).

Die *Wasserverdunstung von der Haut und durch die Lungen*, die als *Perspiratio insensibilis* bekannt ist, steht in Beziehung zur Wärmeregulation des Tierkörpers und zu äußeren klimatischen Faktoren.

Durch die verhornte Epidermis ist die Haut recht gut, wenn auch nicht vollständig gegen Abdunstung von Wasser geschützt. Von der Haut verdampfendes Wasser entstammt bei den schwitzenden Tieren im wesentlichen den *Schweißdrüsen*. Hund, Katze, Igel schwitzen nach ELLENBERGER und SCHEUNERT[10] nur an den Fußballen, Rind und Schwein an der Schnauze, am ganzen Körper Pferd, Schaf und Mensch, während man bei Ziege, Kaninchen, Ratte, Maus niemals Schweiß findet. Die Menge des mit dem Schweiß ausgeschiedenen Wassers kann beim Menschen bei starkem Schwitzen mehrere Kilogramm in wenigen Stunden betragen, ist bei den Tieren jedoch nicht näher bekannt. Die Schweißsekretion steht im Dienste der *Wärmeregulation* und wird von dem Bedürfnis des Körpers, Wärme abzugeben, bestimmt, mit der Regulation des Wasserhaushaltes besteht nur eine Beziehung insofern, als bei Wassermangel die Schweißsekretion eingeschränkt wird (DENNIG[9]).

Auch die *Wasserausscheidung durch die Lungen* wird im wesentlichen von Faktoren beherrscht, die mit dem Wasserhaushalt nichts zu tun haben und z. T. außerhalb des tierischen Organismus liegen. Die Atmungsluft wird im Körper auf 32,5—34° erwärmt (A. LOEWY und GERHARTZ[28]) und dabei zum mindesten annähernd mit Wasserdampf gesättigt. Die Wasserabgabe durch die Lungen ist daher in erster Linie vom Feuchtigkeitsgehalt der Luft abhängig, je größer das Sättigungsdefizit der eingeatmeten, auf 34° erwärmten Luft ist, desto mehr Wasser entnimmt sie den feuchten Oberflächen der Atmungsorgane, mit denen sie in Berührung kommt. Die Wasserabgabe ist ferner von der Luftmenge abhängig, die die Lunge passiert, ist also annähernd proportional der Lungenventilation. Durch Steigerung der Lungenventilation kann die Wasserabgabe durch Verdunstung im Dienste der *Wärmeregulation* stark gesteigert werden. So kann der Hund die Lungenventilation von einem Ruhewert von 5 Litern pro Minute auf

50—75 Liter steigern und dabei bis 200 g Wasser pro Minute besonders von der Zunge abdunsten (N. ZUNTZ[63]).

Die Variation der pulmonalen Wasserverdunstung zum Zwecke der Regulation des Wasserhaushaltes spielt eine untergeordnete Rolle, doch konnten SIEBECK und BORKOWSKI[52] zeigen, daß sie bei reichlicher Wasseraufnahme etwas vermehrt war. Eine Herabsetzung der Wasserdampfsättigung der ausgeatmeten Luft hat GALEOTTI[14] unter besonderen Bedingungen beobachten können.

F. Die Wasserbilanz.

Die Aufstellung einer vollkommenen Wasserbilanz gehört darum zu den schwierigsten Aufgaben der Stoffwechseluntersuchung, weil man dazu außer der Bestimmung der Wasseraufnahme und der Ausscheidung durch Harn, Kot, Haut und Atmung auch den Umsatz der organischen Substanzen, die bei ihrer Oxydation Wasser liefern, kennen muß. Ein Beispiel einer derartigen Aufstellung wird von A. LOEWY[27] gegeben. Die für die Aufstellung der Wasserbilanz erforderlichen, experimentell zu bestimmenden Daten würden durch ihre große Zahl entmutigen, wenn nicht gewisse Vereinfachungen möglich wären. So kann man bei der Bestimmung der Perspiratio insensibilis durch Wägung die Gewichtsänderung durch O_2-Aufnahme und CO_2-Abgabe meist vernachlässigen.

Die Aufrechterhaltung des Wasserbestandes im Tierkörper wird durch die Wasseraufnahme und -ausscheidung bedingt, die einer Reihe von *Regulationsmechanismen* unterworfen sind.

Die Wasseraufnahme wird in erster Linie durch das *Durstgefühl* geregelt. Als Ursache des Durstes wurde früher gewöhnlich eine lokale Veränderung, Trockenheit der Mund- und Rachenschleimhaut, angenommen. Nach L. R. MÜLLER[35] läßt sich das Gefühl der Trockenheit jedoch vom eigentlichen Durstgefühl unterscheiden. Die naheliegende Annahme, daß Wasserarmut von Blut und Gewebe den Durst bedinge, bewährt sich nicht, da bei wasserreichen Ödemkranken, sowie bei der Blutverdünnung infolge von Blutverlusten Durst beobachtet wird. Ferner hat man einen hohen Salzgehalt bzw. osmotischen Druck des Blutes (LESCHKE[25]) oder der Gewebe (NONNENBRUCH[37]) als Ursache angenommen. Injektion von hypertonischen Salzlösungen macht jedoch erst innerhalb 10—20 Minuten Durst (BAUER und ASCHNER[2], BRUNN[6]). Zweifellos ist auch ein psychischer Faktor von Bedeutung, indem der Anblick des Wassers den Durst steigert, Ablenkung ihn vorübergehend vergessen läßt (SIEBECK[51]).

Die *Wasseraufnahme der Nutztiere* wird von KELLNER und FINGERLING[20] zu den Werten Tabelle 10 angegeben. Ein prinzipieller Unterschied besteht nicht,

Tabelle 10. Wasseraufnahme der Nutztiere (nach KELLNER und FINGERLING[20]).

	Pro kg Futtertrockensubstanz werden aufgenommen kg Wasser		Pro kg Futtertrockensubstanz werden aufgenommen kg Wasser
Schwein	7—8	Pferd	2—3
Kuh.	4—6	Schaf	2—3
Ochse	4—5		

ob das Wasser mit wasserreicher Nahrung, Grünfutter, Rüben, Schlempe, Molken usw. oder als reines oder destilliertes Wasser aufgenommen wird. Man nimmt jedoch an, daß bei Fütterung mit wasserreichen Futtermitteln im ganzen etwas mehr Wasser aufgenommen wird als bei Verzehr von Trockenfutter und Tränkwasser. Über die zweckmäßige Beschaffenheit des Tränkwassers vgl. dieses Handbuch Bd. 1, S. 530.

Die tägliche Wasseraufnahme von 51 Ratten wurde von RICHTER und BRAILEY[42] vom 30.—160. Lebenstage bestimmt. Lufttemperatur und -feuchtigkeit wurden annähernd konstant gehalten. Die Wasseraufnahme stieg von 15,8 auf 25,5 cm³ täglich bei ♀, bei ♂ war sie etwas größer. Eine direkt proportionale Beziehung der *Wasseraufnahme zum Körpergewicht* scheint nicht zu bestehen, da die Kurve der Wasseraufnahme erheblich flacher verläuft als die Wachstumskurve. Es nimmt also die Wasseraufnahme pro Kilogramm Körpergewicht mit fortschreitendem Wachstum ab. Eine fast vollkommene Proportionalität ergab sich jedoch zwischen *Wasseraufnahme und Körperoberfläche*. Pro Quadratmeter Oberfläche wurden 800 cm³ Wasser aufgenommen. Die Autoren vermuten, daß die Wasseraufnahme durch den Stoffwechsel und dieser durch die Körperoberfläche bestimmt werden. Natürlich ist auch ein Zusammenhang mit der physikalischen Wärmeregulation und deren Abhängigkeiten zu erwarten.

G. Verändernde und regulierende Einflüsse auf den Wasserhaushalt.

Die *Regulierung des Wasserhaushaltes* durch Vermehrung oder Verminderung der Wasserausscheidung ist eine Funktion vor allem der Niere und der Darmwand, die je nach den Anforderungen mehr oder weniger Wasser mit dem Harn und Kot zu Verlust gehen lassen. Die Wasserverdunstung durch die Lungen und die Wasserabgabe mit dem Schweiß unterliegt dagegen, wie gezeigt wurde, anderen Faktoren und wird nur in geringem Maße von den Bedürfnissen des Wasserhaushaltes diktiert.

Der Wasserbestand des Körpers kann durch die Verhältnisse der Wasserzufuhr in gewissem Maße verändert werden, wobei Anwesenheit oder Fehlen von *Salzen* von größter Bedeutung sind. Von den Salzen steht besonders das *Kochsalz in enger Beziehung zum Wasserhaushalt.*

Durch Zufuhr reichlicher Mengen *Wasser allein* tritt unter normalen Bedingungen keine merkliche Anreicherung von Wasser in den Geweben ein, die überschüssigen Wassermengen werden alsbald wieder abgegeben, vor allem durch Sekretion eines verdünnten Harns (VEIL[58]). Da das Wasser bei seiner Eliminierung Natriumchlorid mit sich reißt, kann es dabei sogar zu einer Herabsetzung des Wasserbestandes kommen. Ist der Körper durch vermehrte Abscheidung von Harn und Schweiß wasserarm geworden, wobei zugleich Kochsalz verlorengegangen ist, so vermag auch Wasser allein den Verlust nicht zu ersetzen (NONNENBRUCH[38]). Das Wasser wird alsbald wieder ausgeschieden, und Wasserbedürfnis und Durst sind nicht befriedigt. Wird mit dem Wasser zugleich Kochsalz oder salzhaltige Nahrung gegeben, so werden Wasser und Kochsalz angesetzt und damit die Verluste ausgeglichen.

Die rasche Wiederausscheidung des Wassers bei alleiniger Zufuhr, im nüchternen Zustande, wird beim Menschen zum Zwecke der Funktionsprüfung der Niere ausgeführt. Man gibt morgens 1—1,5 Liter Wasser oder Tee und bestimmt die Harnabsonderung von Stunde zu Stunde. Dabei wird eine graphisch darstellbare Kurve der Wasserausscheidung erhalten, die beim Gesunden und Kranken charakteristisch verläuft (VOLHARD[61]). Nach HUTYRA und MAREK[19] (Bd. 1, S. 1087) kann eine entsprechende Nierenprüfung auch bei Pferd und Hund durchgeführt werden.

Wird bei der *Zufuhr reinen Wassers* die Excretionsfähigkeit der Niere überschritten, so tritt eine Wasserintoxikation ein, die durch Ruhelosigkeit, Muskeltremor, Krämpfe, Stupor und Koma gekennzeichnet ist und mit dem Tode endigt (ROWNTREE[43]). Einer übermäßigen Wasserzufuhr, namentlich infolge von Verfütterung wasserreicher Futtermittel, hat man eine Wirkung auf die Milchproduktion zugeschrieben, in dem Sinne, daß eine fettarme, wäßrige Milch gebildet werden soll. Von anderer Seite wird dagegen ein derartiger nachteiliger Effekt wasserreicher Nahrung geleugnet (Schmöger[49], Maerker und Morgen[30], Tangl und Zaitschek[54]).

Ganz anders gestalten sich die Verhältnisse, wenn neben Wasser Kochsalz bzw. salzhaltige Nahrungsmittel zugeführt werden. Starke Flüssigkeitsverluste werden durch eine derartige kombinierte Zufuhr ohne weiteres ersetzt (Cohnheim[8], Bogendörfer[4], Gross und Kestner[16], Nonnenbruch[38]). Nach Starkenstein[53] wird nach Flüssigkeitsverlust infolge von Schwitzen eine 0,9%-Kochsalzlösung am stärksten retiniert, eine schwache hypotonische Salzlösung ist am besten zur Durststillung geeignet, vorausgesetzt, daß sonstige, salzhaltige Nahrung nicht aufgenommen wird.

Im normalen Zustande wird auch durch Zufuhr kochsalzhaltigen Wassers eine *Wasserretention* nicht erzielt, das Wasser wird mitsamt dem Salz wieder ausgeschieden, jedoch nicht mit derselben Promptheit, wie bei der Zufuhr reinen Wassers (Schittenhelm und Schlecht[47]). Es tritt also eine vorübergehende Deponierung ein. Welche Organe davon betroffen werden, ergibt sich aus den Versuchen von Engels[12]. Drei Stunden nach der intravenösen Infusion von 1159 g 0,6% NaCl-Lösung waren noch 807 g im Körper des 6,6 kg schweren Hundes, die sich nach Tabelle 11 auf die Organe verteilten. Die prozentual am

Tabelle 11. Wasserspeicherung der Gewebe (Hund) nach Infusion von Kochsalzlösung (nach Engels[12]).

	Wasseraufnahme g H₂O		Wasseraufnahme g H₂O
Muskeln	482	Blut	11
Haut	126	Niere	10
Leber	21	Hirn	8
Darm	16	Uterus	2
Lunge	14	Skelet	—

meisten an Wasser angereicherten Organe waren Muskel, Haut und Niere, von denen die Niere wegen ihrer geringen Größe als Wasserspeicher keine Rolle spielt. Die absolut bei weitem größten Wassermengen waren in *Muskeln und Haut* zu finden, die also als eigentliche *Organe der Speicherung von Wasser* anzusehen sind.

Auffallend ist die *geringe Beteiligung des Blutes,* das auch nach zahlreichen anderen Untersuchungen nur in geringem Maße an den Veränderungen im Wasserbestand und Wasserhaushalt des Körpers beteiligt ist. So bleibt die Erythrocytenzahl nach reichlicher Wasser- bzw. Wasser-Salzzufuhr meist konstant (Nonnenbruch[38]), dementsprechend auch der Hämoglobingehalt (Veil[58]). Siebek[51] fand eine Abnahme nach Wasserzufuhr. Ein Absinken der Serumeiweißwerte nach reichlicher Wasser-Salzzufuhr wird von Veil[59] angegeben, gleichzeitig soll der osmotische Druck des Blutes zunehmen.

Eine größere Kochsalzgabe wird im Verlauf weniger Tage vom Körper ausgeschieden, wobei Wasser aus dem Organismus zu Verlust geht und die Harnmenge vermehrt ist. Gleichzeitig nimmt das Wasserbedürfnis zu. Der Durst nach salzhaltiger Nahrung gehört ja zu den bekanntesten physiologischen Erscheinungen. Bei Salzarmut der Nahrung ist der Wasserbedarf eingeschränkt, die Harnmenge nimmt ab. Durch fortgesetzte salzreiche oder salzarme Ernährung läßt sich der Wasserbestand des Körpers bis zu einem gewissen Grade beeinflussen. Die *Vermehrung des Wassergehaltes bei Salzkost* geht, wie man aus Versuchen an gesunden und kranken Menschen weiß, mit der Kochsalzretention nicht streng parallel, etwa im Sinne der Retention einer isotonischen Kochsalzlösung.

Die Gewebe vermögen verhältnismäßig mehr Kochsalz oder auch Wasser zu binden. Eine Erklärung hierfür bietet sich durch die Tatsache, daß die an die Kolloide gebundene Flüssigkeit in den Zellen mit der übrigen Zell- und Gewebsflüssigkeit nicht isoosmotisch zu sein braucht. Von SCHADE[45] wird besonders Wert auf die *Wasserdepotfunktion des Bindegewebes* gelegt.

Wassermangel wird sehr schlecht vertragen, jedenfalls schlechter als Hunger. Während beim Hunger 40% Gewichtsverlust gerade noch erträglich sind, auch wenn es sich nicht um gemästete Tiere handelt, führt bei Durst schon ein Verlust von 10% zu Störungen, von 22% zum Tode. Bei kochsalzarmer Nahrung oder gleichzeitigem Hunger wird Wassermangel besser vertragen. So bleiben hungernde und durstende Tauben 10 Tage am Leben, bei Zufuhr trockener Erbsen, die in diesem Falle allerdings freiwillig nicht aufgenommen werden, gehen sie schon nach $2^1/_2$ Tagen ein (NOTHWANG[64]). Die Wasserverluste betreffen vor allem die Muskeln, die nach NOTHWANG 29% Trockensubstanz gegen normal 23% aufwiesen. Als schädliche Wirkung des Wassermangels soll ein gesteigerter Eiweißzerfall stattfinden, den jedoch NONNENBRUCH[38] nicht konstatieren konnte.

Starke Wasserverluste kommen durch Entleerung dünnflüssigen Kotes und starke Schweißsekretion zustande, wobei das Blut eingedickt ist und einen erhöhten Eiweißgehalt aufweist. Auf Veränderungen der Blutkörperchenzahl und des Hämoglobingehaltes ist dabei weniger Wert zu legen, da diese durch andere Regulationsmechanismen (Milz) beeinflußt werden können.

Bei *Blutverlusten* tritt reichlich Gewebsflüssigkeit in das Blut über, so daß es zur Blutverdünnung, Hydrämie, kommt. Zugleich wird die Reaktion des Harns nach der alkalischen Seite verschoben (ENDRES[11]).

Bisher wurde von den engen Beziehungen des *Wasserhaushaltes zum Kochsalz* gesprochen. Tatsächlich ist es das Natriumion, auf das sich diese Verhältnisse in erster Linie beziehen, während das Chlorion der mehr indifferente Begleiter ist. Diese Bedeutung des Natriumions ergibt sich aus der Tatsache, daß auch andere Natriumsalze, z. B. Natriumbicarbonat, den Wasserwechsel im selben Sinne wie Kochsalz beeinflussen (SCHLOSS[48], v. WYSS[62], L. F. MEYER und COHN[34], MAGNUS LEWY[32]). Kaliumsalze weisen dagegen eine analoge Wirkung nicht auf (BLUM[3]), ebensowenig Calciumsalze.

Auch zum *Säure-Basenhaushalt* hat der Wasserhaushalt Beziehungen, indem eine saure Kost, z. B. Zufuhr von Ammoniumchlorid, entwässernd wirkt, alkalische Kost den Wasseransatz begünstigt (OEHME[40]).

Die geschilderten Beziehungen des Mineralstoff- und Wasserhaushaltes können kaum als direkte Beeinflussungen der ausscheidenden Organe gedeutet werden. Es dürfte sich um vorläufig noch undurchsichtige Vorgänge handeln, an denen Zellen und Gewebe des ganzen Organismus beteiligt sind.

Hinsichtlich der *Beziehungen des Wasserhaushaltes zum Stoffwechsel der organischen Substanz* war schon erwähnt, daß jedes Wachstum, jeder Ansatz von organischer Substanz im Körper mit Wasseransatz verbunden ist. Dies trifft namentlich für Eiweiß und Glykogen zu, während Fettansatz wegen der Wasserarmut des Fettgewebes eine geringere Bedeutung hat. Diese Verhältnisse sind bei der *Fleisch- und Fettmast* von größter Wichtigkeit, indem durch Ansatz von Eiweiß und Wasser weit raschere Gewichtszunahmen erzielt werden als durch Fettansatz (vgl. LEHMANN, S. 178 dieses Bandes). Wegen der großen Wassermenge, die bei der Verbrennung des Fettes im Tierkörper gebildet wird, stellen die *Fettmengen des Körpers* nicht nur eine *Energiereserve, sondern zugleich auch eine Wasserreserve* vor.

Die Beobachtungen über *Beeinflussung des Wasserhaushaltes durch vorwiegende Eiweiß-, Fett- oder Kohlehydratkost* sind z. T. widersprechend (GRAFE[15]

v. Hoesslin[18], v. Moraszewski[36]). Eine reichliche Eiweißzufuhr kann durch vermehrte Harnstoffbildung diuretisch wirken, andererseits kann eine hohe Wassergabe stickstoffhaltige Stoffwechselprodukte aus dem Körper ausschwemmen und so eine vermehrte Eiweißzersetzung vortäuschen.

Im *Hunger* findet zunächst eine erhebliche Wasser- und Salzausschwemmung statt, welche rasche Gewichtsabnahmen bedingt, die aber bei normaler Ernährung rasch ausgeglichen werden. Bei fortgesetztem Nahrungsmangel zeigt sich eine Neigung zu Wasserretention, die zu dem sog. *Hungerödem* führt. Ganz typisch zeigten sich diese Verhältnisse in den Versuchen von Kostomarow[22] an hungernden jungen Karpfen. In 30—106 Hungertagen verloren die Tiere 50—60% ihrer Trockensubstanz, während das Körpergewicht viel weniger abnahm. Unter Umständen konnte sogar Längenwachstum beobachtet werden. Analoge Erscheinungen kommen beim Rind, besonders bei Zugochsen, ferner beim Schwein, seltener bei Pferd und Ziege bei nährstoffarmer, wasserreicher Fütterung zur Beobachtung (vgl. Hutyra und Marek[19] Bd. 1, S. 912).

Der *Einfluß der inneren Sekretion auf den Wasserhaushalt* wird von Raab und Klein (dieses Handbuch Bd. 4) behandelt. Ein hormonaler Einfluß tritt am auffälligsten in Erscheinung bei dem *Myxödem*, das als Folge ungenügender Schilddrüsenfunktion bekannt ist, und dem *Diabetes insipidus*, der in Beziehung zur Hypophyse stehen dürfte. Schließlich ist auf den *Einfluß* des *Nervensystems auf den Wasserhaushalt* hinzuweisen. Die Grundlage unserer diesbezüglichen Kenntnisse bildet die bekannte Beobachtung von Claude Bernard, daß eine Stichverletzung des Gehirns am Boden des vierten Ventrikels außer einer Zuckerausscheidung im Harn zu einer starken Polyurie führt. Außerdem wird Kochsalz vermehrt ausgeschieden, so daß man auch von einem *Salzstich* sprechen kann (Jungmann und E. Meyer[33]). Es handelt sich hier anscheinend um mehrere über- und untergeordnete Zentren, die den Wasserhaushalt beeinflussen und die auch *psychischen Einflüssen* unterworfen zu sein scheinen.

Gewisse Besonderheiten zeigt, wie man aus Beobachtungen an Kindern weiß, der *Wasserhaushalt des jugendlichen Organismus*, der durch eine gewisse Labilität gekennzeichnet ist. Wasser- und Salzzufuhr, einseitige Kohlehydratkost usw. rufen nicht immer die Reaktionen hervor, die für den gesunden, ausgewachsenen Körper charakteristisch sind. Es kommt leicht zu Wasser- und Salzretention, verschleppter Eliminierung zugeführten Wassers, die wieder durch plötzliche starke Wasserausschwemmung abgelöst werden kann.

Literatur zum Kapitel: Wasserhaushalt.

(1) Asher u. Barbéra: Z. Biol. **32**, 154 (1897); **37**, 261 (1898). — Asher u. Gies: Ebenda **40**, 180 (1900). — Asher u. Busch: Ebenda **40**, 333 (1900). — Asher u. Erdeley: Ebenda **46**, 119 (1904). — Asher u. Kusmine: Ebenda **46**, 554 (1904). — Asher u. Firleiwitsch: Ebenda **47**, 42 (1905).

(2) Bauer u. Aschner: Wien. Arch. klin. Med. 1, 322 (1920). — *(3)* Blum: C. r. Soc. Biol. **85**, 123 (1921). — *(4)* Bogendörfer: Arch. f. exper. Path. **89**, 252 (1921). — *(5)* Brücke: Sitzgsber. Akad. Wiss. Wien, Math.-naturwiss. Kl. **6**, 214 (1851). — *(6)* Brunn: Wien. klin. Wschr. **1925**, 558. — *(7)* Buddenbrock, v.: Grundriß der vergleichenden Physiologie. Berlin 1928.

(8) Cohnheim: Z. physiol. Chem. **63**, 413 (1909); **78**, 62 (1912).

(9) Dennig: Z. physik. u. diät. Ther. 1, 281 (1898); zit. nach Schade *(46)*, 169.

(10) Ellenberger u. Scheunert: Vergleichende Physiologie der Haussäugetiere. Berlin 1925. — *(11)* Endres: Biochem. Z. **132**, 220 (1922). — *(12)* Engels: Arch. f. exper. Path. **51**, 346 (1904).

(13) Fehling: Arch. Gynäk. 11, 523 (1877).

(14) Galeotti: Biochem. Z. **46**, 173 (1912). — *(15)* Grafe: Dtsch. Arch. klin. Med. — *(16)* Gross u. Kestner: Z. Biol. **70**, 188 (1919).

(*17*) Heidenhain: Hermanns Handbuch der Physiologie 5, 1 (1883). — (*18*) Hoess-lin, v.: Arch. f. Hyg. 88, 147 (1919). — (*19*) Hutyra u. Marek: Pathologie und Therapie der Haustiere. Jena 1920.

(*20*) Kellner u. Fingerling: Die Ernährung der landwirtschaftlichen Nutztiere. Berlin 1924. — (*21*) König: Untersuchung der Nahrungs- und Genußmittel. Berlin 1928. — (*22*) Kostomarov: Arch. f. Hydrobiol. 19, 331 (1928).

(*23*) Lamson: Wien. Arch. inn. Med. 7, 251 (1924). — (*24*) Lawes u. Gilbert: The composition of some animals etc. Philosoph. Transactions 2, 1859. — (*25*) Leschke: Arch. f. Psychiatr. 59, 773 (1918); Z. klin. Med. 87, 214 (1919). — (*26*) Loewy, A.: Biochem Z. 67 (1914). — (*27*) Der Wasserwechsel des Menschen. Handbuch der biologischen Arbeits-methoden 4, T. 9, H. 2. — (*28*) Loewy, A., u. Gerhartz: Pflügers Arch. 155, 231 (1913). — (*29*) Ludwig: Lehrbuch der Physiologie. 1861.

(*30*) Maerker u. Morgen: Zbl. Agrikulturchem. 18, 460 (1889). — (*31*) Magnus-Levy in v. Noordens Handbuch der Pathologie des Stoffwechsels. Wien 1906. — (*32*) Magnus-Levy: Dtsch. med. Wschr. 1920, 594; Z. klin. Med. 90, 287 (1921). — (*33*) Meyer, E., u. Jungmann: Arch. f. exper. Path. 73, 49 (1913). — (*34*) Meyer, L. F., u. Cohn: Z. Kinder-heilk. 2, 360 (1911). — (*35*) Müller, L. R.: Dtsch. med. Wschr. 1920, 113. — (*36*) Mo-raszewski, v.: Z. klin. Med. 101, 38 (1924).

(*37*) Nonnenbruch: Z. exper. Med. 29, 247 (1922). — (*38*) Handbuch der normalen und pathologischen Physiologie 17, 3. Berlin 1926. — (*39*) Nothwang: Arch. f. Hyg. 14, 273 (1892).

(*40*) Oehme: Arch. f. exper. Path. 102, 40 (1924); 104, 115 (1924).

(*41*) Pick u. Mautner: Biochem. Z. 172, 72 (1922). — Pick u. Molitor: Arch. f. exper. Path. 97, 317 (1923).

(*42*) Richter u. Brailey: Proc. nat. Acad. Sci. U.S.A. 15, 570 (1929). — (*43*) Rown-tree: J. of Pharmacol. 29, 135 (1926). — (*44*) Rubner: Biochem. Z. 148, 271 (1924).

(*45*) Schade: Z. f. exper. Path. 14, 1 (1913); 96, 279 (1923). — (*46*) Der Wasserstoff-wechsel, in Oppenheimers Handbuch 8, 149. Jena 1925. — (*47*) Schittenhelm u. Schlecht: Z. exper. Med. 9, 40 (1919). — (*48*) Schloss: Jb. Kinderheilk. 71, 296 (1910). — (*49*) Schmö-ger: Zbl. Agrikulturchem. 12, 312 (1883). — (*50*) Schulz, Fr. N., in Oppenheimers Hand-buch 4, 143. Jena 1925. — (*51*) Siebeck: Physiologie des Wasserhaushaltes in Handbuch der normalen und pathologischen Physiologie 17, 3. Berlin 1926. — (*52*) Siebeck u. Bor-kowski: Dtsch. Arch. klin. Med. 131, 55 (1919). — (*53*) Starkenstein: Klin. Wschr. 6, 147 (1927).

(*54*) Tangl u. Zaitschek: Landw. Versuchsstat. 74, 183 (1911). — (*55*) Tashiro: Arch. f. exper. Path. 111, 218 (1926). — (*56*) Thomas: Arch. f. Physiol. 1911, 9. — (*57*) Tu-teur: Z. Biol. 53, 374 (1910).

(*58*) Veil: Dtsch. Arch. klin. Med. 119, 376. — (*59*) Biochem. Z. 91, 267 (1918). — (*60*) Voit, E.: Z. Biol. 89, 114 (1930). — (*61*) Volhard in Mohr-Staehelin: Handbuch der inneren Medizin 3, 1228 (1918).

(*62*) Wyss, v.: Dtsch. Arch. klin. Med. 111, 93 (1913).

(*63*) Zuntz, N., zit. nach Ellenberger u. Scheunert. — (*64*) zit. nach Siebeck (10), S. 197.

6. Der Gaswechsel.

Von

Professor Dr. J. Paechtner

Vorstand des Tierphysiologischen Instituts der Universität München.

Mit 35 Abbildungen.

A. Begriff und Aufgaben.

In den mannigfaltigen Vorgängen des Stoffwechsels, die Gegenstand der vorausgehenden Kapitel dieses Werkes sind, spielen diejenigen des *Gaswechsels, d. h. die in dem Umsatz von Atmungsgasen sich äußernden Lebenserscheinungen,* eine bedeutsame Rolle, da sie an den meisten Teilprozessen des Stoffumsatzes wesent-lich beteiligt, für deren Erkennung wichtig und für die qualitative Bewertung des

Stoffwechselgetriebes wie für dessen quantitative Bestimmung — insbesondere auch des Gesamtstoffwechsels und der damit verknüpften energetischen Fragestellungen (s. Anm.) — unerläßlich sind.

Denn die *Lebensäußerungen der Organismen, besonders der warmblütigen Tiere,* bedingen ja einen unablässigen, beträchtlichen *Umsatz und Austausch von Atemgasen: Abgabe von Kohlensäure* (CO_2) und *Zufuhr von Sauerstoff* (O_2), der sich zwischen ihren lebenden Körperbestandteilen (Zellen, Geweben, Organen) und ihrem äußeren Medium (Luft, evtl. Wasser) abspielt als notwendige Voraussetzung und Folge fundamentaler Lebensvorgänge, vor allem der den Gesamtstoffwechsel (Betriebsstoffwechsel) beherrschenden *Oxydationen,* bei denen organische Bestandteile der Organismen — seien es nun Nährstoffvorräte der zirkulierenden Säfte oder eigentliche Bestandteile der Körperzellen — schließlich zu den anorganischen Endprodukten ihrer Elementarbestandteile (natürlich unter entsprechender Wärmetönung, s. Bd. 4 dieses Handbuches) verbrennen, wie z. B.

$$C_6H_{12}O_6 + 6\,O_2 = 6\,CO_2 + 6\,H_2O(+\,674{,}5\;\text{Cal}),$$

d. h. ein Mol Hexose (z. B. Glukose) verbrennt mit 6 Molen Sauerstoff zu 6 Molen Kohlendioxyd + 6 Molen Wasser, unter einer Wärmeentwicklung von 674,5 Cal. Dieser Prozeß gilt sinngemäß für alle zur Oxydation gelangenden organischen Körperbestandteile (Kohlenhydrate, Fette, Eiweißstoffe samt deren Bausteinen und Abbaustoffen), mit der Einschränkung, daß bei den N-haltigen organischen Substanzen nur deren desaminierte Reste einer völligen Oxydation unterliegen, während die N-haltigen Anteile in organischer, noch weiter oxydabler Form (Harnstoff, Harnsäure, Allantoin, Kreatinin u. a.) ausgeschieden werden.

Die in dem vorliegenden Zusammenhang wesentliche Quintessenz dieser Vorgänge ist demnach, daß *im Lebensprozeß* der Organismen *Sauerstoff verbraucht und ständig nach Maßgabe des Verbrauchs benötigt,* andererseits *Kohlendioxyd,* neben Wasser und etwaigen anderen Oxydationsprodukten, *gebildet wird und demgemäß entfernt werden muß,* sofern nicht eine Störung der Lebensvorgänge eintreten soll.

Die Tatsache der Atmung steht außer Zweifel; ihre Notwendigkeit ist für den Menschen und die warmblütigen Tiere seit alters aus der Erfahrung bekannt. Daß es sich dabei um einen Gaswechselprozeß, und zwar im wesentlichen um Abgabe von CO_2 und Aufnahme von O_2 als Umsatzprodukten tierischer Verbrennungen handelt, ist zuerst von A. L. Lavoisier[66], [67] einwandfrei erfaßt und klar ausgesprochen worden.

Der Nachweis hierfür ist leicht zu erbringen; für die CO_2-Ausscheidung etwa durch die starke Trübung, welche die Ausatmungsluft in Barytwasser erzeugt, für den O_2-Verbrauch durch den schnellen Verbrauch dieses Gases bei der Atmung in oder aus einem abgeschlossenen Raume (Gasometer). Deutlich geht er auch aus der vergleichenden Analyse von Ein- und Ausatmungsluft hervor, die stets eine mehr oder weniger erhebliche Erhöhung des CO_2-Gehaltes, um ca. 2—5 %, und eine in ähnlicher Größenordnung liegende Verminderung des O_2-Gehaltes aufweist, so z. B.

Zusammensetzung von Ein- und Ausatmungsluft.

	Mensch			Hund			Pferd		
	CO_2 %	O_2 %	N_2 %	CO_2 %	O_2 %	N_2 %	CO_2 %	O_2 %	N_2 %
Einatmungsluft	0,03	20,93	79,04	0,03	20,93	79,04	0,03	20,93	79,04
Ausatmungsluft	4,21	16,29	79,50	3,77	16,27	79,96	4,56	16,26	79,18

Anm. Hierüber siehe den 4. Band dieses Handbuchs.

Die Größe der prozentualen Änderung des CO_2- und O_2-Gehaltes kann dabei in Abhängigkeit von den Bedingungen des Einzelfalles (Individualität, Atemgröße, Ruhe, Tätigkeit, Nüchternheit, Verdauungs- und Stoffwechselzustand) erheblich schwanken; besonders deutlich und leicht erweislich ist der Einfluß der *Atemgröße*, d. h. der c. p. in der Zeiteinheit (Minute) geatmeten Luftmengen, wie schon C. SPECK[108] nachwies; er fand beispielsweise bei derselben Versuchsperson für den CO_2-Gehalt der Atemluft

bei normaler Atmung . . . . . . (7,5 l pro Minute) 4,21 %
„ willkürlich schwacher Atmung (5,8 l „   „) 4,63 %
„   „   starker   „   (17,6 l „   „) 3,17 %

Das ist insofern einleuchtend, als eben der Umsatz an Atemgasen im wesentlichen nicht durch die Größe der geatmeten Luftmengen, sondern durch den Umfang der im Körper stattfindenden Oxydationsprozesse bedingt wird; demnach wird, solange diese gleichbleiben, ein größeres Atemvolumen durch sie prozentual weniger verändert werden als ein kleineres und umgekehrt. Allerdings spielen hierbei, besonders in extremen Fällen, auch noch andere Vorgänge mit, so vor allem eine gewisse Veränderung der Austauschvorgänge zwischen Blut und Lungenluft, vor allem für die CO_2-Abgabe, die dann das Ergebnis der Gaswechselbestimmung als Maßstab der gasförmigen Umsetzungen des Stoffwechsels entstellen können; doch kommt dies praktisch nur unter abnormen Verhältnissen in Betracht.

Der *Ort der Verbrennungsprozesse*, deren Ergebnis sich in der Veränderung der Atmungsluft ausdrückt und aus deren Menge und Zusammensetzung quantitativ bestimmt werden kann, sind die im Stoffwechsel begriffenen lebendigen Gewebe, letzten Endes ja die einzelnen Zellen. In ihnen spielen sich, bedingt durch ihre Eigenart und ihre Tätigkeit, die Teilvorgänge der *Gewebsatmung* ab, die schließlich als *Gesamtgaswechsel* des Individuums zum Ausdruck kommen.

Diese Tatsache ist LAVOISIER entgangen; er verlegte vielmehr den Ort der von ihm im übrigen richtig erkannten Verbrennungsprozesse ausschließlich in die Lungen; ein Irrtum, der indes bald von LAGRANGE grundsätzlich berichtigt wurde. In der Folge ist, nach Einführung der *Blutgasanalyse* durch MAGNUS[73], die Tatsache der Gewebsatmung und die Mittlerrolle des Blutes bei den Gaswechselvorgängen experimentell durch die Arbeiten von C. LUDWIG[70], E. PFLÜGER[90], N. ZUNTZ[130], PAUL BERT[10], BARCROFT[5] und vielen anderen zweifellos erwiesen und hinsichtlich ihres Ablaufs und ihre Bedingungen eingehend geklärt worden. Auf das reichliche Material dieser Arbeiten kann hier nicht weiter eingegangen werden, als es zum grundsätzlichen Verständnis der Vorgänge nötig ist. Hierfür mögen einige Beispiele genügen.

Der *Nachweis der Gewebsatmung* ist auf verschiedene Weise erbracht worden; so z. B. durch die vergleichende Bestimmung der Blutgase im arteriellen und im zugehörigen venösen Blut bestimmter Organe (Speicheldrüsen, Muskeln); hierbei fand sich, daß das Blut auf seinem Weg durch die Organe CO_2 aufnahm und O_2 abgab, und zwar im tätigen Organ mehr als im ruhenden.

Daß hierbei das *Blut* im wesentlichen nur *als Träger der Atemgase* wirkt, wurde auf Anregung E. PFLÜGERS durch den klassischen Salzfroschversuch von OERTMANN[83] erwiesen; er zeigte, daß Frösche, deren Blut durch physiologische Kochsalzlösung ersetzt ist, annähernd gleichviel CO_2 und O_2 umsetzen, wie normale unter sonst gleichen Bedingungen. Dies ist auch für Organe von Warmblütern in Durchströmungsversuchen mit geeigneten Salzlösungen (O_2-gesättigten Ringer-, Tyrodelösungen u. dgl.) bestätigt worden. Ebenso auch durch die Bestimmung des Gaswechsels überlebender entbluteter isolierter Organe in Respirationskammern.

Das Blut nimmt demnach an der atmenden Körperoberfläche, insbesondere
in den *Lungen*, den Sauerstoff auf und führt ihn den Gewebszellen zu; es nimmt
umgekehrt diesen den durch die oxydativen Stoffwechselvorgänge entstandenen
CO_2-Überschuß ab und entläßt ihn durch die Körperoberfläche, wiederum hauptsächlich durch die Lungen. Den Gasaustausch zwischen Körperoberfläche
(äußerem Medium) und Blut nennt man *äußere Atmung*, den zwischen Blut und
Gewebszellen *innere Atmung*; er läßt sich durch das folgende einfache Schema
ausdrücken:

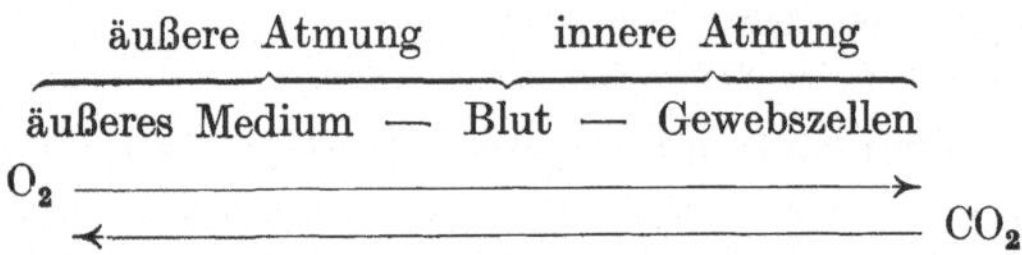

. Die *Wanderung der Atemgase* im Sinne der angegebenen Richtung vollzieht
sich dabei im wesentlichen nach den physikalischen Gesetzen der Diffusion und
Absorption unter der Wirkung des *Partialdruckes der einzelnen Atemgase*; sie wird
unterstützt durch das reversible Bindungsvermögen des Blutes für O_2 (Hämo-
globin) und für CO_2 (Hämoglobin, Plasmaeiweiß, Blutalkalien) und bei den
höheren Tieren außerdem durch die *mechanische Erneuerung des Atmungsmediums*
(Luft, Wasser) *in den Atmungsorganen* (Lungen, Kiemen, Tracheen) begünstigt.
Bei Tieren mit lebhaftem Stoffwechsel, insbesondere den sog. Warmblütern
(Homoiothermen) ist dies eine unablässige Notwendigkeit. Näheres über Bau,
Einrichtung und Tätigkeit der Atmungsorgane siehe in den Lehrbüchern der
Physiologie unter Mechanik und Innervation der Atmung.

Unter den atmenden Oberflächen des Körpers der höheren Tiere spielt, wie
erwähnt, die hierfür besonders ausgebildete Lunge die Hauptrolle, indem sie rund
99 % des Gesamtaustausches an CO_2 und O_2 vermittelt; der Rest entfällt auf
Haut und Schleimhäute (Hautatmung, Darmatmung).

Mit letzterer sind nicht zu verwechseln die als *Intestinalatmung* zu bezeichnenden gasförmigen Umsetzungen, die in den Höhlen des Verdauungsschlauches
als *Ergebnis* der dortigen *Gärungs- (und Fäulnis-)Vorgänge* stattfinden und unter
Umständen, besonders auch bei Pferden und Wiederkäuern zu einer ganz bedeutenden Gasentwicklung (CO_2, CH_4, evtl. auch anderen gasförmigen Kohlenwasserstoffen, und von H_2) führen können, die einerseits den Gesamtgaswechsel
dieser Tiere wesentlich beeinflußt, andererseits eine unter Umständen beträchtliche Minderung der verdauten Nahrung an physiologisch nutzbaren Bestandteilen bedeutet.

Das Vorkommen dieser Gase ist seit langem eine alltägliche Erfahrung, die
in der Nutztierhaltung ursprünglich vor allem klinisches Interesse — in dem Auftreten und der Behandlung akuter oder chronischer Blähungen (Tympanitis,
Windkolik) — fanden; seit den 80er Jahren hat man sich auch mit der chemischen
Beschaffenheit dieser Gase, ihrer Abhängigkeit von der Fütterungsweise und den
tieferen qualitativen und quantitativen Beziehungen ihrer Herkunft eingehender
befaßt (s. Anm.).

Es war vor allem H. Tappeiner[117—121], der die Methodik dieser Untersuchungen durch vielseitige originelle Versuche begründet hat. Durch segmen-
tierte Unterbindung von Mägen und Darmabschnitten seiner Versuchstiere
erzielte er eine Abgrenzung der darin enthaltenen Gase, deren Zusammensetzung
er analysierte. Bei *Wiederkäuern* führte er so auch schon eine Sonderung der in
den verschiedenen Teilmägen befindlichen Gase durch. Er fand dabei, daß diese

---

Anm. Siehe E. Mangold im 2. Bande dieses Handbuchs S. 148 ff.

neben verschwindenden Anteilen von O_2 und meistens geringfügigen Beträgen von N_2 und H_2 hauptsächlich aus CO_2 und CH_4 bestanden.

Des weiteren hat sich TAPPEINER[119—121] auch bereits mit Studien über die Bildung und Herkunft dieser Gase befaßt, indem er Inhaltsproben der verschiedenen Magen- und Darmabschnitte in vitro weitergären ließ und die hierbei unter verschiedentlich variierten Bedingungen entstandenen Produkte studierte, oder auch verschiedenerlei mit Inhaltsbestandteilen des Digestionsapparates (Panseninhalt, abgepreßter Pansenflüssigkeit u. dgl.) versetzte Substrate (z. B. in Nährlösungen aufgeschwemmte Cellulose) untersuchte, wobei ihm die grundsätzliche Aufklärung dieser Vorgänge als einer *bakteriellen Cellulosegärung* gelang, bei der neben gasförmigen Gärprodukten (CO_2, CH_4) niedere Fettsäuren (*Essigsäure*, Ameisensäure, Propionsäure, *Buttersäure*) entstehen.

Eine vertiefte Bearbeitung haben diese Fragen, besonders auch hinsichtlich der *Abhängigkeit der Gärungsprozesse von der Art und Handhabung der Fütterung, dem physiologischen Zustand der Individuen, der Beschaffenheit der Intestinalflora* (und Fauna), der *Tiergattung* und anderen Bedingungen, sowie der Ergründung ihrer biologischen und fütterungstechnischen Bedeutung seitdem bis in die neueste Zeit durch N. ZUNTZ[133] und mehrere seiner Mitarbeiter (B. TACKE[113—116], I. MARKOFF[76, 77], C. BRAHM[16], W. KLEIN[49, 50], LUNGWITZ[71, 72], W. ELLENBERGER und die ELLENBERGERsche Schule, W. ELLENBERGER und V. HOFMEISTER[24], HOPFFE[36—39], M. SCHIEBLICH[103] u. a. erfahren. Näheres hierüber findet sich an anderen Stellen dieses Werkes insbesondere bei MANGOLD, 2, 148ff. und bei SCHIEBLICH 2, 310.

Vom Standpunkt der *angewandten Gaswechselforschung* interessiert neben der Tatsache und Art dieser Gärungsvorgänge und Gärungsprodukte vor allem die mittels des quantitativen Gaswechselversuches bestimmbare Größe der unter gegebenen Bedingungen auftretenden Gasbildung und die Menge ihrer Einzelbestandteile. Hierüber sind wir, soweit die Verhältnisse an landwirtschaftlichen Nutztieren in Betracht kommen, vor allem durch die Arbeiten von B. TACKE[113]—[116], G. KÜHN[63], O. KELLNER[43—47], MARKOFF[76, 77], W. KLEIN[49, 50], A. KROGH und SCHMIDT-JENSEN[61], MÖLLGAARD[80, 81] unterrichtet; insbesondere liegen über die Größe der Methanproduktion, wie auch über das Verhältnis von $CO_2 : CH_4$ in derartigen Gasgemischen Ergebnisse vor, mit deren Hilfe sich der Anteil von Gärungs-CO_2 an der Gesamt-CO_2-Produktion einigermaßen abschätzen läßt.

B. Die quantitative Bestimmung des Gaswechsels.
Der Respirationsversuch.

Für die quantitative Bestimmung des Gaswechsels, deren Einführung wir im Prinzip A. L. LAVOISIER[66, 67] verdanken, sind im Lauf der Zeit und insbesondere der letzten Jahrzehnte eine große Zahl von Methoden und mehr oder weniger erheblichen Modifikationen von solchen angegeben worden, von denen hier nur die für den vorliegenden Zweck wichtigen eingehender behandelt werden sollen.

Ihr Hauptziel ist durchweg, die CO_2-Produktion und den O_2-Verbrauch (oder doch eines von beiden) eines Versuchsobjektes — hier Versuchstieres — während einer bestimmten Zeit und unter bestimmten Versuchsbedingungen, möglichst genau festzustellen; mitunter wird auch noch eine Bestimmung anderer Bestandteile des Gaswechsels (N_2, H_2, CH_4) sowie des H_2O (Wasserdampfes) in die Bestimmung einbezogen, oder auch in der vollkommenen Ausbildung des Verfahrens eine direkte Bestimmung der Wärmeabgabe mit dem Respirationsversuch verbunden.

So mannigfaltig modifiziert sie heute sind, so lassen sie sich doch prinzipiell in zwei Hauptsysteme scheiden, die beide schon von Lavoisier[66], [67] erdacht und angewandt worden sind; dieselben können zweckmäßig als *„Einschlußmethoden"* und *„Anschlußmethoden"* gruppiert und beide ferner als sog. *„geschlossene"* bzw. *„offene Systeme"* unterschieden werden, je nachdem für den Versuch ein abgeschlossenes Gasgemisch oder ein Strom freier Atmosphäre verwendet wird.

Die Einschlußmethoden des Respirationsversuches sind dadurch gekennzeichnet, daß sie mit *Versuchsbehältern* arbeiten, denen die Versuchsindividuen während der Versuchsdauer einverleibt werden, und deren Einrichtungen eine ständige Kontrolle ihres Gasinhalts nach Menge und Zusammensetzung gestatten. Für die Erforschung des Gaswechsels der landwirtschaftlichen Nutztiere kommen von ihnen hauptsächlich zwei Typen in Betracht: die Methode nach Regnault und Reiset und die Methode nach Pettenkofer und Voit, mit einigen Spielarten, die im gegebenen Zusammenhang besprochen werden sollen.

Die *Anschlußmethoden*, wie man die andere Hauptgruppe gebräuchlicher Methoden des Respirationsversuches zusammenfassend bezeichnen kann, bedienen sich des direkten Anschlusses der Atmungsorgane ihrer Versuchsobjekte an die zur Bestimmung des Gaswechsels dienenden Vorrichtungen. Von Speck[108] nach Lavoisiers Vorgang eingeführt, haben sie durch N. Zuntz und J. Geppert[134] eine höchst sinnreiche exakte Ausbildung erfahren und in dieser verbreitete Anwendung gefunden, insbesondere auch zum Studium des Gaswechsels der landwirtschaftlichen Nutztiere. Von neueren einschlägigen Verfahren sind in diesem Zusammenhang das von Benedict[9] und das von Krogh[58] erwähnenswert.

In neuerer Zeit sind schließlich, so von N. Zuntz, F. G. Benedict, Schaternikoff u. a. Respirationsapparate gebaut worden, die eine Verwendung nach beiderlei Prinzipien oder selbst eine kombinierte Anwendung beider ermöglichen.

Im folgenden sollen nun *die wichtigsten Respirationsapparate für fütterungstechnische Zwecke, ihre Anwendung, Vorzüge und Mängel*, dargestellt werden.

I. Respirationsapparate nach dem Einschlußprinzip.

1. Der Respirationsapparat nach Regnault und Reiset.

Die zeitlich erste unter den durchgearbeiteten Methoden des Respirationsversuches ist die von Regnault und Reiset[93], [94], von ihren Autoren zum Studium des Gaswechsels am Hunde und von Reiset[95] später zu Versuchen an Schafen und anderen kleinen Haustieren, auch Geflügel, verwendet.

Das Prinzip der Methode ist, das Versuchstier während der Versuchszeit in einem *hermetisch abgeschlossenen Raum* zu halten, dessen Größe samt Nebenräumen (Ventilen, Leitungen usw.) genau bekannt und einer beliebigen Kontrolle seines Gasinhaltes zugänglich ist. In diesem Raume wird während der Versuchszeit das enthaltene Luftvolumen ständig durch ein Pumpwerk in Umlauf gehalten und durch geeignete Vorrichtungen von der durch das Versuchstier ausgeschiedenen CO_2 befreit, sowie nach Maßgabe des Verbrauchs mit meßbaren Mengen von reinem O_2 oder analysierter Frischluft ergänzt.

Die wichtigsten Einzelheiten dieser Versuchsanordnung gehen aus der nachstehenden Abbildung, die den ursprünglichen Respirationsapparat nach Regnault und Reiset zeigt, hervor. Als Tierbehälter dient die in einem Wasserbad *B* versenkbare Glasglocke *A*. Sie ist durch die Rohr- bzw Schlauchleitungen *f* mit den Hälsen der zylindrischen Glasgefäße *C* und *C'* verbunden, deren untere Tubulaturen durch den Gummischlauch *q, q* miteinander kommunizieren. *C* und *C'* sind an der durch eine Antriebsvorrichtung vertikal beweglichen Wippe *K* befestigt; sie werden bei Versuchsbeginn mit einer bestimmten Menge konzentrierter Alkalilauge von bekannter Beschaffenheit beschickt. Wenn die Wippe geht, senkt und hebt sie durch ihre Bewegung abwechselnd die beiden Glaszylinder, die hierdurch als Saug- und Druckpumpen auf den Innenraum von A wirken und dessen Gasinhalt durch Absorption von CO_2 (z. T. auch von Wasserdampf) befreien. Durch die Leitung V mit eingeschaltetem Flüssigkeitsventil M wird A (sukzessive) mit den O_2-Behältern N, N', N'' verbunden, die ihrerseits an das durch DEVILLESche Sturzflaschen auf konstanter Druckhöhe erhaltenen Wasserreservoir P' angeschlossen werden und so einen geregelten Zustrom von O_2 nach A bewirken, entsprechend der Druckminderung, den der dortige Gasinhalt durch den O_2-Verbrauch des Versuchstieres (und die Absorption der von ihnen ausgeschiedenen CO_2) erleidet. Ein von A abgezweigtes Manometer abc und ein Thermometer T ermöglichen die Reduktion des in A befindlichen Gasvolums auf Normalbedingungen; aus den Hahnstutzen r können nach Bedarf Proben des Gasinhaltes vom Tierbehälter entnommen werden.

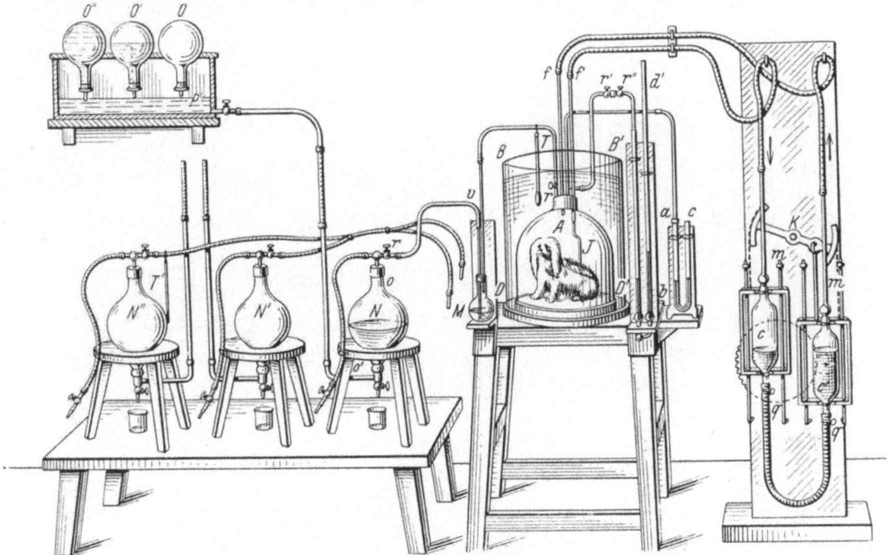

Abb. 6. Respirationsapparat nach REGNAULT und REISET.

Die *Versuchsanstellung* nach der REGNAULT-REISET-Methode erfolgt derart, daß das Versuchsobjekt in den Behälter A eingeschlossen, das Volum und die Zusammensetzung des Gasinhaltes zum Beginn und Schluß des Versuches genau bestimmt und ferner die im Laufe des Versuches in den Absorptionsbehältern gebundene CO_2-Menge (evtl. auch H_2O-Menge), sowie der aus den Vorratsflaschen zugeführte O_2 genau festgestellt wird. Hieraus ergibt sich dann die Größe des Gaswechsels: CO_2-Ausscheidung, O_2-Verbrauch und R.Q. (s. S. 425) ferner bei entsprechender Versuchsanordnung auch die Ausscheidung von anderen Gasen (CH_4, H_2), Wasserdampf, sowie das quantitative Verhalten des N_2 im Atmungsprozeß. Einzelheiten des Verfahrens und der Berechnung sollen später an einem Sonderbeispiel (S. 420/21) gegeben werden.

Zunächst sei noch erwähnt, daß die REIGNAULT-REISET-Methode erst in neuerer Zeit durch HOPPE-SEYLER[41], ATWATER und BENEDICT[4], N ZUNTZ und C. OPPENHEIMER[84, 131], H. GERHARTZ[25], N. ZUNTZ, v. D. HEIDE und W. KLEIN[132, 135], ferner in minutiösem Ausmaß von A. KROGH[58, 59] eine vollkommene Ausbildung und Anwendung erfahren hat. Für die hier vornehmlich in Betracht kommenden Versuche an landwirtschaftlichen Nutztieren interessiert uns hauptsächlich die von Zuntz und seinen Mitarbeitern[132, 135] geschaffene Ausführung in Form des Universal-Respirationsapparates für große Tiere im Tierphysiologischen Institut der Berliner Landwirtschaftlichen Hochschule, der am gegebenen Orte (S. 418) näher behandelt wird.

Das Verfahren von Reignault und Reiset litt ursprünglich, abgesehen von anderen technischen Unzulänglichkeiten, an dem Umstand, daß das Befinden der Versuchstiere durch die Enge des Behälters und die im Laufe längerer Versuchszeit unvermeidliche Anhäufung von Wasserdampf, übelriechenden Ausdünstungen, u. U. auch durch Hg-Dämpfe aus Quecksilberventilen, beeinträchtigt wurde.

2. Der Respirationsapparat nach Pettenkofer und Voit.

M. Pettenkofer[87—89] hat bei seiner Methode des Respirationsversuches demgegenüber das Prinzip möglichst günstiger hygienischer Bedingungen für das

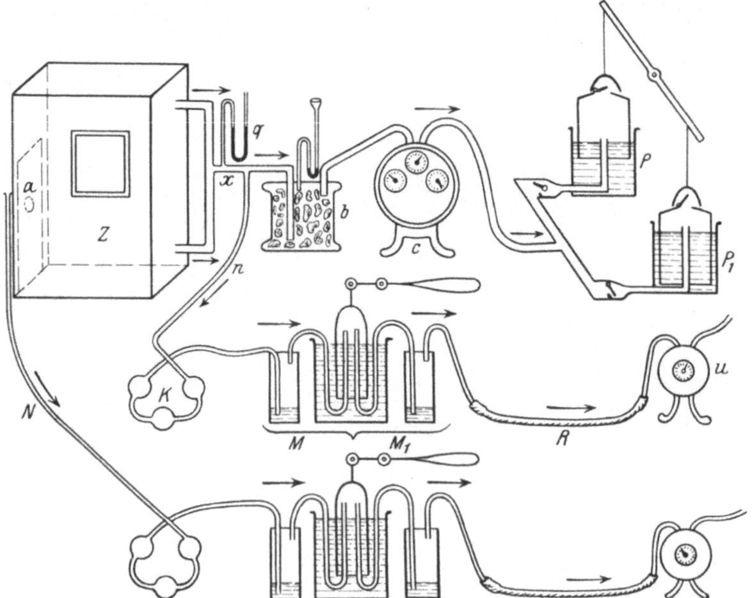

Abb. 7. Respirationsapparat nach Pettenkofer (Landois-Rosemann[65]).

Versuchsobjekt in den Vordergrund gestellt. Er benutzte als Versuchsraum einen geräumigen, durch eine als Saugpumpe wirkende Gasuhr in eindeutiger Richtung mit genau meßbaren Luftmengen ventilierbaren Kasten; von der Ventilationsluft wurden bei deren Ein- und Austritt gemessene Teilströme abgezweigt und auf CO_2 und H_2O-Gehalt analysiert; später wurde auch noch eine Vorrichtung zur Bestimmung des Gehaltes der ventilierten Luft an brennbaren Gasen (CH_4, H_2) angeschlossen. Aus der Menge und Zusammensetzung der Ventilationsluft ließ sich die CO_2-Ausscheidung (evtl. auch die Abgabe von Wasserdampf, Methan und Wasserstoff) mit großer Genauigkeit feststellen. Eine direkte O_2-Bestimmung war indessen in Ermanglung einer unter den vorliegenden Versuchsbedingungen genügend zuverlässigen Analyse für dieses Gas bis vor kurzen nicht möglich.

Einen Überblick über die Pettenkofersche Versuchsanordnung in ihrer ursprünglichen Form bietet die obenstehende Skizze.

Eine mit Türe und Fenster versehene, dicht verschließbare, geräumige Kammer ist bei a mit einer Ventilationsöffnung versehen. Der Türe gegenüber ist ein T-förmiges Rohrstück in die Wand eingedichtet, das durch einen mit angefeuchteten Bimssteinbrocken beschickten Behälter b zu dem großen Gasmesser C und von da zu den, als Saug- und Druckpumpe wirkenden (durch eine kleine Dampfmaschine angetriebenen) Glockenpumpen P, P_1 führt. Die eindeutige Richtung des Luftstromes in dem System ist durch Ventile geregelt. Diese Anordnung bewirkt während des Betriebes einen ständigen Durchgang *meßbarer Luftmengen* von a nach $P\,P'$. Die Hauptrohrleitung x trägt neben einem Hg-Manometer q eine engere Abzweigung n, in welcher ein durch die mit Hg-Ventilen ausgestattete, gleichfalls durch eine von der erwähnten Dampfmaschine angetriebene (in Wirklichkeit kleinere) Glockenpumpe M, M_1 in Richtung der Pfeile strömender Teilstrom der aus dem Kasten kommenden Luft bewegt und mittels der kleinen Gasuhr u gemessen wird. Dieser gibt auf seinem Wege seinen Wasserdampf an den mit Schwefelsäure beschickten, gewogenen Kugelapparat K

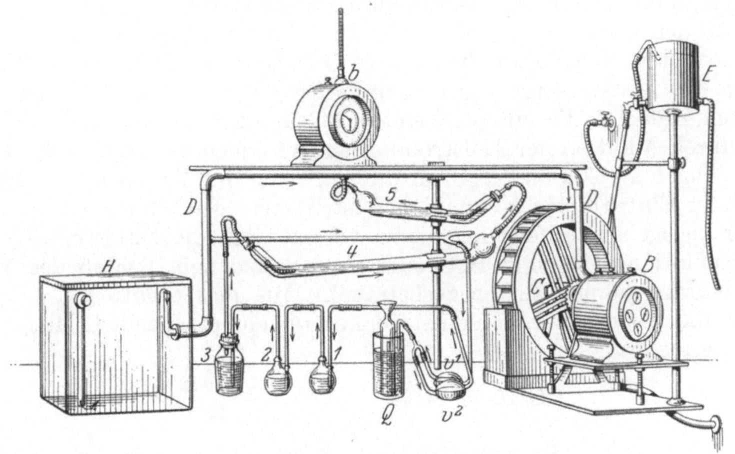

Abb. 8. Kleiner Respirationsapparat nach Voit.

und seine CO_2 an die mit einer bekannten Menge titrierter Barytlauge gefüllte PETTENKOFER-Röhre R ab. Eine entsprechende Vorrichtung ist durch die Rohrleitung N an die Einlaßöffnung a der Ventilationsluft angeschlossen. Der Gang des Verfahrens dürfte hieraus ohne weiteres erhellen.

Diese von M. PETTENKOFER ursprünglich für Versuche am Menschen gebaute Versuchseinrichtung ist in der Folge zunächst von C. VOIT[124] für Versuche an kleinen Tieren (Hunden) modifiziert, später dann von HENNEBERG[35], insbesondere aber durch G. KÜHN[63] und O. KELLNER[43] u. a. auch für Untersuchungen an großen Haustieren ausgebildet, in neuester Zeit durch N. ZUNTZ[132] und schließlich durch MÖLLGAARD[80] auf einen hohen Grad der Vollkommenheit gebracht worden. Bei der überragenden Bedeutung, die ihr für die bisherige Entwicklung der Ernährungs- und Fütterungslehre zukommt, mögen die wichtigsten Stufen dieser Entwicklung hier kurz besprochen werden.

Den kleinen Respirationsapparat nach (PETTENKOFER und) C. VOIT zeigt Abb. 8.

Aus dem, mit einem auf den Boden reichenden Einlaßstutzen versehenen Tierbehälter H wird die Versuchsluft durch die Hauptrohrleitung D nach dem mit einem oberschlächtigen Wasserrad C gekuppelten und hierdurch als Saugpumpe wirkenden Gasmesser B gesogen und in diesem gemessen. Die Geschwindigkeit des Antriebs ist durch den Zuflußregler E regulierbar. Aus D ist wie bei der ursprünglichen PETTENKOFERschen Anordnung eine der Analyse dienende Nebenleitung abgezweigt, die, durch eine mechanisch angetriebene Hg-Pumpe Q betätigt, einen durch die Hg-Ventile $v_1 v_2$ gesteuerten und durch die an ihrem Ende eingeschaltete Gasuhr b gemessenen Teilstrom der aus dem Tierbehälter kommenden Luft durch die Schwefelsäurevorlagen 1 und 2, eine Befeuchtungsflasche 3 und durch die beiden mit Barytlauge beschickten PETTENKOFER-Röhren 4 und 5 treibt, wodurch wiederum eine exakte Bestimmung des Wasserdampfes und des CO_2-Gehaltes der den Tierbehälter verlassenden Luft ermöglicht wird. Zwecks Sicherung der Analyse (Kontrollbestimmungen) sind von PETTENKOFER und VOIT die beschriebenen Analysenvorrichtungen jeweils paarweise verwendet worden, und zwar je ein Paar für die Analyse der Eintritts- und der Austrittsluft. Die Genauigkeit der Kontrollbestimmungen ging schon in den Arbeiten von PETTENKOFER und VOIT sehr weit; die Abweichung für die CO_2-Bestimmung war $< 1\%$ des Gesamtwertes, eine für die damalige Zeit erstaunliche Leistung, die wesentlich zu der verbreiteten Anwendung dieser Methode beitrug.

Die in den gemessenen Teilströmen der Eingangs- und Ausgangsluft analytisch ermittelten Mengen an CO_2 und H_2O dienten als Grundlagen für die Berechnung der Versuchsergebnisse. Durch Umrechnung der Teilstromwerte ergeben sich zunächst die entsprechenden Beträge für die ventilierte Hauptluftmenge, durch Addition der Teilstrombeträge zu denen des Hauptluftstromes die Gesamtmengen an CO_2 und H_2O für die Eintritts- und Austrittsluft, durch Subtraktion der Eintrittsbeträge von den Austrittsbeträgen schließlich die vom Versuchstier abgegebenen Mengen. Hierzu kommt noch die Differenz des Gehaltes der Kastenluft an CO_2 und H_2O zum Beginn und zum Schluß des Versuches (Endgasbeträge minus Anfangsgasbeträge). Aus den ermittelten CO_2-Mengen wird für die Zwecke der Kohlenstoffbilanz die entsprechende C-Menge stöchiometrisch errechnet:

$$CO_2:C = 44:12 \qquad C = \frac{CO_2 \cdot 12}{44}.$$

Die Methode von PETTENKOFER und VOIT hat schon in den Händen ihrer Schöpfer, weiterhin dann durch die klassischen Arbeiten MAX RUBNERS[96], der sie mit direkten calorimetrischen Untersuchungen erfolgreich verband, und in der Folge durch Ausbildung von mancherlei Modifikationen, so z. B. von SONDÉN und TIGERSTEDT[107], in wertvollen Untersuchungen an Menschen und Hunden die Fundamente der quantitativen Stoffwechselphysiologie und ihrer Beziehungen zum Energieumsatz in bedeutsamster Weise (C-Bilanz, indirekte Calorimetrie) ausbauen helfen.

Sie ist überdies aber insbesondere auch für die experimentelle Begründung der Fütterungslehre, vor allem durch die großzügigen Arbeiten O. KELLNERS[43—47], die in neuester Zeit namentlich durch H. MÖLLGAARD[80, 81] weitergefördert wurden, bahnbrechend geworden.

Die von den beiden letztgenannten Forschern benutzten Einrichtungen und Verfahren verdienen darum in Anbetracht ihrer besonderen Bedeutung für die experimentelle Fütterungslehre an dieser Stelle eine eingehendere Besprechung.

a) Der Respirationsapparat für große Haustiere der Landwirtschaftlichen Versuchsstation zu Möckern

ist im Jahre 1880 von GUSTAV KÜHN[63] nach dem Münchener Original des PETTENKOFERschen Respirationsapparates unter Benutzung der in *Weende-Göttingen* erprobten Modifikationen derselben erbaut und in der Folge wesentlich vervoll-

kommnet worden, so u. a. durch Einfügung einer zuverlässigen Methode zur Methanbestimmung.

Er wurde von GUSTAV KÜHN und später von OSKAR KELLNER in einer großen Zahl vorzüglicher Untersuchungen zur Bestimmung des in den gasförmigen Ausscheidungen enthaltenen Kohlenstoffs und damit, in Verbindung mit quantitativen Stoffwechselversuchen, zur Aufstellung jener exakten C-Bilanzen (neben N-Bilanzen) an Rindern (Ochsen) benutzt, die die wesentliche Grundlage der wissenschaftlichen Fütterungslehre, insbesondere auch der KELLNERschen Stärkewerte (s. Anm.) bilden.

Der Möckernsche Apparat besteht (nach der KELLNERschen Beschreibung) aus vier Teilen, nämlich:

I. *dem Stall- oder Respirationskasten*, der zum Aufenthalt der Tiere während des Versuches bestimmt ist,

II. *einer Vorrichtung (großen Gasuhr) zur Messung der durch den Stallkasten strömenden Luft,*

III. *den Instrumenten, welche zur Bestimmung des Kohlenstoffs in der eintretenden und austretenden Luft dienen,*

IV. *dem Ventilator*, mittels dessen ein konstanter Luftstrom durch den Stallkasten und die große Gasuhr gesaugt wird.

Der Apparat ist in einem besonderen Gebäude, welches auch den Versuchsstall enthielt, in drei nebeneinanderliegenden Zimmern untergebracht. Unmittelbar neben dem Stallraum und mit diesem durch eine Türe verbunden liegt das Zimmer mit dem Stallkasten, daneben das Zimmer mit den Vorrichtungen zur Messung und Untersuchung der den Kasten passierenden Luft, hieran anschließend der Maschinenraum, in welchem der von einer 4 PS-Dampfmaschine angetriebene Ventilator (ein umgekehrtes ROOTsches Gebläse) aufgestellt ist.

Eine Übersicht der Anlage geben die folgenden, der KELLNERschen Originalarbeit entnommenen Skizzen (Abb. 9); von den wichtigeren Einzelheiten seien die folgenden hervorgehoben.

Der *Stallkasten A* ist aus starken Eisenblechplatten gefertigt, welche zusammengenietet, in ihren Fugen luftdicht verkittet und zum Schutz gegen Rost mit Ölfarbe angestrichen sind. Die Innenmaße des Kastens sind 326,4 cm (Länge) × 236,2 cm (Breite) × 236,2 cm (Höhe), woraus sich ein Kubikinhalt des (leeren) Behälters von 18,21 m³ berechnet. An den vier Wänden und der Decke befinden sich luftdicht eingefügte Fenster von verschiedener Größe (s. Abb. 9, *II a* und *b*), hinter denen an verschiedenen Stellen Thermometer zur Beobachtung der Temperatur des Innenraumes angebracht sind. Die hintere (kaudale) Seite des Kastens trägt eine 175 × 107 cm messende Türe, deren übergreifende Ränder mit Kautschukplatten benietet sind; diese läßt sich durch einen Hebelverschluß luftdicht an den ebenfalls mit Kautschukplatten belegten Türrahmen anlegen. Im unteren Teil der Türe befindet sich ein kleines rechteckiges, dicht verschließbares Fenster zwecks gelegentlicher Eingriffe zur quantitativen Kotsammlung.

Beiderseits der Kastentüre hat die Kastenwand zwei rosettenförmige Öffnungen von 22,5 cm³ Durchmesser, durch welche die Versuchsluft in den Kasten eingesogen wird; sie sind in ihrer Weite durch drehbare Schieber verstellbar. Der Tür gegenüber an der Stirnfläche des Kastens trägt derselbe in den vier Ecken je einen Rohransatz von 10 cm lichter Weite; diese vier Rohransätze sind in der aus Abb. 9 *II b* erkennbaren Weise mit dichtsitzenden gußeisernen Rohrstücken armiert, welche schließlich durch das Rohr *B* (Abb. 9, *I*) zur großen Gasuhr und von da zum Ventilator *D* führen.

Anm. Siehe hierzu E. MANGOLD in diesem Bande des Handbuches, S. 438 ff.

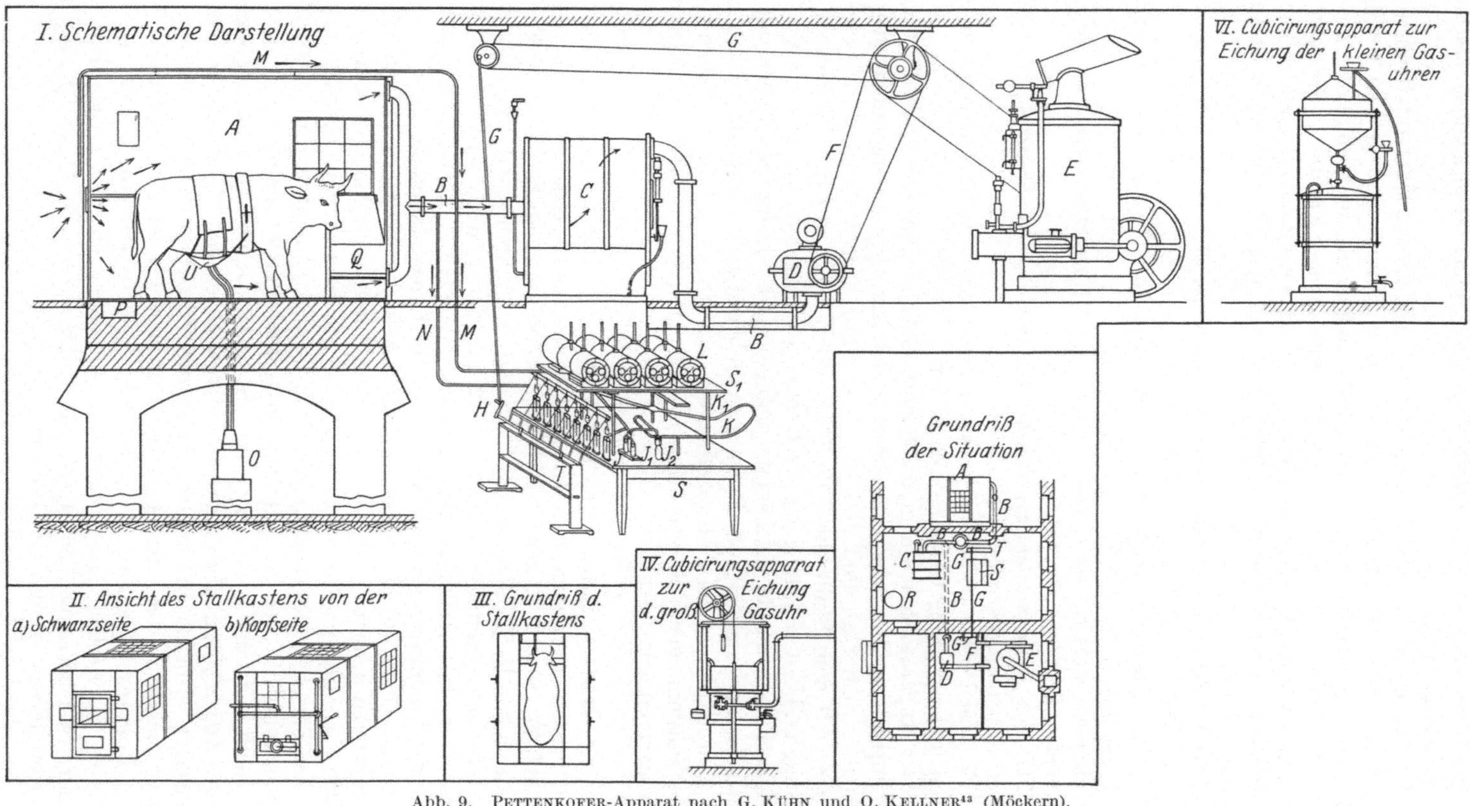

Abb. 9. Pettenkofer-Apparat nach G. Kühn und O. Kellner[43] (Möckern).

In dem Stallkasten befinden sich ferner die *Vorrichtungen zur zweckmäßigen Aufstellung*, zum *Füttern und Tränken* des Tieres sowie zur *quantitativen Sammlung von Harn und Kot*; dieselben sind fast identisch mit den von HENNEBERG[33] in Weende benutzten. Zur Aufnahme des Futters und Tränkwassers dient ein in der Mitte der inneren Stirnfläche des Stallkastens angenieteter eiserner Behälter (Abb. 9, *I Q*) von 120 cm Länge, 57 cm Breite und 63 cm Tiefe, dessen äußere Längswand eine in der Wand des Stallkastens angebrachte Klappe bildet. Dieser Behälter ist mit einem aufklappbaren schweren eisernen Deckel versehen, der gegen die Innenfläche der Stirnwand des Stallkastens aufschlägt und mittels einer an der linken vorderen Außenkante des Stallkastens angebrachten Hebelvorrichtung (Abb. 9, *II b*) geöffnet und geschlossen werden kann. Zur Einbringung von Futter und Tränke in den Behälterraum dienen passend geformte Blechgefäße von bestimmten Abmessungen. Soll das Versuchstier während des Versuches mit Futter und Wasser versorgt werden, so wird zunächst mittels der erwähnten Hebelvorrichtung der Deckel von Q geschlossen, hierauf die Klappe an der Stirnwand des Stallkastens geöffnet und Futter und Wasser in Q eingeführt, alsdann die Klappe wieder geschlossen und der Deckel geöffnet. Hierbei tritt natürlich ein gewisser Verlust an „Versuchsluft" ein, da beim Öffnen der Klappe sich der Luftinhalt von Q mit der äußeren Atmosphäre mischt. Der hierdurch bedingte Fehler wird ausgemerzt, indem für jedes Öffnen des Behälters eine dem Rauminhalt des Behälters (0,4208 m³) entsprechende Korrektur an „Versuchsluft" in Rechnung gestellt wird.

Eine der vorbeschriebenen ähnliche Vorrichtung ist an der Rückseite des Stallkastens zur Aufsammlung des Kotes angebracht. Unmittelbar hinter der Kastenschwelle befindet sich eine 32 cm breite Querrinne (Abb. 9, *I P*), welche durch einen nach oben und rückwärts aufschlagenden schweren eisernen Deckel geschlossen werden kann. In der Rinne ist ein derselben genau eingepaßter Schiebkasten auf Rollen verschieblich; dieser kann durch eine gut abdichtbare Öffnung im Kastensockel herangezogen werden. Während des Versuches wird die Klappe über der Kotrinne offengehalten, damit der Kot in den hierfür bestimmten Kasten fallen kann. Zwecks Entnahme des angesammelten Kotes (in der Regel nach 12 stündiger Versuchsdauer) wird der Deckel der Kotrinne geschlossen, der Schiebekasten nach Öffnung der zugehörigen Klappe herausgezogen und in ein bereitgestelltes Gefäß entleert. Analog wie bei der Einschleusung von Futter und Tränke wird für diesen Eingriff eine Kastenluftkorrektur (von je 0,12 m³) in Ansatz gebracht.

Zur quantitativen *Sammlung des Harns* wird das (männliche) Versuchstier mit einem geräumigen Harntrichter aus vulkanisiertem Kautschuk (Abb. 9, *I U*) ausgerüstet, der, mit einem passenden Geschirr am Tierkörper befestigt, in einen weiten Gummischlauch ausläuft. Dieser passiert durch ein kupfernes Rohr den Stallboden und führt in die Harnflasche (Abb. 9, *I O*), welche im Kellergeschoß aufgestellt und mit dem erwähnten Rohr durch eine Kautschukklappe luftdicht verbunden ist.

Der eigentliche Tierstand in dem Versuchskasten (Abb. 9, *III*) ist seitlich durch zwei der Längswand des Kastens parallele, 125 cm hohe eiserne Barrieren abgegrenzt und auf eine Breite von 118 cm beschränkt. Hierdurch werden überflüssige Bewegungen des Tieres behindert, ohne daß dieses im Niederlegen oder Aufstehen gestört wird. Der Boden des Tierstandes ist mit einer durch Eisenschienen fixierten Linoleumdecke belegt. Das Versuchstier wird an der Futterkrippe so angekettet, daß seine Hinterfüße an den Rand der Kotrinne zu stehen kommen.

Die große Gasuhr (Abb. 9, *I C*) ist ein sorgfältig gebauter und genau geeichter Stationsgasmesser von 137 cm Tiefe und 143 cm Durchmesser, welcher in der Mitte seiner Stirnfläche die Zifferblätter trägt, an denen die Menge der durchgesogenen Luft in Kubikmetern bis auf 3 Dezimalstellen genau abgelesen werden kann. Links von den Zifferblättern befindet sich ein Wasserstandsrohr und eine Wasserabflußvorrichtung mit Wasserverschluß; rechts ein Manometer, um die Stärke des Zuges in der Gasuhr messen zu können. An der Rückwand der Gasuhr ist unten ein 3 cm weites Rohr mit trichterförmiger Öffnung angebracht, durch welches während der Versuche fortwährend Wasser tropfenweise in die Gasuhr eingeleitet wird, zu dem Zweck, einen (in der Tat meist eintretenden) Wasserverlust der Gasuhr an die durchstreichende Luft zu ersetzen. Der geringe Wasserüberschuß, der durch diese Zuleitung in der Gasuhr entsteht, fließt durch die obenerwähnte Vorrichtung automatisch ab. Auf diese Weise ist es G. Kühn gelungen, einen konstanten Wasserstand des Gasmessers zu erreichen, was für die Zuverlässigkeit der Messungen von größter Wichtigkeit ist und vordem nur unvollkommen mit umständlichen Maßnahmen (Anfeuchten des aus dem Stallkasten kommenden Luftstromes) möglich war. An sonstigen Hilfsvorrichtungen trägt die Gasuhr auf ihrem Scheitel ein Thermometer und kurz vor der Einmündung des Luftzuleitungsrohres (Abb. 9, *I B*) an diesem einen Ansatz für eine 5 cm weite Rohrleitung, welche die Verbindung des Gasmessers mit dem Kubizierapparat (Abb. 9, *IV*) ermöglicht und nur bei Eichversuchen (s. diese) geöffnet wird.

Die *Analyse der Versuchsluft* in dem Möckernschen Respirationsapparat erstreckt sich auf eine möglichst exakte Bestimmung *des Kohlenstoffgehaltes der gasförmigen Ausscheidungen* des Versuchstieres, wobei a priori auf die (in Weende versuchte) Bestimmung des Wasserdampfes verzichtet, dagegen als wesentliche und wichtige Neuerung eine quantitative Erfassung des Methans und etwaiger anderer gasförmiger Kohlenwasserstoffe (neben der CO_2) ermöglicht wird. Zu diesem Zweck werden außer den bisher üblichen, der CO_2-Bestimmung dienenden Teilströmen der den Stallkasten passierenden Luft zwei weitere gemessene Teilstrompaare — je eines vom Ein- und Austritt des Stallkastens — abgezweigt und auf ihren CO_2-Gehalt untersucht, nachdem (in später zu beschreibender Weise) die in ihnen enthaltenen Kohlenwasserstoffe durch Glühen über geeigneten Substanzen völlig oxydiert wurden. Es handelt sich also bei dieser Versuchsanstellung, soweit sie das Verhalten des Gaswechsels betrifft, grundsätzlich um vier verschiedene Untersuchungsobjekte, die von den genannten Autoren als „nichtgeglühte" (d. h. nur *ursprüngliche CO_2* enthaltende) und „geglühte" (d. h. ursprüngliche CO_2 + CO_2 aus den oxydierten Kohlenwasserstoffen enthaltende) „äußere bzw. innere Luft" bezeichnet werden. Unter „äußerer" ist hierbei die in den Stallkasten eintretende, unter „innerer" die aus dem Stallkasten austretende resp. Luftprobe verstanden. Die Differenz aus „geglühtem minus nicht geglühtem" CO_2-Gehalt ergab, — wie sich zeigte, mit hoher Genauigkeit — die Menge der vorhandenen Kohlenwasserstoffe (im wesentlichen CH_4); die Differenz aus „innerer minus äußerer Luft" die hieran jeweils vom Versuchstier produzierten Mengen.

Die Entnahme und Verarbeitung der zur Untersuchung dienenden Proben geschieht (mit einigen technischen Verbesserungen des ursprünglichen Pettenkoferschen Verfahrens) in den Hauptzügen folgendermaßen:

a) *Innenluftproben* (s. hierzu Abb. 9, *I*). Die zur Untersuchung dienenden Proben der aus dem Stallkasten *A* strömenden Luft werden in dem Untersuchungsraum dem Hauptrohr *B* entnommen und durch eine Glasröhre *N* zu dem Experimentiertisch *S* in eine an der oberen Tischplatte *S₁* befestigte Glasröhre geleitet, die sich in 4 Röhren teilt, von denen jede mit einem doppelten Quecksilberventil *J₁* und durch dieses mit einer Quecksilberluftpumpe *J* in Verbindung steht. Diese Pumpen dienen dazu, die Luftproben anzusaugen und durch

Untersuchungs- und Meßvorrichtungen zu treiben; sie werden durch die Welle H angetrieben, welche ihrerseits durch die Pleuelstange G von einer an der Decke des Zimmers befindlichen Exzenterscheibe bewegt wird, die durch Riementransmission und Vorgelege mit der Dampfmaschine E und dem Gebläse D gekoppelt ist. Die Übertragung ist so reguliert, daß die Pumpen ca. 7 Hebungen pro Minute machen. — Aus den erwähnten Quecksilberventilen J_1, die gegenüber der ursprünglichen Voitschen Ausführungsform von G. Kühn technisch zu einwandfreier Leistung vervollkommnet wurden, geht nun die Luft der beiden äußeren Leitungen durch je ein Bimssteingefäß J_2, weiter in die Pettenkofer (Baryt)-Röhren K und K_1 und schließlich in die zugehörige *kleine Gasuhr* L (wovon entsprechend der Zahl der Untersuchungssysteme im ganzen 8 Stück vorhanden sind), in welcher das Volumen der untersuchten Probe gemessen wird. Die beschriebenen beiden Analysensysteme dienen der (Doppel)-Bestimmung des ursprünglichen CO_2-Gehaltes der aus dem Stallkasten strömenden Luft, also gemäß der obigen Definition der „ungeglühten Innenluft".

Eine entsprechende Anordnung ist nun für die (Doppel)-Bestimmung des Gesamt-CO_2-Gehaltes dieser Luft nach völliger Oxydation ihrer brennbaren Gasanteile, d. h. also der „geglühten Innenluft" getroffen. Sie unterscheidet sich von der vorbeschriebenen dadurch, daß die in ihr bewegten Luftströme nach ihrem Austritt aus den zugehörigen Quecksilberventilen J, zunächst durch rotglühende, mit Platinkaolin beschickte Verbrennungsröhren geleitet werden, worin die in ihr enthaltenen Kohlenwasserstoffe vollständig oxydieren. Nach dem Austritt aus dem Glühofen nehmen diese Luftproben weiterhin denselben Gang wie er oben beschrieben wurde. In den von ihnen passierten Barytröhren tritt natürlich außer der ursprünglich präformierten auch die aus der Oxydation von Kohlenwasserstoffen entstandenen CO_2 quantitativ in Erscheinung. Dieses Verfahren hat sich nach Ausweis zahlreicher Nachprüfungen seiner Autoren vortrefflich bewährt, insbesondere bei Verwendung des *Platinkaolins*.

b) *Außenluftproben.* In genau derselben Weise, wie dies für die aus dem Stallkasten austretende Luft („Innenluft") beschrieben wurde, erfolgt die Untersuchung der in den Stallkasten eintretenden sog. „Außenluft", von welcher in der Nähe der erwähnten rosettenförmigen Öffnungen an der Rückseite des Stallkastens Proben in eine zweischenklige Glasröhre eingesaugt, durch M zum Experimentiertisch S und den hier angeordneten Analysensystemen — ebenfalls je 2 für die „nichtgeglühten" und „geglühten" Teilströme — geleitet werden.

Die *Ausführung eines Respirationsversuches* nach dem Möckernschen Verfahren geschieht im übrigen in den Hauptzügen folgendermaßen:

Am Vortage des Versuchs werden die Apparate auf dem Experimentiertisch (je 4 Systeme für die „innere" und für die „äußere" Luft) vorgerichtet, insbesondere die zugehörigen Pettenkofer-Röhren mit CO_2-freier Luft gespült und mit genau abgemessenen Mengen (400 resp. 200 cm^3) Barytlauge von bekanntem Titer beschickt und montiert, ferner 2 Paar frischbeschickte Verbrennungsröhren eingelegt und mit den zugehörigen Leitungen luftdicht verbunden, sowie eine gewogene trockene Flasche zur Aufsammlung des Harnes an das aus dem Respirationskasten kommende Sammelrohr angeschlossen.

Am Morgen des eigentlichen Versuchstages erfolgt zunächst frühzeitig eine 2—3 Stunden währende Vorventilation des Stallkastens und sämtlicher Rohrleitungen, um alle Teile mit gleichmäßig zusammengesetzter Außenluft zu füllen; gleichzeitig werden die Flammen der Verbrennungsöfen für die Glühröhren angezündet.

Nach einer kurzen Unterbrechung der Ventilation, während welcher die Analysensysteme angeschlossen, der Verschluß sämtlicher Rohrleitungen mit dem Manometer geprüft, *der Stand der Gasuhren und Thermometer notiert* und der Futter- und Wasserkasten beschickt werden, führt man das Versuchstier über die Waage in den Stallkasten, befestigt es an der Kette und *beginnt in dem zeitlich genau fixierten Augenblick des Eintrittes des Tieres mit dem Absaugen der Luft aus dem Apparat, wobei gleichzeitig auch die Quecksilberpumpen der Analysensysteme in Gang gesetzt werden.*

Während des Versuches wird der Stand der Gasuhren und Thermometer alle 2 Stunden notiert und die Tourenzahl der Dampfmaschine halbstündlich festgestellt; außerdem das Verhalten des Versuchstieres fortlaufend beobachtet, insbesondere die Zeiten des Stehens und Liegens notiert, die Zufuhr von Futter und Tränke besorgt und aufgezeichnet, ebenso die etwaige Überführung verstreuten Kotes in den Kotkasten. Nach 12 stündiger Versuchsdauer wird der Kotkasten in das Kotsammelgefäß entleert.

Nach genau 24 stündiger Dauer wird der Versuch beendet, indem man das Sauggebläse und die Transmission, welche die Quecksilberluftpumpen treibt, ausschaltet, das Versuchstier aus dem Kasten führt und wiegt. Es folgen dann die *Ablesungen der Thermometer und Gasuhren, die Titrationen der Barytröhren und die sonst bei quantitativen Stoffwechselversuchen üblichen Maßnahmen.*

Da am Schluß des Versuches der Stallkasten und die Rohrleitungen mit CO_2-angereicherter Versuchsluft angefüllt sind, so ist dem aus Ventilationsgröße und Analysenbefund ermittelten Versuchsergebnis eine Korrektur („Stallkorrektion") anzufügen, die aus dem Luftraum des Stallkastens samt Rohrleitung bis zur großen Gasuhr (18,05 m³) abzüglich des Tiervolumens (0,92 m³ pro 1000 kg Lebendgewicht) mal dem mittleren Gehalt der abgesaugten Versuchsluft an CO_2 bzw. CH_4 errechnet wird. Ferner werden die durch Futter- und Kotwechsel entzogenen Kastenluftmengen gemäß ihrem Volum und dem mittleren CO_2- bzw. CH_4-Gehalt der Versuchsluft in Ansatz gebracht.

Diese im wesentlichen dem Kellnerschen Original entnommene Darstellung mag, mit Rücksicht auf den hier verfügbaren Raum, für einen Einblick in die grundlegende Apparatur des fütterungstechnischen Respirationsversuches genügen; Einzelheiten technischer Art, wie auch über die zur Sicherstellung der Zuverlässigkeit der Apparatur und Arbeitsweise angewandten Eichverfahren, Kontrollversuche u. dgl. und schließlich über die damit ausgeführten grundlegenden Versuche und deren Berechnung finden sich erschöpfend bei Kellner[43].

Es leuchtet ein, daß die zuverlässige Durchführung eines derartigen Versuches abgesehen von der Person eines genialen Organisators nur mit Hilfe eines mehrköpfigen wohlgeschulten Personals möglich ist.

b) Der Möllgaardsche Respirationsapparat in Kopenhagen.

Eine weiter vervollkommnete Ausbildung hat der Pettenkofersche Respirationsapparat für große Haustiere in dem neuerdings von Möllgaard[80] erbauten und erprobten Respirationsapparat der physiologischen Abteilung der landwirtschaftlichen und tierärztlichen Versuchsstation zu Kopenhagen erfahren.

Der bedeutsamste Fortschritt desselben gegenüber dem Möckernscher Apparat ist der, daß er, neben verschiedenen anderen technischen Verbesserungen, eine zuverlässige *direkte Bestimmung des O_2-Verbrauches* ermöglicht, (wie diese grundsätzlich bereits durch N. Zuntz in der Pettenkofer-Anordnung seines großen Universal-Respirationsapparates angestrebt worden war), ferner, daß er durch eine sinnreiche Ausbildung des Tierbehälters die Ausführung von *Versuchen an Milchkühen* gestattet, die während des Versuches quantitativ gemolken werden können, ohne daß es nötig ist, den Tierbehälter zu betreten. Alles in allem darf dieser Möllgaardsche Respirationsapparat hinsichtlich seiner technischen Anlage wie auch der verhältnismäßigen Einfachheit und erprobten Zuverlässigkeit seines Arbeitens wohl als der z. T. vollkommenste Typus seiner Gattung bezeichnet werden.

Eine erschöpfende Darstellung seiner technischen Einzelheiten ist hier zwar nicht möglich; wir beschränken uns daher auf die Darstellung des Wesentlichen.

Die ganze Anlage besteht aus drei Hauptteilen, bzw. Aggregaten, nämlich: 1. der *Respirationskammer*, 2. dem *Pumpenwerk*, 3. den *Probenahmeapparaten*.

Die *Respirationskammer* (s. Abb. 10, 11 u. 12) besteht aus einer reichlich 13 m³ fassenden *Hauptkammer*, welche der Unterbringung des Versuchstieres dient, und einer kleinen *Vorkammer*, die für die Nachprüfung (Eichung) der Pumpen- und Probenahmevorrichtungen verwendet wird.

Die *Hauptkammer*, deren Längsschnitt aus Abb. 10 hervorgeht, ist aus versteiftem weichem Stahlblech gebaut, 3,3 m lang, 1,94 m breit und 2 m hoch; ihr Rauminhalt beträgt genau 13,130 m³. Sie trägt am Oberteil ihrer Stirnseite als erkerförmigen Anbau die *Vorkammer*, mit der sie im übrigen nicht kommuniziert;

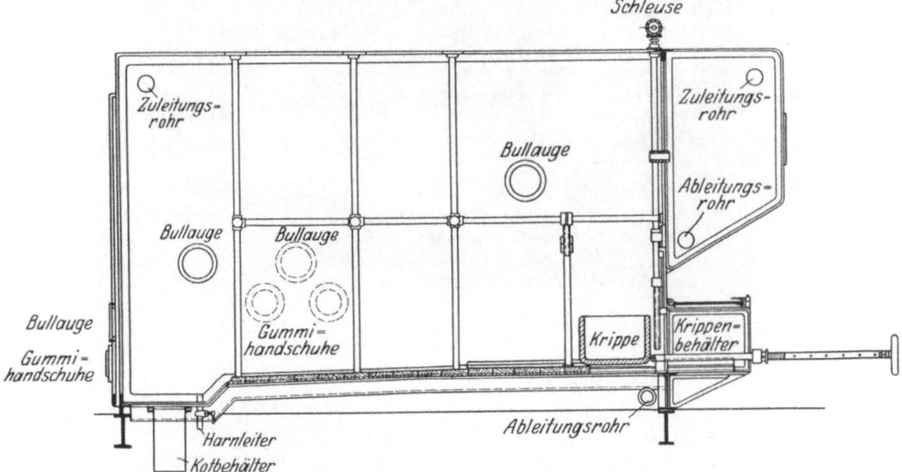

Abb. 10. Respirationsapparat nach H. Möllgaard (Skizze). (Aus Möllgaard[80].)

am Bodenteil der Stirnfläche ist ihr der zum Futterwechsel dienende Krippenbehälter angefügt, gegen den sie durch einen Schleusenschieber abgedichtet werden kann. Ihre Seitenwände sind an verschiedenen Stellen mit runden Fenstern (Bullaugen) versehen, ferner beiderseits mit Öffnungen zum Ansatz der Luftzuleitung (hinten oben) und Luftableitung (vorn unten). Die Rückwand bildet eine geräumige, durch Gummiarmierung abdichtbare Türe, die etwa in ihrer Mitte ebenfalls ein Bullauge und beiderseits unter demselben zwei kreisrunde Öffnungen trägt, welche mit langen, bis auf den Boden der Kammer reichenden Stulpenhandschuhen aus kräftigem Gummi armiert sind. Die rechte Längswand der Hauptkammer ist in der aus den Abb. 10, 11a, 12 näher erkennbaren Weise mit einer ins Innere der Kammer ragenden Nische („Melkkammer") versehen, deren Stirnteil ein Fenster (Bullauge) und zwei gummihandschuhbewehrte Öffnungen trägt, ganz ähnlich den oben bei der Türe beschriebenen. Der Boden der Respirationskammer ist mit einer nach hinten leicht geneigten dicken Holzplatte ausgelegt, an deren Vorderteil die auf Eisenschienen gegen den Krippenbehälter bewegliche Krippe steht; das Hinterende des Bodens fällt, wie Abb. 10 zeigt, in eine die ganze Breite der Kammer einnehmende, rückwärts unmittelbar an die Türschwelle begrenzende Rinne, den Kotgraben, ab. In der Mitte des Kotgrabens befindet sich eine große, mit eisernem Deckel abdichtbare Öffnung, die in einen darunter angebrachten eisgekühlten Kotbehälter führt; in der rechten Vorderecke des Kotgrabens ist ein dessen Bodenwand durchsetzendes Harnableitungsrohr angebracht. Der während des Versuches anfallende Kot wird mittels der obenerwähnten Gummihandschuhe fortlaufend in das Kotsammelgefäß übergeführt, ohne daß hierzu ein Betreten der Respirationskammer nötig wird; der Harn fließt aus dem

a

b

Abb. 11. Respirationsapparat nach H. Möllgaard. a) Außenansicht. b) Pumpenwerk.

Harntrichter durch das erwähnte Rohr in einen unter der Kammer stehenden Behälter. Ein ähnliches Rohr durchläuft die Bodenwand der Kammer und deren Holzbelag etwa im Schnittpunkt von deren Mittellinie mit der Mittellinie der Stirnwand der obenerwähnten Melkkammer. Es dient zur Sammlung der während des Versuches gemolkenen Milch.

Der Stand des Versuchstieres in der Respirationskammer ist durch Stahlrohrbarrieren abgegrenzt, wie aus Abb. 12 näher ersichtlich, und am Boden mit einer Kokosmatte ausgelegt; er ist so geräumig, daß das Tier bequem aufstehen und sich niederlegen kann.

An sonstigen wichtigen Einrichtungen ist die Anlage von Radiatoren (Kühlröhren) an beiden Längswänden und eines Flügelventilators an der Decke der Kammer hervorzuheben, die ebenfalls in Abb. 12 gut erkennbar sind.

Die Ventilation der Kammer erfolgt von hinten oben nach vorn unten; für eine tunlichst gleichmäßige Durchmischung der Kastenluft sorgt der erwähnte Flügelventilator.

Abb. 12. Respirationsapparat nach H. Möllgaard. Innenansicht.

Das *Pumpenwerk* (Abb. 11a) besteht im wesentlichen aus zwei Teilen (Aggregaten): einer großen doppelten *Quecksilberglockenpumpe* von ca. 40 Liter Hubraum pro Glocke für die Ventilation des Respirationskastens und einem Aggregat von vier kleineren Pumpen für die Entnahme der Luftproben. Zwei dieser Probenahmepumpen gehen mit den Glocken der großen Pumpe synchron; jede derselben entnimmt durch jeden Pumpenschlag $^1/_{60}$ des von jener aus der Kammer gesogenen Luftvolumens als Probe; eine dritte nimmt Proben der in die Kammer einströmenden Luft, die vierte wird in Reserve gehalten und kann wahlweise in die Aus- oder Eintrittsleitung der Kammer eingeschaltet werden.

Von jeder dieser Probenahmepumpen aus passiert die durch sie bewegte Kammerluft („Innenluft“) zunächst ein Spirometer, um die stoßweise Strömung in eine gleichmäßige zu verwandeln; weiterhin erfolgt dann eine Teilung des Probeluftstromes in zwei gemessene Teilströme, deren einer $^{59}/_{60}$, der andere $^{1}/_{60}$ des Gesamtvolums der Ursprungsprobe (Probe I. Ordnung) aufnimmt. Ersterer geht durch eine Gasuhr, deren Umdrehungen elektromagnetisch registriert werden, weiter durch eisgekühlte Behälter (wo ein Teil seines Wasserdampfes kondensiert wird) in zwei Ketten von Absorptionsapparaten (Chlorcalciumturm—KOH-Flasche—Natronkalkröhre—Chlorcalciumflasche); letzterer passiert gleichfalls eine Gasuhr und wird von hier aus automatisch (durch eine mit der Gasuhrachse gekoppelte Ansaugvorrichtung) in einen mit Quecksilber beschickten Rezipienten überführt.

Von der in die Respirationskammer einströmenden Luft wird mittels einer durch eine Pendeluhr gleichmäßig betätigten Ansaugvorrichtung eine kontinuierliche Analysenprobe in einem großen Quecksilberrecipienten gesammelt. Die Ausführung des Versuchs erfolgt im übrigen grundsätzlich wie beim Kellnerschen Verfahren.

Die *Berechnung des* Möllgaard*schen Respirationsversuchs erstreckt sich neben der Feststellung der gasförmigen C-Ausscheidung (CO_2, CH_4) auch auf die direkte Bestimmung des O_2-Verbrauches*; sie stützt sich

a) *auf eine genaue Bestimmung der CO_2- bzw. CH_4-Ausscheidung und des O_2-Verbrauches in der Ventilationsluft*, d. h. der während des Versuchs durch den Tierbehälter gesogenen Luftmenge, wobei neben der analytischen Zusammensetzung der in den Respirationskasten eintretenden und aus ihm austretenden Luft („äußere Luft“ bzw. „innere Luft“ im Sinne Kellners) und dem direkt gemessenen Volumen der letzteren auch das Volum der eintretenden Luft gesondert in Rechnung gestellt wird. Seine Bestimmung erfolgt — de facto in etwas umständlicher Weise — nach dem bei der Berechnung des Zuntz-Geppert-Versuches üblichen und kürzlich von W. Klein und M. Steuber S. 475[52] modifizierten Prinzip aus $v_0 \cdot \dfrac{N_2'}{N_2}$, worin v_0 das Volumen der Kastenaustrittsluft („inneren Luft“), N_2' deren prozentischen Stickstoffgehalt und N_2 den Stickstoffgehalt der Kasteneintrittsluft („äußeren Luft“) bedeutet;

b) *auf den Gehalt der Kammerluft an Atemgasen zu Beginn und Schluß des Versuchs*, bestimmt aus dem Gasraum der Kammer und der Zusammensetzung der Kammerluft und

c) *Korrekturen für die Veränderungen, welche die Zusammensetzung der Kammerluft durch das Einschleusen von Futter usw. erleidet.*

Die für diese Berechnungen erforderlichen Luftanalysen, d. h. die Bestimmung des Prozentgehaltes der Luftproben an CO_2, O_2, CH_4 (und N_2) erfolgen *für die CO_2 der die Kammer durchströmenden Luft (Ventilationsluft) gewichtsanalytisch und gasanalytisch, für die CO_2 der Kammerluft und die übrigen analysierten Bestandteile der Ventilations- und Kammerluft gasanalytisch.* Für die gewichtsanalytische Bestimmung der CO_2 im Ventilationsstrom dienen die obenerwähnten Absorptionsbatterien, deren KOH- und Natronkalkvorlagen zu Beginn und Schluß des Versuches gewogen werden; die gasvolumetrische Parallelbestimmung erfolgt an Teilproben der in den Quecksilberrezipienten aufgesammelten Sammelproben II. Ordnung nach Petterson.

Der *O_2-Gehalt* wird ebenfalls mit einem Petterson-*Apparat* (modifiziert nach Bohr) bestimmt; ebenso erfolgt *die CH_4-Bestimmung gasanalytisch* nach Verbrennung des CH_4 mittels glühenden Platindrahtes und Absorption der hieraus gebildeten CO_2. Die an sich mögliche Gegenwart höherer gasförmiger Kohlenwasserstoffe (z. B. C_2H_2) wird dabei vernachlässigt, da sie verschwindend geringe Fehler bedingt.

Den Gang der Berechnung seiner Respirationsversuche hat Möllgaard[7, 80] mathematisch formuliert; die Formeln nebst einem zugehörigen Versuchsbeispiel sollen bei der hohen Bedeutung dieser Methode hier ausführlich wiedergegeben werden. Zunächst die in den Formeln verwendeten Zeichen; sie lauten:

L_u = die Menge der ausgepumpten Luft (red. Volum der „Innenluft"),

O_u = O_2-Prozente in der ausgepumpten Luft,

O_i = O_2-Prozente in der eingepumpten Luft,

C_u = CO_2-Prozente in der ausgepumpten Luft,

C_i = CO_2-Prozente in der eingepumpten Luft,

M_u = Methanprozente in der ausgepumpten Luft,

K = Rauminhalt (Gasraum) der Kammer,

R = Rauminhalt (Gasraum) des Krippenbehälters,

C_s = CO_2-Prozente der Kammerluft am Schluß des Versuches,

O_s = O_2-Prozente der Kammerluft am Schluß des Versuches,

C_b = CO_2-Prozente der Kammerluft bei Beginn des Versuches,

O_b = O_2-Prozente der Kammerluft bei Beginn des Versuches.

Die Formeln selbst lauten:

I. für die Berechnung der CO_2-Produktion (CO_{2p}) (s. Anm. 1):

$$CO_{2p} = \frac{L_u \cdot C_u}{100} - \frac{\left(L_u - \dfrac{L_u \cdot O_u}{100} - \dfrac{L_u \cdot C_u}{100} - \dfrac{L_u \cdot M_u}{100}\right) \cdot C_i}{100 - O_i - C_i} + \left(\frac{K \cdot C_s}{100} - \frac{K \cdot C_b}{100} + \frac{R \cdot C_u - R \cdot C_i}{100}\right)$$

II. für die Berechnung des O_2-Verbrauches (O_v):

$$O_v = \frac{\left(L_u - \dfrac{L_u \cdot O_u}{100} - \dfrac{L_u \cdot C_u}{100} - \dfrac{L_u \cdot M_u}{100}\right) \cdot O_i}{100 - O_i - C_i} - \frac{L_u \cdot O_u}{100} + \left(\frac{K \cdot O_b}{100} - \frac{K \cdot O_s}{100} + \frac{R \cdot O_i - R \cdot O_u}{100}\right)$$

III. für die Berechnung der Methanbildung (CH_{4p}):

$$CH_{4p} = \frac{L_u \cdot M_u}{100} + \frac{1}{10} \cdot \left(\frac{K \cdot C_s}{100} - \frac{K \cdot C_b}{100} + \frac{R \cdot C_u - R \cdot C_i}{100}\right) \quad \text{s. Anm. 2.}$$

Anm. 1. In den Formeln I. und II. kann das etwas umständliche Glied

$$\frac{\left(L_u - \dfrac{L_u \cdot O_u}{100} - \dfrac{L_u \cdot C_u}{100} - \dfrac{L_u \cdot M_u}{100}\right)}{100 - O_i - C_i},$$

welches der Berechnung des in die Kammer eingepumpten Luftvolumens dient, wie schon erwähnt zweckmäßig durch den Ansatz $L_u \cdot \dfrac{N_u}{N_i}$ ersetzt werden, worin N_u den prozentigen N_2-Gehalt der Kammeraustrittsluft, d. i. $100 - (C_u + O_u + M_u)$ und N_i denjenigen der Kammereintrittsluft, d. i. $100 - (C_i + O_i)$ bedeuten würden. Alsdann würden diese beiden Formeln lauten:

$$\text{I., } CO_{2p} = \frac{L_u \cdot C_u}{100} - L_u \cdot \frac{N_u}{N_i} \cdot \frac{C_i}{100} + \left(\frac{K \cdot (C_s - C_b)}{100} + \frac{R \cdot (C_u - C_i)}{100}\right),$$

$$\text{II., } O_{2v} = L_u \cdot \frac{N_u}{N_i} \cdot \frac{O_i}{100} - \frac{L_u \cdot O_u}{100} + \left(\frac{K \cdot (O_b - O_s)}{100} + \frac{R \cdot (O_i - O_u)}{100}\right).$$

Anm. 2. Der Methangehalt für die Kammereintrittsluft ist, weil nach Möllgaards Erfahrungen belanglos, vernachlässigt; die Kammer- bzw. Fütterungskorrektur auf $^1/_{10}$ der entsprechenden CO_2-Korrektur festgesetzt, da der Methangehalt von L_u immer sehr annähernd diesem Wert entspricht. — Bei beträchtlicheren Abweichungen von dieser Norm würde die Formel für CH_{4p} entsprechend der für CO_{2p} lauten und durch Methanbestimmungen in der Kammereintrittsluft und der Kammerluft zu belegen sein.

Zur näheren Erläuterung möge schließlich noch ein konkretes Versuchsbeispiel (nach Möllgaard[80] (S. 71) dienen:

Respirationsversuch Nr. 260. I. 15. 9.—16. 9. 1926.

Ausgepumpte Luftmenge (L_u) (s. Anm.):

Glockenpumpen	289 082 Liter
Gasuhr I	5 100 „
Gasuhr II	5 011 „
Gasuhren III und IV	211 „
Zusammen	299 404 Liter

In der ausgepumpten Luft (L_u) befinden sich:

	%	Liter
CO_2	1,051	3 147
O_2	19,957	59 752
CH_4	0,1119	335
Zusammen	(21,1199)	63 234

Hieraus ergibt sich das N_2-Volumen der ausgepumpten Luft (N) zu 299 404 — 63 170 = 236 170 Litern; dieses wird dem der eingepumpten Luft gleichgesetzt. (Der prozentige N_2-Gehalt der ausgepumpten Luft würde sich aus 100 — 21,1199 = 78,8801 % berechnen.)
In der eingepumpten Luft finden sich:

	%	Liter
CO_2	0,034	102
O_2	20,914	62 481
N_2	79,052	(236 170)

In der Respirationskammer (Gasraum $= K = 12 630$ Liter) finden sich:

	zu Beginn		zum Schluß	
	%	Liter	%	Liter
CO_2	0,563	71	0,834	105
O_2	20,373	2573	20,081	2536

Die Korrektur für Futtereinschleusung berechnet sich, bei einem Volum des Krippenbehälters von $R = 350$ Litern, für

$$CO_2 \text{ zu } 350 \cdot \frac{1,051 - 0,034}{100} = 4 \text{ Liter}$$

$$O_2 \text{ zu } 350 \cdot \frac{20,914 - 19,957}{100} = 3 \text{ Liter}$$

Aus obigen Daten ergibt sich nach dem Möllgaardschen Ansatz (S. 385 I.—III):

I. Für die CO_2-*Produktion:*

$$CO_{2\,p} = 3146,9 - 101,6 + 105,1 - 71,1 + 3,7 - 0,1 = 3082,9 \text{ Liter}$$

oder in ganzen Zahlen:

$$CO_{2p} = 3147 - 102 + 105 - 71 + 4 \qquad = 3083 \quad \text{Liter}$$

II. Für den O_2-*Verbrauch* (in ganzen Zahlen):

$$O_{2v} = 62 481 - 59 752 + 2573 - 2536 + 3 \qquad = 2769 \quad \text{Liter}$$

$$\left(RQ = \frac{3083}{2769} = 1,134 \right)$$

III. Für die *Methanbildung* (in ganzen Zahlen):

$$CH_{4p} = 335 + \frac{105 - 71 + 4}{10} = 335 + \frac{38}{10} \qquad = 339 \quad \text{Liter.}$$

Die Genauigkeit der in Rede stehenden Methode des Respirationsversuchs ist von Möllgaard mit allen verfügbaren experimentellen und rechnerischen Mitteln eingehend nachgeprüft worden; so durch zahlreiche Kalibrierungen der

Anm. Die Volumina sind auf Normalbedingungen reduziert.

Glockenpumpen und Gasuhren, durch Eichversuche für die gesamte CO_2-Bestimmung und den O_2-Verbrauch sowie durch Berechnung des mittleren Fehlerbereiches der aufgestellten Gleichungen aus den Differentialquotienten. Diese ergab für die Bestimmung der CO_2-Produktion (CO_{2p}) einen wahrscheinlichen mittleren Fehler von $\pm$ 0,4% des im Versuch gefundenen Wertes, für die Bestimmung des O_2-Verbrauches (Or) einen solchen von 0,5%, für die Methanproduktion einen solchen von $\pm$ 1,5%. Die hierzu ausgeführten Eichversuche für Bestimmung der CO_2-Produktion (mittels Einleitung reiner CO_2 in die Vorkammer) und O_2-Verbrauch (mittels Verbrennung einer genau gemessenen Menge rein elektrolytisch entwickelten Wasserstoffs) haben eine hiermit völlig zufriedenstellende Übereinstimmung ergeben, wie die folgenden Übersichten zeigen.

Eichversuche am Möllgaardschen Respirationsapparat zur Prüfung der Zuverlässigkeit der CO_2-Bestimmung.

Es wurde eine bekannte Menge reiner CO_2 in die Eichkammer (Vorkammer) des Respirationsapparates eingeleitet und nach der beim Tierversuch üblichen Arbeitsweise bestimmt; dabei ergaben sich folgende prozentuale Abweichungen:

Ältere Versuche (1916—1917):

Versuch Nr.	Abweichung in % der eingeleiteten CO_2
A	+ 0,6
B	− 0,8
C	− 1,1
D	− 0,6
E	− 0,5
i. M.:	− 0,5 %

Neuere Versuche (1925—1927):

Versuch Nr.	Abweichung in % der eingeleiteten CO_2
4	+ 0,3
10	+ 0,9
11	+ 0,9
14	− 0,7
15	− 0,9
16	− 0,4
i. M.:	$\pm$ 0,0 %

Die Ergebnisse der älteren Versuchsreihe zeigen eine mäßige einseitige Verschiebung mit der Tendenz zu Minusabweichungen; die neuen Versuche jedoch eine durchaus befriedigende Verteilung von $+$- und —-Abweichungen, die sich im einzelnen in engen Grenzen halten und im Durchschnitt kompensieren.

Eichversuche am Möllgaardschen Respirationsapparat zur Prüfung der Zuverlässigkeit der O_2-Bestimmung.

Es wurde eine genau gemessene Menge reinen, elektrolytisch entwickelten Wasserstoffs in der Eichkammer des Respirationsapparates verbrannt und nach der beim Tierversuch üblichen Arbeitsweise die hierdurch verbrauchte O_2-Menge bestimmt. Dieselbe ergab folgende prozentuale Abweichungen von den berechneten Werten:

Versuch Nr.	Abweichung in % des berechneten O_2-Verbrauches
1	− 0,6
2	+ 0,3
3	+ 0,4
5	− 0,8
6	+ 0,2
7	− 0,6
8	+ 0,2
9	+ 0,7
12	+ 0,2
13	− 0,3
i. M.:	$\pm$ 0,0 %

Auch diese Versuche geben demnach eine völlig befriedigende Übereinstimmung des gefundenen O_2-Verbrauches mit den berechneten Werten.

Für die Methanbestimmung sind Eichversuche bisher nicht ausgeführt worden, da anzunehmen ist, daß deren Abweichungen in derselben Fehlergrenze liegen wie die für CO_2. Näheres hierüber wie über sonstige Einzelheiten der Fehlerberechnung usw. s. Möllgaard[80] (S. 73ff.); über die Auswertung des Möllgaard-Versuchs für Stoffwechselbilanzen s. a. S. 77[80].

c) Andere Ausführungsformen des Pettenkofer-Voitschen Prinzips.

Wie schon erwähnt, ist im Laufe der Zeit eine ganze Reihe von Modifikationen der Pettenkofer-Voitschen Methode des Gaswechselversuchs ausgebildet worden, und zwar hauptsächlich solche für Versuche an Menschen und für solche an kleineren und kleinsten Tieren. Sie liegen dem Zweck dieser Abhandlung ferner und sollen darum hier nur kursorisch Erwähnung finden; Interessenten

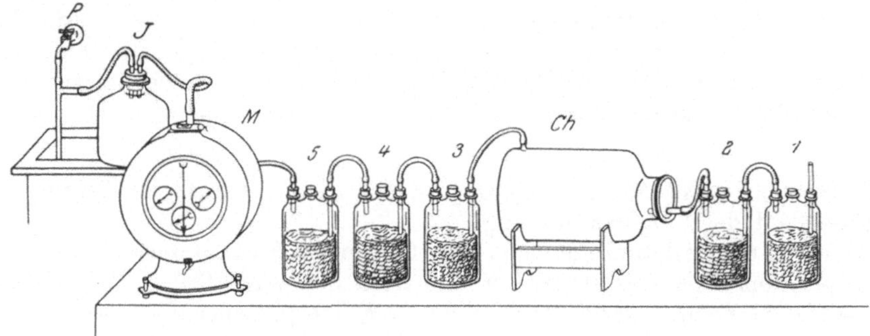

Abb. 13. Respirationsapparat von Haldane. (Nach Tigerstedt: Handb. physiol. Meth. 1, 3, 99.)

seien auf die einschlägigen Quellen, u. a. auf R. Tigerstedts Handbuch der physiologischen Methodik verwiesen.

In Betracht kommen von *Apparaten größeren Stils* (vornehmlich für Versuche an Menschen bestimmt) u. a. die Apparate von Sondén und Tigerstedt[107], von Atwater, Rosa und Benedict[4], Jacquet[42] und von Grafe[26]; von solchen kleineren Stils (für kleine Hunde, Kaninchen, Meerschweinchen, Hamster, Ratten,

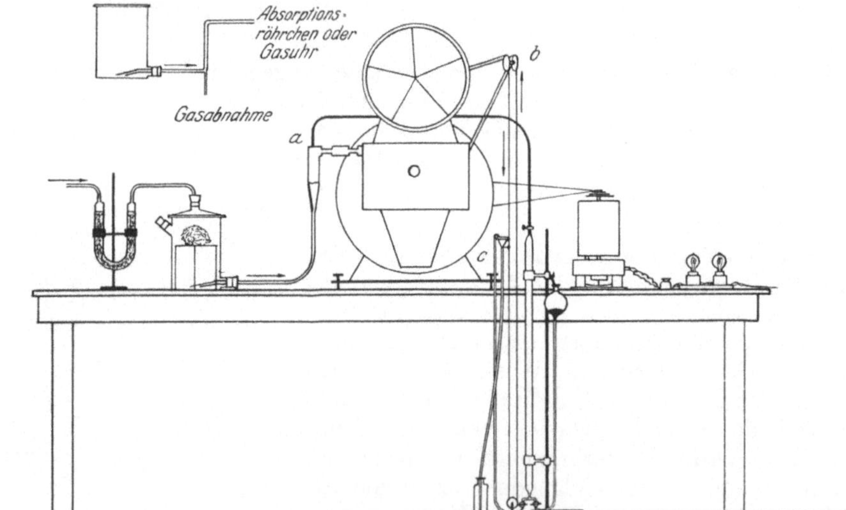

Abb. 14. Respirationsapparat nach Krzywanek[104].

Mäuse usw.) neben der bereits besprochenen Modifikation des ursprünglichen Pettenkofer-Apparates von C. Voit[124] und manchen anderen, vor allem die (in ähnlicher Anordnung schon von Pott[91] angewandte) Ausführungsform von Haldane[31], deren Hauptzüge aus der obigen Skizze (Abb. 13) erhellen.

Der Apparat besteht demnach im wesentlichen aus einer mittels Wasserstrahlpumpe ventilierbaren Atemkammer (*Ch*) zur Aufnahme des Versuchstieres, der nach Passage der vorgeschalteten Absorptionsgefäße *1*, *2* trockene CO_2-freie Luft zugeführt wird. Die in der austretenden Luft enthaltenen Mengen an H_2O und CO_2 stammen daher ausschließlich von dem Versuchsindividuum; sie werden in den Absorptionsgefäßen *3* bzw. *4* u. *5* gebunden und durch Wägung bestimmt. Der Messung der Austrittsluft dient der Gasmesser *M*; zur Abdämpfung jäher Druckschwankungen in der Ventilationsleitung dient die Glasglocke *J*. Die HALDANEsche Methode hat im Lauf der Zeit vielfältige Anwendung und Modifikationen erfahren, s. z. B. LOENING, ferner auch ASHER[3] und seine Mitarbeiter, besonders auch für Präzisionsversuche an kleinsten Tieren (Meerschweinchen, Ratten, Mäusen); s. hierzu DANOFF[17], ABELIN[1].

Eine vortreffliche Ausbildung hat in neuerer Zeit der „Klein-PETTENKOFER-Versuch" durch KRZYWANEK[62] erfahren, der das in einem geeigneten Versuchsbehälter befindliche Versuchstier an einen nach dem Prinzip des später zu beschreibenden ZUNTZ-GEPPERT-Verfahrens betriebenen Präzisionsgasmesser anschließt, der zugleich als Ventilator, Meß- und Probenahmevorrichtung für die von jenem geatmete Luft dient und, wie sich gezeigt hat, eine sehr zuverlässige gasanalytische Bestimmung der CO_2-Ausscheidung und des O_2-Verbrauches, auch bei ganz kleinen Versuchstieren, ermöglicht. Die Anordnung des Apparates geht aus Abb. 14 hervor; bezüglich der Einzelheiten, des Betriebes und der damit gewonnenen Ergebnisse sei auf das zitierte Original verwiesen.

3. Die pneumatische Kammer.

a) Mit gleichbleibendem Kammerraum.

Unter den Einschlußverfahren des Respirationsversuches verdient schließlich noch die Anwendung der pneumatischen Kammer Beachtung, die, im Prinzip schon von VAN HELMONT[32], JOHN MAYOW[78], PRIESTLEY[92] als Vorläufern der modernen Atmungsforschung, ferner auch von deren Begründer LAVOISIER[66, 67] u. a. (wie LASSAIGNE, KAUFMANN, WEISS) angewandt, neuerdings insbesondere von F. G. BENEDICT und in Untersuchungen des Berliner Tierphysiologischen Instituts (G. BAUMGARDT und M. STEUBER[8], W. KLEIN[49, 54, 102]) zu Versuchen an Menschen und Haustieren mittlerer Größe verwendet worden ist und als eine für derlei Zwecke durchaus genügende Vorrichtung von denkbarster Einfachheit der Konstruktion und Handhabung bezeichnet werden kann — vorausgesetzt, daß man über eine hochexakte gasanalytische Apparatur und Technik verfügt.

Die pneumatische Kammer besteht im Prinzip aus einem wohlverschließbaren Versuchsbehälter von bekanntem Volumen, dessen Luftinhalt mit einer geeigneten Vorrichtung (Flügelventilator) gut durchmischt werden kann und der im übrigen mit Vorrichtungen zur Entnahme von Proben seines Gasinhaltes, sowie zur Bestimmung von dessen Druck (Manometer), Temperatur (Thermometer) und Wasserdampfsättigung (Psychrometer) sowie zur zweckdienlichen Unterbringung und Beobachtung des Versuchsindividuums versehen ist. Sie kann je nach dem Anwendungszweck, insbesondere der Größe des Versuchsobjektes und der beabsichtigten Dauer des Einzelversuchs in Größe und Ausführungsform sehr verschieden beschaffen sein. Für Versuche an Menschen (Kindern) und kleineren Haustieren (Schaf, Ziege, Schwein) wird z. B. im Tierphysiologischen Institut zu Berlin eine zylindrische Kammer benutzt, die an einer Stirnseite mit einer völlig dicht verschließbaren Türe, außerdem natürlich mit den obenerwähnten Einrichtungen versehen ist.

Bei kleineren Kammern kann zwecks Ersparnis der Türe ein glockenförmiger Behälter mit Bodenplatte verwendet werden, der mit seinem freien Rand in eine in der Bodenplatte angebrachte, wenige Zentimeter tiefe und breite, mit einer

geeigneten Sperrflüssigkeit (Wasser, Salzlösung, Öl, Quecksilber) beschickte
Rinne paßt und evtl. mit Hilfe eines Flaschenzuges hantiert wird. In vielen
Fällen, so bei Versuchen an kleinen Säugern oder Vögeln, besonders aber auch an
Kaltblütern kann man sich mit einem entsprechend ausgerüsteten Exsiccator
oder Konservenglas behelfen.

Die *Ausführung* eines derartigen Versuches ist denkbar einfach. Das Versuchsobjekt wird luftdicht in die Kammer eingeschlossen und zunächst, während
der in der Kammer befindliche Ventilator läuft, ca. 10—15 Minuten darin belassen, bis ein gewisses Gleichgewicht der Temperatur und Wasserdampfspannung
im Innern der Kammer und eine gleichmäßige Durchmischung des Gasinhaltes
der Kammer erreicht ist. Dann wird durch Öffnen des Probenahmestutzens der
Innendruck (Überdruck) der Kammer gegen den äußeren Luftdruck ausgeglichen,
die Anfangsgasprobe entnommen, der Probenahmestutzen geschlossen und der
Ventilator abgestellt, Manometer, Thermometer (evtl. Thermobarometer) und
Psychrometer, sowie der Barometerstand abgelesen und notiert. Im Verlauf des
Versuches ist (außer der Beobachtung des Versuchsobjektes) im wesentlichen
nur für eine möglichste Konstanz des Druckes in der Kammer zu sorgen,
was je nach den Umständen am einfachsten durch eine Kaltwasserberieselung
der äußeren Kammerwand (bei Druckanstieg in der Kammer) oder durch
Erwärmung des Versuchsraumes (Gasofen) (bei Druckabfall in der Kammer)
erreicht wird.

Zum Schluß des Versuches erfolgt wiederum eine Probenahme der gut
durchmischten Kammerluft (nach ca. halbstündigem Gang des Kammerventilators), nebst den Ablesungen der für die Reduktion der Kammerluft
auf Normalbedingungen erforderlichen Druck-, Temperatur- und Wasserdampfwerte. Alsdann kann die Kammer geöffnet und das Versuchsobjekt
entlassen werden.

Die *Berechnung des Versuches* beruht auf der Feststellung des auf Normalbedingungen reduzierten Gasinhaltes der Kammer und dessen prozentualer Zusammensetzung unter besonderer Berücksichtigung der Stickstoffwerte zu Beginn und Schluß des Versuches, woraus sich die absoluten Mengen der Atemgase
und aus diesen der Gasumsatz ergeben.

Als Beispiel der Versuchsberechnung sei, nach W. Klein und M. Steuber[55],
ein Versuch an einem 13jährigen Knaben angeführt.

Versuchsdauer: 10 Stunden (9 Uhr abends bis 7 Uhr morgens).
Gasraum der Kammer: 7893,0 l.

Reduktionsdaten hierfür:

| | $t\,^\circ C$ | | Barometerstand | Manometerstand |
	trocken	feucht	mm H_g	mm H_2O
zu Beginn	17,8	11,8	756,6	± 0,0
zum Schluß	17,2	14,9	756,6	— 14,0

Aus obigen Daten ergibt sich das auf Normalbedingungen reduzierte Gasvolum der
Kammer:

zum Beginn (Anfangsvolum) . . . . . . 7312,0 l
zum Schluß (Schlußvolum) . . . . . . 7291,2 l

Die Analyse der Kammerluft ergab:

	CO_2	O_2	N_2
zu Beginn (Anfangsgas) .	0,107	20,766	79,127
zum Schluß (Endgas) . .	1,280	19,289	79,431

Aus dem Gasvolum der Kammer und dessen prozentischer Zusammensetzung berechnet sich der absolute Gehalt der Kammer an Atemgasen in Litern:

	CO_2 l	O_2 l	N_2 l
zu Beginn (Anfangsgas) .	7,8	1518,4	5785,9
zum Schluß (Endgas) . .	93,3	1406,4	5791,4
und hieraus:	$+ 85,5$	$- 112,0$	$+ 5,5$

am Schluß des Versuches.

Demnach würde sich ohne Berücksichtigung der N_2-Werte also eine CO_2-Produktion von 85,5 Litern und ein O_2-Verbrauch von 112,0 Litern, entsprechend einem RQ von 0,7635 ergeben.

Tatsächlich aber ist der N_2-Inhalt der Kammer am Schluß des Versuches um 5,5 Liter erhöht, was ein (bei dem herrschenden Unterdruck im Kammerinnern begreifliches) Eindringen von Außenluft in die Kammer bedeutet.

Hieran sind natürlich neben dem N_2 auch entsprechende Mengen von O_2 und CO_2 beteiligt, die sich aus dem Betrag des eingedrungenen N_2 und der prozentualen Zusammensetzung der fraglichen Luft bestimmen und auf das Versuchsergebnis anrechnen lassen.

Beispiel: Es sei atm. Luft von normaler Zusammensetzung (0,03 % CO_2, 20,93 % O_2 und 79,04 % N_2) eingedrungen. Dann entsprechen 5,5 l N_2 einem Volumen von $\dfrac{5,5 \cdot 100}{79,04} = 6,96$ l Luft mit $\dfrac{6,96 \cdot 20,93}{100} = 1,456$ l O_2 und $\dfrac{6,96 \cdot 0,03}{100} = 0,002$ l CO_2.

Der Betrag von 1,4 l O_2 ist dem O_2-Verbrauch der Versuchsperson zuzuzählen; dieser beträgt also dann $112,0 + 1,4$ l $= 113,4$ l; die CO_2-Korrektur kann vernachlässigt werden. Der korrigierte RQ ergibt sich demnach aus $\dfrac{85,5}{113,4} = 0,7540$.

Das vorbeschriebene Verfahren ist für viele Zwecke der Gaswechselbestimmung vorteilhaft; es ist dabei allerdings darauf zu achten, daß der CO_2- und O_2-Gehalt der Kammerluft während des Versuches in zuträglichen Grenzen bleibt; ersterer soll nicht über 2—3 % ansteigen, letztere nicht unter 16—15 % absinken. Dies ist durch Wahl eines richtigen Verhältnisses zwischen Rauminhalt der Kammer, Dauer des Versuches und voraussichtlicher CO_2-Produktion (O_2-Konsumption) des Versuchsobjektes unschwer zu erreichen. Da bei dieser Versuchsanordnung praktisch nur Versuche an ruhenden Individuen in Betracht kommen, ist die Größe des Gaswechsels annähernd ihrer Körperoberfläche proportional und läßt sich hieraus mit genügender Sicherheit für die gegebenen Einrichtungen und die vorgesehene Versuchszeit abschätzen.

b) Mit veränderlichem Kammerraum nach M. STEUBER[110].

Die Anpassung des Versuchsraumes der pneumatischen Kammer an die jeweils gegebenen Versuchsbedingungen hat neuerdings in M. STEUBERs[110] *Respirationsapparat mit regulierbarem Kammerraum* eine treffliche Lösung gefunden.

Derselbe ist nach dem Prinzip eines Gasometers gebaut, dessen Beschaffenheit eine zuverlässig fixierbare Einstellung der Gasometerglocke gestattet, so daß die Benutzung ein und desselben Apparates mit verschieden großem, durch Eichung feststellbarem Gasraum und hierdurch die Ausführung exakter Versuche an Tieren sehr verschiedener Größe (Hühner, Ferkel, Ziegen- und Schaflämmer, Hunde, Katzen — gruppenweise auch von kleineren Tieren, wie Tauben, Meerschweinchen u. dgl.) ermöglicht wird.

Form und Einrichtung des Apparates, der im übrigen ganz nach dem Arbeitsprinzip der pneumatischen Kammer behandelt wird, gehen im wesentlichen aus Abb. 15 und 16 hervor. Er ist aus Panzerplatten hergestellt und innen und außen durch solide Lackierung gegen Rost geschützt.

Das auf drei Füßen ruhende Unterteil der Kammer ist in der aus Abb. 16 ersichtlichen Form doppelwandig gebaut, so daß das glockenförmige Oberteil

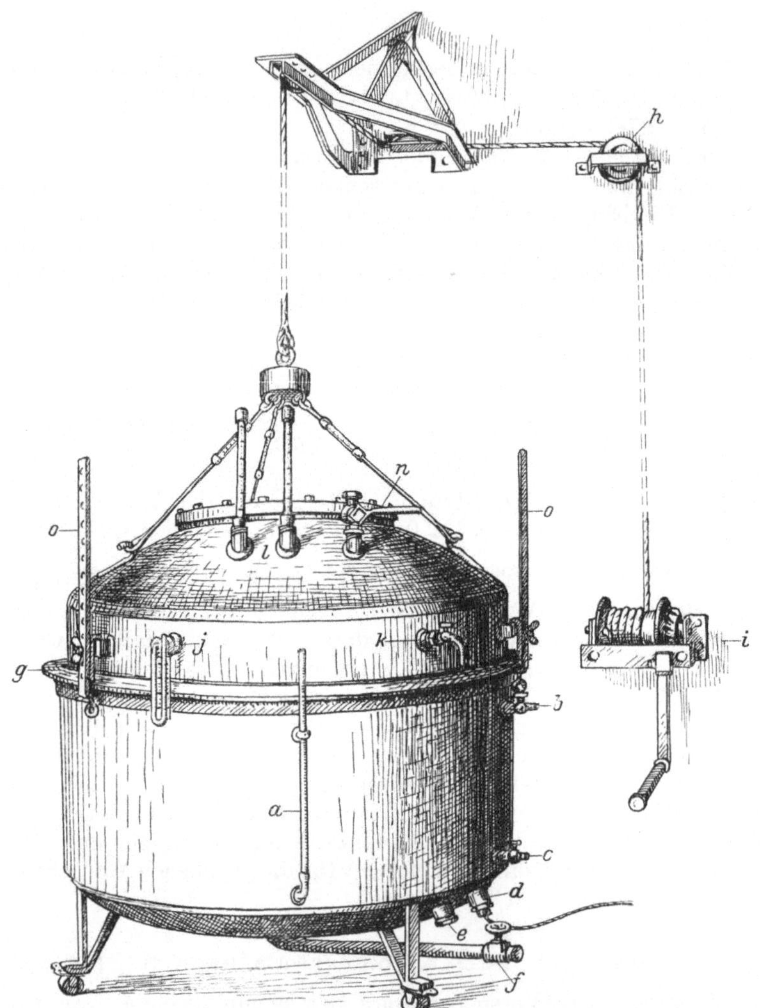

Abb. 15. Pneumatische Kammer nach M. Steuber[110] geschlossen.

nach Art einer Gasometerglocke mit ihm verbunden und durch Sperrflüssigkeit (Wasser) abgedichtet werden kann. Der die Glocke aufnehmende Mantelraum trägt ein Wasserstandsrohr (Abb. 15, a) zur Feststellung des Wasserniveaus für die zum Versuch erforderliche Bestimmung des Gasraumes der Kammer, außerdem die Hähne b und c (Abb. 15) zum Einfüllen bzw. Ablassen der Sperrflüssigkeit. Der Einstellung und Fixierung des Oberteils der Kammer dienen drei am Randwulst des Unterteils in gleichen Abständen befestigte vertikale Stahlstäbe mit horizontalen, der Seitenwand des Oberteils zugekehrten Bohrungen, mit welchen jene durch Schrauben in der jeweils gewünschten Höhe fest verbunden werden kann (Abb. 15, *o*). So wird es möglich, die Kammerhöhe und damit den Innenraum der Kammer innerhalb eines erheblichen Spielraums zu fixieren, der nach den Abmessungen des vorliegenden Apparates zwischen etwa 1180 und 1800 l beträgt.

Im Innern des Unterteils der Kammer ist an der aus Abb. 16 erkennbaren

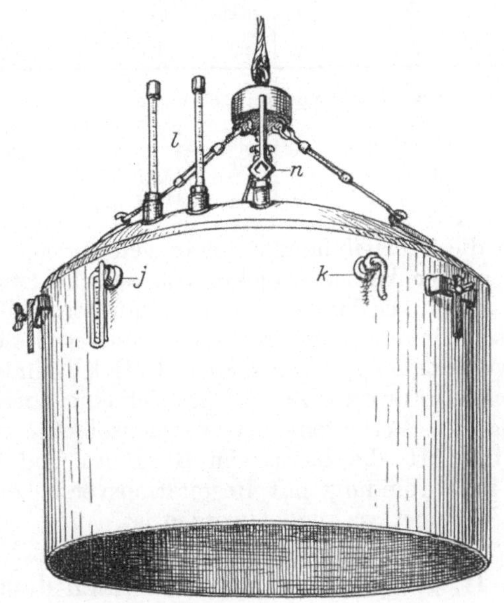

Stelle der Seitenwand ein massives vertikales Metallstativ befestigt, das einen in seiner Höhenlage verstellbaren Flügelventilator trägt. Die zum Betrieb desselben und zur Speisung eines im Kammerraum befindlichen (hier nicht eingezeichneten) Beleuchtungskörpers dienen den Leitungskabel werden dem Raum durch die der Bodenwand eingedichteten Kontaktstücke *d* und *e* (Abb. 15) zugeführt. In der Mitte des Bodens befindet sich eine etwa 30 mm weite Röhre *f* (Abb. 16), die an ihrem äußeren Ende mit einer Verschraubung und einem Ventilverschluß versehen ist. Sie wird zum Druckausgleich der Kammerluft beim Schließen und Öffnen der Kammer benutzt und soll weiterhin auch zum Anschluß der Kammer an einen gegebenenfalls anzubringenden CO_2-Absorptionsturm verwendet werden.

Das Oberteil der Kammer trägt an seinem Scheitel eine gut aufgedichtete dicke Glasscheibe zur Beobachtung des Versuchstieres. Außerdem sind in ihre Wand an den aus Abb. 15 erkennbaren Stellen die beiden Psychrothermometer *l*, der Hahn *n*, das Manometer *j* und der Probenahmestutzen *k* eingesetzt.

Abb. 16.   Pneumatische Kammer nach M. Steuber geöffnet, Unterteil im Längsschnitt.

Die Ausführung eines Versuches mit der Steuberschen Kammer erfolgt wie erwähnt prinzipiell nach der bei Anwendung der pneumatischen Kammer sonst üblichen Arbeitsweise. Immerhin sind gewisse Kautelen zu berücksichtigen, die durch die Eigenart des variablen Kammerraumes, insbesondere durch die Veränderlichkeit des Standes der Sperrflüssigkeit in dem Mantelraum der Kammer bedingt werden. Dies gilt sowohl für die Auseichung der im Versuch benutzten Gasräume, als auch für die Bestimmung der eigentlichen Versuchsergebnisse. Die erforderlichen Anweisungen hierfür sind bei M. STEUBER 511ff.[110] eingehend gegeben und mit Beispielen belegt.

Die Ergebnisse sind durchaus befriedigend, wie die folgende Übersicht einer von M. STEUBER 516[110] an einem Hahn durchgeführten Versuchsreihe zeigt:

| Datum | Zeit | Tierge-wicht | Ober-fläche | In 24 Stunden | | | | R Q. | Bemerkungen |
| | | | | CO_2 | O_2 | cal | | | |
		kg	m²*	l	l	pro kg	pro m²		
4. Dezember	10^{25}—15^{25}	2,27	0,16395	33,10	45,46	96,56	1306	0,728	Nüchtern
6. „	9^{55}—15^{55}	—	—	32,70	46,12	95,26	1319	0,709	„
9. „	17^{00}—23^{00}	—	—	27,64	36,40	76,18	1055	0,759	29 Stunden Hunger
13. „	18^{55}—24^{55}	—	—	24,77	32,80	68,54	949	0,755	ca. 36 „ „
17. „	19^{07}— 1^{07}	—	—	24,04	32,52	67,73	938	0,739	28 „ „

Für die Beurteilung aller derartigen Versuche ist die dauernde Kenntnis des Verhaltens der Versuchsobjekte von entscheidender Wichtigkeit; so sind z. B. alle Versuche über den Grundumsatz nur bei zweifelloser ungestörter Körperruhe des Versuchsindividuums brauchbar; andererseits ist es erwünscht, eine möglichst objektive Beziehung zwischen Muskeltätigkeit und Steigerung des Grundumsatzes aufzustellen. Für diese Zwecke hat sich eine Vorrichtung zur selbsttätigen Registrierung des Verhaltens der Versuchsobjekte während des Respirationsversuches bewährt, die zuerst von BENEDICT und HOMANS (s. F. G. BENEDICT[9] S. 430) in Verbindung mit Respirationsversuchen an Hunden in der pneumatischen Kammer verwendet worden ist.

II. Respirationsapparate nach dem Anschlußprinzip.

Diese gehen in ihren Anfängen gleichfalls auf LAVOISIER[66, 67] zurück, haben dann in den 70er Jahren des vorigen Jahrhunderts durch SPECK[108] in Versuchen am Menschen ausgiebigere Anwendung gefunden und sind in der Folge durch N. ZUNTZ und J. GEPPERT[135] und zahlreiche Mitarbeiter der ZUNTZschen Schule wesentlich vereinfacht und verbessert zum Studium des Gaswechsels von Menschen und Tieren, insbesondere auch landwirtschaftlichen Nutztieren, ausgebildet worden. Neuere Abarten derselben, z. T. auch mit Registriervorrichtungen, stammen u.a. von BENEDICT[9], A. KROGH[59], SCHATERNIKOFF[98, 99], KNIPPING[57].

Das Prinzip ist, wie schon erwähnt, die Atmungsorgane — d. h. in der Regel die Lungen — der Versuchsindividuen unmittelbar an Vorrichtungen anzuschließen, die eine quantitative Bestimmung des Gaswechsels, d. h. der CO_2-Abgabe und des O_2-Verbrauches (oder doch eines dieser beiden) unter gegebenen Versuchsbedingungen gestatten. Von der stattlichen Zahl ihrer heute existierenden Arten und Modifikationen sollen an dieser Stelle (außer dem aus Gründen historischer Gerechtigkeit anzuführenden SPECKschen Verfahren) nur die um die Erforschung des Gaswechsels der landwirtschaftlichen Nutztiere verdienten eingehender besprochen werden.

1. Der Respirationsapparat nach SPECK.

Der *Respirationsapparat* von SPECK[108] bestand aus einem Paar geräumiger Glockengasometer, von denen das eine (*I*) das (nach Menge und Zusammensetzung bekannte) für die Einatmung der Versuchsperson bestimmte Gas enthielt, das andere (*E*) für die Aufnahme, Messung und Probenahme des hiervon

---

* $O = K \cdot \sqrt[3]{g^2}$; $K = 9{,}492$.

zur Ausatmung gelangenden Teiles bestimmt war. Der Anschluß der Versuchsperson geschah durch Schlauchleitungen mit Mundstück und eingeschalteten Ventilen, die eine eindeutige Stromrichtung der geatmeten Luft — von I durch die Atmungsorgane nach E — besorgten. Der Apparat gestattete die Einatmung gemessener beliebig zusammengesetzter Gasgemische, eine direkte vergleichbare Bestimmung ihres Volumens und ihrer Zusammensetzung mit der zugehörigen Ausatmungsluft. Sein Mangel war die ihrem Wesen nach unhandliche und auch etwas ungenaue Meßvorrichtung. Dieser wurde in glücklichster Weise durch Zuntz und Geppert[135] behoben.

2. Das Zuntz-Geppertsche Verfahren des Respirationsversuches.

bestimmt die Menge und Zusammensetzung der *Exspirationsluft* ihrer Versuchsobjekte und benützt hierzu eine *Präzisionsgasuhr* (ähnlich der für die Messung des Leuchtgases gebräuchlichen), die zugleich für die selbsttätige *Aufsammlung einer Durchschnittsluftprobe zwecks Analyse der Atemgase* eingerichtet ist. Für manche Zwecke werden statt der üblichen feuchten Gasmesser sog. *„trockene"* Gasuhren verwendet.

Der *Anschluß der Versuchsperson* geschieht wie beim Speckschen Verfahren durch gut abgedichtete *Mundstücke* (oder Masken) und *ventilbewehrte Schlauchleitungen*; bei *Tierversuchen* wird an Stelle des Mundstückes eine Trendelenburgsche *Tampon-Trachealkanüle* benutzt, die eine luftdichte Verbindung der Luftröhre des (tracheotomierten) Tieres mit der Gasuhr — natürlich gleichfalls über die obenerwähnten Leitungen — herstellt.

Die wesentlichen Bestandteile einer feuchten Gasuhr nach Zuntz-Geppert (die im übrigen in verschiedenen Größen und Ausführungsformen gebräuchlich ist) zeigt Abb. 17.

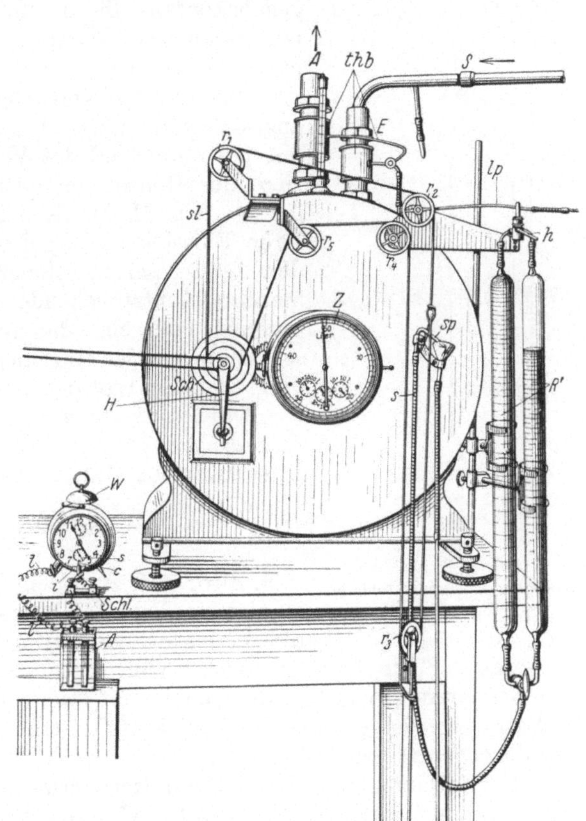

Abb. 17.   Atemmesser (feuchte Gasuhr) nach N. Zuntz, neueres Modell, mod. für Registrierzwecke nach Paechtner[86].

Sie besteht aus einem sorgfältig gearbeiteten feuchten Gasmesser von 50 Liter Trommelinhalt. Durch den Einlaßstutzen E tritt die Exspirationsluft des Versuchsindividuums aus dem mit den Luftwegen desselben dicht verbundenen Leitungsschlauch S in den Gasmesser ein; durch den Auslaßstutzen A entweicht sie nach der Messung ins Freie. Auf dem Zifferblatt Z ist der Stand der Gasuhr — hier direkt auf $^1/_{10}$, schätzungsweise auf $^1/_{100}$ Liter genau — abzulesen. Die Gewinnung einer genauen Teilprobe der während der Versuchszeit ausgeatmeten Luft geschieht durch Anschluß einer Gassammelröhre (oder einer Reihe von solchen) an den Eingangsstutzen E des Gasmessers, welche, entsprechend den Umdrehungen der Gasmesserachse während des Versuches, mit proportionalen Teilproben jedes einzelnen Atemzuges beschickt wird. Bei der vorliegenden Anordnung dienen diesem Zweck (abwechselnd) die beiden Röhren R und R', die mit ihren oberen Tubulaturen durch die Probenahmeleitung l_p an den Einlaßstutzen E des Gasmessers angeschlossen sind, während ihre unteren Enden mit dem Auslaufschlauch s verbunden sind, dessen freies Ende mit einem in sich geschlossenen Schnurlauf sl verbunden (angeklemmt) werden kann, der einer mit der Gasmesserachse gekuppelten Stufenscheibe Sch aufliegt und von den Rollen r_1—r_5 geführt wird. Dieser bewegt sich im Tempo der Gasmesserachse mit seinem rechten Schenkel zwischen r_2 und r_3 vertikal von oben nach unten und senkt also gegebenenfalls die an ihm befestigte Spitze sp des Auslaufschlauches s entsprechend den Drehungen der Gasmesserachse. Der gleich der Sammelröhre (R bzw. R') vor Beginn des Versuches mit Sperrflüssigkeit (meist angesäuertem Wasser) gefüllte Auslaufschlauch bildet mit jener während des Versuches ein System kommunizierender Röhren; er entleert also Sperrflüssigkeit aus ihr in dem Maße als sich seine freie Öffnung unter ihren Flüssigkeitsspiegel senkt, wenn dieser durch l_p mit dem Gasmesser in offener Verbindung steht, und saugt hierdurch entsprechende Anteile des Atemgases in die Sammelröhre ein, die insgesamt eine genaue Durchschnittsprobe der einzelnen Exspirationen bilden. Diese dient der Analyse des Atemgases.

Die *Reduktion der gemessenen Versuchsluft auf Normalbedingungen* geschieht nach dem Prinzip des Gay-Lussac-Boyle-Mariotteschen Gesetzes:

$$v_o = v \cdot \frac{b - e}{760 \cdot (1 + \alpha t)},$$

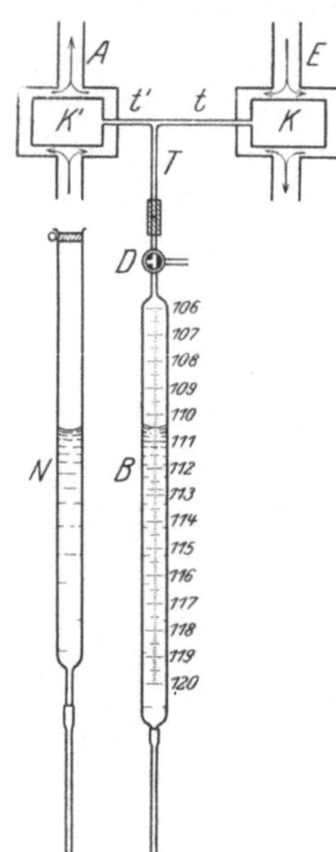

Abb. 18. Thermobarometer nach N. Zuntz.

d. h. also, daß zu jedem Versuch der in üblicher Weise korrigierte Barometerstand (b), die Temperatur (t) und die ihr entsprechende Spannung des gesättigten Wasserdampfes der die Gasuhr passierenden Atemluft (e) bestimmt werden müssen. Zur Bestimmung von t ist die Gasuhr mit zwei empfindlichen geeichten Thermometern ausgerüstet, deren eines im Eintrittsstrom, das andere im Austrittsstrom der durchgeatmeten Luft sitzt.

Zur Vereinfachung dieses Reduktionsverfahrens pflegt man, nach dem Vorgang von N. Zuntz (s. Magnus-Levy[74]), die Atemmesser, soweit tunlich, mit einem *Thermobarometer* auszurüsten, d. h. einer unter denselben Luftdruck- Temperatur- und Feuchtigkeitsbedingungen wie das den Gasmesser durchströmende Atemgas stehenden Meßvorrichtung, nach deren Stand sich das in der Gasuhr gemessene Volumen in einfachster Weise auf seinen Normalwert umrechnen läßt. Dasselbe (Abb. 18) besteht aus zwei dünnwandigen tubulierten Metallkapseln (K, K'), deren eine im Eintrittsstutzen, die andere im Austrittsstutzen der Gasuhr befestigt ist; beide sind durch die Tubulaturen t, t', T unter sich und mit dem oberen Ende einer graduierten Gasbürette B verbunden, deren unteres Ende einen Schlauch S mit Niveaugefäß N trägt. Der Inhalt der Metallkapseln samt Rohrleitungen und der hieran angeschlossenen graduierten Bürette ist durch Eichung festgestellt, so daß er durch den Dreiwegehahn D mit einem genau bekannten Luftvolumen beschickt werden kann.

Zur Einstellung des Thermobarometers wird nun, während man längere Zeit durch die Gasuhr atmen läßt, die Temperatur der Thermobarometerkapseln und der Barometerstand sowie die der ermittelten Temperatur entsprechende (gesättigte) Wasserdampfspannung genau festgestellt, der diesen Bedingungen entsprechende Volumwert des dem Fassungsvermögen des Thermobarometers angemessenen Normalgasvolumens — z. B. 100 cm³ — berechnet und mittels der Bürette genau abgemessen; alsdann wird der Hahn D geschlossen und sorgfältig gedichtet. Nunmehr enthält das Thermobarometer eine bekannte Gasmenge, die unter denselben physikalischen Bedingungen steht, wie das die Gasuhr durchstreichende Atemgas, mit deren jeweiligem Volumwert jenes demnach in jedem beliebigen Zeitpunkt durch eine einfache Rechnung auf Normalbedingungen reduziert werden kann. Ein Beispiel möge Einstellung und Anwendung des Thermobarometers näher erläutern.

a) *Einstellung des Thermobarometers,*

Prinzip: $$v = v_0 \cdot \frac{760 \cdot (1 + a\,t)}{b - e}.$$

Beispiel: Der Gasraum des Thermobarometers einschließlich Rohrleitungen und Meßbürette betrage 120 cm³, die Temperatur am Eingangsstutzen der Gasuhr (Eingangs-Thermobarometerkapsel) 22,50° C, am Ausgangsstutzen der Gasuhr (Ausgangs-Thermobarometerkapsel) 21,20° C, das Mittel aus beiden also 21,85° C, der Barometerstand (korrigiert) 720,52 mm Hg, die obiger Temperatur entsprechende Wasserdampfspannung 19,44 mm Hg. Es soll das einem Normalvolumen (v_0) von 100,00 cm³ unter den gegebenen physikalischen Bedingungen entsprechende Gegenwartsvolumen (v) im Thermobarometer eingeschlossen werden. Also:

$$v = 100,00 \cdot \frac{760 \cdot (1 + 0,00367 \cdot 21,85)}{720,52 - 19,44} = 117,08 \text{ cm}^3.$$

Es werden also nach Errechnung von v tunlichst flink bei geöffnetem Hahn D 117,08 cm³ in B abgemessen und, wenn dies geschehen ist, der Hahn D geschlossen und sorgfältig gedichtet.

b) *Anwendung des Thermobarometers.* Das in einem Versuch an der Gasuhr abgelesene Minutenvolumen V betrage 11,708 l, der zugehörige Thermobarometerstand $v = 117,08$ cm³ (entsprechend $v_0 = 100,00$ cm³ normal); dann ist der reduzierte Normalwert V_0 des gemessenen Minutenvolums:

$$V_0 = V \cdot \frac{v_0}{v} = \frac{11,708 \cdot 100}{117,08} = 10,000 \text{ l}.$$

Die Anordnung und Ausführung des Zuntz-Geppertschen *Respirationsversuches* geschieht in der Weise, daß man das zu untersuchende Versuchsobjekt (Mensch oder Tier) unter den gewählten Versuchsbedingungen (Körperruhe, Tätigkeiten verschiedener Art, im Nüchternzustand, während der Nahrungsaufnahme, in verschiedenen Verdauungsstadien usw.) nach vorausgegangener Gewöhnung und unter tunlichster Ausschaltung aller störenden Einflüsse eine bestimmte Zeit verlustlos durch den Gasmesser atmen läßt, den Stand des Gasmessers und des Thermobarometers (oder evtl. der Gasuhrthermometer und des Barometers) zu Beginn und Schluß des Versuches genau notiert und während der Versuchszeit eine aliquote Durchschnittsprobe der geatmeten Exspirationsluft aufsammelt.

Über den Verlauf des Versuches wird ein Protokoll geführt, das alle für die Berechnung und Beurteilung desselben wesentlichen Vermerke enthält.

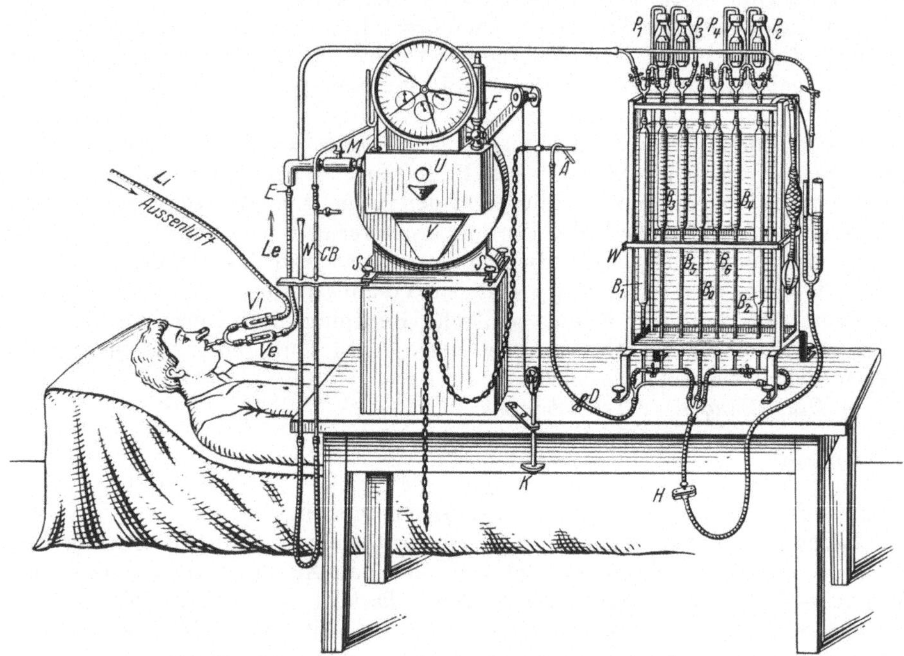

Abb. 19. Atemversuch am ruhenden Menschen (Zuntz u. Geppert).

Die Anordnung eines derartigen Versuches am (ruhenden) Menschen zeigt Abb. 19.

Die in bequemer Lage ruhende Versuchsperson, deren Nase durch eine Klemme verschlossen ist, trägt ein dichtschließendes Gummimundstück im

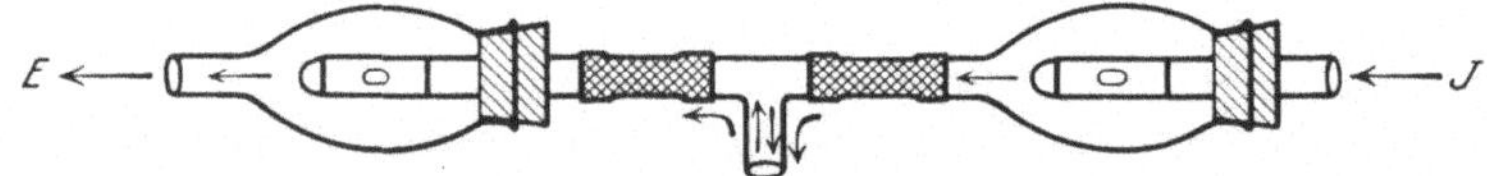

Abb. 20. Darmventil nach Speck, mod. nach C. Dahm[18].

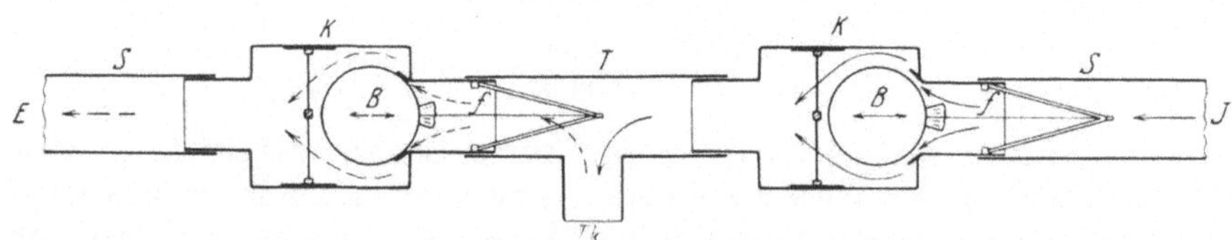

Abb. 21. Ballonatemventil nach Zuntz, Lehmann und Hagemann[137], mod. nach Klein und Steuber[54].

Mund. Dieses ist durch ein kurzes T- oder Y-förmiges Rohrstück mit den der Luftleitung dienenden Ventilen und Schläuchen verbunden. Als Ventile werden meist Specksche Darmventile, wie sie Abb. 20, zeigt, benutzt; außerdem auch andere Typen, von denen hier nur noch das von W. Klein und M. Steuber in Versuchen an großen Haustieren bevorzugte Ballon-Atemventil (Abb. 21) erwähnt werden soll. Durch die Schlauchleitung L_i und das Ventil V_i tritt die

Inspirationsluft (zweckmäßig aus dem Freien) ein, durch das Ventil V_e und die Schlauchleitung L_e wird die Exspirationsluft in den Gasmesser geführt und dort gemessen.

Der ZUNTZ-GEPPERT-*Gaswechselversuch an Tieren* [18, 74, 85, 136] unterscheidet sich von der bisher beschriebenen Anordnung hauptsächlich dadurch, daß der An-

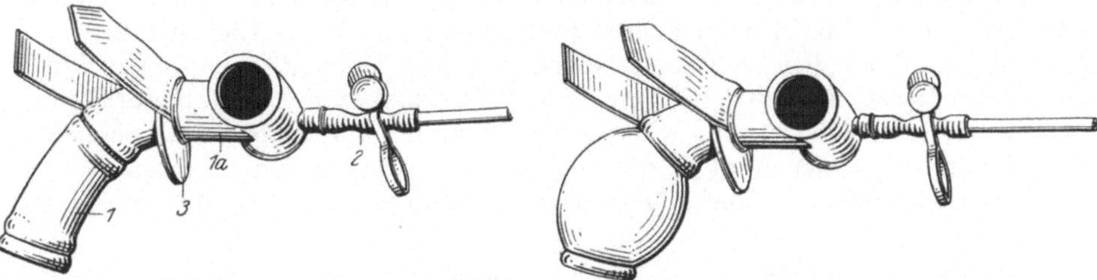

Abb. 22. Tamponkanüle nach TRENDELENBURG.   Abb. 23. Tamponkanüle nach TRENDELENBURG, aufgeblasen.

schluß der Atmungswege an den Gasmesser hier zweckmäßig mittels einer in die eröffnete Trachea eingedichteten Kanüle (sog. Tamponkanüle nach TRENDELENBURG) (Abb. 22, 23) erfolgt. Man kann wohl hierfür auch Masken nach Art von gut abgedichteten, tubulierten Maulkörben verwenden, doch sind diese unhandlich und weniger zuverlässig (s. Abb. 24). Das Kanülenverfahren dagegen hat sich, was ausdrücklich betont sein mag, bei sorgfältiger Handhabung und gewissenhafter Pflege der Tiere vorzüglich bewährt; es bietet eine verlustlose Überführung der Exspirationsluft in den Gasmesser, belästigt die Versuchstiere auch bei stundenlanger Anwendung nicht und schadet ihnen nichts. Zu beachten ist nur, daß der (nach der Operation bald vernarbende) Tracheoporus stets rein und durch gut sitzende reine Kanülen (sog. Dauerkanülen, die täglich gereinigt und gewechselt werden), offen gehalten wird, und daß der Kanülenwechsel immer rasch und flink geschieht, weil sonst der Tracheoporus

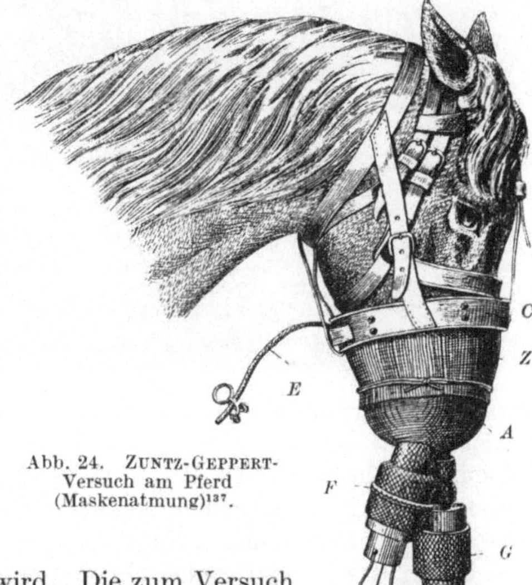

Abb. 24.   ZUNTZ-GEPPERT-Versuch am Pferd (Maskenatmung)[137].

durch Narbenkontraktion unwegsam wird. Die zum Versuch benützten Tamponkanülen müssen in Form und Kaliber gut und bequem passen und samt den mit ihnen verbundenen Schlauchleitungen, Ventilen usw. so befestigt sein, daß eine Belästigung des Tieres durch Druck oder Zerrung verhütet wird; ebenso ist eine übermäßige Aufblähung des Tampons der Versuchskanüle zu vermeiden; dies alles ist bei einiger Sorgfalt und Übung leicht zu erreichen.

Die wesentlichen Einzelheiten einer derartigen Versuchsanordnung am Pferde bzw. Rinde sind an den Abbildungen 25, 26 zu sehen.

Entsprechend ist mutatis mutandis die Versuchsanordnung für andere Tiere, z. B. Schafe, Hunde, Kaninchen u. a. m.

Die Analyse der Atemgase und ihre Berechnung.

Die Analyse der Sammelprobe erfolgt üblicherweise mit einem von Zuntz[74] für vorliegenden Zweck ausgebildeten, vom Verfasser[85] in einigen Einzelheiten modifizierten Spezialapparat nach Hempelschen Prinzip, der eine relativ schnelle und zuverlässige Doppelbestimmung, auch in Serien, ermöglicht.

Er besteht aus sieben in einem durchsichtigen Wasserbad befindlichen Gasbüretten der in Abb. 27 gezeichneten Form, von denen die seitlichen Paare a, a', b, b' und c, c' der gleichzeitigen Verarbeitung von Doppelproben des zu untersuchenden Gases, das mittlere Rohr Thb als Thermobarometer, d. h. zur Reduktion der in den Gasbüretten abgemessenen Volumina auf die physikalischen Ausgangsbedingungen der Analyse dienen. Alle Büretten tragen an ihrem oberen, capillaren Ende eine 0-Marke und sind in ihrem graduierten Meßbereich mit

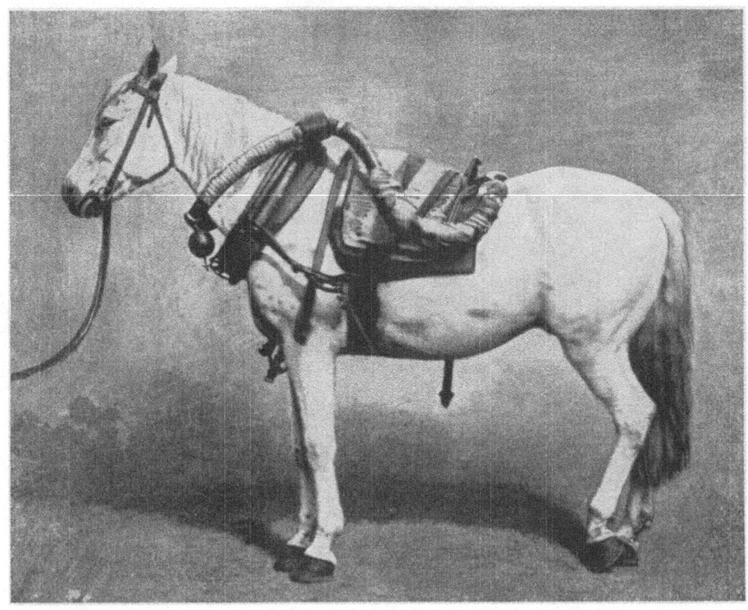

Abb. 25. Zuntz-Geppert-Versuch am Pferd[137] (Ausrüstung des Versuchstieres. Kanülenatmung).

0,05-cm³-Marken versehen, deren Abstand eine schätzungsweise Ablesung bis auf 0,01-cm³-Einheiten bequem ermöglicht. Sie sind (mit Ausnahme von Thb) auf 0,01-cm³-Einheiten genau kalibriert. Jede der 7 Röhren ist mit ihrem unteren Ende durch das rechenförmige Verbindungsrohr V und das Schlauchstück S mit dem Niveaugefäß N verbunden, welches der Beschickung der Röhren mit dem Analysengas, der Abmessung desselben und in den Röhrensystemen a, b, c bzw. a', b', c' auch der Überführung desselben durch die zugehörigen Absorptionspipetten, sowie in c und c' der Entleerung der analysierten Proben ins Freie dient. Die wie das übrige Analysensystem mit Sperrflüssigkeit beschickte unterhalb von V abgezweigte Rohrleitung nebst Schlauch s und Auslaufspitze sp kann gegebenenfalls für die unmittelbare Überführung der aliquoten Versuchsgasprobe aus dem Gasmesser über I' in die Meßröhren a, a' benutzt werden. Das Verfahren ist hierbei mutatis mutandis wie oben beschrieben; natürlich muß dabei der Abfluß der Sperrflüssigkeit von a, a' nach S (durch die Schraubklemme Kl) unterbunden werden.

An ihren capillaren oberen Enden tragen alle Meßröhren mit Ausnahme von *Thb*, die dortselbst mit einem dichtschließenden Hahn versehen ist, Y-förmige Capillaransätze, die der Zuführung des Analysengases durch die Überleitungscapillare *1* in die Meßröhren *a* und *a'* (*2, 2'*), der Überführung der gemessenen Gasvolumina aus *a, a'* in *b', b* über die Absorptionspipetten *A, A'* (*3/4, 3'/4'*) aus *b, b'* in *c, c'* über die Absorptionspipetten *B, B'* (*5/6, 5'/6'*) und schließlich der Entleerung des analysierten Gasrestes aus *c, c'* ins Freie (*7, 7'*) dienen.

Die Pipetten *A* und *A'* sind zwecks Absorption der CO_2 in üblicher Weise mit KOH (ca. 25proz. wäßrige Lösung über Glasrohrstücken), *B* und *B'* zur Absorption des O_2 mit gegossenen gelben Phosphorstangen unter Wasser beschickt; sie werden zur Vermeidung der Lichtwirkung auf den Phosphor zweckmäßig aus braunem Glase hergestellt oder mit schwarzem Lack überzogen.

Als *Sperrflüssigkeit* für Abmessung und Überführung des Analysengases wird angesäuertes destilliertes Wasser verwendet, dem man zur dauernden Kontrolle seiner Reaktion Rosolsäure bis zur deutlichen Gelbfärbung und zur Verhütung des Schimmelns zweckmäßig eine Spur Fluornatrium zusetzt.

Zur *Ausführung einer Analyse* werden die Meßröhren *a* und *a'* nach vorheriger Spülung der Überleitungscapillare *1, 1'* mit dem zu untersuchenden Gase — sei es direkt vom Gasmesser oder von der Sammelröhre aus — bis etwa zur

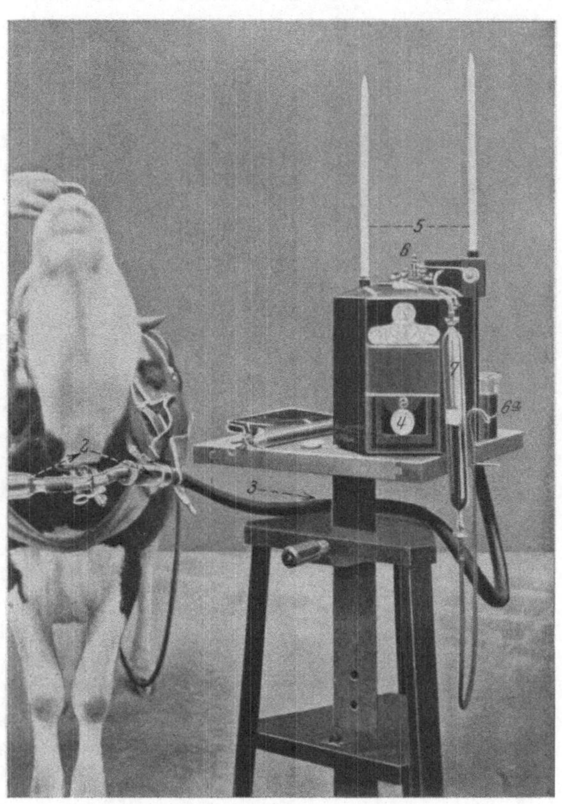

Abb. 26. Zuntz-Geppert-Versuch am Rind (Paechtner[85]).

Marke 100 beschickt, das enthaltene Gasvolumen mit Hilfe des Niveaugefäßes *N* unter strenger Vermeidung der Parallaxe auf $^1/_{100}$ cm³ und ebenso der Stand des Thermobarometervolumens abgelesen und notiert (*Va*), zweckmäßig zweimal hintereinander. Vor jeder Ablesung wird das Wasser der Analysenwanne mit einem Gebläse durchmischt; besser noch ist eine ständige Durchmischung desselben durch einen Druckluftanschluß.

Hierauf werden die abgemessenen Gasvolumina durch Heben von *N* über *3, 3'* nach *A, A'* überführt, wobei natürlich, wie stets in der Volumetrie, auf eine genaue Einhaltung der in Betracht kommenden Marken, wie auch auf eine Vermeidung überflüssiger Druckunterschiede, zu achten ist.

Nach 2—3 Minuten wird der von CO_2 befreite Gasinhalt aus *A, A'* über *4, 4'* in die (bislang genau bis zur Nullmarke mit Sperrflüssigkeit gefüllten) Meßröhren

b, b' abgelassen (indem man N entsprechend senkt und zweckmäßig S durch teilweisen Verschluß von Kl soweit verengt, daß ein sachter Abfluß des Sperrwassers erfolgt), weiterhin in oben beschriebener Weise gemessen und notiert (V_b).

Ganz entsprechend erfolgt alsdann die Überführung des CO_2-freien Gases aus b, b' durch 5, 5' in B, B' und von da nach völliger Absorption des O_2 (die je nach der Temperatur 20—25 Minuten beansprucht) durch 7, 7' in c, c' und hierselbst die Bestimmung des aus N_2 (einschl. Edelgasen) bestehenden Restgases (V_c), üblicherweise als „N_2" bezeichnet.

Die an den Meßbüretten abgelesenen Gasvolumina werden in jedem Fall, wo eine solche in Betracht kommt, mit der zugehörigen *Kaliberkorrektur* korrigiert, in den Reihen V_b und V_c auf den *Thermobarometerstand von* V_a reduziert, und schließlich auf *Prozentwerte* umgerechnet. $V_a — V_b$ ergibt dann $\%$ CO_2, $V_b — V_c = \%$ O_2, $V_c = \%$ „N_2".

Die Mittelwerte der beiderseitigen Ablesungen von V_b und V_c, deren Abweichung $0,05\%$ nicht überschreiten soll, dienen dann für die weitere Berechnung des Respirationsversuches.

Die Berechnung des ZUNTZ-GEPPERT-*Versuches* hat zunächst die Aufgabe, die CO_2-Ausscheidung, den O_2-Verbrauch und den RQ des Versuchsobjektes unter den gegebenen Bedingungen in Bezug auf bestimmte Zeit-, Gewichts- und Oberflächeneinheiten festzustellen; sie stützt sich dabei auf die in der Versuchszeit geatmeten (auf vorbeschriebene Weise bestimmten) Luftvolumina und auf deren prozentuale Zusammensetzung; die Differenz CO_2 exsp. — CO_2 insp. ergibt die CO_2-Ausscheidung, die Diffe-

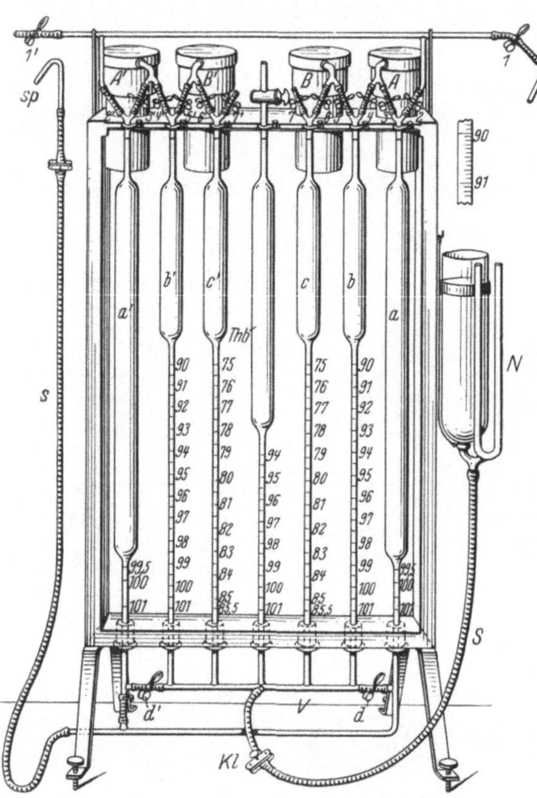

Abb. 27. Analysenapparat nach ZUNTZ-GEPPERT, mod. n. PAECHTNER (KLEIN u. STEUBER[54]).

renz O_2 exsp. — O_2 insp. den O_2-Verbrauch, üblicherweise auch O_2-Defizit genannt. Aus dem Verhältnis der CO_2-Ausscheidung zu dem zugehörigen O_2-Verbrauch $\left(\text{z. B. Vol.} \dfrac{CO_2}{O_2}\right)$ ergibt sich der für einen tieferen Einblick in die Stoffwechselvorgänge wichtige respiratorische Quotient (RQ) — s. a. S. 426.

Maßgebend für diese Berechnung ist zunächst die experimentell begründete Voraussetzung, daß der elementare Stickstoff an den tierischen Stoffwechselprozessen unbeteiligt ist, d. h. also, daß in einem derartigen Versuch das ausgeatmete *Stickstoff*-Volumen dem eingeatmeten stets gleich ist. Demgegenüber ist das ausgeatmete *Gesamtvolumen* der geatmeten *Luft*, d. h. des Gemisches von $N_2 + O_2 + CO_2$, dem eingeatmeten meistens *nicht* gleich, sondern, in Abhängigkeit von der Art der im Stoffwechsel verbrannten Substanzen mehr oder weniger von ihm verschieden, weil aus den S. 426 ff. erörterten Gründen einem bestimmten O_2-Verbrauch nicht immer eine gleich große CO_2-Produktion entspricht. So kommt es, daß das ausgeatmete Luftvolumen praktisch meist kleiner ist als das zugehörige Einatmungsvolumen, wodurch natürlich die prozentuale Zusammensetzung desselben eine Verschiebung erfährt, die an seinem — de facto unveränderten — N_2-Gehalt erkennbar und meßbar ist.

Beispiele: a) Ein Tier atme während einer bestimmten Zeit 100 Liter eines Gasgemisches mit 79 % N_2 und 21 % O_2, also 79 Liter N_2 und 21 Liter O_2 ein. Von den 21 Litern inspiriertem O_2 werden 6 Liter für Oxydationen einbehalten, dagegen 5 Liter CO_2 (aus den Oxydationsprozessen des Tieres stammend) ausgeschieden, außerdem gehen die 79 Liter inspirierten N_2 unverändert in die Ausatmungsluft zurück. Das Gesamtvolumen des ausgeatmeten Gasgemisches beträgt demnach:

$$(21 - 6)\ 1\,O_2 + 5\,1\,CO_2 + 79\,1\,N_2 = 99\,1.$$

Auf 100 ergänzt, d. h. in Prozenten ausgedrückt, wie das bei der Gasanalyse üblicherweise geschieht, würde sich hieraus aber folgende Zusammensetzung ergeben:

$$15 : 99 = x\ : 100\ O_2;\quad x\ = 15{,}15\%\ O_2$$
$$5 : 99 = x_1 : 100\ CO_2\,;\quad x_1 = 5{,}05\%\ CO_2$$
$$79 : 99 = x_2 : 100\ N_2;\quad x_2 = 79{,}80\%\ N_2$$

Oder aber:

b) Das Tier atme, wie im vorigen Beispiel 100 1 Gasgemisch von gleicher Beschaffenheit ein; es behalte hiervon 5 1 O_2 ein und scheide 6 1 CO_2 aus, dazu unverändert die eingeatmeten 79 1 N_2.

Das Gesamtvolumen des ausgeatmeten Gases beträgt demnach:

$$(21-5)\ 1\,O_2 + 6\,1\,CO_2 + 79\,1\,N_2 = 101\,1.$$

Auf 100 reduziert ergibt sich hieraus:

$$16 : 101 = x\ = 100;\quad x\ = 15{,}84\%\ O_2$$
$$6 : 101 = x_1 = 100;\quad x_1 = 5{,}94\%\ CO_2$$
$$79 : 101 = x_2 = 100;\quad x_2 = 78{,}22\%\ N_2;$$

d. h. also: Die prozentuale Zusammensetzung eines analysierten Exspirationsgases liefert uns a priori ein entstelltes Bild, sofern ihr N_2-Gehalt von dem des zugehörigen Inspirationsgases abweicht; andererseits kann dieser aber als brauchbarer Maßstab zur Feststellung der a priori unbekannten Größe des Inspirationsvolumens (x) dienen, wenn das Exspirationsvolumen (v_0) und der (prozentische) N_2-Gehalt der Inspirationsluft (N) und der Exspirationsluft (N') bekannt sind.

Denn dann ist

$$N' \cdot v_0 = N \cdot x$$

und also

$$x = \frac{N'}{N} \cdot v_0\,.$$

Laut obigen Beispielen:

$$\text{ad a)}: x = \frac{79{,}80}{79{,}00} \cdot 99{,}00 = 100{,}00$$

$$\text{ad b)}: x = \frac{78{,}22}{79{,}00} \cdot 101{,}00 = 100{,}00\,.$$

Dem dargelegten Prinzip gemäß geschieht die Berechnung der CO_2-Ausscheidung und des O_2-Verbrauches im Zuntz-Geppert-Versuch (und in ähnlichen Versuchsverfahren):

$$CO_2\text{-Ausscheidung} = \left(CO_2' - CO_2 \cdot \frac{N'}{N}\right) \cdot v_c$$

$$O_2\text{-Verbrauch} = \left(O \cdot \frac{N'}{N} - O'\right) \cdot v_o,$$

worin die Zeichen CO_2, O und N den *Prozent*gehalt der betreffenden Gase in der *Inspirations*luft, CO_2', O' und N' denjenigen in der *Exspirations*luft, v_0 das auf Normalbedingungen reduzierte (exspirierte) Atemvolumen bedeuten.

Bei der Bestimmung der CO_2-Ausscheidung wird übrigens die Volumkorrektur der Inspirationsluft gewöhnlich unterlassen. Näheres zur Berechnung des Zuntz-Geppert-Versuches s. evtl. bei W. Klein und M. Steuber[52, 54].

Abb. 28. Gasmesser mit Registriervorrichtung (nach Paechtner[86]).

Zuntz-Geppert-Apparate mit Registriervorrichtung und anderen technischen Zutaten.

Schon bald nach Einführung der Zuntz-Geppert-Methode hatte man versucht, die fortlaufende Protokollierung der Gasuhrstände durch eine selbsttätige Aufzeichnung zu ersetzen. C. Lehmann S. 197[134] brachte zu diesem Zweck auf der Gasuhrachse eine kreisrunde, gut zentrierte Pappscheibe an, die mit 50 in gleichmäßigen Abständen radial aufgesetzten Platinstiften besetzt war, welche einerseits durch Stanniolstreifen mit der Gasuhrachse leitend verbunden waren und andererseits durch Berührung eines von der Gasuhr isolierten Quecksilberkontaktes einen galvanischen Stromkreis schlossen, wenn sie den Kontakt auf ihrem Wege passierten. In den erwähnten Stromkreis konnte ein elektromagnetischer Reizmarkierer eingeschaltet werden, der jeden Stromschluß auf einer berußten rotierenden Trommel notierte. Die Strecke zwischen je zwei Marken entsprach dann natürlich dem Volumwert von $\frac{1}{50}$ einer vollen Achsendrehung (= des Trommelinhalts) der Gasuhr, also z. B. bei einem Trommelinhalt von $10\,l = 200\,cm^3$. Aus der Zahl der registrierten Strecken ließ sich die Größe der geatmeten Luftmengen berechnen, aus ihrer Länge die Intensität und Regelmäßigkeit der Atmung abschätzen.

Diese Methode hat den grundsätzlichen Mangel, daß die auf gleichmäßig schnell bewegter Schreibfläche registrierten Streckenwerte in umgekehrtem Verhältnis zur Intensität der Atmung stehen; eine direkte messende Auswertung strecken zwischen den Marken ist nicht möglich.

Es ist darum zweckmäßiger, die registrierende Schreibfläche im Tempo des Gasmessers zu bewegen und auf ihr Strecken von bestimmtem Zeitwert einzutragen. Diese stehen dann in direkter Proportion zu den geatmeten Luftmengen, geben ein leichtfaßliches Bild der Atmungsintensität und gestatten eine bequeme und zuverlässige Bestimmung der in jedem beliebigen Versuchsabschnitt geatmeten Volumina auf Grund einer leicht vorzunehmenden Bestimmung des Volumwertes für die Streckeneinheit unter bestimmten Arbeitsbedingungen.

Abb. 29.   Gasmesser mit Registriervorrichtung.   Teilansicht.

Eine derartige Registriervorrichtung, die vom Verfasser[86] angegeben wurde, hat sich im Gebrauch gut bewährt; ihre Anordnung erhellt im wesentlichen aus den Abb. 28 u. 29. Die Registriertrommel T ist durch einen Schnurlauf mit der Stufenscheibe Sch des Gasmessers (s. a. Abb. 29) verbunden und wird von dieser im Tempo der Gasmesserachse bewegt. Diese Bewegung wird auf der Schreibfläche der Trommel mittels der Schreibspitze des elektromagnetischen Reizmarkierers M_1 als horizontale Linie verzeichnet und zugleich durch eine Kontaktuhr (hier einfache Weckeruhr W, deren Sekundenzeiger minütlich den in den Stromkreis von M_1 eingeschalteten Federkontakt C vorübergehend schließt) in Minutenabschnitte geteilt. Die so erhaltenen Abschnitte sind in der Tat den in der gleichen Zeit durch den Gasmesser geatmeten Luftmengen proportional. Ihr „Streckenwert" (Volumwert pro 1 mm Strecke) läßt sich durch Division der in der Versuchszeit abgelaufenen Millimeter Registrierstrecke in das gleichzeitig durch die Gasuhr gegangene Luftvolumen ermitteln; natürlich muß dies gegebenenfalls für jede der benutzten Übersetzungsstufen der Stufenscheibe gesondert geschehen. So gelingt es leicht, wie die Kurvenausschnitte Abb. 30, *Pl* zeigen, die während eines Versuches anfallenden Atemgrößen getreu und übersichtlich zu registrieren, insbesondere auch einen vergleichbaren Überblick über die Gleichmäßigkeit der Atmung und ihre Abhängigkeit von verändernden Einwirkungen zu erhalten. Die registrierten Rohvolumina (v) können natürlich in üblicher Weise auf Normalvolumina (v_0) reduziert werden.

Zur gleichzeitigen Verzeichnung von Zahl und Tiefe der Atemzüge wird bei der in Rede stehenden Versuchsanordnung senkrecht über der Schreibspitze des erwähnten Reizmarkierers M_1 die Schreibspitze eines empfindlichen Tonographen *Tg* angelegt, dessen Kapsel durch eine mit Regulierhahn versehene enge Rohrleitung mit dem Gasraum des Atemmessers (oder evtl. besser mit dem T-förmigen Ansatzstück der Atemschläuche (s. S. 398) kommuniziert und die mit den einzelnen Atemzügen einhergehenden Druckänderungen auf der Schreibfläche verzeichnet (s. Abb. 30, *Pn*).

Ein Beispiel für den verschiedenartigen Ausfall von Ruheversuchen („Grundversuchen") und dessen Verdeutlichung durch das angewandte Registrierverfahren geben die beiden Doppelkurven Abb. 30c und 30d, die beide an demselben Tier unter vermeintlich gleichen Versuchsbedingungen gewonnen wurden.

Zur Vervollständigung dieser „Protokollführung" kann ferner ein zweiter elektrischer Reizmarkierer, M_2, dienen, der, durch einen Morsetaster oder dgl. betätigt, besondere Anmerkungen über das Verhalten des Versuchsindividuums nach Art und Dauer einfach und übersichtlich anzubringen erlaubt (s. Abb. 30b *St*). Da der Versuchsansteller bei Benutzung des Registrierverfahrens durch die Entbehrlichkeit einer fortgesetzten Beobachtung, Ablesung und Aufzeichnung des Gasuhrstandes und sonstiger handschriftlicher Notizen seine Aufmerksamkeit dem Verhalten des Versuchsobjektes ungeteilt widmen kann, wird so die Durch-

Abb. 30 a. Kurvenausschnitt von einem Ruheversuch (Mensch). 5 Versuchsminuten. Die Atemgrößen sind (1 mm = 0,145 l): 5,94, 5,58, 6,09, 5,84, 5,80; die zugehörigen Frequenzen: 15, 16, 19, 18, 18.

Abb. 30 b. Kurvenausschnitt aus einem Versuch mit Armarbeit. 3 Versuchsminuten; in der zweiten Minute werden 5 kg gehoben. Die Atemgrößen sind (1 mm = 0,145 l): 6,18, 9,02, 6,80; die zugehörigen Frequenzen: 17, 20, 19.

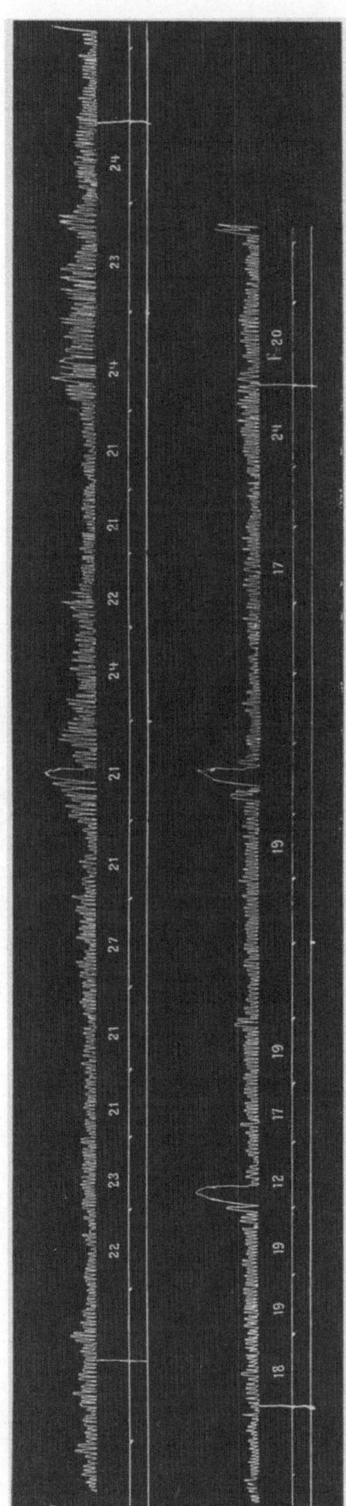

Abb. 30 c. 2 Resp.-Versuche an der Boxerhündin Ilga (21. 4. 1928), „ruhend", nüchtern, von je 15 Minuten Dauer. Beide Versuche, besonders aber der erste (odere Kurve) sind durch hohe Atemfrequenz, unregelmäßige und ungleichmäßige Atmung gestört. Sie sind für die Bestimmung des Grundumsatzes ungeeignet

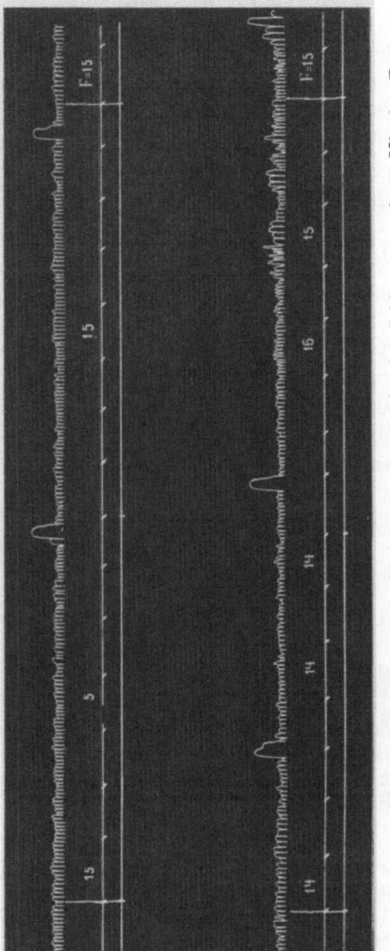

Abb. 30 d. 2 Resp.-Versuche an demselben Tier (3. 10. 1928), ruhend, nüchtern, von je 15 Minuten Dauer. Zwei brauchbare Grundversuche.

führung exakt beobachteter und beurteilbarer Versuche wesentlich erleichtert und begünstigt.

Zur *Ausmerzung von Störungen* aus einem in Gang befindlichen Versuch, wie sie besonders bei Tierversuchen durch unerwünschte Bewegungen, Unruhezeiten u. dgl. häufig das Ergebnis trüben, ist bei der vorliegenden Anordnung eine Art Leerlaufvorrichtung angebracht, die eine momentane, gleichzeitige Unterbrechung und Wiederingangsetzung des Versuches ohne Gefährdung seiner Zuverlässigkeit ermöglicht. Die Unterbrechung geschieht durch Ausrückung der Stufenscheibe *Sch* aus dem Getriebe des Gasmessers mittels des Hebels *H*, wodurch Luftprobenahme und Atemregistrierung gleichzeitig unterbrochen werden, sobald und solange das Verhalten des Versuchsobjektes oder ein sonstiger Umstand dies erfordern; entsprechend werden Probenahme und Atemregistrierung durch Einrücken der Stufenscheibe wieder gleichzeitig in Gang gesetzt. So gelingt es, einen unter Umständen zwar aus einzelnen Fraktionen zusammengesetzten, aber dabei den beabsichtigten Versuchsbedingungen genügenden, gewissermaßen von Störungen gereinigten Versuch zu erhalten, z. B. einen wirklichen Ruheversuch, einen reinen Kauversuch usw. Wenn man hierbei mit der Feststellung der im Versuch geatmeten

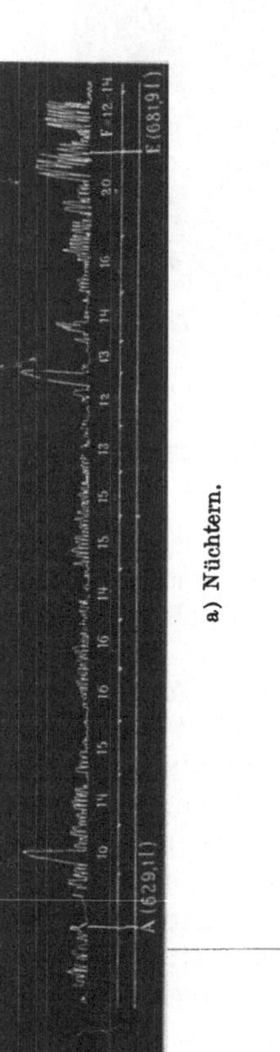

a) Nüchtern.

b) Nüchtern.

c) Verdauung (2ʰ nach Fleischmahlzeit).

d) Verdauung (2¹/₂ʰ nach Fleischmahlzeit).

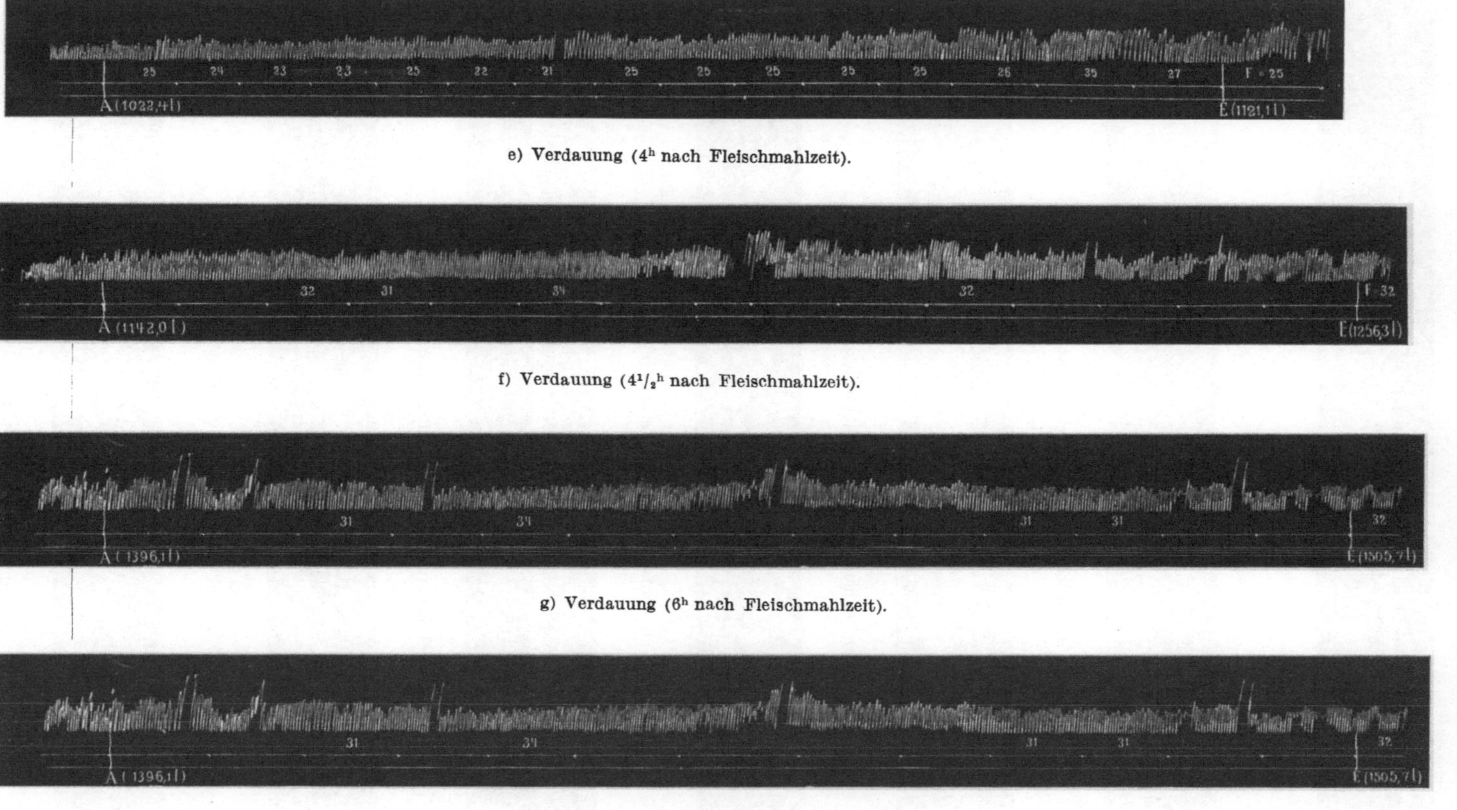

e) Verdauung (4^h nach Fleischmahlzeit).

f) Verdauung ($4^{1}/_{2}{}^h$ nach Fleischmahlzeit).

g) Verdauung (6^h nach Fleischmahlzeit).

h) Verdauung ($6^{1}/_{2}{}^h$ nach Fleischmahlzeit).
Abb. 31a—h.

Abb. 31. Registrierter ZUNTZ-GEPPERT-Versuch am Hund (Verdauungssteigerung der Atmung nach eiweißreicher Mahlzeit).

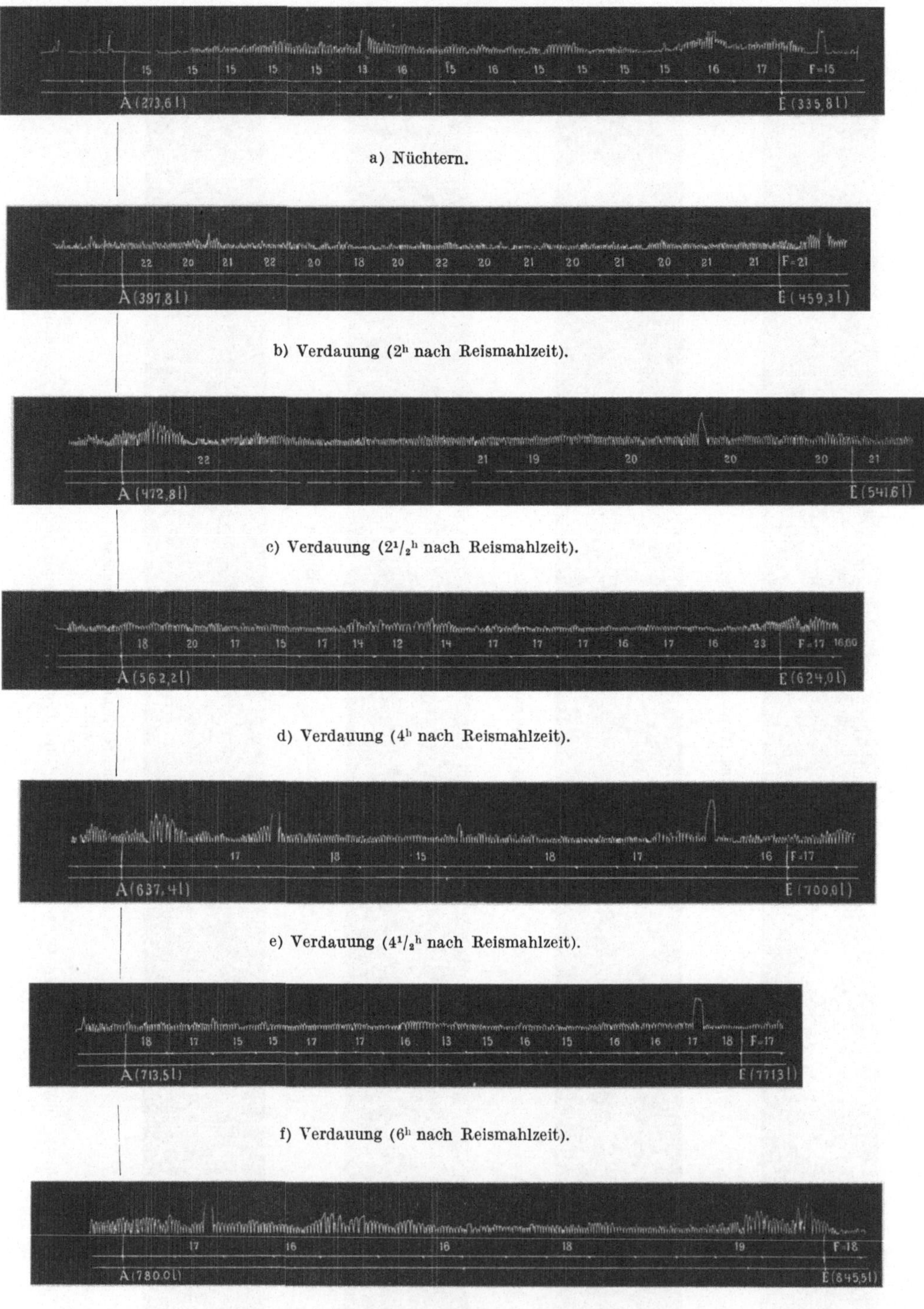

a) Nüchtern.

b) Verdauung (2^h nach Reismahlzeit).

c) Verdauung ($2^1/_2{}^h$ nach Reismahlzeit).

d) Verdauung (4^h nach Reismahlzeit).

e) Verdauung ($4^1/_2{}^h$ nach Reismahlzeit).

f) Verdauung (6^h nach Reismahlzeit).

g) Verdauung ($6^1/_2{}^h$ nach Reismahlzeit).

Abb. 32 a—g.

Abb. 32. Registrierter Zuntz-Geppert-Versuch am Hund (Verdauungssteigerung der Atmung nach eiweißarmer Mahlzeit).

Luftvolumina ganz sicher gehen will, so kann dies natürlich durch jeweilige Protokollierung des Gasuhrstandes bei Aus- und Einrückung der Stufenscheibe geschehen; doch ist dies bei einem prompten Spiel der Vorrichtung entbehrlich.

Zwei nach dieser Methode registrierte Versuche (die den unterschiedlichen Einfluß der Verdauungsarbeit bei verschiedener Kostform (Fleisch + Reis, bzw. Reis allein) auf die Atmung zeigen, sind in Abb. 31 u. 32 wiedergegeben.

Die Auswertung der Versuche geschieht im übrigen nach dem bei der ZUNTZ-GEPPERT-Methode üblichen Verfahren. Als Beispiel möge das tabellierte Ergebnis der in den Kurvenserien 31 und 32 wiedergegebenen Versuche dienen.

Boxerhündin „Ilga". 23. 4. 28.

Körpergewicht: 22,80 kg   Aufgenommenes { 1000 g Pferdefleisch + 100 g Reis
Körperoberfläche: 0,9008 m²   Futter: { + 25 g Schweineschmalz + 5 g Kochsalz.

Nr.	Atemgröße l	CO_2-Produktion cm³/kg/min	O_2-Verbrauch cm³/kg/min	R. Q.	Energieumsatz		
					cal/kg/min	Cal/Tier/Tag	Cal/m²/Tag
1 a	3,15	4,69	5,90	0,796	28,3	930	1032
1 b	3,25	4,82	6,06	0,795	29,1	955	1059
2 a	5,90	7,22	9,28	0,778	44,3	1455	1614
2 b	6,09	7,46	9,55	0,781	45,6	1500	1663
3 a	5,84	6,87	8,90	0,771	42,4	1390	1456
3 b	6,76	7,91	10,59	0,762	49,4	1620	1800
4 a	6,51	7,03	8,94	0,786	42,8	1400	1558
4 b	7,48	8,00	10,24	0,781	48,9	1605	1784

Dieselbe. 18. 5. 28.

Körpergewicht: 21,94 kg
Körperoberfläche 0,8777 m²   Aufgenommenes Futter: { 315 g Reis + 25 g Schweine-
        { schmalz + 5 g Kochsalz.

Nr.	Atemgröße l	CO_2-Produktion cm³/kg/min	O_2-Verbrauch cm³/kg/min	R. Q.	Energieumsatz		
					cal/kg/min	Cal/Tier/Tag	Cal/m²/Tag
1 a	3,71	5,11	6,52	0,783	31,1	985	1122
2 a	3,66	4,65	5,41	0,860	26,4	833	949
2 b	4,08	5,24	6,07	0,865	29,6	935	1065
3 a	3,67	5,03	5,35	0,941	26,6	840	957
3 b	3,71	5,20	5,56	0,935	27,6	872	994
4 a	3,43	5,48	5,82	0,942	29,0	915	1042
4 b	3,88	6,21	6,59	0,942	32,8	1040	1180

3. Neuere Methoden des Respirationsversuches nach dem Anschlußprinzip.

Seit einer Reihe von Jahren hat man sich bemüht, Apparate und Verfahren auszubilden, die eine weitere Vereinfachung des Respirationsversuches unter weitgehender Wahrung seiner Zuverlässigkeit und Verwertbarkeit, insbesondere für die Zwecke klinischer Stoffwechseluntersuchungen ermöglichen. Für den experimentellen Ausbau der Fütterungslehre haben diese Methoden zwar bisher nur vereinzelt Bedeutung erlangt; doch erscheint es nicht ausgeschlossen, daß sie auch hierfür nützliche Dienste leisten können, weshalb sie in dem vorliegenden Zusammenhang wenigstens in den Hauptzügen mitbehandelt werden sollen.

a) Der Respirationsapparat nach BENEDICT.

Der Anschlußapparat von F. G. BENEDICT in Boston (Carnegie-Institut) (F. G. BENEDICT[9]), von dem Abb. 33 eine Anschauung gibt, gehört zu den geschlossenen Systemen. Er besteht aus einem cylindrischen Metallbehälter A mit aufgedichteter Gummikappe B, einem Paar einfacher Klappenventile g, g' mit angeschlossenen Gummischläuchen, einem Mundstück und einer gut dichten Luftpumpe von bekanntem Hubvolumen (oder einer geeigneten Sauerstoffbombe).

Der cylindrische Metallbehälter aus Zinn- oder Kupferblech wird zu zwei Dritteln mit gekörntem Natronkalk beschickt. Seine bewegliche, luftdichte Decke besteht aus einer Badekappe von reinem Gummi. Die Inspirationsluft strömt aus dem Behälter durch die Öffnung a, dann durch ein Sadd-Ventil, das sich in dem Metallgehäuse g befindet und durch einen Gummischlauch i in das leichte Metallrohr h, an dem das Mundstück j angebracht ist. Die Exspirationsluft strömt durch einen zweiten Rohransatz von h durch den hierzu gehörigen Gummischlauch e und das Ausatmungsventil g' über den Tubus b in den Bodenraum des Behälters A und steigt von hier durch die Natronkalkschicht hoch, wobei sie völlig von CO_2 befreit wird.

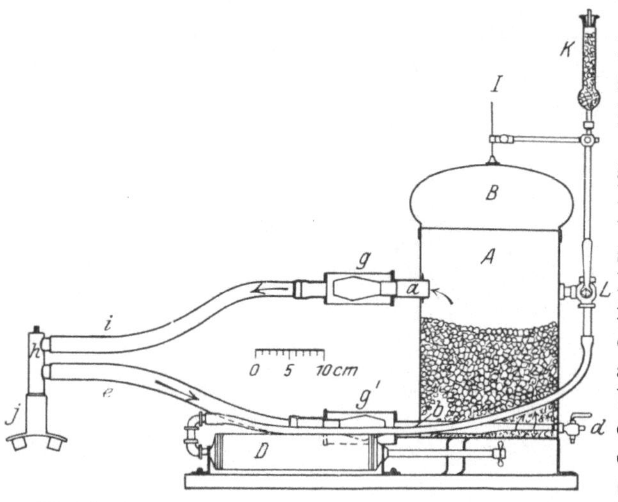

Abb. 33. Respirationsapparat nach F. G. Benedict. (Klein und Steuber[54].)

Die bewegliche Gummikappe B ermöglicht eine fortgesetzte spielendleichte Atmung des in dem System befindlichen CO_2-freien Gasgemisches, dessen Sauerstoff hierbei allmählich verbraucht wird, erkennbar an dem Einsinken der Gummikappe B. Die Größe dieses Verbrauches ist meßbar an der Luftmenge, die zur Einstellung von B auf ihre ursprüngliche Höhe benötigt wird; diese wird in einfachster Weise mit Hilfe der kalibrierten Luftpumpe (aus dem Hubvolumen mal Zahl der zur Wiederauffüllung erforderlichen Kolbenstöße) bestimmt.

Die *Ausführung eines solchen Versuches* beginnt damit, daß die noch durch die Nase atmende Versuchsperson mittels des Mundstückes an den Apparat angeschlossen und der Gasraum des Behälters durch Eindrücken der Gummikappe B in dessen Hohlraum teilweise entleert wird. Unmittelbar darauf wird AB aus einer Bombe mit Sauerstoff gefüllt, bis der Knopf von B oben die Indexnadel I berührt. In diesem Augenblick beginnt die Atmung der Versuchsperson durch den Respirationsapparat, wobei ihr die Nase in üblicher Weise durch eine Klemme verschlossen wird. Sie beginnt nun den sauerstoffreichen Gasinhalt des Vorratsbehälters durch die obere Leitung einzuatmen; ihre Ausatmungsluft strömt durch die untere Leitung in den Behälter zurück, passiert die Natronkalkschicht und wird hier von CO_2 (auch Wasserdampf) befreit. Im Laufe des Versuches senkt sich die Gummikappe entsprechend der Größe des Sauerstoffverbrauches; diese wird in der oben angegebenen Weise bestimmt.

Die *Berechnung des Sauerstoffverbrauches*, dessen Bestimmung bei dieser Methode ausschließlich in Frage kommt, geschieht demnach nach der einfachen Formel:

$$V_{0_2} = \frac{n \cdot m \cdot f}{t},$$

worin n die Anzahl der Kolbenstöße, m den Hubraum der Luftpumpe, f den Reduktionsfaktor für das gemessene O_2-Volumen auf 0^0 und 760 mm und t die Zeit der Versuchsdauer in Minuten bedeuten.

Anstatt der nur einmaligen Erschöpfung des abgemessenen Sauerstoffvorrates kann man das Verfahren auch für längere Versuchsdauer anwenden; in diesem Fall müssen jeweils rechtzeitig, d. h. wenn die Gummikappe in den Behälter A einzusinken beginnt, durch die hierfür vorgesehenen Leitungen bekannte O_2-Mengen eingeführt werden. Dies kann auf zweierlei Weise geschehen, und zwar entweder durch Anschluß einer kleinen Sauerstoffbombe an den Hahnstutzen d; die, natürlich verlustlos eingelassene, O_2-Menge wird durch Wägung oder durch Messung mittels einer kleinen Präzisionsgasuhr bestimmt oder aber in der oben besprochenen Weise einfach durch Auffüllung des Behälters mit Zimmerluft mittels der kalibrierten Luftpumpe, wobei dann der O_2-Gehalt derselben bekannt sein muß. In letzterem Fall ist darauf zu achten, daß die O_2-Konzentration des Behältergases nicht zu weit (d. h. nicht unter ca. 13 %) absinkt. — Bei der Berechnung eines derartigen Versuches sind selbstverständlich die O_2-Werte der erfolgten Nachfüllungen entsprechend in Rechnung zu stellen.

So einfach diese Methode erscheint, so bedarf sie doch zu ihrer brauchbaren Anwendung Sachkenntnis, Sorgfalt und Übung, liefert aber dann, wie durch ein riesiges Versuchsmaterial erwiesen ist, recht brauchbare Ergebnisse. Zu Versuchen auf dem Gebiet der Fütterungslehre scheint sie vor allem dort probabel, wo sich die Anwendung der Zuntz-Geppertschen Methode aus technischen Gründen verbietet, so z. B. für Versuche über den Gaswechsel beim Ziehen, Pflügen, Fahren, Reiten u. dgl. unter den wirklichen Verhältnissen der Praxis; hier könnte m. E. das in Rede stehende Benedictsche Verfahren eine schätzbare Ergänzung der Zuntz-Geppert-Methode bieten.

Im übrigen ist die hier beschriebene Benedictsche Versuchsanordnung von ihrem Autor und anderen in mancher Hinsicht modifiziert worden; diesbezüglich sei auf die eingangs zitierte Arbeit von Benedict[9] und auf die einschlägige periodische Literatur verwiesen.

b) Der registrierende Respirationsapparat nach Krogh,

wie der vorbeschriebene Benedict-Apparat den geschlossenen Systemen zugehörig und jenem auch sonst im Prinzip verwandt. Er dient ebenfalls ausschließlich der Bestimmung des O_2-Verbrauches, während die ausgeatmete CO_2 quantitativ absorbiert wird. Wesentlich an ihm ist die graphische Registrierung des Sauerstoffverbrauches, die ein objektives Bild der Atmungsweise während des Versuches vermittelt und zugleich in einfachster Weise zu dessen Berechnung benutzt wird.

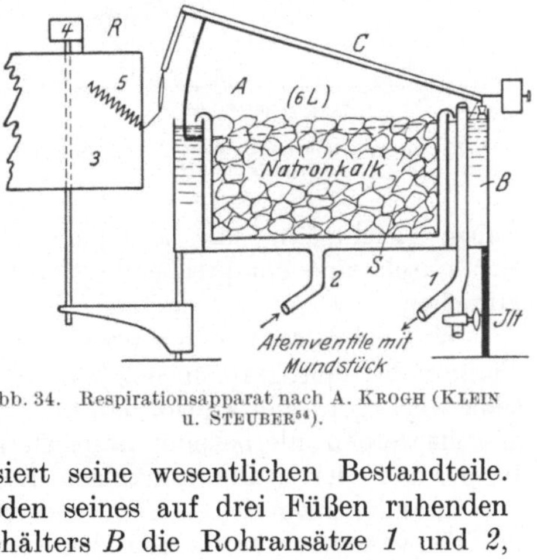

Er besteht aus einem modifizierten Gadschen Atemvolumenschreiber (Spirographen) nebst Schlauchleitungen, Ventilen, Mundstück und Nasenklemme (für Tiere statt Mundstück und Nasenklemme natürlich Tamponkanüle), einem Kymographion und einen Zeitmarkierer

Abb. 34. Respirationsapparat nach A. Krogh (Klein u. Steuber[54]).

(Bowditch-Uhr); Abb. 34 zeigt schematisiert seine wesentlichen Bestandteile. Der Atemvolumschreiber A trägt am Boden seines auf drei Füßen ruhenden cylindrischen, seitlich doppelwandigen Behälters B die Rohransätze 1 und 2, von denen ersterer, mit dem Hahnstutzen *Ilt* versehen, in dem Wandhohlraum des Behälters bis zu dessen oberem Rande reicht, während letzterer unmittelbar über dem Boden des Behälters mündet. Dem Behälter *B* ist durch ein Scharnier die gut äquilibrierbare, leichtspielende Aluminiumglocke *C* aufgesetzt, die mit ihrem freien Rande in die wassergefüllte Hohlwand von *B* eintaucht und hierdurch den Binnenraum von *A* gegen die äußere Atmosphäre abschließt. Sie ist gegenüber von dem erwähnten Scharnier mit einer Schreibspitze versehen, welche der Schreibfläche einer Registriertrommel *R* angelegt werden kann. Der Innenraum des Behälters *B* nimmt einen ihm in Form und Größe angepaßten, mit Natronkalkbrocken beschickten Siebeinsatz *S* auf. Zur Ausführung eines Versuches wird das Versuchsobjekt in üblicher Weise an den Atemvolumschreiber angeschlossen, derart, daß es durch Rohransatz *1* ein- und durch Rohransatz *2* ausatmet. Der verfügbare Hohlraum von *A* wird, nachdem man auf der Schreibfläche von *R* mit der Schreibspitze von *C* (oder der auf gleicher Höhe stehenden Schreibspitze eines Zeitmarkierers) eine Nullmarke bei tiefster Stellung der Spirographenglocke rund um die Trommel gezogen hat, aus einer Sauerstoffbombe mit analysiertem Sauerstoff beschickt, bis der freie Rand von *C* noch ca. 1 cm tief in das Sperrwasser von *B* eintaucht, wofür bei der üblichen Größe von *A* ca. 5 l O_2 verwendet werden und in *A* ein Gasgemisch mit ca. 40% O_2 entsteht; die Schreibspitze von *C* wird an die Schreibfläche von *R* angelegt und beginnt die Atmung des Versuchsobjektes, d. h. dessen Atemzüge und O_2-Verbrauch dortselbst zu verzeichnen. Sobald diese gleichmäßig geworden sind (nach ca. 5 Minuten), wird der Beginn des eigentlichen Versuches auf *R* vermerkt und dieser unter den gegebenen Bedingungen ca. 10 Minuten fortgesetzt. Der Schluß des Versuches wird wiederum auf *R* notiert.

Während des Atmens wird bei dieser Versuchsanordnung die Glocke des Volumschreibers jeweils inspiratorisch gesenkt und exspiratorisch gehoben; sie senkt sich dabei nach jedem Atemzuge soviel unter ihren vorherigen Stand, als der hierbei in den Lungen einbehaltenen Sauerstoffmenge entspricht; auf der Schreibfläche von *R* entsteht demgemäß eine abfallende Reihe von Atemkurven, die den Verlauf der Atembewegungen nach Zahl und Art und die Größe des hierbei erfolgten Sauerstoffverbrauches verzeichnet. Durch Eichung läßt sich der Volumwert der Kurvensenkung feststellen und demgemäß auswerten, wofür zweckmäßig dementsprechende Maßstäbe (Meßlineale) verwendet werden können. — Natürlich kann die Messung nur dann zuverlässig sein, wenn die Versuchsbedingungen, insbesondere die Temperatur im Atmungssystem und der Atemtypus des Versuchsobjektes während derselben gleichmäßig und mit jenen der Eichung vergleichbar sind. Dies läßt sich durch eine entsprechende Voratmung (s. o.) mit hinlänglicher Sicherheit erreichen.

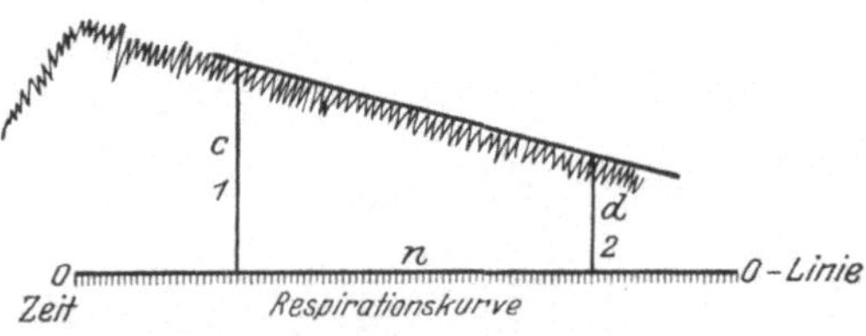

Abb. 35. Respirationskurve nach A. Krogh (Klein und Steuber[54]).

Will man den Versuch über längere Zeit, als dies mit einer einmaligen O_2-Füllung des Spirographen möglich ist, ausdehnen, so muß eine Nachfüllung desselben erfolgen oder a priori ein konzentrierteres O_2-Gemisch in demselben hergestellt werden; hierbei sind natürlich die durch die Nachfüllung bedingten Unterbrechungen der ordnungsmäßigen Registrierung, einschließlich etwaiger Temperaturänderungen des Gasgemisches im Spirographen usw., von der Auswertung des Versuches auszuschließen; bei Verwendung konzentrierter O_2-Gemische, die im übrigen dem Versuchsindividuum nichts schaden, ist auch der höheren Absorption von O_2 in den Säften und Geweben bis zur Herstellung der Gleichgewichtslage durch eine entsprechend längere Voratmung Rechnung zu tragen.

Die Niederschrift eines derartigen Versuches zeigt Abb. 35, an welcher zugleich auch das zugehörige Berechnungsverfahren erläutert sein möge. Dieses erfolgt sehr einfach nach der Formel

$$v_o = \frac{a - b}{n} \cdot \frac{b}{760 \cdot (1 + a\,t)},$$

worin a den Volumwert der Anfangshöhe der Atemkurve (d. h. den lotrechten Abstand des Gipfelpunktes der ersten Versuchsatemzüge über der 0-Linie, d. i. den Ausgangspunkt der ersten Inspiration), b den entsprechenden Wert der Endhöhe (d. h. den Endpunkt der letzten Exspiration), n die Zeit in Minuten, die übrigen Zeichen die aus der Gasreduktion bekannten Werte bedeuten. Für die Ermittlung von a und b dient das bereits erwähnte Meßlineal, d. h. ein mittels Eichung des Spirographen hergestellter Maßstab mit Zehntelliterteilung, an welchem also der O-Verbrauch noch auf $^1/_{100}\,l$ genau abgelesen werden kann.

Da diese Versuchsanordnung nur den O_2-Verbrauch direkt bestimmt, gelten für ihre Auswertung die gleichen Einschränkungen wie bei der vorher besprochenen Benedict-Methode. Ihr Hauptvorteil ist neben der relativen Einfachheit und Billigkeit von Apparatur und Ausführung die objektive Registrierung des Versuchsablaufs.

c) Der Respirationsapparat von Schaternikoff.

Vor einigen Jahren hat M. Schaternikoff[98, 99] ein neuartiges Verfahren des Gaswechselversuches angegeben und inzwischen u. a. auch in interessanten Versuchen an landwirtschaftlichen Nutztieren erprobt, das, nach dem An- und Einschlußprinzip benutzbar, als eine wertvolle Bereicherung dieses Arbeitsgebietes zu betrachten ist und darum schließlich hier noch besprochen werden soll.

Die Anordnung des Apparates geht im wesentlichen aus der nachstehenden Skizze (Abb. 36) hervor.

Ein luftgefüllter, hermetisch geschlossener Versuchsbehälter A (etwa ein Gasometer von 250—300 l Inhalt) ist mit einer Reihe von Rohrleitungen $a\,b\,c\,d\,e\,f$ so verbunden, daß er mit diesen ein geschlossenes Kreislaufsystem bildet. Dieses enthält zwischen d und e den Ventilator B mit einem Fördervermögen von ca. 75 Minutenlitern, welcher die das System erfüllende Luft in stetiger schneller Bewegung erhalten kann. Hierbei passiert die zirkulierende Luft über a, b die zum Anschluß des Versuchsindividuums dienende, mit einer Atemmaske (od. dgl.) versehene Abzweigung M, weiterhin das Kühlgefäß E, jenseits des Ventilators das Absorptionsgefäß C, von dem sie über das Ventil K in den Behälter A zurückkehrt.

Durch den mit dem Flüssigkeitsventil K' versehenen Rohransatz n ist der Behälter A ferner mit dem geräumigen Vorratsgefäß D verbunden, das zusammen mit der graduierten Hilfsröhre F und dem mit dieser verbundenen Druckregler P zur Aufnahme und Abmessung eines angemessenen O_2-Vorrates und zu dessen wohlgeregelter Abgabe an den Versuchsbehälter dient. Die Apparatur ist im übrigen, wie aus der Skizze ersichtlich, mit den für die Reduktion und Analyse erforderlichen Thermometern (t), Manometern (m) und Probenahmevorrichtungen (Hg) ausgestattet.

Zum Anschlußversuch wird das Versuchsindividuum an den vorher mit frischer Außenluft beschickten und im übrigen lege artis vorbereiteten

Apparat mittels der Abzweigung M angeschlossen und der Luftumlauf des Systems in Gang gesetzt. Der an M vorbeistreichende Luftstrom versorgt es alsdann mit Inspirationsluft und nimmt seine Exspirationsluft auf, führt diese durch das Absorptionsgefäß C, wo ihre CO_2 absorbiert wird, was in K durch die Barytprobe laufend kontrolliert werden kann. Eine Verwendung von Atemventilen ist überflüssig. Nach Maßgabe der durch CO_2-Absorption und O_2-Verbrauch eintretenden Druckminderung, deren Beeinflussung durch Temperaturänderungen mittels der Kühlvorrichtung E auszuschalten ist, strömen aus D genau meßbare O_2-Mengen in das Respirationssystem nach. Bei Beendigung des Versuches wird vor allem durch Verschluß der Klemmen bei M das System nach außen gasdicht abgeschlossen und das Versuchsindividuum vom Apparat entlassen. Der Ventilator läuft noch, bis die zirkulierende Luft völlig CO_2-frei ist, was mittels des Barytventils K genau festgestellt werden kann, und bis mittels der Kühlvorrich-

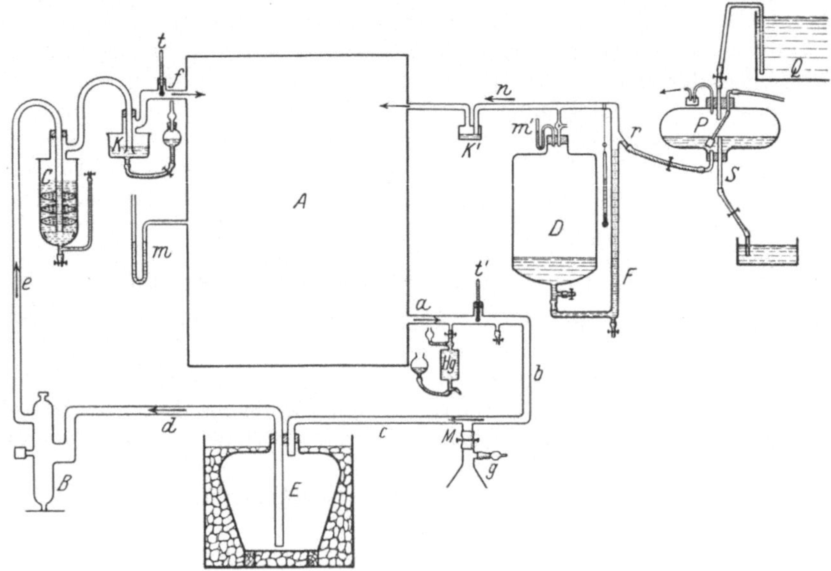

Abb. 36.   Respirationsapparat nach M. SCHATERNIKOFF[98].

tung E die Endtemperatur im System der Anfangstemperatur genau angeglichen ist. Dann werden die Manometer abgelesen, mittels der Probenahmevorrichtung Hg Analysenproben der zirkulierenden Inhaltsluft entnommen und schließlich der Ventilator abgestellt.

Die Bestimmung der umgesetzten Atemgase erfolgt für die CO_2 nach einer von SCHATERNIKOFF[98],[99] angegebenen Methode oder titrimetrisch in der Absorptionslauge, für den O_2-Verbrauch aus der während des Versuches entstandenen gasanalytisch ermittelten Differenz des O_2-Gehaltes der Inhaltsluft des Respirationsbehälters zuzüglich der während des Versuchs aus dem Vorratsgefäß zugeführten O_2-Menge.

Die Methode hat in den Händen SCHATERNIKOFFS vorzügliche Resultate ergeben, wie aus der folgenden Zusammenstellung die Versuchsreihen a und b, die an zwei Männern von annähernd gleicher Konstitution, gleichen Alters und Körpergewichtes in jeweils einstündigen Ruheversuchen, morgens nüchtern durchgeführt wurden, hervorgeht; sie zeigen, besonders in den Einzelversuchen der resp. Reihen, eine außerordentlich gute Übereinstimmung (Tabelle a).

Tabelle a. Grundgaswechsel zweier männlicher Individuen,
nach SCHATERNIKOFF[98] (Anschlußmethode).

CO_2-Abgabe pro Stunde				O_2-Verbrauch pro Stunde				RQ	
a		b		a		b		a	b
l	%	l	%	l	%	l	%		
11,923	100,0	12,130	100,6	14,35	100,2	14,78	100,9	0,831	0,821
11,745	98,5	11,913	98,8	14,18	99,0	14,37	98,2	0,829	0,828
12,048	101,0	11,985	99,4	14,47	101,0	14,52	99,1	0,832	0,825
12,103	101,5	12,076	100,2	14,40	100,5	14,67	100,1	0,840	0,823
11,804	99,0	12,169	101,0	14,23	99,3	14,90	101,7	0,830	0,817
11,925	100,0	12,055	100,0	14,32	100,0	14,65	100,0	0,833	0,823

Sie ist im übrigen von SCHATERNIKOFF[98—101] auch als Einschlußmethode nach
dem REGNAULT-REISET-Prinzip ausgebildet und verschiedentlich erprobt worden,
indem statt des ursprünglichen Gasometers ein für die Einbringung von Versuchsindividuen geeigneter, hermetisch abschließbarer Behälter Verwendung fand, und
hat auch in dieser Anwendungsweise recht schöne Ergebnisse geliefert, wie das
folgende, an einem Schafbock gewonnene Beispiel (Tabelle b) zeigt.

Tabelle b. Gaswechsel eines Hammels, nach SCHATERNIKOFF[100] (Einschlußmethode).

Versuchstag	Tier-gewicht kg	Gaswechsel des Versuchstieres				RQ	Bemerkung
		in 10 Stdn. total		pro kg und Minute			
		CO_2-Abgabe l	O_2-Ver-brauch l	CO_2-Abgabe cm^3	O_2-Ver-brauch cm^3		
9. Dez. 1926	48,32	95,455	129,810	3,29	4,47	0,736	Versuchsdauer jeweils 10 Std. Vor d. Versuch 24 Std. Hunger.
21. Dez. 1926	48,73	95,052	128,220	3,26	4,39	0,742	

Sie erscheint in jeder dieser Anwendungsformen als eine glückliche Lösung
des Problems; in der Anwendung als Anschlußmethode hat sie, wie mir scheint,
den bedeutsamen Vorteil, daß sie neben der direkten Bestimmung des CO_2- und
O_2-Umsatzes auch eine zuverlässige Bestimmung des Gehaltes der geatmeten
Luft an brennbaren Gasen (unter Anreicherung derselben für die Analyse) gestattet und schließlich wohl auch eine aussichtsvolle Möglichkeit für das Studium
der elementaren „Stickstofffrage" bietet.

III. Kombinierte Methoden des Gaswechselversuchs.
Universalrespirationsapparate.

Die beschriebenen Methoden des Gaswechselversuches, seien es nun solche
nach dem Einschluß- oder nach dem Anschlußprinzip in irgendwelcher Ausführungsform, haben, wie wir im folgenden Abschnitt noch näher sehen werden,
für die Lösung bestimmter Fragestellungen jeweils ihre grundsätzlichen Vorzüge
und Nachteile; unter Umständen ist das Versuchsziel nur durch eine tunlichst
gleichzeitige Anwendung verschiedener Methoden am gleichen Versuchsobjekt
mit genügender Sicherheit zu erreichen; so z. B. für die Bestimmung des Anteils
der Hautatmung am Gesamtgaswechsel oder für die Ermittlung der aus Inte-
stinalgärungen stammenden Gasentleerungen u. a. m.

Aus diesem Bedürfnis heraus hat man in neuerer Zeit versucht, Respirationsapparate zu bauen, die eine kombinierte Anwendung verschiedener Grund-
prinzipien des Gaswechselversuches, z. B. die Verbindung von ZUNTZ-GEPPERT-
Versuchen mit einem REGNAULT-REISET- oder PETTENKOFER-Versuch, ermöglichen.

Das bedeutsamste Ergebnis dieser Bemühungen ist der große *Universal-Respirationsapparat* von N. Zuntz[132, 136] im Tierphysiologischen Institut der

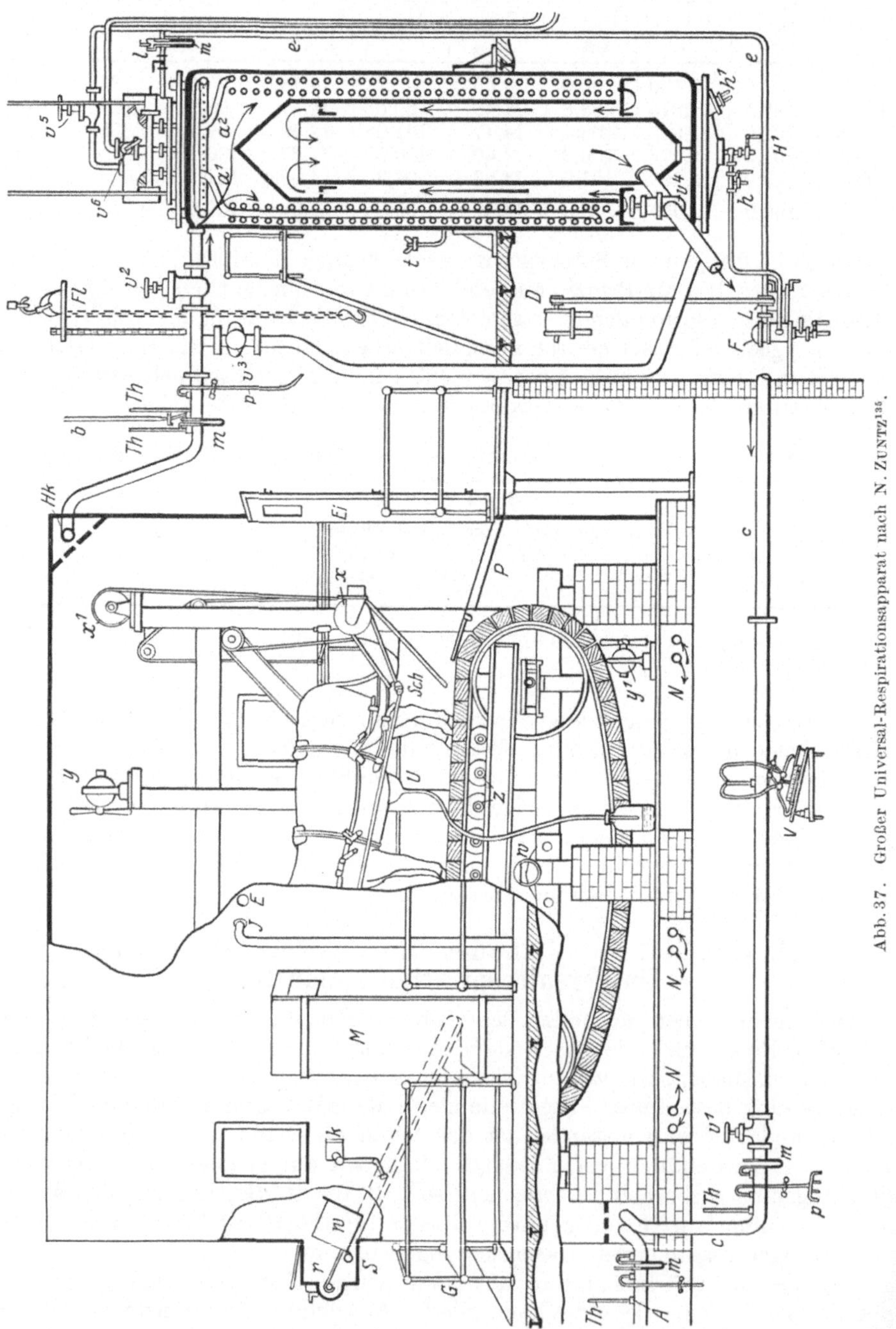

Abb. 37.   Großer Universal-Respirationsapparat nach N. Zuntz[135].

Berliner Landwirtschaftlichen Hochschule. Derselbe ist so eingerichtet, daß mit ihm vollständige Stoffwechselbilanzversuche an großen Haustieren von beliebig langer Dauer in Verbindung mit Respirationsversuchen nach REGNAULT und REISET, PETTENKOFER oder nach dem Prinzip der pneumatischen Kammer und in Kombination derselben mit dem ZUNTZ-GEPPERT-Versuch am ruhenden und an dem gemessene Arbeit verschiedener Art (Gehen auf ebener Bahn, in Steigung und Gefälle, Zugarbeit u. a.) leistenden Tiere ausgeführt werden können.

Er kann hier aus räumlichen Gründen nur in seinen Hauptzügen beschrieben werden; nähere Einzelheiten der Konstruktion, Handhabung, Versuchsanstellung und -berechnung finden sich u. a. bei M. ZUNTZ[132], R. v. D. HEIDE, W. KLEIN und N. ZUNTZ[136], W. KLEIN und M. STEUBER[48, 52—55].

Der Apparat besteht in seinen Hauptteilen aus einem luftdicht verschließbaren, mit Vorrichtungen zur Unterbringung, Fütterung, Wartung und experimentellen Bedienung des Versuchstieres, sowie zur verlustlosen Sammlung seiner Ausscheidungen, ferner zur Ausführung meßbarer Arbeitsleistungen durch dasselbe eingerichteten, versteiften *Eisenblechkasten* von ca. 85 m³ Luftraum.

Er ist im übrigen mit kräftigen Ventilationsvorrichtungen (Enkegebläse, großem Ventilationsgasmesser), auch Flügelventilatoren zur ergiebigen Durchmischung seines Gasinhaltes und an verschiedenen geeigneten Stellen mit reichlichen Vorrichtungen zur Absorption von Kohlensäure und Wasserdampf, zur Zufuhr gemessener Luft- oder Sauerstoffmengen, zur Druck- und Temperaturregulierung, zur Bestimmung der für die Reduktion seines Gasinhaltes erforderlichen Daten (Mano-

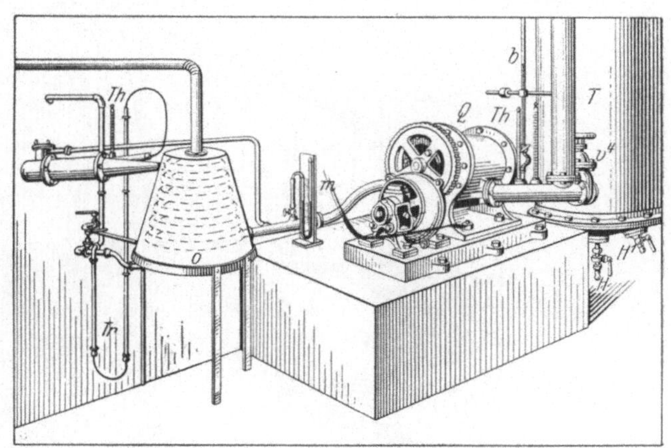

Abb. 38. Teilansicht zu Abb. 37.

meter, Thermometer, Thermobarometer, Psychrometer) und zur Entnahme von geeigneten Analysenproben derselben ausgestattet. Seine Form und Einrichtung ist im wesentlichen aus Abb. 37 ersichtlich, insbesondere auch die als Standfläche und für die Ausführung der erwähnten Arbeitsversuche dienende Tretbahn nebst Zugmeßvorrichtung.

Zur Ausführung von Respirationsversuchen nach dem REGNAULT-REISET-*Prinzip* ist der Kasten mit einer Vorrichtung zum Umtrieb seines Gasinhaltes ausgerüstet, die zugleich eine weitgehende Entfernung der CO_2 und des Wasserdampfes aus demselben gestattet; ferner sind ihm Geräte zur Einführung meßbarer Luft oder Sauerstoffmengen angeschlossen.

Die erwähnte Zirkulationsvorrichtung besteht aus einer Rohrleitung zwischen der rechten oberen Hinterecke und der linken unteren Vorderecke des Kastens; in ihrem Verlauf ist in der aus den Abb. 37, 38 ersichtlichen Weise der Absorptionsturm T, das Enkegebläse Q, eine Anwärmvorrichtung o eingeschaltet. Die Rohrleitung ist an verschiedenen Stellen ihres Verlaufes mit Tubulaturen zur Aufnahme von Manometern m, Thermometern Th, Hygrometern ThThb, Tachometern v und zur Entnahme von Gasproben p versehen. Zwischen Ein- und Austrittsstutzen am Absorptionsturm ist ihr eine durch Verschlüsse regulier-

27*

bare Nebenleitung angeschaltet, ebenso zwischen dem Ein- und Austrittsstutzen zum Wärmeofen.

Die Ergänzung des im Versuch verbrauchten Sauerstoffs geschieht entweder mit Hilfe des in Abb. 39 erkennbaren Gasometers g, der gut bestimmbare Mengen von Luft oder anderen O_2-Gemischen in den Kasten einzuführen gestattet, oder durch Einleitung genau gewogener Mengen analysierten Sauerstoffs aus einer Bombe in den Kasten mittels einer Tubulatur in der Kastenwand.

Vor Aufnahme der eigentlichen Versuche wurde natürlich die ganze Apparatur sorgfältig geeicht, d. h. der Inhalt des Kastens nebst zugehörigen Nebenräumen (Futterschleuse, Schleusentüre) und luftführenden Teilen der Zirkulationsvorrichtungen (Rohrleitungen, Absorptionsturm) genau festgestellt, sowie auf Dichtigkeit und Zuverlässigkeit der Gasbestimmung geprüft. Die

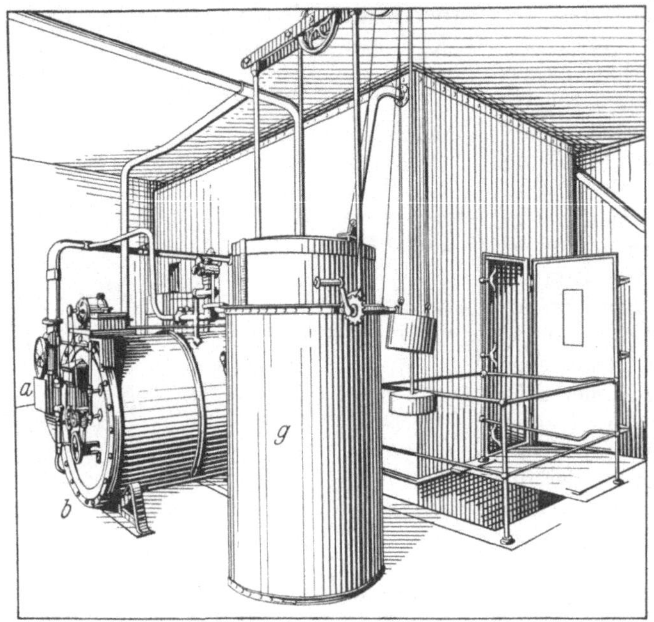

Abb. 39. Teilansicht zu Abb. 37.

Ergebnisse waren zufriedenstellend; Näheres hierzu s. bei v. d. Heide, Klein und Zuntz[136].

Vor Beginn eines Regnault-Reiset-Versuches wird der im übrigen mit allen notwendigen Vorrichtungen in gut funktionierendem Zustand versehene Respirationsapparat durch Beschickung des Absorptionsturmes mit einer bestimmten Menge (60—100 l) Kalilauge von 10—30 % KOH-Gehalt beschickt, der Laugenumlauf und die Kühlung im Absorptionsturm sowie die Luftzirkulation des Apparates in Gang gesetzt und das Versuchstier, mit Harntrichter und Kotschürze versehen, im Kasten untergebracht und luftdicht eingeschlossen.

Nach ca. einhalbstündiger Vorventilation beginnt der eigentliche Versuch, indem je eine Probe der zirkulierenden Luft beim Ein- und Austritt aus dem Kasten und gleichzeitig eine Laugenprobe aus dem Absorptionsturm entnommen und die Zeit sowie die zur Reduktion der Versuchsluft auf Normalbedingungen erforderlichen Vermerke (Barometerstand, Manometer, Temperatur, Thermobarometers, Pychrometer) genau notiert werden.

Im Laufe des Versuches, der meist 24 Stunden dauert, werden alle für die Beurteilung und Berechnung desselben wesentlichen Vorgänge (Verhalten des Versuchstieres, Futterzufuhr, Luft- oder Sauerstoffzufuhr usw.) protokolliert.

Die *Berechnung des Versuchsergebnisses*[48, 135] beruht auf der Feststellung:

a) der Menge und Zusammensetzung der Versuchsluft im Tierbehälter (einschließlich Nebenräumen) zu Beginn und Schluß des Versuches. Als wesentliche Bestandteile derselben kommen neben CO_2, O_2 und N_2 u. U. CH_4, H_2 und evtl. der Wasserdampfgehalt in Betracht;

b) der im Absorptionsturm zurückbehaltenen CO_2-Menge (evtl. auch des dort festgehaltenen Wassers);

c) der dem Apparat zugeführten O_2-Menge (evtl. auch der zugehörigen CO_2- und N_2-Mengen, falls solche in Frage kommen, z. B. bei Einführung von atmosphärischer Luft oder N_2-haltigem Bomben-Sauerstoff);

d) der durch Einschleusen von Futter oder Personen (oder evtl. auch durch Undichtigkeit) in den Tierbehälter entstandenen Veränderung in der Zusammensetzung des Gasinhalts. Dieselbe kann aus einer etwaigen Veränderung des absoluten N_2-Bestandes der Behälteratmosphäre, gemäß den auf S. 391 dargelegten Grundsätzen ermittelt werden.

Formuliert kann die Berechnung der wesentlichen Versuchsdaten (CO_2-Produktion, O_2-Verbrauch, CH_4- und evtl. H_2-Produktion, Bilanz des N_2-Bestandes) folgendermaßen ausgedrückt werden:

CO_2-*Produktion* (CO_{2p}):

$$CO_{2p} = V_e \cdot \frac{e}{100} - V_a \cdot \frac{a}{100} + A + Z + C \quad \text{(s. Anm.)}$$

O_2-*Verbrauch* (O_{2v}):

$$O_{2v} = V_a \cdot \frac{a}{100} - V_e \cdot \frac{e}{100} + Z + C$$

N_2-*Bilanz* (N_{2b}):

$$N_{2b} = V_a \cdot \frac{a}{100} - V_e \cdot \frac{e}{100} + Z,$$

worin die linksseitigen Zeichen jeweils die reduzierten *Volumina* der gesuchten Gase bedeuten; in den rechtsseitigen Gliedern bedeutet:

$V_a =$ das reduzierte Anfangsvolumen des Gasinhaltes im Respirationsapparat
$V_e =$ „   „   Endvolumen   „   „   „   „
$A \ =$ das reduzierte Volumen der absorbierten CO_2
$Z \ =$ „   „   „ des dem Respirationsapparat absichtlich zugeführten O_2 (evtl. auch CO_2 und N_2)
$C \ =$ das reduzierte Volumen der aus der N_2-Bilanz bestimmbaren Veränderung des resp. Gasinhalts durch unbeabsichtigtes Eindringen oder Austreten von Luft, ferner
$a \ =$ den Prozentwert des in Rechnung stehenden Gases am Anfang des Versuches (Analysenwert des „Anfangsgases")
$e \ =$ den Prozentwert des in Rechnung stehenden Gases am Ende des Versuches (Analysenwert des „Endgases").

Bei *Ausführung von* PETTENKOFER-*Versuchen* dient der auf den Abb. 39 und 40 erkennbare, mittels Elektromotors angetriebene, große Gasmesser b in sonst üblicher Weise zum Durchsaugen und zur gleichzeitigen Messung der durch den Apparat

---

Anm. Entsprechend, jedoch ohne $+ A$, auch für Methan- und Wasserstoffproduktion: CH_{4p}, bzw. $H_{2p} = V_e \cdot \dfrac{e}{100} - V_a \cdot \dfrac{a}{100} + Z + C$.

gesogenen Luftmengen, die auf ihrem Weg zwischen Tierbehälter und Gasmesser den erwähnten Absorptionsturm passieren und dortselbst ihre CO_2 abgeben. Die abgegebene CO_2-Menge wird in der gleichfalls schon erwähnten Weise bestimmt. Die Bestimmung der aus der freien Atmosphäre eingesogenen CO_2 erfolgt gasanalytisch; ebenso diejenige für CH_4 und evtl. für den O_2 mit einer dank der verbesserten Gasanlayse befriedigenden Sicherheit. In einer Reihe von Pettenkofer-Versuchen ist überdies auch die gasanalytische Bestimmung der CO_2-Produktion, teils aus fortgesetzten Stichproben, teils aus kontinuierlichen Teilproben des ventilierten Luftstromes mit gutem Erfolg (s. W. Klein[51], [53]) versucht worden.

Im übrigen geschieht die Durchführung und Auswertung des Pettenkofer-Versuches nach den üblichen Regeln.

Dasselbe gilt für die Anstellung von *Einschlußversuchen* nach dem Prinzip der *pneumatischen Kammer* (s. hierzu S. 390).

Bei der Ausführung von *kombinierten Respirationsversuchen* wird mittels der aus Abb. 40 ersichtlichen kleinen Gasuhr *a*, mit der das im Respirationskasten befindliche Versuchstier in üblicher Weise verbunden ist, der Lungengaswechsel desselben während eines gleichzeitigen Einschlußversuches (oder während bestimmter Zeitabschnitte desselben) nach den Regeln des Zuntz-Geppert-Versuchs gesondert untersucht. Näheres hierzu s. bei W. Klein[48], z. B. S. 60.

Abb. 40. Teilansicht zu Abb. 37.

Kritik der Hauptmethoden des Gaswechselversuchs; ihre Vorzüge und Nachteile für bestimmte Zwecke der Stoffwechselforschung und ihre Anwendung in der Fütterungstechnik. Die *Einschlußmethoden* (Kasten-, Behältermethoden) vermitteln die Kenntnis der gesamten gasförmigen Veränderungen, welche das Versuchsindividuum während der Versuchszeit in der Zusammensetzung der ihm zugemessenen Atmosphäre bewirkt; d. h. also der gesamten gasförmigen Umsetzungen, die sich während des Versuches als Ergebnis seiner Stoffwechselprozesse durch Lungen, Haut und die Schleimhäute des Digestionsapparates im Austausch mit dem umgebenden Medium vollziehen; daneben erscheinen aber auch noch die Ergebnisse des Gaswechsels der im Magen-Darmkanal ansässigen Flora (Bakterien) und Fauna (Protozoen, Würmer). Sie liefern also ein genaues und vollständiges Bild *des Gesamtgaswechsels eines Versuchsindividuums einschließlich der in ihm sich abspielenden symbiotischen Vorgänge.*

Zur Untersuchung gelangen hierbei nicht die unmittelbaren Atemgase, sondern die mehr oder weniger voluminösen gasförmigen Medien des Versuchsbehälters (und der evtl. hindurchgesogenen Ventilation), mit denen das Versuchsindividuum im Gasaustausch steht, wodurch die Messung und Analyse der eigentlichen Atemgase natürlich eine Beeinträchtigung ihrer Genauigkeit erfährt, die durch Anwendung zuverlässigster Meßvorrichtungen, empfindlichster Analysenverfahren und Ausdehnung der Versuche über längere Zeiten (mehrere Stunden bis ganze Tage und länger) kompensiert werden muß. Andererseits bietet die Anordnung der Einschlußverfahren den für manche Zwecke wichtigen Vorteil, daß die Versuchsindividuen ohne irgendwelche Beeinträchtigung ihres Befindens und Behagens unter möglichst natürlichen äußeren Lebensbedingungen stunden- und tagelang im Versuch gehalten werden können.

Dieses Verfahren leistet infolgedessen besonders dort gute Dienste, wo es sich im wesentlichen um *Feststellung des tatsächlichen Gesamtumsatzes während längerer Fristen* (Tagesbilanzen) handelt, also z. B. um die Bestimmung des Gesamtgaswechsels bei Hunger oder verschiedenartiger Ernährung, die Abhängigkeit desselben von der Umgebungstemperatur, Licht und Dunkelheit, Strahlenwirkungen, Einflüssen chemischer und medikamentöser Art, der Tageszeiten und anderer Bedingungen, deren Wirkung sich über längere Zeitspannen erstreckt.

Es ist klar, daß es demnach vor allem für die angewandte Stoffwechselforschung und insbesondere für die Entwicklung einer methodischen Fütterungslehre von grundlegender Bedeutung ist, wie dies ja seit Oskar Kellners klassischen Arbeiten außer jedem Zweifel steht.

Diesen Vorzügen stehen freilich auch mancherlei Nachteile gegenüber. Die hier in Frage kommenden Einrichtungen und Arbeitsverfahren sind, besonders, wenn sie für Versuche an größeren Tieren Verwendung finden sollen, kostspielig, technisch kompliziert und in der Bedienung anspruchsvoll, im übrigen an ihren Standort gebunden; ihre Verbreitung und Anwendung ist demnach, besonders aus den erstgenannten Gründen, auch weit spärlicher, als es im Interesse ihrer Aufgaben wünschenswert wäre.

Wichtiger aber ist es, daß sie sich ihrem Wesen nach für die Lösung mancher Aufgaben auf dem Gebiete des Gaswechselversuches grundsätzlich nicht eignen; so z. B. für die Ausführung kurzdauernder Versuche zum Studium wechselnder physiologischer Zustände (völliger Körperruhe, bestimmter, zeitlich abgegrenzter Tätigkeiten, Wirkungsverlauf bestimmter Stoffzufuhren u. dgl.). Hier wird die Ausführung und das Ergebnis der Versuchsanstellung mit den in Rede stehenden Methoden durch die Umständlichkeit der Handhabung wie auch insbesondere durch die relative Unzulänglichkeit der Messung sehr empfindlich beeinträchtigt, ja selbst unmöglich. Insbesondere führt in solchen Fällen kurzdauernder Versuche das Mißverhältnis zwischen der Größe des Gasvolumens im Respirationsraum — der doch vom analytischen Standpunkt einen „schädlichen Raum" bedeutet — und der relativen Geringfügigkeit der umgesetzten Gasmengen zu bedenklichen Unsicherheiten in der Bestimmung der Versuchsergebnisse selbst bei vollkommenster Anwendung der besten Bestimmungsmethoden.

Ferner kann natürlich die durch die Einschlußmethoden bedingte *Verquickung verschiedenartiger Gaswechselvorgänge* (Lungen-, Hautatmung, Intestinalatmung), so wertvoll ihre Gesamterfassung für manche Zwecke ist, unter Umständen störend wirken; so z. B. für die Bestimmung gesetzmäßiger Beziehungen des respiratorischen Quotienten zum Nährstoff- und Energieumsatz u. a. m.

Schließlich kommen die Methoden des Einschlußverfahrens praktisch dort außer Betracht, wo es gilt, den Stoffwechsel unter den Bedingungen des Frei-Lebens zu studieren; so z. B. unter verschiedenartigen klimatischen Verhältnissen, bei Arbeitsleistungen im Freien, Weidegang der Tiere u. a. m.).

Was die vergleichsweise Beurteilung der sog. *geschlossenen* (Regnault-Reiset-Prinzip) und *offenen* (Pettenkofer-Prinzip) Abarten der Einschlußmethoden des Respirationsversuches anbelangt, so stehen sich auch hier auf beiden

Seiten Vorzüge und Nachteile gegenüber, deren Gewicht je nach dem besonderen Versuchszweck ein verschiedenes sein kann.

Die *hermetische Abgeschlossenheit des* Regnault-Reiset-*Prinzips hat vor allem den wesentlichen Vorzug, daß sie* neben einer direkten Bestimmung des CO_2 und O_2-Umsatzes, der CH_4- und H_2-Produktion, *eine Bilanz der Einnahmen und Ausgaben an elementarem Stickstoff* (einschließlich der sog. Edelgase) *ermöglicht.* Sie hat denn auch durch die einschlägigen Arbeiten von A. Krogh[58] und C. Oppenheimer[84] zu der *für die gesamte Stoffwechselphysiologie fundamentalen Erkenntnis geführt, daß der elementare Stickstoff an den tierischen Stoffwechselprozessen unbeteiligt erscheint.*

Diesen Vorzügen standen ursprünglich gewisse Mängel technischer und hygienischer Art gegenüber, so die Schwierigkeit einer wirklich vollkommenen Abdichtung der Versuchsanlage, einer genügenden Absorption der CO_2, deren zuverlässiger Bestimmung, einer wirksamen Beseitigung des Wasserdampfes und der übelriechenden Ausscheidungen der Versuchsindividuen u. a. m.; doch konnten diese im Lauf der Zeit in der Hauptsache beseitigt werden, wie dies insbesondere durch die vervollkommneten Ausführungen von Atwater und Mitarbeitern[4] (für Versuche an Menschen) und von N. Zuntz (für Versuche an kleinen und großen Haustieren, s. hierzu N. Zuntz[131], H. Gerhartz[25], W. Klein[48]) erwiesen ist.

Bei den sog. „offenen" Systemen des Einschlußverfahrens, deren Prototyp das Pettenkofer*sche ist,* kommt es naturgemäß nicht auf eine hermetische Abdichtung des Versuchsbehälters an, wodurch die praktische Ausführung der Versuche bedeutend erleichtert wird. Ein weiterer Vorteil derselben ist die bereits hervorgehobene mühelose Erhaltung einer behaglichen Atmosphäre im Versuchsbehälter, auch während langdauernder Versuche. Der Nachteil einer unzulänglichen direkten Bestimmung des Sauerstoffverbrauches, welcher den Wert der Pettenkofer-Versuche ursprünglich einschränkte, darf neuerdings durch die weitgehende Vervollkommnung der gasanalytischen O_2-Bestimmung nach Haldane (Klein und Steuber[54]) und insbesondere nach Sondén-Tigerstedt in der W. Kleinschen Ausführungsform (Klein und Steuber[55]) als überwunden gelten. *Hierdurch hat die* Pettenkofer*sche Methode, der wir im übrigen bisher den Hauptanteil der experimentellen Bestimmung des Gesamtgaswechsels der landwirtschaftlichen Nutztiere und seiner Beziehungen zur Ernährungs- und Fütterungspraxis verdanken, eine höchst wichtige Vervollkommnung erfahren,* die auf dem Gebiete der Fütterungslehre insbesondere durch die Arbeiten der Zuntzschen Schule und des Möllgaardschen Instituts bereits wertvolle Früchte trug.

Die Anschlußmethoden des Respirationsversuches, deren Grundtypus das Verfahren nach N. Zuntz *und* J. Geppert *ist, stehen in mancher Hinsicht bezüglich ihrer Vorzüge und Nachteile den Einschlußmethoden in umgekehrtem Sinne gegenüber.* Sie sind ihrem Wesen nach auf die *Bestimmung des Lungengaswechsels in kurzdauernden Versuchsabschnitten* beschränkt, demnach also für eine lückenlose Bestimmung des Gesamtgaswechsels und darum als Grundlage zur Aufstellung exakter Bilanzen, insbesondere für längere Versuchsabschnitte, nicht vollkommen und nicht ohne weiteres geeignet; dagegen ermöglichen sie mit Leichtigkeit und hoher Präzision die Ausführung von Versuchen zum Studium der Abhängigkeit des Gaswechsels von wechselnden physiologischen Zuständen der Versuchsindividuen. Die Vernachlässigung der Hautatmung fällt hierbei, abgesehen von besonderen Fragestellungen, insofern nicht erheblich ins Gewicht, als diese bei den höheren Wirbeltieren gewöhnlich nur einen ganz geringfügigen Anteil des Gesamtgaswechsels (ca. 1 % der CO_2-Abgabe, ca. $^1/_2$ % der O_2-Aufnahme) ausmacht.

Was die Vernachlässigung der durch die Intestinalöffnungen entleerten Magen-Darmgase anbelangt, so ist diese freilich unter Umständen ein Mangel, der die Eignung der Anschlußmethoden einschränkt; andererseits aber auch wieder ein schätzenswerter Vorteil in allen Fällen, wo es auf eine möglichst ungetrübte Erkenntnis der eigentlichen Stoffwechselvorgänge des Versuchsindividuums ankommt.

Diese finden in den hier in Rede stehenden Methoden, wie zuerst durch die zahlreichen und vielfältigen Arbeiten der ZUNTZschen Schule überzeugend erwiesen und später von vielen Seiten bestätigt wurde, einen überraschend prompten und präzisen Ausdruck, der tiefe Einblicke in das Getriebe der Stoffumsetzungen und ihrer Abhängigkeit von wechselnden Bedingungen ermöglicht. Denn der Versuchsansteller ist hier ja durch die unmittelbare Verbindung seines Versuchsobjektes mit den Meß- und Probenahmevorrichtungen in engster Fühlung mit den Funktionen des untersuchten Organismus, deren Änderungen sich bis ins kleinste im Gaswechsel ausprägen; er ist in der Lage, einer jeden Atembewegung seines Versuchsindividuums zu folgen, die Größe und Zusammensetzung beliebiger Atmungsfraktionen festzustellen und zu dem jeweiligen Zustand des Versuchsobjektes in Beziehung zu setzen, er kann innerhalb kurzer Zeitspanne die Versuchsbedingungen weitgehend ändern und ihre Wirkung auf den Gaswechsel vergleichend ergründen; so z. B. die steigernde Wirkung mechanischer Tätigkeiten auf den Grundumsatz, den Einfluß der Nahrungsaufnahme auf Größe und Art des Gaswechsels, die Wirkung von Giften und Arzeneimitteln (z. B. Narkoticis) auf denselben u. a. m.

Ein sehr beachtenswerter Vorzug dieser Methoden ist (neben ihren geringeren Anschaffungs- und Betriebskosten und ihrer relativ einfachen Hantierung) schließlich ihre weitgehende *örtliche Freizügigkeit*, die es ermöglicht, ohne viel Schwierigkeiten an allen möglichen Orten Gaswechselversuche anzustellen, wo dies der Versuchszweck wünschenswert macht, so z. B. im Stall oder im Freien, an der Meeresküste oder auf Bergeshöhen, auf der Weide oder im Wasser usw., wie dies u. a. die schönen Untersuchungen zum Studium des Höhenklimas von N. ZUNTZ und seinen Mitarbeitern [137], von A. DURIG [21, 22] u. a. lehren.

Alles in allem bieten die besprochenen Anschlußmethoden des Respirationsversuches eine höchst wertvolle, in vieler Beziehung unersetzliche Ergänzung der Einschlußmethoden und sind überdies als selbständiges Rüstzeug der Gaswechselforschung verwendbar, mit Ausnahme der Fragestellungen, die langfristige, lückenlose Stoffwechselbilanzen mit Einschluß der Haut- und Darmatmung und der intestinalen Gärungsprozesse bezwecken.

Eine hohe Bedeutung, die hier nur angedeutet sein mag, kommt dem Gaswechselversuch nach dem Anschlußprinzip insbesondere auf klinischem Gebiete zu, wo er namentlich in Form der modernen Ausführungsformen von BENE-DICT [9], KROGH [59], KNIPPING [57] und vielfältigen Spielarten derselben verbreitetste Anwendung findet.

Die Auswertung des Gaswechselversuches. Seine Ergebnisse und ihre praktische Anwendung. Der respiratorische Quotient.

Das Ziel des Gaswechselversuches ist zunächst die Gewinnung von zuverlässigen Zahlenwerten über die Größe der unter bestimmten Bedingungen stattfindenden gasförmigen Umsetzungen eines Versuchsindividuums, d. h. also über seine *Erzeugung von gasförmigen Stoffwechselprodukten*: CO_2 (evtl. CH_4 und H_2) und über seinen gleichzeitigen *Verbrauch an elementarem O_2*.

Der Betrag der erwähnten Umsetzungen wird hierbei nach dem Ergebnis des Versuches üblicherweise in vergleichbaren, auf bestimmte Zeit-, Gewichts-, Oberflächen-, Leistungs-Einheiten bezogenen Volum- oder Gewichtswerten ausgedrückt; wie z. B. cm³ CO_2-Produktion oder cm³ O_2-Verbrauch pro 1 kg Lebendgewicht und Minute, oder l O_2-Verbrauch pro 1 m² Tieroberfläche und Tag, oder cm³ O_2 pro 1 mkg mechanischer Arbeitsleistung.

Aus der Größe dieser Beträge können weiterhin Schlüsse über die ihnen zugrunde liegenden stofflichen Umsetzungen und deren Energiewert abgeleitet werden; so entspricht z. B. die Produktion von einer Gewichtseinheit CO_2 der Oxydation von $\frac{12}{44}$ Gewichtseinheiten C; dieser C-Umsatz ist (ergänzt durch die C-Ausscheidung in den sensiblen Ausgaben) ein Maßstab der Gesamtverbrennung an organischer Substanz in der zugehörigen Stoffwechselphase. Ist der zugehörige N-Umsatz und das $\frac{C}{N}$-Verhältnis des am Umsatz beteiligten Eiweißes bekannt, so kann hieraus der *Eiweißanteil des oxydierten Kohlenstoffs*, und aus der Differenz: Gesamt-C minus Eiweiß-C die auf N-freie Umsetzungen entfallende Kohlenstoffmenge errechnet werden, ohne freilich zunächst über die Art der umgesetzten C-Verbindungen etwas Bestimmtes auszusagen.

Diese läßt sich indes mit weitgehender Zuverlässigkeit ermitteln, wenn neben der CO_2-Produktion der zugehörige O_2-Verbrauch (und evtl. der gleichzeitige N-Umsatz) bekannt ist, da ja die Verbrennung irgendeiner chemisch definierten Substanz, sofern sie vollständig ist, eine jeweils ganz bestimmte Menge CO_2 liefert und hierzu, entsprechend ihrer elementaren Zusammensetzung ebenso eine bestimmte Menge von elementarem O_2 verbraucht. Das äußert sich zunächst deutlich in dem Verhältnis der CO_2-Produktion zum O_2-Verbrauch eines Oxydationsprozesses. Dieses wird, wie schon erwähnt, im Bereich der Gaswechsellehre nach E. Pflüger[90] als *„respiratorischer Quotient"* — R Q — bezeichnet, und entweder aus dem Gewicht des in Form von CO_2 gebundenen O_2 durch das Gewicht des für die Gesamtoxydation der verbrannten Substanz verbrauchten O_2, also

$$RQ = \text{Gewicht } \frac{O_2 \text{ in } CO_2}{\text{Gesamt-}O_2}$$

oder was dasselbe bedeutet und im Gaswechselversuch meist einfacher zu ermitteln ist, aus dem *Volumverhältnis* der bei einem Oxydationsprozeß gebildeten CO_2 und des hierfür verbrauchten Atmungs-O_2, also

$$RQ = \text{Vol} \frac{CO_2}{O_2}$$

ermittelt.

Dieses Verhältnis, bzw. der R Q, ist nun als Kriterium der durch den Gaswechselversuch zu ermittelnden Stoffwechselvorgänge insofern von hoher Bedeutung, als sie für die verschiedenen Hauptgruppen der organischen Nährstoffe und Körperbestandteile, entsprechend deren elementarer Zusammensetzung, typische Werte zeigen; so liegt z. B. der R Q für Fett bei 0,71, während er für Kohlehydrate genau 1,00 beträgt, wie aus den folgenden Umsetzungsgleichungen ohne weiteres ersichtlich ist.

Nehmen wir als *Beispiel der Kohlehydratverbrennung* an, daß ein Mol Traubenzucker ($C_6H_{12}O_6$) vollständig zu Kohlendioxyd und Wasser verbrenne, so verbraucht es hierzu 6 Mole O_2 und liefert (neben 6 Molen H_2O, die uns hier nicht weiter interessieren) 6 Mole CO_2:

$$C_6\,H_{12}O_6 + 6\,O_2 = 6\,CO_2 + 6\,H_2O$$

$$RQ = \frac{6\,\text{Vol } CO_2}{6\,\text{Vol } O_2} = \frac{6}{6} = 1,00\,.$$

Wenn wir diese Umsetzung für eine bestimmte Menge eines bestimmten Kohlehydrates, etwa 1 g Traubenzucker oder 1 g Glykogen auf Grund der Elementarzusammensetzung ausrechnen, so erhalten wir neben dem R Q auch die faktischen Beträge der CO_2-Produktion und des O_2-Verbrauchs, die uns weiterhin zur rechnerischen Auswertung der Gaswechselbestimmung dienen können.

So z. B. für *Traubenzucker* (Elementarzusammensetzung: 40,00 % C, 6,67 % H, 53,33 % O).

Bei der Oxydation von 1 g werden gebildet:

$$\frac{0,4000 \cdot 44}{12} = 1,467 \text{ g} = \frac{1,467}{1,965} = 0,747 \; l \; CO_2$$

und verbraucht

$$\frac{0,4000 \cdot 32}{12} = 1,067 \text{ g} = \frac{1,067}{1,429} = 0,747 \; l \; O_2$$

$$RQ = \frac{0,747}{0,747} = 1,000 .$$

oder für *Glykogen* (Elementarzusammensetzung: 44,42 % C, 6,22 % H, 49,36 % O). Bei der Oxydation von 1 g werden gebildet:

$$\frac{0,4442 \cdot 44}{12} = 1,629 \text{ g} = \frac{1,629}{1,965} = 0,829 \; l \; CO_2 , \quad \text{und verbraucht}$$

$$\frac{0,4442 \cdot 32}{12} = 1,185 \text{ g} = \frac{1,185}{1,429} = 0,829 \; l \; O_2 ;$$

$$RQ = \frac{0,829}{0,829} = 1.000 .$$

Für die *Verbrennung von Fett*, z. B. Glyceryltristearat ($C_{57}H_{110}O_6$) ist ein im Verhältnis zur CO_2-Bildung erheblich größerer Aufwand an elementarem O_2 erforderlich; der RQ sinkt also unter 1:

$$C_{57}H_{110}O_6 + 81,5 O_2 = 57 CO_2 + 55 H_2O$$

$$RQ = \frac{57 \text{ Vol } CO_2}{81,5 \text{ Vol } O_2} = \frac{57}{81,5} = 0,70 .$$

Bei der wechselnden Zusammensetzung der Fette zeigt der RQ dieser Stoffgruppe gewisse Schwankungen, vornehmlich bedingt durch die Art der im Fettmolekül vorhandenen Fettsäuren; durchschnittlich liegt er für die praktisch in Betracht kommenden Fette etwa bei 0,71.

Etwas komplizierter ist die quantitative Rechnung für *Fett*, weil hier der zur Oxydation von Wasserstoff erforderliche O_2 mit berücksichtigt werden muß.

Als Beispiel diene die Verbrennung eines tierischen Fettes von der Elementarzusammensetzung: 76,10 % C, 11,80 % H, 12,10 % O.

Bei der Oxydation von 1 g werden insgesamt gebildet:

$\dfrac{0,761 \cdot 44}{12}$ g $= 2,790$ g CO_2 und $\dfrac{0,118 \cdot 18}{2,02}$ g $= 1,056$ g H_2O, wozu insgesamt an Sauerstoff $\dfrac{0,761 \cdot 32}{12}$ g $+ \dfrac{0,118 \cdot 16}{2,02}$ g $= 2,973$ g benötigt werden, von denen 0,121 g aus dem Fett selbst zur Verfügung stehen, also durch den Gaswechsel noch $2,973 - 0,121 = 2,852$ g gedeckt werden müssen.

Vom Standpunkt des Gaswechsels ergibt sich also für die Verbrennung von 1 g Fett obiger Zusammensetzung

$$\text{eine Produktion von } 2,790 \text{ g oder } \frac{2,790}{1,965} = 1,419 \; l \; CO_2 \text{ und}$$

$$\text{ein Verbrauch von } 2,852 \text{ g oder } \frac{2,852}{1,429} = 1,995 \; l \; O_2, \text{ und}$$

$$\text{hieraus ein RQ von } \frac{1,419}{1,995} = 0,711 .$$

Schwieriger liegen die Dinge für das *Eiweiß*, weil dessen physiologische Verbrennung keine vollständige ist, sondern unter Abscheidung organischer N-haltiger Nebenprodukte verläuft. Hier muß also zunächst der auf jene Nebenprodukte entfallende Anteil der oxydativen Umsetzung durch das Tierexperiment bestimmt und von den Elementarbestandteilen des umgesetzten Eiweißes abgezogen werden; der verbleibende Rest fällt der physiologischen Endverbrennung anheim, die sich für ihn in üblicher Weise berechnen läßt.

Ein Beispiel nach M. Rubners[96] Versuchen am hungernden Hunde möge dies erläutern:

Elementarzusammensetzung des Hundeeiweißes (aschefrei):

$$52,38\,\%\ C\quad 7,27\,\%\ H\quad 22,68\,\%\ O\quad 16,65\,\%\ N\quad 1,02\,\%\ S$$

	C	H	O	N	S
100 g umgesetztes Eiweiß enthalten demnach in g	52,38	7,27	22,68	16,65	1,02
hiervon erscheinen in Harn und Kot	10,88	2,87	14,99	16,65	1,02
Es verbleiben	41,50	4,40	7,69	—	—

diese werden unter Heranziehung der erforderlichen O_2-Mengen aus der Atmung vollständig verbrannt.

Für die physiologische Verbrennung von 1 g derartigem Eiweiß ergibt sich demnach eine Produktion von

$$\frac{0,415 \cdot 44}{12} = 1,522\ \text{g}\ CO_2\ \text{und von}\ \frac{0,044 \cdot 18}{2,02} = 0,393\ \text{g}\ H_2O\,,\ \text{wozu insgesamt an}$$

Sauerstoff $\dfrac{0,415 \cdot 32}{12} + \dfrac{0,044 \cdot 16}{2,02} = 1,456$ g benötigt werden, von denen 0,077 g aus dem Sauerstoff des Eiweißes zur Verfügung stehen, also durch die Atmung $1,456 - 0,077 = 1,379$ g gedeckt werden müssen.

Vom Standpunkt des Gaswechsels ergibt sich demnach für die physiologische Verbrennung von 1 g Eiweiß:

$$\text{eine Produktion von}\ 1,522\ \text{g oder}\ \frac{1,522}{1,965} = 0,775\ l\ CO_2\ \text{und}$$

$$\text{ein Verbrauch von}\ 1,379\ \text{g oder}\ \frac{1,379}{1,429} = 0,965\ l\ O_2\,,$$

und hieraus ein RQ von $\dfrac{0,775}{0,965} = 0{,}803$, s. Anm.

Nach dem oben Gesagten bietet also die Bestimmung des RQ an und für sich die Möglichkeit einer qualitativen Beurteilung der an den oxydativen Stoffwechselvorgängen beteiligten N-freien Nährstoffgruppen; je nach seiner Höhe zwischen den für Kohlehydrate und Fette gültigen Werten kann man die relative Beteiligung dieser Stoffgruppen am Gesamtumsatz abschätzen; besonders, wenn man durch die Bestimmung der gleichzeitigen N-Ausscheidung (s. Kapitel Eiweiß-Stoffwechsel) die Beteiligung des Eiweißes an jenem kennt.

Ein weit tieferer Einblick in diese Vorgänge läßt sich aber, wie N. Zuntz[137, 138] gezeigt hat, mit Hilfe der oben erörterten für den oxydativen Umsatz der drei Hauptnährstoffgruppen (Eiweiß, Fette, Kohlehydrate) gültigen Umsatzwerte für CO_2-Bildung und O_2-Verbrauch, insbesondere bei Kenntnis des Eiweißumsatzes (N-Ausscheidung im Harn!), gewinnen:

Anm. Für 1 g umgesetzten *Eiweiß*-N ergibt sich entsprechend eine CO_2-Produktion von 4,654 l und ein O_2-Verbrauch von 5,795 l.

Es sei nach dem Ergebnis eines Gaswechselversuches

$$\text{der Gesamt-}O_2\text{-Verbrauch eines Individuums} = A\ l$$
$$\text{die Gesamt-}CO_2\text{-Ausscheidung desselben} = B\ l$$
$$\text{der zugehörige Eiweißumsatz (Harn-N} \cdot 6{,}25) = E\ g.$$

Dann ergibt sich der auf den Eiweißumsatz entfallende Anteil des Gaswechsels zu

$$E \cdot 0{,}965\ l\ O_2\text{-Verbrauch} = E_{O_2}\ \text{und}$$
$$E \cdot 0{,}775\ l\ CO_2\text{-Bildung} = E_{CO_2},$$

und es verbleiben für den oxydativen Umsatz der N-freien Substanzen (Fett und Kohlehydrat)

$$A - E_{O_2} = a\ l\ O_2\text{-Verbrauch und}$$
$$B - E_{CO_2} = b\ l\ CO_2\text{-Bildung}.$$

Diese lassen sich aber durch eine Gleichung mit zwei Unbekannten, in welcher die oben festgestellten CO_2- bzw. O_2-Umsatzwerte für Verbrennung von Fett (x) und Glykogen (y) als Koeffizienten von x und y fungieren, in die entsprechenden Anteile von umgesetztem Fett und Kohlehydrat (z. B. Glykogen) zerlegen:

$$\begin{aligned} 1{,}995\ x + 0{,}829\ y &= a \\ 1{,}419\ x + 0{,}829\ y &= b \\ \hline 0{,}576\ x\ \ \ \ \ \ \ \ \ \ &= a - b \end{aligned}$$

Der Zahlenwert von x gibt dann die Menge des umgesetzten, d. h. verbrannten Fettes in Grammen an; der entsprechende Wert für umgesetztes Kohlehydrat (bezogen auf Glykogen) wird durch Substitution des für x gefundenen Wertes in eine der beiden Gleichungen erhalten.

Eine *vereinfachte Abschätzung* der am Umsatz beteiligten N-freien organischen Stoffgruppen läßt sich übrigens auch (nach Abzug der auf den Eiweißumsatz entfallenden Werte vom Gesamt-O_2-Verbrauch) lediglich *aus dem O_2-Verbrauch bei bekanntem RQ* erzielen. Denn der R Q darf ja wie oben bemerkt, — wenigstens unter normalen Stoffwechsel- und Atmungsverhältnissen — als ein Indicator der im Umsatz begriffenen N-freien Stoffgruppen betrachtet werden, der in gesetzmäßiger Abhängigkeit von der Art und dem Mengenverhältnis der verbrannten N-freien Substanzen typische Werte zeigt, so z. B. bei reiner Fettverbrennung den Wert 0,711, bei reiner Kohlehydratverbrennung den Wert 1,000; bei Verbrennung von Gemischen beider demgemäß Werte, die je nach dem Mischungsverhältnis in bestimmter Höhe zwischen den genannten beiden Extremen liegen. Unter Benutzung der obigen Zahlen (S. 427) für den O_2-Verbrauch bei Fett- und Kohlehydrat-(Glykogen)-Verbrennung läßt sich nun natürlich weiter ermitteln, welche Mengen der fraglichen Nährstoffe bei gegebenem R Q auf die Volumeinheit, z. B. das Liter O_2 entfallen.

Angenommen, es sei in einem Versuch für den Umsatz der N-freien Substanzen der R Q $= 0{,}711$ gefunden worden, so bedeutet dies, daß während desselben (abgesehen von dem besonders ermittelten Eiweißumsatz) reine Fettverbrennung vorlag; auf jedes Liter verbrauchten Sauerstoffs würden hierbei, da ja 1 g Fett $= 1{,}995\ l\ O_2$ verbraucht, $\frac{1}{1{,}995}\ g = 0{,}503$ g Fett entfallen; entsprechend wäre bei einem R Q von 1,000 auf reine Kohlehydratverbrennung zu schließen, bei welcher, auf Glykogen bezogen, für jedes Liter O_2-Verbrauch $= \frac{1}{0{,}829} = 1{,}207$ g Glykogen oxydiert werden. Für die zwischen 0,711 und 1,000 liegenden respiratorischen Quotienten ergeben sich sinngemäß die je Liter O_2-Verbrauch an der Verbrennung beteiligten Fett- und Kohlehydratmengen, wie folgt:

RQ	pro 1 l O_2-Verbrauch entfallen	
	Fett	Glykogen
0,711	0,503	—
0,75	0,438	0,154
0,80	0,351	0,365
0,85	0,263	0,576
0,90	0,175	0,786
0,95	0,088	0,997
1,00	—	1,207

Diese Aufstellung kann natürlich sinngemäß für kleinere Intervalle des RQ interpoliert oder evtl. in Form von Diagrammen ausgeführt werden, aus denen die Beträge der pro Volumeinheit verbrauchten Sauerstoffs entfallenden Stoffumsätze bei bekanntem RQ mühelos zu entnehmen sind.

Es ist klar, daß die solchermaßen erreichbare Erfassung der am Stoffwechsel, d. h. der physiologischen Umsetzung beteiligten N-freien Substanzen die Brauchbarkeit des Gaswechselversuches für die Ergründung der tatsächlichen Stoffwechselvorgänge sehr wesentlich vervollständigt; die Bedeutung der Bestimmung des O_2-Verbrauches neben der CO_2-Produktion, wie auch die Bedeutung des respiratorischen Quotienten für einen tieferen Einblick in die Stoffwechselvorgänge geht hieraus deutlich hervor.

Daß dies besonders auch für die Bestimmung des Energieumsatzes aus den Ergebnissen der Stoffwechselversuche (indirekte Calorimetrie) gilt, wird an einer anderen Stelle (s. Bd. 4) dieses Handbuches eingehend behandelt.

Die geschilderte Rechnungsweise ist allerdings nur insoweit berechtigt, als die von ihr behandelten Vorgänge ihren Voraussetzungen entsprechen. Sie kann z. B. nicht zutreffen, wenn statt der in Rechnung gestellten Substanzen andere, von ihnen wesentlich verschiedene, wie z. B. niedere Fettsäuren, Alkohol, einseitige Zufuhren von Aminosäuren u. a. m. in erheblichen Mengen zur Oxydation gelangen, oder wenn, wie z. B. bei der Fettbildung aus Kohlehydraten, die Stoffwechselvorgänge in merklichem Ausmaß mit Reduktionsprozessen verquickt sind, die c. p. zu einer Verminderung des Gaswechselbedarfs an O_2 und dadurch zu einer Erhöhung des RQ führen, oder wenn die physiologischen Oxydationen (abgesehen von dem für das Eiweiß berücksichtigten Umfang) unvollkommen bleiben, oder wenn die Umsatzbeträge der eigentlichen Atemgase erheblicher durch Gärungsprozesse verschoben oder durch Störungen in den Austauschvorgängen der äußeren Atmung entstellt sind.

Unter den gewöhnlichen Versuchsbedingungen spielen indes derartige Komplikationen keine nennenswerte Rolle; sicher nicht beim Fleischfresser und Omnivoren und auch nicht beim Pferde. Beim Wiederkäuer liegt der Fall etwas verwickelter, teils wegen der beträchtlichen Mengen von niederen Fettsäuren, die aus den umfangreichen Gärungsprozessen zur Resorption und zum Umsatz gelangen, teils wegen der bedeutenden CO_2- und CH_4-Bildung gleichen Ursprungs, die bei der in Rede stehenden Auswertung von Gaswechselversuchen eine gesonderte Berücksichtigung erheischt, für welche zur Zeit noch einwandfreie Unterlagen fehlen, so daß es sich hier vorläufig nur um die Gewinnung von Näherungswerten handeln kann. S. hierzu auch M. Rubner[96] und, die Verhältnisse beim Wiederkäuer betreffend, A. Krogh[61], A. C. Andersen[2] und W. Klein[48, 50].

Ein Berechnungsverfahren, das die letzterwähnten Fehlerquellen umgeht, ist neuerdings von A. C. Andersen[2] angegeben worden. Es geht von der Überlegung aus, daß die auf den erwähnten Gärungsprozessen beruhenden Schwierigkeiten im wesentlichen dadurch entstehen, daß diese — in Form des CH_4 und evtl. gelegentlich von H_2 — zu physiologisch unverbrennbaren Umsatzanteilen führen. Wäre dies nicht der Fall und würden sämtliche Gärungsprodukte schließlich der physiologischen Oxydation anheimfallen, dann ließe sich die oben besprochene Zuntzsche Rechnungsweise ebenso zuverlässig bei Wiederkäuern wie bei Carnivoren und Omnivoren anwenden; denn wenn z. B. eine Portion Zucker vollständig verbrennt, so ist das Endergebnis des Vorganges und die dabei produzierte Wärmemenge von den Zwischenprodukten des Verbrennungsprozesses ganz unabhängig.

Weil nun das CH_4 als das sozusagen einzige unvollständige Nebenprodukt dieses Vorganges angesehen werden kann (der H_2 spielt eine praktisch belanglose Rolle), so läßt sich die obige Überlegung auch so formulieren, daß die ZUNTZsche Rechnungsweise ohne weiteres auch beim Wiederkäuer anwendbar wäre, wenn das durch die Gärungsprozesse entstandene CH_4 im Tierkörper vollständig verbrennen würde. Dies ist de facto zwar nicht der Fall; *aber es steht nichts im Wege, damit zu rechnen, wenn die gebildete CH_4-Menge* (neben den für die ZUNTZsche Rechnungsweise erforderlichen Unterlagen) *bekannt ist.* Eine weitere Sonderung der durch die Intestinalgärung und durch die physiologischen Verbrennungsprozesse des Versuchstieres bedingten Teilvorgänge des Gaswechsels ist alsdann für die Gewinnung zuverlässiger Endergebnisse nicht mehr erforderlich.

Das Berechnungsverfahren nach A. C. ANDERSEN[2] gestaltet sich demnach in den Grundzügen wie folgt:

Es werden bestimmt:
1. die im Harn ausgeschiedene N-Menge,
2. die gesamte CO_2-Produktion,
3. der gesamte O_2-Verbrauch,
4. die gesamte CH_4-Produktion.

Aus der im Harn enthaltenen N-Menge wird in üblicher Weise die abgebaute Eiweißmenge und hieraus der bei ihrer physiologischen Verbrennung entstandene Umsatz an CO_2 und O_2 ermittelt; der Rest der Gesamt-CO_2-Produktion und des Gesamt-O_2-Verbrauches entfällt dann auf die Verbrennung N-freier Stoffe. Weiter wird nun die CO_2- und O_2-Menge berechnet, die bei einer völligen Oxydation des gebildeten CH_4 zum Umsatz kämen (1 Mol CH_4 + 2 Mol O_2 = 1 Mol CO_2), und zu den für die Verbrennung N-freier Stoffe festgestellten Beträgen an CO_2-Produktion und O_2-Verbrauch addiert. So erhält man die Werte der CO_2-Produktion und des O_2-Verbrauches, die beim Versuch entstanden wären, wenn auch das Methan verbrannt wäre.

Diese Werte können nun unbedenklich zur weiteren Auswertung der vorliegenden Stoffwechselprozesse, wenigstens in energetischer Richtung, dienen; denn, unter der Voraussetzung, daß auch das CH_4 verbrannte, hat man es ja nun mit einer Mischung von Fett und Kohlehydraten zu tun, *die völlig oxydiert wurde*; ihr Energiewert läßt sich in üblicher Weise berechnen und ergibt, vermindert um den Brennwert der in Rechnung stehenden CH_4-Menge, die tatsächliche Wärmeproduktion aus dem Umsatz N-freier Stoffe und unter Zuschlag der dem Eiweißumsatz entsprechenden Wärmemenge den Gesamtenergieumsatz des Tieres.

Das ANDERSENsche Verfahren ergab bei zahlreichen Vergleichsversuchen in Verbindung mit der indirekten Biocalorimetrie (s. dieses Handbuch Bd. 4) im MÖLLGAARDschen Institut[80] durchaus befriedigende Resultate.

Der Gaswechsel und die N₂-Frage.

Von ausschlaggebender Bedeutung ist der quantitative Gaswechselversuch schließlich für die Entscheidung der für die gesamte Stoffwechselforschung (vornehmlich für alle Stoffwechselbilanzen) grundlegenden Frage über das Verhalten des elementaren Stickstoffes (N_2) in den Stoffwechselprozessen.

Die einschneidende Bedeutung dieser Frage liegt auf der Hand; denn mit ihr steht und fällt die Zuverlässigkeit der gesamten bisherigen Stoffwechselbilanzforschung, vor allem natürlich, soweit sie den Stickstoffhaushalt betrifft. Weiterhin wird aber hierdurch auch die Auswertung der Kohlenstoffbilanz und der aus ihr gezogenen Folgerungen über die Schicksale der organischen Nährstoffe im Stoffwechsel — so z. B. auch der Kellnerschen Arbeiten, die der Aufstellung der Stärkewertrechnung zugrunde liegen, erheblich berührt, da sie sich ja letzten Endes ebenfalls auf die Ergebnisse der N-Bilanz stützt.

Es ist darum begreiflich, daß dieses Problem in der Stoffwechselphysiologie seit Lavoisier vielfach erörtert und studiert worden ist; mit widerstreitenden Auffassungen, mancherlei Methoden, schwankenden Ergebnissen und, wie wir leider feststellen müssen, bis heute nicht mit einem völlig befriedigenden eindeutigen Resultat.

Die hierüber vorliegenden Arbeiten sondern sich methodisch in zwei grundsätzlich verschiedene Gruppen; die eine, ältere und adaequatere beruht auf der Bestimmung des gasförmigen N_2-Umsatzes in Respirationsversuchen (Lavoisier[66, 67], Edwards[23], Despretz[19], Dulong[20], Regnault und Reiset[93], Reiset[95], N. Zuntz und Knauthe[134], Seegen und Novak[106], Pettenkofer und Voit[88], C. Oppenheimer[84], A. Krogh[58]), die andern auf der Bestimmung des Umsatzes an gebundenem N mit Bilanzierung der sensiblen Einnahmen und Ausgaben, z. T. unter Mitbestimmung des S- und P-Umsatzes zur Sicherung der Resultate (Boussingault[15], Sacc[97], Barral[6], Lehmann[68], Bidder und Schmidt[11], Bischoff[12, 13], Hoppe-Seyler[40], Bischoff und Voit[14], C. Voit[123, 125—127], Pettenkofer und Voit[89], Neubauer[82], Gruber[29, 30], Seegen[105], Vogt[122], Ranke[84], Dapper[84], Manfredi[75], Henneberg und Stohmann[34, 35], Grouven[27, 28], G. Kühn[63], Kühn und Fleischer[64], Stohmann, Rost und Frühling[112] Schulze und Märcker[104], Wolff[128], Wolff und Kreuzhage[129], Meissner[79] u. a., und schließlich von Lombroso[69], der neuerdings über eine bedenkliche N_2-Ausscheidung im Stoffwechsel von Ratten berichtet.

Wie oben erwähnt, hat diese Fülle von mühsamen Arbeiten bis heute nicht zu einem völlig befriedigenden, eindeutigen Ergebnis geführt; immerhin ist auf Grund der Stoffwechselversuche von C. Voit und seiner Schule einerseits und auf Grund der später noch zu behandelnden Respirationsversuche von C. Oppenheimer[84] und von A. Krogh[58] andererseits mit hoher Wahrscheinlichkeit anzunehmen, daß eine irgendwie wesentliche Beteiligung von elementarem N_2 an den tierischen Stoffwechselprozessen nicht stattfindet; eine Annahme, die trotz mancher anderslautender Befunde — insbesondere von Regnault und Reiset[94], J. Reiset[95], Seegen und Nowak[106] — von den maßgeblichen Vertretern der Stoffwechselphysiologie und der experimentellen Fütterungslehre unbeirrt festgehalten worden ist und wohl auch durch die erwähnten alarmierenden Befunde von U. Lombroso[69] nicht umgestoßen werden wird.

Anwendung und Ergebnis der Gaswechselforschung.

Die Anwendung des Gaswechselversuchs richtet sich natürlich von Fall zu Fall nach den mit seiner Hilfe lösbar erscheinenden Fragen. Von solchen kommen im Rahmen dieses Handbuches vor allem die Bestimmung des Stoff- und Energieumsatzes unter den hauptsächlichen Haltungs- und Nutzungsbedingungen der landwirtschaftlich genutzten Haustiere (Erhaltungs- und Leistungsumsatz) in Betracht.

Das Ziel und — einstweilen freilich noch nicht lückenlose — Ergebnis ist die Gewinnung objektiver Futterwertszahlen und Fütterungsnormen. Hierüber wird im folgenden Kapitel des Handbuchs berichtet.

Literatur.

(*1*) ABELIN: Biochem. Z. **101**, 197 (1920). — (*2*) ANDERSEN, A. C.: Zur Ausführung und Berechnung von Stoffwechselversuchen mit Wiederkäuern. Jber. kgl. Vet.- u. Landw. Hochsch. Kopenhagen **1920**, 157 — Biochem. Z. **150**, 143 (1922). — (*3*) ASHER, L.: Biochem. Z. **98**, 1 (1919). — (*4*) ATWATER, W. O.: Erg. Physiol. **3**, 1, 497 (1904).

(*5*) BARCROFT: Die Atmungsfunktion des Blutes. Berlin: Julius Springer 1929. — (*6*) BARRAL: Statique chimique du corps humain. Ann. chim. Physique (3) **25**, 129 (1849). — (*7*) Statique chimique des animaux. Paris 1850. — (*8*) BAUMGARDT, G., u. M. STEUBER: Biochem. Z. **111**, 83 (1920). — (*9*) BENEDICT, FR. G.: Methoden zur Bestimmung des Gaswechsels bei Tieren und Menschen. In ABDERHALDENS Handbuch der biologischen Arbeitsmethoden, Abt. IV, Lief. 142. 1924. — (*10*) BERT, PAUL: Leçons sur la Physiologie comparée de la respiration. Paris 1870. — (*11*) BIDDER u. SCHMIDT: Verdauungssäfte, S. 333, 339. Leipzig 1852. — (*12*) BISCHOFF: Der Harnstoff als Maß des Stoffwechsels. Gießen 1853. — (*13*) Z. Biol. **3**, 309 (1867). — (*14*) BISCHOFF u. VOIT: Die Gesetze der Ernährung des Fleischfressers. Leipzig 1860. — (*15*) BOUSSINGGAULT: Rech. exp. sur le devéloppement de la graisse. Ann. chim. Physique (3) **14**, 419, 451 (1845). — (*16*) BRAHM, C.: Biochem. Z. **178**, 28 (1926).

(*17*) DANOFF: Biochem. Z. **93**, 44 (1919). — (*18*) DAHM, C.: Ebenda **28**, 456 (1910). — (*19*) DESPRETZ: Rech. sur les causes de la chaleur animale. Ann. chim. Physique (2) **27** (1823). — (*20*) DULONG: Mém. sur la chaleur animale. Ebenda (3), **1** (1822). — (*21*) DURIG, A.: Pflügers Arch. **113**, 213 (1906). — (*22*) Ber. Wien. Akad. **86** (1910).

(*23*) EDWARDS: De l'influence des agents physiques sur la vie. 1824. — (*24*) ELLENBERGER, W., u. V. HOFMEISTER: Arch. Tierheilk. **13**, 332 (1887).

(*25*) GERHARTZ, H.: Über die zum Aufbau der Eizelle notwendige Energie (Transformationsenergie). Pflügers Arch. **156**, 1 (1914); Landw. Jb. **46**, 797 (1914). — (*26*) GRAFE, E.: Ein Respirationsapparat. Z. physiol. Chem. **65**, 1 (1910). — (*27*) GROUVEN: Physiologisch-chemische Fütterungsversuche. Ber. Versuchsstat. Salzmünde **1864**. — (*28*) Physiologisch-chemische Fütterungsversuche. 2. Ber. 119, 235 (1864). — (*29*) GRUBER: Entwicklung elementaren Stickstoffs im Tierkörper. Z. Biol. **19**, 566 (1883). — (*30*) Ebenda **16**, 367 (1880).

(*31*) HALDANE: A new form of apparatus for measuring the resp. exch. of animals. J. of Physiol. **13**, 419 (1892). — (*32*) HELMONT, VAN: Ortus medicinae. Amsterdam 1664. — (*33*) HENNEBERG, W.: Neue Beiträge zur Begründung einer rationellen Fütterung, S. 1—67. Göttingen 1870. — (*34*) HENNEBERG u. STOHMANN: Beiträg zur Begründung einer rationellen Fütterungslehre. Braunschweig 1860 H. 1; 1864 H. 2. — (*35*) Neue Beiträge ..., H. 1, 1—67. 1871. — (*36*) HOPFFE, A.: Z. Inf.krkh. Haustiere **14**, 307 (1913). — (*37*) Zbl. Bakter. I Orig. **58**, 289 (1911). — (*38*) Ebenda **83**, 531 (1919). — (*39*) Ber. über die Tierärztl. Hochsch. Dresden, N. F. **3**, 95 (1909). — (*40*) HOPPE-SEYLER: Über den Einfluß des Rohrzuckers auf die Verdauung. Virchows Arch. **10**, 144 (1856). — (*41*) Z. physiol. Chem. **19**, 574 (1894).

(*42*) JAQUET, A.: Der respiratorische Gaswechsel. Erg. Physiol. **2**, 1.

(*43*) KELLNER, O.: Landw. Versuchsstat. **44**, 275ff. (1896). — (*44*) Ebenda **47**, 275 (1896). — (*45*) Ebenda **50**, 245ff. (1898). — (*46*) Ebenda **53**, 14 (1900). — (*47*) KELLNER, O., u. A. KÖHLER: Untersuchungen über den Stoffwechsel und Energieumsatz des erwachsenen Rindes bei Erhaltungs- und Produktionsfutter. Ebenda **53**, 1 (1900). — (*48*) KLEIN, W.: Zur Ernährungsphysiologie landwirtschaftlicher Nutztiere, besonders des Rindes. Inaug.-Dissert., Berlin: Julius Springer 1915. — (*49*) Biochem. Z. **72**, 167 (1916). — (*50*) Ebenda **117**, 67 (1921). — (*51*) Die Bestimmung des Sauerstoffverbrauches mit dem PETTENKOFER-TIGERSTEDTschen Apparat. Biochem. Z. **136**. — (*52*) KLEIN u. STEUBER: Eine eingehende Betrachtung über die Berechnung eines Respirationsversuches nach dem ZUNTZ-GEPPERTschen Prinzip. Ebenda **136**, 471 (1923). — (*53*) Die Bestimmung des O_2-Verbrauches eines Respirationsversuches, der mit dem PETTENKOFER-TIGERSTEDTschen Apparat ausgeführt wurde. Ebenda **136**, 477 (1923). — (*54*) Die gasanalytische Methodik des dynamischen Stoffwechsels. Leipzig: G. Thieme 1925. — (*55*) Methodik des Gaswechsels bei großen Tieren. In ABDERHALDENS Handbuch der biologischen Arbeitsmethoden, Abt. IV, Teil 10, H. 4, Lief. 158. Urban & Schwarzenberg 1925. — (*56*) Der Zusammenhang zwischen Energieaufwand und Wachstumstrieb beim Lamm während seiner Entwicklung vom Säuger zum Wiederkäuer. Biochem. Z. **139**, 66 (1923). — (*57*) KNIPPING, H. W.: Z. physiol. Chem. **141** (1924). — (*58*) KROGH, A.: Experimentelle Untersuchungen über die Ausscheidung freien Stickstoffes aus dem Körper. Sitzgsber. Akad. Wiss., Math.-naturwiss. Kl. III **115**, 571—654 (1906). — (*59*) The respiratory exchange of animals and man. Monographs on biochemistry. London: Longmans, Green & Co. — (*60*) Z. physiol. Chem. **50**, 289 (1906/07). — (*61*) KROGH, A., u. SCHMIDT-JENSEN: Biochem. Z. **114**, 686 (1920). — (*62*) KRZYWANEK, FR. W.: Über die Verwendbarkeit des Zuntz-Geppert-Apparates bei Respirationsversuchen an kleinen Tieren. Ebenda **135**, 506 (1923). — (*63*) KÜHN, G.: Über die Fettbildung aus Kohlehydraten. Landw. Versuchsstat. **44**, 264 (1884). — (*64*) Kühn u. Fleischer: Über den Einfluß wechselnder Ernährung auf die Milchproduktion. Ebenda **12**, 443 (1869).

(*65*) Landois-Rosemann: Lehrbuch der Physiologie des Menschen, 18. Aufl. 1923. — (*66*) Lavoisier, A. L.: Expériences sur la respiration des animaux et sur les changements qui arrivent à l'air en passant par les poumons. Mém. Acad. Sci. **1777**, 185. — (*67*) Oeuvres **2**, 174. — (*68*) Lehmann: Untersuchungen über den menschlichen Harn. J. pr. Chem. **27**, 257 (1842). — (*69*) Lombroso, Ugo: Ber. Physiol. **52**, 92 (1929). — (*70*) Ludwig, C., u. Sezelkow: Z. rat. Med. **17**, 106 (1862). — (*71*) Lungwitz: Arch. Tierheilk. **18**, 81 (1892). — (*72*) Ebenda **19**, 75 (1893).

(*73*) Magnus, G.: Über die im Blute enthaltenen Gase, Sauerstoff, Stickstoff und Kohlensäure. Ann. Physik. **40** (1837). — (*74*) Magnus-Levy, A.: Pflügers Arch. **55**, 1 (1893). — (*75*) Manfredi: Arch. f. Hyg. **17**, 589. — (*76*) Markoff, J.: Biochem. Z. **34**, 211 (1911). — (*77*) Ebenda **57**, 1 (1913). — (*78*) Mayow, John: Tractatus quinque medico-physici. Oxford 1674. — (*79*) Meissner: Beiträge zur Kenntnis des Stoffwechsels. Z. rat. Med. (3) **31**, 185, 198 (1868). — (*80*) Möllgard, H.: Fütterungslehre des Milchviehs (Die quantitative Stoffwechselmessung und ihre bisherigen Resultate beim Milchvieh). Hannover: M. & H. Schaper 1929. — (*81*) Z. Tierernährg **1**, 1 (1930).

(*82*) Neubauer: Über den Ammoniakgehalt des menschlichen Harnes. J. prakt. Chem. **64**, 278 (1855).

(*83*) Oertmann, E.: Über den Stoffwechsel entbluteter Frösche. Pflügers Arch. **15**, (1877). — (*84*) Oppenheimer, C.: Über die Frage der Anteilnahme elementaren Stickstoffs am Stoffwechsel der Tiere. Biochem. Z. **4**, 328 (1907).

(*85*) Paechtner, J.: Respiratorische Stoffwechselforschung und ihre Bedeutung für Nutztierhaltung und Tierheilkunde. Berlin 1909. — (*86*) Ein Beitrag zur Technik des Respirationsversuchs. Biochem. Z. **186**, 264 (1927). — (*87*) Pettenkofer, M.: Ann. Chem. u. Pharm. Suppl. **2** (1862/63). — (*88*) Pettenkofer, M., u. C. Voit: Über die Produkte der Respiration. Liebigs Ann. Suppl. **2**, 361 (1863). — (*89*) Über den Stoffwechsel des normalen Menschen. Z. Biol. **2**, 458 (1866). — (*90*) Pflüger, E.: Die physiologischen Verbrennungen in den lebenden Organismen. Pflügers Arch. **10**, 251 (1875). — (*91*) Pott, R.: Landw. Versuchsstat. **18**, 81 (1875). — (*92*) Priestley, J.: Observations on different kinds of air. Philos. Transact. **62** (1772).

(*93*) Regnault, V., u. J. Reiset: Ann. chim. Physique (3) **26**, 299 (1849). — (*94*) Recherches chimiques sur la respiration des animaux des diverses classes. Paris 1849. Übersetzt in Ann. Ch. Ph. (Liebig) **73**, 92 ff. (1850). — (*95*) Reiset, J.: Recherches chimiques sur la respiration des animaux d'une farme. Ebenda **69**, 129 (1863). — (*96*) Rubner, M.: Die Gesetze des Energieverbrauches bei der Ernährung. Leipzig u. Wien 1903.

(*97*) Sacc: Neue Denkschrift allg. schweiz. Ges. ges. Nat. **7**, 7. — (*98*) Schaternikoff, M. N.: Ein Beitrag zur Frage nach dem Sauerstoffverbrauch des Menschen. Pflügers Arch. **201** (v. Kries-Festschrift), **56** (1923). — (*99*) Zur Methodik der Gaswechseluntersuchungen am Menschen. (Russisch, mit verdeutschtem Anhang.) Moskau 1925. — (*100*) Schaternikoff, M. N., O. P. Moltschanowa u. M. Th. Tomme: Zur Frage über die Atmung des Fettgewebes. Pflügers Arch. **218**, 216 (1927). — (*101*) Schaternikoff, M. N., u. O. P. Moltschanowa: Gaswechseluntersuchungen an Menschen in langdauernden Versuchen. (Russisch, mit verdeutschtem Anhang.) Moskau 1927. — (*102*) Scheunert, A., W. Klein u. M. Steuber: Biochem. Z. **133**, 137 (1922). — (*103*) Schieblich, M.: Dieses Handbuch **2**, 310. — (*104*) Schulze u. Märker: Über die sensiblen N-Einnahmen und Ausgaben des volljährigen Schafes. Landw. Versuchsstat. **11**, 201 (1869); J. Landw. (2) **5** (1870); **6** (1871). — (*105*) Seegen, J.: Über die Ausscheidung des Stickstoffes. Ber. Wien. Akad. Wiss. II **55**, 357 (1867). — (*106*) Seegen, J., u. J. Novak: Versuche über die Ausscheidung von gasförmigem Stickstoff aus den im Körper umgesetzten Eiweißstoffen. Pflügers Arch. **19**, 347, 415 (1879). — (*107*) Sondén u. Tigerstedt: Skand. Arch. Physiol. **6**, 1 (1895). — (*108*) Speck, C.: Untersuchungen über den Sauerstoffverbrauch und die Kohlensäureausscheidung des Menschen. Kassel 1871. — (*109*) Physiologie des menschlichen Atmens. Leipzig 1892. — (*110*) Steuber, M.: Wiss. Arch. Landw. B **2**, 507 (1930). — (*111*) Stohmann: Landw. Versuchsstat. **19**, 81 (1876). — (*112*) Stohmann, Rost u. Frühling: Über die N-Ausscheidung der milchproduzierenden Ziege. Ebenda **11**, 205 (1869).

(*113*) Tacke, B.: Über die Bedeutung der brennbaren Gase im tierischen Organismus. Inaug.-Dissert., Berlin 1884. — (*114*) Ber. dtsch. chem. Ges. **17**. — (*115*) Verh. Ges. dtsch. Naturforsch. Berlin 1886. — (*116*) Rep. anal. Chem. **6**, 585 (1886). — (*117*) Tappeiner, H.: Ber. dtsch. chem. Ges. **1881**, **II**, 2379. — (*118*) Z. Biol. **19**, 228 (1883). — (*119*) Ebenda **20**, 52 (1884). — (*120*) Ebenda **20**, 215 (1884). — (*121*) Ebenda **24**, 105 (1888).

(*122*) Vogt: Untersuchungen über die Abs. des U+ usw. In Moleschotts Untersuchungen zur Naturlehre **7**, 489 (1860). — (*123*) Voit, C.: Z. Biol. **1**, 137 (1865). — (*124*) Ebenda **11**, 532 (1875). — (*125*) Physiologisch-chemische Untersuchungen. 1857. — (*126*) Ausscheidungswege des Stickstoffs. Z. Biol. **25** (1866). — (*127*) Über die Fettbildung im Tierkörper (Milchkuh). Ebenda **5**, 122 (1869).

(*128*) Wolff: Landw. Jb. 8, Suppl. 40 (1879). — (*129*) Wolff u. Kreuzhage: Pferde-fütterungsversuche über Verdauung und Arbeitsäquivalent des Futters. Landw. Jb. **24**. (*130*) Zuntz, N.: Blutgase und respiratorischer Gaswechsel. In Hernanns Handbuch der Physiologie 4, 2. Leipzig 1882. — (*131*) Ein nach dem Prinzip von Regnault u. Reiset gebauter Respirationsapparat. Arch. chem. Physiol. Supp. 1, 435 (1905). — (*132*) Die Umschau 1911, Nr 5. — (*133*) Die Gärungen im Darmkanal der Wiederkäuer und ihre zweckmäßige Beeinflussung. Jb. Ver. Spirit.-Farb. Deutschl. **13**, 347 (1913). — (*134*) Arch. f. Physiol. **1901**. — (*135*) Zuntz, N., u. J. Geppert: Pflügers Arch. **42**, 196 (1885). — (*136*) Zuntz, N., v. d. Heide u. W. Klein: Landw. Jb. **44**, 765 (1913). — (*137*) Zuntz, N., C. Lehmann u. O. Hagemann: Ebenda **18**, 1 (1889). — (*138*) Ebenda **27**, Erg.-Bd. III (1898). — (*139*) Zuntz, N., A. Loewy, F. Müller u. W. Caspari: Höhenklima und Bergwanderungen. Berlin 1906. — (*140*) Zuntz, N., u. Schumburg: Physiologie des Marsches. Berlin 1901.

7. Der Stärkewert und andere Futtereinheiten.

Von

Professor Dr. Ernst Mangold

Direktor des Tierphysiologischen Instituts der Landwirtschaftlichen Hochschule Berlin.

A. Der Heuwert.

Es war noch in jener Ära der Landwirtschaft, in der das Verhältnis der Futtermenge zur Mistproduktion die Hauptrolle spielte, wenn überhaupt eine Berechnung des Nutzwertes eines Futters stattfand, als Albrecht Thaer[114] damit begann, den Fütterungswert verschiedener pflanzlicher Futtermittel miteinander zu vergleichen, und hierfür das Heu als gewöhnlichstes Futtermittel zur allgemein vergleichbaren Einheit wählte. Ohne theoretisch auf solche Vergleichsmöglichkeiten einzugehen, berechnete er im 1. Bande seiner „Grundsätze der rationellen Landwirtschaft" (1809) den jährlichen Futterverbrauch seiner Kühe, indem er Stroh gleich Heu setzte, die übrigen Futtermittel „auf Heu reduzierte" und so alles zusammen in eine einzige Zahl brachte. Diese Zusammenstellung ergab:

Das ganze Futter ließ sich also in 14321 Pfund Heu ausdrücken, „woraus dann 32938 Pfund Mist nach unserer Berechnung erfolgen mußten und tatsächlich erfolgten" (S. 279 [114]; S. 222 [116]).

Als Durchschnittssatz gab Thaer an, daß 1 Rind mittlerer Art jährlich bei Stallfütterung 4500 Pfund Stroh, und, alle grünen

	Pfd.	reduziert auf Heu Pfd.
Weißkohl	4890	815
Kartoffeln	3900	1950
Rüben	1830	343
Möhren	1230	462
Klee	14080	3129
Heu		1660
Futterstroh		2312
Streustroh		3650
		14321 Pfd.

Futtergewächse auf Heu reduziert, ebenfalls 4500 Pfund erfordere. Nach ihrem *„Fütterungswert"*, der „inneren Kraft oder Nahrungskraft" setzte Thaer 1 Pfund Kartoffeln = $^1/_2$ Pfund Heu, 1 Pfund Hafer = 2 Pfund Heu (Bd. 1, S. 125 [114]; S. 123 [117]), ein andres Mal 110 Pfund Heu = 48 Pfund Hafer = 200 Pfund Kartoffeln (Bd. 2 S. 447 [114]); da 4000 Pfund Heu 7200 Pfund Mist gäben, so könne man hierdurch den Voranschlag des Düngers machen ([117]). In der 1837 selbst besorgten neuen Auflage ([115]) kommt Thaer zu dieser *Reduktion auf Heu* nicht mehr zurück; er sagt vielmehr: man kann zwar z. B. beim Pferde die Körnerfütterung allerdings durch Heu ersetzen, aber über das Verhältnis, worin es geschehen muß, und über die Wirtschaftlichkeit sind die Meinungen geteilt, und es läßt sich darüber im allgemeinen nichts bestimmen. Mehrenteils nimmt man an, daß 8 Pfund Heu 1 Metze Hafer ersetze und daß sie sich dem Gewicht nach also verhalten wie 8 : 3. *Bei anderem Heu müsse aber 7 : 3 oder 9 : 3 angenommen werden* (S. 456 [115]). Hier gibt Thaer auch die Rationen für Mast usw. nach Mengen der *einzelnen* Futtermittel an, z. B. 60 Pfund Kartoffeln + 10 Pfund Heu. Auch versucht er das *Wertverhältnis verschiedener Futtermittel* jetzt in anderer Weise zu vergleichen; da Kartoffeln dem Gewicht nach 24% „*nahrhafter Teile*" und Roggen 70% nahrhafter Teile enthielten, so könne man $64^2/_3$ Scheffel Kartoffeln = 24 Scheffel Roggen setzen.

Ein grundsätzlich Neues, das sich für alle späteren Zeiten durchgesetzt hat, war es bei Thaer, daß seine Lehren auf der Kombination von *Fütterungsversuchen* an Tieren und auf *chemischen Untersuchungen* des Futters beruhten. So basierte seine Vergleichung der Futtermittel auf Erfahrungen an Masttieren und den Analysen von Einhof S. 209 [116]. Hiernach enthielten 100 Teile gutes Heu ungefähr 50 Teile von solchen Stoffen, die man als ernährungsfähig annahm, Kartoffeln im gleichen Grade der Trockenheit wie Heu nur 25 Teile, und Rüben nur 8% solcher nahrhaften Substanz. 100 Pfund Heu wurden also in der Fütterung als gleich angenommen mit: 200 Pfund Kartoffeln, 460 Pfund Runkeln mit Kraut, 260 Pfund Möhren, 600 Pfund Weißkohl, 90 Pfund Klee-, Luzerne- oder Wickenheu. Die *Rohfaser* wurde dabei im allgemeinen als nicht nährend angesehen, aber doch z. B. bei Runkelrüben, die 4% Faser enthielten, berücksichtigt, indem die nährende Kraft der Rüben statt zu 8 zu 10% angenommen wurde, da es noch unentschieden sei, inwiefern die Rohfaser zur Nahrung beitragen könne (S. 209 [116]). Thaer hat also seine *Futtervergleichung* durchaus vorsichtig entwickelt, mit allerlei Vorbehalten begleitet und über den *hypothetischen Charakter ihrer Grundlagen* keinen Zweifel gelassen. So war er sich auch der Unzulänglichkeit dieser *Reduktion auf Heu* bewußt, die durch die Veränderlichkeit der Futterpflanzen und besonders des Heues selbst bedingt wird, wie schon bei seinem Vergleich von Heu mit Hafer erwähnt wurde. Doch kam der Gedanke, die Futterrationen in einfachen Vergleichswerten auszudrücken, angesichts der steigenden Zahl der aus Futterpflanzen und auch aus Industrieabfällen zur Verfügung stehenden Futtermitteln so sehr den Wünschen der Praxis entgegen, daß man in Deutschland alsbald vielfach versuchte, mit „*Heuwerten*" zu rechnen.

Den Ausdruck Heuwert hat Thaer anscheinend selbst nicht benutzt, er findet sich erst in der von seinen Schülern besorgten neuen Ausgabe seines Werkes (S. 1008 [116]), während Thaer selbst nur vom „*Reduzieren auf Heu*" spricht. Er hat auch nicht eigentlich eine „*Heuwerttheorie*" entwickelt, wie es heute manchmal dargestellt wird. Man sollte Thaer besser als Begründer einer *Theorie der Vergleichung und gegenseitigen Ersetzbarkeit der Futtermittel* und allgemein auch der *Lehre von den Futtereinheiten* bezeichnen. Nur so wird man der Neuheit und Fruchtbarkeit seiner Gedanken gerecht, mit denen Thaer, noch vor der Zeit der Klassifizierung der einzelnen Nährstoffe und vor der Calorienrechnung als erster die theoretische Möglichkeit und praktische Zweckmäßigkeit einer Umrechnung des Fütterungswertes verschiedener Nahrung auf eine vergleichbare Einheit erkannte, und somit als erster das Prinzip anwandte, auf dem alle späteren gleichartigen Bestrebungen in der menschlichen Ernährungs- und tierischen Fütterungslehre beruhen, ob es sich nun um Calorien oder Nem, um Stärkewert, Gerstenfuttereinheit oder Tonnencalorien handelt. Nur so wird Thaers Verdienst für die Ernährungslehre gebührend gewürdigt, nicht aber wenn er nur als Vater einer veralteten *Heuwerttheorie* genannt wird. Diese wurde in den 60er Jahren autoritativ und endgültig abgelehnt (Grouven S. 54, 715 [38]; Settegast

S. 352 ff., 390 [112]), nachdem noch von CRUD [21], BLOCK, KOPPE, PETRI, SCHWEITZER HLUBEK, HAUBNER S. 245 [54], ferner noch von SCHWERZ, V. WECKHERLIN, PABST u. a., Heuwertstabellen aufgestellt, und die Versuche von BOUSSINGAULT und E. v. WOLFF, die Heuwerte oder deren Äquivalente nach ihrem Stickstoffgehalt bzw. unter Berücksichtigung eines gewissen Nährstoffverhältnisses zu berechnen, gescheitert waren, wobei v. WOLFF mit seinen „mittleren Ausnutzungsäquivalenten" bereits zu ähnlichen komplizierten Formeln gelangte wie die neuere skandinavische Futterberechnung (s. GROUVEN S. 714 [38]; HONCAMP S. 3—12 [57]). Entscheidend wirkte für die Beseitigung der Heuwerte auch der Nachweis, daß verschiedenartige, aber gleichmäßig als gute Erhaltungsration erprobte Futtermittel nach damaliger Berechnungsart bis auf das Doppelte dieses Wertes schwanken konnten (HENNEBERG-STOHMANN [55] siehe S. 390 [112].).

Auf Grund der Erkenntnis über die *wechselnde Beschaffenheit jedes als Einheit aufgestellten Futtermittels*, über die Schwankungen seines Eiweißgehaltes und Nährstoffverhältnisses, wie auch über die Bedeutung der letzteren und der einzelnen Nährstoffe für die zu *verschiedenen Nutzzwecken*, als Beharrungs- oder Produktionsfutter, zu berechnenden Rationen, wurde auch schon 1868 von SETTEGAST klar ausgesprochen, daß es überhaupt unmöglich ist, „*den Nahrungswert eines Futtermittels durch eine einzige feststehende Zahl zu bezeichnen*" (S. 354 [112]).

B. Nährstoff- und Fütterungsnormen.

Zu THAERS Zeiten hatte man über die verschiedene *physiologische Bedeutung der einzelnen Nährstoffe* noch keine Erfahrungen. Diese wurden erst durch die physiologischen Chemiker gewonnen und von LIEBIG angebahnt. Besonders BISCHOFF und VOIT [18] lehrten die Methode, den physiologischen Wert und die Ausnutzung der Nährstoffe durch Analyse von Kot und Harn zu bestimmen; und HENNEBERG und STOHMANN [55] begründeten die rationelle Fütterung der Wiederkäuer, indem sie die Nährstoffe in *Futter und Ausscheidungen analysierten*. Bis dahin hatte, wie GROUVEN [38] es sehr charakteristisch in einer auch für heutige Verhältnisse oft noch anwendbaren Kritik ausdrückt, die dominierende Sucht nach praktischen Resultaten den Agrikulturchemikern nicht Zeit zum analytischen Studium der Futtermittel gelassen.

Die neuen Forschungsergebnisse boten nun exaktere Grundlagen zur Beurteilung des *Nahrungswertes der Futtermittel* und zugleich des *Futterbedarfs der Tiere*. Man ging jetzt vom Gehalt der Futtermittel an den einzelnen Hauptnährstoffen aus und schuf die *Nährstoffnorm*.

Nach GROUVENs Feststellung S. 716 [38] war schon früher HAUBNER [53] der erste gewesen, der auf diese neuen Möglichkeiten aufmerksam machte, den täglichen Bedarf eines Tieres an Protein, Zucker und Fettstoffen und deren Mischungsverhältnis für jede Tiergattung und jeden besonderen Fütterungszweck zu ermitteln; von LINGENTHAL [83] war auf diesen Gedanken eingegangen. Wie HAUBNER S. 271 [54] betont, war es indessen erst GROUVEN [38] 1858 u. WOLFF 1861 gelungen, der neuen Fütterungslehre den Weg in die Praxis zu bahnen. Die *Nährstoffnormen* beruhen auf der physiologischen Tatsache, daß jedes Tier zur Ernährung Protein, Fett, zuckerartige Stoffe und Mineralsalze braucht, und der Futterbedarf daher durch die Angabe der Mengen an Trockensubstanz, Protein, Fett und Kohlehydraten bestimmt werden kann. GROUVEN [38] unterscheidet den hiernach feststellbaren *physiologischen Wert* der Futtermittel, als gleichbedeutend mit Nährwert und Ausnutzungswert, scharf von ihrem *ökonomischen Wert* (gleich Handelspreis, Marktpreis, Geldwert). Seine Tabellen enthalten dementsprechend die *mittlere prozentische Zusammensetzung zahlreicher Futtermittel*, auch der gewerblichen Abfälle, nach ihrem Gehalt an Trockensubstanz und einzelnen Nährstoffen, sowie nach dem Nährstoffverhältnis; und ferner auch die *Fütterungsnormen* für die einzelnen Nutztierarten bei verschiedenen Nutzzwecken, nach dem täglichen Bedarf an Trockensubstanz, Protein, Fett, Kohlehydraten und dem Nährstoffverhältnis.

Maßgebend sind für Grouven und Haubner und ihre, in etwas mißverständlicher Weise so bezeichnete „*Nährstofflehre*", wie seitdem für jede *Fütterungslehre, der Nährstoffgehalt* und *Nährerfolg.* Im *Operieren mit einfachen Nährstoffen* sieht Grouven (1862) die entschiedenste Bedingung des wahren Fortschritts: *fundamental-physiologische Versuche!* das ist die Parole, die er für den weiteren Aufbau der Fütterungslehre ausgibt.

Zur *Bestimmung des Nähreffekts* empfahl Haubner[54] die Feststellung der *zur gleichen Stoffproduktion erforderlichen Menge verschiedener Futtermittel*; sodann als leichtere und sichere Methode die *Wägung der durch ein bestimmtes Futterquantum erzielbaren Stoffprodukte* (Lebendgewicht, Fleisch- und Fettbildung, Milchmenge), und ferner den Vergleich mit der *stoffproduzierenden Wirkung der gleichen Menge eines anderen Futters.* Auch hob er wie Grouven die Wichtigkeit der *Feststellung des verdaulichen Anteils* im Nährstoffgehalt hervor. Im Gegensatze zu den Rohnährstoffen wurde daher nun auch der Verdaulichkeit der einzelnen Nährstoffe eine gesteigerte Beachtung geschenkt. Gelegentlich unterschied man dabei als *Futterwerteinheit* den aus den Rohnährstoffen, und als *Nährwerteinheit* den für die verdaulichen Stoffe sich ergebenden Einheitswert (Dietrich u. König S. 1062[22]).

In manchen Tabellen, so denen von E. Wolff[122] wurden auch schon die *Verdauungskoeffizienten* für zahlreiche Futtermittel nebst ihren Schwankungen auf Grund von Tierversuchen angegeben. Ausdrücklich weist Wolff hierbei aber schon daraufhin (S. 1062), daß die *Fütterungsnormen* und Nährstoffverhältnisse auch für die einzelnen Fütterungszwecke *keineswegs als ganz feststehend* betrachtet werden können und nicht unter allen Umständen eine gleiche Wirkung ausüben.

So waren bereits durch mancherlei Gedanken und Erwägungen, besonders von Haubner und Grouven, die Grundlagen vollkommen entwickelt, auf denen die Kellnerschen Versuche und seine Stärkewertlehre sich aufbauten.

Zunächst wurde aber mit diesen Nährstoffnormen weitergearbeitet, so daß noch 1904 die Tabellen für Nährstoffgehalt und Nährstoffbedarf in der Fütterungslehre von Stutzer[113] neben den Rohnährstoffen nur die verdaulichen N-haltigen und N-freien Nährstoffe und das Nährstoffverhältnis angeben; auch diese Angaben werden ausdrücklich nur als ungefähre Anhaltspunkte bezeichnet.

Im nächsten Jahre erschien dann die 1. Aufl. des Kellnerschen Lehrbuches: Die Ernährung der landwirtschaftlichen Nutztiere ([62]).

C. Der Stärkewert nach Kellner.

I. Der Stärkewert beim Rind.

1. Grundlagen der Stärkewertrechnung.

Kellner — dem schon 1880 (S. 685[67]) das Ziel vorschwebte, die Wertigkeitsverhältnisse der Futterbestandteile für verschiedene Produktionen aufzustellen (s. Vorwort S. III[62]) — verläßt ausdrücklich das schablonenmäßig befolgte Verfahren, die verdaulichen Nährstoffe zur alleinigen Grundlage zu nehmen und geht dazu über, die Eigenart jedes Futtermittels durch Werte zu bestimmen, die mit den tierischen Produktionen in Beziehung stehen. Ohne es besonders zu betonen, knüpft er hiermit also unmittelbar an die Ideen von HAUBNER[54] an, der, wie wir soeben ausführten, bereits die vergleichende Bestimmung der Stoffproduktion als Grundlage empfahl. Auch damit schließt sich KELLNER dem Ideengang von HAUBNER S. 246 [54] an, daß er gleich diesem, in der Erkenntnis, daß es nicht möglich sein werde, die Nahrungseffekte in einer einzigen Zahl zu vereinigen, den einzigen Ausweg darin sah, den Nährstoffwert in mindestens zwei Nährstoffgruppen, und zwar Protein und Kohlehydrat, darzustellen. KELLNER hatte nun aber den Vorteil, daß er die inzwischen von VOIT[118] auf Grund der Bestimmungen des Kohlenstoffumsatzes mit dem Respirationsapparat von PETTENKOFER, sowie durch die energetische Betrachtungsweise, entwickelte *Physiologie des Gesamtstoffwechsels* heranziehen und nutzbar machen konnte.

Wie GROUVEN S. 558 [38] bereits den Nährwert eines Stoffes durch die wirkliche Fleisch- und Fettmenge ausgedrückt wissen wollte, die durch seinen Genuß erspart oder gebildet werden könne, so gelangte nun KELLNER zur Berechnung des *Fleisch- und Fettansatzes als Maßstab der Futterwirkung* in folgender, an einem Beispiel (S. 41 [71]; S. 71 [62]) zu zeigender Weise: Ochse von 664 kg, Durchschnitt aus 4 Respirationsversuchen von je 24stündiger Dauer; Bestimmung des Stickstoffes und Kohlenstoffes in den Einnahmen (Futter) und Ausgaben (Kot, Harn, gasförmige Ausscheidungen).

	Stickstoff g	Kohlenstoff g
Summe der Einnahmen .	186,47	5574,5
„ „ Ausgaben . .	179,24	4892,0
im Körper angesetzt . .	7,23	672,5

Die 7,23 g angesetzten Stickstoffes entsprachen 7,23 · 6 = 43,4 g Fleischtrockensubstanz mit 22,8 g Kohlenstoff. Für den Fettansatz bleiben somit 672,5 — 22,8 = 649,7 g Kohlenstoff; diese ergeben, da 100 g Fett 76,54 g C enthalten, 849,3 g Fett. Das Futter hatte einen Ansatz von 43,4 g Fleisch und 849,3 g Fett bewirkt.

Diese annäherungsweise Berechnung wurde von KELLNER noch weiter schematisch vereinfacht, indem er dem *Fleisch- und Fettansatz in einer Zahl* ausdrückte; hierfür rechnete er die Fleischwerte nach Calorien auf Fett um, wobei er für Fleisch die KÖHLERsche Zahl (1 g = 5,678 Cal) und für Fett die STOHMANNsche Zahl (1 g = 9,5 Cal) einsetzte (S 45 [66]).

Über die *Fettbildung* aus verschiedenen Nährstoffen wie auch über KELLNERS Versuche in betreff des Ansatzes aus Eiweiß und Stärke hat F. LEHMANN in diesem Bande des Handbuches Ausführungen gemacht, die in diesem Zusammenhange als Grundlage dienen können.

Für die Feststellung des *Wärmewertes*, der dem verdaulichen Teil der einzelnen zum Grundfutter zugelegten Stoffe zukommt, benutzte KELLNER andere Zahlen als die soeben genannten, und zwar (S. 411 [71]) für 1 g Rohprotein den Wert von 5,711 Cal, für Rohfett 8,322 Cal, N-freie Extraktstoffe 4,184 Cal. Für *Stärkemehl* im besonderen ergaben sich als Durchschnitt aus 13 Versuchen pro 1 g verdaute Substanz 4,185 Cal. Für verdautes *Kleberprotein* ergaben sich 5,976 Cal; KELLNER legt aber dann seinen weiteren Berechnungen den Wert von 6,148 Cal für Kleberprotein zugrunde (S. 413 [71]), im Hinblick auf den bis dahin als zu niedrig angenommenen, nach RITTHAUSEN 17,6% betragenden N-Gehalt.

KELLNER geht nun darauf aus, die einzelnen Futterstoffe sowohl für das Erhaltungs- wie Mastfutter vergleichbar zu machen und, wie es RUBNER für die menschliche Ernährung getan hatte, ihre *isodynamen Mengen* oder *Vertretungswerte* (S. 440, 448 [71]) aufzustellen. Hierfür bestimmte er durch Stoffwechselversuche an Schnittochsen in Möckern zunächst den *physiologischen Nutzeffekt des Erhaltungsfutters* als Energiemenge, die aus dem verdaulichen Teil des Futters für die Zwecke des Organismus verfügbar wurde. Diese *nutzbare Energie* oder zur Wirkung gelangte Wärme ergab sich als Differenz zwischen dem Caloriengehalt im Futter und in den Ausscheidungen. So erhielt er als Nutzeffekt des Erhaltungsfutters für je 1 g bei Stärkemehl 3,760, Erdnußöl 8,821, Kleberprotein 4,958, Melasse 3,829, Wiesenheu 3,553, Haferstroh 3,747 Cal.

Zum Vergleiche nahm Kellner zunächst noch die *Umrechnung der Vertretungswerte auf Stärkemehl* vor, wie auch auf Erdnußöl, indem er dieses oder jenes = 100 setzte (S. 449 [71]). Sodann bestimmte er weiter an Ochsen den *Produktionswert der Futterstoffe und ihre Vertretungswerte innerhalb des Mastfutters.* Auf Grund von Stoffwechselversuchen und Feststellungen des Energieumsatzes mittels der direkten oder indirekten Calorimetrie, mit und ohne verschiedene einzelne Zulagen zum Grundfutter, ließ sich die prozentische Verwertung der einzelnen zugelegten Futterstoffe berechnen und finden, wieviel von ihrer nutzbaren Energie in den Ansatz übergegangen war. So ergab sich als *Prozentsatz für den Ansatz aus Stärkemehl* im Durchschnitt 49,0 %; später 58,9 % (54,2—65,2 %) (S. 450 [71]) und danach 56,4 % (S. 150 [62]).

Diese Versuche waren die wichtigsten Schritte auf dem Wege zum Stärkewert. Denn es wurde hier bereits der *Ansatz von Körpersubstanz als Grundlage für die Vergleichbarkeit verschiedener Futtermittel* benutzt und speziell der Ansatzwert für Stärke selbst bestimmt. Dabei wurden an Ochsen 8 Versuche mit Kartoffelstärke und je 2 Versuche mit Rohfaser bzw. Rohrzucker ausgeführt. Aus diesen ließ sich berechnen, wieviel je 1 kg *verdauter* Substanz an Körperfett, einschließlich des ebenfalls auf Fett umgerechneten Fleischansatzes, als Ansatz lieferte. Hierbei ergaben sich von 1 kg

Stärkemehl . . . . **248** g
Rohfaser . . . . 253 g
Rohrzucker . . . . 188 g

und nach dem Calorienwert der verdauten Nährstoffe fanden sich daher im Ansatz wieder vom:

Stärkemehl . . . . 56,4 %
Rohfaser . . . . 57,0 %
Rohrzucker . . . . 45,2 %

In einer früheren Berechnung aus Durchschnittswerten der angestellten Versuche hatte die Umwandlung von Stärke in Fett aus 100 g Stärkemehl 23,34 g Fett ergeben (S. 452 [71]).

Als *Produktionswerte der Futterstoffe beim Mastfutter* ergaben sich im Vergleich zu dem „physiologischen Nutzeffekt des Erhaltungsfutters" durchweg geringere Zahlen für die Ausnutzung derselben Stoffe zur Neubildung von Fleisch und Fett, und zwar auf je 1 g verdauliche Substanz bei Stärkemehl 2,215, Erdnußöl 4,966, Kleberprotein 2,241, Melasse 2,255, Wiesenheu 1,428, Haferstroh 1,409 Cal.

2. Wertigkeit der Futtermittel.

Zu den Grundlagen der Stärkewertrechnung gehört auch die Feststellung der *Wertigkeit eines Futtermittels.* Kellner S. 153 [62] hatte festgestellt, daß aus je 100 g *isoliert* verabreichten, *verdauten* Nährstoffen, wenn dieselben als Zulage zu einem den Erhaltungsbedarf deckenden Grundfutter gegeben werden, vom erwachsenen Rinde im Fleisch- und Fettumsatz wiedergefunden werden:

	Cal.	Ansatz in g
Eiweiß	220	23,5
Fett	450 bis 570	47,4 bis 59,8
Stärkemehl und Rohfaser .	236	24,8
Rohrzucker	179	18,8

Er hatte dann weiter mit Köhler u. a. während 6 Jahren durch vergleichende Versuche an Ochsen festgestellt, ob die in den gewöhnlichen Futtermitteln enthaltenen und der Verdauung anheimfallenden Nährstoffgruppen ebenso oder anders wirken wie die oben angeführten Vertreter dieser Gruppen. Hierbei zeigte sich in 75 einzelnen Versuchen über den Ansatz und Energieumsatz, daß bei manchen *Futtermitteln* eine fast vollkommene *Übereinstimmung* zwischen den beobachteten und dem, nach den vorher ermittelten *Ansatzwerten der einzelnen Nährstoffe berechneten Ansatze* bestand. Daher konnten als Maßstab für die Produktionswirkung dieser Futtermittel auch die für ihre reinen Nährstoffe ermittelten Ansatzwerte dienen. Diese Futtermittel bezeichnete Kellner als *vollwertig* (S. 155 [62]). Für die übrigen ergab sich aus den Versuchen, wieviel an der Vollwertigkeit fehlte und, indem er die Vollwertigkeit = 100 setzte, konnte er berechnen und in den Futtertabellen angeben, welche „Wertigkeit" den einzelnen Futtermitteln zukam.

Hiernach ist die Kellnersche *Wertigkeit eines Futtermittels* diejenige Zahl, die angibt, zu wieviel Prozent die in ihm enthaltenen *verdauten* Nährstoffe insgesamt zum Ansatz kommen, im Vergleiche zu dem bei isolierter Verfütterung derselben Nährstoffe erreichbaren Ansatz. Die Wertigkeitszahl ist also der Ausdruck für die *Verwertung der verdaulichen Substanz zum Zweck der Produktion*, ausgedrückt in Prozenten eines vollwertigen Futtermittels (Windheuser-Jessen S. 204 [121]). Wenn z. B. die Wertigkeit eines Strohes gleich 46 ist, so bedeutet diese Zahl, daß 100 g der verdaulichen Stoffe dieses Strohes, dem Erhaltungsfutter zugelegt, nur ebensoviel Fettansatz bewirken wie 46 g der in dem Stroh enthaltenen Nährstoffe, wenn sie in reiner Form gegeben werden (S. 40 [70]).

Die Wertigkeitszahl ist daher zugleich ein *Maßstab für den Produktionsausfall* beim Ansatz aus den verdauten Nährstoffen eines Futtermittels im Vergleich zum Ansatz aus denselben Nährstoffen, gegeben in reiner Form.

Als vollwertig oder fast vollwertig hatten sich die Getreidekörner, Kartoffeln und tierischen Produkte erwiesen, während Rüben, Kleien, Heu mit niedrigeren Wertigkeitszahlen zu bezeichnen waren. Dieselben verdaulichen Nährstoffe der verschiedenen Futtermittel zeigten sich also infolge ihrer jeweils verschiedenen Kombination in ihrer Wirkung als sehr ungleichwertig, und es konnte nicht einfach der Gehalt an den einzelnen verdaulichen Nährstoffen zur Beurteilung eines Futtermittels eingesetzt werden, sondern es mußten auch deren Wertigkeiten in Rechnung gezogen werden.

Hinsichtlich der Wertigkeitsangaben ist aber, wie Pfeiffer[100] im Kellner-Gedenkband hervorhebt, zu berücksichtigen, daß hier noch eine größere Zahl von Versuchen sehr erwünscht wäre, da es sich bisher vielfach nur um Analogieschlüsse handele, die zu Fehlern Veranlassung geben können.

Auch Mach[85] weist hier auf einen Punkt hin, der noch der Klärung bedürfe: „in den *Futtertabellen von* Kellner sind die für den Gehalt an verdaulichem Eiweiß angegebenen Werte ihrer vollen Menge nach aufgeführt, während in dem Stärkewert des betreffenden Futtermittels das verdauliche Eiweiß nur nach der *Wertigkeit* des gesamten Futtermittels enthalten ist. Es ist mir nicht möglich gewesen, in Kellners Veröffentlichungen eine Begründung dieser Darstellungsweise zu finden." Hierin sieht Mach eine Unstimmigkeit. Er fährt dann fort: „Es kann nicht verkannt werden, daß die zuverlässige Abschätzung der Stärkewerte bei vielen Futtermitteln in Ermangelung ausreichender Untersuchungen noch auf recht erhebliche Schwierigkeiten stößt. Wenn Kellner *selbst* wiederholt hervorhebt, daß auch bei der Berechnung der in seinen Tabellen niedergelegten Durchschnittszahlen Unsicherheiten bestehen, so ist wohl die Forderung berechtigt, diese Unsicherheiten, welche die Übertragung seiner grundlegenden

Forschungen in die *Praxis* beeinträchtigen, so rasch als möglich zu beseitigen" (Mach[85]).

Der verdauliche Teil verschiedener *Rauhfutterstoffe*, wie Kleeheu, Hafer- und Weizenstroh, hatte sich als sehr minderwertig erwiesen, indem bei ihnen der in den Versuchen beobachtete Ansatz um 30—80% hinter dem berechneten zurückblieb. Die Wertigkeit dieser Futtermittel wurde besonders durch ihren Gehalt an Spelzen, Schalen, überhaupt an *Rohfaser*, herabgedrückt. Dies zeigte sich daran, daß sich bei allen untersuchten Rauhfuttermitteln für den Ansatz ein *gleiches Caloriendefizit von 1,36 (1,02—1,69) Cal auf je 1 g Rohfaser* ergab.

Je 100 g in den Raufutterstoffen verzehrte Rohfaser setzten hiernach den Ansatz im Körper des Rindes um einen Produktionsausfall von 136 Cal = 14,3 g Körperfett herab. Die Schuld hieran tragen nach Kellner S. 156 [62] die Zerkleinerungsarbeit und die Gärungsverluste.

Die Wertigkeit kann sogar ein Minuszeichen bekommen, und zwar dann, wenn ein Futtermittel die Wirkung des übrigen Futters herabsetzt. So ist z. B. die Wertigkeit des Sägemehls aus Fichtenholz —22, weil die Stoffe desselben „nicht nur keinen Nährwert haben, sondern die Wirkung des übrigen Futters noch vermindern, und zwar um 22% von der Wirkung, die den verdauten Stoffen des Holzmehles, wären sie vollwertig, zukäme; 14,7 g sind verdaulich, und 22% davon macht 3,2 g; demnach wirkt die Zulage von 100 g Holzmehl so, wie wenn man statt Holzmehl zu reichen, 3,2 g vollwertige Kohlehydrate (Stärkemehl) vom Futter wegnehmen würde" (S. 41 [70]).

Eine genauere Formulierung der Wertigkeit hat Wiegner S. 265 [120] gegeben, indem er die *prozentische Wertigkeit* = beobachteter Stärkewert mal 100 aus Nährstoffsumme berechneter Stärkewert setzt.

3. Definition und Berechnung des Stärkewertes.

Kellner hat selbst anscheinend nie eine didaktisch klare Definition und Anleitung zur Berechnung des Stärkewertes gegeben. Daher sind in der Literatur und besonders den Büchern über Fütterungslehre sehr verschiedene Definitionen zu finden, und über die Anwendung und Berechnung des Stärkewertes bestehen noch vielerlei ungelöste Fragen.

a) Definition.

Kellner selbst spricht nur von „Fettbildungsvermögen (Stärkewert) der Futtermittel" (S. 162 [62]) und von der „Rechnung mit Stärkewerten" als dem „Verfahren, die produktive Wirkung so umzurechnen, als ob der wirksame Teil des Futters nur aus Stärkemehl bestände" (S. 378 [62]). Hiernach wäre der Stärkewert als *das auf Stärkemehl umgerechnete Fettbildungsvermögen eines Futtermittels* zu bezeichnen.

Auch in den „Grundzügen der Fütterungslehre" (S. 41 [70]) ist ohne weiteres die Rede von dem „Verfahren, das Fettbildungsvermögen der Futtermittel durch eine einzige Zahl auszudrücken und hierbei die Wirkung des Stärkemehls zum Maßstab zu nehmen", und dies an einem Beispiel erläutert. „Angenommen, es habe sich bei einem Versuch am Wiederkäuer ergeben, daß 100 kg mittelgutes Wiesenheu, dem Erhaltungsfutter zugelegt, 8 kg Körperfett erzeugen; da nun beim gleichen Versuch aus Stärkemehl gerade soviel Körperfett entsteht, wie dem vierten Teil des Gewichtes des verfütterten Stärkemehls entspricht, so hat man die 8 kg nur mit 4 zu multiplizieren, um die Menge Stärke zu finden, die ebenso wirken würde, wie 100 kg des geprüften Wiesenheues; es würden also 100 kg Wiesenheu bei der Fettbildung dasselbe leisten wie 32 kg Stärkemehl. Die Zahl 32 stellt den *Stärkewert* des Wiesenheues dar."

Honcamp S. 4 [60] bezeichnet nach Kellner als Stärkewert eines Futtermittels diejenige Menge verdauliches Stärkemehl, die in produktiver Wirkung dasselbe leistet, wie 100 kg des betreffenden Futtermittels, und sagt, daß im Stärkewert der gesamte, einem Futtermittel innewohnende *Produktionswert* durch eine einzige Zahl zum Ausdruck kommt (S. 59).

Klimmer S. 199 [76] definiert den *Stärkewert eines Futtermittels als diejenige Menge Stärkemehl in Kilogramm, die ebensoviel Fett im tierischen Organismus zu bilden vermag, wie 100 kg des betreffenden Futtermittels.* Ebenso finden wir es bei Krafft-Falke S. 64 [77], Windheuser und Jessen S. 207 [121], Mayer S. 307 [87], Bruchholz S. 97 [19], Fingerling S. 216 [31], Haselhoff S. 10 [52].

Ellenberger und Scheunert S. 327 [25] nennen den Stärkewert kurz diejenige Stärkemenge, die gereicht werden müßte, um denselben „Produktionswert (Ansatz von Fett einschließlich Fleisch)" wie das betreffende Futtermittel zu erzielen.

Nach Schlipf-Wölfer S. 321 [108] gibt der Stärkewert die Zahl an, wieviel Kilogramm reine Stärke die gleiche „Wärme-, Kraft- oder Fettwirkung" haben würden wie 100 kg des betreffenden Futters.

Manche andere Autoren begnügen sich damit, den Stärkewert als Ausdruck der Produktionswirkung eines Futtermittels zu bezeichnen. Die einzige Definition, die zugleich die Entstehung und die beschränkte Gültigkeit des Stärkewertbegriffes zum Ausdruck bringt, finde ich bei G. Wiegner S. 261 [120]: „Unter dem Stärkewerte von 100 kg Futtermittel versteht man die Anzahl Kilogramm des verdaulichen Nährstoffes Stärke, die bei der Fettmast des ausgewachsenen Ochsen dieselbe Wirkung im Produktionsfutter hat, wie 100 kg des Futtermittels."

Hat ein Futtermittel also einen Stärkewert von 100, so ist es der Stärke gleichwertig; ist ein Stärkewert nur 50, so hat es nur die Hälfte des Energiewertes der Stärke; ist sein Stärkewert größer als 100, so übertrifft es die Stärke selbst in seiner Ansatzfähigkeit.

In gleichem Sinne bezeichnet auch bereits, wie Zuntz[124] hervorhebt, Kellner den *Kilogramm-Stärkewert eines Futters als diejenige Menge, die beim Rinde dasselbe leistet wie 1 kg Stärke,* d. h., einem Erhaltungsfutter zugelegt, 248 g Fett zum Ansatz bringt.

Es darf hervorgehoben werden, daß ein Begriff, der nur auf Grund von Versuchen an einzelnen Tieren einer bestimmten Art aufgestellt wurde und auch hier nur unter ganz bestimmten Voraussetzungen Gültigkeit hat, sehr schwer mit kurzen Worten einwandfrei definiert werden kann. In jeder kurzen Definition liegt daher eine unberechtigte Verallgemeinerung. Ferner liegt auch darin für jeden mit der Ausführung jener Versuche und mit der Aufstellung des Begriffes nicht näher Vertrauten die Gefahr, daß dieser nicht verstanden und kritiklos angewendet wird. Dies trifft dann auch jedenfalls in weitgehendem Maße für den Praktiker zu, der sich bemüht, das Futter seiner Tiere nach den Stärkewerttabellen zu berechnen.

In diesem Zusammenhange muß auch darauf hingewiesen werden, daß die übliche Bezeichnung „Kilogramm Stärkewert" an sich unlogisch ist; denn Stärkewert ist eine Werteinheit, die man natürlich nicht mit Kilogramm, sondern nur als Zahl angeben kann. Wenn auch die Autoren, die mit Stärkewert-Einheiten rechnen, sich über die Bedeutung derselben auch bei der bequemen Schreibweise „Kilogramm Stärkewert" im klaren sind, so ist doch zweifellos diese Ungenauigkeit in der Bezeichnung vielfach zur Quelle von Mißverständnissen geworden, besonders bei denjenigen, die praktisch mit dem Stärkewert rechnen, und hat diese Ausdrucksweise das Verständnis erschwert. Richtig wäre es, „Kilogramm-Stärkewert" zu schreiben.

Zweifellos war Zuntz[124] berechtigt, bei einem Vortrage über die Bedeutung des Stärkewertes zu seinen Zuhörern zu sagen: „Wenn ich Sie fragen würde: definieren Sie mir einmal ganz präzise den Begriff Stärkewert, dann werde ich wahrscheinlich bei manchen Renonce finden.“ Das Gleiche gilt auch für den akademischen Landwirt. Obgleich ich in der Vorlesung die Grundlagen der Stärkewertrechnung genau auseinandersetze und definiere: der Stärkewert eines Futtermittels gibt an, wieviel Kilogramm verdaulicher Stärke verfüttert werden müßte, um den gleichen Körperansatz zu erhalten wie aus 100 kg des betreffenden Futtermittels, so stoße ich doch in den Prüfungen bei der Frage nach dem Stärkewert meist auch auf Renonce und unklare Vorstellungen von der Entstehung und praktischen Bedeutung der Stärkewertrechnung. Ich habe den Eindruck, daß der studierende Landwirt dem Stärkewert eine instinktive Abneigung entgegenbringt; ich halte dies für kein schlechtes Zeichen und glaube sie auf die kritische Einstellung zurückführen zu müssen, die der durch die exakte Stoffwechsel- und Calorienlehre in diesen Dingen etwas geschulte Student einem Begriffe entgegenbringt, den er allgemein anwenden soll und von dem er doch weiß, daß er nur für eine bestimmte Tierart und unter ganz bestimmten Bedingungen wirklich Gültigkeit haben kann.

b) Berechnung des Stärkewertes nach Stoffwechselversuchen.

Die Berechnung des Stärkewertes für die einzelnen Futtermittel ist in dem Kellnerschen Werke in allen Auflagen in derselben kurzen Weise angegeben. „Da sich aus 100 g Stärkemehl und ähnlichen Polysacchariden 24,8 g Körperfett bilden, so ist der als Fett berechnete Ansatz am Körper nur mit 4 zu multiplizieren, um den Stärkewert zu erhalten.“ „War z. B. für einen Ölkuchen gefunden worden, daß 100 kg desselben einen Ansatz von 19 kg Körperfett (einschließlich Fleisch) bewirken, so ist der Stärkewert auf einfachem Wege zu finden. Wir haben erfahren, daß 1 kg Stärkemehl 0,248 oder rund 0,25 kg Körperfett zu liefern vermag, und haben daher den obigen Ansatz von 19 kg Fett nur mit 4 zu multiplizieren, um den Stärkewert des Ölkuchens, d. h. 76 kg zu erhalten. Umgekehrt läßt sich aus dem Stärkewert durch Division mit 4 der Ansatz, als Körperfett ausgedrückt, finden. Freilich verhehlt sich der Verfasser nicht, daß in der Kenntnis der Produktionswerte der Futtermittel noch manche Lücken bestehen, immerhin aber erstreckt sich die Zahl der direkten Beobachtungen auf typische Vertreter aller Futtermittelgruppen“ (S. 379 [62]; S. 431 [65]).

Bei der Stärkewertrechnung sind *verschiedene Verfahren für die Berechnung des Stärkewertes* und für seine Anwendung zu unterscheiden.

Zunächst muß betont werden, daß es *eigentlich überhaupt nur ein Verfahren* gibt, den Stärkewert zu „berechnen“, das ist der *Energie-Stoffwechselversuch* am Tier mit Zulage des Probefuttermittels zum Erhaltungsfutter, Bestimmung der Verdaulichkeit der einzelnen Nährstoffe des zugelegten Futtermittels, wie auch des Grundfutters in einer Verfütterungsperiode, Bestimmung des respiratorischen Gaswechsels und der durch bakterielle Gärungsvorgänge des Futters im Tierkörper entstandenen Gase, Bestimmung der Stickstoff- und Kohlenstoffbilanz, Bestimmung des Körperansatzes, Berechnung desselben unter der eigentlich jedesmal besonders nachzuprüfenden Annahme, daß eine Wasserretention im Körper nicht stattgefunden hat und daß der Ansatz nur aus Fett und Eiweiß besteht, Umrechnung der Eiweißzunahme auf Fett, Berücksichtigung der durch Vergleichsversuche festzustellenden prozentischen Wertigkeit.

Wenn man dann auch noch den aus Stärke selbst bei dem betreffenden Tiere erzielbaren Ansatz kennt, so erhält man auf diese Weise, der obigen Definition gemäß, den bei dem betreffenden Tiere gültigen Stärkewert des untersuchten Futtermittels, und zwar den Kilogramm-Stärkewert, zum Unterschiede davon, daß man natürlich ebensogut auch einen Gramm-Stärkewert aufstellen könnte — wie auch KELLNER gelegentlich mit den Zahlen für den Ansatz aus 100 g Stärke arbeitet.

KELLNER hat von Anfang an mit Rücksicht auf die Fütterungspraxis dem Arbeiten mit handlicheren Zahlen Rechnung getragen und den Stärkewert auf je 100 kg berechnet, daher auch in seiner Tabelle für die Futtermittel die Stärkewerte, die von der 2. Auflage der „Ernährung" an im Fütterungskapitel auch in der Überschrift hervorgehoben werden, in Kilogramm-Stärkewert pro Doppelzentner der Futtermittel angegeben. Die konventionell richtige Bezeichnung ist daher „*Kilogramm-Stärkewert pro Doppelzentner*", wobei man sich gewöhnt hat, hierfür einfach „Kilogramm-Stärkewert" zu schreiben, oder auch einfach zu sagen: ein bestimmtes Futtermittel hat einen Stärkewert von soundsoviel, z. B. ein bestimmtes Heu hat „einen Stärkewert von 32", oder „sein Stärkewert beträgt 32", womit dann stets Kilogramm-Stärkewert pro Doppelzentner gemeint sind. Auch hier ist nochmals zu betonen, daß vielfach Mißverständnisse dadurch entstehen, daß der Kilogramm-Stärkewert meist als Kilogramm Stärkewert so geschrieben wird, als ob die Stärkewerte nach Kilogramm abgewogen werden könnten.

Die Berechnung des Stärkewertes für ein Futtermittel läßt sich aus dem im Versuch ermittelten Körperansatz auf Grund eines anderen, m. E. wesentlich klareren, aber merkwürdigerweise durchaus ungebräuchlichen, Rechnungssatzes ausführen. Nehmen wir wieder das Beispiel jenes Wiesenheues, von dem 100 kg einen Ansatz von 8 kg ergaben:

$$25 \text{ kg Ansatz entsprechen } 100 \text{ kg Stärke}$$
$$8 \text{ kg } \quad \text{,,} \quad \text{,,} \quad ? \text{ kg } \text{,,}$$

$$\frac{X}{100} = \frac{8}{25}$$

$$X = \frac{8 \cdot 100}{25} = 8 \cdot 4 = 32$$

Der Stärkewert des Wiesenheues ist also 32, oder das Wiesenheu hat 32 kg Stärkewert.

Der Bruch $\frac{100}{25}$ bleibt bei diesen Ansätzen immer der gleiche und ist gleich 4. Der festgestellte Ansatz sei durch A ausgedrückt. Allgemein kann dann also gelten:

Der Stärkewert eines Futtermittels ist gleich dem aus 100 kg desselben erzeugten Ansatz, multipliziert mit 4; oder

$$Stärkewert = A \cdot 4$$

Leider wird die Berechnung nicht einheitlich gehandhabt, und die Lässigkeit in der Ausdrucksweise trägt zu den Mißverständnissen und Hindernissen in der Einführung und der Eröffnung des Verständnisses für die Stärkewertrechnung ihrerseits bei.

Wenn selbst in Lehrbüchern in bunter Abwechslung Stärkewert, Stärkewerte und Prozent Stärkewerte angewendet werden (S. 175 [82]) oder zu lesen steht (S. 199 [76]), ein Heu habe „32 Stärkewerte", so dient eine solche Ausdrucksweise jedenfalls nicht zur Klärung. Bei Calorien kann man mit der Mehrzahl rechnen, und wenn ein Nährstoff z. B. doppelt soviel Calorien hat als ein anderer, so ist dies unmißverständlich. Um auch für den Stärkewert zu einer unmißverständlichen begrifflichen Anwendung zu kommen, ist zu beachten, daß wir *vom Stärkewert nicht in der Mehrzahl sprechen können, wie es leider heute noch sehr häufig geschieht*. Das Heu hat eben nicht „32 Stärkewerte", sondern nur *einen Stärke-*

wert, der gleich 32 ist. Man kann dann auch sagen, das Heu habe 32 *Stärke-werteinheiten*, wobei natürlich gemeint ist: *pro 100 kg 32 kg-Stärkewerteinheiten*.

Wenn Heu „32 Stärkewerte" haben sollte, so könnte dies logisch nur heißen, daß es 32 verschiedene Stärkewerte habe. In anderem Sinne kann man allerdings mit vollem Rechte sagen, ein Futtermittel habe mehrere Stärkewerte, und zwar ist dies der Fall bei verschiedenen Tierarten und auch schon verschiedenen Individuen je nach deren Verdauungsfähigkeit und Ausnutzungsfähigkeit für die einzelnen Nährstoffe des betreffenden Futtermittels, und auch je nach dem Fütterungszwecke.

Besonders auch für den Stärkewert, wie er für einzelne Futtermittel einfach aus ihrer Zusammensetzung und einer angenommenen Verdaulichkeit und Wertigkeit berechnet wird, kann man aus der Literatur oft verschiedene Zahlen finden, und in diesem Sinne den Pluralis der Stärkewerte anwenden.

Noch andere unrichtige und unlogische Bezeichnungen werden bei der Stärkewertrechnung verwendet. Mit Recht weist bereits Bruchholz S. 97 [19] darauf hin, daß der „Stärkewertgehalt" der Futtermittel ein falscher Ausdruck ist, da der Stärkewert nicht in dem Futtermittel enthalten sei. Tatsächlich sind nur die Nährstoffe in dem Futtermittel enthalten, und diese besitzen als Vergleichswert zur Stärke einen Stärkewert.

Eine für das Rechnen mit Stärkewerten zweckmäßige Differenzierung hat Wiegner S. 264, 265 [120] vorgeschlagen. Er bezeichnet den Stärkewert eines Futtermittels ohne Wertigkeitsabzug als den *Brutto-Stärkewert* und den sich mit Berücksichtigung der Wertigkeit ergebenden als *Netto-Stärkewert*: letzterer ist dann im Sinne von Kellner formuliert:

$$= \frac{\text{berechneter Stärkewert} \cdot \text{Wertigkeit}}{100}.$$

c) Berechnung des Stärkewertes der Futtermittel aus ihrer chemischen Zusammensetzung. Abzüge für Rohfaser.

Es wurde schon betont, daß eine möglichst exakte Feststellung des Stärkewertes, den ein Futtermittel als Produktionswert für ein bestimmtes Tier besitzt, nur durch eine Reihe von Stoffwechselversuchen möglich ist.

Abgesehen hiervon bestand Kellners Absicht aber auch darin, „eine Schätzung des Gehaltes auch solcher Futtermittel zu ermöglichen, welche entweder nicht in den Tabellen enthalten sind, oder eine abweichende Zusammensetzung haben" (S. 625 [65]).

Hierzu ist zunächst die chemische Analyse des Futtermittels nach den einzelnen Nährstoffgruppen die Ausgangsbasis. Sodann müssen *Eiweiß* und Fette in Stärkewert umgerechnet werden. Dies erfolgt auf Grund der Feststellungen, daß der Ansatz aus 100 g Stärke 24,8 g, aus Eiweiß 23,5 g, aus Fett 47,4—59,8 g betrug. Bezieht man jetzt den Ansatz aus Eiweiß bzw. Fett auf den Einheitswert von Stärke, so ergibt sich ein Multiplikationsfaktor, der für *Eiweiß* 0,94 und für Fett 1,91—2,41 beträgt.

Hier kann auch die Bezeichnung *Teile Stärkewert* herangezogen und gesagt werden:

1 Teil verdauliches Eiweiß = 0,94 Teile Stärkewert,
1 Teil verdauliches Fett = 2,2 (1,91—2,41) Teile Stärkewert.

Zur weiteren Berechnung werden daher gleich gesetzt:

1 Teil verdauliche N-freie Extraktstoffe oder Rohfaser . . . . = 1,00
1 Teil verdauliches Eiweiß . . . . = 0,94
1 Teil verdauliches Fett bei den Rohfutterstoffen und Wurzelgewächsen = 1,91
Fett bei Ölsamen . . . . = 2,41
Fett bei anderen Körnerarten . . . . = 2,12

Teile Stärkewert.

Zugleich kann man den Stärkewert des Futtermittels, statt ihn in absoluter Zahl in Kilogramm-Stärkewert anzugeben, nach dem Prozentgehalt an Nährstoffen auch in *Prozent Stärkewert*, bezogen auf 100 kg des Futtermittels, berechnen.

Wir geben nach KELLNER-FINGERLING S. 626 [65] ein Beispiel: will man den Stärkewert eines Rapskuchens berechnen, der 36,5% Rohprotein, 8,0% Fett, 25,8% N-freie Extraktstoffe, 11,5% Rohfaser enthält, so findet man mit Hilfe der Verdauungskoeffizienten der KELLNERschen Tabellen an verdaulichen Stoffen: 29,6% Rohprotein, 6,3% Fett, 19,6% N-freie Extraktstoffe, 0,9% Rohfaser. Auf 33,1 Teile Rohprotein kommen 4,4 Teile Amide, so daß auf die 36,5% Rohprotein 4,8 Teile Amide zu rechnen sind, die als vollkommen verdaulich angenommen werden und von den 29,6% verdaulichen Rohprotein abzuziehen sind. Das verdauliche Eiweiß beträgt somit 24,8%. Für den Stärkewert ergibt sich dann:

$$
\begin{array}{lll}
24,8\% \text{ verdauliches Eiweiß} \cdot 0,94 = 23,3\% & \text{Stärkewert} \\
6,3\% \quad\quad\quad \text{„} \quad\quad\quad \text{Fett} \cdot 2,41 = 15,2\% & \text{„} \\
20,5\% \text{ verdauliche N-freie Extraktstoffe} + \text{Rohfaser} \cdot 1,00 = 20,5\% & \text{„} \\
\hline
\text{zusammen } 59,0\% & \text{Stärkewert}
\end{array}
$$

Die Wertigkeit des Rapskuchens beträgt nun aber nur 95%. Daher ergeben sich statt 59,0 nur 56,0% Stärkewert.

„*Prozent Stärkewert*". Die vorstehende Berechnung kann anstatt mit Prozent natürlich genau so gut mit Kilogramm durchgeführt werden. Der Rapskuchen hat also 56 kg Stärkewert. Da sich der Stärkewert eines Futtermittels nach allgemeiner Annahme der KELLNERschen Ausdrucksweise sowieso immer auf 1 Doppelzentner = 100 kg bezieht, so sind die Stärkewertzahlen ohne weiteres auf einen Hundertwert zu beziehen und in diesem Sinne Prozentwerte. Ein Vorzug kann also in der ausdrücklichen Prozentbezeichnung nicht gesehen werden. Sie kann vielmehr zur Quelle von neuen Mißverständnissen werden, erschwert das Verständnis für die Stärkewertrechnung und ist didaktisch unzweckmäßig. KELLNER selbst hat den Ausdruck Prozent Stärkewert in den von ihm besorgten Auflagen offenbar bewußt vermieden. „Prozent Stärkewert" klingt nach Analogie von Prozent Rohprotein u. dgl., nach einem „Gehalt" eines Futtermittels „an Stärkewert". Dies widerspricht aber, wie wir schon an anderer Stelle sahen, der Definition des Stärkewertes. Auch führt es zu der schon von BRUCHHOLZ S. 97 [19] hervorgehobenen unlogischen Konsequenz, nach den KELLNERschen Tabellen der Erdnuß 146,5%, Palmkernen 143,7%, Fettgrieben 106,1% Stärkewert zuzuschreiben.

Abzüge für Rohfaser. Die Stärkewertberechnung bei den Rauhfutterarten kompliziert sich noch weiter. Hier werden, statt mit den Wertigkeitszahlen zu arbeiten, für je 1% Rohfaser *Abzüge* gemacht, und zwar für die insgesamt vorhandene, nicht nur die verdauliche, *Rohfaser*. Dabei trägt KELLNER der verschiedenen Verdaulichkeit und Verwertbarkeit der Rohfaser Rechnung, indem er für verschiedene Rauhfutterarten und je nach dem Rohfasergehalt verschiedene Abzüge vorschreibt. So wird bei Spreu für je 1% Rohfaser 0,29 abgezogen. Bei Grünfutter wird bei einem Rohfasergehalt von 16 und mehr Prozent für je 1% Rohfaser 0,58 von dem Stärkewert abgezogen: bei 4 und weniger Prozent Rohfaser werden nur 0,29, bei 6% 0,34, bei 8% 0,38, bei 10% 0,43, bei 12% 0,48, bei 14% 0,53 vom Stärkewert abgezogen.

Auf ähnliche Weise kann auch die Stärkewertberechnung eines nur nach seiner Zusammensetzung bekannten *Rauhfuttermittels* angestellt werden (FINGERLING S. 219 [31]):

Haferstroh (100 kg mit 38,5 % Gesamtrohfaser)

$$
\begin{array}{lr}
 & \text{Ansatz} \qquad \text{kg St. w.} \\
\text{1,2 kg verdauliches Eiweiß (1 kg} = 0{,}235 \text{ kg Ansatz)} & 0{,}28 \cdot 4 = \;\; 1{,}12 \\
\text{0,6 kg} \qquad \text{,,} \qquad \text{Rohfett (1 kg} = 0{,}474 \text{ kg} \qquad \text{,,)} & 0{,}28 \cdot 4 = \;\; 1{,}12 \\
\text{40,9 kg N-freie Extraktstoffe} + \text{Rohfaser} & \\
\qquad\qquad\qquad (1 \text{ kg} = 0{,}248 \text{ kg Ansatz)} & 10{,}15 \cdot 4 = 40{,}60 \\
\hline
\text{zusammen} & 10{,}71 \text{ kg} = 42{,}84 \\
\text{Ab: für 38,5 kg Rohfaser (1 kg} = 0{,}143 \text{ kg Ansatz)} & 5{,}51 \cdot 4 = 22{,}04 \\
\hline
\text{Mithin Produktionswert} & 5{,}20 \text{ kg} = 20{,}80 \text{ kg St.W.}
\end{array}
$$

Hinsichtlich des *Abzuges für die Rohfaser am Stärkewert* und der einzelnen für die bei verschiedenen Rauhfutterarten vorgeschriebenen Zahlen ist zu sagen, daß eine schematische Anwendung wohl zweifellos oft zu Irrtümern führen muß, da die Zurechnung eines gegebenen Rauhfutters zur einen oder anderen Kategorie ohne besondere Bestimmung der Verdaulichkeit seiner Rohfaser leicht fehlgehen kann. So hat auch Fingerling[33] kürzlich betont, daß hier das Alter der Pflanzen von Bedeutung und der Grad ihrer Verholzung nicht ohne weiteres bekannt ist. Dazu komme noch die Unzuverlässigkeit unsrer heutigen *Rohfaser-Analyse*, die leider durchaus ungenau sei; wir müßten suchen, zu einer Bestimmung der Cellulose zu gelangen.

Ob nun der auf Grund der chemischen Zusammensetzung und der angenommenen Verdaulichkeit der einzelnen Nährstoffe berechnete Stärkewert eines Futtermittels oder einer Futterration mit demjenigen übereinstimmt, der sich aus einem Stoffwechselversuche ergeben würde, und wieweit jener von diesem abweicht, läßt sich natürlich niemals sicher beurteilen. In dieser Hinsicht sind kritische Versuche von Wiegner interessant. Als Beispiel für eine ziemlich gute Übereinstimmung zwischen dem mit dem schätzungsweise angenommenen und dem mit dem experimentell bestimmten Verdauungskoeffizienten erhaltenen Netto-Stärkewert führt Wiegner S. 267 [120] einen Versuch an, der an Hammeln angestellt wurde und bei dem sich für das verfütterte Heu 44,3 kg Stärkewert mit 5,7 kg verdaulichem Rohprotein gegen die berechneten 42,5 kg Stärkewert mit 7,5 kg verdaulichem Eiweiß ergab.

Eine wesentlich größere Abweichung zwischen der Bestimmung des Stärkewertes durch Berechnung und durch Fütterungsversuch ergab indessen ein andrer Versuch von Wiegner S. 268 [120], bei dem für ein Wiesengras bei ersterer 11,2 kg Stärkewert mit 1,7 kg verdaulichem Eiweiß und bei dem direkten Fütterungsversuch 14,0 kg Stärkewert mit 1,5 kg verdaulichem Eiweiß gefunden wurde.

Noch weitere größere *Unterschiede zwischen dem berechneten und dem im Tierversuche gefundenen Stärkewert* haben eigene unveröffentlichte Versuche des Tierphysiologischen Instituts ergeben, die in den letzten Jahren von M. Steuber[112 a] und H. Stotz an Hämmeln bei Fütterung mit Heu aus verschiedenen Gräserarten durchgeführt wurden. Die hier wiedergegebene Tabelle von M. Steuber gestattet in übersichtlicher Weise den Vergleich zwischen dem Stärkewert, der unter Benutzung der in den Kellnerschen Tabellen stehenden Verdauungskoeffizienten, die der von uns durch die Futteranalysen gefundenen Zusammensetzung und Qualität der Heuart entsprachen, berechnet wurde, und dem Stärkewert, der in den Versuchen gefunden wurde und sich aus der Berechnung mit den experimentell festgestellten Verdauungskoeffizienten ergab. Die Unterschiede, die sich, wie die Tabelle zeigt, bis auf 32,72 zu 42,48 und 44,29 zu 55,24 belaufen, beweisen zur Genüge, *wie groß der Fehler bei der Futterberechnung* sein kann, wenn der Stärkewert einfach aus der chemischen Analyse des Futters und den Kellnerschen Tabellen berechnet wird. Dieselben Unterschiede bestehen auch schon in den Zahlen für das verdauliche Eiweiß.

Stärkewert von Heu bei Berechnung aus der Futteranalyse und bei
Bestimmung aus dem Tierversuch.
(Zahlen in % auf absolute Trockensubstanz berechnet.)

Grasart	Schnitt	Rohfaser	verd. Eiweiß		Stärkewert		Bei der Berechnung wurde der Koeffizient benutzt für
			berechn.	gefunden	berechn.	gefunden	
Wiesenrispe . .	I	30,99	2,693 kg	3,08 kg	28,93	31,71	minder gutes Heu
„	II	29,28	3,78 „	4,11 „	28,15	36,10	„ „ „
Wiesenschwingel	I	34,03	5,15 „	3,79 „	32,46	39,68	gutes Heu
„	II	31,11	5,51 „	7,03 „	32,72	42,48	„ „
Weidelgras . . .	I	23,95	5,80 „	6,44 „	44,29	55,24	sehr gutes Heu
„	II	28,56	4,28 „	4,87 „	37,23	40,76	gutes Heu

Gerade beim Heu kommt noch ein erschwerender Umstand hinzu, der auch
schon in unseren soeben besprochenen Versuchen eine Rolle spielte. Ganz neuerdings hat nämlich auch schon ZAITSCHEK[122b] an dem sehr lehrreichen Beispiel
zweier Heuarten darauf hingewiesen, wie außerordentlich *verschieden der Stärkewert zweier gleichartiger Futtermittel trotz gleicher chemischer Zusammensetzung* sein
kann. Der Vergleich der Verdauungskoeffizienten ergab nämlich, wie die Tabelle
zeigt, in Versuchen an Hämmeln so große Unterschiede zwischen einem hauptsächlich aus Süßgräsern und einem aus Sauergräsern bestehenden Heu, daß
letzteres nur die Hälfte des Stärkewertes des ersteren erreichte (siehe Tabelle).
ZAITSCHEK betont hiernach, daß der Futterwert eines Heues außer von der
chemischen auch von seiner botanischen Zusammensetzung abhängt.

Hieraus ergibt sich, daß der Stärkewert beim Heu nur sehr unsicher und
unzuverlässig berechnet werden kann, wenn nur seine chemische Zusammensetzung bekannt ist.

Indirekte Bestimmung des Stärkewertes. Einstweilen sei es, wie FINGER-
LING weiter vorschlägt, besser, den Stärkewert, z. B. des Heues beim Milchvieh, indirekt festzustellen. Hier sei von verschiedenen Seiten bestätigt, daß für
10 l Milch 2,25 kg-Stärke-

	Zusammensetzung in %		Verdaulichkeit %	
	Heu A	Heu B	Heu A	Heu B
Rohprotein	8,57	10,28	52,2	42,0
Reinprotein	7,60	8,58	52,2	42,0
Rohfett.	3,41	2,31	64,2	5,8
Rohfaser	20,41	19,98	67,4	30,5
N-freie Extraktst. .	45,42	45,66	71,1	52,7
verdaul. Eiweiß . .	3,97	3,60	—	—
Stärkewert	42,1	22,2	—	—

werteinheiten erforderlich seien. Wird nun als Grundfutter ein Gemisch von
Kraftfutter, dessen Stärkewert ganz gut bestimmt werden kann, in Höhe
von 2,25 kg-Stärkewerteinheiten gegeben, so kann aus der durch eine Heu-
zulage erzielten Steigerung der Milchproduktion der Stärkewert des Heues berechnet werden.

Weiter hat FINGERLING[33] neuerdings bezüglich der *Veränderlichkeit des
Stärkewertes mit der chemischen Zusammensetzung der Futtermittel* in sehr be-
merkenswerten Ausführungen darauf hingewiesen, daß eine für die Dauer gültige
Festlegung der Stärkewerte wie auch der Fütterungsnormen gar nicht möglich ist,
daß vielmehr besonders zwei Faktoren beständig neue Umarbeitungen notwendig
machen. Der eine bezieht sich auf die Zahlen für die *chemische Zusammensetzung
der Futtermittel.* Diese ist infolge der Weiter- und Neuzüchtung der Futterpflanzen, und bei den industriellen Futtermitteln durch die Abänderungen der
Fabrikationsverfahren, einem derartigen Wechsel unterworfen, daß die in
KELLNERs Tabellen angegebenen Durchschnittswerte schon veraltet seien und
nach neuen umfangreichen Analysen durch neue ersetzt werden müßten.

Zum Beispiel bezögen sich die von Kellner für Rüben angegebenen Werte, worauf auch schon Richardsen hingewiesen habe, auf Rüben, die wir heute gar nicht mehr haben.

Als zweites, von Fingerling[33] hervorgehobenes Moment kommt auch noch in Betracht, daß die *Tiere selbst* schon andere geworden und infolge der Leistungszüchtung heute auch wohl *bessere Futterverwerter* sind. Daher können auch die seit Kellners ersten Angaben unverändert gebliebenen Durchschnittswerte für die Verdaulichkeit in seinen Tabellen nur mit erneuten Vorbehalten verwendet werden.

Hiernach wären dann auch die *Fütterungsnormen* nicht mehr ohne eine immer von Zeit zu Zeit zu wiederholende Nachprüfung gültig.

Bezüglich der Berechnung des Stärkewertes eines Futtermittels aus seinem Gehalt an Rohnährstoffen muß hier noch auf einen heute ganz *allgemein getriebenen Mißbrauch der Stärkewertrechnung* hingewiesen werden.

Sobald heute ein neues Futtermittel beschrieben wird, sei es ein neues industrielles Abfallprodukt, ein neu auftretendes ausländisches Erzeugnis, eine Gräserneuzüchtung oder ein in neuartiger Weise aufgeschlossenes oder, wie man glaubt, veredeltes Futtermittel, so wird oft schon ohne weiteres aus dem Ergebnis der chemischen Analysen und sonst höchstens noch nach Anstellung einiger Versuche, die zunächst nur an wenigen Individuen einer einzigen Tierart über die Verdaulichkeit der einzelnen in dem Futtermittel enthaltenen Rohnährstoffe ausgeführt werden, sogleich die Frage nach dem Stärkewert erhoben und dieser, so gut es eben mit diesen gänzlich unzureichenden Grundlagen geht, auch berechnet. Nur so glaubt man eine Vergleichsmöglichkeit zu haben, um das neue Produkt mit anderen Futtermitteln oder mit seiner eigenen unverarbeiteten Ausgangsform vergleichen zu können. Dies erscheint wohl zulässig, solange es mit der nötigen Kritik geschieht und keine verbindlichen Schlußfolgerungen daraus gezogen werden. Heute ist es aber bei uns so weit, daß auch die Industrie und der Futtermittelhändler sich nicht ohne die unverstandenen Stärkewerte zufrieden gibt und den möglichst hohen Stärkewert als Propagandamittel nötig zu haben glaubt. Besonders bei rohfaserreichen Futtermitteln wird dann aus der gleichen Analyse von verschiedenen Ratgebern, je nachdem sie, mangels exakter experimenteller Grundlagen, ganz willkürlich die Wertigkeit, den Rohfaserabzug und womöglich auch die Verdaulichkeiten ansetzen, ein ganz anderer Stärkewert herausgerechnet und diese Stärkewerte dann als Streitobjekte in die Debatte geworfen, die sich um den Nutz- und Geldwert des betreffenden Futtermittels entspinnt. Hier macht sich der Mangel an staatlichen Anstalten fühlbar, die mit ausreichenden Einrichtungen und Personal versehen sein müßten, um lediglich erst nach sorgfältigen, mit allen modernen Hilfsmitteln durchgeführten Tierversuchen eine autoritative Entscheidung treffen zu können. Es kann aber nicht verschwiegen werden, daß dieser unerfreuliche Zustand offenbar durch den in den wissenschaftlichen Arbeiten über Tierernährung zur Gewohnheit gewordenen Mißbrauch der Stärkewertberechnung entstanden ist, der darin besteht, daß auch da, wo die wissenschaftlich erforderlichen Grundlagen fehlen, doch immer wieder auf Stärkewerte umgerechnet wird. Der wissenschaftliche Wert dieser Arbeiten wird durch diese Verallgemeinerung der Stärkewertrechnung natürlich nicht erhöht. Oft soll es auch wohl nur eine Konzession an die Praktiker sein. Gerade in deren Kreisen wie in denen des Futtermittelhandels ist aber hierdurch eine verständnislose Überschätzung des Stärkewertes großgezogen worden, die nun erst wieder mühsam durch wissenschaftliche Aufklärung beseitigt werden muß.

In ähnlichem Sinne spricht auch schon Mach[85] hinsichtlich der Einführung der Kellnerschen Fütterungslehre in die Praxis von den Schwierigkeiten, die erst dann behoben sein würden, wenn ein einfacheres Verfahren gefunden sei, um den Futterwert besonders der Futtermittel des Handels zu beurteilen, eine Forderung, deren Erfüllung er zwar für zweifelhaft, aber nicht für völlig aussichtslos hält. Auch er hebt dabei die Notwendigkeit von Instituten und Sammelstellen hervor, deren Aufgabe die fortlaufende Untersuchung der Futtermittel und ihrer Nutzwerte sein müsse.

4. Stärkewert und Calorie.

In der menschlichen Ernährungslehre wie in der medizinischen Experimentalphysiologie wird der Energiewert der Nahrung bekanntlich durch die physikalisch exakte Wärmeeinheit, d. h. in Calorien ausgedrückt. KELLNER S. 378 [62]; S. 430 [65] hat wohl erwogen, daß man natürlich auch den bei den Nutztieren erzielten Fettansatz in Wärmewerten angeben könne; er hat die Calorie indessen als ein Maß, das dem Landwirt wenig geläufig sei und unnötig hohe Zahlen in die Berechnung hineintrage, abgelehnt und hiermit bei der folgenden Generation Zustimmung gefunden (PFEIFFER[100], HANSEN[42]).

Diese Einwände gegen die *Calorienrechnung* haben sich nicht als stichhaltig erwiesen, denn für die menschliche Ernährung rechnet heute längst nicht nur die Wissenschaft, sondern auch der Laie mit Calorien, und die hohen Zahlen lassen sich durch Einführung der Tonnen-Calorien (Therms) vermeiden. Auch die skandinavischen Führer in der Fütterungslehre haben sich mit ihren Zahlen und Formeln bei ungleich höheren Anforderungen in der Praxis durchgesetzt. Ferner hat sich auch die Stärkewertrechnung längst zu Gleichungen mit x und y ausgewachsen (vgl. z. B. KLIMMER S. 203 [76]).

Wie aus der obigen Darlegung des KELLNERschen Systems hervorging, hat KELLNER sich übrigens bei der Entwicklung seiner Stärkewerte selbst mehrfach der Calorienrechnung bedient, und die Aufstellung des Stärkewertes konnte erst erfolgen, nachdem die Verbrennungswärme der Nährstoffe ermittelt und die energetische Betrachtungsweise eingeführt war (vgl. HONCAMP S. 69 [57]). Endlich hat ARMSBY für Amerika das ganze Futterberechnungssystem auf den Calorienwert aufgebaut (s. später). Andere Autoren, z. B. WOOD und MANSFIELD[122a], bedienen sich zugleich der Calorien- und Stärkewertrechnung.

Mit einiger Annäherung läßt sich die *Umrechnung von Stärkewert in Calorien* und umgekehrt vornehmen. Hierfür bildet die Grundlage der Caloriewert der reinen, verdaulichen Stärke. In der physiologischen Stoffwechsellehre pflegt man 1 g Zucker oder Stärke = 4,1 Cal zu setzen.

Beim Menschen und z. B. dem Hunde rechnet man nun damit, daß diese Kohlehydrate ebenso wie in der calorimetrischen Bombe so auch im Stoffwechsel des Organismus restlos zu CO_2 und H_2O verbrannt werden, und setzt daher auch den Ernährungswert von 1 g Kohlehydrat = 4,1 Cal.

Beim Wiederkäuer kommen die aufgenommenen Kohlehydrate dagegen nicht restlos zur Verbrennung im Stoffwechsel, sondern es treten beträchtliche Verluste durch die Gärungen im Magen und Darm auf, wobei die entstandenen Gase, CO_2, CH_4, H, mit den gasförmigen Magen- und Darmentleerungen verlorengehen. Aus diesem Grunde muß am nutzbaren Caloriewert ein Abzug gemacht werden, dessen Größe zwar im einzelnen Falle durch Stoffwechselversuche, die zugleich auch die *Gärverluste* erfassen, festgestellt werden kann und von ZUNTZ auf etwa 10 % bestimmt wurde, für allgemeinere Zwecke aber natürlich nur in Durchschnittswerten angegeben werden kann, so daß ein derartiger Wert wieder keine allgemeine Gültigkeit beanspruchen darf. KELLNER rechnet in diesem Sinne für 1 g Stärke 3,7 Cal.

Daß die verschiedenen *Kohlehydrate beim Wiederkäuer* nicht den gleichen Nährwert haben, ging ja auch aus Kellners Ermittlungen hervor, nach denen bei Mastochsen aus

1 kg Stärke 248 g, dagegen aus
1 kg Rohrzucker nur 188 g Fettansatz erzielt wurden.

Ganz ähnliche Differenzen und wieder eine andere Größenordnung dieser Werte fand Fingerling bei *Schweinen,* wo aus

1 kg Stärke 353 g und aus
1 kg Rohrzucker nur 281 g Ansatz gebildet wurden.

Aus diesen Gründen kann die Kellnersche Zahl 3,7 Cal für 1 g Stärke oder allgemein für 1 g Kohlehydrat nur unter den angedeuteten Vorbehalten zur ungefähren Umrechnung dienen. Hiernach würde

1 kg Stärke nur 3700 Cal. entsprechen.

Wenn ein Futtermittel, z. B. Heu, für die Wiederkäuer den Stärkewert 32 hat, 100 kg davon also so viel Ansatz produzieren wie 32 kg Stärke, so haben jene 100 kg einen Caloriewert von

$$32000 \cdot 3{,}7 = 118400 \text{ Cal und}$$
$$1 \text{ g Heu} = 1{,}184 \text{ Cal.}$$

In dieser Weise kann dann auch der *Caloriewert einer Futterration* oder Futtermischung berechnet werden.

Hierauf werden wir bei der Darstellung des Systems von Armsby eingehen (s. weiter unten).

5. Stärkewert, Arbeitsleistung und Erhaltungsbedarf.

Auf dem Wege über die Calorien kann auch jede Arbeitsleistung in Stärkewert ausgedrückt werden. Hierfür setzt Kellner

1 g Kohlehydrat = 3,7 Cal, 1 g Fett = 8,5 Cal, 1 g Eiweiß = 4,1 Cal.

Die Grundlage für diese Berechnung bildet die Tatsache, daß 1 Cal dem mechanischen Arbeitswert von 425 (427,5) m/kg äquivalent ist.

Leistet z. B. ein Ochse eine mittlere Tagesarbeit von 2 400 000 m/kg, so entspricht dies 2 400 000 : 425 = 5600 Cal. Um hiernach den Energieverbrauch für diese Arbeit zu berechnen, ist noch der *Nutzeffekt* (Wirkungsgrad) dieser Arbeitsleistung zu berücksichtigen, der beim Menschen je nach der Art der Arbeit (Atzler[17]) 8—33% beträgt. Nehmen wir den hohen Nutzeffekt von 33% an, so müssen dem Tiere für jene Arbeit 3 mal soviel Calorien zugeführt werden, als dem Nettowert der Arbeitsleistung entspricht, also 5600 · 3 = 16 800 Cal. Diese würden in 16 800 : 3,7 = 4600 g Stärke enthalten sein. Daher würde jene Arbeit von 2 400 000 m/kg 4,6 kg-Stärkewerteinheit im Futter erfordern. Dies würde *für 1 g-Stärkewerteinheit ein Äquivalent von 521 m/kg* ergeben. Kellner S. 205[62] und seine Schule (Honcamp S. 655[60]) setzten 1 g-Stärkewert = 533 m/kg Arbeitsleistung. Wenn der Nutzeffekt dagegen nur 20% beträgt, so muß der Nettowert der Arbeitscalorien mit 5 multipliziert werden, und es ergibt sich in unserem Falle: 5600 · 5 = 28 000 Cal : 3,7 = 7567 g Stärke für die Arbeit von 2 400 000 m/kg, und hiernach würde *1 g-Stärkewerteinheit nur ein Äquivalent von 317 m/kg* haben.

In beiden Fällen kommt noch der Erhaltungsbedarf mit etwa 6,0 kg-Stärkewert hinzu, so daß sich der ganze Futterbedarf eines Tages bei jener Arbeitsleistung und bei 33% Nutzeffekt auf 10,6, bei 20% Nutzeffekt aber auf 13,56 kg-Stärkewerteinheiten belaufen würde.

Um für eine bestimmte *tägliche Arbeitsleistung die Futterration in Stärkewert* berechnen zu können, müßte also zunächst wohl der Erhaltungsbedarf wie auch der Nutzeffekt der Arbeit bekannt sein. Über letzteren wissen wir aber bis jetzt hauptsächlich nur so viel, daß er je nach der Art der Arbeit und den Bedingungen, unter denen sie jeweils geleistet wird, außerordentlichen, besonders auch schon individuellen Schwankungen unterworfen ist. So führt LINCKH S. 184 [82] von Arbeitsochsen an, daß *ermüdete Tiere* zur Leistung derselben Arbeit um 18 % mehr Nährstoffe verbraucht hatten wie nicht ermüdete Tiere, und daß an die Arbeit bereits gewöhnte Tiere zu einer bestimmten Leistung 10—30 % Nährstoffe weniger brauchten als ungeübte Tiere. Daher könne man eher umgekehrt die Fütterungsnormen dazu benutzen, festzustellen, welche Tiere mehr Nährstoffe brauchen als den Normen entspricht, und diese als unrentabel aus dem Stall entfernen ([82]).

Wie übrigens für die Milchproduktion eine Änderung der KELLNERschen *Reduktionszahl für das Eiweiß* (0,94) vorgeschlagen wurde (s. das Kapitel Skandinavische Futtereinheiten), so hält MELNYK[88] auch für die Kraftproduktion eine Erhöhung dieses Wertes auf 1,23 für erforderlich.

Außerdem besteht auch über die Beziehung von *Stärkewert und Erhaltungsbedarf* durchaus keine Möglichkeit, sich auf Durchschnittswerte zu verlassen oder vereinzelte Bestimmungen zu verallgemeinern. Nach KELLNER sind für 500 bis 600 kg Lebendgewicht bestenfalls nur 0,2 kg-Stärkewerteinheiten mit 0,1 kg Eiweiß zur täglichen Lebenserhaltung nötig (vgl. BRUCHHOLZ S. 111 [19]), während diese Werte sonst zwischen 2,2 und 3,9 kg-Stärkewerteinheiten mit 0,15—0,35 kg Eiweiß liegen, und die Schwankungen für je 900—1000 kg Lebendgewicht 4,5 bis 6,7 kg-Stärkewerteinheiten mit 0,35—0,75 kg Eiweiß betragen.

Auch für bestimmte Produktionen werden große Verschiedenheiten gefunden. So werden z. B. für Mastrinder von SCHNEIDEWIND S. 693 [111] nur 12,0 kg-Stärkewerteinheiten mit 2 kg Eiweiß, von KELLNER dagegen 14,5 kg-Stärkewerteinheiten (also 2,5 mehr!) mit 1,6 kg Eiweiß angegeben.

Sehr weit gehen auch die Berechnungen für

6. Stärkewert und Milchleistung

auseinander. Nach VOLHARD S. 920 [119] soll aus nachgelassenen Versuchen von KELLNER hervorgehen, daß zu einem Ertrage von 10 kg Milch 2 kg-Stärkewerteinheiten erforderlich seien, wozu für 500 kg Lebendgewicht noch 2 kg-Stärkewerteinheiten für die Erhaltung kämen. FINGERLING S. 71 [33] rechnet für die 10 kg Milch 2,25 (2—2,7) kg Stärkewert mit 450—650 g verdaulichem Eiweiß und für die Erhaltung 2—2,5 kg-Stärkewert mit 0,3 kg Eiweiß. HONCAMP rechnet 5 kg-Stärkewerteinheiten mit 0,7 kg Eiweiß (S. 673 [59]). In KELLNERs Tabellen ([70]) werden für 10 kg Milch auf 500 kg Lebendgewicht im ganzen 10—11 kg-Stärkewerteinheiten mit 1,6—1,9 kg Eiweiß angegeben. Nach KELLNERs Versuchen mit dem Respirationsapparat sollen zur Erzeugung von 1 g Eiweiß in der Milch 0,94 Teile Stärkewert, für 1 g Milchzucker 1,05 Teile Stärkewert erforderlich sein (S. 189 ff.[70]). Diese Werte haben durch MELNYK[89] eine Kritik erfahren, der vielmehr für 1 Teil Eiweiß 1,86, für 1 Teil Milchfett 2,82 und für 1 Teil Milchzucker 1,23 Teile Stärkewert für erforderlich hält.

Die Frage kann hier nicht in extenso aufgerollt werden. VÖLTZ und KIRSCH haben in diesem Bande des Handbuches den Futterbedarf und die Ausnützung der Nährstoffe bei der Milchproduktion in dem Kapitel „Milchleistung" eingehend behandelt.

Aus den Feststellungen einer größeren Anzahl von Kontrollvereinen hat MÜNZBERG S. 17 [94] als Durchschnittsbedarf für die Produktion von 1 l Milch 257 g-Stärkewert mit 48 g Eiweiß berechnet, während nach KELLNER hierfür 200 g-Stärkewert mit 55—60 g Eiweiß erforderlich sein sollten.

Münzberg benutzt zugleich die Stärkewertangaben, um zwischen Deutschland und den nordischen Ländern zu vergleichen, wieviel Milch in den einzelnen Ländern aus einer bestimmten Zahl von Kilogramm-Stärkewert durchschnittlich erzeugt wird. Dies geht auf J. Hansen S. 54 [41] zurück, der die *Stärkewertrechnung zur Beurteilung der Milchleistung* empfiehlt und die Futterausnutzung, also die relative Leistung, daraus ermittelt, wieviel Kilogramm Milch und Fett aus je 100 kg-Stärkewerteinheiten des verzehrten Futters erzeugt worden ist. Beispielsweise hat eine Kuh mit 4653 kg Milch aus 100 kg-Stärkewert ihres Futters je 235 kg Milch mit 6,67 kg Fett geliefert; eine andere mit 2299 kg Milch dagegen nur je 135 kg Milch mit 4,97 kg Fett. Hiernach läßt sich die verschiedene Leistung der einzelnen Tiere und, wie Nahrstedt[95] hinzufügt, auch ganzer Herden, zahlenmäßig miteinander vergleichen.

Schmieder[109] bemerkt dazu, daß sich hieraus noch kein sicherer Anhalt ergibt, da der Geldwert des Stärkewertes bei den käuflichen Futtermitteln sehr verschieden sei; daher müsse zur *Ermittlung der Rentabilität* in der Praxis auch die Berechnung der Erzeugungskosten für je 1 l Milch im einzelnen durchgeführt werden.

Aber auch z. B. hinsichtlich des Unterschiedes zwischen verschiedenen Heuarten kann die Milchleistung, wie Fingerling[33] dargelegt hat, nicht ohne weiteres verglichen werden. Denn wenn eine Kuh infolge hoher Milchergiebigkeit — bedingt durch die Individualität, Lactationszustand oder andere Momente, mehr Milch gibt als durch die aufnehmbare Heumenge erreichbar ist, so schießt sie dabei aus ihrem eigenen Körperbestande zu, und die Milchleistung ist dann keine ausschließliche Funktion der Nährwirkung des Versuchsfutters.

7. Veränderlichkeit des Stärkewertes.

Daß die Stärkewertzahlen in den Fütterungsnormen durchaus nicht unwandelbar festgelegt werden können, sondern immer wieder der Korrektur bedürfen, hat Kellner schon selbst dadurch zum Ausdruck gebracht, daß er bei der Herausgabe neuer Auflagen seines Werkes mehrfach in den Tabellen Zahlen geändert hat. So bringt er schon in der nach Jahresfrist folgenden 2. Auflage seiner „Ernährung der landwirtschaftlichen Nutztiere" (S. 581 [63]) bei den *Fütterungsnormen* für Milchkühe, *ohne* Veränderung der Trockensubstanz des Gesamtfutters niedrigere Zahlen für den täglichen Kilogramm Stärkewert bei verschiedenem Milchertrag, und zwar legt er die höchsten Werte der hier angegebenen Schwankungsbreite tiefer als die in der 1. Auflage angegebenen Zahlen, z. B. für 20 kg Milchertrag und 500 kg Lebendgewicht auf 13,9—16,6 (an Stelle von 18,3) kg-Stärkewerteinheiten. Diese Werte sind dann in allen folgenden Auflagen beibehalten.

Von der 4. Auflage ([64]) an finden sich auch, ebenfalls wieder bei *unveränderter* Trockensubstanz im Gesamtfutter, die Stärkewertnormen für Schafe gegenüber den früheren Auflagen herabgesetzt und diejenigen für wachsende Rinder und zukünftiges Mastvieh korrigiert, von der 9. Auflage an ([65]) auch noch diejenigen für wachsende und Mast-Schweine verändert.

In der, wie diese 9. und 10. Auflage, von Fingerling besorgten 8. Auflage (1929) von Kellners Grundzügen der Fütterungslehre ([70]) sind wieder einige Fütterungsnormen gegen jene 9. und 10. Auflage verändert. So ist für Mastrinder, trotz Erhöhung der Trockensubstanz im Gesamtfutter von 22—28 auf 22—30 kg und trotz so gut wie unverändertem Betrage der N-freien Extraktstoffe und Rohfaser (12,0—14,5 gegen vorher 12,0—15,0), der Stärkewert der Ration von 11,5 bis 13,5 auf 10,5—12,5 herabgesetzt, während in einer gerade vorhergehenden Zusammenfassung noch die vorigen Kellnerschen Zahlen beibehalten waren

(S. 226 [31]). Für Mastschweine werden die Werte 1929 genau wie 1924 angegeben, dazwischen 1928 (S. 227 [31]) aber niedriger, trotz gleichbleibender Trockensubstanz und sogar erhöhtem Eiweißgehalt des Gesamtfutters. Ebenso sind hier (S. 234 [31]) die Kellnerschen Normen für wachsende Zucht- und Mastschweine anders angegeben wie dort. Auch für Milchkühe wird der Stärkewert bei verschiedener Milchleistung neuerdings ([70]) durchweg verändert. Dabei ist das ganze Zahlenmaterial der großen Tabellen *über die Zusammensetzung der Futtermittel* wie auch über ihre *Verdaulichkeit* von der 1. Auflage (1905) der „Ernährung" bis zu der genannten 8. Auflage (1929) der „Grundzüge" bis auf einige vereinzelte Änderungen in der 1. Dezimalen, und abgesehen von ganz neuen Zusätzen, völlig unverändert geblieben.

Zuntz[123] hebt in seinen kritischen Ausführungen über den Stärkewert hervor, daß Kellner gewiß wohl am wenigsten selbst die Ansicht verteidigt haben würde, daß hier ein abgeschlossenes Bild vorliege; denn Kellner habe ja in seinen Untersuchungen über die Ausnutzung der Rohfaser schon die Veränderlichkeit des Stärkewertes unter verschiedenen Verhältnissen klar gezeigt. Nach eigenen Versuchen weist Zuntz dann darauf hin, daß bereits scheinbar ganz geringfügige Änderungen in der Mischung und den chemischen Eigenschaften der Futterkomponenten beim Wiederkäuer die Gärungsvorgänge in den Vormägen außerordentlich stark modifizieren und dadurch das Endergebnis der Fütterung, den Fettansatz, und auch die Stoffwechselvorgänge in verschiedenen Organen, wesentlich beeinflussen. Daneben weist er auf die Wirkungen des Bewegungstriebes, der innersekretorischen Funktionen, so der Schilddrüse, ferner auf die sich ergebende Unsicherheit in der Berechnung der *Verdaulichkeit* aus dem Vergleich von Nahrung und Kot, und endlich darauf hin, daß eine derartige Konstanz der täglichen CO_2-Ausscheidung, wie sie Kellner für die Versuchstiere seiner der Stärkewertberechnung zugrunde liegenden Versuche angebe, nur bei ausgewählten, sehr ruhigen Versuchstieren vorkomme.

Die Veränderlichkeit der Stärkewerte geht ferner aus zahlreichen, in den einzelnen Abschnitten erwähnten Einflüssen hervor. Auch Klimmer[76] faßt einen Teil derselben zusammen, indem er betont, daß eine Futternormierung, wie sie Kellner vorgenommen habe, im Hinblick auf die Verschiedenheiten in der Nutzungsrichtung, nach Art und Alter der Tiere, Zubereitung und Mischung der Futtermittel, ihrem Gehalt an Reizstoffen und Salzen usw. eigentlich gar nicht möglich sei, daß der Produktionswert des Futters vielmehr durch alle diese Faktoren Schwankungen unterliege.

Dies berührt sich alles durchaus mit dem, was Settegast S. 354 [112] schon 1868 zur Kritik des Heuwertes sagte, daß nämlich der Erfolg einer Fütterung fast in jeder Mischung wechsele oder im Vergleich zum Heu ein anderer werde, und daß er von dem Nutzungszwecke abhängig sei, und daß eine solche Lehre nur den Schein der Wahrheit biete und im geborgten Kleide der Wissenschaftlichkeit durch falschen Rat, wenn man sich an die Tabellen halte, in die Irre führe. Schon Settegast S. 384 [112] hatte die mannigfaltigen Wirkungen hervorgehoben, die den Futterbedarf der Tiere bei Erhaltung und Produktion beeinflussen, und im besonderen auf die Größe, Rasse, Ernährungszustand und individuelle Eigentümlichkeiten der Tiere, sowie die Qualität und Zusammensetzung des Futters hingewiesen.

Besonders zeigt sich die Variabilität der Stärkewerte in der schon vorhin berührten Übertragung derselben auf andere Tiere.

II. Stärkewertrechnung bei anderen Nutztieren.

Gegenüber der später so oft erfolgten und heute noch üblichen Übertragung der Stärkewertrechnung auf die Fütterung ganz beliebiger Nutztierarten, und auf die Beurteilung von Futtermitteln ganz ohne Rücksicht darauf, bei welchem Tiere sie verfüttert werden sollen, erscheint es bemerkenswert, daß Kellner S. 150 [62] schon unzweideutig darauf hinweist, daß jener durch Versuche an Ochsen gefundene, der Stärkewertrechnung zugrundeliegende Fettproduktionswert der Stärke (248 g aus 1 kg Stärke) bei anderen Tieren auch ein ganz anderer sein könne. „Es erscheint überhaupt von vornherein sehr wahrscheinlich, daß Tiere mit einfach gebautem Magen und weniger geräumigem Darmkanal infolge weniger intensiv verlaufender Zersetzungen im Futterbrei aus gleichen Mengen über den Erhaltungsbedarf hinaus gereichter Nährstoffe mehr anzusetzen vermögen als Wiederkäuer. Unterschieden dieser Art hat man bis jetzt überhaupt noch keinerlei Aufmerksamkeit geschenkt und vergleichende Versuche in dieser Richtung noch nicht ausgeführt."

So hat Kellner selbst ausdrücklich hervorgehoben, daß die in seinen Tabellen wiedergegebenen Zahlen für Verdaulichkeit und Stärkewert „nur für den erwachsenen Wiederkäuer unmittelbare Geltung haben" (S. 162 [62]).

In der Tabelle für die *Fütterungsnormen* hat er aber trotz dieses Hinweises auch bereits den Stärkewert der Futterrationen für *wachsende Rinder*, Lämmer, *Arbeitspferde*, *Milchkühe*, Zucht- und *Mastschweine* angegeben. Bei diesen Angaben sind einfach die nach den älteren Erfahrungen in der Praxis bewährten Fütterungsnormen auf Stärkewert umgerechnet, ohne daß, wie auch gelegentlich erwähnt (S. 461 [62]), bei jeder einzelnen Tierart die für die exakte Stärkewertaufstellung unbedingt erforderliche Untersuchung des Stoff- und Energiewechsels stattgefunden hatte. Durch die ohne experimentelle Grundlagen rein mechanisch erhaltenen Tabellenwerte für andere Tierarten hat Kellner zweifellos schon selbst den Grund gelegt zu den *unberechtigten Verallgemeinerungen der Stärkewertrechnung* und dazu, daß diese dann für manche Tiere, z. B. *Schweine*, im allgemeinen ganz verlassen, und für andere, z. B. Milchkühe und Pferde, immer wieder neu korrigiert wurde.

1. Schwein.

Kellner selbst S. 151 [62] hebt in diesem Zusammenhange schon auf Grund der Fütterungsversuche von Meissl an Schweinen bereits eine *ansehnliche Überlegenheit des omnivoren Schweines* über den Wiederkäuer hervor, die hinsichtlich der Verwertung zum Ansatz um 20—25% höher liege. An anderer Stelle erwähnten wir bereits, daß sich der Fettproduktionswert von 1 kg Stärke beim Schwein statt auf 248 g auf 335 g beläuft. Auf dieser Grundlage hätte natürlich für Schweine eine analoge Stärkewertberechnung für alle in Betracht kommenden Futtermittel durchgeführt werden können. Dies hat aber niemand unternommen. Kellner hat auch schon selbst die Absicht gehabt, Respirationsversuche an Schweinen anzustellen, hat diese Absicht aber nicht mehr ausführen können (vgl. Volhard [119]).

Man hat vielmehr, zumal bequemerweise die Stärkewertnormen für Schweine in Kellners Tabellen schon vorlagen, diese immer wieder bis in die neueste Zeit unverändert oder mit mehr oder minder geringen Korrekturen in neue Werke der Fütterungslehre (z. B. Linckh [82], Klimmer [76], Fingerling [31] usw.) und praktische Anleitungen hinübergenommen und sich mit der Annahme begnügt, daß die Stärkewerte hier ohne weiteres ihre Gültigkeit beibehalten (Honcamp S. 68 [57]), oder daß, da beim Schweine alle Nährstoffe mit Ausnahme der Rohfaser um 30 bis 35% besser verwertet werden als beim Rind, die Stärkewerte entsprechend höher zu benutzen seien (WINDHEUSER S. 210 [121]).

Dabei hat es nicht an warnenden Stimmen gefehlt, die auf die sich besonders gegen die Übertragung des Begriffes Stärkewert vom Rind auf das Schwein erhebenden Bedenken hinwiesen. So hat besonders ZUNTZ[124] betont, daß die Stärkewertrechnung hier nur eine sehr relative Gültigkeit haben könne und der Wert von 1 kg Stärke hier wesentlich höher sei, weil von reiner Stärke beim Schwein fast nichts in Verlust geht; daß der Wert des Fettes dagegen beim Rind und Schwein der gleiche sei. Ebenfalls aus unserem Institut hat KLEIN[75] darauf hingewiesen, daß beim Schwein schon 0,7 Teile Stärke = 1 Teil Stärkewert sind, und vorgeschlagen, den *Stärkewert für die verschiedenen Tierarten als Variable* mit den entsprechend veränderten Zahlen weiterzuführen, wenn man ihn nicht aufgeben wolle.

Auch praktisch wurde die Unstimmigkeit der KELLNERschen Werte für die Schweinefütterung erwiesen. So hat in neuer Zeit J. HALLE[40], auf Grund von Versuchen mit Haferfütterung bei Mastschweinen, gegenüber den für Gerste zu 72 kg und für Hafer zu 59,7 kg angegebenen Stärkewerten diese Minderwertigkeit des Hafers bei der Schweinemast nicht bestätigen können und hieran die Warnung geknüpft, die KELLNERschen Nährstoff- und Stärkewerttabellen nicht zu grob schematisch anzuwenden und zu verallgemeinern.

Neuerdings hat POPOFF S. 289 [102] Versuche angestellt, um das Verhalten des Schweines gegenüber dem Körnerfutter im Vergleiche zum Rind aufzuklären, und dabei gefunden, daß die Nettoenergie einer Stärkewerteinheit im Getreide (Gerste, Roggen, Hafer, Mais) bei der Mästung junger Schweine etwa 2800 Cal beträgt, während die einer Futtereinheit in Gerste bis zu 1960 Cal beträgt.

2. Pferd.

Auch auf das Pferd ist die Stärkewertrechnung von KELLNER und seiner Schule ohne experimentelle Grundlagen übertragen worden. Lediglich auf Grund älterer Versuche von E. WOLFF, wonach auch bei Pferden eine Abhängigkeit der Leistung von der Wertigkeit des Futters besteht, „behauptete KELLNER deshalb mit gutem Recht, daß man die Rationen für Arbeitspferde unbedenklich nach dem Verhältnis der am Rinde ermittelten Stärkewerte berechnen und die zu verwendenden Futterstoffe auf derselben Grundlage beurteilen und auswählen kann" (HONCAMP S. 69 [57]).

Hier hat nun ZUNTZ[124] auf Grund seiner sorgfältigen eigenen energetischen Untersuchungen an Pferden schwere Bedenken erhoben. Denn er hatte gefunden, daß die *Verdauungsverluste durch Kauarbeit und Gärungen* beim Rind und Pferde ganz verschieden sind. Der durch die Kauarbeit für jedes Gramm der mit dem Heu aufgenommenen Cellulose entstehende Verlust betrug nämlich beim Pferde 0,56 Cal, beim Rinde aber nur 0,14 Cal. Dagegen kam bei letzterem, im Gegensatze zum Pferd, durch die bakterielle Vergärung der Kohlehydrate im Pansen ein Verlust von 12% und durch die von den Bakterien selbst verbrauchte Energie nochmals 7%, zusammen ein Verdauungsverlust von rund 20% der mit den Kohlehydraten zugeführten Energie hinzu. Daher würde der beim Rinde erhobene Stärkewert für Rohfaser beim Pferd zu hoch, und der für Kohlehydrate allgemein genommene beim Pferd viel zu niedrig liegen. Überdies haben ZUNTZ und HAGEMANN[39] durch Ausnützungsversuche beim Pferde mit Heu und Hafer festgestellt, daß von den verdauten Nährstoffen bei 1 kg Heu 209 g, bei 1 kg Hafer aber nur 124 g für die Kauarbeit in Anspruch genommen werden. Dieser *für Verdauungsarbeit verbrauchte Nährstoff* wird in Wärme umgesetzt, die ganz oder teilweise das Wärmebedürfnis des Tieres decken hilft, so daß bezüglich der

Erhaltung des Tieres bei niedriger Außentemperatur in der Tat Heu zum Hafer im Verhältnis 1 : 1,6 steht. Handelt es sich aber nicht um Erhaltungs-, sondern um *Produktionsfutter*, um Arbeitsleistung z. B., dann steht 1 kg Heu zu 1 kg Hafer in dem Verhältnis von 182 : 491, d. h. rund von 1 : 2,7; es leisten dann also nicht 1,6 kg Heu soviel wie 1 kg Hafer, sondern erst 2,7 kg Heu.

Wieweit sich für die Übertragung der Stärkewertrechnung vom Rind auf das Pferd jenes, die Kau- und Gärverluste betreffende Plus auf der einen und das Minus auf der anderen Seite kompensieren, kann natürlich nur durch besondere Versuchsreihen festgestellt werden, und es genügt, um die Übertragung der Stärkewertrechnung auf das Pferd zu rechtfertigen, nicht die gewöhnlich gemachte Annahme (z. B. Windheuser[121]), daß dieser Ausgleich es möglich mache, auch für Pferde die für das Rind gefundenen Zahlen der Verdaulichkeit und auch des Stärkewertes der Futtermittel zugrunde zu legen.

Im Gegensatze zu dieser unberechtigten Verallgemeinerung haben auch die fortgesetzten Fütterungsversuche von Ehrenberg[23] an Pferden ergeben, daß die Kellnerschen Stärkewertforderungen für das Arbeitspferd um rund $\frac{1}{4}$ zu hoch liegen, und daß die bisherigen Angaben über die Verdaulichkeit verschiedener

Heu	Hammel	Pferd
1.	22,2	16,2
2.	26,7	21,5
3.	33,1	25,2
4.	35,7	30,7
5.	42,1	30,7

Futtermittel gerade beim Pferde dringend der Nachprüfung bedürftig sind.

So hat ganz neuerdings Zaitschek[122b] beim Pferd den Stärkewert von 5 Heuproben mit demjenigen bei Schafen durch Ausnutzungsversuche verglichen und sie für das Pferd durchweg kleiner gefunden (siehe die Tabelle).

Der Stärkewert für die rohfaserfreie organische Substanz des Heues erwies sich in diesen Versuchen beim Pferd um 14—34% geringer als beim Schaf, so daß auch Zaitschek hervorhebt, daß man bei Bewertung des Wiesenheues für Pferde nicht einfach die Stärkewerte wie für die Wiederkäuer annehmen darf.

3. Schaf und Ziege.

Selbst auf die kleinen Wiederkäuer können die Stärkewertberechnungen aus manchen Gründen nicht ohne weiteres übertragen werden. Hierauf hat Linckh S. 178[82] hingewiesen, indem er hervorhebt, daß die kleineren Wiederkäuer zunächst wegen ihrer relativ größeren Körperoberfläche einen größeren Erhaltungsbedarf haben, daß bei Schafen die ununterbrochene Wollproduktion hinzukommt, daß nach dem Scheren eine erhöhte Wärmeabgabe besteht, und daß schon zur Lebenserhaltung der Arbeitsbedarf hinzukommt, der durch die lebhafteren Bewegungen dieser kleineren Tiere und durch das Weiden verursacht wird, daß seinerseits wieder mit Abnahme der Güte der Weiden und mit Zunahme der abzulaufenden Flächen einen steigenden Bedarf bedinge. Diese Anschauungen sind allerdings durch ganz neue Versuche von Benedict und Ritzman[17a] zum Teil widerlegt; nach diesen besteht die erhöhte Wärmeabgabe bei geschorenen Schafen nur wenige Tage, und zeigten die kleineren Wiederkäuer keinen höheren Energieumsatz als die größeren, da Ochsen und Kühe vielmehr sogar einen höheren Wert als Schafe ergaben.

Scheunert, Klein und Steuber[105a] fanden bei Untersuchung des Stoffwechsels und Energieumsatzes des Schafes bei einer Roggenkleie einen Stärkewert von 114, während derselbe nach Kellner, aus der Nährstoffanalyse berechnet, nur 61,5 betrug. Die Kleie lieferte beim Schaf einen um 14% höheren Fettansatz als die verdaute Stärke beim Rind. Beim Schafe waren schon 0,8 Teile verdaulicher Stärke = 1 Teil Stärkewert.

Auf Grund dieser Erfahrungen hat KLEIN[75], wie erwähnt, vorgeschlagen, den *Stärkewert bei den verschiedenen Tierarten als Variable* zu betrachten und mit der Korrektur zu handhaben, daß beim Schwein 0,7, beim Schafe 0,8 Teile Stärke je einem Teile des für das Rind aufgestellten Stärkewertes entsprechen, den Stärkewert also für die verschiedenen Tierarten in dieser Weise aufzuteilen, ihn dagegen als feststehende Einheit aufzugeben ([74]). Allerdings erscheint es zweifelhaft, ob sich diese schematisierende Differenzierung bewähren wird, da nicht alle Versuche übereinstimmend zu diesen Zahlen führen.

III. Stärkewert und Geldwert.

Vielfach ist der Stärkewert der Futtermittel herangezogen worden, um für die Berechnung des Geldwertes der letzteren eine vergleichbare Einheit zu haben (z. B. HOFFMANN[56], MÜNZBERG[93]). Hierbei wird neben dem Stärkewert noch die Menge des verdaulichen Eiweiß pro 100 kg-Stärkewerteinheiten des betreffenden Futtermittels berücksichtigt (MACH[85]), oder der Geldwert für 1 kg-Stärkewert mit und ohne Eiweißzuschlag (LINCKH[82], PFEIFFER[100]), oder für 1 kg-Stärkewerteinheit und für 1 kg verdauliches Eiweiß (WINDHEUSER[121]) angegeben. NEUBAUER[96—98] gibt in seinen Futterpreistafeln auch die Preise für 100 kg-Stärkewert einschließlich 20—40 kg verdauliches Eiweiß in Gemischen von je 2 Futtermitteln an.

LÖHR[84] nimmt die Beziehung von Geldwert und Stärkewert noch enger, indem er vorschlägt, daß ein Vergleich der Futtermittel nach ihrer Gebrauchswirkung immer erst nach Errechnung der Ankaufswerte für die reine Futterwirkung einzusetzen hat, für die er selbst Bewertungsmethoden und Zahlentabellen aufstellt. Auch er warnt aber dabei vor schablonenmäßiger Beurteilung der Vergleichszahlen, bei der die für jedes Landgut gegebenen fütterungstechnischen Verhältnisse nicht berücksichtigt werden.

Auch KELLNER selbst hatte in der 2.—5. Auflage die mittleren Marktpreise für 1 kg-Stärkewert und 1 kg Eiweiß berechnet, dies aber von der 6. Auflage an weggelassen, weil er, wie PFEIFFER[100] meint, die angewandte Methode selbst nicht mehr für richtig hielt.

PFEIFFER[100] berechnet z. B. 1911 für 1 kg-Stärkewert 21,53 Pfennige, mit einem Zuschlage von 10,50 Pfennige für 1 kg Eiweiß, während NEUBAUER einige Monate früher 19,19 bzw. 2,54—3,63 Pfennige berechnete. Hierauf schlug PFEIFFER vor, bei der Berechnung der Preiswerteinheiten von dem Eiweißzuschlage aus den mittleren Marktpreisen Abstand zu nehmen. Auch MACH[85] betont die Schwierigkeiten angesichts der beständigen Schwankungen sowohl der Marktpreise, wie der Zusammensetzung der Futtermittel, wodurch z. B. 100 kg-Stärkewerteinheiten zugleich 18,42 oder 22,22 Mark kosten konnten. Ganz richtig sagt BRUCHHOLZ[19], daß keine Berechnungsart des Preises für 1 kg Stärkewert oder 1 kg Eiweiß befriedigen kann.

Es muß auch hier besonders darauf hingewiesen werden, daß die Berechnung des Stärkewertes eines Futtermittels, die ja meist einfach nach seinen durch die chemische Analyse bekannten Rohnährstoffen erfolgt, an sich schon, wie wir sahen, ein gewagtes Verfahren ist, da ja hierfür außerdem noch die Feststellung der Verdaulichkeit und der Wertigkeit durch Ausnutzungs- und Respirationsversuche an denjenigen Tieren notwendig wäre, an die die Futtermittel verfüttert werden sollen.

IV. Stärkewert und Praxis.

Die kritischen Ausführungen der vorangehenden Abschnitte zeigen deutlich, daß die Stärkewertrechnung in der üblichen Form nicht als eine exakte Grundlage

für die verschiedenartigen Zwecke der Praxis betrachtet werden kann. Wenn die
Feststellung oder Anwendung eines Stärkewertes einwandfrei sein soll, so muß
sie in jedem einzelnen Falle für ein bestimmtes Futtermittel bei einem bestimmten Tiere erfolgen und hat selbst dann strenggenommen keine weitere
Gültigkeit, da sich schon im nächsten, unter geringfügiger Änderung der Bedingungen ausgeführten Versuche ein anderer Stärkewert ergeben kann. Auf
die einzelnen, die Stärkewertrechnung auch in der Praxis beeinflussenden Faktoren sind wir bereits in den vorstehenden Darlegungen eingegangen. Aus diesen
kann auch der Praktiker ersehen, wieweit er für seine verschiedenen Zwecke
die Stärkewertrechnung anwenden, und wieweit er sich auf eine annähernde
Gültigkeit ihrer Ergebnisse verlassen darf.

Es liegt in der unendlichen Wandelbarkeit biologischen Geschehens und hier
im besonderen in der Mannigfaltigkeit der Zusammensetzung der Futtermittel
wie des Verhaltens der Tiere, und in der beständig wechselnden Gesamtkonstel-
lation der Bedingungen, unter denen die Fütterung vor sich geht, daß selbst für
ganz gleichmäßig erscheinende Verhältnisse keine unwandelbaren und allgemein
gültigen Normen aufgestellt werden können. Dies trifft nicht nur für die Stärkewerte zu, und mit Recht sagt Fingerling in Kronachers Züchtungslehre ([78]) mit
bezug auf die in den Tabellen festgelegten Fütterungsnormen für Stärkewert und
verdauliche Nährstoffe: ,,Wer in den nachstehenden Normen feststehende Nähr-
stoffrezepte erblicken und diese ohne Rücksicht auf die Eigenart seines Betriebes
anwenden wollte, der würde sich in einem verhängnisvollen Irrtum befinden.
Was die Fütterungsnormen bieten können und sollen, sind nur allgemeine Anhaltspunkte, von denen ausgehend ein jeder Betriebsleiter sorgfältig erwägen muß,
nach welcher Richtung und wieweit er davon abzuweichen hat.'' So gilt noch
heute, worauf schon fast 50 Jahre früher Haubner S. 275 [54] hinwies, daß der
Praktiker, auch wenn er sich die wissenschaftlichen Ergebnisse zunutze macht,
doch überall mit Durchschnittswerten rechnen müsse, und es werde ihm stets die
Pflicht obliegen, den Nährerfolg selbst zu überwachen und zu kontrollieren, ob
dieser seinen Erwartungen entspricht und mit den Futterkosten im Einklang steht.

Und ebenso gilt noch heute der schon weitere lange Jahre vorher eingenom-
mene Standpunkt von Settegast[112], der bei seiner Kritik an allen Fütterungsnormen und Tabellen, die immer nur relative Gültigkeit haben könnten, keinen
Ausweg sah, als auf Grund einer auf physiologischer und chemischer Erkenntnis
aufgebauten Fütterungslehre Normen aufzustellen, die wenigstens als erste Anhaltspunkte für die Fütterung bei verschiedenen Nutzzwecken dienen könnten.

Aus unseren vorangehenden Ausführungen ergibt sich deutlich, daß Kellner,
wenn er auch zur ausgedehnten Verallgemeinerung der Stärkewertrechnung neigte
und Anlaß gab, selbst den Schwächen dieser neuen Methode gegenüber durchaus
kritisch eingestellt war. Zugleich führte ihn indessen der Wunsch und die Hoffnung, der landwirtschaftlichen Praxis ein allgemein brauchbares Verfahren für
die Futterberechnung in die Hand zu geben, zu Verallgemeinerungen, für die die
Grundlagen noch fehlten. Auch überschätzte er doch wohl die, hierdurch schon
eingeengte Möglichkeit, den Stärkewert zur allgemeinen Einführung zu bringen,
und hielt manche Einwände hier nicht für so gewichtig wie bei anderen Berech-
nungsweisen.

Die vielseitige Anwendung der Stärkewertrechnung in der Praxis geht schon
aus zahlreichen Angaben der vorangehenden Kapitel hervor und soll nicht im
einzelnen aufgezählt werden. Ergänzend kann noch auf ihre Anwendung zur Berechnung der Verluste bei der Heubereitung (Crasemann[20], Kirsch[72]) und bei
der Silage (z. B. Mach[86]), zur Vergleichung des Nährwertes verschiedener Gräser
(z. B. Völtz, Jantzon, Kirsch, Reisch[61]) oder des in verschiedenen Jahren ge-

ernteten Heues (WIEGNER[120]) hingewiesen werden, ferner zur Berechnung der Futterverwertung und des Futteraufwandes, um daraus die Produktionskosten und die Rentabilität festzustellen (FEIGE[26]), ferner auch in ähnlichem Sinne im Dienste der Kontrollvereine (J. HANSEN[41], EICKHOFF[24], OHL[99], SCHLIE[107]), für welche HANSEN die Rechnung nach Stärkewerten wegen deren Unabhängigkeit vom Geldwert als bewährte Grundlage empfiehlt.

Freilich verkennt HANSEN[41] hier nicht, daß man sich auch eine bessere Vergleichsgrundlage als den Stärkewert denken könne. An anderer Stelle (S. 592 [42]) weist er daraufhin, daß der Stärkewert in praktischen Kreisen oft falsch verstanden werde. Dies bestätigend stellt auch FINGERLING[28] fest, daß vielfach in der deutschen landwirtschaftlichen Praxis Unklarheit über das Wesen des KELLNERschen Stärkewertes herrsche. So trifft doch nur mit beträchtlichen Einschränkungen zu, was NEUBAUER[97] dem Stärkewert nachrühmt, daß er sich als übersichtlicher Begriff und handlich für die Praxis erwiesen habe, und es wurde manche Unsicherheit, die dem Stärkewert anhaftet (HONCAMP[60]), mit in Kauf genommen, ja sogar die Einheitlichkeit und Beständigkeit des Verfahrens für wichtiger gehalten als eine, doch kaum zu erreichende Genauigkeit (RICHARDSEN[104]), und die unverkennbaren Mängel gegenüber dem positiven Wert als nur von untergeordneter Bedeutung erachtet (KLIMMER[76]). Die Bequemlichkeit der Rechnung mit Stärkewerten hatte dazu geführt, daß man Futternormen aufstellte unter Vernachlässigung einer ganzen Reihe von Faktoren, die nicht vernachlässigt werden dürfen (ZUNTZ[124]).

Man wird an Worte von THAER[116] erinnert: „Wenigen Gebrauch kann der nicht wissenschaftlich gebildete Landwirt vom Lesen selbst der besten Bücher machen. Er weiß die neuen Ideen nicht zu ordnen und in das Ganze zu verweben. Sie richten daher nur Verwirrung in und durch ihn an." „Da der Landwirt ferner die Produktion der Tiere und der tierischen Substanzen zu seinem Geschäfte macht, so ist, um das richtige Verfahren hierfür auszumitteln, für ihn nicht minder die Kenntnis der tierischen Natur höchst wichtig." Man kann nur bedauernd feststellen, wie wenig Fortschritt diesen Mahnungen des Klassikers der Landwirtschaftswissenschaft gefolgt ist, wie wenig Kenntnis der tierischen Natur noch heute alle die traditionellen Empiriker unter den praktischen Landwirten besitzen, und kann nur die neue Mahnung daran knüpfen, dem Praktiker mehr und mehr die für ihn unentbehrlichen wissenschaftlichen Grundlagen seiner Berufstätigkeit durch akademische Landwirte zu vermitteln.

D. Die skandinavische Futtereinheit.

Es ist kein Zufall, daß sich gerade in den nordischen Ländern, wo die Milcherzeugung in der gesamten landwirtschaftlichen Produktion an erster Stelle steht, das Bedürfnis regte, für die Fütterung der Milchkühe einheitliche Futterwerte zur Berechnung des Produktionsfutters aufzustellen. Wie J. J. HANSEN[44] mitteilt, soll zuerst 1880 ein Praktiker, J. WINKEL, bei seinen Abrechnungen eine „Kraftfuttereinheit" gebraucht und danach A. SVENDSEN in seiner Futterlehre 1 Pfund Kraftfutter als Futtereinheit näher begründet haben, während gleichzeitig Dozent FJORD[34] in Kopenhagen experimentell durch Gruppenversuche an Kühen das Problem aufnahm, um zunächst die gegenseitigen Ersatzzahlen für verschiedene Futtermittel zu finden. 1915 wurde dann der Gedanke einer gemeinsamen *skandinavischen Futtereinheit* auf einem Kongreß verwirklicht und die in Schweden schon übliche Futtereinheit, *1 Futtereinheit = 1 kg Gerste*, angenommen.

I. Futtereinheit nach Nils Hansson.

Nils Hansson[45-51] fiel als Leiter der Ausbildung für die Assistenten der in Schweden 1898 begründeten Kontrollvereine die Aufgabe zu, eine Fütterungsnorm zu formulieren, die am besten mit den wissenschaftlichen Grundlagen in Einklang stehe und dabei leicht in der Praxis anwendbar sein sollte. Er stützte sich hierbei auf den Begriff der Futtereinheit, der auf Grund der Fütterungsversuche von Fjord seit Beginn der Kontrollvereine in Dänemark und Schweden allgemein benutzt wurde.

1 Futtereinheit war zunächst = 1 kg Kraftfuttermischung gesetzt worden und sollte ganz analog dem Stärkewert als Maß für die *Gesamtwirkung des Futters* dienen. Während aber der Stärkewert durch Stoffwechselversuche an einzelnen Tieren berechnet wurde, erfolgte die Aufstellung der Futtereinheit rein empirisch nach den stets an größeren Zahlen von Kühen gewonnenen Versuchsergebnissen; auch wurde die Futtereinheit mit Rücksicht auf die überragende Bedeutung der Milchproduktion der nordischen Länder im ganz speziellen Hinblick auf diese eingeführt.

Nach Nils Hansson[46, 48] hatte sich nun als Fütterungsnorm folgendes ergeben: „Eine Kuh bedarf zu ihrer Erhaltung täglich ungefähr 1 Futtereinheit auf jedes 150 kg Lebendgewicht und außerdem 1 Futtereinheit auf jedes dritte Kilogramm Milch, welches sie liefert; hiernach müssen in der Futtermischung enthalten sein: 65 g verdauliches Eiweiß pro 100 kg Lebendgewicht und 45—50 g auf jedes Kilogramm Milch. Nach dieser Maßgabe kann also der Nährstoffbedarf einer Kuh, die z. B. 500 kg wiegt und täglich 20 kg Milch liefert, berechnet werden auf 10 Futtereinheiten und 1,25 (1,225) kg verdauliches Eiweiß."

Hansson S. 434[48] rechnete nun nach den Kellnerschen Tabellen seine Futtereinheiten in Stärkewerte um:

```
100 kg Haferschrot  . . . . =  59,7 kg-Stärkewerteinheiten
100 kg Weizenkleie  . . . . =  48,1 kg           „
100 kg Rapskuchen  . . . . =  61,1 kg           „
010 kg Baumwollsaatkuchen =  73,1 kg           „
─────────────────────────────────────────────────────
400 kg Kraftfuttermischung  = 242,0 kg-Stärkewerteinheiten
100 kg        „             =  60,5 kg           „
1 Futtereinheit war also    =   0,605 kg         „
```

Hiernach konnte man aus den pro 100 kg angegebenen Stärkewerten der Kellnerschen Tabelle einfach durch Division mit 60,5 die für 1 Futtereinheit erforderliche Menge eines Futtermittels leicht berechnen. Daher waren also die Kellnerschen Tabellen auch für die Rechnung mit Futtereinheiten verwendbar.

Bei der Zusammenstellung der Fütterungsnormen für Milchkühe von 500 kg Lebendgewicht hinsichtlich des verdaulichen Eiweiß wie nach Futtereinheit und Stärkewert gelangte nun Hansson S. 435[48] zu sehr verschiedenen Zahlen. Er glaubte hieraus auf eine fehlerhafte Berechnung der Normen in den ersten Buchauflagen von Kellner schließen zu müssen, der ja nicht von der Milchproduktion selbst, sondern von Versuchen an Mastochsen ausgegangen war. Hansson führte die Differenz auf die Berechnung des Erhaltungsfutters zurück, dessen Stärkewert Kellner für Ochsen bestimmt und auf die Milchkuh, für die er dann zu hoch sei, übertragen habe.

Ferner fand Hansson den *Eiweißbedarf der Milchkuh* mit 40—50 g pro Kilogramm Milch geringer als Kellner mit 55—65 g und die früheren Autoren mit 90 g. Diese Feststellung ergab sich aus Versuchen in Hanssons Laboratorium über die Stickstoffbilanz und das Eiweißminimum bei verschiedener Milchleistung. Hierbei zeigte sich, daß die eine Kuh das Futtereiweiß besser ausnutzt als die andere, und daß die Versuchskühe lange Zeit eine bestimmte Milchmenge bei geringerer Eiweißzufuhr lieferten als von den deutschen Forschern angegeben wurde. Wieweit indessen die Tiere hierbei von ihrem Körpereiweiß zusetzten, scheint bei diesen Versuchen nicht näher berücksichtigt worden zu sein.

Hansson ging auf Grund seiner Fütterungsversuche [50, 51] auch noch besonders auf die beträchtlichen Unterschiede ein, die sich aus dem Vergleich von Futtereinheit und Stärkewert für einige Futtermittel, besonders Erdnuß-, Sonnenblumenkuchen, Weizenkleie, ergeben hatten, und glaubte diese auf die verschiedene Einschätzung des Eiweißgehaltes zurückführen zu können. So gelangte er unter der Annahme, daß das Eiweiß für die Milchproduktion einen bedeutend höheren Wert habe als für die Fettbildung, und durch Vergleich des Calorienwertes, den er für 1 g Eiweiß mit 5,71 Cal, für Kohlehydrate mit 4,01 Cal einsetzte, für den auf Kohlehydrate reduzierten, also dem Stärkewert entsprechenden *Eiweißwert auf 1,43.*

Indem er weiter annahm, daß die Eiweißstoffe durch die Verdauungsgärungen nur äußerst geringe Verluste erleiden, erhöhte Hansson daher die *Reduktionszahl des Eiweiß auf Stärkewert,* die von Kellner auf 0,94 angesetzt war, für die Milchproduktion *auf 1,43.* Auf diese Weise erhielt er z. B. für Erdnußkuchen an Stelle eines Stärkewertes von 74,9 einen *Milchproduktionswert von 94,0.* Im übrigen wurden auch die Futtereinheitswerte hier für sämtliche Futtermittel in Tabellen zusammengestellt und in Futtereinheiten pro 100 kg angegeben, und zwar berechnete Hansson die Anzahl der Futtereinheiten, indem er von dem als Durchschnitt sich ergebenden *Milchproduktionswert* für 1 Futtereinheit = 0,75 kg, oder 100 Futtereinheiten = 75 kg, ausging; hiernach waren die *Werte für die Futtereinheit pro 100 kg* aus dem Milchproduktionswert jedes Futtermittels zu erhalten, indem dieser um $^1/_3$ erhöht wurde. Für Erdnußkuchen z. B. ergaben sich also $94 + \frac{94}{3} = 125,3$ Futtereinheiten pro 100 kg.

Es ist nicht ohne Interesse, daß mit dieser *Aufstellung eines Milchproduktionswertes* Vorschläge verwirklicht wurden, die schon 1868 von Grouven S. 560, 597, 614 [38] in Anregung gebracht waren, als er schrieb: um den „Milchproduktionswert" in Erfahrung zu bringen, ist bei gleichbleibender Fütterung die Milchproduktion festzustellen. Man muß den „Milchproduktionswert" und den eigentlichen Nährwert einer Ration streng voneinander trennen, wir müßten wissen, wieviel Fleisch und Fett gleichzeitig im Körper verzehrt und abgelagert wird. Die Milchproduktion ist nicht der einzige Maßstab des Futtereffektes, aber in den nicht physiologischen Fütterungsversuchen der sicherste.

Und auch die Auswahl der Gerste als Einheit für die Futternormierung für den bestimmten Zweck der Milchproduktion erscheint als die Erfüllung eines schon in jener Zeit geäußerten Gedankens; denn Settegast S. 407 [112] sagte schon 1868: Wenn man weiß, daß eine bestimmte Kategorie von Tieren vorzugsweise ein bestimmtes Futtermittel für einen bestimmten Zweck erhalten muß, so ist es nicht allein ausreichend, sondern auch praktischer, die Futternorm direkt in den vorgeschriebenen Futtermitteln auszudrücken.

Hansson vereinfachte das Verfahren noch dadurch, daß er 1 Futtereinheit nicht mehr auf 1 kg Kraftfuttermischung, sondern wieder auf 1 kg Gerste bezog. Daher sollte nun in allen Futtermischungen, in denen der Eiweißbedarf der Kühe gedeckt war, zu *1 Futtereinheit 1 kg Gerste* oder 1,1 kg Trockensubstanz der Wurzelgewächse oder soviel von anderen Futtermitteln gerechnet werden, als 0,75 kg Milchproduktionswert entsprach, einer Menge, die ungefähr 2700 zur Produktion verwendbare Calorien enthalte.

Für die von Kellner angegebene *Wertigkeit* mancher Futtermittel hatte Hansson übrigens auf Grund von Fütterungsversuchen andere Zahlen vertreten, wogegen Fingerling[30] die Kellnerschen Wertigkeiten als richtig bezeichnet.

Der *Unterschied zwischen Stärkewert und Milchproduktionswert* liegt also nur in der Bewertung der Eiweißstoffe, und Hansson[50] sieht ihn darin, daß ersterer nur das Fettbildungsvermögen, letzterer den gesamten Nähreffekt der Eiweißstoffe umfaßt.

Im Anschluß an Hansson machte Richardsen [104, 105] den Vorschlag, bei dem Stärkewert für die Milchproduktion das Eiweiß nunmehr mit 1,41 einzusetzen, weil $1,41 = 1\frac{1}{2} \cdot 0,94$ sei und daher leicht mit $1\frac{1}{2}$ als Umrechnungszahl für den bisherigen Wert von 0,94 gerechnet werden könne. Hierbei berücksichtigte er auch die „*Amide*", über deren Bewertung für die Milchviehfütterung die Ansicht besteht (J. Hansen[43]), daß sie bei der Stärkewertrechnung nicht ihrer tatsächlichen Wirkung nach erfaßt werden, und für die Richardsen[104, 105] vorschlug, für die Milchleistung ihre Gesamtmenge zur Hälfte, also mit dem Stärkewert 0,47, dem verdaulichen Eiweiß zuzuzählen. In dieser Weise sucht Richardsen zu einer Verschmelzung der Stärkewert- und Milchproduktionswertrechnung zu gelangen.

Die Frage stößt aber immer wieder auf Schwierigkeiten. Honcamp[58] hielt den erwähnten Vorschlag nicht für genügend begründet. Fingerling, der den Produktionswert des Eiweiß als einen schwachen Punkt der Stärkewertrechnung bezeichnet [27] — Honcamp[58] nennt ihn den schwächsten Punkt —, weist neuerdings (S. 199 [31]) darauf hin, daß Kellner bei den Wiederkäuern aus Asparagin gar keine Fettbildung feststellen konnte, während dies in eigenen Versuchen an Kaninchen doch der Fall war.

Ganz allgemein wurde aber alsbald gegen die von Hansson eingeführte und von Richardsen mit geringer Modifikation unterstützte Erhöhung der Kellnerschen Reduktionszahl für Eiweiß von 0,94 auf 1,43 von Zuntz[123] und Fingerling[27] Stellung genommen, die in Melnyk[88] mit der geringen Abänderung in 1,42 einen Verteidiger fand.

Zuntz betont dabei, daß man, wenn allgemein das Eiweiß bei Milchtieren mit dem Stärkewert 1,43 in Rechnung gestellt würde, sofort wieder zu unrichtigem Stärkewert kommen würde, wenn der Eiweißgehalt des Futters den für die Milch bzw. das Wachstum nötigen Anteil übersteigt. Auch müsse dann konsequenterweise jene für das Eiweiß aufgestellte Betrachtung auch für das Fett des Futters gelten, denn dieses Fett gehe ja zum großen Teil unverändert in die Milch über, so daß hierbei ein viel größerer Anteil davon verwertbar sei wie bei dem Fettansatz.

Von anderen Gesichtspunkten ausgehend, weist Fingerling auf die bekannte physiologische Tatsache hin, daß im Eiweißumsatz des Erhaltungsstoffwechsels stickstoffhaltige Komplexe durch den Harn ausgeschieden werden, die selbst noch einen beträchtlichen Wärmewert besitzen, und betont entsprechend, daß es nicht möglich sei, dem Eiweiß einen in Zahlen fixierbaren Produktionswert beizulegen; jene Sonderbewertung des Eiweiß sei daher illusorisch, und in der Praxis müsse doch immer mehr Eiweiß gereicht werden, als zur bloßen Lebenserhaltung und zur Produktion N-haltigen Körpermaterials erforderlich sei. Auch in einer weiteren Diskussion gegenüber Hansson[45] bleibt Fingerling[30, 28] bei der Ablehnung der Milchproduktionswerte, da in ihnen die Verwertung des Eiweiß zur Milchbildung zu hoch eingeschätzt und die höhere Verwertung der Kohlehydrate nicht mit erfaßt sei.

Fingerling sieht eine Lösung dieser Frage nur in neuen Stoffwechselversuchen gegeben, durch die sowohl der Eiweiß- wie der Gesamtenergiebedarf für Erhaltung und für Produktion, insbesondere für die Leistungen der Milchdrüse, und zwar mit Berücksichtigung der verschiedenen Lactationsstadien, festgestellt werden würde.

In dieser Richtung hat HANSSON [45, 47] dann selbst auf Grund langjähriger Fütterungsversuche noch besonders bestätigt, daß Milchkühe einen viel höheren Prozentsatz der verdaulichen Energie des Futters in Milch überzuführen vermögen, als es beim Mastvieh mit seiner Ansatzproduktion der Fall ist. Auch konnte er neue Tabellen über den Nahrungsbedarf pro Kilogramm Milch bei verschiedenem Fettgehalt und über den Einfluß verschiedener Eiweißrationen auf den Milchertrag zusammenstellen. Er fand in der Milch höchstens 75% vom Gehalt des Produktionsfutters an verdaulichem Eiweiß wieder; da diese Zahl jedoch von der *biologischen Wertigkeit des Futtereiweiß* abhängig ist, müsse praktisch doch mit 40—50 g verdaulichem Eiweiß pro Kilogramm Milch gerechnet werden.

HANSSON hat unlängst in einer deutschen, von WIEGNER eingeleiteten, zweiten Auflage seines Buches ([49]) die Grundlagen und praktische Durchführung seines Systems neuerdings eingehend dargelegt und die Tabellen für Futtermittel und Nährstoffbedarf nach Futtereinheiten, Stärkewert und Milchproduktionswert zusammengestellt. Er greift hierbei auf die Entwicklung der *skandinavischen Futtereinheit* und die Durchführung von Fütterungsversuchen an Milchkühen, Schweinen und Pferden, Schafen und Hühnern zurück. Auch betont er als beste Grundlage für die Berechnung des Nahrungsbedarfs das Ausgehen von den *Caloriewerten*, und hebt in durchaus objektiver und kritischer Weise alle Einwände hervor, die auch sonst gegen jede Futterwertberechnung bestehen, erinnert an die großen Schwankungen des Nährstoffgehalts der Futtermittel, die er auch in den Tabellen berücksichtigt, und daran, daß schon die chemischen Analysenwerte nicht als absolut richtige Zahlen betrachtet werden dürfen, und das Rechnen mit Durchschnittswerten weitere Unsicherheiten verursacht. Auch charakterisiert er näher die von den Tieren selbst abhängigen Bedingungen, unter denen, mit den entsprechenden Modifikationen für die verschiedenen Nutzzwecke, jene Berechnungen annäherungsweise Anhaltspunkte für die Futterberechnung geben können.

Allgemein läßt er hierbei die Milchproduktionswerte stark zurücktreten, während er die Futtereinheit in ihrer Bedeutung für die landwirtschaftliche Praxis der nordischen Länder hervorhebt.

Gemeinsam mit dem Stärkewert hat die Futtereinheit aber auch in den nordischen Ländern scharfe Kritik erfahren. So gibt J. J. HANSEN, Dänemark, eine ins einzelne gehende Kritik der Grundlagen und weist an Beispielen nach, welche Unstimmigkeiten die kritiklose Anwendung jener Vergleichswerte hervorrufen kann. Er erinnert an die Unzulänglichkeit der üblichen Bestimmung der Rohfaser und der N-freien Extraktstoffe, wie an die einer Verallgemeinerung des Faktors 6,25 zur Eiweißberechnung nach der Stickstoffanalyse; an die Schwankungen der Futtermittel hinsichtlich ihrer Nährstoffe, auch an die ganz unberechtigt eine besondere Genauigkeit vorspiegelnde Gepflogenheit, jene Werte auf zwei Dezimalen anzugeben; und gelangt so zu einer Warnung vor Überschätzung auch der Futtereinheit.

II. Futtereinheit nach MÖLLGAARD.

Eine ganz von neuem aufgebaute Nährwertrechnung für die *rationelle Fütterung des Milchviehes* hat in den letzten Jahren HOLGER MÖLLGAARD, Kopenhagen, entwickelt. MÖLLGAARD [92] fühlte sich hierzu veranlaßt, weil ihn weder Stärkewert noch Milchproduktionswert befriedigten. Die Anwendung der Stärkewertrechnung konnte er nur für den Fall der Erhaltung und des Fettansatzes als berechtigt anerkennen, dagegen nicht bei Produktionen wie Wachstum und

Milchbildung, deren Größe in erster Linie durch den physiologischen Zustand des Tieres bestimmt werden. Und bei dem System der skandinavischen Futtereinheit vermißte er einmal die Kenntnis des Produktionswertes der Einheit als festen Ausgangspunkt und zweitens die physiologische Grundlage für die Berechtigung des Eiweißfaktors 1,43, und ferner auch die Stoffwechsel- und Bilanzversuche, die allein die Gültigkeit der aufgestellten und ohne diese so völlig unsicheren Ersatzzahlen für den Produktionswert der Futtermittel hätten erweisen können; denn der Umstand, daß zwei Futtermengen bei einer Kuh ohne Veränderung der Milchproduktion umgetauscht werden können, beweise noch nicht, daß sie denselben Produktionswert für die Milchproduktion haben, da sich ja die Ernährungsbilanz dabei geändert haben kann (S. 623 [92]).

Möllgaard[90—92] stellte nun seinerseits folgendes System auf:

Der Begriff *Nährwert* der Futtermittel soll für den Produktionswert bei Mästung erwachsener Tiere, im Sinne von Kellners Stärkewertsystem, vorbehalten bleiben. *1 kg-Stärkewert ist = 2365 Nettocalorien.* Die *Nettoenergie* eines Futtermittels bedeutet nach der Bilanzaufstellung:

Energie im Futter — (Energie im Kot, Harn, Methan und thermische Energie) = Nettoenergie,

den quantitativen Ausdruck seiner für Erhaltung oder Produktion verfügbaren Nahrungsmenge. Der *Nährwert* ist gleich der Anzahl Nettocalorien, die 1 kg für Erhaltung oder Produktion abgeben kann, wenn der Proteinbedarf durch gemischtes Kraftfutter gedeckt ist (letzteres, um durch gegenseitige Ergänzung der Aminosäuren eine biologische Vollwertigkeit des Futtereiweiß zu erzielen). Dementsprechend ist der *Nahrungsbedarf für Erhaltung* gleich der Anzahl Nettocalorien, deren Zufuhr für das Ernährungsgleichgewicht notwendig ist, wenn das Proteinminimum durch Zufuhr gemischten Kraftfutters gedeckt ist.

Für die Milchproduktion ist die Zahl der dafür erforderlichen *Mästungsnettocalorien* zu bestimmen, deren Menge besonders vom Fettgehalt der Milch abhängt. Je 1000 Calorien bilden *1 Milcheinheit* als Maßstab für die Messung der Milchproduktion. Die erzeugte Anzahl Milcheinheiten ergibt sich durch Multiplikation der Milchmenge mit der dem betreffenden Fettprozent entsprechenden Zahl einer Tabelle, aus der ersichtlich ist, daß 1 kg Milch bei 2,5% Fettgehalt 0,6, bei 3,5% 0,7 usw., schließlich bei 6,5% Fett 1 Milcheinheit enthält.

Die Zahl der Mästungsnettocalorien, die im Produktionsfutter für jede Milcheinheit verfügbar sind, nennt Möllgaard das *Produktionsäquivalent* der Milch. Dieses kann beliebig in Stärkewert oder Futtereinheiten ausgedrückt werden. Dabei ist 1 kg-Stärkewerteinheit = 250 g Fett = 2365 Nettocalorien, 1 kg Futtereinheiten = 1660 Nettocalorien. 1 Milcheinheit entspricht sehr nahe $^1/_3$ kg Stärkewert und $^1/_2$ skandinavischen Futtereinheit, so daß *1 Milcheinheit = 830 Nettocalorien* gesetzt wird. Möllgaards Futtereinheit beträgt also die Hälfte einer Futtereinheit von Nils Hansson.

Weiter geht Möllgaard auf das zur Milchproduktion erforderliche verdauliche Eiweiß ein und nennt das Verhältnis der Proteinnettocalorien zu den Gesamtnettocalorien eines Futters den *Produktionsquotienten K.* Hiernach sieht er das ganze Problem des Bedarfes an organischer Nahrung für die Milchproduktion in der Frage konzentriert, für welchen Wert von K das Produktionsäquivalent sein Minimum hat. Zur Aufklärung dieser Frage führte er gruppenweise Stoffwechselversuche mit indirekter Calorimetrie an Milchkühen durch, indem er K variierte und feststellte, daß das Produktionsäquivalent sein Minimum bei $K = 0{,}18$ zu haben scheine, daß der für die Erzielung hoher Fettprozente zweckmäßige Wert aber bei 0,2 liege, und K daher bei der Fütterung von gut milchenden Kühen nicht unter 0,2 betragen solle.

Futtermittel, bei denen K annähernd 0,2 ist, haben also den größten Wert für die Milchproduktion, und solche mit wesentlich verschiedenen Produktionsquotienten können wegen ihres verschiedenen Produktionswertes für die Milchproduktion nicht ausgetauscht werden; das richtige Futter muß vielmehr durch Mischung aus Futtermitteln mit K *unter* 0,2, und solchen mit K *über* 0,2 kombiniert werden. Hierfür gibt er tabellarisch *Kombinationszahlen* dafür an, wieviele Futtereinheiten von Futtermitteln mit K unter und über 0,2 jeweils kombiniert werden sollen.

Allgemein erfordert jede produzierte Milcheinheit (= 1000 Kalorien in Milch) 1 Futtereinheit (oder $^1/_3$ Stärkewert) mit $K = 0,2$.

Für den *Erhaltungsbedarf*, den er nach ARMSBY (5918 Nettocalorien für ein Lebendgewicht von 453,6 kg) berechnet, fand MÖLLGAARD, daß K ungefähr 0,1 betragen soll, und legt auch hierfür entsprechende Kombinationszahlen für zahlreiche Futtermittel in Tabellen nieder. Für solche, die nicht in den Tabellen angeführt sind, muß K aus dem KELLNERschen Faktor 0,94 und dem Stärkewert berechnet werden, und ergibt sich dann die *Kombinationszahl* für Erhaltung aus der Gleichung $\dfrac{0,1 - K^1}{K^2 - 0,1}$, wobei K^1 kleiner und K^2 größer als 0,1 ist; und für Milchproduktion aus der Gleichung $\dfrac{0,2 - K^1}{K^2 - 0,2}$, wobei K^1 kleiner und K^2 größer als 0,2 ist.

MÖLLGAARD hält das Rechnen mit dem Produktionsquotienten nach seinen mit praktischen Landwirten gesammelten Erfahrungen nur anfangs für schwierig, diese Schwierigkeiten aber für bald überwindbar.

Das von NILS HANSSON ausgearbeitete Futtereinheitssystem lehnt MÖLLGAARD ab und hält die zugrunde liegenden Ansichten für völlig unrichtig.

Sein eigenes System der Nährwertbestimmung hat MÖLLGAARD in seiner Fütterungslehre ([90]) nochmals eingehend begründet, wobei er die Schwankungen der Nettoenergie eines Futtermittels je nach der Art der Lebensäußerungen, und die Undurchführbarkeit der direkten Messung der Nettoenergie für Ansatz und Milchproduktion, betont und die Mästungsnettocalorien der Futtermittel mit dem Symbol $N.K._F$ einführt, so daß der Nährwert der Futtermittel durch ihren Gehalt an Nettocalorien je Kilogramm und ihren Produktionsquotienten K bestimmt und angegeben werden kann. In ausführlicher Weise werden dabei auch die für die verschiedensten Zwecke, für Änderungen des Lebendgewichts, die stehende oder liegende Haltung der Tiere usw., erforderlichen Korrekturen berechnet und dann die experimentelle Bestimmung des Nahrungsbedarfs, unter Berücksichtigung verschiedener Einflüsse für die Erhaltung und Milchproduktion dargelegt.

Für letztere kommt MÖLLGAARD[90] (S. 180) dabei zu der zusammenfassenden Feststellung: Die zweckmäßigste Größe der Nahrungszufuhr bei der Milchproduktion ist für jede produzierte Milcheinheit 837 $N.K._F$ mit $K = 0,2$.

Ergänzend hat MÖLLGAARD[91] ganz neuerdings noch allgemeine und kritische Betrachtungen über den Begriff des Nährwertes und dessen quantitative Bestimmung hinzugefügt. Hierbei bezeichnet er es als gar nicht ohne weiteres wünschenswert, die von ihm eingeführten Symbole in die Praxis einzuführen; sie seien nur geschaffen, um die wissenschaftlichen Grundlagen zu klären. Besonders sei zu betonen, daß es außer bei der Fettproduktion keinen Sinn habe, vom *Nährwert* der einzelnen Futtermittel zu sprechen, bei anderen Leistungen dürfe man nur vom *Nahrungsbedarf* reden, der in der Einheit $N.K._F$ für bestimmte Werte von K experimentell gemessen werden kann.

Gegenüber MÖLLGAARD hat KLEIBER[73] hervorgehoben, daß auch beim Fettansatz die Produktionsgröße nicht nur von dem Produktionsfutter abhänge, und gegenüber der Ablehnung der Fjord-Hanssonschen Bestrebungen trat dieser Autor dafür ein, daß die Aufstellung einer Futterwertskala auf Grund von Gruppenversuchen mit Milchkühen grundsätzlich berechtigt sei. Auch den von Nils Hansson aufgestellten Faktor 1,43 und die hieran angeschlossene Milchwertrechnung hält Kleiber für praktisch gerechtfertigt und empfehlenswert, unabhängig davon, ob jener Faktor biochemisch begründet werden kann, während hingegen wieder Möllgaard[91] den Standpunkt vertritt, daß die Rücksicht auf die praktische Verwendbarkeit nicht dazu führen dürfe, die physiologisch begründeten Tatsachen der Fütterungslehre unbeachtet zu lassen.

In anderen Ländern scheint sich die Rechnung mit *Milchproduktionswert und Futtereinheit* nicht sonderlich einzubürgern. In Deutschland wird, wie erwähnt, der Milchproduktionswert abgelehnt, auch sieht man in den skandinavischen Futtereinheiten keinen Fortschritt gegenüber dem Stärkewert (vgl. Fingerling[28], Kronacher[78]) und keinen Anlaß, diesen immerhin auf etwas festeren Grundlagen beruhenden Stärkewert durch jene Futtereinheiten zu ersetzen (J. Hansen[42]).

E. Meßmilch nach Frederiksen.

In wieder anderer Weise hat Lars Frederiksen[35] auf Grund von Versuchen, die 1922—1926 mit 83 Gruppen von je 5—12 Kühen durchgeführt wurden, berechnet, wieviel Futter und wieviel Eiweiß (verdauliches Reinprotein) für eine bestimmte Menge Milch mit gegebenem Fettgehalt erforderlich sind. Er drückt hierbei die *Milchleistung in Kilogramm 4proz. Meßmilch* aus und rechnet für diese Einheit 4% Fett, 34 g Protein und 750 Calorien. Diese 4proz. Meßmilch soll als Maßstab dienen für die Vergleichung der Milchleistungen verschiedener Kühe und für die Berechnung der Futtermenge.

Eine Milchleistung wird nach der absoluten Milchmenge M und den Fettprozenten F berechnet durch: $(M \cdot 0,4 + F \cdot M \cdot 0,15)$ kg 4% Meßmilch. Dies kann sowohl in Futtereinheiten wie in Stärkewerte umgerechnet werden. In letzterem Falle gilt, wenn T Stärkewert die totale Menge Stärkewert und V das Lebendgewicht in Kilogramm bezeichnet, für den Gesamtbedarf einer Milchkuh an Kilogramm Stärkewert die Formel:

$$\text{kg } T \text{ St.w.} = \frac{V}{300} + 1 + \frac{M}{9} + \frac{M \cdot F}{24}, \text{ und für den Proteinbedarf:}$$
$$V \cdot 0,5 + M \cdot 24 + M \cdot F \cdot 9.$$

Es ist ganz interessant zu sehen, welche Berechnungen man heute glaubt dem Landwirt zumuten zu dürfen, nachdem noch vor 25 Jahren die Stärkewerte eingeführt wurden, um vom Praktiker ein Verständnis für Calorien nicht verlangen zu müssen.

Anhang. Der Nemwert nach C. von Pirquet.

Der Gedanke, ein bestimmtes Milchquantum als Einheit für die Berechnung der Milchproduktion und der dazu erforderlichen Futtermenge zugrunde zu legen, erinnert an ein anderes Ernährungssystem, das ebenfalls ein bestimmtes Milchquantum als physiologische Nährwerteinheit zur Berechnung des Nahrungsbedarfs, und zwar beim Menschen, verwendet. Es ist dies das *Nemsystem* des Wiener Pädiaters von Pirquet. Von Pirquet[101] (siehe auch Rach[103], Schick[106], Nobel und Pirquet[98] und besonders von Gröer[37]) führte für die praktische Handhabung der Kinderernährung in Kinderkliniken und Milchküchen an Stelle der rein physikalisch-energetischen Einheit der Calorie die *Nahrungs-Einheit-Milch* ein, die er *Nem* nannte und durch n bezeichnete. Als theoretisches

Grundmaß des Nahrungswertes diente hierbei 1 g Frauenmilch mit 1,7% Eiweiß, 3,7% Fett und 6,7% Milchzucker, das bei der Oxydation im menschlichen Körper 667 kleine Calorien liefert. 1 Nem ist also gleich 1 g Muttermilch. Der angegebenen Standardmilch ist äquicalorisch eine Kuhmilch mit 3,3% Eiweiß, 3,7% Fett und 5% Milchzucker.

Die Vielfachen von 1 n werden als Dekanem, Hektonem, Kilonem, Tonnennem, die Zehntelteile als Dezinem usw. bezeichnet.

Sämtliche Nahrungsmittel werden nun mit der Milch verglichen und dadurch ihr Nemwert bestimmt. Der Nemwert eines Nahrungsmittels drückt also diejenige Menge der Standardmilch aus, die durch 1 g dieses Nahrungsmittels ersetzt werden kann. Die Analogie des Nembegriffes mit dem des Stärkewertes springt ohne weiteres in die Augen. Auch die Feststellung des Nemwertes, als Vergleichswert für die verschiedenen Nahrungsmittel mit der Standardmilch und untereinander, erfolgt im Ersatzverfahren aus der Gewichtszunahme, die bei dem zu prüfenden Nahrungsmittel im Vergleich zur Milch an der Versuchsperson beobachtet wird.

So ergaben sich für je 1 g:

Frauenmilch	1,0 Nem	Weizenmehl	5,0 Nem
Kuhvollmilch	1,0 „	Reis	5,0 „
Kuhmagermilch	0,5 „	Weizenbrot	4,0 „
Butter	11,8 „	Roggenbrot	3,3 „
Eier	2,5 „	Kartoffeln	1,33 „
Schinken	6,5 „	Äpfel	0,7 „
Rindfleisch	1,8 „	Spinat	0,4 „
Schellfisch	1,25 „	Rübenzucker	6,0 „

Auch der Nemwert kann auch aus der chemischen Zusammensetzung der Nahrungsmittel, aus der Trockensubstanz und dem Gehalt an Rohnährstoffen, berechnet werden, wofür von Pirquet Tabellen aufgestellt hat. Hierbei griff er bei den pflanzlichen Nahrungsmitteln bemerkenswerterweise auf die Kellnerschen Tabellen zurück. Auf Grund der Berechnungen für die Körperoberfläche berechnete er sodann die tägliche *Nahrungsmenge in Nem* pro Ernährungsfläche, fand für die Erhaltung 0,3—1 Nem als tägliche Nahrungsaufnahme pro Quadratzentimeter Ernährungsfläche, und berechnete auch in Nem die je nach Alter, Lebensweise und Ernährungszustandsindex verschiedenen Nahrungsmengen, die er in umfangreichen Tabellen festlegte, um auf diesen Grundlagen die praktische Durchführung der Dosierung der Nahrungsmittel und Speisen nach Nemwerten abzuleiten. Auch der Geldwert der Nahrungsmittel wurde nach ihrem Nemwert ermittelt.

Dieses von Pirquetsche System für die menschliche Ernährung wurde hier in aller Kürze dargelegt, weil es unverkennbar aus gleichen Tendenzen entsprang wie die Stärkewert- und Futtereinheitsrechnung für die Tierernährung und weil es mit diesen zahlreiche Analogien aufweist. Bezeichnend ist auch hier, daß die Nemeinheit selbst doch wieder auf der Calorielehre basiert, da 1 Nem = 667 cal gesetzt wird. Bezeichnend ferner, daß auch diesem System nur eine mehr oder minder lokale, nicht aber eine weitere Verbreitung, beschieden war. Auch hier mußte eine allgemeinere Anerkennung an den Schwächen scheitern, die wie beim Stärkewert in der unendlichen Mannigfaltigkeit und Veränderlichkeit der Nahrungsstoffe sowohl wie des biologischen Geschehens im Organismus begründet lagen.

F. Die Verwertungszahl nach F. Lehmann (s. Anm.).

Lehmann[79, 80, 81] geht davon aus, daß die Notwendigkeit, sich nach Futtermitteltabellen aus den Nährstoffzahlen die Futtermischungen selbst zu berechnen und diese dann für seine speziellen Zwecke auszuprobieren, für den Landwirt ein Risiko bedeutet und nicht selten zu Enttäuschungen geführt hat. Er benutzt daher die Grundlage wissenschaftlich durchgeführter praktischer Fütterungsversuche und der daraus gewonnenen *Futterbeispiele*, um der Praxis eine ebenso sinnreiche wie einfache und zugleich instruktive Berechnungsweise an die Hand zu geben, die sich besonders bei der *Schweine- und Geflügelmast* sehr bewährt hat.

Die Aufstellung eines jeden Futterbeispieles soll den Bereich seiner Gültigkeit möglichst genau umschreiben und sowohl das aufgewendete Futter wie das erzielte Lebendgewicht enthalten. Als Beispiel sei *Schweinemast mit Gerste* gewählt. Hier verlangt die Darstellung die Angabe der Rasse, des Alters und Gewichts der Schweine. Veredelte Landschweine etwa im Alter von 3 Monaten werden mit einem Anfangsgewicht von ca. 20 kg aufgestellt und bis zur Schlachtreife mit einem Endgewicht von rund 110 kg gemästet. In der Regel braucht man hierzu 20 Wochen. Um der weiteren Benutzbarkeit willen wird das Futterbeispiel in Zeitabschnitte von je 4 Wochen eingeteilt und für jede derselben wird Futterverzehr und Gewichtszunahme angegeben:

Futterbeispiel:

Futter und Gewichtszunahme (in Kilogramm) veredelter Landschweine mit Anfangsgewicht 20 kg.

	Gerstenschrot	Fischmehl	Fleischmehl	Zunahme
1. Vierwoche . . .	29,0	2,8	4,2	13,1
2. „ . . .	40,7	2,8	4,2	16,3
3. „ . . .	64,6	2,8	2,8	17,3
4. „ . . .	75,0	2,8	—	17,6
5. „ . . .	86,1	2,8	—	20,1
20 Wochen	295,4	14,0	11,2	84,4

Die Summe des Futters wird der Summe der Gewichtszunahme gegenübergestellt und man bezeichnet diese Gegenüberstellung als *Futtergleichung*.

Aus dem Futterbeispiel kann sich der Landwirt selbst die Art und Weise entnehmen, wie er im Stall von Tag zu Tag die Schweine füttern soll. Dies kann in Form einer einfachen *Futteranweisung* geschehen, nach der sich, wie die Erfahrung gelehrt hat, arbeiten läßt. Sie lautet in diesem Fall: „Man gibt von Anfang bis zum Schluß der Mast je Tag und Tier 100 g Fischmehl, dazu in der ersten Hälfte der Zeit, also $2^1/_2$ Monate lang, 150 g Fleischmehl, und endlich Körnerschrot, in diesem Fall aus Mais und Gerste zu ungefähr gleichen Teilen bestehend, täglich bis zur vollen Sättigung der Tiere."

Auch kann man die Zahlen benutzen, um *Futtermischungen* herzustellen. In diesem Fall genügen zum Beispiel drei Mischungen nachstehender Zusammensetzung, die aus dem Futterbeispiel herausgerechnet sind:

Dauer der Fütterung	Futtermenge kg	Gerstenschrot %	Fischmehl %	Fleischmehl %
8 Wochen.	84	83	7	10
4 „	70	92	4	4
8 „	167	96	4	—
Gesamtfutter . . .	321			

Anm. Dieser Abschnitt ist nach einem mir von Herrn Geheimrat Prof. Dr. F. Lehmann-Göttingen freundlichst überlassenen Manuskript mit einigen Kürzungen abgefaßt.

Wenn man solche Futtermischungen hergestellt hat, lautet an den Fütterer die Anweisung lediglich: es wird täglich von der zur Verfügung gestellten Futtermischung bis zur vollen Sättigung gefüttert. Das Futterbeispiel gibt zugleich auch die Unterlagen für die Höhe des Tagesverzehrs und seiner Steigerung von Vierwoche zur Vierwoche. Im Mittel der fünf Vierwochen beträgt der Verzehr an Gesamtfutter je Tag und Tier und die daraus berechnete Steigerung:

Gesamtfutterverzehr je Tag und Tier		Steigerung in 28 Tagen	Steigerung je Tag
1. VW	1,284	420	15
2. VW	1,704	806	29
3. VW	2,510	268	10
4. VW	2,778	396	14
5. VW	3,174		

Unabhängig von allen Zufälligkeiten, wie sie ein einzelner Versuch mit sich bringt, werden für die Praxis etwa die Zahlen gelten:

Mit dieser Kenntnis wird es glücken, das Futter der Tiere so zu steigern, daß die Sättigungsgrenze fast genau erreicht wird.

Steigerung	je Tag und Tier g
1. VW	15
2. VW	29
3.—4. VW	12
5. VW	8—10

Derartige Futterbeispiele sind nun nach Lehmann zugleich die Grundlagen für die neben der Fütterung einherlaufenden Berechnungen. Das nächste Ziel ist eine *Rentabilitätsberechnung*. Man setzt die jeweiligen Futter- und Viehpreise in die Futtergleichung ein und kann aus der Gegenüberstellung den zu erwartenden Nutzen überschlagen. Ist man imstande, auch die Nebenkosten korrekt einzusetzen, dann ist die Berechnung des Reingewinns möglich; andernfalls genügt der Bruttoertrag (Wert der Zunahme minus Preis des Futters).

Während eine derartige Futterberechnung meist nur örtlich beschränkte Geltung hat, gewinnt das Futterbeispiel eine allgemeine Bedeutung, sobald auch die Analysen der Futtermittel bekannt sind und hiernach unter Berücksichtigung des Gehaltes an *verdaulichen* Nährstoffen der *ganze Nährstoffverbrauch* berechnet wird.

So entsteht eine Aufstellung, die nun als *Nährstoffbeispiel* bezeichnet werden kann und zur *Nährstoffgleichung* führt.

Der obige Mastversuch, auf verdauliche Nährstoffe berechnet, ergibt dann folgendes

Nährstoffbeispiel.

	Verdauliche Nährstoffe			Gesamtnährstoff	Zunahme
	Eiweiß	Fett	Kohlehydrate		
1. Vierwoche . . .	7,63	0,73	16,13	25,45	13,1
2. „ . . .	9,06	0,87	22,60	33,65	16,3
3. „ . . .	10,90	1,03	35,86	49,12	17,3
4. „ . . .	10,04	0,89	41,64	53,73	17,6
5. „ . . .	11,33	1,02	47,82	61,47	20,1
Zusammen	48,96	4,54	164,05	223,42	84,4

Unter *Gesamtnährstoff* wird hier die Summe von verdaulichem Eiweiß, Kohlehydraten und Fett, letzteres nach Multiplikation mit 2,3, verstanden. Dies entspricht fast genau dem Begriff des Kellnerschen Stärkewertes, es ist aber absichtlich ein anderer Ausdruck gewählt worden, weil der Stärkewert sich zunächst nur auf die Fütterung der Wiederkäuer bezieht.

Die Nährstoffgleichung des Nährstoffbeispieles ergibt nun leicht, *wieviel Gesamtnährstoff nötig war, um 100 Teile Lebendgewicht zu erzielen*. Diese Zahl wird von Lehmann als die *Verwertungszahl* bezeichnet. Im vorliegenden Versuch waren 223,42 kg Gesamtnährstoff im verzehrten Futter enthalten, und hieraus 84,4 kg Zunahme erzeugt. Die Verwertungszahl ist daher 265.

Die für die Gewichtseinheit der Lebendgewichtszunahme aufgewendete Futtermenge wurde auch sonst schon im Rahmen von Versuchen über den Energieumsatz gelegentlich berechnet; so gibt z. B. Armsby S. 15[16] die beim Stier pro Kilogramm Lebendgewichtszunahme aufgewendete Menge des lufttrockenen Futters an und weist auch nach eigenen Versuchen über den Energieumsatz darauf hin, daß mit steigender Mästung die aus der Futtereinheit zu erzielende Gewichtszunahme abnimmt[16]. Man hat aber diese Zahlen nicht als Vergleichswerte benutzt.

Die Verwertungszahl hat sich besonders zur fortgesetzten Kontrolle des Mastverlaufes und zur Vergleichung des Erfolges verschiedener Fütterungsmethoden als nützlich bewährt. Wenn zum Beispiel ein anderer Schweineschlag mit fast der gleichen Futtermischung und Futtertechnik gemästet wurde, wobei mehr Futter verzehrt und auch mehr Lebendgewicht erzeugt wurde, die Verwertungszahl aber 293 betrug, so erwies sich dieser Schweineschlag hiermit ohne weiteres als weniger vorteilhaft wie der des ersten Versuches. Umgekehrt kann in einer kleineren Verwertungszahl ein Fortschritt der Züchtung gesehen und in einer Zahl zusammengefaßt werden.

Auch der *Mastverlauf bei anderen Tierarten* kann durch Vergleich mit der Schweinemast mittels der Verwertungszahl leicht beurteilt werden. Dieses Verfahren hat Lehmann für die *Geflügelmast* zu wichtigen Ergebnissen geführt. *Enten*, die mit 67 g im Alter von 14 Tagen zur Mast aufgestellt waren, erreichten in 7 Wochen die Schlachtreife mit 2 kg. Die Verwertungszahl war somit 237. Bei *Gänsen*, die im Alter von 2 Wochen mit 200 g zur Mast aufgestellt, in 8 Wochen 4,25 kg Gewicht erreichten, war die Verwertungszahl 220. Es ergibt sich hieraus ohne weiteres und ohne weitere Rentabilitätsberechnung eine genügend sichere Grundlage dafür, daß die Geflügelmast in der Nährstoffökonomie und Rentabilität die geschilderte Schweinemast erheblich übertrifft.

Die Verwertungszahl bietet weiter auch einen raschen Überblick über das *Verhältnis von Futterverzehr und Gewichtszunahme in den einzelnen Zeitabschnitten der Vollmast*. So ist für den obigen Mastversuch mit Schweinen für die einzelnen Vierwochen die Verwertungszahl aus den angegebenen Zahlen leicht zu berechnen:

1. VW	194
2. VW	206
3. VW	284
4. VW	305
5. VW	308
Mittel	265

Die Zahlenreihe zeigt ein durchaus typisches Bild. Die Verwertungszahlen der Mast sind immer anfangs erheblich niedriger als die späteren und sie erreichen schließlich eine Höhe, welche die Rentabilität vernichtet. Im großen und ganzen muß damit gerechnet werden, daß *jenseits 300 die Rentabilität der Mast aufhört*, doch sind selbstverständlich je nach den Preisen von Futter und Vieh hier Schwankungen möglich. Jedenfalls gibt die Verwertungszahl hier ein außerordentlich anschauliches Bild. Dasselbe gilt auch besonders für den Abschluß der Mast. Die Jungtiermast oder Schnellmast hat den Nachteil, daß sie, lange bevor die Tiere ausgewachsen sind, bereits unrentabel wird. Dieses Mißverhältnis zwischen Verbrauch und Erzeugung drückt sich deutlich in der Verwertungszahl aus, die dann relativ rasch zu unerwarteter Höhe ansteigt.

Als Beispiel diene der Mastversuch mit Gänsen. Hier waren in den ersten 8 Wochen die Verwertungszahlen für je eine Woche 121, 133, 148, 164, 203, 283, 317, 495.

Die letzte Verwertungszahl, also die der achten Woche, muß hier als nachdrückliche Warnung davor dienen, mit einer solchen Schnellmast weiter fortzufahren. In der Tat ergab dieser Versuch, als er noch die neunte und zehnte Woche hindurch fortgeführt wurde, im Mittel beider Wochen die Verwertungszahl 885.

Die aus den letzten Jahren herrührende Methode der LEHMANNschen Verwertungszahl wird sich durch ihre leichte und aufschlußreiche Anwendbarkeit wohl sicher eine weitere Verbreitung erwerben. Sie wird bereits von anderen Autoren empfohlen, so von HASELHOFF[52], der eine gute Grundlage für die Mast und unter Umständen eine bessere als andere Rentabilitätsberechnungen darin erblickt.

In einer Kritik, die von einem Vertreter der Tierzucht an dieser Darstellungsart geübt wurde, ist gefordert worden, daß umgekehrt angegeben werden solle, wieviel Gewichtsteile Lebendgewicht aus 100 Teilen Futter entstehen. Natürlich ist dies ebenfalls möglich, aber es ist nicht recht einzusehen, was hiermit gewonnen wird. Denn die zweite Berechnung ist nichts anderes als das Reziproke der ersten. Es erscheint auch zwecklos, wenn etwa beide Berechnungsarten nebeneinander benutzt werden.

Futterzahl. Neuerdings ist von anderer Seite vorgeschlagen worden, an Stelle der Verwertungszahl die Futterzahl zu setzen. Man geht von demselben Gedanken aus, wie bei der Nährstoff- und Verwertungszahl, berechnet aber in diesem Fall lediglich, wieviel *Futtermittel* im ganzen nötig gewesen sind, um 100 Gewichtsteile Zunahme zu erzielen. In dem obigen Beispiel der Gerstenmast würde die Unterlage hierzu sein:

	Verbrauch an Futter im ganzen kg	Zunahme kg	Futterzahl	Verwertungszahl
1. VW	35,94	13,11	274	194
2. VW	47,70	16,34	293	206
3. VW	70,29	17,27	406	284
4. VW	77,78	17,63	442	305
5. VW	88,89	20,08	442	308
	320,60	84,33	380	265

Hier zeigt sich, daß die Futterzahl mit der Verwertungszahl nicht parallel geht. Sie führt daher, wie LEHMANN ausführt, zu irrtümlichen Schlußfolgerungen, und zwar schon deshalb, weil das Futter ja im Anfang prozentisch anders zusammengesetzt ist als am Schluß. „Nährstoff" bildet eine einheitliche Grundlage, während Futter keine Einheit ist und man nicht Gerste, Fischmehl und Fleischmehl addieren kann. Wenn man durchaus wolle, so müsse man zu Heu- oder Gerstenwerten zurückkehren.

G. Die Calorierechnung bei der Tierfütterung nach ARMSBY.

Während die Physiologen und Kliniker bei ihren experimentellen und theoretischen Arbeiten über Stoffwechsel, Energiehaushalt und Ernährung der Tiere und des Menschen ihre Berechnungen stets auf der physikalisch einwandfreien Grundlage der Calorie als Wärme- bzw. Energieeinheit aufbauen, und auch für die Praxis der menschlichen Ernährung Ärzte und Laien nach Calorien rechnen, hat man sich in vielen Ländern, und besonders in Deutschland, gescheut, auch für die Tierernährung diese naheliegendste Berechnungsweise anzuwenden. Als durch PETTENKOFER, VOIT, ZUNTZ, RUBNER die moderne Stoffwechselphysiologie geschaffen wurde, übernahmen die Agrikulturchemiker, die damals noch allein das Feld der Nutztierernährung beherrschten, bereitwillig von den Medizinern jene neuen Lehren, um aus ihnen die Fütterungslehre als eine angewandte

Physiologie zu entwickeln. Zugleich führte aber jene von Grouven gekennzeichnete Sucht nach praktischen Ergebnissen (siehe oben S. 437), und auch eine bedauerliche Geringschätzung der Aufnahmefähigkeit unserer praktischen Landwirte, zu der Meinung, daß man diesen das Rechnen mit Calorien und deren großen Zahlen nicht zumuten könne; aus diesem Grund schuf ja Kellner seinen Stärkewert als Ausweg, und die Skandinavier ihre Futtereinheiten.

Amerika blieb es vorbehalten, auch die praktische Fütterung auf den von den Stoffwechselphysiologen entwickelten Grundlagen aufzubauen. Hier war es Henry Prentiss Armsby, der während dreier Jahrzehnte mit J. A. Fries und anderen Mitarbeitern in zahlreichen Arbeiten (allein die Collected papers[8] enthalten 34) sein auch in Buchform[6] zusammengefaßtes System einer Fütterungslehre auf Grund der Calorienrechnung entwickelte.

In seinem Institute of animal nutrition des Pennsylvania State College wurde 1898 mit der Einrichtung eines Respirationscalorimeters nach Atwater und Rosa begonnen, bei dem die Respirationskammer des nach Art des Pettenkoferschen konstruierten Apparates zugleich als Calorimeter diente[7]. In vielen Versuchen wurde, besonders an Rindern, der Stoff- und Energiehaushalt untersucht, um die Ausnutzung der Futtermittel, die nach ihrem Energiegehalte verglichen wurden, im Erhaltungs- und Produktionsstoffwechsel, und ihre Beeinflussung durch die verschiedenen Bedingungen der Tierhaltung festzustellen[10].

Indem er dabei bereits an Rubner, Zuntz und Hagemann, sowie Kellner anknüpfte, unterschied Armsby von der „metabolizable energy", als dem in kinetische Form umsetzbaren Teil der Gesamtenergie der Nahrung (gross-energy) die „available" oder „utilizable" energy als die, nach Abzug der Verluste durch die Verdauungsarbeit, von dem Tiere wirklich ausgenutzte *Nettoenergie*[9].

$$\left.\begin{array}{c}\text{Gesamt-}\\\text{Energie}\\\text{des Futters}\end{array}\right\} - \left\{\begin{array}{c}\text{Verluste}\\\text{durch Aus-}\\\text{scheidungen}\end{array}\right. = \left\{\begin{array}{c}\text{metaboli-}\\\text{zable}\\\text{energy}\end{array}\right. - \left\{\begin{array}{c}\text{Verluste durch}\\\text{Verdauungs-}\\\text{arbeit}\end{array}\right\} = \text{Netto-Energie}.$$

Auf Grund seiner Versuche, u. a. einer Reihe von 76 Versuchen an 9 Stieren, stellte er seine Tabellen zusammen, die einen Überblick über den Energiehaushalt gaben. Die Energie wurde hierbei stets in Calorien oder im Therms angegeben, wobei *1 t = 1 Therm = 1000 Calorien* bedeutet[3].

Auch für die einzelnen amerikanischen *Futtermittel* wurden Tabellen aufgestellt, mit Angabe ihres Gehaltes an Trockensubstanz, verdaulichem Eiweiß und ihres Energiewertes, der ebenfalls in Therm ausgedrückt wurde[3, 16].

In weiteren Arbeiten wurden Versuche angestellt, um die *Nettoenergiewerte* zu ermitteln, die verschiedene Futtermittel im Tierkörper erzielen, so z. B. Kleeheu Luzerneheu, Maismehl, Stärke[11]. Ferner wurde durch Versuche der Einfluß verschiedener Bedingungen, der Rasse, des Alters, der Individualität[4], des Stehens und Liegens[14], auch des Mästungszustandes, auf die von den Tieren aus ihrem Futter erzielte Nettoenergie festgestellt.

Sodann wurde der Energiebedarf für Erhaltung, Wachstum, Mästung, Milchproduktion, Arbeitsleistung der Rinder und anderer Tierarten in Tabellen azusammengestellt und in Therm ausgedrückt[3, 5, 9, 16]. Hierbei, wie zum Teil auch bei den Angaben über die Futtermittel, bedienten sich Armsby und Fries zur Ergänzung ihrer eigenen Versuchsergebnisse, in denen sie unter anderem auch an Rindern und anderen Nutztierarten am Respirationscalorimeter den Grundumsatz bestimmten und pro Oberflächeneinheit berechneten[1, 15], ausgiebig der Kellnerschen Tabellen, indem sie die *Stärkewerte in Calorien und Therms* umrechneten:

1 kg Stärkewerteinheit = 248 . 9,5 = 2356 Calorien = 2,356 Therms.

Um ein Beispiel anzuführen, so beträgt nach Armsbys Versuchen der Erhaltungsbedarf eines Stieres pro Tag rund 5000 Therms (3946—5821) oder pro 500 kg Lebendgewicht rund 6000 (5186—7532) Therms.

Hiernach wurden dann auch Anleitungen zur Aufstellung von Berechnungen für die den verschiedenen Tieren und Nutzzwecken entsprechenden *Futterrationen* gegeben[3, 16]. Endlich wurde auch der *Geldwert der Futtermittel* pro 100 Therms berechnet. Armsby hat durch die theoretische Begründung[10, 2] und konsequente Durchführung seiner Versuche und Berechnungen ein abgeschlossenes System[6] geschaffen, und den Beweis geliefert, daß auch ohne zu anderen, künstlich aufgestellten Vergleichswerten zu greifen, das Rechnen mit Calorien für alle Zwecke der praktischen Tierfütterung durchaus anwendbar und jedenfalls auch ohne größere Schwierigkeiten als die anderen Systeme mit sich bringen, möglich ist. Armsby und Fries[12, 36] haben auch selbst schon den Vergleich zwischen der Calorien--uud der Stärkewertrechnung gezogen, wobei sie auf die Schwächen der letzteren wie jeder Schematisierung der Futterberechnungen hinwiesen und die durch die Stärkewertrechnung vielfach entstandenen Mißverständnisse und Irrtümer hervorhoben. Besonders machten sie dabei geltend, daß durch die Verschiedenheit des Stärkewertes eines Futters für verschiedene Tierarten, und auch für verschiedene Nutzzwecke wie Erhaltung und Produktionen, in dem Kellnerschen System ein unliebsamer Dualismus entstanden sei. Sie führen dabei aus, daß dem Stärkewert jedenfalls kein besonderer Vorzug zukomme, da er ja im Grunde genommen dasselbe, nur in anderer Form ausdrücke, was sich mit dem nach Calorien erfaßten Nettoenergiewert in einfacherer und weniger mißverständlicher Form ausdrücken lasse. Auch *ihre* Fütterungsanweisungen sollten aber keine allgemein anwendbaren Rezepte sein und erforderten in ihrer praktischen Anwendung seitens des Landwirts Erfahrung und gutes Urteil. Durch die Energie- und Calorierechnung sei aber auch die praktische Fütterung der Nutztiere auf die für sie wünschenswerte wissenschaftliche Grundlage gestellt.

Zweifellos haben Armsby und seine Mitarbeiter eine höchst verdienstvolle Arbeit geleistet, deren Ergebnisse sich zunächst in ihrem eigenen Lande für die Durchführung einer rationellen Tierernährung als nützlich und fruchtbar erwiesen haben. Wohl müssen auch hier die Erfahrungen noch durch weitere großzügige Tierversuche ständig erweitert und das ganze System weiter entwickelt werden. Doch die Grundlage ist gut, und da sie unmittelbar auf der physikalisch exakten Energieeinheit beruht, so erscheint uns dieses Rechnen mit Calorien als einfacheres und verständlicheres Verfahren wie jene anderen, die, wenn sie dauernde Beachtung in Wissenschaft und Praxis beanspruchen wollen, doch selbst auch immer wieder auf exakte energetische Tierversuche und Calorierechnung zurückgreifen müssen.

Literatur.

(*1*) Armsby, H. P.: A comparison of the observed and computed heat production of cattle. J. amer. chem. Soc. **35**, 1794 (1913). — (*2*) Food as body fuel. Bull. Pennsylv. State Coll. agricult. Exp. Stat. **126**. — (*3*) The computation of rations for farm animals by the use of energy values. Bull. U. S. Dep. agricult. Farmers **346** (1909). — (*4*) The influence of type and age upon the utilization of food by cattle. Ebenda **128** (1911). — (*5*) The maintenance rations of farm animals. Bull. U. S. Dep. agricult. Bur. animal industry **143** (1912). — (*6*) The Nutrition of Farm Animals. New York 1917. — (*7*) The respiration calorimeter at the Institute of animal nutrition of the Pennsylvania State College. Bull. Pennsylv. State Coll. agricult. Exp. Stat. **104** (1909). — (*8*) Armsby u. J. A. Fries: Animal Nutrition. Collect. pap. **1912—22** (34 Arbeiten). — (*9*) Net energy value for ruminants. Bull. Pennsylv. State Coll. agricult. Exp. Stat. **142**; Collect. pap. — (*10*) Influence of type and age upon the utilization of feed by cattle. Bull. Pennsylv. Stat. Coll. agricult. Exp. Stat. **105** (1909). — (*11*) Net energy values of feeding stuff for cattle. J. agricult. Res. Washington **3**, 435 (1915).—

(*12*) Net energy values and starch values. J. agricult. Res. **9**, 182. — (*13*) The influence of the degree of fatness of cattle upon their utilization of feed. In Collect. pap. — (*14*) The influence of standing or lying upon the metabolism of cattle. Amer. J. Physiol. **31**, 245 (1913). — (*15*) Armsby, Fries u. Braman: Basal katabolism of cattle and other species. J. agricult. Res. **13**, 43 (1918). — (*16*) Armsby u. F. S. Putney: Computation of dairy rations. Ebenda **143**. — (*17*) Atzler: Körper und Arbeit. Leipzig: G. Thieme 1927.

(*17* a) Benedict u. Ritzman: Wiss. Arch. f. Landw. Abt. B. Tierern. u. Tierz., **4, 5** (1931). — (*18*) Bischof u. Voit: Die Gesetze der Ernährung des Fleischfressers. Leipzig 1860. — (*19*) Bruchholz: Kleines Lehrbuch der Haltung, Züchtung und Fütterung der Rinder. 2. Aufl. Stuttgart: Franckh.

(*20*) Crasemann, E.: Landw. Jb. Schweiz **1929**, 363. — (*21*) Crud, C. V. V.: Ökonomie der Landwirtschaft, als Supplement zu Thaers Grundsätzen der rationellen Landwirtschaft zu gebrauchen (übersetzt von C. F. W. Berg), S. 393. Leipzig 1823.

(*22*) Dietrich u. König: Zusammensetzung und Verdaulichkeit der Futtermittel, 2. Aufl., **2**. Berlin: Julius Springer 1891.

(*23*) Ehrenberg: Mitt. dtsch. Landw.-Ges. **43**, 311 (1928). — (*24*) Eickhoff, J.: Stärkewertsberechnung in der Kontrollvereinsbuchführung. Dtsch. landw. Tierzucht **1926**, Nr 7. — (*25*) Ellenberger u. Scheunert: Lehrbuch. Berlin: Parey 1925.

(*26*) Feige: Futterwertung und Futteraufwand. Dtsch. landw. Tierzucht **1929**, 427. — (*27*) Fingerling, G.: Fühlings Landw. Ztg **63**, 185 (1914). — (*28*) Stärkewert, Futtereinheit und Milchproduktionswert. Dtsch. landw. Presse **1926**, Nr 17 u. 18. — (*29*) Stärkewert, Futtereinheit und Milchproduktionswert. Landw. Ztg **1926**, Nr 18, 221. — (*30*) Landw. Versuchsstat. **105**, 16 (1926). — (*31*) Die Ernährung der landwirtschaftlichen Haustiere. In Aereboe, Hansen u. Römer: Handbuch der Landwirtschaft 4, Lief. 10 u. 14 (1928 u. 1929). — (*32*) Fütterungsnormen für die verschiedenen Zwecke der landwirtschaftlichen Tierhaltung. In Kronacher: Züchtungslehre, S. 315. Berlin: Parey 1929. — (*33*) Dtsch. Landw.-Ges., Sitzg d. Futterausschusses Berlin 4, 2 (1930). — (*34*) Fjord, N. J.: Nordiska Jordbrugsforskning **1928**, 307. — (*35*) Frederiksen, Lars: Einige dänische Beobachtungen und Versuche betreffs Leistung und Fütterung von Milchkühen. Mitt. Dtsch. Landw.-Ges. (1929). — (*36*) Fries, J. A.: Weak places in the Methods used in animal nutrition investigations. Proc. amer. Soc. animal production **1916**.

(*37*) Gröer, F. v.: Die Methodik des Ernährungssystems von v. Pirquet. In Abderhaldens Handbuch der biologischen Arbeitsmethoden Abt. IV, T. 9, Lief. 29. — (*38*) Grouven, H.: Vorträge über Agrikulturchemie, 1. Aufl. 1858; 2. Aufl. 1862. Köln: Hassel.

(*39*) Hagemann, O.: Lehrbuch der Anatomie und Physiologie der Haussäugetiere **2**, 2. Aufl. Stuttgart: Ulmer 1923. — (*40*) Halle, J.: Landw. Ztg **1926**, 666. — (*41*) Hansen, J.: Anleitung für den Betrieb von Rindviehkontrollvereinen. Dtsch. Landw.-Ges. Berlin, Anleitungen Nr 23, 3. Aufl., 53. 1927. — (*42*) Lehrbuch der Rinderzucht, 4. Aufl. Berlin: Parey 1927. — (*43*) Mitt. dtsch. Landw.-Ges **1913**, Stück 42. — (*44*) Hansen, J. J.: Vore nuvaerende tysksvenske Foderenheder (dänisch). Ugeskr. Landmaend. **73**, 84, 100, 118, 129 (1928). — (*45*) Hansson, Nils: Berechnung des Wertes der Futtermittel für Milchproduktion und Zuwachs. Landw. Versuchsstat. **105**, 1 (1926). — (*46*) Ber. über die Tätigkeit der Kontrollvereine im Bezirk Malmöhus **1901/02**. — (*47*) Der Bedarf der Milchkühe an Produktionsfutter. Z. Tierzüchtg **5**, 295 (1926). — (*48*) Fühlings Landw. Ztg **57**, 430 (1908). — (*49*) Fütterung der Haustiere, 2. Aufl. Dresden u. Leipzig: Th. Steinkopff 1929. — (*50*) Futtereinheiten und Stärkewert. Eine neue Methode. Fühlings Landw. Ztg **63**, 41 (1914). — (*51*) Handbok i. Utfodringslära. Stockholm 1913. — (*52*) Haselhoff: Futtermittellehre. In Haselhoff u. Blanck: Lehrbuch der Agrikulturchemie. Berlin: Bornträger 1929. — (*53*) Haubner: Die Gesundheitspflege der landwirtschaftlichen Haussäugetiere, 1. Aufl. 1845. — (*54*) Die Gesundheitspflege der landwirtschaftlichen Haussäugetiere, 4. Aufl., S. 271. Dresden: Schönfeld 1881. — (*55*) Henneberg u. Stohmann: Beitrag zur Begründung einer rationellen Fütterung der Wiederkäuer, H. 1. Braunschweig 1860. — (*56*) Hoffmann u. Gerlach: Dtsch. Landw.-Ges.-Futtermittel. Berlin: Dtsch. Landw.-Ges. 1922; Arb. dtsch. Landw.-Ges. H. 153. — (*57*) Honcamp: Die Entwicklung der landwirtschaftlichen Fütterungslehre. Landw. Versuchsstat. **79, 80**, 1 (1913). — (*58*) Die Fütterung des Milchviehes im Lichte neuzeitlicher Forschung. Züchtungskde **1**, 79 (1926). — (*59*) Fütterung. In Stang u. Wirth: Tierheilkunde und Tierzucht **3**, Lief. 15. 1927. — (*60*) Landwirtschaftliche Fütterungslehre. Stuttgart: Ulmer 1921.

(*61*) Jantzon, Kirsch u. Reisch: Arb. Landw. Kammer Prov. Ostpreußen **1930**, Nr 61.

(*62*) Kellner, O.: Die Ernährung der landwirtschaftlichen Nutztiere, 1. Aufl. Berlin: Parey 1905. — (*63*) Dasselbe, 2. Aufl. 1906. — (*64*) Dasselbe, 4. Aufl. 1907. — (*65*) Dasselbe, 9. Aufl., hrsg. von Fingerling, S. 160, 428. Berlin: Parey 1920. — (*66*) Landw. Versuchsstat. **53**, 450 (1900). — (*67*) Landw. Jb. **9**, 685 (1880). — (*68*) Landw. Versuchsstat. **47**, 293 (1896); **50**, 256 (1898). — (*69*) Kellner u. Fingerling: Die Ernährung der landwirtschaftlichen Nutztiere, 10. Aufl. 1924. — (*70*) Grundzüge der Fütterungslehre, 8. Aufl.

Berlin: Parey 1929. — (71) KELLNER u. A. KÖHLER: Landw. Versuchsstat. **53**, 1 (1900). — (72) KIRSCH: Die Tierernährung **1**, 104 (1929). — (73) KLEIBER: Milchwert und Stärkewert. Fortschr. Landw. **1929**, 33. — (74) KLEIN, W.: Hormone und Körperentwicklung vom Standpunkt der Energetik aus. Z. Tierzüchtg **1925**, 343. — (75) Stärkewert bei der Ernährung von Schafen. Dtsch. tierärztl. Wschr. **34**, 193 (1926). — (76) KLIMMER, M.: Fütterungslehre, 4. Aufl. Berlin: Parey 1924. — (77) KRAFFT u. FALKE: Die Tierzuchtlehre, 12. u. 13. Aufl. Berlin: Parey 1921. — (78) KRONACHER: Züchtungslehre, S. 314. Berlin: Parey 1929.

(79) LEHMANN, F.: Die Mast von Junggänsen. Arch. Geflügelkde **2**, 293 (1928). — (80) Geflügelmast. Mitt. dtsch. Landw.-Ges. **1928**, H. 31. — (81) Z. Schweinezucht **32**, 420 (1925). — (82) LINCKH, G.: Fütterungslehre. Stuttgart: Ulmer 1907. — (83) LINGETHAL, v.: Wildas Zbl. **1857** II, 369. — (84) LÖHR: Ankaufswert und Nutzeffekt der Handelsfuttermittel. Fortschr. Landw. **499** (1928).

(85) MACH, F.: Beiträge zur Bewertung der Futtermittel. Dtsch. landw. Versuchsstat. **79/80**, 815 (1913). — (86) Jb. Agrikulturchemie **7** (1924). Berlin: Parey 1927. — (87) MAYER, ADOLF: Ernährung und Fütterung der Nutztiere. Im Lehrbuch der Agrikulturchemie, 1. Aufl. 1908; 2. Aufl. 1925, bearb. von A. MORGEN. Heidelberg: Carl Winter. — (88) MELNYK, O.: Der Produktionswert der Futtermittel. Separatdruck KAMENEZ-PODOLSK. 1924. — (89) Kritischer Überblick der wichtigsten Arbeiten über den Energiebedarf für die Milchproduktion. Separatabdruck KAMENEZ-PODOLSK 1926.. — (90) MÖLLGAARD, H.: Fütterungslehre des Milchviehes. Hannover: Schaper 1929. — (91) Über den Begriff des Nährwertes und dessen quantitative Bestimmung. Tierernährg **1**, 44 (1929). — (92) Wert der Futtermittel bei der Milcherzeugung und rationelle Fütterung des Milchviehes. Mitt. dtsch. Landw.-Ges. **1927**, 621. — (93) MÜNZBERG, H.: Deutschlands Verbrauch an Kraftfutter und Versorgung mit tierischen Erzeugnissen, S. 57. Dissert., Landw. Hochsch. Berlin 1928. — (94) Mitt. dtsch. Landw.-Ges. **1928**, 17.

(95) NAHRSTEDT: Dtsch. landw. Tierzucht **1924**. — (96) NEUBAUER: Die Preiswürdigkeit der Futterrationen und ihre Bestimmung mit der „Futterpreistafel". Mitt. dtsch. Landw.-Ges. **1927**, 1119. — (97) Vorschläge zur Aufstellung von Futterrationen. Landw. Versuchsstat. **79, 80**, 465 (1913). — (98) NOBEL, E., u. C. v. PIRQUET: Kinderpflege. 1927.

(99) OHL, R.: Über die Stärkewertsberechnung in der Kontrollvereinsbuchführung. Dtsch. landw. Tierzucht **1926**, Nr 17, 320—321.

(100) PFEIFFER, TH.: Die Geldwertberechnung der Futtermittel. Dtsch. landw. Versuchsstat. **79, 80**, 279 (1913). — (101) PIRQUET, v.: System der Ernährung. Berlin: Julius Springer 1917—20. — (102) POPOFF, J. S.: Die Nettoenergie der Gerste bei der Mästung der wachsenden Schweine. Z. Tierzüchtg **12**, 289 (1928).

(103) RACH, E.: Die Milch als Vergleichseinheit für die Nährwertkonzentration der Nahrungsmittel. Münch. med. Wschr. **1919**, 1196. — (104) RICHARDSEN: Dtsch. landw. Tierzucht **18**, 25, 115, 164, 225 (1914). — (105) Verschmelzung der Stärkewertberechnung nach KELLNER mit der Berechnung des Milchproduktionswertes nach HANSSON. Z. Tierzüchtg **5**, 313 (1926).

(105a) SCHEUNERT, A., W. KLEIN u. M. STEUBER: Ztschr. f. Tierzüchtung **3**, 343 (1925). — (106) SCHICK, B.: Das PIRQUETsche System der Ernährung, 3. Aufl. 1922. — (107) SCHLIE: Bedeutung der Futterberechnung bei der Milchkontrolle. Dtsch. Landw.-Ges. **1929**, Nr 48, 1073. — (108) SCHLIPF: Praktisches Handbuch der Landwirtschaft, 25. Aufl., hrsg. von TH. WÖLFER. Berlin: Parey 1929. — (109) SCHMIEDER, P.: Landw. Ztg **1928**, 333. — (110) SCHNEIDEWIND: Landw. Versuchsstat. **79, 80**, 207 (1913). — (111) SCHNEIDEWIND, MEYER u. a.: Landw. Jb. **36**, 687 (1907). — (112) SETTEGAST: Die Tierzucht. Breslau: Korn 1868. — (112a) STEUBER, M., u. H. STOTZ: Wiss. Arch. f. Landw. Abt. B. **4, 5** (1931). — (113) STUTZER, A.: Fütterungslehre, 4. Aufl. Leipzig 1904.

(114) THAER, A.: Grundsätze der rationellen Landwirtschaft, 1. Aufl. **1**, 1809; **2, 3**, 1810; **4**, 1812. Berlin. — (115) Grundsätze der rationellen Landwirtschaft 4, neue Aufl. Berlin 1837. — (116) Grundsätze der rationellen Landwirtschaft. Neue Ausgabe von GUIDO KRAFFT u. a. Berlin: Parey 1880. — (117) Leitfaden der landwirtschaftlichen Gewerbslehre. 1815.

(118) VOIT, C.: Physiologie des Gesamtstoffwechsels. 1891. — (119) VOLHARD: Die Entwicklung der Versuchsstation Möckern. Dtsch. landw. Versuchsstat. **79, 80**, 903 (1913).

(120) WIEGNER, G.: Agrikulturchemisches Praktikum, S. 261. Berlin: Bornträger 1926. — (121) WINDHEUSER u. JESSEN: Repetitorium der Agrikulturchemie. Stuttgart: Ulmer 1926. — (122) WOLFF, E.: Landwirtschaftliche Fütterungslehre, 6. Aufl. Berlin: Parey 1894. — (122a) WOOD u. MANSFIELD: J. Ministry Agricult. **35**, 211 (1928).

(122b) ZAITSCHEK, A.: Fortschr. d. Landw. **5**. 721 (1930). — (123) ZUNTZ: Bemerkungen über die Berechnung des Stärkewerts für Milchleistungen. Dtsch. landw. Tierzucht **18**, Nr 10 (1914). — (124) Die Bedeutung der Stärkewerte. 20. Hauptvers. Landw. Kammer Brandenburg 31. I. 1914. — (125) ZUNTZ, v. D. HEIDE, KLEIN u. a.: Zum Studium der Respiration und des Stoffwechsels der Wiederkäuer. Dtsch. landw. Versuchsstat. **79, 80**, 781 (1913).

VII. Nahrung, Verdauung und Stoffwechsel der Bienen.

Von

Professor Dr. L. ARMBRUSTER
Direktor des Instituts für Bienenkunde Berlin-Dahlem.

Mit 42 Abbildungen.

Die Bienen sind Ernährungsspezialisten und Ernährungskünstler. Ihre Ernährungslehre ist *vielgestaltiger* als bei anderen Lebewesen. In vielen Punkten ist sie rätselhaft, und gar manches Problem ist noch kaum angefaßt. Viele Errungenschaften der Ernährungsphysiologie lassen sich zur Bienenernährung kaum in Beziehung setzen. Die Eigenart des Versuchstiers verlangt eine besondere Methodik. Daß die Zusammenarbeit zwischen Ernährungsphysiologen und Bienenkundlern ziemlich lose war, geht auch aus der Bibliographie hervor. All dies belastet auch den folgenden Versuch, unser Wissen über Ernährung, Verdauung und Stoffwechsel der Bienen gedrängt und im wesentlichen wiederzugeben. Bei der Auswahl von Zahlen- und Tabellenmaterial wurde das an verborgener Stelle Veröffentlichte bevorzugt.

Besonderen Dank schulde ich Herrn Regierungsrat Dr. TRAPPMANN (Biologische Reichsanstalt) für die Ermächtigung, von seinen grundlegenden Zeichnungen auch Originale zu veröffentlichen, die bisher, vgl. TRAPPMANN[262] ff., wegen schlechter Zeiten noch nicht das Licht der Welt erblicken konnten.

Wir müssen bei der Ernährungsphysiologie der Bienen unterscheiden zwischen Nahrung, Stoffwechsel und Energiewechsel des ganzen Volkes und der Einzelbiene. Bei der Einzelbiene müssen wir unterscheiden Ernährung und Stoffwechsel der einzelnen Kastenglieder Arbeiterin, Königin und Drohne, vor allem aber auch zwischen erwachsenen Tieren und Larvenstadien. Hier sind die Unterschiede so groß, daß z. B. gewisse Ernährungsstörungen (Krankheiten) bei den erwachsenen Bienen ganz andere sind als bei den Larvenstadien. Damit sind der Verwicklungen noch nicht genug. Die Ernährung einer einzelnen erwachsenen Biene, z. B. einer Arbeiterin, wechselt ganz deutlich und gesetzmäßig mit zunehmendem Alter. Endlich kommt es im Bienenstock zu Aufspeicherungen von Nahrungsvorräten, und zwar haben von diesen Nahrungsvorräten hauptsächlich die Kohlehydrate einen Teil des Bienenverdauungstraktes schon passiert und sind in demselben angereichert bzw. umgearbeitet worden, so daß diese Vorräte in gewissem Sinne als vorverdaute Nahrung betrachtet werden können.

A. Die Nahrung der Bienen.

Da der Honig als bereits vorverdaute Bienennahrung angesehen werden kann, muß uns hier die Urnahrung I. Nektar und andere süße Säfte aus lebenden Pflanzenteilen, II. der Blütenstaub und III. das Wasser interessieren, und zwar jeweils die chemische Zusammensetzung sowie die Umstände von Angebot und Nachfrage.

I. Nektar und andere süße Säfte aus lebenden Pflanzenteilen.

1. Chemische Zusammensetzung.

a) Des Nektars.

Um einen Überblick zunächst über die quantitativen Verhältnisse bei Bienenernährung und Honigbereitung zu bieten, sei die folgende Tabelle 1 vorausgeschickt (in Ermanglung von genaueren Angaben. Der Wassergehalt ist gleichmäßig mit 35% angenommen. Die Vorbehalte s. bei ARMBRUSTER[9] 1919).

Tabelle 1. Blütentrachtzahlen (ARMBRUSTER 1919).

	ergibt in	an Zucker insgesamt	an Honig (20% Wasser)	an Traubenzucker	an Rohrzucker invertiert	an Nektar in mm³	Wieviel Blüten (Köpfe) wären etwa nötig: zur Füllung einer Honigblase	zu 1 kg Honig
	mg	a	b	c	d	e	f	g
Rotklee	je Blüte	0,132	0,165	0,099	0,033	0,3	193	6 000 000
	je Kopf	7,93	9,91	5,95	1,98	20	2,9	100 000
Löwenzahn	je Kopf	6,41	8,01	4,63	1,78	16	3,6	125 000
Vogelwicke (Vicia cracca)	je Blüte	0,158	0,198	0,158	—	0,4	144	5 000 000
	je Kopf	3,16	3,95	3,15	0,01	8	7,2	250 000
Esparsette	je Blüte	—	0,25	—	—	—	—	4 000 000
Claytonia alsinoides . .	je Blüte	0,41	0,516	0,175	0,238	1	58	2 000 000
Akazie (Robinie)	je Blüte	—	0,625	—	—	—	—	1 600 000
Fuchsia	je Blüte	7,59	9,49	1,69	5,0	19	3	100 000
Erbse (Pisum)	je Blüte	9,93	12,41	8,33	1,60	25	2,3	80 000

Von neueren Nektaranalysen seien in Tabelle 2 die BEUTLERschen (1930) zusammengestellt:

Tabelle 2 (BEUTLER 1930).

Pflanze	Invertzucker %	Saccharose %	Gesamtzucker %	Trockensubstanz %
Kaiserkrone	8,8	0,0	8,6	8,2
Paradiesapfel	26,1	23,0	49,2	40,7
Apfel	12,8	8,5	21,3	19,7
Kirsche	16,2	18,9	35,1	33,6
Pflaume	4,5	8,4	12,9	14,7
Roßkastanie	0,4	68,3	68,6	66,8
Linde	13,5	16,0	29,8	29,6
Thermopsis	19,6	40,7	60,3	58,5
Asclepias cornuti	1,8	27,2	29,0	31,4
Ackerrettich	49,1	6,0	55,2	39,1
Ackersenf	36,2	10,0	46,2	32,1
Raps	45,1	0,0	45,1	44,6
Boretsch	18,5	34,5	53,0	54,6
Kresse	11,3	35,3	46,3	40,9
Raute	51,2	8,4	55,4	66,0
Taubnessel	9,6	32,8	42,4	38,4
Phyllocactus	4,6	35,6	40,2	28,2
Geißblatt	8,2	18,0	26,1	26,3
Durchschnitte	18,75	21,17	41,37	37,41

Tabelle 3. Reaktion von Nektaren (Beutler 1930).

Protokoll Nr.	Pflanze	Reaktion gegen Lackmus	Nektarsalze vorhanden?	p_H elektrometrisch	p_H kolorimetrisch
2	Pflaume 1927	stark alkalisch			
2a	Pflaume	kaum alkalisch			
2b	,,	stark alkalisch			
4	Pflaume 1927	alkalisch	—		9,0
	,, 1929	,,			
8	Paradiesapfel 1927	sauer			
9	Sauerkirsche 1928	alkalisch	—		
10	,, 1928	stark alkalisch			
13	Kirsche, Birne 1928 (viele Blüten)	alkalisch			
11	Apfel 1928	schwach sauer			6,2—6,4 · 6,0
	,, 1929	,, ,,			5,8—6,0 · 6,0—6,2
3	Fritillaria 1927				
3	,, 1927	neutral			
6	,, 1927	stark sauer			
7	,, 1927	,, ,,			
2	,, 1928	sauer	—	5,1	
3	,, 1929	sehr sauer			
11	Kastanie 1927	ganz schwach sauer			
12	,, 1927	,, ,, ,,			
13	,, 1927	neutral			
27	,, 1927	,,	—		
34	,, 1928	,,	+		6,2—6,4
29	,, 1929	,,			6,2—6,4
20	Thermopsis 1927	ganz schwach sauer			
21	,, 1927	sauer			
26	Lonicera 1927	neutral			
27	,, 1927	,,			
30	,, 1927	,,			
30	,, 1928	stärker sauer	+		
34	,, 1928	sauer	+		
35	,, 1928	neutral	+		
36	Raps 1928	sehr schwach sauer	—		
39	Asclepias 1927			3,16	
40a	,, 1927	sehr sauer		3,69	
40a	,, 1927	noch saurer		3,35	
40b	,, 1927	sauer		3,57	
40c	,, 1927	nicht sehr sauer		3,91	
40d	,, 1927	sauer		3,57	
40e	,, 1927	sehr sauer		3,44	
41a	,, 1927			3,25	
41b	,, 1927			3,17	
41c	,, 1927			2,95	
41d	,, 1927			3,05	
41e	,, 1927	sehr sauer		2,84	
41f	,, 1927			2,91	
41g	,, 1927	sehr sauer		2,75	
42a	,, 1927	fast neutral		4,32	
42b	,, 1927	ganz schwach sauer		3,92	
42c	,, 1927	stark sauer		3,22	
59	,, 1928	neutral	—		
67	,, 1928	sehr sauer	+		
10	Lamium 1929	schwach sauer			5,6
5	Ahorn 1929	schwach alkalisch			7,2
5a	,, 1929	,, ,,			7,2
59a	Raute 1929		—		3,6—5,8
59b	,, 1929		—		4,4—4,6
59c	,, 1929		—		5,0
59d	,, 1929		—		3,2—3,4
59e	, 1929		—		5,4—5,6
41	Lonicera prolifera				5,8—6,0

In der Literatur war oft die Rede vom Nektar der Kaiserkrone. Er bildet leider in vielen Punkten eine Ausnahme. Er enthält nach v. RAUMER[219] 93,76% Wasser und 5,7% Invertzucker. Also von der verschwindend geringen Trockensubstanz war fast alles Invertzucker. v. LIPPMANN[168] (zitiert nach BEUTLER) hatte im Nektar von Digitalis Rohrzucker festgestellt. RUTH BEUTLER[34] fand, daß *Rohrzucker* in den Nektarien stark verbreitet ist (Tabelle 2). Die Zahlen der Spalte 4 der Tabelle 2 sind unabhängig gefunden von Spalte 5. BEUTLER glaubt, daß die direkt reduzierende Zuckersubstanz aus Traubenzucker und Fruchtzucker besteht. Außerdem vermutete sie bisweilen *Maltose*. Während z.B. Pflaumennektar *alkalische* Reaktion zeigte, reagieren die Nektare sonst mehr oder weniger *sauer*; z. B. betrugen bei Asclepias-Nektar in 17 Messungen die p_H-Zahlen 2,75—4,32. Im Einzelnen vgl. Tabelle 3. Es ist bekannt, daß in den Nektaren überaus häufig, fast regelmäßig, Hefen gefunden werden (HAUTMANN[115]). Möglicherweise hängt die Säurereaktion mit dem Stoffwechsel dieser Hefen zusammen. Es ist erfreulich, daß man in der Honigblase hiervon wenig bemerkt hat.

b) Chemische Zusammensetzung der übrigen süßen Säfte.

Über die chemische Zusammensetzung der außerhalb der Blüten vorkommenden *süßen Pflanzensäfte* wissen wir wenig. Das, was bekanntgeworden ist, ist freilich interessant genug, wird hier aber besser erst besprochen, wenn wir uns mit den Honigen beschäftigen, die aus solchen Rohprodukten hergestellt werden.

2. Umstände des Angebots.

Die Nektarien sind die wichtigsten Bindeglieder zwischen Bienen und Pflanzen. Diese Beziehung ist bekanntlich von größter *wirtschaftlicher* Bedeutung; sie ist insbesondere auch eine Angelegenheit der Bienen*ernährung*. Russische Forscher, so besonders OSTASCHTSCHENKO KUDRIAWZEW[196f.], bemühten sich, zahlenmäßig durch Messungen bzw. Wägungen Gesetzmäßigkeiten in der Nektarabsonderung festzustellen. BEUTLER[34] gab wichtige Aufklärungen über den Zuckergehalt des Nektars und seine Schwankungen. Ihre neuesten Forschungen lassen die russischen Angaben in interessantem Lichte erscheinen.

Nach OSTASCHTSCHENKO KUDRIAWZEW produziert eine Lindenblüte in der Nacht im Durchschnitt 8,3 mg *Nektar*, davon zwischen 21 und 24 Uhr allein 5,8 mg. Eine Lindenblüte kann 5—6 Tage lang Nektar produzieren. Die Gesamtnektarmenge schwankt ziemlich stark (65,1—26,8 mg). Nach den bisherigen Untersuchungen erreicht die Blüte den Höhepunkt der Nektarproduktion in dem Zeitpunkt, wo die *Staubbeutel reifen* und wo es sich besonders „empfiehlt", die Bienen anzulocken. Auch Epilobium angustifolium (Waldweidenröschen) honigt am besten zur Zeit der reifen Staubbeutel. Bei Echinops ritro (Kugeldistel) fand OSTASCHTSCHENKO KUDRIAWZEW steigende Nektarproduktion mit steigender *Bodenfeuchtigkeit*. Bei Borago officinalis wurde durch Versuche mit verschiedener Bodenfeuchtigkeit festgestellt, daß am meisten Nektar bei 50% Bodenfeuchtigkeit erzeugt wird. In diesem Fall wurde auch der Wassergehalt mit berücksichtigt, und Verf. gibt an, daß bei 80% Bodenfeuchtigkeit scheinbar größere Nektarmengen produziert werden, tatsächlich sei aber nur der Wassergehalt erheblich größer. Borago officinalis produziert nach OSTASCHTSCHENKO KUDRIAWZEW im Gegensatz zur Linde am Tage den meisten Nektar. Die Lindenblüten, welche in der Nähe des Erdbodens und des Stammes liegen, würden mehr Nektar liefern als die mehr dem Wipfel und der Peripherie zustehenden Blüten.

BEUTLER[34] fand, daß der Zuckergehalt der Nektarien ganz außergewöhnlich schwanken kann, und daß er im Durchschnitt erheblich höher ist, als man bisher annahm. Z. B. enthält der Nektar der Roßkastanie normalerweise bis 70%. Zucker. Sammelt man ihn aber bei Regenwetter (natürlich unterm Regenschirm) aus den Blüten, dann enthält er nur 35% Zucker. Der Wassergehalt des Nektars ist von der Luftfeuchtigkeit stark abhängig. Dies ergaben auch Versuche an Kapuzinerkresse, Boretsch und Raute. Von der Bodenfeuchtigkeit wird nach BEUTLER die Nektarabsonderung so gut wie gar nicht beeinflußt, ebensowenig die eigentliche Zuckerabscheidung. Der dauernd und fast stets normal sezernierte Nektar in der Blüte wird z. B. bei der Kapuzinerkresse von der relativen Luftfeuchtigkeit merkwürdigerweise nur in einer Richtung beeinflußt, und zwar in der für die Bienen sichtlich bekömmlichsten. Der Nektar sitzt hier im Sporn der Blüte. In diesem Sporn wird der Nektar vor dem Eintrocknen bewahrt, nicht aber vor dem Verdünntwerden durch hohe Luftfeuchtigkeit. Ohne Zweifel wäre auch das Eintrocknen für die Bienen schlimmer als das Wäßrigwerden, denn eine so starke Verwässerung, daß der Nektar den Bienen nicht mehr süß genug (und des Einholens wert) ist, findet bei Bienenblumen erfahrungsgemäß nicht statt. Eine Rückresorbierung des Wassers durch die Nektarien erfolgt nicht, was ebenfalls Vorteile für die Bienen bedeutet. Bei Blüten, die die Nektarien ziemlich offen zur Schau tragen, kann allerdings sowohl eine Auswaschung durch den Regen, als auch eine starke Eintrocknung vorkommen; hierher gehört hinsichtlich des letzten Punktes leider die Linde. Wahr-

Tabelle 4 (BEUTLER 1930).

Zeit	Tempe-ratur	Luft-feuchtig-keit	Entnahme nach 24 Std.			Entnahme nach		
			Nektar-menge	Trocken-substanz	Trocken-substanz	Nektar-menge	Trocken-substanz	Trocken-substanz
h	°C	%	mg	%	mg	mg	%	mg
			Asclepias			6 Stunden		
17	27	65	—	—	—	1,2	51,7	0,6
23	14	100	—	—	—	0,8	17,1	0,1
5	13	100	—	—	—	2,8	15,1	0,4
11	23	75	5,0	30,8	1,6	2,5	21,9	0,5
			5,0	30,8	1,6	7,3	26,5	1,6
			Fritillaria			3 Stunden		
12	19	47	—	—	—	48,0	8,5	4,1
15	17	17	—	—	—	30,2	8,0	2,4
18	12	71	—	—	—	14,3	9,1	1,3
21	10	85	—	—	—	11,6	0,6	0,7
24	10	90	—	—	—	29,8	6,0	1,8
3	9	100	—	—	—	40,4	18,8	7,5
6	11	70	—	—	—	42,7	6,6	2,8
9	14	60	398,4	6,0	23,50	22,8	7,5	1,7
			398,4	6,0	23,50	29,9	8,2	8,8
			Linde			6 Stunden		
2	11	100	—	—	—	1,3	18,9	—
8	19	95	—	—	—	0,5	28,7	—
14	23	65	—	—	—	0,04	100	—
20	16	80	1,5	53,2	—	0,5	49,1	—
			1,5	53,2	—	0,6	50,0	

scheinlich spielt bei den Befunden von Ostaschtschenko Kudriawzew der Umstand mit, daß in den schattigeren, kühleren Partien der Bäume die relative Feuchtigkeit höher und die Verdunstung des Nektars geringer ist. Die Nektarabsonderung ist nach Beutler z. B. bei Asclepias, Fritillaria und Tilia nicht an eine bestimmte Zeit gebunden. Weitere Messungen wären wünschenswert. Nach den bisherigen Messungen scheint Nektarentnahme die Blüte nicht zu neuer Sekretion anzuregen, so daß eine ungestörte Blüte in 24 Stunden ebensoviel Nektar produziert wie eine, deren Nektar öfter entnommen wurde.

Über die Beziehungen zwischen *Nektarabsonderung und Tageszeit* belehrt uns die Beutlersche Tabelle 4 auf Seite 482.

Die folgende Tabelle 5 zeigt, daß *Schutzeinrichtungen der Blüten gegen Regen* für das „Honigen" der Pflanzen von Wichtigkeit sind.

Tabelle 5 (Beutler 1930).

Beregnete Pflanze	Mit Dach			Ohne Dach		
	Nektar-menge	Trocken-substanz	Trocken-substanz pro Blüte	Nektar-menge	Trocken-substanz	Trocken-substanz pro Blüte
	mg	%	mg	mg	%	mg
Taubnessel (geborgen) . .	1,1	36,5	0,41	2,7	29,3	0,65
Boretsch (geborgen) . . .	1,8	60,5	1,1	3,8	65,4	2,5
Raute (ungeborgen) . . .	0,6	69,5	0,4	20,4	1,3	0,1

3. Umstände der Nachfrage.

Lundie[173] zählte mit einem elektrischen Registrierapparat am Flugloch die aus- und einfliegenden Bienen, allerdings bei einem mäßigen Völkchen. Es handelt sich im wesentlichen um nektarsammelnde Bienen. Starken Einfluß auf den Flug haben Helligkeit und Temperatur. Bei guter Tracht fliegen die Bienen 3—4 Stunden früher aus, und die einzelne Biene kehrt rascher in den Stock zurück. Trotzdem scheinen auch an guten Trachttagen die Bienen mehr Zeit innen als außen zuzubringen. Als durchschnittliche Mindestlast stellte Lundie 25,3 mg fest, als Flugdauer 8—114 Minuten. Eine Biene macht in ihrem Leben durchschnittlich 31,65 Ausflüge. Täglich kehren 3,16 % nicht mehr zurück. Bei diesem Versuchsvolk, das gesundheitlich nicht ganz in Ordnung war, starben im Stock von den verloren gegangenen Bienen 1,53 %. Falls man die Verlustziffer als normal annehmen könnte, müßten bei einem Volk von 50000 Insassen, um die Volkszahl auf gleicher Höhe zu erhalten, täglich etwa 1600 Ersatzbienen erbrütet werden. Das ist möglich, stellt aber schon eine Hoch- (bis Höchst-) Leistung dar. Die Zahl der durchschnittlichen Ausflüge ist bei Lundie sehr gering und wird sonst von den Bienenvölkern im allgemeinen erheblich übertroffen (8 Ausflüge statt 2). Armbruster[19] fand empfindliche Abhängigkeit des intensiven Sammelflugs vom Sonnenschein.

Der Trieb, Nektar zu konsumieren, wird bei der Biene ausgelöst durch den Hunger, der Trieb, Nektar zu sammeln, durch eine Reihe von Faktoren, z. B. durch bestimmtes Alter der betreffenden Arbeiterin, im wesentlichen aber durch den Sinneseindruck Süß, also durch eine Geschmacksempfindung. Der *Geschmackssinn der Biene* ist also auch von wirtschaftlichem und ernährungsphysiologischem Interesse. Er wurde von K. v. Frisch[104ff.] in glänzender Weise untersucht.

Was den Bienen süß schmeckt und was nicht, zeigt folgende Tabelle 6/7.

31*

Tabelle 6 (v. Frisch 1930).

Für Bienen wirken:	Süß	Geschmacklos
Monosaccharide . . .	Glykose (Traubenzucker) Fructose (Fruchtzucker)	Galaktose Mannose Sorbose
Disaccharide	Saccharose (Rohrzucker) Trehalose Maltose (Malzzucker)	Cellobiose Lactose (Milchzucker) Melibiose
Trisaccharide	Melezitose	Raffinose

Tabelle 7 (v. Frisch 1928).

Kategorie	Stoff	Süßungsgrad (1 mol des Stoffes = … mol Rohrzucker)		Empirische Formel
		für Bienen	für Menschen	
Monosaccharide (Hexosen) . . .	Glykose (Trauben-zucker)	$^1/_2 (-^1/_4)$	$(^1/_2 -) ^1/_4$	$C_6H_{12}O_6$
	Galactose	0	ca. $^1/_4$	$C_6H_{12}O_6$
	Mannose	0	ca. $^1/_4$	$C_6H_{12}O_6$
	Fructose (Frucht-zucker)	$^1/_2 - ^1/_4$	$^1/_2$	$C_6H_{12}O_6$
	Sorbose	0	$^1/_2 - ^1/_4$	$C_6H_{12}O_6$
Sechswertige Alkohole	Mannit	0	ca. $^1/_4$	$C_6H_{14}O_6$
	Dulcit	0	ca. $^1/_4$	$C_6H_{14}O_6$
	Sorbit	0	ca. $^1/_4$	$C_6H_{14}O_6$
Glucoside	Methyl-Glykosid	ca. $^1/_4$	ca. $^1/_4$	$C_7H_{14}O_6$
Pentosen	Arabinose	0	$^1/_2 - ^1/_4$	$C_5H_{10}O_5$
	Xylose	0	$^1/_4$	$C_5H_{10}O_5$
	Rhamnose (Methyl-pentose)	0	$^1/_2 - ^1/_4$	$C_5H_{12}O_5$
Vierwertige Alkohole	Erythrit	0	$^1/_2 - ^1/_8$	$C_4H_{10}O_4$

Tabelle 7. (Fortsetzung.)

Kategorie	Stoff	Süßungsgrad (1 mol des Stoffes — … mol Rohrzucker)		Empirische Formel	Komponenten
		für Bienen	für Menschen		
Disaccharide . .	Saccharose	1	1	$C_{12}H_{22}O_{11}$	Glykose Fructose
	Trehalose	$^1/_2 - ^1/_4$	$^1/_2 - ^1/_4$	$C_{12}H_{22}O_{11}$	Glykose Glykose
	Maltose	$1 - ^1/_2$	$^1/_2 - ^1/_4$	$C_{12}H_{22}O_{11}$	Glykose Glykose
	Cellobiose	0	$^1/_2 - ^1/_4$	$C_{12}H_{22}O_{11}$	Glykose Glykose
	Lactose (Milch-zucker)	0	$^1/_2 - ^1/_4$	$C_{12}H_{22}O_{11}$	Glykose Galaktose
	Melibiose	ca. $^1/_{24}$	$^1/_2 - ^1/_4$	$C_{12}H_{22}O_{11}$	Glykose Galaktose
Trisaccharide . .	Melezitose	ca. $^1/_2$	ca. $^1/_2$	$C_{18}H_{32}O_{16}$	Glykose Glykose Fructose

Im einzelnen zeigt nebenstehende Tabelle 7, wie sich der Geschmackssinn der Biene von dem Geschmackssinn des Menschen (s. Anm.) unterscheidet. Alle folgenden Stoffe erscheinen dem Menschen mehr oder weniger süß, aber den Bienen größtenteils nicht oder nicht in gleichem Maße.

Gewiß ist, nach allem was wir wissen, die Zahl der praktisch wichtigen Zuckerarten im Nektar beschränkt; trotzdem sind auch für die praktische Ernährungslehre obige Feststellungen wichtig, schon deswegen, weil die für Bienen in Frage kommenden extrafloralen Süßstoffe sicher viel mannigfacher sind.

Die Geschmacksempfindungen erweisen sich demnach auch bei den Bienen stark als Geschmackssache, über die a priori schlecht zu diskutieren ist. Im großen ganzen fand v. FRISCH, daß von den Di- und Trisacchariden diejenigen Zuckerarten nahezu für die Bienen geschmacklos sind, bei denen ein Galaktosemolekül (Galaktose ist selbst nicht für Bienen süß) am Aufbau beteiligt ist. Verschiedene Zuckerarten, die vermutlich auch für die Bienen verschieden süß schmecken, können gemischt sich in ihrem Süßungsgrad so addieren, daß der Schwellenwert auch für die Bienen überschritten und der Sammelinstinkt ausgelöst wird (methodisch sehr wichtig). Den Umstand, daß Maltose den Bienen besonders süß erscheint und den Sammeltrieb offenbar besonders auslöst, könnte man vermutlich praktisch und theoretisch in der verschiedensten Weise verwerten. Wenn v. FRISCHS Versuchsbienen unter dem Zwang des Hungers das Zuckerwasser sich relativ stark verbittern (Chinin), aber fast gar nicht versalzen (Kochsalz) ließen, so spricht das dafür, daß bitter und salzig auch für die Bienen zwei verschiedene Geschmacksqualitäten sind. Auch ließen sich eine Sauerkomponente und eine Bitterkomponente nicht so für den Bienengeschmack addieren, wie etwa zwei verschiedene Süßkomponenten.

Hinsichtlich der Süßigkeiten stellte sich heraus, daß zwischen Mensch und Wirbeltieren einerseits und den Bienen andererseits Verschiedenheiten bestehen. Der Vergleich zwischen dem Süßigkeitsempfinden der Bienenmundteile und dem z. B. der Schmetterlingsfußglieder, ist zwar nicht ohne weiteres möglich, es bestehen aber auch hier offenbar Gegensätze. Die nach dem obigen für die Ernährung der Bienen so wichtigen Sinnesorgane in der Nähe der Mundteile sind durch Abbildung 43 näher erläutert (s. S. 494). Für den Geschmackssinn kommen vielleicht noch andere als die in Abb. 43 abgebildeten in Frage.

Bei obigen Feststellungen handelt es sich um Geschmack, nicht um Geruch. Bienen, denen man die Fühler, die bekanntlich Sitz des Geruchsinns sind, abschneidet, reagieren bei den Versuchen nicht anders. Findet die Biene draußen irgendwo den ihr besonders zusagenden Geschmack Süß, dann beginnt sie zu sammeln. Die Viscosität spielt dabei eine untergeordnetere Rolle, vor allem aber der Grad der Süßempfindung. Je süßer z. B. ein Zuckerwasser ist, desto zahlreicher und lebhafter werden auch die Tänze der betreffenden Sammelschar und dementsprechend um so stärker der Zustrom von alarmierten Stockgenossen am Futterplatz. Meine Vermutung, daß dabei der *Füllungsgrad der Honigblase* eine Rolle spielt, bestätigte sich durch die v. FRISCHschen Untersuchungen. Die durchschnittliche Füllungsmenge betrug:

bei einer $^1/_2$ mol. (17%) Rohrzuckerlösung 0,042 cm³
  ,, ,, 1 ,, (34%)   ,,   0,055 ,,
  ,, ,, 2 ,, (68%)   ,,   0,061 ,,

Die Honigblasenfüllung ist auch ein empfindlicher Anzeiger für Art und Maß, wie die Biene eine Flüssigkeit „vergällt" findet. Die Beimischung von $^1/_8$ mol. (0,73%) Kochsalz- zu 1 mol. (34%) Rohrzuckerlösung setzte den Füllungsgrad

---

Anm. Nach MINNICH[180], [181], [182] 1921/22 ist die Empfindlichkeit der Fußglieder bei Schmetterlingen 256 mal so groß wie die der menschlichen Zunge.

je Bienenflug um 0,006 cm³ herunter. Die Beimischung von $^1/_{16}$ mol. Kochsalzlösung ergab einen Minderfüllungsgrad von 0,003 cm³ (800 Einzelbeobachtungen).

Es ist noch nicht geklärt, in welcher *Konzentration* (bei welchem Wassergehalt) die Zuckergemische bzw. Nektare (bzw. Honige) den Bienen am *bekömmlichsten* sind. Da Hunkeler[134] nachgewiesen hat, daß wässeriger Honig oder Nektar das Bakterienwachstum in auffallender Weise steigert, so ist diese Frage für die Bienenhygiene an sich wichtig. Doch ist nachgewiesen, daß die Bienen auffallend gut stark wasserhaltiges Futter eindicken können (Armbruster[18] 1928).

Über die näheren Umstände und über die Leistungsfähigkeit der Bienen bei Aufnahme von Zuckerlösungen verschiedener Konzentration, verschiedener Temperatur und verschiedener Viscosität hat Annie D. Betts[31] 1929 hübsche Versuche gemacht. Sie bestätigte durchweg die von anderer Seite angezweifelten Armbrusterschen[9] Messungen. In einzelnen Fällen konnte sie beobachten, daß einzelne Bienen 70 cm³ Zuckerwasser holen, und zwar solches von 60—65%. Demnach kann die Biene im Flug noch 90 mg, d. i. so ziemlich ihr eigenes Körpergewicht, als Zulast wegschleppen. Daher muß sich die Honigblase bis zu einem Durchmesser von 5,1 mm ausbauchen können. A. D. Betts stellte ferner fest, daß die Aufnahmegeschwindigkeit proportional ist der Temperatur (wird gleich Null bei 7° C). Zuckerwasser von über 50° C wird noch aufgenommen. Die Aufnahmegeschwindigkeit scheint aber unabhängig von der Viscosität; in meinen Augen nur scheinbar, denn mit steigender Viscosität wird im allgemeinen auch die Süßigkeit stärker, die Bienen saugen also gieriger (vgl. v. Frischs Versuche). A. D. Betts weist offenbar mit Recht darauf hin, daß die Biene ein Gegenmittel gegen die steigende Viscosität hat, indem sie die Mundteile bei zäheren Flüssigkeiten weniger dicht aneinanderlegt, also ein weniger enges Saugrohr bildet. Natürlich hat dies seine Grenzen, weil sich der Pharynx und vor allem der Oesophagus nicht beliebig stark erweitern lassen. Die absolute Grenze scheint erreicht bei 80 proz. Zuckerlösung, und zwar bei der Bienenstocktemperatur von etwa 35—40°. Die Schwierigkeiten des Saugens stellen sich schon deutlich ein bei 60 proz. Zuckerlösung. Wenn die Bienen den Nektar bis auf 80% eingedickt haben, lassen sie ihn auch in Ruhe: sie verdeckeln ihn mit einem Wachsdeckel (Armbruster[18]).

II. Blütenstaub.

1. Chemische Zusammensetzung.

Elsers[79] Pollenanalysen sind in zwei Gruppen wiedergegeben. Zunächst die *Analysen von reinen Pollen*, direkt von den Pflanzen gesammelt, dann die *Analysen der Pollenhöschen*, in denen die Bienen zu den Pollen mehr oder weniger Nektar hinzugemischt haben. Die letzteren interessieren uns hier vor allem.

Tabelle 8 Angaben in % (verb. nach Elser[79] 1928).

| | Höschen von | | | | | | Höschen Nr. 6 | Höschen Nr. 7 | Gras-Pollen | Roggenmehl | Roggenbrot |
| | Campanula med. | Picea excelsa | Pinus silvestris | Taraxacum offic. | Aesculus hippoc. | Anthriscus vulg. | | | | | |
	a	b	c	d	e	f	g	h	i	k	l
Wasser	35,56	0,30	28,18	22,41	21,19	25,505	29,29	9,00	52,5	12,6	39,7
Trockensubstanz . .	64,44	99,60	71,82	77,49	78,80	74,50	70,71	91,00	47,5	87,3	60,3
Fett	19,5	15,72	6,33	12,87	11,34	6,025	6,66	9,27	2,79	1,3	1,14
Eiweiß	19,5	15,4	7,97	10,59	18,70	13,815	17,03	18,35	4,7	9,9	6,4
Invertzucker . . .	8,44	16,18	29,76	40,17	—	46,09	29,81	24,22	38,71	—	2,5
Rohrzucker	3,78	0,21	22,08	—	—	—	6,77	—	—	—	—

Aus diesen Analysen (Tabelle 8) geht hervor, daß die Pollenhöschen z. B. bei Löwenzahn, Kerbel, Fichte und Gras erhebliche Mengen von Nektar beigemischt erhielten. Etwas geringere Mengen enthielten Pollenhöschen Nr. 6 u. 7. Keine Nektarbeimischung wies der Roßkastanienpollen auf. Beachtenswert ist der hohe Rohrzuckergehalt der Pollenhöschen von der Fichte (ELSERs Anthriscuszahl??).

Zum Vergleich sind noch eine Mehlanalyse und eine Brotanalyse angeführt, zur Beleuchtung eines häufig gebrauchten Vergleichs, die Pollennahrung sei das Bienenbrot.

Da die Frage des *Stärkevorkommens im Pollen* von einiger Wichtigkeit ist und ELSER darauf nicht zu sprechen kommt, gebe ich die beifolgende Tabelle PARKERS wieder. Stärke ließ sich bis jetzt nicht gar zu häufig im Pollen nachweisen.

Tabelle 9. Nährstoffe im Pollen der Bienenpflanzen. (RALPH L. PARKER und SIPE.)

Pflanzengattung	Stärke	Zucker	Fett	Protein
Asparagus officinalis (s. Anm.)	—	—	—	+
Hyacinthus orientalis	+	—	+	+
Tulipa sp.	—	—	+	+
Narcissus sp.	—	—	+	+
Salix rostrata	—	—	+	+
Salix lucida	—	—	+	+
Populus tremuloides	—	—	+	—
Corylus americana	—	—	+	—
Fagopyrum esculentum	+	—	—	—
Sanguinaria canadensis	—	+	+	+
Brassica oleracea	—	—	+	+
Reseda sp.	—	—	+	—
Ribes gracile	—	—	+	—
Pirus malus	—	—	+	—
Spiraea vanhouttei	—	—	+	+
Prunus americana	—	+	+	—
Prunus cerasus	—	—	—	—
Phaseolus vulgaris	—	—	+	—
Melilotus officinalis	+	—	+	+
Trifolium repens	—	—	—	+
Trifolium pratense	—	—	+	+
Medicago sativa	—	—	+	+
Acer saccharinum	+	—	+	—
Acer negundo	—	—	—	+
Daucus carota	+	—	+	—
Monarda fistulosa	—	—	—	—
Nepeta cataria	—	—	—	+
Cucurbita moschata	+	—	—	+
Aster prenanthoides	—	—	—	+
Aster norae-angliae	—	—	—	—
Aster azureus	—	—	—	+
Taraxacum officinale	+	—	+	+
Solidago rigida	—	—	+	+
Helenium autumnale	—	—	—	—
Helianthus grosseserratus	—	—	—	+

Genauere Analysen finden sich in der Zusammenstellung der Tabelle 10 auf Seite 488.

PETERSEN[205] gibt an, Pollen enthalte keine nennenswerte Stärke. A. KOEHLER[144] hat jedoch Stärke gefunden. In Zukunft wird man genauere Angaben auch über die Pollenart machen müssen. Von sonstigen Kohlehydraten kommen nach

---

Anm. Some of the pollens (berbarium specimens) had been in a dried state for a longer or a shorter time.

PARKER[201] wahrscheinlich nur Dextrose, Laevulose und Saccharose im Pollen vor. Trehalose und Melezitose scheinen nach PARKER[201] im Pollen zu fehlen. Von *Aminosäuren* fand HEYL[122] 1919 in Ambrosiapollen Histidin, Arginin, Lysin und Agmantin. KOESSLER[149] 1918 fand Ähnliches. An der Stelle von Agmantin gibt sie Lystin an.

Für manche Frage der Bienenverdauung und Honigkunde ist es wichtig festzustellen, ob *Fermente und Vitamine im Pollen* vorkommen. VAN TIEGHEM[258, 259] 1869, 1886 hatte bereits Enzyme im Pollen festgestellt. PATON[202] fand 1921 in 18 Pollenarten zusammen 11 Enzyme. Die Mehrzahl der Pollenarten umfaßten Diastase, Invertase, Katalase, Reduktase und Pektinase. Verhältnismäßig wenig Pollen enthielten Pepsin, Trypsin, Erepsin, und Lipase, Tyrosinase, Laccase und Nuclease wurden überhaupt nirgends gefunden. Zymase wurde nur einmal festgestellt. Der Nachweis der Zytase gelang nicht sicher. Über *Pollenvitamine* fand ich leider keinerlei Angaben.

2. Das Pollenangebot.

Die Frage, welche Pflanzen Pollen spenden, wann sie spenden usw., kann man durch die Bienen beantworten lassen, da dort, wo Pollen angeboten sind, ziemlich regelmäßig die Bienen sich einstellen. Hinsichtlich der Qualität sind die Bienen so wenig wählerisch, daß sie die verschiedensten, ja die unverdaulichsten Dinge wie Blütenstaub behandeln, also sichtlich damit verwechseln. Beim Einsammeln von Stickstoff-Nahrung sind die Bienen also weit weniger wählerisch als beim Sammeln von flüssigen Kohlehydraten.

So findet man bisweilen die Bienen sogar an wenig appetitlichen Flüssigkeiten. Doch handelt es sich dabei um die Kaste der Wasserträger, welche Flüssigkeiten für den offenbar sofortigen Konsum und nicht für die Aufspeicherung in Vorratszellen sammeln.

Tabelle 10 (PARKER 1926).

Zusammensetzung von Pollen der Pflanze	Autor	Protein %	Fett %	Asche %	Kohlehydrate Stärke %	Stärke und Dextrin %	Pentosan %	Zucker %	Rohrzucker %	Zusammen %
Corylus avellana	VON PLANTA 1885	30,06	4,20	3,81	5,26	—	—	14,7	—	—
Pinus	VON PLANTA 1886	16,58	10,63	3,30	7,06	—	—	11,24	—	—
Zea mays (Corn)	SNYDER 1891	21,12	1,16	—	—	—	—	—	—	59,13
Zuckerrübe 1895	STIFT 1901	16,90	3,52	9,18	—	0,89	12,26	—	—	—
Zuckerrübe 1900	STIFT 1901	16,68	5,47	7,13	—	0,89	7,27	—	—	—
Zea mays (Corn)	GILLETTE 1900	19,60	1,50	5,04	—	—	—	—	—	62,42
Roggen	KAMMANN 1904	40,00	3,00	3,40	—	—	—	—	—	25,00
Ambrosia	HEYL 1907	24,40	10,80	5,39	—	2,10	7,26	2,00	—	—
Roggen	HEYL 1917	40,00	3,00	3,40	25,00	—	—	—	—	—
Acacia decurrens mollis	DUTCHER 1918	24,18	—	—	—	—	—	—	—	—
Cucumis	DUTCHER 1918	22,87	—	—	—	—	—	—	—	—
Ambrosia	KOESSLER 1918	8,25?	10,3	10,6	—	—	10,60	6,89	—	—
Zea mays (Corn yellow dent)	ANDERSON and KULP 1922	4,53	1,43	3,46	11,07	—	—	12,59	9,09	—
Zea mays (Corn white dent)	ANDERSON and KULP 1922	4,43	—	3,83	19,04	—	—	8,35	2,97	—
Zea mays (Corn pop)	ANDERSON and KULP 1922	3,85	—	3,13	18,03	—	—	19,13	14,18	—

Pflanzen, die den Bienen nur Blütenstaub bieten, sind verhältnismäßig selten. Beifolgende Tabelle 11 von PARKER gibt darüber Auskunft.

Tabelle 11 (PARKER 1926).

Pollen allein	Pollen und Nektar		Nektar allein
Acer negundo	Acer saccharinum	Physocarpus opulifolius	Berberis thunbergii
Ambrosia trifida	Acer saccharum	Polemonium caeruleum	(s. Anm.)
Aquilegia canadensis	Aesculus glabra	Polygonum pennsylva-	Catalpa speciosa (s.
Cirsium lanceolatum	Althaea rosea	nicum	Anm.)
Juglans cinerea	Amelanchier canadensis	Prunus americana	Elaeagnus hortensis
Pinus austriaca	Asclepias incarnata	Prunus cerasus	songorico (s. Anm.)
Rosa blanda	Asparagus officinalis	Prunus mahaleb	Evonymus thunber-
Rosa carolina	Aster novae-angliae	Prunus padus	gianus
Rosa multiflora	Aster sagittifolius	Prunus serotina	Marrubium vulgare
Rosa rugosa	Bidens vulgata	Prunus virginiana	Nepeta cataria
Rosa setigera	Brassica alba	Pirus americana	Ranunculus repens
Rosa xanthinia	Brassica oleracea	Pirus baccata	Rhamnus cathartica
Trifolium pratense	Caragana arborescens	Pirus communis	Salvia officinalis
Ulmus americana	Centaurea cyanus	Pirus ioensis	Scrophularia mari-
Zea mays	Cercis canadensis	Pirus malus	landica
	Cladastris lutna	Reseda odorata	Veronica spicata
	Cornus paniculata	Rubus nigrobaccus	
	Cornus stolonifera	Rubus occidentalis	
	Cosmos bipinnatus	Rubus strigosus	
	Crataegus mollis	Rudbeckia laciniata	
	Cucumis sativus	Salix babylonica	
	Eupatorium urticaefo- lium	Salix discolor Salix fragilis	
	Fagopyrum esculentum	Sambucus racemosa	
	Fragaria chiloensis	Solidago rugosa	
	Gleditschia triacanthos	Spiraea vanhouttei	
	Helianthus annuus	Symphoricarpus orbi-	
	Ligustrum ibota	culatus	
	Lonicera morrowi	Symphoricarpus race-	
	Lonicera tatarica	mosus laevigatus	
	Lycium vulgare	Syringa vulgaris	
	Medicago sativa	Taraxacum officinale	
	Melilotus alba	Tilia americana	
	Melilotus alba annua	Trifolium hybridum	
	(Hubam)	Trifolium repens	
	Melilotus officinalis	Verbena hastata	
	Paeonia officinalis	Vitis vulpina	
	Philadelphus coronarius		

Um so verbreiteter sind dafür Pflanzen, deren Blüten den Pollen *neben* dem Nektar spenden.

Unter PARKERS reinen Nektarpflanzen finden sich immerhin einige, von denen wir gerne auch ein Pollenangebot angenommen hätten.

Daß die *Größe* der Pollen und damit wohl ihre Ergiebigkeit schwankt, ist bekannt.

Hinsichtlich der *Reife* sind die Bienen offenbar wenig wählerisch; sie nehmen, was zu holen ist und solange etwas zu holen ist. Nach dem Verhalten der Bienen zu schließen, ist das Pollenangebot nicht streng konstant, sondern tagesperiodisch, insofern als gerade die reinen Pollenspender am früheren Vormittag reichlich anbieten und am Nachmittag erschöpft erscheinen. Zum Teil hängt dies wohl damit zusammen, daß vormittags sich neue Blüten öffnen, wie z. B. bei den Mohn-arten (die ich bei PARKER vermisse). Vgl. auch die hier gegebene Tabelle 12 von PARKER.

Anm. Wenn überhaupt, dann nur wenig Pollen. (PARKER **1926, 7.**)

Tabelle 12 (Parker 1926).

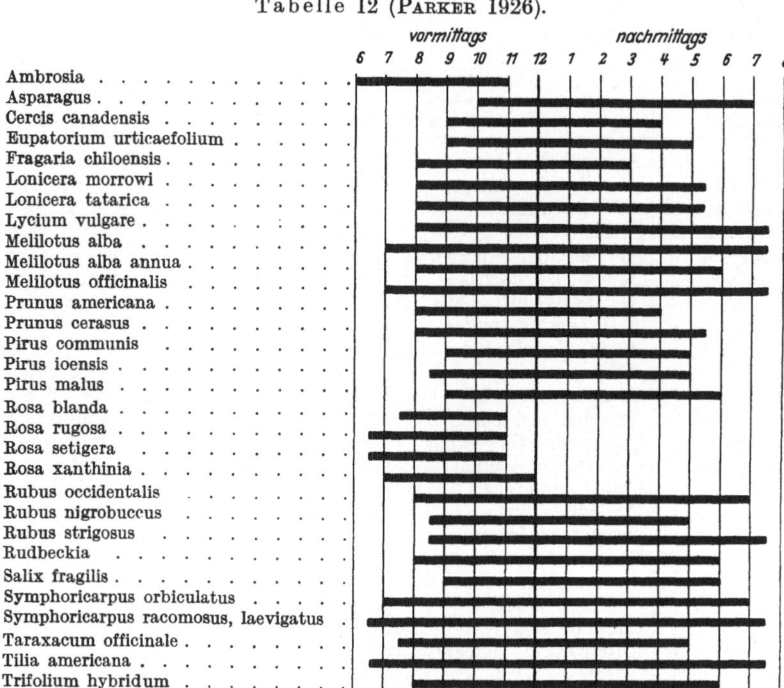

3. Die Pollennachfrage.

Parker[201] versuchte, wie wir sahen, die Pflanzen in reine Pollenspender, reine Nektarspender und Spender von Pollen + Nektar einzuteilen. Um nicht auf die reine Beobachtung auf der Blüte angewiesen zu sein, untersuchte Parker den *Honigblaseninhalt* von Probebienen. Wenn der Honigblaseninhalt, von Filtrierpapier aufgesaugt, einen transparenten Fleck mit harter Oberfläche hinterläßt, dann war der Inhalt Honig (genauer gesprochen: ein Inhalt mit hohem Zuckergehalt), sonst Nektar. Parker[201] hatte bei 13410 Bienen 58% gefunden, die nur Honig, 25%, die nur Pollen sammelten, und 17%, die Honig + Pollen aufgenommen hatten. Alle diese Dinge richten sich, wie wir sahen, nach dem Angebot der Natur. Parker hat die Nachfrage der Bienen in Kurven bearbeitet und fand in Übereinstimmung mit früherem, daß die Kurve der Pollensammlerinnen etwa um 9 Uhr vormittags einen Gipfel hat. Öfter wird aber auch am Nachmittag nochmals stark gesammelt. Während reine Pollenpflanzen, wie Rosen, Ambrosia, den Bienen am Vormittag den meisten Pollen bieten, liefert eine Reihe von Schmetterlingsblütlern, z. B. Riesenhonigklee, offenbar am Nachmittag den meisten Pollen.

Der Wert der obenerwähnten *Filtrierpapierprobe* beruht auf folgendem:

Bienen nehmen nur dann Honig aus dem Stock mit, wenn sie auf reine Pollenspender dressiert sind. Beim Pollensammeln auf den zahlreichen Blüten, die außer dem Pollen auch Nektar bieten, nehmen die Bienen das Nächstliegende. Sie benutzen zum Bilden der Pollenhöschen den Nektar, den sie gleich draußen finden. Ohne Zweifel ist das sehr praktisch und von „erzieherischem Wert". Falls sie beim Gelegenheits-Nektarsammeln auf reiche Nektarschätze stoßen, gehen sie offenbar zum reinen Nektarsammeln über, doch sind Einzelheiten hierüber nicht experimentell untersucht. ELSER konnte feststellen, daß die Höschen von Windblütlern erheblich mehr Zucker (Bindemittel) enthalten als Höschen von an sich klebrigen Pollen (vgl. oben).

Umgekehrt wird ein Teil des Pollenbedarfs offenbar fast automatisch (sozusagen ohne eigentliche Nachfrage) gedeckt:

Der so ausgesprochene *Nektarsammeltrieb* führt die Bienen auf Blumen, wo die Sammlerinnen wohl oder übel sich mit Blütenstaub ganz vollpudern. Beim notwendigwerdenden Sichreinigen wandert dann der Pollen-„Kehricht" auf die Körbchen. Wir sehen dann Nektarsammlerinnen mit Pollenhöschen. So würde die Natur selbst den Übergang von einer zur andern Sammelart erleichtern und zugleich vorhandene Schätze in einfacher Weise nutzbar machen.

Über die genauere Art des Höschenbildens dürfen wir in Bälde besondere Untersuchungen erwarten. Ein mit Hilfe des Instituts für Bienenkunde in Dahlem von INGEBORG BEHLING darüber aufgenommener Film wurde ebenda auf der Berliner Apis-Club-Tagung am 10. August 1929 vorgezeigt.

Die *Größe der Pollenhöschen* schwankt, wie der Augenschein lehrt, außerordentlich. In ähnlicher Weise mag auch das Gewicht schwanken. GILLETTE[111] 1897 gibt das Gewicht der beiderseitigen Pollenlast mit 0,0112 g an, KITZBERGER[142] 1923 mit 0,0089—0,0129 g. KITZBERGER[142] schätzt den täglichen Pollenkonsum eines starken Volkes (50000) auf 216 g.

Aus der beifolgenden, auch in anderer Hinsicht lehrreichen Tabelle 14 PARKERS ergibt sich ein Pollenladungsdurchschnittsgewicht von 0,015 g. Dann wären bei einem Mustervolk täglich 14000 Pollenladungen nötig.

Tabelle 13. Gewichte (in Gramm) von Bienen und deren Last an Pollen und Nektar (PARKER 1926).

Trachtpflanze	Zahl der Bienen	Gesamtgewicht	Gewicht der Pollenladung	Gewicht der Biene ohne Pollen	Gewicht der Honigblase	Gewicht der Biene ohne jede Last
Trifolium hybridum	15	1,4672	0,1721	1,2951	0,1238	1,1713
Durchschnitt		0,0978	0,0115	0,0863	0,0083	0,0781
„Prärierose"	98	9,6387	1,5097	8,1290	0,4252	7,7038
Durchschnitt		0,0983	0,0154	9,0829	0,0043	0,0786
Asparagus	15	1,3724	0,1338	1,2386	0,1133	1,1253
Durchschnitt		0,0915	0,0089	0,0826	0,0076	0,0750
Trifolium repens.	45	4,2317	0,6652	3,5665	0,2179	3,3486
Durchschnitt		0,0940	0,0148	0,0793	0,0048	0,0744
Melilothus alba	1	0,0949	0,0097	0,0852	0,0244	0,0608
Zea mais	30	2,5916	0,3961	2,1955	0,1093	2,0862
Durchschnitt		0,0864	0,0132	0,0732	0,0036	0,0695
„Giant ragweed"	30	2,7027	0,6146	2,0881	0,0812	2,0069
Durchschnitt		0,0909	0,0205	0,0696	0,0027	0,0669
Durchschnitt aller Beobachtungen		0,0944	0,0150	0,0795	0,0047	0,0748

Die Sinnesphysiologie und Psychologie des Pollensammelns hat KARL v. FRISCH[103] in unübertrefflicher Weise experimentell studiert und dargestellt.

III. Das Wasser.

Beim Einsammeln von sehr dünnflüssigen Nektaren kommt automatisch viel Wasser in den Bienenstock, manchmal wohl zuviel. In andern Fällen wird aber von den Bienen im andern Sinne reguliert. Zu gewissen Zeiten, d. h. wenn bei rauhem Wetter stark gebrütet wird, legt die Imkererfahrung mit Recht großen Wert auf eine den Bienen möglichst bequeme Wassertränke.

Ratz[218] 1929 tränkte, wie andere vor ihm, mit einem sog. Seitenwandfuttertrog seine Bienenvölker im Stock selbst mit Wasser, er wollte ihnen also das Ausfliegen an die Wassertränke ersparen. Im Jahre 1927 wurden alle Völker getränkt. Im Jahre 1928 blieb ein größerer Teil ungetränkt, um etwaige Ertragsunterschiede festzustellen. Temperatur, Brutgeschäft und Wasserentnahme aus dem Seitenwandfuttertrog gehen deutlich Hand in Hand. Der Wasserbedarf richtet sich zunächst nach dem Brutgeschäft, denn bei einem Kälterückschlag läßt die Eierlegetätigkeit der Königin eher nach als der Wasserkonsum (weil die drei Tage alt werdenden Eier kein Wasser benötigen). Der Wasserkonsum steigt ähnlich an wie eine sog. Binomial- (Zufalls-) Kurve. Der durchschnittliche tägliche Maximalbedarf im Juni (Volks- oder Bruteststärke ist leider nicht angegeben) betrug etwa 260 cm^3, also reichlich $^1/_4$ l. Der Verdunstungsanteil ist dabei $2^1/_2$—3 $^0/_0$. Der Wasserverbrauch in dunkel gestrichenen Stöcken ist größer und schwankender als der Wasserverbrauch in weiß gestrichenen. Im Jahre 1928 brachten die getränkten Völker durchschnittlich 9 kg mehr Honig.

Die Wassersammler müssen irgendwie eine eigene Arbeitskaste sein, denn es muß auch Nichtwassersammler geben. Nektarsammlerinnen, die „Süß" gewöhnt sind, verweigern Wasser. Dieser Punkt muß beim Experimentieren berücksichtigt werden. Wie diese hypothetische Arbeitsstufe der Wassersammler mit den andern zusammenhängt, ist nicht näher bekannt.

Für das Wasser benutzen die Bienen nach Parker 1923 lebende Vorratsbehälter, ähnlich wie gewisse tropische Ameisen für den Honig. Die Wasserträger geben nämlich ihre Last an Hausbienen ab, von denen wahrscheinlich eine ausgesprochene Gruppe zu Wassertöpfen wird. Die Zahl dieser lebenden Wasserbehälter ist am größten in der Nacht (bis 1300 Stück). Sie sollen sich in der Nähe des Brutnestes aufhalten.

B. Die Verdauung.

Im vorigen Kapitel hat vielleicht mancher Ausführungen über Honig vermißt. Gewiß ist Honig eine Bienennahrung. Aber er ist, wie bereits kurz erwähnt, kein Nahrungsrohstoff, sondern ein von den Bienen selbst bereitetes Nährpräparat, eine Nahrung, die bereits vor„verdaut" ist. Diese „Vorverdauung" ist ein Teil des Gesamtverdauungsvorgangs und nur in Zusammenhang mit diesem zu verstehen. Deswegen stellen wir am besten das Kapitel vom Honig und aus gewissen mehr praktischen Gründen auch das Kapitel vom Bienenbrot und vom Futtersaft, dem von den Bienen präparierten Pollen, hinter das Kapitel über die Verdauung und behandeln sie in Zusammenhang mit dem Stoffwechsel.

Das, was heute über die eigentliche Bienenverdauung bekanntgeworden ist, versuche ich in vier Unterkapiteln wiederzugeben.

I. Die Anatomie und Histologie der Verdauungsorgane und Verdauungsprodukte, hinweisend auf Hilfsorgane der Verdauung: die Mikroben; also sozusagen die Mikroskopie der Verdauung.

II. Zur Mechanik der Verdauung.

III. Zur Chemie der Verdauung.

IV. Hilfsmittel und Hindernisse der Verdauung, die Mikroben des Verdauungstraktes.

I. Die Mikroskopie der Verdauung.

1. Mundteile, Pharynx, Oesophagus, Honigblase, Drüsen der Mundgegend.

Bei der *Anatomie der Verdauungsorgane*, insbesondere des Verdauungstraktes können wir die *Mundteile der Biene* kurz behandeln. Wir begnügen uns mit der

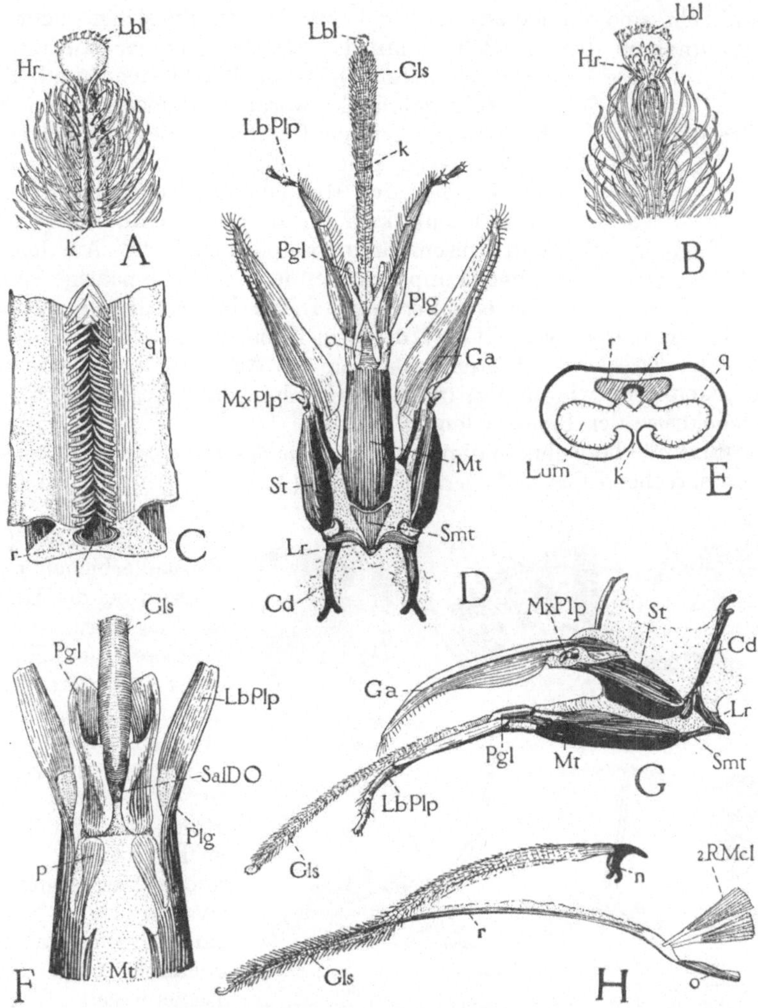

Abb. 41. A Zungenspitze von unten mit Labellum (*Lbl*) mit einer Franse von verzweigten Härchen, ventraler Zungenrinne (*k*) und den Sinneshaaren (*Hr*) an ihrem Ende. — B Dasselbe von oben. — C Kurzes Stück der Glossa (*r*) mit den anschließenden Partien (*q*) der Zunge (vgl. E), Glossakanal (*A*, *k*), Kanalrand besetzt mit zwei Haarreihen, *l* = innerer Kanal. — D (F und G). Bienenmundteile, ventral (F von oben, G von der Seite). *Cd* = Cardo, *St* = Stipes, *MxPlp* = Palpus maxillaris, *Lr* = Lorum, *Smt* = Submentum, *Mt* = Mentum, *Pgl* = Paraglossa, *LbPlp* = Palpus labialis, *Gls* = Glossa, *Lbl* = Labellum, *k* = Glossakanal, *SalDO* = Mündung der Speicheldrüse, *Ga* = Galea, *o* = siehe unter H. — E Querschnitt durch die Zunge. *Lum* = Hauptkanal, *k* = ventrale Rinne, *l* = innerer Kanal, *r* = Zungenstab. — F Mundteile von oben (Ausschnitt). — G Mundteile von der Seite. — H Zunge von der Seite. Der Zungenstab *r* (künstlich abgetrennt von der Basis!) ist beweglich inseriert an der kleinen Platte *o* am Ende der Ventraloberfläche des Mentums (vgl. D *o*). *2RMcl* = 2 Retractoren, *n* = Basalhaken der Glossa. (SNODGRASS 1925.)

Feststellung: Die Mundteile der Biene gehören dem Typ der leckenden und saugenden Mundgliedmaßen an (Abb. 41). Die Zunge wirkt wie ein Pinsel und zugleich wie ein Capillarröhrensystem, außerdem wahrscheinlich wie eine Art Pumpenstiel in einer Pumpe. Dieser Pumpenstiel ist dann noch mit Quirlen von Haaren besetzt. Wahrscheinlich können diese Haare sich peristaltisch sträuben und dadurch die Wirkung des Pumpenstiels verstärken. Die experimentelle Untersuchung der feineren Einzelheiten des Bienenrüssels ist schwierig und noch nicht durchgeführt, ausgenommen die obenerwähnten Versuche von A. Betts 1929. Im einzelnen sei auf die Snodgrasssche Zeichnung der Abb. 41 hingewiesen. Die Mandibeln sind im ganzen derb gebaute Zangen, die sicher nicht nur zur Nahrungsaufnahme dienen (Pollensammeln, Bearbeitung der Antheren), vielmehr vornehmlich beim Wachsbauen und Kittharzsammeln gebraucht werden. Parker macht auf eine feine Dornenreihe aufmerksam, die beim Zerraspeln der Pollenkörner eine Rolle spielen könnte (Abb. 42). Im Bereich der Mundgliedmaßen sitzen *Sinnesorgane* (von Wichtigkeit für die Bienenernährung) (Abb. 43) und Drüsenmündungsstellen (Abb. 44). Auf dem Labium mündet unpaarig bei der Larve die paarige Spinndrüse.

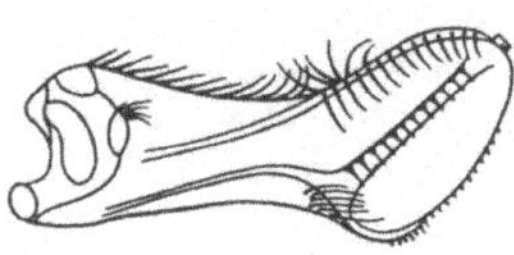

Abb. 42. Mandibel der Honigbiene mit Chitinraspeln. (Parker 1926.)

Die entsprechende Drüse bei der Imago ist dreiteilig, merkwürdig im Körper verteilt und dient in ihren drei Zweigen wahrscheinlich verschiedenen Zwecken. Meistens scheinen die Autoren diese Drüse im Auge zu haben, wenn sie (wie häufig) im Zusammenhang mit Verdauungsfragen von der Speicheldrüse der Biene reden.

Schiemenz[236] bezeichnete die *Drüsensysteme der Mundgegend* mit römischen Zahlen entsprechend der beifolgenden Skizze (Abb. 44). System III heißt bei Heselhaus[119] Thoraxdrüse. Sie soll (bei den Einsiedlerbienen als „Baudrüse") bei der Honigbiene als Wasserdrüse dienen. Die postcerebrale Hinterkopfdrüse (System II) liefere eine fettige Emulsion zum Wachsbauen.

Da die Drüsensysteme in der Mundgegend der Honigbiene zur Zeit untersucht werden, kann ich mich hier kurz fassen. System II und III (zusammen auch Labialdrüsen genannt) tritt bei allen Bienenwesen ungefähr gleich auf. Die Reaktion der Drüsensekrete ist sauer.

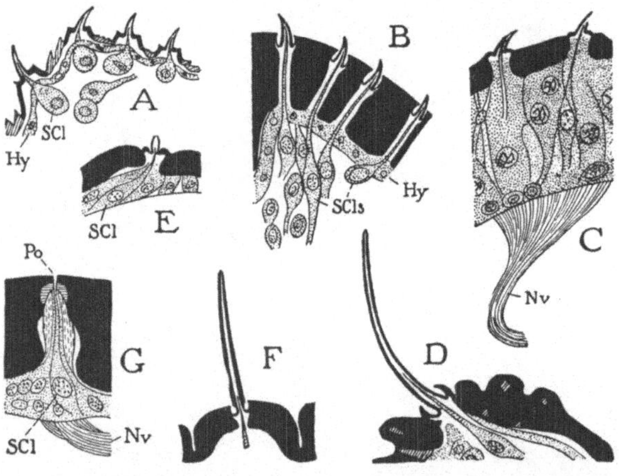

Abb. 43. A Sinneshaare (mit breiten Chitinsockeln) vom Epipharynx. — B Versenkte Sinneshaare von der Außenseite des Mandibelgrundes. — C Sinneshaare der Pharyngealplatte (darunter Sinneshypodermis mit Nerv (*Nv*). — D Langes Sinneshaar von der mittleren Glossagegend. — E Kurzer Sinnesstift von der Maxille. — F Langer, haarähnlicher Sinnesstift von der Maxille. — G Sinnespore von der Mandibel. (Snodgrass 1925.)

Der postcerebrale Teil ist bei der Drohne rudimentär. System I (Pharyngealdrüse) ist die für unsere Frage wichtigste Drüse. Sie kommt nur bei den Arbeiterinnen vor und liefert den viel erörterten Futtersaft. Einzelheiten über ihren Aufbau und ihre Ausmündung in den Pharynx sind der Abb. 45 und vor allem der Arbeit Soudek[249] 1927 zu entnehmen. Die Reaktion des Sekrets ist sauer.

System IV (Mandibulardrüse) fehlt den Drohnen. Die Reaktion ist „stark sauer". Über das Drüsensystem I müssen wir weiter unten noch genauer berichten.

Der *Übergang der Mundgliedmaßen in den Mund*, der Verlauf des Pharynx und seine Muskulatur (die den Pharynx zur Saug- und Druckpumpe macht) sind aus der schönen SNODGRASSschen[248] Zeichnung (Abb. 45) und aus der Skizze von FREUDENSTEIN[101] (Abb. 46) ersichtlich. Die Pharynxpumpe arbeitet wohl mehr mit den zum Saugrüssel zusammenlegbaren Mundgliedmaßen zusammen,

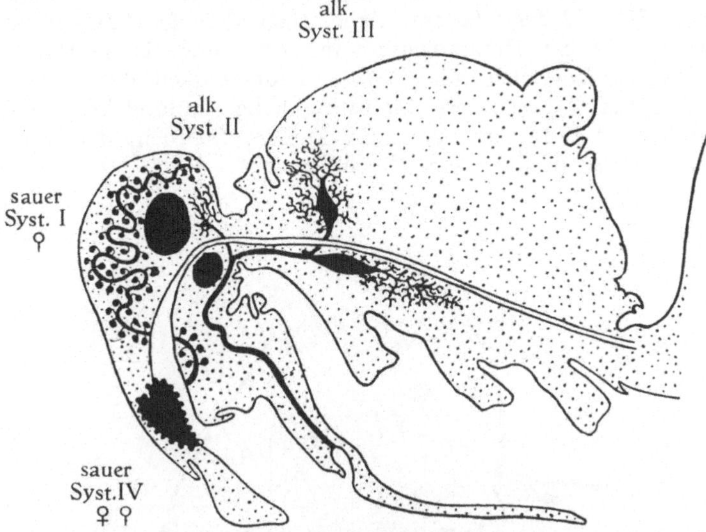

Abb. 44. Drüsensysteme der Mundgegend, numeriert nach SCHIEMENZ 1883 (erweitert nach ZANDER).

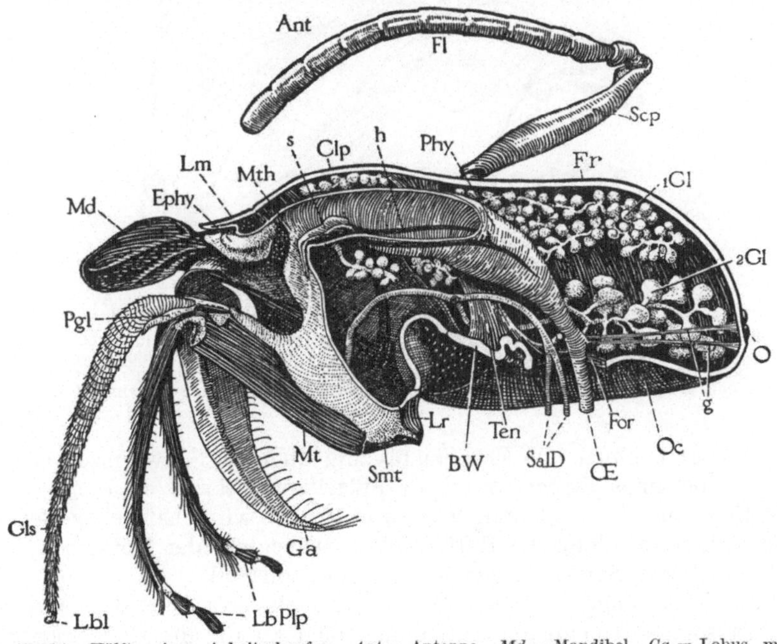

Abb. 45. Rechte Hälfte eines Arbeiterkopfes. *Ant* = Antenne, *Md* = Mandibel, *Ga* = Lobus maxillaris, *Gls* = Glossa, *Lbl* = Labellum, *Ephy* = Epipharynx, *Phy* = Pharynx, *Oe* = Oesophagus, *1Gl* = Drüsensystem I, *2Gl* = Drüsensystem II, *SalD* = Ausführgänge der Speicheldrüse (SNODGRASS 1925).

als mit der Honigblase. Der Querschnitt des Oesophagus ist auf Abb. 47 dargestellt.

Wiederholt hat man sich mit der Frage beschäftigt, wie Zungenlänge (Rüssellänge) und Ernährung zusammenhängen. Lehrreich sind hier vor allem die Feststellungen in der großen russischen Tiefebene, Alpatov[4] 1929. Ob Bienen mit langen Rüsseln sich besser ernähren können (größere Vorräte sammeln), hat z. B. Merrill[177] 1922 (vgl. Referat Arch. Bienenkde 4, 132) untersucht. Im großen ganzen geht der Honigreichtum mit der Zungenlänge Hand in Hand. Allerdings ist der Vergleich mit der sog. Ladefähigkeit der Honigblase sehr erschwert, weil man die letztere mit tatsächlicher Ladung leicht verwechselt.

Michailoff[179a] 1927 wies nach, daß kühlere Aufzucht der Brut (30 statt 35° C) *kürzere Rüssel* (und kürzere Flügel) *erzeugt.*

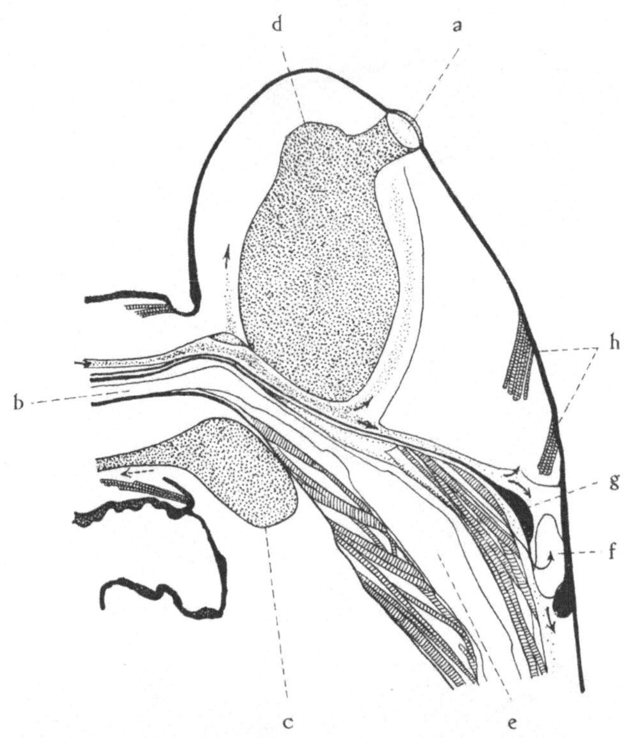

Abb. 46. Pharynxmuskulatur und Blutbahnen im Kopf der Honigbiene. *a* = Pharynx mit umgebenden Muskeln, *b* = Oesophagus, *c* = Oberschlungdanglion (Gehirn), *d* = Unterschlundganglion, *e* = Ocellum, *f* = pulsierendes Organ im Dienste des Blutkreislaufes (die Pfeile bedeuten Richtungen des Blutkreislaufes), *g* = ganglion frontale, *h* = Aufhängemuskel des Pharynx. (Freudenstein 1928.)

Die Bienen nehmen vom *Frühling* bis zum Ende der Schwarmzeit an Körpergröße zu. Allerdings variiert dabei die Flügellänge stärker als die Rüssellänge.

Längere Rüssel zu züchten wäre von großer wirtschaftlicher Bedeutung; die Bienen könnten dann die Rotkleefelder ausbeuten, der Rotklee würde umgekehrt reichlicher Samen ansetzen (vgl. Schlecht[237]).

Beim Verdauungstrakt der Biene kommen zwischen der Mundgegend (hinter der sog. Speicheldrüsengruppe) und dem Anfang des Enddarms *keinerlei Darmanhänge* vor. Dies erschwert die Untersuchung der Frage, wo bestimmte Fermente, die z. B. im Mitteldarm sicher vorkommen, produziert werden. Dies Fehlen ist um so merkwürdiger, weil die Nahrung diese Teile in auffallend gleichmäßigem Fluß durchströmt. Die *Honigblase,* wo die Nahrung unter Umständen längere Zeit verbringt, besitzt sichtlich keine Drüsen und offenbar auch keine sekre-

torische Funktion des Epithels. Die Kotblase besitzt zwar sehr auffallende
Drüsen, die aber für die eigentliche Verdauung wahrscheinlich keine entscheidende
Rolle mehr spielen.

Einen guten Überblick über den gesamten Verdauungstrakt, den situs
viscerum, gibt die SNODGRASSSsche[248] Zeichnung (Abb. 48).

Die Lage, der Bau und die Histologie von Oesophagus und Honigblase wird
am besten an Hand der TRAPPMANNschen[262f.] Abb. 49 u. 60 studiert. Die *Oesophagusmuskulatur* ist offenbar unter Umständen sehr leistungsfähig. Wenn z. B.
EVENIUS[87] den gesamten Verdauungstrakt herauspräparierte und noch ein
längeres Stück Oesophagus sitzenblieb, so floß die gefüllte Honigblase nach

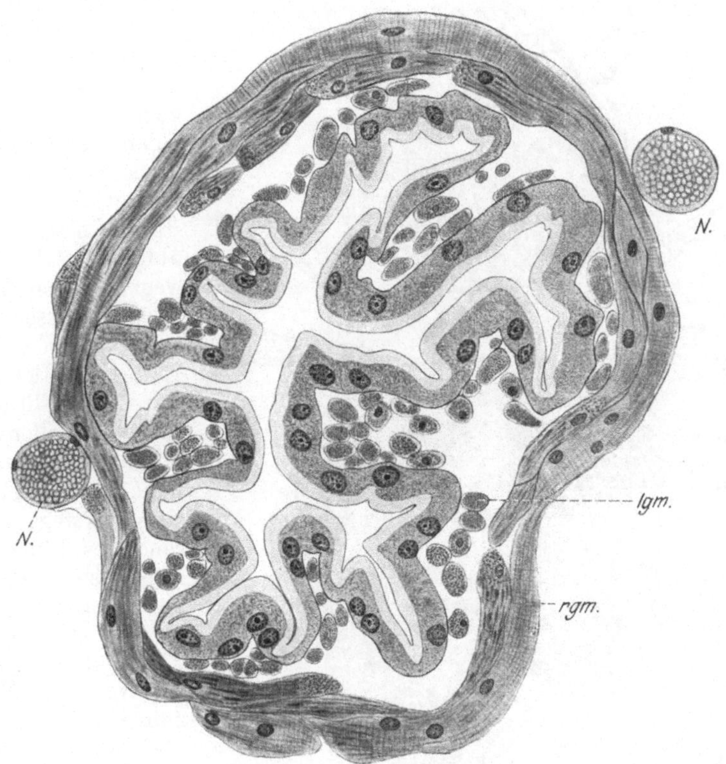

Abb. 47. Querschnitt durch den Oesophagus. *N* = Nerv, *lgm* = Längsmuskeln, *rgm* = Ringmuskeln.
(TRAPPMANN 1923.)

vorn nicht aus, offenbar weil die Oesophagusmuskulatur wie ein Sphincter
wirkte. Die Honigblasenwand ist eine dünne Epithelschicht mit einer chitinigen
Intima innen und einer wohlausgebildeten Ring- und Längsmuskulatur außen.
Die Wand ist bei den Schnitten meist außerordentlich stark gefaltet. Es ist
wohl begreiflich, daß sie sich zeitweise beim Füllen außerordentlich stark ausdehnen kann. Nichts spricht für das Vorkommen von Drüsen, nichts für sekre-
torische Tätigkeit. Nach gewissen Theorien müßte sie außerordentlich für
Wasser durchlässig sein, ja eine Art Filter darstellen, das dem Nektar in der
Honigblase mächtig Wasser entzieht. Histologisch läßt sich dies offenbar weder
beweisen, noch widerlegen. Die Muskulatur ist ohne Zweifel leicht imstande,
den Inhalt aus der Honigblase herauszupressen. Die Honigblase wird in der
Ontogenie als hinterster Teil des vom Kopf her eingestülpten ektodermalen

Vorderdarms verhältnismäßig früh angelegt, und zwar zunächst ganz beim vorderen Körperende. Den *Inhalt der Honigblase* kann man bis zu einer ziemlichen Genauigkeit leicht eichen (Armbruster[9] 1921). Eine kleine Mensur wird mit Zuckerwasser von bestimmtem spezifischem Gewicht gefüllt und in eine Embryoschale umgestülpt. Wenn die Bienen sich an das Futterholen aus der Embryoschale gewöhnt haben, liest man an der Mensur die Zahl der verschwundenen Kubikzentimeter ab und zählt zugleich die Zahl der beladen wegfliegenden Bienen. Man wird finden, daß etwa 18 Bienen imstande sind, 1 cm³ des üblichen Zuckerwassers wegzubringen. Bei diesem Geschäft lassen die Bienen auch am Rande des Embryoschälchens mit der Zeit Flüssiges und spärliche Pollenwürstchen austreten. Natürlich muß man damit rechnen, daß sie unterwegs, z. B. während des Fluges, ab und zu etwas von sich spritzen. Es bestehen zwei Möglichkeiten: es könnte diese Flüssigkeit auf dem direkten Weg vom Mitteldarm zum After gelangen, oder aber — eine Auffassung, zu der z. B. Petersen neigt — auf dem Umwege durch die Darmwand, Blutflüssigkeit und Malpighischen Gefäße. Petersen fand in Bienen, die reichlich Zuckerwasser aufgenommen hatten, eine auffallende Menge von Körperflüssigkeit. Die

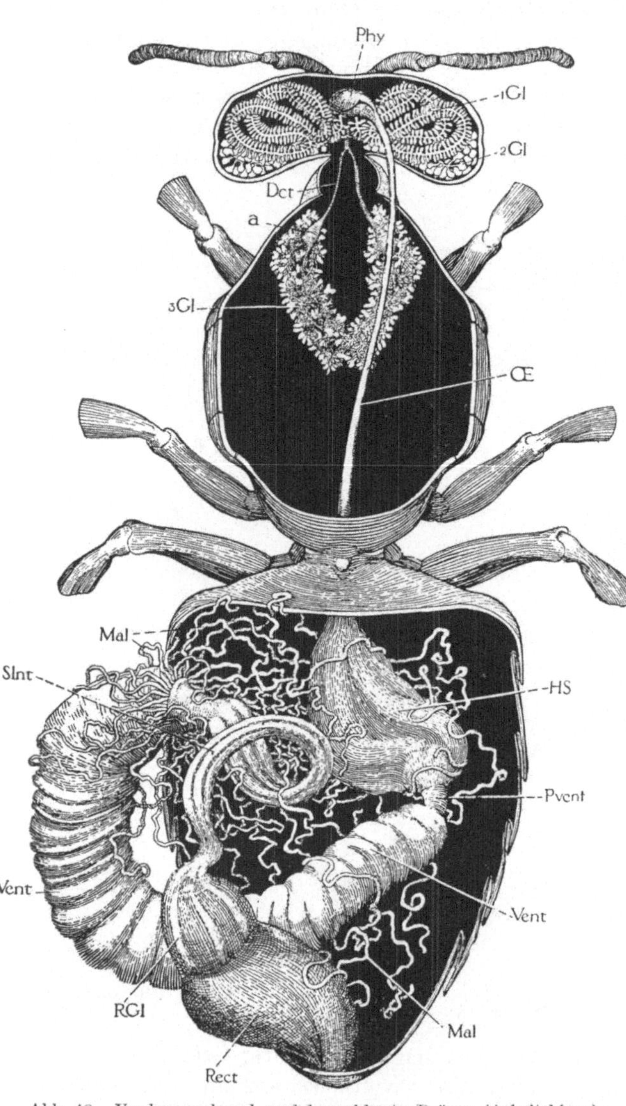

Abb. 48. Verdauungskanal und benachbarte Drüsen (Arbeitsbiene). *Phy* = Pharynx, *Oe* = Oesophagus, *HS* = Honigblase, *Pr* = Proventriculus (soweit von außen zu sehen), *Vent* = Ventriculus, *Mal* = Malpighische Gefäße, *Slnt* = Dünndarm, *RGl* = Rektaldrüsen, *Rect* = Kotblase (Rectu *m*), *1Gl* = Drüsensystem I, *2Gl* = Drüsensystem II, *3Gl* = Drüsensystem III, *a* = Ampulle, *Dct* = Ausführungsgang der letzteren. (Snodgrass 1925.)

Verluste sind aber nicht so groß, daß eine absolute Fehlerquelle bei Eichungsversuchen vorläge. Das beweisen die Wägungen des Futters in der Flasche, verglichen mit den Wägungen der Zunahme in der Wabe. Nach Trappmann[262] und Evenius[86] wird nicht nur die Honigblase selbst, sondern auch noch der mit ihr eng zusammenarbeitende Zwischendarm (Proventriculus) vom Ektoderm gebildet.

2. Mitteldarm mit Zwischendarm und peritrophischen Membranen.

TRAPPMANN[262] 1923 unterscheidet am Zwischendarm den Kopf, den Hals (dessen Querschnitt: vgl. Abb. 51), Schlauch und den Trichter. Ent-

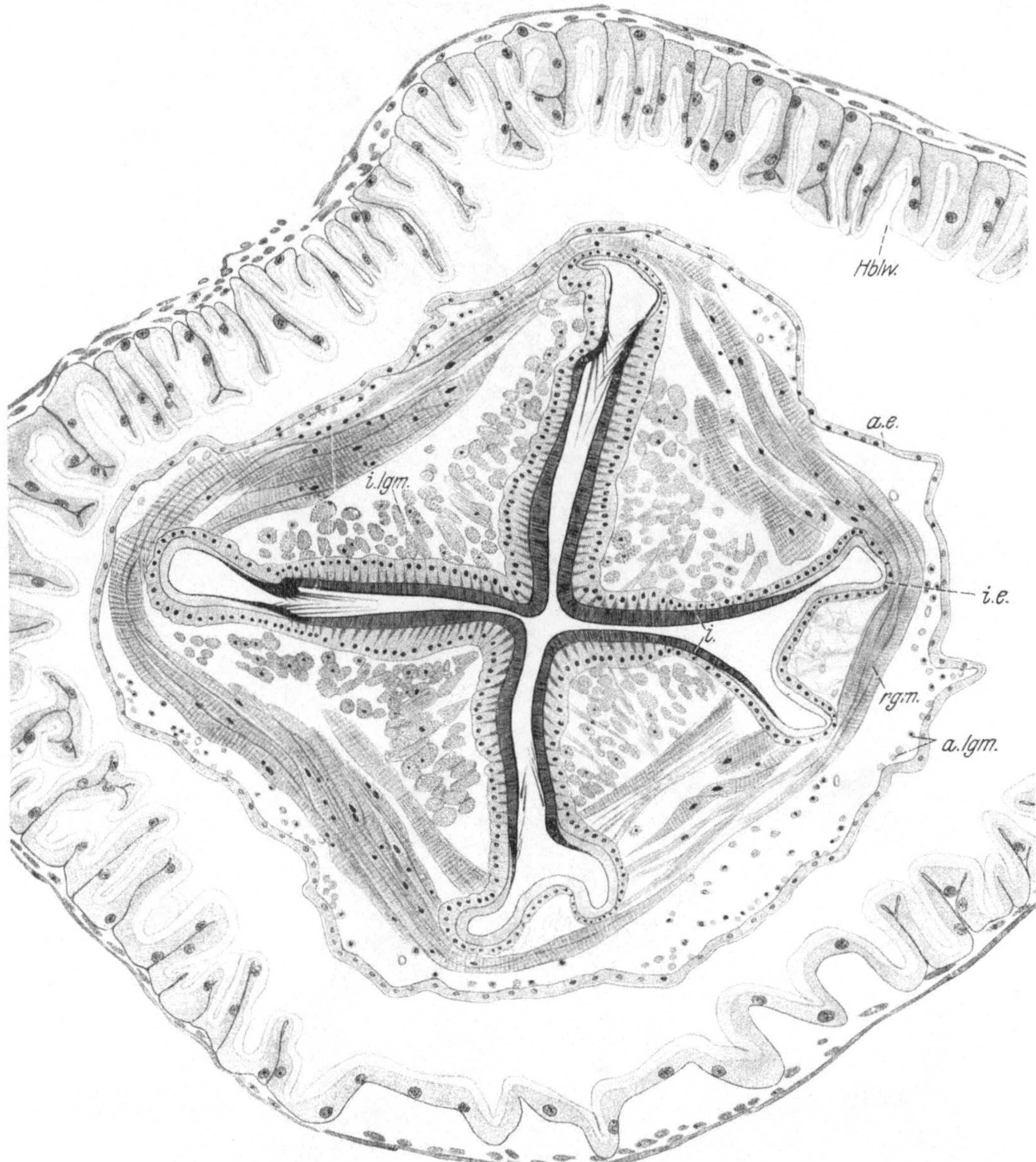

Abb. 49.   Querschnitt durch die Honigblase und durch den mitgetroffenen Kopf des Zwischendarms. *Hblw* = Wand der ziemlich zusammengefalteten Honigblase.   Die stark gefältelte Wand innen mit Chitin-Epidermis, außen zarte Längs- und Ringmuskeln.   *a.e.* = äußeres Epithel des Zwischendarmkopfes, aus Hypodermis und zarter Epidermis bestehend; *a.lgm.* = äußere Längsmuskeln, *rgm* = dazugehörige Ringmuskeln, *i.lgm.* = innere Längsmuskeln, *i.e.* = inneres Epithel, *i* = starke Chitinisierung der 4 Kopfklappen. (TRAPPMANN 1923.)

wicklungsgeschichtlich ist der Kopf als eine Ausstülpung der Halsgegend nach vorn, der Schlauch als eine Ausstülpung der Halsgegend nach hinten

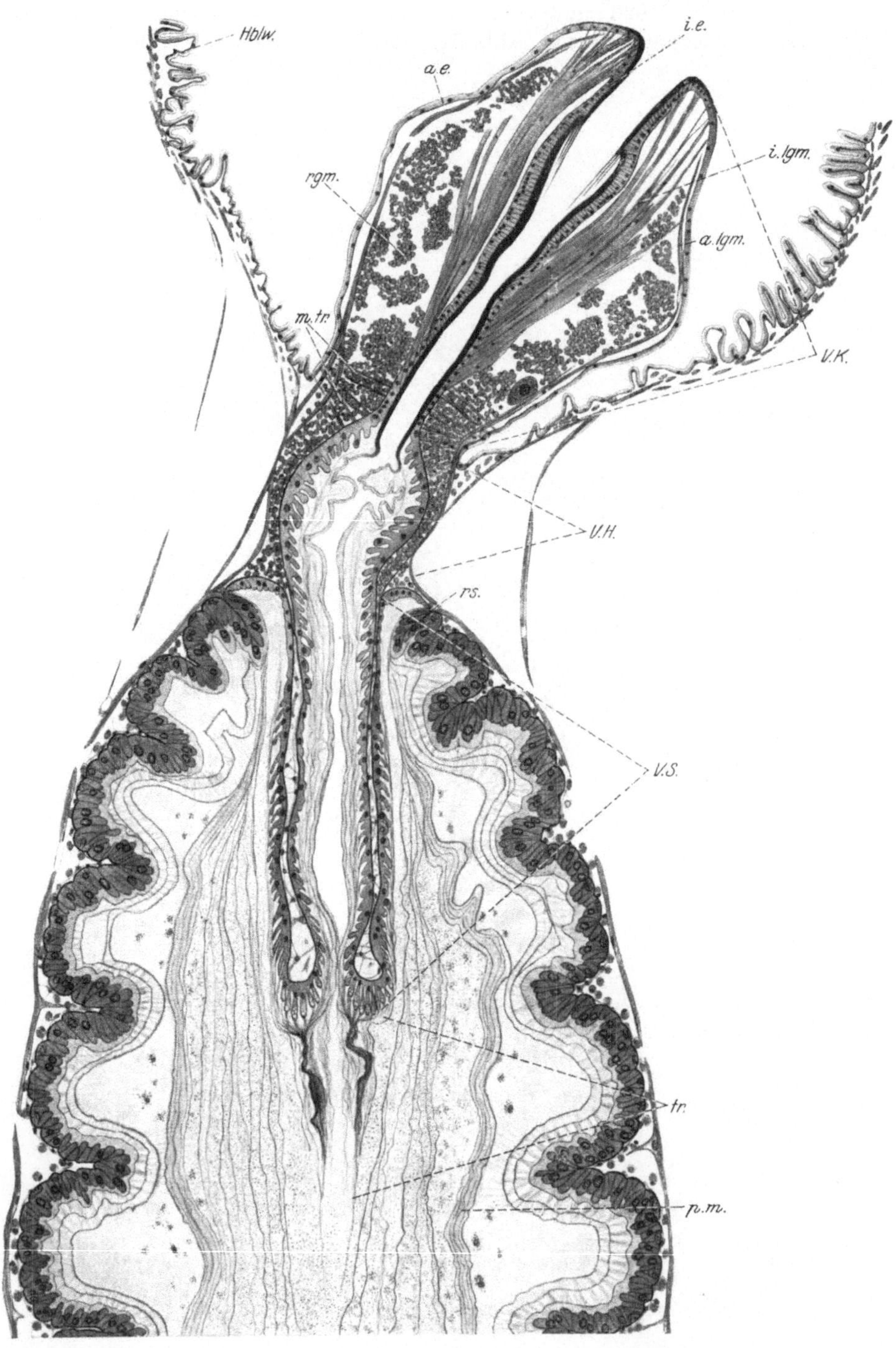

Abb. 50. Längsschnitt durch den Zwischendarm (Buchstaben wie auf der vorhergehenden Abbildung) und das Vorderende des Mitteldarms. *V.K.* = Zwischendarmkopf, *V.H.* = Zwischendarmhals, *V.S.* = Zwischendarmschlauch, *tr* = Zwischendarmtrichter, *p.m.* = peritrophische Membran. (Trappmann 1923.)

aufzufassen. Jede dieser Ausstülpungen hat naturgemäß ein inneres und ein äußeres Epithel, die chitinös umkleidet sind. Die vordere Ausstülpung, der Kopf, ist, wie aus der Abbildung leicht zu ersehen ist, besonders stark mit Längs- und Ringmuskeln versehen. Das innere Epithel trägt stellenweise so starke Chitinleisten, daß K. A. RAMDOHR eine Kaufunktion annahm; dieses Gebilde entspricht ja auch dem Kaumagen der Käfer. Tatsächlich werden aber die Pollenkörner, um die es sich hier nur handeln kann, durch diese Leisten nicht gekaut, wohl aber mit den chitinösen Reusenhaaren aufgefangen. Die kreuzförmige Gestalt der Öffnung ist am besten aus der Zeichnung (Abb. 49) zu ersehen. Von den schnappenden Bewegungen, welche dieses Organ mit seinem kreuzförmigen Munde ausführen kann, ist anderwärts die Rede. Jedermann kann diese Bewegungen an einer frisch herauspräparierten Honigblase noch sehen. Der chitinöse Behang des Schlauches innen und außen verdient näher untersucht zu werden. Die TRAPPMANNschen[262] Bilder (Abb. 50) sind hier sehr aufschlußreich. Wenn dieser Teil ektodermaler Herkunft ist, dann versteht man leicht, wie dieser Behang etwas ganz anderes sein muß als die sog. peritrophischen „Membranen". Das innere und äußere Epithel des Schlauches besteht in fast symmetrischer Weise aus keulenförmig vorspringenden Zellen. Am Ende der Keulen entspringt der chitinöse Behang. Im Quer-

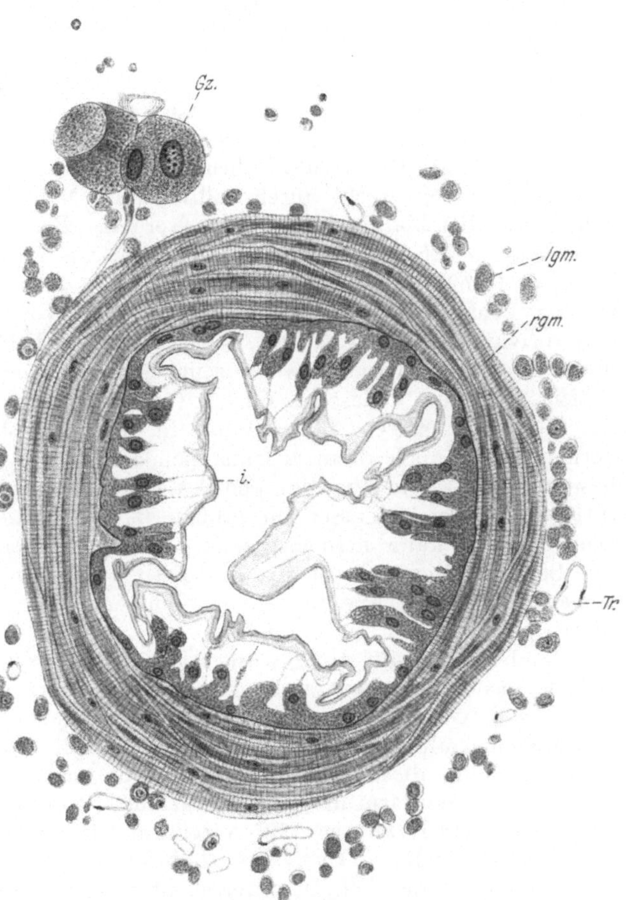

Abb. 51. Querschnitt durch den Hals des Zwischendarms (Sphincter). *Gz* = Ganglionzelle, *Tr* = Trachee, *lgm* = Längsmuskeln, *rgm* = Ringmuskeln, *i* = Intima chitinös. (TRAPPMANN 1923.)

schnitt scheinen es auf den ersten Blick weich flottierende Haare zu sein; aber es handelt sich um membranartige Behänge. Aus den Bildern erhält man keine Anhaltspunkte dafür, daß diese Behänge abgestoßen und immer wieder erneuert werden, ganz im Gegensatz zu den benachbarten *peritrophischen Membranen*, von denen wir noch ausführlich unten handeln müssen. Man sieht auch, daß die peritrophischen Membranen gebildet werden erst von der sog. Ringsehne SCHIEMENZ's[236] ab, deren auffallender, traubiger Querschnitt uns gleich vermuten läßt, daß in dieser Gegend etwas Neues beginnt, nämlich das Mesoderm. Der chitinöse Behang verlängert am Ende

noch um ein gutes Stück den Schlauch. Dieser Schlauchteil wird von Trappmann[262] Trichter genannt. Wir begreifen, daß auch färberisch der gesamte
innere und äußere Behang des Schlauches sich anders verhält als die peritrophischen Membranen (z. B. bei Giemsa-Färbung). Der Schlauch mit Trichter
hängt selten in der zentralen Achse des Mitteldarms, sondern lehnt sich meist
an eine Wand an. Es ist ohne weiteres klar, daß der Schlauch mit anhängen-
dem Trichter, zumal da er seitlich an eine Wand sich anlehnt, ohne weiteres als
Ventil wirken muß, ähnlich wie das Ventil des Fahrradschlauches. Tritt Druck
im Innern des Mitteldarms auf, dann wird der Schlauch noch gar an die Wand
gedrückt. Vor allem klappt das Lumen zusammen, und ein Rücktritt des „Speise-
breies" dem Mund der Biene zu (Larvenfutter nach Schönfeld[239] usw.) ist unmöglich. Der soziale Magen der Biene kann zwar an den Privatmagen liefern,
aber nicht umgekehrt, wenigstens nicht normalerweise und nicht in nennens-
wertem Umfang. Die soziale Nahrung (Honig, Futtersaft der Kopfdrüsen) kann
also normalerweise nicht durch halbverdaute Nahrung oder durch Krankheits-
keime des Mitteldarms verunreinigt werden. Bei starker Füllung der Honigblase oder bei hungernden Sammelbienen, vor allem bei gefangenen Bienen,
die ihre Honigblase nicht gleich in Vorratszellen entleeren können, dürfte
es umgekehrt leicht vorkommen, daß etwas von der sozialen Ausbeute in
den privaten Magen rutscht. Denn der fälschlich sog. Ventilkopf kann
dann als Ventil wirken, wenn seine Muskeln die kreuzförmige Mundspalte
kräftig schließen. Dieselbe Muskulatur ist aber auch imstande, das Lumen
aufgesperrt zu halten, selbst wenn in der Honigblase Druck entsteht, ja sie
vermag sogar auch dann zuschnappende Bewegungen zu machen. Der Kopf
besitzt also vorn weniger ein Ventil als einen schlagfertigen Mund. Beim Ein-
füttern von Zuckerwasser im großen (z. B. bei der Herbstauffütterung des
Bienenvolkes) kann man insgesamt bis zu 10 % Verlust in Anrechnung setzen.
Die Bienen halten sich offenbar für diese Arbeit etwas schadlos. Dasselbe kann
der Fall sein, wenn die Bienen im Sommer tüchtig Wasser, Zuckerwasser und
insbesondere Nektar einsammeln.

Nach Evenius[86] 1925 wird am 17. Tag der Gesamtentwicklung bei der
Arbeiterin der *Zwischendarmschlauch* ziemlich plötzlich nach hinten ausgestülpt,
nachdem er vorher, ähnlich wie der Ventilkopf, nach vorn gestülpt und gegen
das Mitteldarmlumen durch eine doppelte Epithelplatte abgeriegelt war. Die
Durchbrechung dieses Riegels bedeutet die bekannte Vereinigung von ekto-
dermalem Vorderdarm und mesodermalem Mitteldarm. Ein Teil dieser Doppel-
platte hat nach Evenius[86] 1925 Anteil am Aufbau dessen, was Trappmann[262] als
Ringsehne bezeichnet. Evenius[86] stellt fest, daß der Chitinüberzug des Zwischen-
darmschlauches deutlich zu unterscheiden ist von den Hüllen, die er als peritrophische Membranen deutet, und die „von den am Grunde des Ventilschlauches
liegenden Zellpartien" zu entspringen scheinen. „Eine Unterscheidung von dem
Chitinüberzug derselben ist hier allerdings äußerst schwierig." Gebilde, die
Evenius[86] als peritrophische Membran ansieht, treten nach ihm bereits im
Puppendarm auf, „und zwar zu einer Zeit, wo der Stäbchensaum noch wenig
entwickelt ist. Auffallend ist, daß diese Membranen immer erst dann gefunden
werden, wenn der Ventilschlauch sich in den Mitteldarm hineingestülpt hat.
Daß sie aber nur losgelöster Chitinüberzug des Ventilschlauches sind, scheint mir
nach meinen Präparaten unmöglich".

In diesem Kapitel wurde manches vom folgenden „*Zur Mechanik der Verdauung*" vorweggenommen. Es handelt sich um ein vielumstrittenes Gebiet,
und darum ist es doppelt angebracht, zunächst die nüchterne und erfreulich eindeutige Sprache der anatomischen Tatsachen sprechen zu lassen. Im übrigen

sei auf die treffende Kritik Trappmanns[262] zur „Futtersafttheorie" hingewiesen, die zeitweise viel Verwirrung angestiftet hat.

Die rein morphologischen Schnittbilder durch den Mitteldarm, spez. durch die peritrophischen Membrane, geben uns in einem Punkt doch auch einen wichtigen Fingerzeig über die *Verdauungs*vorgänge daselbst. Normalerweise wandert die Nahrung langsam, aber ununterbrochen, in der gleichen Richtung von vorn nach hinten. Der Mitteldarm ist also *mehr ein gleichmäßig durchflutetes Rohr* als ein Sack, in dem der Inhalt hin- und hergerührt oder hin- und hergeknetet wird.

Insofern ist der *Ventriculus der Honigbiene* weniger ein Magen als ein Darm. Die Bewegung der Nahrung wird widergespiegelt durch die Schichtung der peritrophischen Membran (vgl. die Abb. 52). Die so regelmäßige, fast mit den *Jahresringen* der Bäume zu vergleichende Anordnung der peritrophischen Membran im Mitteldarm wäre unmöglich, falls die Nahrung irgendwie unregelmäßig im Darm hin- und herzirkulieren würde. Die regelmäßige Anordnung wurde bei lebend fixierten Tieren stets angetroffen. Auch durch Versuche ist diese regelmäßige Bewegung von vorn nach hinten festgelegt. Eine gewisse Unregelmäßigkeit findet nur in der Honigblase statt. Während von unkritischer Seite behauptet wird, der Zwischendarmkopf lege sich mit seinem Maul so in den Honigblaseneingang, daß die Pollennahrung direkt vom Oesophagus in den Zwischendarm und damit in den Mitteldarm gerät, ohne irgendwie in die Honigblase zu gelangen, fanden alle exakten Untersucher, insbesondere auch Whitecomb und Wilson[272], aber auch schon Hunkeler[134], ja bereits Dönhoff: die feste Nahrung gelangt durch den Oesophagus in die Honigblase, flottiert dort mehr oder weniger herum und wird vom Zwischendarmkopf durch schnappende Bewegungen erfaßt, mittels der Haarreusen festgehalten und dann in den Mitteldarm befördert. Die Zeit des Umherflottierens in der Honigblase ist verschieden, je nach Nahrung und Umständen von 25 Minuten (und weniger) bis zu 6 Stunden, in selteneren Fällen bis zu 5 Tagen.

Wenn vielfach und auch jüngst noch mit großer Bestimmtheit geschrieben wird, die *peritrophischen Membranen* hätten vor allem das Mitteldarmepithel vor Verletzungen durch die Pollenkörner zu schützen, so zeigt dies, wie wenig gründlich bisher die Verdauung bei der Honigbiene stellenweise untersucht wurde. Die peritrophischen Membranen sind alles andere eher als Chitin. Der ektodermale Vorder- und Enddarm wird Chitin abscheiden, im Gegensatz dazu der mesodermale Mitteldarm natürlich nicht. Petersen[205] untersuchte die frisch gewonnenen peritrophischen Membranen. In destilliertem Wasser fand er sie unlöslich. „Sie vermehren darin sogar ihre Konsistenz, indem sie zugleich die Durchsichtigkeit und die Klebrigkeit verlieren." Setzte er aus einer Titrierbürette tropfenweise 10 proz. Kochsalzlösung zu, so lösten sie sich nicht etwa besser auf, ebensowenig bei Zusetzen von Kalilauge. Schnell aufgelöst werden die peritrophischen Membranen durch verdünnte Salzsäure. Die Untersuchung auf Eiweiß fiel positiv aus (Biuretreaktion, Xanthoproteinreaktion, Millons Probe). Die *proteinartigen Körper*, die nach unserer Deutung selbstverständlich darin enthalten sein mußten, waren damit durch Petersen nachgewiesen. Petersen[205] vergleicht das Absonderungsprodukt der peritrophischen Membranen mit dem Krystallstiel der Muscheln (beide „erwiesen sich reich an Fermenten"). Brachte Petersen[205] ein Tröpfchen einer dicken Lösung von Seidenpepton (Pepton Laroche) mit der peritrophischen Membran zusammen auf einen Objektträger und in die feuchte Kammer, so fand er schon nach wenigen Stunden bei Zimmertemperatur reichlich Drusen von Tyrosin in dem Präparat. Allerdings glaubt Petersen[205], daß auch hinsichtlich der peritrophischen Membran vom Bienenorganismus eine erhebliche *Eiweißverschwendung* getrieben werde, da er nicht

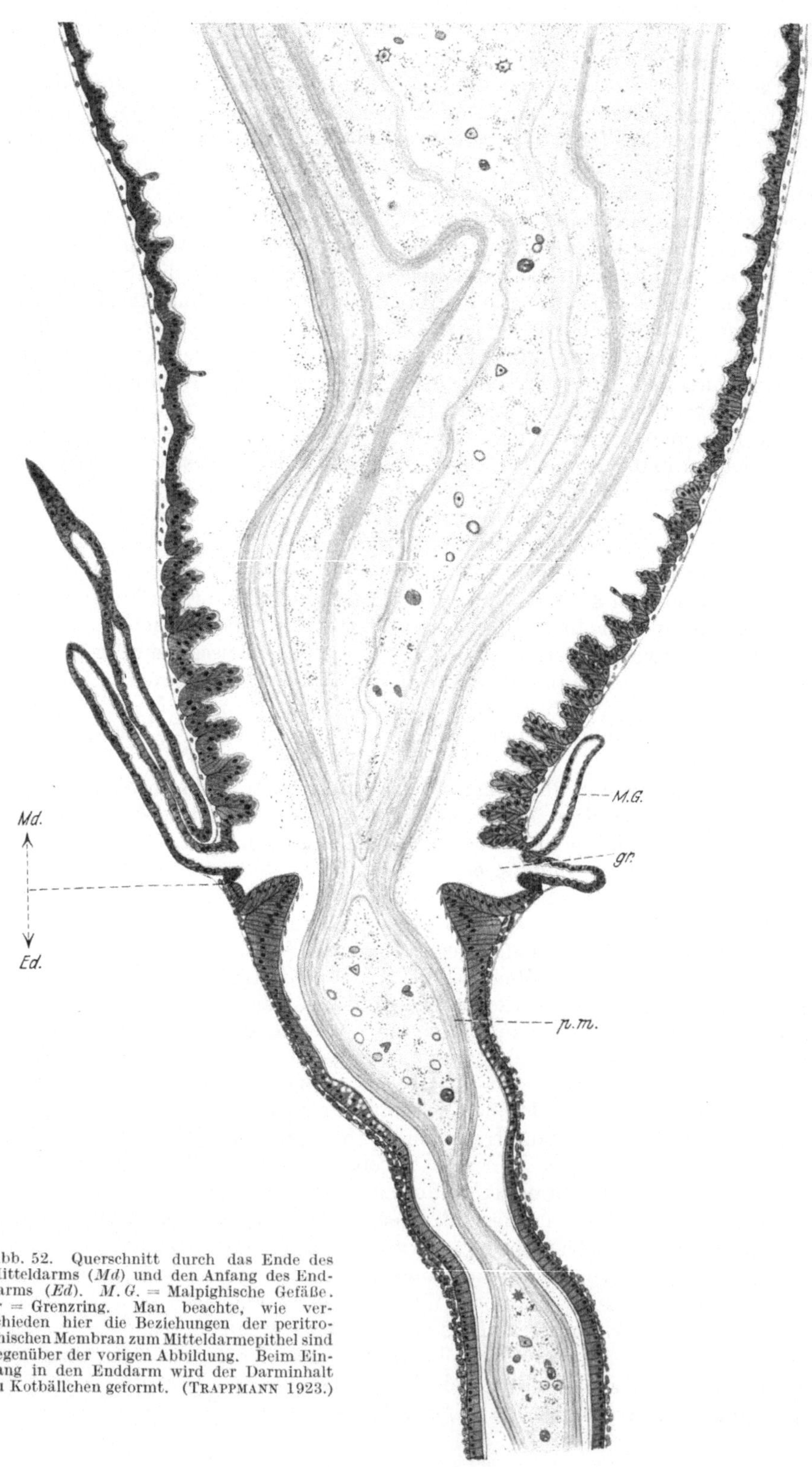

Abb. 52. Querschnitt durch das Ende des Mitteldarms (*Md*) und den Anfang des Enddarms (*Ed*). *M. G.* = Malpighische Gefäße. *gr* = Grenzring. Man beachte, wie verschieden hier die Beziehungen der peritrophischen Membran zum Mitteldarmepithel sind gegenüber der vorigen Abbildung. Beim Eingang in den Enddarm wird der Darminhalt zu Kotbällchen geformt. (Trappmann 1923.)

damit rechnet, daß die Eiweißkörper erheblich auf die Pollenkörnerverdauung einwirken, und daß die Abbauprodukte vom hinteren Abschnitt des Mitteldarms nennenswert resorbiert werden könnten.

Bei Untersuchungen am *Lebenden* stellt PETERSEN[205] beim Aufschneiden des *Mitteldarms* fest: der wurstförmige Inhalt des Mitteldarms ist glasig durchscheinend, *„oralwärts feuchter*, weniger widerstandsfähig bis zu fast *schleimigfadenziehender Konsistenz"*. „Schneidet man den Darm kaudalwärts ab, so wird der Inhalt, die braune Wurst, peristaltisch hervorgepreßt, und je mehr zum Vorschein kommt, desto wässeriger wird die Masse. Scheinbar wirkt das Herausnehmen und Hantieren mit dem Darm als Reiz, der die Bildung dieser Häute vermehrt und anregt."

Die peritrophischen Membranen nach dem Leben untersuchten WHITECOMB und WILSON[272] mit der Nadel und fanden sie im Anfang ausgesprochen zäh-klebrig und ziemlich widerstandsfähig gegen Zerrungen.

HUNKELER[134] beschreibt die Überreste der *peritrophischen Membranen in der Kotblase* als schleimig-gallertige Masse. Es ist denkbar, daß die vorher durch Resorption ziemlich trocken gewordenen Membranen in der wässerigen Kotblase (MALPIGHIsche Gefäße usw.) wieder aufquellen können.

Über die Häute, welche an den Zwischendarmschlauch angehängt sind, hat PETERSEN[205] offenbar keine ganz klare, richtige Vorstellung. Sie erscheinen ihm zwar mehr krümelig-fädig, er hält dies aber für ein Kunstprodukt, weil hier Proteinkörper beim Fixieren gerinnen sollen. Die von EVENIUS[86] studierte *Entwicklungsgeschichte vom Zwischendarmkopf und Zwischendarmschlauch* deutet auf chitinige Natur.

Was wir bis jetzt über die peritrophische Membran wissen, spricht für eine *Arbeitsteilung* im Darmverlauf. Wenn die Nahrung, beispielsweise Würstchen von Blütenstaub, durch den Zwischendarm im Mitteldarm auftauchen, dann „warten" auf dieselben schon die peritrophischen Membranen, welche diese Pollenpaketchen förmlich einhüllen und auf der Reise durch den Mitteldarm weitergeleiten. Beim *Darmeingang* und nur hier werden peritrophische Membranen *nötig* und offenbar werden sie hauptsächlich hier *gebildet*. Dabei genügen „Membranen" von mäßiger Länge. Da die peritrophischen Membranen eine vielfache Scheide„wand" darstellen zwischen der den Darm betretenden Nahrung und der Darmwand, fast wie geschaffen, um die Nahrung den Einwirkungen durch die Darmwand zu entziehen, so bleibt uns nur folgender Schluß möglich: die im vorderen Darmteil noch stark gallertigen, jedenfalls stark feuchten *peritrophischen Schleimhüllen sind mit allen Verdauungsfermenten voll beladen*, und wenn sie die Nahrungspaketchen umhüllen, sind sie imstande, die Nahrung gründlich aufzuschließen. Inzwischen sind diese umhüllten Paketchen in dem langsamen Nahrungsfluß durch den Darm begriffen. Die Schleimhüllen haben sich ihrer Fermente entledigt und haben dafür die Abbauprodukte, wie niedere, einfache Zucker, Aminosäuren, Fettsäuren, Glycerin in löslichem Zustande aufgenommen. Dem hinteren Darmabschnitt, insbesondere den Darmzotten, beibt also hauptsächlich die Arbeit, nicht mehr fermentgeladene Membran zu bilden, sondern aus den vom vorderen Darmabschnitt herannahenden Nahrungspaketen das brauchbar und insbesondere greifbar gewordene zu resorbieren. Die Pakete oder Würstchen werden kompakter und samt ihrer Umhüllung trockener. Die Membranen des vorderen Darmabschnitts bilden Tütentrichter, von denen die innersten Tüten, mit Hilfe des Zwischendarms speziell des Zwischendarmtrichters sozusagen kunstgerecht ohne Materialverlust gefüllt, als Pakete geformt, nach hinten entweichen. Mit dieser Vorstellung sind die TRAPPMANNschen[262] Abbildungen sehr wohl vereinbar. Die mehr oder weniger gut abgetrennten Pakete des Mitteldarms werden gegen den Enddarm zu kleiner. Die kneifende Wirkung des Enddarmsphincters bildet aus den schon ziemlich zusammengeschrumpften Nahrungspaketen eine Art von Kotbällchen. *Zeitweise* treten die Kotbällchen auch als solche aus dem After aus. *Zeitweise* sind in der Kotblase noch deutlich Kotbällchen zu sehen, die von peritrophischen Membranen umhüllt sind. *Zeitweise* allerdings, zumal bei starker Füllung, ist nur ein geringer Teil des Kotes noch von Membranen umhüllt. Aus all dem dürfte hervorgehen, daß in dem *ersten Darmabschnitt* hauptsächlich *sezerniert* und die Nahrung aufgeschlossen, im hinteren Mitteldarmabschnitt hauptsächlich *resorbiert* wird.

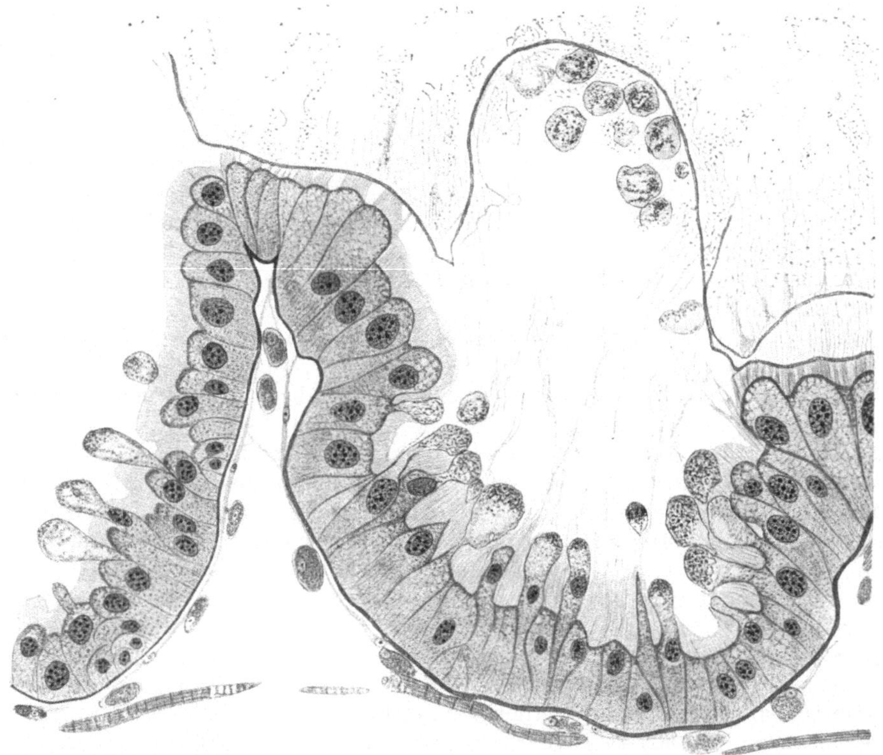

Abb. 53. Mitteldarmepithel, „Sekretionsstadium", und peritrophische Membran. (Trappmann 1923.)

Diese Arbeitsteilung erscheint *zeitweise besonders nötig*, denn im ersten Abschnitt ihres Imagolebens müssen die jungen Bienen *zeitweise* außerordentlich viel Eiweiß abgeben, also auch Eiweiß produzieren, und zwar durch Pollenfressen. Bekanntlich kommt es nach den schönen Untersuchungen von Rösch[229] dabei zu Verdauungsstörungen, die zur Gruppe der sog. „*Maikrankheit*" gehören. Es wäre sehr lehrreich, die pathologische Darmanatomie speziell auch einer an „Maikrankheit" erkrankten Biene zu studieren.

Bei den Eveniusschen[86] Bildern ist deutlich unterschieden zwischen äußerer peritrophischer Membran und innerer peritrophischer Membran. Die äußere ist „mehr homogen" und dichter. Sie steht mit den Mitteldarmzellen noch in unmittelbarem Zusammenhang (freilich ist ein Stäbchensaum von Evenius[86] gezeichnet). In dieser äußeren peritrophischen Membran liegen Reste von ausgestoßenen Mitteldarmzellen. Wenn Evenius beim Heraus-

ziehen des Darminhalts den größeren Teil dieser homogenen Schicht mit-
bekam, so spricht das dafür, daß die äußere Schicht mehr flüssig-kolloidale
Konsistenz hat. Andernfalls wäre es ohne Reißen und Zerfetzen offenbar
nicht abgegangen.

Diese Angaben von Evenius[86] über eine *dichtere peritrophische Membran*
stimmen in einem Punkt gut überein mit Snodgrass'[248] Abb. 69 B und E, nur
fand ich bisher nirgends eine so starke „Knospung" der Mitteldarmzellen abgebildet
und beschrieben wie bei Snodgrass. Der *Stäbchensaum* fehlt bei Snodgrass vollständig. Die Bilder von Trappmann (Abb. 53 u. 54) könnte man sehr leicht dahin
deuten: das, was er als Rhabdorium (Stäbchensaum) deutet, ist die schleimige
Absonderung des Mitteldarmepithels, die nach
dem Fixieren wie kleine Flämmchen und stellenweise wie Fäden aussieht und die weiter dem
Zentrallumen des Darmes zu, also in ihren
älteren Stadien, den Charakter von *häutigem
Gerinnsel* annimmt. Es ist denkbar, daß in
dem analen Teil des Mitteldarms diese Absonderung mehr den Charakter eines erstarrten
„Stäbchensaums" annimmt. Man würde also
besser von *Schleimhüllen* als von Membranen
sprechen, weil der Ausdruck Membranen leicht
an den alten Irrtum vom Chitincharakter erinnert.

Auf den Trappmannschen[262] Bildern sind
zwischen den einzelnen peritrophischen Membranen reichlich *Bakterienschwärme* ausgestreut,
verhältnismäßig diffus im hinteren Körperab-
schnitt. Es ist nicht überraschend, wenn im
vorderen Darmabschnitt, dort, wo stark der
peritrophische Schleim abgesondert wird, zwischen den jüngsten Lagen noch keine Bakterien
gefunden werden. Nur dort, wo eine größere
Lücke andeutet, daß zwischen den Schleim-
absonderungen eine Pause eingetreten ist, dort
treten die ersten Infektionsherde als kleine
Bakterienwölkchen auf. Die innersten peritrophischen Tüten enthalten die Bakterien wieder
mehr diffus. Die eigentliche Bienennahrung
findet sich mehr zentral, die Bakterien aber
auch stark zwischen den Membranen. Das ist

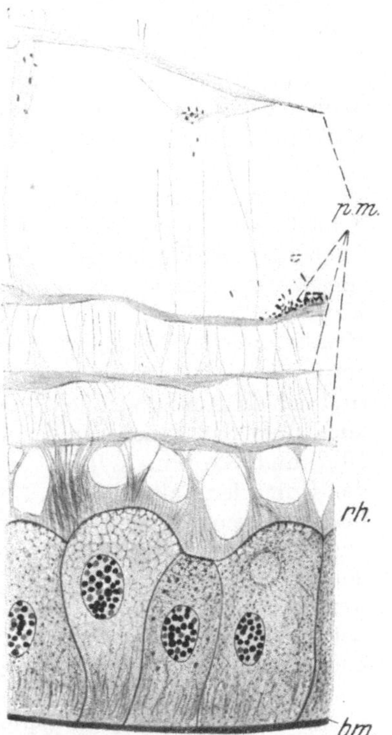

Abb. 54. Mitteldarmepithel. *bm* = Basalmembran, *rh* = Rhabdorium, *pm* = peritrophische Membran. (Trappmann 1923.)

nicht sehr zu verwundern, weil die Bakterien freizügiger sind als die Nahrung.
Mein Schüler Jaeckel[136] hat in seiner Arbeit festgestellt, wie die Stäbchen
vom Bacillus larvae die Membranen glatt durchwandern, doch weniger einzelne
Stäbchen, als Gruppen und Haufen des Bacillus, was natürlich bei einem
Chitincharakter ebenso schwer vorstellbar wäre, wie es eine Selbstverständlich-
keit ist bei schleimiger Konsistenz. Die Membran wurde nicht verflüssigt. Die
Verbreitung der Bakterien im Darm genauer zu studieren, wäre gewiß auch
von Vorteil für die Chemie der Verdauung.

Die Trappmannsche[262] Auffassung des Stäbchensaumes lautet: Das Rhabdorium erleichtert wie ein Schwamm durch Saugwirkung und bessere Verteilung
einen Abgang des Sekrets aus den Zellen, und der Nahrung den Zugang zu den
resorbierenden Epithelzellen.

Nach Jaeckel[136] 1930 verschwindet der „Stäbchensaum" oft bei bösartiger Faulbrut und wird dann zu einer kernigen Masse, ähnlich wie sie Hertig 1923 bei Nosemainfektion angibt.

Frenzel[99] 1887 und Holtz[130] 1909 hielten die peritrophischen Membranen für Gerinnungserscheinungen, zum Teil allerdings auch für verdaute Nahrung. Nach Holtz[130] speziell würden die Membranen von innen nach außen rücken.

A. Koehler[144] 1920, Schiemenz[229] 1883, Liscz 1887 und Bordas[41] 1894 hielten das Rhabdorium (ähnlich wie die Wachsspiegel) für eine mit Poren durchsetzte Intima. Frenzel 1885, Mingazzini 1889, Holtz 1909 hielten sie für eine mit eingelagerten Stäbchen versehene Chitinschicht. Andererseits ließ man die peritrophischen Membranen aus dem Zwischendarmschlauch entstehen (Schneider 1887, van Gebuchten[107] 1890, Aboni[1] 1903).

Die *Mitteldarmfalten*, von manchen Autoren *Krypten* genannt, entstehen dadurch, daß das Epithel ringförmige Einschnürungen besitzt. Der Vorteil dieser Einschnürungen ist klar: das Mitteldarmepithel erhält dadurch eine größere Oberfläche. Die Tiefe der Einschnürungen ist nicht bei allen Bienenwesen gleich. Der Darm der Drohne ist länger und dafür nicht so stark eingeschnürt, der der Königin ist weiter und relativ kürzer. Bei Querschnitten erscheint die Darmwand stark wellig bewegt oder wie aus einzelnen aneinandergereihten Nischen (Becher, Wellentäler) bestehend. In den Tiefen der Nischen erscheinen die sog. *Kryptenzellen*, von einem Teil der Autoren, dem ich mich anschließen möchte, *Krypten* genannt. Früher hat man sie als Drüsen gedeutet. Daß das Mitteldarmepithel stark beansprucht wird, und daß Zellerneuerungen stattfinden, darüber sind sich die Autoren einig. Über den Ort, wo die Epithelzellen abgestoßen werden, auch über das Erneuerungstempo, besteht keine Einigkeit. Nach Petersen[205] 1912 und Snodgrass (vgl. dessen Abbildung) findet die Abstoßung stets auf der Höhe der Falten statt. Demnach würden die Zellen mehr in der Tiefe der Falten (Krypten) entstehen und mehr auf der Höhe der Falten abgestoßen. In der Tiefe erreichen nicht alle Zellen die Oberfläche des Epithels, auf der Höhe der Falten springen sie keulenförmig in das Darmlumen vor. Es ist verständlich, wenn auf diese Weise die jüngsten Zellen an der Absonderung des peritrophischen Schleimes noch nicht beteiligt sind. Neben den keulenförmigen Vorsprüngen kommen in der Literatur noch pseudopodienartige Ausstülpungen im Mitteldarm von Insekten vor (van Gebuchten[107], Deegener[65], vielleicht auch Trappmann[262] bezüglich der Malpighischen Gefäße). Dabei würde der sog. *Bürstenbesatz* (Stäbchensaum, Rhabdorium), also die Zelloberfläche mit den Ausscheidungsprodukten bersten, um den Pseudopodien Raum zum Hervorquellen zu geben. Offenbar handelt es sich hier, wie auch Petersen glaubt, um Kunstprodukte, und zwar um Kunstprodukte bei einer weniger guten Fixierung. Alle Autoren geben ausdrücklich zu, daß der Mitteldarm der Honigbiene gar nicht so leicht zu fixieren ist. Nach Petersen[205] kommen diese Kunstprodukte besonders bei Fixierung mit Carnoyschem Gemisch vor, während doppelchromsaures Kalium mit Formol und Essigsäure gut fixiert und den Bildern keine Gewalt antut, die man bei Zupfpräparaten des lebenden Mitteldarms erhält. Über *Epithelerneuerung* in den anderen Teilen des Verdauungstrakts ist nicht viel bekannt. Auf keinen Fall erfolgt sie so energisch wie beim Mitteldarm. Nach Chun[60] und Zander[277] würde die Zellschicht der Kotblase vorzeitig degenerieren. Petersen[205] fand aber bei einer 1 Jahr alten Königin die Hypodermis und die chitinöse Epidermis noch wohl erhalten. Offenbar besitzt nur der Mitteldarm und (wahrscheinlich) die Malpighischen Gefäße eine eigentliche „Schleimhaut".

Daß ganze Mitteldarmzellen aus dem Epithel in das Darmlumen heraustreten, gibt HERTIG[118] 1923 für Nosemainfektion an. Nach JAECKEL[136] 1930 werden bei bösartiger Faulbrut aber nur Teile der Zellen abgestoßen.

JOACHIM und CHRISTA EVENIUS[89] erweiterten unsere Kenntnisse über die Krypten und überhaupt über die Regeneration des Epithels. Sie wiesen als Fehlerquelle früherer Autoren ungenügende Fixierung nach (der bekannte wunde Punkt bei Bienendarmuntersuchungen). Entgegen der neuerdings von PAW-LOWSKI und ZARIN[203] wiederum in Frage gezogenen Drüsennatur stellen sie fest, daß die histologische Berechtigung dieser Annahme fehlt. Auffallend ist auch nach diesen Untersuchungen, daß die Kryptenzellen nicht häufig Mitosen, also Zellteilungsbilder zeigen. Da in den übrigen Epithelzellen überhaupt nie Mitosen, geschweige denn eine amitotische Zellteilung, festgestellt wurden, nehmen sie mit Recht an, daß die Erneuerung des Mitteldarmepithels normalerweise nicht so rasch vor sich gehe, wie man teilweise angenommen hat. Die Krypten sind also gewiß Regenerationsknospen, aber im allgemeinen mehr Ruheknospen, deren Haupttätigkeit schon ziemliche Zeit zurückliegt, nämlich bei der Darmerneuerung bei der Metamorphose. Immerhin wäre es lehrreich, die mehr abnormen Fälle bei Befall mit Nosema usw. noch einmal genauer zu untersuchen. Den Stäbchensaum zeichnen die Autoren als außerordentlich homogene Epithelauflage. Bei Hydrophilus soll das genannte Epithel alle 36 Stunden erneuert werden.

FRENZEL[99], PETERSEN[205], SNODGRASS[248] reden beim

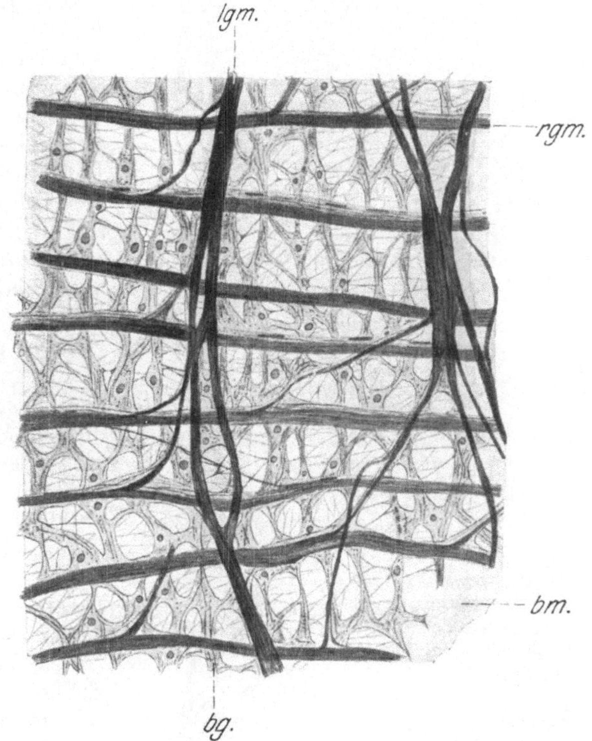

Abb. 55. Muskulatur und Bindegewebe vom Mitteldarm. *lgm* = Längsmuskeln, *rgm* = Ringmuskeln, *bm* = Basalmembran, *bg* = Bindegewebe. (TRAPPMANN 1923.)

Mitteldarm nur von einer doppelten *Muskulaturschicht*, einer stärkeren inneren Ringmuskel- und einer schwächeren äußeren Längsmuskelschicht. Tatsächlich liegen nach WHITE[273] innerhalb der Ringmuskelschicht noch einmal Längsmuskeln.

Von dem Geflecht, das die einzelnen Muskelzüge um den Mitteldarm bilden, geben die TRAPPMANNschen Bilder eine Vorstellung (Abb. 55).

An sich wären die Darmwände angesichts dieser Muskeln imstande, auch kompliziertere Knetbewegungen auf den „Mageninhalt" auszuüben. Im allgemeinen dürften aber einfachere peristaltische Bewegungen vorkommen, die den Darminhalt von vorn nach hinten geleiten.

Unter dem Mikroskop zeigen sich in dem lebenden Mitteldarm lichtbrechende Einschlüsse, die öfter diskutiert und von A. KOEHLER[145] schließlich als Kalkkörperchen nachgewiesen worden sind. Über diese wollen wir im Zusammenhang mit ihrer vermutlichen Funktion, also unten bei der Chemie der Verdauung, näher berichten.

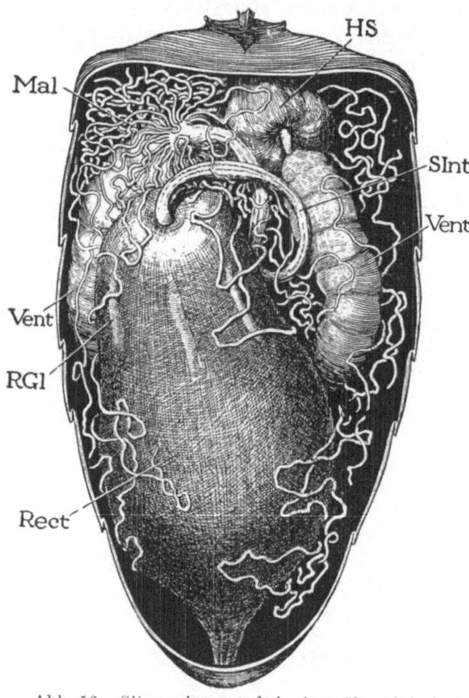

Abb. 56. Situs viscerum bei einer überwinterten Biene mit überfüllter Kotblase. Erklärung der Buchstaben siehe bei Abb. 48. (Snodgrass 1925.)

3. Malpighische Gefäße, Dünndarm, Kotblase (s. Anm.).

Gleich am Ende des Mitteldarms münden die zahlreichen Malpighischen Gefäße. Wenn, wie man allgemein annimmt, die Malpighischen Gefäße Nierenorgane sind, welche die flüssigen Excrete, also die mehr oder weniger schädlichen Körperflüssigkeiten, abfiltrieren und dem After zu ableiten, dann wird hinter der Einmündungsstelle der Malpighischen Gefäße nichts Beträchtliches mehr resorbiert werden. Der Dünndarminhalt ist mit Kot zu bezeichnen und die Ampulle wird mit Recht *Kot*blase heißen. Daraus folgt aber, daß die Nahrung spätestens im *Endabschnitt des Mitteldarms resorbiert* werden muß, und zwar in verhältnismäßig energischer Weise. Abb. 56 zeigt das Fassungsvermögen der Kotblase. In diesem Maße kann die Kotblase gegen Ende der Überwinterung gefüllt sein.

Bei den Malpighischen Gefäßen entsteht wiederum die Vorfrage: sind sie ektodermaler oder entodermaler Herkunft? Daß die wenigen larvalen Malpighischen Gefäße ektodermal sind, ist zweifelhaft; nach Snodgrass[248] treten die vorgebildeten Malpighischen Schläuche erst nachträglich mit dem ektodermalen Enddarm in Verbindung. Die Malpighischen Gefäße scheinen also keine Ausstülpung des Enddarms und damit auch keine Einstülpung des Entoderms zu sein. Die wesentlich zahlreicheren (80—100) imaginalen Malpighischen Gefäße sind nach Trappmann[262] entodermaler Herkunft.

Die Art der Sekretion scheint nach Trappmann[262] bei den Malpighischen Gefäßen ähnlich zu sein wie im Mitteldarm. Ich fürchte allerdings, daß bei den Präparaten ähnliche Artefakte hier wie dort auftreten. Peritrophische Membranen kommen nicht vor, aber der Zellbelag ist offenbar nicht chitinös; hiergegen

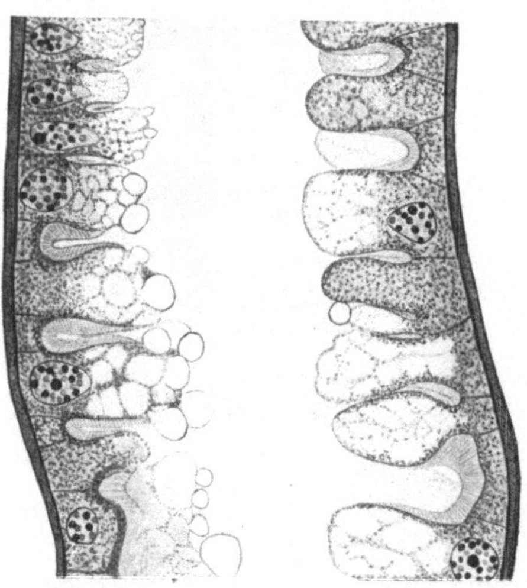

Abb. 57. Längsschnitt durch ein Malpighisches Gefäß „im Sekretstadium". (Trappmann 1923.)

branen kommen nicht vor, aber der Zellbelag ist offenbar nicht chitinös; hiergegen

---

Anm. Über das Excretionssystem der Biene siehe auch K. Peter, in diesem Handbuch Band II S. 407.

würden alle TRAPPMANNschen[262] Bilder (Abb. 57) sprechen. Es handelt sich offenbar mehr um einen schleimigen Belag, ähnlich wie im Mitteldarm. Die Sezernierung geht auf alle Fälle anders vor sich als etwa bei den Wachsdrüsen, wo durch eine sicher chitinöse Außenschicht hindurch sezerniert wird. SNODGRASS zweifelt die TRAPPMANNsche Darstellung der MALPIGHISchen Sekretion deswegen an, weil er die MALPIGHISchen Gefäße für ektodermal hält. Zwischen beiden besteht auch eine Differenz. TRAPPMANN[262] beobachtete im Gegensatz zu SNODGRASS bei spezieller Technik feine Muskelfasern in der Gefäßhülle, welche gestatten, daß die

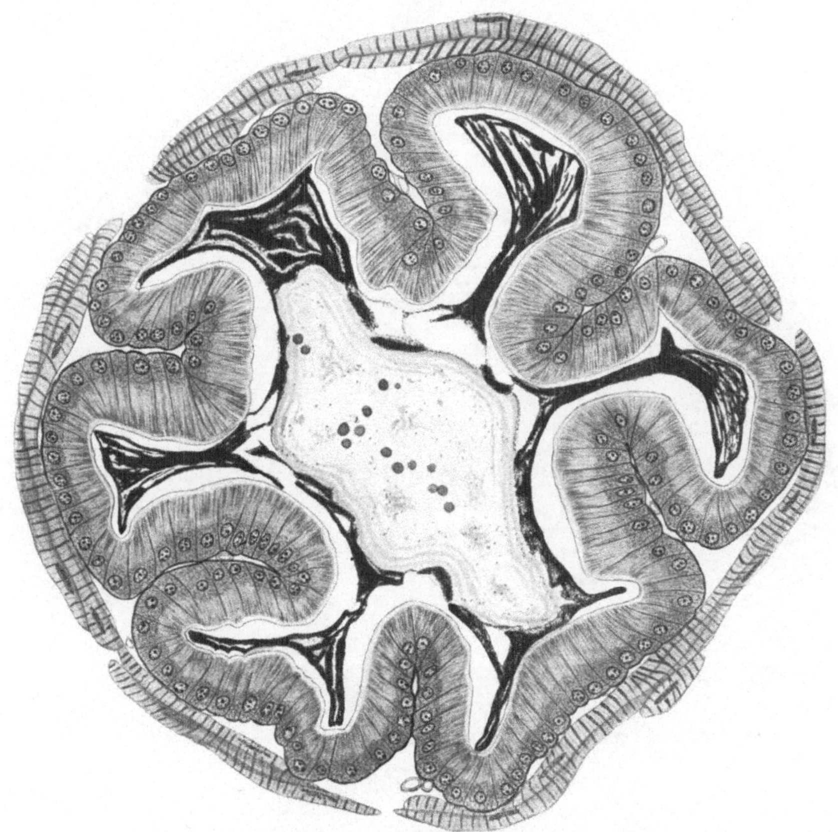

Abb. 58. Querschnitt durch den Enddarm, seine Längs- und Ringmuskeln. Sechs Hauptfalten mit starken Bakterienanhäufungen. Innen peritrophische Membranen. Zwischen Bakterien und Palisadenepithel die chitinöse Epidermis. (TRAPPMANN 1923.)

MALPIGHISchen Gefäße sich bewegen und leicht entleert werden können. Über die saure oder alkalische Reaktion des Inhalts der MALPIGHISchen Gefäße fand ich keine Angaben. „Es erfolgt zunächst Aufspeicherung der aus dem Körper aufgenommenen fremden Stoffe in Form von Granula als Vorstufe zum Excret, dann Lösung dieser Excretkörnchen unter Bildung von Lösungstropfen oder Excretvakuolen, die sich in Form von Excretblasen von der Zelle abschnüren und im Lumen durch Zerfall der Blasenwand das Excret freigeben. Die Lösung der Granula kann ausnahmsweise auch erst nach der Abschnürung der Excretblase von der Zelle erfolgen. Bei geringer Excretion schließt sich der durch austretende Excretblasen auseinandergeschobene Stäbchensaum wieder. Nach starker Excretion, die eine starke Formveränderung der Zellen, zuweilen auch eine solche

des Kornes bewirkt, bildet das Rhabdorium sich neu.“ Natürlich wird hier die
Art der Fixierung stark mitsprechen. Es möchte mir scheinen, als ob diese Darstellung nicht ganz leicht vereinbar ist mit der Annahme PETERSENS[205], daß dem
flüssigen Futter durch die Mitteldarmwand hindurch auf dem Umweg über Blutflüssigkeit und MALPIGHISche Gefäße Wasser in erheblichem Maße entzogen wird.

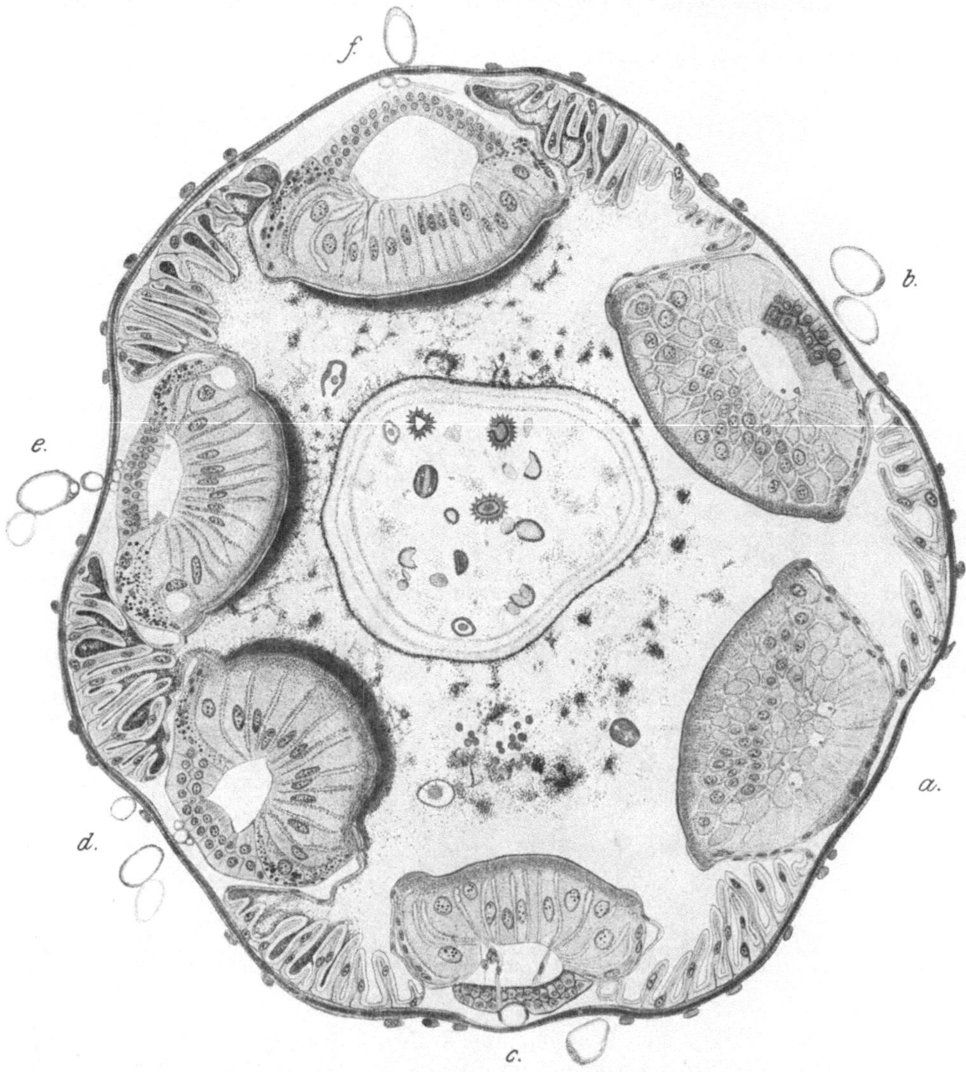

Abb. 59.   Querschnitt durch die Kotblase in der Höhe der Rektaldrüsen.   Die Rektaldrüsen ($a-f$) in verschiedenen Höhen getroffen.   Längs- und Ringmuskeln.   Kotblasenwand zwischen den Rektaldrüsen stark
gefaltet. (TRAPPMANN 1923.)

Über die Morphologie des *Dünndarms* geben die Bilder genügend Auskunft. Der
Dünndarm ist meist stark gefaltet (Ruhelage) (Abb. 58), wobei sechs Falten ziemlich konstant auftreten; in den Faltenwinkeln liegen zahlreiche Bakterien, offenbar
Fäulnisbakterien, die den vorbeigleitenden Kot frühzeitig impfen. Das Epithel
ist gleichmäßig einfach, und nichts spricht für Arbeitsteilung. Die Intima erscheint kräftig, ziemlich homogen, für starke Absorption nicht geeignet. Der

Dünndarm geht ganz unvermittelt in die Kotblase über, an der die Rectaldrüsen uns besonders interessieren müssen.

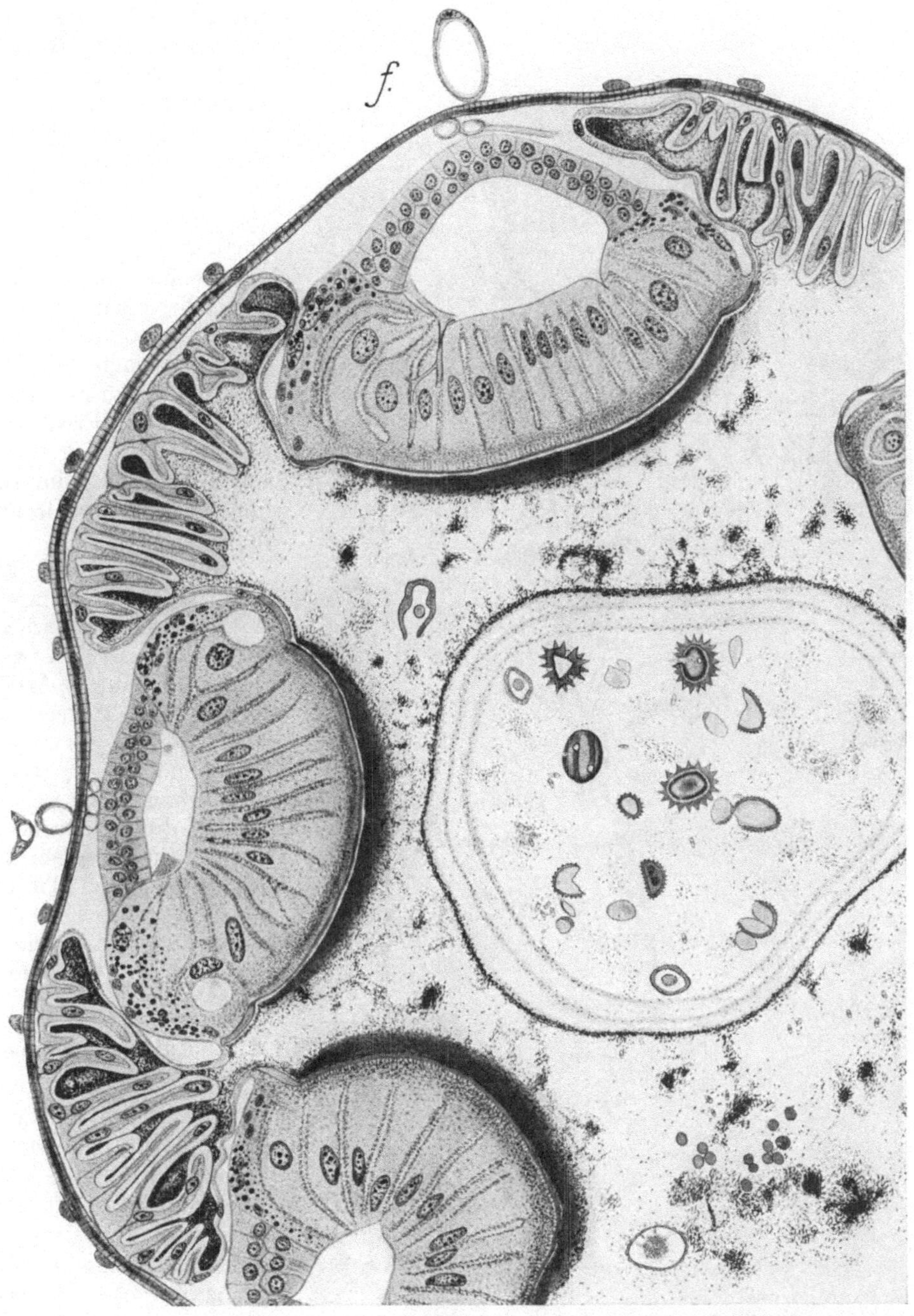

Abb. 60. Ausschnitt aus Abb. 59. In den Falten starke Bakterienanhäufungen, ebenso an den Innenseiten der Rectaldrüsen. Im Innern peritrophische Membran. Pollenkörner teils innerhalb, teils außerhalb, teils unversehrt, teils in Trümmern. Pollenkörner innerhalb der peritrophischen Membranen besser erhalten. Man beachte das Bakterien„leben". (Trappmann 1923.)

A. Koehler [144] hält der *Rectaldrüsen* wegen die Kotblase nicht ohne weiteres für eine Kloake, sondern rechnet stark mit sekretorischen oder resorbierenden Funktionen. Diese Ansicht würde manches erklären, sie begegnet aber auch ernsten Schwierigkeiten.

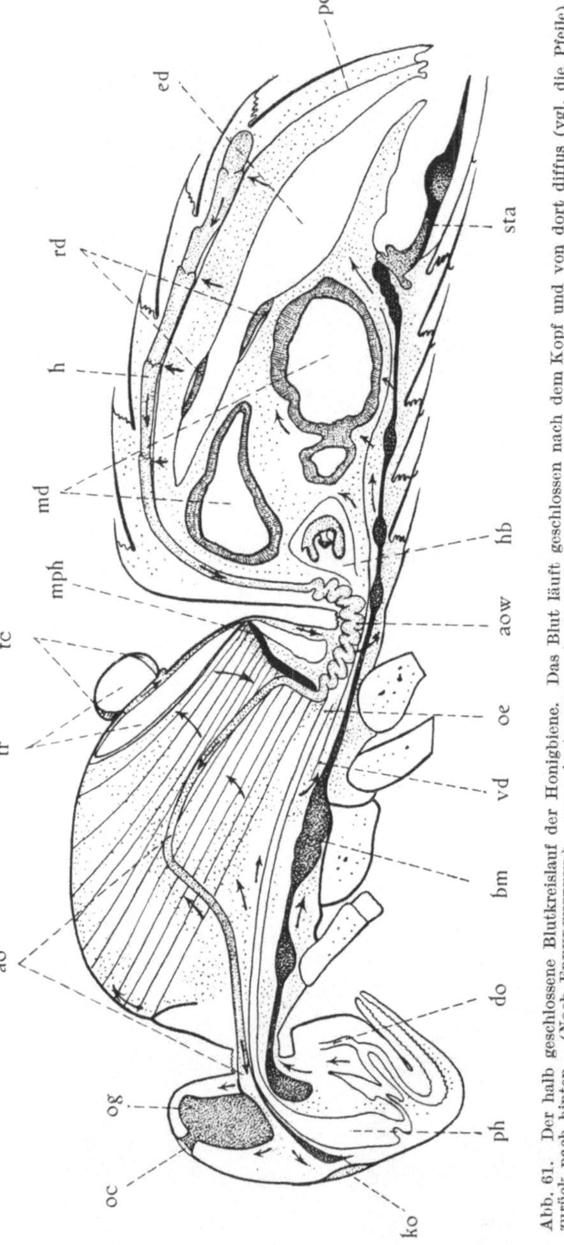

Abb. 61. Der halb geschlossene Blutkreislauf der Honigbiene. Das Blut läuft geschlossen nach dem Kopf und von dort diffus (vgl. die Pfeile) zurück nach hinten. (Nach Freudenstein.) *ao* = Aorta, *aow* = Aortawindungen, *bm* = Bauchmark, *dr* = Drüsenausführgang, *ed* = Enddarm, *h* = Herz, *hb* = Honigblase, *ko* = pulsierendes Organ im Kopf, *md* = Mitteldarm, *mph* = Mesophragma, *oe* = Oesophagus, *og* = Oberschlundganglion, *pc* = Pericardialseptum, *ph* = Pharynx, *rd* = Rectaldrüsen, *to* = pulsierendes Organ im Seutellum des Thorax, *tr* = Trachee, *vd* = Ventraldiaphragma. (Freudenstein 1928.)

Himmer [125] 1924 hält die Rectaldrüsen für ein „Hilfsmittel zur leichteren Abscheidung der Fäkalien nach außen, indem sie die zähe Kotmasse verdünnen". Aber dies dürften schon die Malpighischen Gefäße ausgiebig besorgen.

Trappmann [262] läßt die Frage nach der Rolle der Rectaldrüsen offen, zieht aber in Erwägung, der Duft ihrer Produkte spiele eine Rolle beim Auffinden der Geschlechtstiere.

Bei dieser so unklaren Lage kann ich auf eine genauere Beschreibung der Drüsen verzichten und auf die Arbeit speziell von Trappmann (Abb. 59 u. 60) verweisen. Auffallend ist die starke Versorgung der Rectaldrüsen durch Tracheen. Über einen etwaigen Zusammenhang der Trappmannschen feinsten Lacunen und der Tracheen würde man gerne noch Näheres erfahren.

4. Zirkulationssystem, Blut.

Die vom Darm aufgenommenen Nährstoffe müssen unter allen Umständen in die Blutflüssigkeit gelangen. Denn der Darm hängt frei in der (blutgefüllten) Leibeshöhle und wird nur durch Tracheengespinste einigermaßen in seiner Lage verankert. In der Nachbarschaft des Mitteldarmtrakts befindet sich das *Herz*, welches den Motor für den ziemlich ungeregelten Blutumlauf bildet. Der dorsal gelegene ausgedehnte Herzschlauch ist hinten muskulöser und weiter als vorn. Die

Ostien sind nach FREUDENSTEIN[101] (Abb. 61) zugleich Einlaßventile und zugleich eine Art Schleusentor, also ein *Doppelventil*, welches dem einmal eingesaugten Blut den Zugang nach hinten und außen versperrt. Die Saug- und Druckbewegungen des Herzens können aufgefaßt werden als eine von hinten nach vorn verlaufende *peristaltische* Welle. Die Wellenlänge beträgt ungefähr eine halbe Abdomenlänge und umfaßt etwa 2—3 Herzkammerlängen. Der in Röhren eingeschlossene Teil des Blutumlaufs erstreckt sich nach vorn nur bis in die Gegend des Gehirns. Das *frische* Blut, hinten durch die MALPIGHISchen Gefäße filtriert und *gereinigt*, vom Darm her mit neuen Nährstoffen beladen und in der Gegend der Wespentaille vielleicht auch noch besonders mit Sauerstoff versehen — FREUDENSTEIN faßt die sog. Aortenwindungen als eine Art *Insektenlunge* auf —, tritt in dauerndem Strom an die wichtigen *Drüsenbezirke der Gehirngegend* heran. Wir verstehen,

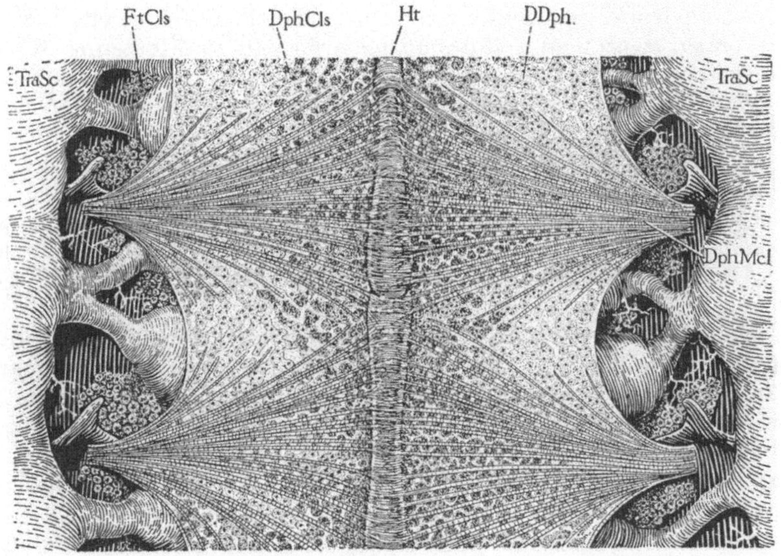

Abb. 62. Die abdominalen Zirkulations- u. Respirationsorgane einer Drohne. Blick von unten in das Abdomendach. *DDph* = Dorsaldiaphragma, *DphMcl* = Diaphragmamuskelfasern, fächerartig ausgehend von den Tergithörnern, *DphCls* = Diaphragmazellen, *Ht* = Herz, *TraSc* = Tracheensäcke links und rechts mit den Abzweigungen. (SNODGRASS 1925.)

daß unter diesen Umständen das Drüsensystem 1 eines der leistungsfähigsten im Bienenkörper werden kann. Gewisse dorsal (Abb. 62) und ventral im Abdomen ausgespannte *Diaphragmen* oder Velen ergänzen das unvollkommen geschlossene Blutsystem. Das verbrauchte Blut strömt ventralwärts nach hinten und wird dann vom Herzen wieder eingesaugt.

Im Kopf der Biene zwischen den Antennen fand FREUDENSTEIN[101] eine sekundäre Blutpumpe zur Versorgung der sinneswichtigen Antennen (*Ko* der Abb. 46), ebenso am Thorax unter dem sog. Scutellum.

Die Pfeile der Abb. 46 und 61 zeigen u. a. die Endaustrittsstellen am geschlossenen Teil des Blutumlaufs. Hieraus geht deutlich eine gute Blutversorgung der Gehirngegend hervor.

Die Mikroskopie des Blutes hat MÜLLER[186] 1925 studiert:

Die *Önocyten* kommen auch frei flottierend in der Blutflüssigkeit bei der erwachsenen Honigbiene vor. Die *Körperelemente der Blutflüssigkeit* sind: 1. die kleinsten Randzellen (1,5—2,8 μ groß), fast ganz aus Kern bestehend; 2. ebenfalls plasmaarme, aber erheblich größere Bildungszellen (4,2—5,6 μ groß). Aus ihnen entstehen wahrscheinlich 3. die Leukocyten, die sich amitotisch teilen und amöboid verhalten.

II. Zur Mechanik der Verdauung.

1. Durchgangszeiten.

Lehrreich sind die Angaben Hunkelers[134] über die *Durchgangszeiten* bei in der Hauptsache flüssiger Nahrung. Ein extremes Beispiel sei hier wiedergegeben. Am 10. September 1923 wurden 20 Bienen mit Zuckerwasser und Kohlenpulver gefüttert. Nach 10 Minuten war das gereichte Futter aufgezehrt, und es wurde alsdann gewöhnliches Zuckerwasser gefüttert (2 Teile Zucker, 1 Teil Wasser). Die ersten Bienen wurden sofort, nachdem sie ca. 10 Sekunden Futter aufgenommen hatten, von diesem weggenommen und mit Äther getötet. Der Honigblaseninhalt war ganz schwarz gefärbt, und es fand sich bereits auch etwas Kohle im oralen (zentralen) Teil des Mitteldarms. In 15 Minuten ist schon der ganze Mitteldarm schwarz gefärbt. In der Kotblase traten die ersten Spuren von Kohle erst nach $1^1/_2$ Stunden, die größeren Mengen erst nach $22^1/_2$ Stunden auf. Deutlich schwarze Kotmassen fanden sich erst nach 52 Stunden auf dem Boden des Käfigs. Eine Fehlerquelle ist hierbei nicht ganz beachtet worden. Beim Narkotisieren pflegen die Bienen die Honigblase zu entleeren (vgl. dabei auch die Bildung der sog. Spermapatronen beim Narkotisieren von Drohnen); ein Tropfen quillt aus dem Munde. Daher ist natürlich nicht ausgeschlossen, daß beim Entleeren auch ein Teil durch den Zwischendarm in den Mitteldarm gelangt und beim Sezieren dort alsbald festgestellt wird.

Hierher gehören auch die Versuche Petersens[205] mit gefärbtem Zuckerfutter (z. B. Säure-Fuchsin). „Schon nach wenigen Stunden sieht man den ersten Teil des Mitteldarms von der roten Flüssigkeit gefüllt.“ Ergiebiger und ziemlich anders ausgefallen sind die Versuche Hunkelers[134]. In der Honigblase verweilt nach diesem Autor die Nahrung nur kurze Zeit. Er fand aber keine Nahrung, die ohne jeden Aufenthalt in der Honigblase durch den Zwischendarm gleich nach dem Mitteldarm gelangt wäre. Schon 25 Minuten nach der Einfütterung kann die Honigblase leer sein. Futterreste blieben in Spuren noch 5—6 Stunden in der Honigblase. Bestimmte Nahrungsreste blieben dort in seltenen Fällen sogar noch nach 5 Tagen nachweisbar (z. B. Kohlepartikelchen). Die ersten Futterspuren erschienen im Mitteldarm gleich nach der Futteraufnahme innerhalb der peritrophischen Membran des Mitteldarms. Die letzten Reste konnte Hunkeler noch nach 6—7 Tagen darin nachweisen. Der Dünndarm wird offenbar rasch passiert. Man findet meist nur geringe Mengen von Verdautem darin. Die ersten Kotbällchen erscheinen in der Kotblase unter Umständen schon nach 25 Minuten, die Hauptmenge aber meistens erst nach 2 bis 3 Stunden. Bei den Hunkelerschen[134] Versuchen war nach 7 Tagen von der Versuchsnahrung in der Kotblase nichts mehr nachzuweisen. Die Kotblase wird in vielen Fällen häufig geleert (natürlich liegen diese Verhältnisse ganz anders im Winter oder bei dauernd schlechtem Wetter). Nicht selten findet man Versuchsfutter zwar noch im Mitteldarm, aber keine Spur (mehr) in der Kotblase.

Bei den anderen Versuchen wurde statt Zuckerwasser Honig gefüttert, und zwar mit Stärke vermischt. Nach 25 Minuten war in der Honigblase wenig Stärke, im Enddarm noch keine, im Mitteldarm befand sich die Hauptmasse, sehr viel im Anfangsteil, dann abnehmend bis zum Sphincter. Bei einem anderen Honigversuch (Beimischung von Kohlenpulver) war nach einer Stunde noch viel Kohle in der Honigblase, wenig Kohle im Mitteldarm, keine Kohle im Enddarm. Nach $2^1/_2$ Stunden war noch viel Kohle in der Honigblase, sehr viel im

Mitteldarm, wenig im Enddarm. Hier ist also der Übergang der Nahrung in den Mitteldarm nicht sofort erfolgt und in ergiebigerem Maße erst verhältnismäßig spät. Die Bestimmung der Durchgangszeiten ist nach all dem gar nicht leicht. Sie wird sehr verschieden sein bei Bienen, die für den Stock sammeln oder für sich selbst Nahrung zu sich nehmen, verschieden bei Hungerbienen und bei normalen Bienen, anders bei Nektar und dickem Winterhonig, anders bei flüssiger und bei Pollennahrung und wieder anders bei jungen Bienen, welche sich durch starkes Pollenfressen auf die Ammendienstzeit vorbereiten, anders bei nosema- oder faulbrutkranken Bienen, wieder anders bei Bienen in kühler Wintertraube. Immerhin wären weitere Versuche und Beobachtungen sehr erwünscht, denn mit dem Tempo der Durchgangszeiten wird in vielen Fällen das Tempo der Bildung der peritrophischen Membran Hand in Hand gehen. WHITECOMB und WILSON[272] hatten bei ihren Versuchen die Zuckerlösung blau, die Pollen rot gefärbt. Nach Abschluß der Fütterung öffneten sie die narkotisierten Tiere in bestimmten Zeitabschnitten und konnten zum Teil noch die Bewegungen der Verdauungsorgane studieren. Die Bienen waren in erstarrtem Paraffin montiert und wurden im allgemeinen in physiologischer Kochsalzlösung untersucht. Pollen blieb in der Honigblase selten länger als 20 Minuten. In Übereinstimmung mit HUNKELER stellten sie fest, daß der Pollen sich längere Zeit in der Honigblase aufhält, also nicht direkt vom Oesophagus in den Zwischendarm gelangt. Auch diese Verfasser bezeichnen es als höchst merkwürdig, daß die Pollenwurst, also die Pollenportion umgeben von der peritrophischen Membran, nach etwa einer Stunde im Anfang des Mitteldarms erscheint, ohne daß die Füllungsspannung der Honigblase sichtlich nachgelassen hat. Der Zwischendarmkopf vermag also die Pollenkörner aus dem Honigmageninhalt ziemlich „trocken" herauszufischen. Die Autoren machen ausdrücklich darauf aufmerksam, daß die Pollen in der Wurst ziemlich locker beisammen sind, später aber eng aneinanderrücken. PETERSEN glaubt bezüglich der flüssigen Nahrung einen physikalisch ziemlich verwickelten Verdauungsvorgang feststellen zu können. „Das massenhaft aufgenommene Zuckerwasser wandert schnell weiter. Der Inhalt des oralen Mitteldarmteiles ist sehr wässrig, der des analen dicker. Das Wasser wird also im vorderen Teil schnell resorbiert, dann aber zum großen Teil ausgeschieden. Die Wasserausscheidung findet hinter dem dicken Teil des Mitteldarminhalts bekanntlich durch die MALPIGHIschen Gefäße statt, und das Wasser sammelt sich in der Endampulle an. Zugleich ist klar, daß auf diese Weise der Darminhalt nicht so leicht frei von Pollen wird und daß man auch bei Bienen, die fast 14 Tage im Laboratorium mit Zuckerlösung ernährt wurden, noch Pollen im Mittel- und Enddarminhalt, in welch letzterem geringe Mengen weiterwandern, findet." Wenn tatsächlich Wasser vom oralen Mitteldarmabschnitt resorbiert werden kann, dann müßte man annehmen, daß Darmabschnitte im Laufe der Zeit abwechselnd sezernieren und resorbieren können; z. B. könnte der Vorderdarmabschnitt bei Pollennahrung peritrophischen Schleim samt Fermenten sezernieren, bei Zuckerwasserfütterung, wo das Sezernieren von proteolytischen Fermenten nicht nötig ist, auch resorbieren.

2. Mechanische Pollenverdauung.

Die Angaben über die Mechanik der *Pollenverdauung* gehen sehr auseinander. Vielfach setzt man voraus, daß ein Pollenkorn nur dann ordentlich verdaut werden kann, wenn die Pollen*schale* (Exine) aufgebrochen ist. Man bedenkt zu wenig, daß das Pollenkorn die sog. *Austrittsstellen* besitzt, durch die ohne Zweifel leicht osmotische Vorgänge sich abspielen können. Im allgemeinen überschätzt man die Rolle der Mandibeln beim Zerkauen, also beim Aufknacken der Pollenschalen. v. PLAN-

TA[213f.] 1885/86 vermochte Kiefern- und Haselpollen zwischen gerieften Stahlplatten nicht zu zertrümmern. Vinson[269a] 1927 bearbeitete lufttrockenen Getreidepollen 24 Stunden lang in einer Art Kugelmühle. Um den klebrigen Pollen der meisten Insektenblütler ähnlich zu bearbeiten, müßten die Bienen in ihren Mandibeln einen weit besseren Apparat besitzen als eine Kugelmühle. Natürlich ist es möglich (vgl. Petersen[205]), daß die größten unter den so verschieden großen Pollen (s. Anm.) durch die Bienenmandibeln leicht und häufig zertrümmert werden. Wenn die Verdauung durch die Austrittsstellen (s. Anm.) hindurch erfolgen soll, dann setzt dies eine gewisse Aufenthaltsdauer des Pollens im Bienendarm voraus. Was wir hierüber wissen, läßt osmotische Vorgänge möglich erscheinen.

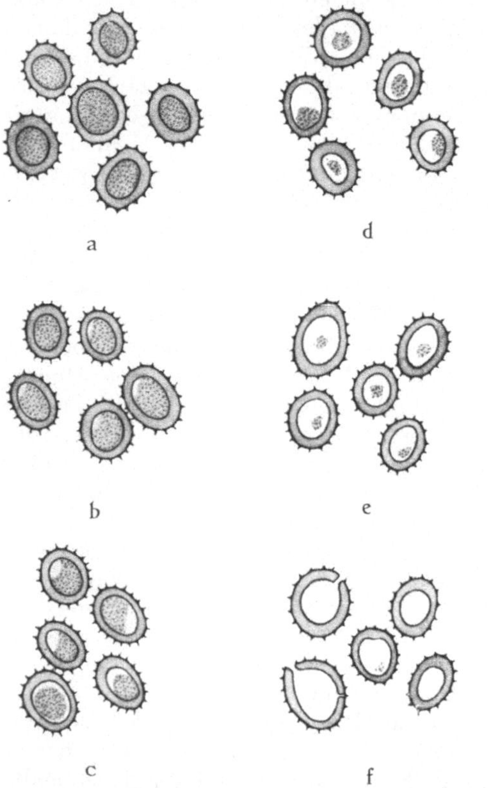

Petersen[205] findet: „Nur die bei der Nahrungsaufnahme oder schon vorher bei der wiederholten und eingehenden Bearbeitung mit den Kiefern zertrümmerten Körner werden verwertet, das übrige geht unverändert wieder ab und ist verloren." Zu diesem sehr kategorischen Schluß glaubt er berechtigt zu sein, weil er in Pollen aus dem Enddarm der Bienen nach Färbung mit 4proz. Säure-Fuchsin-Lösung, mit Essigsäure gut angesäuert, oder nach Gramscher Bakterienfärbung, noch „den rotgefärbten Plasmakörper im Innern der unverletzten Pollenkörner" nachweisen konnte. Es ist natürlich nicht nötig, daß der Inhalt eines Pollens, der dem Verdauungssaft der Bienen kürzere oder längere Zeit ausgesetzt war, ganz ohne färbbaren Inhalt sein muß. Im übrigen widersprechen dem auch die Versuche von A. Koehler[144], in gewissem Sinne auch die Bilder und Angaben von Whitecomb und Wilson.

Abb. 63. Veränderungen an Ahornpollen beim Durchgang durch den Bienendarm. a = normal in Zuckerlösung, b, c, d = aus dem Bienenmitteldarm, e, f = aus dem Dünn- und Enddarm. (Whitecomb u. Wilson 1929.)

Über die von Whitecomb und Wilson[272] gefundenen Durchgangszeiten und über die fortlaufende Verdauung des Kürbis- und des Ahornpollens orientieren am besten die beifolgenden Bilder Abb. 63—68. Die Bilder bestätigen die Rolle, welche die Pollenaustrittsstellen auch für die Verdauung durch die Biene spielen.

Auch Parker[201] gibt an, ähnlich Whitecomb und Wilson, daß noch im Enddarm und in der Kotblase die Schrumpfung des Polleninhalts sich fortsetzt. Ob man daraus auf eine Resorptiontätigkeit daselbst schließen darf?

Parker[201] untersuchte ebenfalls mit färberischen Mitteln Veränderungen am Pollenkorninhalt in den verschiedenen Teilen des Bienenverdauungstraktes. Er fand bei Fixierung mit Bouinscher und Diedrickscher Flüssigkeit verhältnismäßig gute Ausnutzung des Pollens.

Anm. Genauere Angaben hierüber bei Armbruster u. Oenicke[20] 1929.

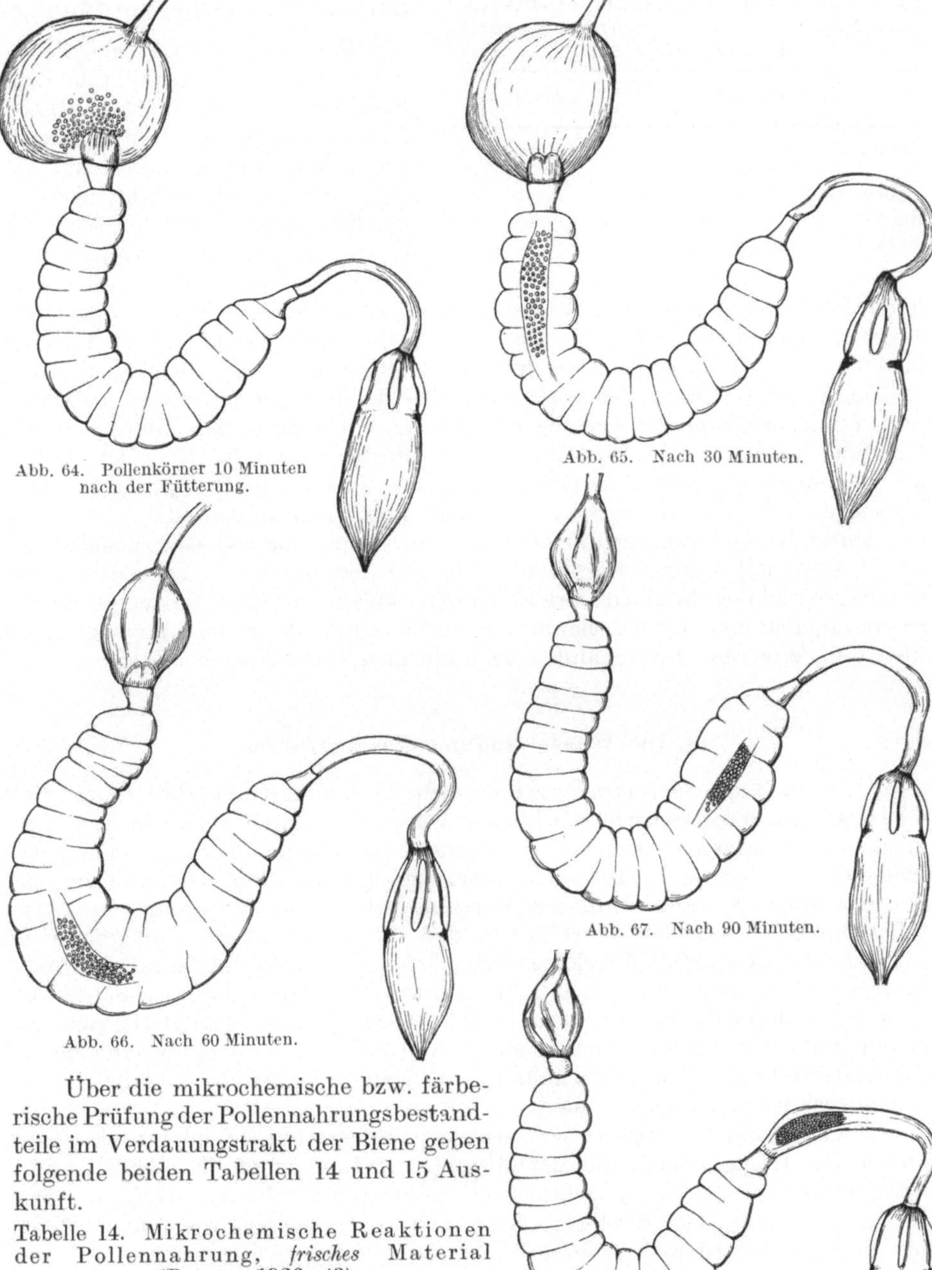

Abb. 64. Pollenkörner 10 Minuten nach der Fütterung.

Abb. 65. Nach 30 Minuten.

Abb. 66. Nach 60 Minuten.

Abb. 67. Nach 90 Minuten.

Abb. 68. Nach 120 Minuten.

Abb. 64—68. (Nach WHITECOMB u. WILSON 1929, vgl. Text S. 518.)

Über die mikrochemische bzw. färberische Prüfung der Pollennahrungsbestandteile im Verdauungstrakt der Biene geben folgende beiden Tabellen 14 und 15 Auskunft.

Tabelle 14. Mikrochemische Reaktionen der Pollennahrung, *frisches* Material (PARKER **1926**, 43).

Geprüftes Organ	Millonslösung	Eosin	Jod	Sudan III
Ventriculus vorn	—	+	—	—
,, hinten	—	+	—	—
Rectum	—	+*	—	+*
larvaler Mitteldarm	—	±	—	+*

* nur gering +

Tabelle 15. Mikrochemische Reaktionen der Pollennahrung, *fixiertes* Material (Parker 1926, 43).

Geprüftes Organ	Millonslösung	Eosin	Jod
Ventriculus vorn	—	+	—
„ hinten	—	—	—
„Intestine"	—	+	—
Rectum	—	—	—
larvaler Mitteldarm	—	±	—

III. Zur Chemie der Verdauung.

Ernährungsversuche an Bienen sind *nicht leicht* durchzuführen. Eine *Ernährungsbilanz* z. B. zu gewinnen durch „analytische Bestimmungen der Zufuhr und Ausfuhr" ist, wie schon Petersen[205] betont, fast unmöglich, denn es handelt sich um kleine Mengen und ziemlich hinfällige Tiere, um Tiere außerdem, deren Rolle in der Gesamternährung des Volkes mit dem Alter und mit den Umständen dauernd wechselt, um Tiere endlich, die sich schlecht gefangen halten lassen. Auf der anderen Seite sind die Beobachtungs- und Meßmöglichkeiten an Tieren unter den verschiedenen normalen Bedingungen (verschiedene Alters- und Funktionsgruppen; verschiedene Kasten; Sommerbienen, Winterbienen; Gesunde, Kranke usw.) noch nicht im entferntesten erschöpft. Noch schwieriger als an den Imagines sind Ernährungsversuche an Larven. Erfolgversprechende Versuche sind von anderer Seite im Gange, aber nicht spruchreif.

Unser Kapitel von der Chemie der Bienenverdauung soll sich zunächst mit den Feststellungen beschäftigen über die Wasserstoffionenkonzentration bzw. den Säuregrad der einzelnen Darmabschnitte, sodann mit dem Abbau von Kohlehydraten, Fett und Eiweiß, hauptsächlich im Anschluß an die Untersuchungen über die Fermente. Den Schluß mögen ein paar Sonderfragen bilden.

1. Die Wasserstoffionenkonzentration.

Über die *Wasserstoffionenkonzentration* im Verdauungstrakt gibt Hunkeler[134] eine Statistik. Die Reaktion des Bienendarms hat er durch Futter in geeigneter Weise zu beeinflussen versucht. Aus seiner Statistik geht hervor: Anfang und Ende des Verdauungstrakts sind sauer, der Dünndarm meist alkalisch, der *Mitteldarm ist im Durchschnitt annähernd neutral.* Damit ist, worauf Hunkeler schon hinweist, sehr leicht erklärlich, daß die in der sauren Honigblase geschwächten *Bakterien* im Mitteldarm sich *erholen und keimen.* In der sauren Honigblase werden die Bakterien geschwächt aus zwei Gründen, 1. durch die Säurereaktion und 2. durch das Bactericid im Honig. Die Honigblase reagiert vielleicht aus einem doppelten Grunde sauer, erstens, weil Sekrete der Kopfdrüsen, speziell der Systeme I und IV sich dem Inhalt beimengen, und zweitens, weil die Nektare nur ausnahmsweise alkalisch sind.

Nach Evenius reagiert der Speicheldrüsenextrakt (Kopfextrakt) sauer, ebenso der Honigblaseninhalt, der Mitteldarmextrakt stets alkalisch, der Enddarmextrakt meist sauer, gelegentlich neutral bis schwach alkalisch. Was Evenius[87] unter dem Stichwort Speicheldrüse registriert, ist unter anderem der Inhalt von System I, II und IV.

Um die Art der *Reaktion des Mitteldarms* zu prüfen, kochte Petersen[205] Lackmuswürfelchen, setzte sie Honig bei und neutralisierte dieses Futter mit Kalilauge bis zur Violettfärbung. „Der Inhalt der Honigblase war leuchtend hellrot, der Inhalt des Mitteldarms erscheint violett. Es wird also die Säure des Kropfinhalts nach dem Übertritt in den Mitteldarm neutralisiert."

Die im Durchschnitt weder deutlich saure noch deutlich alkalische Reaktion des Mitteldarms macht einen Vergleich mit der Säugetierverdauung (peptische Verdauung in saurer Umgebung, tryptische in alkalischer Umgebung) nicht ohne

weiteres möglich. Auf alle Fälle müßte man die peptische Verdauung mehr in
den Vorderabschnitt des Mitteldarms verlegen.

ELSER[73] 1924 glaubt auf Grund mikrochemischer Untersuchungen freie
Ameisensäure im Bienendarm nachweisen zu können, wobei er deren nachträgliche Bildung für ausgeschlossen hält. 1929 bestimmte ELSER für den
Darminhalt der Biene p_H = 5,6, 6,0, 5,8, 5,9, 6,3, für den Futtersaft p_H = durchschnittlich 4,6. Schon wegen dieser Differenz könne der Futtersaft nicht aus dem
Darm stammen.

Wenn der Dünndarm fast immer alkalisch reagiert und die Kotblase immer
sauer, dann spricht dies klar dafür, daß die Säure dort durch Vorgänge in der
Kotblase selbst erzeugt wird. Im Dünndarm wird der Inhalt der MALPIGHISCHEN
Gefäße mit eine Rolle spielen. Wie die MALPIGHISCHEN Gefäße reagieren, ist nicht
bekannt, alkalische Reaktion aber wahrscheinlich (z. B. reagiert der Dünndarm,
in den sie münden, fast immer alkalisch).

Nach BISHOP[39] 1923 ist das Blut der Bienen sauer bei einer p_H-Konzentration von 6,77—6,93.

STURTEVANT[253] fand in der Larve fast konstant die Wasserstoffionenkonzentration = 6,8.

2. Die Fermente.

Auch für die Lehre von den Fermenten und damit von der Verdauung von
Kohlehydraten, Fett und Eiweiß sei eine Übersicht vorausgeschickt (aus EVENIUS[87] und PAWLOWSKY und ZARIN[203] kombiniert).

Tabelle 16 (EVENIUS 1926).

Name des Ferments	Speicheldrüsen	Honigblase	Mitteldarm	Enddarm	Bemerkungen
Diastase	+ +	+	+ + +	+ +	
Glykogenase	+ +	+	+ + +	+ +	
Inulase	—	—	—	—	
Cellulase	—	—	—	—	
Invertin	+ + +		+ +	+	
Lactase	—	—	—	—	
Lipase	?	?	+	+	
Protease	+	?	+ +	?	
Pepsin	—	—	+	—	
Trypsin	—	—	+	—	
Chymosin	—	—	+ +	—	
Tyrosinase	?	?	?	—	Im Enddarm nur am Ende der Überwinterung
Emulsin	—	—	—	—	
Katalase	—	—	+	±	
Reaktion des Darminhaltes:	sauer	sauer	alkalisch	sauer	

Es bedeutet: + + + Sehr starkes Ferment vorhanden,
+ + starkes Ferment vorhanden,
+ Ferment vorhanden,
? Vorhandensein fraglich,
— Ferment nicht vorhanden.

a) Kohlehydratverdauung.

Schon ERLENMEYER und PLANTA[84] fanden, daß der eingetragene Pollen
Invertase, Diastase und Protease enthalte.

Auch PHILLIPS[210] behauptet 1925 (deutsche Übersetzung im Arch. Bienenkde
6), daß im Pollen des Verdauungskanals der Biene *Diastase* vorkomme. Diese
Pollendiastase sei auch verantwortlich für die Diastasewirkung des Honigs.

Pawlowsky und Zarin präparierten an der erwachsenen Biene die einzelnen Organe des Verdauungstrakts heraus, schnitten sie dann auf, *entfernten den Inhalt* und zerrieben die Teilstücke mit Sand in Glycerin. Die Extrakte wurden dann noch mit Wasser verdünnt. Die Operationen und die Versuche in vitro führte Evenius[87] nach *Sterilisierung* der Instrumente aus. Von dem zu untersuchenden Organ wurden gewöhnlich 10 Exemplare präpariert und mit je 2 cm³ destilliertem Wasser versetzt. Als Desinfektionsmittel diente Toluol oder auch ein Thymolkrystall. Versuchstemperatur war 30—35⁰, Versuchsdauer 24 Stunden. Es wurden nur Versuche mit Negativkontrolle verwertet.

Zum Studium der *Speicheldrüsenfermente* benutzte Evenius[87] nur die abgetrennten Köpfe. Er hat zwar versucht, vor Abtrennung des Kopfes durch entsprechendes Kneten des Thorax das Sekret aus den Sammelbehältern des Systems ebenfalls nach dem Kopf zu dirigieren. Bei diesem Verfahren wird, wenn überhaupt Flüssigkeit endgültig nach dem Kopf gelangt, auch Thoraxlymphe in den Kopfraum treten.

Während Phillips[210f.] nachdrücklich die Ansicht vertritt, daß *Diastase* im Inhalt des Mitteldarms nicht vorhanden ist, weist Evenius im Darm*inhalt* von Überwinterungsbienen Stärkeverdauung mit Hilfe der Jodprobe nach. Daß Evenius Winterbienen genommen hat, ist wichtig, weil deren Mittel*darm*inhalt fast gar keine Pollenkörner birgt. Wohl aber enthielt der Darminhalt, den Evenius aus dem Darm nach hinten herauszog, noch reichlich peritrophische Membranen. Allerdings blieb immer noch der Einwand: in Überwinterungsbienen kommen reichlicher Bakterien vor; darum könnten die diastatischen Fermente des Darminhalts nicht von der Biene geliefert sein, sondern von den *Nahrungsresten* und der *Mikroflora*. Immerhin ist wenigstens in der Honigblase Diastase nachgewiesen, die mit größter Wahrscheinlichkeit aus den „Speicheldrüsen" stammt.

Zur Feststellung der *Diastase* benutzte Evenius 1 proz. Lösungen von Amylose nach Bütschli oder von löslicher Stärke (Kahlbaum). Das Abbau-Endprodukt Maltose wurde mit der Phenylhydrazinprobe festgestellt. Zur Feststellung der *Glykogenase* wurde der Abbauversuch an 1 proz. Lösung von Glykogen (Merk) mit Hilfe der Jodprobe untersucht. Auf *Cellulase* untersuchte Evenius dadurch, daß er seine Extrakte wirken ließ auf dünnste Mandelschnitte (Prunus amygdalus), mit negativem Ergebnis. Zum Nachweis des *Invertins* benutzte Evenius fünfmal so viel (50 statt 10) Präparate und gab nur 1 cm³ destilliertes Wasser hinzu. Die Hälfte des Extrakts wurde sofort gekocht, um feststellen zu können, wieviel Glykose und Fruktose in dem Ausgangsgemisch schon vorhanden war. Zu beiden Hälften wurde 1 proz. Rohrzuckerlösung gegeben, und zwar 5 cm³ zu 0,1 cm³ Extrakt. In der einen, nicht abgekochten Hälfte mußte etwa vorhandenes Invertin weiter invertieren. Das Wieviel ergab die Kupferoxydulmenge bei der Fehlingschen Probe.

A. Koehler[145] stellte bei Verfütterung von stärkehaltigem Pollen eine Aufspaltung von Stärke fest mit Hilfe der Jodprobe, und zwar auch bei vollkommen *unverletzter Pollenschale*. Sie glaubt, daß das diastatische Ferment, wie auch die übrigen Verdauungssäfte, durch die Austrittsstellen des Pollenkorns eindringen. Allerdings fehlt hier noch die nähere Untersuchung, ob und wieviel Diastase das Pollenkorn selbst enthält.

Auch von Hunkeler[134] stammen *Stärkeverdauungsversuche*. Er fütterte „Stärkekörner" (Amylum). Von der hier hauptsächlich in Frage kommenden Versuchsreihe faßt Hunkeler das Ergebnis zusammen: wo und wieweit eine Verdauung der Stärke stattfindet, läßt sich aus diesen Versuchen sehr undeutlich feststellen. Das Auftreten gequollener Körner, die sich mit Jodtinktur nicht mehr deutlich blau, sondern weinrot bis braun färben, läßt vermuten, daß eine Verdauung im Mitteldarm stattfindet (HUNKELER[134] hatte dabei sehr reichlich Stärke gegeben und nach 10 Stunden bereits den Versuch abgebrochen). Nach dem Protokoll waren nach 10 Stunden im Enddarm die meisten Stärkekörner bereits weinrot.

PETERSEN[205] prüfte die Stärkeverdauung am Lebenden, indem er Stärkezuckerlösungen fütterte und dann mit Jod-Jod-Kali nachfütterte. Er hielt es für wahrscheinlich, daß ein beträchtlicher Teil der Stärke im Mitteldarm zu Milch- oder Traubenzucker aufgespalten wurde. Als Quelle des *diastatischen* Ferments sieht er nicht so sehr den Mitteldarm, vor allem nicht die Honigblase, sondern eher die Speicheldrüsen an. Beim Versuch in vitro wurden 100 Bienenmitteldärme mit Glaspulver und 10 cm³ einer Mischung von Glycerin und Wasser zu gleichen Teilen (mit Toluol gesättigt) verrieben und filtriert. Er erhielt zwar positive Ergebnisse bei der Jodprobe, doch hat er offenbar nicht steril genug gearbeitet. Er hält selbst die Frage für noch nicht ganz geklärt.

Die Verdauung der Kohlehydrate, Stärke und Dextrine ist in vielfacher Hinsicht interessant. Beide, namentlich die letzteren, sind praktisch von großer Wichtigkeit für die Bienenhygiene im Winter. Dextrinhaltige Honige sind nach vielen Erfahrungen schlechte Überwinterungshonige. Aus Fütterungsversuchen mit reiner Rohrzuckerlösung stellte ZARIN[278] 1921 fest, daß der Bienenorganismus imstande sei, dextrinartige Stoffe aus der Zuckerlösung aufzubauen (2,7 bis 3,81 %), offenbar mit Hilfe eines Fermentes. Katalase fehlte in diesem reinen Zuckerfütterungshonig.

b) Fettverdauung.

Im Gegensatz zur Kohlehydratverdauung ist die Fettverdauung bei der Honigbiene im Durchschnitt unsicher. PETERSEN[205] gelang es nicht, in den Mitteldarmepithelzellen färberisch Fett nachzuweisen bei Bienen, die reichlich Fett im Darminhalt hatten, offenbar von ölhaltigen Pollen herstammend. Für ihn ist sicher, daß nur wenig von dem Fett im Darm verwendet wird. Er glaubt, es sei schwer zu beurteilen, ob im Mitteldarm überhaupt etwas von dem Fett gespalten und resorbiert wird. PETERSEN fällt der feste Aggregatzustand des Kotfettes auf und seine Löslichkeit in Alkohol. Er denkt an reichlichen Gehalt von Fettsäuren. „Eine Fettsäurebestimmung des aus dem Enddarm mit Alkohol extrahierten Fettes ergab eine Fettsäurezahl von 466" (er erhielt insgesamt 8,9 mg Fett).

A. KOEHLER hält Aufspaltungen und Resorption von Fett auf Grund von Versuchen, die sie allerdings nicht näher beschreibt, für wahrscheinlich. Sie scheint speziell das Fett der Pollenkörner im Auge zu haben.

PHILLIPS[206] 1922 fand, daß die Pollenfettropfen im ganzen Verlauf des Bienenverdauungstrakts unverändert bleiben. Ihm erscheint also das Vorkommen von Lipase im Bienendarm zweifelhaft. Das *Lipase*ferment ließ EVENIUS[87] wirken auf Kuhmilch, Emulsion von neutralem Olivenöl und von Tributyrin, ferner auf dünne Ausstriche von tierischen und pflanzlichen Fetten. Bei EVENIUS beeinflußte die Eigenfarbe der Extrakte ein genaues Titrieren, also eine genauere Untersuchung auf etwa entstandene Fettsäuren. PAWLOWSKY und ZARIN erhielten positive Resultate.

HUNKELER[134] fand keine Anhaltspunkte für lipolytische Fermente. Er fütterte Milchfett (Rahm, Sahne) in einer Zuckerlösung. Nach 1¹/₂ Stunden war in der Honigblase Fett, ebenso nach 20 Stunden. Nach 2 Tagen aber war kein Fett mehr in der Honigblase. Nach 1¹/₂ Stunden war schon das meiste Fett im Mitteldarm, im Enddarm noch keins. Nach 20 Stunden war im Enddarm erst ganz wenig Fett, und nach 2 Tagen war in der Honigblase kein Fett mehr. Der Enddarm enthielt schon wieder Fett. Nach 3 Tagen war im Mitteldarm nur noch wenig Fett in der hinteren Hälfte. Nach 4 Tagen war immer noch etwas Fett im Mitteldarmende.

c) Eiweißverdauung.

A. KOEHLER[145] berichtet, allerdings ohne nähere Angaben, es sei ihr der Nachweis von proteolytischen (und invertierenden) Fermenten gelungen.

Nach EVENIUS[87] verriet sich die *Protease*, wenn er den Verdauungssaft unter dem Mikroskop auf die Struktur von Froschmuskelfasern wirken ließ (Verschwinden der Querstreifung). Mitteldarmextrakte lösten in 16 Stunden die Muskelfaser fast völlig auf. Enddarmextrakte machten teilweise die Querstreifung undeutlich. PAWLOWSKY und ZARIN untersuchten auf *Pepsin* und *Trypsin*. Sie fanden ein in der alkalischen Umgebung wirkendes Trypsin. Nach PAWLOWSKY und ZARIN[203] würde ein peptisches Ferment auch auf ein saures Medium wirken, was von Bedeutung wäre, sofern und soweit der Mitteldarm bisweilen saure Reaktion zeigt. Schon DÖNHOFF[70a] hatte den Einfluß von Mitteldarmsaft auf die Milchgerinnung, also das Labferment *Chymosin* festgestellt. EVENIUS wiederholte die Versuche, nur fand er längere Reaktionszeiten (24 Stunden bei Zimmertemperatur).

d) Sonstige fermentative Vorgänge.

Die „verkühlte" Bienenbrut wird häufig schwärzlich. EVENIUS[87] stellte ein starkes Nachdunkeln der Darminhalte bei längerem Stehen (von 24 Stunden ab) fest. Er rechnet mit der Wirkung eines oxydierenden Ferments, einer *Tyrosinase*.

Lehrreich ist, daß PAWLOWSKY und ZARIN[203] bei einem Ferment (Katalase) nachweisen konnten, daß es im Enddarm eine gewisse Sonderrolle spielt. Sie schließen daraus, daß die Rectaldrüsen fähig sind, *Katalase* zu produzieren. Sofern wir dadurch Anhaltspunkte über die Rolle der rätselhaften Rectaldrüsen erhalten, wären diese Angaben der Nachprüfung wert. Aber es wäre wohl denkbar, daß dies Ferment auch von dem buntgemischten und vielfach umgesetzten Inhalt der Kotblase selbst herstammen könnte.

SARIN (ZARIN)[279] 1922 glaubt, daß die im Honig nachzuweisende Katalase nicht aus der Biene, also weder aus der Honigblase, noch vor allem aus der „Speicheldrüse" stamme, sondern aus den Bienennährpflanzen.

EVENIUS fand in den MALPIGHIschen Gefäßen, soweit er sie untersuchte, stets ein Fehlen von Fermenten. PAWLOWSKY und ZARIN hatten stets negative Resultate bei Untersuchung des Dünndarms.

ELISABETH DIRKS[70] 1922 stellte bei Schaben und Raupen in den MALPIGHIschen Gefäßen keine Spur von Fermenten fest, was deutlich dafür spricht, daß jene an der eigentlichen Verdauung nicht mehr beteiligt sind.

Zum Vergleich sei noch der Fermentbefund bei der Wanderheuschrecke (nach NENJUKOV und PARFENTJEV[192] wiedergegeben.. Die Ernährung ist hier allerdings erheblich anders.

Tabelle 17. D. V. NENJUKOV, u. PARFENTJEV 1929. (Digestive process and structure of intestine in the migratory locust.)

	Amylase	Saccharase	Inulinase	Cellulase	Emulsion	Protease	Peptase	Lipase
Speicheldrüse . .	+	+	−	+	−	−	−	+
Mitteldarm . . .	+	+	+	+	−	+	+	+

Rytir[231] spricht „kleine doppelt gefärbte Körperchen im Cytoplasma der sezernierenden Mitteldarmzellen als Zymogenkörper“ an: „Wenigstens die proteolytischen Fermente werden als chemisch inaktive Körper (zymogene Profermente) gebildet, sonst müßte es zur Autolyse der sezernierenden Zellen kommen. Zur Aktivation der Zymogene, also zu deren Umbildung in chemisch wirksame Fermente, kommen gewöhnlich ziemlich einfache anorganische Verbindungen (für Pepsinogen Salzsäure, für Trypsinogen Kalksalze) in Betracht. Die Magenverdauung der Insekten gleicht nun sowohl mit Rücksicht auf die Vielseitigkeit der Fermente als auch mit Rücksicht auf die weitgehende Verdauung der Eiweißkörper (bis zu Aminosäuren) und die alkalische Reaktion des Chylusmagens eher der pankreatischen als der Magenverdauung höherer Tiere. Es scheint mir sehr wahrscheinlich, daß die Kalkkörperchen, die übrigens auch bei anderen Arthropoden beobachtet wurden, zur Aktivation des Trypsinogens dienen sollen.“ Bei Befall der Mitteldarmzellen mit dem Nosemaparasiten wird das Zellplasma vernichtet; wenn auch nach Hertig[118] die Produktion der Zymogenkörper relativ vergrößert wird, muß doch angenommen werden, daß ihre absolute Menge bei den starken Plasmaverlusten rasch sinkt. Die Verdauungssäfte werden hierdurch fermentärmer.

3. Einige Spezialfragen der Verdauung.

Von den anorganischen Stoffen muß hier noch der *Kalk* Erwähnung finden. Über den *Kalkstoffwechsel* der Biene ist eine gewisse mikroskopische Kontrolle möglich. Adrienne Köhler[145] 1920 wies gewisse lichtbrechende, merkwürdig reagierende, schon länger bekannte und in mannigfachster Weise gedeutete Körperchen nach als Konkremente von kohlensaurem Kalk, umgeben allerdings von einer organischen Adsorptionshülle. Über ihre Rolle im Verdauungsvorgang äußert sich die Entdeckerin:

„In der erwähnten herauspräparierten peritrophischen Membran befanden sich nun eine große Anzahl solcher abgelöster Epithelzellen. Sie boten nun alle ein verschiedenes Bild dar. Diejenigen, die sich in den äußersten Schichten der Membran befanden, hatten noch vollkommen das Aussehen wie im Gewebeverband: die Kalkkörperchen waren unverändert erhalten. Ihr Aussehen war aber um so mehr verändert, je weiter nach innen in der Membran sie lagen. Das will sagen, die Epithelzellen, die schon längere Zeit aus dem Epithelverband herausgetreten waren und mit den Nahrungsstoffen in Berührung standen, wiesen eine Veränderung auf. Die Kalkkörperchen erschienen in einigen von ihnen matt, unregelmäßig in der Form, in anderen waren sie überhaupt nicht mehr zu erkennen, sondern die Zellen waren dann teils von scholligen Gebilden erfüllt, teils wiesen sie ganz das Aussehen auf, wie ich es durch Zusatz von Säure und Lösung der Körnchen hervorrufen konnte.

Ich konnte dann auch weiter beobachten, daß innerhalb von 2 Stunden die Zellen, deren Kalkkörperchen beim Herauspräparieren noch vollkommen unverändert waren, dasselbe vorhin beschriebene Aussehen erlangten, also auch eine Umwandlung der Körnchen einsetzte. Daß dies keine deletäre Zerfallserscheinung ist, veranlaßt durch das umgebende Medium, darf man bei der Verwendung von Ringerlösung, in der sich Gewebe der höheren Tiere erwiesenermaßen bedeutend länger als 2 Stunden lebend erhalten, als sicher annehmen. Erinnern wir uns, daß die Biene vor der Sektion mit Honig gefüttert worden war. Wie aus der fast leeren Honigblase ersichtlich gewesen, war dieser in den Mitteldarm übergetreten. Zweifellos waren innerhalb der peritrophischen Membran auch Darmsekrete enthalten, und die Verdauung konnte während einiger Zeit noch vor sich gehen. Nach diesen Feststellungen neige ich der Auffassung zu, daß die Körnchen bei der Verdauung eine Rolle spielen; welcher Art diese sein könnte, das soll unten weiter ausgeführt werden.

Der Gegeneinwand eines Anhängers von der Excretnatur der Kalkkörperchen ist hiermit jedoch noch nicht abgetan. Es könnte dieser die Lösung der Körnchen als eine Erscheinung auffassen, hervorgerufen durch die während der Verdauung auftretenden Säuren, wobei der Vorgang der Lösung nicht zu einem Produkt führte, welches ein unentbehrliches Glied in der Kette der intermediären Stoffwechselprodukte des Verdauungsprozesses darstellte, sondern zu.einer löslichen Verbindung, die ausgeschieden würde. Ich hoffe, durch weitere Versuche dazu zu kommen, die Frage in der oder jener Richtung entscheiden zu können ...

Erwähnen muß ich noch, daß ich bei diesen Untersuchungen niemals gesehen habe, daß die Epithelzellen platzen und ihren Inhalt in das Darmlumen entlassen.

Der Sitz des die basische Reaktion bestimmenden Stoffes ist das Darmgewebe, wie sich durch Zugabe von Kongorot in schwach saurer Lösung zu Deckglaspräparaten frischen Darmgewebes ergab. Die peritrophische Membran, isoliert vom Darm, ergibt eine wechselnde Reaktion: bald neutral oder schwach saurer, bald schwach basisch. Die hier zur Wirkung kommenden Säuren rühren sicherlich von dem Abbau der Nährstoffe her und die Tatsache, daß sie bald mehr, bald weniger, bald überhaupt nicht deutlich nachzuweisen sind, scheint mir anzuzeigen, daß sie in einem gewissen Stadium der Verdauung neutralisiert werden, wodurch dann in der peritrophischen Membran eine neutrale oder beim Vorhandensein des basischen Darmsaftes eine basische Reaktion festzustellen ist. Welche Stoffe des Darmes können nun die Neutralisierung dieser Säuren bewirken? Auf den ersten Blick käme das basische Darmsekret in Betracht. Die Unmöglichkeit dieses Vorganges wird aber dann durch folgende Überlegung klar: Brächte der basische Verdauungssaft die Neutralisation der Säuren zustande, so würde die durch ihn in den Darm gebrachte (H) Ionenkonzentration, die zum Verlauf der Funktion des Mitteldarmes nötig ist, angetastet oder verbraucht. Die Verdauungsvorgänge würden stocken oder nur verzögert verlaufen. Durch das Vorhandensein des Calciumcarbonats ist nun die Möglichkeit geboten, die schädigenden Säuren zu neutralisieren, bei einer gleichzeitigen Konstanthaltung der (H) Ionenkonzentration des Darmsaftes. Diese Überlegungen sind bisher noch rein hypothetischer Natur. Ob sie sich stützen lassen, wird erst die Zukunft zeigen.

Ebenso auf Vermutungen angewiesen sind wir hinsichtlich der folgenden Erwägungen: Die bei der Neutralisation der Säure entstehende Verbindung kann eine solche sein, die weiter verwertet wird, letzten Endes zur Resorption gelangt, oder aber sie kann als solche nach ihrer Entstehung den Darm verlassen. Es wird hier einigermaßen in Betracht fallen, welcher Art die Säuren sind, die gebunden werden. Sind es Fettsäuren, so könnte eine resorbierende Kalkseife entstehen. Durch weitere Umsetzung könnte diese Verbindung im Darmgewebe wieder verarbeitet werden, wobei dann der Kalk als unlösliches Carbonat wieder in Form der Körnchen abgelagert würde, so daß auf diese Weise eine Art Kreislauf zustande käme."

Bei Befall mit dem Nosemaparasiten wird die Zahl der Kalkkörperchen in den Mitteldarmzellen stark herabgesetzt. Nach Rytir[231] würden dabei wegen sinkender Alkalität des Magens die Zymogene kaum noch aktiviert.

Petersen[205] hat sich die Frage vorgelegt, wieweit der vorn eingefütterte Rohrzucker im Verlauf des Verdauungstrakts noch als Zucker nachzuweisen ist. Mit einer Kapillarröhrchensonde entnahm er an verschiedenen Stellen des Verdauungstrakts von zuckergefütterten Bienen Flüssigkeitsproben und schmolz die Kapillarröhrchen an den Enden zu, nachdem er die Probeflüssigkeit mit einer Lösung von gleichen Teilen Phenylhydrazin und konzentrierter Essigsäure in der zehnfachen Menge Wasser vermischt hatte. Wenige Minuten wird das zugeschmolzene Röhrchen im kochenden Wasserbad erhitzt. Der Inhalt, auf einen Objektträger herausgeblasen, zeigt unter dem Mikroskop die charakteristischen Formen von Phenylglykosazon-Krystallen. Falls die Probeflüssigkeit nur noch ganz wenig Zucker enthält, dann muß er konzentriert werden, um die genannte Reaktion zu ergeben. PETERSEN[205] begnügte sich allerdings mit einer mehr qualitativen Analyse, mit dem Hauptergebnis, daß der Enddarm meistens nur noch wenig Zucker enthielt, auch bei Bienen, die er durch Einsperren gezwungen hatte, den Honigmageninhalt nicht in den Zellen abzulegen, sondern selbst zu genießen. PETERSEN[205] versuchte auch, den Zucker der Leibeshöhlenflüssigkeit zu bestimmen, mit negativem Ergebnis. Für um so weniger wahrscheinlich hält er, daß Zucker gar noch bis in die MALPIGHIschen Gefäße vordringe, so daß also keine Glykosurie eintritt.

Über eine mikrochemische Methode, Zucker z. B. im Enddarm einer Biene genau zu untersuchen, siehe ELSER[74] 1925.

Die *Verdauungszeiten* betrugen bei den EVENIUSschen Digestionsversuchen etwa 24 Stunden. Diese Zeit würde den Durchgangszeiten, wie sie z. B. WHITECOMB und WILSON feststellten, nicht entsprechen. Aber die Verdünnung spricht ein wichtiges Wort mit.

Auf eine wichtige Fehlerquelle beim Studium der *Kohlehydrateverdauung*, speziell bei der Verdauung der zahlreichen Zuckerarten, macht K. v. FRISCH[104−6] in seinen grundlegenden Versuchen über den Geschmackssinn der Biene aufmerksam. Schon PETERSEN[205] hatte festgestellt, daß für die Bienen Zucker und Saccharin verschiedene Geschmacksreize darstellen. In großem Maßstab wies dies K. v. FRISCH nach, wie die Zusammenstellung v. FRISCHs oben S. 484 beweist. Wenn PHILLIPS[211] eingesperrte Bienengruppen nur mit bestimmten Zuckerarten fütterte, dann fand er in einem Falle kurze Lebensdauer (Galaktose, Mannose, Lactose, Raffinose, Mannit, Arabinose, Xylose, Rhamnose), im anderen lange Lebensdauer (Glykose, Fructose, Saccharose, Trehalose, Maltose, Melezitose). Unter den Verhungerungszuckern von PHILLIPS[211] sind alle, soweit sie überhaupt von v. FRISCH[104−6] untersucht sind, geschmacklos. Die lebensverlängernden Zucker von PHILLIPS[211] sind identisch mit den bienensüßen Zuckern v. FRISCHs. Nun konnte v. FRISCH zeigen, daß der Sammel- bzw. Freßinstinkt nur ausgelöst wird bei Dingen, die süß sind (vom Höschensammeln und Wassertragen natürlich abgesehen): „Es ist aber so, daß auch Bienen, die am Verhungern sind und die jedes Rohrzuckertröpfchen mit leidenschaftlicher Gier aufschlürfen, alle ihnen nicht süß schmeckenden Zucker selbst in konzentrierter Lösung nach flüchtigem Kosten verschmähen genau wie reines Wasser. Drum glaube ich, daß jene Bienen bei PHILLIPS nicht deshalb verhungert sind, weil sie diese Substanzen nicht ausnützen können, sondern weil sie diese für sie geschmacklosen Stoffe gar nicht in nennenswerter Menge aufgenommen haben. Ein Argument für die Richtigkeit dieser Vermutung bringt PHILLIPS selbst, ohne es zu ahnen. Unter den Stoffen der zweiten ‚nicht ausgenützten' Gruppe nennt er auch die Mannose. Ich habe die überraschende Erfahrung gemacht, daß dieses Monosaccharid, auch wenn es mit aller Sorgfalt rein dargestellt wird, auf die Bienen als heftiges Gift wirkt. Hätten die Versuchstiere in dem Experiment von PHILLIPS die Mannose getrunken, wie er annimmt, so hätten sie wohl nicht wie die Hungertiere einige Tage gelebt, sondern sie wären nach wenigen Stunden alle tot gewesen." Der Zusammenhang zwischen Süßgeschmack der Zucker und ihrer Ausnützbarkeit wurde von einer Schülerin v. FRISCHs, Frl. VOGEL, weiter untersucht. Sie findet: Lactose (nicht bienensüß) wird von den Bienen tatsächlich nicht ausgenützt. Das gleiche gilt wahrscheinlich für Galaktose (nicht bienensüß). Das Trisaccharid Raffinose (nicht bienensüß) wird höchstens wenig ausgenützt, während das andere Trisaccharid, die bienensüße Melezitose, nach Vogel ausgezeichnet ausgenützt wird. Man darf aber nicht allgemein schließen, daß alles, was wie bei den Phillipsschen Bienen das Leben verlängert, den Bienen süß schmeckt, und alles, was den Bienen geschmacklos ist, für sie ohne Nährwert ist. Vogel fand, daß der sechswertige Alkohol Mannit, den v. Frisch als für Bienen geschmacklos nachwies, von den Bienen ähnlich gut ausgenützt wird wie Rohrzucker. Dasselbe gilt von dem sechswertigen Alkohol Sorbit, den v. Frisch ebenfalls als geschmacklos für Bienen nachwies. Der Befund von Vogel, Melezitose sei ausgezeichnet ausnutzbar für Bienen, widerspricht den Angaben Nottbohms u. Lucius'[195].

Da die sonst so aufschlußreichen Hungerversuche bei den erwachsenen Bienen so schwierig sind, seien die Angaben Smaragdowas[246] hierüber wiedergegeben. Die Hungerbienen lebten nicht länger als 3 Tage. In den ersten 24 Stunden starben 75 % (von vorher gefütterten Bienen nur 11 %), mittlere Lebensdauer nur 1,06 Tage (bei vorher gefütterten Bienen 1,6 Tage), mittlerer Gewichtsverlust 10 % des Körpergewichts (bei vorher gefütterten Bienen 25,4 %), mittleres Gewicht 0,1098 g (einer vorher gefütterten Biene 0,1339 g). Die Versuche fanden mitten im Winter statt (28. November bis 24. Januar) bei einer mittleren Temperatur von 21⁰. Die Körperreserven des Fettkörpers waren offenbar noch nicht aufgezehrt. Die Kotblase war, wie die mittleren Gewichte verraten, schon ziemlich angefüllt. Vgl. auch unter Stoffwechsel.

IV. Hilfsmittel und Hindernisse bei der Verdauung: Die Mikroben des Verdauungstraktes.

Daß *Bakterien* oder andere Mikroben *normalerweise entscheidenden Einfluß auf die Verdauung* haben, unmittelbar oder mittelbar, etwa durch Bereitstellung von Fermenten, ist nicht wahrscheinlich, denn normalerweise spielt im Hauptverdauungsorgan, dem Mitteldarm, die Mikroflora eine bescheidene Rolle, wie folgende Übersicht Hunkelers[134] lehrt.

Tabelle 18 (Hunkeler 1925).

	Zahl der Bienen	Bakteriengruppe		Kein Wachstum	Verschiedenes
		Coli	Mesentericus		
Honigblase	27	—	2×	25×	1× Schimmelpilz
Mitteldarm	45	12×	7×	14×	4× Schimmelpilze 1× Hefe 4× Mikrokokken 1× Bac. mycoides 1× Gram + Stäbchen
Enddarm	47	12×	9×	24×	1× Gram + Stäbchen 1× Hefe
	119	24×	18×	63×	
Bei Untersuchung des Gesamtdarmes . .	87	22×	23×	31×	5× Mikrokokken 1× Streptococcus 3× Schimmelpilze 1× Schimmelbildner 6× Gram — Stäbchen 1× „ + „ 1× Hefe
Gesamtvorkommen:		46×	41×	94×	

Aus dieser Tabelle 18 geht hervor: die *Stäbchenbakterien* überwiegen durchaus, die Kokken treten stark zurück. Selten kommen Schimmelpilze, noch seltener Hefen vor (ausgenommen dann, wenn die Bienen an verletztem Obst naschen konnten). Die Stäbchen verteilen sich fast ganz auf die Coli- und Mesentericusgruppe. In 35% der Fälle erzielte HUNKELER überhaupt kein Bakterienwachstum, insbesondere nicht bei anaerober Züchtung. Die Verteilung der Bakterien im Darmtrakt ist gesetzmäßig und wohl begreiflich. Von siebenundzwanzig untersuchten Bienen konnten durch den Kulturversuch nur von zwei Bienen aus der Honigblase Bakterien zur Entwicklung gebracht werden. Unter dem Mikroskop ließen sich in den Honigblasen öfter Bakterien nachweisen. Sie waren aber offenbar nicht keimfähig. Die meisten Bakterien kommen in der Kotblase vor. „Ihre Zahl ist meist so groß, daß gelegentlich im Deckglasausstrich der ganze Inhalt aus Bakterien zu bestehen scheint." Doch wachsen auch hier in der Kultur verhältnismäßig wenig Kolonien auf. Bei der Hälfte der untersuchten Bienen wiesen Kotblase und Mitteldarm dieselben Bakterien auf. Der Drohnendarm zeigt ungefähr dasselbe Bakterienleben wie der Arbeiterindarm, obwohl die Drohnen nicht so viel Gelegenheit zur Infektion zu haben scheinen wie die Arbeiterinnen. Über das Bakterienleben im Darm der Bienenkönigin wissen wir nichts. HUNKELER[134] fand die Körperflüssigkeit der Bienen bakterienfrei.

Über die Verteilung der Mikroben im Bienendarm während der verschiedenen *Jahreszeiten*, bei den verschiedenen Arbeiterkolonnen (*Altersstufen*), ganz besonders auch bei der *Bienenkönigin*, würden wir gern noch Genaueres erfahren. HUNKELER[134] gibt nur an, es wurden Bienen von sechs verschiedenen Ständen (in der Umgebung von Zürich), von verschiedenen Völkern und zu verschiedenen Zeiten untersucht. Die Bienen wurden lebend dem Stock entnommen; Bakterieninhalt bei Kranken würde vielleicht Rückschlüsse auf die normalen Verhältnisse erlauben. Nach MAASSEN wurde bei Ruhrerscheinungen stets ein Bacillus mit Köpfchensporen im Bienendarm gefunden. BAHR[27] will ein Bakterium aus der Paratyphus B-Gruppe (Bac. paratyphus apis) verantwortlich machen für gewisse Darmstörungen bzw. Bienensterben. SERBINOFF[242a] bezeichnet ein Bacterium Coli apium und einen Bac. protheus alveicola als Erreger für Ruhrerkrankungen. BURNSIDE[52] züchtete aus dem Darm lebender Bienen an Pilzen Rhizopus nigricans, Fusarium negundo und Hormodendrum atrum, läßt aber die Frage, ob sie pathogen sind, offen. TURESSON[268] dachte an eine mehr mittelbare Mitwirkung von Mikroben bei Bienenkrankheiten, nämlich an Vergiftungserscheinungen bei Aufnahme von verpilztem Futter. Graf VITZTHUM[270] fand in maikranken Bienen unseres Instituts häufig Aspergillus calyptratus OUDEMANS, Aspergillus versicolor VUILLEMIN und eine Actinomyces-Art. Bei Infektionsversuchen starben die mit den erwähnten Pilzen gefütterten Bienen vorzeitig. Besonders stark schädigte Aspergillus niger. MORGENTHALERS[184] Angaben über diesen Bienenschädling werden dadurch bestätigt. Mit Aspergillus calyptratus könnten die Bienen öfter zu tun bekommen, da er besonders gern auf Honigtau von Eichenblättern sich vorfindet.

Von Aspergillus flavus LINCK sind zwar die Bienen*brutschäden*, die Mumien bei grüngelber Steinbrut, sehr bekannt. Die Einzelheiten der pathologischen Anatomie und die Einwirkungen auf die erwachsene Biene, insbesondere auf das Verdauungsorgan sind noch nicht näher untersucht. Dasselbe gilt von Pericystis apis, dem von CLAUSSEN[61] botanisch so vorbildlich untersuchten Pericystis apis MAASSEN, dem Erreger der grauschwarzen Kalkbrut. Schädigende Wirkungen des letzteren bei erwachsenen Bienen sind meines Wissens nie festgestellt worden.

Auch Hunkeler[134] hat sich um die Zusammenhänge von Verdauungsstörungen und Bakterien bemüht. In sieben Fällen von kranken Bienen fanden sich neben Nosema apis Bakterien verschiedener Art, auch solche, die in gesunden Bienen vorkommen. Beim Überimpfen in gesunde Bienen traten Schädigungen nur bei gefangen gehaltenen Bienen auf. Die Versuche konnten aus äußeren Gründen nicht vermehrt werden. Wenn sodann Hunkeler[134] verschiedene Zuchtstämme von normalerweise nicht pathogenen Bienendarmbakterien verfütterte, und zwar jetzt in übergroßer Zahl, dann traten auch jetzt Schädigungen nur ein, wenn die Bienen gefangen gehalten, also unter unnatürlichen Verhältnissen gehalten wurden.

Bei Überschwemmung der Biene mit Bakterien wurden von Hunkeler[128] auch in der Honigblase Bakterien gefunden. In solchen Fällen erwiesen sich die Honigblasenbakterien noch nach 4—5 Tagen keimfähig.

Auch die verfütterten *Saprophyten* verursachten keine merklichen Schädigungen. Die Fütterung von tier*pathogenen Bakterien*, wie Paratyphus B, Enteridis (Gärtner), schädigten nur bei ungünstiger Haltung der Bienen. Zu den ungünstigen Haltungsbedingungen gehört alkalisches Futter, nicht aber unbedingt Nosemainfektion. Wenn Hunkeler[134] den Bac. paratyphus B nach der *Passage durch Bienen* nochmals an Bienen verfütterte, war er weniger bis gar nicht virulent, für Mäuse jedoch nach wie vor virulent.

Maassen und Borchert[174] 1920 geben ihre Erfahrungen mit *Mikroben* im Bienendarm wie folgt wieder. Der Gehalt des Bienendarms ist an Zahl und Art der Kleinlebewesen sehr veränderlich. Bestimmte Bakterienarten werden dort regelmäßig angetroffen. Allerdings kann keineswegs alles gezüchtet werden. Sehr häufig bis regelmäßig finden sich von *nicht sporenbildenden* Bakterien Schleim- und Kapselbildner (meist Angehörige der Lactis aerobinus-Gruppe). „Diese Bakterien sind alle kräftige Zuckervergärer und zum Teil auch starke Milchsäurebildner." Stets lassen sich, wenn auch in wechselnder Menge, Bakterien der Coligruppe nachweisen, häufig Bakterien der Proteusgruppe, in vielen Fällen der Fluorescenzgruppe, regelmäßig gelbe Sarcinen, Mikrokokken, besonders Kettenkokken (Gelatine verflüssigende und nicht verflüssigende, darunter viele Milchsäurebildner). Von den häufigen *Sproßpilzen* fand sich am meisten Willia anomala und Verwandte, auch verschiedene Zygo-Saccharomyces-Arten. Von den stets vorkommenden *sporenbildenden* Bakterienarten überwiegen die Mesentericus-, Semiclostridium-, Subtilis-, Megaterium- und die Mykoidesgruppe.

Übrigens scheint bei Bienen auch eine *Infektion* mit Bakterien vorzukommen, die *nicht durch den Mund* erfolgt. Burnside[52] 1929 beschreibt im *Blut* der Honigbiene den pathogenen, wenn auch nicht gerade gefährlichen Bac. apisepticus. Bac. apisepticus scheint aus dem Erdboden zu stammen und auf feuchtem Wege durch die Tracheen in die Bienen einzudringen (nicht sporenbildend, empfindlich gegen Hitze und Sonnenlicht, in den Vereinigten Staaten weit verbreitet, bei allen drei Bienenwesen vorkommend, nicht jedoch in der Bienenbrut). Die Königin erscheint widerstandskräftiger als die Bienen. Im Blut wurden Bakterien gefunden von Cheshire (ohne Artbezeichnung) und von Bahr (Bac. paratyphus alvei).

Whitecomb und Wilson[272] gingen unter anderem den Ursachen der Ruhr nach. Sie stellten fest, daß Ruhr entstehen kann, auch wenn aus dem Futter die Pollenkörner abfiltriert worden sind.

C. Der Stoffwechsel.

I. Vom sozialen Stoffwechsel.

1. Die Bereitung von Honig.

Die Bienen haben neben dem privaten Magen (Mitteldarm) noch den sozialen Magen (Honigblase). Sie haben neben den privaten Nahrungsreserven (Fettkörper, Önocyten) noch soziale Nahrungsreserven. Diese werden abgelagert in dem Wachsbau, der stellenweise (im allgemeinen oben) von vornherein als Vorratsbau angelegt wird. Die Zubereitung dieser sozialen Nahrungsreserven geht über das bloße Einsammeln hinaus, berührt stark *physiologische* Vorgänge und Streitfragen, gehört also mit zur Physiologie der Bienenernährung. Stickstoff wird auf Vorrat gesammelt in Form von sog. Bienenbrot in den Pollenzellen. Die Honigschätze des Bienenvolkes werden nicht nur als Nektare, Blatt-„Honige" usw. mühevoll gesammelt, sondern auch noch regelrecht zubereitet. Unsere Apis ist nicht so sehr eine Mellifera als eine Mellifica, nicht so sehr eine Honigsammlerin als eine Honigbereiterin. Es muß der stark wäßrige Nektar in eine Dauerware umgearbeitet, sicher und nahe beisammen verstaut werden. Der Honigkranz bzw. die Honigwabe ist in dieser Hinsicht ein wahres Wunderwerk (vgl. ARMBRUSTER[8], Zum Problem der Bienenzelle). Tatsächlich wird das Futter nicht nur eingedickt, sondern auch regelrecht bereichert, insbesondere mit Fermenten. Diese Eindickung (und Bereicherung) wurde von ARMBRUSTER[18] 1928 näher studiert. Es trifft sich günstig, daß mehrere Arbeiten neuerer Forscher uns genauere Kenntnis über den *Nektar als Bienennahrungsmittel* vermittelt haben. Wir wissen jetzt, daß die Nektare in ihrem Gehalt an Zucker (Trockengehalt) stark schwanken. ARMBRUSTER[9] rechnete 1919 mit einem durchschnittlichen Trockengehalt von 35%, BEUTLER[34] 1930 fand eine solche von 37%. Wenn der Imker sein Winterfutter bereitet (1 Gewichtsteil Krystallzucker, 1 Gewichtsteil Wasser), so entspricht dieses Ersatzfutter hinsichtlich des Zuckergehalts gar manchem Nektar, wenn auch der Durchschnitt der Nektare wasserreicher ist. Mit einem Winterfutter (Krystallzuckerlösung) von etwa 56,5 Gewichtsteilen Zucker (spezifisches Gewicht bei 15^0 C 1,2695) wurde am 15. Oktober ein Bienenvolk, das auf ausgebaute, aber vollständig leere Waben abgefegt war, aufgefüttert. In $4^2/_3$ Tagen nahm das Volk 4 l Flüssigkeit auf, bei Tage etwas mehr als bei Nacht, und nahm so 2260 g Rohrzucker zu sich. Innerhalb fünfmal 24 Stunden war ein genau meßbarer ansehnlicher Teil des Futters auf 80% eingedickt. Sobald das Futter auf durchschnittlich 80% eingedickt ist, wird es mit einem Wachsdeckel versehen. Das uneingedickte Futter wird verhältnismäßig wahllos und ziemlich zerstreut, jedenfalls ganz vorläufig, in die Zellen gebracht und häufig umgetragen. Zusammenhängende Bereiche mit ganz hohem Wassergehalt findet man kaum. Im übrigen sind die Futterbereiche in dem Bienensitz regelmäßig verteilt und machen regelmäßige Bewegungen. Inmitten des Sitzes wird mit der Zeit alles Futter wieder herausgeschafft. In der Gesamtsumme wird der Futterbereich enger mit fortschreitendem Eindicken. Je länger die Bienen mit der Futterbereitung beschäftigt sind, desto ausgeglichener werden die Wassergehaltszahlen. Das Eindicken bis auf 70% Zucker gelingt den Bienen spielend. Das weitere Eindicken geht in steigendem Maße langsamer, also schwieriger. Es wäre denkbar, daß beim häufigen Umtragen, also beim häufigen Aufnehmen in den Verdauungstrakt, Wasser abfiltriert wird. Aber diese Annahme ist, wie Modellversuche zeigen, nicht nötig. Das Abfiltrieren könnte auch nur durch die Vorderdarmteile erfolgen. Daß ein Abfiltrieren durch den Zwischendarm, also dem Mitteldarm zu, erfolgt, ist unwahrscheinlich (nicht zu verwechseln ist damit ein Eindicken wäßriger Nahrung, die bereits in den Mitteldarm, also bereits in den privaten Magen, übergetreten ist). Das ständige Umtragen verhütet, wie der Modellversuch zeigt, ein vorzeitiges Krystallisieren an der Zelloberfläche (mit seinen vielen Nachteilen). Es sorgt dafür, daß Fermente etwa aus den Drüsen des Kopfes oder Thorax reichlich in den Honig gelangen. Es sorgt dafür, daß in den einzelnen physikalisch verschiedenen Gegenden des Bienensitzes die Eindickung gleichmäßig erfolgt. Daß bei dem häufigen Umtragen schätzungsweise etwa 5—10% des Futters in den privaten Magen schlüpfen, wurde schon erwähnt. Wie Modellversuche zeigen, führt die Ventilation zwischen den Wabengassen, im Bienenvolk hervorgerufen durch das Ventilieren der Bienen, eine starke Eindickung des Wabeninhalts herbei. Vgl. auch Gubin[114].

Auf das Rätsel des auffallend raschen *Eindickens des Nektars* wirft wohl auch die Beobachtung von Park[199] einiges Licht. Die Hausbienen, welche von den Honigsammlerinnen den Nektartropfen abgenommen haben, würgen denselben nicht sofort wieder heraus, sondern lassen ihn unter werkwürdigen Bewegungen der Mundteile hervortreten und immer wieder in den Pharynx verschwinden, während etwa 20 Minuten. Es wäre leicht einzusehen, daß hier eine Anreicherung mit körpereigenen Stoffen sowie eine gewisse Eindickung erfolgt.

Über die Einzelheiten, wie die Hausbienen von den Nektarsammlerinnen den Nektar abnehmen, vergleiche Park[200] 1924.

Park[199] 1927 überprüfte die Behauptungen K. Brünnichs (das Wasser des Nektars dringe schon während des Fluges nach Hause durch die Honigblasenwand ins Blut, und auf diese Weise werde der Nektar eingedickt), nachdem er den Nektar der bekannten Asclepias syriaca, an der Bienen flogen, auf Wassergehalt untersuchte und außerdem den Wassergehalt des Honigblaseninhalts von Bienen, die eben von der Asclepias syriaca nach Hause gekommen waren. Er fand eher das Gegenteil einer Nektareindickung in den Bienen. Ähnliche Versuche machte er bei Gladiolennektar. Auch Park ist der Ansicht, daß beim Eindicken des Nektars im Stock physikalische Vorgänge überwiegen. Auf eine Möglichkeit macht er aufmerksam. Es soll öfter vorkommen, daß Nektar in Tropfenform an der Oberseite von Zellen, sogar von Zellen mit Eiern und jungen Larven aufgehängt wird. Natürlich würden solche Tropfen mit ihrer großen Oberfläche durch den Ventilationsstrom verhältnismäßig leicht eingedickt werden. Park[200] unternahm etwa gleichzeitig wie Armbruster[18] Modellversuche. Er füllte gewogene Glaszellen von Bienenzellengröße zu einem Teil $1/_4$, zum andern Teil $3/_4$, zu einem dritten Teil nur mit einem Tropfen Nektar von 13,5% Zuckergehalt, und gab sie, mit Drahtgaze gesichert, in den Bienenstock. Bei den schwach gefüllten Zellen war schon in 24 Stunden der Wassergehalt bis auf fast 20% heruntergedrückt.

Man weiß schon lange, daß der eingefütterte Rohrzucker in den Waben alsbald als Invertzucker (ein Gemisch von Traubenzucker und Fruchtzucker) wieder erscheint. Da die süßen Säfte als soziales Futter nur bis in den sozialen Magen, die Honigblase, gelangen und dann wieder in den Zellen abgelagert werden, kann die Invertierung nur im vordersten Darmabschnitt stattfinden. Erlenmeyer und v. Planta[84] haben eine *Invertase* im Honig nachgewiesen. Sie wiesen sie alsdann nach in Bienenköpfen, die sie mit Glycerin zerrieben hatten. Dieser Befund wurde bestätigt z. B. durch Pawlowski und Zarin[203], sowie durch Evenius[87]. Die Invertase, welche einem Rohrzuckerfutter beim vorübergehenden Aufenthalt im vorderen Bienenverdauungstrakt beigemischt wird, beginnt gewiß alsbald zu invertieren; sie wirkt aber noch lange nach. Der sog. „Zuckerfütterungshonig" wird immer honigähnlicher, sofern er immer reicher an Invertzucker wird. Ähnliches gilt auch vom Honig selbst. Der relativ hohe Gehalt des Nektars an Rohrzucker wird von der Invertase, die im Honig sich nachweisen läßt, verhältnismäßig rasch, aber doch nach und nach in Invertzucker verwandelt. Fügt man echten Honig mit normalem Rohrzuckergehalt einem Zuckerfütterungshonig bzw. einer Rohrzuckerlösung bei, dann verwandelt sich mit der Zeit, in diesem Falle allerdings erheblich langsamer, der Rohrzucker in Invertzucker. Nach den amtlichen Bestimmungen, die natürlich auf tatsächliche Fälle begründet sind, kann Honig bis zu 8% Rohrzucker enthalten. Der durchschnittliche Gehalt an Rohrzucker ist aber bei der *durchschnittlichen* Honigware, wie sie auf dem Markt anzutreffen ist, ganz *erheblich geringer*. Wir fanden in Zuckerfütterungshonigen, die ungefähr $1/_2$ Jahr alt waren, nur noch 5% Rohrzucker.

Als Beispiel für eine Zuckerfütterungshonig-Analyse sei die folgende von ELSER angeführt (Tabelle 19).

Tabelle 19.

Invertzucker	65,70 %	Stärkedextrine	nicht vorhanden
Rohrzucker	4,87 %	Schwefelsäure	keine Spur
Dextrin	8,17 %	100 g Futter enthielten	2,9 mg Cl
Eiweiß	0,0	p_H	4,28

100 g Futter verbrauchten zur Neutralisation 46,6 cm³ n/10 NaOH.

Bezüglich der Analysen von Blütenhonigen sei auf die zahlreiche Honigliteratur verwiesen.

Hier möchte ich mich beschränken auf die Aschenbestandteile — und zwar auf eine NOTTBOHMsche[194] Zusammenstellung hierüber —, da sich durch die Aschenbestände ein Blütenhonig ziemlich gut gegen einen sog. Blatthonig abgrenzen läßt (s. Tabelle 20).

Tabelle 20 (NOTTBOHM 1928).

Nr.	Herkunft	Asche %	K₂O %	Na₂O %	CaO %	MgO %	SiO₂ %	P₂O₅ %	SO₃ %	Cl %
1	Heidehonig (Lüneburger Heide)	0,51	48,70	6,97	3,45	1,81	5,13	1,90	3,58	4,52
2	Blütenhonig (Mecklenburg-Strelitz)	0,12	38,19	10,03	8,00	2,17	0,42	9,94	2,26	4,44
3	Ungarn	0,08	38,75	9,00	2,12	1,50	3,00	10,62	2,00	0,88
4	Italien	0,06	30,50	7,08	4,33	1,67	4,67	12,50	2,50	1,16
5	Hawai (Algaroba)	0,46	50,78	5,54	2,98	2,04	0,20	1,65	0,59	17,37
6	Waldhonig (Pfalz)	0,91	57,16	3,16	0,70	2,31	1,76	6,81	3,01	5,33
7	Türkei (Honigtau)	0,64	52,59	4,31	1,30	1,44	2,70	6,64	1,67	7,88
8	Hawai (Honigtau)	1,60	56,88	4,07	0,52	0,71	1,41	9,41	1,33	14,37

Ca kommt demnach in allen Honigen vor, so daß in dieser Hinsicht Mitteldarmkörperchen, aus kohlensaurem Kalk bestehend, kein Rätsel bilden. Auffallend ist der Reichtum der Hawaihonige an Cl. Wie Nr. 6 und 8 beweisen, sind die Blatthonige oft besonders aschenreich. Im übrigen stellt NOTTBOHM[194] selbst die Unterschiede zwischen Blatthonigen und Blütenhonigen, wie sie sich in den Aschenbestandteilen wiederspiegeln, in der folgenden Tabelle zusammen (Tabelle 21).

Tabelle 21 (NOTTBOHM 1928).

Asche von	Kali %	Natron %	Kalk %	Magnesia %	P₂O₂ %
Blütenhonig	30,50—50,78	5,54—10,03	2,12—8,00	1,50—2,17	1,65—12,50
Honigtau-Honig	52,59—57,16	3,16—4,31	0,71—2,31	0,71—2,31	6,64— 9,51

Die Zusammensetzung eines Honigtaus in Prozent war nach ELSER[81] 1929 folgende (s. Tabelle 22):

Tabelle 22 (Elser 1929).

	%
In Petroläther löslich (Fett usw.)	0,097
In Wasser unlöslich (Verunreinigungen)	3,190
In starkem Alkohol löslich	2,200
In 85 grädigem Alkohol unlöslich (Dextrin, Gummi) .	56,142
Mineralstoffe	2,924
Reduzierender Zucker	14,160
Rohrzucker	2,605

Von abgespülten Ahornblättern erhielt Elser[81] eine leichtflüssige braune Lösung mit folgender Zusammensetzung (Tabelle 23):

Tabelle 23 (Elser 1929).

	%	Auf die Trockensubstanz berechnet %
Trockensubstanz	43,23	
Wasser	56,77	
Invertzucker	6,97	16,1
Rohrzucker	2,50	5,8
Dextrin	1,78	4,1
Eiweiß	18,58	

Da der *Honig* von Hause aus eine Bienennahrung ist, muß uns noch seine *bactericide Wirkung* interessieren, eine Wirkung also, die ihn auch so wertvoll macht als (menschliches) Heilmittel. Als hypertonische Lösung muß das konzentrierte Zuckergemisch „Honig" das Bakterienwachstum hemmen bzw. unterdrücken. Es kommt aber noch ein eigentliches Bactericid hinzu, denn nach den Versuchen von Hunkeler[134] wirkte „nicht erhitzter Honig bei einer Konzentration von 1—5 % begünstigend auf das Bakterienwachstum, bei 40—50 % deutlich hemmend". Wenn man Honig auf 120° erhitzt, wird das Bakterienwachstum im Anfang gehemmt, wenn auch nicht sehr stark. Die Hemmung wird verstärkt durch Alkalisieren des Honigs. Daß die hemmende Wirkung nicht der Zuckerkonzentration zuzuschreiben ist, zeigt der Umstand, daß das Bactericid durch Hitze zerstört wird, vor allem auch im Kontrollversuch mit Invertzucker. Mit Invertzucker erzielte Hunkeler[134] nur geringe Hemmungen bei höherer Konzentration und nur gewisse aber deutliche Hemmung bei niedriger Konzentration. Darum kann unerhitzter Honig, nicht aber Invertzucker oder erhitzter Honig in geringen Konzentrationen als *Nährboden* für Bakterien benutzt werden, in höheren Konzentrationen dagegen als eine Art *Antisepticum*. Der normale *Bienenhonig* ist bakterienfrei. Dieser Umstand ist wahrscheinlich wichtig für die Ernährung der Honigbiene im Winter. Es spricht dies dafür, daß die Biene einer gewissen Mikrobenflora zur Pollenverdauung nicht bedarf, und es sorgt zum Teil dafür, daß die Bakterien im Darmtrakt, insbesondere in dessen vorderem Teil, nicht zu sehr überhand nehmen. Leider trifft die Bakterienfreiheit offenbar nicht zu hinsichtlich der Bakteriensporen, insbesondere nicht hinsichtlich der Sporen des Bac. larvae (Erreger der bösartigen Faulbrut), denn die bösartige Faulbrut wurde schon mit Honig verschleppt. Es ist möglich, daß die bactericide Wirkung im Honig verantwortlich ist dafür, daß die Bakterien aus der Honigblase selten keimen.

Es ergibt sich demnach:

1. Nicht erhitzter Honig wirkt bei Konzentrationen von 1—5 % begünstigend auf das Bakterienwachstum, bei 40—50 % deutlich hemmend.

2. Auf 120° erhitzter Honig vermag das Bakterienwachstum im Anfang nur wenig zu hemmen; später findet eine Begünstigung statt. Die Hemmung ist etwas stärker bei alkalischer Reaktion (normale Reaktion des Honigs sauer).

3. Die Kontrollversuche mit Invertzucker ergeben, daß die hemmende Wirkung des Honigs nicht allein auf der Zuckerkonzentration beruht, daß aber auch die das Wachstum begünstigende Wirkung der niederen Konzentration nicht allein durch den Zuckergehalt des Honigs bedingt ist.

4. Durch das Erhitzen des Honigs wird ein bactericid wirkender Bestandteil desselben zerstört.

Die bakterientötende Wirkung des Honigs geht auch aus SACKETTS[232] Versuchen hervor. SACKETT[232] 1919 überlegte sich, ob die Bienen, welche ihre Vorräte für die Menschen in abertausend kleinsten Portionen von den verschiedensten Punkten zusammentragen, unter Umständen auch Stickstoffquellen dieser oder jener Art aufsuchen, in das menschliche Nahrungsmittel Honig nicht allerlei Krankheitserreger zusammentragen könnten. Er löste Honig in physiologischer Kochsalzlösung in den Abstufungen 0%, 10%, 20% usw. bis 100%. Auch hier lebten die Bakterien am längsten in den stärksten Verdünnungen. In den höheren Konzentrationen gingen alle Kulturen ein. Am längsten lebte noch Bac. coli communis. Sehr empfindlich waren Bac. paratyphus B und Bac. dysenteriae.

Über die Verdaulichkeit der wichtigsten Bienennahrung Honig als menschliche Nahrung finden sich Versuche bei HAWK, SMITH und BERGHEIM[116]. Ein normaler Mann erhielt zuerst 40 g trockenes Weißbrot. Nach einer Viertelstunde wurde der Mageninhalt auf Säure und Pepsin untersucht. Beim anderen Versuch erhielt er 40 g Weißbrot zusammen mit 20 g Honig. Das Ergebnis war, daß diese Kombination 40 + 20 genau so rasch verdaut wird, wie die Komponente trockenes Brot allein. Dabei enthält diese Kombination den doppelten Nährwert.

An *Vitaminen* enthält der Honig sicher wenig. Hierher gehören die Untersuchungen von SCHEUNERT, SCHIEBLICH und SCHWANEBECK[235], sodann die von KIFER, BLACK u. MUNZELL[141]. Die letzteren benutzten Honige der verschiedensten Art.

Ein gewisses positives Ergebnis hatten HAWK, SMITH, BERGHEIM[116] u. CAILLAS[55]. Daß mit dem stets vorhandenen Pollen Vitamine mit in den Honig kommen (neben gewissen Fermenten), ist wahrscheinlich, aber praktisch kaum von Bedeutung.

2. Bereitung von Bienenbrot und Futtersaft.

In Zeiten von Pollenknappheit sammeln die Bienen offenbar nicht nur Pollenersatzstoffe, sondern verwerten sie auch. Von einem lehrreichen Fall aus Chile berichtet HERBST[117]: „Apis sammelt eifrigst methodisch Pilzsporen und verwendet solche anstatt der Pollenkörner. Es handelt sich um die Aecidiumsporen des Rostpilzes Uromyces cestri Mont., der sich während der Trockenperiode auf der Unterseite der Blätter von Cestrum parqui L'Hert., dem in ganz Chile häufigen Palqui, in Massen einnistet und letztere vorzeitig zum Vergilben und Absterben bringt. Dicke kaffeebraune Massen dieser Pilzfrüchte schleppt die Honigbiene in den Stock und verwendet solche da unterschiedslos in Pollenzellen." Ohne Zweifel gibt es auch unverwertbare Dinge, die an Stelle von Pollen, sozusagen aus Verwechslung, eingetragen werden, z. B. Steinkohlen-, Ziegel-, Scheunenstaub, Sägemehl, roter Pfeffer (vgl. v. BUTTEL-REEPEN[53]). Das Eintragen von Pilz- usw. Sporen, bei denen die Verwertbarkeit eher möglich ist, wurde wiederholt beschrieben. Nach WERTH[271] 1909 sammeln die Bienen auf der weißen Lichtnelke nicht nur den hellen Blütenstaub, sondern auch die schwarzvioletten Sporen des Brandpilzes Ustilago violacea (Antherenbrand der Staubbeutel). LAUBERT[161] 1922 beschreibt das Höseln an Uredosporen (Weidenrostpilz) an der Blattunterseite einer Weide (Salix daphnoides).

Der Pollen wird im Gegensatz zur flüssigen Nahrung nicht gleich beim Eingang teilweise an die Stockgenossen abgegeben. Eine bestimmte Altersstufe,

3—6 Tage alte Jungbienen, verzehren besonders viel von den Pollenvorräten, die sie offenbar in eigener Person aus den Pollenkränzen entnehmen, um daraus Futtersaft für die jüngste Brut zu bereiten. Die älteren Larven erhalten den Pollen von den jüngsten Arbeitsbienen mehr unverdaut. Dieser Pollen passiert zuerst die Mandibeln der Futterbienen, dann die Mandibeln der älteren Larven. Es ist aber nicht wahrscheinlich, daß die Pollenschalen dadurch erheblich verletzt werden. A. KOEHLER[144] z. B. findet, daß nur wenige Pollenkörner mit den Kiefern derart bearbeitet werden, daß es zu Schädigungen der Schale kommt. Die erwachsenen Bienen, welche die Rolle der Futtersaftammen hinter sich haben, haben auch die Pollenfreßzeit hinter sich. Für den Rest ihres Lebens dürfte sich ihre Ernährung ganz erheblich umstellen. Ganz ohne Pollennahrung sind sie aber schon deswegen nicht, weil jeder Honig Pollen enthält. Der Pollen im Honig wird ja als wichtiges Mittel benutzt, um die botanische und geographische Herkunft des betreffenden Honigs nachzuweisen (vgl. ARMBRUSTER und OENIKE[20]). Daß es sich beim Honigpollen auf die Dauer um ganz erhebliche Mengen handeln kann, geht aus dem Kotblaseninhalt der überwinterten Bienen hervor.

Die Pollensammlerinnen streifen durch eine einfache Bewegung die Höschen ab in die Pollenkranzzellen. Die Pollenkränze liegen zwischen Honigkränzen und der Brutellipse. Die Pollenvorräte werden im Gegensatz zu den Honigvorräten bezeichnenderweise so gut wie gar nicht umgetragen. Es ist beachtenswert, daß die Pollensammlerinnen nicht nur draußen in der Natur, sondern auch mit der Ordnung im Stock gut Bescheid wissen. Die Sammlerinnen begnügen sich mit dem bloßen Abstreifen. Eigene Pollenstampferinnen (Altersklasse von 12—18 Tagen) drücken die Pollenhöschen am Zellgrund platt, sorgen, daß der Pollen aus der Zelle nicht so leicht herausfallen kann wie vorher, und sorgen auch dafür, daß die Zellen ziemlich viel Pollenmaterial aufnehmen. Die Pollenzellen werden kaum mehr als zu drei Viertel gefüllt. An der Oberfläche glänzt häufig eine honigfeuchte Schicht. Die Pollenzellen werden nie verdeckelt, halten sich geraume Zeit und sind gegen Pilz- und andere Infektionen verhältnismäßig wenig anfällig. Diese Vorräte halten sich also gut. Die sog. Deckwaben, das sind die Endwaben des Brutnestes, zeigen nicht einen Pollenkranz, sondern eine förmliche Pollenplatte (Pollenwabe).

Die Analysen von ELSER wiesen dann einen starken Zuckergehalt in den Pollenhöschen nach, wenn sie aus trockenen Pollenarten bestehen, und einen verschwindend geringen, wenn die Höschen aus Pollen bestehen, die ohnedies feucht und klebrig sind (vgl. oben S. 486).

CASTEEL[56] 1912 und LINEBURG[165] 1924 konnten zeigen, daß der Zuckergehalt in den Pollenzellen höher ist als der Zuckergehalt von Pollenhöschen, die aus der gleichen Pollensorte gebildet waren.

Da die einen wie die anderen beim Einstampfen in die Pollenzellen offenbar gleich behandelt werden, mag man daraus schließen, daß die Pollenvorräte weit weniger durch die Bienen vorpräpariert werden als die flüssigen Vorräte, die ja einen Teil des Verdauungstrakts passieren müssen: Man darf keinesfalls mit SCHÖNFELD[239] annehmen, die Befeuchtung des Pollens beim Einsammeln sei eine Einspeichelung zum Zwecke einer extravisceralen Verdauung. PARKER stellte nur fest, daß beim Einstampfen der Pollen die stampfende Biene das Ganze häufig mit der Zunge befeuchtet.

PETERSEN[205] nimmt ganz offenbar zu Unrecht an, daß die Pollen auch beim Eingestampftwerden in die Pollenzellen zertrümmert werden. RÖSCH[228] hat in dieser Weise gezeigt, daß die Entwicklung der Futtersaftdrüsen, System I, schön Hand in Hand geht mit dem Ernährungs- (Ammen-) Dienst der betreffenden 3—12 Tage alten Bienen, und zwar mit dem Ammendienst an den jüngsten

0—3 Tage alten Bienenlärvchen. In sehr schöner Übereinstimmung hiermit zeigte SOUDEK[249] 1927, daß der Entwicklungszustand der Futtersaftdrüse nicht nur leicht in seinem Auf und Ab experimentell zu beeinflussen ist, sondern auch normal mit der An- und Abschwellung ihrer Funktion (Höhepunkt vor 20. Imagotag) übereinstimmt. Dann sind die Zellen mit Sekret überfüllt, die Kerne scheinen in stärkster Tätigkeit. Nach etwa 20 Tagen werden die Zellen leer und bilden sich zurück. An Einschlüssen sind festzustellen: 1. krystalloide Elemente, wahrscheinlich eiweißhaltig, besonders bei den überwinternden Bienen; 2. Granula, besonders bei überalteten Drüsen, irgendwie mit Pollennahrung zusammenhängend; 3. fettartige Knötchen. Von den Feldbienen hatte SOUDEK[249] eine Gruppe von höselnden und eine Gruppe von nektar- bzw. wassereintragenden Bienen gesondert untersucht. Von der ersten Gruppe zeigten 22,9% wohlentwickelte Futtersaftdrüsen, von der letzten Gruppe nur 10%. SOUDEK untersuchte, da er die Pollennahrung für das Entwickeln der Drüse verantwortlich machen mußte, wie weit Pollenersatzstoffe auf die Futtersaftdrüse einwirken. Tiere, mit Albumin gefüttert, gingen vorzeitig ein (3. Tag). In keinem Fall entwickelte sich die Futtersaftdrüse (so bei Fütterung von Zuckerlösung + Casein, Zuckerlösung + Weizenmehl, Zuckerlösung + Weizenkleie, Zuckerlösung + Stärke). Etwas zweifelhaft war das Ergebnis bei Zuckerlösung + Weizenkleie. Nach freundlicher mündlicher Mitteilung (Apisclub-Tagung Bern 1928, Apisclub-Tagung Berlin 1929) war fast einzig die Nährung mit Bierhefe von günstigem Erfolg, in hübscher Übereinstimmung mit den Versuchen von ARMBRUSTER 1924, der mit seinem „Pollentrank" (gereinigte Bierhefe in Zuckerlösung) äußerst deutlichen Bruteinschlag im Spätherbst erzielte, zu einer Zeit, wo die Kontrollvölker mehr oder weniger brutleer waren (vgl. u. a. GEIGER[108] 1925).

PARKER führte ausgedehnte Versuche mit Pollenersatzstoffen in etwas anderer Weise ohne genauere Untersuchung der Futtersaftdrüse aus. Er ließ dabei die Bienen in einem Gewächshaus fliegen, in dem kein Pollen zu holen war. Er prüfte verschiedene Mehle und eine Art Kindernahrung. Das Volk begann zu brüten, aber keine Larve wurde älter als 3 Larventage. Viele erreichten den 3. Tag nicht mehr. Lehrreich war der Ausfall bei einem weisellos gewordenen Volk. Hier wurden in zwei Weiselzellen zwei Larven älter als 3 Tage. Sie erreichten die volle Larvenfülle, und die Weiselzellen wurden auch verdeckelt. Zur Verpuppung reichte es aber auch hier nicht. Als PARKER[201] am 17. Tage die überfälligen Zellen öffnete, war eine Larve schon stark verwest, bei der anderen war die Verwesung noch nicht weit vorgeschritten. Zur Kontrolle gab er den Versuchsvölkern später die Freiheit und damit die Pollennahrung wieder, worauf sie sich ganz normal verhielten.

Auch PARKER[201] konnte nie entdecken, daß Pollen im Bienendarm einen Pollenschlauch aussenden. In früheren Spekulationen spielte nämlich die Ansicht, der Futtersaft sei im wesentlichen Pollenspermatoplasma, eine große Rolle. Die Bienen setzen die Pollenvorräte im Anfang sehr rasch um; ohne Zweifel können sie aber auch noch Pollen nach längerer Lagerzeit verwerten.

Daß die Quelle des Futtersaftes mit der Zeit versiegt, unter Umständen sogar dann, wenn Bedürfnis dafür besteht, hat GÖTZE[113] durch Versuche wahrscheinlich gemacht. Er konnte mit kleinen Bienenvölkern, die schon zweimal Königinzellen „nachgeschafft" hatten, *nur einen äußerst schlechten dritten Satz* von *Königinnachzucht* erhalten. Es ist möglich, daß die Instinkte verändert waren, aber wahrscheinlich nur in Zusammenhang damit, daß die Futtersaftdrüsen versagten.

Nachdem RÖSCH[229] in einem Versuchsvolk 2300 Bienen numeriert hatte (23 aufeinanderfolgende Tagesgruppen zu je 100 Stück), brach die *Maikrankheit* aus. Von den befallenen Bienen waren weitaus die meisten 10 Tage alt. Sonst gehörten zu den erkrankten Bienen 3—13 tägige. Es waren also im wesentlichen Vertreter der Arbeiterinnengruppe, welche, zur Pflege der jüngsten Larven bestimmt, für die Erzeugung von eiweißreichem Futtersaft besonders viel Pollen gefressen hatten. Diese Krankheit steht also *in enger Beziehung zur starken Aufnahme von Pollen* (vgl. hierzu auch Vitzthum[270]).

Häufig wenn auch nicht immer richtig zitiert sind v. Plantas[216] 1888 Futtersaftanalysen.

Das Untersuchungsmaterial, von einem Imker und dessen Tochter gesammelt, bestand in:

> 9,7172 g Futtersaft aus 82 Weiselzellen,
> 2,4927 g Futtersaft aus 260 Drohnenzellen,
> 1,8406 g Futtersaft aus 1100 Arbeiterinzellen.

Die Trockensubstanzen dieser drei verschiedenen Futtersäfte zeigt die Zusammenstellung der Tabelle 24.

Tabelle 24 (v. Planta 1888).

	Wasser %	Trockensubstanz %
Im Futtersafte der Weiselzellen. . . .	69,38	30,62
Im Futtersafte der Drohnenzellen. . .	72,75	27,25
Im Futtersafte der Arbeiterinnenzellen	71,63	28,37

In der Trockensubstanz des Futtersaftes für

	Königin unter 4 Tagen %	Drohnen unter 4 Tagen %	Drohnen über 4 Tagen %	Arbeiterinnen unter 4 Tagen %	Arbeiterinnen über 4 Tagen %
Stickstoffhaltige Stoffe .	45,14	55,91	31,67	53,38	27,87
Fett.	13,55	11,90	4,74	8,38	3,69
Zucker	20,39	9,57	38,49	18,09	44,93
Asche	4,06		2,02		

Adrienne Koehler[147] konnte die Unterschiede, die v. Planta zwischen dem Futtersaft in Arbeiterinnen- und Drohnenzellen gefunden hatte, nicht bestätigen. Nach ihren Untersuchungen gibt es bis zum 4. Tage nur ein einheitliches Drüsensekret. Sie räumt hiermit auf mit einem Bedenken, daß man seit Leukarts Zeiten etwa folgendermaßen formuliert hatte: das Sekret ein und derselben Drüse muß im großen und ganzen konstant sein. Da das Futter nach v. Planta deutlich wechselt (nach Alter und nach Kasten), so kann dies Futter nicht von einer Drüse stammen.

	Arbeiterin Fett %	Arbeiterin Zucker %	Drohne Fett %	Drohne Zucker %
v. Planta Futtersaft unter 4 Tage alter Larven .	8,38	18,0	11,9	9,5
Koehler Futtersaft unter 4 Tage alter Larven .	23,3	15,7	24,23	14,9

Der Vergleich der Analysen v. Plantas und Koehlers ergibt also erhebliche Unterschiede. Insbesondere fand Koehler keinen irgendwie sicheren Unterschied zwischen Arbeiterinnen- und Drohnenfuttersaft.

Auch Koehler gibt an, nach dem 4. Tage wird Honig und Pollen zugegeben. Langer[157] 1909 hat in der elegantesten Weise mit Hilfe der serologischen

Eiweißdifferenzierung nach BORDET-UHLENHUT nachgewiesen, daß das Eiweiß des Futtersaftes identisch ist mit dem Eiweiß der Bienenköpfe, nicht aber des Mitteldarmes.

LANGERS[153] 1928 Analysen ergaben wiederum andere Zahlen als die v. PLANTAS und KOEHLERS:

„Aus meinen eigenen bisherigen Untersuchungen kann ich heute nur Bruchstücke mitteilen. Zunächst interessierte mich die Frage, ob der Futtersaft Fermente enthält, eine Frage, die ja von KOEHLER oben mit nein beantwortet ist. Gerade diese Kenntnisse mußten annehmen lassen, daß mit ihrem Nachweise oder ihrem Vermissen auch Stellung zur Herkunft des Futtersaftes genommen werden könnte.

„Von den Fermenten konnte ich nur Invertase und Diastase nachweisen, alle übrigen wurden vermißt. Zu ihrem Nachweise wurden die Futtersaftlösungen durch Dialyse zuvor von ihren Kohlehydraten befreit. Ich fand das Gegenteil von dem, was ich erwartet hatte. Ich hatte mir vorgestellt, daß der Futtersaft ein fermentreicher Stoff sei.

„Bei Betrachtung mit den Augen erscheint der Futtersaft als eine weißliche bis weißgelbliche Masse von salbiger bis pastenartiger Dichte, die sich nur langsam an der Wand des Wägegläschens zu Boden senkt. Der Geruch ist aromatisch; mein Material, gesammelt zur Zeit der Blüte des Riesenhonigklees, bot ausgeprägten Geruch dieser Blüte. Auf der Zunge schmeckt er säuerlichsüß, für Lackmuspapier reagiert er stark sauer.

„Der mikroskopische Befund läßt sich kurz beschreiben: in einer strukturlosen, fein granulierten Masse finden sich immer Bruchstücke und ganze, unversehrte Pollenkörner. An Gewebszellen mahnende Zellen, die etwa aus dem Darme stammen könnten — wie ja einige Autoren annehmen —, fand ich niemals, weder im ungefärbten, noch im Nativ gehärteten Präparate. Bei Zugabe von LÖFFLERS alkalischem Methylenblau im Deckglaspräparate nahmen die in verschiedener Größe vorhandenen Fett- (Öl-) Tröpfchen den Farbstoff gierig auf.

„Die Untersuchung auf Peptone fiel zwar positiv aus, doch sind der Hauptbestandteil der Eiweißkörper vorwiegend Albumine; ihre nähere Untersuchung sowie die der Kohlehydrate und der Fette ist in Angriff genommen.

„Aus einem groben, orientierenden Vorversuche möchte ich nur hervorheben, daß ich wiederum andere Zahlen finde als v. PLANTA und A. KOEHLER. Meine Anschauung geht schon heute dahin, daß der Futtersaft keine fixe Zusammensetzung besitzt, sondern daß diese sich in gewissen Grenzen bewegt und daß das Gedeihen der Bienenbrut auf ihre Schwankungen eingestellt ist. Die Zahlen v. PLANTAS drücken keine Formel des Futtersaftes aus, sondern sie sind bloß als Ergebnisse aus dem Material eines Untersuchers zu betrachten.‘‘

AEPPLER[3] 1922 suchte den Futtersaft aus je 100 Arbeiterinnen- und Drohnenzellen je mit gleichaltrigen Larveninsassen zu messen. Er fand im Durchschnitt in der Drohnenzelle 0,010974 g, in einer Arbeiterinnenzelle 0,00197 g (etwa den 5. Teil). Die chemische Analyse des Futtersaftes aus Königinzellen ist dadurch bemerkenswert, als 10000 Königinzelleninhalte verwendet werden. Der im Exsiccator eingetrocknete Futtersaft enthielt (Tabelle 25):

Tabelle 25 (AEPPLER 1922).

	%		%
Wasser nach Eintrocknen auf 100° C	24,15	Gesamt-Zucker	14,05
Gesamt-Stickstoff	4,58	Gesamt-Dextrose	11,70
Gesamt-Protein (Faktor 6,25)	30,62	Gesamt-Saccharose	3,35
Gesamt-Phosphor	0,67	Gesamt-Ätherextrakt	15,22
Gesamt-Schwefel	0,38	Jodzahl des Ätherextrakts	12,51
Gesamt-Aschegehalt	2,34		

Auf Grund von Ernährungsversuchen mit jungen Ratten wurden im Königinnenfuttersaft reichliche Mengen des wasserlöslichen Vitamins B gefunden. Das fettlösliche Vitamin A sei höchstens in Spuren vorhanden.

Ausgedehntere Stufenanalysen über den Königinnenfuttersaft verdanken wir Elser[81] 1929. In der Übersicht lauten seine *durchschnittlichen* Ergebnisse (s. Tabelle 26):

Tabelle 26 (Elser 1929).

	2. Tag	3. Tag	4. Tag	5. Tag	6. Tag	7. Tag
Gewicht der Larve . . .	2,0 mg	4,3 mg	23,1 mg	91,3 mg	148,7 mg	**295,5** mg
Gewicht des Futtersaftes	20,0 mg	142,3 mg	282,2 mg	307,0 mg	298,8 mg	**384,2** mg
Wasser	50,7 %	58,7 %	62,8 %	**65,6** %	62,2 %	56,3 %
Trockensubstanz	**49,3** %	41,3 %	37,2 %	34,4 %	37,8 %	43,7 %
Fett	**8,6** %	4,9 %	6,0 %	4,2 %	4,3 %	2,6 %
Eiweiß	**18,9** %	10,4 %	10,1 %	9,4 %	9,0 %	10,6 %
Invertzucker	11,2 %	8,3 %	9,5 %	11,2 %	10,2 %	**13,8** %
p_H	4,6 %	4,8 %	4,7 %	4,8 %	4,5 %	4,1 %

Elser hat dabei „versucht, mit Hilfe der mikrochemischen Methoden die Zusammensetzung des Königinnenfuttersaftes festzulegen. Durch die täglichen Untersuchungen einer um je einen Tag älteren Königinzelle konnten auch die Veränderungen des Futtersaftes während des Larvenstadiums festgehalten werden. Dabei hat es sich gezeigt, daß größere Schwankungen besonders im Eiweiß und Fettgehalt nur am Anfang bemerkbar sind, während in der übrigen Zeit wohl gewisse Gesetzmäßigkeiten auftreten, die aber ganz den Charakter eines Drüsensekretes bestimmen".

Der Wassergehalt ist bei Elser mit Recht niedriger angegeben als bei den früheren Autoren, da er im Vakuum bei 70° C eindickte und nicht bei 100° C, wobei die Verflüchtigung anderweitiger Substanzen unvermeidlich ist.

Es ist für die jungen Larven ein außerordentlich *wichtiger Zeitpunkt*, wenn sie sich von der Drüsennahrung verabschieden und mehr oder weniger stark an Honig- und Pollennahrung gewöhnen müssen. Becker[28a] wies nach, daß dies bei der etwa $3^1/_2$ Tage alten Larve der Fall ist. Das Auftreten von Pollen im Darm deutet für die weibliche Larve auf die Entwicklungsrichtung zur Arbeiterin hin, als zu diesem mehr oder weniger sterilen Lebewesen mit einer für Sammeltätigkeit und Brutpflege eingerichteten Organ- und Instinktausstattung. Solange die junge Larve nur ganz wenig bzw. nur kurze Zeit von der neuen Kost verzehrt hat, solange kann sie aus der Arbeiterinnenseitenbahn zurückgelockt und wieder in die Entwicklungsbahn zum Eierlegeweibchen (Königin) zurückgeleitet werden.

Die Erbanlage bei der weiblichen Biene muß also außerordentlich plastisch sein und umgekehrt: bei der weiblichen Biene hat die *Art der Ernährung*, wenn auch nur in einer kurzen Zeitspanne, einen so außergewöhnlichen *Einfluß auf den Phaenotypus*, daß dieser Fall ein *Schulbeispiel* gibt zum Einfluß der Lebenslage auf die individuelle Artbildung. Welche Stoffe hier im einzelnen diese ungewöhnliche Rolle spielen, ist noch nicht bekannt (ferner Armbruster[7] 1919 Bienenzüchtungskunde).

Lineburg beobachtete genauer die Tätigkeit von Ammenbienen an einer Reihe von Zellinsassen, deren Alter genau bekannt war. Wenn man den 9. Tag (3 Eier- + 6 Larventage), an dem die Zelle bedeckelt wird, außer acht läßt, so findet er in 8 Tagen je 1300 Tagesbesuche bei jedem einzelnen Zellinsassen, das macht also auf die Stunde über 50 Besuche oder fast einen Besuch jede Minute (Tag und Nacht). Lineburg unterscheidet drei Arten von Besuchen:

1. Inspektion Typ A: kurzer Aufenthalt über der Zelle, Besichtigung von oben.

2. Inspektion Typ B: Eintauchen mit Kopf und Brust in das Zellinnere, nicht länger dauernd als 2 Sekunden. Da in der kurzen Zeit kein Futtersaft abgegeben werden kann, muß es sich um eine Besichtigung aus der Nähe handeln.

3. Fütterungsbesuch: Eintauchen mit Kopf und Brust. Aufenthalt bis zu 3 oder 4 Minuten, jedenfalls länger als 2 Sekunden.

Die Zahl der Besuche und die durchschnittliche Dauer ändert sich deutlich, und zwar gesetzmäßig mit dem Alter der Zellinsassen. Die weniger als 2 Tage alten Larven erhalten durchschnittlich sechs Besuche, und diese wenigen Besuche dauern auch nur kurze Zeit, durchschnittlich etwa nur 12 Sekunden. Bei der über 2 Tage alten Larve nimmt die Zahl der Besuche zu und insbesondere die Dauer der Besuche. Hinsichtlich der Dauer der Besuche ist der zweite Tag deswegen besonders merkwürdig, weil an ihm die Besuchszeit sehr deutlich abnimmt. Näheres ist aus der graphischen Darstellung (Abb. 69) zu entnehmen.

Jeder Zellinsasse fordert bis zur Bedeckelung zusammen etwa $4^3/_4$ Stunden Fütterungszeit. Daraus geht hervor, wie sehr die Stockbienen von einer großen, ausgedehnten Kinderstube mit Beschlag belegt werden. In Übereinstimmung mit NELSON und STURTEVANT[253] findet LINEBURG[165], daß Larven, noch nicht drei Larventage alt, von Futter umgeben sind, das deutlich Pollenkörner beigemischt enthält. Die Farbe des Futtersaftes wird hier durch den Pollen mitbestimmt und ändert sich je nach der Farbe der eingetragenen Höschen (das Versuchsvolk hatte keine Pollenvorräte, so daß es hinsichtlich des Pollens von der Hand in den Mund leben mußte). Auch LINEBURG schließt daraus, daß die Bienenlarven schon im Verlauf des dritten Larventages eine andere Kost bekommen. Damit lassen sich wohl die Angaben BECKERS[28a] in Einklang bringen, wonach er im Verlauf des vierten Larventages Pollen im Larvendarm fand. Der merkwürdige Verlauf der Zeitkurve in Verbindung mit der Gewichtskurve (Abb. 70) ist also wie folgt zu deuten. Kurz vor dem Schlüpfen, insbesondere aber gleich nach dem Schlüpfen aus dem Ei, wird der junge Zellinsasse kräftig mit Futtersaft, und zwar reinem Futtersaft versehen. Das Angebot ist reicher als die Nachfrage. Am zweiten Larventag frißt der Insasse in steigendem Maße weiter, da aber viele Vorräte da sind, braucht die Zufuhr nicht in gleichem Maße wie bisher anzuhalten. In der zweiten Hälfte des dritten Larventages bricht die Futterzufuhr relativ ab und es setzt Zufuhr von Pollen und Honig ein. Spätestens seit Beginn des vierten Larventages wird sichtlich nur noch geätzt.

Die Nahrung der Honigbienenlarven ist im Verhältnis zur Nahrung der meisten Einsiedlerbienen wasserreich, drüsensekretreich, vielleicht auch honigreich, jedenfalls aber pollenarm. Viele Einsiedlerbienenlarven bekommen sozusagen nur Pollen zu fressen. Derselbe ist mit wenig Nektar durchknetet. Wenn die Einsiedlerbienenlarven den Pollen nicht sehr gut verwerten könnten, wäre ihr Dasein und ihre Entwicklung unmöglich. Bei dem kräftigen Tempo, in dem die Larven Pollen fressen, und bei den kleinen Mandibeln ist nicht wahrscheinlich, daß ein größerer Teil der Pollenschalen aufgebrochen wird. Vom Kittharz, das die Bienen neben dem echten Bienenwachs zu gewissen Baugeschäften benützen, wurde schon behauptet, es sei ein Nebenprodukt der Pollenverdauung. Tatsächlich wird es eingetragen. Von der ägyptischen Biene ist gut bezeugt, daß sie keine Propolis verwendet. Hier würde also das Pollenverdauen offenbar keine Propolis erzeugen. Vgl. hierzu ARMBRUSTER[8] 1920.

II. Vom Stoffwechsel der Bienenlarve.

Die im vorigen Kapitel behandelte Zusammensetzung des Larvenfutters gab uns schon wichtige Einblicke in den Stoffwechsel der Bienenlarve. Die Literatur hat sich aber auch mit dem Stoffwechsel selbst beschäftigt, durch

Studium der chemischen Zusammensetzung aufeinanderfolgender Entwicklungsstadien, sowie durch Studium der Reservenmorphologie.

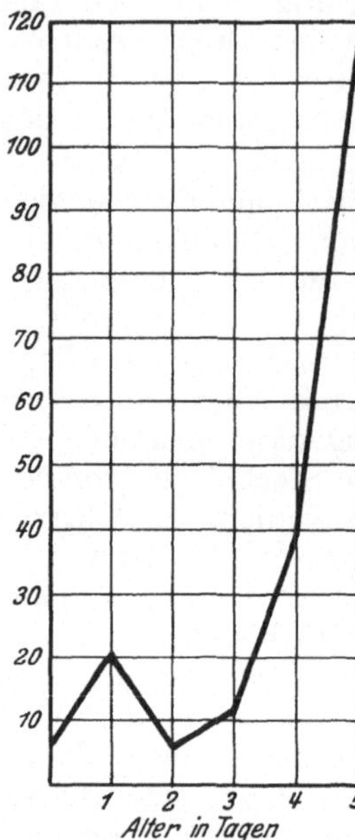

Abb. 69.   Sekundendauer   der
durchschnittlichen Fütterung von
Bienenlarven   bei   steigendem
Alter.   (Nelson, Sturtevant
und Lineburg 1924.)

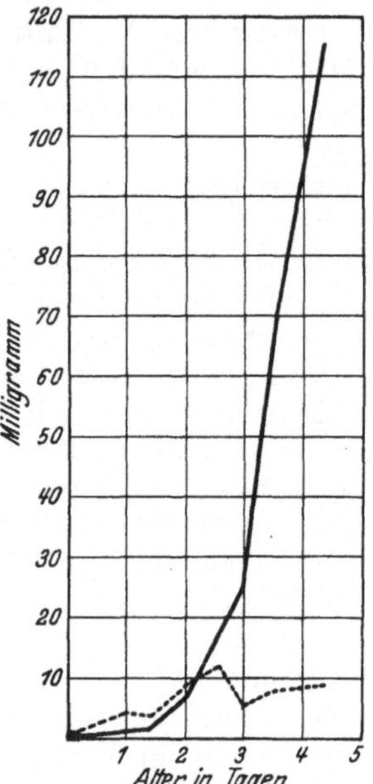

Abb. 70. Gewicht des unverzehr-
ten Futters (punktierte Kurve),
verglichen mit dem Gewicht der
Bienenlarve. (Nelson, Sturtevant und Lineburg 1924.)

1. Chemie des Larvenstoffwechsels.

Straus[252] 1911 stellte die chemische Zusammensetzung der einzelnen Entwicklungsstadien bei Arbeiterinnen und Drohnen fest. Über den Wechsel im Ge-
samtgewicht und der Trockensubstanz
bei Arbeiterinnen und Drohnen gibt
am besten die graphische Darstellung
Auskunft (s. Abb. 71 u. 72). Mit dem
Wort Puppe bezeichnet Straus[252]
Abb. 71—75 den Augenblick, wo
die Zelle verdeckelt ist. Um diese
Zeit sei das Höchstgewicht erreicht.
Das Ausstoßen der Faeces, der Stoff-
und Energieverbrauch beim unmittelbar einsetzenden Kokonspinnen, tritt
in der Kurve deutlich zutage. In
den Kurven hat Straus den Trockensubstanzgehalt mit eingezeichnet.
Der relative Trockensubstanzgehalt
ist daraus unschwer zu ersehen. Die
Kurve für die Drohnen ist ohne
Zweifel freier von Fehlerquellen und
scheint mir besonders sprechend zu
sein. Die Drohnenlarve wird, solange

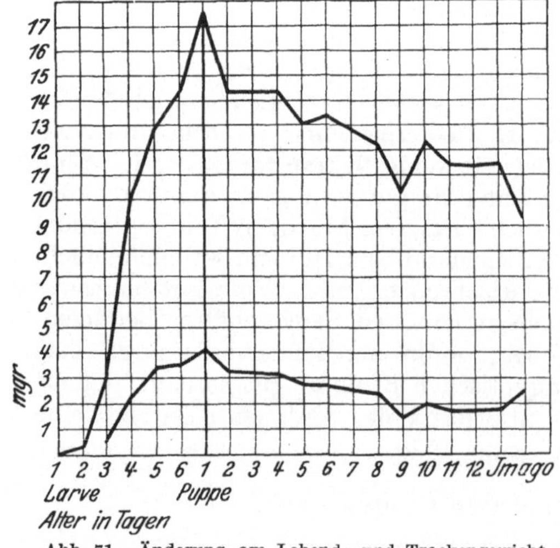

Abb. 71. Änderung am Lebend- und Trockengewicht
der Arbeiterin. (Straus 1911.)

sie noch Larve ist, immer trockener. Nach der Verpuppung wird die Drohne relativ immer wasserhaltiger. Dasselbe trifft höchstwahrscheinlich auch für die Arbeiterin zu (für die ein- und zweitägige Larve war die relative Trockensubstanz sehr schwer richtig zu finden, weil diese zarten Wesen ganz von Futtersaft triefen). Die Kurven für die Puppenzeit sind ziemlich gleichmäßig und parallel. Das ist sehr auffällig. Man muß annehmen, daß beim Stoffwechsel Wasser als Endprodukt entsteht. Der Stoffwechsel ist näher erläutert durch die folgenden STRAUSschen[252] Kurven (Abb. 73, 74 u. 75).

Danach geht die eigentliche Umschmelzung des Körpers unter dem Brutdeckel hauptsächlich vor sich auf Grund von Glykogen und Fett, und zwar wird das Glykogen etwas früher angegriffen. Wenn die Imago schlüpffertig ist, dann sind Fett und Glykogen fast verbraucht. Bei der Arbeiterin ist das Tempo des Fettverbrauchs etwas langsamer. Bei ihr ist der Eiweißgehalt fast vom vierten Larventage an konstant; er wird während der Umbildung des Bienenkörpers unter dem Brutdeckel im Gegensatz zu Fett und Glykogen nicht angegriffen. In der Arbeiterkaste nehmen alle untersuchten Stoffe am stärksten zu bei einem Altersstadium, das zwischen dem dritten und vierten Tag liegt. Bei der Drohne liegt die Maximalzunahme zwischen dem sechsten und siebenten Tag. Für die Verhältnisse bei der Arbeitsbiene könnte man den Umstand verantwortlich machen, daß spätestens vom vierten Tage an die Larve mehr und mehr unverdaute Nahrung, nämlich Honig und Pollen, gefüttert bekommt.

Junge ♂ „Puppen" von durchschnittlich je 302 mg Gewicht enthielten 4 % = 13,9 mg an Glykogen

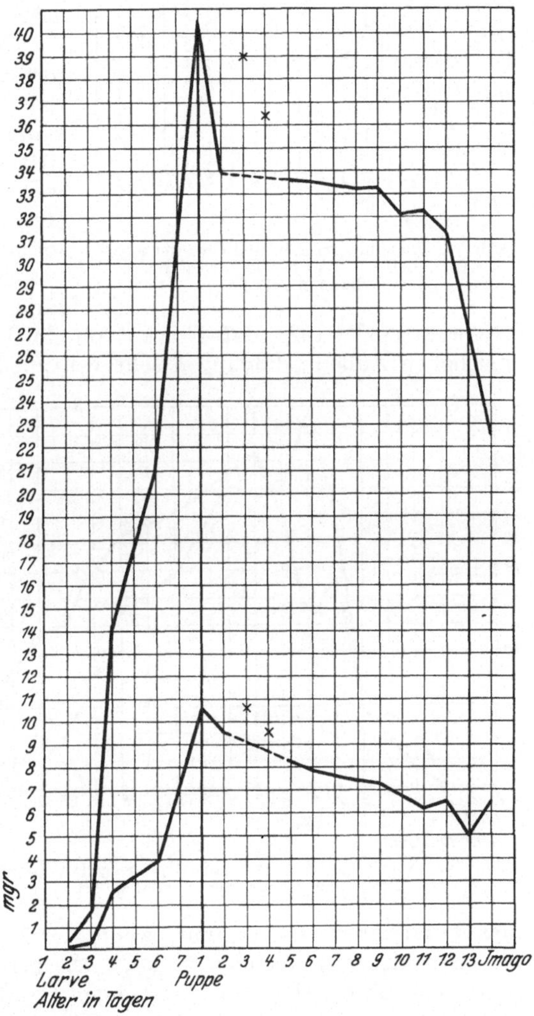

Abb. 72. Änderung des Lebend- und Trockengewichts der Drohnen. (STRAUS 1911.)

je Tier. In einem anderen Fall wogen junge „Puppen" 270 mg und enthielten 5,07 % = 12,37 mg Fett. Die STRAUSschen[252] Altersangaben sind hier leider viel zu unsicher. Die eine chemische Besonderheit der Bienenmetamorphose, der vorübergehend ungewöhnliche Reichtum an Glykogen, erinnert nach STRAUS an die Verhältnisse bei parasitischen Würmern. Mit diesen hat die Bienenbrut die gleichmäßig günstigen Außenbedingungen, gleichmäßige Temperatur, gleichmäßige Feuchtigkeit, reichliches, im allgemeinen hoch organisches Futter, gemeinsam. Allerdings lebt die Bienenbrut entschieden weniger „anaerob" als etwa parasitische Würmer.

Es ist schade, daß Straus[252] die *Stickstoffbestimmung* für die Drohnenstadien nicht durchgeführt hat. Für die Arbeiterinnen geht die Stickstoffkurve stark parallel mit der Trockensubstanzkurve. Am vierten Tag ist die endgültige Durchschnittshöhe erreicht. Auch die Histologie lehrt, daß am vierten Tage die Körperelemente im wesentlichen schon da sind.

Straus[252] versuchte auch eine *Calorienbilanz.* Unter der Voraussetzung, daß Glykogen und Fett völlig zu Kohlensäure und Wasser (vgl. das ansteigende „Nasserwerden" der Puppe) verbrannt werden, verbraucht die Arbeiterin 0,0336 (Glykogen) + 0,04508 (Fett) = 0,0787 Calorien, die Drohne 0,250 Calorien.

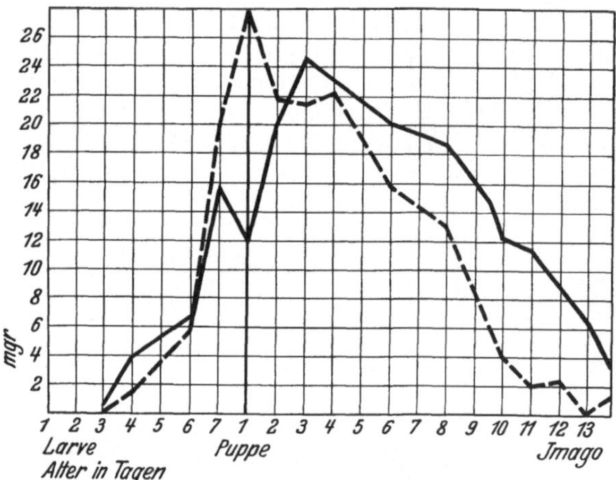

Abb. 73. Änderung im Fett -und Glykogengehalt (punktierte Kurve) bei der Arbeiterin. (Straus 1911.)

Auf Grund von zahlreichen und sorgfältigen Wägungen fanden Nelson und Sturtevant[253] 1924, daß Larven von gleichem Alter unter verhältnismäßig einheitlichen Außenbedingungen sehr verschieden stark sind, daß also die Wachstumsrate sehr verschieden ist. Sie stellten auch die merkwürdige Tatsache fest, daß eine Larve, deren Zelle sich eben zu bedeckeln beginnt, noch weiter an Gewicht zunimmt, in einer Wägungsserie z. B. von 137,6 mg (erste Anzeichen der Zellbedeckelung) bis auf 158,31 mg (gerade eben bedeckelte Zelle). Daraus muß man schließen, daß die Larven noch bis zum letzten Moment des Außenverkehrs gefüttert werden. Schon aus diesem Grunde muß man annehmen, daß die eigentliche Spinnbewegung und das Defaecieren erst beginnt, wenn der Zelldeckel (in der Hauptsache durch die Stockbienen) geschlossen ist. Als maximales Larvengewicht stellten sie 171,3 mg fest (Abb. 76). In einem Hungerversuch sperrten sie mehreren unausgewachsenen Larven die Futterzufuhr ab und brüteten sie im Brutschrank bei 37,5° aus. Nur zwei Tiere erreichten das Imagostadium (alle hatten noch mehr oder weniger vollkommene Kokons gesponnen). Folgendes ist die Gewichtsübersicht:

Abb. 74. Änderung im Fett- und Glykogengehalt (punktierte Kurve) bei der Drohne. (Straus 1911.)

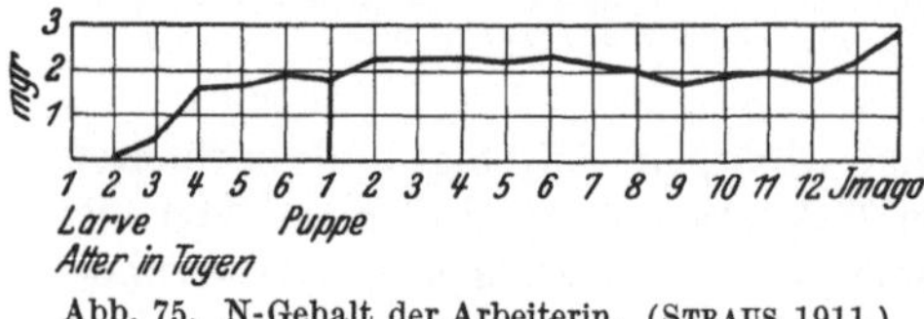

Abb. 75. N-Gehalt der Arbeiterin. (Straus 1911.)

	a Larve	*b* Imago	Gewichtsprozente *a:b*
Nr. 1	115,0	68,1	168
„ 2	144,1	94,2	152
Normal	158,3	112,0	141

Den relativen Energieaufwand habe ich in der Spalte rechts angefügt; er ist also bei der normalen Biene äquivalent 41 % des Imagogewichts. Er wird um so größer, je schwächlicher die Larve war, als sie den Strapazen der Metamorphose ausgeliefert wurde. Kein Wunder, daß der größte Teil diese Strapaze nicht aushielt.

Nelson und Sturtevant[191] versuchten auch Schwankungen im Larvengewicht, also Schwankungen in der Wachstumsrate, „künstlich" zu erzeugen, indem sie den Einfluß von guter Tracht auf das Larvengewicht studierten. Wie die graphische Darstellung (Abb. 76) lehrt, konnte das Maximum des Larvengewichts im Durchschnitt nur um 6—8 % verbessert werden. Der Einfluß zeigte sich am Ende des vierten Larventages noch so gut wie gar nicht. Am sechsten Larventag war der Unterschied naturgemäß am deutlichsten, weil auf diesen Zeitpunkt das Maximum fällt.

Auch die Zeitspanne vom Schlüpfen aus dem Ei bis zum Verdeckeltwerden schwankt deutlich, nämlich um mehrere Stunden. Aus dem Vergleich der Kurven (Abb. 76) ergibt sich, daß zwischen dem zweiten und dritten Tag in der Ernährung der Larve irgendwie eine Änderung eintreten muß. Mit dieser Änderung geht Hand in Hand ein starkes Zunehmen der Wachstumsgeschwindigkeit. Nelson und Sturtevant[191] beobachteten regelmäßig unverdaute Pollenkörner in dem Futterbrei, der um Larven herum lag, die noch nicht älter als drei Larventage waren, und zwar in solcher Menge, daß die Farbe des Futters verändert war. Das Gewichtsmaximum liegt am Ende des sechsten Larventages. Die Verdeckelung findet schon im Verlauf des sechsten Larventages statt.

Nach Lineburg[191] steigt die Kurve der Gewichtszunahme am steilsten an gegen Ende des zweiten Larventages. Das Maximum des Larvengewichts sei erreicht, wenn der Zelldeckel schon ein Drittel der Zellöffnung abgeschlossen hat.

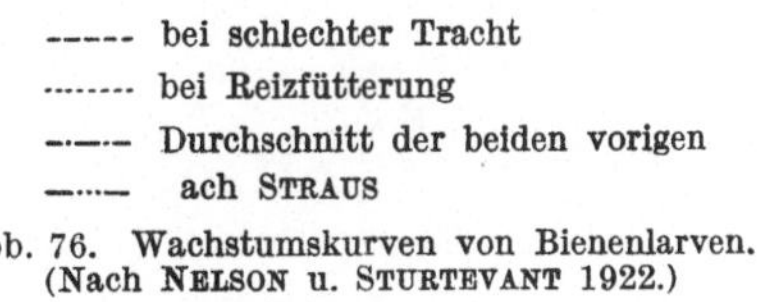

Abb. 76. Wachstumskurven von Bienenlarven. (Nach Nelson u. Sturtevant 1922.)

Da das Eigewicht nach Lineburg[191] 0,132 mg beträgt, wiegen 1500 Eier 0,198, also ziemlich genau 0,2 g. Das ist ungefähr das Eigengewicht einer Königin.

Nach Lineburg[191] 1925 kann es vorkommen, daß die Eier innerhalb 10 Minuten sechsmal besucht werden. Der Futtersaft, der bereits um das Ei gelegt wird, ist an Masse etwa doppelt so groß wie das Ei.

Eine ein- bis zweitägige Larve soll nach Lineburg bereits nach vier- bis fünfstündigem Fasten zugrunde gehen.

Nur die allerjüngsten Stadien schwimmen im Futter, die älteren müssen von der Hand in den Mund leben (Abb. 77—82). Der Nahrungsbedarf wird widergespiegelt durch das Ansteigen der Gewichtskurve. Es ist bekannt, daß ältere Larven, von ihren Ernährerinnen getrennt, bald Hunger bekommen. Sie machen sichtlich Suchbewegungen und zwar so energisch, daß sie leicht aus den Zellen herausfallen. Versuche mit künstlicher Ernährung, die anderwärts im Gange sind, dürften nähere Aufschlüsse bringen.

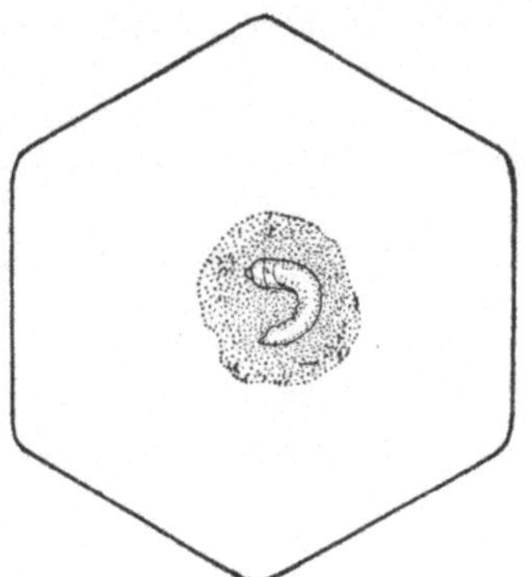

Abb. 77. Arbeiterinlarve gleich nach dem Schlüpfen.

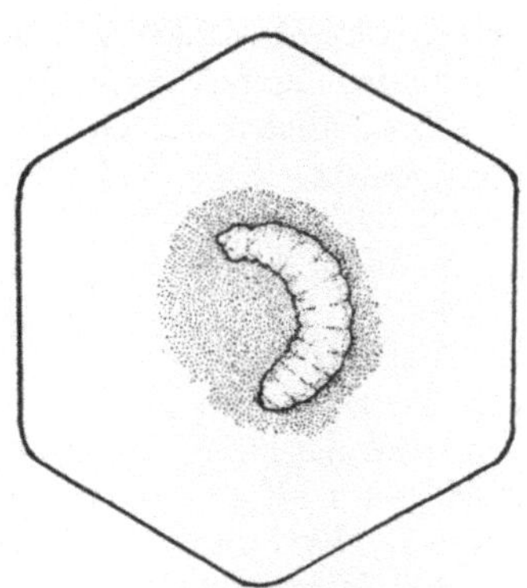

Abb. 78. 1 Tag alt.

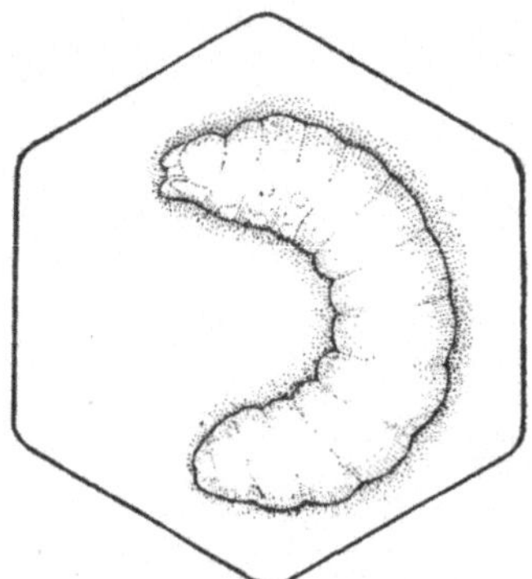

Abb. 79. 2 Tage alt.

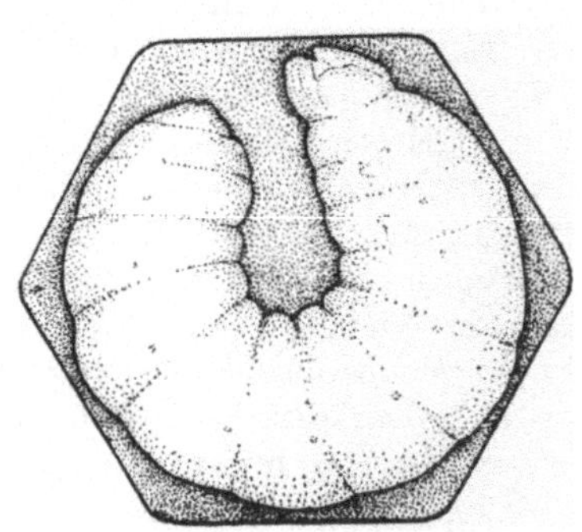

Abb. 80. 3 Tage alt.

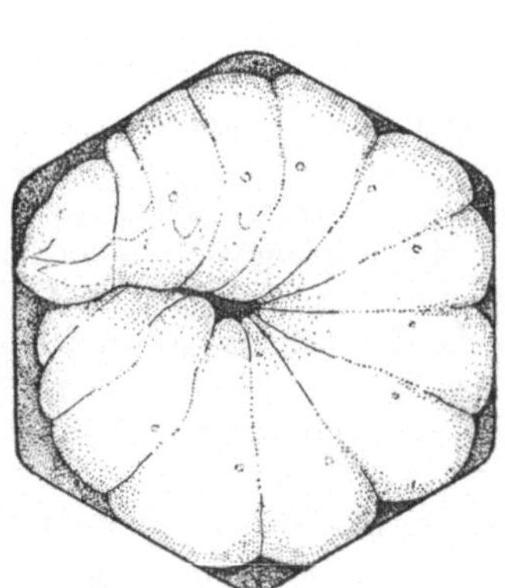

Abb. 81. 4 Tage alt.

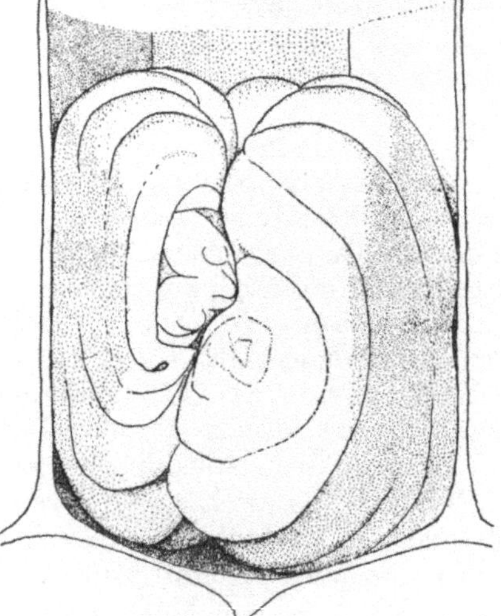

Abb. 82. „Reife" Larve.

Abb. 77—82. Nach Nelson u. Sturtevant 1922.

In ihrer Entwicklung *wirft die Biene an Hüllen ab*: 1. die Eihülle am dritten Tage, 2. die Larvenhülle bald nach dem Bedeckeln bzw. Faecesausstoßen und

Einspinnen und 3. die Nymphenhaut kurz vor dem Auskriechen durch Gespinst und Brutdeckel. Andere eigentliche Häutungen kommen bei den Bienen im Gegensatz zu anderweitigen Angaben nicht vor. Die Häutungen treten in den Gewichtskurven kaum zutage. Die kräftige Gewichtsabnahme nach der Verpuppung ist z. B. mit verursacht, wie erwähnt, durch Faecesausstoßen und Einspinnen. Zum Vergleich sei erwähnt, daß Bombyx mori acht Tage lang an seinem Kokon spinnt und dabei die Hälfte des Frischgewichts (ein Viertel des eigenen Trockengewichts) verliert.

BERTHOLF[30] 1927 machte interessante Ernährungsversuche an Bienenbrut, und zwar an drei Tage alten Larven, die gewogen und in einer feuchten Kammer bei Stocktemperatur je mit Traubenzucker, Fruchtzucker, Rohrzucker, Milchzucker, Malzzucker, Galaktose, Trehalose, Melezitose, Stärke, Glykogen, Dextrin, in gestaffelter Konzentration gefüttert wurden. Kontrolltiere wurden mit Honig, andere mit destilliertem Wasser versorgt. Von sechs zu sechs Stunden wurden die Toten gezählt und entfernt. Die folgenden Zahlen geben an, wievielmal solange die betreffende Futtergruppe am Leben blieb, als die ungefütterte Kontrollgruppe (Fütterung mit destilliertem Wasser). Bei den durchprobierten Honigen ergab sich folgende fallende Qualitätsskala: Klee-, Buchweizen-, Berglorbeer-, Salbei-, Astern-, Goldruten-, Akazienhonig; eine zunächst rätselhafte Anordnung. Diese Versuche ließen sich offenbar noch hübsch ausbauen.

Rohrzucker	7,5	Dextrose	4,0	Galaktose	1,9
Fruchtzucker	4,7	Honige	3,6	Milchzucker	1,7
Malzzucker	4,3	Trehalose	3,1	Stärke	0,9
Melezitose	4,3	Dextrin	2,9	Glykogen	1,1

Vorerst scheint es, daß der Geschmackssinn bzw. der Einfluß eines Geschmackssinnes auf die Freßlust der an sich gefräßigen Larve etwas anders ist als der von erwachsenen Bienen, die ja weniger fressen als sammeln, und bei denen ein ausgesprochen zusagender Geschmack zum Nahrungaufsaugen anreizt. Man möchte wenigstens ohne weiteres annehmen, daß Honig für die Larven ähnlich süß erscheint wie für die erwachsenen Bienen. Es ist schade, daß in der obigen Liste der Invertzucker fehlt. Der Rohrzucker steht in der Liste glänzend da, was für die Fütterungslehre den wichtigsten Schluß zuließe, für Brutreizfütterung müsse unser üblicher Rohrzucker vorzüglich wirken, zumal da jede Zuckerfütterung das Pollensammelgeschäft mächtig in Gang bringt. Auffallend ist sodann, wie die Bienenlarve, die, abgesehen vom Wasser, im Durchschnitt zur Hälfte aus Glykogen besteht, mit Glykogen als Futter nichts anzufangen weiß. Merkwürdig auch, daß die Diastase, welche im Darm, z. B. der Stärke gegenüber, unwirksam ist, in der Leibeshöhlenflüssigkeit der Larve festgestellt wurde. Umgekehrt ließen sich im Blut Lactase, Maltase und Invertase nicht nachweisen, obwohl sie im Larvendarm offenbar wirksam sind. Lehrreich ist sodann, daß der Buchweizenhonig, der am wenigsten honigähnlich schmeckt und von den erwachsenen Bienen, falls Auswahl besteht, hintangesetzt wird, hier unter den besten erscheint, und umgekehrt der Goldruten- und Akazienhonig für die Larven nach BERTHOLF[30] minderwertiger, als Überwinterungsfutter für die Bienen aber hervorragend ist.

Nach einer Zählung durch KRAMER fanden sich in 1 mg eines solchen Futtersaftes an 15000 Pollenkörner. Im Durchschnittsmittel weicht die Zusammensetzung des Drohnenfuttersaftes nicht gar so viel ab vom Durchschnittswerte der Königinmade.

Zum *Gasstoffwechsel der Bienenlarven* führte in freundlicher überaus dankenswerter Weise Herr Dr. BOCK, damals an der Biologischen Reichsanstalt, mir eine

Reihe von vororientierenden Messungen aus. Die Larven blieben in ihren Waben zunächst kurze Zeit im Thermostaten bei 30⁰. Gemessen wurde dann im Atmungsapparat, der im Wasserbad von genau $+25^0$ C hing. Die Ergebnisse lauten (Tabelle 26):

Tabelle 26.

Nr.	Zahl	Stadium	Gewicht von a in Gramm	$O_2 = \dfrac{O_2 \, ccm}{kg \times Std.}$	Respirator- Quotient
	a	b	c		
1	10	Junge Rundmaden	0,040	952	0,82
2	10	„ „	0,183	1143	0,765
3	10	Mittlere „	0,716	925	0,668
4	10	Alte „	1,263	606	0,625
5	10	Streckmaden	1,496	368	0,622
6	10	„	1,572	310	0,585
7	7	Puppen, Augen ohne jedes Pigment .	1,010	358	0,733
8	10	„ „ „ „ „	1,319	304	0,311 (?)
9	5	„ , „ braun, Körper pigmentlos	0,667	254,5	0,72
10	5	Puppen, Körper beginnt sich zu pigmentieren	0,648	763	0,48
11	4	Imago, kurz vor dem Ausnagen. . .	0,482	1317	0,68
12	5	„ , 1—2 Tage bei 30⁰ auf den Waben gehalten, gemessen bei 25⁰	0,610	2290	0,768

Ein sehr störender Faktor läßt sich bei solchen Messungen leider sehr schwer oder fast gar nicht ausschließen: die Eigenbewegungen des Versuchstieres, so daß wir hier nicht immer den reinen „Grundumsatz" vor uns haben.

Daß in einem Brutnest relativ viel *Wärme* frei wird, ersah ich in früheren Thermostatversuchen. Sobald selbst ein relativ großer Thermostat mit etwa zwei Waben bedeckelter Brut $(= 2 \times 8 \, dm^2)$ beschickt ist, will die Temperatur des Thermostaten dauernd über 34⁰ (= Brutnesttemperatur) steigen.

2. Zur Histologie des Larvenstoffwechsels.

Auch im Larvenmagen findet Parker eine Nahrungshülle, wenn auch eine verhältnismäßig einfache, die er peritrophische Membran nennt (vgl. auch Jaeckel[136]). Im Larvenmagen befindet sich der Pollenkorninhalt meist im hinteren Teil und in allen Stadien der Schrumpfung.

Die *Verdauungsfermente der Bienenlarve* sind durch Versuche in vitro (z. B. in Extraktversuchen) noch nicht untersucht. Der Nahrungshaushalt der Biene spiegelt sich wieder in den zurückgelegten Reserven. Die Hauptreserve des Bienenkörpers ist der *Fettkörper*. Er spielt eine größere Rolle während der *Metamorphose* als beim fertigen Insekt. Schon am dritten Larventag wird die Zahl der Fettzellen nicht mehr vergrößert. Bis zum dritten Larventag vermehren sich die Fettzellen nicht nur, sondern wachsen außerdem sehr stark und füllen sich mit Reservestoffen, speziell mit Fett. Der Grund, warum sie sich jetzt nicht mehr vermehren, liegt wahrscheinlich darin (im Gegensatz zu Freudenstein), daß jetzt, wenigstens bei Arbeiterinnen und Drohnen, die Ernährung mit dem Drüsensekret (Futtersaft, Brutmilch) aufhört. Nach dem dritten Tag rücken die einzelnen Zellen in der jetzt besonders stark wachsenden Larve auseinander. Nachdem die Ernährung auf Honig und Pollen umgestellt ist, füllen die einzelnen Fettzellen sich wieder stärker auf, so daß kurz vor der Verpuppung die Leibeshöhlen der Streckmaden von den Fettzellen so erfüllt sind, daß jetzt das absolute

Gewichtsmaximum des Bienenwesens erreicht ist. Das erwähnte besonders starke Wachsen tritt nach dem Zeitpunkt ein, wo die Ernährung mit Blütenstaub und Honig beginnt. Wir werden ohne weiteres geneigt sein, diese Nahrung für weniger hochwertig anzusehen als die Drüsennahrung. In der Entwicklung des Fettkörpers spiegelt sich dieser Umstand insofern wider, als diese Entwicklung vorübergehend ziemlich stillsteht. Schon in den jüngsten Larvenstadien treten zu den Fettzellen noch die *Önocyten*, die offenbar Reservekörper sind, mit irgendwelchen speziellen Reservestoffen. HOLLANDE[129] z. B. nannte sie Cerodecyten, weil er im Plasma außer den Pigmentkörnern ungefärbte Krystalle fand, die Wachs enthalten sollen. Die Beobachtungen RÖSCHs[230] stimmen damit gut überein. KOSCHEWNIKOWs[151] Deutung, die Önocyten seien Schlackensammler, also Excretzellen, wird man aus verschiedenen Gründen aufgeben müssen. In der Gegend, wo diese Schlackensammler sich finden sollten (Gegend der MALPIGHIschen Gefäße, Nähe des Herzschlauchs), findet man sie nicht, wenigstens nicht bei jungen Larven.

Die Plötzlichkeit des Larvenwachstums nach dem dritten Tag ist wohl darauf zurückzuführen, daß die Reservezellen (Fettzellen) vorübergehend sich weder vermehren noch nennenswert sich vergrößern. Die Nahrung dient mit anderen Worten direkt dem Aufbau, ohne teilweise in Reserven umgewandelt zu werden. In der zweiten Hälfte des eigentlichen Larvenlebens holen die Fettzellen wieder auf. Der Mitteldarm erscheint jetzt enger, und der dadurch geschaffene Raum in der Leibeshöhle wird durch die wiederum stark wachsenden Fettzellen eingenommen. Die Reservestoffe erscheinen zuerst in Vakuolen, dann werden sie mehr gleichmäßig mit dem Plasma vermengt. Sie werden jetzt mehr und mehr beständige Elemente, und zwar morphologisch und physiologisch. Sie beginnen jetzt, mehr souverän, mehr aktiv als receptiv werdend, Fett in Eiweiß umzuwandeln. Der Höhepunkt dieser Tätigkeit fällt kurz vor das Abwerfen der Larvenhaut, also in die Zeit, wo in der verdeckelten Brut der Abbau der Larvenorgane beginnt. Die Kerne der Fettzellen zeigen um diese Zeit gesteigerte Tätigkeit: sie werden stark verzweigt. Wahrscheinlich arbeiten um diese Zeit die Fettzellen mit den Önocyten als Sekretspendern enger zusammen.

Zu den *Fettzellen und Önocyten* sind bereits seit einiger Zeit als drittes Element noch *Excretzellen* hinzugekommen. Diese Schlackensammler liegen dort, wo sie der Blutkreislauf leicht erreicht, z. B. an exponierter Stelle der Fettloben. Man findet sie mit zunehmender Differenzierung des Bienenkörpers mehr auf den hinteren Teil der Leibeshöhle beschränkt (ähnlich wie die MALPIGHIschen Gefäße). Dort könnten sie das Blut reinigen, bevor es wieder in den Herzschlauch eingesogen wird. Es ist zwar wahrscheinlich, daß die Önocyten für die Fettzellen mehr oder weniger direkte Zubringer sind, es ist aber nicht wahrscheinlich, daß die Excretzellen direkte Schlackenabnehmer sind. Das mobile Bindeglied bildet hier wohl die Blutflüssigkeit.

Die *Albuminoidkörper* treten dann in der Larve auf, wenn die betreffende Zelle verdeckelt ist (BERLESE, SCHNELLE[238], 1918), und zwar zuerst in den Zellen, welche dem Darm am benachbartsten liegen. Ohne Zweifel wird hier ein Teil des Fettes in Eiweiß umgewandelt (PEREZ[204], HOLLANDE[129], SCHNELLE[238]).

BISHOP[38] 1923 rechnet bei den Albuminoidkörperchen mit folgenden Möglichkeiten. Entweder sind es eiweißreiche Kernderivate, mehr im Sinne von Kerntrümmern oder es handelt sich um Eiweiß, das in dem Zellkörper gebildet ist unter dem Einfluß von Fermenten, geliefert von Kernkörperchen.

Nach KOSCHEWNIKOW[151] gehen alle Fettzellen zugrunde, nach BERLESE werden alle erhalten und in die Imago hinübergerettet, nach HUFNAGEL[133] und

Perez[204] geht ein Teil zugrunde, ein Teil wird gerettet. Über die feinere Cytologie der Fettzellen vgl. Vejdowski[269] 1925. Die Excretzellen sind am größten, wenn die Larve auf dem Höhepunkt ihrer Entwicklung ist, am zahlreichsten, wenn die Puppenruhe beginnt (Schnelle[238]). Sie fehlen bei den Imagines, da dort die Malpighischen Gefäße in großer Zahl funktionieren. Während der Puppenruhe, wo ja die alten Malpighischen Gefäße außer Kurs gesetzt und die neuen noch nicht gebildet, stellen sie den Ersatz dieser Gefäße dar. Die Önocyten stehen in enger Verbindung mit den Tracheen, zu ihrem Stoff- bzw. Energieumsatz benötigen sie also offenbar besonders Sauerstoff.

Glaser[112] 1912 tritt für eine oxydierende Funktion der Önocyten ein. Die Önocyten seien ektodermaler Herkunft. Nach Vejdowski 1925 lösen sie sich von der Hypodermis los und wandern unter Pseudopodienbildung körpereinwärts in den Fettkörper. Über die feinere Cytologie der Önocyten vgl. Vejdowski.

Phagocyten sollen bei der Bienenmetamorphose keine Rolle spielen.

Die morphologischen und histologischen Grundlagen des nach Straus so ansehnlichen Glykogenstoffwechsels in der Bienenmetamorphose sind gänzlich ungeklärt.

Nachdem die Larve unter dem Brutdeckel die Faeces ausgestoßen und sich eingesponnen hat, erfolgen einschneidende Umgestaltungen am und im Körper. Die Malpighischen Gefäße werden aufgebaut, fast der ganze Thorax mit der großen Muskulatur, große Teile des zukünftigen Kopfes mit den dort sich befindlichen Drüsen. Der Mitteldarm wird zwar nach und nach, aber schließlich doch fast in seiner Gesamtheit erneuert, ähnlich der größte Teil des Tracheensystems. Wenn dann die Larvenhülle, unter der dies alles noch vor sich ging, gefallen ist, dann sind die meisten larvalen Önocyten aufgebraucht und verschwunden. Die Excretzellen finden sich nur noch in der Gegend von Mittel- und Enddarm, wo sie dann durch ihre Amtsnachfolger, die Malpighischen Gefäße, ersetzt werden. Der Fettkörper zerfällt zuerst in Kopf und Thorax. Die zahlreich aufgespeicherten Albuminoidkörperchen werden frei und schlimmstenfalls von der Blutflüssigkeit übernommen. Es kann aber auch vorkommen, daß, ähnlich wie bei dem von Rösch[230] beschriebenen Fall „der schmelzenden Eiskugel", Fettzellen direkt in das aufzubauende Organ ihre Substanz abgeben, so bei der Darmwand oder bei Muskeln. Ob Fettzellen aus dem Larvenstadium in das Puppenstadium und damit das Imagostadium hinüber genommen werden, ist strittig. Wahrscheinlich werden die Önocyten nach Abwerfen der Larvenhülle, also in der Puppe, für die Imago neu gebildet. Diese Imaginalönocyten sind auf das Abdomen beschränkt, und zwar auf die Gegend des späteren Imaginalfettkörpers. Bei den Drohnen scheinen die Önocyten überhaupt nicht mehr gebildet zu werden. In alten Königinnen fand Koschewnikow[151] Önocyten in großer Zahl und reich an grünlichen Körnern.

Auch bei der Larve gestattet die *Pathologie* Rückschlüsse auf den Stoffwechsel. Sturtevant[253] 1924 zeigte an Kulturversuchen, daß Bac. larvae die beste Stäbchenentwicklung aufweist bei 2proz. Zuckergehalt. Da die ältere Bienenlarve stark mit Honig gefüttert wird, ist der Mageninhalt im Durchschnitt so zuckerhaltig, daß die Faulbrutsporen kaum keimen. Anders ist es nach Abschluß der Freßperiode, also beim Verdeckeln (7. Larventag). Da der Zucker verdaut wird, nimmt sein Prozentgehalt jetzt stark ab, so daß innerhalb 24 bis 28 Stunden Krankheitserscheinungen auftreten. Nach Sturtevant hat Bac. larvae keinen Einfluß auf Fett.

Wie merkwürdig der Stoffwechsel bei Krankheitsinfektionen beeinflußt werden kann, zeigt der Befund Jaeckels[136]: die Ovarien der Larve waren in Länge und Breite enorm groß. Auch beim Oesophagus wurde eine abnorme

Größe festgestellt. Die Metamorphose tritt bei Faulbrutinfektion ganz normal ein. Die neu sich bildenden Imaginalbezirke zeigen sich dabei besonders widerstandsfähig. Bei Larven, die künstlich mit Faulbrutbacillen geimpft, also förmlich überschwemmt worden sind, tritt die Metamorphose etwas später ein. Die Önocyten leisten bei Faulbrutinfektion einen auffallend starken Widerstand. Die Faulbrutbacillen vermögen in die Önocyten nicht einzudringen, erst wenn sie degeneriert sind, werden sie eine Beute der Bacillen.

JAECKEL 1930 beobachtete, daß bei starkem Befall mit Bac. larvae die Stäbchen fast an der ganzen Mitteldarmwand in das Blut vorstoßen.

Nach STURTEVANT 1924 soll der Bac. larvae keinen Einfluß auf das Fett haben. Wohl aber auf die Kohlehydrate. Durch deren Vergärung entstehe kräftig Säure, die ihrerseits wieder durch alkalische Zersetzungsprodukte des Proteinabbaues z. T. neutralisiert werde. Die Wasserstoffionenkonzentration sei so fast stets gleich 6,8.

III. Vom Stoffwechsel der erwachsenen Bienen.

Oben wurde die Bienenverdauung im allgemeinen besprochen. Es folgen nun noch einige Ergebnisse zum Stoffwechsel der erwachsenen Bienen, und zwar der Arbeiterinnen. Wir befragen Histologie und einige Experimente, die der imkerischen Praxis nahestehen. Es handelt sich dabei um Bausteine für eine Bienenfütterungslehre.

1. Zur Histologie des Imago-Stoffwechsels.

A. KOEHLER[146] wies 1921 bei erwachsenen Arbeiterinnen *Reservekörperchen* in den einzelnen Fettzellen nach. Alle Reagenzien wiesen auf die *Albuminoid-Eiweißnatur* der Körperchen hin. Im Frühling waren sie weniger zahlreich als im Winter, im Sommer waren sie verschwunden. Im September stellten sie sich in dem Maße ein, wie das Brutgeschäft erloschen war. Es kann vorkommen, daß die älteren Bienen sie aufweisen, die jüngeren nicht. Trotzdem die Bienen also für das Volksganze innerhalb der Bienenkörper (in den Waben) Vorräte anlegen, kommen Reservedepots auch im Bienenkörper vor. Damit stimmen z. B. ARMBRUSTERS[12] (1925) Versuche mit einem eingekellerten Bienenvolk überein.

Der *Fettkörper* der Imago scheint zwar von dem Blut mit Aufbau- und Reservestoffen versehen zu werden (vgl. die Albuminoid-Reservekörperchen nach KOEHLER), und in Zeiten der Not scheinen diese Eiweißkörperchen zu verschwinden. Der Fettkörper als solcher ist aber nicht so ohne weiteres eine allgemeine Notrücklage, sondern dient wahrscheinlich eher spezielleren Zwecken, etwa entsprechend dem gleich zu erwähnenden RÖSCHschen Fall. FREUDENSTEIN[100] 1925 hatte bei einem verhungerten Volke, und zwar bei Bienen und Königinnen, den Fettkörper untersucht und Veränderungen an demselben nicht gefunden. Auch FREUDENSTEIN weist bereits auf die Verwendung des Fettkörpers für spezielle Zwecke hin (*Ovarien* der Königin, Kopfdrüsen der Arbeiterinnen zur *Futterbreierzeugung*).

HIMMER 1927 stellte Anfang Januar zwei Bienenvölker in ein blütenloses Gewächshaus von durchschnittlich $15-18^0$ C, das eine auf vollständig vorrats-, also auch pollenfreie Waben, das andere auf normale Vorräte. Reizfütterung mit reiner Rohrzuckerlösung ergab je ein Brutnest auf drei Waben von je etwa 20 cm größter Länge. Die *Nährbienen* des vorratlosen Volks zeigten keinerlei Pollenspuren. Der Fettkörper dieser Bienen erwies sich verkleinert und verändert. Er war wahrscheinlich der Futterbreierzeugung geopfert.

Hungerversuche mit erwachsenen Arbeiterinnen warfen gewisses, wenn auch spärliches Licht auf die oben S. 525 näher besprochenen Koehlerschen *Kalk-körperchen*.

Bei Hungerarbeiterinnen zeigte sich nach Koehler[144] 1920 keinerlei Unterschied. Ein Aufzehren der Kalkkörperchen fand also nicht statt, ebensowenig bei streng einseitiger Ernährung (Kohlehydrat, Fett, Eiweiß). Diese Kalkkörperchen sind im Insektenreich verbreiteter als man bisher glaubte. Koehler fand sie bei Wespenköniginnen und Wespenarbeiterinnen nicht, wohl aber bei Hummeln und solitären Bienen, auch beim Speckkäfer Dermestes lardarius. Bei den Bienendrohnen sind sie kleiner, bei der Bienenkönigin ebenfalls kleiner, weniger lichtbrechend und weniger zahlreich. Die Kalkkörperchen fehlen im Epithel der Larvenform, bei den Puppenformen treten sie bereits auf, auch bei frischgeschlüpften Bienen, die noch nicht selbständig gefressen haben. Die Körnchen von schlüpfbereiten Drohnen unterscheiden sich in nichts von denen der erwachsenen Exemplare.

Armbruster 1921 hatte empfohlen, bei nosemakranken Völkern es mit Tränken von kalkhaltigem Wasser zu versuchen, denn bei Nosemabefall werden die Kalkkörperchen kleiner.

Die Rolle, welche der Fettkörper im allgemeinen und die Önocyten im besonderen beim Stoffwechsel der Biene spielen, ist durch die Untersuchungen von Rösch[230] 1930 in ein neues Licht gerückt. Wenn er die Bienen zu einer anormalen Zeit zur Wachserzeugung zwang, wo also die Wachsdrüsen schon wieder abgebaut waren, so setzten sich sowohl *Fettkörper* als auch *Önocyten* auf die Reste der Wachsdrüsen. Dabei schmolzen Fettzellen und Önocyten zusammen wie Eiskugeln, die man auf einen Heizkörper gelegt hat. Im gleichen Maße bauten sich die Wachsdrüsen wieder auf. Demnach wären auch die Önocyten Zellen mit Reserve- bzw. Hilfsstoffen. Demnach ist es möglich (die Regel braucht es natürlich nicht unbedingt zu sein), daß ohne Vermittlung der Blutflüssigkeit die Reservestoffe aus den Reservezellen direkt in die Verbrauchszellen übergeführt werden. Rösch hat Untersuchungen darüber vorbereitet bei anderen Drüsen (Nährdrüsen, Geschlechtsdrüsen usw.).

Wegen eines Zusammenhangs zwischen Wachs und Önocyten sei auf die Angaben Hollandes (oben S. 549) hingewiesen.

Im übrigen wissen wir über den *Wachsstoffwechsel* (der seine Rohstoffe von den Kohlehydraten offenbar bezieht) noch sehr wenig.

Gascard und Damoy gewannen aus Bienenwachs nachstehende Kohlenwasserstoffe:

Neocerylalkohol $C_2H_{22}O$	Schmelzpunkt	75,5⁰
Montanylalkohol $C_2H_{60}O$	,,	84,0⁰
Myricylalkohol $C_{31}H_{64}O$	,,	87,0⁰
Cerylalkohol $C_{27}H_{56}O$	,,	80,0⁰

Am meisten war von Ceryl- und Myricylalkohol vorhanden. Aus der Mutterlauge der ersten Krystallisation aus Alkohol konnten vier Kohlenwasserstoffe erhalten werden: Pentacosan, Heptacosan, Nonacosan und Hentriacosan. Ferner wurde erhalten:

Neocerotinsäure $C_{25}H_{50}O_2$	Schmelzpunkt	77,8⁰
Cerotinsäure $C_{27}H_{54}O_2$	,,	82,5⁰
Montansäure $C_{24}H_{48}O_2$	,,	86,8⁰
Melissinsäure $C_{31}N_{62}O_2$	,,	90,0⁰

2. Experimente zum Imagostoffwechsel und zur Fütterungslehre.

Gegen *Schädigungen des Stoffwechsels* durch Aufnahme ungeeigneter Nahrung kann die Biene sich schützen, aber nur zum Teil. Hilgendorf und Borchert[136] untersuchten 1926 die Wirkungen von Arsengiften auf die (Flug-) Bienen.

Für die einzelne Biene wirken tödlich 3 mg Arsensäure As_2O_5, das sind etwa 2 mg metallisches Arsen. Von Natriumfluorid wirken nach Borchert[39b] 13 mg auf die Einzelbiene tödlich.

Je 100 Bienen wurden von Borchert[39a] 1930 mit kupferhaltigen Pflanzenschutzmitteln, mit Kupfersulfat und basischem Kupferkarbonat (+Puderzucker + Honigwasser) gefüttert in verschiedenen Konzentrationen, und jene Konzentration festgestellt, bei der 25% der Bienen getötet wurden. Diese Dosis toxica betrug bei 5 kupferhaltigen Pflanzenschutzmitteln 8,8 milliontel Gramm metallischen Kupfers, ungefähr ebensoviel bei den übrigen Kupferverbindungen. Da dieselben deutlich vergällend wirken und da im allgemeinen diese Pflanzenschutzmittel nicht gesüßt werden, ist die Bienenzucht zunächst nicht bedroht.

Ganz vereinzelt kommt es vor, daß die Bienen *Honig* sammeln, der *für sie selbst* offenbar *ungiftig*, für die *Menschen* jedoch *giftig* ist. Außer dem bekannten Fall, den Xenophon für das Gebiet südlich des Schwarzen Meeres beschreibt (es handelt sich wahrscheinlich um Honig von gewissen größeren Ericaceen), ist ein ähnlicher Fall auch für Japan beschrieben von Tokuda und Sumita[261] (1924). Mit großer Wahrscheinlichkeit stammt der Honig von der Pflanze Tripetaleia peniculata. Dies Honiggebiet ist beschränkt, und zwar örtlich und zeitlich. Es ist möglich, die betreffenden Ernten von den übrigen gesunden Ernten abzutrennen.

Während Phillips[211] (1927) fand, daß *Melezitose* seine Versuchsbienen viele Tage am Leben erhalten kann (daß Melezitose den Bienen süß vorkommt, hat K. v. Frisch bewiesen), rechnen umgekehrt Nottbohm und Lucius damit, daß die bienenschädlichen Wirkungen eines Lübecker Honigtauhonigs vom Jahre 1928 auf den hohen Gehalt an Melezitose zurückzuführen sind. Die Annahme Elsers, „daß die Biene in dem Bestreben, die aufgenommene unverdauliche Nahrung zu invertieren, ein Übermaß von Fermenten produziert und dadurch ihren Organismus weitgehend geschwächt hätte", halten sie für diskutabel. Nur machen sie darauf aufmerksam, daß ein hoher Diastasegehalt nicht festgestellt wurde. Sie rechnen mit der Möglichkeit, „daß die Melezitose bei ihrer starken Neigung zum Auskrystallisieren bereits im Organismus zu winzigen Krystallausscheidungen führt". Bei Phillips[211] und Karl v. Frisch[104/6] war dies offenbar nicht ohne weiteres der Fall. Indes ist der Honigtau an sich ein heikles Bienenfutter, und aus dieser seltsamen Melezitose mögen „unvorhergesehene Rückwirkungen" entstehen. Da der Süßigkeitsgrad der Melezitose nach K. v. Frisch für die Bienen ziemlich günstig ist (sie schmeckt für die Bienen wie für die Menschen ungefähr halb so süß wie Rohrzucker), werden die Bienen diesen Süßstoff aufnehmen, wo sie ihn finden. Da die Natur ihn auf grünen Pflanzenteilen (Blatthonigquellen) ziemlich häufig zur Verfügung stellt, ist die Biene wohl zum wichtigsten Lieferanten dieses seltenen Zuckers geworden.

Tatsache ist, daß eingesperrte Hungerbienen das Wasser verschmähen und alle Rohrzuckergemische, die weniger als 2% Zucker enthalten ($1/16$ molare Lösung). 4proz. Zuckerlösung ($1/8$ molare Lösung) wird nur von hungrigen Bienen genommen, aber nicht von sämtlichen. Vermutlich liegt hier der Schwellenwert für die Süßempfindlichkeit überhaupt. Während dieser Schwellenwert offenbar gleich bleibt, schwankt der Grenzwert der Zuckerlösungsaufnahme. Der letztere ist also wie erwähnt bei verwöhnten Tieren, z. B. bei guter Tracht, hoch. Vieles, was uns süß schmeckt, erscheint den Bienen überhaupt nicht süß, vieles, was uns stark süß schmeckt, schmeckt den Bienen nur schwach süß. Nur ein einziger Fall (Maltose) ist K. v. Frisch begegnet, wo für die Bienen der Süßungsgrad größer ist als für den Menschen, und zwar gleich etwa doppelt so groß (wie aus der Tab. oben, S. 484, im einzelnen zu entnehmen).

Der Geschmackssinn ist für die Bienen eine wichtige Stoffwechsel-*Patrouille*. Was zu *wäßrig* ist und den Darm, die Körperflüssigkeit und die malpighischen Gefäße zu sehr belasten würde, wird nicht aufgenommen. Falls eine Wahl möglich ist, wird durch den Geschmackssinn das Konzentriertere (genauer, das Süßerschmeckende) bevorzugt. Im übrigen wird bei der Wahl auch die Menge des Vorhandenen mit berücksichtigt. Hierbei dürfte weniger der Geschmackssinn als die mechanische Anstrengung beim Aufsaugen bzw. Abpinseln des Süßstoffes eine Rolle spielen.

Wir sahen früher auch: Im Widerstand beim Saugakt haben die Bienen offenbar ein empfindliches Meßinstrument, um festzustellen, wieweit der Honig schon reif, also genügend *eingedickt* ist bzw. welche Zellinhalte demnach noch umgetragen werden müssen. Nach den Bettsschen[31] Versuchen müßte es den Bienen, die z. B. im Winter neue Honigzellen aufbrechen, gewisse Schwierigkeiten machen, diesen unter Umständen kühlen Honig von 80% Zuckergehalt aufzusaugen. Immerhin stünden den Bienen im Notfall immer noch die Drüsensekrete zur Verfügung. Der private Imago-Stoffwechsel würde also hierdurch belastet. Unbegrenzt ist die erwähnte Flüssigkeitsquelle aber nicht. Dafür würden die heruntergeschroteten Zuckerkrystalle sprechen, welche der Imker bei auskrystallisierten Wintervorräten auf dem Bodenbrett findet. An der Hand von Kurvenscharen konnte Annie D. Betts zeigen, daß die Bienen in kürzester Frist die *meiste* Zuckermenge sich einverleiben können, wenn man ihnen 56proz. Zuckerwasser, 30° warm bietet (weil bei etwa 60% bereits die erwähnten Saugschwierigkeiten auftreten).

Sarin (Zarin)[278] 1921 stellte fest, ähnlich wie später Morland, daß eine Ansäuerung der Rohrzuckerlösung (mit 0,3—0,1% Citronensäure) den Bienen das *Invertierungsgeschäft* nicht erleichtert, sondern eher hemmt. Gehemmt wurde ferner das Auftreten oder die Wirkung von Fermenten und die Bildung gewisser Nichtzucker.

Im gleichen Sinne fielen entsprechende Fütterungsversuche von Dills[69a] aus. Er benützte Weinsteinsäure, und im anderen Falle Invertase, zur Kontrolle Honig. Am besten war die Überwinterung auf Zucker ohne alle Invertierungsbeihilfen. In der Mitte stand Überwinterung auf Honig.

Hübsche Versuche zur praktischen Fütterungslehre, aber auch zur Theorie der Bienenernährung stellte Denisoff[69] 1928 an über die *Bekömmlichkeit* der verschiedenen *Winterfutter*. 25 seiner Versuchsvölker saßen auf $^4/_5$ Zucker, $^1/_5$ Honig, 25 andere auf reinem Honig, der etwas verdünnt eingefüttert war. Es wurde auf möglichst gleiche Bedingungen gesehen. Am 22. November wurden die Bienen eingekellert und bei + 4—6° C und 60—75% rel. Feuchtigkeit überwintert. Die Feuchtigkeit konnte nicht konstant gehalten werden, sondern stieg bis 90%. Zählung des Totenfalls. Auskellerung am 20. April. Zuckerüberwinterung hatte zur Folge weniger Tote, geringere Zehrung, lebhafterer Reinigungsausflug, kräftigerer Bruteinschlag, geringeres Nässen im Stock, keine Ruhr, geringerer Nosemabefall. Das Ergebnis war in drei aufeinanderfolgenden Jahren stets eindeutig. In Übereinstimmung damit steht die vielfältig gemachte Imkererfahrung: von *Überwinterungshonigen* sind jene die *besten*, die dem üblichen *Zuckerfutter am ähnlichsten* sind.

Die bekannte Imkererfahrung, daß Bienen, die *schlecht überwintern*, stark aufgedunsen sind, stark gefüllte *Kotblasen* haben und die Darmrückstände am wenigsten bei sich behalten können, prüften MAIOROFF[175] 1918 und TUENIN[267] 1918 zahlenmäßig. MAIOROFF überlegt sich: wenn bei den üblichen Waagstockaufzeichnungen X Kilo Gewichtsabnahme angegeben ist, dann haben bei den Bienen mehr als X Kilo den Magen passiert, nämlich 20—25% mehr, da ja die Darmrückstände in (z. T. sogar außerhalb) der Bienenkotblase mitgewogen werden. Auch unter diesem Gesichtspunkt interessiert uns das Gewicht der Darmrückstände. MAIOROFF wog die Hinterleiber von *Zuckerüberwinterungsbienen* und Honigüberwinterungsbienen. Im ersten Fall waren die Hinterleiber durchschnittlich 139,5% schwerer, im letzten Fall 211%. Der Unterschied ist größer als der Unterschied in der Trockensubstanz von Zucker und Honig. Es geht klar daraus hervor, daß erheblich mehr Honig verzehrt worden ist, und zwar nicht infolge von *Wohlbefinden*, sondern vom Gegenteil.

Einen Schritt weiter ging TUENIN[267]. Er wog die herauspräparierten *Kotblasen*. In hübscher Weise stellte er als *kritisches Gewicht*, bei dem krankhafter *Durchfall* eintritt, 46% des Bienenkörpergewichts fest. Ihm verdanken wir auch Angaben über den Inhalt der Kotblase. Er stellte Kotblasengewichte bis 93,2% des Bienengewichts fest. Honigvölker erreichten das kritische Kotblasengewicht viel rascher als Zuckerüberwinterungsbienen. In Übereinstimmung mit der Imkererfahrung fand er: *helle (zuckerähnliche) Honige* führten *langsamer* zum *kritischen* Kotgewicht als dunkle (Rückstand- und dextrinreiche) Honige. Besonders gefährdet waren Blatthonig- und nosemakranke Völker.

MORLAND[185] 1929 fand, daß die Bienen auf *Zucker* von der *Zuckerrübe* (raffiniert) und Zucker vom *Zuckerrohr gleich gut* überwintern.

Der *Gesamtfutterverbrauch* eines Bienenvolkes kann bis jetzt erst geschätzt werden. Die Schätzung WEIPPLS[270a] 1928, eines erfahrenen, kenntnisreichen und kritischen Imkers, und deren Voraussetzungen vgl. Archiv Bienenkunde 9, 3.

Eine Teilfrage der Gesamternährungsbilanz eines Volkes läßt sich verhältnismäßig einfach lösen, nämlich die *Bilanz eines* eben eingefangenen, also *nackten Schwarmes*. DALMATOFF[62a] (1928) stellte einen normalen Schwarm bei 12—14° C dunkel. Ein solcher Schwarm kann deswegen lange leben, weil die Bienen vor dem Schwarmauszug die Honigblase mehr oder weniger füllen. Demnach stellte DALMATOFF Hungerkünste von 12—28 Tagen fest und Gewichtsverluste bis 40%. In einem Fall betrug der Totenfall 8,7 Gewichtsprozente. Die Temperatur sank von 33 auf 17,6° C. Die Drohnen wurden trotz der Hungerblockade von den Mitgefangenen dauernd gefüttert. In den langen Gefangenschaftstagen hatte der Arbeitsgeist nicht gelitten.

Die imkerische Praxis stellt Bienenvölker auf Waagen und macht laufende Aufzeichnungen über die Gewichtsveränderungen. Versuche wie die obigen würden helfen, das reiche Waagstockmaterial ernährungsphysiologisch auszuwerten. Eine Gesetzmäßigkeit ist auffallend. Auf Tage mit hoher Waagstockzunahme folgt je eine Nacht mit hoher Abnahme (Eindickung des wasserhaltigen Futters). Als seltene Bruttotageszunahmen wurden schon über 10 kg festgestellt, wenn auch nicht bei uns. Lehrreich ist die Gewichtsbewegung beim überwinternden Volk.

Nicht nur der Stoffwechsel, sondern auch der Energiewechsel ist bei Sommerbienen ganz erheblich anders. Dies spiegelt sich ja auch in der Lebensdauer wieder. Die Sommerbienen leben 4—6 Wochen, die überwinternden Bienen 4—6 Monate. Eine Pollenbilanz im Bienenstock besitzen wir nicht. Eine rechnerische Mutmaßung hat A. KOCH[143] 1925 aufgestellt.

Hier wäre wohl auch der Platz zu einem Hinweis auf den Energiehaushalt der Bienen, wobei es sich zunächst um den Energiehaushalt der Bienen Imagines handelt. Wenn der Hinweis sehr kurz ausfällt, so hat das nicht so sehr seinen Grund darin, daß im vorliegenden Handbuch ein eigener Abschnitt über Energiehaushalt vorgesehen ist.

Den Hauptabschnitt dürfte vielmehr das Kapitel Wärmehaushalt der Bienen ausmachen. Dasselbe ist aber so verwickelt, daß man es nicht anders als gründlich unter Berücksichtigung der stattlichen Literatur behandeln sollte, das ginge über den mir hier gespannten Rahmen hinaus. Darum behalte ich mir vor, anderswo darauf zurückzukommen.

Wiedergegeben seien hier Steidles Zahlen (mit Zanderschen Berechnungen) zum Gashaushalt der erwachsenen Bienen. (Angaben über Bewegungen??)

„Nach Steidles Berechnungen atmen 100 g junge Bienen im Sommer in 24 Stunden

$$\text{bei } 20\text{—}25^0 \text{ C rund}\quad 3\text{—}4 \text{ g}$$
$$\text{,, } \quad 25\text{—}30^0 \text{ C ,,} \qquad 10 \text{ g}$$
$$\text{,, } \qquad 35^0 \text{ C ,,} \quad 17\text{—}18 \text{ g}$$

Kohlensäure aus. Die durchschnittliche Wasserabgabe beträgt in der gleichen Zeit rund 15—20 g. Da 1 kg Bienen = 10000 Stück, 100 g also 1000 Stück, 1 g = 1000 mg sind und 1 mg Kohlensäure etwa einem halben Kubikzentimeter entspricht, kann man die obigen Angaben leicht für beliebige Bienenmengen und Zeitabschnitte umrechnen, um den Unterschied gegenüber Parhon zu ermitteln. Man erhält folgende Werte. Es atmen aus:

1000 Bienen	(100 g)	bei 20—25⁰ C	in 24 Stunden	3500 mg	=	1750 cm³	Kohlensäure
10000 ,,	(1 kg)	,, 20—25⁰ C	,, 24 ,,	35000 mg	=	17500 cm³	,,
1 ,,	(0,1 g)	,, 20—25⁰ C	,, 24 ,,	3,5 mg	=	1,75 cm³	,,
10000 ,,	(1 kg)	,, 20—25⁰ C	,, 1 ,,	1458 mg	=	729 cm³	,,
1 ,,	(0,1 g)	,, 20—25⁰ C	,, 1 ,,	0,145 mg	=	0,073 cm³	,,

1000 Bienen	(100 g)	bei 25—30⁰ C	in 24 Stunden	10000 mg	=	5000 cm³	Kohlensäure
10000 ,,	(1 kg)	,, 25—30⁰ C	,, 24 ,,	100000 mg	=	50000 cm³	,,
1 ,,	(0,1 g)	,, 25—30⁰ C	,, 24 ,,	10 mg	=	5 cm³	,,
10000 ,,	(1 kg)	,, 25—30⁰ C	,, 1 ,,	4166 mg	=	2083 cm³	,,
1 ,,	(0,1 g)	,, 25—30⁰ C	,, 1 ,,	0,4 mg	=	0,2 cm³	,,

1000 Bienen	(100 g)	bei 35—40⁰ C	in 24 Stunden	17000 mg	=	8500 cm³	Kohlensäure
10000 ,,	(1 kg)	,, 35—40⁰ C	,, 24 ,,	170000 mg	=	85000 cm³	,,
1 ,,	(0,1 g)	,, 35—40⁰ C	,, 24 ,,	17 mg	=	8,5 cm³	,,
10000 ,,	(1 kg)	,, 35—40⁰ C	,, 1 ,,	7082 mg	=	3541 cm³	,,
1 ,,	(0,1 g)	,, 35—40 ⁰C	,, 1 ,,	0,7 mg	=	0,35 cm³	,,

Es beträgt ferner die Wasserabgabe bei:

1000 Bienen	(100 g)	in 24 Stunden	15—20 g	=	15—20 cm³	Wasser
10000 ,,	(1 kg)	,, 24 ,,	150—200 g	=	150—200 cm³	,,
1 ,,	(0,1 g)	,, 24 ,,	0,015—0,02 g	=	0,015—0,02 cm³	,,
10000 ,,	(1 kg)	,, 1 ,,	0,66—0,8 g	=	0,66—0,8 cm³	,,
1 ,,	(0,1 g)	,, 1 ,,	0,00066—0,0008 g	=	0,00066—0,0008 cm³	,,

Die Stoffwechselbilanz der *Bienenkönigin* kann man offenbar besser beleuchten, als die der Arbeiterinnen, weil die Bienenkönigin nicht mehr ausfliegt und in überragender Weise hauptsächlich eine *Drüse* betätigt, das Ovarium. Dabei ist ihre Nahrung offenbar außergewöhnlich konstant (Futtersaft). Ihre Faeces sind, nach allem, was wir wissen (nähere Untersuchungen erwünscht!), gering. Die genauesten Aufzeichnungen über die Eilageleistung der Bienenkönigin verdanken wir offenbar Nolan[193] (1923).

Der Beginn der Eiablage einer Königin am Ausgang des Winters wurde nach Quantität, örtlicher Verteilung usw. von ARMBRUSTER[12] 1925 genauer dargestellt. Schöne ältere Brutnestmessungen verdanken wir K. BRÜNNICH.

Aus den Brutnestmessungen kann man leicht auf den Stoffwechsel der Königin zurückschließen, sofern das Eilegegeschäft der wichtigste Posten im Königinstoffwechsel ist. Ein Teil der Eier kommt nicht zur Entwicklung, so daß Aufschläge nötig sind zugunsten der Königinleistung. Spitzenleistungen bis 3000 Eier in 24 Stunden kommen vor, jedoch stellen 1500 Eier je 24 Stunden, wie sie tatsächlich wochenlang von der Königin abgelegt werden, offenbar ein Stoffwechselunikum bei Lebewesen vor, das größtes Interesse verdient, denn nach den Angaben oben S. 545 stellt damit die Königin täglich ihrem Volk eine Eier-Leistung zur Verfügung, die ihr eigenes Körpergewicht erreicht, wenn nicht überschreitet. Die Nahrung dieses Nutztieres erlaubt also alle 24 Stunden eine Vermehrung des produktiven Lebendgewichts um 100% und darüber. Offenbar die gleiche oder ganz ähnliche Nahrung verkürzt die Metamorphose um 25% (Arbeiterinentwicklung: 21 Tage, Drohnenentwicklung: 24 Tage s. Anm., Königinentwicklung: 16 Tage), verlängert die Lebenszeit fast ins Ungemessene (Arbeiterin: im Sommer 5—6 Wochen; Königin: 3—5 Jahre).

Literatur.

(1) ABONYI, SANDOR A.: Morphologische und physiologische Beschreibung des Darmkanals der Honigbiene. Ref. Zool. Zbl. 11 (1904). — (2) ABONYI, A.: Über den Darmkanal der Honigbiene. Math. Nat. Ber. Ungarn 1917, 21. — (3) AEPPLER, C. W.: Tremendous Growth Force. Gleanings in Bee Culture 1922, 151. — (4) ALPATOV: Biometrical studie son Variation and caces of the honey bee (Apis mellifica L.). Quart Rev. Biol. 4 (1929). — (5) ANDERSON, R. J., u. W. L. KULP: Analysis and Composition of corn pollen. J. of biol. Chem. 1922, 50. — (6) ANGLAS, J.: Sur l'histogenèse du tube digestif des Hyménoptères pendant la métamorphose. C. r. Soc. Biol. Paris 50, (1898). — (7) ARMBRUSTER, L.: Meßbare phänotypische und genotypische Instinktveränderungen. Arch. Bienenkde 1, 145 (1919). — (8) Zum Problem der Bienenzelle. Bücherei Bienenkde 4 (1920). — (9) Vergleichende Eichungsversuche an Bienen und Wespen. Arch. Bienenkde 3, 7 (1921). — (10) Tiere als Tierzüchter. Eine Erklärung ihres Sozialismus. Festschr. Kaiser-Wilhelm-Gesellschaft 1921, 8. — (11) Der Wärmehaushalt im Bienenvolk. Berlin. (1923) — (12) Versuche und Zahlen zum Bienenbrutgeschäft. Arch. Bienenkde. 6, 236 (1925). — (13) Imkerische Honigprüfung. Anleitungen für Bienenzüchter 1/2, 1 (1926). — (14) Über die Herkunftsbestimmung des Honigs. Rhein. Bienenztg 1926, H. 9. — (15) Ein Fall von rein pflanzlichem Blatthonig. Arch. Bienenkde 7, 263 (1926). — (16) Honigfermenträtsel. Ebenda 7, 285 (1926). — (17) Honigfermentstudien. Ebenda 9, 1 (1928). — (18) Versuche zum Wasserhaushalt und zur Honigbereitung im Bienenvolk. Ebenda 9, 19 (1928). — (19) Vom Spürdienst des Bienenvolkes. Ebenda 9, 80 (1928). — (20) ARMBRUSTER, L., u. G. OENIKE: Die Pollenformen als Mittel zur Honigherkunftsbestimmung. Bücherei Bienenkde 10 (1929). — (21) ARNHART, L.: Der Honigtau. Bienenvater 56, 66 (1924). — (22) Auf zum Lärchenhonigtau. Arch. Bienenkde 7, 260 (1926). — (23) Die Entstehung des Honigtaues. Arch. Bienenkde 7, 245 (1926). — (24) Wer hat die den Tannenhonig liefernde Baumlaus (Lachnus pichtae) entdeckt. Ebenda 7, 257 (1926). — (25) AUZINGER, AUG.: Über Fermente im Honig und den Wert ihres Nachweises für die Honigbeurteilung. Z. Unters. Nahrgsmitt. usw. 19, 65 (1910). — (26) AXENFELD, D.: Invertin im Honig und Insektendarm. Zbl. Physiol. 17, 268 (1903). — (27) BAHR: Paratyphus der Honigbiene. Arch. Bienenkde 4, 177 (1922). — (28) BALBIANI: Etudes anat. et histol. sur la tube digestif des Crytops. Arch. zool. Exp. Ser. 2, T. VIII (1890). — (28a) BECKER, FRANZ: Bienenkönigin und Arbeiterin als phänotypische Erscheinungsformen. Erlang. Jb. Bienenkde 3, 163 (1925). — (29) BELING, I.: Über das Zeitgedächtnis der Bienen. Z. vergl. Physiol. 9, H. 2—3 (1929). — (30) BERTHOLF, L. M.: The Utilization of Carbohydrates as Food by Honeybee Larvae. J. agricult. Res. 35, 429 (1927). — (31) BETTS, A.: Das Aufnahmevermögen der Bienen beim Zuckerwasserfüttern. Arch. Bienenkde 10, 301 (1929). — (32) BEUTLER, RUTH: Biologische Beobachtungen über die Zusammensetzung des Blütennektars. Sitzgsber. Ges. Morph. u. Physiol. Münch. 1929, 41. — (33) Über den Zuckergehalt des Nektars einiger einheimischen Blüten-

---

Anm. Die Entwicklung der gewaltigen Hoden verlängert die Puppenzeit.

pflanzen. Ebenda **1928**, 26. — (*34*) Biologisch-chemische Untersuchungen am Nektar von Immenblumen. Z. f. vgl. Physiol. **12**, 72 (1930). — (*35*) Biedermann: Beiträge zur vergleichenden Physiologie der Verdauung. Pflügers Arch. **72** (1898). — (*36*) Biedermann, W.: Die Aufnahme, Verarbeitung und Assimilation der Nahrung. In Winterstein: Handb. vergl. Physiol. **2**, 1. Jena 1911. — (*37*) Biourge, Ph.: Recherches morphologiques et chimiques sur les grains de Pollen. La Cellule **8** (1892). — (*38*) Bishop, G. H.: 2. A functional interpretation of the changes instructure in the fat-body cells of the honey-bee. J. Morph. **37** (1923). — (*39*) Cell metabolism in the Insect fat-body. 1. Body fluid in honey-bee larva. J. of biol. Chem. **58** (1923). — (*39a*) Borchert: Untersuchungen über die Giftwirkung kupferhaltiger Verbindungen bei den Bienen. Berl. tierärztl. Wschr. **6** (1930). — (*39b*) Über die Giftigkeit einiger Pflanzenschutzmittel (Arsenpräparate und Fluornatrium) für die Bienen. Arch. Bienenkde **10**, 1 (1929). — (*40*) Bordas, L.: Appareil glandulaire des Hymenoptères. Ann. des Sci. natur. ser. Zool. **19**, 1—362 (1894). — (*41*) Anatomie du tube digestif des Hymenoptères. C. r. Acad. Sci. Paris **118** (1894). — (*42*) Glandes salivaires des Apides. Apis mellifica. C. r. Acad. Sci. Paris (1894). — (*43*) Der Kropf und Kaumagen einiger Vespidae. Z. wiss. Insektenbiol. (1905). — (*44*) L'intestin antérieur (jabot et gésier) de la Xylocope (Xylocopa violacea L.) Trav. Sci. Univ. Rennes **4**; Bull. Soc. Sci. med. Quest. Rennes **14** (1905). — (*45*) Structure du jabot et du gésier de la Xylocope (Xylocopa violacea L.). C. r. Soc. Biol. Paris (1905). — (*46*) Brünnich, F.: Die Leistungen der Bienenvölker in bezug auf Alter der Königinnen. Arch. Bienenkde **4**, 152 (1922). — (*47*) Alter und Leistungen der Königinnen. Arch. Bienenkde **5**, 235 (1923). — (*48*) Brünnich, K.: Der Magen der Honigbiene. Schweiz. Bienenztg N. F. **25**, 208 (1902). — (*49*) Das Märchen von der Verdunstung des Nektars. Märkische Bienenztg **14**, 55 (1924). — (*50*) Die Eindickung des Nektars bei der Honigbiene. Z. angew. Entomol. **10**, 448 (1924). — (*51*) Bugnion, E.: L'estomac du Xylocope violet (Xylocopa violacea Fabr.). Mitt. Schweiz. entom. Ges. **11**. — (*52*) Burnside, C. E.: Septicemia of the Honeybee. IV. Internat. Congress Entomology (Ithaca 1928) **2**, (1929). — (*53*) Buttel-Reepen, H. v.: Wie viele Ausflüge macht eine Flugbiene am Tage. Märkische Bienenztg **15**, 144 (1925).

(*54*) Cabasse, E.: Pourquoi les Abeilles récoltent-elles de l'urine putréfiée. Apiculteur **42** (1898). — (*55*) Caillas, Alin.: Les Produits de la Ruche. Orléans (Selbstverlag) (1925). — (*56*) Casteel, D. B.: The behavior of the honeybee in pollen collecting. U. S. Ent. Bur. Bull. **121**, 1 (1912). — (*57*) The manipulation of the wax scales of the honeybee. U. S. Ent. Bur. Circ. **161**, 1 (1912). — (*58*) Cheshire, E. R.: Bees and Beekeeping. 1888. — (*59*) Chochloff B. P.: Untersuchungen der Bienenrüssellänge. Minist. d. Landw., Bienenwirtsch. Lfg. 2, S. 17 (1916). — (*60*) Chun: Über den Bau, die Entwicklung und physiologische Bedeutung der Rektaldrüsen bei den Insekten. Abh. Senckenberg. Naturf.-Ges. **70** (1875). — (*61*) Claussen, P.: Entwicklungsgeschichtliche Untersuchungen über den Erreger der als „Kalkbrut" bezeichneten Krankheit der Bienen. Arb. biol. Reichsanst. Land- u. Forstw. **10**, 6 (1921). — (*62*) Cook, A. J.: Fungus spores for bee-bread. Gleanings in Bee culture **13**, 455 (1885).

(*62a*) Dalmatoff, M.: Beobachtungen über Gewichtsverlust und Temperaturänderung bei einem in einem Schwarmkorb eingeschlossenen Schwarm. In: Opytnaja Passeka (russ.). 1928- — (*63*) Davis, J. L.: Bees gathering ashes. Gleanings in Bee culture **3**, 70 (1875). — (*64*) Deegener, P.: Die postembryonale Entwicklung des Insektendarms. Zool Anz. **26** (1903). — (*65*) Die Entwicklung des Darmkanals während der Metamorphose I. Zool. Jb. Anat. u. Ontog. **20** (1904). — (*66*) Die Entwicklung des Darmtraktus während der Metamorphose II. Ebenda **26** (1908). — (*67*) Beiträge zur Kenntnis der Darmsekretion. Arch. Naturgesch. **75** (1909). — (*68*) Darmtraktus und seine Anhänge. Zool. Jb. Anat. u. Ontog. **1** (1913). — (*69*) Denisoff, V.: Einfluß der Qualität der Nahrung auf die Überwinterung der Bienen. Opytnaja Passeka (russ.) **1928**. — (*70*) Dirks, Elisabeth: Liefern die Malpighischen Gefäße Verdauungssekrete. Arch. Naturgesch. Abt. A **88** (1922). — (*70a*) Dönhoff, Ed.: Beiträge zur Bienenkunde, gesammelt und neu herausgegeben von Th. Weippl. Berlin (1929). — (*71*) Dutscher A.: Vitamin von Kornpollen. Chem. Zbl. **1912** II, 1157.

(*72*) Elsässer, J.: I. G. Beßlers illustriertes Bienenbuch. 1921. Arch. Bienenkde Bespr. **1923**, 321. — (*73*) Elser, E.: Der Mikrochemische Nachweis der Ameisensäure im Bienendarm und im Bienengift. Schweiz. Bienenztg N. F. **47**, 85 (1924). — (*74*) Beiträge zur quantitativen Honiguntersuchung. Archiv. Bienenkde **6**, 118 (1925). — (*75*) Beiträge zur quantitativen Honiguntersuchg. Schweiz. Bienenztg N. F. **48**, 325 (1925). — (*76*) Die chemische Zusammensetzung der heruntergeschroteten Zuckerkristalle bei den Bienenvölkern. Schweiz. Bienenztg N. F. **49**, 383 (1926). — (*77*) Die neueren Methoden der Honiganalysen. Bienenvater **64** (1926). — (*78*) Vergleichende Untersuchung der Aschenbestandteile bei verschiedenen Honigtypen. Arch. Bienenkde **7**, 285 (1926). — (*79*) Die chemische Zusammensetzung der Nahrungsstoffe der Biene. Vortrag, gehalten auf der 66. Wanderversammlung der Bienenwirte deutscher Zunge in Köln. Märkische Bienenztg N. F. **18**, 208 (1928). — (*80*) Die chemischen Zusammensetzungen der Nahrungsstoffe der Biene II. Der Futtersaft der Königin. Ebenda **19**, Nr 9/10 (1929). — (*81*) Die Grundlagen der chemischen Honigforschung. Landw. Jb. Schweiz. **43**, 415 (1929). — (*82*) EMRICH, P.: Unsere weiteren Erfahrungen mit Honigkuren im Kinderheim Frauenfelder, Amden. Schweiz. Bienenztg N. F. **46**, 136 (1923). — (*83*) ERDMANN, H.: Die Durchlässigkeit des Chitins bei osmotischen Vorgängen. Bespr. Arch. Bienenkde **1923**, 312. — (*84*) ERLENMEYER, E., u. A. v. PLANTA: Chemische Studien über die Tätigkeit der Bienen. Nördl. Bienenztg **1880**, Nr. 1. — (*85*) EVENIUS, J.: Neuere Forschungen über die Verdauungsfermente der Bienen. Leipziger Bienenztg **39**, 17 (1924). — (*86*) Die Entwicklung des Zwischendarmes der Honigbiene. Zool. Anz. **63** (1925). — (*87*) Die Fermente im Darmkanal der Honigbiene. Arch. Bienenkde **7**, 229 (1926). — (*88*) Zum Problem der Stärkeverdauung im Darmkanal der Honigbiene. Ebenda **8**, 199 (1927). — (*89*) EVENIUS, J., u. KRISTA: Kryptenzellen und Epithelregeneration im Mitteldarm der Honigbiene. Zool. Anz. **62** (1925). — (*90*) EWERT, K.: Eine eigenartige, dem Bienenrüssel und dem Blütenbau angepaßte Nektarhefe. Märkische Bienenztg **15**, 148 (1925).

(*91*) FEHLMANN, C.: Beiträge zur mikroskopischen Untersuchung des Honigs. Dissert., Bern 1911. — (*92*) Beitrag zur Kenntnis der mineralischen Bestandteile des Honigs. Schweiz. Bienenztg **35**, 129, 156 (1912). — (*93*) FELLENBERG, v.: Invertase und Diastase im Honig. Mitt. Lebensmittelunters., veröffentlicht vom Schweiz. Gesdh.amt **2**, 360 (1911). — (*94*) FIEHE, J.: Über die Bedeutung der Bienenzucht im Deutschen Reich. Arch. Bienenkde **7**, 126 (1926). — (*95*) FIEHE, J., u. W. KORDATZKI: Beitrag zur Kenntnis der Honigdiastase. Z. Unters. Lebensmitt. **55** (1928). — (*96*) Über den Säuregrad (die Wasserstoffionenkonzentration) von Honig und Kunsthonig. Ebenda **55**, 1 (1928). — (*97*) FIELITZ, H.: Untersuchungen über die Pathogenität einiger im Bienenstock vorkommenden Schimmelpilze bei Bienen. Dissert., Tierärztl. Hochsch. Berlin 1926. — (*98*) FRAUENFELDER, R.: Neuere wertvolle Erfolge mit Honigkuren. Schweiz. Bienenztg N. F. **44**, 321 (1921). — (*99*) FRENZEL, J.: Einiges über den Mitteldarm der Insekten sowie über Epithelregeneration. Arch. mikr. Anat. **26** (1885). — (*100*) FREUDENSTEIN, K.: Lage und Anordnung des Fettkörpers der Honigbiene (Apis mellifica). Arch. Bienenkde **6**, 49 (1925). — (*101*) Über das Herz der Honigbiene. Z. wiss. Zool. **132** (1928). — (*102*) FRIPP: Funktionen der Drüsen im Verdauungsapparat der Insekten. Naturforscher (1876). — (*103*) FRISCH, K. v.: Die biologische Bedeutung von Blütenfarbe und Blütenduft. Natur u. Mus. H. 12 (1928). — (*104*) Versuche über den Geschmackssinn der Bienen. 1. Mitt. Naturwiss. **15**, 14 (1927). — (*105*) Versuche über den Geschmackssinn der Bienen. 2. Mitt. Ebenda **16**, 307 (1928). — (*106*) Versuche über den Geschmackssinn der Bienen. 3. Mitt. Ebenda **18**, 169 (1930). — (*106a*) Über die „Sprache" der Bienen. Zool. Jb., Abt. Allgem. Zool. Physiol. **40** (1923).

(*107*) GEBUCHTEN, A. v.: Recherches histologiques sur l'appareil digestif de la larve de la Psychoptera contaminata (Dipt.). La Cellule T. IV (1890). — (*108*) GEIGER, K. J.: Versuchsergebnisse mit Pollentrank als Reizfutter. Arch. Bienenkde **6**, 215 (1925). — (*109*) The apiary. Colorado Agr. Exp. Sta. Rept. **7**, 63 (1895). — (*110*) Weights of Bees and the loads they carry. Soc. Pröm Agr. Sci. Proc. **14**, 60 (1897). — (*111*) GILLETTE, C. P.: Substitutes for Pollen. Apiary experiments. Colorado Agr. Exp. Sta. Bull. **54**, 23, 24 (1900). — (*112*) GLASER, W. K.: A Contribution to our knowledge of the function of the oenocytes in insects. Biol. Bull. **23**, 2 (1912). — (*113*) GÖTZE, G.: Einige Versuche zum Einfluß des Alters der Bienen auf die Nachschaffung von Königinnen. Arch. Bienenkde **6** 224 (1925). — (*114*) GUBIN, A. F.: Versuche über die Fütterung der Bienen mit Zuckersirup. Ptschelowodnoje Djelo Nr 1/2 (russ.) 1927.

(*115*) HAUTMANN, zit. nach BEUTLER 1928. — (*116*) HAWK, P. B., C. A. SMITH. u. O. BERGHEIM: Der Vitamingehalt von Schleuder- und Scheibenhonig. Amer. J. Physiol. **3** (1921). — (*117*) HERBST, P.: Zur Biologie der Honigbiene in Chile. Arch. Bienenkde **3**, 242 (1921). — (*118*) HERTIG, M.: The normal and pathological histology of the ventriculus of the honey-bee with especial reference to infection with Nosema apis. J. of Parasitol. **9** (1923). — (*119*) HESELHAUS, F.: Die Hautdrüsen der Apiden und verwandter Formen. 1922. Bespr. Arch. Bienenkde **5**, 313 (1923). — (*120*) HETSCHKO, A.: Die Honigbiene als Besucherin extrafloraler Nektarien. Deutsche Ill. Bienenztg **24**, 20 (1907). — (*121*) HEYL, FREDERICK W.: Analysis of ragweed pollen. Amer. Chem. Soc. J. **39**, 1470 (1917). — (*122*) The protein extract of ragweed pollen. Ebenda **41**, 670 (1919). — (*123*) HILGENDORF, G., u. A. BORCHERT: Über die Empfindlichkeit der Bienen gegen Arsenstäubemittel. Nachr.bl. dtsch. Pflanzenschutzdienst H. 5 (1926). — (*124*) HIMMER, A.: Fortschritte auf dem Gebiete der Anatomie und Biologie der Bienen. Erlang. Jb. Bienenkde **1** (1923). — (*125*) Fortschritte auf dem Gebiete der Anatomie und Biologie der Bienen. Ebenda **2**, 154 (1924). — (*126*) Folgeerscheinungen der Nosemaseuche. Leipz. Bienenztg **40**, 247 (1925). — (*127*) Der soziale Wärmehaushalt der Honigbiene. Erlang. Jb. Bienenkde **5**, 1 (1927). — (*128*) HIRSCHLER, J.: Über leberartige Mitteldarmdrüsen und ihre embryonale Entwicklung bei Donacia. Zool. Anz. (1906). — (*129*) HOLLANDE: Formations endogènes des cristalloides albuminoides et des urates des celles adipeuses chez des chenilles de Vanessa. Arch. Zool. expér. et génér. T. **35** (1875). — (*130*) HOLTZ: Von der Sekretion und Absorption der Darmzellen bei Nematus. Anat. H. (1909). — *(131)* Hoyle, Edward: The Vitamin content of Honey. Biochemic. J. **23**, 54 (1929). — *(132)* Hudson u. Sherwood: J. amer. chem. Soc. (1920). — *(133)* Hufnagel, A.: Le corps gras de l'Hyponomeuta pendant la métamorphose. C. R. Soc. Biol. **70** (1911). — *(134)* Hunkeler, M.: Untersuchungen über die Darmbakterienflora der Honigbiene nebst Bemerkungen. Zur Physiologie des Bienendarms. Dissert., Zürich 1925.

(135) Indoo, Mc.: The sens organs of the mouth parts of the honey-bee. Smithsonian miscellaneus Collections **65** (1916).

(136) Jaeckel, S.: Zur pathologischen Anatomie der Biene Apis mellifica L. während der Metamorphose bei bösartiger Faulbrut (Bacillus larvae, White). Arch. Bienenkde **11**, 33 (1930). — *(137)* Januschke: Zur Frage der Entstehung einer Paratyphuskrankheit der Bienen. Ebenda **6**, 207 (1925). — *(138)* Juckenack: Über zur Zeit schwebende Ernährungsfragen. Z. Unters. Nahrgsmitt. usw. **11** (1926).

(139) Kellner: Landw. Versuchsstat. **30—33** (1884—86). — *(140)* Kiesel, A.: Chem. Zbl. **3**, 732 (1922). — *(141)* Kifer, Hilda Black, u. Hazel E. Munzell: Vitamin Content of Honey and Honeycomb. J. of agricult. Res. Washington **39** (1929). — *(142)* Kitzberger, Ivan F.: Pyl-vceli chleb. (Pollen) (Translation.) 1923. — *(143)* Koch, A.: Imkerliche Zeitfragen. Erlang. Jb. Bienenkde **3** II (1925). — *(144)* Koehler, A.: Über die Einschlüsse der Epithelzellen des Bienendarms und die damit in Beziehung stehenden Probleme der Verdauung. Z. angew. Entomol **7**, 68 (1920). — *(145)* Untersuchungen über die Natur der den Zellen des Bienenmitteldarms eigentümlichen Körperchen. Schweiz. Bienenztg N. F. **43**, 346 (1920). — *(146)* Weist die Biene in ihrem Körper Reservestoffe für die Winterruhe auf? Schweiz. Bienenztg N. F. **44**, 424 (1921). — *(147)* Neue Untersuchungen über den Futtersaft der Bienen. Verh. dtsch. Zool. Ges. **27** (1922). — *(148)* König: Chemische Zusammensetzung der menschlichen Nahrungs- und Genußmittel. Berlin 1921. — *(149)* Koessler, J. H.: Studies on Pollen and Pollen disease. 1. The chemical composition of ragweed pollen. J. of biol. Chem. **35**, 415 (1918). — *(150)* Forschungen über Pollen und Pollenkrankheiten. Chem. Zbl. **1**, 393 (1919). — *(151)* Koschevnikow, G. A.: Über den Fettkörper und die Oenocyten von Apis mellifica L. Zool. Anz. **23** (1900). — *(152)* Krause, K.: Über den giftigen Honig des pontischen Kleinasien. Naturwiss. **14**, 976 (1926). — *(153)* Kreis, H.: Der Honig. Schweiz. Bienenztg N. F. **41**, 172 u. 205 (1919). — *(154)* Kressling, K.: Beiträge zur Chemie des Blütenstaubes von Pinus silvestris. Arch. Pharmaz. **229**, 389 (1891). — *(155)* Kunze, G.: Einige Versuche über den Geschmacksinn der Honigbiene. Zool. Jb., Abt. allg. Zool. u. Physiol. **44** (1927).

(156) Lambrecht, A.: Der Verdauungsprozeß der stickstoffreichen Nährmittel, welche unsere Bienen genießen, in den dazu geschaffenen Organen derselben. Bienenwirtsch. Zbl. (1872). — *(157)* Langer, J.: Beurteilung des Bienenhonigs und seiner Verfälschungen mittels biologischer Eiweißdifferenzierung. Arch. f. Hyg. **71**, 308 (1909). — *(158)* Pollen, Höschen, Bienenbrot. Bienenwirtsch. Zbl. (1915). — *(159)* Der Futtersaft, die Kost des Bienenkindes. Vortrag, gehalten auf der Wanderversammlung der Bienenwirte deutscher Zunge. Dtsch. Imker **41**, 264 (1928). — *(160)* Latham, Allen: The spring supply of pollen. Bee world **6**, 61 (1924). — *(161)* Laubert: Einsammeln von Pilzsporen durch Honigbienen. Kosmos 227 (1922). — *(162)* Lebedew, A.: Über die als Sericterien funktionierenden Malpighischen Gefäße der Phytotomuslarve. Zool. Anz. **44** (1914). — *(163)* Lewis, J. N.: Gathering sawdust. Gleanings in bee culture **3**, 70 (1875). — *(164)* Lidforss, B.: Weitere Beiträge zur Biologie des Pollens. Jb. Bot. **33**, 232 (1899). — *(165)* Lineburg, B.: The feeding of honeybee larvae. U. S. Dep. Agr. Bull. 1222 (1924). — *(166)* The storing of pollen by the honeybee. Bee World **5** (1924). — *(167)* Hatching of Honeybee Larvae. Gleanings in bee culture **53** (1925). — *(168)* Lippmann, E. O. v.: Rohrzucker in Fingerhutblüten. Ber. dtsch. chem. Ges. **55**, 3038 (1922). — *(169)* zit. nach Beutler 1928. — *(170)* Locle, K.: Beiträge zur vergleichenden Histologie und Funktion des hymenopteren Darmes. Z. allg. Phys. **16** (1914). — *(171)* Lozinski, P.: Über die Malpighischen Gefäße der Myrmeleonedenlarven als Spinndrüsen. Zool. Anz. **38** (1911). — *(172)* Lund, H.: Mitteilungen aus dem Gebiete der Lebensmitteluntersuchung und Hygiene. Veröffentl. vom Eidg. Gesdh.amt 38 (1910). — *(173)* Lundie, A. E.: The Flight of the Honeybee. Bull. U. S. A. Dep. of agricult. Nr 1328 (1925).

(174) Maassen, A., und Borchert, A.: Untersuchungen über die Bienenkrankheiten. Mitt. d. Biol. Reichsanst. **18** (1920). — *(175)* Maioroff, D. M.: Beobachtungen über das Überwintern der Bienen. Opytnaja Passeka (russ.) 1918. — *(176)* Maquenne: C. r. Acad. Sci. Paris (1893). — *(177)* Merrill, I. H.: Die Beziehungen zwischen einigen Körpereigenschaften der Biene und ihrer Fähigkeit zum Honigsammeln. J. for Econ. Entomol. 125 (1922). — *(178)* Metzger, Ch.: Die Verbindung zwischen Vorder- und Mitteldarm bei der Biene. Z. Zool. **96** (1910). — *(179)* Michailoff, A. S.: Statistische Untersuchungen über Nosema an der Tulaer Versuchsstation für Bienenzucht. Arch. Bienenkde **9**, 89 (1928). — *(179a)* Über eine lineare Korrelation zwischen der Rüssellänge der Honigbiene und der geogra-

phischen Breite im ebenen europäischen Rußland. Ebenda 7, 28 (1926). — (*179b*) Der Einfluß einiger Lebenslagefaktoren auf die Variabilität der Honigbiene usw. Ebenda 8, 289 (1927). — (*180*) MINNICH, D. E.: An experimental study on the tarsal chemorezeptors of two Nymphalid butterflies. J. of exper. Zool. **33** (1921). — (*181*) A quantitative study of tarsal sensitivity to solutions Saccharose in the red Admiral butterfly. Ebenda **36** (1922). — (*182*) The chemical sensitivity of the tarsi of the red Admiral butterfly, Pyrameis atalanta. Ebenda **35** (1922). — (*183*) MOLISCH, H.: Zur Physiologie des Pollens mit besonderer Rücksicht auf die chemotropischen Bewegungen der Pollenschläuche. K. Akad. Wiss. (Vienna), Math.-Naturw. Cl. Sitzgsber. **102**, 423 (1893). — (*183a*) MORISON, G.: Die Muskeln des Verdauungskanals der Honigbiene. Quart. J. microsc. Sci. **71** (1928). — (*184*) MORGENTHALER, O.: Eine neue Pilzkrankheit der Bienenlarven. Schweiz. Bienenztg N. F. **50**, 486 (1927). — (*185*) MORLAND, D. M. T.: The Feeding of Bees. J. Ministery Agricult. Lond. Januar 1929. — (*186*) MÜLLER, K.: Über die korpuskulären Elemente der Blutflüssigkeit bei der erwachsenen Honigbiene (Apis mellifica L.). Erlang. Jb. **3**, 5 (1925).

(*187*) NAGEL, W. A.: Über eiweißverdauenden Speichel bei Insektenlarven. Biol. Zbl. (1896). — (*188*) NECHELES, H.: Über Wärmeregulation bei wechselwarmen Tieren. Ein Beitrag zur vergleichenden Physiologie der Wärmeregulation. Pflügers Arch. ges. Physiol. **204** (1924). — (*189*) NELSON, J.: Morphology of the honeybee larva. J. agricult. Res. **28** (1924). — (*190*) NELSON, J. A.: The Embryology of the Honeybee. Princeton (1916). — (*191*) NELSON, J. A., A. P. STURTEVANT u. BRUCE LINEBURG: Growth and feeding of honeybee larvae. U. S. Agr. Dept. Bull. **1222**, 1 (1924). — (*192*) NENJUKOV u. PARFENTJEV: Digestive process and strukture of intestine in the migratory locust. Defence de Plantes (russ.) 1929. — (*193*) NOLAN, W. J.: A two-year brood curve for a single colony of bees. J. Econ. Ent. **16**, 117 (1923). — (*194*) NOTTBOHM, F. E.: Die Aschenbestandteile des Bienenhonigs. Arch. Bienenkde 8, 207 (1928). — (*195*) NOTTBOHM, F. E., u. F. LUCIUS: Ist Melezitose für Bienen unverdaulich? Ebenda **10**, 102 (1928).

(*196*) OSTASCHTSCHENKO-KUDRIAWZEW, A.: Der Einfluß der Luftfeuchtigkeit auf die Nektarsekretion der Pflanzen. Opytnaja Passeka (russ.) 1928. — (*197*) Der Einfluß der Bodenfeuchtigkeit auf die Nektarsekretion der Pflanzen. Ebenda 1929.

(*198*) PARHON, MARIE: Der Stoffwechsel bei den Bienen während der vier Jahreszeiten. Ann. Sci. nat. Zool. 9 (1909); Ref. Biedermanns Zbl. Agricult.-Chem. **1910**. — (*199*) PARK, WALLACE: How bees concentrate nectar. Americ. B. J. **67**, 519 (1927). — (*200*) The Storing and Ripening of Honey. Amer. Bee-J. **64**, 330 (1924). — (*201*) PARKER, R. L.: The Collection and Utilication of Pollen by the Honeybee. Cornell Univ. Agr. Exp. Sta. Memoir 98 (1926). — (*202*) PATON, JULIA BAYLES: Pollen and Pollen enzymes. Amer. J. Bot. **8**, 471 (1921). — (*203*) PAWLOWSKY u. ZARIN: On the Structure of the alimentary canal and its ferments in the bee. Quart. J. microsc. Sci. **66**, 509 (1922). — (*204*) PEREZ: Observations sur l'histogénèse chez des Vespides (Polistes gallica). Mém. Acad. Royal de Belg. (1912) — (*205*) PETERSEN, HANS: Beiträge zur vergleichenden Physiologie der Verdauung. V. Die Verdauung der Honigbiene. Arch. ges. Physiol. **145** (1912). — (*206*) PHILLIPS, E. F.: The effect of activity on the length of life of honeybees. J. Econ. Entomol **15**, 388, 370, 371 (1922). — (*207*) Solving some of the mysteries of pollen. Gleanings in bee culture **52**, 215 (1924). — (*208*) Some of the wonders of Pollen. Ebenda **52**, 140 (1924). — (*209*) The digestion of the honeybee. Ebenda **52**, 76 (1924). — (*210*) Eine Fehlerquelle im Studium der Krankheiten der erwachsenen Bienen. Arch. Bienenkde 6, 193 (1925). — (*211*) The Utilization of Carbohydrates by Honeybees. J. agricult. Res. **35** (1927). — (*212*) PISSAREW, W. J.: Das Herz der Biene (Apis mellifica). Zool. Anz. **21** (1898). — (*213*) PLANTA, A. v.: Beiträge zur Kenntnis der biologischen Verhältnisse bei der Honigbiene. 1. Über die chemische Zusammensetzung des Blütenstaubes der Haselnußstaude. 2. Die Brutdeckel der Bienen. Naturf. Ges. Graubündens. Jber. **28** (1883/84) (1885). — (*214*) Über die chemische Zusammensetzung des Blütenstaubes der Haselstaude. Landw. Versuchsstat. 97 (1885); 215 (1886). — (*215*) Über die Zusammensetzung des Blütenstaubes der gemeinen Kiefer (Pinus Sylvestris). Ebenda **32**, 215 (1886). — (*216*) Über den Futtersaft der Bienen. Bienenztg 15 (1888). — (*217*) PLÜGGE: Prometheus **20**, 636.

(*218*) RATZ, A.: Die Innenstocktränke im Frühjahr. Dtsch. Bienenzucht Theorie u. Praxis **37**, 101 (1929). — (*219*) RAUMER, ED. v.: Über die Zusammensetzung des Honigtaues und über den Einfluß eines honigtaureichen Sommers auf die Beschaffenheit des Bienenhonigs. Z. anal. Chem. **33**, 397 (1894). — (*220*) REIDENBACH, PH.: Wie sich die Bienen beim Luftmangel verhalten. Pfälzer Bienenztg **38** (1897). — (*221*) Wie verfährt die Biene beim Nektarsammeln. Ebenda **38** (1897). — (*222*) Berechnung der Gewichtsmengen von Wasser und Kohlensäure, welche sich durch die Atmung im Leibe der Bienen aus dem Honig bilden. Pfälzer Bienenztg **39** (1898). — (*223*) Über den Einfluß der Temperatur auf das Luftbedürfnis der Bienen. Ebenda **40** (1899). — (*224*) Woher kommt es, daß die Bienen beim Befliegen einer Silberlinde getötet werden. Wirkung der ätherischen Öle auf Bienen. Ebenda **42** (1901). — (*225*) Untersuchungen über Ernährung und Entwicklung der jungen Biene. Ebenda **50**

(1909). — (*226*) Über den Sauerstoffverbrauch und die Kohlensäure und Wasserausscheidung bei der Atmung der Biene mit besonderer Berücksichtigung Parhons. Ebenda **60** (1919). — (*227*) Rengel: Über den Zusammenhang von Mitteldarm und Enddarm bei den Larven der akuleaten Hymenopteren. Z. Zool. **38** (1903). — (*228*) Rösch, G. A.: Über die Bautätigkeit im Bienenvolk und das Alter der Baubienen. Z. vergl. Physiol. **6**, 264 (1927). — (*229*) Beitrag zur Kenntnis der Maikrankheit. Arch. Bienenkde **8**, 171 (1928). — (*230*) Untersuchungen über die Arbeitsteilung im Bienenstaat. 2. Teil: Die Tätigkeit der Arbeitsbienen unter experimentell veränderten Bedingungen. Z. vergl. Physiol. **12**, 1 (1930). — (*231*) Rytir, Jaroslaw: Bau und Funktion des Chylusmagens (tschechisch) (1927).

(*232*) Sackett, W. G.: Honig als Überträger innerer Krankheiten. Colorado Agr. Exp. Stat. Bull **252** (1919). — (*233*) Sarin, E.: Über Fermente der Verdauungsorgane der Honigbiene. Biochem. Z. **135**, 59 (1923). — (*234*) Weitere Studien über Invertase des Darmkanals der Honigbiene. Ebenda **135**, 75 (1923). — (*235*) Scheunert, Arthur, Martin Schieblich u. Elsbeth Schwanebeck: Zur Kenntnis der Vitamine. Erste Mitteilung über den Vitamingehalt des Honigs. Biochem. Z. **139**, 47 (1923). — (*236*) Schiemenz, P.: Über das Herkommen des Futtersaftes und die Speicheldrüsen der Biene neben einem Anhange über das Riechorgan. Z. Zool **38**, 71 (1883). — (*237*) Schlecht, Fr.: Untersuchungen über die Befruchtungsverhältnisse bei Rotklee (Trif. pratense). Z. Pflanzenzüchtg **8**, 121 (1922). — (*238*) Schnelle, H.: Der feinere Bau des Fettkörpers der Honigbiene. Arch. Bienenkde **6**, 83 (1925). — (*239*) Schönfeld, P.: Die Ernährung der Honigbienen. Ein Beitrag zur Physiologie derselben. 1897. Freiburg i. B. — (*240*) Schönfeld, P.: Die physiologische Bedeutung des Magenmundes der Honigbiene. Arch. f. Anat. **451** (1886). — (*241*) Semichon, L.: La formation des réserves dans le corps adipeux des Mellifères solitaires. Bull. Mus. Hist. nat. Paris (1904 u. 1923). — (*242*) Sur l'épithélium de l'intestin moyen de quelques Melliferés. Ebenda (1903). — (*242a*) Serbinoff, J. L.: Contribution à l'étiologie de la diarrhoe infectieuse chez les abeilles provoqué par les bactéries: B. coli apium n. sp. et Proteus alveicola n. sp. Journ. de Microbiologie, II (1915). — (*243*) Sipe, E. P.: Studies of the structure and content of Pollen. Thesis for degree of M. S., Iowa State College 1 (1923). — (*244*) Sladen, F. W. L.: A scent producing organ in the abdomen of Apis mell. Ent. mo. mag. **38**, 208 (1902). — (*245*) How pollen is collected by the honeybee. Nature **1912**, 586. — (*246*) Smaragdova, N. P.: Lebensdauer und Gewichtsverlust von hungernden Bienen nach Beobachtungen an Winterbienen. Opytnaja Passeka (russ.) 1928. — (*247*) Snodgrass, R. E.: The Anatomy of the Honey-Bee. U. S. Dept. Agr. Bur. Entom. techn. Bull. **1910**. — (*248*) Anatomy and Physiology of the honeybee. 1925. New York. — (*249*) Soudek, St.: Die Pharyngealdrüsen der Honigbienen. Bull. école supérieur agron. (1927) Brno (tschechisch). — (*250*) Steudel: Absorption und Sekretion im Darm von Insekten. Zool. Jb. **33**, 165 (1912). — (*251*) Stift, A.: Über die chemische Zusammensetzung des Blütenstaubes der Zuckerrübe. Bot. Zbl. **88**, 105 (1901). — (*252*) Straus, J.: Die chemische Zusammensetzung der Arbeitsbienen und Drohnen während ihrer verschiedenen Entwicklungsstadien. Z. Biol. **56** (1911). — (*253*) Sturtevant, A. P.: The Development of American Foulbrood in relation to the metabolism of its causative organism (Bac. larvae). J. agricult. Res. Washington **28**, 129 (1924).

(*254*) Terre, L.: Contribution à l'étude de l'histolyse et de l'histogénèse du tissu musculaire chez l'abeille. C. r. Soc. Biol. Paris **11** (1899). — (*255*) Contribution à l'étude de l'histolyse du corps adipeux chez l'Abeille. Bull. Soc. entomol. France **62** (1900). — (*256*) Sur l'histolyse du corps adipeux chez l'Abeille. C. r. Soc. Biol. Paris T. **52** (1900). — (*257*) Thöni, J.: Precipitinreaktion bei der Honiguntersuchung. Z. Unters. Nahrgsmi. usw. **80** (1911). — (*258*) Tieghem, Ph. van: Recherches physiologiques sur la végétation libre du pollen et de l'ovule et sur la fécondation directe. Ann. Sci. nat. bot. ser. **5**, 12, 312 (1869). — (*259*) Inversion du sucre de canne par le pollen. Bull. Soc. Bot. France **33**, 216 (1886). — (*260*) Tischler, G.: Pollenbiologische Studien. Z. Bot. **9**, 417 (1917). — (*261*) Tokuda, Y., u. E. Sumita: Studien über giftigen Honig in Japan. 1. Über den Ursprung des giftigen Honigs. Jap. J. of zootechn. Sci. **1**, 3 (1924). — (*262*) Trappmann, W.: Anatomie und Physiologie des Zwischendarms von Apis mell. Arch. Bienenkde **5**, 190 (1923). — (*263*) Die Bildung der peritr. Membr. bei Apis mell. Ebenda **5**, 204 (1923). — (*264*) Die Malpighischen Gefäße von Apis mell. Ebenda **5**, 177 (1923). — (*265*) Die Rectaldrüsen von Apis mell. Ebenda **5**, 213 (1923). — (*266*) Morphologie und Entwicklungsgeschichte von Nosema apis Zander. Ebenda **5**, 221 (1923). — (*267*) Tuenin, F. A.: Veränderungen der Faecesmenge im Bienendarm im Zusammenhang mit der Nahrung im Winter. Opytnaja Passeka (russ.) 1918. — (*268*) Turesson, Göte.: The toxicity of moulds to the Honey-Bee, and the cause of Bee-paralysis. Sv. bot. Tidskr. **11**, 16 (1917).

(*269*) Vejdovsky, F.: Quelques remarques sur la structure et le dévelopement des cellules adipeuses et des oenocytes pendant la nymphose de l'abeille. Cellule **35** (1925). — (*269a*) Vinson, C. G.: Some Nitrogenous Constituents of Corn Pollen. J. Ag. Res. **35**, 261

(1927). — (270) Vitzthum, H.: Untersuchungen über die Ursachen der Maikrankheit. Arch. Bienenkde 10, 81 (1929).

(270a) Weippl, Th.: Futterverbrauch und Arbeitsleistung eines Bienenvolkes im Laufe eines Jahres. Arch. Bienenkde. 9, 70 (1928). — (271) Werth: Ein bemerkenswerter Fall von Blumenstetigkeit der Honigbiene. Aus der Natur (1909/10). — (272) W. Whitecomb, Jr., u. H. F. Wilson: Mechanics of Digestion of Pollen by the Adult Honey-Bee and the Relation of Undigested Parts to Dysentery of Bees. Agricult. Exp. Stat. Univ. Wisconsin Bull. 92 (1929). — (273) White: Note on muscular coat of the ventricul. of the Honey-Bee. Proc. int. Sci. Washington 20 (1918). — (273a) Woker, G.: Methoden zum Studium der Wirkung der einzelnen Verdauungssäfte. In: Abderhaldens Handb. d. biol. Arbeitsmeth. Lfg. 275 (1928). — (274) Wüst, Val.: Rechnerische Betrachtungen über das Pollensammeln der Bienen. Bienenpflege 1910.

(275) Zander, E.: Ein Beitrag zur Frage der Honigbildung. Münchn. Bienenztg 11 (1909). — (276) Tierische Parasiten als Krankheitserreger bei der Biene. Leipz. Bienenztg 24, 147 (1909). — (277) Der Bau der Biene. Stuttgart: Ulmer 1922. — (277a) Zander, E., u. A. Koch: Der Honig. Handb. d. Bienenkde. Stuttgart 1927. — (277b) Das Leben der Biene. 1921. — (278) Zarin: Einfluß organischer Säuren auf die Bildung und Reifung des Honigs. Acta Universitatis Latviensis I 1921, Riga. — (279) Über die Fermente der Verdauungsorgane der Honigbiene. Acta Universitatis Latviensis II 1922, Riga.

VIII. Nahrung, Verdauung und Stoffwechsel der Fische.

Von

Professor Dr. H. H. WUNDSCH

Direktor der Preuß. Landesanstalt für Fischerei, Berlin-Friedrichshagen.

Mit 63 Abbildungen.

A. Einleitung. Die Fische als landwirtschaftliche Nutztiere.

Der Begriff des „Landwirtschaftlichen Nutztieres" fällt bei den Fischen keineswegs mit allen „Gegenständen des Fischfanges" zusammen. Der „Nutzfisch" wird vielmehr zum landwirtschaftlichen oder besser „fischereiwirtschaftlichen" Nutztier erst dann, wenn sich die Fischerei vom rein handwerklichfangtechnischen zum wirtschaftlichen Zustande soweit entwickelt hat, daß der Fischer, zum „Fischwirt" geworden, imstande ist, in den Fischbestand ganzer Gewässereinheiten vom Gesichtspunkt der Ernährungsregelung aus einzugreifen.

Dies kann geschehen, indem er in einem Gewässer den Fischbestand, den wirtschaftlichen Zielen entsprechend, nach Art, Stückzahl und Altersklasse einem *natürlichen gegebenen Nahrungsvorrat* anpaßt, oder aber, indem er einem bestimmten Fischbestande eine bestimmte *Nahrungsmenge in Gestalt von Futtermitteln* als Ergänzung der Naturnahrung oder selbst ausschließlich zur Verfügung stellt. Neben der lange Zeit auf dem Stande einer bloßen Sammelwirtschaft verharrenden Fischerei in natürlichen Gewässern tritt eine höchstgeregelte Kunstwirtschaftsform — die „Teichwirtschaft" — bereits überaus früh selbständig auf und entwickelt sich fast ohne Zusammenhang mit der übrigen Fischerei, um erst in neuerer Zeit ausgesprochen befruchtend auf diese zu wirken.

Wir verstehen dabei unter Teichwirtschaft im fischereilich betriebstechnischen Sinne ausschließlich die Fischzucht und Fischhaltung in künstlich aufgestauten, jederzeit vollständig ablaßbaren, zu rein fischereilichen Zwecken angelegten Gewässern, die auch biologisch die Eigenschaft von Teichgewässern haben müssen, d. h. deren Tiefe nirgends unter die Wachstumsgrenze der höheren Unterwasserpflanzen sinken darf (NAUMANN[135]).

Nur bei einer solchen Wirtschaftsart ist es möglich, bei der *Ernährung der Fische* die biologisch begründeten Hauptregeln der Fischerei vollkommen anzuwenden, deren wichtigste folgendermaßen lauten (WUNDSCH[245]): Die Zahl der in einem Gewässer befindlichen Fische muß genau wie in der Teichwirtschaft in einem bestimmten Verhältnis zu der Produktionsfähigkeit des Gewässers an den zur *Fischnahrung* dienenden niederen Wassertieren (Würmer,

Schnecken, Krebstierchen und Insektenlarven) stehen, damit die Fische auch in einer bestimmten Zeit eine ausreichende Größe und Marktfähigkeit erlangen und sich nicht infolge von Übervölkerung des Gewässers schlechte *Einzelernährungsbedingungen* einstellen. Der Fischer muß also seinen Fischbestand ständig regulieren und mit Hilfe der Fanggeräte „durchsieben", und zwar auf Grund der festgestellten Produktivitätsstufe des betreffenden Gewässers (quantitative Bonitierung) (SCHIEMENZ[183]).

Endlich muß der Fischer dafür sorgen, daß die Fische seines Bestandes dann verwendet werden, wenn sie auf der Höhe der Futterverwertung stehen. Er darf die einzelnen Fische nicht unwirtschaftlich alt werden lassen, genau so wie der Landwirt bei der Viehmästung den Augenblick abpassen muß, in dem die *Futterverwertung* auf der Höhe der Rentabilität angelangt ist. Ein guter Fischer darf eigentlich in seinem Gewässer, auch wenn dies ein offenes Wildgewässer ist, keine Fische haben, welche wesentlich größer als das gesetzlich vorgeschriebene Mindestmaß sind; große Fische, welche starke Fresser sind und nur noch wenig wachsen, schmälern die Nahrung für die heranwachsende Jungbrut, welche diese Nahrung viel besser verwertet, und sie sind daher unwirtschaftlich.

Einzig im teichwirtschaftlichen Verfahren hat nun der Wirtschafter seinen gesamten Fischbestand völlig in der Hand, so wie der Landwirt sein Nutzvieh. Es ist also ersichtlich, daß zunächst und vor allem diejenigen *Fische als landwirtschaftliche Nutztiere* zu bewerten sind, die *im teichwirtschaftlichen Betriebe* gezüchtet und gehalten werden.

Von diesem Gesichtspunkt aus sind es eigentlich nur drei Fischarten, die eine wesentliche Bedeutung für die Teichwirtschaft, wenigstens in den Ländern mit mitteleuropäischen Wirtschaftsverfahren, besitzen. Das sind der Karpfen (Cyprinus carpio L.), die Schleie (Tinca tinca L.) und die nordamerikanische, in den achtziger Jahren des vorigen Jahrhunderts in Europa eingeführte Regenbogenforelle (Salmo irideus Mitch.). Die besondere Eignung der letzteren zum Teichfisch hat dazu geführt, daß sie in Mitteleuropa die einheimische Bachforelle aus dem eigentlichen Speisefischbetrieb (auch Forellenmästung genannt) fast vollkommen verdrängt hat. Zwar spielt die Zucht der Bachforelle (Salmo fario L.) immer noch eine erhebliche Rolle in der Salmonidenteichwirtschaft, das gezüchtete Material wird aber zum weitaus größeren Teil zum künstlichen Besatz natürlicher Forellenbäche, also zur Förderung der meist sportlich betriebenen Salmonidenfischerei in natürlichen Gewässern verwendet, nicht zur teichwirtschaftlichen Erzeugung von Speiseware.

Über die Rolle, welche die vier genannten Fischarten in Deutschland wirtschaftlich spielen, vergleiche RÖHLER[154] und K. SCHIEMENZ[165, 166].

Die teichwirtschaftliche Nutzfischerzeugung wird in Mitteleuropa von diesen vier Arten, also Karpfen, Schleie, Regenbogenforelle und Bachforelle, vollständig beherrscht, sie bilden „die" teichwirtschaftlichen Nutztiere im eigentlichen Sinne, und es ist daher begreiflich, daß sich die wissenschaftlichen Arbeiten auf dem Gebiet der Ernährungs- und Fütterungslehre sowie des Gesamtstoffwechsels, soweit sie sich auf angewandte Wissenschaft beziehen, ganz vorwiegend auf diese vier Arten erstrecken.

Bei den *übrigen* in der Teichwirtschaft Mitteleuropas, insbesondere auch Deutschlands, gezüchteten Fischarten müssen wir folgende Gruppen unterscheiden:

1. Fische, die für einen gelegentlichen örtlichen Sonderbedarf, also mehr aus Liebhaberei als aus einem wirtschaftlichen Bedürfnis bis zu größeren geschlechtsreifen Stücken in Teichen gezogen werden:

Teichkarausche (Carassius carassius L.)

Bachsaibling (Salmo fontinalis Mitch.), Schwarzbarsch (Micropterus Dolomieu Lac.), Forellenbarsch (M. salmoides Lac.), Zwergwels (Ameiurus nebulosus Lsr.) | aus Amerika eingeführt.

Goldorfe (Goldvarietät des Aland, Idus idus L.), Goldschleie (Goldvarietät der Schleie, Tinca tinca L.).

2. Fische die man lediglich in Teichen *ablaichen* und bis zu freßfähiger Brut oder kleineren Jugendstadien meist *bei natürlichen Nahrung* abwachsen läßt, um sie dann als *Besatz* in *natürlichen Gewässern* zu verwenden:

Hecht (Esox lucius L.), Zander (Lucioperca lucioperca L.); gelegentlich: Große Maraene (Coregonus lavaretus f. maraena Bl.).

3. Fische, die in Teichwirtschaften ausschließlich als Zierfische für kleine Becken oder Aquarien gezogen werden.

Wirtschaftlich spielt als Gegenstand der *Teichwirtschaft* lediglich die zweite Gruppe, und zwar vor allem der Hecht, eine gewisse Rolle, da der Bedarf an Hechtbrut und Junghechten als Besatz für natürliche Gewässer sehr groß ist.

Nicht hier aufgenommen sind die überaus zahlreichen Fischarten, mit denen gelegentlich *Erbrütungsversuche* derart angestellt worden sind, daß man künstlich oder natürlich befruchtete Eier lediglich in Brutkästen oder Brutgläsern oder kleinen Teichen zum *Schlüpfen* brachte, um die Brut in natürliche Gewässer auszusetzen, da bei diesem Vorgang der Erbrütung keinerlei „Wirtschaftsverfahren" angewendet wird, sondern es sich lediglich um einen erweiterten *Fortpflanzungsschutz* handelt. Die *Wirtschaft* beginnt bei diesen Fischen erst da, wo die Zahl der ausgesetzten Brut bewußt in ein bestimmtes Verhältnis zu der ermittelten oder geschätzten Nahrungsmenge in dem betreffenden natürlichen Gewässer gesetzt wird, also in diesem, nicht in der Teichwirtschaft oder sonstigen Erbrütungsanlage.

Als Fische, mit denen in Mitteleuropa derartige Verfahren angewendet werden oder versucht worden sind, kommen in Betracht:

Fam. Acipenseriden: A. sturio L., Stör (Rußland, Rumänien) und Verwandte.

Fam. Clupeiden: Engraulis encrassicholus, Anchovis (Niederlande); Clupea alosa (Cuv.), Maifisch (Frankreich, Deutschland).

Fam. Pleuronectiden: Pleuronectes platessa L., Scholle (England, Norwegen); Solea vulgaris Quens., Seezunge (Frankreich); Rhombus maximus L., Steinbutt (Frankreich).

Fam. Mugilidae: Mugil sp. Meeräsche (Frankreich).

Fam. Salmonidae: Thymallus thymallus (L.), Äsche (Deutschland); Coregonus alle sp. Felchen und Maränen (Deutschland, Schweiz; skandinavische Länder); Salmo alle sp. Lachse und Forellen (Mitteleuropa).

Fam. Cyprinidae: Idus idus (L.), Goldorfe (Deutschland); Chondrostoma nasus, Nase (Deutschland).

Was die Teichwirtschaft und ihre Wirtschaftsgegenstände in den außereuropäischen Ländern angeht, so finden wir sie in diesen teilweise als altes Kulturgut ohne Zusammenhang mit den mitteleuropäischen Wirtschaftsverfahren entwickelt. (Hierzu vgl. insbesondere für China und Japan DABRY DE THIERSANT[40, 41], BRÜHL[24], BASILEWSKI[11], LEONHARDT[109, 110], MITSUKURI[131], MATSUBARA[125], für die Goldfischzucht BERNDT[12, 13], für den indischen Archipel VAN KAMPEN[83] und BUSCHKIEL[29, 30], für Madagaskar LOUVEL[116, 117, 118], LEGENDRE[104—108] und PETIT[141].)

In *Nordamerika*, insbesondere in den Vereinigten Staaten, weicht der teichwirtschaftliche Betrieb in seiner Rolle innerhalb der Fischwirtschaft insofern von den mitteleuropäischen Verhältnissen stark ab, als die „Fishculture" in den „hatcheries" ganz überwiegend in einer *Brutaufzucht* und *Setzlingsanfütterung* („hatching" and „rearing" of fry) für die Aussetzung in natürlichen Gewässern, besonders den großen Seen und Strömen, besteht (vgl. hierzu als Quellen vor allem die Berichte der U. S. A. Commission of Fish and Fisheries[207], sowie DEAN[43]).

Eine besondere, vor allem in Amerika und den tropischen Ländern des Ostens sowie China und Japan verbreitete, in Europa nur vereinzelt angewandte, Art der Teichwirtschaft endlich ist die Fischhaltung in Brackwasser- und Meerwasserteichen. Derartige Teiche werden an der Meeresküste im Gezeitengebiet angelegt und durch Schleusen oder, wo der Tidenhub nicht ausreicht, auch durch Pumpanlagen mit Hilfe von Windrädern mit Meer- oder Brackwasser gespeist. Sie dienen zur Haltung von Meeresfischen, die entweder bei der Öffnung der Teiche von selbst einwandern oder als Jungfische gefangen und eingesetzt werden (vgl. LÜBBERT[118a], BRÜHL[24], BUSCHKIEL[29, 30], GRUVEL[61]).

Dem Betriebe der teichwirtschaftlichen Fischzucht und Fischhaltung und der künstlichen Fischerbrütung steht nun noch ein *anderes Wirtschaftsverfahren* auf fischereilichem Gebiet gegenüber, das sich zwar auf den natürlichen Fischbestand bestimmter Gewässer erstreckt, aber von der bloßen Nutzung durch handwerksmäßig betriebenen Fang grundsätzlich unterschieden werden muß. Das ist die biologisch begründete Fischwirtschaft in den mittelgroßen Seen, die eine solche Beschaffenheit haben, daß durch intensiven Fangbetrieb mit großen Geräten, besonders mit großen Zugnetzen, der Fischbestand praktisch bis zu einem ziemlich hohen Grade vom Bewirtschafter geregelt werden kann. Solche Seen können, was die *Fischernährung* angeht, ebenfalls nach den obenerwähnten Wirtschaftsregeln behandelt werden, oder mit anderen Worten, es kann in ihnen Fischwirtschaft nach teichwirtschaftlichen Grundsätzen betrieben werden, indem die „Abfischung" der Teiche durch Leerlassen in den Seen durch eine mehr oder weniger vollkommene Abfischung mit großen Fischereigeräten vertreten wird. Diese intensive Fischwirtschaft in Seen als „Landwirtschaft auf dem Wasser" hat sich begreiflicherweise vor allem dort zuerst entwickelt, wo eine große Zahl seenartiger Gewässer in einer Gegend mit dichter Bevölkerung, hoher Kulturstufe und einem guten Verkehrsnetz gelegen sind, und wo gleichzeitig einzelne nicht zu entfernte Großstädte Gelegenheit zum lohnenden Absatz der von Zeit zu Zeit bei dieser Art der Wirtschaft eintretenden Massenfänge bieten. Dies alles trifft in Mitteleuropa ganz besonders für das norddeutsche und brandenburgische Seengebiet zu, und so hat sich denn die „*rationelle Seenbewirtschaftung*" dort in der Hauptsache entwickelt und sich bisher auch über diese Gebiete hinaus wenig ausgedehnt, wenngleich bemerkt werden muß, daß sich neuerdings auch in den angrenzenden, an der circumbaltischen Seenregion beteiligten Ländern, Schweden, Finnland, den baltischen Randstaaten und Polen sowie besonders auch in Rußland, aber auch in Ungarn starke Bestrebungen nach der gleichen Richtung zeigen (vgl. P. SCHIEMENZ[183], K. SCHIEMENZ[167], WUNDSCH[245], ALM[3, 4]).

Dies Wirtschaftsverfahren kann insofern als eine *echte landwirtschaftliche Nutztierbewirtschaftung angesehen werden*, als seine Grundlage ein quantitativ festgestellter oder mindestens mit einem hohen Zuverlässigkeitsgrad abgeschätzter Gehalt an unmittelbarer *Fischnahrung* in einem Gewässerindividuum bildet, auf den hin dann der natürliche Fischbestand nach seiner Art, Menge und Zusammensetzung nach Altersstufen umfassend geregelt wird. Man kann die erwähnte Art der Seenbewirtschaftung durchaus mit einer Weidewirtschaftskultur vergleichen, und es ist notwendig, in diese Darstellung auch ihre Wirtschaftsfische mit aufzunehmen (Schiemenz[184]).

Die unter diesem Gesichtspunkt auszuwählenden Arten der Fischfauna unserer mitteleuropäischen, besonders der circumbaltischen Seengebiete werden sich dabei natürlich teilweise mit jenen decken, die wir schon unter den Teichwirtschaftsfischen als Gegenstände der Setzlingszucht für freie Gewässer erwähnt haben.

Mustern wir dementsprechend die Vertreter der 14 in der mitteleuropäischen Fauna vorkommenden Fischfamilien, so werden wir zu nachfolgender Auswahl von „Wirtschaftsfischen" gelangen müssen:

Fam. Salmonidae: Gattungen Coregonus (Maränen und Felchen), Osmerus (Stint), Salmo (Lachse, Forellen, Saiblinge).

Fam. Cyprinidae U. Fam. Cyprininae: Gattungen Cyprinus (Karpfen), Carassius (Karausche), Tinca (Schleie), Abramis (Brassen), Alburnus (Uckelei), Leuciscus (Weißfische).

Fam. Anguillidae: Gattung Anguilla (Aal).

Fam. Esocidae: Gattung Esox (Hecht).

Fam. Percidae: Gattung Acerina (Kaulbarsch), Perca (Flußbarsch), Lucioperca (Zander).

Die Familien der Acipenseriden (Störe), Clupeiden (heringsartigen), Cobitinen (Schmerlen), Siluriden (Welse), Gastrosteiden (Stichlinge), Gadiden (schellfischartige), Centrarchiden (amerikanische Barsche), Pleuronectiden (Plattfische) und Cottiden (Groppen) scheiden für diese Betrachtung aus, da sie zwar einzelne Vertreter im Süßwasser, gelegentlich auch in seenartigen Gewässern aufweisen, diese Fische aber eine wirtschaftliche Rolle in quantitativer Beziehung nicht spielen (mit Ausnahme des Welses im Gebiet der unteren Donau). Das gleiche gilt für Seen hinsichtlich der Gattung Salmo, da Seesaibling und Seeforelle auch in denjenigen alpinen Seen, in denen sie einen gewissen Anteil des Gesamtertrages ausmachen, nicht die wirtschaftsbestimmenden Fische sind, sondern meist in dieser Beziehung hinter den Coregonen zurückstehen (vgl. die Statistiken über die Erträge des Bodensees und besonders Haempel[68a]).

Zu berücksichtigen ist dagegen auch im Sinne einer vollständigen rationellen fischereilichen Bewirtschaftung eines natürlichen Gewässers die *Bachforelle* im eigentlichen „Forellenbache". Die als Forellenbäche zu bezeichnenden kleineren fließenden Gewässer des Gebirges, teilweise auch der Ebene (vgl. Heese[72a], Walter[216]) enthalten nämlich die Bachforelle als einzigen Nutzfisch von Wert, und sie sind außerdem als einzige Region unter den fließenden Gewässern so vollständig befischbar, daß es in ihnen tatsächlich möglich ist, den *Fischbestand der ermittelbaren Nährtiermenge* entsprechend zu regulieren.

Im ganzen wird man feststellen müssen, daß eine Fischzucht und Fischhaltung sowie eine Bewirtschaftung natürlicher Gewässer im Sinne einer landwirtschaftlichen Nutztierhaltung außer in den mitteleuropäischen Kulturländern und in den nordamerikanischen Staaten nur noch in Ostasien (China und Japan) sowie in einzelnen Teilen von Indien und dem indischen Archipel stattfindet und daß alles, was wir sonst noch an derartigen Bestrebungen finden, über den Charakter von mehr oder minder aussichtsreichen Versuchen ohne bisher größere wirtschaftliche Bedeutung nicht hinausgekommen ist, eine Tatsache, die ja selbst noch für den größten Teil der Mitteleuropa benachbarten Länder des nahen Ostens gilt. Zusammenfassend ergibt sich, daß selbst von denjenigen *Nutzfischen,* die Gegenstände einer künstlichen Brutgewinnung, also einer „Zucht" im erweiterten Sinne sind, durchaus *nicht alle unter den Begriff des landwirtschaftlichen Nutztieres* fallen.

Wir werden vielmehr zunächst alle diejenigen ausscheiden können, bei denen die Brut nach Gewinnung und Zeitigung der Eier nur so lange in künstlichen Behältern gehalten wird, bis die aus dem Ei mitgebrachte Nahrungsreserve aufgebraucht ist (Verlust des Dottersackes) und das Fischchen „freßfähig" geworden ist, um dann sogleich seinem natürlichen Lebensraum übergeben zu werden. Das sind die weitaus meisten der großen, lachsartigen Salmoniden, besonders alle diejenigen, bei denen das eigentliche Heranwachsen im Meere stattfindet, ferner fast alle Coregonen und die ihnen verwandten Fischarten der großen und tiefen Seen im Binnenlande der verschiedenen Erdteile und endlich alle eigentlichen Meeresfische der gemäßigten Zonen, soweit an ihnen derartige Erbrütungsversuche bisher vorgenommen worden sind. Was derartige Versuche an europäischen Küsten anbetrifft, so fällt SCHNAKENBECK[185] noch in neuester Zeit unter Bezugnahme auf die Erbrütung des Kabeljaus in der vor 40 Jahren gegründeten norwegischen Seefischbrutanstalt in Flödevig bei Arendal das Urteil, daß „deren Beispiel vor allen Dingen in den Vereinigten Staaten eifrig nachgeahmt" werde, daß aber „die praktische Bedeutung dieser sowie jeder anderen künstlichen Seefischzucht gleich Null" sei (hinsichtlich der Fischhaltung in Brackwasserteichen vgl. S. 567).

Für die Praxis gleichfalls vernachlässigt werden können solche Erbrütungs- und *Anfütterungsverfahren*, die über das Stadium eines Versuchs oder einer gelegentlichen Anwendung ohne weitere wirtschaftliche Folgen nicht hinausgekommen sind. Das ist besonders bei einer ganzen Reihe von Brutaufzuchtsverfahren der Fall, die von den Amerikanern an allen möglichen Nutzfischen ihres Landes versuchsweise unternommen worden sind, als man dazu überging, die durch langen Raubbau gelichteten Nutzfischbestände auf dem Wege der „Fish culture" wieder zu heben (vgl. S. 567).

Es bleiben also für unsere Betrachtung endgültig nur drei Bewirtschaftungsgruppen von Nutzfischen übrig.

Erstens diejenigen Fische, die nach der künstlichen Erbrütung mindestens eine Zeitlang „angefüttert", d. h. mit *Kunstfutter* zu einer gewissen Größe aufgezogen werden oder die in „Streckteichen" bei Naturnahrung zu dem gleichen Zwecke gehalten werden, beides also Verfahren, bei denen die Ernährung der Fische wenigstens eine gewisse Zeitspanne hindurch bewußt vom Wirtschafter nach bestimmten Gesichtspunkten geregelt wird, wenn auch das Heranwachsen der Fische zur eigentlichen Speiseware in einem natürlichen Lebensraum, einem freien Gewässer geschieht, in das der „Setzling" schließlich überführt wird.

Zweitens diejenigen Fische, die, ebenfalls bei vollständig *künstlicher Ernährung oder, häufig unter künstlicher Beifütterung, in Naturnahrung* erzeugenden „Abwachsteichen" von ermittelbarer Produktionsfähigkeit und danach bemessenem „Besatz" völlig bis zur Verwendung als Speisefische gehalten werden, sei es in vollkommener eigener Aufzuchtwirtschaft des „Teichwirts" oder im bloßen Fischhaltungsbetriebe, bei dem der Besatz aus anderen Züchtereien angekauft wird.

Diesen „Teichwirtschaftsfischen", die, wie wir gesehen haben, fast ausschließlich zu den systematischen Gruppen der Salmoniden und Cypriniden gehören und die nur verhältnismäßig wenige Arten als wirklich zahlenmäßig bedeutungsvolle Wirtschaftsgegenstände enthalten, steht dann die dritte Gruppe gegenüber, die eine besondere, vorläufig nur für Mitteleuropa in Frage kommende Kategorie darstellt.

Es sind das diejenigen Nutzfischarten der mittelgroßen seenartigen Gewässer, bei denen dank einer genauen Kenntnis ihrer Lebensgewohnheiten und infolge einer vorgeschrittenen Technik des Fischfanges auch in ihrem natürlichen Lebensraum eine *der feststellbaren Nahrungsmenge entsprechende künstliche Bestandesregulierung* möglich ist und im bewußten Wirtschaftsverfahren in Wechselwirkung zwischen künstlichem Besatz und intensivem Fangbetrieb („Durchsieben der Gewässer") auch praktisch durchgeführt wird.

Da diese Art der intensiven fischereilichen Seenbewirtschaftung, sozusagen nach teichwirtschaftlichen Grundsätzen, nur mit dem Unterschiede, daß die Entleerung des Teiches beim See durch möglichst vollständige Abfischung mit sehr großen Geräten ersetzt wird, ihren Ausgangspunkt von der Landseenfischerei der norddeutschen Tiefebene, besonders Brandenburgs, genommen hat, so ist es nicht wunderbar, daß es gerade die Wirtschaftsfische der mehr oder weniger eutrophen Seen der baltischen Seenplatten und der Seen im Gebiet der eiszeitlichen Urstromtäler sind, die hier in Frage kommen. Hier sind daher von den Cypriniden die Ufer- und Bodenfische aus den Gattungen *Abramis* und *Leuciscus* mit einigen Verwandten, außerdem die *Schleie*, ferner von Raubfischen *Barsch*, *Zander* und *Hecht* und schließlich als Hauptwirtschaftsfisch der norddeutschen Seenfischerei der *Aal* zu nennen. Die Coregonenarten der tieferen Seen dieses Gebietes gehören schon nicht mehr in diese Gruppe, da ihre natürlichen Ernährungsverhältnisse zwar zum Teil recht genau studiert sind, eine wirksame Bestandesregulierung bei ihnen aber infolge der Eigenart ihrer Wohngewässer kaum möglich erscheint, wenigstens nicht in irgendeiner Anpassung an die Nahrungsmenge, überdies die Bestände in viel höherem Grade als bei den anderen Fischarten von den physikalischen Faktoren der Wohngewässer abhängen, wogegen die Bedeutung des Nährstoffwechsels und sogar des menschlichen Eingriffs durch den Fang im Biotop zurücktritt (vgl. S. 580 und S. 590).

Eine *Ernährungslehre der Nutzfische* im fischwirtschaftlichen Sinne wird also entsprechend den erwähnten Wirtschaftsgruppen aufbauen müssen einerseits auf dem Studium der Entstehung und mengenmäßigen Bedeutung der für Fische der genannten Arten wesentlichen Nährstoffe im Stoffhaushalt der Teiche und der seenartig geschlossenen Lebensräume, andererseits auf der Untersuchung der Art und Verwendungsmöglichkeit „künstlicher", d.h. im natürlichen Lebensraum der betreffenden Fischarten nicht vorkommender Nährstoffe und endlich auf der Ermittlung der spezifischen Nahrungsverwertung bei den einzelnen Fischarten, der eigentlichen Ernährungsphysiologie, mit dem Ziele, den Gewässern, seien es nun Fischteiche oder intensiv bewirtschaftete Seen, eine möglichst große „überschüssige" Menge wertvollen Fischfleisches ständig zum Verbrauch entnehmen zu können.

B. Die Nahrung der Fische.

I. Die Bereitstellung der natürlichen Fischnahrung im geschlossenen Stoffhaushalt bewirtschaftbarer Gewässer.

Die zahllosen *Untersuchungen des Magen- und Darminhalts* der verschiedensten Fischarten im Laufe der letzten Jahrzehnte, haben immer wieder ein ganz bestimmtes allgemeines Ergebnis gehabt, nämlich dasjenige, daß unsere Nutzfischarten, insbesondere die oben ausgesonderten „bewirtschaftbaren" Fischarten, entweder Raubfische oder aber „Kleintierfresser" sind, unter denen wieder der wirtschaftlichen Bedeutung nach die Verzehrer der Ufer- und Bodentierwelt obenan stehen; echte Pflanzenfresser, an und für sich unter den Fischen selten vertreten, finden wir unter den „bewirtschaftbaren Fischen" mit ganz wenigen Ausnahmen überhaupt nicht (vgl. S. 588).

Es ist also ganz vorwiegend die niedere Tierwelt des Süßwassers aus den Gruppen der Würmer, Krebstiere, Insekten (insbesondere deren Larven) und Mollusken, welche mengenmäßig den *Nahrungsvorrat für die Nutzfische* in den Fischgewässern mit einigermaßen geschlossenem Stoffkreislauf bereitstellt. Da die auf Raubfische eingestellte Wirtschaft ja nur eine Art von „Veredlung" des geringwertigen Friedfischfleisches darstellt, so ist auch sie schließlich indirekt von dieser *Friedfischnahrung* abhängig.

Die genannte niedere Tierwelt ist ihrerseits als Verzehrerin wieder unmittelbar abhängig von der Wasserpflanzenwelt, sei es in Form der Verbraucher von frischen Pflanzenteilen oder ganzen Kleinpflanzen, sei es als „Moderfresser" oder endlich als Tierfresser, für die gegenüber den anderen Kleintieren das gleiche gilt, wie für die Raubfische hinsichtlich ihrer Abhängigkeit vom Friedfischbestande.

Die Entwicklung der Wasserpflanzenwelt schließlich ist quantitativ abhängig von den hydrographisch-topographischen, thermischen und chemischen Umweltfaktoren, die in ihren gegenseitigen Mengenverhältnissen und Bedingtheiten das sog. regionale Milieuspektrum bilden, welches die Stelle des betreffenden Gewässers in dem limnologischen Typenschema (NAUMANN[134], THIENEMANN[204]) bedingt.

Dieses Typenschema, dessen Aufstellung und Ausarbeitung, vorwiegend durch schwedische und deutsche Hydrobiologen (Lit. s. bei NAUMANN[134]) einen bedeutenden Teil der theoretischen Arbeiten auf dem Gebiet der Limnologie der letzten Jahrzehnte in Anspruch genommen hat, ist auf die systematische Klärung unserer Anschauungen von der Ernährung unserer Nutzfische im geschlossenen Gewässerstoffkreislauf von großem Einfluß gewesen.

Seine Begründung wurde ermöglicht durch die Tatsache, daß ein Gewässer von Teich- oder Seencharakter einen auch hinsichtlich der primären Umweltfaktoren in sich sehr viel geschlosseneren Lebensraum darstellt als irgendein Stück der übrigen Erdoberfläche.

Ein solches Wasserbecken kann daher mit seinem gesamten Inhalt an Erzeugern und Verzehrern von Nährstoffen zweckmäßig unter dem Bilde eines Individuums höherer Ordnung betrachtet und sein gesamter Stoffkreislauf unter physiologischen Gesichtspunkten in weiterem Umfange behandelt und unter Umständen auch nach wirtschaftlichen Bedürfnissen geregelt werden.

Die uns hier interessierenden Ergebnisse dieser Betrachtungsweise, welche bereits über ein sehr unfangreiches Schrifttum verfügt (vgl. bei THIENEMANN, NAUMANN, ALM, LENZ, LUNDBECK, hinsichtlich der amerikanischen Verhältnisse die Arbeiten von BIRGE, JUDAY und ihren Mitarbeitern, Lit. s. bei NAUMANN[134]), lassen sich wie folgt zusammenfassen:

In den stehenden Wasserbecken, Teichen und Seen ist wie auch sonst auf der Erdoberfläche die *Pflanzenwelt* die ursprüngliche und alleinige Verwerterin der chemischen *Urnährstoffe*. Sie ist bei dieser Verwertung abhängig von den Umweltfaktoren Licht, Wärme und mechanischer Standortsmöglichkeit. Während sich nun auf dem festen Lande das organische Leben ausschließlich in einer verhältnismäßig dünnen, aber horizontal sehr ausgedehnten Schicht an der Grenze zwischen der festen Erdoberfläche und dem „Luftmeer" ansiedeln kann, ist ein Wasserbecken infolge der Eigenschaft des Wassers, nicht nur als Lebensmedium sondern auch als Substrat zu dienen, praktisch auch in vertikaler Richtung überall besiedelbar (Einteilung der Wasserlebewesen in litorale, benthonische, nektonische und planktonische Vergesellschaftungen). Nun sind aber andererseits gerade die für die Pflanzenwelt bestimmenden Milieufaktoren im Wasser in ihrem Vorhandensein und in ihrer Verteilung an gewisse Grenzen gebunden.

Für die ganze Gesellschaft derjenigen Wasserpflanzen, die ihren Vegetationskörper oberhalb der Wasseroberfläche entfalten müssen, ist die Standortsmöglichkeit von vornherein durch eine gewisse Wassertiefe gegeben und damit in allen tieferen Gewässern auf die Uferlinie und eine mehr oder minder schmale Zone nach der Gewässermitte hin beschränkt. Die höheren untergetauchten Wasserpflanzen dagegen werden in ihrer Standortsausdehnung begrenzt durch die Lichtdurchlässigkeit des Wassers und dadurch ebenfalls auf eine bestimmte Tiefenzone, in tieferen Gewässern praktisch also auch auf einen der Uferlinie mehr oder minder parallelen Gürtel beschränkt. Das gleiche gilt für die sessile Kleinpflanzenwelt, der ja größtenteils die höheren Wasserpflanzen als Substrat dienen, und ferner für die Welt der Schwebepflanzen (pflanzliches Plankton) hinsichtlich derjenigen Zone, bis zu welcher das Licht von der Oberfläche her in das Wasser eines bestimmten Wasserbeckens einzudringen vermag (Abb. 83).

Nur in diesen Zonen, also im Litoral und in der mehr oder minder tief hinabreichenden lichtdurchlässigen *Oberflächenschicht*, wird organisches *Nährmaterial im Gewässer* selbst aus erster Hand erzeugt, und man hat daher diese Bezirke als „*trophogene*" *Zonen* bezeichnet, durch deren Ausdehnung und Besiedlungsdichte die ursprünglich verfügbare Nahrungsmenge in einem Gewässerindividuum zunächst bedingt wird.

Ihnen gegenüber stehen der nicht pflanzenbewachsene Tiefenboden und die *freie Wassermasse* unterhalb der lichtdurchlässigen Zone. Hier findet *lediglich Nährstoffumsatz* statt, indem die Reste der in den trophogenen Zonen absterbenden Organismen durch Absinken oder Strömungen mechanisch dahin verfrachtet und abgelagert werden, um dann durch den Stoffwechsel der dort lebenden höheren und niederen Detritusfresser und Saprophyten, schließlich in der Hauptsache durch die Bakterien, wieder in die chemischen Urnährstoffe zerlegt, mineralisiert zu werden und wieder in Lösung zu gehen. Man hat die Bezirke, in denen dieses stattfindet, als „*tropholytische*" *Zonen* den „*trophogenen*" gegenübergestellt. Es ist ersichtlich, daß das Leben in der tropholytischen Zone quantitativ ausschließlich von den aus der trophogenen Zone anfallenden Vorräten abhängig ist, wofern nicht das Gewässer durch Einschwemmungen von anderswo erzeugten Nährstoffvorräten einen „allotrophen" Charakter bekommt.

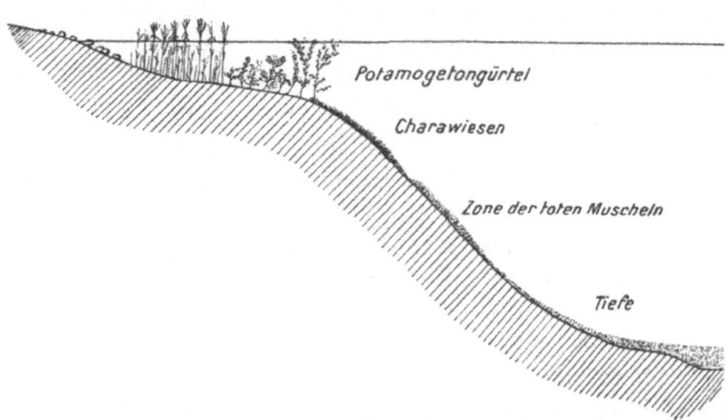

Abb. 83. Schema der Gliederung des Litorals eines baltischen Sees (gez. Dr. Fr. Lenz). (Aus Demoll-Maier: Handbuch der Binnenfischerei I.)

Man kann nun ganz allgemein bei den stehenden Gewässern *zwei Grundtypen des Stoffhaushalts* unterscheiden. Bei dem einen Typus überwiegt die Erzeugung organischer Materie in der trophogenen Zone den Abbau in der tropholytischen Region quantitativ so stark, daß es auf dem Boden des Gewässers ständig zur mehr oder minder starken Ablagerung eines noch für tierische Organismen verwertbaren Nährstoffvorrats in Gestalt eines mehr oder minder stark mit organischem Detritus durchsetzten Tiefenschlammes kommt.

Derartige, ständig einen Überschuß an noch geformter organischer Materie erzeugende Gewässer werden nach der von den schwedischen Forschern (NAUMANN) zuerst eingeführten Nomenklatur als „eutroph" (*eutrophe Seen, Teiche* usw.) bezeichnet.

Ihnen stehen diejenigen Gewässer gegenüber, bei denen, meist infolge großer Ausdehnung, erheblicher Tiefe und steiler Uferregion, die trophogenen Bezirke an Ausdehnung, manchmal auch infolge ungünstiger klimatischer und anderer Faktoren an Intensität des Nährstoffumsatzes, hinter den tropholytischen zurücktreten, so daß die Abbauvorgänge in den tropholytischen Bezirken ausreichen, um alle im Laufe der Zeiteinheit anfallenden organischen Reste ständig vollkommen dem Vorrat an löslichen Urnährstoffen wieder zuzuführen. Solche Gewässer zeigen demgemäß ein Defizit an noch geformter, für tierische Organismen verwertbarer Nahrung auf großen Flächen ihres Areals. Sie werden als „oligotroph" (*oligotrophe Seen, Teiche* usw.) bezeichnet. (Tabelle nach T h i e n e m a n n:)

	Oligotropher Typus	Eutropher Typus	Dystropher Typus
Verbreitung	Vor allem in den Alpen und Voralpen	Vor allem im Flachland des Baltikums; auch in den Alpen	Bisher nur in Skandinavien genauer untersucht
Morphologische Verhältnisse der Seen	Tiefe Seen; schmale Uferbank. Wassermasse des Hypolimnion im Verhältnis zu der des Epilimnion groß	Flachere Seen; breite Uferbank. Wassermasse des Hypolimnion im Vergleich zu der des Epilimnion klein	Tiefe oder flache Seen in mooriger Umgebung oder im Urgebirge
Wasserfarbe	Blau bis grün	Grün bis gelb- und braungrün	Gelb bis braun
Durchsichtigkeit	Groß	Kleiner, evtl. sehr gering	Wie b. eutrophen Typus
Chemismus des Wassers	Humusstoffe fehlen, Wasser relativ arm an Pflanzennährstoffen Kalkgehalt wechselt	Humusstoffe in geringen Mengen vorhanden, Wasser reich an Pflanzennährstoffen Kalkreich	Wasser arm an Elektrolyten, reich an Humusstoffen Kalkarm
Suspendierter Detritus	Nur minimal vorhanden	Planktogen, reich	Allochthon (Humusstoffe), reich
Tiefenschlamm	Arm an organischer Substanz, nicht faulend	Reich an autochthoner faulender organischer Substanz: Gyttja = Faulschlamm	Arm an autochthonen, reich an allochthonen Humusstoffen: Dy = Torfschlamm
Sauerstoffverhältnisse a) im Sommer	Sauerstoffgefälle von d. Oberfläche zur Tiefe gleichmäßig, ohne Verstärkung im Metalimnion; Hypolimnion sauerstoffreich, Sauerstoffsättigung des Tiefenwassers bis 70 (—60)% herabgehend. Keine oder minimale Fäulnisprozesse im Tiefenschlamm	In den tiefen Seen dieses Typus das Sauerstoffgefälle im Metalimnion plötzlich stark zunehmend, Hypolimnion sauerstoffarm od. sauerstofffrei. Sauerstoffsättigung des Tiefenwassers von 40 bis 0 %, selten über 40 %. Starke Fäulnisprozesse im Tiefenschlamm	Sauerstoffgefälle wie b. eutrophen Typus Im Tiefenwasser bis 0 % O_2 Im Tiefenschlamm O_2-zehrende Prozesse

	Oligotropher Typus	Eutropher Typus	Dystropher Typus
b) im Winter unter Eis	Wie im Sommer	In tiefen Seen wie beim oligotrophen Typus, in flacherem Sauerstoffschwund bis fast 0 % O_2 in der Tiefe	Stets in der Tiefe starker O_2-Schwund, evtl. bis 0 % O_2
D. Sauerstoffschwund ist bedingt		Im Sommer durch das Plankton und den Tiefenschlamm Im Winter durch den Tiefenschlamm	Durch den allochthonen suspendierten und abgelagerten Detritus
Litorale Pflanzenproduktion	Gering	Reich	Gering
Plankton	Quantitativ arm; bis in große Tiefen vorhanden; tägliche Vertikalwanderung ein großes Ausmaß besitzend. Wasserblüte selten. Chlorophyceen gegenüber den Schizophyceen vorherrschend	Quantitativ reich entwickelt; auf die obersten Wasserschichten beschränkt; tägliche Vertikalwanderung auf engen Strecken; Wasserblüte häufig. Schizophyceen gegenüber den Chlorophyceen vorherrschend	Phytoplankton quantitativ arm, in den obersten Wasserschichten; im Hypolimnion nur Bakterien. Wasserblüte fehlend oder sehr selten. Schizophyceen zurücktretend gegenüber Chlorophyceen, Chrysomonaden, Peridineen, Desmidiaceen
Schranke zwischen Litoral und Profundal	Schwach ausgeprägt, nur durch das Aufhören der Vegetation gebildet	Scharf ausgeprägt, vor allem durch den Wechsel der Sauerstoffverhältnisse gebildet	Wie beim eutrophen Typus
Tiefenfauna a) qualitativ	Artenreich; stenooxybiont; *Tanytarsus*-Fauna Nie *Corethra* vorhanden	Artenarm, euryoxybiont, *Chironomus*-Fauna (In Seen mit winterlichem O_2-Schwund nur *Ch. plumosus*, in allen übrigen außerdem *Ch. Liebeli — bathophilus*) Fast stets *Corethra* vorhanden	Noch artenärmer, euryoxybiont, *Chironomus*-Fauna (Nur *Ch. plumosus*; *Ch. Liebeli — bathophilus* scheint ganz zu fehlen) Evtl. der Tiefenschlamm ganz azoisch Corethra wohl stets vorhanden
b) quantitativ	Relativ reich: Zahlen fehlen	Reich: bis ca. 8000 Oligochäten- und Chironomidenlarven pro qm Bodenfläche gefunden	Arm: meist nur 10—20 Individuen pro qm Bodenfläche
Korrelation zwischen Plankton u. Tiefenfauna	Bei geringer Planktonproduktion evtl. reiche Tiefenfauna	Plankton und Tiefenfauna oft in quantitativer direkter Abhängigkeit stehend	Bodenfauna stets arm, ebenso d. Phytoplankton stets schwach entwickelt, Zooplankton aber oft reich

	Oligotropher Typus	Eutropher Typus	Dystropher Typus
Tiefencorego-nen	Häufig vorhanden	Nur in Ausnahmefällen vorhanden	Fehlen stets
Bei Verlan-dung über-gehend	In den eutrophen Typus	In Weiher, Sumpf, Wiesenmoor	In Torfmoor (Hoch-moor)

Sowohl innerhalb der Eutrophie wie der Oligotrophie werden eine Reihe von quantitativen Stufen als Poly-, Meso- und Oligotypus hinsichtlich der den Nährstoffhaushalt bedingenden Faktoren unterschieden. Auch hat sich bei näherer Untersuchung mancher Gewässer herausgestellt, daß die einzelnen Lebensbezirke innerhalb des gleichen Gewässers unter Umständen in bezug auf ihren Nährstoffhaushalt weitgehend in sich geschlossene Systeme von verschiedenem Charakter darstellen können, dergestalt, daß ein See „*planktoneutroph*", mit Bezug auf die Bodenfauna aber oligotroph einzustufen ist. Einen besonderen, vor allem in Schweden und Finnland vorhandenen Typus, bei dem zwar oft ein erheblicher Überschuß an organischer Substanz anfällt, aber in einer Form, die von den zehrenden Bodenorganismen nur sehr schwer oder gar nicht angreifbar ist, nämlich als Humuskolloide, hat man sogar zu einem dritten Grundtypus, dem „*dystrophen*", gemacht. Die ganze Forschungsrichtung und ihre Systematisierung, infolge ihres Ausgangs von geographisch und geologisch einheitlich bedingten Seengebieten zusammenfassend als „regionale Limnologie" bezeichnet, hat naturgemäß auch erhebliche Rückwirkungen auf die Fischwirtschaftskunde und Fischereibiologie gehabt, die von ALM[3] (siehe auch weiter unten), LUNDBECK[120, 121] und SCHÄPERCLAUS[157a] in neuerer Zeit ausführlich dargestellt worden sind. Hier soll lediglich darauf hingewiesen werden, daß die natürliche Nahrung unserer wirtschaftlichen Nutzfische so gut wie vollständig von dem Pflanzenbestande der Gewässer, und zwar auf indirektem Wege durch dessen Verwertung in frischem und zerfallenem Zustande von der niederen Wassertierwelt geliefert wird, und daß die neuere limnologische Forschung die quantitativen Bedingtheiten dieses Nährstoffumsatzes in Gewässern mit einigermaßen geschlossenem Stoffkreislauf weitgehend ermitteln konnte.

II. Die Verwertung des allgemeinen natürlichen Nahrungsangebotes durch die bewirtschaftbaren Nutzfische.

Die Grundlage unserer Anschauungen über die Ernährung der Fische sind hinsichtlich der spezifischen Verwertung des natürlichen Nahrungsangebotes in neuerer Zeit stets die sorgfältigen *Untersuchungen des Magen- und Darminhalts* frisch gefangener Fische gewesen, da nur sie uns darüber belehren, welche der vielen ihm zur Verfügung stehenden Wasserorganismen die einzelne Nutzfischart denn nun wirklich in solchem Umfange verwertet, daß man von einer wirtschaftlichen Bedeutung der betreffenden Nährorganismenart reden kann. Nahrungsuntersuchungen dieser Art liegen daher heute fast für jede überhaupt untersuchte Nutzfischart vor. Bei den „bewirtschaftbaren" Nutzfischen im Sinne dieser Darstellung wird man aber an die Methodik der Nahrungsuntersuchung noch einige besondere Anforderungen stellen müssen, um die Ergebnisse in dem erforderlichen Grade zu sichern. Dazu gehört vor allem, daß die Untersuchung auf eine genügend große Individuenzahl des betreffenden Fisches ausgedehnt wird, da in jedem Gewässer unter dem Fischbestande erfahrungsgemäß eine Anzahl von „*Nahrungsspezialisten*" auftreten, d. h. von Fischen, die zufällig oder infolge einer wirklich individuellen „Liebhaberei" sich qualitativ abweichend ernährt haben, und deren Ausschaltung nur bei genügend großem Vergleichsmaterial mit Sicherheit möglich ist. Schiemenz stellt daher mit Recht für die Wahl des Untersuchungsmaterials folgende Grundregeln auf:

a) nicht zu wenig Fische, um den durch Zufallsfresser und Geschmacksspezialisten auftretenden Fehler einzuschränken.

b) Fische verschiedener Altersstadien, da meist die Nahrung mit dem Altersstadium charakteristisch wechselt.

c) Frisch gefangene Fische aus Zugnetzfängen, nicht solche, die mit der Angel oder in Reusen gefangen sind oder die schon einige Zeit in Fischkästen gesessen haben, da der Fisch an der Angel auf allen möglichen, auch ganz „unnatürlichen" Köder beißt, Reusen- und Hälterfische aber entweder bereits verdaut haben oder den Mageninhalt ausgespien haben, woher z. B. die „Speilinge" stammen, d. h. jene halbverdauten Fische, die man viel in Hälterkästen findet, die mit frisch gefangenen Raubfischen besetzt sind.

Wesentlich sind ferner *getrennte Untersuchungen der einzelnen Darmabschnitte*, also Magen, Mitteldarm und Enddarm, und nach Möglichkeit quantitative Untersuchungen. Diese werden bei genügender Zeit als vollständige Auszählungen des ganzen Darminhalts vorgenommen, entweder, bei größeren Nahrungsorganismen oder kleineren Fischen, durch abschnittsweise Feststellung der absoluten Zahlen oder aber nach der in der Planktonzähltechnik üblichen Methode durch Aufschwemmung und Mischung des ganzen Darminhalts in einem bestimmten Flüssigkeitsquantum und Auszählung äquivalenter Mengen mit Umrechnung auf den Gesamtinhalt des betreffenden Darmabschnittes (ausführliche Darstellung der gesamten Technik s. Wundsch[242]).

Wesentlich erleichtert werden alle Nahrungsuntersuchungen dadurch, daß gerade die wirtschaftlich wichtigsten Kleintierfresser, nämlich die *Cypriniden*, eine infolge ihrer magenlosen Verdauung (vgl. S. 598) äußerst langsame Zersetzung der Nahrung im Darmtraktus aufweisen, und daß gerade die am häufigsten gefressenen Organismen, nämlich *Crustaceen* und *Insektenlarven*, infolge ihrer schwer angreifbaren Chitinhüllen sehr lange kenntlich, meist sogar an charakteristischen Körperanhängen bis auf die Art bestimmbar bleiben, auch wenn sie von Fischen mit Magenverdauung wie den Salmoniden, gefressen worden sind. Gefressene *Fische* sind meist, auch bei völliger Zersetzung, an den zahlreichen Guaninkrystallen im Darminhalt zu erkennen, *Mollusken* an den charakteristischen Schalenbruchstücken und der stark gallertigen Konsistenz der Reste, unter denen bei Schnecken die Radula oft erkennbar erhalten ist.

Eine *spezifische Ernährung* ist nur innerhalb größerer Gruppen nachweisbar. Hier können wir unter den bewirtschaftbaren Nutzfischen zunächst die großen Gruppen der Raubfische und Kleintierfresser, von denen schon oben die Rede war, unterscheiden. Aber selbst bei den „Raubfischen" ist die Abtrennung tatsächlich nicht scharf durchführbar. Unter den Binnenseefischen ist selbst der charakteristischste „Raubfisch", nämlich der *Hecht* (Esox lucius), zwar ganz vorwiegend, aber doch nicht ausschließlich Fischräuber bzw. Verzehrer von Wirbeltieren (da er nachgewiesenermaßen besonders in größeren Stücken gern auch Frösche, Mäuse, Ratten und Wassergeflügel nimmt). Nicht nur, daß er in den frühen Jugendstadien selbstverständlich außer kleinen Fischchen alle lebenden Kleintiere aus den Gruppen der Würmer, Krebstierchen, Insektenlarven und Insekten verschlingt, die sich ihm bequem bieten (nur Mollusken scheinen für ihn, da er hauptsächlich auf die Bewegung der Beutetiere reagiert, ihrer langsamen Bewegungen halber nicht in Betracht zu kommen), — ich habe vielmehr selbst halbjährige Hechte in nahrungsreichen Salmonidenbächen und Wiesenfließen gelegentlich angetroffen, die als Mageninhalt fast ausschließlich Flohkrebse

(Gammarus pulex) und Köcherfliegenlarven (Anabolia spec.) aufwiesen und dabei ein ganz normales Wachstum zeigten.

Was beim Hecht, der, wenn er kann, schon als eben „freßfähiger" Fisch selbst seinesgleichen raubt, immerhin Ausnahme ist, wird bei unseren Zuchtsalmoniden und beim *Barsch* die Regel. Der letztere ist in allen friednahrungsreichen Gewässern in der Jugend, d. h. während des ersten Lebensjahres, sogar sehr ausgesprochener Kleintierfresser, wenn er auch schon mit Vorliebe größere Stücke, wie Wasserasseln (Asellus aquaticus), Florfliegenlarven (Sialis lutaria) und Flohkrebse (Gammarus pulex), auch Ephemeridenlarven und Trichopterenlarven aufnimmt. Seine Vorliebe für den jungen Krebs läßt ihn bekanntlich in Krebsgewässern geradezu zu einem Schädling werden (Seydel[189a], Smolian[194a]). Doch ist der Übergang zur Raubfischnahrung beim Barsch nicht an eine bestimmte Größe oder ein bestimmtes Alter gebunden, sondern in den einzelnen Gewässern, wahrscheinlich je nach der Art des „Nahrungsangebots" ganz verschieden. Auch werden natürlich neben der Kleintierwelt oft schon in der Jugend kleine Fische aufgenommen. Der Jungfisch als Beutetier ist offenbar für diese Art der Nahrungsverwerter zunächst auch nichts anderes als ein beliebiges „Kleintier", wie das ja andererseits umgekehrt zum Teil auch für „Friedfische" gilt, vor deren größeren Exemplaren die Fischbrut wahrscheinlich nicht durch eine spezifische Ernährungsgewohnheit dieser Fischarten, sondern ausschließlich durch ihre Gewandtheit im Verhältnis zu den anderen Nährtieren wirksam geschützt ist.

Unter den *Forellenarten* sind vor allem die Bachformen, in Mitteleuropa also besonders die Bachforelle (Salmo fario, die Regenbogenforelle (Salmo irideus) und der amerikanische Bachsaibling (Salmo fontinalis) während der drei bis vier ersten Lebensjahre, oft auch noch länger, wenn das Wohngewässer es irgend zuläßt, ausgesprochene Verzehrer der niederen Bachfauna (Lampert[99]).

Es muß das eigentlich wundernehmen bei Fischarten, die nach dem Charakter ihres Gebisses zweifellos „Raubfische" sind, alle Untersucher haben aber immer wieder die Erfahrung gemacht, daß die Forelle nicht nur in den an Kleintieren meist überreichen Quellbächen, in denen sie ihre erste Jugend verlebt, sondern auch weiterhin im eigentlichen „Forellenbache" selbst in großen Exemplaren sozusagen nur „Gelegenheitsräuber" wird. Jedenfalls bestreitet sie bei uns bis zu derjenigen Gewichtsgrenze, bei welcher die weitaus größte Mehrzahl der Bachsalmoniden bereits gefangen und zu Speisezwecken verwendet wird, also bis zu etwa einem halben Kilogramm, ihren Nahrungsbedarf zum allergrößten Teil aus der größeren Kleintierwelt der Bäche, den Gammariden, Trichopterenlarven und Ephemeridenlarven, daneben aus der sog. „Luftnahrung" (die aber nur eine untergeordnete, jahreszeitlich bedingte Rolle spielt).

Eine Erklärung für dieses Verhalten bietet vielleicht der Umstand, daß sich die Bachsalmoniden, wie heute vielfach angenommen wird, als Eiszeitrelikte kalt-sthenothermen Charakters an ihre Wohngewässer angepaßt haben (Thienemann[202a]), in denen sie nunmehr die einzigen größeren Fische neben einer quantitativ meist nur spärlich entwickelten Begleitfischfauna (Cottus gobio und Phoxinus laevis) darstellen. Sie sind also bei dichterem Bestande, wie er heute in „guten" Forellengewässern vielfach auch durch künstlichen Einsatz erzielt wird, zur Deckung ihres Nahrungsbedarfs geradezu auf die niedere Fauna angewiesen. Im übrigen äußert sich die ursprüngliche Raubfischeigenschaft ähnlich wie beim Barsch noch darin, daß sie sich meist auf größere Nährtiere beschränken, wobei sie bezeichnenderweise selbst große Fremdkörper, wie die aus kleinen Kieseln gebauten Gehäuse der Bachtrichopterenlarven, ohne weiteres mitzuverschlucken pflegen, so daß der Darm manchmal prall mit diesen Steinchen gefüllt erscheint, die sich aber bei näherer Untersuchung stets als von den Trichopterengehäusen herrührend herausstellen.

Besondere Untersuchungen an eben freßfähigen Stücken der Bachforelle nach der Aussetzung in „Naturteichen", d. h. solchen, in denen überhaupt nicht künstlich gefüttert wurde, haben gezeigt, daß die Jungforellen sich, wie nicht anders zu erwarten, von vornherein an ziemlich große Individuen aus der Teichboden- und Uferfauna (Cyclopiden, Aloniden, insbesondere Tendipedidenlarven) halten, also auch hier im Verhältnis zu ihrer Körpergröße umfangreiche Bissen aufzunehmen bestrebt sind (Schräder[186], Schäperclaus[157]).

Für die Regenbogenforelle und den Bachsaibling gilt das gleiche, soweit sie auf Naturnahrung angewiesen sind, was bei den deutschen Teichwirtschaftsverhältnissen hinsichtlich der Regenbogenforelle allerdings seltener der Fall ist.

Auch die in den Bächen vorkommenden Schnecken werden von den Forellen, insbesondere auch von der Regenbogenforelle in Teichen, aufgenommen, doch kann man nach Schiemenz[178] hierbei eine gewisse Spezialisierung einzelner Individuen beobachten, die sich zu „Schneckenfressern" ausbilden.

Eine verschiedenartige Bewertung hat vereinzelt noch bis in die neueste Zeit (Schechtel[158]) die sog. *„Luftnahrung" der Bachsalmoniden* erfahren, d. h. der Anteil, den ins Wasser fallende Luftinsekten quantitativ an der Ernährung dieser Formen aufweisen.

Während einzelne Autoren dieser Luftnahrung eine immerhin zeitweise erhebliche Bedeutung zuerkennen wollen (vor allem solche aus Anglerkreisen, die durch die Erfahrungen beim Forellenfang mit der „Künstlichen Fliege" beeinflußt sind), vertritt die Mehrzahl der Fischereibiologen heute den Standpunkt, daß die Luftnahrung zwar von den Salmoniden gern angenommen wird, im normalen Forellenbache aber produktionsbiologisch keine wesentliche Rolle spielt, da fast alle Vertreter dieser Luftnahrung den Fischen ja während einer viel längeren Zeit als wasserbewohnende Larven zur Verfügung stehen, die Quantität der Luftnahrung daher auch unmittelbar von dem allgemeinen Besiedlungsgrade des betreffenden Gewässers mit niederen Tierformen abhängt. Bestrebungen, den Fischen durch überhängende Bäume und Sträucher möglichst viel Luftnahrung durch von diesen ins Wasser fallende Luftinsekten zukommen zu lassen, sind daher heute aufgegeben worden, da man der Ansicht ist, es sei im Gegenteil vorteilhafter, durch möglichste Besonnung der Ufer das Tierleben im Wasser selbst zur größtmöglichen Entfaltung zu bringen, was erfahrungsgemäß durch Beschattung der Uferränder weitgehend verhindert wird (Willer[230a], Meseck[129a]).

Daß im übrigen die *Forellen als „echte" Raubfische* offenbar in viel höherem Grade auf die Bewegung und den ungefähren Habitus des Beutetieres als auf spezifische Einzelheiten reagieren, wird besonders gerade durch die Möglichkeit des Fanges mit der Kunstfliege dargetan, da diese von den Fischen ohne Umstände als Köder angenommenen Erzeugnisse aus bunten Federn und Haaren zwar bestimmte Wasserinsektenarten nachahmen sollen, in Wirklichkeit aber doch nicht die geringste Ähnlichkeit mit solchen, wenigstens mit dem Maßstabe des Zoologen gemessen, aufweisen. Abb. 84.

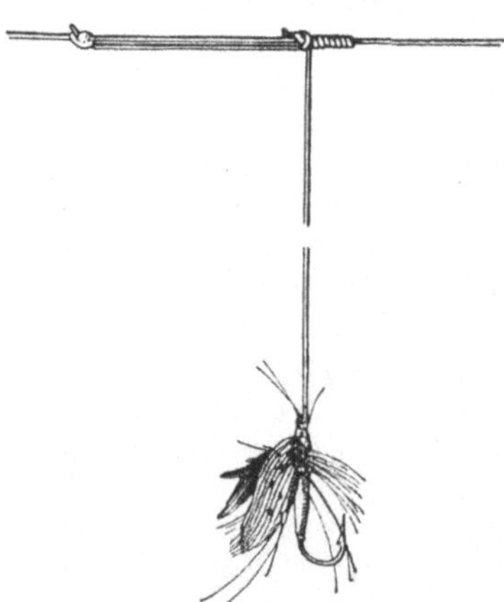

Abb. 84. Künstliche Fliege am Angelhaken. (Aus Karl Heintz: Der Angelsport im Süßwasser.)

Eine besondere Stelle unter den Raubfischen der bewirtschaftbaren Gewässer nimmt hinsichtlich seiner *Ernährung der Zander* (Lucioperca sandra) ein, da sich bei ihm ein typischer Wechsel in der Nahrungsart während des Heranwachsens vollzieht. Während nämlich der junge Zander im ersten Lebenssommer ein echter *Planktonfresser* ist, der fast ausschließlich von den Kleinkrebsen der Schwebewelt lebt, später in Brackwasserregionen, wo er zahlreich vorkommt, daneben besonders den ebenfalls frei schwimmenden größeren Krebs Mysis, im Süßwasser auch Gammarus frißt, geht der ältere Zander im zweiten Lebensjahre vollkommen zur *Raubfischnahrung* über, die er nicht wie der Hecht lauernd in der Uferregion, sondern jagend in der freien Mitte der Gewässer erbeutet (WILLER[222], GASCHOTT[57]), und die nur aus kleineren Fischen, in Nordeuropa besonders aus Stint (Osmerus eperlanus), besteht.

Auf die merkwürdigen *Ernährungsverhältnisse der größeren lachsartigen Fische*, bei denen während der Laichwanderungen nach Eintritt in das Süßwasser die Nahrungsaufnahme großenteils sistiert und der gesamte Betriebsstoffwechsel aus den Reservestoffen bestritten wird, eine Leistung, die vielfach zum Absterben nach Abgabe der Laichprodukte führt, sei hier nur kurz verwiesen. Näheres hierüber sowie über die qualitative Ernährung der wandernden Arten unter den Salmoniden siehe bei SCHEURING[159, 162], soweit künstlich erbrütete Arten in Amerika in Frage kommen, in den Berichten der U. S. Fish Commission[207].

Das gleiche gilt für die amerikanischen Barscharten im Verhältnis zu unserem europäischen Barsch, da auch für diese angegeben wird, daß sie in der Jugend „Insekten und andere kleine Wasserlebewesen" fressen und erst in höherem Alter zu gefräßigen Räubern werden, bei deren Nährtieren aber auch ausdrücklich neben Fischen noch Krebse, Würmer und Mollusken genannt werden (BROWERS[207]).

Unter den Raubfischen ist nach Maßgabe der Nahrungsauswahl endlich von den hier zu behandelnden Fischarten auch noch diejenige Wachstumsform des Aals zu erwähnen, die als „*Breitkopfaal*" bezeichnet wird. Aale dieser Form, deren anatomische Besonderheiten, äußerlich vor allem durch die Breite der Maulspalte und die Dicke der Nackenmuskulatur sich darstellend, von TÖRLITZ[202b] ausführlich in ihrer Entwicklung beschrieben worden sind, nehmen, wenn auch nicht ausschließlich so doch vorwiegend kleine Fische als Nahrung auf. Es ist wahrscheinlich gemacht worden, daß in diesem Falle eine Rückwirkung der individuellen Ernährungsgewohnheit auf die Ausbildung mancher Körperpartien anzunehmen ist, d. h. daß diejenigen Aale, welche sich frühzeitig an Fischfleischernährung gewöhnen, erst durch das Vorwiegen dieses Nährmaterials und durch die erforderliche Raubtätigkeit die charakteristische Muskulaturentwicklung erhalten, welche nach TÖRLITZ allein die breitköpfige Form vor dem Kleintierfressenden „Spitzkopf" mit geringer entwickelter Muskulatur aber höherem Fettansatz auszeichnet (WALTER[217], EHRENBAUM[49a]). Abb. 85a u. b.

Unter den *Kleintierfressern* pflegt man zunächst die beiden Untergruppen der Planktonfresser und der Verzehrer von Ufer- und Bodentierwelt zu unterscheiden. WILLER[222] weist mit Recht darauf hin, daß wir bei den Kleintierfressern noch mehr als bei den „Raubfischen" oft in verschiedenen Lebensaltern einen Wechsel in der Aufenthaltsregion innerhalb des gleichen Gewässers finden, womit dann auch ein Wechsel in der bevorzugten Aufnahme bestimmter Nahrungsbestandteile verbunden ist.

Er unterscheidet demnach:
ständige Uferfresser — temporäre Uferfresser, ständige Bodenfresser — temporäre Bodenfresser, ständige Planktonfresser — temporäre Planktonfresser.

Zu der in ihren Ernährungsverhältnissen sehr einheitlichen Gruppe der ständigen Planktonfresser gehören von unseren Wirtschaftsfischen:

Osmerus eperlanus (Stint), Coregonus albula (Kleine Maräne), Coregonus Wartmanni (Blaufelchen), Coregonus macrophthalmus (Gangfisch), Coregonus generosus (Edelmaräne);

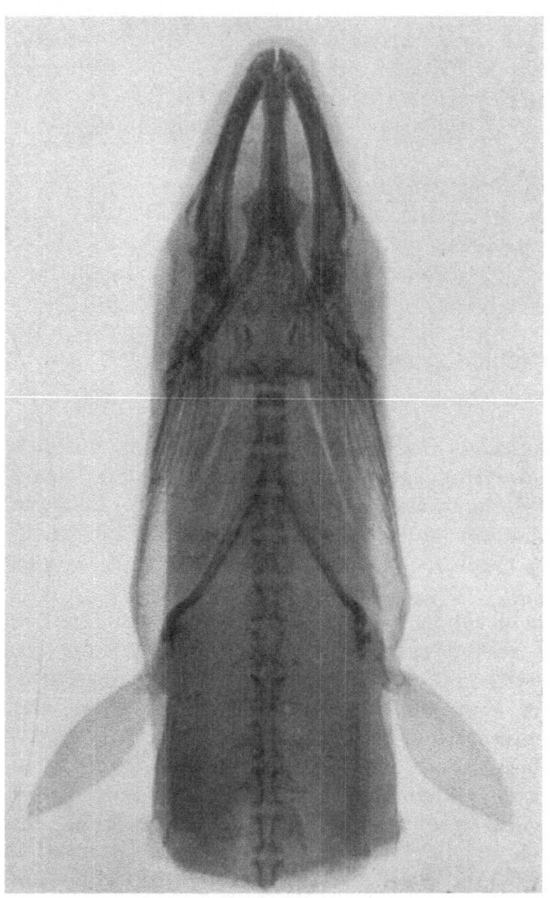
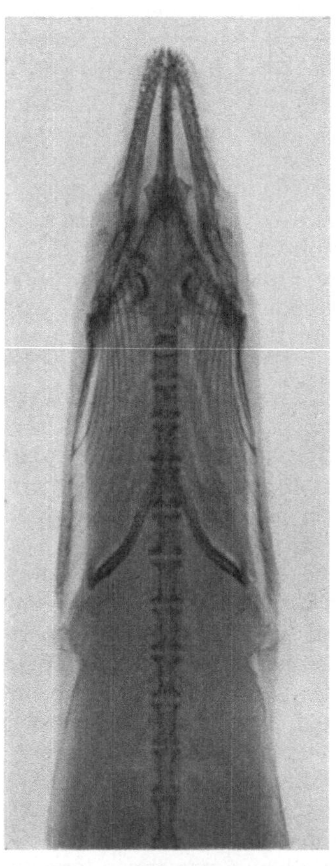

Abb. 85 a.   Abb. 85 b.

Abb. 85a u. b. Aus Ehrenbaum: Der Flußaal. Röntgenbild vom Spitzkopf und Breitkopf nach Aufnahmen von Professor Dr. Bernard Walter, Hamburg. Präparate von Professor v. Brunn, Zool. Staatsinst. Hamburg. Totallänge etwa 164 cm.

als temporäre Planktonfresser kommen hinzu:

Lucioperca sandra (Zander) im ersten Lebensjahre (s. oben); Alburnus lucidus (Uckelei) im Spätsommer und Herbst sowie bei stürmischem Wetter, sonst Verzehrer von Luftnahrung und Ufernahrung.

Als Nahrungsbestandteile kommen für alle *Planktonfresser* ganz vorwiegend die planktonischen Rotatorien (Rädertiere) und die planktonischen Copepoden (Hüpferlinge) und Cladoceren (Wasserflöhe) in Betracht, die erste Gruppe ihrer sehr kleinen Formen wegen hauptsächlich für jüngere Fische. An einzelnen Arten werden nach Untersuchungen an den oben genannten europäischen Planktonfressern vor allem erwähnt:

Molluskenlarven: Die planktonische Trochophoralarve von Dreissensia polymorpha (Dreikantmuschel).

Rotatorien: Polyarthra platyptera, Asplanchna div. sp., Brachionus div. sp., Anuraea aculeata, Anuraea cochlearis, Notholca longispina, Triarthra longiseta, Gastropus stylifer, Conochilus unicornis, Conochilus volvox. Abb. 86—88.

Cladoceren: Diaphanosoma brachyurum, Holopedium gibberum, Daphne longispina mit einer Reihe von Subspecies, Scapholeberis mucronata, Bosmina longirostris, Bosmina coregoni mit zahlreichen Lokalformen, Bythotrephes longimanus, Leptodora Kindtii. Abb. 89—92.

Copepoden: Diaptomus div. sp., Heterocope div. sp., Eurytemora div. sp., Cyclops strenuus, Cyclops oithonoides, Cyclops Leuckarti, als Fischnahrung verwertet werden u. a. auch die Naupliusstadien aller Copepoden.

Insektenlarven: Sayomyia plumicornis (nektonisch in Bodennähe schwimmend). Abb. 93.

„*Die übrigen im freien Wasser lebenden Tiere, wie die Milbe Atax crassipes und die Protozooen sind für die Ernährung der Fische bedeutungslos*" (WILLER[222]).

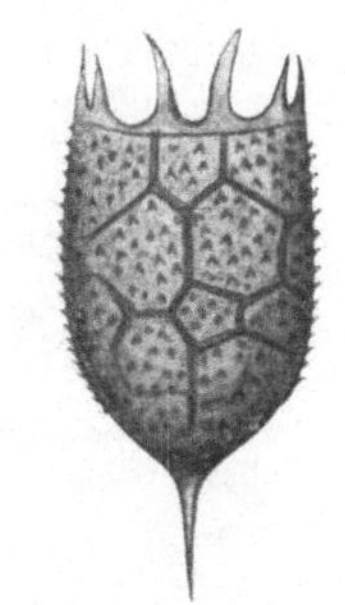

Abb. 86. Anuraea cochlearis Gosse var. irregularis forma angulifera Lauterb. (100μ).(NachLAUTERBORN aus BRAUER.)

Eine gewisse Verwirrung hat es bei den Studien über die Ernährung der Fische längere Zeit hindurch gestiftet, daß besonders von früheren Beobachtern nicht scharf genug zwischen Vertretern des echten Planktons und den systematisch damit verwandten Formen aus der Gruppe der Rädertiere, Copepoden und Cladoceren, welche der Ufer- und Bodenfauna bzw. der in den Unterwasserpflanzenwiesen lebenden und an diese gebundenen Kleinfauna angehören, unterschieden wurde. Da man überdies im Beginn der Planktonforschung aus rein theoretischen Erwägungen heraus eine besondere Bedeutung des Planktons für die Ernährung aller Jungfische annehmen zu müssen glaubte, so erscheint in den älteren Angaben mancher Fisch als mindestens temporärer Planktonfresser, den wir heute überhaupt nicht mehr zu dieser Ernährungsgruppe rechnen. (WUNDSCH[244].) Hierauf ist bei Verwendung älterer Literatur besonders zu achten (vgl. im einzelnen besonders WILLER[222]).

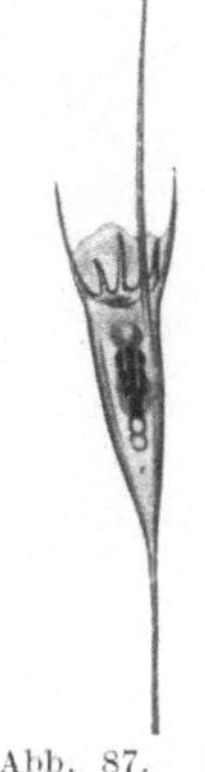

Abb. 87. Notholca longispina Kellic. (600μ). (NachWEBERaus BRAUER).

Bei der wirtschaftlich wichtigsten Gruppe der *Ufer- und Bodentierverzehrer* können wir unter den uns hier angehenden Wirtschaftsfischen solche Arten unterscheiden, die während ihres ganzen Lebens hauptsächlich in der Uferregion fressen. Hierzu gehören vor allem:

Tinca tinca (Schleie), Carassius carassius (Karausche).

Ihnen gegenüber stehen diejenigen Arten, die, wie es weitaus am häufigsten der Fall ist, in der Jugend die Uferregion bevölkern und sich dort in den Unterwasserpflanzenwiesen ernähren, um dann allmählich mit zunehmender Größe immer tiefer

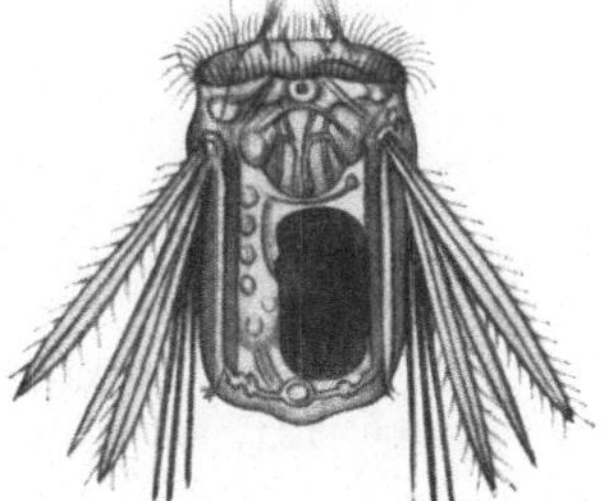

Abb. 88. Polyarthra platyptera Ehrbg. (150μ). (Nach WEBER aus BRAUER.)

zu rücken und schließlich als große und alte Fische hauptsächlich die eigentlichen Bodenflächen der eutrophen Seen auszunutzen. Dieser *Wechsel zwischen Ufer- und Bodenernährung* mit zunehmendem Lebensalter ist am ausgeprägtesten beim *Brassen* (Abramis brama) vorhanden, und der große Wert gerade dieses

Fisches für die Bewirtschaftung der Flachlandseen besteht ganz besonders darin, daß er zusammen mit dem spitzköpfigen Aal derjenige Fisch ist, welcher die großen pflanzenleeren Bodenflächen dieses Seetypus (des eigentlichen „Brassensees") für uns ertragreich zu machen weiß. Auch der Karpfen, soweit er in Seen vorkommt, ernährt sich als 1—2-sömmriger Fisch in der Uferregion und wandert in höherem Alter nach der Tiefe ab, wo er dem Brassen so empfindliche Nahrungskonkurrenz zu machen pflegt, daß man in Seen, die erstmalig mit Karpfen besetzt werden, regelmäßig einen erheblichen Rückgang des Brassenbestandes beobachten kann (Schiemenz[169]).

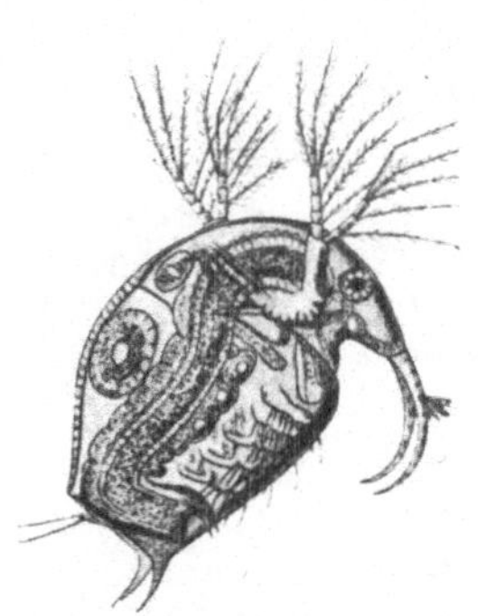

Abb. 89. Bosmina longirostris (O. F. Müll.). (Vergr. 60:1.) (Aus Lampert: Das Leben der Binnengewässer.

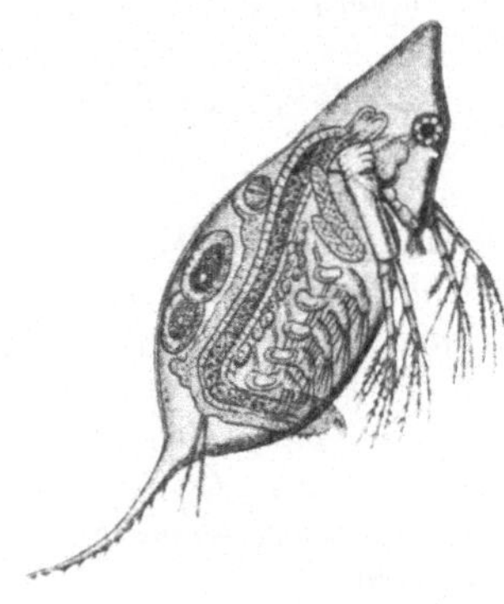

Abb. 90. Daphne longispina (O. F. Müll.). (Vergr. 30:1.) (Aus Lampert: Das Leben der Binnengewässer.)

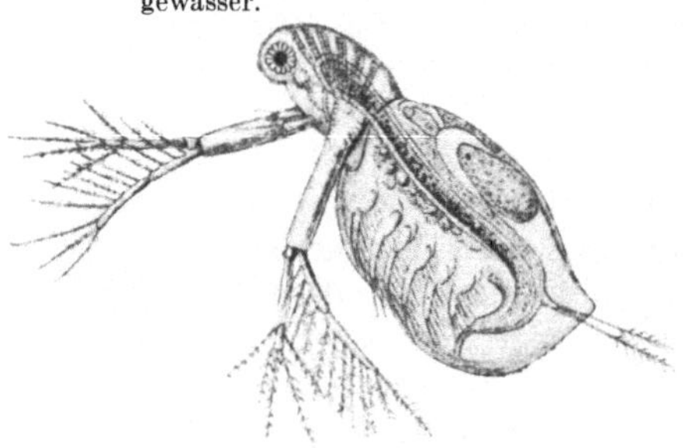

Abb. 91. Diaphanosoma brachyurum (Liév). (Vergr. 35:1.) (Aus Lampert: Das Leben der Binnengewässer.)

Ziemlich gleichmäßig wird Ufer- und Bodenregion von der *Plötze* (Leuciscus rutilus) ausgenutzt, soweit diese, was wohl vorwiegend der Fall ist, als Kleintierfresserin auftritt (über die P. als Pflanzenfresserin vgl. unten), und das gleiche gilt von dem *spitzköpfigen Aal*, der nach Willer[222] „als der umfassendste Nahrungsverwerter in unseren Binnengewässern anzusehen ist".

Als *Bodenfresser*, der in seiner Jugend Planktonfresser sein dürfte — genauere Untersuchungen liegen noch nicht in genügendem Umfange vor — wäre endlich die große *Maräne* (Coregonus maraena, lavaretus und holsatus) zu nennen.

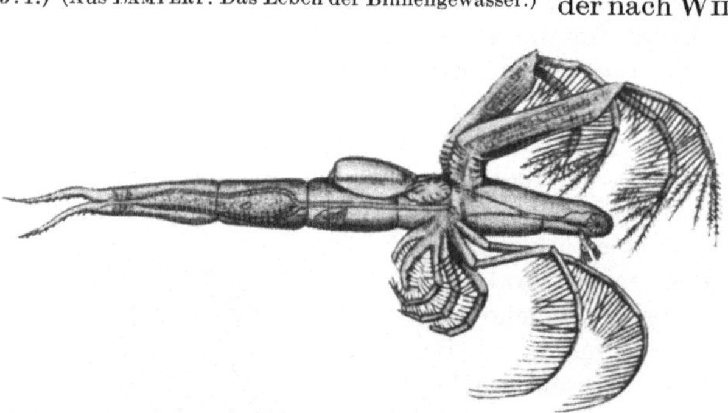

Abb. 92. Leptodora Kindtii (Focke). (Vergr. 8:1.) (Aus Lampert: Das Leben der Binnengewässer.)

Was die als Nährmaterial in Betracht kommende *Boden- und Ufertierwelt* selbst anbetrifft, so verteilt sie sich in den bewirtschaftbaren Seen allgemein nach dem von Thienemann[202b] formulierten Gesetz, wonach mit der Veränderung der Lebensbedingungen nach irgendeiner extremen Richtung hin in der tierischen Besiedlung die Artenzahl abnimmt, bei den übrigbleibenden, besonders angepaßten oder besonders widerstandsfähigen Arten aber die Individuenzahl infolge der Konkurrenzlosigkeit zunimmt. In der Uferregion der

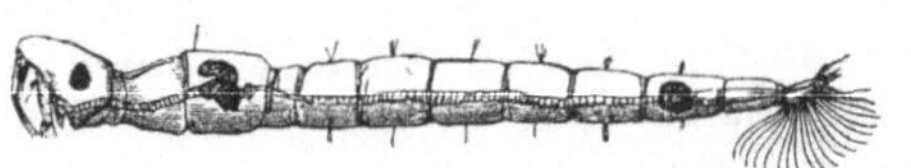

Abb. 93. Larve von Sayomyia plumicornis (F.). (Vergr. 4:1.) (Nach Vosseler aus Lampert.)

Gewässer finden wir daher unter den dort herrschenden, sehr mannigfaltigen und in bezug auf die tierische Atmung (Sauerstoffversorgung) und Ernährung sehr günstigen Bedingungen eine überaus artenreiche Nährtierwelt, aber selten ein Massenauftreten einer bestimmten Form. Auf dem pflanzenleeren Boden der tieferen Seen, unter den monotonen und gerade im eutrophen See hinsichtlich des Sauerstoffvorrats ungünstigen Existenzverhältnissen können nur wenige Arten, diese aber in großer Individuenzahl, ausdauern.

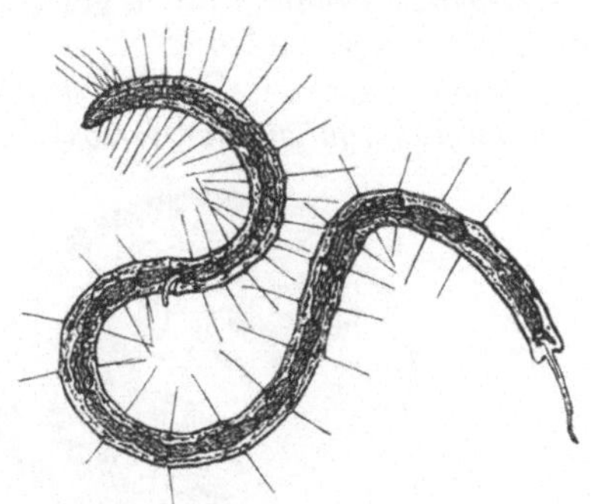

Abb. 94. Stylaria lacustris L. (Vergr. 30:1.)
(Nach VOSSELER aus LAMPERT.)

Nicht alle Vertreter der *Ufertierwelt* werden von den hier sich ernährenden bewirtschaftbaren Fischen auch gefressen. So fallen die Gruppen der in der Uferregion vorkommenden Rotatorien, ferner die Bryozoën, Schwämme und Hydren so gut wie vollkommen aus. Das gleiche gilt (nach WILLER[222]) von den zahlreichen Protozoen: „Letztere kommen wohl beim Fressen des Aufwuchses gleichzeitig mit in den Darm mancher Fische; ob sie dabei eine wesentliche Rolle spielen, muß dahingestellt bleiben.“

Es sind in der Hauptsache die vier Gruppen der *Würmer, Krebstiere, Insekten und vor allem deren Larven, sowie Mollusken*, in denen wir die der Menge nach wirtschaftswichtigen Vertreter der Fischnährtiere finden. Auf die einzelnen Arten und Artengruppen verteilen sich diese wie folgt:

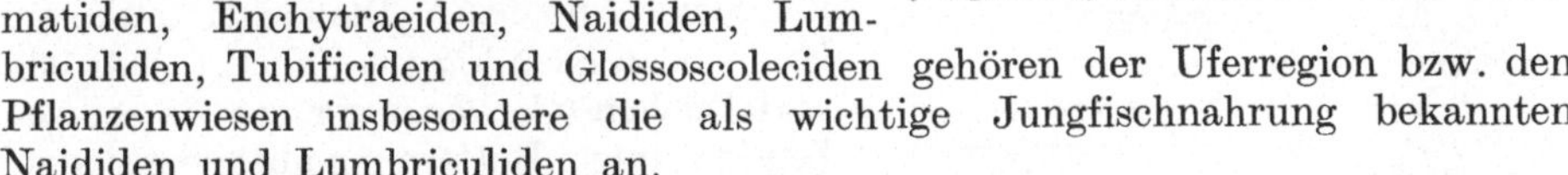

Abb. 95. Eurycercus lamellatus (MÜLL.).
(Vergr. 15:1.) (Nach LILLJEBORG aus BRAUER.)

Würmer: Hirudineen (Egel): Piscicola (Fischegel), Herpobdella (Schlammegel), Glossosiphonia (Schneckenegel): werden nur gelegentlich, besonders von Aal und Barsch gefressen.

Oligochaeten (Süßwasserborstenwürmer):
Von den sechs Familien der Äolosomatiden, Enchytraeiden, Naididen, Lumbriculiden, Tubificiden und Glossoscoleciden gehören der Uferregion bzw. den Pflanzenwiesen insbesondere die als wichtige Jungfischnahrung bekannten Naididen und Lumbriculiden an.

Häufigste Vertreter: Nais elinguis, Stylaria lacustris (Abb. 94), *Lumbriculus div. sp., Rhynchelmis limosella*, die beiden ersteren häufig in großen Massen auftretend.

Niedere Krebse: Euphyllopoden, nur gelegentlich in Teichen gefressen; *Cladoceren (Wasserflöhe):* Alle in der Uferregion lebenden Arten werden gefressen.

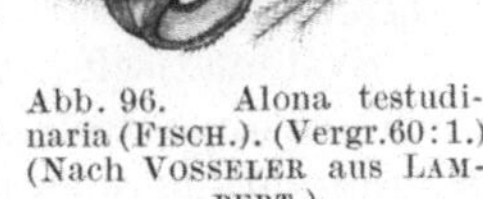

Abb. 96.   Alona testudinaria (FISCH.). (Vergr.60:1.)
(Nach VOSSELER aus LAMPERT.)

Quantitativ wichtigste Vertreter: Sida cristallina, Diaphanosoma brachyurum, Simocephalus vetulus, Daphne magna, Daphne pulex, Eurycercus lamellatus, Camptocercus div. sp., Acroperus div. sp., Alona div. sp., (Abb. 95 u. 96) *Chydorus sphaericus, Polyphemus pediculus.*

Die jüngeren Stadien von Sida, sowie die Vertreter der Gattungen Diaphanosoma und Polyphemus treten gelegentlich auch als Bewohner des freien Wassers auf, so daß man sie zu den „Grenzformen“ zwischen Plankton und Ufertierwelt rechnen kann (WUNDSCH[240, 241]).

Copepoden (Hüpferlinge): Von den drei Familien der Cyclopiden, Centropagiden und Harpacticiden ist nur die erste quantitativ als Fischnahrung wichtig. 25 Arten, von denen einige planktonisch leben (s. oben), in der Uferregion wichtigste:

Cyclops strenuus (auch gelegentlich im Plankton), *Cyclops fuscus, Cyclops albidus, Cyclops viridis.*

Höhere Krebse: Malacostraca: Astacus fluviatilis (Flußkrebs), Astacus leptodactylus (galizischer Krebs), Cambarus affinis (amerikanischer Krebs).

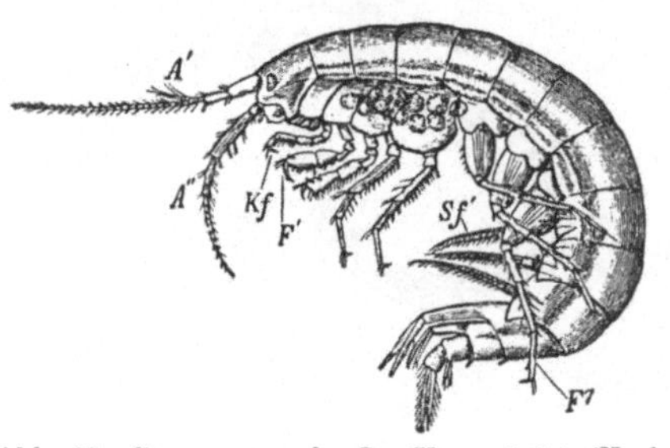

Abb. 97. Gammarus pulex L. (Vergr. 3:1.) (Nach G. O. Sars aus Claus-Grobben.)

Der Flußkrebs und die verwandten Formen werden als Jungtiere hauptsächlich von Barsch und Aal, von letzterem auch als erwachsene Tiere während der Häutung gefressen. Eine quantitativ erhebliche Rolle als Fischnahrung spielen sie jedoch kaum.

Arthrostraca: Amphipoda: Gammarus fluviatilis (Flohkrebs) (Abb. 97), *Carinogammarus Roeselii, Corophium curvispinum f. devium. (Pallasea, Pontoporeia). Isopoda: Asellus aquaticus* (Abb. 98).

Alle vier Arten überall verbreitet und bevorzugt gefressen, besonders von den größeren Fischen der Uferregion (vgl. bei Barsch, Forelle). Im Brackwasser (Strandseen, Haffe) kommen noch eine Anzahl von dort speziell verbreiteten Arten hinzu, vor allem *Idothea tricuspidata, Gammarus locusta, Corophium longicorne* und *lacustre, Mysis oculata.*

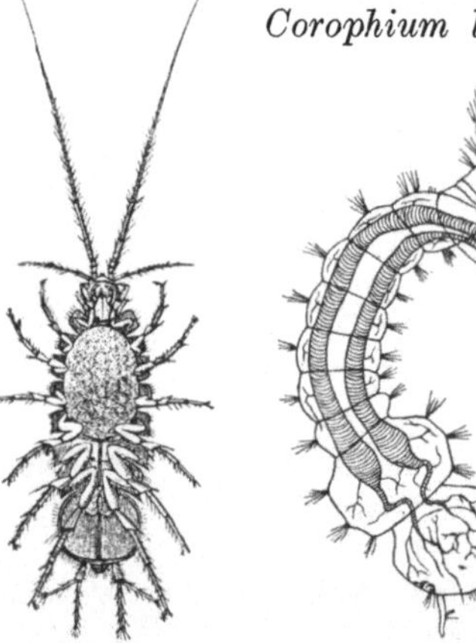
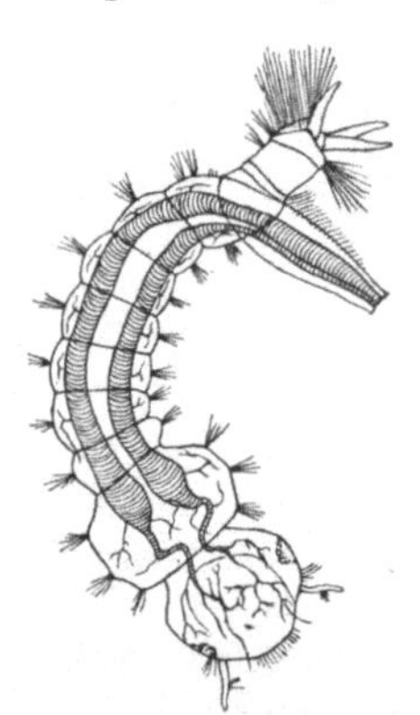

Abb. 98.   Asellus aquaticus L., Weibchen mit Brutsack. (Vergr. 3:1.) (Nach G.O.Sars aus Claus-Grobben.)

Abb. 98a.   Larve der Stechmücke (Culex spec.). (Vergr. 10:1.) (Nach Meinert aus Ulmer.)

Insekten und Insektenlarven: Dipteren: Culiciden (Stechmücken). Gattungen: Anopheles, Culex, Aedes, Sayomyia, Corethra.

Die drei ersteren spielen als Fischnahrung nur in Teichen eine Rolle, da sie ihres an Stillwasser angepaßten Atemmechanismus wegen in größeren stehenden und in strömenden Gewässern nicht vorkommen. (Abb. 98a.) Die beiden letzteren kommen in Seen (*Sayomyia*) (vgl. Abb. 93) und Teichen (*Corethra*) vor, wo sie schwebend in einiger Entfernung über dem Boden leben und sich von tierischen Planktonten und deren Resten ernähren. Alle werden von den in ihrem Verbreitungsraum sich ernährenden Fischen gern gefressen.

Tendipediden (Zuckmücken, Streckfußmücken). Gattungsgruppen: chironomusartige, tanytarsusartige, tanypusartige, orthocladiusartige, ceratopogonartige.

Systematisch schwierige und noch ungenügend bearbeitete, überaus artenreiche Gruppe, welche den größten Teil aller im Wasser lebender Tiere darstellt. Hauptnahrung aller in der Uferregion fressender Fische in stehenden und fließenden Gewässern (vgl. S. 621 ff.). (Abb. 99, 100.)

Melusiniden (Kriebelmücken). Gelegentlich von Bedeutung in Forellenbächen und kleineren fließenden Gewässern der Ebene. (Abb. 101.)

Rhynchoten: Die Schnabelkerfe werden im allgemeinen von den Fischen wenig gefressen und spielen eher eine Rolle als Fischfeinde, da die größeren

Arten sich teilweise von Jungfischen ernähren. Als Fischnährtiere kommen lediglich die verschiedenen Arten der Gattung Corixa (Ruderwanze, Abb. 101a) in Frage, sowohl in Teichen wie in Seen weitverbreitet, in der Uferregion und dort gelegentlich von Uferfressern in größerer Menge verwertet.

Abb. 99. Larventypus der Sektion Orthocladius (Tendipediden). (Vergr. 10:1.) (Nach POTTHAST.)

Lepidopteren (Schmetterlinge): Die in Teichen und stillen Buchten von Seen gelegentlich zahlreich vorkommenden Raupen der Wasserschmetterlinge *Cataclysta, Nymphula, Paraponyx* und *Acentropus* werden im allgemeinen von Fischen nicht gefressen, nur „Gelegenheitsnahrung".

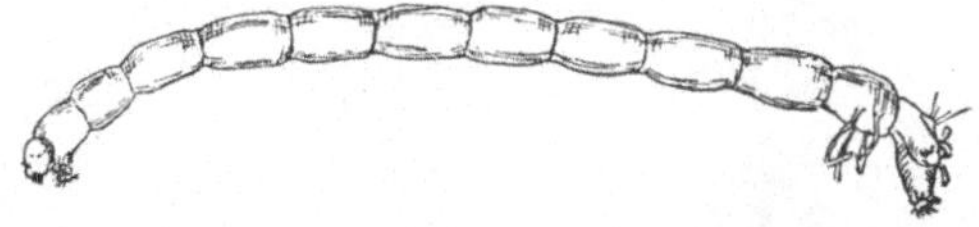

Abb. 100. Larventypus der Gattung Chironomus. (Vergr. 2:1.) (Nach THIENEMANN.)

Trichopteren (Köcherfliegen) (Abb. 102, 103)*:* Alle Arten der großen Familie werden in der Uferregion der Seen und Flüsse sowie in Teichen von Fischen gern angenommen, auch als Angelköder verwertet. Quantitativ wichtige Fischnährtiere, vor allem infolge ihrer erheblichen

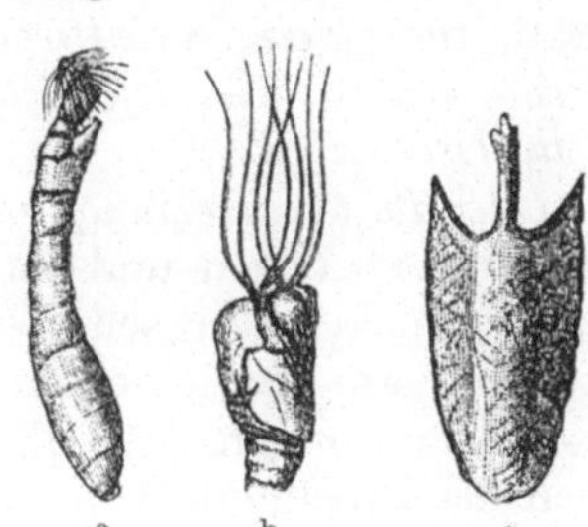

a   b   c

Abb. 101. Melusina (Simulium) spec.
a Larve, b Puppe, c Puppengehäuse.
(Vergr. 5:1.) (Nach VOSSELER aus
LAMPERT.)

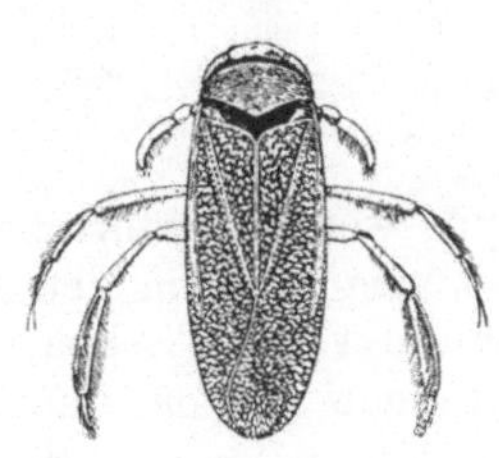

Abb. 101a. Corixa striata.
(Vergr. 2:1.) (Nach MIALL
aus ULMER.)

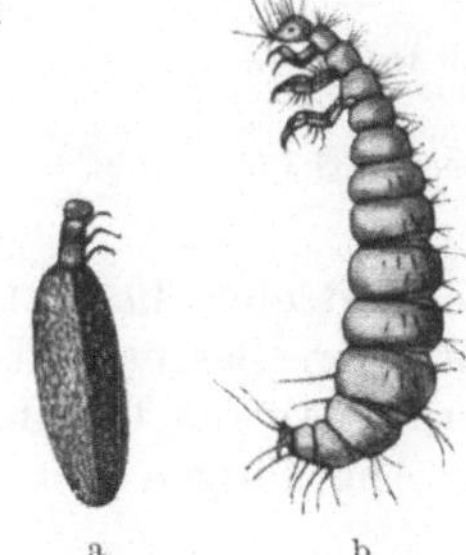

a   b

Abb. 102. Larve von Hydroptila Maclachlani Klap. (Nach
VOSSELER aus LAMPERT.)
a Larve mit Gehäuse, b Larve
isoliert. (Vergr. 12:1.)

Stückgröße. Ein besonderes quantitatives Vorwiegen bestimmter Formen findet im allgemeinen nicht statt, abgesehen davon, daß in den fließenden Gewässern (Forellenbächen!) die sog. „rheophilen" Arten mit besonderer Formanpassung der Gehäuse, in stehenden Gewässern die „stagnophilen" Arten überwiegen.

Neuroptera (Netzflügler): Aus dieser Familie spielt lediglich die Larve der Florfliege, Sialis flavilatera (Abb. 104) und S. fuliginosa, eine bedeutendere Rolle als Fischnährtier in stärker verschlammten und

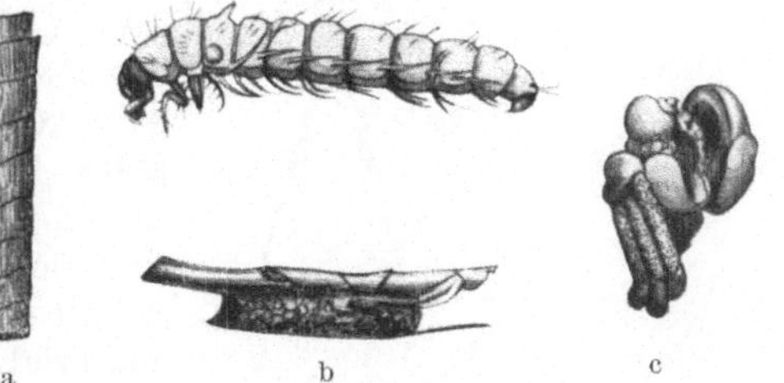

a   b   c   d

Abb. 103. Larve und Larvengehäuse von Trichopterenlarven. (Nat. Gr.)
(Nach VOSSELER aus LAMPERT.) a Larven von Phryganea grandis L.
mit Gehäuse, b Larvengehäuse von Anabolia laevis Zetts, c Larvengehäuse
von Limnophilus flavicornis F., d Larvengehäuse von Molanna angustata
Curt.

an organischem, pflanzlichem Zerfallsmaterial reichen Buchten von Seen und Flüssen.

Ephemeroptera (Eintagsfliegen): Nächst der Dipterengruppe Tendipediden die quantitativ wichtigste Fischnahrung in der Uferregion der Seen, in Teichen und allen fließenden Gewässern. Auch bei den hierher gehörigen Arten ausgesprochen rheophile und stagnophile Formanpassungen, unter den letzteren außerdem schwimmende, kriechende und grabende Formen. Hauptvertreter: *Ephemera vulgata* (Abb. 105) *(große Eintagsfliegenlarve, grabend), Cloeon dipterum* (Abb. 106) *(Stillwasserform in Pflanzenwiesen von Seen und Teichen),*

Caenis halterata (Bodenform in stehenden Teichen, Gewässern), Epeorus div. sp. (Abb. 107), *Ecdyurus div. sp. (abgeplattete rheophile Form in Bächen), Heptagenia (rheophile Form der Brandungszone von Seen).*

Plecoptera *(Steinfliegenlarven):* Quantitativ stellenweise wichtige Fischnahrung in Forellenbächen, sonst zurücktretend. Hauptvertreter: *Perla cephalotes (große Steinfliegenlarve, nur in Bächen), Nemura variegata* (Abb. 108) *(kleine Steinfliegenlarve, auch in sauerstoffreichen Stillwasserbezirken).*

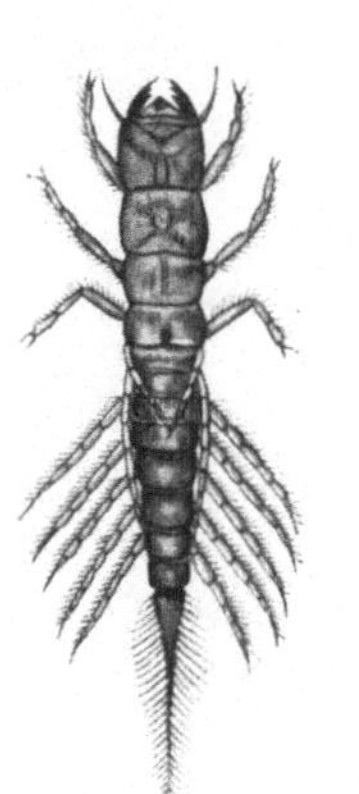

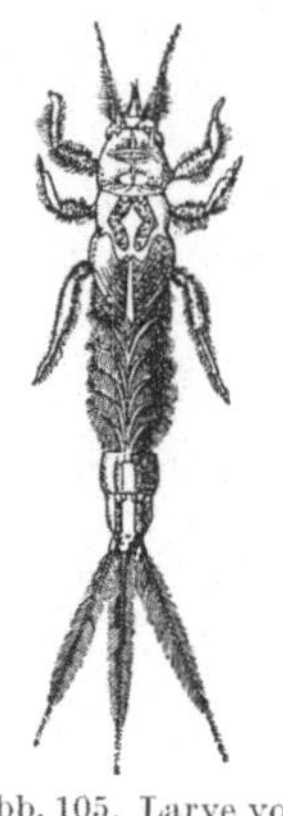

Abb. 104. Larve von Sialis flavilatera L. (Nat. Gr.) (Nach Vosseler aus Lampert.)

Abb. 105. Larve von Ephemera vulgata L. (Nat. Gr.) (Nach Eaton aus Tümpel.)

Abb. 106. Larve von Cloëon dipterum L. (Vergr. 2:1.) (Nach Tümpel.)

Odonata (Wasserjungfern): Die Vertreter dieser Gruppe werden, wahrscheinlich ihrer sperrigen und hartchitinigen Beschaffenheit wegen auch in den kleineren Stücken nur selten im Darminhalt der Uferfresser unter den Fischen vorgefunden, am häufigsten noch die Angehörigen der Gattungen *Agrion* und *Lestes.* Die übrigen, vor allem die Larven der Libelluliden, *gehören eher zu den Fischfeinden,* die besonders der jungen Fischbrut großen Schaden tun, als zur Nährfauna.

Von den übrigen Wasserinsektenfamilien, also den:
Coleopteren (Wasserkäfer und deren Larven), Hymenopteren (Hautflügler, im Wasser nur wenige Arten), Collembolen (Springschwänze), Arachnoidea (Spinnentiere),
sind keine Vertreter quantitativ so stark in der Uferregion oder überhaupt in Fischgewässern verbreitet, daß sie eine Rolle in der Fischwirtschaft als Lieferanten von Nährmaterial spielen könnten.

Muscheln und Schnecken (Weichtiere), Mollusken.

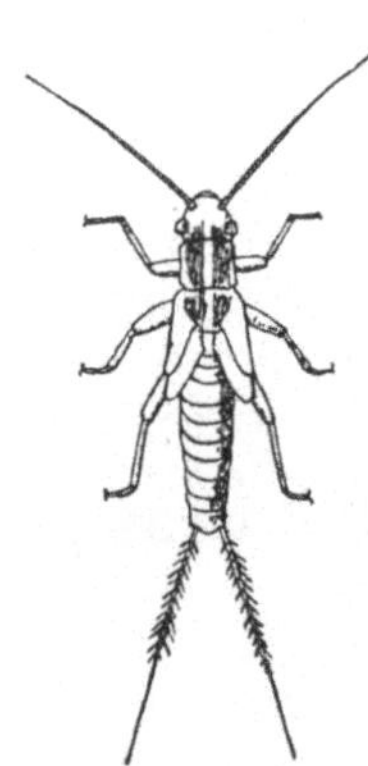
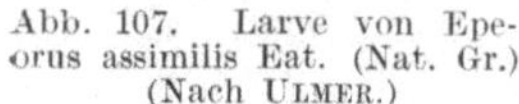

Abb. 107. Larve von Epeorus assimilis Eat. (Nat. Gr.) (Nach Ulmer.)

Abb. 108. Larve von Nemura variegata Oliv. (Vergr. 2:1.) (Aus Schmidt-Schwedt.)

Von dieser Gruppe spielen in der Uferregion der Seen, in Teichen und in Forellenbächen folgende Vertreter eine mehr oder minder bedeutende Rolle als Fischnährtiere:

Gastropoden (Schnecken). Gattung: Limnaea, besonders L. auricularia; L. ovata; Planorbis, besonders P. corneus und viele kleine Arten; Physa, mit Ph.

fontinalis; Ancylus; Acroloxus; Viviparus; Lithoglyphus; Bithynia (Abb. 109); *Neritina.*

Von allen Schnecken werden in der Uferregion und den Pflanzenwiesen von den Fischen besonders die jungen Stücke viel angenommen, im erwachsenen Zustande vor allem Bythinia von Aal und Schlei, sowie die an und für sich klein bleibenden Arten der Gattung Planorbis.

Lamellibranchiaten (Muscheln). Gattung: Dreissena polymorpha (Larven planktonisch); Anodonta; Unio; Sphaerium, besonders S. corneum; (Abb. 110) *Pisidium.*

Auch die Muscheln, von denen besonders die Gattung Sphaerium quantitativ eine wichtige Fischnahrung in der Uferregion darstellen kann, werden vorwiegend in kleineren, jungen Stücken gefressen, vor allem vom spitzköpfigen Aal. Die großen Formen Anodonta und Unio treten rein an Menge so zurück, daß sie, obwohl auch sie in jungen Stücken vom Aal gefressen werden, eine Bedeutung als Fischnährtiere nicht haben.

Diesem überaus abwechslungsreichen *Nahrungsangebot* in der Uferregion stehen nun *in der pflanzenleeren Tiefe* der bewirtschaftbaren Seen von eutrophem Charakter nur wenige Tiergruppen gegenüber, die sich indes bei einigermaßen günstigen Existenzbedingungen mit überaus großer Regelmäßigkeit vorfinden.

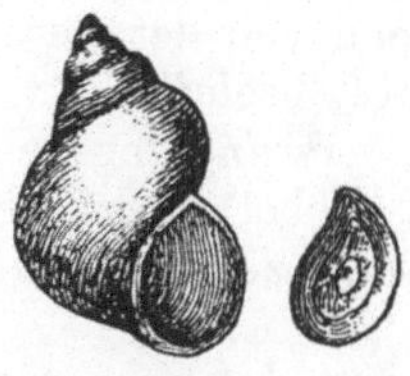

<table>
<tr><td>Abb. 109. Bithynia tentaculata L. (Vergr. 2:1.) (Nach SCHIEMENZ aus VON DEM BORNE.)</td><td>Abb. 110. Sphaerium corneum L. (Vergr. 2:1.) (Nach GEYER.)</td><td>Abb. 111. Valvata piscinalis. (Vergr. 2:1.) (Nach SCHIEMENZ aus VON DEM BORNE.)</td></tr>
</table>

Es sind das von den oligochäten Würmern die Vertreter der Gattung *Tubifex (rote Schlammröhrenwürmer)*, von den Insektenlarven die Arten *Chironomus plumosus* (Abb. 100) und *Chironomus Liebeli-bathophilus* aus der Gruppe der Tendipediden, alle drei echte Bewohner organischen, aus Feindetritus bestehenden Grundschlammes und wenig empfindlich gegen Sauerstoffmangel, ferner in den Regionen unmittelbar über dem Boden die schwimmende Mückenlarve Sayomyia und in der Nähe des Überganges zur Uferregion, meist auf etwas reinerem Boden und nicht ganz so resistent gegen Sauerstoffmangel wie Tubificiden und Chironomus plumosus, die Schnecke *Valvata piscinalis* (Abb. 111), sowie meist noch einige Vertreter der kleinen Erbsenmuscheln (Pisidium, Sphaerium).

Sämtliche genannten Kleintiere der Tiefe werden von den Friedfischen der Bodenregion, also insbesondere vom großen Brassen oder Blei (Abramis brama) und vom spitzköpfigen Aal mit Vorliebe aufgenommen. Auch die Plötze geht in größeren Stücken hauptsächlich der Tiefenschnecke Valvata piscinalis sehr gern nach, so daß man dieses Nährtier geradezu als Plötzenschnecke bezeichnet hat.

Charakteristisch für die gesamte *Nährfauna der Ufer- und Bodenregion* ist ihre überaus gleichmäßige qualitative Verbreitung in den Gewässern. Man kann daher, insbesondere was die häufig vorkommenden, gerade auch infolgedessen fischwirtschaftlich wichtigen Arten anbetrifft, unter allen Umständen mit ihrem Vorhandensein in beliebigen mitteleuropäischen Gewässern rechnen, wenn nur die bestimmenden Außenfaktoren einigermaßen ähnlich sind. Dies ist aber meistenteils der Fall, da diejenigen Faktoren klimatischer Natur, welche auf dem festen Lande die Verbreitung der Organismen vorwiegend regeln, in den Gewässern lange nicht so kraß zur Auswirkung kommen, und so scheint es, daß nicht nur in Mitteleuropa, sondern nach den bisher vorliegenden Forschungen fast über die ganze gemäßigte Zone hinweg, ja sogar bis in tropische Gewässer hinein eine sehr bemerkenswerte Einheitlichkeit der Besiedlung mit systematisch nahe verwandten niederen Tierformen vorhanden ist, und daß gerade die fischereiliche Einstufung der Gewässer auf Grund dieser sehr gleichartigen Ufer- und Bodenfauna nach verhältnismäßig sehr wenigen Indikatoren überall auf der Erdoberfläche ziemlich übereinstimmend vorgenommen werden kann.

Als *letzte Ernährungsgruppe* unter den Wirtschaftsfischen sind endlich die *Pflanzenfresser, auch „Grünweidefische"* genannt, zu erwähnen. Von den europäischen Wirtschaftsfischen gehört dazu nur *Leuciscus (Scardinius) erythrophthalmus*, die Rotfeder, deren Nahrung nach allen bisherigen Untersuchungen tatsächlich vorwiegend aus pflanzlichen Bestandteilen, vor allem aus niederen Aufwuchspflanzen, Fadenalgen usw. aber auch aus gröberen Pflanzenstücken, Blatteilen von höheren Unterwasserpflanzen, besteht. Hinsichtlich der verwandten *Plötze (Leuciscus rutilus)* sind die Meinungen der Autoren, ob die immerhin nicht selten auch bei ihr im Verdauungstrakt gefundenen Pflanzenreste von Bedeutung für ihre Ernährung sind, noch geteilt. Sicher ist es, daß sie in den bewirtschaftbaren Seen in ihrem Bestande doch vorwiegend von der tierischen Ufer- und Bodennahrung, besonders der Schnecke Valvata, beeinflußt wird.

Die sonst noch als *gelegentliche Verwerter von Pflanzennahrung* angegebenen Cypriniden, *Chondrostoma nasus* (Nase), *Squalius cephalus* (Döbel) und *Leuciscus leuciscus* (Hasel) spielen als bewirtschaftbare Fische eine zu unbedeutende Rolle, um hier behandelt zu werden.

Fast alle Fische, die in Teichen und in der Uferregion der Seen fressen, nehmen, eigentlich selbstverständlicherweise, auch die auf der Wasserfläche treibenden Imagines von Insekten, die sog. *Luftnahrung* („Antreibnahrung, Anflugnahrung" nach Willer[222]) gelegentlich auf, und wenn zur Schwarmzeit mancher Insekten viel davon vorhanden ist, so kann diese Luftnahrung einen beträchtlichen Teil der Füllung des Verdauungstrakts ausmachen. Eine bestimmende Stellung nimmt diese Nahrungsquelle nur zu einer gewissen Zeit, nämlich während der Frühsommermonate, bei Alburnus lucidus, dem Uckelei, ein, der während dieser Periode tatsächlich als „Oberflächenfisch" vorwiegend von solcher Anflugnahrung zu leben scheint. Im übrigen bilden die Luftinsekten (vgl. auch das darüber bei den Raubfischen unter Bachforelle Gesagte) doch einen zu unregelmäßig anfallenden und vor allem einen zu wenig berechenbaren Anteil der Fischnahrung, als daß man darauf wirtschaftliche Maßnahmen aufbauen könnte. Beteiligt sind an der Zusammensetzung der Luftnahrung außer denjenigen Insekten, deren Larven im Wasser leben, natürlich alle Arten, die, sei es infolge ihres Lebens in Ufernähe oder bei Überschwemmungen, Stürmen usw. überhaupt einmal ins Wasser fallen können, also mit anderen Worten sämtliche Gliedertiere der einheimischen und ausländischen Fauna. Massenangebot bestimmter Arten (z. B. der Ephemeriden) ist infolgedessen natürlich bei Schwärmzeiten nicht selten.

III. Besondere Auswahltätigkeit der Fische gegenüber dem spezifischen Nahrungsangebot.

Bei der biologischen Begründung der modernen Fischwirtschaftslehre sollten die mit immer größerer Gewissenhaftigkeit ausgeführten *Magen- und Darminhaltsuntersuchungen* neben der Frage nach der allgemeinen Art der Nahrung

(Tiere oder Pflanzen, Boden- und Uferfauna oder Plankton usw.) auch vor allem Klarheit darüber schaffen, ob die Wirtschaftsfischarten innerhalb der großen biologischen Nährtiergruppen eine weitere spezifische Auswahl träfen, d. h. ob es *ganz bestimmte* Nahrungsbestandteile gäbe, die von der einzelnen Fischart mehr oder minder vorwiegend gefressen würden und auf denen man eine spezifische Ernährung der betreffenden Art, vor allem in der Teichwirtschaft, hätte aufbauen können.

Bei diesen Untersuchungen hat sich zunächst ergeben, daß eine völlige und *scharfe Abgrenzung spezifischer Nahrung für einzelne Arten überhaupt nicht möglich ist* (wie wir es etwa zwischen fleischfressenden Tieren und Pflanzenfressern unter den höheren Wirbeltieren sehen). Die Fische, auch die „Wirtschaftsfische" sind vielmehr alle bis zu gewissem Grade „*Allesfresser*", d. h. sie können ihren Nahrungsbedarf im Notfall oder beim Vorliegen individueller Gewöhnung, auch infolge künstlichen Angebots, unter Umständen mit Nährstoffen decken, deren Aufnahme mit ihren sonstigen Lebensgewohnheiten im Widerspruch steht.

So ist immer wieder beobachtet worden, daß „Planktonfresser" bei günstiger Gelegenheit ohne weiteres auch „Bodennahrung" aufnehmen (Stint, Osmerus eperlanus im Brackwassergebiet, SCHIEMENZ[170, 171]), daß andererseits „Bodenfresser" bei überreichem Angebot echtes Plankton verwerten [Karpfen in Teichen (SCHIEMENZ[179]), Aal als Fresser von Leptodora in Seen] und daß sie im Gegensatz dazu auch sogar ziemlich große andere Fische und andere Wirbeltiere „rauben" (Karpfen in Seen, Karpfen als Fresser von Teichmolchen, CONTAG[37a]). Daß es „*reine*" *Pflanzenfresser* unter unseren Wirtschaftsfischen nicht gibt und daß andererseits auch die „*echten*" *Raubfische* ihren Nahrungsbedarf sogar ziemlich weitgehend durch Aufnahme von Wirbellosen decken können, wurde oben bereits festgestellt.

Die *Nahrungsaufnahme der Fische* ist also bis zu einem gewissen, selbst ziemlich hohen Grade von der quantitativen Zusammensetzung des Nahrungsangebots an verschiedenen Bestandteilen innerhalb ihres engeren Lebensraumes abhängig.

Immerhin aber besteht offenbar eine gewisse *Anpassung* gerade der quantitativ häufigen Fischarten, zu denen ja die meisten Wirtschaftsfische gehören, an eine gewisse regionale Norm dieser Zusammensetzung, was dazu geführt hat, daß man für viele Fischarten eine bestimmte qualitative Zusammensetzung der Nahrung festgestellt hat, auf die sie zwar nicht unbedingt angewiesen sind, bei welcher sie aber erfahrungsgemäß am besten gedeihen. SCHIEMENZ[171-175] hat für diese Tatsache eine heute allgemein gebrauchte Ausdrucksform geschaffen, indem er für die einzelnen Wirtschaftsfischarten zwischen „*Hauptnahrung*", „*Gelegenheitsnahrung*" *und* „*Notnahrung*" unterscheidet. WILLER[222] definiert in seiner umfassenden Studie über die Nährtiere der Wirtschaftsfische diese Begriffe nach SCHIEMENZ wie folgt: „Unter *Hauptnahrung* versteht SCHIEMENZ dabei diejenige Nahrung, die der Fisch unter natürlichen und für ihn günstigen Ernährungsbedingungen zu fressen pflegt, und bei der er tatsächlich gut gedeiht. Diese ist bei den einzelnen Arten häufig sehr verschieden, wenngleich ein Organismus die Hauptnahrung mehrerer Fischarten bilden kann. Unter ,*Gelegenheitsnahrung*' werden solche Organismen verstanden, die zwar in der Regel keinen wesentlichen Bestandteil der Nahrung ausmachen, aber dann, wenn sie dem Fisch sehr bequem sich darbieten, gern genommen werden. Sie besitzen im allgemeinen gleichfalls einen sehr erheblichen Nährwert für den Fisch. Anders dagegen die ,*Notnahrung*' oder wie sie auch genannt wird, die ,*Verlegenheitsnahrung*'. Diese bildet den Ersatz der eigentlichen Nahrung in solchen Gewässern, in denen diese fehlt oder doch nur in geringer Menge vorhanden ist. Sie kann jedoch in der Regel nicht als vollwertiger Ersatz der Hauptnahrung angesehen werden, so daß die Fische dort, wo sie gezwungen werden, von Notnahrung zu leben, nicht recht gedeihen und nicht gut abwachsen. Gewässer, in denen der Nutzfisch in seinem Darm im wesentlichen Organismen aufweist, die für ihn als Notnahrung zu gelten haben, sind daher im allgemeinen als ungeeignet für die betreffende Fischart anzusehen, und es wird sich empfehlen, mit diesem Fisch in dem Gewässer nicht weiter zu wirtschaften.''

Eine solche Betrachtung ist selbstverständlich auf der Voraussetzung aufgebaut, daß in dem betreffenden Gewässer „natürliche Verhältnisse'', also biologisches Gleichgewicht herrscht, d. h. daß die Zehrung zwischen Konsumentenkreisen und Produzentenkreisen durch Vermehrung und Ernährung der Restbestände an Produzenten dauernd voll ausgeglichen wird, so daß der Endkonsumentenkreis, also der Fischbestand, sich in einem Bestandesoptimum, gemessen an wirtschaftlich nutzbarer Stückzahl, und in wirtschaftlich richtigen Altersklassen erhalten kann.

Im allgemeinen kann heute die *Hauptnahrung für unsere Wirtschaftsfische* im Sinne dieser Darstellung als festgelegt gelten, wenn wir wieder die Verhältnisse in den eigentlich „bewirtschaftbaren'' Gewässern zugrunde legen. Es wäre als solche anzusehen bei den oben ausgewählten Hauptarten:

Bei den planktonfressenden Coregonen, insbesondere der kleinen Maräne: Crustaceenplankton. (Bodencoregonen: Reliktenkrebse, Tendipediden.)

Bei der Bachforelle: Gammariden, große Ephemeriden und Plecopteren, Trichopteren, Asellus, in höherem Alter Fische. In Naturteichen in der Jugend: Bodencladoceren, Tendipediden.

Das gleiche gilt für Regenbogenforelle und Bachsaibling in natürlichen Gewässern.

Beim Hecht: Fische.

Beim Barsch: in der Jugend Cladoceren, Copepoden, später Gammariden, Asellus, dann Fische.

Beim Zander: in der Jugend Cladocerenplankton, dann Gammariden, Mysiden, Chironomus plumosus, vom dritten Jahre ab nur Fische (Stint, kleine Maräne, kleine Cypriniden).

Beim Aal: in der Jugend Bodencladoceren, kleine Tendipediden, später Gammariden, Asellus, dann als „Spitzkopf'': Allesfresser an Boden und Ufer, als „Breitkopf'': Kleinfische, in beiden Formen auch Fischlaich.

Beim Karpfen (in Seen): in der Jugend Ufer- und Bodencladoceren und Copepoden, weiterhin Tendipedidenlarven aller Arten, vor allem Chironomus plumosus.

Beim Karpfen (in Teichen): in der Jugend Ufer- und Bodencladoceren und Copepoden, kleine Tendipediden, später vor allem größere Tendipediden.

Beim Schlei: in der Jugend Ufercladoceren, später Allesfresser der Uferregion, besonders auch Schnecken (Bithynia).

Beim Brassen: in der Jugend Ufercladoceren, später Chironomus plumosus und Verwandte, Tubificiden.

Bei der Plötze: in der Jugend Ufercladoceren und Aufwuchspflanzen, später Schnecken (Valvata).

Bei der Rotfeder: Aufwuchspflanzen.

Die in der älteren Literatur (Zacharias[246]) stark erörterte Frage, inwieweit das „*Plankton*'' als solches eine wichtige Rolle bei der Jungfischernährung spiele, ist heute als überholt und als dahin entschieden zu betrachten, daß im allgemeinen bei den Ufer- und Bodennahrung fressenden wichtigen Wirtschaftsfischen auch die Jugendstadien schon Ufer- und Bodentierwelt, allerdings vorwiegend die kleinen mit den Planktonformen nahe verwandten Cladoceren und Copepoden der Uferregion und der Unterwasserpflanzenwiesen aufnehmen. Es ist aber nötig, vor allem im Hinblick auf die in der Fischereiwirtschaft eine große Rolle spielende „Praktikerliteratur" auch heute noch immer wieder darauf hinzuweisen, daß bei allen Erörterungen über Fischernährung der *Planktonbegriff biologisch richtig gefaßt* und verwendet werden muß, um Verwirrung zu vermeiden.

Bis in die neuste Zeit hinein ist diese Diskussion auf dem Gebiet der *Naturnahrung des Teichkarpfens* weitergeführt worden (WUNDSCH[244]), indem noch heute zwei Richtungen einander gegenüberstehen, von denen die eine in der Nachfolge der Anschauungen von SCHIEMENZ das (echte) Teichplankton normalerweise nur als Gelegenheitsnahrung für den Karpfen gelten läßt, während die andere dem allerdings auch hier häufig begrifflich nicht scharf gefaßten „Plankton" eine bestimmende Rolle bei der Ernährung insbesondere der jüngeren Karpfen zuschreibt. Der Streit ist an sich heute aber bereits ziemlich gegenstandslos geworden, denn daß der Karpfen unter natürlichen Verhältnissen ein Ufer- und Bodenfresser ist, kann ernstlich nicht bestritten werden, ebensowenig aber, daß bei den weitgehend vor allem hinsichtlich der Bestandesstärke künstlich beeinflußten Verhältnissen in den ablaßbaren Karpfenteichen der Karpfen, wie WILLER zutreffend bemerkt, „eigentlich in jeder Teichwirtschaft etwas anderes frißt" und dabei in dem im Verhältnis zur Natur sehr beschränkten „Fraßraum" oftmals weitgehend zum Allesfresser" wird, in dessen Darminhalt unter Umständen auch „Teichplanktonten" eine nicht unerhebliche Rolle spielen.

Auf die zur *künstlichen Fütterung* verwendbaren Nahrungsmittel der Fische und auf die Beinflussung der Naturnahrung durch Teichdüngung wird weiter unten eingegangen (siehe den Abschnitt über künstliche Fütterung S. 636).

C. Die Verdauung bei den Fischen.

I. Die Nahrungsaufnahme bei den Nutzfischen.

Wenn auch offensichtlich die Hauptnahrung der Fische sehr häufig durch die Anpassung der einzelnen Fischart an ein quantitatives „Normalangebot" bestimmt ist, so weisen doch viele Beobachtungen darauf hin, daß es dem *einzelnen* Fisch durchaus möglich ist, aus dem Angebot eine qualitative Auswahl zu treffen. Hierfür spricht ganz allgemein die Tatsache, daß die Fische manche vorhandenen Wasserorganismen ihres Lebensraumes eben überhaupt nicht oder höchstens als „Notnahrung" zu sich nehmen (z. B. Hydracarinen). Andererseits ist der als „Hauptnahrung" aufgenommene Organismus sehr häufig, obwohl er im Lebensraum mit anderen Formen gemischt vorkommt, auffällig „rein" gefressen, so daß man bei Betrachtung des Darminhalts deutlich den Eindruck hat, daß eine bestimmte Nahrungstierform ausgesucht worden ist. Ein bekanntes Beispiel hierfür bildet die Beobachtung, daß man auch in fruchtbaren Teichen selbst von größeren Karpfen die kleine Bodencladocere Chydorus sphaericus ganz rein gefressen vorfindet, ebenso manche Aloniden. Auch bei echten Planktonfressern ist der Darm vielfach „spezifisch" gefüllt, und zwar so, daß dies nicht nur mit der Schwarmbildung des Nährtieres erklärt werden kann. Bei jungen Bachforellen in Teichen fanden wir (WUNDSCH und SCHÄPERCLAUS[157]) oft den Darm ausschließlich mit kleinen Tanypinen vollgestopft, so daß ohne weiteres ersichtlich war, wie die Fischchen diese Nahrung „gesucht" haben mußten.

1. Bedeutung der Sinnesorgane.

Über die *Rolle der Sinnesorgane bei der Nahrungsaufnahme*, besonders bei diesem qualitativen Fressen, sagt Scheuring allgemein[160]: „Man kann in dieser Hinsicht die Fische in vier nicht scharf voneinander abgegrenzte Gruppen einteilen. Der rasche, lebhafte Oberflächenfisch, der in der hellen Mittagssonne auf rasch fliehende Krebse und Fische Jagd macht, wohl auch einmal über das Wasser herausspringt, um ein dort sich tummelndes Insekt wegzuschnappen (wie dies Forellen häufig tun) muß über tüchtige *Sehfähigkeit* verfügen (Gadiden, Scombriden, Salmoniden, Esociden). Bei dem Aasfresser, der tagsüber im Dunkeln versteckt, erst des Nachts auf die Nahrungssuche geht, muß der *Geruchssinn* am stärksten entwickelt sein (Anguilliden und Rajiden). Eine dritte Gruppe ist bei ihrem Beuteerwerb in erster Linie auf ihr *Tastgefühl*, das in langen Cirren und Barteln seinen Sitz hat, angewiesen (Pristiophoriden, Blenniiden, Gobiiden). Bei manchen weidenden Friedfischen scheint der Sitz dieses Tastgefühls in den Mund (Gaumen) verlegt zu sein. Sie nehmen bei der Nahrungssuche die Gegenstände in das Maul, kauen darauf herum und spucken das nicht zusagende wieder aus. Sie verlassen sich also auf ihren *Geschmackssinn* (manche Grundhaie und Cypriniden)." Wunder[235] (s. dort auch die ältere Literatur zu der Frage) hat vor kurzem eine Anzahl Fische, unter ihnen auch die wichtigsten unserer Wirtschaftsfische (Hecht, Barsch, Forelle, Karpfen, Schleie, Brassen und Aal) experimentell auf die Frage hin geprüft, mit Hilfe welcher Sinnesorgane die Auffindung der Nahrung möglich ist. Es wurden Beobachtungen im Aquarium an gut eingelebten Fischen mit intakten Sinnesorganen angestellt, ferner die *Ausfallserscheinungen nach Ausschaltung einzelner Sinnesorgane*. Die Ergebnisse bestätigten im ganzen die theoretischen Forderungen von Scheuring; neben Auge, Geruchs- und Geschmackssinn kommt als „Alarmierungsorgan" auch noch die Seitenlinie in Frage. Es fanden sich weitgehende Übereinstimmungen zwischen der Betätigung der einzelnen Sinne bei der Nahrungsaufnahme und ihrer Ausbildung. Die Tabelle, in welcher der Autor die Beteiligung der einzelnen Sinnesorgane bei der Auffindung der Nahrung bei den von ihm untersuchten Fischarten übersichtlich zusammenstellt, sei hier wiedergegeben:

Fischart	Auge			Seitenlinie			Geruch			Geschmack		
	Al.	Leit.	Kontr.	Al.	Leit.	Kontr.	Al.	Leit.	Kontr.	Bart.	Lipp.	Mund.
Hecht	+	+		+	+							+
Stichling . . .	+	+										+
Barsch	+	+		(+)			+	+			+	+
Forelle	+	+		(+)			+	+			+	+
Elritze	+	+					+	+			+	+
Döbel.	+	+							+		+	+
Karpfen . . .	(+)	(+)								+	+	+
Schleie	(+)	(+)								+	+	+
Brachsen . . .	(+)	(+)									+	+
Zwergwels . . .							+			+	+	+
Aal.				+	+		+	+	(+)		+	+
Quappe	(+)	(+)		+	+		+	+		+	+	+

Al. = Alarmierung, Leit. = Leitung, Kontr. = Kontrolle.

2. Ergreifen und Verschlingen der Nahrung.

Hat der Fisch mit Hilfe der erwähnten Sinnesorgane seine Beute aufgespürt und als geeignet erkannt, so ergreift er sie mit dem Maul (wobei gleichzeitig die „Kontrolle" der anderen Sinnesorgane im Sinne Wunders[235, 236—239] stattfindet), d. h. er bemächtigt sich ihrer faktisch. Dieses Bemächtigen findet bei den

Raubfischen stets in Form eines blitzschnellen Zupackens statt, wobei ein Beutefisch stets mit dem Kopf voran in die Mundhöhle eingeführt wird, wenn der Fisch nur klein ist. Große Beutefische können nach WUNDERS Beobachtungen beim Hecht auch quer gefaßt und dann erst durch Schleuderbewegungen des Kopfes unter Nachhilfe der Zunge richtig orientiert werden, was manchmal längere Zeit in Anspruch nimmt.

Die Beute wird stets unzerrissen und *unzerkaut verschlungen.* Auch bei denjenigen Raubfischen, welche, wie Forelle und Barsch, in der Jugend Kleintierfresser unter Bevorzugung größerer „Kleintiere" sind, findet man die Gammariden, Trichopteren usw. stets, soweit die Verdauung sie nicht angegriffen hat, völlig erhalten im Magen. Die bei diesen Formen stets hechelförmig nach

Abb. 112. Brachsen (Abramis brama L.); der Fisch links nimmt mit vorgestrecktem Maul eine Schnaken-larve vom Boden auf. (Aus HESSE.)

hinten gerichteten *Zähne* dienen ausschließlich dazu, die Nahrungstiere am Entschlüpfen zu verhindern.

Die außerordentliche Weite der Kiemenöffnung und der Kiemenspalten steht im übrigen bei den Raubfischen, welche große Fische rauben, vermutlich ebenfalls zu dieser Art der Nahrungsaufnahme in Beziehung, da sie eine genügende Ventilation der Kiemen ermöglicht, auch wenn die Mundöffnung vorübergehend vollkommen durch einen größeren Bissen verschlossen ist.

Bei den Ufer- und Bodennahrung fressenden Fischen, die zu den *Cypriniden* gehören, besonders bei dem in dieser Beziehung am besten beobachteten Karpfen, findet die *Nahrungsaufnahme* derart statt, daß die Fische, nachdem sie, vorwiegend mit Hilfe des Tastsinnes, ein Nährtier aufgefunden haben, die ganze Umgebung des Tieres, mag diese nun aus frischen Pflanzenblättern oder aus Detritus (Schlamm) bestehen, ins Maul nehmen, mit Hilfe des Geschmackssinnes abprüfen, und dann durch rückwärtsspülende Bewegungen die überflüssigen

Stoffe wieder hinausbefördern, was aber, wie die zahlreichen Schlammbestandteile im Darm beweisen, häufig nur unvollkommen gelingt (Abb. 112). Das Abstreifen der Pflanzenstengel nach den darauf sitzenden Nährtieren und das Herausbeißen von Blattstücken mit minierenden Tendipedidenlarven darin durch Karpfen erwähnt Schiemenz[173].

Eine besondere Rolle spielen bei der Nahrungsaufnahme der Cypriniden die *Schlundzähne*, deren Funktion mir noch gar nicht

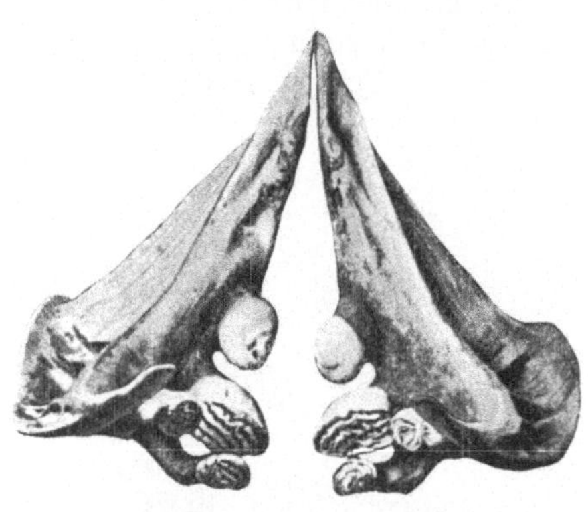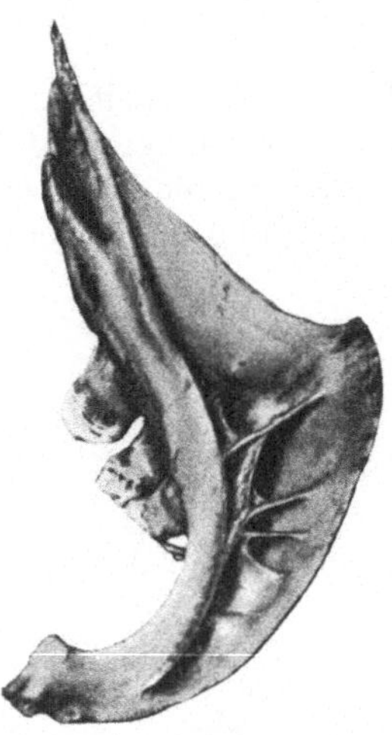

a.   b.

Abb. 113 a u. b. Untere Schlundknochen vom Karpfen (Cyprinus carpio), rechts ein einzelner von der Seite. (Aus Grote, Vogt u. Hofer: Die Süßwasserfische von Mitteleuropa[60a].)

so geklärt zu sein scheint, wie es nach den Auslassungen der meisten Autoren angenommen wird. Die meisten Angaben lauten ganz allgemein dahin, daß die Schlundzähne zur Zerkleinerung der in den magenlosen Darm überzuführenden Nahrung dienen müßten. Die Zähne sollen dabei „mahlende und reißende" Bewegungen (Haempel[63a, 63]) machen, und Plehn sagt sogar geradezu[143]: „Die *Karpfenzähne* dienen zur Zerkleinerung der Nahrung, die gegen ein festes Widerlager, die hornige Kauplatte, zerrieben wird" und fügt hinzu: „Der Apparat arbeitet so gründlich, daß Magentätigkeit entbehrt werden kann." Ich selbst habe mich von einer solchen Tätigkeit dieser Zähne nie überzeugen können, und zwar deshalb nicht, weil jeder, der viel Karpfen auf Magen- und Darminhalt untersucht, ja gerade die Erfahrung macht, daß die aufgenommenen niederen Tiere *nicht* zerkaut oder zerrieben werden, sondern daß sie in den meisten Fällen lediglich etwas gequetscht sind, meist sind sogar selbst zarte Organismen fast ganz unlädiert, und man kann sehr häufig selbst so

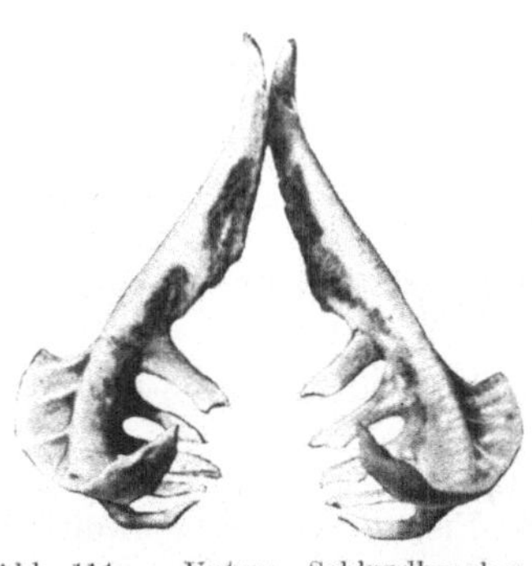

Abb. 114.   Untere Schlundknochen vom Brachsen (Abramis brama). Phot. (Aus Grote, Vogt u. Hofer[60a].)

empfindliche Formen wie die Larven von Chironomus plumosus noch lebend im „Magenteil" des Karpfendarms vorfinden, was doch nicht möglich wäre, wenn die Kauzähne wirklich die vorausgesetzte Funktion hätten. Gerade auf dieser relativen Unversehrtheit der Nahrungsbestandteile beruht ja die Möglichkeit der Nahrungsbestimmung der Cypriniden in hohem Grade. Wahrscheinlich kommt Schiemenz der Lösung näher, wenn er sagt[173]: „Die Fische bearbeiten offenbar die etwa unreine Nahrung mit dem Gaumen bzw. den

Schlundzähnen, so daß alle anhängenden Partikel zerkleinert bzw. von den Tieren (sc. Nährtieren) abgebröckelt werden. Dieser anhängende Schmutz wird nicht durch die Kiemenspalten nach hinten entleert, sondern nach vorn vom Munde mit dem Nahrungstiere selbst wieder ausgespuckt, und diese Prozedur wiederholt sich so lange, bis das Tier ganz von den Unreinigkeiten befreit ist und dann definitiv geschluckt wird."

Nun ist auch SCHIEMENZ schon aufgefallen, „daß die Nahrung der Fische im Magen nicht etwa einen Brei darstellt, sondern eine reinliche trockene Masse". Ich bin daher der Ansicht, daß die *Schlundzähne* hauptsächlich bei diesem *„Trockenschlucken" der Nahrung* mitwirken, und zwar nicht durch ein Kauen im eigentlichen Sinne, sondern indem der ganze Apparat wie eine Presse oder Wringmaschine wirkt. Die Nahrung wird daher nicht zerrieben, wie man durch den molarenartigen Charakter der Zähne beim Karpfen veranlaßt angenommen hat, sondern offenbar nur „trocken abgepreßt". Dies geschieht allerdings mit großer Kraft, wie man leicht wahrnehmen kann, wenn man z. B. versucht, eine Kanüle in den „Magen" zu schieben. Auch daraus, daß z. B. Abramis brama, der im wesentlichen die gleiche Nahrung wie der Karpfen aufnimmt, einen im Sinne der „Kaufunktion" ganz abweichend gebauten Schlundzahnapparat aufweist, mit dessen spitzen Zähnen ein Kauen gar nicht möglich ist, geht wohl hervor, daß die *Funktion des Schlundzahnapparates der Cypriniden* unter den Wirtschaftsfischen noch weiterer Klärung bedarf (HAEMPEL[63]). (Abb. 113a, b, 114.)

II. Die Organe der Nahrungsverarbeitung und Verdauung.

1. Anatomie und Histologie der Verdauungsorgane.

a) Anatomie der Verdauungsorgane.

Die *Anatomie und Histologie des Darmtractus und der Verdauungsdrüsen* bei den Fischen hat eine Anzahl von zusammenhängenden Darstellungen gefunden, in denen vielfach gerade die hier zu berücksichtigenden Wirtschaftsfische ihrer leichten Erhältlichkeit wegen eine besonders eingehende Behandlung erfahren. Es mag hier nur auf die noch heute gut brauchbare, viele Einzelheiten bringende Bearbeitung von OPPEL[137a] und auf das klassische Werk von GROTE-VOGT-HOFER[60a] verwiesen werden (für das grundlegende Schrifttum vgl. besonders BIEDERMANN[15] in WINTERSTEINS Handbuch, sowie die Bearbeitung der „Echten Fische" von RAUTHER[150] in BRONNS „Klassen und Ordnungen des Tierreichs", 1930 erschienen, mit vollständigem Schriftenverzeichnis bis zur neuesten Zeit). An monographischen Einzelarbeiten ist die neuere Darstellung der mikroskopischen Anatomie des Hechts von KRAUSE[94a] (in „Mikroskopische Anatomie der Wirbeltiere") und des Körperbaus beim Karpfen von FIEBIGER[54a] zu erwähnen, in denen auch der Verdauungstrakt ausführlich berücksichtigt wird. Am mangelhaftesten ist das erwähnte Organsystem merkwürdigerweise bei dem wichtigsten mitteleuropäischen Wirtschaftsfisch, dem Aal, bisher durchgearbeitet, da seit Jahren die merkwürdige Biologie und vor allem die Fortpflanzungsgeschichte dieses Tieres alles Interesse der Forscher derart auf sich konzentriert hat, daß sich kaum jemand mit anderen „Aalfragen" beschäftigte.

Allgemein wird der eigentliche Verdauungstrakt bei den Fischen eingeteilt in *Mundhöhle und Pharynx, Schlund, Magen, Mitteldarm und Enddarm*, wozu dann als Verdauungsdrüsen *Leber* und *Pankreas* kommen.

Bemerkenswert ist jedoch, daß sich die physiologisch ungleichwertigen Abschnitte des Darmkanals häufig äußerlich nicht so scharf wie bei den höheren Wirbeltieren abgrenzen lassen, so daß ihre Unterscheidung nur auf dem Wege histologischer Untersuchung erfolgen kann.

Morphologisch können wir in dem allgemeinen Bau und in den Lageverhältnissen des Verdauungstrakts bei den uns hier interessierenden Wirtschaftsfischen *fünf wohlcharakterisierte Typen des Magen-Darm-Kanals* unterscheiden:

1. *Typus der Salmoniden (Forellen)* (nach Grote, Vogt, Hofer und Plehn[60a, 143]).

Magen und Darm im feineren Bau wohl zu unterscheiden. Der *Magen* besteht aus einem sehr starkwandigen absteigenden Teil (Kardialteil) und wendet sich dann in scharfer Biegung nach oben (bedeutend dünnerer Pylorusteil). Eine mächtige innere Schicht von Ringmuskeln ist vorhanden und eine äußere Längsmuskelschicht. Magen enorm ausdehnungsfähig, in leerem Zustande stark kontrahiert, die Schleimhaut dann in zahlreichen Längsfalten vorgewölbt, die bei gefülltem Magen verstreichen. Magendrüsen sind vorhanden. Sie senken sich als einfache oder verzweigte Röhrchen in die Tiefe der Epithelschicht.

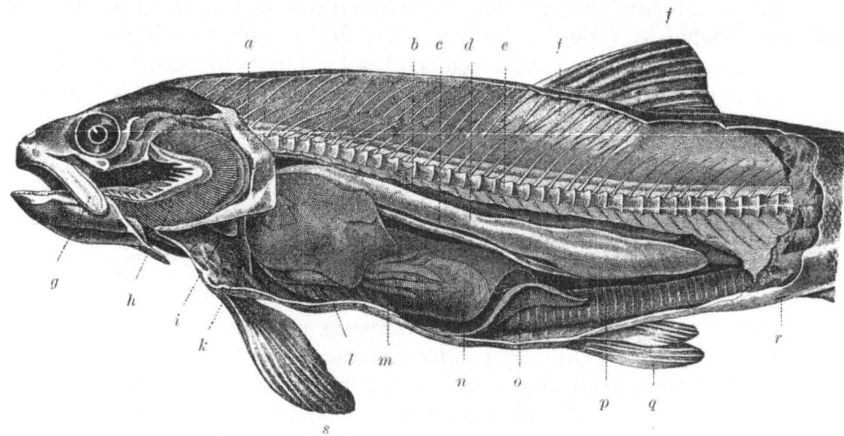

Abb. 115. Bachforelle (Salmo fario). Die Körperwand der linken Seite ist weggenommen, um die Lage der Eingeweide zu zeigen. *a* Schultergürtel; *b* Niere; *c* Hoden; *d* Schwimmblase; *e* Wirbelsäule; *f* Flossenträger; *g* Oberkiefer; *h* Kiemen; *i* hintere Herzspitze; *k* Zwerchfell; *l* Leber; *m* Pylorusanhänge, mit Fett umwickelt; *n* Magensack; *o* Milz; *p* Enddarm; *q* Bauchflossen; *r* After; *s* Brustflosse; *t* Rückenflosse. (Aus Grote, Vogt u. Hofer: Die Süßwasserfische von Mitteleuropa.)

Der Pylorusteil des Magens besitzt zahlreiche *Pförtneranhänge*, welche hinter der am Ende des Pylorus sich findenden inneren Klappe in den Darm einmünden (Appendices pyloricae). Ihre Zahl (bei der Forelle 40—50, beim Lachs bis 180) ist bei den einzelnen Arten spezifisch verschieden und kann (bei Coregonen) mehrere Hundert betragen. Sie sind meist so von Fett umgeben, daß nur ihre Enden aus der Fettmasse hervorragen. Der Pylorusteil des Darms steigt vorn bis in die Gegend der Speiseröhre. Der *Darm* verläuft von vorn, wo er aus dem Magen hervorgeht, gerade bis zum After, allmählich an Stärke abnehmend. Querfalten sind bis kurz vor dem After vorhanden, der letzte Abschnitt dünnwandig. Zwischen den *Blindsäcken* mündet der Gallengang (Ductus choledochus) und der Bauchspeicheldrüsengang (Ductus wirsungianus).

Leber kompakt und voluminös, wenig gelappt. *Pankreas* in Form einer diffusen Drüse, begleitet die Gefäße, welche zwischen den Pförtneranhängen verlaufen. Dort wird die Drüse meist vollständig von Fett eingeschlossen und unsichtbar gemacht, nur bei alten ganz mageren Fischen tritt sie (nach Plehn[60a]) deutlich hervor, dann in Gestalt feiner, trüb gelblicher Stränge (Abb. 115).

2. *Typus der Perciden (Zander und Barsch)* (vgl. 60a).

a) Barsch: „Der trichterförmige, sehr dickwandige *Schlund* führt in den zylindrischen, mit einem abgerundeten Blindsacke endigenden *Magen*, der starke Längsfalten zeigt und von dessen Mitte etwa der Pylorusteil abgeht. Drei Pylorusanhänge von mäßiger Länge münden hinter der Pförtnerklappe in den Darm, der bald eine Schlinge bildet und dann fast in gerader Linie sich nach dem After hin fortsetzt. Eine ringförmige Falte der Schleimhaut bezeichnet, in einiger Entfernung vor dem After, die Grenze zwischen Mitteldarm und Afterdarm. Pancreas diffus, den Gefäßen der Lebergegend anliegend. Leber kompakt und voluminös, wenig gelappt" (Abb. 116).

b) Zander: Langer Magenblindsack an der Umbiegungsstelle und sieben weite Pylorusanhänge. Der Pylorusteil ist kurz und schwach, eine Klappe grenzt ihn vom Darm ab. Dieser macht drei Windungen und weist beim Übergang in den Enddarm noch eine Klappe auf.

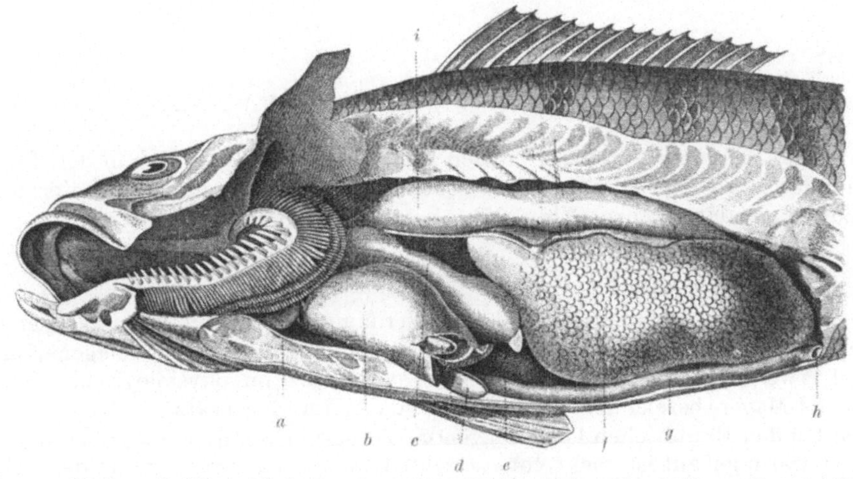

Abb. 116. Die Lage der Eingeweide des Barschs. *a* Herz; *b* Leber; hinten aufgeschnitten; *c* Magen; *d* Gallenblase; *e, g* Mittel- und Enddarm; *f* Eierstock; *h* After; *i* Schwimmblase. (Aus GROTE, VOGT u. HOFER[66a].)

3. *Typus des Hechts* (nach KRAUSE[94a]).

Der Pharynx verengert sich caudalwärts etwa in Höhe der Herzspitze und geht in den *Schlund* über, einen starkwandigen Schlauch, der hinter der Leber in einer rinnenförmigen Vertiefung der letzteren in der Bauchhöhle caudalwärts zieht. Der *Magen* stellt im ungefüllten Zustande eine schwache spindlige Auftreibung des Verdauungskanals dar, die sich äußerlich gegen den Schlund in keiner Weise abgrenzt. Am caudalen Magenende biegt der Verdauungsschlauch U-förmig rostralwärts um und geht in den Mitteldarm über. Der gegenüber dem verengten Magenende nicht unbeträchtlich erweiterte *Mitteldarm* verläuft nun neben dem Magen wieder rostralwärts bis zur Gallenblase. Dann wendet sich der Darm wieder caudalwärts. Er bildet dabei eine U-förmige Schlinge, deren Scheitel an die Gallenblase stößt. Der nun folgende absteigende Darmschenkel liegt so in der rechten Bauchhälfte, ventral von der Schwimmblase und dicht unter der Bauchdecke und zieht nun unter allmählicher Verengerung caudalwärts. Dabei wendet er sich immer mehr nach links, kommt allmählich unter den Anfangsteil des Mitteldarms zu liegen und geht dann unter dem Magenende und rechts von der Milz hervordringend, in den genau der Mittellinie folgenden

Enddarm über. Er mündet nach außen in dem kreisförmigen After, der etwas rostral von der Afterflosse liegt.

Die *Leber* ist ein langgestrecktes Organ, das nach Wegnahme der Bauchdecke einem menschlichen Fuß von der Plantarseite aus gesehen nicht unähnlich ist. Das *Pankreas* begleitet den Gallengang in seinem ganzen Verlauf. Zuerst liegt es ihm nur auf seiner dem aufsteigenden Darmschenkel zugewendeten Seite an, etwas weiter caudalwärts umhüllt es ihn dann vollständig, so daß der Gang

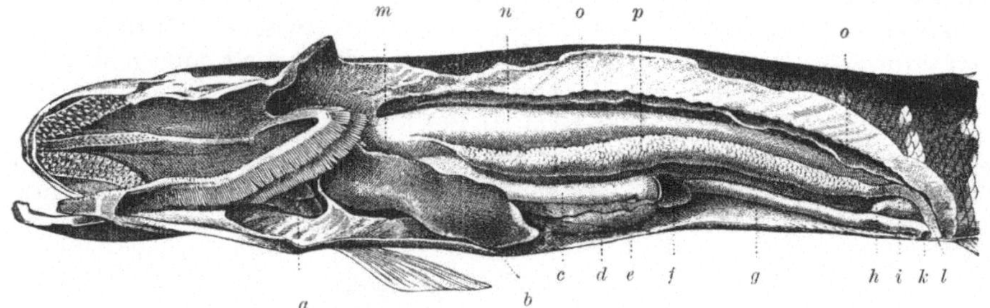

Abb. 117. Lagerung der Eingeweide des Hechts. *a* Herz; *b* Leber; *c* Magen; *d* Pankreas; *e* Pylorus; *f* Milz; *g* Darm; *h* Harnblase; *i* Eileiter; *k* After; *l* Ausmündung des Eileiters; *m* Schlund; *n* Schwimmblase; *o* Niere; *p* Eierstock. (Aus GROTE, VOGT u. HOFER[60a].)

ganz in die Drüsenmasse eingeschlossen ist. Wenn der Gallengang in den Darm einmündet, setzt sich das Organ zwischen Magen und Darm noch weiter fort, bis zur Magendarmgrenze (Abb. 117).

4. *Typus der Cyprinoiden (Karpfen)* (nach FIEBIGER und KEIL[54a]).

„Vom Schlund bis zum After ist der Verdauungskanal ein Schlauch, der im Bereich des Schlundes ziemlich enge ist, dann sich mächtig zu einem magenartigen Anteil erweitert. Dieser *Anfangsteil des Darmes,* der im physiologischen Sinne nicht als Magen bezeichnet werden kann, da er im Gegensatz zu den Verhältnissen bei den Raubfischen keine Magendrüsen besitzt, sondern geweblich ebenso wie der Darm gebaut ist, zieht vom Durchtritt durch das Zwerchfell in der Achse des Brustraums nach rückwärts bis in Afterhöhe. Dort biegt er sich kopfwärts nach links und bildet Schleifen, welche in ihrer Gesamtheit die Form eines doppelten liegenden S mit steilen und engen Windungen bilden. Vorerst begibt er sich auf der linken Seite gegen das Zwerchfell, biegt in einer zweiten Schleife nach rückwärts um, begibt sich in einer dritten Schleife auf die rechte Seite und steigt hier weit nach vorne bis zum Zwerchfell, indem er zugleich die Mittellinie schief nach links zu überschreitet. Eine vierte enge, einen Leberlappen umkreisende Schlinge beginnt das zweite, rückläufige S, deren Windungen den früheren annähernd parallel, zum Teil eng an sie angeschlossen verlaufen. Insbesondere gilt dies für den ersten auf der rechten Seite schwanzwärts verlaufenden Schenkel, der in einer fünften Schleife umkehrt, worauf ein wieder auf der linken Seite nach vorn verlaufender Schenkel folgt. Dieser wendet sich in der sechsten oder Schlußschleife wieder nach rückwärts und zieht auf der linken Seite nahe der Schwimmblase als Enddarm zum After. Es sind also im ganzen sieben längsverlaufende Darmschenkel vorhanden, welche durch drei vordere und drei hintere Schleifen miteinander verbunden sind. Diese *Darmschlingen* sind fast alle so tief in die Lebersubstanz eingesenkt, daß bloß eine Fläche bloßliegt, und bei der Herausnahme tiefe Furchen in der Leber zurückbleiben. Ganz verdeckt ist der Magenanteil, von dem erst am rückwärtigen Pol des ganzen Konvoluts die sich anschließende erste Schleife zutage tritt" (Abb. 118).

„Die *Leber* schickt zwischen die Darmschlingen zungenförmige Lappen hinein. Sie ist ein zwar zusammenhängendes, aber sehr kompliziert gebautes Organ, an welchem man bei näherer Untersuchung sieben Lappen, durch die Darmschlingen voneinander getrennt, unterscheiden kann.

Die *Gallenblase* ist eine grünlich-schwarze, sehr dünnwandige, leicht zerreißliche birnförmige Blase von verschiedenem Kaliber, je nach der individuellen Größe des Fisches. Sie liegt an der Innenseite des Hauptlappens und ist von demselben entweder ganz oder bis auf die Kuppe verdeckt. Mitunter tritt die Kuppe etwas seitlich durch die hier geschwundene Lebersubstanz wie durch

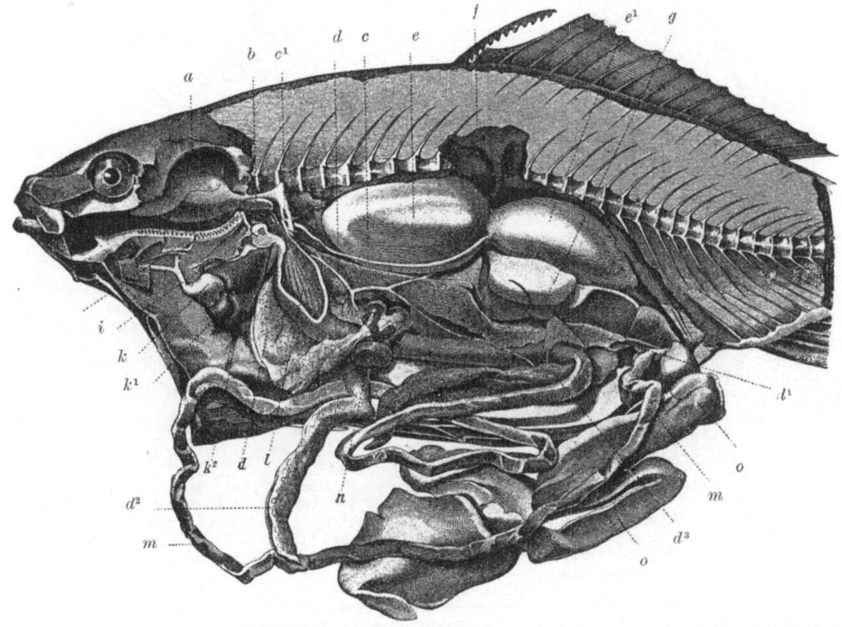

Abb. 118. Männlicher Karpfen (Cyprinus carpio). Die Kiemen sind weggenommen, der Schlund und der Anfang des Magens geöffnet und die Eingeweide auseinandergelegt worden. *a* oberes Divertikel der Kiemenhöhle; *b* Reibplatte am Gaumen; *c* Ausführungsgang der Schwimmblase in den Schlund; *c¹* Öffnung des Ganges im Schlunde; *dd* Hauptmasse der Leber, den Magen umgebend; *d¹d²d³* lange Leberlappen; *e* vordere Hälfte, *e¹* hintere Hälfte der Schwimmblase; *f* der in die Trennungsfurche zwischen beiden Schwimmblasenhälften eingeschobene Nierenlappen, emporgehoben und zurückgeschlagen; *g* rechter Hode; *h* abgeschnittene Kiemenbogen; *i* Schlundzahn; *k* Arterienbulbus; *k¹* Kammer; *k²* Vorkammer des Herzens; *l* sog. Magensack, aufgeschnitten; *m* Darmschlinge; *n* Milz; *o* linker Hode, zurückgeschlagen. (Aus GROTH, VOGT u. HOFER: Die Süßwasserfische von Mitteleuropa.)

ein Fenster an die Oberfläche. Nach innen zu liegt sie dem Magenteil an (Abb. 119, 120)“.

Das *Pankreas* ist, wie bei den anderen Fischen meist auch, kein kompaktes Organ, sondern besteht aus einem System von Drüsensträngen, welche die Pfortadergefäße einscheiden. Überall, wo Pfortaderäste vorkommen, findet man auch Pankreasgewebe: In der Muskelhaut des Darmes, an dessen Oberfläche, in der Milz, vor allem aber auf und in der Leber. Bei jenen Pankreasgängen, welche die Gefäße außerhalb der Leber begleiten, findet man auch noch eine Fetthülle, dadurch bekommen diese Gefäße einen deutlichen weißlichen Saum. Besonders reichlich finden sich diese Stränge an der den Darmschlingen zugekehrten Seite der Leberlappen, wo sie ein dichtes Netzwerk bilden und die Darmschlingen gleichsam an die Leber anheften. In der Leber selbst bedingen die Gefäße mit ihren Pakreasscheiden eine förmliche Lappenzeichnung. In die

Milzsubstanz dringen sie nur in geringerer Menge und nicht so tief ein. Am Enddarm ziehen sie entlang bis zur Kloake. Kompaktere Drüsenmassen finden sich namentlich in der Gegend des Gallenblasenhalses. Die Einmündung in den

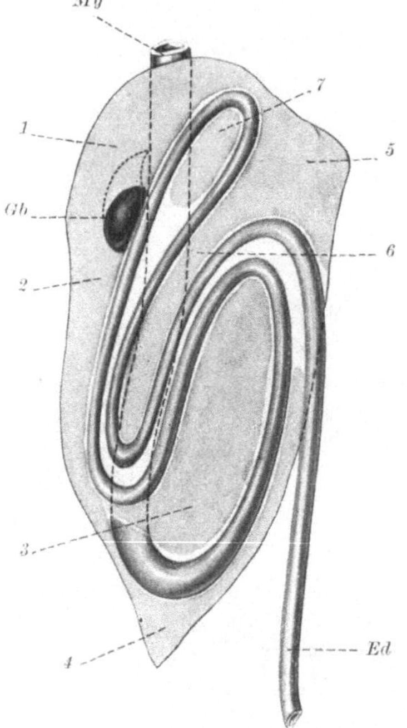

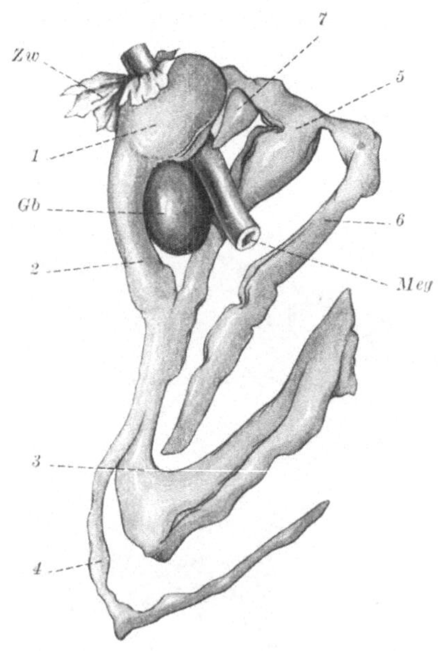

Abb. 119. Verlauf des Darmrohres in der Leber bei einem Karpfen (schematisch). *1* Hauptlappen; *2* rechter Seitenlappen; *3* Unterlappen; *4* Hinterlappen; *5* linker Vorderlappen; *6* Mittellappen; *7* Zwischenlappen; *Gb* Gallenblase; *Mg* Magen. (Aus Fiebiger: Über den Körperbau des Karpfen.)

Abb. 120. Karpfenleber. Milz und Darmrohr sind bis auf das Anfangsstück des Magenteiles entfernt. Die Leberlappen sind ausgebreitet. Bezeichnungen wie in Abb. 119. *Zw* Zwerchfell. (Aus Fiebiger: Über den Körperbau des Karpfens.)

Darm findet mit Hilfe eines ampullenartig erweiterten Endstammes gemeinsam mit dem Gallengang zusammen etwa 1 cm hinter dem Zwerchfell statt. Die Langerhansschen Inseln erreichen beim Karpfen mitunter eine Größe von 1—2 mm und sind in der Nähe des Gallenblasenhalses als rötlich schimmernde Wärzchen schon mit bloßem Auge sichtbar (Abb. 121).

Nach Fiebiger geht schon aus diesen Lagebeziehungen, nämlich aus der Einmündung des Gallen- und Pankreasganges unmittelbar hinter dem Zwerchfell hervor, daß der beim Karpfen jetzt erst folgende sog. „Magenteil" des

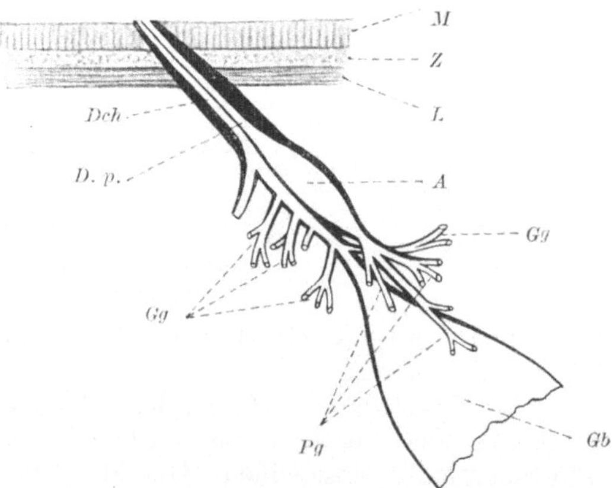

Abb. 121. Schematischer Längsschnitt durch die Einmündung des Gallen- und Pankreasganges in den Magenteil des Karpfendarmes. (Nach Keil.) *M* Schleimhaut; *Z* Kreismuskelschicht; *L* Längenmuskelschicht; *D. p.* Pankreasgang; *A* Ampulle desselben; *Pg* Pankreasgänge; *Dch* Gallengang; *Gg* Gallengänge; *Gb* Gallenblase. (Aus Fiebiger: Über den Körperbau des Karpfen.)

Verdauungstrakts kein echter Magen im Sinne der höheren Wirbeltiere sein kann.

Bei den übrigen hier in Betracht kommenden Cypriniden, insbesondere beim Brassen, sind die Verhältnisse sehr ähnlich.

5. *Typus des Aals* (vgl. 60 a).

Der enge, muskulöse *Schlund* ist sehr in die Länge gezogen, und teilweise von der großen Leber umschlossen, auf deren Innenfläche eine sehr geräumige Gallenblase entwickelt ist. Etwa dem hinteren Ende der Leber gegenüber setzt sich der sehr geräumige Luftgang der Schwimmblase an die Rückwand des Schlundes an, der von hier ab zum *Magen* wird und eine Art Schlinge bildet, in welche die Milz eingebettet liegt. Von dieser Umbiegung geht der lange, gerade zylindrische Blindsack des Magens aus, welcher sich etwa über die Hälfte der Bauchhöhle nach hinten erstreckt, und vorne sich in den darmartigen Pylorusstiel fortsetzt. Dieser schlüpft hinter die Leber und biegt bald schlingenförmig um, um in den geraden Mitteldarm überzugehen, welcher parallel mit dem Magenblindsack nach hinten verläuft. Unmittelbar hinter der Umbiegung finden sich die Einmündungen des Gallenganges und des Pankreasganges hinter einer nach innen vorspringenden Klappe. Der Mitteldarm läuft bis an das Ende des Magenblindsackes und erstreckt sich, nach einer Einknickung mit dem Rudiment eines Blinddarms, durch das ebenfalls in gerader Linie verlaufende Rectum bis zum After (Pancreas diffus) (Abb. 122).

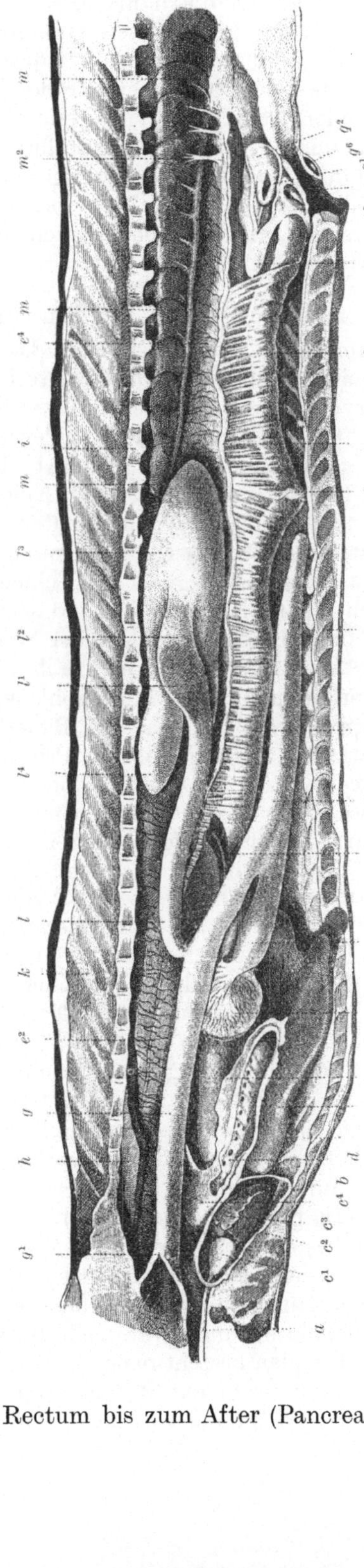

Abb. 122. Lagerung der Eingeweide des Aals (♀). Das linke Seitenorgan weggenommen und die übrigen Eingeweide so ausgebreitet, daß man ihren Zusammenhang sieht. *a* Kiemenarterie; *b* Herzbeutel; *c* Herz, und zwar: *c*¹ Arterienstiel; *c*² Herzkammer; *c*³ Vorkammer; *c*⁴ Venensinus, in welchen, nebst den übrigen Venen, die der Länge nach geöffnete, große Lebervene *d* mündet, in welcher man die Einmündungen der einzelnen Lebervenen sieht; *e* Bauchfell, und zwar *e* selbst die Lamelle desselben, welche die Bauchwandlungen auskleidet; *e*¹ taschenartiger Bauchfellsack an der Übergangsstelle des Pförtnerteiles *g*³ in den Darm; *e*² Falte, welche das rechte Seitenorgan überdeckt; *e*³ Falte, welche den Darm einhüllt; *e*⁴ Fortsetzung dieser Falte gegen die Niere hin; *e*⁵ Falte, welche das Ende des Afterdarmes umgibt; *f* Leber unterer Lappen; *f*¹ oberer Lappen; *g* Verdauungskanal, und zwar: *g* Schlund; *g*¹ derselbe, vorn aufgespalten; *g*² Blindsack des Magens; *g*³ Pförtnerteil desselben; *g*⁴ Mitteldarm, vom Bauchfelle eingefüllt; *g*⁵ kleiner Blindsack vom Übergange in den Afterdarm; *g*⁶ After; *h* durchschnittene Nackenmuskeln; *i* Wirbelsäule; *k* Rückenmuskeln; *l* Schwimmblase und zwar: *l* Luftgang; *l*¹ Gefäßwülste; *l*² Knorpelscheiben, am Anfange desselben durchschimmernd; *l*³ hinterer Sack; *l*⁴ Vorderzipfel der Schwimmblase; *m* Nieren; *m*¹ von Fett und Haut umhüllter Harnleiter; *m*² hintere Harngänge zur Blase; *n* muskulöse Bauchwand; *o* Milz; *p* Eingeweidearterie; *q* Harnblase, vorderer Zipfel. Nach hinten ist dieselbe geöffnet und zeigt *q*¹ die innere Mündung des Ganges, der in den After führt; sowie *q*² die Einmündungen der hinteren Harnkanäle; *r* Mündung des Peritonealkanales. (Aus GROTE, VOGT u. HOFER: Die Süßwasserfische von Mitteleuropa.)

Mit Rücksicht auf die künstliche Ernährung der Wirtschaftsfische im teichwirtschaftlichen Betriebe sei hier noch erwähnt, daß der *normale Fischdarm* von blaßrötlichgrauer Farbe ist. Bei Ernährungsstörungen durch ungeeignete und verdorbene Futtermittel, die nicht selten vorkommen, nimmt der Darm, besonders charakteristisch bei Salmoniden, die typischen Kennzeichen der *Darmentzündung* an. Diese bestehen in Hyperämie der Hauptlängsstämme sowie der kleinen querverlaufenden Gefäße, die sich beim gesunden Fisch kaum von der Darmwand abheben, und in starker gleichmäßiger Rötung von Enddarm und Pylorusteil, während der Mitteldarm sich weniger verändert. Bei den Cypriniden sind die Erscheinungen weniger charakteristisch, da der Darm durch feinere Gefäße mit Blut versorgt wird, und daher auch in gesundem Zustande gleichmäßiger gerötet ist (vgl. Plehn[143]).

b) Histologie der Verdauungsorgane.

Eine scharfe Grenze der Epidermis gegen das entodermale *Darmepithel* ist nach Rauther[150] meist geweblich nicht charakterisiert. Das Epithel der Mundhöhle und des Pharynx (Kiemendarms) stellt sich vielmehr lediglich als eine verhältnismäßig leichte Modifikation der Epidermis dar. Dieses Vorderdarmepithel weist, im Gegensatz zu dem inneren Abschnitte des Darms und seiner Anhänge, aber in Übereinstimmung mit der Epidermis, mehrschichtigen Bau auf. Hinsichtlich der Zahl der Deckzellenschichten und dem Vorkommen anderer Zellformen darin bestehen nach Rauther gegenüber der Epidermis nur graduelle Unterschiede und zwar dergestalt, daß die Schichtenzahl gewöhnlich geringer ist als in der äußeren Haut. Kolbenzellen und seröse Drüsenzellen fehlen allerdings, wie schon auf den Lippen, so auch in der Mundhöhle, doch macht der Aal hier nach Oxner[137b] eine Ausnahme, da bei ihm Kolbenzellen auf der Zunge und im Pharynx vorkommen. Das Mundhöhlenepithel, das also als ein geschichtetes Plattenepithel vom allgemeinen Bau der Epidermis zu betrachten ist, sitzt auf einer straffen, bindegewebigen Propria auf. Eine besondere Submucosa ist (beim Hecht, nach Krause[94a]) hier nicht abzugrenzen. Die Eigenmuskulatur der *Schleimhaut* besteht aus glatten Fasern. Gegen den Pharynx zu tritt eine Muscularis auf, die aus quergestreiften Muskelfasern besteht. Beim Karpfen und seinen Verwandten sind am Dache des Pharynx die oberen Schlundknochen nach Fiebiger[54a] vollständig überwallt von einer „graulichen polsterähnlichen Masse", dem Gaumenwulst, der von quergestreiften Muskelfasern gebildet wird, die jedoch in der Tiefe durch reichlich eingelagertes Fett sehr locker angeordnet sind. Die Schleimhaut der Oberfläche wird bei diesen Formen von besonders zahlreichen Sinnesknospen und Schleimzellen durchsetzt, die in Übereinstimmung mit den Befunden von Wunder[235] wichtige tastende und schmekkende Eigenschaften bei diesem Organteil vermuten lassen.

Im Oesophagus ist ebenfalls noch echtes geschichtetes Plattenepithel vorhanden, unter welchem sich eine dicke Propria findet, deren Bindegewebsbündel unter dem Epithel vorwiegend zirkulär verlaufen und sich weiter nach außen in allen Richtungen durchflechten. Eine Submucosa ist nach Krause nicht abzugrenzen, die Propria geht kontinuierlich in das intermuskuläre Bindegewebe über. Die Muscularis besteht aus äußeren Ring- und inneren Längsmuskeln, die aus quergestreiften Muskelfasern zusammengesetzt sind. Bei den Fischen mit echtem *Magen* (Hecht) tritt dann in der Nähe des Magens an Stelle der quergestreiften glatte Muskulatur und zwar nach Krause von innen nach außen fortschreitend. Beim Karpfen besteht nach Fiebiger der größte Teil der Muskelzüge in dem kurzen Schlundrohr aus Ringmuskeln, zwischen denen sich Längsmuskeln nur als vereinzelte Bündel vorfinden. Mit dem Übergang des Schlundrohrs in den Magen bzw. bei Cypriniden den „magenartigen" Darmteil geht das geschichtete Plattenepithel des Pharynx und Oesophagus in das einfache Zylinderepithel des eigentlichen Darmtractus über. An besonderen Gebilden sind bei den Raubfischen in der Mundhöhle die in verschiedenster Ausbildung und an den verschiedensten Stellen der die Mundhöhle begrenzenden Knochen auftretenden *Zähne* zu erwähnen. Sie bestehen aus einem mehrschichtigen Vitrodentin, das über einem Kern von die Hauptmasse des Zahns bildenden Trabekulardentin entwickelt ist. Letzteres wird der Länge nach von den HAVERSschen Kanälen durchzogen, die aus den Kanälen des knöchernen Zahnsockels entspringen und die ernährenden Blutgefäße beherbergen (KRAUSE[94a]) (Abb. 123).

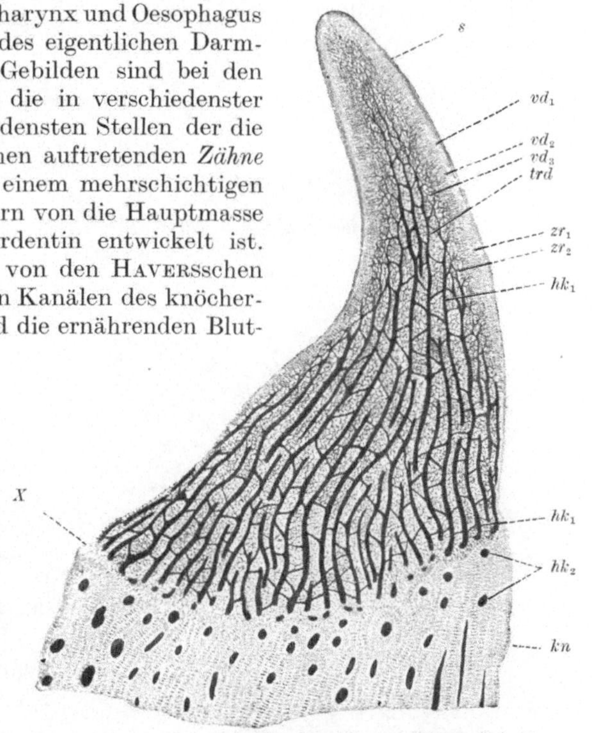

Nach WEIDENREICH[220] besteht dort, wo die Zähne den Charakter von Hecheln haben, die nur zum Festhalten der Beute dienen, also bei den weitaus meisten, besonders den kleineren Zähnen der „Raubfische", die nur auf Zug, nicht auf Druck beansprucht werden, lediglich eine lockere Ver

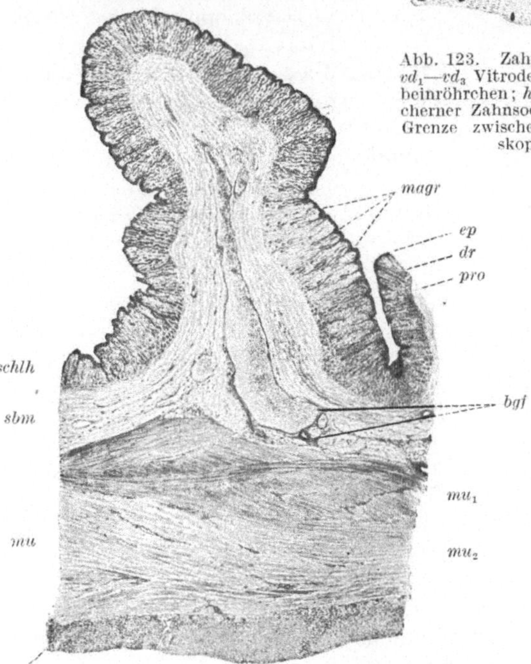

Abb. 123. Zahn des Hechtes im Längsschliff. *s* Schmelz; vd_1—vd_3 Vitrodentin; *trd* Trabekulardentin; zr_1 und zr_2 Zahnbeinröhrchen; hk_1 HAVERSsche Kanälchen des Zahns; *kn* knöcherner Zahnsockel; hk_2 HAVERSsche Kanälchen desselben; *X* Grenze zwischen Sockel und Zahn. (Aus KRAUSE: Mikroskopische Anatomie der Wirbeltiere[94a].)

bindung mit dem Kiefer. Die Zähne sitzen lose und beweglich in der Schleimhaut und sind nur z. T. fest verankert, indem sie mit einem knöchernen, geweblich zum Zahn selbst gehörigen Sockel verbunden sind.

Bei den Forellen sind nach HOFER[60a] Zwischenkiefer, Oberkiefer, Unterkiefer, Vomer, Gaumenbein, Zungenbein und die Kiemenbogen bezahnt, bei Barschen Zwischenkiefer, Unterkiefer, Gaumenbeine und Vomer, beim Hecht Zwischenkiefer, Unterkiefer, Gaumenbeine, Vomer und Zungenbeine, beim Aal Zwischenkiefer, Unterkiefer und Vomer.

Die Cypriniden besitzen bekanntlich auf den zu den Kieferbögen gehörigen Knochenspangen

Abb. 124. Hecht. Magen. *schlh* Schleimhaut; *sbm* Submucosa; *mu* Muscularis; *se* Serosa; *magr* Magengrübchen; *ep* Oberflächenepithel; *dr* Drüsen; *pro* Propria; *bgf* Blutgefäße; mu_1 Zirkulärmuskulatur; mu_2 Längsmuskulatur. (Aus KRAUSE[94a].)

keine Zahnbildungen, dafür treten bei ihnen die sog. „*Schlundzähne*" auf den unteren Schlundknochen auf, die von der Schleimhaut der unteren Schlundknochendecke zahnfleischartig umwallt werden. Sie wirken nach oben z. T. gegen eine „Kauplatte", eine Platte aus hornartiger Substanz, die von dem Epithel der Schleimhaut des Gaumensockels abgeschieden wird (Haempel[63]). (Über die Funktion dieser Zähne vgl. S. 594.)

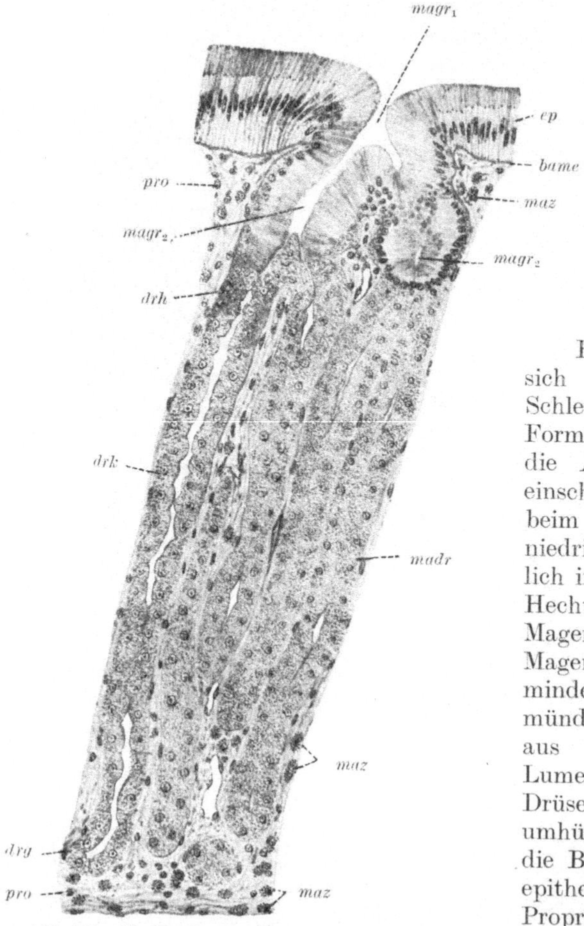

Der *gewebliche Bau des eigentlichen Darmtractus* ist verhältnismäßig einfach und zeigt, abgesehen von dem durchgreifenden Unterschiede zwischen magenlosen Fischen und solchen mit Magenverdauung, ein ziemlich gleichmäßiges Bild bei den in Frage kommenden Arten.

Bei den Fischen mit *Magen* senkt sich im Bereich dieses Organs die Schleimhaut überall in die Tiefe in Form von Magengrübchen, in welche die *Magendrüsen* einmünden. Das einschichtige Oberflächenepithel wird beim Eintritt in die Magengrübchen niedriger und breiter und geht schließlich in ein Drüsenepithel über. Beim Hecht (Krause[94a]) teilt sich jedes Magengrübchen in mehrere sekundäre Magengrübchen, in deren jedes wieder mindestens zwei Magendrüsen einmünden. Das Drüsenepithel besteht aus kubischen, kuppenförmig ins Lumen vorspringenden Zellen. Die Drüsen werden von einer Propria umhüllt, die sich am Drüsenhals in die Basalmembran des Oberflächenepithels fortsetzt. Am Aufbau der Propria sind sowohl reticuliertes wie faseriges Bindegewebe beteiligt. Unterhalb der Drüsen sind Mastzellen entwickelt, die (beim Hecht) manchmal so massenhaft zusammengedrängt

Abb. 125. Hecht. Magenschleimhaut. *magr₁* primäre, *magr₂* sekundäre Magengrübchen; *ep* Oberflächenepithel; *bame* Basalmembran; *maz* Mastzellen; *madr* Magendrüsen; *pro* Propria; *drh* Drüsenhals; *drk* Drüsenkörper; *drg* Drüsengrund. (Aus Krause[94a].)

liegen, daß sie den Eindruck von Lymphfollikeln hervorrufen (Abb. 124, 125).

Biedermann[15] will mit Oppel[137a] bei den Magendrüsen die beiden Formen der Fundus- und Pylorusdrüsen auch bei den Raubfischen unter den Teleosteern unterscheiden. Die Pylorusdrüsen sollen sich dadurch auszeichnen, daß die Zellen in ihrem Aussehen mehr dem Oberflächenepithel gleichen, während die Elemente der Fundusdrüsen eine mehr rundliche Form haben und zahlreiche Granula enthalten. Im caudalen Teil des Magens rücken die Drüsen mehr und mehr auseinander bei Vermehrung des interglandulären Gewebes, die acidophilen Drüsenzellen werden vom Drüsenhals aus nach und nach von den Zellen der Magengrübchen verdrängt. Jenseits der Stelle, wo sich die Muscularis zu einer Art von Sphincter oder Klappe verdickt, geht dann der Magen unter erheblicher Erweiterung und Verdickung in den Mitteldarm über.

Der *Mitteldarm* besitzt bei den Fischen stets eine überaus charakteristische Oberflächengestaltung, indem die Darmschleimhaut in ein mehr oder weniger kompliziertes Faltensystem gelegt erscheint. Während beim Hechttypus die hohen und schmalen Längsfalten sich vielfach teilen und wieder miteinander anastomisieren, endlich diskontinuierlich werden und nur noch an ihrer Basis

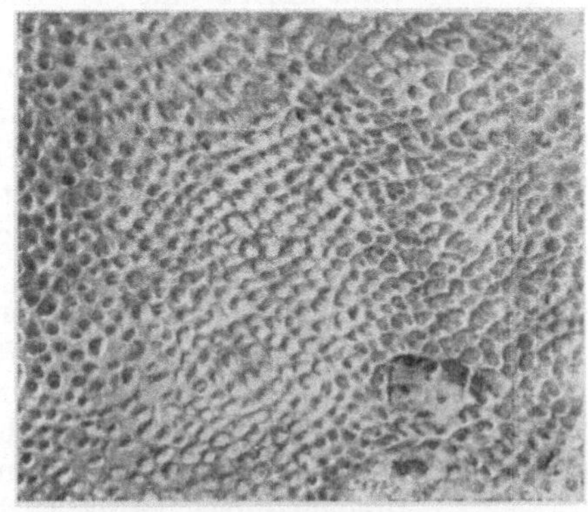

Abb. 126. Cyprinus carpio. Dünndarm, Anfang. (Aus Jena. Z. Naturwiss. XLIII, XXXVI, EGGELING.)

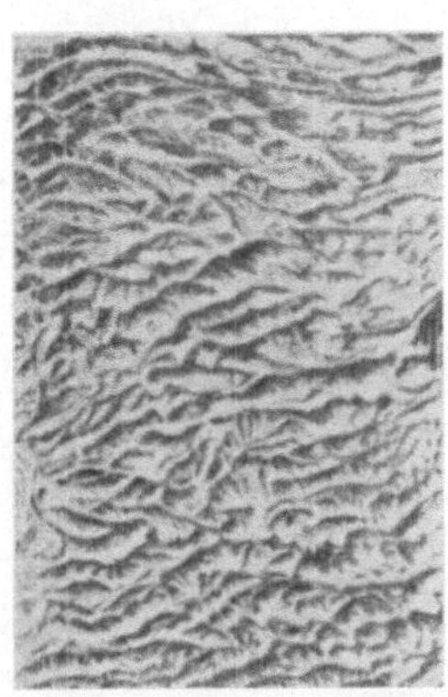

Abb.127. Trutta fario. Hinter Appendices pyloricae. (Aus Jena. Z., EGGELING.)

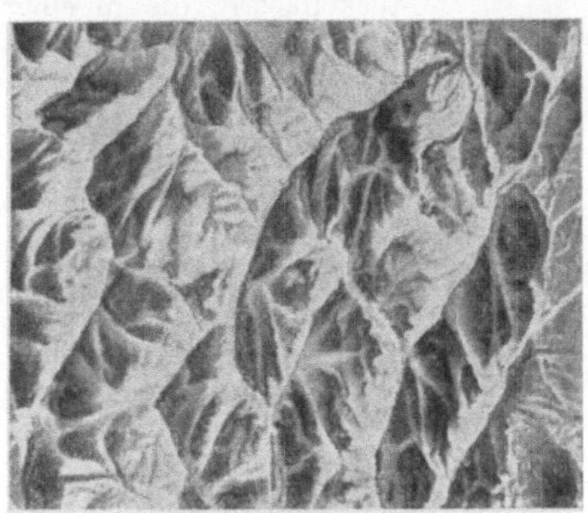

Abb. 128. Anguilla vulgaris, Dünndarm, Anfang. (Aus Jena. Z., EGGELING.)

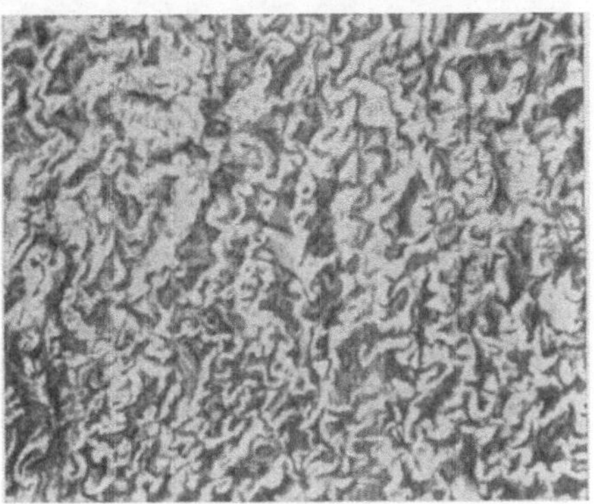

Abb. 129. Esox lucius. Dünndarm, Anfang. (Aus Jena. Z., EGGELING.)

miteinander in Verbindung stehen, so daß sie als blattartige Bildungen frei ins Darmlumen hineinragen, sehen wir beim Karpfen ein zierliches Netzwerk von Bälkchen, zwischen denen sich Gruben in die Tiefe senken, die Propria durchmessen und wie Bienenwaben nebeneinanderstehen. Auch die Salmoniden und Perciden haben nach EGGELING[49] ein „doppeltes" Netzwerk von ähnlicher Beschaffenheit, ebenso der Aal, bei dem die hohen Hauptfalten in welligen oder Zickzacklinien im ganzen der Längsrichtung des Darmes entsprechen; sie umschließen rautenförmige und polygonale tiefe Gruben, in die sich niedrigere feine Äste der Hauptfalten erstrecken und hier, miteinander anastomosierend, ein feines Netzwerk bilden (Abb. 126, 127, 128, 129). Es ist versucht worden, die besondere Ausgestaltung dieses, als Oberflächenvergrößerung des Darmlumens aufzufassende Faltenwerk in seiner spezifischen Ausgestaltung bei den einzelnen Fischarten mit deren Ernährungsgewohnheiten in Zusammenhang zu bringen, doch hat sich bis jetzt eine Beziehung nicht erkennen lassen (Eggeling[49]).

Der *Darm* selbst zeigt in ganzer Ausdehnung ein einschichtiges, aus langen schmalen Zylinderzellen zusammengesetztes Epithel. Zwischen den Zylinderzellen liegen zahlreiche Becherzellen mit Schleimproduktion (Abb. 130). Unter dem Epithel weist Krause[94a] beim Hecht eine wie eine Basalmembran aussehende Schicht nach, die sich aber bei geeigneter Färbung als eine aus kontraktilen Fibrillen zusammengesetzte Muscularis mucosae bestimmen läßt. Darauf folgt eine Propria aus reticuliertem Gewebe mit zahlreichen Mastzellen und eine nicht sehr mächtige Submucosa aus faserigem Bindegewebe (Abb. 131). Die Muscularis besteht bei den meisten hier behandelten Fischen aus glatten Muskelfasern, die in einer breiten inneren Kreisfaserschicht und einer schmalen, beim Karpfen nur etwa ein Viertel so breiten, äußeren Längsfaserschicht angeordnet sind. Zwischen den Schichten liegt beim Hecht ein Plexus myentericus von sympathischen Nerven mit Ganglien, die besonders deutlich in absteigenden Darmschenkeln und am Enddarm nachweisbar sind. Außerhalb der Muscularis ist noch eine Serosa vorhanden.

Eine Besonderheit weist unter den Wirtschaftsfischen noch die wichtige Schleie insofern auf, als ihr Darm außer von der obenerwähnten Muskelschicht von einer zweiten Schicht gestreifter Muskelfasern umgeben ist, die ebenfalls in einer inneren Ring- und einer äußeren Längslage angeordnet sind. Eine besondere Beziehung dieser Erscheinung zur Funktion des Verdauungssystems hat sich nicht nachweisen lassen (Abb. 132a u. b).

Wo *Appendices pyloricae* vorhanden sind, werden sie als Darmausstülpungen betrachtet. Ihre innere Beschaffenheit und ihr geweblicher Aufbau entspricht gewöhnlich vollkommen dem Darmabschnitt, in welchen sie münden.

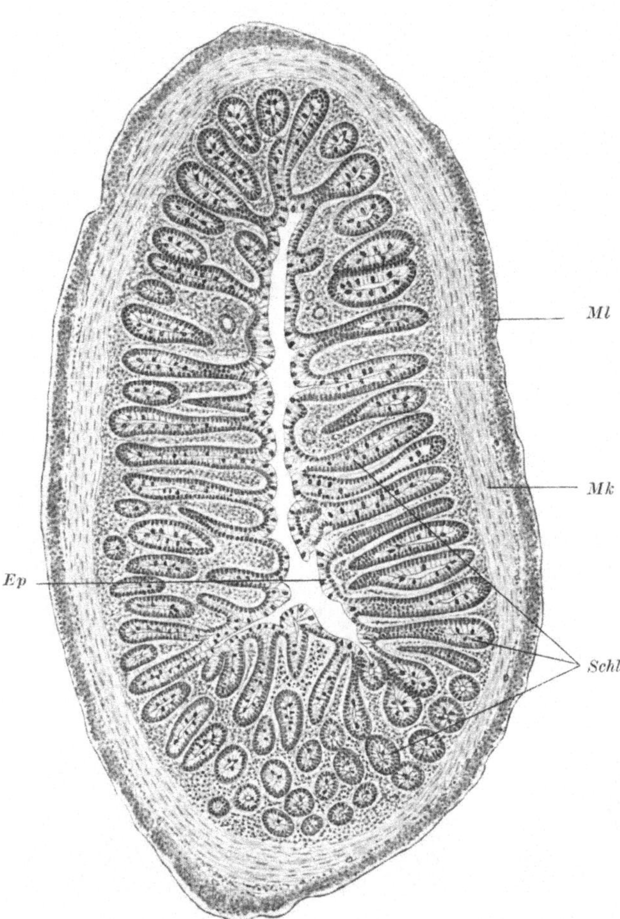

Abb. 130. Querschnitt durch den Darm eines Karpfens. *Ep* Epithel der Schleimhaut. Die schwarzen Punkte im Epithelsaume entsprechen den Becherzellen; *Schl* Drüsenschläuche der Schleimhaut, zum Teil längs, zum Teil quer getroffen; *Mk* Ringmuskelschicht; *Ml* Längsmuskelschicht. (Aus Fiebiger: Über den Körperbau des Karpfens.)

Nach PLEHN[143] wird durch diese Blindschläuche nicht nur die Verdauungs-
fläche des Darms vergrößert, sondern auch Nahrung resorbiert.

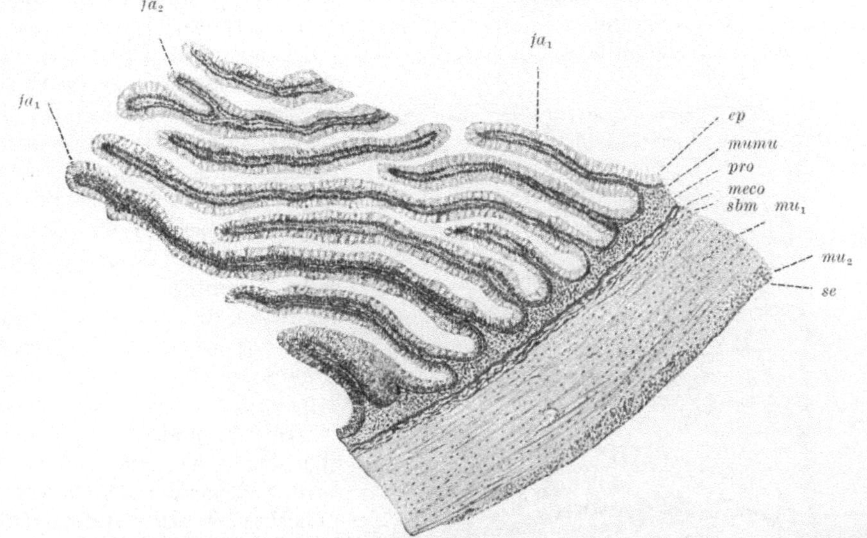

Abb. 131. Hecht. Mitteldarm (Querschnitt). *fa₁* primäre, *fa₂* sekundäre Darmfalten; *cp* Darmepithel; *mumu* Muscularis mucosae; *pro* Propria; *meco* Membrana compacta; *sbm* Submucosa; *mu₁* zirkuläre, *mu₂* longitudinale Schicht der Muscularis; *se* Serosa. (Aus KRAUSE⁹⁴ᵃ.)

Das *Darmrohr* zeigt bei allen Fischen in seiner ganzen Ausdehnung, abgesehen
von der Magenbildung, die gleiche Struktur. Funktionelle Verschiedenheiten der
verschiedenen Darmpartien lassen sich
im geweblichen Aufbau nicht feststellen.

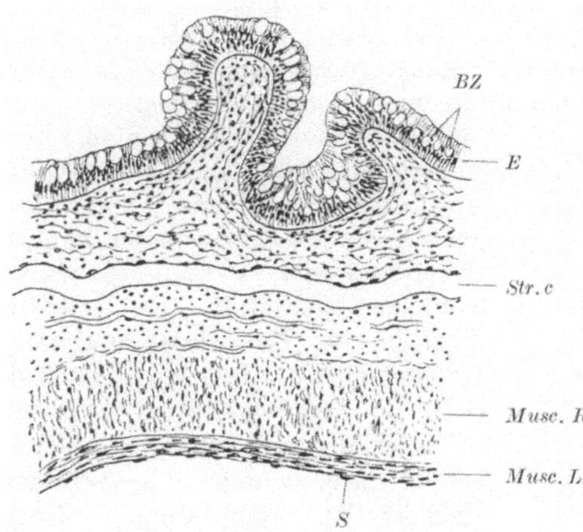

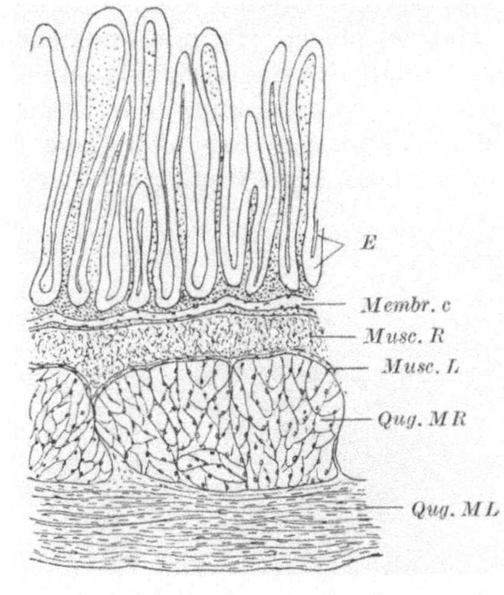

Abb. 132a. Längsschnitt aus dem Dünndarm der
Forelle. *E* Oberflächenepithel; *BZ* Becherzellen;
Str. c. Stratum compactum; *Musc. R.* Ring- und
Musc. L Längsschicht der Muscularis; *S* Serosa.
Vergrößerung 108fach. (Aus OPPEL: Lehrbuch
der vergleichenden mikroskopischen Anatomie.)

Abb. 132b. Längsschnitt durch den Anfangteil des
Darmes von Tinca vulgaris. *E* Darmepithel; *Membr. c*
Stratum compactum; *Musc. R* Ringmuskelschicht
(glatt); *Musc. L* Längsmuskelschicht (glatt); *Qug. MR*
Ringsschicht quergestreifter Muskeln; *Qug. ML*
Längsschicht quergestreifter Muskeln. Vergröße-
rung 20fach. (Aus OPPEL: Lehrbuch der ver-
gleichenden mikroskopischen Anatomie.)

Die das Darmrelief bildenden Falten werden lediglich gegen den After zu niedriger und rücken weiter auseinander. Der After selbst ist nach KRAUSE noch voll-

kommen mit Darmepithel ausgekleidet. An seinem äußeren Rande geht das Darmepithel unvermittelt in die Epidermis über (Abb. 133, 134).

Die *Leber der Fische* zeigt im geweblichen Aufbau bei allen Arten überaus weitgehende Übereinstimmung, im Gegensatz zu der sehr wechselnden äußeren Form, und dem ebenfalls wechselnden äußeren Aussehen der Drüsensubstanz.

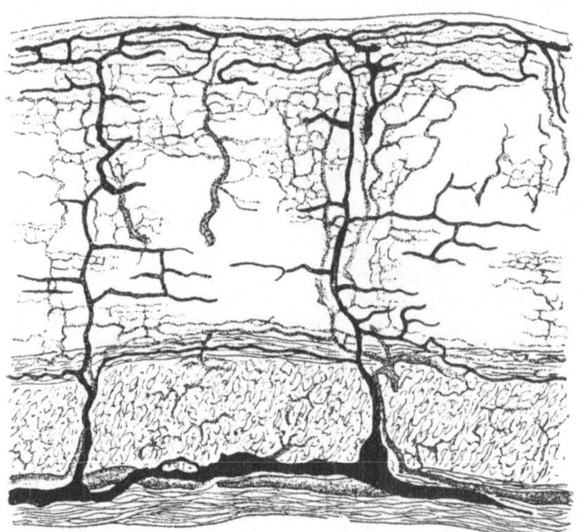

Abb. 133. Kammartiges Schleimhautblatt aus der oberen Darmhälfte von Chondrostoma nasus. Lymphgefäße schwarz, Blutgefäße gekörnt. *a* muskulöse Längsfaserschicht des Darmrohres; *b* die quere Muskelschicht. (Nach Langer aus Oppel[137a].)

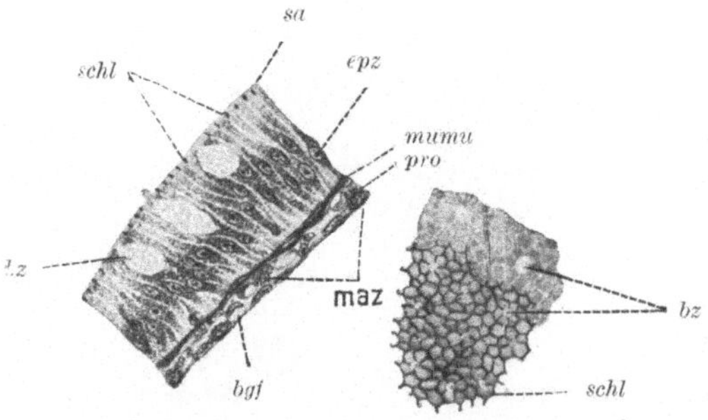

Auch mit dem sonst im Wirbeltierkreise zu beobachtenden Bau des Lebergewebes stimmen die Fische ziemlich vollkommen überein (Riggert[152], Plehn[143a]). Das Leberparenchym läßt eine Sonderung in Läppchen häufig nicht erkennen, da die Balken, zu denen die Zellen angeordnet sind, vor allem im Inneren des Organs so eng zusammenschließen, daß sie nicht voneinander zu trennen sind. An der Leberoberfläche ist eine Serosa mit darunterliegender bindegewebigen Leberkapsel zu unterscheiden, deren Bindegewebe ohne scharfe Abgrenzung in das eigentliche Leberbindegewebe übergeht. Die interlobulären Gänge sind mit einem niedrigen Zylinderepithel ausgekleidet und von einer dünnen bindegewebigen Propria umgeben. Die großen Gänge senden primäre und sekundäre Zweige aus, die schließlich zu den Gallencapillaren werden, deren epitheliale Auskleidung die Leberzellen selbst sind. Die Leberbalken als Hüllen der Gallencapillaren bilden ein anastomosierendes Netzwerk. Die Leberzellen selbst sind kegelförmig, mit der Gallencapillare zugewendeten Spitzen. Sie enthalten zahlreiche Fettropfen. Die Leberbalken sind von einem Gitterwerk bindegeweblicher Fasern umgeben, die zwischen ihnen befindlichen Maschen werden von Blutcapillaren ausgefüllt. Im Ductus hepatici, der *Gallenblase* und dem D. choledochus finden wir als Epithel eine einfache Schicht hoher Zylinderzellen mit schmalem, homogenem Cuticularsaum und einzelnen Becherzellen dazwischen. Nach außen folgt eine dünne bindegewebige Propria und eine Schicht glatter Ringmuskelfasern.

Abb. 134. Hecht. Darmepithel (a im Querschnitt, b im Flachschnitt). *bz* Becherzellen; *schl* Schlußleisten; *sa* Stäbchensaum; *epz* Epithelzellen; *mumu* Muscularis mucosae; *pro* Propria; *bgf* Blutgefäße; *maz* Mastzellen. (Aus Krause[94a].)

Das *Pankreas der Fische* ist in seiner Ausbildung, wie schon oben erwähnt, makroskopisch außerordentlich verschieden. Im geweblichen Aufbau kann es charakterisiert werden als zusammengesetzte, verzweigt alveoläre Drüse. Ihr Bau wird von Krause[94a] beim Hecht, der hier als Beispiel dienen kann, wie folgt beschrieben: „Die Alveolen sind länglich und besitzen ein außerordentlich enges

Lumen, das auch hier eine Auskleidung mit zentroacinären Zellen erkennen läßt. Die sezernierenden Zellen sind zylindrisch oder kegelförmig. Der Kern liegt basal in einer Zone verdichteten Protoplasmas, der ganze übrige Zelleib ist bis zum Lumen gefüllt mit groben Sekretkörnchen. Da sie sich mit Eisenhämatoxylin nur sehr schwach färben, so erscheint der größte Teil der Zelle hell, blaß gefärbt."

„Die LANGERHANSschen Inseln finden sich als Zellkomplexe, die, scharf gegen das übrige Parenchym abgesetzt, sich von diesem durch Bau und Färbung gut abheben. Sie nehmen rostralwärts an Zahl und Größe bedeutend zu, so daß sie

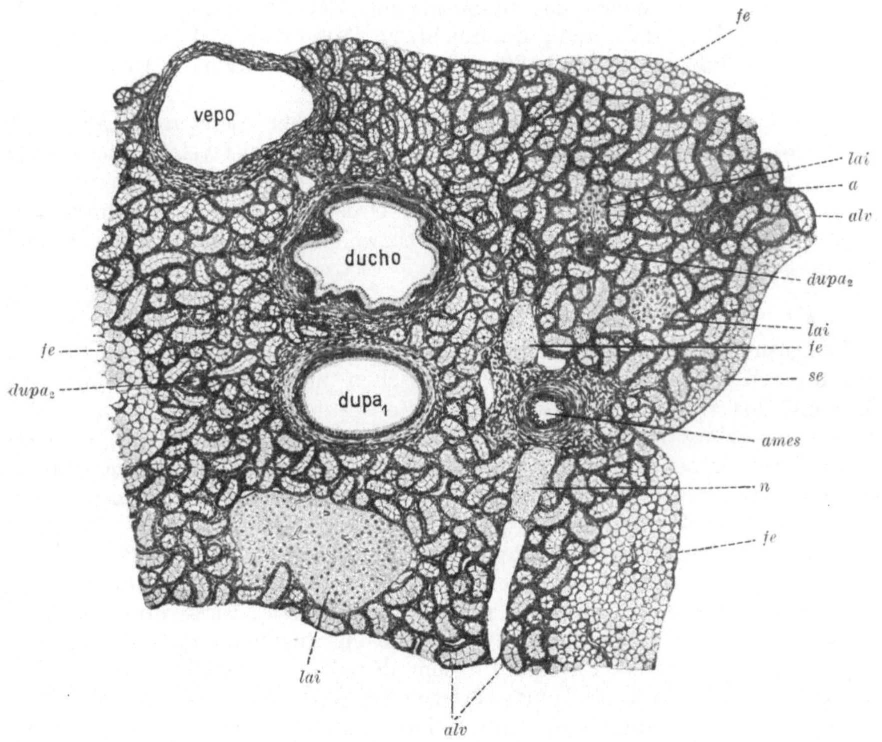

Abb. 135. Hecht. Pankreas. *fe* Fettgewebe; *lai* LANGERHANSsche Inseln; *a* Arterie; *alv* Alveolen; *dupa₂* kleine Ausführungsgänge; *se* Serosa; *ames* Darmarterie; *n* Nerv; *dupa₁* Ductus pancreaticus; *ducho* Ductus choledochus; *vepo* V. portae. (Aus KRAUSE[94a].)

das übrige Parenchym stark verdrängen, caudalwärts werden sie kleiner und seltener. Die Inseln bestehen aus einem Netzwerk solider Zellbalken, zwischen denen außerordentlich zahlreiche Blutcapillaren verlaufen. Die Zellen zeigen die verschiedensten Formen, sie sind bald spindlig, bald polygonal. Von den sezernierenden Zellen der Alveolen unterscheiden sie sich dadurch, daß sie keine groben Sekretkörner besitzen. Ihr Protoplasma ist hell und licht und in wechselndem Grade von feinsten Körnchen durchsetzt. Färben wir mit Kresylviolett, so nehmen die dicken Sekretkörner der Alveolenzellen eine tiefblaue Farbe an, sie sind stark acidophil. Die feinen Körnchen der Inselzellen dagegen erscheinen lichtrot, sie sind schwach basophil. Die ersteren färben sich mit Eisenhämatoxylin fast gar nicht, die letzteren recht intensiv. Die Kerne der Inselzellen sind ungefähr von gleicher Größe wie die der Alveolenzellen, aber viel lichter, chromatinärmer (Abb. 135)."

Mangold, Handbuch III.								39

2. Die physiologischen Funktionen und Leistungen der Verdauungsorgane.

a) Mundhöhle, Pharynx, Oesophagus.

Eine Speichelproduktion im Sinne der Lieferung eines Stärke angreifenden Ferments findet bei den Fischen nicht statt. Die vorhandenen, zwischen den „Geschmackspapillen" reichlich eingelagerten einzelligen Drüsen dienen lediglich der *Schleimabsonderung* und sind nach Rauther[150] in Übereinstimmung mit allen Autoren als identisch mit den Schleimzellen des Körperepithels zu betrachten, welches sich ohne wesentliche Veränderung bis in den Oesophagus hinein fortsetzt. Die Untersucher des *Gaumenorgans* der Cypriniden weisen insbesondere darauf hin, daß auch die reichliche Ausstattung dieses Organs mit Schleimdrüsen offenbar ausschließlich dem Schluckakte diene (Zander, Fudakowski[55]).

Daß bei den mit echtem Magen versehenen Fischen die saure Reaktion der Magenschleimhaut sich gelegentlich schon im Oesophagus zeige, wie Decker (Zit. b. Biedermann) es vom Aal angibt, und daß demgemäß schon hier auch Pepsin auftreten kann, obwohl mehrzellige Drüsen in diesem Abschnitt noch durchaus fehlen, wird von Biedermann[15] bezweifelt und ist auch später nicht bestätigt worden.

b) Drüsenmagen.

Mit Ausnahme der Cypriniden besitzen die hier zu behandelnden Nutzfische sämtlich einen *Drüsenmagen*. (Die anatomischen und geweblichen Befunde vgl. oben S. 595, 604.) Von den Drüsen selbst (ältere Autoren vgl. bei Biedermann in Wintersteins Handbuch, dort auch das Schrifttum bis 1910) wird der *Magensaft* mit einer *Protease* peptischen Charakters geliefert, die heute auch bei den Fischen allgemein als „*Pepsin*" bezeichnet wird. Ob das Pepsin des Fischmagens mit dem der höheren Wirbeltiere in jeder Beziehung identisch ist, steht dahin. Biedermann neigt dazu, auf Grund der Befunde von Hammarsten (Zit. b. Biedermann) beim Hecht im Gegensatz zu älteren Autoren (Richet, Krukenberg), aber in Übereinstimmung mit Hoppe-Seyler, Fick und Murisier, eine spezifische Verschiedenheit in der Richtung anzunehmen, daß bei gleich niedriger Temperatur das Fischpepsin dem der Warmblüter in bezug auf die Geschwindigkeit der Eiweißlösung überlegen sei. Vonk, der neuerdings[210, 211, 212] die Frage wieder in Angriff genommen hat, kommt jedoch zu dem Ergebnis, daß die Verdauung der Fische, auch hinsichtlich der Magenverdauung, *in den wesentlichen Zügen genau wie bei den höheren Wirbeltieren verläuft.* Er vergleicht das Pepsin vom Hecht mit den Pepsinen von Acanthias, Frosch, Schildkröte und Schwein. *Die p_H-Optima liegen gleichmäßig in der Nähe von 2.* Die relativ ungünstigen Bedingungen hinsichtlich der Wirksamkeit des Pepsins, die beim Hecht dadurch gegeben erscheinen, daß der p_H-Wert des Mageninhalts = 4,7 — 4,5 festgestellt wird, ein Wert, bei dem das Pepsin für die höheren Eiweißkörper bereits an der Grenze seiner Wirksamkeit angelangt ist, sollen dadurch ausgeglichen werden, daß die an der Magenwand *anliegende* Schicht der unzerkleinert verschlungenen Beute (ganze Fische von meist erheblicher Größe) einen niedrigeren p_H-Wert annehmen kann, ferner dadurch, daß der relative Enzymgehalt der Magenschleimhäute beim Hecht ein besonders hoher ist (60 im Verhältnis zu 15 beim Schwein). Was die Wirkungsintensität des Fisch-, insbesondere des Hecht-Pepsins bei verschiedenen Temperaturen anbetrifft, so scheint es sich tatsächlich nach Krukenberg und Knauthe[87] von dem der Warmblüter nicht zu unterscheiden. Zusammenfassend wird man daher feststellen können, daß nach den, allerdings bisher meist unter vergleichend physiologischen

Gesichtspunkten und wenig systematisch angestellten, noch sehr der Erweiterung bedürftigen Untersuchungen die eiweißverdauenden *Proteasen peptischer Natur aus dem Drüsenmagen* der als Wirtschaftsfische in Frage kommenden Knochenfischarten den bekannten Pepsinen der höheren landwirtschaftlichen Nutztiere entsprechen. Soweit Feststellungen im einzelnen (VONK[210, 212]) vorliegen, scheinen die Erfahrungen der Autoren eher gegen als für das Vorkommen echter spezifischer Verschiedenheiten zu sprechen.

Die *Dauer der Magenverdauung* stellt VONK beim Hecht auf drei bis fünf Tage fest. Bei Kleintierfressern und jungen Fischen kann sie erheblich kürzer sein (WOHLGEMUTH[233]). Sie ist, wie bei den höheren Tieren, durch die erste Abbaustufe, die Einwirkung des Pepsins auf das „native Eiweiß" begrenzt, was auch allgemein für die Magenverdauung der übrigen Nutzfische, insbesondere der Salmoniden, gelten dürfte.

c) Darm mit Anhangsdrüsen (Hepatopankreas).

Die älteren Autoren, mit Einschluß von KNAUTHE (vgl. die Darstellung bei BIEDERMANN[15] in Wintersteins Handbuch) glaubten ziemlich übereinstimmend bei ihren Untersuchungen der verschiedenen Abschnitte des Darmes bei Knochenfischen, sowohl magenlosen, als solchen mit Drüsenmagen, Anzeichen der Lieferung *tryptischer und fettspaltender Fermente* aus der *Darmmucosa* zu finden (LUCHAU, HOMBURGER, KRUKENBERG, PANCRITIUS, KNAUTHE, Lit. s. b. BIEDERMANN). Als Entstehungsort wurden dabei die LIEBERKÜHNschen Drüsen angenommen. Die verdauende Wirkung der Darmschleimhaut sollte dabei in den einzelnen Darmabschnitten verschieden stark, nach dem Enddarm zu allmählich abnehmend, festzustellen sein. Doch hat bereits BIEDERMANN Bedenken gegen diese Ergebnisse geltend gemacht, da es ihm fraglich erscheint, ob die beobachteten Verdauungswirkungen, trotzdem z. B. von KNAUTHE mit aller Vorsicht verfahren wurde und nur die abgelöste Darmschleimhaut zur Verwendung kam, wirklich dem Sekret des Darmepithels zuzuschreiben wären, und nicht vielmehr auf Enzyme zurückzuführen sind, welche mit dem Pankreassaft in den Darm gelangen und der Schleimhaut anhaften. VONK[211] glaubt dementsprechend auf Grund seiner neueren Arbeiten, in der Darmwand selbst (bei Hecht und Karpfen) lediglich *Erepsin* und *Enterokinase* nachweisen zu können, während er die Mengen der tryptischen Fermente im Darm so gering findet, daß es sich dabei nur um adsorbierte Fermente handeln könne (vgl. auch POLIMANTI[146]).

Die *Durchgangszeiten durch den Magen-Darmtractus* sind nach SCHEURING[161] im wesentlichen von den beiden Faktoren der Temperatur und des Füllungsgrades abhängig. Sie folgen bei gleichem Füllungsgrade im allgemeinen der VANT HOFFschen Regel, welche überhaupt, wie ja nicht anders zu erwarten, einen erheblichen Einfluß auf die Verdauungsvorgänge der Fische als ausgesprochen wechselwarmer Tiere zu besitzen scheint (vgl. auch KROGH[95, 96]).

Was die *Leber* anbetrifft, so ist ihre Verdauungsfunktion bei den Nutzfischen stets zusammen mit derjenigen des *Pankreas* untersucht worden, vor allem bei den älteren Autoren, bei denen die Lieferung der Verdauungsfermente im Vordergrund stand, und auch weil eine völlig zuverlässige mechanische Trennung von Leber- und Pankreasgewebe bei den meisten Fischen (vgl. oben) technisch nicht möglich erscheint. Erst im Zusammenhange mit den Insulinstudien der neueren Zeit ist das Pankreas auch bei Fischen besonderen Versuchsreihen unterworfen worden, die bei einigen der Hauptnutzfische (Karpfen, Hecht) zu einer genaueren Kenntnis der von dort gelieferten besonderen Fermente geführt haben. Soweit die *Galle* bei Nutzfischen untersucht ist (HATAKEYAMA und OKAMURA[71], MACKAY[122], HOSOKAWA[78]), haben sich stets *Cholsäure*, bei den Cypriniden auch *Taurocholsäure* nachweisen lassen. Hinsichtlich ihrer Rolle bei der Verdauung, ebenso als *Fett-* und *Glykogenspeicher* (Plehn[143a]) unterscheidet sich also die Leber der wirtschaft-lichen Nutzfische nicht wesentlich von derjenigen der höheren Wirbeltiere, was im übrigen auch mit den histologischen Befunden übereinstimmt. Qualitative Analyse der *Leberfette* ergibt bei Fischen nach Millot[130] hauptsächlich neutrale Fette, wenig Cholesterin und phosphorhaltige Lipoide. Nach Plehn[145a] besteht das normale Leberfett gesunder Fische (Salmoniden, Hecht) nach seinen mikro-chemischen Reaktionen aus *Glycerinestern,* daneben finden sich *Cholesterinester* und *Cholesteringemische* sowie *Phosphatide.* Im einzelnen scheinen allerdings grade hinsichtlich der Zusammensetzung und physiologischen Bedeutung der Leberfette bei den Fischen Verschiedenheiten vorzuliegen, die auf artenmäßig wirksame, ja sogar auf individuelle Faktoren zurückgehen können und die be-sonders auch bei Zuchtfischen und künstlich gefütterten Fischen sehr stark von den Haltungsbedingungen abhängen dürften. Das ganze Gebiet ist bis in die neueste Zeit hinein noch sehr ungenügend bearbeitet. Nach Plehn kann man daher in der Fischphysiologie in diesem Sinne nie von der Leber im allgemeinen sprechen, auch nicht von der Leber der Knochenfische, nicht einmal von der einer kleineren Gruppe, z. B. der Physostomen! Man wird vielmehr genötigt sein, die verschiedenen Familien einzeln zu untersuchen, da das Mikroskop selbst innerhalb der letzteren Verschiedenheiten zeigt.

Das *Pankreas,* bei den Fischen, vor allem den wirtschaftswichtigsten Cypri-niden, als *Hepatopankreas* (s. o.) entwickelt, ist im Hinblick auf seine Funktion bei der Verdauung unter den älteren Autoren hauptsächlich von Knauthe unter-sucht worden, dessen Arbeiten unter der Leitung von Zuntz trotz mancher Kritikbedürftigkeit (Krüger[96a]) grundlegend geblieben sind, vor allem da sie, was bisher überaus selten ist, unter angewandt-wirtschaftlichen Gesichtspunkten ausgeführt wurden.

Die von Knauthe[87] geprüften Extrakte zeigten zunächst die normale, durch Galleneinwirkung noch verstärkte *Trypsinwirkung,* die auch bei künstlichen Futtermitteln eine sehr vollständige Ausnützung des Eiweißes bewirkte. Bei der Prüfung der *diastatischen Fermente* glaubte Knauthe beim Karpfen ein Tempe-raturoptimum bei 23° C nachweisen zu können, doch ist die Beweiskraft gerade dieser Versuche später, wie Biedermann meint, mit Recht angezweifelt worden, da das beigebrachte Zahlenmaterial zu wenig eindeutig erscheint. Knauthe ging auch, auf Grund von Beobachtungen am Darminhalt der Karpfen, in welchem häufig Pflanzenteile und pflanzlicher Detritus eine nicht unbedeutende Rolle spielen, von der Annahme aus, daß ein *Cellulose spaltendes Emzym* auffindbar sein müsse, und glaubte auch in einigen Versuchsergebnissen positive Belege nach dieser Richtung gefunden zu haben, doch sind diese bei später erfolgter Nach-untersuchung nicht bestätigt worden. Die Frage, ob der Karpfen normalerweise pflanzliche Rohstoffe bei seiner Verdauung wirksam zu verwerten vermag, ist daher zur Zeit noch nicht mit Sicherheit zu beantworten. Vonk[210], der m. W. seit Knauthe und Polimanti[146] der einzige ist, welcher, obwohl ebenfalls haupt-sächlich vom vergleichend-physiologischen Standpunkt aus, die Fischverdauung systematisch bearbeitet hat, stellt fest, daß *Maltase* und *Saccharase* bei den Fischen über den ganzen Darm verbreitet sind, daß jedoch sowohl *Amylase* wie *Maltase* in dem Pankreas ihre alleinige Bildungsstätte haben. Dabei ist Amylase das Haupt-produkt, welches in einer 25 mal größeren Konzentration als Maltase im Pankreas vorhanden ist. Beim Vergleich einzelner Gruppen miteinander ergeben sich auch hier starke funktionelle Verschiedenheiten, bedingt durch die spezifische Er-nährungsweise. So konnte festgestellt werden, daß der Karpfen, vorwiegend Kleintierfresser, ohne echte Magenverdauung, 1500 mal mehr *Amylase* im Pankreas besitzt als der rein fischfressende Hecht. *Invertase* und spezielle *Glykogenase* konnten bei den untersuchten Formen (Karpfen und Hecht) nicht nachgewiesen werden. Von *proteolytischen Enzymen* fand VONK *im Pankreas Trypsinogen* und geringe Mengen von *Erepsin*. Im ganzen kommt VONK zu dem Schluß, daß entgegen manchen Anschauungen der älteren Autoren, *ein prinzipieller Unterschied in der Verdauung gegenüber den höheren Wirbeltieren bei den Fischen nicht anzunehmen sei*. Besondere Züge bildeten lediglich die gemeinsame auf die Pankreas beschränkte Entstehung der *Karbohydrasen* und die „magenlose" Verdauung bei den Cypriniden, sowie überhaupt die Aciditätsverhältnisse des Magens. Im übrigen wirkten aber sowohl die kohlehydratspaltenden wie die eiweißspaltenden Fermente in der gleichen Weise, wie bei den höheren Wirbeltieren, und seien im ganzen auch ebenso lokalisiert. Bemerkenswert ist jedoch, daß nach diesen Untersuchungen die Fermente im Magen und Darmtractus der Fische vielfach bei einer Wasserstoffionenkonzentration wirken müssen, welche dem sonst festgestellten Wirkungsoptimum nicht entspricht. Der p_H-Wert des Magen- und Darminhalts liegt nämlich höher als der optimale p_H-Wert für die betreffenden Fermente (vgl. die Angaben bei der Magenverdauung für den Hecht). VONK vermutet daher das Vorhandensein von Faktoren, welche auch bei weniger günstigen *Reaktionsbedingungen* bei den Fischen noch eine ausreichende Wirksamkeit der Verdauungsfermente gewährleisten.

Für den Aal (Anguilla japonica) sind die entsprechenden Werte für die Pankreasamylase von OYA, KAWAKAMI und SUZUKI[139] untersucht worden. Hier zeigte sich das Temperaturoptimum für Amylase zu 36—37⁰ C, das Optimum des p_H-Wertes zu ca. 6,5, für das Trypsin das Temperaturoptimum zu ca. 40⁰ C, das Optimum des p_H-Wertes zu 7—8. Wieweit diese Werte auch für den europäischen, im übrigen nahe verwandten Aal Gültigkeit haben, bedarf noch der Nachprüfung. (Vergleichenderweise sei hier auch noch auf die Arbeiten von BABKIN und BOWIE[8] am Verdauungssystem von Fundulus hingewiesen.)

Was die Funktion des *endokrinen Anteils des Pankreas* anbetrifft, so sind die LANGERHANS*schen Inseln* bei den Fischen bisher lediglich histologisch und bei einigen besonders geeigneten Arten, zu denen aber unsere Wirtschaftsfische nicht gehören, histochemisch untersucht worden. Der Nachweis, daß die Quelle des *Insulins* wirklich das Inselgewebe ist, gilt als geführt (BIERRY und KOLLMANN[16—18]), im übrigen sind keine Besonderheiten gegenüber den von den höheren Wirbeltieren her bekannten Verhältnissen festgestellt worden.

Die Pylorusanhänge, Appendices pyloricae, spielten lange Zeit bei dem Studium der Fischverdauung eine besondere Rolle, zumal diese auffälligen Bildungen (vgl. S. 596) gerade bei den Salmoniden, also bevorzugten Gegenständen der Teichwirtschaft und künstlichen Fischzucht, ins Auge fallen. Obwohl eine ganze Reihe von Spezialarbeiten aus älterer und neuester Zeit sich mit diesen Gebilden beschäftigen, ist es doch noch nicht gelungen, zu einer einwandfreien Vorstellung über ihre Funktion zu kommen. Während BOUDOUY[28] speziell bei der Bachforelle *tryptisches Ferment und Amylase* darin nachweisen konnte (auch OYA und HATANAKA[138] haben ein dem *Pankreastrypsin* ähnliches Ferment bei einem Meeresfisch [Scomber japonicus] in den Appendices aufgefunden), neigen heute die Autoren überwiegend dazu (PLEHN[143], CATTANEO[32]), die Blindsäcke lediglich für *hypertrophische Darmfalten* anzusehen, die, wenn ihnen überhaupt eine sezernierende und nicht bloß eine resorbierende Funktion zukommt, jedenfalls nicht von den aus den übrigen Teilen des Darmtractus bekannten Verhältnissen abweichen.

Als Derivat des Verdauungstractus in entwicklungsgeschichtlicher Beziehung ist hier auch noch die *Schwimmblase* zu erwähnen, über deren Funktion und Bau auch bei den Wirtschaftsfischen eine ganze Reihe von Arbeiten auch aus neuerer Zeit vorliegen (vgl. Hall[70], Muchina[133]). Doch spielt das Organ naturgemäß im Ernährungsstoffwechsel überhaupt keine Rolle, nur im Gasstoffwechsel insofern, als nach Hall[69] bei Cyprinus carpio und Perca flavescens beobachtet werden konnte, daß bei Sauerstoffmangel der Sauerstoff des Schwimmblaseninhalts vorübergehend zu Atemzwecken angegriffen werden kann.

Die Resorption der gelösten Nährstoffe durch das den Darm umgebende Gefäßsystem kann hier übergangen werden, da diese Verhältnisse keine Besonderheiten bei den in Frage kommenden Knochenfischen im Vergleich mit den höheren Wirbeltieren unter den landwirtschaftlichen Nutztieren aufweisen. Die Unterschiede in der Ausgestaltung des Capillar- und Lymphgefäßnetzes sind lediglich morphologischer Natur, bedingt durch die andersartige Form der Oberflächenvergrößerung des Darmepithels (mangelnde Zotten, statt dessen Falten- und Cryptenbildung) (Abb. 133).

D. Der Stoffwechsel bei den Fischen.

I. Das Verhältnis zwischen Ernährung und Wachstum bei den Wirtschaftsfischen.

Ein *fundamentaler Unterschied* zwischen den Fischen und allen anderen landwirtschaftlichen Nutztieren hinsichtlich ihrer *Nahrungswertung* ist durch die Tatsache gegeben, daß bei den Fischen mit Ausnahme weniger Arten, *nicht eine „Normalgröße" erreicht wird, bei welcher das Tier als „ausgewachsen" gelten kann.* Während bei den höheren Nutztieren nach Erreichung dieser Normalgröße, die ja meist ungefähr mit der Geschlechtsreife zusammenfällt, der für den Nutznießer wirtschaftlich wertvolle Nahrungsanteil nur noch in Form von Reservestoffen angelegt werden kann, bleibt beim Fisch, der ja in den meisten Arten überaus langlebig ist, ein dauernder Größenzuwachs bestehen. Hierbei findet zwar auch eine mit dem fortschreitenden Alter zunehmende *Ablagerung von Reservestoffen*, hauptsächlich von Fett, statt, doch spielt diese neben der *Gewichtszunahme durch Wachstum* eine untergeordnete Rolle (Abb. 136).

Mit Bezug auf den *Anwuchsstoffwechsel der Forellen* weist Schäperclaus[157] mit Recht darauf hin, daß auch die Neubildung an lebender Substanz eine zwar von verschiedenen Faktoren abhängige, darüber hinaus aber nicht nennenswert veränderliche Größe sei. Bei ungenügender Nahrungszufuhr wird zwar das Wachstum entsprechend geringer, aber eine noch so starke Überernährung über den Anwuchsbedarf hinaus vermag das Wachstum als solches nicht zu steigern. „Wenn Zuntz und Knauthe den Satz aufstellen konnten, daß sich bei dem im Wachstum befindlichen Fisch Fleisch ‚anmästen' lasse, so stützt sich diese Erfahrung auf die Tatsache, daß unter den gewöhnlichen Verhältnissen fast nie soviel Futter vom wachsenden Fisch aufgenommen wird, wie zur vollständigen Befriedigung seines Anwachsbedarfs notwendig wäre."

Schäperclaus gebraucht also hier den Begriff „*Anwuchsbedarf*" zur Bezeichnung der *physiologischen Wachstumsmöglichkeit* unter optimaler Kombination aller Faktoren, und diese ist, wie u. a. das Wachstum unserer Karpfen bei Verpflanzung nach heißen Ländern zeigt (Buschkiel[29]), tatsächlich für die meisten Fische innerhalb des biologischen Gleichgewichts und im gemäßigten Klima *nicht annähernd erfüllt*.

Charakteristisch für die Fische ist nun andererseits vor allem im Gegensatz zu den homoiothermen höheren Nutztieren, daß der *Stoffverbrauch*, von dem das individuelle Wachstum abhängt, sehr weitgehend ohne Schaden für den Organismus vermindert werden kann. Der Fischkörper hat die Fähigkeit, durch Einschränkung des *Anwuchs- und Ablagerungsstoffwechsels*, ja durch gänzliche Sistierung dieser Stoffwechselkomponenten, sich an eine Verminderung des Nahrungsangebots überaus weitgehend anzupassen und gleichzeitig den *Erhaltungsstoffwechsel* bis auf ein Minimum herabzusetzen, ohne daß eine eigentliche Schädigung des Gesamtorganismus zu erfolgen braucht. Dieses *geringe Vorwiegen des Wachstumsimpulses* gegenüber den anderen Faktoren, welche den Anwuchsstoffwechsel regulieren, führt dazu, daß von einem *Normalwachstum* bei den Wirtschaftsfischen nur in sehr weiten Grenzen überhaupt gesprochen werden

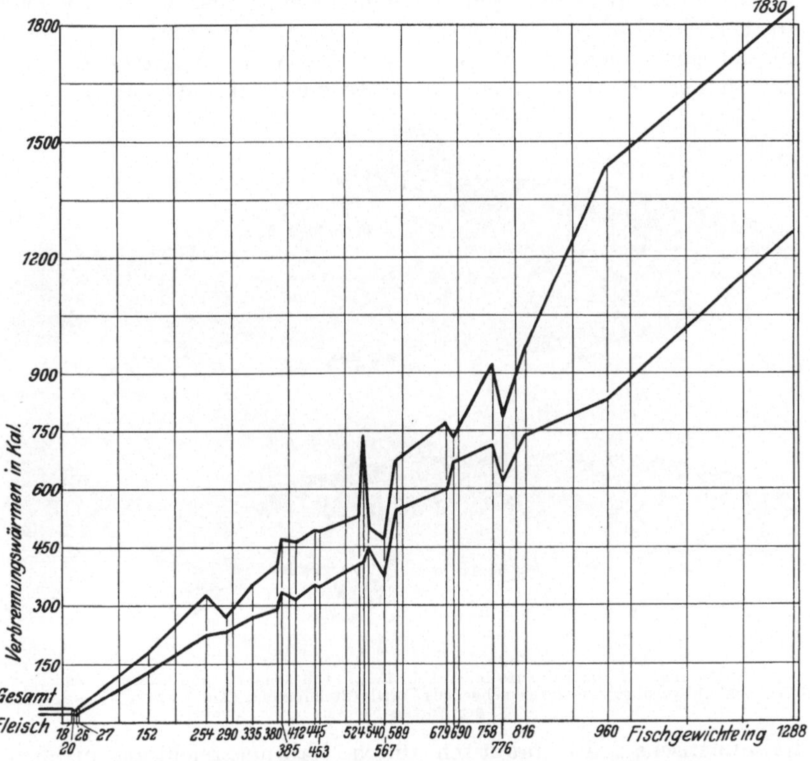

Abb. 136. Calorimetrische Kurve von Fischanalysen. Verbrennungswärme (für Fleisch bzw. Fleisch und Fett) in Abhängigkeit vom Körpergewicht (Lebendgewicht). $Nx\,36 \cdot 72 =$ Verbrennungswärme des Fischfleisches (Calorien). Fett $x\,9 \cdot 500 =$ Verbrennungswärme des Fischfettes (Calorien). (Nach Czensny[39a].)

kann, und daß man geradezu sagen kann, das individuelle Wachstum und dementsprechend die Gewichtszunahme eines Fisches sei in allererster Linie eine Funktion des Nahrungsangebots, wobei natürlich biologische Geeignetheit der angebotenen Nahrung („Hauptnahrung" vgl. S. 589) und die physiologische Möglichkeit zu ihrer vollen Ausnutzung vorausgesetzt werden muß. Ist daher in einem Gewässer der auf den einzelnen Fisch entfallende Nahrungsanteil infolge relativer Übervölkerung nur gering, so reagieren die Individuen darauf zunächst durch „Kleinbleiben", ohne daß dabei an sich „Hungerformen", d. h. magere Fische mit im Verhältnis zur Größe gering entwickelter Muskulatur zu entstehen brauchen.

Die Fische zeigen vielmehr dann häufig durchaus normale Formen, sind aber gering entwickelt im Verhältnis zu ihrem Alter und werden oft schon geschlechtsreif in einer Größe, welche sie nach den in den meisten Ländern geltenden gesetzlichen Bestimmungen nicht einmal als fangfähig erscheinen läßt. Diejenigen Erscheinungen, welche man als eigentliche *Hungerformen* bezeichnet, also Fischgestalten mit großem Kopf und mangelhaft entwickelter Körpermuskulatur (Abb. 137a, b), die man also als abgemagert ansehen kann, kommen demnach nicht eigentlich durch unzureichende Ernährung im allgemeinen Sinne zustande, sondern erfahrungsgemäß dadurch, daß diejenige Nahrungsmenge, auf die sich der Wachstumsimpuls infolge längerer Gewöhnung eingestellt hat, plötzlich vermindert wird. Daher sehen wir bezeichnenderweise solche „Hungerformen" besonders deutlich auftreten, wenn Jungfische, welche längere Zeit aus dem Dottersack leben, wie die Jugendstadien der Salmoniden, in der ersten Zeit nach dem Aufbrauchen des Dottersackes nicht die dem Dotterverbrauch entsprechende Nahrungsmenge aufnehmen können; (vgl. Gray[59]). *Typische Hungerformen* entstehen ferner, wenn in einem Gewässer die Ernährungsbedingungen zwar

Abb. 137 a.

Abb. 137 b.

Einfluß der Ernährung auf die Körperform.   Abb. 137a. Gut genährte und schnell gewachsene Forelle.
Abb. 137b. Schlecht genährte und zurückgebliebene Forelle (Steinforelle). (Aus Walter: Die Bewirtschaftung
des Forellenbaches.)

für die Jungfische, also praktisch durch Nahrungsreichtum in der Uferregion, relativ günstig sind, dagegen für die heranwachsenden älteren Jahrgänge nicht genügend Bodenfauna zur Verfügung steht, ebenso wenn Fische aus einem nahrungsreichen Gewässer künstlich in ein relativ nahrungsarmes verpflanzt werden, oder wenn künstliche Nahrungszufuhr (Fütterung) plötzlich abgebrochen wird. Hinsichtlich des Karpfens liegen über die Beeinflussung des Wachstumsimpulses durch absoluten Hunger einige Versuche von Podhradsky und Kostomarov[144] vor, die, übrigens entsprechend den allgemeinen Beobachtungen der Praxis, ergeben haben, daß das Längenwachstum auf Kosten der Reservestoffe und der Muskulatur sich hauptsächlich auf den Kopf und das Skelet erstreckt, und daß ein derartiges Wachsen ohne oder bei unzureichender Nahrungszufuhr die Gestalt des Fisches am meisten in den jüngeren Altersstadien zu beeinflussen geeignet ist, während später der Wachstumsimpuls ab-, die „Hungerfähigkeit" dagegen zunimmt.

Die Ausnutzung eines gegebenen Nahrungsangebots wird außerdem durch eine Reihe anderer Faktoren mitbestimmt, die also ebenso eine Einwirkung auf das individuelle Wachstum, aber immer vorwiegend auf dem Wege über die Ernährung, ausüben. Solche Faktoren sind in erster Linie die *Temperatur*, welche, wie wir sehen werden, Nahrungsaufnahme und Verarbeitung annähernd nach dem VANT' HOFFschen Gesetz reguliert, ferner der neuerdings besonders von WILLER[223, 225, 231,] genauer bearbeitete *Raumfaktor*, d. h. die relative Ausdehnung des Anteils am gemeinsamen Lebensraum für das Einzeltier, endlich die erblich fixierte Art- oder Rasseneigenschaft der „Schnellwüchsigkeit" und unter Umständen auch diejenigen Wachstumsregulierungen, welche durch bestimmte Hormone (SKLOWER[192, 193]) und Vitamine (HAEMPEL[65–68]) bedingt werden. Aber auch gegenüber diesen indirekt über das Nahrungsangebot hinweg wirksamen Einflüssen bleibt ja die Tatsache bestehen, daß die Intensität des lebenslänglichen Wachstums mindestens innerhalb jedes lokalen Wirtschaftsbetriebes für die dort in einem bestimmten geschlossenen Lebensraum befindlichen Fische durch das relative Nahrungsangebot bestimmt wird.

Aus diesem Grunde ist es erstens *nicht möglich, für das Wachstum der Wirtschaftsfische allgemeingültige Normalwerte anzugeben.* Es können vielmehr lediglich regionale Optimalwerte rein empirisch gefunden werden, die dann der Wirtschaft zugrunde gelegt zu werden pflegen.

Zweitens aber hat es der Wirtschafter auf dem Wege über das durch Bestand, Besatzstärke oder Zufütterung willkürlich zu regelnde Nahrungsangebot in der Hand, den Stückzuwachs seiner Wirtschaftsfische in der Zeiteinheit sehr weitgehend nach seinen Bedürfnissen zu bestimmen. Sein Ziel wird dabei sein, das Gesamtnahrungsangebot und alle dessen Ausnutzung bedingenden Faktoren so zu gestalten, daß sich eine für das betreffende Klima optimale Intensität des Anwuchsstoffwechsels hinsichtlich des gesamten Fischbestandes ergibt (optimaler Flächenzuwachs) und daß damit gleichzeitig ein dem Wirtschaftsplan entsprechendes individuelles Wachstum des Einzelfisches unter den gegebenen Verhältnissen (Stückzuwachs) verbunden ist.

Andererseits zeigen gerade die beim Karpfen besonders gut beobachteten individuellen Wachstumsverhältnisse, wie stark das Wachstum von den obenerwähnten Bedingungen beeinflußt werden kann, wenn wir erfahren, daß der gleiche Wachstumsgrad, der in unseren Breiten optimal in drei Jahren erreicht wird, in Südeuropa nur zwei, in den Tropen (Java) sogar nur ein Jahr zu seiner Vollendung bedarf.

In der Praxis spielt ferner noch die Frage nach der „*Wirtschaftlichkeit*" des *jeweiligen Wachstumsstadiums der Fische* eine große Rolle. Die bekannte Erscheinung, daß ein junger Organismus relativ viel schneller wächst als ein älterer, ist gerade bei den meist lebenslänglich an Größe zunehmenden Fischen sehr ausgeprägt. Beim Karpfen, bei dem die durchschnittlichen Wachstumsverhältnisse in unseren Breiten aus den zahlreichen teichwirtschaftlichen Beobachtungen am besten bekannt sind, finden wir Werte, die infolge der jugendlichen Schnellwüchsigkeit dieses Fisches besonders bezeichnend sind. Er nimmt normalerweise bei uns als Teichfisch im ersten Lebensjahre von 0 bis auf 50, selbst bis 100 g zu, im zweiten von 50 oder 100 bis auf 500, im dritten von 500 bis auf 1500, Zahlen, die deutlich das *rapide Sinken der Wachstumskurve* zeigen.

Der junge Fisch verbraucht also zwar infolge seiner relativ größeren Oberfläche mehr Nahrung pro Gewichtseinheit als der ältere, er setzt aber infolge seines unvergleichlich viel schnelleren Wachstums von dieser Nahrungsmenge in der Zeiteinheit einen größeren Anteil in Zuwachs, also in einen wirtschaftlichen Wert um, als der alte. Der Punkt, an welchem der Anteil des *Betriebsstoffwechsels* trotz seiner sinkenden Tendenz den des schneller sinkenden *Baustoffwechsels* soweit überwiegt, daß der Fisch absolut unwirtschaftlich wird, ist bei den einzelnen Arten verschieden und bisher nicht mit wissenschaftlichen Methoden untersucht.

Bei dieser Abhängigkeit des Wachstums beim Nutzfisch von eben den Ernährungsverhältnissen, insbesondere vom quantitativen Nahrungsangebot, ergeben sich hinsichtlich der wirtschaftlichen *Regulierung zwischen Fischbestand und Nahrungsmenge* zwei wissenschaftliche Arbeitsgebiete, die ihrerseits durch die beiden Hauptwirtschaftsformen in vollkommen bewirtschaftbaren Gewässern, Teichwirtschaft und Fischwirtschaft, bedingt sind.

In der *Fischwirtschaft in natürlichen Gewässern*, besonders den bewirtschaftbaren Seen, handelt es sich zunächst um die Feststellung der *örtlichen*, auf dem biologischen Gleichgewicht zwischen Produzenten und Konsumenten beruhenden *Wachstumsverhältnisse der einzelnen Wirtschaftsfischarten*. Ferner muß auf irgendeine Weise das vorhandene natürliche Nahrungsangebot quantitativ ermittelt werden können. Endlich muß dieses Nahrungsangebot zu den örtlichen Wachstumsdaten und dem Fischereiertrage in ein übersichtliches, berechenbares Verhältnis gebracht werden können, um daran die Intensität des Wirtschaftsverfahrens zu messen und zu prüfen. Für den teichwirtschaftlichen Betrieb stellen sich die Aufgaben anders. Hier kann das *individuelle Wachstum* der Fische innerhalb der einzelnen Altersklassen durch *unmittelbare Beobachtung* festgestellt werden. Auch ist es bei den verhältnismäßig kleinen Flächen bei weitem leichter, durch geeignete Untersuchungen ein zutreffendes Bild von dem vorliegenden Angebot an Naturnahrung zu erhalten. Die Menge des gegebenen Kunstfutters ist selbstverständlich genau bekannt. Hier wird aber, da überhaupt kein biologisches Gleichgewicht besteht, sondern der Fischbestand eine ganz willkürlich zu regelnde Größe darstellt, die richtige Anpassung gerade dieser Größe an das Nahrungsangebot in viel genauerer Weise als in der Seenbewirtschaftung oder in der Bewirtschaftung der Forellenbäche erforderlich sein. Daher spielt in der Teichwirtschaft die *genaue Besatzregelung* und die Frage der *optimalen Ausnutzung der gegebenen Futtermenge* durch den einzelnen Fisch eine viel größere, spezialisiertere Rolle als bei der Seenbewirtschaftung. Es ist deshalb auf diesem Gebiet nicht nur die Beziehung zwischen Wachstumsgeschwindigkeit und Fraßraum des einzelnen Fisches studiert worden, sondern es hat hier auch zuerst die Erforschung des *Gesamtstoffwechsels beim Einzeltier* eingesetzt, in der gleichen Weise und mit den gleichen Zielen, wie bei den höheren landwirtschaftlichen Nutztieren, da hier ja nicht wie bei der Bewirtschaftung natürlicher Gewässer der einzelne Fisch lediglich natürlicher *Bestandesrepräsentant* ist, sondern bereits in viel höherem Grade, wenn auch vielleicht nur als Vertreter seiner Jahresklasse und Rasse, der *unmittelbaren* Fürsorge des Wirtschafters unterliegt.

Wir werden daher mit Bezug auf beide Wirtschaftsarten zusammenfassend vier Arbeitsgebiete der angewandt-wissenschaftlichen Forschung unterscheiden können, die sich allmählich herausgebildet haben und die ziemlich scharf auch methodisch voneinander abgegrenzt sind:

1. *Die Bestimmung von Alter und Wachstum der Fische in örtlich vorhandenen natürlichen Beständen.*

2. *Die Ermittlung des natürlichen Nahrungsangebots in den bewirtschaftbaren Fischgewässern* durch Feststellung der *Besiedlungsdichte* an niederen Tieren, und Erforschung der *quantitativen Beziehung zwischen diesem Nahrungsangebot und dem verwertbaren Teil des Fischbestandes* (Fischertrag).

3. Die Ermittlung der *genaueren Beziehungen* zwischen *Besatzstärke* und *Wachstum* des Individuums einerseits sowie dem *Flächenertrage* andererseits bei *gegebener Nahrungsmenge* und *gegebenen Qualitäten des Fischbestandes in der Teichwirtschaft.*

4. Die Beziehungen zwischen der *Qualität der Nahrung*, insbesondere der *künstlichen Futtermittel* und dem Wachstum des einzelnen Fisches in der Teichwirtschaft (*Futterkoeffizient und Gesamtstoffwechsel der Teichwirtschaftsfische*).

Die *Bestimmung von Alter und Wachstum* der örtlich vorhandenen Fischbestände nach Jahresklassen innerhalb der einzelnen wirtschaftswichtigen Arten wird heute in großem Umfange durchgeführt und ist für eine große Zahl von Gewässern und ganzen Gewässergebieten in Mitteleuropa, vor allem in den skandinavischen Ländern, Deutschland, Schweiz aber auch in Polen, den Randstaaten des Baltikums und sogar Rußland, bereits vollendet. (Lit. s. bei WUNDSCH[242].)

Systematisch sind derartige Untersuchungen in Deutschland vor allem von WILLER[224, 225a, 226—30], und seinen Schülern für die Coregonenbestände der Ostpreußischen Seen, besonders die *kleine Maraene* und den *ostpreußischen Stint*, durchgeführt worden. Bei diesen beiden Fischarten handelt es sich um kurzlebige Fische, deren Hauptmenge im Gegensatz zu den meisten anderen Nutzfischarten das dritte Jahr nicht überlebt und bei denen man daher von einer sozusagen *normalen Maximalgröße* sprechen kann. Doch ist gerade bei diesen beiden Arten, da es sich um echte Planktonfresser und Freiwasserfische handelt,

die Bewirtschaftbarkeit im engeren Sinne stark eingeschränkt.

Soweit andere Wirtschaftsfischarten örtlich untersucht worden sind, ist eine Gruppierung der Ergebnisse mit dem Ziel der Feststellung von *Normalwerten für das Wachstum* der einzelnen Arten selbst für das deutsche Seengebiet nicht möglich, da das Material noch zu lückenhaft ist.

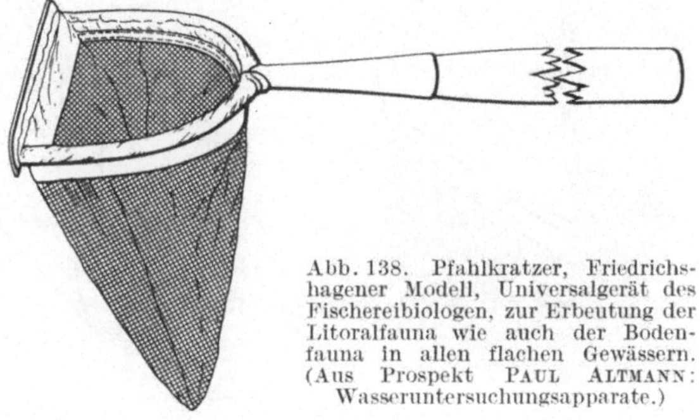

Abb. 138. Pfahlkratzer, Friedrichshagener Modell, Universalgerät des Fischereibiologen, zur Erbeutung der Litoralfauna wie auch der Bodenfauna in allen flachen Gewässern. (Aus Prospekt PAUL ALTMANN: Wasseruntersuchungsapparate.)

Einen gewissen, rein empirischen Anhaltspunkt geben für die meisten ,,Friedfische" die sog. Mindestmaße des Preußischen Fischereigesetzes, da diese so gewählt worden sind, daß der Fisch sie *durchschnittlich* unter den im norddeutschen Gebiet gegebenen Verhältnissen im vierten Lebensjahre erreichen *soll*.

Über die üblichen Methoden für die Bestimmung des Alters bei Fischen nach ,,Winterzonen" auf Schuppen, Otolithen und Knochen und nach maßstatistischen Verfahren vgl. WUNDSCH[242].

Zur Ermittlung des qualitativen Bestandes an natürlicher Fischnahrung sowie der Besiedlungsdichte an fischnährender niederer Tierwelt benutzt man soweit Plankton in Frage kommt, die üblichen Verfahren der quantitativen Planktonforschung, für die Boden- und Uferfauna werden heute allgemein drei Instrumente verwendet, nämlich ,,Pfahlkratzer", ,,Dredge" und ,,Bodengreifer", von denen sich besonders der letztere für quantitative Untersuchungen bewährt hat. Die in der Fischereiforschung übliche Konstruktion der drei wichtigen Werkzeuge geht aus den Abb. 138, 139, 140 hervor (WUNDSCH[242]).

Es hat sich ergeben, daß die einzelnen Nährtiere der Bodenregion auf einem Areal von gleicher Beschaffenheit und Zusammensetzung überaus gleichmäßig verteilt sind, und es ist daher bei sorgfältigem Arbeiten mit dem Bodengreifer möglich, den Bestand auf der Flächeneinheit am Grunde der Gewässer mit einem hohen Zuverlässigkeitsgrad nicht nur nach Individuenzahlen, sondern auch gewichtsmäßig festzustellen.

In der pflanzenbestandenen Uferregion und in den Krautwiesen der Flachflächen bleibt man allerdings auf die früheren angenäherten Methoden (Pfahlkratzer und Dredgen) angewiesen, da der Greifer in seinen verschiedenen Konstruktionen hier nicht technisch einwandfrei arbeitet.

Auf der gewichtsmäßigen *Feststellung des Nahrungsangebotes* der Flächeneinheit mit Hilfe der Greifermethoden beruht nun der erste ernsthafte Versuch, den *Fischertrag* eines natürlichen bewirtschaftbaren Gewässers in berechenbare *Beziehung zum Nahrungsangebot* zu setzen. Es ist das die Einführung des sog. F/B-Koeffizienten durch den schwedischen Fischereibiologen G. Alm[3, 4] ein Verfahren, das für die Fragen der Fischernährung in natürlichen Gewässern außerordentlich fruchtbar geworden ist.

Alm ist (vgl. Wundsch[242]) von der Erwägung ausgegangen, daß nach den bisherigen Erfahrungen die Seebodenfauna den wesentlichsten Anteil an der Ernährung der wichtigsten Nutzfische direkt oder indirekt ausmacht. Hieraus ist theoretisch zu folgern, daß der quantitative Bestand an Bodenfauna, wie er sich aus genügend zahlreichen und kritisch ausgeführten Greiferproben ergibt, jeweils in einem festen Verhältnis stehen muß zu dem, was, gleichmäßige Bewirtschaftung vorausgesetzt, als wirtschaftlicher Fischertrag eines Sees geerntet wird. Er berechnet daher die Gewichtsmenge des Bestandes der

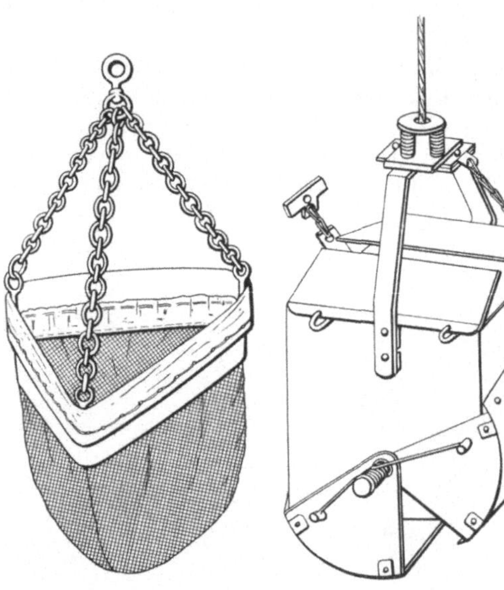

Abb. 139. Eisenrahmendredge, sogenanntes Friedrichshagener Modell. (Aus Abderhalden: Biologische Arbeitsmethoden IX, Wundsch.)

Abb. 140. Bodengreifer nach Birge-Ekman, ganz aus Messing, zur sicheren und bequemen Herausnahme von Boden- und Schlammproben mit der darauf befindlichen Fischnährfauna. (Aus Prospekt Paul Altmann: Wasseruntersuchungsapparate.)

Bodentierwelt pro Hektar und setzt sie in Vergleich zu dem Jahresertrag an Fischfleisch ebenfalls pro Hektar, wie er durch die in dem Gewässer ausgeübte Fischerei gewonnen wird. (Fischereiertrag : Bodentierbestand = F/B-Koeffizient!) Es ist nun darauf hingewiesen worden, daß es sich bei dem Wert für Bodenfauna gar nicht um eine Produktion, sondern um einen Bestand, und zwar einen Restbestand handelt, von dem aus die wahre Produktion erst an Hand der Vermehrungsziffer, des Wachstums und der individuellen Lebensdauer der einzelnen Arten, ermittelt werden könne.

Dies ist von Lundbeck[120, 121] in einer Weiterentwicklung des Almschen Verfahrens versucht worden. Lundbeck hat z. B. für die Tendipedidenlarven aus der Zahl der in einem angemessenen Zeitraum auf der Flächeneinheit überlebenden und verschwindenden Larven, sowie aus dem durchschnittlichen Zuwachs der Überlebenden die wahre Jahresproduktion an diesem Teil der Fischnahrung berechnet und gleichzeitig, indem er das Gewicht der ausschlüpfenden Larven und dasjenige des Restbestandes von dieser Jahresproduktion abzieht, die Menge der durch Fischfraß verschwundenen Larven, also den wahren fischereilichen Produktionswert dieses Nährtieres ermittelt.

Der Grad der *Ausnutzung des Nahrungsangebots*, das auf diese Weise ermittelt werden kann, ist natürlich, worauf auch LUNDBECK hingewiesen hat, nicht nur abhängig von der Größe des Fischbestandes, der an diesem Teil der Produktion zehrt, sondern auch von der mechanischen Ausnutzungsmöglichkeit durch den Fischbestand. In vielen Seen, deren Sauerstoffgehalt am Grunde infolge von organischen Fäulnisprozessen stark vermindert ist, also gerade den Seen des eutrophen Typus (vgl. S. 573), vermögen die Fische den Nahrungsvorrat der Bodenflächen infolge dieser ungünstigen Sauerstoffverhältnisse nicht oder nicht genügend auszunutzen, sie sind auf eine ringsumlaufende „Fraßzone" angewiesen, deren Bestand an Nährtieren dauernd weggefressen wird und sich durch Zuwanderung der Nährtiere aus der den Fischen verschlossenen Tiefe ergänzen muß.

Da ferner der mit der Greifermethode feststellbare „Restbestand" durch die vorhandene Fischmenge auch seinerseits quantitativ bedingt wird, so wird diese Besiedlungsfeststellung natürlich brauchbare Werte nur bei Voraussetzung eines vollkommenen biologischen Gleichgewichts, also eines Dauerzustandes zwischen Konsumenten und Produzenten ergeben.

WUNDSCH[241a] hat seinerzeit besonders darauf hingewiesen, daß die rein gewichtsmäßige Feststellung der Bodenbesiedlung eine Unvollkommenheit bedeute, da der ausschlaggebende Nährwert der Bodentiere für die Fische dabei nicht berücksichtigt werde und man bei Tieren mit viel unverdaulichem Ballast, z. B. den schalentragenden Mollusken, einen Fehler bekäme, der vermieden werden könne. GENG[58] hat daraufhin versucht (Tab. 1), die hauptsächlichsten Gruppen der Fischnährtiere aus der Ufer- und Bodentierwelt in ihrer Eigenschaft als Futtermittel nach den Methoden der landwirtschaft-

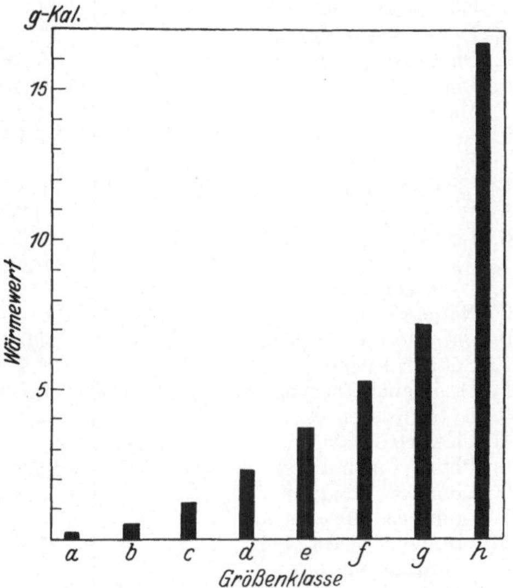

Abb. 141. Darstellung des Wärmewertes von je einer Tendipedidenlarve der Größenklasse *a—h*. (Nach SCHÄPERCLAUS: Aus Zeitschrift für Fischerei.)

lichen *Futtermittelanalyse* zu behandeln (Feststellung von Fett, Protein, Kohlehydraten, Asche und Gesamtcaloriewert). Die Untersuchungen sind jedoch, obwohl sie auch später (SCHÄPERCLAUS[156, 157]) immer wieder in ihrer Wichtigkeit erkannt worden sind, zur Zeit noch nicht so weit ausgedehnt, hauptsächlich infolge der Schwierigkeit der Beschaffung genügender Mengen reinen Ausgangsmaterials, daß man imstande wäre, ihre Ergebnisse allgemein systematisch zu verwerten, um vor allem, wie SCHÄPERCLAUS vorschlägt, statt des Gewichtswertes den calorischen Wert der Nährtiere allgemein zu verwenden, da hinsichtlich des am Wärmewert gemessenen Futterwerts die individuelle Größe der Nährtiere eine erhebliche Rolle spielt (vgl. Abb. 141). (Zur quantitativen Feststellung von Nährtierbeständen und Besiedlungsverhältnissen in Gewässern in Beziehung zum Fischbestande und zum Gesamtstoffwechsel von Seen vgl. auch [1, 3, 20, 34, 35, 44, 47, 68a, 77, 79, 97, 119, 120, 121, 128, 134, 205]; für fließende Gewässer, selbst für die bewirtschaftbaren Forellenbäche, befindet sich das Verfahren erst in den Anfängen; vgl. aber RICHARDSON[151].)

In der Teichwirtschaft ist das *Verhältnis des Naturnahrungsangebots zum Fischbestande* mit Bezug auf Karpfen und Schleien neuerdings von

Tabelle nach Geng[58] über den Futterwert der natürlichen,

Tabelle 1. (Aus Zeitschrift für

Zusammensetzung des einzelnen Tieres

Name	Lebendgewicht	Trockengewicht	Wasser	Gesamt-Stickstoff
1. Chironomus greg.	5,225	0,67	4,555	0,0687
2. Regenwurm	0,2955	0,0450	0,2505	0,0052
3. Ameisenpuppen	—	2,20	—	0,1599
4. Daphnia magna	—	0,36	—	0,0257
5. Daphnia pulex	0,343	0,032	0,311	0,0030
6. Weißfische	4,62	1,0164	3,6036	0,1162
7. Gammarus pulex	24,0	5,2	18,8	0,437
8. Ephemera vulgata	47,65	8,55	39,10	0,862
9. Phryganea grandis	0,5846	0,1729	0,4117	0,0127
10. Limnophilus rhomb.	0,2161	0,046	0,1701	0,0040
11. Macrocorixa Geoffr.	0,0899	0,0252	0,0647	0,0020
12. Asellus aquaticus	27,17	5,25	21,92	0,4324
13. Carinogammarus	29,5	6,6	22,9	0,5313
14. Cloëon dipterum	9,5	2,1	7,4	0,1932
15. Perla cephalotes	0,3056	0,0506	0,255	0,006
16. Lestes	0,0956	0,0203	0,0753	0,0023
17. Agrion	30,06	4,76	25,3	0,52
18. Leptocerus sp.		50,8	—	0,593
19. Naucoris cimicoides	—	—	—	—
20. Chironomus plum.	21,72	2,55	19,17	0,231
21. Sphaerium sp.	69,7	16,9	52,8	0,3409
22. Dreissensia polym.	0,3109	0,1367	0,1742	0,0017
23. Bythinia tentac.	139,9	45,9	94,0	1,127
24. Planorbis carin.	—	—	—	—
25. Physa fontinalis	88,2	15,7	72,5	1,118
26. Limnaea stagnalis	2,1233	0,6183	1,505	0,021
27. Limnaea auricularia	0,563	0,1681	0,3949	0,0045
28. Limnaea ovata	87,2	20,43	66,77	0,5353
29. Paludina vivipara	—	0,7768	—	0,0208
30. Gyrinus natator	9,964	4,064	5,9	0,3373
31. Herpobdella atom.	0,1340	0,0182	0,1158	0,002
32. Planaria gonoc.	—	—	—	—
33. Plankton	—	—	—	—
34. Leptodora hyalina	—	—	—	—
35. Mystacides nigra	—	—	—	—

Walter[214] sehr fruchtbringend untersucht und systematisch dargestellt worden.

Für den einzelnen Fisch bewegt sich bei der im teichwirtschaftlichen Betrieb anwendbaren willkürlichen Besatzbemessung das *Nahrungsangebot* theoretisch zwischen zwei Extremen: Auf der einen Seite kann der Besatz so gering sein, daß der Fisch im absoluten Ernährungs- und entsprechend Wachstumsoptimum steht und bei maximalem Stückzuwachs ein mehr oder minder großer Teil der von Natur angebotenen Nahrung unausgenutzt bleibt. Im Gegenteil dazu kann die Besatzstärke so weit gesteigert werden, daß die aufgenommene Nahrung nur noch den Betriebsstoffwechsel und Ersatzstoffwechsel deckt, der einzelne Fisch also überhaupt nicht mehr wächst. Sinkt das relative Nahrungsangebot noch weiter, so kann eine Deckung des Betriebsstoffwechsels auf Kosten des früheren Anwuchses und der Ablagerungen, also eine Gewichtsverminderung, schließlich ein Absterben, die Folge sein.

aus niederen Wassertieren bestehenden Fischnahrung.

Fischerei XXII. Bd. 1923.)
in Gramm bzw. Milligramm.

Gesamt-protein	Rein-protein	Chitin	Fett	Kohle-hydrate	Asche	Wärmewert		
						gefunden cal	berechnet cal	
0,429	0,324	0,093	0,073	0,1263	0,054	3,728	3,418	mg
0,0325	0,016	0,0029	0,0037	0,0198	0,0026	238,0	217,85	
1,000	0,674	0,313	0,335	0,646	0,233	11,62	10,98	
0,1606	0,1081	0,0536	0,0185	0,0603	0,1194	1,428	1,277	mg
0,0186	0,0051	0,0050	0,0021	0,0141	0,0058	0,133	0,127	
0,7277	0,6956	0,0262	0,0582	0,0421	0,1943	4743,5	4801,5	
2,729	2,153	0,576	0,308	0,648	1,515	—	20,39	mg
5,388	3,125	2,262	1,392	1,332	0,439	—	46,5	
0,0793	0,0747	0,0046	0,0414	0,0478	0,0044	—	1024,0	
0,0244	0,0222	0,0022	0,0034	0,0144	0,0037	—	175,17	
0,0127	0,0057	0,0070	0,0041	0,0073	0,0012	—	131,4	
2,703	—	—	0,2334	0,4494	1,865	—	19,76	mg
3,32	—	—	0,5095	1,406	1,363	—	29,33	
1,24	—	—	0,566	0,173	0,167	—	12,68	
0,0377	—	—	0,0036	0,0033	0,0061	—	261,4	
0,0142	—	—	0,0027	0,0023	0,0011	—	115,37	
3,253	—	—	0,398	0,63	0,48	—	24,79	mg
3,69	—	—	0,50	4,221	42,39	—	42,60	
—	—	—	—	—	—	—	—	
1,443	—	—	0,1106	0,6704	0,3258	—	11,95	mg
2,133	—	—	0,1817	2,013	12,57	—	21,91	
0,0106	—	—	0,0007	0,005	0,1203	—	87,56	
7,046	—	—	0,4012	4,585	33,87	—	62,29	mg
—	—	—	—	—	—	—	—	
6,983	—	—	0,6429	6,985	1,088	—	73,78	mg
0,1311	—	—	0,0086	0,0451	0,4336	—	1011,2	
0,0278	—	—	0,0018	0,0231	0,1154	—	267,8	
3,348	—	—	0,6027	0,4965	15,98	—	26,71	mg
0,1303	—	—	0,007	0,0518	0,5877	—	1017,0	
2,108	—	—	1,571	0,3853		—	—	mg
0,0122	—	—	0,0009	0,0051		—	—	
—	—	—	—	—	—	—	—	
—	—	—	—	—	—	—	—	
—	—	—	—	—	—	—	—	
—	—	—	—	—	—	—	—	

WALTER[214] hat zur Erklärung dieser Verhältnisse den sehr fruchtbaren Begriff der vermehrten *Fraßraumausnutzung* bei Einschränkung des individuellen Fraßraumes herangezogen. Nach ihm wird der Karpfen bei Einschränkung des individuellen Fraßraums durch die vermehrte Konkurrenz gezwungen, seinen Nahrungsbedarf durch eine gründlichere Absuchung des Fraßraumes zu decken, so daß der natürliche Restbestand des Nahrungsangebots angegriffen wird und Nahrungsmengen verwertet werden, die bei optimalen Verhältnissen übrigbleiben. WALTER hat diese Beziehungen zum Gegenstand einer zur Zeit im Mittelpunkt praktischer Erörterungen stehende Ernährungs- und *Fütterungslehre in der Karpfenteichwirtschaft* gemacht, und die gegenseitigen Beziehungen zwischen Bestandeshöhe, Stückzuwachs, Flächenzuwachs und Gesamtnahrung in einem Diagramm ausgedrückt, welches hier mit der Erklärung wiedergegeben werden mag. (Abb. 142.) WALTER sagt dazu: „Je größer der Stückzuwachs, desto größer der Gesamtzuwachs. Das trifft aber nur zu bei Überbesetzung bis zum Optimum, das aber schon mit einem mittleren Stückzuwachs erreicht wird, bei höherem Stückzuwachs ergibt sich ein Verlust am Gesamtzuwachs. Es muß also nach Überschreitung des Optimums ein Nahrungsverlust eintreten. Ein solcher Verlust besteht im Gegensatz zur Viehweide tatsächlich im Wasser. Ein Zuwachs ist nur möglich, solange eine gewisse Nahrungsreserve zur Verfügung steht. Je höher diese ist, desto größer ist auch der Stückzuwachs, desto größer aber auch der Nahrungsverlust. Dieser Verlust erfolgt im Wasser, anders als auf der Viehweide,

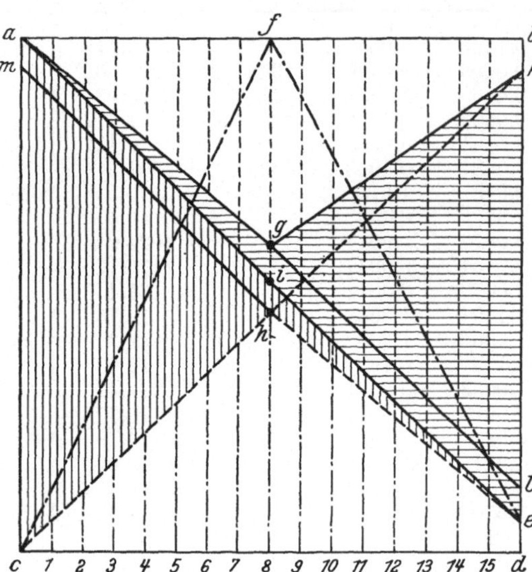

Abb. 142. a) Die Beziehungen zwischen Bestandshöhe *a e*, Stückzuwachs *c k* und Flächenzuwachs *cfe*. *i* absolutes Optimum, *a* Maximum, *e* Minimum des Bestandes. b) Von der Gesamtnahrung bzw. den Aufbaustoffen entfallen bei der jeweiligen Bestandeshöhe (z. B. *i*) auf den Zuwachs die nicht schraffierten Teilstücke der Parallelen in *abkg* (*fg*) und *ched* (*h* 8), auf den direkten Verlust das Teilstück (*ig*) im waagerecht schraffierten Teil *agke*, auf den indirekten Verlust das Teilstück (*ih*) im senkrecht schraffierten Teil *aehc*. c) Von der zu einem bestimmten Zeitpunkt vorhandenen Nahrung entfallen die Teilstücke der Parallelen in *abe* (z. B. *fi*) auf die Reserve. Hiervon wird nur ein Teil früher oder später in Zuwachs umgesetzt, der andere geht verloren. Das Verhältnis beider Teile der jeweiligen Reserve wird bei der verschiedenen Bestandshöhe (z. B. *i*) durch den nicht schraffierten Teil (*fg*) zum schraffierten Teil (*gi*) ausgedrückt. d) Was über den Bedarf des absoluten Optimums hinaus an Zuwachs verlorengeht, ist vom wirtschaftlichen Standpunkt aus Luxusbedarf. Dementsprechend ist der Teil in *kgl* der Luxusbedarf der Leistungszucht, der Teil in *mhc* der Luxusbedarf der Hungerwirtschaft. (Aus Allgemeine Fischereizeitung 1926, Walter.)

durch das Absterben und Abwandern derjenigen Nährtiere, die ihren Lebenslauf vollendet haben oder aber nach Vollendung ihres Larven- und Puppenstadiums das Wasser verlassen, wie es namentlich bei dem großen Heer der Insekten der Fall ist. Dieser Verlust besteht bei jeder Besetzung. Er ist aber bei Überbesetzung nur gering, weil hier die große Menge des Fischbestandes dafür sorgt, daß möglichst wenig von der Nahrung verlorengeht. Der Verlust steigt aber rapide, wenn der Fischbestand unter den des Optimums herabgeht. Jeder Fisch kann nur eine beschränkte Weidefläche gründlich abweiden. Je größer dieselbe ist, desto größer wird der Verlust. Darauf ist der bei Besetzung unter dem Optimum abnehmende Gesamtzuwachs zurückzuführen. Diesem direkten steht aber ein anderer indirekter Verlust gegenüber, der mit abnehmendem Stückzuwachs und zunehmender Besatzhöhe steigt. Je mehr Fische, desto mehr Nahrung wird aufgefressen, desto geringer ist also der Verlust durch Absterben oder Abwandern, desto mehr wird aber auch die Entwicklung und Vermehrung der Nährtiere gestört, desto geringer wird die Ausnützung der Aufbaustoffe und die Masse der Nährtiere, weil, anders als auf der Weide, mit dem Verzehren des Individuums hier auch die Wurzel vernichtet wird, aus der heraus die weitere Entwicklung und Vermehrung erfolgt. Zu diesem indirekten Verlust gehört auch noch der Erhaltungsbedarf, der ebenfalls mit steigender Besatzziffer sich vermehrt." „Unterhalb des Bestandesoptimums nimmt der direkte, oberhalb der indirekte Verlust in jeweils verstärktem Maße zu." „Sowohl bei Vermehrung wie bei Verminderung des (Optimal)-Bestandes wird die Summe des direkten oder indirekten Verlustes über die des Optimums hinaus vermehrt und damit der Gesamtzuwachs vermindert." Walter bezeichnet diesen über den des Besatzoptimums hinausgehenden direkten Verlust am Nahrungsangebot als „*Luxus-*

bedarf der Leistungszucht", da er durch das Bestreben, einen hochwertigen, auch großen Einzelfisch zu erzielen veranlaßt wird. Der entsprechende indirekte Nahrungsverlust, der also durch die Verminderung der Nachwuchsreserven bedingt ist, wird von WALTER als „Luxusbedarf der Hungerwirtschaft" bezeichnet, da er durch das Bestreben hervorgerufen wird, die Fische durch Hunger zu einer möglichst vollkommenen Ausnutzung des Fraßraumes zu zwingen. DEMOLL[46a] hat den Ausdruck „Fraßraum" später noch näher erläutert, indem er den Begriff der „Greifbarkeit" einer bestimmten Naturnahrungsmenge in die Terminologie einführte. Der ganze Gedankengang zeigt deutlich, welche Besonderheiten bei der natürlichen Ernährung der Teichkarpfen gegenüber den sonst in der landwirtschaftlichen Viehhaltung und Weidewirtschaft gewohnten Verhältnissen vorliegen. Sie sind hauptsächlich durch den Charakter der Ernährung als einer indirekten Nährstoffübermittlung durch die niedere Tierwelt zurückzuführen.

Für Bachforellen, die in größeren Teichen bei Naturnahrung zu dreimonatlichen Setzlingen aufgezogen wurden, hat neuerdings SCHÄPERCLAUS[157] versucht, unter Verwendung der Nahrungstieranalysen von GENG (vgl. S. 621) und eigener Untersuchungen die *Beziehung zwischen Ernährung und Wachstum* auf eine berechenbare Grundlage zu stellen. Er geht dabei so vor, daß er aus der Wachstumskurve des einzelnen Fisches, dessen Aufenthaltsdauer in dem betreffenden Teich bekannt ist, zunächst die ungefähre Zunahme, also die Tätigkeit des Anwuchsstoffwechsels am letzten Lebenstage, an dem die Fische mit gefülltem Darm konserviert wurden, berechnet. Dann wird mit Hilfe der aus dem Schrifttum bekannten Unterlagen über die chemische Zusammensetzung des Forellenfleisches und unter Berücksichtigung der aus LINDSTEDTs[112] Arbeiten bekannten Werte für den Energieverbrauch der Forelle bei Nahrungsaufnahme, der Gesamtbedarf der betreffenden Forelle an Nahrung (zusammengesetzt aus Betriebsbedarf, Anwuchsbedarf und Eiweißbedarf) in Calorien für einen Tag ermittelt. Nach Unterlagen von WOHLGEMUTH[233] wird unter der Voraussetzung, daß die Fische ständig gefressen haben (was durch spezielle Darmuntersuchungen bestätigt wurde), ein voller Darminhalt dem vierten Teil eines Tagesbedarfs gleichgesetzt und dessen Calorienwert als derjenige Futterwert betrachtet, der durch den Darminhalt praktisch erreicht werden müßte, damit der gesamte Nahrungsbedarf dauernd gedeckt sei, mit anderen Worten, damit die anderen Wachstumsfaktoren voll zur Wirkung kommen könnten.

Diesem errechneten Caloriebedarf wird dann der durch Darminhaltsuntersuchung unter Verwertung der GENGschen Zahlen (vgl. S. 622) berechnete Wärmewert der tatsächlich aufgenommenen Nahrung gegenübergestellt. SCHÄPERCLAUS weist dabei besonders darauf hin, daß das von WUNDSCH[241a, 244] beanstandete Verfahren, bei quantitativen Darminhaltsuntersuchungen lediglich Individuenzahlen ohne Berücksichtigung des Nahrungswertes der einzelnen Tierformen anzugeben, bei sorgfältigeren Untersuchungen selbst innerhalb der gleichen Tierart nicht zulässig sei, da die verschiedenen Größenklassen gefressener Tendipedidenlarven beispielsweise einen ganz verschiedenen Wärmewert pro Tier darstellen und die einzelnen Stücke infolgedessen nicht ohne weiteres in ihrem Nährwert auf die gleiche Stufe gestellt werden können (vgl. Abb. 141, S. 621).

Es ergab sich, daß in demjenigen Teich, in welchem die Forellen am besten abgewachsen waren, tatsächlich der vorgefundene Caloriengehalt den errechneten übertraf, während in denjenigen Teichen, wo die Fische ein deutlich unterdurchschnittliches Wachstum zeigten, nirgendwo der errechnete Caloriengehalt im Darm vorhanden war, so daß der Schluß gezogen werden mußte, daß die Nahrung hier nicht zur vollständigen Befriedigung sämtlicher Stoffwechselbedürfnisse ausgereicht hatte.

Nach Schäperclaus gestatten die Ergebnisse dieses Versuchs weiterhin eine lehrreiche Beziehung zur allgemeinen *Stoffwechselphysiologie der bewirtschaftbaren Binnengewässer*. Sie zeigten nämlich außerordentlich große Unterschiede in den aufgenommenen Nahrungsmengen, je nachdem wie groß die gleichaltrigen Fische waren und ob sie gut oder schlecht gewachsen waren. Kleine Unterschiede in der Länge bedingten bereits große Unterschiede in dem Calorienbedarf. Es müssen daher Gewässer verschiedener Fruchtbarkeit, von verschiedenem Ertrage, sehr erhebliche Unterschiede in ihrem Gehalt an verwertbaren Fischnährtieren, also in ihrem Nahrungsangebot zeigen, wie ja die quantitativen Bodenuntersuchungen (vgl. S. 620) auch immer wieder beweisen.

Untersuchungsverfahren wie das vorstehend geschilderte führen bereits zu dem Kapitel der allgemeinen Stoffwechselphysiologie bei den Nutzfischen.

Bevor wir dazu aber übergehen, muß an dieser Stelle noch einer hypothetischen Nahrungsquelle gedacht werden, welche von Pütter[147, 148] in seiner bekannten Theorie z. T. auch gerade für die Fische in Anspruch genommen worden ist, nämlich der im Wasser gelösten organischen Stoffe.

Es ist indes im Rahmen dieser Darstellung nicht erforderlich, die ganze umfangreiche Erörterung, welche sich an die Theorie der *Ernährung von Wassertieren durch gelöste Stoffe angeschlossen hat*, sowie überhaupt den Gedankengehalt dieser Theorie wiederzugeben. (Hierüber vgl. die älteren Autoren bei Biedermann in Wintersteins Handbuch, die neueren teilweise widersprechenden Ergebnisse bei Buddenbrock[27].) Als festgestellt oder mindestens sehr wahrscheinlich gemacht kann heute jedenfalls gelten, daß zwar auch Fische, besonders auch Karpfen (vgl. Chomkowic[33], Kostomarov[92, 93] u. a.) imstande sind, organische Nährstoffe (versuchsweise wurde mit Saccharose, Glykon und Pepton gearbeitet) durch Haut und Kiemen in den Körper aufzunehmen und einen Teil ihres Stoffwechsels davon zu unterhalten. Doch haben gerade die Versuche von Kostomarov mit hungernder Karpfenbrut in derartigen Lösungen wieder gezeigt, daß diese Aufnahme jedenfalls nicht genügt, um auch nur annähernd den Bedarf zu decken; das Sinken der Körpermasse erfolgt unter diesen Bedingungen bei absolutem Hunger lediglich langsamer als bei den Kontrolltieren. So interessant diese ganze Frage daher auch vom allgemein limnologischen Standpunkt aus sein mag, so entbehrt sie doch unter dem Gesichtspunkt der Ernährung unserer Wirtschaftsfische zu fischereiwirtschaftlichen Zwecken nach den bisherigen Ergebnissen jeder praktischen Bedeutung. Gerade die aus den quantitativen Nahrungsuntersuchungen sowohl wie aus der Stoffwechselphysiologie sich ergebende vollkommene und immer wieder festzustellende Abhängigkeit jedes beobachtbaren Zuwachseffekts von meßbaren Mengen geformter Nahrung zeigt, daß der geringe, vor allem in natürlichen Gewässern in Frage kommende Anteil, den die Aufnahme gelöster Nährstoffe *vielleicht* bei der Deckung des Stoffbedarfs haben *könnte* (selbst wenn wir einmal die immer noch bestehenden kritischen Einwände gegen die diesbezüglichen Versuche beiseite lassen wollen), mindestens als Nährstoff in quantitativer Beziehung keine Rolle von irgendeinem wirtschaftlichen Wert spielen kann.

II. Der Gesamtstoffwechsel der Wirtschaftsfische.

Bestrebungen, wie die obenerwähnten, die quantitativ ermittelten Bestände an Fischnährtieren im Gewässer und im Darminhalt der Nutzfische unter dem Gesichtspunkt der Futtermittelanalyse zu betrachten und ihren Wärmewert als vergleichbares Maß zu verwenden, führen endlich zu einer Betrachtung der Rolle, welche unsere Kenntnisse vom Allgemeinstoffwechsel der Nutzfische in wirtschaftlicher Hinsicht spielen können.

Wenn wir von den vergleichend physiologischen Gesichtspunkten absehen, die bei den Untersuchungen über den Stoffwechsel der Fische bei den physiologischen Arbeiten im weiteren Sinne gewöhnlich die Hauptrolle spielen, so werden wir einige wenige Fragenkomplexe für sich betrachten können, die bei der Erforschung des Gesamtstoffhaushalts der Wirtschaftsfische von besonderer Bedeutung sind.

Es ist das erstens die Frage nach dem *Umfang des Energiebedarfs für Bau- und Betriebsstoffwechsel* überhaupt im Verhältnis zur jeweiligen Körpergröße, da hiervon der generelle Nährstoffbedarf innerhalb jeder Altersstufe abhängig ist. Zweitens ist gerade für den Fischwirt in Teichen mit Rücksicht auf die Bereitstellung eines Angebots an künstlicher Nahrung (Futter) für die Fische im Lauf der Jahreszeiten überaus wichtig die Ermittlung der *Beziehungen zwischen Stoffwechselintensität und Temperatur.* Drittens ist infolge der stark schwankenden Sauerstoffverhältnisse unserer natürlichen und künstlichen Gewässer, auch infolge der Bedingungen, unter denen Transport und Hälterung stattfinden, die *Abhängigkeit des Stoffwechsels vom Sauerstoffgehalt des Wassers als Lebensmedium* von Bedeutung. Endlich sind vor allem wieder im Hinblick auf die Fütterungsfragen in der Teichwirtschaft die Wirkungen *der Nahrungsaufnahme überhaupt* sowie diejenige *verschiedenartiger Nährstoffe* auf den *Gesamtstoffwechsel* zu untersuchen.

Leider ist auf diesem Gebiet seit ZUNTZ und seinen Schülern KNAUTHE, CRONHEIM und LINDSTEDT nur sehr wenig weitergearbeitet worden, so daß selbst in neueren vergleichenden Handbuchdarstellungen (z. B. bei KESTNER & PLAUT[85] in WINTERSTEINS Handbuch 1924) so gut wie alle eingehenderen Angaben auf die obengenannten Autoren zurückgehen, und wir auch jetzt noch im wesentlichen auf deren Befunde zurückgreifen müssen. Vorteilhaft ist dabei jedoch für unsere besonderen Zwecke, daß die Arbeiten der ZUNTZschen Schule so gut wie ausschließlich an Wirtschaftsfischen, Karpfen, Schleien, Forellen, Hechten und Barschen, ausgeführt worden sind, da sie, eine Seltenheit bei physiologischen Studien an Fischen, von vornherein zu angewandt-wissenschaftlichen Zwecken dienen sollten.

Was die *Abhängigkeit des Stoffwechsels von der Temperatur* anbetrifft, so stimmen alle Autoren im wesentlichen dahin überein, daß dieselbe *ungefähr* der bekannten VANT' HOFFschen Regel entspricht, jedoch mit der von KROGH[95, 96] festgestellten Abweichung, daß der Temperaturkoeffizient bei steigender Temperatur nicht ganz gleich bleibt, sondern der Stoffwechsel bei tiefen Temperaturen stärker mit der Temperatursteigerung wächst als bei höheren (KROGHsche Normalkurve). Die unmittelbare Abhängigkeit der Körpertemperatur von der des umgebenden Mediums, also des Wassers, ist bei den Wirtschaftsfischen (u. a. Karpfen, Schleie, Forellen, Leuciscus) von FIBICH[54] besonders festgestellt worden. Die Temperatur entspricht normalerweise sehr genau derjenigen der Umgebung, Bewegung und Nahrungsaufnahme führen meßbare, aber im ganzen geringfügige Steigerungen herbei.

Die bei Temperatursteigerungen nach oben hin ermittelten Grenzwerte sind bei den einzelnen Fischarten je nach ihrer biologischen Eigenart ganz verschieden: Forellen, als sthenotherme Kaltwassertiere, sistieren den Verdauungsstoffwechsel bereits bei 18° C, Karpfen als mediterrane Warmwasserformen erst bei viel höheren Temperaturen (vgl. Karpfenzucht in tropischen Gewässern S. 566 HANKO[70a]). Die Grenze nach unten ist für die Praxis besonders im Hinblick auf die Futterverwertung wichtig. Sie ist ebenfalls von der Arteigenschaft, außerdem aber auch von der Körpergröße abhängig. Bei den winterlaichenden Salmoniden wird 2° C erst als kritisch betrachtet, bei den Karpfen pflegt man in der Praxis

bereits die Fütterung einzustellen, wenn die Temperatur im Herbst auf 14—11°
sinkt, doch haben Beobachtungen (Schiemenz[179]) erwiesen, daß vor allem der
1- und 2sömmrige Karpfen auch während der Überwinterung, also bei niedrigeren
Temperaturen, Nahrung aufnimmt. Die Frage, *wieweit Fische überhaupt eine
Herabsetzung der Temperatur vertragen*, spielt in der Praxis gelegentlich in strengen
Wintern beim Einfrieren von Hälteranlagen und völligen Ausfrieren kleiner Fisch-
gewässer eine Rolle. Da die Körpersäfte bei langsamer Abkühlung sehr wohl
eine Unterkühlung vertragen, ohne zu gefrieren, so halten die Fische gelegentlich
selbst ein völliges „Einfrieren" aus. Fischsterben unter Eis in strengen Wintern
haben ihre Ursache nicht in der Kälte an sich, sondern in dem langdauernden
Abschluß der Gewässer vom Luftsauerstoff, wodurch bei Gewässern mit Boden-
verschlammung ein Sauerstoffmangel eintritt und die Fische trotz herabgesetzten
Stoffwechsels schließlich ersticken. (Abb. 143.)

Die *Abhängigkeit des Stoffwechsels vom Sauerstoffgehalt des umgebenden
Wassers* ist bei den Fischen vor allem dadurch charakterisiert, daß sie, wie vor
allem Versuche von Winterstein[232] und Gaarder[56], aber auch von Lindstedt[112], ergeben haben, imstande sind, den Sauerstoffvorrat des Atemmediums
überaus weitgehend auszunutzen und bis auf einen verhältnismäßig sehr kleinen
Rest zu verbrauchen, bevor der Stoffwechsel merkbar beeinflußt wird. Neuere
Versuche von Gaarder[56] scheinen im übrigen ergeben zu haben, daß eine völlige
Unabhängigkeit des Sauerstoffverbrauchs vom Sauerstoffgehalt des Mediums
doch nicht besteht, daß vielmehr bei steigendem Sauerstoffgehalt auch der Sauerstoffverbrauch langsam proportional anwächst. Der Sauerstoff, der durch das
gesättigte Hämoglobin nicht mehr gebunden werden kann, soll dabei zunächst
an solche Stellen im Fischkörper (Karpfen) abgegeben werden, die gewöhnlich
nicht maximal atmen, und an denen der Sauerstoffgehalt sich bei Null hält.
Die *Asphyxiegrenze* ist abhängig von der Temperatur, der Dissoziationskurve
des Hämoglobins und endlich der spezifischen Beweglichkeit der betreffenden
Fischart. Für den Karpfen wird noch bei einem Sauerstoffgehalt von 0,44 cm³
im Liter eine *Sättigung des Hämoglobins* zu 100% angegeben (Kestner und
Plaut[85] nach Krogh und Gaarder).

Was die *Abhängigkeit des Stoffwechsels von Alter und Wachstum* anbetrifft,
so hat sich besonders aus den Versuchen von Knauthe und Lindstedt[112]
ergeben, daß der *Stoffverbrauch annähernd der Oberfläche proportional* ist.
Lindstedt sieht in seinen Ergebnissen eine unmittelbare Bestätigung des ursprünglich nur für Warmblüter aufgestellten Oberflächengesetzes von Bergmann und Rubner, wobei er bei der Oberflächenberechnung als Konstante
nach Meeh die runde Zahl 10 (nach 14 verschiedenen Oberflächenmessungen
an Hecht, Schlei, Karpfen, Plötze usw. ergab sich 10,92) verwendet. Die Formel
für Fische lautet demnach $O = 10 \cdot p^{\frac{2}{3}}$. Kestner und Plaut[85] haben zwar
Bedenken, ob man wirklich von einer vollkommenen Geltung des Oberflächengesetzes bei den Fischen auf Grund der Lindstedtschen Versuche sprechen könne,
da in einigen Versuchen von Knauthe bei ganz großen Fischen der Stoffverbrauch bezogen auf die Oberfläche wieder abzusinken scheint, doch dürfte die
angegebene Beziehung, die sich auch in die Untersuchungen von Schäperclaus
gut eingefügt hat (vgl. S. 625), mindestens bei den praktisch in Frage kommenden
Altersstufen und Größen der Wirtschaftsfische, vor allem bei Karpfen und
Forellen, ausreichend sichergestellt erscheinen.

Aus den Versuchen von Lindstedt ergibt sich auch eine gewisse *Periodizität
des Stoffwechsels der Fische* unserer Breitengrade unter dem Einfluß der Jahreszeiten unabhängig von der Temperatur. Diese Erscheinung wird von Lindstedt
bei Hechten auf den Einfluß der Laichzeit zurückgeführt, während Cronheim[39]

für den Karpfen, bei dem er hinsichtlich der Wirkung der Verdauungsfermente die gleiche Periodizität mit Intensitätsabnahme gegen Ende des Sommers festgestellt hat, annehmen zu müssen glaubt, daß der Fisch sich in unserem Klima an einen Zustand der Winterruhe „gewöhnt" habe, der im Herbst bereits einsetzt.

Die ganze Frage kann in Zukunft eine bestimmte Bedeutung hinsichtlich einer Deutung der sog. *Jahreszonen* auf den Schuppen, Knochen, Otholithen usw. (vgl. S. 619) gewinnen, die zur *individuellen Altersbestimmung* benutzt werden. Man pflegte bisher die Entstehung dieser Zonen mit der bei unseren Fischen im Winter infolge der Temperaturerniedrigung eintretenden Wachstumspause zu erklären. Da aber manche Fische der wärmeren Länder (Aal an den Mittelmeerküsten) die gleiche Erscheinung bei dauernder Nahrungsaufnahme und dauernden Optimaltemperaturen zeigen, so dürfte dort eine andere Ursache angenommen werden müssen, die nur in einer autonomen Periodizität des Stoffwechsels vermutet werden kann, wie sie die obenerwähnten Ergebnisse wahrscheinlich machen.

Was die *Beeinflussung des Stoffwechsels durch verschiedene Ernährungsart* angeht, so liegen darüber grundlegende Versuche von KNAUTHE[87, 88, 89] vor, die leider von anderer Seite bisher weder ausreichend kontrolliert noch weiter ausgebaut worden sind, so daß wir ganz auf diese, allerdings recht sorgfältig gewonnenen Ergebnisse angewiesen bleiben, die auch heute noch die Basis für jede wissenschaftlich begründete Fischfütterungslehre, in physiologischer Beziehung darstellen. Festgestellt konnte werden, daß erstens die *Ausnützung der Nährstoffe* eine verhältnismäßig sehr weitgehende (durchschnittlich etwa 80%) ist, zweitens daß einseitige *Kohle-*

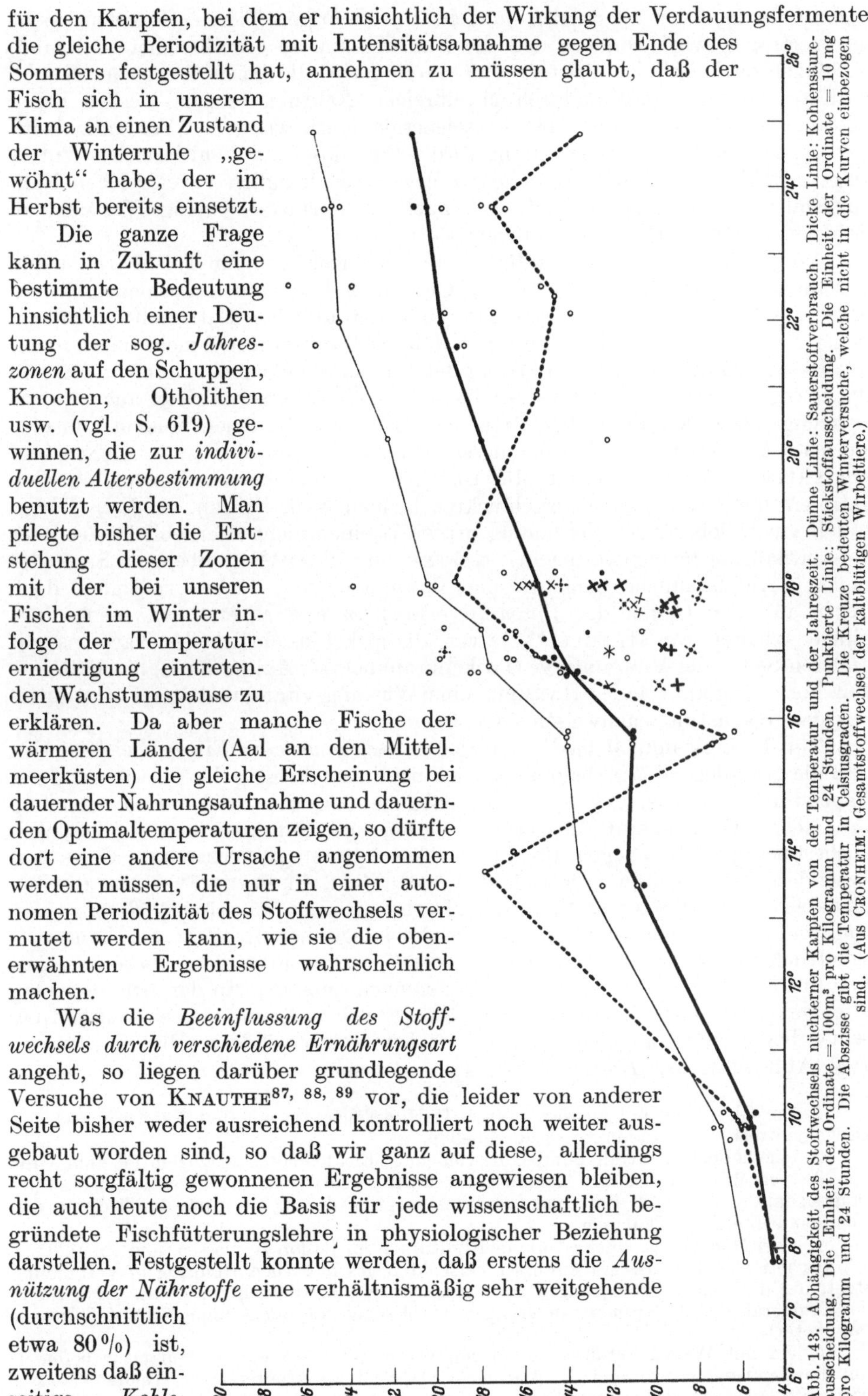

Abb. 143. Abhängigkeit des Stoffwechsels nüchterner Karpfen von der Temperatur und der Jahreszeit. Dünne Linie: Sauerstoffverbrauch. Dicke Linie: Kohlensäureausscheidung. Die Einheit der Ordinate = 100 m³ pro Kilogramm und 24 Stunden. Punktierte Linie: Stickstoffausscheidung. Die Einheit der Ordinate = 10 mg pro Kilogramm und 24 Stunden. Die Abszisse gibt die Temperatur in Celsiusgraden. Die Kreuze bedeuten Winterversuche, welche nicht in die Kurven einbezogen sind. (Aus CRONHEIM: Gesamtstoffwechsel der kaltblütigen Wirbeltiere.)

hydratfütterung, vor allem von jungen, einsömmrigen Tieren (Karpfen) nicht gut vertragen wird, sondern daß die Nahrung um so eiweißreicher sein muß, je jünger der Fisch ist, drittens daß durch *Salze* die Ausnutzung der Kohlehydrate vermehrt und dadurch eiweißreiche Nahrung erspart werden kann, viertens endlich daß die Stoffwechselenergie stark von der „Verdaulichkeit" der gegebenen Nahrung beeinflußt wird. (Cellulose- und chitinreiches Futter zeigt erhebliche Stoffwechselerhöhung gegenüber lediglich eiweißreichen Nahrungsmitteln, ein Ergebnis, mit dem auch Lindstedts[112] wenige Versuche an Schleien in dieser Beziehung übereinstimmen.)

Von besonderer Bedeutung für die Ernährungslehre beim Teichkarpfen sind vor allem die Versuche von Zuntz und Cronheim[248] geworden, aus denen sich zu ergeben schien, daß *einseitige Ernährung* mit den üblichen Futtermitteln pflanzlicher Natur (Lupine, Mais) dazu führt, daß die Darmsekretion mehr oder minder unwirksam wird, und die Ausnutzung der Nahrung nicht mehr zureicht. Es soll daher die Nahrung mindestens zu einem Viertel bis einem Drittel aus „Naturnahrung", d. h. aus den Kleintieren der Teichfauna bestehen müssen, um eine normale Verwertung im Verdauungsstoffwechsel zu gewährleisten. Zuntz und Cronheim nahmen dabei eine Mitwirkung der mitgefressenen Enzyme aus den Därmen der ja stets ganz verschluckten kleinen Nährtiere an, da *deren* Darminhalt einschließlich der Verdauungsdrüsen ja einen nicht unerheblichen Teil der Gesamtnahrungsmenge ausmacht. Kestner und Plaut[85] glauben, im Sinne der neueren Anschauungen mehr an eine Vitaminwirkung denken zu sollen, doch liegen auf dem Gebiet der *Vitaminforschung an Fischen* erst ganz neuerdings einige Arbeiten von Haempel[65–68] vor, die sich hinsichtlich des Karpfens mit anderen Seiten der Vitaminfrage (Pockenkrankheit als Avitaminose) beschäftigen. Für Forellen glaubt indes Haempel eine Wirkung vitaminhaltiger Futtermittel auf das Wachstum nachweisen zu können.

Zur Technik und *Methodik der Stoffwechselversuche an Fischen* sei bemerkt, daß die grundlegenden Arbeiten sämtlich nach dem Prinzip der Bestimmung des Sauerstoffverbrauchs, der Kohlensäureabgabe und der Stickstoffausscheidung im „Respirationsapparat" ausgeführt worden sind, mit Ausnahme weniger Versuche über spezielle Fragen, für die von den Autoren (Winterstein, Gaarder) besondere Apparaturen hergerichtet wurden (vgl. Cronheim[39]). Am meisten ist dabei (Zuntz, Knauthe, Cronheim, Lindstedt) der „klassische" *Respirationsapparat* der Fischereiabteilung des Tierphysiologischen Instituts der Landwirtschaftlichen Hochschule Berlin nach Zuntz[247], später mit einigen Verbesserungen von Lindstedt[112], verwendet worden, der nach dem Prinzip der zirkulierenden Atemgasmenge nach Reignault und Reiset arbeitet, und dessen Einrichtung seiner Bedeutung entsprechend hier nach Lindstedt wiedergegeben werden soll (vgl. Abb. 144): Die *Hauptteile des Apparates* sind:

1. Ein Glasballon mit kurzem, weitem Hals, welchen ein mit fünf Hähnen versehener Deckel mittels eines Gummiringes zuschließt;

2. eine doppelt wirkende Pumpe, die von einem Elektromotor in Betrieb gehalten wird;

3. vier Müllersche, mit Kalilauge beschickte Ventile für die Direktion der ausgesaugten und angepreßten Luft und für die Absorption der Kohlensäure durch die in den Ventilen befindliche Kalilauge;

4. zwei Manometer, eines m, um den Luftdruck im Ballon zu messen, und ein anderes, m', das mit einem in das Außenwasser versenkten geschlossenen Hohlring in Verbindung steht, um die Druckveränderungen zu bestimmen, welche die Luft unter der Einwirkung der Temperatur und Barometeränderungen unabhängig von der Atmung erfährt (Thermobarometer);

5. ein mit Wasser gefülltes Aquarium, worin sich die gesamte Apparatur befindet, um die Temperatur während des Versuches konstant zu erhalten. Das Temperierwasser wird mittels Druckluft durchmischt, um dadurch die gleiche Temperatur überall zu erhalten;

6. ein kalibrierter, aus vier Kugeln bestehender Sauerstoffbehälter s, zum Ersatz des verbrauchten, in den Apparat eingeführten Sauerstoffs.

Der Glasballon, der mit der ganzen Apparatur in dem Aquarium steht, dient als eigentlicher Fischbehälter. In seinem Deckel sind fünf luft- und wasserdichte Hähne ange-

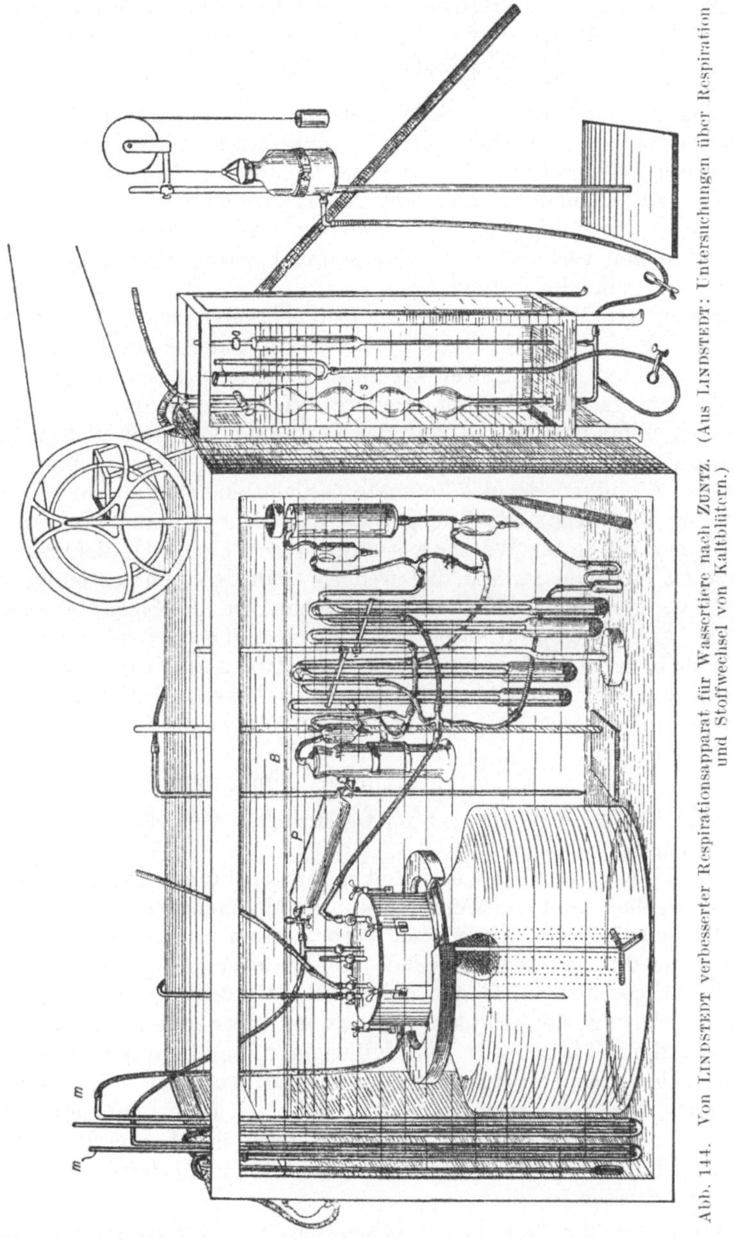

Abb. 144. Von LINDSTEDT verbesserter Respirationsapparat für Wassertiere nach ZUNTZ. (Aus LINDSTEDT: Untersuchungen über Respiration und Stoffwechsel von Kaltblütern.)

bracht. Der erste Hahn, der als Fortsetzung eine Metallröhre trägt, die bis zum Boden des Fischbehälters reicht, dient zum Einblasen der von Kohlensäure befreiten Luft in das Wasser. Der zweite Hahn, dessen Fortsetzung ebenfalls als Rohr bis etwa zur Mitte des Bodens reicht, wird zur Entnahme von Wasserproben benutzt. Der dritte Hahn trägt kurz unter dem Deckel eine vor dem Versuch entleerte Gummiblase. Durch Zufluß von Wasser kann man sie auch während des Versuchs zur Ausdehnung bringen, infolgedessen den Luftdruck im

Respirationskasten vermehren und diesen Überdruck benutzen, um leicht eine gewisse Luftmenge, falls der vierte Hahn geöffnet wird, zur Analyse auszupressen.

Der fünfte Hahn steht ebenso wie der erste Hahn mit den Ventilen und dadurch mit der doppelt wirkenden Luftpumpe in Verbindung, durch ihn wird die Luft aus dem oberen Teil des Fischbehälters ausgesaugt. Die beiden Hähne I und V stehen durch Glasröhren und möglichst wenig Gummischläuche mit je einem T-Stück in Verbindung. Das erste führt bei Hahn I einerseits zu dem Sauerstoffbehälter und andererseits zu den Ventilen, während das zweite T-Stück bei Hahn V einmal zu einem mit Chlorcalciumlösung gefüllten Manometer, das andere Mal zu den Ventilen leitet.

Lindstedt hat später für seine Versuche die Laugenventile durch Quecksilberventile ersetzt, um besonders für Versuche mit lebhafteren Fischen (Forellen) eine energischere Durchlüftung ohne die Gefahr des Überspritzens von Lauge vornehmen zu können. Ferner hat er als Absorptionsmittel Lauge in einer Borckschen Gaswaschflasche (B) verwendet und im übrigen die ganzen Verbindungen so weit verkürzt, daß der gesamte Apparat einschließlich aller Ventile unter Wasser gebracht werden konnte.

Schäperclaus[156], der bei seinen Stoffwechselversuchen an Wirbellosen gelegentlich auch Fische zum Vergleich heranzog, änderte das Prinzip des Zuntzschen Apparats lediglich insoweit ab, als er die Messung des verbrauchten Sauerstoffs nicht auf gasanalytischem, sondern auf manometrischem Wege vornahm. Dies hat besonders den Vorteil, daß der Verbrauch kontinuierlich während langdauernder Versuche beobachtet werden kann. Auch verwendet er für die Zirkulation der Atemluft oder des Sauerstoffs nicht eine Pumpe, sondern die bereits von Jolyet und Regnard angegebene elastische Gummiblase, die, mit der ganzen Apparatur unter Wasser versenkt, gegen kleine Undichtigkeiten besser geschützt ist, als eine Pumpe, bei welcher man doch immer einige Schwierigkeiten mit der genügenden Kolbendichtung hat. Da die *Apparatur von Schäperclaus für künftige Respirationsversuche an allen Wassertieren* einschließlich der Fische brauchbar ist und gegenüber der von Zuntz und Lindstedt den Vorteil größerer technischer Einfachheit bei absoluter Zuverlässigkeit besitzt, so sei sie hier ebenfalls kurz wiedergegeben (nach Schäperclaus[156]):

Arbeitsprinzip des Apparates.

„Ich stellte an den Apparat im wesentlichen viererlei Anforderungen. Er sollte gestatten:

1. Die Tiere während längerer Zeit unter konstanten Verhältnissen in bezug auf den Gasgehalt und die Temperatur des Mediums zu halten,

2. die Menge des in dieser Zeit verbrauchten Sauerstoffs und

3. die gleichzeitig ausgeschiedene Kohlendioxydmenge, sowie

4. die ausgeschiedene Menge Stickstoff zu messen.

Die Forderung von Punkt 1 machte es notwendig, das Versuchswasser dauernd zu durchlüften. Zur Durchführung dieses Erfordernisses wandte ich im wesentlichen das Prinzip von Jolyet und Regnard an. Mit Hilfe eines Gummiballes, der gewissermaßen als „künstliches Herz" fungierte, wurde eine über dem Wasser befindliche Luftmenge stetig durch das Wasser geblasen, durch ein Gefäß mit KOH gesogen zwecks Entfernung des CO_2, und dann von neuem dem Wasser injiziert.

Punkt 2, die Messung des verbrauchten Sauerstoffs, geschah auf mechanischem Wege, nämlich als Messung des durch den verbrauchten Sauerstoff erzeugten Unterdrucks des abgeschlossenen Gasvolumens gegenüber der Atmosphäre.

CO_2 und N_2 wurden auf chemischem Wege ermittelt. CO_2 als Niederschlag von $BaCO_3$ in CO_2-frei gemachter KOH mit einem Zusatz von $BaCl_2$,

und N_2 durch Bestimmung des Gesamtstickstoffs nach dem Verfahren von
KJELDAHL.

Bau des Apparates.

Der eigentliche Respirationsapparat besteht aus einem zylindrischen, dick-
wandigen Glasgefäß von 9,3 cm Höhe und 11,7 cm innerem Durchmesser. Der
gut aufgeschliffene, schwach gewölbte Deckel hat 8 Durchbohrungen (bzw.
4 größere Durchbohrungen mit Stopfen, durch die je 2 Durchbohrungen gehen).
Drei der Durchbohrungen dienen der Durchlüftungseinrichtung. Durch sie gehen
Glasrohre a, b, c von einer inneren Weite von 4 mm in der in der Abb. 145 ver-
anschaulichten Weise. Rohr c, das vor seiner Öffnung ein Sieb trägt, reicht bis
ungefähr auf den Boden des Gefäßes, b steht in Verbindung mit dem Kalilauge
plus $BaCl_2$ enthaltenden Absorptionsgefäß II, und a öffnet sich dicht unter dem

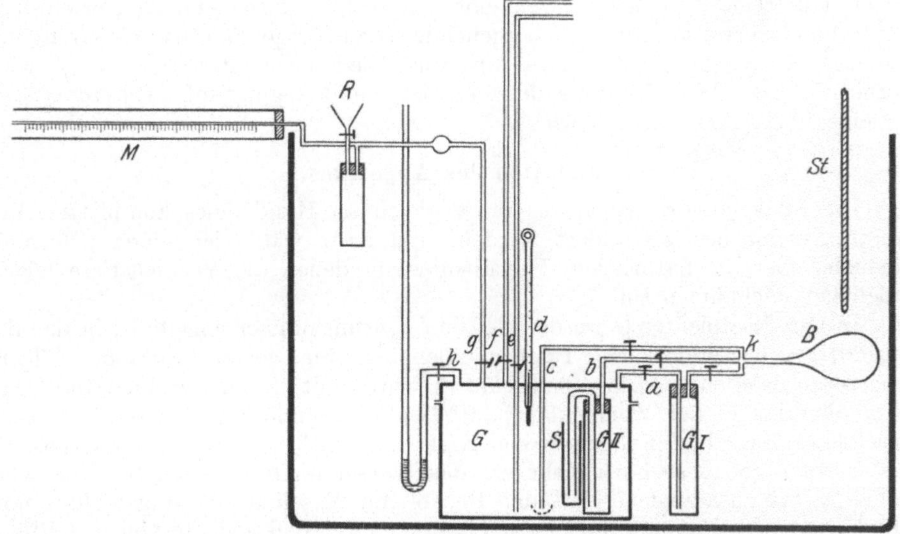

Abb. 145. Schematische Darstellung des Mikrorespirationsapparates. B = Gummiball, G = Rezipient, $G\,I$ und $G\,II$ = CO_2-Absorptionsgefäße, M = Manometer, R = Reguliergefäß, S = Schutzgefäß, St = Kompressions-
stange. Stellung der Hähne wie im Vorversuch.

Deckel in den Gasraum des Gefäßes. Das andere Ende von a führt zum Absorptionsgefäß I, das ebenfalls mit KOH und einem Zusatz von $BaCl_2$ versehen ist.
Die drei Leitungen a, b, c vereinigen sich in dem $+$-förmigen Stück k, dessen
vierter Arm mit dem Gummiball B in Verbindung steht. Das durch einen
doppelt durchbohrten Gummistopfen verschlossene Absorptionsgefäß II enthält
in der einen Durchbohrung b, in der zweiten ein U-förmig gebogenes Glasrohr
mit einer inneren Weite von 9,5 mm, das mit seinem äußeren Ende in das oben
offene Schutzgefäß S hineinragt.

Die übrigen Durchbohrungen des Deckels enthalten: ein Thermometer d
mit Zehntel-Gradeinteilung, zwei Sauerstoffzuleitungsröhren e und f, von denen
eine bis dicht über den Boden des Gefäßes hinabreicht und vom Sauerstoff-
entwicklungsapparat kommt, während die andere nur eben in den Gasraum
hineinragt und zu einem kleinen Gasometer, in dem Sauerstoff unter leichtem
Druck aufbewahrt wird, führt. h ist ein U-förmig gebogenes Glasrohr von 6,5 mm
innerer Weite, ein Schüttelmanometer, das teilweise mit Quecksilber gefüllt ist.
g führt zum Manometer M. Vor seiner Einmündung in das Manometer trägt

es eine kugelförmige Erweiterung und steht außerdem durch einen Ansatz noch in Verbindung mit dem Reguliergefäß R, einem 2 cm weiten, 11 cm langen Pulvergläschen, das durch einen doppelt durchbohrten Gummistopfen geschlossen ist. Durch die eine Durchbohrung geht das Ansatzstück, durch die andere ein kurzes Trichterrohr mit Hahn. Das Manometer besteht aus einem waagerecht befestigten „Capillarrohr" von 2 mm Durchmesser, das durch einen Kautschukschlauch mit dem Rohr g und damit mit dem Gefäß R und dem Rezipienten verbunden werden kann. Umgeben wird das Capillarrohr von einem 4 cm weiten Schutzrohr aus Glas, auf dem die Skala angebracht ist. Das Capillarrohr ist auf $1/_{100}$ cm^3 geeicht, es entspricht $1/_{100}$ cm^3 etwa 0,275 cm. Am freien Ende des Capillarrohres kann ein Alkoholfaden in dieses eingeführt werden.

Der ganze Apparat steht bis auf das Manometer M in einem bis 1 cm unter dem oberen Rand mit Wasser gefüllten, eventuell durchströmten Aquarium von 54 cm Länge, 34 cm Breite, 33 cm Höhe. Der Gummiball B ruht dabei auf einer festen Unterlage. Er wird durch eine senkrechte, durch ein Bleigewicht auf 635 g beschwerte, auf- und niedergehende Eisenstange St etwa 30 mal in der Minute zusammengedrückt. Das Auf- und Niedergehen der Eisenstange wird vermittels eines Heißluftmotors, dessen rotierende Bewegung auf eine exzentrische Scheibe übertragen wird, bewirkt.

Funktion des Apparates.

Die Funktion des Apparates möge gleich an Hand eines kompletten Respirationsversuches geschildert werden, und zwar wähle ich einen „Normalversuch", der die natürlichen Verhältnisse, in denen die Versuchstiere leben, möglichst nachahmen soll.

In den Rezipienten G werden 220 cm^3 Leitungswasser eingefüllt, in das die sorgfältig von Schmutz und Pflanzenteilen befreiten, genau ausgezählten Tiere eingesetzt werden. Absorptionsgefäß II wird mit 50 cm^3 kohlensäurefreier Normalkalilauge, der 2 cm^3 klarer 20 % Chlorbariumlösung zugesetzt werden, beschickt. Das gleiche Gemisch von KOH und BaCl$_2$ gibt man in das Gefäß I, bis es darin genau so hoch steht wie das Wasser im Rezipienten G. Nun wird der Apparat zusammengesetzt, der Deckel mit Vaseline gut aufgedichtet und mit Hilfe einer Klammer auf G festgehalten. Zwei Bleigewichte von je 1 Pfund Gewicht sorgen dafür, daß der Apparat in das Wasser des Aquariums vollkommen eintaucht, in das er jetzt eingesetzt wird. Die Leitung g wird nun mit dem Manometer M verbunden, die Leitung f, nachdem man sie vorher mit Sauerstoff gefüllt hatte, mit dem Gasometer. Wenn sich die Temperatur im Apparat einigermaßen an die Temperatur des umgebenden Wassers angeglichen hat, wird der Alkoholfaden in das Capillarrohr von M gebracht. Durch Öffnen des Hahnes der Leitung g läßt man den Unter- oder Überdruck im Apparat sich ausgleichen und stellt das Manometer dann durch Öffnen des Hahnes am Trichterrohr von R und leichtes Ansaugen am Trichter oder durch Einfüllen von Quecksilber in das Reguliergefäß R mit Hilfe des Trichterrohres derart ein, daß der Alkoholfaden etwa am Anfang der Skala steht. Die Hähne von R, g, f und b bleiben jetzt geschlossen, diejenigen von a, c und h geöffnet. Der Motor wird in Betrieb gesetzt, und damit beginnt der Vorversuch. Notiert wird die Zeit des Beginns, die Temperatur und außerdem der Zeitpunkt, an dem die Tiere eingesetzt wurden, der für die Berechnung der Stickstoffausscheidung bekannt sein muß. Was geschieht nun? Beim Eindrücken von B durch die Stange St dringt die in B befindliche Luft einmal in das Gefäß I ein und bewirkt ein Ansteigen der Kalilauge in der Leitung a, ein anderer Teil geht durch die Leitung c und tritt durch das freie Ende in das Wasser des Versuchsgefäßes. Als Blasen sieht man die Luft in dem Wasser aufsteigen in den über dem Wasser befindlichen Luftraum von G. In G entsteht dadurch eine momentane Drucksteigerung, die durch ein Ansteigen des Quecksilbers im freien Schenkel von h einigermaßen ausgeglichen wird. Wenn durch das Ansteigen der Stange St die Kompression von B wieder aufgehoben wird, steigt infolge der Saugkraft des elastischen Gummiballes B, — B ist so elastisch, daß er unbedingt seine frühere Gestalt wieder annimmt nachdem sich St entfernt hat — das Wasser in c auf, außerdem dringen aber durch die Leitung a Gasblasen so lange in das Absorptionsgefäß I ein, bis B wieder ganz mit Luft gefüllt ist. Es wird also durch die rhythmischen Kompressionen von B erreicht: eine dauernde Zirkulation der abgeschlossenen Luft vom Ball B aus durch die Leitung c in das Wasser, den Gasraum von G, von da durch die Leitung a in das Absorptionsgefäß I und wieder zurück in den Gummiball B.

Die in andauerndem Strome durch das Wasser gehende Luft veranlaßt die von den Tieren ausgeschiedene, im Wasser gelöste Kohlensäure, letzteres zu verlassen, und ermöglicht eine Absorption von Sauerstoff durch das Wasser proportional dem von den Tieren verbrauchten Sauerstoff. Die jetzt im Gasraum befindliche Kohlensäure wird auf dem Wege durch den Gummiball von der Kalilauge in I absorbiert und von dem Chlorbaryum als weißer Niederschlag von Baryumcarbonat ausgefällt. Durch c tritt also nur CO_2-freie Luft in das Versuchswasser aus.

Nach einer Viertelstunde etwa (die Zeit war bei den einzelnen Versuchen verschieden, wird der Motor stillgestellt, der Manometer- und Thermometerstand abgelesen, der Hahn von g geöffnet. Entsprechend der Druckverminderung im Innern des Apparates, die gleich ist dem verbrauchten Sauerstoff, läuft der Alkoholfaden im Manometer nach rechts. Ist er zur Ruhe gekommen, so wird der Hahn von g wieder geschlossen und der Motor in Tätigkeit gesetzt. Den Manometerstand liest man von neuem ab. Die Differenz gegenüber der letzten Ablesung ergibt den Sauerstoffverbrauch im Apparat. Hat der Alkoholfaden das Capillarrohr so weit durchlaufen, daß bei der nächsten Ablesung die Skala nicht mehr zu einer Ablesung ausreichen würde, so wird durch Öffnen der Leitung f so viel von dem unter Druck stehenden Sauerstoff eingelassen, bis der Alkohol wieder etwa am Beginn der Skala steht. Da die Skala es gestattete, höchstens 4 cm³ abzulesen, wurde also, nachdem nicht mehr als 4 cm³ Sauerstoff — da meist 900 cm³ Luft in G waren, sind das etwa 2% des vorhandenen Sauerstoffs — veratmet waren, der verbrauchte Sauerstoff stets ersetzt. Diese geringen Schwankungen der prozentischen Zusammensetzung der im Apparat befindlichen Luft vermögen wohl kaum den Absorptionskoeffizienten der Luft zu ändern, noch die Atmung der Tiere in merklicher Weise zu beeinflussen.

Wenn nun eben gesagt wurde, der gemessene Unterdruck sei dem Sauerstoffverbrauch im Apparat proportional, so wird das für die ersten Ablesungen nach Versuchsbeginn nicht zutreffen. Das Leitungswasser, wie es zu den Versuchen verwandt wurde, hat nicht Luft bis zur Sättigung gelöst, wie es annähernd (bis auf einen praktisch konstant bleibenden Fehlerrest) der Fall sein wird, wenn wir es, wie im Versuch geschieht, dauernd durchlüften. Außerdem vergeht eine gewisse Zeit von dem Augenblick an, in dem die Tiere eingesetzt werden, bis zum Versuchsbeginn: CO_2 reichert sich an, so daß auch der Niederschlag im Gefäß I die Proportionalität zu der tatsächlich ausgeschiedenen Kohlendioxydmenge nicht darstellen würde. Kurz gesagt, es ist auf diese Weise nicht möglich, den Zeitpunkt des Versuchsbeginns festzulegen. Es müssen, bevor die erwähnte Proportionalität auftritt, die Lösungs- und Diffusionsverhältnisse im Apparat ins Gleichgewicht kommen. Wenn wir also einen blinden Versuch machen, d. h.

keine Tiere einsetzen, müssen wir nach einiger Zeit zu einem Punkte kommen, an dem wir keinen Unterdruck und keine Kohlensäureausscheidung mehr feststellen können. Tatsächlich ist dieser Punkt, nachdem der Apparat etwa $^3/_4$ Stunde gearbeitet hat, praktisch erreicht.

Dieses sind die Gründe, weswegen ich zwei Absorptionsgefäße anbrachte. Ich ließ den Apparat stets mindestens $^3/_4$ Stunde, in den allermeisten Fällen aber 2 Stunden bei Einschaltung des Gefäßes I arbeiten, bevor der eigentliche Versuch begann. Nach Beendigung des Vorversuches wurden die Hähne der Leitung a geschlossen, der von b geöffnet, so daß die Luft durch das Absorptionsgefäß II zirkulierte. Der in II entstehende Niederschlag von $BaCO_3$ und der während des eigentlichen Versuches verbrauchte, mit Hilfe des Manometers als Unterdruck gemessene Sauerstoff dienten erst zur Ermittelung des respiratorischen Quotienten. Nach der Beendigung des Versuches wurde der Apparat möglichst schnell auseinandergenommen, das Versuchswasser sofort abfiltriert und unmittelbar die CO_2-Analyse vorgenommen. Dann wurde das Lebendgewicht und -volumen der Tiere festgestellt. Der ganze Versuch dauerte damit meistens etwa 10 Stunden."

Zusammenfassend kann über den Stoffwechsel der Wirtschaftsfische gesagt werden, *daß er sich in grundsätzlicher Hinsicht, soviel bis jetzt festgestellt werden konnte, nicht von dem der übrigen poikilothermen Wirbeltiere, im weiteren Sinne der Wirbeltiere überhaupt, unterscheidet.*

Hinsichtlich der Abhängigkeit von der Temperatur gilt das VANT' HOFFsche Gesetz in der Modifikation von KROGH, die *Temperatur des Körpers* selbst wird durch die Stoffwechselvorgänge nur wenig gegenüber der Umgebungstemperatur beeinflußt, entspricht dieser vielmehr im allgemeinen vollkommen. Das Oberflächengesetz von RUBNER scheint ebenfalls Gültigkeit zu haben, die Formel für die Berechnung der Oberfläche ist durchschnittlich $O = p\,\tfrac{2}{3} \cdot 10$ (LINDSTEDT[112]). Es scheint ferner eine gewisse erblich fixierte jahreszeitlich bedingte Periodizität der Stoffwechselintensität vorzuliegen, die Nahrungsausnutzung ist sehr vollkommen, cellulose- und chitinreiche, aber eiweißarme Nahrung bedingt Stoffwechselerhöhung und umgekehrt. Der *Mineralstoffwechsel* ist wenig untersucht, Vitaminwirkung scheint nach neusten Versuchen Stoffausnutzung und Wachstum zu beeinflussen.

E. Die künstlichen Futtermittel und ihre Verwertung.

I. Künstliche Fütterung.

Künstliche Fütterung wird in der Fischwirtschaft ausschließlich im teichwirtschaftlichen Betriebe angewendet.

Man ist in der intensiv betriebenen Forellenzucht überall dazu übergegangen, den Teich lediglich nach seinen physikalischen Bedingungen und nach der chemischen Wasserbeschaffenheit so zu gestalten (kühles, reines, sauerstoffreiches, stark fließendes Wasser), daß die Fische sich ungeschädigt darin aufhalten können, im übrigen aber den Forellenteich als einen „Stall" zu betrachten, d. h. wenigstens soweit es sich um die „Mastteiche" in intensiver Bewirtschaftung handelt, auf die natürliche Nahrungsproduktion darin ganz zu verzichten und den Zuwachs ausschließlich durch künstliche Ernährung zu erzielen.

In der Karpfenzucht kann man zwar nicht ganz soweit gehen, einmal weil, wie wir oben gesehen haben, die Cypriniden rein pflanzliches Kunstfutter ohne gleichzeitige Aufnahme von Kleintiernahrung nur ungenügend ausnutzen, zweitens weil bei der echten „Teichnatur" auch des künstlichen Karpfenteiches die ausreichende Erzeugung der Naturnahrung in jedem Falle die billigste Art der Zuwachsgewinnung darstellt.

Was die zur Verwendung kommenden Mittel anlangt, so werden wir zunächst unterscheiden müssen zwischen der sozusagen indirekten Fütterung durch künstliche Vermehrung der Naturnahrung auf dem Wege der Teichdüngung, und der direkten Nahrungsgabe.

Die *Teichdüngung*, die ein besonderes Kapitel der neuzeitlichen Teichwirtschaftslehre bildet, kann hier nur kurz erwähnt werden, da sie im Effekt lediglich auf eine Intensitätsvermehrung des natürlichen Stoffwechsels in dem betreffenden Gewässerindividuum hinausläuft, dadurch, daß die Urnährstoffe in ein günstigeres Mengenverhältnis gebracht werden. Dem Fisch werden dabei also einfach auf dem Wege über die sich stärker entwickelnde Kleinpflanzenwelt größere Quantitäten seiner natürlichen Kleintiernahrung zur Verfügung gestellt, ohne daß sich an der Ernährungsweise an sich etwas verändert. Daß durch eine bloße Veränderung im Urnährstoffgehalt des Wassers eine sehr erhebliche Einwirkung auf die Menge der tierischen Kleinlebewesen zustande kommen kann, haben alle wissenschaftlich kontrollierten Teichdüngungsversuche (vgl. die Berichte der teichwirtschaftlichen Versuchsstationen Sachsenhausen und Wielenbach, Ztschr. f. Fischerei **20** [1919] u. Sammlung fischereilicher Zeitfragen, Verl. Neumann, Neudamm 1924 ff.) mit wünschenswerter Übereinstimmung ergeben.

Als Grundlage der „*Teichdüngung*" dient entweder organischer Dünger (Stallmist, besonders Schweinemist, Schlachthofdünger, Fäkalien u. a.) oder mineralischer („Kunst")-Dünger. Die Düngung mit Kunstdünger ist nach langen noch immer nicht ganz abgeschlossenen Versuchsperioden heute allgemein auf einer Kalk- und Phosphatdüngung aufgebaut (WALTER, DEMOLL[217a, 45a]). *Zur Ernährung der Fische steht die Düngung stets nur auf dem Wege über die vermehrte natürliche Nahrung in Beziehung.* Es ist allerdings nicht selten beobachtet worden, daß der Karpfen Reste unverbrauchter Nährstoffe aus dem Dünger (z. B. aus Schlachthofdünger oder Fäkalien) unmittelbar frißt, doch spielt, wie alle Nahrungsuntersuchungen an Teichkarpfen ergeben haben, diese Art der Nahrungsaufnahme keine wesentliche Rolle, und die früher in Praktikerkreisen verbreitete Anschauung, daß der Karpfen den „Mist" mit Vorliebe als solchen fräße, hat sich in größerem Umfange nicht bestätigen lassen. Überbleibsel künstlicher Fütterung wirken selbstverständlich ebenfalls im Teich als organische Düngung und gehen insofern der Nutzung wenigstens nicht ganz verloren.

Bei der *direkten Fütterung* wird man zweckmäßig wieder diejenigen Futtermittel, die infolge allgemeiner Anwendung eine überragende wirtschaftliche Bedeutung haben, von denen unterscheiden, die nur bei gelegentlichem Anfall oder versuchsweise eine Rolle spielen.

Im allgemeinen kann man feststellen, daß in der Teichwirtschaft Mitteleuropas die Fütterung der Forellen auf der Verwendung von frischem *Seefisch- und Kadaverfleisch*, die der Karpfen auf derjenigen von *Lupine* und *Mais* beruht. Dazu kommen für die Forellenbrutanfütterung noch eine kleine Reihe hochwertiger proteinhaltiger tierischer Produkte, wie *Milz, Hirn, Blutkuchen*, ferner an Trockenfuttermitteln *Garneelenschrot* und *Fischmehl*. Damit ist die Reihe der Futtermittel von *allgemeinerer Verwendung* bereits erschöpft. Wie aus der weiter unten abgedruckten vergleichenden Tabelle von SMOLIAN hervorgeht, gibt es daneben freilich kaum irgendeinen tierischen oder pflanzlichen Abfallstoff von einigem Nährstoffgehalt, der nicht *gelegentlich* einmal zur Fischfütterung mindestens versuchsweise verwendet würde. Die Teichwirtschaft ist eben vielerorts ein Kleinbetrieb, der seine Futtermittel nimmt, wo sie sich ihm zufällig einmal

bieten, und da wenigstens im Karpfenteich die Fische nicht ausschließlich auf
das gereichte Futter angewiesen sind, dies auch, wie wir sahen, dem Stoffwechsel
des Teiches mindestens als Dünger immer noch zugute kommt, so kann selbst
eine Verabreichung weniger wertvollen Futters, wenn es sich nicht gerade um
schädliche Stoffe handelt, nicht viel Unheil anrichten.

Von den obengenannten *Hauptfuttermitteln wird das Seefischfleisch* meist in
Gestalt der Köpfe großer Schellfische und Dorsche (Kabeljaus) sowie in Form
des sog. Beifangs (kleine, zur menschlichen Ernährung nicht verwertbare Fische)
aus den großen Seefischereihäfen, wo der Ertrag der Fischdampferfischerei zu-
sammenströmt, geliefert. Die Abfälle dieser Art werden in Körben oder ähnlichen
Verpackungen frisch oder mit Eis an die Fischzuchtanstalten verschickt. Zum
Verbrauch wird das Material gedämpft, durch die Fleischmaschine getrieben,
meist mit einem Zusatz von irgendeinem Trockenfuttermittel (Garneelenschrot,
Fisch- oder Fleischmehl u. ä.) versehen, der eine gewisse Bröcklichkeit der Masse
herstellen soll, und dann gewöhnlich durch Auswerfen mit der Handschaufel
verfüttert. Da die Forellen die Futterpartikel nur aufnehmen, solange dieselben
im Wasser schweben, auf den Grund gefallene und in den Bodenschlamm ein-
gesunkene Stücke aber verschmähen, so ist wesentlich darauf zu achten, daß
nur so lange Futter ausgeworfen wird, wie die Fische noch danach „springen"
und bei eingetretener Sättigung sogleich abzubrechen, um nicht Futter zu ver-
schwenden. Bei der Verwendung von frischem *Kadaverfleisch* wird genau entsprechend verfahren, doch ist dies Futtermittel gegenüber dem Seefischfleisch
minderwertig und sollte nur im Notfall genommen werden, da meist viele für die
Fische schlecht verwertbare Sehnen und grobe Fasern darin enthalten sind, und
die Raubfische auch von Natur nicht an das Fleisch größerer Warmblüter angepaßt erscheinen. Wo es möglich ist, billige Süßwasserfische zur Forellenfütterung zu verwenden, werden sie ebenso wie die Seefische verfüttert und bilden
dann eine Nahrung von hervorragender Qualität, da sie den natürlichen Bedürfnissen der Forellen am meisten entsprechen. Das gleiche gilt für diejenigen
Futtermittel, die aus niederen Wassertieren hergestellt werden, also besonders
für das *Garneelenschrot* und Garneelenmehl, das allerdings für diese Zwecke meist
nicht rein ist, sondern aus „Gammel" (Heidrich[73]) hergestellt wird und daher alle
möglichen anderen Seetiere mit enthält. Die früher vielfach übliche Fischfütterung
mit Fliegenmaden, die in über dem Wasser angebrachten „Madenkästen" erzeugt
wurden und lebend in das Wasser fielen, ist heute fast überall aufgegeben worden,
da sie mit starker Geruchsbelästigung verbunden ist und mit den Maden auch
leicht allerlei Fäulnisstoffe von den Fischen aufgenommen werden, die zu Störungen im Verdauungstrakt führen können.

Die *Brutanfütterung* wird derart ausgeführt, daß die verwendeten Futtermittel, meist Milz oder Hirn, roh geschabt und in einen feinen Brei verwandelt
werden. Dieser wird auf die Außenseite von Blumentöpfen gestrichen, die dann
in das Wasser eingehängt oder unter der Wasseroberfläche der Brutanfütte-
rungsteiche auf Pfählen aufgesteckt werden, wo die Fischchen die Masse abzupfen,
oder diese wird in Siebkästen getan, die an Stangen befestigt sind. Ein Arbeiter
geht mit diesen Kästen dann am Teich entlang und taucht sie von Zeit zu
Zeit ins Wasser, wobei sich jedesmal ein kleiner Teil des Futters ablöst und ins
Wasser sinkt, um dort von den Fischchen, die sich an diese Fütterungsart bald
gewöhnen, aufgenommen zu werden.

In der *Karpfenwirtschaft* werden die Futtermittel, also ganz überwiegend
Mais und Lupine, in Deutschland hauptsächlich die letztere, nach vorheriger
Einquellung ganz oder grob geschrotet verfüttert. Meist sind am Ufer der Teiche
Kästen aus Holz oder Beton aufgestellt, in denen das für den nächsten Tag be-

stimmte Futterquantum mit Wasser übergossen und so zum Quellen gebracht wird. Um eine Futterverschwendung zu verhüten, werden am Boden der Teiche in flachem Wasser meist sog. Fütterungsplätze hergerichtet, entweder dadurch, daß ein Teil des Teichbodens von Schlamm befreit wird, oder indem eine Holzbühne mit erhöhtem Rand auf dem Teichboden befestigt wird, auf der dann der Futterverbrauch durch die Fische kontrolliert werden kann. Auch hier soll darauf geachtet werden, daß pro Tag nicht mehr Futter verabreicht wird, als auch wirklich aufgenommen wird. Für die Technik der Karpfenfütterung sind erst kürzlich eingehende, aus den Erfahrungen

Tabelle 2. Karpfenfütterung mit künstlichen Futtermitteln, besonders Lupine. (Nach E. WALTER.)

Der Stückzuwachs soll betragen in % des Einsatzgewichts:	Das Einsatzgewicht verhält sich zum Abfischungsgewicht wie 1:	Prozentische Verteilung der Gesamtfuttermenge				
		Mai	Juni	Juli	August	Sept.
100	2	15	20	25	30	10
150	2,5	13	18	24	32	13
200	3	11	16	23	33	17
300	4	9	14	21	36	20
900	10	4	10	20	40	26
1900	20	—	5	20	45	30

an der teichwirtschaftlichen Versuchsstation Wielenbach abgeleitete Regeln von WALTER[214] herausgegeben worden (vgl. Tab. 2, 3). Auf zwei Punkte muß besonders geachtet werden, nämlich einmal darauf, daß die gegebene Futtermenge im Laufe der sommerlichen Bespannungsperiode den durchschnittlichen Monatstemperaturen angepaßt wird, da die Nahrungsaufnahme der Fische mit den jahreszeitlichen Wärmeschwankungen wechselt (vgl. S. 629), und ferner, daß auf den steigenden Futterbedarf Rücksicht genommen wird, der sich mit dem Zuwachs des Bestandes allmählich einstellt. Im übrigen spielt hier auch wieder die Erscheinung eine Rolle, daß das Stückwachstum der Fische von dem Nahrungsangebot abhängt, daß man es als Wirtschafter also in der Hand hat, durch entsprechende Gestaltung des relativen Nahrungsangebots auf dem Wege über die Besatzmenge nach Belieben größere oder kleinere Fische als Ergebnis des Jahreswachstums zu erhalten. Die unter diesen Gesichtspunkten von WALTER errechneten Regeln und Richtlinien, für die seine Haupttabellen hier als Beispiel wiedergegeben sind, beruhen jedoch nicht auf unmittelbaren Versuchen physiologischer Natur, sondern sind empirisch und rechnerisch abgeleitet.

Tabelle 3. Anfangs- und Endrationen für die hauptsächlichsten Zuwachsgrößen (Mittelration = y) (je nach der Zahl der Futtertage).

Der Stückzuwachs soll betragen in % des Einsatzgewichts:	Das Einsatzgewicht verhält sich zum Abfischungsgewicht wie 1:	Anfangsration	Endration
100	2	$\dfrac{y}{1,5}$	$\dfrac{2y}{1,5}$
150	2,5	$\dfrac{y}{1,75}$	$\dfrac{2,5y}{1,75}$
200	3	$\dfrac{y}{2}$	$\dfrac{3y}{2}$
300	4	$\dfrac{y}{2,5}$	$\dfrac{4y}{2,5}$
900	10	$\dfrac{y}{5,5}$	$\dfrac{10y}{5,5}$
1900	20	$\dfrac{y}{10,5}$	$\dfrac{20y}{10,5}$

II. Fütterungsversuche und Analysen.

Es ist dies auch nicht anders möglich, da man mit dem Fisch, besonders mit den Kleintierfressern, wie dem Karpfen und seinen Verwandten, nur sehr schwer „Fütterungsversuche" am Individuum durchführen kann, wie wir dies von den höheren Haustieren her gewöhnt sind. Da nämlich viele Fische in der Gefangenschaft überhaupt schlecht, mindestens in ganz anderer Weise und unter anderen Impulsen als in der Freiheit, Futter annehmen, die individuelle Fehlergrenze also stets sehr weitgesteckt erscheint, so wird man Ergebnisse aus Fütterungsversuchen an einzelnen Tieren immer nur mit großer Kritik auf die natürlichen Verhältnisse übertragen dürfen. Da andererseits jede Fischfütterung eine *Gruppenfütterung* ist und *niemals*, wie bei den höheren Haustieren, die Futtergabe auf das *Einzeltier* abgestimmt werden kann, *sondern sich stets auf eine sehr große Individuenanzahl* verteilt, die gewöhnlich ein selbst der Körpergröße nach ziem-

Tabelle 4. Übersicht über die chemische Zusammensetzung und die physiologische

Chemisch-physio-

Animalien, d. h.

Futtergruppe	Einzelne der wichtigsten Fischfutter-Mittel	Zustand, Zubereitung oder Herkunft	Wasser	Nh = Stickstoffhaltige Substanz: Roh-Eiweiß (Rohprotein)	davon Reineiweiß	davon wasserlöslich in Proz.	davon verdaulich: im künstlichen Versuch in Proz.	davon verdaulich: im Tierversuch in Proz.	Nfr = Stickstofffreie: Roh-Fett	Jodzahl des Fettes (nicht in Proz.)	davon verdaulich: im künstlichen Versuch in Proz.	davon verdaulich: im Tierversuch in Proz.	Kohlehydrate	Stickstofffreie Extraktivstoffe oder Wasserlöslichkeit in Proz.	davon verdaulich: im künstlichen Versuch in Proz.	davon verdaulich: im Tierversuch in Proz.
Frische und getrocknete Meeresfische	Schellfisch	frisch	78,9	17,25					1,14							
	"	getrocknet		81,62	13,08				5,42							
	Kabeljau	Fleisch frisch	80,61	18,75					0,37							
	"	" getrocknet		91,68	15,47				1,91							
	"	Kopf u. Gräten frisch	78,25	14,31					0,67							
	"	Kopf u. Gräten getrocknet		65,69	10,51				3,07							
	Grauer Knurrhahn	frisch	74,95	16,87					5,31							
	"	getrocknet		66,12	10,58				20,89							
	Gem. Dornhai	frisch	59,08	33,31					10,45							
	"	getrocknet		81,37	13,02				25,55							
	Stern-Rochen	frisch	80,67	16,75					1,79							
	"	getrocknet		86,56	13,85				9,24							
	Scholle	frisch	79,12	17,06					1,39							
	"	getrocknet		81,87	13,10				6,64							
	Stichling	frisch	72,54	13,94					7,26							
Sonstige Meeresprodukte	Fischeier															
	Miesmuscheln	ganz. Tier, frisch	55,54	3,38					0,17							
	"	entschalt ,,	82,20	11,25					1,21							
	"	Schale allein ,,	4,07	2,94					0,00							
	Garneelen	ganze Tiere, trocken	11,2	34,6					1,6							
	"	do	9,18	57,37					7,6				21,45			

lich ungleiches Material darstellt, so sind in der Tat die Werte, welche heute bei der Verwendung von Futtermitteln in der Fischzucht zugrunde gelegt werden, besonders die Futterkoeffizienten, fast ausnahmslos nicht auf experimentellem Wege, sondern durch rechnerische Ableitung aus den Ergebnissen praktischer Betriebe gewonnen worden. Unter diesem Gesichtspunkt sind daher auch die meisten der Angaben in der großen Fischfuttermitteltabelle zu betrachten, welche ich nach SMOLIAN[194] im nachfolgenden als Übersicht wiedergebe.
(Die hier als „Quelle" genannten Autoren s. bei SMOLIAN 194.)

Wirkung einzelner wichtiger Futtermittel nach Zustand u. Zubereitung.

logische Analysen								Praktische Versuchsergebnisse						
Substanz			Zusammenfassende Berechnungen					Besonders geeignetes Futter	Futterkoeffizient „l"		Futterkosten im Jahre 1913			
Mineralische Stoffe		Rohfasern z.B.: Chitin, Zellulose, u.a.m.	Gesamte Trockensubstanz in Prozent	Summe der Prozente der stickstofffreien Substanz	Nährstoffverhältnis d.h. Nh : Nfr	Bemerkungen	Quelle	d.h. für 1 kg Zuwachs an Fischfleisch sind erforderlich kg Futter	für 1 Ztr Futter in Mark	berechnet auf 1 Ztr Zuwachs in Mark	Quelle	Bemerkungen
Asche	speziell Kochsalz							K = Karpfen F = Forellen	für Karpfen	für Forellen				
tierische Fischfuttermittel														
6,37 30,16 2,89 14,96 14,41 66,22							SEMPO-LOWSKY	K, F		5-6[1] 7-8[1]		60-72[2]	MAIER WALTER	[1] Für Trockenfische nach MAIER 2-3
7,92 31,20 4,32 14,58 4,47 23,13 6.07 29,09 3,15							KÖNIG	F		6—7		75—85	HOFER	[2] Für Trockenfische nach MAIER 48-72
	nicht über 2,5 %					Wenn gesalzen — schädlich. Extraktion des Salzes mindert Nährwert	HOFER							Faulen leicht
39,59						1 Ztr. ergibt 0,2-0,22 Ztr. Fleisch	KÖNIG	F			150-250		NIELSEN, Cley-i. Harz	Erzielt gute Farben der Salmonideneier. Nur Erhaltungsfutter für Laichforellen
1.30							„	F			14-15			
93,00							BALLAND, KÖNIG	F						
39,7			88,8				KÖNIG, KNAUTHE, WITTMANN, MORAWSKY							

Tabelle 4

Chemisch-physio-

Futter-gruppe	Einzelne der wichtigsten Fischfutter-mittel	Zustand, Zubereitung oder Herkunft	Wasser	Nh = Stickstoffhaltige Substanz					Nfr = Stickstofffreie							
				Roh-Eiweiß (Rohprotein)	davon Rein-eiweiß	davon wasserlöslich in Proz.	davon verdaulich im künstlichen Versuch in Proz.	davon verdaulich im Tierversuch in Proz.	Roh-Fett	Jodzahl des Fettes (nicht in Proz.)	davon verdaulich im künstlichen Versuch in Proz.	davon verdaulich im Tierversuch in Proz.	Kohlehydrate	Stickstofffreie Extraktivstoffe oder Wasserlöslichkeit in Proz.	davon verdaulich im künstlichen Versuch in Proz.	davon verdaulich im Tierversuch in Proz.
Frisches Säugetier-fleisch und einzelne Teile davon	Kalb	roh, mager	78,6	20,0					0,9							
	„	„ fett	73,3	18,0					7,5							
	Ochse	roh, fett	52,8	17,0					29,0							
	„	„ mager	75,0	21,0					3,0							
	Kuh	roh, fett	70,95	20,0					7,8							
	„	„ mager	77,0	20,0					1,8							
	Schwein	roh, fett	47,3	14,5					37,5							
	„	„ mager	72,0	20,0					6,9							
	Blut	frisch und gekocht														
	„	frisch	77,0	21,0				bis zu 96-98	1,0							
	Milz v. Rind u. Pferd	frisch	80,0													
	Leber „ „	„														
	Hirn „ „	„														
Molkerei-Produkte	Quark (Topfen, Casein)	frisch	63,78	25,98					4,58							
	do.	„	72,44	16,91					6,22							
	Zentrifugen-schlamm	1 Stunde sterilisiert	73,68	21,37					1,99							
Frischfleisch-Präparate und -Abfälle	Präriefleisch	Firma Spratt-Crissel		58,0		24,5		52,8	19-20			18,4				
	„	Firma Köln-Langenfeld		56,0		25,0		51,9	20,0			18,6	6,0			
	Blutabfälle	frisch														
	Schlachthaus-abfälle	sortiert, frisch und gekocht														

(Fortsetzung).

Super-column headers: **logische Analysen** (left) — **Praktische Versuchsergebnisse** (right).

Asche	speziell Kochsalz	Rohfasern z. B.: Chitin, Zellulose, u. a. m.	Gesamte Trockensubstanz in Prozent	Summe der Prozente der stickstofffreien Substanz	Nährstoffverhältnis d. h. Nh:Nfr	Bemerkungen	Quelle	Besonders geeignetes Futter (K = Karpfen, F = Forellen)	Futterkoeffizient „l" für Karpfen	für Forellen	Futterkosten 1913: für 1 Ztr Futter in Mark	berechnet auf 1 Ztr Zuwachs in Mark	Quelle	Bemerkungen
0,5 1,2														
1,2 1,0							BONGARDT	F		5—6[1]				Nach HOFER schlecht verdaulich und meist viel zu teuer
1,15 1,2														[1] Für Pferdefleisch
0,7 1,1														
1,0						Für Forellenbrut schlecht	HOFER	K, F		$1\frac{1}{2}$-2			HOFER, SUSTA	Nach HOFER schwer verdaulich, aber gut zu Futtergemischen
						Für Forellenbrut ganz gut	„	K, F		4			HOFER	
						Wird in 6-7 Std. verdaut, aber nur zu 60% nutzbar.	WOHLGEMUTH	F			80			TEUER
						Wird in 7-8 Std. verdaut, klebt nicht, sonst wie Milz	do.	F		5-6			WALTER	„
						do	HOFER	F						„
2,59						Eisenarm, daher Anämie hervorrufend.	HOFER	F					WALTER	Nur frisch und nur neben Natur- oder anderem Futter verabfolgen
1,36						Dazu 3,07% Milchzucker.	KNAUTHE	F		10-15				
2,87						Eisenarm wie Quark.	WUNDSCH	F						
9-10					1:0,9		KNAUTHE			$1\frac{1}{2}$-2			KNAUTHE	
9,0					1:0,9		„							
								K, F					TAURKE	Gutes Krebsfutter
						Wie Frischfleisch		F		5-6	7-10	35-60	HOFER	Wenn nicht ganz frisch — schlecht, sonst wie Frischfleisch

Futtergruppe	Einzelne der wichtigsten *Fischfuttermittel*	Zustand, Zubereitung oder Herkunft	*Wasser*	**Nh** *Roh-Eiweiß (Rohprotein)*	**Nh** davon Reineiweiß	**Nh** davon wasserlöslich in Proz.	**Nh** davon verdaulich im künstlichen Versuch in Proz.	**Nh** davon verdaulich im Tierversuch in Proz.	**Nfr** *Roh-Fett*	**Nfr** Jodzahl des Fettes (*nicht in Proz.*)	**Nfr** davon verdaulich im künstlichen Versuch in Proz.	**Nfr** davon verdaulich im Tierversuch in Proz.	**Nfr** *Kohlehydrate*	**Nfr** Stickstofffreie Extraktivstoffe oder Wasserlöslichkeit in Proz.	**Nfr** davon verdaulich im künstlichen Versuch in Proz.	**Nfr** davon verdaulich im Tierversuch in Proz.
Frischfleisch-Mehle (Ø = durchschnittlich)	Liebigsches Fleischmehl	frisch	11,5	66,0		13,7	54,3	53,6	19,2			15,4				
	do.	alt und ranzig		66,0		13,7		49,4	19,2			14,2				
	do.	frisch		69,9					10,1							
	Präriefleisch-Mehl	Ruthard-Bamberg, fein		0,6		27,0	44,2	43,8	19,5			17,4				
	do.	Ruthard-Bamberg, grob		0,6		27,0	23,6	21,2	19,5			13,6				
	Deutsches Fleischmehl	frisch	10,8	67,2					12,5							
	do.	„ Ø	10,7	71,2				66,2	13,7			13,0				
	do.	frisch Schwankung	10,7	69-78				63,17 / 72,58	11-18			10,45 bis 17,1				
	Fleischmehl I	im Ø frisch	10,5	72,32					13,17							
	„ I	schwankend	5,7-15,2	59,9-84,2					5,9-24,0							
	„ II	fettreich	11,3	58,45					11,65							
	„ II	fettarm	10,55	63,95					2,0							
Andere Mehle und Trockenfuttermittel (Ø = durchschnittlich)	Kadavermehl	aus Britz	6,6	50,0		16,18	46,2	46,4	13,2			11,8				
	„ I	„ Hamburg		58,4		26,4	51,2	49,6	19,4			18,2				
	„ II	„ „		56,3		24,8	40.0	38,8	20,0			19,4				
	„ III	„ „		52,1		24,0	36,2	34,4	20,4			19,2				
	„	„ Altona		48,8		14,6	38,8	32,9	14,6			13,1				
	„	frisch Herkunft?		48,3				60,0	18,7			9,5				
	„	frisch im Ø	6,6	52,15					16.60							
		„ Schwankg.	3,5-11,4	40,0-65,0					8.0-22,0							
	Blutmehl	frisch		91,9		26,2	87,6	86,5	0,7				2,9			
	„	überhitzt		90,2		0,6	27,0	26,8	0,8				2,9			
	„	frisch	7,0	90,7					0,2							
	Fischmehl	frisch		56,0		22,4		49,4	2,1			1,9				
	„	frisch, fettarm	12,8	47,3					1.6							
	„	„ fettreich	10,8	43,6					11,0							
	„	frisch	11,3	50,5				75,0	5,0							
	„	a. Stichling., gut		62,2		18,9		55,7	2,1			1,8	1,0			
	„	a. „ überhitzt		66,2		1,5		36,4	2,3			1,2	0,2			
	Garneelenmehl	gebrüht	11,2	34,6					1,6							

(Fortsetzung).

Linke Tafelhälfte: **...logische Analysen** — Rechte Tafelhälfte: **Praktische Versuchsergebnisse**

Mineralische Stoffe: Asche	speziell Kochsalz	Rohfasern z.B.: Chitin, Zellulose, u.a.m.	Gesamte Trockensubstanz in Prozent	Summe der Prozente der stickstofffreien Substanz	Nährstoffverhältnis d.h. Nh:Nfr	Bemerkungen	Quelle	Besonders geeignetes Futter (K = Karpfen, F = Forellen)	Futterkoeffizient „l" für Karpfen	Futterkoeffizient „l" für Forellen	Futterkosten im Jahre 1913 für 1 Ztr Futter in Mark	berechnet auf 1 Ztr Zuwachs in Mark	Quelle	Bemerkungen
2,6					1:0,7		KNAUTHE	K, F						
2,6					1:0,7		E. WOLF	K, F		1½-2		18-24	HOFER	UnterZusatz von Bindemitteln verfüttern
5,2					1:1,0		KNAUTHE	K, F		1½-2			WALTER	
5,2					1:1,6		„	K, F					MAIER	
							O. KELLER	K, F		1½-2	10	18-30	HOFER, MAIER	Stets mit 2% Futterkalk u. Pflanzenmehl vermischen
4,5			89,3		1:0,6		KÖNIG,	K, F				25-36	SCHIEMENZ	1-2% Futterkalkzusatz ratsam, wegen d. geringen Aschegeh.
4,1-4,8			89,3		1:0,5 bis 0,7		KNAUTHE u. WITTMANN	K, F		1-2-3		25-36	SUSTA	
3,98							KÖNIG	K, F		1½-2			WALTER	
1,6-														
12,0														
18,57														
23,50														
18,2					1:0,6		KNAUTHE	K, F					WALTER	[1] Wenn überhitzt
18,9					1:0,9		„	K, F					„	
18,1					1:1,2		„	K, F		1½-2 oder 2½-6 [1]			„	
19,2					1:1,4		„	K, F					„	
25,6					1:1,0		„	K, F						
23,9			93.4				KÖNIG, KNAUTHE, WITTMANN J. KÖNIG	K, F					MAIER	2% Kalkzusatz ratsam meist überhitzt
24,65														
15,4-														
33,5														
4,5					1:0,0		KNAUTHE	K, F		1½-2	10-12		HOFER, SUSTA	Wenn überhitzt - schädlich u. fast unverdaulich. Nicht ohne andere Bindemittel u. 2% Kalk verfüttern. Ist selbst Bindemittel.
4,5					1:0,0		„	K, F		2-3		25-30	MAIER	
3.0			93,0				KÖNIG, KNAUTHE, WITTMANN	K, F		1-3	25-36		SCHIEMENZ	
40.0					1:0,1		KNAUTHE O. KELLER	K, F		1½-2	12-14		HOFER	
								K, F		2	15	25-30	MAIER	
35,2			88,7				KÖNIG, KNAUTHE, WITTMANN	K, F		1½			HOFER	
								K, F		1-3		25-36	SCHIEMENZ	
23,2					1:0,1		KNAUTHE	K, F						
21,6					1:0,1		„	K, F						
39,7			88,8			Verdaut in 5-6 Stdn. (WOHLGEMUTH)	KÖNIG KNAUTHE WITTMANN	K, F			8			

Tabelle 4

Chemisch-physio-

Vegetabilien, d. h.

Futtergruppe	Einzelne der wichtigsten Fischfuttermittel	Zustand, Zubereitung oder Herkunft	Wasser	Nh = Stickstoffhaltige Substanz					Nfr = Stickstofffreie							
				Roh-Eiweiß (Rohprotein)	davon Reineiweiß	davon wasserlöslich in Proz.	davon verdaulich im künstlichen Versuch in Proz.	davon verdaulich im Tierversuch in Proz.	Roh-Fett	Jodzahl des Fettes (nicht in Proz.)	davon verdaulich im künstlichen Versuch in Proz.	davon verdaulich im Tierversuch in Proz.	Kohlehydrate	Stickstofffreie Extraktivstoffe oder Wasserlöslichkeit in Proz.	davon verdaulich im künstlichen Versuch in Proz.	davon verdaulich im Tierversuch in Proz.
Hülsenfrüchte	Gelbe Lupine	roh, gebrochen	14,71	37,79					4,25				25,48			
	„ „	„ „	14,0	34,40					3,80				21,90			
	„ „	„ „	13.0	31,90					4,30				27,40.			
	„ „	„ „	14,0	38,30					4,40							
	Blaue „	„ „	14,28	29,74					5,31				35,55			
	„ „	„ „	14,0	25,20					4,50				34,50			
	„ „	„ „	14,0	26,30					5,20				31,20			
	Lupine, allgem.	Durch Auslaugen entbittert		47,90		0,2		34,9	6,70		5,8		22,90		0,1	16,8
	„ „	do. u. stark gekocht		47,90		2,6		36,2	6,70		5,8		22,90		8,4	19,8
	„ „	roh, nicht entbittert		43,20		10,2	38,3	34,3	6,30		5,7		29,70		6,2	24,0
	Saubohnen (Ackerbohnen)	roh (durchschn.)		25,0		8,2		21,8	1,60		1,2		48,90		8,2	44,8
	do.	„ „	13.5	25,30					1,70							
	do.	„ „	14,0	25,68					1,68				47,29			
	Sojabohne	„ „	12,71	32,12					14,03				31,97			
	Erbsen	roh (durchschn.)		22,60		8,2		19,4	1,90		1,6		53,0		16,4	47,2
	„	„ „	13,80	23,35					1,88				52,65			
	„	„ „	13,90	23,20					1,90							
	Wicken	„ „		26,40		10,2		22,8	1,80		1,4		48,60		10,2	43,2
	Linsen	„ „														
Körnerfrüchte (ungemahlen)	Mais	roh (durchschn.)		10,10		0,8		7,6	4,70		3,9		68,6		10,2	65,4
	„	„ (mittel)	13,0	7,10					3,90				65,7			
	„	„ „	13,40	10,20					5,30							
	„	roh (durchschn.)	13,32	9,58					5,09				67,89			
	Roggen	roh (ganz. Korn)	13,40	9,60					1,10				63,90			
	„	„ „ „	13,40	11,60					1,90							
	„	„ „ „	13,37	11,19					1,68				69,36			
	Gerste	„ „ „	12,95	9,68					1,96				68,31			
	„ (Futtergerste)	„ „ „	14,0	9,70					1,90							
	Hafer	„ „ „	12,81	10,25					5,27				59,68			
	Weizen	„ „ „	13,37	12,03					1,85				68,67			
	Spelz	„ „ „	13,37	11,84					1,85				68,22			
Baumfrüchte	Eicheln	gedörrt, ungeschält		4,60	3,6				3,30				69,00	57,5		
	„	roh, ungeschält	37,12	4,11					3,05				45,27			
	Roßkastanien	„ „	10,80	7,31					3,53				81,25			

(Fortsetzung).

pflanzliche Fischfuttermittel

| ...logische Analysen | | | | | | | | Praktische Versuchsergebnisse | | | | | | |
| Substanz: Mineralische Stoffe | | Rohfasern z.B.: Chitin, Zellulose, u.a.m. | Zusammenfassende Berechnungen | | | | | | Futterkoeffizient „l" d.h. für 1 kg Zuwachs an Fischfleisch sind erforderlich kg Futter | | Futterkosten im Jahre 1913 | | | |
Asche	speziell Kochsalz		Gesamte Trockensubstanz in Prozent	Summe der Prozente der stickstofffreien Substanz	Nährstoffverhältnis d.h. Nh:Nfr	Bemerkungen	Quelle	Besonders geeignetes Futter (K = Karpfen, F = Forellen)	für Karpfen	für Forellen	für 1 Ztr Futter in Mark	berechnet auf 1 Ztr Zuwachs in Mark	Quelle	Bemerkungen
3,54		14,23			1:1,45			KÖNIG	K (2)-3		6	30	HOFER	Bestes
								KELLER	K 3			21	MAIER	Karpfen-
3,8			86,0					WOLF	K 3-5			25-30	SCHIE-MENZ	futter
								KÖNIG, KNAUTHE, WITTMANN	K 2				SUSTA	aber jetzt (1919) viel zu teuer
2,92		12,20						KÖNIG	K (2)-3					
								WOLF	K 3					
								KELLER	K 3-5					
1,6		20,9			1:0,9			KNAUTHE	K					
1,6		20,9			1:0,9			„	K				WALTER	
3,9		16,4			1:1,1			„	K } 3-5 / Ø 4				„	
3,2		6,9			1:2,2			KNAUTHE	K 3		7	21	MAIER	
3,1			86,5					KÖNIG, KNAUTHE, WITTMANN	K 3-5			25-30	SCHIE-MENZ	
3,1		8,25						KÖNIG	K } Ø 5				WALTER	
4,71		4,4						„	K				„	
2,7		5,4			1:2,6			KNAUTHE	K 3		7	21	MAIER, SUSTA	Zu teuer
2,75		5,57						KÖNIG	K 4		10		HOFER	
2,7			86,1					KÖNIG, KNAUTHE, WITTMANN	K 3-5			25-30	SCHIE-MENZ	
3,2		6,6			1:2,0			KNAUTHE	K Ø 4			21	WALTER	
									K 3			25-30	MAIER	
									K 3-5				SCHIE-MENZ	
1,60		2,30			1:9,9			KNAUTHE	K (4)-5		7,8	35-45	HOFER	Sehr fett daher
								O. KELLER	K 4			30	MAIER	schwer ver- daulich.
1,70			86,6					KÖNIG, KNAUTHE, WITTMANN	K 4-4$\frac{1}{2}$			28-30	SCHIE-MENZ	Karpfen verlieren
1,47		2,65						KÖNIG	K 5				SUSTA	an Wider- standskraft
2,0								KELLER	K 4-4$\frac{1}{2}$			28-30	MAIER, SCHIE-MENZ	und werden zu fett
			86,6					KÖNIG, KNAUTHE, WITTMANN	K 5				HOFER	
2,24		2,16						KÖNIG	K					
2,50		4,40						„	K					
2,40			86,0					KÖNIG, KNAUTHE, WITTMANN	K 4-4$\frac{1}{2}$			28-30	SCHIE-MENZ	
3,02		9,97						KÖNIG	K					
1,77		2,31						„	K					
2,07		2,65						„	K					
		7,0						KELLER	K 8,9		4$\frac{1}{2}$			Wenig Ei- weiß und set- ten, mehr
1,50		8,95						KÖNIG	K					Gelegen-
2,16		2,95						„	K 7-10					heitsfutter

Tabelle 4

Chemisch-physio-

Nh = Stickstoffhaltige Substanz — Nfr = Stickstofffreie

Futtergruppe	Einzelne der wichtigsten Fischfuttermittel	Zustand, Zubereitung oder Herkunft	Wasser	Roh-Eiweiß (Rohprotein)	davon Rein-eiweiß	davon wasserlöslich in Proz.	davon verd. im künstlichen Versuch in Proz.	davon verd. im Tierversuch in Proz.	Roh-Fett	Jodzahl des Fettes (nicht in Proz.)	davon verd. im künstlichen Versuch in Proz.	davon verd. im Tierversuch in Proz.	Kohlehydrate	Stickstofffreie Extraktivstoffe oder Wasserlöslichkeit in Proz.	davon verd. im künstlichen Versuch in Proz.	davon verd. im Tierversuch in Proz.
Andere Früchte und Knollen	Kartoffeln	seifig, gekocht oder gedämpft		2,1		1,2		1,4	0.2				20,7	5-6		14,2
	,,	mehlig, gekocht oder gedämpft		2,1		1,2		1,9	0,2				20,7	5-6		19,9
	,,	gedämpft	73,59	2,79					0,12				21,60			
	,,	,,	73,60	2,8					0,1							
	Pilze versch. Art	gebrüht oder gekocht	14,07	24,06					2,45					40,88		
	Leinsamen	roh		20,5		4,2		18,4	37,0			34,6	19,6	3,2		10,8
Pflanzliche Mehle	Roggenmehl u. -schrot	—		10,6									63,5			
	do.	—	14,3	1,6					0,6				36,6			
	do.	—	12,58	9,62					1,44				73,84			
	Maismehl u. schrot	—	12,99	9,62					3,14				71,70			
	do.	—	14,40	8,40					4,80				37,80			
	Reis(futter)mehl	—		12,00		3,0		6,9	12,00			9,8	45,60	16-18		40,0
	Gerstenmehl	—	14,06	12,29					2,44				68,47			
	Weizenmehl	—	12,58	11,60					1,59				73,39			
	Kartoffelmehl	—														
Kleien	Roggenkleie	—	12,4	14,8					3,4							
	Weizenkleie	—		14,5		2,0	10,2	9,9	3,4			2,2	59,0	10-13		44,9
	,,	—		13,8		2,6	9,6	9,7	3,6			2,4	55.0	12,0		41,8
Kraftfuttermittel	Rapskuchen	—		30,7		6,2		24,2	9,8			7,1	30,1	7,0		21,3
	Erdnußkuchen	—		31,0		2,4		21,4	8,9			7.2	20,7	5-6		17,0
	Sonnenblumenkuchenmehl	—		34,7		8,2		30,8	12,5			11,2	23,7	8,0		21,9
	Leinkuchen	—		28,5		3,8		23,9	10,7			9,5	32,1	5-6		27,2
Industrie-Abfälle	Biertreber	—														
	Brennereitreber	getrocknet		22,1				16,1	5,3		4,5			40,6	31,9	
	Kartoffelschlempe	frisch		1,4				1,4	0,2		0,2			2,7	3,2	
	,,	getrocknet		21,8				21,8	3,9		3,9			41.3	50,7	
	Maisschlempe	frisch		2,3				1,8	1,0		0,9			4,4	4,4	
	,,	getrocknet		22,9				18,3	10,0		9,0			44,2	43.8	
	Melasseschlempe	frisch		2,8				2,8	—		—					4,1	4,1
	Rübenmelasse	,,	21,9	6,4					—				54,9			
	,,	,,	17,2	8,0					—				64,5			
	,,	,,		9,0		9,0		9,0	—				61,3	61,3		61,3
	Roggenschlempe	,,		2,3				1,8	0,5		0,4			4,8	5,1	
	,,	getrocknet		23,0				18,4	5,1		4,6			48,2	51,0	
	Weizenschlempe	frisch		2,7				2,2	0,5		0,4			5,0	4,9	
	,,	getrocknet		25,0				20,0	4,7		4,2			46,1	45,2	
	Kartoffelfaser (Pülpe)	frisch		0,8				0,7	0,1		0,1			11,7	11,8	
	do.	getrocknet		3,5				3,2	0,4		0,3			68,1	73,2	
	do.	gesäuert		1,2				1,0	0,2		0,1			12,5	12,4	
	Kleber	trocken		68,6				66,8	5,0		4,2			12,9	12,8	
	Maisschlamm	,,		18,1				14,5	6,3		5,4			60,7	56,0	
	Reispreßschlamm	frisch		12,3				9,8	1,3		1,1			29,5	27,2	
	,,	trocken		18,1				14,5	2,9		2,5			61,8	57,5	
	Maisschalen	frisch		11.9				9,0	9,5		8,5			59,5	58,6	
	Stärketreber (Weizen)	getrocknet		4,2				3,6	1,1		0,9			20,2	19,0	
	,, (Reis)			36,3				29,0	1,1		0,9			52,6	47,7	
	Malzkeime	frisch															

(Fortsetzung).

logische Analysen — **Praktische Versuchsergebnisse**

Mineralische Stoffe: Asche	speziell Kochsalz	Roh fasern z. B.: Chitin, Zellulose, u. a. m.	Gesamte Trockensubstanz in Prozent	Summe der Prozente der stickstofffreien Substanz	Nährstoffverhältnis d. h. Nh : Nfr	Bemerkungen	Quelle	Besonders geeignetes Futter (K = Karpfen, F = Forellen)	Futterkoeffizient „l" (für 1 kg Zuwachs an Fischfleisch erforderliche kg Futter): für Karpfen	für Forellen	Futterkosten im Jahre 1913: für 1 Ztr Futter in Mark	berechnet auf 1 Ztr Zuwachs in Mark	Quelle	Bemerkungen
0,9		1,1			1 : 10,1			K	20-30		2		HOFER, MAIER	Zu wenig Eiweiß, zu viel Wasser, teuer, da wenig nahrhaft
0,9		1,1			1 : 10,5		KNAUTHE	K	35				SUSTA	
1,22		0,68	26,4				KÖNIG	K						
1,2							KÖNIG, KNAUTHE, WITTMANN	K						
8,11		10-43					KNAUTHE	K	8-10½					
3,4		7,2			1 : 5,2		KNAUTHE	K						
							?	K, F						Kommen als Beimengung zu den animalischen Futtermitteln in Frage
1,17		1,35					E. WOLF	K, F						
1,14		1,41					J. KÖNIG	K, F						
							E. WOLF	K	4-6 Ø 5				WALTER	
9,9		10,0			1 : 9,3		KNAUTHE	K						
1,85		0,89					J. KÖNIG	K						
1,02		0.92					,,	K						
								K						
								K						
4,9			87,6				KÖNIG, KNAUTHE WITTMANN	K	7				SUSTA	
4,8		6,0			1 : 5,1		KNAUTHE	K	4-6 Ø 5				WALTER	
4,4		8,9			1 : 4,9		,,	K	7				,,	
7,7		11,3			1 : 1,6		KNAUTHE	K	3				WALTER	
6,9		12,7			1 : 1,6		,,	K					,,	
6,7		13,9			1 : 1,6		,,	K	3-5 Ø 4				,,	
7,3		9,4			1 : 2,1		,,	K					,,	
10,3			—					K	20-26				HOFER, SUSTA	Wichtig als Beimengung zu asche-armen animalischen Futtermitteln zwecks Erhöhung der knochenbildenden Aschesubstanz
		14,7	93,1		1 : 2,7		E. WOLF	K						
		0,6	5,6		1 : 4,0			K						
		9,4	87,4		1 : 2,7			K						
		0,8	9,0		1 : 3,7			K						
		7,9	89,9		1 : 3,7			K						
		—	10,0		1 : 0,6			K						
							O. KELLER	K						
							E. WOLF	K						
					1 : 6,8		KNAUTHE	K						
		0,9	9,0		1 : 3,3			K						
		9,2	90,5		1 : 3,4			K						
		0,8	9,5		1 : 2,7			K						
		7,4	88,0		1 : 2,7			K						
		1,0	14,0		1 : 17,2			K						
		11,9	89,9		1 : 23,1			K						
		1,4	16,0		1 : 12,6			K						
		0,3	88,4		1 : 0,2		E. WOLF	K						
		1,3	87,4		1 : 4,8			K						
		0,5	44,2		1 : 2,5			K						
		2,1	86,1		1 : 4,3			K						
		10,1	92,2		1 : 8,9			K						
		2,8	28,6		1 : 5,9			K						
		0,5	92,2		1 : 1,7			K						
								K	11-12				SUSTA	

Was die zur Bestimmung des Nährstoffverhältnisses erforderlichen *Futtermittelanalysen* anbetrifft, so weicht die Art ihrer Ausführung naturgemäß nicht von der in der landwirtschaftlichen Futtermitteluntersuchung sonst üblichen ab. Das gleiche gilt für die Analysen der chemischen Zusammensetzung des Fischkörpers (vgl. Czensny[39a]). Die *Fischkörperanalyse* gibt insoweit einfach verwendbare Werte, als es gewöhnlich möglich sein wird, den ganzen Fisch restlos der Analysierung zu unterwerfen. Czensny, der sich im Zusammenhang mit Teichdüngungsversuchen speziell mit Fischanalysen beschäftigt hat, gibt kurz folgende Vorschrift: Die Fische werden gewogen und gemessen, dann in Stücke zerschnitten und (je nach den Bedürfnissen der Untersuchung ausgeweidet oder im ganzen) auf dem Wasserbade getrocknet (Trockengewicht). Da die Fische zu fettreich sind, um in diesem Zustande glatt zerkleinert zu werden, müssen sie mit Äther vorextrahiert werden. Die getrockneten Fische oder Fischstücke werden in einem größeren Glasgefäß mit Äther übergossen; nach halbwöchigem Stehen wird die Ätherfettlösung abfiltriert und das Fett nach Beseitigung des Äthers und längerem Trocknen bei 100° bis annähernd zur Gewichtskonstanz gewogen (Vorfett). Diese Vorextraktion wird noch einmal wiederholt. Das so vorentfettete Material kann nunmehr auf der Mühle gemahlen werden. Nach guter Durchmischung wird nach den üblichen Methoden Wasser, Stickstoff, Fett und Asche bestimmt. Bei der Umrechnung der erhaltenen Werte auf Lebendgewicht bzw. Trockensubstanz muß natürlich das Vorfett sowie der Wassergehalt der Frischsubstanz und der Analysensubstanz entsprechend berücksichtigt werden. Der Verbrennungswert der analysierten Fische wird in der Weise berechnet, daß 1 g N = 36,72 Cal. und 1 g Fett = 9,57 Cal. angenommen wird (vgl. Abb. 136).

III. Physiologische Wirkung der Futtermittel. Verdaulichkeit, Nährstoffverhältnis.

Was die *physiologische Wirkung der Futtermittel* anbetrifft, so müssen wir auch hier, um systematische Untersuchungen an Wirtschaftsfischen zu finden, fast ganz auf die Arbeiten der Zuntzschen Schule zurückgreifen. Die *Verdaulichkeit der einzelnen Futtermittel* ist in einer großen Reihe von Versuchen besonders von Knauthe geprüft worden, der dabei mit Magensaft und Hepatopankreas nach Stutzer gearbeitet hat, und eine ausführliche Anweisung für die Herstellung und Anwendung der Präparate gibt (Knauthe[87, 88]; vgl. auch bei Wundsch, Arbeitsmethoden der Fischereibiologie in Abderhaldens Handbuch[242]). Die Ergebnisse, für deren Darstellung ich als Beispiel eine der Tabellen aus Knauthe[88] (Tab. 5) hier wiedergebe, können dahin zusammengefaßt werden, daß die Verdaulichkeit von Kohlehydraten 76—92%, von Fetten 84—96%, von Rohprotein bis 92% betragen kann. Besonders zu achten ist in der Fischhaltung bei den künstlichen Nährstoffen auf zwei nicht selten vorkommende Fehler, welche die Verwendbarkeit der Materialien als Fischfutter stark vermindern, das ist bei den viel verwendeten Fleisch- und Fischmehlen die Überhitzung, bei den Seefischprodukten und dem Garneelenmehl sowie überhaupt bei allen tierischen Abfallstoffen ein zu hoher Salzgehalt. So betrug nach Knauthe[88] bei einem normalen Fischmehl I. Qualität die Verdaulichkeit im Fischextraktversuch für N-haltige Stoffe auf 100 g Substanz 58,7, im Tierversuch 57,9, bei dem gleichen, aber überhitzten Präparat im Fischextrakt nur 44,8, im Tierversuch 40,2, die Verdaulichkeit war also ganz erheblich herabgesetzt. Was den *Salzgehalt* anbetrifft, so wirkt er (vgl. S. 602) nicht nur dadurch schädlich, daß er bei einer Höhe von mehr als 2,5% Darmentzündungen, unter Umständen große Fischsterben, hervorrufen kann, sondern es pflegen auch bei der gebotenen Auswaschung solcher versalzten Futtermittel (besonders bei den sonst recht brauchbaren Fischeiern, wie Heringsrogen) alle möglichen Stoffe wegzudiffundieren, wodurch die allgemeine Qualität des betreffenden Futtermittels sinkt.

Hinsichtlich des *Nährstoffverhältnisses* ist man bei den Fischen begreiflicherweise von der Naturnahrung ausgegangen. Nach den von KNAUTHE und GENG[58] ermittelten Werten schwankt dasselbe für die Bestandteile der Kleintiernahrung

Tabelle 5. Übersicht über die Verdauungsarbeit beim Karpfen.
(Versuchstiere: ca. 600 g schwere Galizier. Temperatur bei sämtlichen Versuchen 19—20° C.)
(Nach KNAUTHE[88].)

Futtermittel	Verdaulichkeit der nicht wasserlöslichen Bestandteile in %			Gesamt-Energieumsatz pro kg und 24 Stunden in Calorien
	Roh-protein	Fett	Kohle-hydrate	
Hunger	—	—	—	9—10
Gut gekochtes Reismehl	92	96	91	11—12
Plasmon, gut gekochtes Reismehl	92	—	92	11—12,5
Tropon, gut gekochtes Reismehl	91	—	90	11—13
Spratts Patent Crissel I. · · ·} Reismehl Präriefleisch Köln-Langenfeld ·}	90—91	92	86—90	{ 11—13 { 11—13,5
Liebigs Fleischmehl (fein gesiebt), Reismehl	88—90	90—91	86—89	11,5—13,5
Liebigs Fleischmehl (mittel), Reismehl	86—89	91	87	12—15
Liebigs Fleischmehl (sehnenhaltig)	83—84	90	—	14—16
Präriefleisch Ruthardt, fein	82—85	89—91	—	14—16,5
Schlecht gekochtes Mais- und Reismehl	—	—	30—40	14—16
Lupinen, nicht entbittert, roh	82—84	—	79—82	15—17
Lupinen entbittert, roh[1]	80—83	88	76—78	16—18
Lebendes Plankton, vorwiegend Daphnien	73—74	86—88	90—91	16—20
Entbitterte Lupine[2], Roggen- und Weizenkleien	78—81	—	79—82	17—20,5
Präriefleisch Ruthardt, grob	76—79	89—91	—	17,5—20
Daphnien, getrocknet	69—71	84—86	88—90	20—21

zwischen 1 : 1,65 und 1 : 0,46, wobei bemerkenswert ist, daß die Werte für nitratfreie Bestandteile bei Copepoden und Tendipediden am niedrigsten sind, diese also auch qualitativ vielleicht am günstigsten beurteilt werden müssen. Die künstlichen Futtermittel sind also unter Zugrundelegung dieses Nährstoffverhältnisses zu bewerten bzw. zu mischen, wobei davon auszugehen ist, daß das Nährstoffverhältnis des Futtermittels demjenigen der Naturnahrung um so näher stehen muß, je weniger der Fisch imstande ist, ein ungünstiges Nährstoffverhältnis durch Aufnahme von Naturnahrung selbst auszugleichen. Im allgemeinen wird bei der Forellenfütterung, da die Forelle im höheren Alter ein Fleischfresser ist, ein enges Nährstoffverhältnis zu bevorzugen sein, wie es sich im übrigen auch aus den Untersuchungen von SCHÄPERCLAUS[157] hinsichtlich der von Forellen in Teichen bevorzugten Kleintiernahrung (Tendipediden Nh : Nfr = 1 : 0,5) ergibt. Bei Karpfen soll nach WALTER das Nährstoffverhältnis durchschnittlich 1 : 0,5 bis 1 : 5,0 betragen, wobei aber zu beachten ist, daß das Nährstoffverhältnis für den jüngeren Fisch (Brut bis Einsömmrige), da er sich in höherem Maße von rein tierischen Stoffen ernährt als der ältere, ein engeres zu sein pflegt. Überaus bezeichnend ist vor allem auch die schon vor langer Zeit erfolgte Feststellung von ZUNTZ[89], wonach der *Fettansatz beim Karpfen* unmittelbar proportional dem durch pflanzliche Nahrung erweiterten Nährstoffverhältnis vor sich geht, wie die oft wiedergegebene nachfolgende Zusammenstellung zeigt:

---

[1] Die Lupinen waren auf gewöhnlichem Wege durch Auslaugen entbittert.

	Nährstoffverhältnis %	Fettgehalt der Karpfen %
Natürliches Futter	1 : 0,4	2,57
Lupinen	1 : 1,45	6,82
Mais und Fleischmehl . .	1 : 2,5	8,34
Mais und Lupinen	1 : 3,1	11,13

Bezüglich der *Futterkoeffizienten* kann für die einzelnen Futtermittel auf das S. 639 Erwähnte und auf die Angaben in der vergleichenden Tabelle nach Smolian verwiesen werden. Im allgemeinen wird man annehmen können, daß bei dem Hauptfuttermittel der Karpfenteichwirtschaft, der Lupine, mit einem Futterkoeffizienten von 3—5, bei den Futtermitteln der Forellenmästung mit einem solchen von 5—8 gerechnet werden kann. Zu der Futtermitteltabelle mag ergänzend bemerkt werden, daß in der östlichen Karpfenzucht die abgesponnenen und getrockneten Kokons der Seidenraupen mit Erfolg als Futtermittel verwendet werden (Shinobu[191], Tscherfass[204]). Hinsichtlich des Einflusses der Zuchtstämme (sog. „Rassen") beim Karpfen auf die Nahrungsverwertung vgl. Demoll[45].

Für die Forellenzucht kommt Schäperclaus[157] zu folgenden *Forderungen, denen die Betriebsnahrung in qualitativer Hinsicht stets genügen soll:*

1. Sie muß genügend Vitamine enthalten, da sich ergeben hat, daß besonders das Fehlen von Vitamin B mangelhafte Gewebeatmung, bzw. mangelhaften Phosphor- und Kohlehydratumsatz in den Geweben zur Folge hat.

2. Sie muß einen hinreichenden Basenreichtum besitzen, damit nicht durch die Eiweißoxydationen im Körper ein Säureüberschuß auftritt, der auf die Dauer erhebliche gesundheitliche Schäden zur Folge hat. Es soll die Nahrung deswegen möglichst mehr Äquivalente anorganischer Basen als Säuren dem Körper zuführen, damit die im Stoffwechsel entstehenden Säuren durch diesen Basenüberschuß zu leicht aus dem Organismus ausführbaren Salzen neutralisiert werden können.

3. Ihr Nährstoffverhältnis muß von günstiger Beschaffenheit sein. Nahrung mit zu weitem Nährstoffverhältnis wird von der Forelle aus konstitutionellen Gründen nicht verdaut und nicht vertragen. Aber auch ein zu enges Nährstoffverhältnis, wie dasjenige des künstlichen Futters ist für die Gesundheit unzuträglich, da ausschließliche Eiweißaufnahme den bei 2 erwähnten schädlichen Säureüberschuß hervorruft.

4. Sie soll neben den reinen Nähr-, Ergänzungs- und Mineralstoffen einen gewissen Anteil an unverdaulichen „Füllstoffen" zur Anregung der Darmmuskulatur enthalten. Die Erscheinung, daß Forellen bei intensiver Fütterung mit Fleisch gern Algen, selbst Gras und andere größtenteils unverdauliche Stoffe aufnehmen, darf vielleicht als ein solches Bedürfnis nach Füllstoffen aufgefaßt werden (Demoll[46]). (Hierzu vgl. auch S. 577.)

Wie man sieht, decken sich diese aus Beobachtungen an Forellenzucht- und „Mast"-Anstalten hervorgegangenen Forderungen ziemlich mit denjenigen, die auch für die Ernährung der höheren Haustiere Geltung haben. Es kann daher auch hier abschließend festgestellt werden, daß, wie wir bereits bei der individuellen Verdauungsphysiologie gesehen haben, *grundsätzliche Unterschiede zwischen den Stoffwechselverhältnissen der Wirtschaftsfische und der Haustiere aus den höheren Wirbeltierklassen im allgemeinen nicht bestehen.* Was wir bei der Ernährung der Fische, soweit sie als landwirtschaftliche Nutztiere in Frage kommen, an Besonderheiten gegenüber den aus der übrigen Nutztierhaltung bekannten Tatsachen feststellen konnten, bewegt sich vielmehr auf einem anderen Gebiet. Es ist das der Gegensatz zwischen der Bewirtschaftung eines Tierbestandes, der trotz aller menschlichen Eingriffe *doch in sehr hohem Grade Glied einer natürlichen*

Biocoenose geblieben ist, und den übrigen Haustieren, *die aus dieser so gut wie vollkommen herausgelöst sind.* Hierauf beruht auch die Erscheinung, daß die eigentlich physiologischen Untersuchungen auf dem Gebiet der fischereilichen Wirtschaftswissenschaft nach Erforschung einiger weniger Grundtatsachen in den letzten Jahrzehnten fast ganz von *ernährungsbiologischen* Fragestellungen (Beeinflussung des natürlichen Lebensraumes im ganzen und damit der Grundbedingungen für die Bestandesernährung in biocoenotischer Hinsicht) in den Hintergrund gedrängt worden sind. Es wäre aber höchst wünschenswert, wenn auch über die vergleichend physiologischen Probleme hinaus, die ja mit fischereiwirtschaftlichen Fragen meist keinen Zusammenhang haben, und auch außer der Bearbeitung einiger weniger gerade aktueller Teilgebiete (Vitamine, Hormone) die physiologischen Grundergebnisse der älteren Autoren auch unter speziell fischereiwirtschaftlichen Gesichtspunkten, wie sie der ZUNTZschen Schule geläufig waren, weiterentwickelt und systematisch ausgebaut würden.

Literatur.

(1) ADAMSTONE, F. B., u. W. J. K. HARKNESS: The bottom organisms of lake Nipigon. Univ. Toronto Stud. Publ. Ontario Fish. Res. Lab. **15**, 121—170 (1923). — *(2)* AHRENS, E. U.: Die verschiedene Verdaulichkeit der Nahrung als Fehlerquelle bei Magen- und Darminhaltsuntersuchungen von Fischen. Dissert., Rostock 1924. — *(3)* ALM, G.: Undersökningar rörande Sveriges Fiskerier, Fiskar och Fiskevatten. 16. Bottenfaunan och Fiskes biologi i Yxtasjöen samt jämförande studier över Bottenfauna och Fiskavkastning i vara Sjöer. Medd. K. Landtbruksstyr. **1922**, 236. — *(4)* Prinzipien der quantitativen Bodenfaunistik und ihre Bedeutung für die Fischerei. Verh. internat. Ver. Limnol. **1**, 168—180 (1923). — *(5)* Der Lachs (Salmo salar L.) und die Lachszucht in verschiedenen Ländern. Arch. f. Hydrobiol. **19**, 247—294 (1928). — *(6)* ARENS, P., u. B. DIESSNER: Die künstliche Zucht der Forelle. Neudamm: Neumann 1926. — *(7)* D'ANCONA, U.: Effetti del lungo digiuno sull'apparato digirente dell' Anguilla.

(8) BABKIN, B. P., u. J. BOWIE: The digestive system and its function in Fundulus heteroclitus. Biol. Bull. Woods Hole **54**, 254—279 (1928). — *(9)* BAEKER, R.: Beiträge zur Histologie der Barteln der Fische. Z. mikrosk.-anat. Forschg **6**, 489—507 (1926). — *(10)* BARTELS, W.: Zur Kenntnis der mikroskopischen Anatomie von Leptocephalus brevirostris im Vergleich zum jungen Flußaal. Jena. Z. **58**, 319—368 (1922). — *(11)* BASILEWSKI, ST.: Ichthyographia Chinae borealis. Nouv. Mèm. Mus. Moscou **10** (Pékin 1852). — *(12)* BERNDT, W.: Vererbungsstudien an Goldfischrassen. Z. Abstammgslehre **36** (1925). — *(13)* Wildformen und Zierrassen bei der Karausche. Zool. Jb., Abt. allg. Zool. u. Physiol. **45** (Festschr. HESSE) (1928). — *(14)* BERTOLINI, F.: Conformazione dello stomaco dei pesci teleostei in rapporto con la nutrizione. Atti R. Accad. Lincei Roma Rend. **3**, 692—696 (1926). — *(15)* BIEDERMANN, W.: Die Aufnahme, Verarbeitung und Assimilation der Nahrung. 11. Teil. Die Ernährung der Fische. In Handbuch der vergleichenden Physiologie, herausgegeben von H. WINTERSTEIN, **2**, 1. Hälfte. Jena 1911. Hierin sehr vollständiges Schriftenverzeichnis bis 1911, vgl. auch bei KESTNER u. PLAUT. — *(16)* BIERRY, H., u. M. KOLLMANN: La théorie du balancement et le pancréas des téléostéens. C. r. Soc. Biol. Paris **97**, 1380—1383 (1927). — *(17)* Remarques préliminaires sur les îlots de Langerhans des téléostéens. Archives de Zool. **57**, 41—48 (1928). — *(18)* La fonction endocrine du pancréas est-elle localisée uniquement dans les îlots de Langerhans? C. r. Soc. Biol. Paris **99**, 459—460 (1928). — *(19)* BOWIE, D. J.: Cytological studies in the islets of Langerhans in a teleost, Neomaenis griseus. Anat. Rec. **29**, 57—73 (1924). — *(20)* BREDER, C. M., u. D. R. CRAWFORD: The food of certain minnows. Zoologica (N. Y.) **2**, 287—327). — *(21)* BREEST (Anhang zur Arbeit von WEISS): Der Wassergehalt des Edelkarpfens und des Bauernkarpfens. Zool. Jb. Physiol. **38**, 169—170 (1922). — *(22)* BREHM, V.: Einführung in die Limnologie. Biologische Studienbücher **10**. Berlin: Julius Springer 1930. — *(23)* BROFELDT, P.: Gäddans näringsbehov. Finlands Fiskerier. — *(24)* BRÜHL, L.: Fischzucht in japanischen Binnengewässern. Fischerei-Ztg. (Neudamm) **12**, Nr 26 (1908); **13**, Nr 17 (1909). — *(25)* BRÜNING, O.: Die deutsche Karpfenwirtschaft, ein betriebstechnischer Beitrag zur Lage der Binnenfischerei. Sammlung fischereilicher Zeitfragen, H. **19**. Neudamm: J. Neumann 1930. — *(26)* BRUNELLI, G.: Ricerche anatomo-physiologiche sul organificato del pancreas intra-epatico nei teleostei. Atti R. Accad. Lincei Roma Rend. **7**, 83—85 (1928). — *(27)* BUDDENBROCK, W. V.: Grundriß der vergleichenden Physiologie.

Berlin: Gebr. Bornträger 1928. — (28) BOUDOUY, PH.: Du rôle des tubes pyloriques dans la digestion chez les Téléostiens. Archives de Zool. 7, 419 (1899). — (29) BUSCHKIEL, A. L.: Moderne Binnenvisscherijkunde en hare toepassing in nederlandsch-Indië. Korte mededeelingen van den Landbouwvoorlichtingsdienst Nr 7 (Java). Buitenzorg 1929. — (30) Fish-Culture. Fourth Pacific Sci. Congr. Java 1929.

(31) CASTALDI, L.: Elenco dei pesci che posseggono un pancreas intraepatico. Monit. zool. ital. 33, 196—201 (1922). — (32) CATTANEO, G.: Nuove ricerche sulle appendici piloriche dei Teleostei e sulla loro formazione. Atti Soc. Lig. Genova 32, 43—58 (1922). — (33) CHOMKOVIC, G.: On the permeability of the fish-skin for nutritive substances dissolved in water. Sborn. CSL. Akad. Zemedelsk. 1, 153—223 (1926). — (34) CLEMENS, W. A.: The economic importance of insects as food for the common Whitefish. Ann. Rep. Ent. Soc. Ontario 53, 26—27 (1923). — (35) CLEMENS, W. A., J. R. DYMOND u. N. K. BIGELOW: Food Studies of lake Nipigon fishes. Publ. Ontario Fish. Res. Labor. (Univ. Toronto Stud. Biol. Ser.) 25, 101—125 (1924). — (36) COLE, L. J.: The status of the Carpe in America. Trans. amer. Fisheries Soc. 1905 (1906), 201—206. 1906. — (37) The German Carpe in the United states. Rep. U. S., Bureau of fisheries 1904 (1905), 523—641. Mit Bibliographie. — (37a) CONTAG, E.: Merkwürdige Karpfennahrung. Fischerei-Ztg (Neudamm) 33, 2 (1930). — CORTI, A.: Beitrag zur Sonderbestimmung der mononucleären Wanderzellen im Darmepithel und zum Studium ihrer Funktion. Haematologica 3, 121—150 (1922). — (39) CRONHEIM, W.: Über den Gesamtstoffwechsel der kaltblütigen Wirbeltiere, insbesondere der Fische. Z. Fischerei 15, 319 (1911). — (39a) CZENSNY, R.: Fischanalysen. Ebenda 20, 551—564 (1919).

(40) DABRY DE THIERSANT: La pisciculture et la pêche en Chine etc. Paris 1872. — (41) Note sur la pisciculture en Chine. Bull. Soc. Acclim. Paris 1863, 556—566; Rev. Marit. 1864, 243—252. — (42) DAVIER, V.: Die Teichwirtschaft in der zweiten Hälfte des 18. Jahrhunderts. Z. Fischerei 23, 415ff. (1925). — (43) DEAN, B.: A Bibliography of Fishes. 3 Bde. New York 1916—1923. — (44) DEMOLL, R.: Betrachtungen über Produktionsberechnungen. Arch. f. Hydrobiol. 18, 460—463 (1927). — (45) Nahrungsaufnahme, Verdauung und Verwertung der aufgenommenen Nahrung bei den Rassekarpfen. In Untersuchungen über Rassekarpfen. Arb. dtsch. Landw.-Ges. 1928, H. 358, 46—54. — (45a) Teichdüngung. In DEMOLL u. MAIER: Handbuch der Binnenfischerei Mitteleuropas. Stuttgart 1925. — (46) Sägemehl-Beifütterung und Raumfaktoreneinwirkung bei Regenbogenforellen. Allg. Fischerei-Ztg 52, 385—388 (1928). — (46a) Was bedeutet „Greifbarkeit der Nahrung" für die Karpfenzucht. Fischerei-Ztg (Neudamm) 33, 583 (1930). — (47) DONAT, A.: Die Vegetationstypen unserer Seen und die „biologischen Seetypen". Ber. dtsch. bot. Ges. 44, 48—56 (1926).

(48) EDDY, M. W.: The effect of aggregation upon rate of respiration in Amiurus and Schilbeodes. Anat. Rec. 34, 110—111 (1926). — (49) EGGELING, H.: Dünndarmrelief und Ernährung bei Knochenfischen. Jena. Z. 43, 417 (1907). — (49a) EHRENBAUM, E.: Der Flußaal. In Handbuch der Binnenfischerei Mitteleuropas. Stuttgart 1930. — (50) EICHELBAUM, E.: Das Auftreten der Aalbrut an der deutschen Küste und ihre erste Nahrungsaufnahme. Wiss. Meeresunters. Helgoland 15, 1—26 (1924) (Nachschr. von HENKING, S. 26—28). — (51) ESAKI: Über die funktionelle Struktur der Leberzellen. 1. Die Veränderungen der Leberzellen des Fisches Oryzias latipes bei guter Ernährung und im Hungerzustand und bei verschiedenartiger Fütterung. Fol. anat. jap. 3, 138—139 (1925). — (52) EVANS, H. M.: A contribution to the anatomy and physiology of the airbladder and Weberian ossicles in Cyprinidae. P. R. Soc. London 97, 545—576 (1925).

(53) FAHRENHOLZ, C.: Über Mundhöhlendrüsen bei Fischen. Z. mikrosk.-anat. Forschg 16, 175—212 (1929). — (54) FIBICH, ST.: Beobachtungen über die Temperatur von Fischen. Z. Fischerei 12, 29 (1905). — (54a) FIEBIGER, J.: Über den Körperbau des Karpfens. Wien 1919. Österr. Fischerei-Ztg 15, 16 (1919). — (55) FUDAKOWSKI, J.: Bau des Gaumenorgans der Knochenfische. Bull. Acad. Polon., Ser. B 1922, 101—103.

(56) GAARDER, T.: Über den Einfluß des Sauerstoffdrucks auf den Stoffwechsel. II. Nach Versuchen am Karpfen. Biochem. Z. 89, 94 (1918). — (57) GASCHOTT, O.: Die Stachelflosser (Acanthopterygii). In Handbuch der Binnenfischerei von Mitteleuropa, herausgegeben von DEMOLL u. MAIER 3. Stuttgart 1928. — (58) GENG, H.: Der Futterwert der natürlichen Fischnahrung. Z. f. Fischerei 23, 137—165 (1924). — (59) GRAY: The growth of fish. Nature (London) 115, 676—679 (1925). — (60) GRIMPE, G., u. E. WAGLER: Die Tierwelt der Nord- und Ostsee. Leipzig 1925. — (60a) GROTE, W., C. VOGT u. B. HOFER: Die Süßwasserfische von Mitteleuropa. Leipzig 1909. — (61) GRUVEL, A.: La pêche dans la préhistorie, dans l'antiquité et chez les peuples primitives. Paris 1928.

(62) HAAKH, TH.: Studien über Alter und Wachstum der Bodenseefische. Dissert., Freiburg i. Br. 1929. — (63) HAEMPEL, O.: Über die sogenannte Kauplatte der Cyprinoiden Ber. kgl. bayer. biol. Versuchsanst. München 1907. — (63a) Leitfaden der Biologie der Fische. Stuttgart 1912. — (64) Über die Wirkung höherer Sauerstoffkonzentration auf Fische, nebst Untersuchungen über die Ausnützung des künstlich ins Wasser eingeleiteten

O_2. Z. vergl. Physiol. 7, 553—570 (1928). — (65) Über Vitaminversuche bei Fischen. Z. Fischerei 25, 477—489 (1927). — (66) Stoffwechsel, Fütterung und Vitaminfrage bei Zuchtfischen. Ebenda 24, 1—7 (1926). — (67) Über die Bedeutung der Vitamine bei der Ernährung unserer landwirtschaftlichen Nutztiere. Allg. Fischerei-Ztg 52, 9—11, 20—23 (1927). — (68) HAEMPEL, O., u. H. PETER: Untersuchungen über den Vitaminbedarf der Salmoniden. Biol. generalis (Wien) 3, 773—790 (1928). — (68a) HAEMPEL, O.: Fischereibiologie der Alpenseen. In: Die Binnengewässer 10. Stuttgart 1930. — (69) HALL, F. G.: The influence of varying oxygen tensions upon the rate of oxygen consumption in marine fishes. Amer. J. Physiol. 88, 212ff. (1929). — (70) The function of the swimbladder of fishes. Biol. Bull. 47, 79—126 (1924). — (70a) HANKO, B.: Temperaturmaximum der Fische. Schweiz. Fischerei-Ztg 37, 2 (1929). — (71) HATAKEYAMA, T., u. T. OKAMURA: Über die Kenntnis von der Fischgalle. III. Die Galle von Cyprinus carpio, Carassius auratus, Anguilla japonica und Anago anago. J. of Biochem. 9, 333—335 (1928). — (72) HATHAWAY, E. S.: The relation of temperature to the quantity of food ·consumed by fishes. Ecology 8, 428—434 (1927). — (72a) HEESE, D.: Die Forellenzucht in der Mark Brandenburg, ihr gegenwärtiger Stand und ihre wirtschaftlichen Möglichkeiten, ein Beispiel für Salmonidenwirtschaft im norddeutschen Flachlande. Mitt. Fischereiver. Prov. Brandenburg usw. 32, 286—312 (1928). — (73) HEIDRICH, H.: Untersuchungen über die sog. Gammelfischerei an der preußischen Nordseeküste. Z. Fischerei 28, 13—82 (1930). — — (74) HERRE, A. W.: Distribution of the true freshwater fishes in the Philippines. 1. The Philippine Cyprinidae Philipp. J. Sci. 24, 249—306 (1924). — (75) HOFMANN, J.: Die Aischgründer Karpfenrasse. Z. Fischerei 25, 291—365 (1927). — (76) HOLZMAYER, H.: Zur Altersbestimmung der Acipenseriden. Zool. Anz. 59, 16—18 (1924). — (77) HOPE, D.: Whitebait (Galaxias attenuatus) growth and value as trout food. Tr. P. New-Zealand Inst. 58, 389—391 (1928). — (78) HOSOKAWA, T.: Über die Gallensäure der Gallen von Muraenesox cinereus und Pagrosomus major. Okayama-Igakkai-Zasshi (jap.) 39, 311—313 (1927). — (79) HUITFELDT-KAAS, H.: Studier over Aldersforholde og Veksttyper hos Norske Ferskvannsfiskar. Oslo 1927.

(80) JACOBSHAGEN: Untersuchungen über das Darmsystem der Fische und Dipnoer II. Jena. Z. 49, 373ff. (1913). — (81) JACOBSEN, E., u. P. VAN OYE: Vischteelt en Vischkweekerij in de Padangsche Bovenlanden. Meded. Afd. Visscherij (Dep. v. Landbouw, Nijverh. en Handel,) Batavia 1922, 1—31. — (82) JAVILLIER, M., A. CRÉMIEU u. H. HINGLAIS: Comparaison entre diverses espèces de vertébrés au point de vue des indices de phosphore nucléiques et de bilans phosphorés de leurs organes. Bull. Soc. Chim. biol. 10, 327—337 (1928).

(83) KAMPEN, P. N. VAN: Visscherij en Vischteelt in Nederlandsch Indie. Haarlem 1929; dtsch. Ref. von HOOGENDOORN in Fischerei-Ztg (Neudamm) 33, 290ff. (1930). — (84) KEINOSUKE OTAKI, TSUNENOBU FUJITA u. TADASHE HIGURASHI: Fishes of Japan. Tokyo 1893. — (85) KESTNER, O., u. R. PLAUT: Physiologie des Stoffwechsels. VIII. Wirbeltiere. A. Fische. In WINTERSTEINS Handbuch der vergleichenden Physiologie 2 II, 996 bis 1020. 1924. — (86) KING u. GARDNER: On the respiratory exchange in fresh water fish. Biochemic. J. 62, 21 (1922). — (87) KNAUTHE, K.: Untersuchungen über Verdauung und Stoffwechsel der Fische. Z. Fischerei 5, 189 (1897); 6, 139 (1898). — (88) Die Karpfenzucht. Neudamm: Neumann 1901. — (89) KNAUTHE, K., u. N. ZUNTZ: Über die Verdauung und den Stoffwechsel der Fische. Arch. f. Physiol. 1, 149 (1898). — (90) KOCH, W.: Geschichte der Binnenfischerei von Mitteleuropa. In Handbuch der Binnenfischerei von Mitteleuropa, herausgegeben von DEMOLL u. MAIER 4, 1925. — (91) KOKUBO, S.: Contribution to the research on the respiration of fishes. 1. On the hydrogen-ion concentration and the CO_2 gas content and capacity of fish-blood. Sci. Rep. Tôkohu Imp. Univ. Sendai 2, 325—359 (1927). — (92) KOSTOMAROV, B.: Studien über die Funktion der im Wasser gelösten Nährsubstanzen im Stoffwechsel der Wassertiere. 10. Die Bedeutung der gelösten Nährsubstanzen für den Stoffwechsel der Karpfenbrut. Arch. f. Hydrobiol. 19, 331—365 (1928). — (93) Ein Beitrag zur Frage nach der Fähigkeit der Fische zur Ausnutzung der im Wasser gelösten Nährstoffe. Sborn. CSL. Akad. Zemedelsk Prag. — (94) KRAFT, J.: Über die Vitalfärbung der Leber bei verschiedenen Wirbeltierklassen. Z. Zellenlehre 1, 517—522 (1924). — (94a) KRAUSE, R.: Mikroskopische Anatomie der Wirbeltiere. IV. Teleostier usw. Berlin u. Leipzig 1923. — (95) KROGH, A.: Zur Kenntnis des Stoffwechsels der Fische. Z. allg. Physiol. 16, 163 (1914). — (96) KROGH, A., u. R. EGE: On the relation between the temperature and the respiratory exchange in fishes. Internat. Rev. d. Hydrobiol. 7, 48 (1914). — (96a) KRÜGER, A.: Untersuchungen über das Pankreas der Knochenfische. Dissert., Kiel 1904. — (97) KRYSCHANOWSKY, S. G.: Beobachtungen am Brachsen aus dem See Glubokoje (russ.). Arb. hydrobiol. Stat. Glubokoje 6, 1—17 (1928). — (98) KULL, H.: Die chromaffinen Zellen des Verdauungstraktus. Z. mikrosk.-anat. Forschg 2, 163—200 (1925).

(99) LAMPERT, K.: Über die Nahrung der Bachforelle und des Bachsaiblings. Allg. Fischerei-Ztg 1900, Nr 15. — (100) LANSINA, T.: Sur quelques corrélations dans les appareils

maxillaires et branchials des poissons carnassiers et des poissons se nourrissants de plancton. Bull. Acad. Sci. Léningr. (7) **1928**, Nr 3, 253—272. — (*101*) LANGHANS, V.: Untersuchungen über die Ernährung des Karpfens und der Schleie. Nachr.bl. Fischzucht u. Fischerei 1, 1 (1928). — (*102*) LECHLER, H.: Der respiratorische Wert. Z. Fischerei **26**, 449—455 (1928). — (*103*) LEDEBUR, J. Frhr. v.: Beiträge zur Physiologie der Schwimmblase der Fische. Z. vergl. Physiol. 8, 445—460 (1928). — (*104*) LEGENDRE, J.: Pêche et Pisciculture à Madagascar. Bull. Soc. Centr. d'Aquicult. et Pêche **1928**, Nr 10—11. — (*105*) Pisciculture et aviculture dans les rizières à Madagascar. La Nature 1928, 1. mars. — (*106*) Technique de la rhizipisciculture. Bull. Soc. Centr. d'Aquicult. et Pêche **1924**, Nr 4—6. — (*107*) Sur la propagation du carpe miroir à Madagascar. Ebenda **1923**, Nr 7—9. — (*108*) L'acclimatation du carpe miroir à Madagascar . Ebenda **1920**, Nr 4—6. — (*109*) LEONHARDT, E.: Der chinesische und japanische Goldfisch, ihre Geschichte und Zucht. Fischerei-Ztg (Neudamm) **1912**, 194. — (*110*) Fischzucht in China. Fischerei-Ztg (Neudamm) **1904**, Nr 11; Schweiz. Fischerei-Ztg **1904**, Nr 6. — (*111*) LEUK, E.: Quantitative Bestimmung wasserlöslicher Exkrete von Wassertieren. Biochem. Z. **168**, 61—68 (1926). — (*112*) LINDSTEDT, PH.: Untersuchungen über Respiration und Stoffwechsel bei Kaltblütern. Z. Fischerei 14, 193ff. (1914). — (*113*) LINDSAY, L.: Die Forelle und ihre Nahrung (engl.). Fishing Gaz. **1926**, 18. Dezember. — (*114*) LIPSCHÜTZ, A.: Zur Frage über die Ernährung der Fische. Z. allg. Physiol. **12**, 59ff. (1912). — (*115*) Über den Hungerstoffwechsel der Fische. Ebenda 12, 118ff. (1912). — (*116*) LOUVEL: Le Gouramier. Bull. Econom. Madagascar et dép. Tananarives **3**, 4 (1923). — (*117*) La carpe à Madagascar. Ebenda **3**, 4 (1923). — (*118*) La truite Arc-en Ciel à Madagascar. Ebenda **2**, 173 (1922). — (*118a*) LÜBBERT, H.: Eine neue Methode der Aalwirtschaft. Fischerbote **1912**, 209—214. — (*119*) LUNDBECK, J.: Der *F/B*-Koeffizient für Teiche. Z. Fischerei **25**, 553—575 (1927). — (*120*) Ergebnisse der quantitativen Untersuchungen der Bodentierwelt norddeutscher Seen. Ebenda 24 (1926). — (*121*) Die Bodentierwelt norddeutscher Seen. Arch. f. Hydrobiol. Suppl.-Bd. 7 (1926).

(*122*) MACKAY, M.: Note on the bile in different fishes. Biol. Bull. Woods Hole **56**, 24—27 (1929). — (*123*) MAGATH, T., u. F. MANN: Studies on the physiology of the liver. 6. The effect of total removal of the Liver in lower vertebrates. J. Morph. **41**, 183—189 (1925). — (*124*) MAKAROV, P.: Beobachtungen über den GOLGISchen Apparat und die Ablagerungen von Trypanblau in den Leberzellen der Vertebraten. Arch. russ. Anat. Hist. Embryol. **5**, 157—171 (1906). — (*125*) MATSUBARA, S.: Über japanische Salmoniden- und Karpfenzucht in Teichen. Internat. Fischerei-Kongr. Wien **1905**; Ref. Fischerei-Ztg (Neudamm) **11**, 717—720 (1908). — (*126*) MAY, R. M.: Rapport des nerfs avec la dégénérescence et la rénégération des papilles gustatives. C. r. Acad. Sci. Paris **180**, 547—549 (1925). — (*127*) MAYENNE, V. A.: Zur Frage über das Wachstum des Hechts. Allg. Fischerei-Ztg **50**, 333—337 (1925). — (*128*) McCAY, C. M., W. E. DILLEY u. M. F. CROWELL: The nutritionel requirements of Brook Trout and their rate of growth. Anat. Rec. **41**, 28 (1928). — (*129*) MENG, F.: Beiträge zur Kenntnis der Morphologie der Barteln einiger Fische. Zool. Jb. Anat. **45**, 149—160 (1923). — (*129a*) MESECK, G.: Untersuchungen über den Einfluß der Belichtung auf die Uferfauna. Fischerei-Ztg (Neudamm) **31**, 181 (1928). — (*130*) MILLOT, J.: Sur le rôle adipopexique du foie des vertèbres. C. r. Ass. anat. **23**; Réun. Prague, 301—307 (1928). — (*131*) MITSUKURI, K.: The Cultivation of marine and freshwater animals in Japan. Bull. Bur. Fisheries **24**, 257—289 (1904) (Washington 1905). — (*132*) MONOD, TH.: L'industrie de pêches au Cameroun. Paris Soc. d'édit. géogr. marit. et colon. **1928**. — (*133*) MUCHINA: Eine vergleichend histologische Untersuchung des Baus der Schwimmblasenwandung bei einigen Vertretern verschiedener Fischfamilien. Bull. Inst. Biol. Perm **6**, 409—424 (1929).

(*134*) NAUMANN, E.: The scope and chief problems of regional limnology. Internat. Rev. d. Hydrobiol. **22**, 423—444 (1929). — (*135*) Die Definition des Teichbegriffs. Arch. f. Hydrobiol. **18**, 201—206 (1928). — (*136*) NIKITINSKIJ, V.: Zur Ernährung einiger Fische unserer Seen während der Laichzeit (russ.). Russ. hydrobiol. J. **8**, 181—186. — (*137*) NITSCHE, H., u. W. HEIN: Die Süßwasserfische Deutschlands. Berlin: Verlag des Deutschen Fischereivereins 1909.

(*137a*) OPPEL, A.: Lehrbuch der vergleichenden mikroskopischen Anatomie der Wirbeltiere II. Jena 1897. — (*137b*) OXNER, M.: Über die Kolbenzellen in der Epidermis der Fische. Jena. Z. **1905**, 40. — (*138*) OYA, T., u. S. HATANAKA: On the proteolytic Enzyme in the pyloric caeca of Scomber japonicus. J. Imp. Fish. Inst. Tokyo **22** (1927). — (*139*) OYA, T., M. KAWAKAMI u. S. SUZUKI: On the digestive ferment in the pancreas of Anguilla japonica. Ebenda **22**, 105—106 (1927).

(*140*) PEASE, A. G.: Chemical composition of certain freshwater-fishes. Anat. Rec. **26** (1923). — (*141*) PETIT, G.: La pisciculture à Madagascar. Rev. Scientif. **1927**, 545—553 (1927). — (*142*) PIPPING, M.: Der Geruchssinn der Fische mit besonderer Berücksichtigung seiner Bedeutung für das Aufsuchen des Futters. Comment. Biol. Soc. Sci. Fenn. **2**, 1—28 (1926). — (*143*) PLEHN, M.: Praktikum der Fischkrankheiten. In DEMOLL u. MAIER: Handbuch der Binnenfischerei von Mitteleuropa. Stuttgart 1924. — (*143a*) Zur Kenntnis der Salmonidenleber im gesunden und kranken Zustande. Z. f. Fischerei **17** (1), 1—24 (1915). — (*144*) PODHRADSKY, J., u. B. KOSTOMAROV: Das Wachstum der Fische beim absoluten Hunger. Arch. Entw.mechan. **105**, 587—609 (1925). — (*145*) POLLAK, A.: Quantitative Untersuchungen des Darminhalts von gefütterten und ungefütterten Karpfen und Schleien. Nachr.bl. Fischzucht u. Fischerei **1** (1928). — (*146*) POLIMANTI, O.: Untersuchungen über die Topographie der Enzyme im Magen-Darmrohr der Fische. Biochem. Z. **38**, 113ff. (1912). — (*147*) PÜTTER, A.: Die Ernährung der Fische. Verworns Z. allg. Physiol. **9**, 147 (1909). — (*148*) Die Ernährung der Wassertiere und der Stoffhaushalt der Gewässer. Jena: G. Fischer 1909.

(*149*) RAEBIGER: Pilze als Fischfutter. Z. Pilzkde **1925**, 71—72. — (*150*) RAUTHER, M.: Echte Fische. Bronns Klassen-Ordn. **6**, I. Abt., 2. Buch, 2. Lief. — (*151*) RICHARDSON, R. E.: The small bottom-and shore-fauna of the middle and lower Illionis River and its connecting lakes Chillicothee Lo Grafton, its valuation its sources of food supply and its relation to the fisheries. State Ill. Dep. Regist. educ. Divis. Nat. Hist. Surv. Bull. **13**, 363—522 (1921). — (*152*) RIGGERT, T.: Beiträge zur Anatomie der Fischleber. Vet. med. Dissert., Hannover 1922. — (*153*) ROGOSINA, M.: Beiträge zur Kenntnis des Verdauungskanals der Fische. 1. Über den Bau des Epithels im Pylorusabschnitt des Magens von Acipenser ruthenus L. Z. mikrosk.-anat. Forschg **14**, 333—372 (1928). — (*154*) RÖHLER, E.: Zur Statistik der deutschen Teichwirtschaft. Sammlung fischereilicher Zeitfragen, H. 4. Neudamm: J. Neumann 1926. — (*155*) ROSANOVA, M. J.: Zur Kenntnis der Variabilität und Wachstumsgeschwindigkeit der Karausche (Carassius vulgaris) einiger Wasserbecken Mittelrußlands. Arb. biol. Stat. Kossino **1927**, Nr 6, 27—43.

(*156*) SCHÄPERCLAUS, W.: Untersuchungen über den Stoffwechsel, insbesondere die Atmung niederer Wassertiere. Z. f. Fischerei **23** (1925). — (*157*) Die natürliche Ernährung der jungen Bachforelle in Teichen. Ebenda **26**, 477—535 (1928). — (*157a*) Die Seentypenlehre als Grundlage der praktischen Fischerei. Mitt. Fischereiver. Prov. Brandenburg usw. **19**, 220—228 (1927). — (*158*) SCHECHTEL, E.: Die Luftnahrung bei der Forelle (Trutta fario L.) (poln., dtsch. Zusammenfassung). Posen 1927. — (*159*) SCHEURING, L.: Die Wanderungen der Fische. Erg. Biol. **5**, 405—691 (1929); **6**, 1—304 (1930). Hierin ausführliches Schriftenverzeichnis, auch über Wachstum und Ernährung, für Salmoniden, Coregonen, Aal, Barsch und Zander, auch außereuropäische Arten. — (*160*) Beobachtungen und Betrachtungen über die Beziehungen der Augen zum Nahrungserwerb bei Fischen. Zool. Jb. **38**, Abt. allg. Zool. u. Physiol. 113ff. (1920). — (*161*) Beziehungen zwischen Temperatur und Verdauungsgeschwindigkeit bei Fischen. Z. f. Fischerei **26**, 231—235 (1928). — (*162*) SCHEURING, L., u. O. GASCHOTT: Das Verhalten des Darms beim laichenden Rheinlachs. Allg. Fischerei-Ztg **53**, 378—380 (1928). — (*163*) SCHEURING, L.: Kastanien als Fischfutter. Fischerei-Ztg **28**, 790—793 (1925). — (*164*) Beobachtungen und Betrachtungen über die Beziehungen der Augen zum Nahrungserwerb bei Fischen. Zool. Jb. **38**, Abt. allg. Zool. u. Physiol. 113—136 (1920). — (*165*) SCHIEMENZ, K.: Das Zahlenbild der Deutschen Fischwirtschaft. Slg fischereil. Zeitfragen **1929**, H. 17. — (*166*) Das Süßwasserfischgeschäft 1929. In Jb. über die dtsch. Fischerei, herausgegeben vom Reichsministerium f. Ernährung u. Landwirtschaft, Berlin **1930**. — (*167*) Die Großgarnfischerei im Grimnitzsee. Neudamm: Neumann 1927. — (*168*) SCHIEMENZ, P.: Fischerei in kleinen Gewässern. Verh. Hauptvers. Fischereiver. Westf. u. Lippe zu Dortmund **1921**. — (*169*) Die Besetzung unserer Gewässer mit Fischen. Dtsch. Fischereibl. **1924**, Nr 3. — (*170*) Der Einfluß der Lebensbedingungen auf die äußere Erscheinung unserer Süßwasserfische. Mitt. Fischereiver. Prov. Brandenburg **11** (1919). — (*171*) Über Fraßformen bei Fischen. Ebenda **17**, 440 (1922). — (*172*) Über Nahrungsuntersuchungen bei Wassertieren, insbesondere Fischen. Z. f. Fischerei **21**, 49 (1922). — (*173*) Wie frißt der Fisch? Dtsch. Fischerei-Ztg **28**, 605 (1905). — (*174*) Wann frißt der Fisch? Mitt. Fischereiver. Prov. Brandenburg **10**, 68 (1918). — (*175*) Wie findet der Fisch seine Nahrung? Ebenda **7**, 22 (1915). — (*176*) Wie alt sollen wir unsere Fische werden lassen? Jber. Fischereiver. Schleswig-Holstein **1912/13**. — (*177*) Was frißt der Aal? Der Fischerbote **2**, 179 (1910). — (*178*) Zur Ernährung der Forelle. Dtsch. Fischerei-Ztg **32**, 159 (1909). — (*179*) Betrachtungen über die natürliche Ernährung unserer Teichfische. Ebenda **30**, 261 (1907). — (*180*) Über den Wert des Auftriebs (Planktons) als Fischnahrung und zur Bonitierung von Teichen. Ebenda **28**, 46 (1905). — (*181*) Die Schleie. ihr wirtschaftlicher Wert und ihre Zucht. Ebenda **1913**, 585. — (*182*) Über den Zander in unseren Gewässern. Mitt. Fischereiver. Prov. Brandenburg **1924**, 18. — (*183*) Wie hat man die Bewirtschaftung eines Sees zu beginnen? Ebenda **17**, 339 (1925). — (*184*) Über die Beziehungen zwischen Teichwirtschaft und Seenwirtschaft. Jber. Zentralfischereiver. Schleswig-Holstein **1910/11**. — (*185*) SCHNAKENBECK, W.: Teleostei physoclisti, 6. Gadiformes. In GRIMPE u. WAGLER: Tierwelt der Nord- und Ostsee. Leipzig 1926. — (*186*) SCHRÄDER, TH.: Die erste natürliche Nahrung ausgesetzter Bachforellenbrut in Teichen. Z. f. Fischerei **26** (1928). — (*187*) SCHÜTZ, F.: Über den Stickstoffumsatz hungernder Fische. Inaug.-

Dissert., Berlin 1912. — *(188)* Segerstråle, C.: Lämna årsringarna i fjällen hosv·ra vanliga sötvattensfiskar en tillförlitlig bild av fiskens tillväxt under olika aldersstadier? Acta Soc. fauna fl. Fenn. **48** (1921). — *(189)* Sembrat, K.: Experiments with thyroid glands of Selachians (Scyllium caniculaCuv.) und S. stellare Gthr.) and Teleosts (Cyprinus carpio L.). Bull. internat. Acad. Polon. Cracovie B **1928**, Nr 8—10, 461—488 (1929). — *(189a)* Seydel, E.: Barsch und Krebs. Mitt. Fischereiver. Prov. Brandenburg **5**, 146—150 (1914). — *(190)* Shinobu, O.: On the chemical change of the Eels in the course of fasting. J. Imp. Fish. Inst. Tokyo **23**, 119—120 (1928). — *(191)* Chemical studies on the silkworm-pupa as fishfood. Ebenda **23**, 114—118 (1928). — *(192)* Sklower, A.: Über den Einfluß von Schilddrüsen und Thymusfütterung auf die Körperlänge und das Gewicht von Forellenbrut. Z. f. Fischerei **25**, 549—552 (1927). — *(193)* Über phasenspezifische Wirkung von Hormonen. Verh. dtsch. zool. Ges. **1929**, 185—194. — *(194)* Smolian, K.: Merkbuch der Binnenfischerei. Berlin 1920. — *(194a)* Der Flußkrebs, seine Verwandten und die Krebsgewässer. In Demoll u. Maier: Handbuch der Binnenfischerei Mitteleuropas. Stuttgart 1925. — *(195)* Staff, F., u. M. Sawicki: Die Pockenkrankheit der Karpfen (Epithelioma papillosum) als wachstumshemmender Faktor. Z. f Fischerei **26** (1928). — *(196)* Stankovitch, S.: Etude sur la morphologie et la nutrition des alevins de poissons cyprinidès. Thèses présentées Fac. Sci. Grénoble **1921**, 1—182. — *(197)* Alimentation naturelle de la truite (Trutta fario L.) dans les cours d'eaux alpins. Ann. univ. Grénoble. — *(198)* Stropahl, Struck, Ehrenbaum u. Röhler: Der Aal in der deutschen Fischwirtschaft. Slg fischereil. Zeitfragen **1930**, H. 18. — *(199)* Struck, H.: Der Schlamm im Schmollensee. Allg. Fischerei-Ztg **50**, 210 (1925). — *(200)* Die Bewirtschaftung unserer norddeutschen Binnenseen. Z. f. Fischerei **14**, 295 ff. (1914). — *(201)* Sture, A. S.: Pancreasstudien. Morph. Jb. **57**, 84—307 (1926).

(202) Thienemann, A.: Der Bau des Seebeckens in seiner Bedeutung für die Fruchtbarkeit des Sees. Fischerei-Ztg **30**, 416 (1927). — *(202a)* Die Süßwasserfische Deutschlands, eine tiergeographische Skizze. In Demoll u. Maier: Handbuch der Binnenfischerei Mitteleuropas. Stuttgart 1925. — *(202b)* Lebensgemeinschaft und Lebensraum. Naturwiss. Wschr., N. F. **17**, 282—290, 297—303 (1918). — *(202c)* Törlitz, H.: Anatomische und entwicklungsgeschichtliche Beiträge zur Artfrage unseres Flußaals. Z. f. Fischerei **21**, 1—48 (1922). — *(203)* Toryu, Y.: The respiratory exchange in Carassius auratus and the gaseous exchange in the air-bladder. Sci. rep. Tokôhu Imp. Univ. Sendai **3**, 87—96 (1927). — *(204)* Tscherfas, B.: Ein Utilisationsversuch der Puppen von Bombyx mori L. in der Karpfenteichwirtschaft in Moskau. Forschgn. Stat. Seidenraupen **1**, 1—14 (1926).

(205) Unger, E.: Die natürliche Fischnahrung in den ungarischen Seen, Teichen und Flüssen. Különlenyomat a Kisérletügyi Közlemények **30** (1927) kötet 5 füzetéböl. 1927 (ungar., dtsch. Zusammenfassung). — *(206)* Ulmann, R.: Über die Rektal- und Urogenitalpapillen der Teleostier (tschechisch). Publ. biol. de l'école des hautes études vétér. Brünn CSR. **2** (1923). — *(207)* U. S. Comm. of Fish and Fisheries (Georges M. Browers, Commissioner). A Manual of Fish-Culture, Rev. Ed. Washington **1900**.

(208) Vieweger, T.: L'influence de l'inanition sur la composition chimique des anguilles. Arch. internat. Physiol. **30**, 133—147 (1928). — *(209)* Vincent, Swale, Dodds u. Dickens: The pancreas of teleostean fishes and the source of insulin. Lancet **207**, 115 bis 116 (1924). — *(210)* Vonk jun., H. J.: Die Verdauung bei den Fischen. Z. wiss. Biol. **5**, 445—554 (1927). — *(211)* Über einige Enzyme im Darmkanal bei niederen Tieren. Nederl. Tijdschr. Geneesk. **72**, 466—467 (1928). — *(212)* Das Pepsin verschiedener Vertebraten. 1. Die p_H-Optima und die Wasserstoffionenkonzentration des Mageninhalts. Z. vergl. Physiol. **9**, 685—702 (1929). — *(213)* Le rôle des glandes de Lieberkühn en rapport avec la digestion chez les poissons. Arch. néerl. Physiol. **12**, 289—292 (1927).

(214) Walter, E.: Richtlinien zur Karpfenfütterung. Slg fischereil. Zeitfragen **1928**, H. 12. Neudamm: Neumann. — *(215)* Der Raumfaktor in der intensiven Forellenzucht. Fischerei-Ztg **33**, 517 (1930). — *(216)* Die Bewirtschaftung des Forellenbaches. Neudamm: J. Neumann 1912. — *(217)* Der Flußaal. Neudamm: J. Neumann 1910. — *(217a)* Kleiner Leitfaden der Teichdüngung. Neudamm: J. Neumann 1922. — *(218)* Waste, H.: Beobachtungen über die Blutgase des Karpfenblutes. Biochem. Z. **197**, 363—380 (1928). — *(219)* Weber, H.: Beiträge zur Kenntnis der Resorption des Dottersackes und der Ausbildung einzelner Organe bei gefütterter und ungefütterter Forellenbrut. Dissert., München 1922. — *(220)* Weidenreich, F.: Über die Beziehungen zwischen Zahn, Alveolarwand und Kiefer. Z. Anat. **81**, 420—435 (1926). — *(221)* Weiss, O.: Wachstum und Zellgröße bei Cyprinus carpio L. Dissert., München 1921. — *(222)* Willer, A.: Die Nahrungstiere der Fische. In Demoll u. Maier: Handbuch der Binnenfischerei Mitteleuropas. 1924. — *(223)* Untersuchungen über das Wachstum bei Fischen. Forschgn u. Fortschr. **1928**. — *(224)* Über das Wachstum einiger kurzlebiger Fische. Mitt. Fischereiver. Prov. Brandenburg usw. **20**, Nr 16 (1928). — *(225)* Untersuchungen über das Wachstum bei Fischen. Z. Fischerei **25** (1927); **26**, 565 ff. (1928). — *(225a)* Untersuchungen über den Stint (Osmerus eperlanus L.)

in Ostpreußen. Ebenda **24** (1926). — *(226)* Zur Biologie der kleinen Maräne. Fischerei-Ztg **25** (1922). — *(227)* Beiträge zur Kenntnis der kleinen Maräne in Ostpreußen. Mitt. Fischereiver. Prov. Brandenburg **14** (1922); **15** (1923). — *(228)* Zur Lebensweise der kleinen Maräne (Coregonus albula L.). Allg. Fischerei-Ztg **1923**. — *(229)* Biologische Beobachtungen an der kleinen Maräne (Coregonus albula L.). Fischerei-Ztg **27** (1924). — *(230)* Die kleine Maräne (Coregonus albula L.) in Ostpreußen. Internat. Rev. d. Hydrobiol. **12** (1925). — *(230a)* Über den Einfluß der Belichtung auf die Organismenwelt unserer Gewässer. Fischerei-Ztg (Neudamm) **22**, 1 (1919). — *(231)* WILLER, A., u. SCHNIGENBERG: Untersuchungen über das Wachstum bei Fischen. 1. Über den Einfluß des Raumfaktors auf das Wachstum der Bachforellenbrut. Z. Fischerei **25** (1927). — *(232)* WINTERSTEIN, H.: Zur Kenntnis der Fischatmung. Arch. ges. Physiol. **125**, 73 (1908). — *(233)* WOHLGEMUTH, R.: Untersuchungen über die Verdaulichkeit verschiedener Brutfuttermittel. Allg. Fischerei-Ztg **40**, 271. — *(234)* Vom Fettgehalt des Karpfens. Ebenda **1922**, Nr 3 (1922). — *(235)* WUNDER, W.: Sinnesphysiologische Untersuchungen über die Nahrungsaufnahme bei verschiedenen Knochenfischarten. Z. vergl. Physiol. **6** (1927). — *(236)* Wie findet die Forelle ihre Nahrung? Fischerei-Ztg **30**, 766 (1927). — *(237)* Wie findet die Quappe ihre Nahrung? Ebenda **30**, 747—748 (1927). — *(238)* Wie findet der Hecht seine Beute? Ebenda **30**, 640—642 (1927). — *(239)* Wie findet der Karpfen seine Nahrung. Ebenda **30**, 658—659 (1927). — *(240)* WUNDSCH, H. H.: Nahrungsuntersuchungen an Karpfen aus der teichwirtschaftlichen Versuchsstation Sachsenhausen. Z. f. Fischerei **20**, 543ff. (1919). — *(241)* Studien über die Entwicklung der Ufer- und Bodenfauna. Ebenda **22**, 408 (1919). — *(241a)* Die stoffliche Zusammensetzung der Süßwasserfauna in ihrer Bedeutung für die Konsumenten. Verh. Internat. Ver. Limnol. Kiel **1922**. — *(242)* Die Arbeitsmethoden der Fischereibiologie. In E. ABDERHALDEN: Handbuch der biologischen Arbeitsmethoden, Abt. 9, Teil 2/II, 853—1208. 1927. — *(243)* Das wissenschaftliche Lebenswerk von PAULUS SCHIEMENZ. Z. Fischerei **25**, 1—82 (1927). Hier u. a. ein vollständiges Schriftenverzeichnis der Arbeiten von P. SCHIEMENZ über Bewirtschaftung natürlicher Gewässer im Sinne teichwirtschaftlicher Grundsätze, Gewässerpflege u. a. — *(244)* Zur Frage der Bedeutung des „Planktons" in Karpfenteichen. Korresp.bl. Fischzüchter, Teichwirte u. Seenbesitzer (Grünes Korresp.bl.) **34**, 97—99 (1929). — *(245)* Ist die deutsche Binnenfischerei nach ihrer heutigen Wirtschaftsform mit Recht als ein Teil der deutschen Landwirtschaft zu betrachten? Fischerei-Ztg (Neudamm) **30**, 982—983 (1927).

(246) ZACHARIAS, O.: Über die natürliche Nahrung der jungen Wildfische in Binnenseen. Biol. Zbl. **16**, 60 (1896). — *(247)* ZUNTZ, N.: Ein Respirationsapparat für Wassertiere. Verh. physiol. Ges. Berlin **1900/01**, Nr 14—17 (1901). — *(248)* ZUNTZ, N., u. W. CRONHEIM: Die Bedeutung der Naturnahrung für die Ernährung der Teichfische. In: Aus deutscher Fischerei. Neudamm: Neumann 1911.

Sachverzeichnis.

Handbuch der Ernährung und des Stoffwechsels der land= wirtschaftlichen Nutztiere als Grundlagen der Fütterungslehre. Unter Mitwirkung zahlreicher Fachgelehrter herausgegeben von **Ernst Mangold,** Dr. med., Dr. phil., o. Professor der Tierphysiologie, Direktor des Tierphysiologischen Instituts der Landwirtschaftlichen Hochschule Berlin.

Erster Band: **Nährstoffe und Futtermittel.** Mit 11 Abbildungen. XIV, 575 Seiten. 1929. RM 46.80; gebunden RM 49.80

Zweiter Band: **Verdauung und Ausscheidung.** Mit 146 Abbildungen. XI, 464 Seiten. 1929. RM 42.— ; gebunden RM 45.—

In Vorbereitung befindet sich:

Vierter Band: **Energiehaushalt und besondere Einflüsse auf Ernährung und Stoffwechsel.**

Tierphysiologisches Praktikum für Studierende der Landwirtschaft
und Veterinärmedizin. Von Dr. med. et phil. **E. Mangold,** o. Professor der Tierphysiologie und Direktor des Tierphysiologischen Instituts der Landwirtschaftlichen Hochschule Berlin. IV, 53 Seiten. 1928. RM 3.—

Normale und pathologische Physiologie der Verdauung und des Verdauungsapparates. Bearbeitet von B. P. Babkin,
G. v. Bergmann, M. Bergmann, H. Bluntschli, A. Eckstein, L. Elek, H. Eppinger, R. Feulgen, H. Full, O. Goetze, F. Groebbels, N. Guleke, G. Chr. Hirsch, H. Hummel, H. J. Jordan, H. Kalk, G. Katsch, Ph. Klee, M. Kochmann, E. Magnus-Alsleben, J. Marek, E. Nirenstein, J. Palugyay, H. Rietschel, E. Rominger, P. Rona, R. Rosemann, F. Rosenthal, A. Scheunert, M. Schieblich, E. Schmitz, K. Suessenguth, P. Trendelenburg, H. H. Weber, K. Westphal, R. Winkler. Mit 292 Abbildungen. XIII, 1489 Seiten. 1927. RM 120.— ; gebunden RM 127.50

Stoffwechsel und Energiewechsel. Gesamtstoffwechsel. Energie-
wechsel. Intermediärer Stoffwechsel. Bearbeitet von F. Bertram, K. Boresch, A. Bornstein, P. Ernst, K. Fromherz, E. Grafe, P. Grosser, K. Holm, S. Isaac, H Jost, G. Klein, F. W. Krzywanek, E. Leupold, O. Neubauer, M. Rubner, H. Schroeder, R. Siegel, W. Stepp, S. J. Thannhauser. Mit 48 Abbildungen. XV, 1325 Seiten. 1928. RM 118.—; gebunden RM 126.—

Energieumsatz.

Erster Teil: **Mechanische Energie.** (Protoplasmabewegung und Muskelphysiologie.) Bearbeitet von F. Alverdes, H. J. Deuticke, G. Embden, W. O. Fenn, E. Fischer, H. Führer, E. Gellhorn, H. Hentschel, K. Hürthle, F. Jamin, H. Jost, F. Kramer, F. Külz, E. Lehnartz, O. Meyerhof, S. M. Neuschlosz, O. Riesser, H. Sierp, E. Simonson, J. Spek, W. Steinhausen, K. Stern, K. Wachholder. Mit 136 Abbildungen. X, 654 Seiten. 1925. RM 45.—; gebunden RM 49.50

Zweiter Teil: **Elektrische Energie. Lichtenergie.** Bearbeitet von M. Cremer, W. Einthoven †, M. Gildemeister, P. Hoffmann, G. Klein, E. Mangold, H. Rosenberg, K. Stern. Mit 207 Abbildungen. IX, 441 Seiten. 1928. RM 42.— ; gebunden RM 48.—

Bilden Band 3, 5 und 8 des „Handbuch der normalen und pathologischen Physiologie".

Jeder Band ist einzeln käuflich, jedoch verpflichtet die Abnahme eines Teiles eines Bandes zum Kauf des ganzen Bandes.

Praktikum der physiologischen Chemie. Von Dr. **Peter Rona,**
Professor an der Universität Berlin.

Dritter Teil: **Stoffwechsel und Energiewechsel.** Von Dr. **H. W. Knipping,** Privatdozent an der Medizinischen Klinik der Universität Hamburg, und Dr. **Peter Rona,** Professor an der Universität Berlin. Mit 107 Textabbildungen. VI, 268 Seiten. 1928. RM 15.—

Handbuch der
Ernährung und des Stoffwechsels der landwirtschaftlichen Nutztiere
als Grundlagen der Fütterungslehre